国家卫生健康委员会"十四五"规划教材

全国高等学校药学类专业第九轮规划教材

供药学类专业用

有 机 化 学

第 9 版

主 编 陆 涛

副主编 胡 春 项光亚

编 者（以姓氏笔画为序）

厉廷有（南京医科大学）　　　　　　项光亚（华中科技大学同济医学院）

叶晓霞（温州医科大学）　　　　　　胡 春（沈阳药科大学）

吴敬德（山东大学药学院）　　　　　唐伟方（中国药科大学）

何 炜（中国人民解放军空军军医大学）　彭彩云（湖南中医药大学）

宋振雷（四川大学华西药学院）　　　董陆陆（哈尔滨医科大学）

陆 涛（中国药科大学）　　　　　　鲁 桂（中山大学药学院）

林友文（福建医科大学）

人民卫生出版社

·北 京·

图书在版编目（CIP）数据

有机化学 / 陆涛主编 . —9 版 . —北京：人民卫
生出版社，2022.8（2024.11重印）
ISBN 978-7-117-33255-2

Ⅰ.①有…　Ⅱ.①陆…　Ⅲ.①有机化学 – 医学院校 –
教材　Ⅳ.①062

中国版本图书馆 CIP 数据核字（2022）第 107637 号

人卫智网	www.ipmph.com	医学教育、学术、考试、健康，购书智慧智能综合服务平台
人卫官网	www.pmph.com	人卫官方资讯发布平台

有 机 化 学
Youji Huaxue
第 9 版

主　　编：陆　涛
出版发行：人民卫生出版社（中继线 010-59780011）
地　　址：北京市朝阳区潘家园南里 19 号
邮　　编：100021
E - mail：pmph @ pmph.com
购书热线：010-59787592　010-59787584　010-65264830
印　　刷：人卫印务（北京）有限公司
经　　销：新华书店
开　　本：850 × 1168　1/16　　印张：33
字　　数：954 千字
版　　次：1978 年 12 月第 1 版　　2022 年 8 月第 9 版
印　　次：2024 年 11 月第 6 次印刷
标准书号：ISBN 978-7-117-33255-2
定　　价：98.00 元

打击盗版举报电话：010-59787491　E-mail：WQ @ pmph.com
质量问题联系电话：010-59787234　E-mail：zhiliang @ pmph.com
数字融合服务电话：4001118166　E-mail：zengzhi @ pmph.com

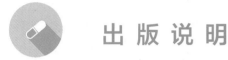 **出版说明**

全国高等学校药学类专业规划教材是我国历史最悠久、影响力最广、发行量最大的药学类专业高等教育教材。本套教材于 1979 年出版第 1 版,至今已有 43 年的历史,历经八轮修订,通过几代药学专家的辛勤劳动和智慧创新,得以不断传承和发展,为我国药学类专业的人才培养作出了重要贡献。

目前,高等药学教育正面临着新的要求和任务。一方面,随着我国高等教育改革的不断深入,课程思政建设工作的不断推进,药学类专业的办学形式、专业种类、教学方式呈多样化发展,我国高等药学教育进入了一个新的时期。另一方面,在全面实施健康中国战略的背景下,药学领域正由仿制药为主向原创新药为主转变,药学服务模式正由"以药品为中心"向"以患者为中心"转变。这对新形势下的高等药学教育提出了新的挑战。

为助力高等药学教育高质量发展,推动"新医科"背景下"新药科"建设,适应新形势下高等学校药学类专业教育教学、学科建设和人才培养的需要,进一步做好药学类专业本科教材的组织规划和质量保障工作,人民卫生出版社经广泛、深入的调研和论证,全面启动了全国高等学校药学类专业第九轮规划教材的修订编写工作。

本次修订出版的全国高等学校药学类专业第九轮规划教材共 35 种,其中在第八轮规划教材的基础上修订 33 种,为满足生物制药专业的教学需求新编教材 2 种,分别为《生物药物分析》和《生物技术药物学》。全套教材均为国家卫生健康委员会"十四五"规划教材。

本轮教材具有如下特点:

1. 坚持传承创新,体现时代特色　本轮教材继承和巩固了前八轮教材建设的工作成果,根据近几年新出台的国家政策法规、《中华人民共和国药典》(2020 年版)等进行更新,同时删减老旧内容,以保证教材内容的先进性。继续坚持"三基""五性""三特定"的原则,做到前后知识衔接有序,避免不同课程之间内容的交叉重复。

2. 深化思政教育,坚定理想信念　本轮教材以习近平新时代中国特色社会主义思想为指导,将"立德树人"放在突出地位,使教材体现的教育思想和理念、人才培养的目标和内容,服务于中国特色社会主义事业。各门教材根据自身特点,融入思想政治教育,激发学生的爱国主义情怀以及敢于创新、勇攀高峰的科学精神。

3. 完善教材体系,优化编写模式　根据高等药学教育改革与发展趋势,本轮教材以主干教材为主体,辅以配套教材与数字化资源。同时,强化"案例教学"的编写方式,并多配图表,让知识更加形象直观,便于教师讲授与学生理解。

4. 注重技能培养,对接岗位需求　本轮教材紧密联系药物研发、生产、质控、应用及药学服务等方面的工作实际,在做到理论知识深入浅出、难度适宜的基础上,注重理论与实践的结合。部分实操性强的课程配有实验指导类配套教材,强化实践技能的培养,提升学生的实践能力。

5. 顺应"互联网 + 教育",推进纸数融合　本次修订在完善纸质教材内容的同时,同步建设了以纸质教材内容为核心的多样化的数字化教学资源,通过在纸质教材中添加二维码的方式,"无缝隙"地链接视频、动画、图片、PPT、音频、文档等富媒体资源,将"线上""线下"教学有机融合,以满足学生个性化、自主性的学习要求。

众多学术水平一流和教学经验丰富的专家教授以高度负责、严谨认真的态度参与了本套教材的编写工作,付出了诸多心血,各参编院校对编写工作的顺利开展给予了大力支持,在此对相关单位和各位专家表示诚挚的感谢!教材出版后,各位教师、学生在使用过程中,如发现问题请反馈给我们(renweiyaoxue@163.com),以便及时更正和修订完善。

人民卫生出版社
2022 年 3 月

主 编 简 介

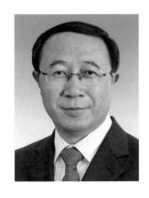

陆 涛

　　教授,药物化学专业博士生导师,江苏省教学名师,政府特殊津贴获得者,中国药科大学副校长。现担任全国药学专业学位研究生教育指导委员会副主任委员、中国药学会科技评价工作委员会副主任委员、中国药品监督管理研究会药品监管人才培养研究专业委员会主任委员;江苏省学位委员会委员;《药学进展》执行主编、编委会主任;《中国药科大学学报》编委。主要研究方向为新药分子设计与合成研究、计算机辅助药物设计、有机合成化学、药物生物统计与计算药学。主持完成多项国家级、省部级课题,以及与国内多家主要制药公司合作开发创新药物。

副主编简介

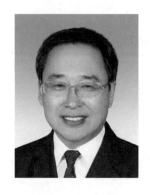

胡　春

　　教授,博士生导师,沈阳药科大学化学学科负责人,主要从事有机化学教学、靶向药物研究、杂环化学研究等工作,主持完成3项国家自然科学基金项目,主编和参编《有机化学》教材4部。现任辽宁省化学会理事,辽宁省高等学校化学类专业教学指导委员会委员,《中国药物化学杂志》编委,《沈阳药科大学学报》编委。2008年被评为辽宁省教学名师,2000年荣获霍英东教育基金会青年教师奖,2001年荣获中国药学会–施维雅青年药物化学奖,2001年入选辽宁省"百千万人才工程"百人层次培养计划。

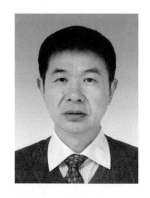

项光亚

　　教授,博士,博士生导师,现任教育部高等学校药学类专业教学指导委员会(大)药学专业教学指导分委员会委员、中国抗癌协会纳米肿瘤学专业委员会常务理事、湖北省药学会药物制剂专业委员会主任委员。主要从事靶向药物传递系统和药物合成研究,先后主持了国家级、省部级科研项目十余项,发表SCI收录论文七十余篇。主要承担有机化学课程的教学工作,主编、副主编、参编教材十余部。先后主持省级、校级教学研究项目多项,主持教育部"质量工程"药学国家特色专业建设项目并参与生物药学创新人才培养试验区等建设项目,荣获省级高等学校教学成果二等奖及科技进步二等奖各1次。

前　言

　　本版以《有机化学》(第8版)为基础对全书进行修订。在编写过程中,始终贯彻以有机化学的基本知识、基本反应和基本理论为主要内容的指导思想,在章节安排上仍保留了第8版的整体布局,重点将教材中化合物的命名按照《有机化合物命名原则2017》进行更新。根据教学经验,并吸取了广大读者对《有机化学》(第8版)的意见和建议,我们对全书错误之处进行了更正,并做到规范统一,力求使本书更加体现自身的特点、切合药学的需要并符合学生的认识规律。

　　本版《有机化学》共设19章,章次的前后次序仍然保持为烷、烯、炔在前,卤代烃、醇、酚和醚等在后的顺序,采取脂肪族化合物和芳香族化合物混合编排的方式。以官能团为纲,以结构和反应为主线,阐明各类化合物的结构与性质之间的关系。在内容安排上,注意重点突出、难点分散和循序渐进。一些基本概念和理论采取用到即讲的原则尽可能较早介绍,以便在后续相关章节中进一步加深理解和应用。

　　本版《有机化学》在修订中更加注重文字的质量,更新了插图、部分练习题和习题,进一步统一了格式,对《有机化学》(第8版)进行了全面优化。本书仍有配套教材《有机化学学习指导与习题集》(第5版),在其每章第四部分附有《有机化学》(第9版)教材对应章节的练习题及习题的参考答案。

　　本书的编写工作由中国药科大学陆涛教授(第一、二、五章),沈阳药科大学胡春教授(第三、四章),华中科技大学同济医学院项光亚教授(第六章),中国人民解放军空军军医大学何炜教授(第七章),四川大学华西药学院宋振雷教授(第八章),中山大学药学院鲁桂教授(第九章),中国药科大学唐伟方教授(第十章),福建医科大学林友文教授(第十一章),山东大学药学院吴敬德副教授(第十二、十三章),南京医科大学厉廷有教授(第十四章),哈尔滨医科大学董陆陆教授(第十五章),温州医科大学叶晓霞教授(第十六、十九章),湖南中医药大学彭彩云教授(第十七、十八章)等完成。全书的数字化教材部分(分子模型及动画)由中国药科大学张晓进教授完成并协助主编做了大量的统稿校对工作。

　　在本书的编写过程中,中国药科大学有机化学教研室的同事们对本书的修订都给予了大力的帮助和支持,在此一并向他们表示衷心的感谢。

　　限于我们的水平和时间仓促,书中难免有不妥之处,敬请使用本书的师生和其他读者批评指正。

编　者
2022 年 8 月

目 录

第一章

绪　论

第一节　有机化合物和有机化学

有机化合物(organic compound)都含碳元素,是含碳的化合物。绝大多数有机化合物还含有氢,有的还含氮、氧、硫和卤素等元素。有机化学(organic chemistry)就是研究有机化合物的组成、结构、性质、反应、合成、反应机理及化合物之间相互转变规律等的一门科学。

人们对有机化合物的认识是由浅入深、由表及里的,然后在此基础上逐渐发展成一门学科。在生活和生产实践中,人们早已使用各种有机化合物,后来逐渐从动植物中提取和加工得到各种有用的物质,如糖、酒、染料和药物等。我国在汉代就会造纸,在我国现存最早的药学著作《神农本草经》中已记载了几百种药物。18世纪末,人们已能得到许多纯的化合物,如酒石酸(tartaric acid)、尿酸(uric acid)和乳酸(lactic acid)等。这些化合物与从矿物中得到的化合物相比,在性质上有明显差异,如对热不稳定、加热后易分解等。当时人们认为只有来自生物体,在神秘"生命力"作用下产生的化合物才有这些特性,同时为区别这两类不同来源的化合物,将它们分别称为有机化合物和无机化合物(inorganic compound)。从此有了有机化合物和有机化学的名词。

19世纪20年代,韦勒(F. Wöhler)首次从无机化合物氰酸铵合成了有机化合物尿素(urea)。随后化学家们又陆续合成了不少有机化合物,从此打破了只能从有机体获得有机化合物的禁锢,促进了有机化学的发展,开辟了人工合成有机化合物的新时期。

$$NH_4CNO \xrightarrow{\triangle} NH_2CONH_2$$
氰酸铵　　　　　尿素

19世纪初,随着测定物质组成方法的建立和发展,人们在测定许多有机化合物的组成时发现它们都含有碳,是含碳的化合物,在组成上区别于无机化合物,因此有机化合物不再是来自有机体的含义,但人们由于习惯的原因,有机化合物一词一直沿用至今。

随着一系列科学技术的进步,如今,有机化学已由实验性学科发展成实验、理论并重的学科,并发展了物理有机化学、量子有机化学和有机合成化学等成熟的分支学科。同时,有机化学与数学、物理和生物学等学科相互交叉渗透,孕育和形成了新的学科,如有机催化化学、生物有机化学和计算化学等。近20年来有机化学步入了化学生物学时期,不对称合成、固相合成、组合化学及超临界有机合成和等离子体有机合成等的应用,使有机合成进入了高速发展的阶段。自20世纪90年代起,为适应人类社会可持续发展的需要,一门新兴交叉学科——"绿色化学(green chemistry)"诞生,它吸收了近代物理、生物、材料、信息等学科的新理论和新技术,是当今国际科学研究的前沿。实现绿色化学的关键是绿色有机合成,因此有机化学在解决人类可持续发展和生命运动等问题中将发挥越来越重要的作用。药学领域与有机化学关系密切,如在新药的研究开发及药物的合成、制备、质量控制和体内代谢的研究中都要应用有机化学的基本理论和知识。从分子水平认识疾病和药物作用机制将推动新药的研究与开发,因此有机化学是药学各专业必修的重要专业基础课。

有机化合物有数千万种之多,它们的性质各异,但大多数有机化合物具有一些共同的特点:①绝大多数有机化合物可以燃烧,燃烧时炭化变黑,最后生成二氧化碳和水。这一性质可以区别有机化合

物和无机化合物。②在水中一般溶解度较小,而易溶于有机溶剂。③对热稳定性较差,固体有机化合物的熔点较低,一般在300℃以下。④有机反应速率较慢,并常伴有副反应,产物复杂,经分离提纯才能得纯的化合物。⑤同分异构(isomerism)现象的存在较普遍。有机化合物的结构是指分子的组成、分子中原子相互结合的顺序和方式、原子相互间的立体位置、化学键的结合状态及分子中电子的分布状态等各项内容的总称。同分异构体(isomer)是指具有相同的分子组成而结构不同的化合物。例如乙醇和甲醚的分子式都是 C_2H_6O,但理化性质完全不同,是两个不同的化合物,互为同分异构体,这种现象称为同分异构现象。两者的差别在于分子中原子相互结合的顺序不同。

$$
\begin{array}{cccccc}
& H & H & & & H & H \\
& | & | & & & | & | \\
H- & C- & C- & OH & H- & C- & O- & CH \\
& | & | & & & | & \\
& H & H & & & H & \\
\end{array}
$$

乙醇　　　　　　　　甲醚

化合物分子中的原子相互连接的顺序和方式称为构造(constitution)。乙醇和甲醚的分子式相同,只是构造不同,人们称这种异构为构造异构(constitutional isomerism)。构造异构是同分异构的一种,以后还会介绍其他类型的同分异构现象。

同分异构现象是造成有机化合物数量庞大的原因之一,而同分异构现象在无机化合物中并不多见。

> **练习题 1.1**　从某有机反应液中分离出少量白色固体,其熔点高于300℃。能否用一个简单方法推测它是无机化合物还是有机化合物?

第二节　有机化合物的结构理论

有机化合物的结构和性质的关系是有机化学的精髓,对有机化合物结构的研究是有机化学学科的重要内容之一。

一、经典结构理论

01K02

1-K-2
科学家简介

19世纪初,通过元素定量分析等方法可知有机化合物的分子组成,但化学家们感到困惑的是分子中原子如何相互结合及为何有同分异构现象等一系列问题。19世纪后期凯库勒(A. Kekulé)在有关结构学说的基础上,提出了化合物分子中原子间相互结合的两个基本原则:有机化合物中碳的化合价为四价;碳原子除能与其他元素结合外,还可以自身以单键(single bond)、双键(double bond)和三键(triple bond)的形式相互结合,形成碳链或碳环,并将一些化合物用化学式表示,如甲烷、乙烷、乙烯和环戊烷等。这些化学式代表分子中原子的种类和数目及彼此结合的顺序和方式,称为凯库勒结构式,即现称为构造式。

甲烷　　　　　乙烷　　　　　乙烯　　　　　环戊烷

古柏尔(A. Couper)亦独立地提出了类似的论点,这些论点解决了分子中原子相互结合的顺序和方式的问题,并从理论上阐明了产生同分异构体的原因。因此,凯库勒结构理论奠定了有机化合物结构理论的基础。

> **练习题 1.2**　写出下列化合物的可能的凯库勒结构式。
> (1) C_3H_8O　　　(2) C_2H_7N　　　(3) C_3H_6O　　　(4) $C_2H_4O_2$

1861 年布特列洛夫(A. M. Butlerov)在原子价的基础上提出了化学结构(chemical structure)的概念。他认为分子中的原子不是简单的堆积,而是通过复杂的化学结合力按一定顺序连接起来的整体,这就是分子的化学结构。化学结构包含分子中原子的排列顺序和相互间复杂的化学关系。按现代的论述就是有机化合物的结构和性质之间的关系,化合物的结构决定其化学性质,化学性质是化学结构的外在表现。

进入 20 世纪后,人们对有机化合物的立体结构有了初步认识,荷兰化学家范霍夫(J. H. van't Hoff)和法国化学家勒贝尔(J. A. Le Bel)从某些化合物的旋光性(optical activity)和其他一些事实,如二氯甲烷从平面结构看应有两种,但实际只有一种,提出了饱和碳原子的四面体(tetrahedron)结构的论点:碳原子位于四面体的中心,四个相等的价键伸向四面体的四个顶点,各个键之间的夹角为 109.5°。

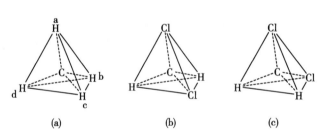

以甲烷分子为例,它的碳原子处在四面体的中心,四个氢原子处在四面体的四个顶点上［图 1-1(a)］。用这一论点就可以理解二氯甲烷为什么只有一种结构。如用两个氯原子取代模型 1-1(a)中的任何两个氢原子都得一样的化合物,如取代 a 和 c 即为 1-1(b)、取代 a 和 b 即为 1-1(c);只要将 1-1(b)往后转一定的角度,就可变为与 1-1(c)完全相同的结构式。

图 1-1　甲烷和二氯甲烷分子的立体结构

关于饱和碳原子正四面体的结构现可用杂化轨道理论给予解释(详见本节二),上述讨论的结构理论统称为经典结构理论。

二、化学键

(一) 离子键和共价键

1916 年,柯塞尔(W. Kossel)和路易斯(G. N. Lewis)提出了离子键(ionic bond)和共价键(covalent bond)的概念。他们认为元素的原子进行化学反应时,通过电子转移或共用电子对的方式使每个原子周围都达到一个稳定的惰性气体结构(noble-gas configuration)。主族元素的最外层达到八个电子稳定,因此又称为八隅体规则(octet rule);而氢的最外层为两个电子稳定。原子间通过电子转移产生正离子(cation, positive ion)和负离子(anion, negative ion),两者相互吸引所形成的化学键(chemical bond)称为离子键(ionic bond)。

$$Na\cdot\ +\ \cdot\overset{..}{\underset{..}{Cl}}:\ \longrightarrow\ Na^+\ +\ :\overset{..}{\underset{..}{Cl}}:^-$$

成键的两个原子各提供一个电子,通过共用一对电子相互结合的化学键称为共价键(covalent bond)。有机化合物中的化学键绝大多数是共价键。

路易斯结构式   凯库勒结构式

$$H\cdot + \cdot H \longrightarrow H\!:\!H \qquad H\!-\!H$$

$$\ddot{\underset{..}{F}}\cdot + \cdot\ddot{\underset{..}{F}}\!: \longrightarrow \ddot{\underset{..}{F}}\!:\!\ddot{\underset{..}{F}}\!: \qquad F\!-\!F$$

$$\cdot\dot{\underset{.}{C}}\cdot + 4H\cdot \longrightarrow H\!:\!\overset{H}{\underset{H}{\overset{..}{C}}}\!:\!H \qquad H\!-\!\overset{\displaystyle H}{\underset{\displaystyle H}{\overset{|}{\underset{|}{C}}}}\!-\!H$$

$$2\cdot\dot{\underset{.}{C}}\cdot + 6H\cdot \longrightarrow H\!:\!\overset{H}{\underset{H}{\overset{..}{C}}}\!:\!\overset{H}{\underset{H}{\overset{..}{C}}}\!:\!H \qquad H\!-\!\overset{\displaystyle H}{\underset{\displaystyle H}{\overset{|}{\underset{|}{C}}}}\!-\!\overset{\displaystyle H}{\underset{\displaystyle H}{\overset{|}{\underset{|}{C}}}}\!-\!H$$

用电子对表示共价键的构造式称为路易斯式,路易斯式中的一对电子在凯库勒结构式中用一短线表示。两个原子间共用两对或三对电子,就生成双键或三键。

路易斯结构式   凯库勒结构式

	路易斯结构式	凯库勒结构式
CO_2	$O::C::O$	$O\!=\!C\!=\!O$
HCN	$H\!:\!C\!::\!N\!:$	$H\!-\!C\!\equiv\!N$

$$H_2C\!=\!CH_2 \qquad \overset{H}{\underset{H}{}}\!:\!\ddot{C}::\ddot{C}\!:\!\overset{H}{\underset{H}{}} \qquad \overset{H}{\underset{H}{}}C\!=\!C\overset{H}{\underset{H}{}}$$

多原子的离子亦可写成路易斯结构式,如氢氧负离子、甲基正离子和甲基负离子。

$$OH^- \qquad CH_3^+ \qquad CH_3^-$$

$$H\!:\!\ddot{\underset{..}{O}}\!:^- \qquad H\!:\!\overset{H}{\underset{H}{\overset{..}{C}}}{}^+ \qquad H\!:\!\overset{H}{\underset{H}{\overset{..}{C}}}{}^-$$

氢氧负离子   甲基正离子   甲基负离子

如形成共价键的一对电子是由一个原子提供的,称为配位键(coordinate bond),这是一种特殊的共价键。例如氨分子与质子结合生成铵离子时,由氨分子中氮原子提供一对电子形成 N—H 共价键。

$$H\!:\!\overset{H}{\underset{H}{\overset{..}{N}}} + H^+ \longrightarrow \left[H\!:\!\overset{H}{\underset{H}{\overset{\displaystyle H}{N}}}\!:\!H\right]^+ \qquad 即 \quad H\!-\!\overset{\displaystyle H}{\underset{\displaystyle H}{\overset{|}{\underset{|}{N^+}}}}\!-\!H$$

练习题 1.3　写出下列分子或离子的路易斯结构式。

(1) CH_3NO_2　　(2) NH_2^-　　(3) H_2O_2　　(4) SO_3　　(5) CH_3Cl　　(6) N_2H_4

练习题 1.4　写出下列分子或离子的路易斯结构式(未共用电子对用黑圆点表示,共价键电子对用一短线表示)。

(1) $\left[H_2COH\right]^+$　(2) $\left[H_3CO\right]^-$　(3) $ClNO$　(4) $HOCN$　(5) CH_3NH_2

练习题 1.5　标出下列化合物构造式中的未共用电子对。

(1) $\overset{CH_3}{\underset{CH_3}{}}C\!=\!O$

(2) $CH_3\!-\!\overset{\displaystyle H}{\underset{\displaystyle H}{\overset{|}{\underset{|}{C}}}}\!-\!\overset{\displaystyle O}{\overset{\|}{C}}\!-\!\overset{\displaystyle H}{N}\!-\!H$

(3) $H\!-\!\overset{\displaystyle H}{\underset{\displaystyle H}{\overset{|}{\underset{|}{C}}}}\!-\!O\!-\!H$

(4) $H\!-\!\overset{\displaystyle H}{\underset{\displaystyle H}{\overset{|}{\underset{|}{C}}}}\!-\!\overset{\displaystyle O}{\overset{\|}{N^+}}\!-\!O^-$

(5) $H\!-\!\overset{\displaystyle H}{\underset{\displaystyle H}{\overset{|}{\underset{|}{C}}}}\!-\!S\!-\!\overset{\displaystyle H}{\underset{\displaystyle H}{\overset{|}{\underset{|}{C}}}}\!-\!H$

路易斯价键理论虽然有助于理解有机化合物的结构与性质的关系,但是仍为一种静态的理论,未能从电子的运动来说明化学键形成的本质,还有很多事实不能用此理论解释。随着量子力学的建立,

化学家们用量子力学的观点来描述核外电子在空间的运动状态和处理化学键问题,建立了现代共价键理论,即价键理论和分子轨道理论。

(二) 原子轨道和电子云

现代价键理论认为,共价键是由成键电子所在的原子轨道(atomic orbital)重叠(overlap)而形成的。电子在核外空间运动遵循量子力学规律,它在空间运动状态可用波函数 ϕ(习惯上称原子轨道)来描述。如图 1-2(a)和 1-2(b)分别表示碳原子 1s 轨道和 2s 轨道。图 1-3 为碳原子的三个 2p 轨道。

(a) 1s轨道　(b) 2s轨道

图 1-2 s 轨道

s 轨道围绕原子核球形对称,不同电子层中的 s 轨道的能量不同,如 1s<2s<3s。p 轨道以通过原子核的直线为轴对称分布,三个 p 轨道能量相同,它们的对称轴相互垂直(图 1-3)。不同电子层中的 p 轨道的能量也随电子层数值的增加而升高,如 2p<3p<4p。颜色深浅的两瓣表示不同的波位相。

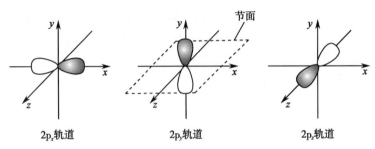

图 1-3 2p 轨道及 2p 轨道的位相

电子在核外空间的运动服从一定的统计学规律,它在核外空间出现的概率密度与波函数的平方(ϕ^2)成正比。电子云(electron cloud)形象化地描述电子在核外出现的概率密度分布,电子云密度与离核的距离成反比,离核越近,电子云密度越高。电子云的形状与原子轨道类似。

(三) 价键理论

1927 年,德国化学家海德勒(W. Heitler)和伦敦(F. London)首先用量子力学的近似方法处理化学键问题,计算氢分子中共价键形成时的体系能量变化。结果表明,当两个自旋相反的氢原子相互接近时相互吸引,同时两个氢核间的排斥力随距离缩小而增大。当两个氢原子接近到一定程度,即电子在两个原子核区域能受两个原子核吸引,吸引力等于核间的排斥力时,此时体系能量处于最低值,形成稳定的氢分子(图 1-4),降低的能量就是氢分子的结合能,这就是共价键的本质。

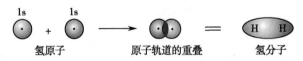

氢原子　　　　　原子轨道的重叠　　　氢分子

图 1-4 氢分子的形成

后来鲍林(L. C. Pauling)等将处理氢分子共价键的方法定性地推广到双原子和多原子分子,并发展成为现代价键理论(valence bond theory,VB),称价键法。价键法将键的形成看作是原子轨道重叠或电子配对的结果。原子在未化合前所含的未成对电子如果自旋方向相反,则可两两耦合构成电子对,每对电子的耦合就生成一个共价键,所以价键法又称电子配对法。

价键法的基本要点:①形成共价键的两个电子必须自旋方向相反(↑↓);②共价键具有饱和性,元素原子的共价数等于该原子的未成对电子数;③共价键具有方向性,当形成共价键时,原子轨道重叠越多,形成的键越强,称为最大重叠原理。因此,成键的两个原子轨道必须按一定方向重叠,以满足两个轨道最大程度的重叠,形成稳定的共价键。如 s 轨道和 p 轨道重叠时沿着 p 轨道的对称轴重叠是最大重叠,不沿轨道对称轴重叠就不能达到最大重叠,见图 1-5。

01K03

1-K-3
科学家简介

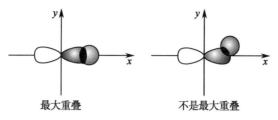

最大重叠　　　　　　　　不是最大重叠

图 1-5　s 轨道和 p_x 轨道的重叠

（四）杂化轨道理论

碳原子的外层电子构型为 $2s^2 2p_x^1 2p_y^1$，它的外层只有两个未成对的电子，应该只能形成两个共价键，与有机化合物中的碳原子呈四价和甲烷分子呈四面体结构（图 1-1）等事实不符，为此鲍林等提出了杂化（hybridization）轨道理论。杂化轨道理论提出，原子在成键时不但可以变成激发态，而且能量近似的原子轨道可以重新组合成新的原子轨道，称为杂化轨道。杂化轨道的数目等于参与杂化的原子轨道的数目，并包含原原子轨道的成分。杂化轨道的方向性更强，成键的能力增大。

1. 碳原子的 sp^3 杂化　碳原子的外层电子构型为 $2s^2 2p_x^1 2p_y^1$，其中 $2s^2$ 中的一个 2s 电子激发到 $2p_z$ 轨道中，然后一个 2s 轨道和三个 2p 轨道线性组合得到四个能量相等的 sp^3 杂化轨道，见图 1-6。杂化轨道的形状是一头大一头小，图 1-7（a）、（b）分别表示单个 sp^3 杂化轨道的形状和四个 sp^3 杂化轨道的空间分布，轨道轴之间的夹角为 109.5°。烷烃和其他有机化合物中的饱和碳原子都是 sp^3 杂化。

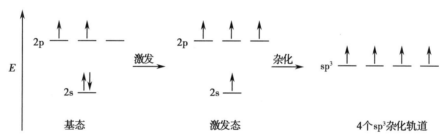

图 1-6　碳原子的 sp^3 杂化中轨道的能量变化

1-D-1
sp^3 杂化
（动画）

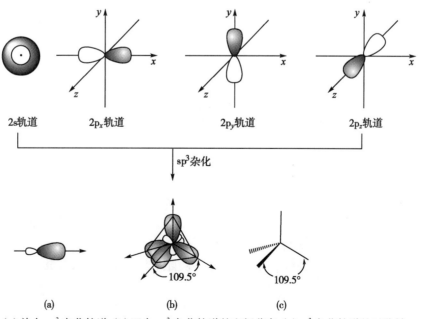

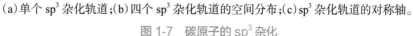

（a）单个 sp^3 杂化轨道；（b）四个 sp^3 杂化轨道的空间分布；（c）sp^3 杂化轨道的对称轴。

图 1-7　碳原子的 sp^3 杂化

2. **碳原子的 sp² 杂化**　碳原子激发态中的一个 2s 轨道和两个 2p 轨道进行线性组合,得到三个能量相等的 sp² 杂化轨道(图 1-8)。它们的对称轴在同一平面上,彼此间的夹角为 120°,又称为平面三角形杂化[图 1-9(a)];未参与杂化的 p 轨道与三个杂化轨道对称轴所在的平面垂直[图 1-9(b)]。

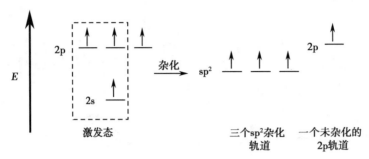

图 1-8　碳原子的 sp² 杂化中轨道的能量变化

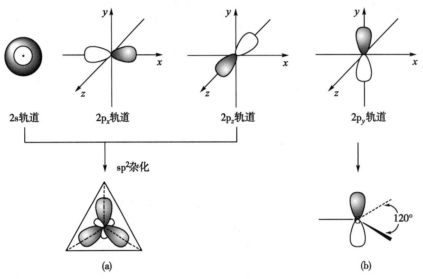

(a) sp² 杂化轨道;(b) 未参与杂化的 p 轨道。

图 1-9　碳原子的 sp² 杂化

1-D-2
sp² 杂化
(动画)

乙烯($CH_2 = CH_2$)和甲醛($H_2C = O$)分子中的碳原子、氧原子均为 sp² 杂化。

3. **碳原子的 sp 杂化**　碳原子激发态中的一个 2s 轨道和一个 2p 轨道进行线性组合,得到两个能量相等的 sp 杂化轨道(图 1-10),彼此间的夹角正好等于 180°,称为线性杂化[图 1-11(a)];两个未参与杂化的 p 轨道相互垂直,且均与 sp 杂化轨道的对称轴相互垂直[图 1-11(b)]。

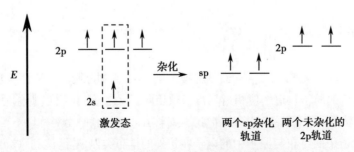

图 1-10　碳原子的 sp 杂化中轨道的能量变化

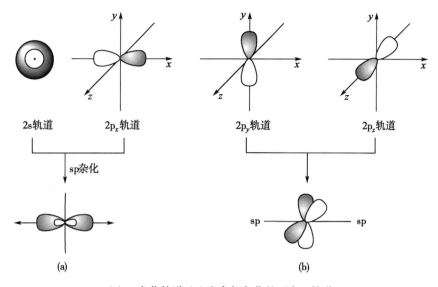

（a）sp 杂化轨道；（b）未参与杂化的两个 p 轨道。

图 1-11　碳原子的 sp 杂化

乙炔（HC≡CH）和氢氰酸（H—C≡N）分子中的碳原子和氮原子都是 sp 杂化。

练习题 1.6　指出下列化合物中碳原子的杂化状态。

$$(1)\ CH_3CH_2OH \qquad (2)\ CH_2=CH-\overset{\overset{\textstyle O}{\|}}{C}-H \qquad (3)\ CH_3-C≡C-CH=CH_2$$

（五）分子轨道理论

价键法认为成键的两个电子局限即定域在成键的两个原子间运动，并没有从分子整体考虑，存在不完善之处，但较形象、直观、易理解，是处理有机分子结构时最常用的方法。与价键法同时发展起来的另一种近似处理化学键的方法是分子轨道理论（molecular orbital theory）。分子轨道理论从分子整体出发，认为分子中的电子围绕整个分子在多核体系内运动，成键电子是非定域即离域的。此法比价键法更确切，多用于处理有明显离域现象的有机分子，如丁-1,3-二烯（见第四章第五节）和苯分子（见第七章第二节）等。

描述分子中的电子在空间运动状态的波函数 ψ 称为分子轨道（molecular orbital, MO）。分子轨道 ψ 由原子轨道线性组合（linear combination of atomic orbital, LCAO）而成。例如 A、B 两原子的原子轨道波函数 ϕ_A 和 ϕ_B，它们线性组合成两个分子轨道 ψ_1 和 ψ_2。

$$\phi_A + \phi_B = \psi_1$$
$$\phi_A - \phi_B = \psi_2$$

两个波函数相加组成的分子轨道 ψ_1 的能量低于两个原子轨道，称为成键轨道（bonding orbit）；两个波函数相减得到的分子轨道 ψ_2 的能量高于两个原子轨道，称为反键轨道（antibonding orbit）（图 1-12）。

原子轨道组合成分子轨道时，要符合最大重叠原则、能量近似原则和对称性匹配原则。对称性匹配是指组成分子轨道的原子轨道的位相（符号）必须相同。反之，位相不同，则称为对称性不匹配，不能形成稳定的分子轨道。在图 1-13 中（a）和（b）是对称性匹配，而（c）是对称性不匹配。

电子在分子轨道中的排布与原子中的电子在核外的排布类似，遵循泡利（Pauli）不相容原理、能量最低原理和最大多重性原理［洪特（Hund）规则］。

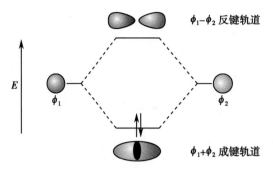

图 1-12　氢分子的分子轨道

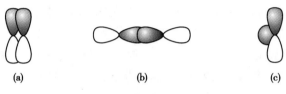

图 1-13　对称性匹配原则

第三节　共价键的几个重要参数和断裂方式

一、共价键的几个重要参数

在形成共价键时,由于成键原子的成键方式和杂化类型不同等原因,使共价键的键长、键角、键能和键的极性产生差别。这些差别影响键的强度、分子的立体结构和理化性质等。

(一) 键长

形成共价键的两个原子核之间的距离称为键长(bond length)。相同的共价键在不同的分子中其键长会稍有不同,因为成键的两个原子在分子中不是孤立的,它们会受到分子中其他原子的影响。

化学键的键长是考察化学键稳定性的指标之一。一般来说,键长越长,越容易受到外界的影响而发生极化。一些常见共价键的键长见表 1-1。

表 1-1　一些常见共价键的键长

共价键	键长 /pm	共价键	键长 /pm	共价键	键长 /pm	共价键	键长 /pm
C—H	109	C—F	141	C=C	134	C≡C	120
C—C	154	C—Cl	177	C=N	128	C≡N	116
C—N	147	C—Br	191	C=O	122	N—N	103
C—O	143	C—I	212			N—O	96

(二) 键角

两个共价键之间的夹角称为键角(bond angle)。键角能反映分子的立体形状。键角的大小与成键的原子轨道有关,如前面已提到甲烷、乙烯和乙炔分子中的碳原子分别为 sp^3、sp^2 和 sp 杂化,轨道轴之间的夹角基本决定了这些碳原子上两个共价键之间的键角和分子的三维结构。甲烷、乙烯和乙炔分别呈四面体、平面和直线型(分别见第二、第三和第四章中烷烃、烯烃和炔烃的结构);又如水分子和氨分子中的氧和氮为 sp^3 杂化,它们分别呈角形和锥形结构。图 1-14 表示水、氨和甲胺分子中的键角和立体形状。

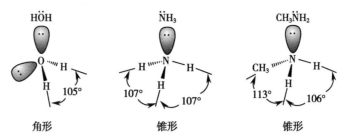

图 1-14　水、氨和甲胺分子中的键角和立体形状

键角的大小还受分子中其他原子的影响,如甲胺中 C—N—H 的键角与氨分子有所区别。

（三）键能

原子形成共价键所释放的能量或共价键断裂所吸收的能量称为键能（bond energy）,其单位为 kJ/mol。将分子中某一特定共价键断裂所需要的能量称为该共价键的解离能（dissociation energy）。对于双原子分子,其键能就是解离能。例如在 25℃时氢分子（气态）离解成氢原子时吸收 436.0kJ/mol 的能量,此为 H—H 键能,也称为 H—H 键解离能,用 E_d 或 DH 表示。表 1-2 为一些分子中常见共价键的解离能。

表 1-2　一些分子中常见共价键的解离能

键	解离能 /(kJ/mol)	键	解离能 /(kJ/mol)
F—F	153.2	CH_3—Cl	351.6
H—F	565.1	Br—Br	192.6
CH_3—H	435.4	H—Br	364.2
C_2H_5—H	410.3	CH_3—Br	293.0
$(CH_3)_2$CH—H	397.4	I—I	150.6
$(CH_3)_3$C—H	380.9	H—I	297.2
C_6H_5—H	380.9	CH_3—CH_3	368.4
$C_6H_5CH_2$—H	355.8	$(CH_3)_2$CH—CH_3	351.6
CH_2=CH—H	452.1	CH_2=CH—CH_3	406.0
Cl—Cl	242.8	CH_2=CHCH_2—CH_3	309.9
H—Cl	431.2		

在多原子分子中,即使是相同的键,其解离能也不相同,习惯上将各个键的解离能的平均值作为该键的键能。例如甲烷 C—H 键的各步的解离能为:

解离能 /(kJ/mol)

$$CH_3—H \longrightarrow ·CH_3 + H· \qquad 435.4$$
$$·CH_2—H \longrightarrow ·\dot{C}H_2 + H· \qquad 443.8$$
$$·\dot{C}H—H \longrightarrow ·\dot{C}H + H· \qquad 443.8$$
$$·\ddot{C}—H \longrightarrow ·\dddot{C} + H· \qquad 339.1$$

断裂这四个共价键共需 1 662.1kJ/mol 的能量,将此数值除以 4,即为甲烷分子中 C—H 键的平均键能（415.5kJ/mol）。所以,键的解离能和平均键能的含义是不同的。表 1-3 为常见共价键的平均键能。

表 1-3　常见共价键的平均键能

键	键能 /(kJ/mol)	键	键能 /(kJ/mol)	键	键能 /(kJ/mol)	键	键能 /(kJ/mol)
O—H	464.7	C—C	347.4	C—F	485.6	C=C	611.2
N—H	389.3	C—O	360.0	C—Cl	339.1	C≡C	837.2
S—H	347.4	C—N	305.6	C—Br	284.6	C=N	615.3
C—H	414.4	C—S	272.1	C—I	217.8	C≡N	891.6
H—H	435.3					C=O	736.7（醛）
							749.3（酮）

键能是衡量共价键强度的一个重要参数,键能越大,键就越牢固。利用键能可估算化学反应的反应热($\Delta H^{\ominus}$)。反应热为反应中旧键断裂所吸收能量和新键形成所释放能量的总和。$\Delta H^{\ominus}$为负值时,表示为放热反应;$\Delta H^{\ominus}$为正值时,表示为吸热反应。甲烷和氯气在25℃生成氯甲烷的反应热估计如下:

$$CH_3—H \ + \ Cl—Cl \longrightarrow CH_3—Cl \ + \ H—Cl$$

| kJ/mol | 435.4 | 242.8 | 351.6 | 431.2 |
| | 吸热 | 吸热 | 放热 | 放热 |

$$\Delta H^{\ominus}=(435.4+242.8)kJ/mol-(351.6+431.2)kJ/mol=-104.6kJ/mol$$

　　　　　吸收的能量　　　　　放出的能量　　　　反应热$\Delta H^{\ominus}$

从反应热可知该反应是放热反应。

练习题 1.7　从表 1-2 中列出的数据,比较三个化合物中的 a、b 和 c 三个 C—H 键对热的相对稳定性大小。

$$(1)\ CH_3CH_2\underset{a}{—}H \qquad (2)\ CH_3—\overset{\displaystyle CH_3}{\underset{\displaystyle H}{\underset{b}{\overset{|}{\underset{|}{C}}}}}—H \qquad (3)\ CH_3—\overset{\displaystyle CH_3}{\underset{\displaystyle CH_3}{\underset{c}{\overset{|}{\underset{|}{C}}}}}—H$$

练习题 1.8　试计算甲烷与溴反应生成溴甲烷的反应热。

(四) 键的极性和可极化性

两个相同原子形成共价键时,成键电子云对称地分布在两核周围,为非极性共价键(nonpolar covalent bond),例如 H—H、Cl—Cl 键等。两个不同原子形成共价键时,由于两个原子的电负性(electronegativity)不同,形成极性共价键(polar covalent bond),成键电子云非对称地分布在两核周围,在电负性大的原子一端电子云密度较大,具有部分负电荷性质,用 δ^- 表示;另一端的电子云密度较小,具有部分正电荷性质,用 δ^+ 表示。如下面的氯化氢和碳溴键。

$$\overset{\delta^+ \quad \delta^-}{\underset{\longrightarrow}{H—Cl}} \qquad \overset{\delta^+ \quad \delta^-}{\underset{\longrightarrow}{C—Br}}$$

极性大小取决于成键原子的电负性差别,与外界条件无关。键的极性用偶极矩(dipole moment,μ)来度量,定义为:

$$\mu=q \cdot d$$

式中,q 为正电荷或负电荷中心上的电荷量,单位为 C(库仑);d 为正、负电荷中心间的距离,单位为 m(米);μ 为偶极矩,单位为 C·m。表 1-4 为常见共价键的偶极矩。偶极矩是向量,一般用符号"$\longmapsto$"表示,箭头指向带负电荷的一端,例如上面的氯化氢和碳溴键的偶极距。

表 1-4　常见共价键的偶极矩

共价键	$\mu/10^{-30}$C·m	共价键	$\mu/10^{-30}$C·m	共价键	$\mu/10^{-30}$C·m
H—C	1.33	H—I	1.27	C—Br	4.60
H—N	4.37	C—N	0.73	C—I	3.97
H—O	5.04	C—O	2.47	C=O	7.67
H—S	2.27	C—S	3.00	C≡N	11.67
H—Cl	3.60	C—F	4.70		
H—Br	2.60	C—Cl	4.78		

练习题 1.9 试用 δ^+ 和 δ^- 表示各原子上带的部分正和负电荷。

(1) N—H   (2) I—Cl   (3) O—H   (4) C=O   (5) C—N

分子的极性由分子的偶极矩度量。双原子分子的偶极矩就是键的偶极矩；多原子分子的偶极矩是组成分子的所有共价键偶极矩的向量之和。例如四氯化碳分子的偶极矩为 0，氯甲烷的偶极矩为 6.24×10^{-30} C·m。

$$0 \qquad\qquad 6.24\times10^{-30}\text{C·m}$$

可极化性又称极化度（polarizability），它表示成键的电子云在外界电场的作用下发生变化的相对程度。极化度除与成键原子的结构和键的种类有关外，还与外界电场强度有关。成键原子的体积越大，电负性越小，核对成键电子的束缚越小，键的极化度就越大。例如碳卤键的极化度顺序为：

$$C—I > C—Br > C—Cl > C—F$$

这与卤代烷亲核取代反应的活性顺序一致：碘代烷>溴代烷>氯代烷（见第八章第三节）。

练习题 1.10 比较下列各组化学键的极性和极化度的相对大小。

(1) H—Br 和 H—I   (2) O—H 和 S—H

二、共价键的断裂方式

在有机反应中，共价键连接的两个原子或基团如 X—Y，其断裂方式主要有两种。一种断裂方式是形成共价键的两个电子平均分布到 X 和 Y 上：

$$X:Y \longrightarrow X\cdot + Y\cdot$$

生成的 X 和 Y 各带有一个未配对的电子，带有一个单电子的原子或原子团称为自由基（free radical），它是电中性的。共价键的这种断裂方式称为均裂（homolysis）。发生共价键均裂的反应称为自由基反应。自由基反应一般在光、热或自由基引发剂的作用下进行。例如：

$$(CH_3)_3C\overset{\frown}{\underline{\quad}}H \xrightarrow{h\nu} (CH_3)_3C\cdot + H\cdot$$

另一种断裂方式是共价键的两个电子转移到 X 或 Y 上：

$$X:Y \longrightarrow X^+ + Y^-$$

$$X:Y \longrightarrow X^- + Y^+$$

共价键的这种断裂方式称为异裂（heterolysis）。发生共价键异裂的反应称为离子反应。离子反应通常在酸、碱或极性条件下进行。例如：

$$CH_3-\underset{\underset{CH_3}{|}}{\overset{\overset{CH_3}{|}}{C}}-Cl \longrightarrow CH_3-\underset{\underset{CH_3}{|}}{\overset{\overset{CH_3}{|}}{C^+}} + Cl^-$$

在讨论有机反应机理时,常用弯箭头(curved arrow)表示反应中电子的移动,用鱼钩箭头 ⤷ (single-barbed)表示一个电子的转移,用单箭头 ⤵ 表示一对电子的转移,用双箭头 ⌢⌢ (double-barbed)表示两个电子的转移。

练习题 1.11 用弯箭头表示下列反应中电子的移动,并写出练习题 1.7 中的 a、b 和 c 三个 C—H 键均裂产生的自由基。

(1) H—Br ⟶ H⁺ + Br⁻

(2) $CH_3-\overset{\displaystyle O}{\overset{\|}{C}}-O-H \rightleftharpoons CH_3-\overset{\displaystyle O}{\overset{\|}{C}}-O^- + H^+$

(3) I—I ⟶ 2I·

(4) $CH_3CH_2-CH_2CH_3 \overset{\triangle}{\longrightarrow} 2CH_3CH_2·$

(5) $CH_3CH_2OH + H^+ \rightleftharpoons CH_3CH_2\overset{+}{O}H_2$

练习题 1.12 下列化合物中的哪些共价键易发生异裂反应?

(1) $H-\overset{\overset{\displaystyle H}{|}}{\underset{\underset{\displaystyle H}{|}}{C}}-\overset{\overset{\displaystyle H}{|}}{\underset{\underset{\displaystyle H}{|}}{C}}-I$

(2) $H-\overset{\overset{\displaystyle H}{|}}{\underset{\underset{\displaystyle H}{|}}{C}}-\overset{\overset{\displaystyle H}{|}}{\underset{\underset{\displaystyle H}{|}}{C}}-O-H$

第四节 有机化合物的分类和表示方法

一、有机化合物的分类

有机化合物按照碳原子构成的骨架不同,可分为链状化合物、碳环化合物和杂环化合物;根据分子不饱和程度的不同,可分为饱和脂肪族化合物、不饱和脂肪族化合物和芳香化合物。在有机化合物中,决定某一类化合物的主要理化性质的原子团称为官能团(functional group),或称功能基。因此,根据分子中所含的官能团进行分类,便于认识它们的共性。一些常见官能团的名称和化合物的类别见表 1-5。

练习题 1.13 下列化合物中哪些属于脂肪族化合物?

(1) $CH_3-O-CH_2CH_3$

(2) ⬡—COOH

(3) ⬡=O

(4) (噻吩)—COOH

(5) ⟍⟍NH₂

表 1-5 一些常见官能团的名称和化合物的类别

化合物的类别	官能团的结构	官能团的名称	化合物的通式
烷烃、环烷烃 alkane、cycloalkane	—	—	R—H
烯烃 alkene	⟩C=C⟨	碳碳双键 C—C double bond	RCH=CH₂
炔烃 alkyne	—C≡C—	碳碳三键 C—C triple bond	RC≡CH
芳烃 aromatic hydrocarbon	⬡	芳环 aromatic ring	Ar—H

化合物的类别	官能团的结构	官能团的名称	化合物的通式
卤代烃 halohydrocarbon	—X	卤原子 halogen atom	R—X 或 Ar—X
醇 alcohol	—OH	羟基 hydroxy	R—OH
醚 ether	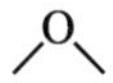 （结构图）	醚 ether	R—O—R
醛 aldehyde	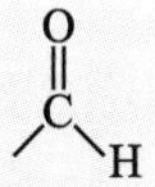 （结构图）	醛基 aldehyde group	（结构图）
酮 ketone	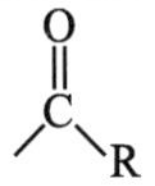 （结构图）	酮基 ketone group	（结构图）
羧酸 carboxylic acid	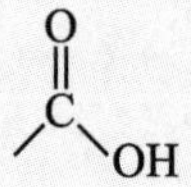 （结构图）	羧基 carboxyl	（结构图）
酰卤 acyl halide	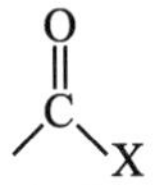 （结构图）	酰卤 acyl halide	（结构图）
酸酐 acid anhydride	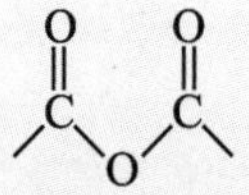 （结构图）	酸酐 acid anhydride	（结构图）
酯 ester	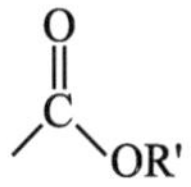 （结构图）	酯基 ester	（结构图）
酰胺 amide	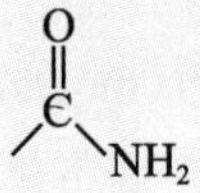 （结构图）	酰胺 amide	（结构图）
胺 amine	—NH$_2$	氨基 amino group	R—NH$_2$
磺酸 sulfonic acid	—SO$_3$H	磺酸基 sulfonic group	R—SO$_3$H
腈 nitrile	—C≡N	氰基 cyano group	R—C≡N
硝基化合物 nitro-compound	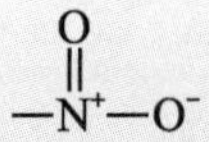 （结构图）	硝基 nitro group	R—NO$_2$

注：羧酸中的—OH被卤素、酰氧基、烷氧基和氨基取代生成的酰卤、酸酐、酯和酰胺统称羧酸衍生物。

练习题 1.14 写出下列化合物中官能团的名称。

(1)（结构图） (2)（结构图） (3) HC≡C—C—OCH$_3$ (4)（结构图） [对乙酰氨基酚（扑热息痛）]

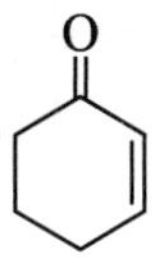

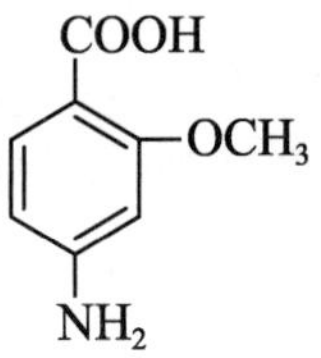

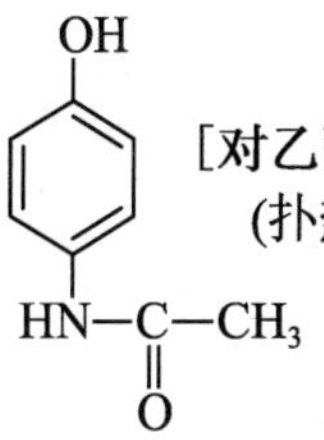

二、有机化合物构造的表示方法

分子中的原子相互连接的顺序和方式称为构造,表示分子构造的化学式称为构造式(constitution formula)。分子结构的含义比"构造"更广,除分子的构造外,还包括分子的三维结构和电子结构等。因此,国际纯粹与应用化学联合会(International Union of Pure and Applied Chemistry,IUPAC)建议,将过去有些称为结构式的化学式改称为构造式。前面提及的凯库勒结构式,以现在的观点称构造式。

有机化合物构造的表示方法有下列几种:蛛网式(cobweb formula)、缩写式(condensed formula)、键线式(bond-line formula)。

	蛛网式	缩写式	键线式

戊烷　蛛网式　$CH_3CH_2CH_2CH_2CH_3$ 或
$CH_3-CH_2-CH_2-CH_2-CH_3$

2-甲基戊烷　蛛网式　$CH_3CH_2CH_2CHCH_3$ 或
$CH_3-CH_2-CH_2-CH-CH_3$ 或
$CH_3CH_2CH_2CH(CH_3)_2$

戊-2-烯　蛛网式　$CH_3CH_2CH=CHCH_3$ 或
$CH_3-CH_2-CH=CH-CH_3$

戊-2-炔　蛛网式　$CH_3CH_2C\equiv CCH_3$ 或
$CH_3-CH_2-C\equiv C-CH_3$

用键线式书写有机化合物的构造最简单方便,它只表示出碳链或碳环(统称碳架),碳原子及与碳相连的氢原子的符号在式中不写出,只写出与碳相连的杂原子或原子团,碳上两个键的夹角与键角接近。此外,与杂原子相连的氢不能省略。下面再举几个例子。

	缩写式	键线式

$CH_3CHCHCH_3$（上接 CH_3，下接 Br）

$CH_3CHCH_2CH=CHCOOH$（下接 OH）

$CH_3CH_2C\equiv CCH_2Br$

练习题 1.15 将下列化合物的缩写式改写成键线式。

(1) $CH_3(CH_2)_2CH(CH_3)CH_2CH_2CH_3$ (2) $(CH_3)_2C{=}CHCH_2CH(CH_3)_2$

(3) $(CH_3)_2CHCH_2{-}O{-}CH(CH_2CH_3)_2$ (4) $CH_3CH_2C{\equiv}CCH(CH_3)_2$

(5)
$$\begin{array}{c} HC{=}CH \\ HC \quad\; CH \\ \underset{\underset{H}{N}}{} \end{array}$$

(6)
$$\begin{array}{c} H_2C{-}CH_2 \\ H_2C \qquad CHOH \\ HC{=}CH \end{array}$$

因书写路易斯结构式时要将所有的价电子都要表示出来,比较麻烦,在写反应式时不常用。但当化合物的一些理化性质与某些价电子或未共用电子对有关时,需用圆黑点表示出这些电子。如醚类化合物能和浓硫酸反应形成锑盐与醚的氧原子上的未共用电子对(unshared pair of electron)有关,反应式如下:

$$CH_3CH_2{-}\overset{\cdot\cdot}{\underset{\cdot\cdot}{O}}{-}CH_2CH_3 + H{-}O{-}SO_2{-}O{-}H \longrightarrow CH_3CH_2{-}\overset{H}{\underset{+}{O}}{-}CH_2CH_3 + H{-}O{-}SO_2O^-$$

三、有机化合物立体结构的表示方法

为了形象地了解分子中的各原子在空间的排列情况,通常使用各种模型,最常用的是球棒模型和斯陶特(Stuart)模型(又称比例模型)。图 1-15(a)和图 1-15(b)是表示甲烷立体结构的球棒模型和斯陶特模型。斯陶特模型是按各种原子半径和键角及键长比例设计出来的,可以更精确地表示分子中的各原子的立体关系。

中心碳原子(或其他原子如氧和氮等)上的各个价键在三维空间的结构常用楔线式表示。式中的细线"—"表示该键在纸平面上,楔形实线"＼"表示该键在纸平面前方,虚线"、、、"或"〃〃"表示该键在纸平面后方。图 1-15(c)是表示甲烷分子中的四个价键在空间分布的楔线式。

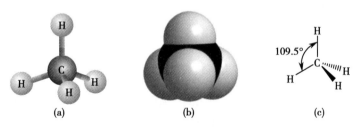

(a)球棒模型;(b)斯陶特模型;(c)楔线式。

图 1-15　表示甲烷的立体结构的模型和楔线式

练习题 1.16 用楔线式表示 CH_2Br_2、CH_3OH 的立体结构式。

第五节　有机酸碱理论简介

许多有机反应是酸碱反应,同时有不少反应是在酸或碱的催化下进行。在药学领域中,因很多药物是属于酸或碱,药物的酸碱性及其强度对药物的吸收、代谢和药效都有一定的影响,在药物合成、分离提纯、质量控制和新药设计等方面都常用到有关酸和碱的知识。

一、阿伦尼乌斯电离理论

酸碱理论最早是由阿伦尼乌斯(S. A. Arrhenius)于1884年提出的。在水中能电离出质子的称为酸,能电离出氢氧负离子的称为碱。

能在水中产生质子的有机化合物有羧酸(RCOOH)、磺酸(RSO$_2$OH)、酚(ArOH)、硫醇(RSH)等化合物,能产生氢氧负离子的主要是胺类化合物。例如:

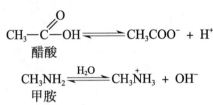

其他化合物如烃、卤代烃、醇、醛、酮和酰胺等在水中不能电离出氢质子,都属中性化合物。阿伦尼乌斯的酸碱概念在有机化合物的分离和提纯等方面十分有用,但具有较大的局限性。

二、布朗斯特酸碱质子理论

1923年布朗斯特(J. N. Brønsted)提出布朗斯特酸碱质子理论。根据布朗斯特理论,酸是质子的给予体,碱是质子的接受体,因此也称酸碱质子理论。

$$\underset{\text{碱}}{B:} + \underset{\text{酸}}{H-A} \rightleftharpoons \underset{\text{共轭酸}}{\overset{+}{B}-H} + \underset{\text{共轭碱}}{A^-}$$

$$\underset{\text{酸}}{CH_3-\overset{O}{\overset{\|}{C}}-OH} + \underset{\text{碱}}{H-\overset{..}{O}-H} \rightleftharpoons \underset{\text{共轭碱}}{CH_3-\overset{O}{\overset{\|}{C}}-O^-} + \underset{\text{共轭酸}}{H_3O^+}$$

酸失去质子形成的离子或分子称为该酸的共轭碱(conjugate base),碱得到质子形成的离子或分子称为该碱的共轭酸(conjugate acid)。

按此理论,除水中能电离出质子的酸外,其他含O—H、N—H和C—H的有机化合物都可看作酸,它们在适当的碱存在下都可给出质子。例如:

$$H-C\equiv C-H + NaOH \xrightarrow{\quad\times\quad}$$
$$\underset{\text{酸}}{H-C\equiv C-H} + \underset{\text{碱}}{NaNH_2} \longrightarrow H-C\equiv CNa + NH_3$$

除负离子(B$^-$)可作为碱外,具有未共用电子对的中性分子(B:)亦可作为碱。例如NH$_3$、H$_2$O、ROH(醇)、R—O—R(醚)、R$_2$C=O(酮)、RCHO(醛)等。

同一物质所表现出的酸碱性取决于介质,如乙酸在酸性比它弱的H$_2$O中表现为酸,H$_2$O作为碱;而在酸性比它强的H$_2$SO$_4$中则表现为碱。

$$\underset{\text{酸}}{CH_3-\overset{O}{\overset{\|}{C}}-O\!\!\curvearrowright\!\!H} + \underset{\text{碱}}{H-\overset{..}{O}-H} \rightleftharpoons CH_3-\overset{O}{\overset{\|}{C}}-O^- + H_3O^+$$

$$\underset{\text{碱}}{CH_3-\overset{O}{\overset{\|}{C}}-O-H} + \underset{\text{酸}}{H-O-SO_2OH} \rightleftharpoons CH_3-\overset{\overset{+}{O}H}{\overset{\|}{C}}-O-H + HOSO_2O^-$$

(一) 酸碱强度的表示

酸的强度可用酸度系数pK_a表示,pK_a越小,酸性越强;pK_a越大,则酸性越弱。表1-6为一些无机化合物和有机化合物的pK_a值。

表 1-6　一些无机化合物和有机化合物的 pK_a 值(25℃)

分子式	pK_a	分子式	pK_a
H—I	−5.2	$(HO)_2SO_2$	(1) −5.2 (2) 1.99
H—Br	−4.7	$(HO)_2SO$	(1) 1.8 (2) 3.18
H—Cl	−2.2	HOH	14.0
H—F	3.18	HCN	9.22
$HONO_2$	−1.3	$\overset{+}{N}H_4$	9.24
$(HO)_3PO$	(1) 2.15 (2) 2.7 (3) 2.38	$CO_2(H_2O)$	(1) 6.35 (2) 10.3
H_2S	7.01	CH_3OH	15.5
H_2Se	3.77	CH_3CH_2OH	15.9
CF_3COOH	0.2	CH_3COCH_3	20.0
CH_3COOH	4.74	$HCH_2COOC_2H_5$	24.5
C_6H_5OH	10.00	HC≡CH	~25
CH_3CH_2SH	10.60	NH_3	35.0
$CH_3\overset{+}{N}H_3$	10.62	$C_6H_5CH_2$—H	~41
$\overset{\textstyle H}{\underset{\textstyle CH_3COCHCOOC_2H_5}{\vert}}$	11.0	CH_2=CH_2	~44
CF_3CH_2OH	12.4	CH_4	~49

酸与其共轭碱的相互关系是酸的酸性越强,其共轭碱的碱性越弱;反之,酸的酸性越弱,其共轭碱的碱性越强,见表 1-7。

表 1-7　酸与其共轭碱的相互关系示例

化合物	RCH_2OH		HOH		RCOOH
pK_a	15.5~19		14.0		4~5
酸的强度顺序	RCH_2OH	<	HOH	<	RCOOH
共轭碱的强度顺序	RCH_2O^-	>	OH^-	>	$RCOO^-$

碱的强度可类似地用碱度系数 pK_b 表示,pK_b 越小,碱性越强;pK_b 越大,则碱性越弱。

$$B^- + H-O-H \rightleftharpoons B-H + OH^-$$
碱　　　　　　　　共轭酸

碱的强度还可用其共轭酸的 pK_a 表示。碱性越强,pK_b 越小,其共轭酸的 pK_a 越大;反之,碱性越弱,pK_b 越大,其共轭酸的 pK_a 越小。如在乙胺、氨和苯胺中,前者的碱性最强,氨次之,苯胺最弱,它们的 pK_b 和它们的共轭酸的 pK_a 如下:

碱性:	乙胺	>	氨	>	苯胺
	$CH_3CH_2NH_2$		NH_3		⬡—NH_2
pK_b:	3.29		4.74		9.38
共轭酸:	$CH_3CH_2\overset{+}{N}H_3$		$\overset{+}{N}H_4$		⬡—$\overset{+}{N}H_3$
pK_a:	10.81		9.25		4.57

练习题 1.17 从表 1-6 中列出的数据,推测下列化合物酸性强度的顺序。

(1) [环戊醇 OH]   (2) [环戊烷羧酸 COOH]   (3) [甲基环戊烷 CH₂—H]

(二) 酸性强度和结构的关系

我们可通过查阅表 1-6 或其他有关资料得知化合物的 pK_a,比较它们的酸性强弱,但如何从化合物的结构理解和预测它们酸碱性的相对强度呢?从结构上分析,化合物的酸性主要取决于其解离出 H^+ 后产生的负离子(共轭碱)结构的稳定性。负离子(A^-)越稳定,A^- 与 H^+ 结合的倾向就越小,该酸的酸性就越强。

$$H—A + H_2O \longrightarrow A^- + H_3O^+$$

影响负离子稳定性的因素如下。

1. 中心原子的电负性 中心原子是指与酸性氢直接相连的原子,如几种酸的中心原子处于元素周期表的同一周期,它们的电负性增大,原子核对负电荷的束缚加大,使这些负离子的稳定性增大,酸性增强。如甲烷、氨、水和氟化氢几种酸的中心原子碳、氮、氧和氟处于同一周期,它们的酸性随中心原子的电负性递增而递增。

中心原子电负性:	C	N	O	F	递增
负离子的稳定性:	CH_3^-	H_2N^-	OH^-	F^-	递增
酸性:	$CH_3—H$	$H_2N—H$	$HO—H$	$H—F$	递增
pK_a:	~49	35	14.0	3.8	

2. 中心原子的原子半径 如中心原子处于元素周期表的同一族,如下面的氧、硫和硒,它们的原子半径增大,有利于负电荷的分散,与质子结合的倾向减小,使负离子的稳定性增大,相应酸的酸性增强。下列水、硫化氢和硒化氢的酸性随中心原子的半径增大而增强。

原子半径:	O	S	Se	递增
负离子的稳定性:	OH^-	HS^-	HSe^-	递增
酸性:	HOH	HS—H	HSe—H	递增
pK_a:	14.0	7.0(1)	3.77(1)	

一个带电体的稳定性随电荷的分散而增大,这是个重要规律。在以后的有关章节中如讨论碳正离子(见第三章第三节)和碳负离子(见第十章)的稳定性等都要提及和应用这个概念。

3. 取代基 当中心原子相同时,如下列甲磺酸、乙酸和苯酚的中心原子都是氧,中心原子上分别连接甲磺酰基、乙酰基和苯基,酸性有明显区别,甲磺酸是强酸,乙酸和苯酚都是弱酸,但苯酚的酸性更弱。

酸性:	甲磺酸	>	乙酸	>	苯酚
	$CH_3SO_2—O—H$		$CH_3\overset{\text{O}}{\underset{\|}{C}}—O—H$		$C_6H_5—O—H$
pK_a:	≈−1.2		4.74		10
取代基:	甲磺酰基		乙酰基		苯基

负离子的稳定性还受中心原子的杂化状态和溶剂种类的影响,关于这些现象的理论解释在以后

的有关章节中逐一讨论。

练习题 1.18 比较下列负离子的碱性强弱顺序。

(1) F^-　Cl^-　Br^-　I^- 　　　　(2) CH_3O^-　CH_3NH^-

(3)

（三）酸碱反应

酸碱反应的一般规律是强酸和强碱形成弱碱和弱酸。例如在下面的反应中，由于反应物苯酚的酸性比产物水强，推知它们相应的共轭碱苯氧负离子的碱性比氢氧负离子弱，所以此反应能进行。

$$\text{苯酚-OH} + OH^- \longrightarrow \text{苯氧-O}^- + HOH$$

苯酚	氢氧负离子	苯氧负离子	水
较强的酸	较强的碱	较弱的碱	较弱的酸
pK_a 10			pK_a 14.0

在下面的反应中，CH_3OH 和 CH_3COOH 的 pK_a 分别为 15.5 和 4.74，CH_3COOH 的酸性比 CH_3OH 强，共轭碱 CH_3O^- 的碱性比 CH_3COO^- 强，因此该反应不能发生。

$$CH_3OH + CH_3COO^- \longrightarrow CH_3O^- + CH_3COOH$$

较弱的酸	较弱的碱	较强的碱	较强的酸
pK_a 15.5			pK_a 4.74

练习题 1.19 从 CH_3CH_2OH、CH_3CH_2SH、氨和水的 pK_a，推测下列反应能否发生？

(1) $CH_3CH_2OH + NaOH \longrightarrow$ 　　　(2) $CH_3C\equiv CH + NaNH_2 \longrightarrow$

(3) $CH_3CH_2SH + NaOH \longrightarrow$ 　　　(4) $CH_3COONa + HOH \longrightarrow$

三、路易斯酸碱理论

路易斯（G. N. Lewis）在 20 世纪 30 年代提出更广泛的酸碱定义，即酸是电子对的接受体，碱是电子对的给予体，所以路易斯酸碱理论亦称酸碱电子理论。

按此理论，酸碱反应是酸从碱接受一对电子的反应。例如下式中三氟化硼的硼原子的外层电子只有六个，可以接受电子，是电子对的接受体，三氟化硼为路易斯酸；氨的氮原子上有一对未共用电子对，是电子的给予体，氨为路易斯碱。

$$H_3N\overset{\frown}{:} + BF_3 \longrightarrow H_3\overset{+}{N}\overset{-}{B}F_3$$

　　碱　　　酸　　　酸碱配合物

又如下式中 $ZnCl_2$ 的锌原子外层有空轨道，可接受电子，是电子的接受体，为路易斯酸；醇的氧原子上有未共用电子对，有给出电子对的能力，可作路易斯碱，两者可形成酸碱配合物。

$$R-\overset{\cdot\cdot}{\underset{|}{O}}\overset{\cdot\cdot}{:} + ZnCl_2 \longrightarrow R-\overset{+}{\underset{|}{O}}-\overset{-}{Z}nCl_2$$
$$\quad\; H \qquad\qquad\qquad\quad H$$

　　　路易斯碱　　　路易斯酸

路易斯酸具有下列几种类型：①中心原子缺电子或有空轨道，如 BF_3、$AlCl_3$、$SnCl_4$、$ZnCl_2$ 和 $FeCl_3$ 等；②正离子，如 Li^+、Ag^+ 和 Cu^{2+} 等金属离子及 R^+（碳正离子）、Br^+、NO_2^+ 和 H^+ 等。H^+、BF_3、$AlCl_3$ 和 $ZnCl_2$ 等在有机反应中常作为催化剂。

路易斯碱主要有下列几种类型：①具有未共用电子对的化合物，如 $\overset{..}{N}H_3$、$R\overset{..}{N}H_2$（胺）、$R\overset{..}{O}H$（醇）、$R\overset{..}{O}R$（醚）、$R_2C=\overset{..}{O}$（酮）、$R\overset{..}{S}H$（硫醇）等；②负离子，如 R^-（碳负离子）、OH^-、RO^-、SH^-；③烯或芳香化合物等。与布朗斯特酸碱定义相比，路易斯酸碱扩大了酸的范围，而碱的范围是一致的，路易斯酸碱几乎包括所有的有机化合物和无机化合物。

路易斯碱都是富电子的，在化学反应过程中以给出电子或共用电子的方式和其他分子或离子中缺电子的部分结合生成共价键，因此称为亲核试剂（nucleophile）。

$$CH_3CH_2-Br \quad + \quad :\overset{..}{O}H^- \longrightarrow CH_3CH_2OH \quad + \quad Br^-$$

$$\text{路易斯酸} \qquad \text{路易斯碱}$$
$$\text{亲核试剂}$$

而路易斯酸一般都是缺电子的，在反应过程中倾向于进攻反应物中富电子的部分，对电子具有亲和力，称为亲电试剂（electrophile）。

$$\text{路易斯碱} \qquad \text{路易斯酸}$$
$$\text{亲电试剂}$$

用弯箭头表示反应中电子对的移动，箭头由共价键或未共用电子对开始，终点为反应物中缺电子的部分，表示电子转移的方向。在下面的羧酸与碱的反应中，一个弯箭头由氢氧负离子中的未共用电子对处开始，终点为羧酸中缺电子的氢，形成水的 $O-H$ 键；另一个弯箭头是表示羧酸的 $O-H$ 异裂，该共价键的一对电子转移到氧原子上，$O-H$ 键断裂，同时形成羧基负离子。

$$CH_3-\overset{O}{\overset{\|}{C}}-O-H \quad + \quad :\overset{..}{O}H^- \longrightarrow CH_3-\overset{O}{\overset{\|}{C}}-O^- \quad + \quad H-O-H$$

用弯箭头表示反应过程中电子的转移对以后理解众多的有机反应及其机理等方面是十分有益的。

练习题 1.20 指出下面反应物中的路易斯酸和路易斯碱，并用弯箭头表示反应中的电子转移。

$$:\overset{..}{B}r-\overset{..}{B}r: \ + \ FeBr_3 \longrightarrow Br^+ + FeBr_4^-$$

练习题 1.21 标出下列各反应中的反应物和产物中的未共用电子对，并表示反应中的电子转移。

(1) $CH_3NH_2 + H-O-H \longrightarrow CH_3\overset{+}{N}H_3 + OH^-$

(2) $CH_3-\overset{O}{\overset{\|}{C}}-O^- + H^+ \longrightarrow CH_3-\overset{O}{\overset{\|}{C}}-O-H$

(3) $RC\equiv C^- + H-O-H \longrightarrow RC\equiv CH + OH^-$

(4) $CH_3-\overset{O}{\overset{\|}{C}}-OH + OH^- \longrightarrow CH_3-\overset{O}{\overset{\|}{C}}-O^- + H_2O$

第六节   有机化合物的结构测定

一、一般过程

（一）分离提纯

从天然产物中分离或合成的有机化合物中常含有杂质，需要先进行提纯，其常用方法有蒸馏、重结晶和色谱分离等。有机化合物的纯度可通过测定物理常数和色谱法等得以验证。

（二）元素的定性分析和定量分析

有机化合物中所含的元素常用钠熔法测定。将少量样品与金属钠一起熔化，使样品中与碳共价结合的卤素、氮和硫转化成卤化钠、氰化钠和硫化钠等，然后用常规方法进行定性分析。在确定一个有机化合物样品所含的元素后，就需要准确地确定各元素的百分含量，通常测定含量的元素是碳、氢和氮。

（三）经验式和分子式的确定

化合物的经验式可从各元素的百分含量通过下列过程计算求出。首先将各元素的百分含量除以相应元素的原子量，得出该化合物各元素原子的数值比例，然后将这些数值分别除以这几个数值中最小的一个数值，就得各元素原子的整数比——经验式。例如某化合物的 C、H、N 和 O 元素的百分含量分别为 49.3%、9.6%、19.6% 和 22.7%，各元素原子的数值比应为 $\frac{49.3}{12.01}:\frac{9.6}{1.008}:\frac{19.6}{14.01}:\frac{22.7}{16.00}=$ 4.10：9.52 1.40：1.42，四种元素原子的最小数值比为 $\frac{4.10}{1.40}:\frac{9.52}{1.40}:\frac{1.40}{1.40}:\frac{1.42}{1.40}$ =3：7：1：1，由此确定该化合物的经验式为 C_3H_7NO。化合物的分子式可从它的分子量除经验式的式量求得。如测得上述化合物的分子量为 146，因 $C_3H_7N_1O_1$ 的式量为 73，因此该化合物的分子式为 $(C_3H_7NO)_2$，即 $C_6H_{14}N_2O_2$。

现在有机化合物的分子量可用质谱法测定，如用高分辨质谱只需微克级的样品就可精密测得化合物的分子量和分子式。

> **练习题 1.22**   写出具有如下组成的化合物的经验式。
> C 33.6%，H 5.6%，Cl 49.6%，O 11.2%

二、测定有机化合物结构的波谱法简介

有机化合物普遍存在同分异构现象，往往几个不同结构式的化合物具有相同的分子式，因此当有机化合物的分子式确定以后，还要测定其结构。过去测定有机化合物的结构主要依靠化学方法，现在主要运用波谱方法测定化合物的结构。常用的有 X 射线衍射、紫外吸收光谱、红外吸收光谱、核磁共振谱和质谱等，这里简单介绍红外吸收光谱（infrared absorption spectrum，IR）、核磁共振谱（nuclear magnetic resonance spectrum，NMR spectrum）和质谱（mass spectrum，MS）的有关概念。

（一）红外吸收光谱

红外光是电磁波的一种，电磁波的频率（ν）与波长（λ）之间的关系为 $\nu=\frac{c}{\lambda}$，c 为光速，光子的能量 $E=h\nu$。电磁波根据波长（λ）分为以下几个区域（图 1-16）。

红外吸收光谱是由分子振动能级跃迁吸收红外光产生的。在红外吸收光谱中波长常以 μm 为单位，频率用波数表示，$\bar{\nu}=\frac{1}{\lambda}=\frac{\nu}{c}$，单位为 cm^{-1}。

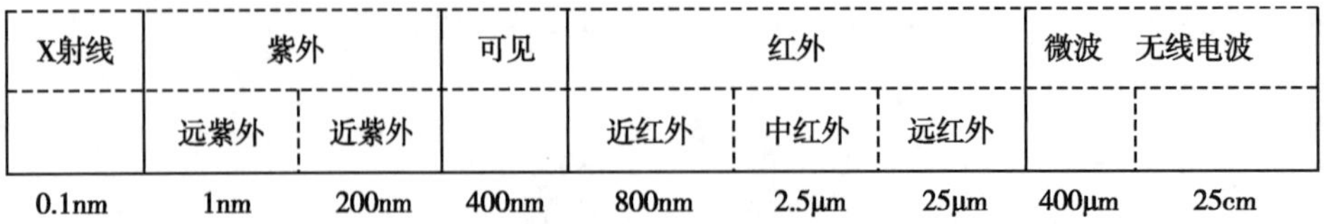

X射线	紫外		可见	红外			微波	无线电波
	远紫外	近紫外		近红外	中红外	远红外		
0.1nm	1nm	200nm	400nm	800nm	2.5μm	25μm	400μm	25cm

图 1-16　电磁波根据波长分成的几个区段

1. 分子振动和红外吸收频率　双原子分子中化学键的振动可模拟为一根弹簧两端的两个小球之间的谐振动(图 1-17)。

化学键的振动频率(波数)近似地用下式计算。

$$\bar{v} = \frac{1}{2\pi c}\sqrt{K\left(\frac{1}{m_A} + \frac{1}{m_B}\right)}$$

式中,K 为化学键的力常数;m_A 和 m_B 为原子的质量。从上式可见,化学键的振动频率取决于该键的力常数和原子质量,键的力常数越大,原子质量越小,其振动频率越大。表 1-8 为一些化学键的力常数($\times 10^2$N/nm,以 K' 表示)。

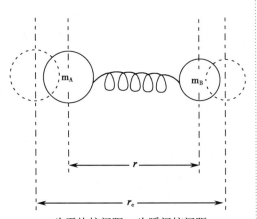

r_e 为平均核间距;r 为瞬间核间距。

图 1-17　成键双原子间的振动模型

表 1-8　一些化学键的力常数 K'

键	化合物	$K'/(\times 10^2$N/nm)	键	化合物	$K'/(\times 10^2$N/nm)
H—F	HF	9.7	H—C	$CH_2=CH_2$	5.1
H—Cl	HCl	4.8	H—C	$CH\equiv CH$	5.9
H—Br	HBr	4.1	C—Cl	CH_3Cl	3.4
H—I	HI	3.2	C—C		4.5~5.6
H—O	H_2O	7.8	C=C		9.5~9.9
H—N	NH_3	6.5	$C\equiv C$		9.5~9.9

分子振动的能量是量子化的,具有一定的能级,从较低能级跃迁到较高能级需要红外光提供能量($E_{光}$),当 $E_{光}$ 等于两个振动能级之差 $\Delta E_{振}$ 时,就产生红外吸收,即满足下列条件时产生红外吸收。

$$E_{光} = h v_{光} = \Delta E_{振}$$

分子振动能级跃迁所吸收的红外光的频率可用红外测定系统检测和记录,产生相应的红外吸收光谱图。

有机化合物都是多原子分子,分子中化学键的振动大致有以下几种类型,现以亚甲基为例说明。

(1) 对称和不对称伸缩振动:当两个 C—H 键沿着键轴进行伸缩振动时,若两个键同时伸长和缩短,称为对称伸缩振动;若两个键中的一个伸长(缩短),而另一个缩短(伸长),则称为不对称伸缩振动。分别见图 1-18(a)和 1-18(b)。这种类型的振动只有键长的变化,而无键角的变化。

(2) 弯曲振动:是指两个 C—H 键的成键原子之间在键轴前后或左右弯曲,振动时只有键角的变化,而无键长的变化。弯曲振动又可分为面内弯曲振动[图 1-19(a)]和面外弯曲振动[图 1-19(b)],

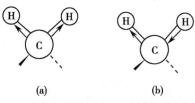

(a)对称伸缩振动;(b)不对称伸缩振动。

图 1-18　伸缩振动

"+"表示由纸面向上,"-"表示由纸面向下。弯曲振动不改变键长,振动的能量较小,红外吸收在低频区,一般在 1 500cm^{-1} 以下。

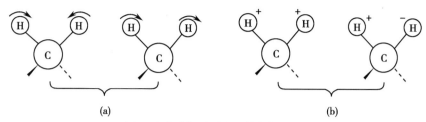

(a)面内弯曲振动;(b)面外弯曲振动。

图 1-19　弯曲振动

分子中随着原子数增加,其振动方式迅速增加,因此一般有机化合物的红外吸收光谱图较复杂,在识谱时要解析每个吸收峰是不可能的,所以主要研究分子中的化学键或基团的特征吸收峰。

2. 化学键的特征吸收峰　经测定许多有机化合物的红外吸收光谱发现,分子中的各种化学键或基团在红外吸收光谱的特定频区有吸收峰,这种吸收峰称为该化学键或基团的特征吸收峰。表 1-9 列出几种化学键的特征吸收频率,如羰基($\diagup C=O$)的特征吸收频率的范围为 1 850~1 600cm^{-1}。图 1-20、图 1-21 和图 1-22 分别为丁酮、苯甲醛和乙酸乙酯的红外吸收光谱图。在这三种不同的化合物中,羰基都在 1 850~1 600cm^{-1} 范围有强的吸收峰,$\overline{v}$ 分别为 1 738 cm^{-1}、1 760 cm^{-1} 和 1 735cm^{-1}。

表 1-9　一些化学键的特征吸收频率和强度

键型	化合物类型	吸收峰位置 /cm^{-1}	吸收强度
C—H	烷烃	2 960~2 850	强
=C—H	烯烃及芳烃	3 100~3 010	中等
≡C—H	炔烃	3 300	强
C=C	烯烃	1 680~1 620	不定
—C≡C—	炔烃	2 200~2 100	不定
C=O	醛、酮和酯等	1 850~1 600	强

化学键或基团的特征吸收峰对推测未知化合物的结构十分重要。如在未知物的红外吸收光谱图中,如果 1 850~1 600cm^{-1} 范围没有吸收峰,则可以初步确定该化合物不含$\diagup C=O$;反之,若有强的吸收峰,则该化合物有$\diagup C=O$。

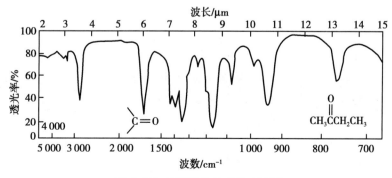

图 1-20　丁酮的红外吸收光谱图

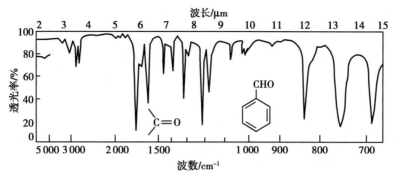

图 1-21 苯甲醛的红外吸收光谱图

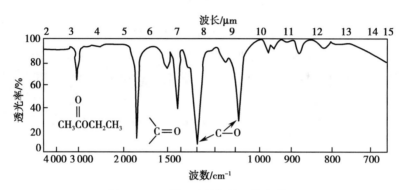

图 1-22 乙酸乙酯的红外吸收光谱图

3. 红外吸收光谱图 红外吸收光谱图是有机化合物样品通过红外光谱仪记录下来的谱图,一般以波长或波数($\bar{\nu}$)为横坐标,$\bar{\nu}$在 4 000~400cm⁻¹,以透光率 T% 或吸收度 A 为纵坐标,表示吸收峰的强度。除化学键或基团的吸收频率有特征外,吸收强度和峰形亦有特征。红外吸收光谱中的红外吸收强度有以下几种情况:强吸收(s)、中等吸收(m)、弱吸收(w)和强度不定。一些化学键的特征吸收峰频率和强度见表 1-9。整个红外吸收光谱图可分为两个区域,在 4 000~1 500cm⁻¹ 频区的峰数较少,比较简单,该区为化学键或基团的特征吸收峰区,是确定有机化合物中是否有某种化学键或基团的重要频区,称为功能区;1 500~400cm⁻¹ 频区的吸收峰较密、较复杂,分子结构的细微变化常引起这个区域的吸收峰的变化,在这个区内没有两个化合物的吸收峰是完全相同的,这种现象就像两个人的指纹不可能完全相同一样,所以称这个区域为指纹区。如要用红外吸收光谱确定两个化合物是否相同,不仅要看两个谱图在功能区的吸收峰是否完全吻合,还要看在指纹区范围内是否完全一致。

练习题 1.23 某一含 C、H、O 的化合物,其 IR 谱图如下,试指出该化合物是否含—C≡C—H、$\text{C}=\text{C}$ 或 $\text{C}=\text{O}$。

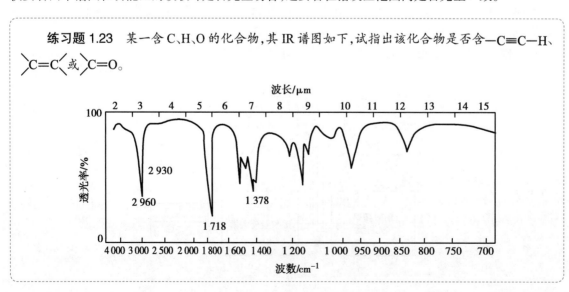

（二）**核磁共振氢谱**

1. **基本原理**   氢核同电子一样具有自旋
性,具有量子数分别为$+\frac{1}{2}$和$-\frac{1}{2}$的两个自旋态,因
此在外加磁场中自旋磁矩有两种取向(图1-23)。

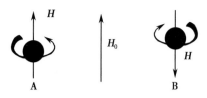

图1-23   质子在外加磁场(H_0)中的
2种自旋状态(A、B)

其中一种自旋磁矩与外加磁场方向一致,能
量较低(低能态);另一种自旋磁矩与外加磁场方
向相反(高能态)。两者的能量之差为$\Delta E_{自}$,$\Delta E_{自}$与外加磁场强度成正比(图1-24),其关系为:

$$\Delta E_{自}=\gamma\ \frac{h}{2\pi}\ H_0$$

式中,γ为氢核的特征常数;h为普朗克常数;H_0为外加磁场强度。

$\Delta E_{自}$是很小的,即使在很强的磁场强度中还是很小。如H_0为14 100Gs(高斯)时,$\Delta E_{自}$为$2.5\times$
10^{-5}kJ/mol;H_0为23 500Gs时,$\Delta E_{自}$为4×10^{-5}kJ/mol,相当于电磁波的无线电波频区。图1-24为不同
磁场强度时氢核两种自旋的能差。

要使氢核从低能态跃迁至高能态,需电磁波提供能量。因此,若用电磁波辐射在一定磁场强度中
的氢核,不断地调节电磁波的频率,当辐射能$h\nu_{辐}$恰好等于氢核两种自旋态的能差($\Delta E_{自}$)时,氢核就吸
收电磁波的辐射能,从低能态跃迁至高能态,氢核自旋反转,发生核磁共振(nuclear magnetic resonance)。

$$h\nu_{辐}=\Delta E_{自}\qquad \nu_{辐}=\frac{r}{2\pi}H_0$$

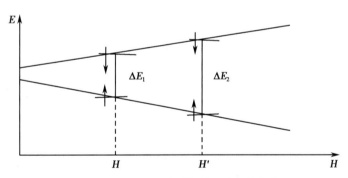

图1-24   不同磁场强度时氢核两种自旋的能差

氢原子核(^{1}H)的核磁共振简写为^{1}H–NMR,又称质子核磁共振。核磁共振可被核磁共振仪检
测,信号经放大及数据处理后记录下来,产生核磁共振谱图,信号的外形为一个吸收峰。图1-25为核
磁共振仪构造示意图。随频率加大,仪器的分辨率提高。

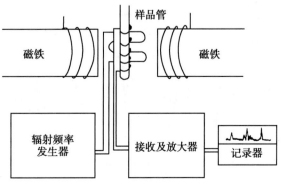

图1-25   核磁共振仪构造示意图

2. 屏蔽效应和化学位移 有机化合物中的氢核自旋能级差似乎是一样的,当辐射电磁波的频率相同时,共振吸收峰应出现在同一位置,只有一个吸收峰。如果是这样,对测定有机化合物的结构就毫无意义了,但事实上并非如此。图 1-26 是甲醇(CH_3OH)的 ^1H–NMR 谱图,羟基(—OH)和甲基(—CH_3)中氢核的共振吸收峰出现在不同的位置,羟基中的氢核比甲基中的氢核在较低的磁场强度下发生共振,这是由于这两种氢核所处的化学环境不同,即屏蔽效应有差异引起的。有机化合物中的氢核与"裸露"的氢核不同,它们周围还有电子,在外加磁场的作用下发生电子环流,从而产生感应磁场,其方向与外加磁场相反(图 1-27),因此使氢核实际感受到的磁场强度比外加磁场的强度稍弱些。为了发生核磁共振,必须提高外加磁场强度,以抵消电子运动产生的对抗磁场的作用。这种氢核外围电子对抗外加磁场所起的作用称为屏蔽效应(shielding effect)。

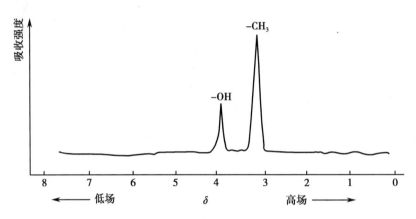

图 1-26 甲醇的 ^1H–NMR 谱图

显然,氢核周围的电子云密度越高,屏蔽效应越大,即在较高的磁场强度处发生核磁共振;反之,屏蔽效应越小,即在较低的磁场处发生核磁共振。

低场	H_0	高场
屏蔽效应小		屏蔽效应大

由于有机分子中的各种氢核受到不同程度的屏蔽效应,因而可在核磁共振谱的不同位置上出现吸收峰,但其差别是很小的,要精确测定其绝对值相当困难,因此要用一个参比物质以比较待

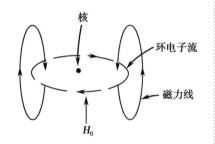

图 1-27 核外电子流动产生感应磁场

测物质中的氢核与参比物质的吸收峰位置之间的差别,这种差别称为化学位移(chemical shift)。常用四甲基硅烷$(CH_3)_4Si$(tetramethylsilane,简写为 TMS)作为参比物质。因 TMS 中的四个甲基的化学环境相同,只有一个单峰,并且其氢核所受的屏蔽效应大于大多数有机化合物中的氢核,即 TMS 需在高场发生核磁共振吸收,而其他有机化合物中氢核的核磁共振在 TMS 的低场发生。图 1-28 为氯仿 $CHCl_3$ 的 ^1H–NMR(60MHz)谱图。在测定时,样品中加入少量 TMS,仪器经调试后,将 TMS 中氢核的共振吸收峰定在零点处,再不断调节外加磁场强度,使氯仿分子中的氢核发生共振,测得谱图 1-28。

从图 1-28 可以看出氯仿中的氢核在低于 TMS 的频率发生核磁共振,两者的距离为 437Hz,这就是氯仿中氢核的化学位移。化学位移一般用相对值 δ 来表示。

$$化学位移(\delta) = \frac{\nu_{样品} - \nu_{TMS}}{\nu_0(核磁共振仪所用频率)} \times 10^6 \ ppm$$

式中,$\nu_{样品}$为样品吸收峰的频率;ν_{TMS}为四甲基硅烷吸收峰的频率。由于所得的数值很小,一般只有百万分之几,故乘以 10^6ppm。

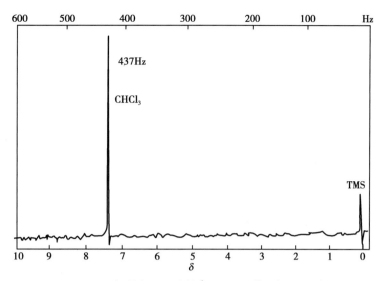

图 1-28   氯仿($CHCl_3$)的 ^1H-NMR 谱图(60MHz)

化学位移是一个很重要的物理常数,是分析分子中的各类氢原子所处的化学环境的重要依据。δ 值越大,表示屏蔽作用越小;δ 值越小,则表示屏蔽作用越大。关于影响化学位移的因素将在后面各章中逐步介绍。

3. 自旋 – 自旋耦合和自旋 – 自旋裂分   在 ^1H-NMR 谱图中某些氢核吸收峰不是单一的,而是多重峰,图 1-29 为 3,3-二甲基 –1,1,2-三溴丁烷的 ^1H-NMR 谱图。在谱图中有三组吸收峰,这是由于该化合物有三种不同化学环境的氢核——C_1—H_a、C_2—H_b 和甲基中的氢核引起的,化学位移(δ 值)分别为 6.4、4.5 和 1.1。在三组吸收峰中只有甲基的氢核为单峰,H_a 和 H_b 都是双重峰。

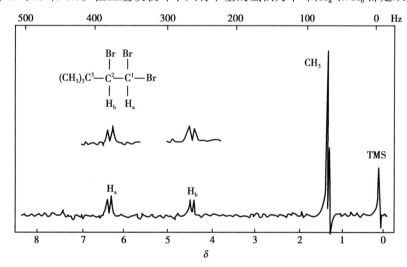

图 1-29   3,3-二甲基 –1,1,2-三溴丁烷的 ^1H-NMR 谱图

又如溴乙烷,它有两种化学环境不同的氢——CH_3(H_a)和 CH_2(H_b),所以在谱图 1-30 中有两组吸收峰。H_a 和 H_b 的吸收峰分别被分裂为三重峰和四重峰。

上述两个化合物的 H_a 和 H_b 的共振吸收峰被分裂是由于它们受邻近氢核自旋干扰引起的。这种干扰称为自旋 – 自旋耦合(spin–spin coupling),自旋 – 自旋耦合产生的裂分称为自旋 – 自旋裂分。

一般来说,当氢核相邻的碳上有 n 个同类氢核时,吸收峰被分裂成 $n+1$ 个,即有 $n+1$ 规律。在上面的 3,3-二甲基 –1,1,2-三溴丁烷中,H_a 和 H_b 各有一个相邻的氢核 H_b 和 H_a($n=1$),$n+1=2$,它们的吸收峰都被分裂成双重峰。溴乙烷 CH_3CH_2Br 的 H_a 有两个相邻氢($n=2$),$n+1=3$,分裂成三重峰;H_b 有三个相邻氢($n=3$),$n+1=4$,分裂成四重峰。

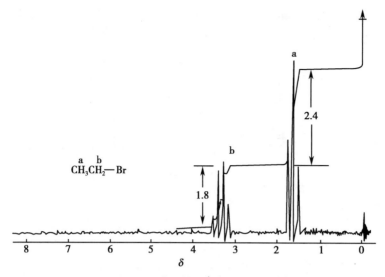

图 1-30 溴乙烷的 ^{1}H-NMR 谱图

	CH₃	H_b	H_a		H_a	H_b
相邻氢核数（n）	0	1	1		2	3
吸收峰的裂分数（$n+1$）	0	2	2		3	4

练习题 1.24 指出以下 ^{1}H-NMR 谱图是 $CH_3CH_2CH_2Cl$ 还是 $\overset{\displaystyle CH_3CHCH_3}{\underset{\displaystyle Cl}{|}}$。

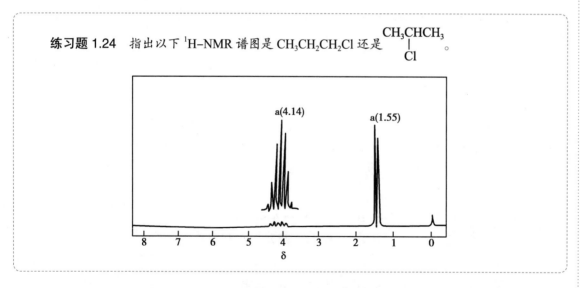

在核磁共振中,有下列情况时一般不发生自旋-自旋耦合。①有同种化学环境的相邻氢核（又称化学等价质子）,如 1,1,2,2-四溴乙烷 $Br_2CHCHBr_2$ 中的 H_a 和 H_b 是化学等价的,H_a 和 H_b 间不发生自旋-自旋耦合,共振吸收信号呈单峰;②两个氢核不是在相邻的两个碳原子上,如

$$H_a-\overset{|}{C}-(\overset{|}{C})_Y-\overset{|}{C}-H_b, Y>0, H_a 和 H_b 一般亦不发生自旋-自旋耦合。$$

4. 峰面积与氢核的数目 在 ^{1}H-NMR 谱图中,各组峰覆盖的面积与引起该吸收峰的氢核数成正比。峰面积用自动积分仪测得的阶梯积分曲线表示（图 1-30）。各个阶梯的高度比为不同化学位移的氢核数之比。在图 1-30 中 CH_3 和 CH_2 两组峰的高度比为 3:2。

各个峰面积的相对值亦可以在谱图上直接用数字显示出来,如将含一个质子的峰面积指定为1,则谱图上的数字与质子数目相符。图1-31为乙酸乙酯的核磁共振氢谱图。

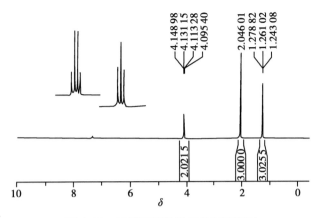

图1-31　乙酸乙酯的核磁共振氢谱图

¹H–NMR是测定有机化合物结构的重要工具之一,从¹H–NMR谱图可得到以下几个方面的信息:①从吸收峰的组数可知该化合物有几种不同化学环境的氢核,如3,3–二甲基–1,1,2–三溴丁烷(图1-29)有三组峰、溴乙烷(图1-30)有两组峰,分别说明有三和两种化学环境不同的氢核;②从各组峰的δ值可推测该氢核所处的屏蔽效应的大小;③各组峰的面积比提示各组氢的比例;④每组氢的裂分数提示相邻氢核的数目;⑤每组共振吸收峰裂分之间的距离称耦合常数(J),J亦是确定有机化合物结构的有意义的信息。

除以上介绍的核磁共振氢谱外,现在已得到较普遍使用的还有核磁共振碳谱,简称碳谱(carbon spectra)。它是利用碳自旋核获得¹³C–NMR谱图,其提供的是分子碳架及与碳直接相连的原子的信息。

(注:在本教材和配套的学习指导与习题集中,氢谱的峰形通常用英文表示,s、d、t、qua、qui、sex、sept、m分别表示单峰、双峰、三重峰、四重峰、五重峰、六重峰、七重峰、多重峰。)

(三) 质谱

1. 基本原理　有机化合物分子在高真空下,经高能(50~100eV)电子束轰击时,化合物分子失去或得到一个电子而成为带电荷的分子离子(molecular ion)。分子离子实际上是正离子自由基或负离子自由基。由于电子的质量很小,分子离子的质量即等于化合物的分子量。分子离子一般用M⁺或M⁻表示。

$$A:B + e^- \longrightarrow A \cdot B^+ + 2e^-$$
分子　　电子　　分子离子　　电子

或　　　$$A:B + e^- \longrightarrow A:B^-$$
　　　　分子　　电子　　分子离子

在高能电子束的作用下,分子离子还可断裂成各种带电荷和不带电荷的碎片(fragment)。产生的离子流先受电场的加速,然后在强磁场作用下沿着弧形轨道前进。每种离子的质量和电荷之间有一定比例,即质荷比(m/z)。m/z大小不同的正离子或负离子因其轨道弯曲程度不同(图1-32)而被分离开来,正如白光通过棱晶分成各种单色光一样。

再通过变动磁场依次到达离子捕集器,然后经过电子放大成电流后用记录装置记录下来即得质谱图。如图1-33为己烷的质谱图。

须指出的是,一般分子离子峰很不稳定,能进一步裂解成其他碎片,因此丰度不高,甚至观察不到分子离子峰。

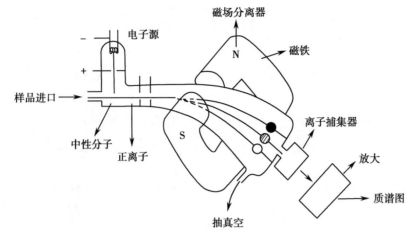

图 1-32 质谱仪的示意图

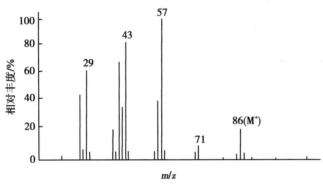

图 1-33 己烷的质谱图

2. 质谱图 图 1-33 中的横坐标为 m/z,纵坐标为相对丰度,各直线代表分子离子峰(有时不出现)和某一质荷比碎片的相对丰度,丰度为 100% 的峰称为基峰。图 1-33 中 m/z 86 和 57 分别为己烷的分子离子峰和基峰,还有 m/z 21、43 和 29 的碎片峰。其主要形成过程如下:

$$CH_3CH_2CH_2CH_2CH_2 \frown CH_3]^{+\cdot} \longrightarrow CH_3CH_2CH_2CH_2CH_2^+ + CH_3\cdot$$
$$m/z\ 86\ 分子离子峰 \qquad\qquad m/z\ 71$$

$$CH_3CH_2CH_2CH_2 \frown CH_2CH_3]^{+\cdot} \longrightarrow CH_3CH_2CH_2CH_2^+ + CH_3CH_2\cdot$$
$$m/z\ 57\ 基峰$$

分子离子峰能提供被测物质的分子量,而分子离子还可裂解成碎片,为确定结构提供非常有用的信息。如正己烷和异己烷的质谱不一样(图 1-33 和图 1-34),这是因为含支链的烷烃易在支链位置断裂,因此异己烷的质谱中 m/z 43 的丰度最大,而正己烷的质谱中 m/z 57 的丰度最大。

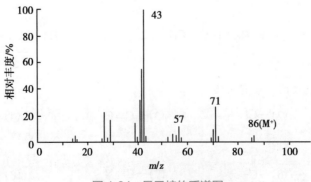

图 1-34 异己烷的质谱图

$$CH_3CH_2CH_2 \overset{\displaystyle|}{\underset{\displaystyle CH_3}{CHCH_3}} \Big]^{\cdot +} \longrightarrow CH_3CH_2CH_2 \cdot + CH_3\overset{+}{C}HCH_3$$

分子离子峰　　　　　　　　　　　　　　　　　　　*m/z* 43基峰

$$CH_3CH_2CH_2\overset{\displaystyle|}{\underset{\displaystyle CH_3}{CH}} \overset{\displaystyle}{} CH_3 \Big]^{\cdot +} \longrightarrow CH_3CH_2CH_2\overset{+}{C}HCH_3 + CH_3 \cdot$$

m/z 71

$$CH_3CH_2 \overset{\displaystyle}{} CH_2\overset{\displaystyle|}{\underset{\displaystyle CH_3}{CHCH_3}} \Big]^{\cdot +} \longrightarrow CH_3CH_2 \cdot + (CH_3)_2CH\overset{+}{C}H_2$$

m/z 57

习　　题

1. 根据电负性指出下列共价键的偶极矩的方向。

(1) C—Cl (2) C—O (3) C—S (4) C—B (5) F—Cl

(6) N—O (7) N—S (8) N—B (9) B—Cl

2. 试用符号"$\longmapsto$"表示下列分子中共价键的偶极矩。

(1) CH_3CH_2—Cl (2) CH_3CH_2—OH (3) CH_3CH_2—OCH_2CH_3

(4) H—$NHCH_2CH_3$ (5) CH_3CH＝O (6) CH_3CH_2—MgBr

3. 写出下列化合物的电子结构式。

(1) F_2O (2) PCl_3 (3) C_3H_8 (4) ClCN

4. 将下列各组化合物按键长递减和键能递增排列成序。

(1) N≡N H_2N—NH_2 HN＝NH 　　(2) N_2 F_2 O_2
　　① 　　　② 　　　③ 　　　　　　　　① ② ③

(3) CH_3OH H_2CO(比较 C—O 键)
　　① 　　　②

5. 按碳架分类法,下列化合物各属于哪类化合物?

(1) CH_3—CH＝CH_2 (2) $CH_3CH_2\overset{\displaystyle}{\underset{\displaystyle CH_3}{CH}}CH_2CH_3$ (3) CH_3⬡

(4) ⬡—CH_3 (5) (quinoline 结构，含 N) (6) (oxazole 结构，含 O 和 N)

(7) ⬡—OH (8) $CH_3\overset{\displaystyle O}{\overset{\displaystyle \|}{C}}$—$CH_3$ (9) ⬡—COOH

(10) CH_3CH_2Br

6. 写出含下列官能团的三碳有机物。

(1) $\overset{\displaystyle}{} C＝C \overset{\displaystyle}{}$ (2) —Cl (3) —C≡C— (4) —OH

(5) H—$\overset{\displaystyle O}{\overset{\displaystyle \|}{C}}$— (6) —$\overset{\displaystyle O}{\overset{\displaystyle \|}{C}}$— (7) —C≡N (8) —O—

7. 下面哪些化合物具有相似的性质？

(1) $CH_3CH_2OCH_2CH_3$

(2) $CH_3CH=CHCH_2CH_3$

(3)

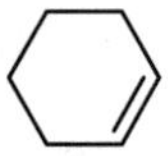

(4) $CH_3CH(CH_3)CH_2CH_3$

(5) $CH_3CH_2CH_2CH_3$

(6) $CH_3-\overset{\overset{O}{\|}}{C}-CH_2CH_2CH_3$

(7) $CH_3CH_2CH_2OH$

(8)

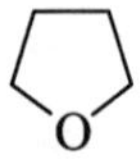

(9) 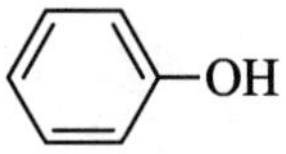 ⬡—OH

(10) ⬠—OH

(11) 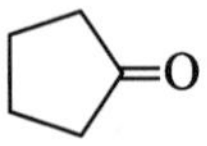 ⬠=O

(12) ⬡⬡—OH（萘，1位有OH）

8. 将下列化合物改写为键线式。

(1) $\underset{CH_3}{CH_3CH}CH_2\underset{CH_3}{CH}CH(CH_3)_2$

(2) $CH_3CH_2CH_2\overset{\overset{O}{\|}}{C}CH_3$

(3) $CH_3CH_2C\equiv CCH_2C(CH_3)_3$

(4) $CH_3(CH_2)_2CHClCH_2CH_2O(CH_2)_2CH(CH_3)_2$

(5) 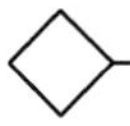 ◇—$CH_2CH_2CH_2CH(CH_3)COCl$

(6) $(C_2H_5)_4C$

9. 0.858g 化合物 X 完全燃烧生成 2.63g CO_2 和 1.28g H_2O。

(1) 计算化合物 X 的各元素的组成百分比。

(2) 写出最小分子量的化合物 X 的分子式。

10. 下列化合物或离子中哪些带正或负电荷？如有，试标出。

(1) 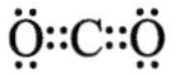 $\ddot{O}::C::\ddot{O}$

(2) 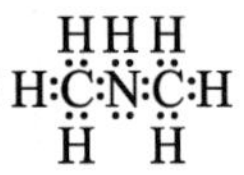 $H:\overset{\overset{\displaystyle H}{}}{\underset{\underset{\displaystyle H}{}}{C}}:\overset{\overset{\displaystyle H}{}}{\underset{\underset{\displaystyle H}{}}{N}}:C:H$

(3) 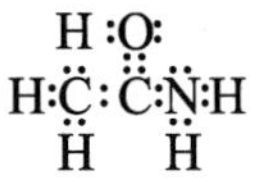 $H:\overset{\overset{\displaystyle H\ddot{O}}{}}{\underset{\underset{\displaystyle H}{}}{C}}:\overset{}{\underset{\underset{\displaystyle H}{}}{C}}:N:H$

(4) 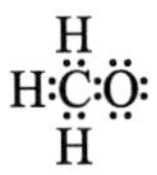 $H:\overset{\overset{\displaystyle H}{}}{\underset{\underset{\displaystyle H}{}}{C}}:\ddot{O}:$

(5) 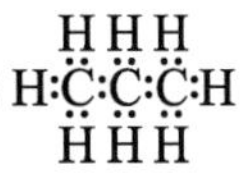 $H:\overset{\overset{\displaystyle H}{}}{\underset{\underset{\displaystyle H}{}}{C}}:\overset{\overset{\displaystyle H}{}}{\underset{\underset{\displaystyle H}{}}{C}}:\overset{\overset{\displaystyle H}{}}{\underset{\underset{\displaystyle H}{}}{C}}:H$

(6) $CH_3\dot{C}H_2$

11. 根据题意回答问题。

(1) 下列官能团在 IR 谱图中哪个吸收频率最高？

a. $\overset{}{\underset{}{>}}C=C\overset{}{\underset{}{<}}$

b. $-C\equiv C-$

c. $\overset{}{\underset{}{>}}C=O$

(2) 下列化合物有几种化学不等价质子？指出其在 ^1H-NMR 谱图中各组峰的峰数。

$CH_3CH_2-\overset{\overset{O}{\|}}{C}-O-C(CH_3)_3$

(3) 指出下列化合物在 ^1H-NMR 谱图中会出现几组吸收峰信号及裂分情况。

a. CH_3CH_2Cl

b. $CH_2=C(CH_3)_2$

c. CH_3CH_2OH

d. $CH_3CH_2\overset{\overset{O}{\|}}{C}-H$

12. 判断下列反应中哪些主要向生成物方向进行？

(1) $CH_3CH_2OH + NaOH \rightleftharpoons CH_3CH_2ONa + H_2O$

(2) $CH_3C\equiv CH + C_2H_5ONa \rightleftharpoons CH_3C\equiv CNa + C_2H_5OH$

(3) $CH_3C\equiv CH + NaNH_2 \rightleftharpoons CH_3C\equiv CNa + NH_3$

(4) $CH_3-\overset{\overset{O}{\|}}{C}-\underset{\underset{H}{|}}{CH}-\overset{\overset{O}{\|}}{C}-OC_2H_5 + C_2H_5ONa \rightleftharpoons \left[CH_3-\overset{\overset{O}{\|}}{C}-CH-\overset{\overset{O}{\|}}{C}-OC_2H_5\right]^- Na^+ + C_2H_5OH$

(5) $CH_3-\overset{\overset{\displaystyle O}{\|}}{C}-CH_3 + NaOH \rightleftharpoons \left[CH_3-\overset{\overset{\displaystyle O}{\|}}{C}-CH_2\right]^- Na^+ + H_2O$

13. 下列两个反应中哪个是路易斯酸？哪个是路易斯碱？并用弯键头表示反应中的电子转移。

(1) $CH_3CH_2Cl + AlCl_3 \longrightarrow CH_3\overset{+}{C}H_2 + AlCl_4^-$

(2) $CH_3CH_2-O-CH_2CH_3 + BF_3 \longrightarrow \underset{CH_3CH_2}{\overset{CH_3CH_2}{>}}\overset{+}{O}-\bar{B}F_3$

第二章

烷　烃

第二章
教学课件

2-SZ-1
自由基化学
与臭氧层保
护（案例）

由碳、氢两种元素组成的有机化合物称为碳氢化合物，简称烃（hydrocarbon），它是其他有机化合物的母体。在烃类分子中，碳原子皆以单键（C—C）相连的称为烷烃（alkane）。开链烷烃的分子通式为 C_nH_{2n+2}。烷烃分子除形成碳碳单键外，剩余的键为氢所饱和，因此烷烃也称为饱和烃（saturated hydrocarbon）。

第一节　同系列和同分异构现象

一、同系列和同系物

具有相同的分子通式，组成上相差 CH_2 或其整数倍的一系列化合物称为同系列（homologous series），同系列中的各化合物称为同系物（homolog），CH_2 则称为同系差。同系物的结构相似、化学性质相近，但反应速率往往有较大的差异，物理性质也呈现规律性的变化。只要掌握和了解同系列中的少数几个化合物的性质，便能了解这一系列化合物的基本性质。

二、同分异构现象

甲烷、乙烷和丙烷分子中的原子都只有一种连接顺序，不产生同分异构现象。从含四个碳原子的烷烃开始，碳原子不仅可以连接成直链形式的碳链，也可连接成有分支的碳链。如丁烷的分子式为 C_4H_{10}，符合这个分子式的构造就有两种，它们互为构造异构体（constitutional isomer），有不同的性质，是两种不同的化合物。戊烷 C_5H_{12} 有三种构造异构体：正戊烷、异戊烷和新戊烷。

C_4H_{10}

$$CH_3-CH_2-CH_2-CH_3 \qquad \underset{\underset{CH_3}{|}}{CH_3-CH-CH_3}$$

	正丁烷	异丁烷
沸点/℃	−0.5	−12
熔点/℃	−135.0	−159
溶解度（ml/100ml乙醇）	1 813	1 320

C_5H_{12}

$$CH_3-CH_2-CH_2-CH_2-CH_3 \qquad \underset{\underset{CH_3}{|}}{CH_3-CH-CH_2-CH_3} \qquad \underset{\underset{CH_3}{|}}{\overset{\overset{CH_3}{|}}{CH_3-C-CH_3}}$$

	正戊烷	异戊烷	新戊烷
沸点/℃	36.1	28	9.5

可见，构造异构体是具有相同的分子组成，而分子中的原子或基团的连接顺序和方式不同的同分异构体。随着烷烃分子中碳原子数的增加，构造异构体的数目迅速增多，C_6H_{14} 有 5 个，C_7H_{16} 有 9 个，$C_{10}H_{22}$ 和 $C_{12}H_{26}$ 则分别有 75 个和 355 个异构体。

练习题 2.1　写出分子式为 C_6H_{14} 的所有构造异构体。

三、饱和碳原子和氢原子的分类

烷烃(除甲烷)分子中的碳原子按照与其直接成键的碳原子数目可以分成四类：碳的四个价键中只与一个碳直接相连的碳原子，称为伯碳原子(primary carbon)，或称一级碳原子，常以 1° 表示；与两和三个碳相连的碳原子分别称为仲碳原子(secondary carbon)和叔碳原子(tertiary carbon)，或称二级碳原子和三级碳原子，常用 2° 和 3° 表示。连接在这些碳上的氢原子，则相应地称为伯氢(一级氢原子，1°H)、仲氢(二级氢原子，2°H)和叔氢(三级氢原子，3°H)。与四个碳相连的碳原子称为季碳原子(quaternary carbon)或四级碳原子，用 4° 表示，季碳原子不能再连接氢原子。在下面的这个烷烃分子中，标明了这四种类型的碳原子。

$$
\overset{1°}{CH_3} \\
\overset{1°}{CH_3} - \overset{4°}{\underset{\underset{\overset{\displaystyle CH_3}{1°}}{\overset{\displaystyle CH_3}{|}}}{C}} - \overset{3°}{CH} - \overset{2°}{CH_2} - \overset{2°}{CH_2} - \overset{1°}{CH_3}
$$

简式 $\overset{1°}{(CH_3)_3}\overset{4°}{C}\underset{3°}{CH}(CH_3)CH_2CH_2CH_3$

练习题 2.2　指出练习题 2.1 中的每个异构体中的各碳原子的级别。

练习题 2.3　写出分子式为 C_8H_{18} 且只有伯氢烷烃的构造式。

第二节　命　名

有机化合物种类繁多、结构复杂，又存在多种同分异构现象，因此须有一个完整的命名方法来区分各个化合物。烷烃的命名原则是各类有机化合物命名的基础。

一、普通命名法

普通命名法又称习惯命名法，是人们早期对有机化合物进行命名的一种方法。对于烷烃的命名，普通命名法的基本内容有含 1~10 个碳原子的直链烷烃词首分别用甲、乙、丙、丁、戊、己、庚、辛、壬和癸表示，从含 11 个碳原子起用汉字数字表示。从丁烷开始的烷烃有同分异构体，词首用正(normal 或 n-)、异(iso)和新(neo)区别这些同分异构体的构造。"正"表示直链烷烃，"异"和"新"分别表示碳链一端有异丙基 $(CH_3)_2CH$— 和叔丁基 $(CH_3)_3C$—，且链的其他部位无支链的烷烃。例如：

$$CH_3-CH_2-CH_2-CH_2-CH_3$$

$$CH_3-\underset{\underset{CH_3}{|}}{CH}-CH_2-CH_3$$

$$CH_3-\overset{\overset{CH_3}{|}}{\underset{\underset{CH_3}{|}}{C}}-CH_3$$

正戊烷　　　　　　　　　　异戊烷　　　　　　　　　　新戊烷

n-pentane　　　　　　　　isopentane　　　　　　　　neopentane

这种命名方法的应用范围有限，从含六个碳原子以上的烷烃开始便不能用本法区分所有的构造异构体。

练习题 2.4　在 C_6H_{14} 的构造异构体中，哪几种异构体不能用普通命名法命名？

二、系统命名法

鉴于普通命名法的局限性,1892 年在日内瓦召开的国际化学会议上人们提出有机化合物的系统命名法(systematic nomenclature),后经国际纯粹与应用化学联合会(IUPAC)确定为有机化合物系统命名原则,也称为 IUPAC 命名法。有机化合物的中文系统命名法是中国化学会以 IUPAC 命名法为基础,结合我国的文字特点而制定的。2018 年 1 月中国化学会发布《有机化合物命名原则》(2017)(以下简称 2017 版命名原则),对中文系统命名进行修订,与当前 IUPAC 命名法的英文命名规则保持一致。本书将依据 2017 版命名原则进行有机化合物的系统命名。

(一) 直链烷烃的系统命名

直链烷烃的系统命名法与普通命名法基本相同,某烷前面不需加"正"字。一些直链烷烃的名称见表 2-1。

表 2-1 一些直链烷烃的名称

分子式	中文名称	英文名称	分子式	中文名称	英文名称
CH_4	甲烷	methane	C_7H_{16}	庚烷	heptane
C_2H_6	乙烷	ethane	C_8H_{18}	辛烷	octane
C_3H_8	丙烷	propane	C_9H_{20}	壬烷	nonane
C_4H_{10}	丁烷	butane	$C_{10}H_{22}$	癸烷	decane
C_5H_{12}	戊烷	pentane	$C_{11}H_{24}$	十一烷	undecane
C_6H_{14}	己烷	hexane	$C_{12}H_{26}$	十二烷	dodecane

(二) 含支链烷烃的系统命名

含支链的烷烃看作是直链烷烃的取代衍生物,将支链(side chain)作为取代基(称烷基),名称中包括母体(parent)和取代基(substituent)两部分,取代基部分在前,母体部分在后。

$$\overset{6}{C}H_3\overset{5}{C}H_2\overset{4}{C}H_2\overset{3}{C}H\overset{2}{C}H_2\overset{1}{C}H_3 \quad\quad \text{3-甲基己烷}$$
$$\underset{CH_3}{|} \quad\quad\quad\quad \text{3-methylhexane}$$
$$\text{取代基 母体}$$

1. 常见的烷基 烷烃分子中去掉一个氢原子留下来的原子团称为烷基,通式为 C_nH_{2n+1},常以 R —表示。烷基的英文名称是将烷烃中的词尾 –ane 换成 –yl,即 alkyl。甲烷和乙烷分子中只有一种氢,相应的烷基只有一种即甲基(methyl,简写为 Me–)和乙基(ethyl,简写为 Et–)。但从丙烷开始,相应的烷基就不止一种。表 2-2 为一些常见烷基的中英文名称和简写。

表 2-2 一些烷基的名称

烷烃	烷基	中文名称	英文名称	英文简写
$CH_3CH_2CH_3$ (丙烷)	$CH_3CH_2CH_2—$	正丙基	*n*–propyl	*n*–Pr
	CH_3CHCH_3 |	异丙基	isopropyl	iPr
$CH_3CH_2CH_2CH_3$ (正丁烷)	$CH_3CH_2CH_2CH_2—$	正丁基	*n*–butyl	*n*–Bu
	$CH_3CH_2CHCH_3$ |	仲丁基	*sec*–butyl	*s*–Bu
$CH_3—CH—CH_3$ | CH_3 (异丁烷)	$(CH_3)_2CHCH_2—$	异丁基	isobutyl	iBu
	$(CH_3)_3C—$	叔丁基	*tert*–butyl	*t*–Bu
$(CH_3)_3CCH_3$ (新戊烷)	$(CH_3)_3CCH_2—$	新戊基	neopentyl	—

在表 2-2 中,正某基和仲某基是指直链烷基的游离价在碳链的第一个(伯)和第二个(仲)碳原子上的烷基。新某基和异某基表示碳链末端分别有 $(CH_3)_3C—$ 和 $(CH_3)_2CH—$ 基,叔某基表示除去叔碳上的氢留下来的烷基。

练习题 2.5　写出下列烷基的名称(包括中文和英文)。

(1) $CH_3CH_2CH_2CH_2—$　　(2) $(CH_3)_2CHCH_2CH_2—$　　(3) $(CH_3)_3C—$

2. 主链的选择　选择烷烃分子中最长的连续碳链作为主链,按其碳原子数称为某烷。

$$CH_3—CH_2—CH—CH_3$$
$$|$$
$$CH_2—CH_3$$

当分子中有几种等长碳链可选择时,应选择含取代基多的最长碳链为主链。在下列化合物中 A 和 B 链都含五个碳原子,但 A 链含取代基比 B 链多,前者有两个取代基(甲基和乙基),后者只有一个取代基(异丙基),所以选 A 链为主链,称为 3-乙基-2-甲基戊烷。

A $CH_3—CH_2—CH—CH_2—CH_3$
B
$$|$$
$$CH—CH_3$$
$$|$$
$$CH_3$$

3-乙基-2-甲基戊烷
3-ethyl-2-methylpentane

3. 主链的编号　从靠近取代基的一端开始,用阿拉伯数字对主链的碳原子依次编号,使取代基的编号最小。例如:

$$\overset{1}{CH_3}—\overset{2}{CH}—\overset{3}{CH_2}—\overset{4}{CH_2}—\overset{5}{CH_3}$$
$$|$$
$$CH_3$$

称　2-甲基戊烷
　　2-methylpentane

不称　4-甲基戊烷
　　　4-methylpentane

又如下面的这个化合物,主链的编号有两个方向 A → B 和 B → A,前者的取代基位次组是 2、5、6,后者是 3、4、7。A → B 首先遇到的取代基位次为 2,而 B → A 首先遇到的取代基位次为 3,前者的编号方式取代基位次更小,因此应选择从 A 编到 B 的方向。

A　$CH_3—CH_2—CH_2—CH_2—CH—CH_2—CH_3$
$$|$$
$$CH_3 \qquad\qquad CH_3—CH—CH_2—CH_3 \; B$$

称　5-乙基-2,6-二甲基辛烷
　　5-ethyl-2,6-dimethyloctane

不称　4-乙基-3,7-二甲基辛烷
　　　4-ethyl-3,7-dimethyloctane

4. 书写名称的规则　①书写化合物的名称时取代基写在前面,母体写在后面;②取代基位次用阿拉伯数字表示,写在取代基名称前面;③如有几种取代基时,表示这些取代基位次的阿拉伯数字之间应加一个逗号",";④有几个相同的取代基时,将其名称合并在一起,它的数目用汉字表示,写在该取代基的名称和位次之间;⑤阿拉伯数字与汉字之间应加一短线"-"。例如:

$$\overset{}{CH_3}—\overset{}{CH_2}—\overset{}{\underset{1}{C}}—\overset{}{\underset{4}{CH_2}}—\overset{}{\underset{5}{CH_3}}$$

3,3-二甲基戊烷
3,3-dimethylpentane

$$\overset{1}{CH_3}—\overset{2}{CH}—\overset{3}{CH_2}—\overset{4}{CH}—\overset{5}{CH_2}—\overset{6}{CH_3}$$
$$|\qquad\qquad|$$
$$CH_3 \qquad\quad CH_3$$

2,4-二甲基己烷
2,4-dimethylhexane

有几种不同的取代基时,取代基的名称按其英文名称首字母顺序依次列出,若首字母相同,则依次往后进行比较。如几种常见烷基在系统命名中的先后次序为丁基(butyl)、乙基(ethyl)、甲基(methyl)、戊基(pentyl)、丙基(propyl)。

值得注意的是,异丙基的英文名称 isopropyl 为一个整体,以首字母 i 参与排序;叔丁基(*tert*-butyl)、仲丁基(*sec*-butyl)的英文名称中斜体的 *tert*-、*sec*- 等为前缀,前缀不参与排序,应该以丁基的首字母 b 参与排序;表示取代基个数的词缀如 di(二)、tri(三)、tetra(四)等一般不参与字母排序,因此二甲基(dimethyl)应该以甲基的首字母 m 参与排序。例如:

$$
\begin{array}{c}
CH_3-CH-CH_3 \qquad\qquad CH_3 \\
\underset{1}{CH_3}-\underset{2}{CH}-\underset{3}{CH}-\underset{4}{CH}-\underset{5}{CH_2}-\underset{6}{CH}-\underset{7}{CH_3} \\
CH_3 \qquad CH_2-CH_3
\end{array}
$$

4-乙基-3-异丙基-2,6-二甲基庚烷

4-ethyl-3-isopropyl-2,6-dimethylheptane

5. 当取代基位次组相同时主链的编号　当主链的编号从 A → B 或 B → A 两种情况的取代基位次组完全相同时,需依据取代基的优先顺序进一步判断,应该优先使首字母排前的取代基具有较小的编号。例如下列化合物无论按 A → B 还是 B → A 编号,取代基位次组均为 3、4。由于乙基(ethyl)优先于甲基(methyl),因此应选择从 B 编到 A 的方向,使乙基具有较小的编号。

$$
A \quad CH_3-CH_2-\overset{CH_3}{\underset{CH_2-CH_3}{CH}}-CH-CH_2-CH_3 \quad B
$$

称　　3-乙基-4-甲基己烷
　　　3-ethyl-4-methylhexane

不称　3-甲基-4-乙基己烷
　　　3-methyl-4-ethylhexane

(三) 含复杂支链烷烃的系统命名

复杂支链是指支链上还有取代基的烷基。如果分子中含有复杂取代基,需对复杂取代基进行系统命名:首先找出包含连接点碳原子的最长碳链(取代基的主链),编号时使连接点的位次尽可能小,再命名它所有的取代基。连接点的位次用阿拉伯数字表示,写在"基"之前,阿拉伯数字与汉字之间应加一短线"-"。如果连接点位次在 1 位,数字"1"一般省略。例如:

$$
\underset{1}{CH_3}-\overset{\frown}{\underset{2}{C}}-\underset{3}{\underset{4}{CHCH_3}} \qquad\qquad \overset{\frown}{\underset{1}{CH_2}}\underset{2}{CHCH_2}\underset{3}{CH_2}\underset{4}{CH_3}
$$
$$
CH_3\ CH_3 \qquad\qquad\qquad\qquad CH_3
$$

2,3-二甲基丁-2-基　　2-甲基丁基

2,3-dimethylbutan-2-yl　　2-methylbutyl

对于含有复杂支链烷烃的命名,将复杂支链的名称作为一个整体放在括号内,括号外冠以其在主链的位次。例如:

$$
\underset{1}{CH_3}\underset{2}{CH_2}\underset{3}{CH}\underset{4}{CH}\underset{5}{CH_2}-\underset{6}{CH}\underset{7}{CH_2}\underset{8}{CH_2}\underset{9}{CH_2}\underset{10}{CH_3}
$$
$$
CH_3 \qquad\qquad CH_3-\underset{2}{C}-\underset{3}{CHCH_3}
$$
$$
CH_3\ CH_3
$$

6-(2,3-二甲基丁-2-基)-3-甲基癸烷

6-(2,3-dimethylbutan-2-yl)-3-methyldecane

(注:此时 di 为复杂取代基的一部分,复杂取代基以首字母 d 参与排序。)

练习题 2.6　将下列化合物用系统命名法命名(包括中文和英文)。

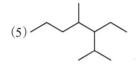

(1) CH₃—CH₂—CHCH—CH—CH—CH₃

(2) CH₃CH₂CHCH₂CH₂CH(CH₃)CH₃

(3) (CH₃CH₂)₄C

(4) CH₃CH₂CH₂CH(CH₃)CHCH₂CH(CH₃)CH₃

(5)

第三节　结　　构

　　烷烃分子中的碳原子都是 sp³ 杂化。碳氢(C—H)和碳碳(C—C)键由碳原子的 sp³ 杂化轨道分别与氢原子的 1s 轨道或其他碳原子的 sp³ 杂化轨道沿键轴的方向重叠而形成。这种重叠方式形成的键称为 σ 键(图 2-1),因此甲烷的四个 C—H 键完全相同,并且相互间的夹角为 109.5°,呈正四面体结构。它的四个 σ 键从四面体中心分别伸向四个顶点(图 2-2)。

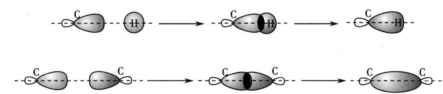

图 2-1　由 sp³-s 和 sp³-sp³ 形成的单个 C—H、C—C σ 键

　　甲烷和乙烷分子的结构已被电子衍射光谱证实,它们中的 C—C 和 C—H 的键长和价键间的夹角如图 2-2 和图 2-3 所示。

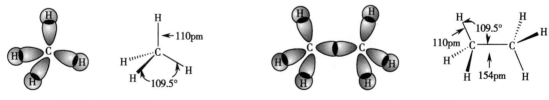

图 2-2　甲烷的结构　　　　　　　　　图 2-3　乙烷的结构

　　有机分子的结构用平面的凯库勒式表示是不完善的,它只能表示分子中的原子相互连接的顺序和方式(即只能表示构造),不能反映分子的立体结构。但因为书写较方便,在一般情况下仍用凯库勒式或其简式来表示。

　　烷烃分子中的化学键 C—H 和 C—C 键都是 σ 键,在成键时两个原子轨道的重叠程度较大,键较牢固。另外,σ 键的成键轨道沿键轴对称分布,任一成键原子围绕键轴旋转时,不会改变两个原子轨道的重叠程度(图 2-4),因此围绕 σ 键可"自由旋转"。

02D01

2-D-1
甲烷
(模型)

02D02

2-D-2
乙烷的结构
与成键
(动画)

02D03

2-D-3
乙烷
(模型)

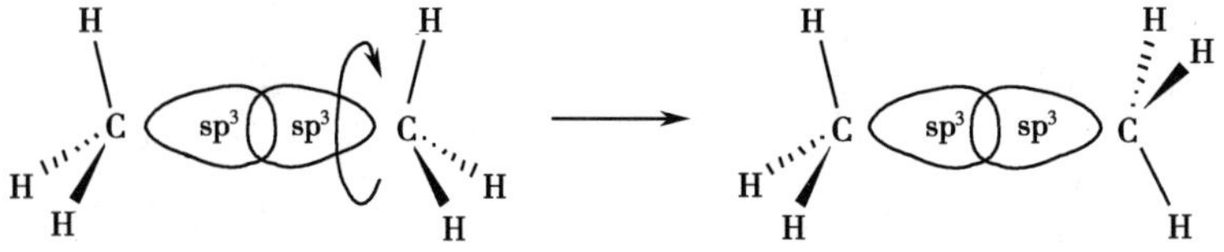

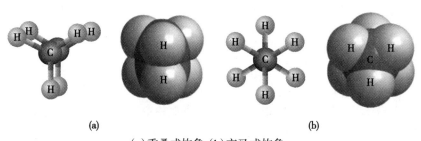

图 2-4　围绕 C—C σ 键旋转不会改变成键轨道的重叠程度

第四节　构　　象

当围绕烷烃分子中的 C—C σ 键旋转时，分子中的氢原子或烷基在空间的排列方式即分子的立体形象不断变化。这种由于围绕 σ 键旋转所产生的分子的各种立体形象称为构象（conformation）。

一、乙烷的构象

图 2-5（a）表示乙烷分子的一种立体形象，沿 C—C 键的轴向观察，前后两个碳原子上的 C—H 键间的夹角为 0°，两个碳原子上的氢处于重叠位置。如将模型 2-5（a）中的一个甲基不动，另一个甲基围绕 C—C 键旋转，随着两个碳原子上的 C—H 键间的夹角不断变化，分子中的氢在空间的排列方式亦在改变，当旋转到前后两个碳原子上的 C—H 键间的夹角为 60° 时，则为图 2-5（b）所示的构象。

(a)　　(b)

（a）重叠式构象；（b）交叉式构象。

图 2-5　乙烷分子的球棒模型和斯陶特模型

图 2-5（a）和（b）所示的立体形象分别称为乙烷的重叠式构象（eclipsed conformation）和交叉式构象（staggered conformation）。围绕（a）的 C—C 键旋转 60°、180° 和 300° 都是交叉式构象，而旋转 120°、240° 和 360° 都是重叠式构象。实际上围绕 C—C σ 键旋转的过程中，分子还有无数种构象，重叠式构象和交叉式构象只是其中的两种典型构象（又称极限构象）。

用物理化学方法研究乙烷的构象与能量间的关系时表明，重叠式构象比交叉式构象的能量高 12.6kJ/mol，这是由于在重叠式构象中两个碳原子上的 C—H 键靠得较近，成键电子间产生排斥作用。这种由于键的旋转从交叉式构象到重叠式构象变化所导致的能量改变称为扭转能（torsional energy）或扭转张力（torsional strain）。因重叠式构象的能量比交叉式构象高，因此从一个交叉式构象转变成另一个交叉式构象，分子必须越过这个能垒（图 2-6）。由此可见，围绕 σ 键旋转并非完全自由，但由于两种构象间的能量差别很小，室温下分子的热运动就可提供此能量。因此室温下，这两种构象式之间可以快速相互转化。只是在这个动态平衡中，交叉式构象出现的概率较多，是占优势的构象，故交叉式构象称为稳定构象或优势构象。

乙烷分子的构象常用锯架式（saw frame）和纽曼投影式（Newman projection）表示，后者是沿 C—C 键的键轴投影而得的。在纽曼投影式中，从圆圈中心伸出的三条线 表示离观察者近的碳原子上的价键，而从圆周向外伸出的三条线 表示离观察者远的碳原子上的价键。

2-D-4 乙烷重叠式构象（模型）

2-D-5 乙烷交叉式构象（模型）

2-D-6 乙烷构象（动画）

2-K-1 科学家简介

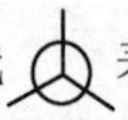

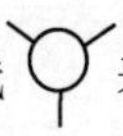

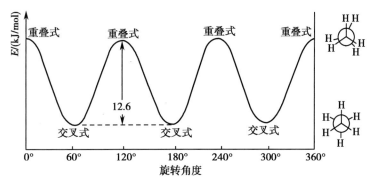

图 2-6 围绕乙烷 C—C σ 键旋转时分子的构象和能量变化

锯架式

纽曼投影式

二、丁烷的构象

因在丁烷 CH_3—CH_2—CH_2—CH_3 的 C_2 和 C_3 上都连有一个体积较氢原子大的甲基，这两个甲基在空间的排列方式对分子的能量有较大的影响，因此这里只讨论围绕 C_2—C_3 σ 键旋转时的情况。若从两个甲基处于重叠式构象的(1)开始围绕 C_2—C_3 键旋转，每旋转 60° 后两个甲基在空间的排列变化如下。

(1)	(2)	(3)	(4)	(5)	(6)
旋转角度 0°	60°	120°	180°	240°	300°
全重叠式	邻位交叉式	部分重叠式	对位交叉式	部分重叠式	邻位交叉式

因式(2)和(6)、(3)和(5)的能量相同，因此围绕 C_2—C_3 旋转，丁烷有四种典型构象：对位交叉式构象(anti conformation)、邻位交叉式构象(gauche conformation)、部分重叠式构象(partial eclipsed conformation)和全重叠式构象(overall eclipsed conformation)。

在对位交叉式中，两个体积大的甲基相距最远，能量最低，为稳定构象或优势构象。在邻位交叉式构象中，两个甲基间的距离仍小于范德华(van der Waals)半径之和，因此仍有排斥作用，能量高于对位交叉式，低于部分重叠式构象和全重叠式构象。全重叠式构象中有两个体积大的甲基处于重叠式构象位置，范德华力较大，另外还有 C—H 的重叠，因此能量最高，是最不稳定的构象。部分重叠式构象中有甲基和氢及氢和氢的重叠，能量亦较高，但比全重叠式构象低。因此，四种构象的稳定性顺序为：

对位交叉式构象>邻位交叉式构象>部分重叠式构象>全重叠式构象

最稳定构象   最不稳定构象

图 2-7 为丁烷围绕 C_2—C_3 旋转时分子的构象和能量变化图。这四种构象中,对位交叉式和全重叠式构象之间的能量差别最大,为 18.8kJ/mol。但在室温下这几种构象间仍能相互转化,只是对位交叉式所占的比例最大。

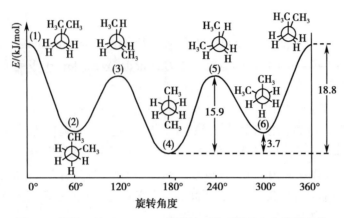

2–D–7
丁烷构象
(动画)

图 2-7　围绕丁烷 C_2—C_3 σ 键旋转时分子的构象和能量变化

> **练习题 2.7**　写出围绕戊烷的 C_1—C_2 和 C_2—C_3 σ 键旋转的典型构象,分别用纽曼投影式和锯架式表示,并指出其优势构象。
>
> **练习题 2.8**　写出围绕己烷的 C_3—C_4 σ 键旋转的优势构象,分别用纽曼投影式和锯架式表示。

值得注意的是,在化学反应中,分子不一定都以优势构象参与反应。另外,影响构象稳定性的因素除上述已提及的扭转张力和范德华力外,有时还有偶极–偶极相互作用及氢键等。在这些情况下,分子的优势构象不一定都是对位交叉式。如乙二醇和 2–氯乙醇分子中由于在邻位交叉式中可以形成分子内氢键,内能较低,所以主要以邻位交叉式构象存在。

2–D–8
乙二醇
(模型)

在丁烷的优势构象中,四个碳原子呈锯齿形排列,含更多碳原子的烷烃分子在气态和液态时一般都可以围绕 C—C 键旋转,各种构象间亦能迅速转化。但在晶格中,直链烷烃的碳链排列成锯齿形,C—H 键都处于交叉位置,这种构象不仅能量较低,并且在晶格上排列亦较紧密。

2–D–9
戊烷
(模型)

戊烷　　　　　　　　　　己烷

第五节　物理性质及光谱性质

有机化合物的物理性质通常是指物态、沸点、熔点、密度、溶解度和光谱性质等。有机化合物数目庞大,物理性质各异,但各类有机化合物具有某些共同的物理性质,如烷烃都不溶于水且比水轻等。

一些烷烃的熔点、沸点和密度见表 2-3。总的来说,有机化合物的物理性质取决于它们的结构和分子间作用力。

一、物理性质

(一)分子间作用力

影响有机化合物的物理性质的重要因素是分子间作用力(intermolecular force),可分为偶极 – 偶极相互作用(dipole–dipole interaction)、范德华力(van der Waals force)(又称色散力)和通过氢键(hydrogen bond)产生的作用力。

偶极 – 偶极相互作用产生于极性分子之间[图 2-8(a)]。

色散力为分子间瞬时偶极之间微小的吸引力。分子中电子不停地运动,电子云瞬时偏移使分子的正、负电荷中心暂时不重合而产生瞬时偶极。一个分子的瞬时偶极又影响邻近分子的电子分布,诱导出一个相反的偶极[图 2-8(b)],这两种瞬时偶极之间有微小的吸引力。色散力有加和性,随分子中原子的数目增多而增大。色散力还和分子间的距离有关,它只能在近距离内直接接触部分之间才能有效地作用,随着分子间距离增加,色散力很快减弱。

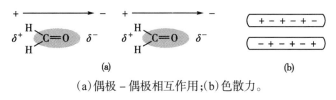

(a)偶极 – 偶极相互作用;(b)色散力。

图 2-8   分子间作用力

氢键不仅对有机化合物的沸点和溶解度等有很明显的影响,而且在生物大分子如蛋白质和核酸的结构中起关键作用。图 2-9 表示脱氧核糖核酸(DNA)中的碱基 guanine(简写为 G,鸟嘌呤)和 cytosine(简写为 C,胞嘧啶)间氢键配对的结构。

图 2-9   DNA 碱基中氢键的结构式

很多药物要通过与受体结合才能产生药效,在此过程中上述三种作用力起重要作用。图 2-10 为局部麻醉药分子与受体相互作用的示意图。

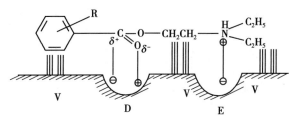

E:静电引力;D:偶极相互作用力;V:分子间引力。

图 2-10   局部麻醉药分子与受体相互作用的示意图

（二）沸点、熔点、密度和溶解度

1. **沸点** 在常温常压下，$C_1\sim C_4$ 的烷烃为气体，$C_5\sim C_{16}$ 的直链烷烃为液体，C_{17} 以上的烷烃为固体。直链烷烃的沸点（boiling point，简写为 bp）随分子中碳原子数的增加而升高。在低级烷烃中，沸点随分子量的增加而升高较明显，但随分子量的增加，同系物间沸点的差距逐渐减小，见表 2-3 和图 2-11。在同分异构体中，直链的异构体的沸点比含支链的异构体高，支链越多，沸点越低（表 2-4）。

表 2-3 烷烃的物理常数

名称	分子式	沸点 /℃	熔点 /℃	相对密度（d_4^{20}）
甲烷	CH_4	−161.7	−182.6	—
乙烷	C_2H_6	−88.6	−172.0	—
丙烷	C_3H_8	−42.2	−187.1	0.500 0
丁烷	C_4H_{10}	−0.5	−135.0	0.578 8
戊烷	C_5H_{12}	36.1	−129.7	0.626 0
己烷	C_6H_{14}	68.7	−94.0	0.659 4
庚烷	C_7H_{16}	98.4	−90.5	0.683 7
辛烷	C_8H_{18}	125.7	−56.8	0.702 8
壬烷	C_9H_{20}	150.7	−53.7	0.717 9
癸烷	$C_{10}H_{22}$	174.0	−29.7	0.729 8
十一烷	$C_{11}H_{24}$	195.8	−25.6	0.740 4
十二烷	$C_{12}H_{26}$	216.3	−9.6	0.749 3
十三烷	$C_{13}H_{28}$	235.5	−6	0.756 8
十四烷	$C_{14}H_{30}$	251	5.5	0.763 6
十五烷	$C_{15}H_{32}$	268	10	0.768 8
十六烷	$C_{16}H_{34}$	280	18.1	0.774 9
十七烷	$C_{17}H_{36}$	303	22.0	0.776 7
十八烷	$C_{18}H_{38}$	308	28.0	0.776 7
十九烷	$C_{19}H_{40}$	330	32.0	0.777 6
二十烷	$C_{20}H_{42}$	343	36.4	0.777 7

烷烃是非极性分子，分子间只有微弱的色散力相互吸引。从甲烷到丁烷，分子间的吸引力还不足以将它们凝集成液态，因此都呈气态。因色散力有加和性，随着分子中碳原子和氢原子数目的增加，色散力加大，分子就不容易脱离液面，因此直链烷烃的沸点随分子量增加而有规律地升高。

在低级烷烃中每增加一个 CH_2，对两个烷烃分子量的比例影响较大。如甲烷和乙烷的分子量分别为 16 和 30，约为 1:2，因此沸点差别较明显。在高级烷烃中这种影响就显得不重要了，因此沸点差别很小。支链烷烃与同分子量的直链烷烃相比沸点较低，这是由于受支链的影响，分子不能紧密靠在一起，接触面积小，色散力比直链烷烃小（图 2-12）。

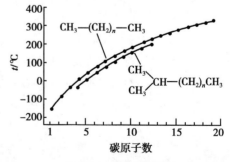

图 2-11 烷烃的沸点

2. 熔点　直链烷烃的熔点(melting point,简写为 mp)的变化与沸点的变化规律相似,随分子量的增加而升高,但与沸点的升高有所不同,偶数碳原子的烷烃比奇数碳原子的烷烃升高的幅度大一些,分别构成两条熔点曲线(图 2-13)。在同分异构体中,熔点高低的顺序与沸点亦不同,如异戊烷比正戊烷低,而新戊烷比正戊烷高(表 2-4),这是因为熔点不仅和分子间作用力有关,还与分子在晶格中堆积的紧密程度有关。新戊烷分子接近球形,对晶体堆积十分有利,虽然其色散力相对较弱,但熔点远高于其他两种同分异构体。

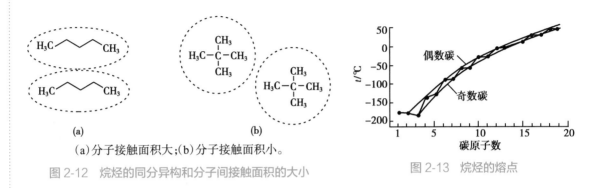

　　(a)分子接触面积大;(b)分子接触面积小。

图 2-12　烷烃的同分异构和分子间接触面积的大小

图 2-13　烷烃的熔点

表 2-4　戊烷异构体的沸点和熔点

物理常数	戊烷异构体		
	$CH_3CH_2CH_2CH_2CH_3$	$\overset{CH_3}{\underset{CH_3}{|}}CHCH_2CH_3$	$CH_3-\overset{CH_3}{\underset{CH_3}{\overset{|}{\underset{|}{C}}}}-CH_3$
沸点 /℃	36.1	28	9.5
熔点 /℃	−129.7	−160	−17

3. 相对密度　烷烃是所有有机化合物中密度(density)最小的一类,它们的相对密度都小于1。由于烷烃分子间的引力弱,排列疏松,单位体积容纳的分子数少,因而密度较低。虽然随分子量增加密度有所增加,但增加不明显,这是因为分子间引力增加的同时,分子体积也在增加,单位体积内的分子数仍较少。水的密度比烷烃大,是由于水分子间有强烈的氢键引力,排列得非常紧密,单位体积内容纳的水分子较多。

4. 溶解度　烷烃的溶解度(solubility)符合"相似相溶"规律。烷烃是非极性分子,不溶于极性大的水,而溶于低极性的苯、四氯化碳和乙醚等。但烷烃本身是一种良好的有机溶剂,例如石油醚(它是几种烷烃的混合物)就是实验室中常用的有机溶剂之一。

练习题 2.9　试比较:

(1)丁烷、丙醇和丙胺的沸点。

(2)丁烷、乙基甲基醚 $CH_3-O-CH_2CH_3$ 和丙醇在水中的溶解度。

二、光谱性质

(一) 红外吸收光谱

　　烷烃分子只含 C—C 键和 C—H 键,C—C 键的吸收很弱,对结构分析没有价值。C—H 伸缩振动在 3 000~2 850cm⁻¹,一般有强吸收;弯曲振动在 1 465~1 340cm⁻¹,相对较弱。图 2-14 为己烷的红外吸收光谱图。

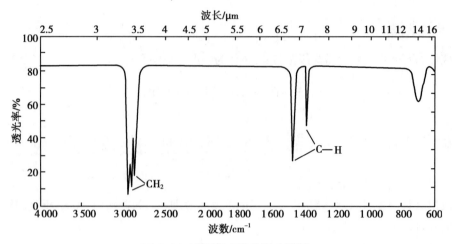

图 2-14　己烷的红外吸收光谱图

（二）核磁共振氢谱

由于碳与氢的电负性非常接近,烷烃分子中氢核的屏蔽效应较大,共振吸收出现在高场,化学位移较小,δ 值在 0.9~1.8ppm。

（三）质谱

直链烷烃中所有 C—C 键的键能是相近的,分子离子可在任何一个 C—C 键断裂,产生含不同碳数的碎片离子,一般 m/z 为 M–15、M–29、M–43 和 M–57 等,它们相当于分子离子中去掉甲基、乙基、丙基和丁基。相邻两个峰间的 m/z 相差 14。丁烷的质谱图中丰度最大的是 m/z 43(图 2-15)。它的分子离子峰裂解的主要方式如下:

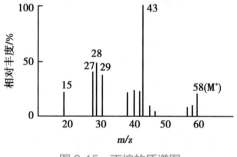

图 2-15　丁烷的质谱图

$$CH_3CH_2CH_2CH_3 \ + \ e \ \longrightarrow \ CH_3CH_2CH_2CH_3^{\rceil^{+\cdot}} \ + \ 2e$$
$$m/z \ 58$$

$$CH_3CH_2CH_2CH_3^{\rceil^{+}} \nearrow \begin{array}{l} CH_3CH_2CH_2^{+} \ + \ CH_3\cdot \\ m/z \ 43 \end{array}$$
$$\searrow \begin{array}{l} CH_3CH_2^{+} \ + \ CH_3CH_2\cdot \\ m/z \ 29 \end{array}$$

具支链的烷烃分子离子峰一般断裂在支链处,异己烷的主要断裂方式和质谱图见第一章第六节。

第六节　化　学　性　质

根据反应物和产物的结构关系可将有机反应分为酸碱反应、取代(substitution)反应、加成(addition)反应、消除(elimination)反应、缩合(condensation)、重排(rearrangement)反应和氧化还原(oxidation-reduction)反应等。

按化学键断裂和生成的方式可将其分为自由基反应、离子反应和协同反应。

烷烃分子中的 C—H 和 C—C 键都是非极性的 σ 键,键比较牢固。在通常条件下一般与强酸、强碱、强氧化剂、强还原剂等不发生反应,表现出化学稳定性。但烷烃的化学稳定性也是相对的,在一定条件下,例如在高温、高压和催化剂等条件下,C—H 和 C—C σ 键也可断裂而发生氧化反应、热裂解反应和卤代反应等。

一、氧化和燃烧

高级烷烃如石蜡部分氧化得高级脂肪酸,可作为生产肥皂的原料。

$$R—H + O_2 \xrightarrow[\sim 110℃]{MnO_2} R'COOH$$
$$(C_{20\sim30} 烷烃)$$

烷烃在空气或氧气存在下点燃,完全燃烧生成二氧化碳和水,同时放出大量的热量。

$$C_nH_{2n+2} + \left(\frac{3n+1}{2}\right)O_2 \xrightarrow{点燃} nCO_2 + (n+1)H_2O + 热量$$

因能放出大量热量,所以烷烃是人类应用的重要能源之一。如在燃烧时供氧不足,燃烧不完全,就有大量的一氧化碳等有毒物质产生。

在标准状态下 1mol 烷烃完全燃烧所放出的热量称为燃烧热(heat of combustion),用 $\Delta H^{\ominus}$ 表示。燃烧热可以精确测定,表 2-5 为一些烷烃的燃烧热。

表 2-5　一些烷烃的燃烧热

化合物	$\Delta H^{\ominus}/(kJ/mol)$	化合物	$\Delta H^{\ominus}/(kJ/mol)$
甲烷	891.1	正己烷	4 165.9
乙烷	1 560.8	异丁烷	2 869.8
丙烷	2 221.5	2-甲基丁烷	3 531.1
正丁烷	2 878.2	2-甲基戊烷	4 160.0
正戊烷	3 539.1		

从表 2-5 可以看出,直链烷烃每增加一个同系差 CH_2,燃烧热平均增加 658.6kJ/mol。还可以看出烷烃的同分异构体中,直链烷烃的燃烧热比支链烷烃大。图 2-16 为正丁烷和异丁烷的燃烧热,这两个异构体燃烧时耗用氧气的数量一样,最后生成的产物一样,因此燃烧热的差别反映它们分子内能的高低和热力学稳定性的大小。内能越高,燃烧热越大;反之,内能越低,燃烧热越小。异丁烷的燃烧热比正丁烷小,说明它的内能较低。

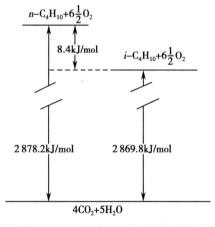

图 2-16　正丁烷和异丁烷的燃烧热

练习题 2.10　试推测辛烷、2,2-二甲基己烷和 2,2,3,3-四甲基丁烷的燃烧热大小顺序。

二、热裂解反应

热裂解反应(pyrolysis reaction)是指有机化合物在无氧和高温条件下进行的分解反应。烷烃热裂解时,分子中的碳氢键和碳碳键断裂,生成小分子的烷烃、烯烃等混合物。如将丁烷加热至 600℃ 反应,所得的产物中含有甲烷、乙烷、乙烯和丙烯等。

$$CH_3CH_2CH_2CH_3 \xrightarrow{600℃} CH_4 + CH_3CH_3 + CH_3CH_2CH_3 + CH_2=CH—CH_3 + CH_2=CH_2 等$$

高级烷烃的热裂解产物更为复杂,有时还会有异构化、环化和芳构化产物。

烷烃的热裂解反应主要用于生产燃料、低分子量的烷烃和烯烃等化工原料。近年来烷烃的热裂解已被催化裂解所代替,从而进一步提高石油的利用率和汽油的质量,亦为生产更多的化工原料(乙烯、丙烯和丁二烯等)提供良好的途径。

三、卤代反应

烷烃和卤素在光照(hv)或加热($\triangle$)条件下,烷烃分子中的氢原子被卤素取代的反应称烷烃的卤代反应(也称为卤化反应),具有实用意义的是氯代和溴代反应。

(一) 甲烷的卤代反应

在紫外线照射或加热到250~400℃时,甲烷和氯气能剧烈地反应,生成一氯甲烷和氯化氢。

$$CH_3-H + Cl_2 \xrightarrow[\text{或}\triangle]{hv} CH_3Cl + HCl$$
$$\text{一氯甲烷}$$

甲烷的氯代反应较难停留在一取代阶段,一氯甲烷可继续氯代生成二氯甲烷、三氯甲烷(即氯仿, chloroform)、四氯化碳。氯仿是一种麻醉药(现很少用于临床);四氯化碳可用作灭火材料;二氯甲烷、氯仿、四氯化碳常用作溶剂。

$$CH_4 \xrightarrow{Cl_2} CH_3Cl \xrightarrow{Cl_2} CH_2Cl_2 \xrightarrow{Cl_2} CHCl_3 \xrightarrow{Cl_2} CCl_4$$
$$\text{一氯甲烷} \quad \text{二氯甲烷} \quad \text{氯仿} \quad \text{四氯化碳}$$

如改变甲烷和氯气的用量可使反应控制在一氯代阶段或使反应主要生成四氯化碳。

$$\underset{\text{10mol} \quad \text{1mol}}{CH_4 \ : \ Cl_2} \xrightarrow{400\sim500℃} CH_3Cl + HCl$$

$$\underset{\text{0.263mol} \quad \text{1mol}}{CH_4 \ : \ Cl_2} \xrightarrow{400\sim500℃} CCl_4 + HCl$$

甲烷与溴的反应也要在紫外线照射或高温下才能进行,生成一溴甲烷、二溴甲烷、三溴甲烷和四溴化碳。若控制好反应条件,亦能使反应生成某一主要产物,但溴代反应比氯代反应慢。甲烷与碘很难反应,要使反应顺利进行必须加氧化剂,以破坏生成的碘化氢。甲烷与氟的反应非常剧烈,难以控制。因此,常用甲烷的氯代和溴代反应。从上述几种卤素与甲烷的反应情况可比较卤素的反应活性 (reactivity)顺序,即 $F_2>Cl_2>Br_2>I_2$。

从上述内容可以看出,卤代反应的必要条件是光照或加热,卤素的相对反应活性有差别,对于这些现象可用反应机理、化学反应的热力学和动力学及过渡态理论等有关知识加以解释。

(二) 甲烷卤代反应机理

反应机理(reaction mechanism)又称反应历程,是描述反应物如何逐步变成产物的过程,包括反应分几步进行、每步反应中旧键断裂和新键形成的情况及反应条件对反应速率的影响等。反应机理是人们根据大量实验事实对反应过程作出的理论推导。到目前为止,已完全研究清楚其反应机理的反应为数不多。随着新现象和事实的发现,现有的反应机理可能得到进一步的完善和肯定,也可能需要修正,有的甚至被否定。

学习和掌握反应机理有助于认识反应本质,从而达到控制和利用反应的目的;亦有助于认识各种反应之间的内在联系,便于总结和记忆大量的有机反应。

1. 自由基链锁反应　甲烷与氯气需在光照或加热的条件下进行反应,若在室温及暗处,氯代反应不能发生;反应体系中如有少量氧气存在,会使反应推迟一段时间后才能正常进行。根据以上事实和其他一些反应现象,人们推测该反应是经过自由基中间体而进行的。

$$① \quad Cl\frown Cl \xrightarrow{\ h\nu\ 或\triangle\ } 2Cl· \qquad\qquad\qquad 链引发$$

$$② \quad Cl· + H\frown CH_3 \longrightarrow CH_3· + H-Cl$$
甲基自由基

$$③ \quad CH_3· + Cl\frown Cl \longrightarrow CH_3-Cl + Cl·$$
氯甲烷

$\left.\begin{array}{}\\ \\\end{array}\right\}$ 链增长

再重复②、③……

$$④ \quad CH_3· + Cl· \longrightarrow CH_3Cl$$
$$⑤ \quad CH_3· + CH_3· \longrightarrow CH_3CH_3$$
$$⑥ \quad Cl· + Cl· \longrightarrow Cl_2$$

$\left.\begin{array}{}\\ \\\end{array}\right\}$ 链终止

①氯分子通过光或热获得能量,共价键均裂生成两个具单电子的氯原子 Cl·。

②氯原子是具单电子的原子,有强烈的配对电子倾向,非常活泼,它与甲烷分子碰撞,夺取甲烷分子中的氢($C-H$ 键均裂)形成氯化氢,同时生成具单电子的甲基自由基 $CH_3·$。

③甲基自由基是活性中间体,性质十分活泼,能很快进行下一步反应,与氯分子碰撞,夺取氯原子形成氯甲烷和一个新的氯原子。新生成的氯原子重复反应②和③,不断生成氯甲烷。但这两个反应不会无限进行下去,活泼的、低浓度的自由基也有碰撞机会,从而发生反应④、⑤和⑥。

由于甲烷的氯代反应经自由基中间体,又因整个反应就像一个锁链,一经引发,就一环扣一环地进行下去,因此称自由基链锁反应(free radical chain reaction)。在氯与甲烷的反应中,体系只要吸收一个光子,②和③反应就能反复进行达数千次,生成数千个氯甲烷分子。

自由基链锁反应的共同特点是反应分三个阶段。第一阶段产生活泼的氯原子 Cl·,使链锁反应开始,称为链引发阶段(chain initiation step);第二阶段包括两步反应②和③,是链增长阶段(chain propagation step)。这两步反应反复进行,不断形成新的自由基和产物,是整个链锁反应的重要阶段,亦是生成产物的主要阶段。第三阶段为链终止阶段(chain termination step),随着反应的进行,反应体系中的甲烷和氯气的浓度不断降低,而自由基之间相互碰撞的机会增多,消耗自由基,从而使链反应逐渐停止。

如果体系中存在少量的氧气,则氧气与甲基自由基可生成新的自由基"$CH_3-O-O·$",它的活性远远低于甲基自由基,几乎使链锁反应不能进行下去。因此,只要发生一个这样的反应,就终止一条链的反应,不再形成几千个氯甲烷分子,大大减慢反应速率。但如果外界条件依然存在,过一段时间,氧气完全消耗后,反应又能继续进行。这种能使自由基反应减慢或停止的物质称自由基反应抑制剂(inhibitor)。

$$CH_3· + :\ddot{O}:\ddot{O}: \longrightarrow CH_3-O-O·$$

如果在反应体系中加入易产生自由基的试剂,如过氧化苯甲酰,可导致自由基反应的发生,这类试剂称为引发剂(initiator)(见第三章第三节)。

$$\underset{\text{过氧化苯甲酰}}{C_6H_5\overset{O}{\overset{\|}{C}}-O-O-\overset{O}{\overset{\|}{C}}-C_6H_5} \longrightarrow 2C_6H_5\overset{O}{\overset{\|}{C}}-O·$$

那么 CH_2Cl_2、$CHCl_3$、CCl_4 是怎样形成的呢?

在反应初期,由于 CH_4 的浓度较高,Cl· 主要与 CH_4 发生碰撞而生成 CH_3Cl;但随着反应的进行,CH_4 的浓度逐渐降低,这种碰撞的机会减少,而 CH_3Cl 却达到一定浓度。显然 Cl· 也可以和 CH_3Cl 作

用而生成 CH_2Cl_2。以此类推,可生成 $CHCl_3$、CCl_4。

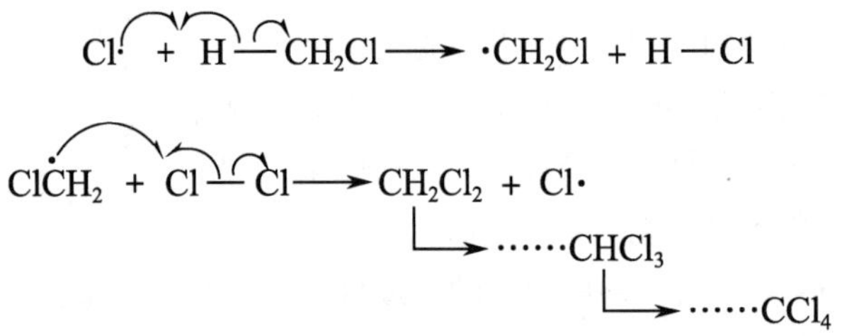

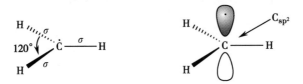

最终得到四种卤化物的混合物。

2. 甲基自由基的结构　光谱法已证实了甲基自由基具有平面型结构,如图 2-17 所示。甲基自由基中的所有原子在同一平面上,碳原子以三个 sp^2 杂化轨道分别与氢的 1s 轨道重叠形成三个 C—H σ 键,碳原子上未参与杂化的 p 轨道与三个 σ 键的平面垂直,它占有一个电子。

(a)三个 σ 键在同一平面上;(b)单电子所占的 p 轨道与三个 σ 键的平面垂直。

图 2-17　甲基自由基的结构

上述甲烷卤代反应机理很好地解释了反应所需的条件和其他一些实验现象,但还不能说明几种卤素的反应活性顺序。反应活性的不同实际上反映的是反应速率问题,因此下面将从该反应的热力学、动力学有关数据和过渡态理论加以解释。

3. 甲烷卤代反应过程中的能量变化

(1)反应热和活化能:反应热又称热熵差($\Delta H^{\ominus}$),是标准状态下反应物与生成物的热熵之差。甲烷与四种卤素反应生成一卤甲烷,其各步和总的 $\Delta H^{\ominus}$ 见表 2-6。

表 2-6　甲烷卤代反应的反应热 $\Delta H^{\ominus}$ (kJ/mol)

反应	甲烷卤代反应的反应热			
	F_2	Cl_2	Br_2	I_2
① X—X→2X·	+159	+243	+192	+151
② CH_3—H+X·→CH_3·+HX	−130	+4	+67	+138
③ CH_3·+X—X→CH_3—X+X·	−293	−108	−101	−83
总的 $\Delta H^{\ominus}$	−423	−104	−34	+55

反应热是化学反应中能量变化的宏观表现,从表 2-6 可以看出四种卤素与甲烷反应的趋势和激烈程度,但和反应速率没有关系,能决定反应速率的是活化能(E_a)。活化能越大,反应速率就越慢;反之,活化能越小,反应速率就越快。

过渡态(transition state,TS)理论从反应过程中分子内部结构的变化揭示活化能的含义,认为从反应物到产物是一个连续变化的过程,要经过一个过渡态才能转变成产物,过渡态的结构介于反应物和产物之间(用 $[\quad]^{\neq}$ 表示)。

$$反应物 \Longrightarrow 过渡态 \longrightarrow 产物$$

$$A—B + C \Longrightarrow [A\cdots B\cdots C]^{\neq} \longrightarrow A + B—C$$

过渡态时能量达最高值，此后体系能量很快下降。反应物与过渡态之间的能量差称为活化能（图 2-18）。

（2）甲烷氯代反应过程中的能量变化：甲烷的氯代反应是经多步完成的，测得的反应速率是各步反应的总速率。由于生成产物氯甲烷的主要阶段是链增长阶段的步骤②和③，所以主要讨论这两步的反应过程、活化能及与反应总速率的关系。

E/(kJ/mol)
过渡态
产物
E_a
ΔH
反应物
O
反应进程
图 2-18 过渡态和活化能

在步骤②中氯原子沿着甲烷 C—H 键的轴靠近氢原子到一定距离时，C—H 键逐渐松弛和削弱，而氯和氢原子之间的新键开始形成，分子的立体结构和电子云分布等都发生变化。到达第一个过渡态（1）时，旧键未完全断裂，新键未完全形成，碳原子的杂化状态和几何形状亦介于反应物甲烷和生成物甲基自由基之间，此时的碳原子已带部分单电子，即有自由基的某些特征，这一步过渡态的结构以式（1）表示（图 2-19）。

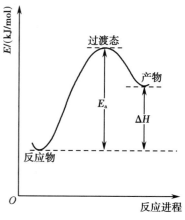

2-D-10
甲基自由基的形成
（动画）

(1)
sp³(四面体)
反应物
介于sp²和sp³之间
过渡态
sp²(平面型)
甲基自由基
图 2-19 产生甲基自由基的反应进程

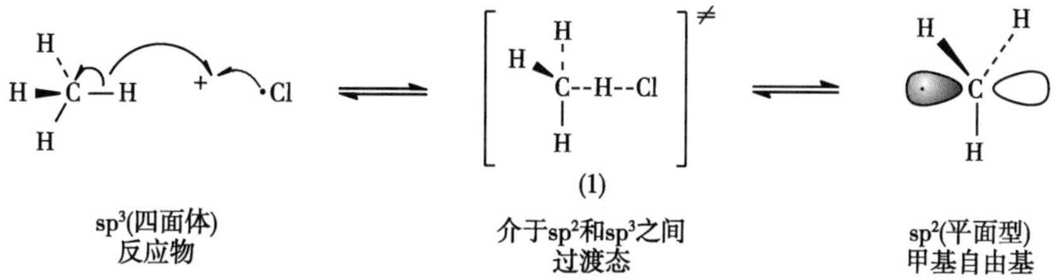

随着反应物分子结构的变化，体系能量亦不断变化。到达第一个过渡态（1）时，体系能量最高，反应物和过渡态（1）间的势能差就是步骤②的活化能，为 17kJ/mol。体系到达过渡态后很快转变成产物甲基自由基。

步骤③亦要经过渡态后才转变为产物，但甲基自由基很活泼，很快与卤原子反应形成第二个过渡态（2），进而很快转变成产物（图 2-20）。在这步反应中甲基自由基和过渡态（2）间的势能差就是步骤③的活化能，为 8.4kJ/mol。

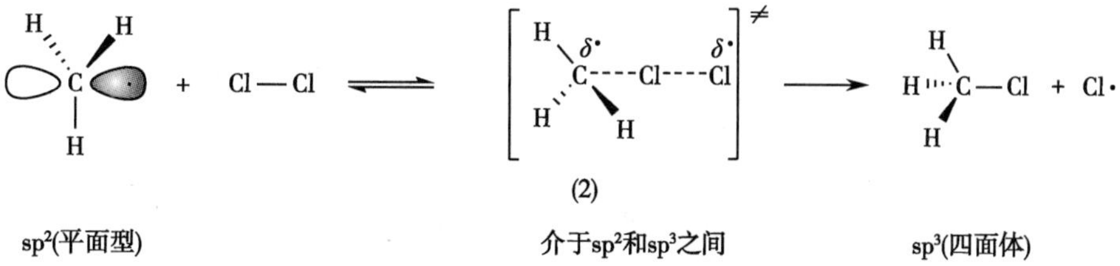

(2)
sp²(平面型)
介于sp²和sp³之间
sp³(四面体)
图 2-20 产生氯甲烷的反应进程

因步骤③比步骤②的活化能小很多，因此步骤②是慢的一步，而步骤③是快的一步，步骤②是决定甲烷氯化的总反应速率的步骤，称其为反应速率的决定步骤。

图 2-21 为步骤②和③的势能变化图，步骤②的过渡态（1）处于第一个势垒的顶部，步骤③的过渡态（2）处于第二个势垒的顶部；过渡态（1）比（2）的势能高；活性中间体甲基自由基处于两个势垒的低谷，它既是步骤②的产物，又是步骤③的反应物，势能亦较高，能很快转变成产物。步骤②是吸热反应，逆反应的 E_a 比正反应小，因此是可逆反应；而步骤③是强烈的放热反应，逆反应比正反应的 E_a 大得多，因此是不可逆反应。

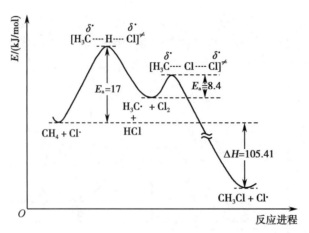

图 2-21 甲烷的氯代反应中,链增长阶段的能量变化图

练习题 2.11 写出 $CH_3CH_3 + Cl_2 \xrightarrow{h\nu} CH_3CH_2Cl + HCl$ 的反应机理。

---

(3) 甲烷与其他卤素反应过程中的能量变化:在甲烷与其他卤素反应时,步骤②和③的反应过程与氯代类似,步骤②亦是决定反应速率的步骤,但活化能不同,测得的数据如下:

$CH_3-H + X\cdot \longrightarrow CH_3\cdot + H-X$	E_a(kJ/mol)	$\Delta H^{\ominus}$(kJ/mol)
F·	4	−130
Cl·	17	+4
Br·	85	+67
I·	>141	+140

从这些数据可以看出,步骤②的活化能大小顺序为碘代>溴代>氯代>氟代。因活化能越大,反应速率越慢;反之,活化能越小,反应速率越快。因此,甲烷的卤代反应中卤素的反应活性顺序为氟代>氯代>溴代>碘代。

活化能大小的顺序亦可用过渡态理论加以解释(以氯代和溴代反应为例)。在溴代反应中由于溴原子不如氯原子活泼,要在与氢靠得较近和 C—H 键接近断裂的情况下才能达到过渡态,即过渡态来得迟,因此其结构有较少的甲烷成分,而有较多的自由基($CH_3\cdot$)成分,即结构与 $CH_3\cdot$ 接近,势能较高,这一步反应所需的 E_a 较大(图 2-22),反应速率较慢。

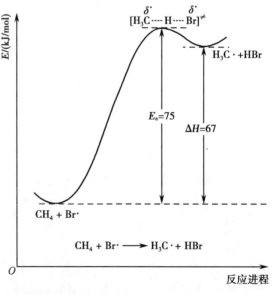

图 2-22 甲烷溴代步骤②的势能变化

而氯原子的活性较大,离氢原子较远时就能形成过渡态,C—H键断裂的程度小,过渡态来得早,过渡态的结构中甲基自由基 CH_3· 成分少,也就说它的自由基的特征不明显,结构与甲烷接近,势能较溴代的低,所以反应所需的 E_a 较小(图2-23),反应速率较快。

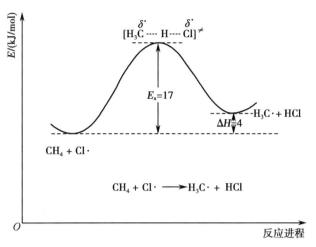

图 2-23   甲烷氯代步骤②的势能变化

从上述讨论可以看出,在甲烷的卤代反应中,几种卤素的反应活性差别取决于在决定反应速率的步骤中形成过渡态的难易和活化能大小。

(三) 其他烷烃的卤代反应

其他烷烃的卤代反应与甲烷的卤代反应一样,也属自由基反应历程,决定反应速率的步骤是卤原子夺取烷烃中的氢的一步。由于结构的原因,多数烷烃的一卤化物往往不止一个,反应产物较复杂,会生成几种可能异构体的混合物。

1. 几种氢的相对反应活性

(1) 氯代反应:丙烷一氯代得 1-氯丙烷和 2-氯丙烷的混合物。

$$\overset{2°}{C}H_3\overset{1°}{C}H_2CH_3 \xrightarrow[hv,\,25℃]{Cl_2} CH_3CH_2CH_2Cl \;+\; CH_3\underset{\underset{Cl}{|}}{C}HCH_3$$

丙烷　　　　　　　　　1-氯丙烷　　　　2-氯丙烷
　　　　　　　　　　　　45%　　　　　　55%

若从每个氢被取代的平均概率考虑,1°H 有 6 个,2°H 有 2 个,在一氯化物中 1-氯丙烷应占 75%,而 2-氯丙烷应占 25%,但实验所得的两种产物分别占 45% 和 55%,2-氯丙烷反而比 1-氯丙烷多,说明 2°H 的反应活性比 1°H 大,更容易被取代。排除碰撞概率因素的影响,可计算出 2°H 和 1°H 的相对反应活性如下:

$$2°H:1°H = (55/2):(45/6) = 3.7:1$$

氢的相对反应活性:$2°H > 1°H$

丁烷发生一氯代得 1-氯丁烷和 2-氯丁烷,2°H 和 1°H 的活性之比亦接近 3.7∶1。

$$CH_3CH_2CH_2CH_3 \xrightarrow{Cl_2}{hv} CH_3CH_2CH_2CH_2Cl \;+\; CH_3CH_2\underset{\underset{Cl}{|}}{C}H-CH_3$$

　　　　　　　　　　　　　　　　　28%　　　　　　72%

异丁烷具有两种类型的氢——3°H 和 1°H,它的一氯化物有两种,其比例如下:

$$\underset{\substack{3° \quad 1°}}{CH_3\underset{\substack{|\\CH_3}}{CH}CH_3} \xrightarrow[hv,\ 127℃]{Cl_2} CH_3\underset{\substack{|\\CH_2Cl}}{CH}CH_2Cl \quad + \quad CH_3\underset{\substack{|\\Cl}}{\overset{\substack{CH_3\\|}}{C}}CH_3$$

异丁烷 1-氯-2-甲基丙烷 2-氯-2-甲基丙烷
64% 36%

计算出 3°H 和 1°H 的相对反应活性如下：

$$3°H : 1°H = （36/1）:（64/9）= 5 : 1$$

基于上述实验结果，可以得出三种氢的反应活性之比如下：

$$3°H : 2°H : 1°H = 5 : 3.7 : 1$$

异丁烷的一氯化物比例中 3°H 被取代的产物较少，可以看出烷烃一卤化物的比例除与氢的活性有关外，还与某种类型氢的数目有关。

练习题 2.12 等摩尔的新戊烷和乙烷的混合物进行氯代反应，一氯代反应产生氯代新戊烷 $[(CH_3)_3CCH_2Cl]$ 和氯乙烷的比例为 2.3 : 1，比较新戊烷和乙烷中 1°H 的活性。

练习题 2.13 2-甲基丁烷氯代得一氯代产物如下，试计算 3°H、2°H 和 1°H 的相对活性。

$$CH_3CH_2\underset{\substack{|\\CH_3}}{CH}CH_3 \xrightarrow{Cl_2}\ \underset{\substack{|\\Cl}}{CH_2}CH_2\underset{\substack{|\\CH_3}}{CH}CH_3 \ +\ CH_3\underset{\substack{|\\Cl}}{CH}\underset{\substack{|\\CH_3}}{CH}CH_3 \ +\ CH_3CH_2\underset{\substack{|\\Cl}}{C}(CH_3)_2 \ +\ CH_3CH_2\underset{\substack{|\\CH_3}}{CH}CH_2Cl$$

14% 35% 23% 28%

（2）溴代反应：丙烷和异丁烷进行溴代反应生成相应的一溴代烷，其产物比例如下：

$$\underset{\substack{2° \quad 1°}}{CH_3CH_2CH_3} \xrightarrow[hv,127℃]{Br_2} CH_3CH_2CH_2Br \ +\ CH_3\underset{\substack{|\\Br}}{CH}CH_3$$

丙烷 3% 97%

$$\underset{\substack{3° \quad 1°}}{CH_3\underset{\substack{|\\CH_3}}{CH}CH_3} \xrightarrow[hv,127℃]{Br_2} CH_3\underset{\substack{|\\CH_3}}{CH}CH_2Br \ +\ CH_3\underset{\substack{|\\Br}}{\overset{\substack{CH_3\\|}}{C}}CH_3$$

异丁烷 痕迹量 超过99%

根据几种氢被取代所生成的一溴化物的比例，可计算出三种氢发生溴代的相对反应活性如下：

$$3°H : 2°H : 1°H = 1\ 600 : 82 : 1$$

可以看出，三种氢在溴代反应中的活性顺序与氯代反应一致，但溴代反应中三种氢的活性差别大，亦就是溴与氯相比较，溴对三种氢有较大的选择性。

2. 烷基自由基的相对稳定性 烷烃卤代反应的自由基反应机理通式如下：

链的引发 ① $\overbrace{X-X} \xrightarrow{hv} 2X·$

链的增长 ② $R-H + X· \longrightarrow R· + H-X$ 决定反应速率的步骤
烷基自由基

③ $R· + X-X \longrightarrow R-X + X·$
产物

链的终止 $R· + R· \longrightarrow R-R$
$R· + X· \longrightarrow R-X$

　　卤代产物主要在链增长阶段即第二和第三步反应中生成,其中第二步即生成 R· 的一步需较多的 E_a,是决定卤代反应速率的步骤。这一步的反应速率与 R· 的相对稳定性密切相关,因此这里先讨论 R· 的稳定性,再讨论烷基自由基的稳定性和几种氢的活性顺序间的关系。

　　图 2-24 表示甲烷、乙烷、丙烷和异丁烷断裂一个 C—H 键(丙烷和异丁烷分别断裂 2° 和 3° C—H 键)生成相应的烷基自由基时所需的能量和它们的相对稳定性比较。

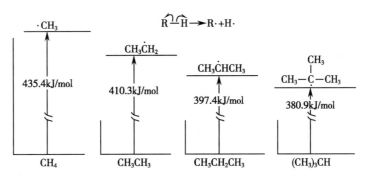

图 2-24 烷基自由基的相对稳定性

　　从上面的数据可以看出,C—H 键的解离能小,则形成自由基需要的能量小,相对于原来的烷烃更稳定。

$$解离能:\ CH_3{-}H\ >\ CH_3CH_2{-}H\ >\ \underset{CH_3}{\overset{CH_3}{C}}H{-}H\ >\ CH_3{-}\underset{CH_3}{\overset{CH_3}{C}}{-}H$$

　　自由基的相对稳定性顺序如下:

$$\dot{C}H_3\ <\ CH_3{-}\dot{C}\!\!<^{H}_{H}\ <\ \underset{CH_3}{\overset{CH_3}{\dot{C}}}{-}H\ <\ CH_3{-}\dot{C}\!\!<^{CH_3}_{CH_3}$$

$$\dot{C}H_3\ <\ 伯1°\ <\ 仲2°\ <\ 叔3°$$

　　烷基自由基根据单电子所在碳原子的类型称为伯(1°)、仲(2°)和叔(3°)自由基。从烷基自由基的相对稳定性顺序中可以看出,烷基对自由基有稳定的作用,中心碳原子所连的烷基越多,自由基越稳定。其解释参见第三章第三节。

　　练习题 2.14　写出均裂 $(CH_3)_3CCH_2C(CH_3)_3$ 分子中的每个 C—H 键所形成的烷基自由基的结构式,并比较它们的相对稳定性。

　　烷烃分子中几种氢的卤代反应的活性为 3°>2°>1°,与相应烷基自由基的稳定性顺序是一致的。亦就是 R· 越稳定,相应的氢活性越大。

$$R· 的稳定性　　3° R· > 2° R· > 1° R·$$

$$氢的活性　　3° H > 2° H > 1° H$$

　　为什么氢的活性和烷基自由基的稳定性有这样的关系呢? 氢的活性差别实际上亦是反应速率的差别,亦可以和前面讨论卤素活性相同,从分析过渡态的结构、势能和反应所需的 E_a 加以解释。如氯原子进攻丙烷 1°H 和 2°H,分别经过渡态 TS$_{(3)}$ 和 TS$_{(4)}$,生成丙基自由基(3)和异丙基自由基(4),(3)是 1° 自由基,而(4)是 2° 自由基,(4)比(3)稳定。

$$CH_3CH_2CH_2-H + Cl\cdot \rightleftharpoons [\overset{\delta\cdot}{\underset{1°}{CH_3CH_2CH_2}}\cdots H \cdots \overset{\delta\cdot}{Cl}]^{\neq} \rightleftharpoons \overset{1°}{CH_3CH_2CH_2}\cdot + H-Cl$$

$$TS_{(3)} \qquad\qquad (3) \qquad E_a 较大$$

$$CH_3-\underset{\underset{|}{CH}}{\overset{\overset{|}{CH_3}}{}}-H + Cl\cdot \rightleftharpoons \begin{bmatrix}\overset{CH_3}{\underset{CH_3}{\diagdown}}\underset{2°}{\overset{\delta\cdot}{CH}}\cdots H \cdots \overset{\delta\cdot}{Cl}\end{bmatrix}^{\neq} \rightleftharpoons \overset{2°}{(CH_3)_2CH}\cdot + H-Cl$$

$$TS_{(4)} \qquad\qquad (4) \qquad E_a 较小$$

较稳定   较稳定

过渡态的结构介于反应物和产物之间,反应中心的碳原子上已有部分自由基的结构特征,能稳定自由基的因素(如前面提到的烷基能稳定自由基)也能稳定过渡态,这就意味着 $TS_{(4)}$ 比 $TS_{(3)}$ 稳定。研究结果表明,$TS_{(4)}$ 的势能比 $TS_{(3)}$ 低 4.2kJ/mol(图 2-25)。$TS_{(4)}$ 的势能较低,2°H 被夺走生成 2° 自由基反应所需的 E_a 就较小,反应速率较快。$TS_{(3)}$ 的势能较高,1°H 被夺走生成 1° 自由基的反应速率较慢,故 2°H 比 1°H 活性大。

由上可见,对于一组同类反应来说,烷基自由基的稳定性和过渡态的稳定性是一致的。因此,可以直接从自由基的相对稳定性来判断氢的活性。

3. **卤素对几种氢的选择性**　在烷烃的卤代反应中,几种氢的活性都是 3°H > 2°H > 1°H。但溴代和氯代中三种氢的活性差别大,氯代是 5∶3.7∶1,而溴代是 1 600∶82∶1,说明溴代对氢的选择性远高于氯代。相比于氯,溴的反应活性较低,而选择性很高。活性小的试剂有较强的选择性是有机反应中常见的现象。

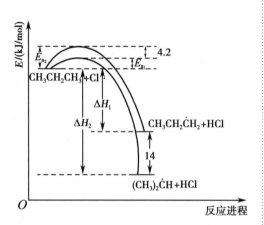

图 2-25　氯原子与丙烷反应生成 1°、2° 自由基的能量变化

第七节　烷烃的工业来源

烷烃广泛存在于自然界中,其工业来源主要是石油、天然气和煤,是燃料及化工、医药产品的原料。石油醚是 $C_5\sim C_8$ 低级烷烃的混合物,是无色透明、易挥发的液体,广泛用作溶剂;液体石蜡是 $C_{18}\sim C_{24}$ 烷烃的混合物,是无色透明的液体,常用作导热液体;凡士林一般是 $C_{18}\sim C_{34}$ 的液体与固体石蜡的混合物,用于化妆品及医药工业;石蜡是 $C_{25}\sim C_{34}$ 烷烃的混合物,是蜡烛的主要原料。

习　题

1. 写出下列烷烃或烷基的构造式。

(1) 3-甲基戊烷

(2) 2,3,4- 三甲基癸烷

(3) 异己烷

(4) 4-异丙基十一烷

(5) 叔丁基

(6) 3,3-diethyl-2,6-dimethylheptane

(7) 3-ethyl-2,2,4,4-tetramethylpentane

2. 用系统命名法命名下列各烷烃。

(1) $CH_3CH(C_2H_5)CH(CH_3)CH_2CH_3$

(2) $(CH_3)_2CHCH_2CH(CH_3)_2$

(3) $CH_3CH_2CHCH(CH_3)_2$
　　　　　　$|$
　　　　　$CH(CH_3)_2$

(4)
$$CH_3CH_2CH_2CHCH_2CH_2CHCH_3$$
　$CH_3CH_2CCH_3$　　　$|$
　　　　$|$　　　　　CH_3
　　　　CH_3

(5) $(C_2H_5)_4C$

(6)
$$CH_2CH_2CH_2CH_3$$
$CH_3CH_2CH_2CHCHCH_2CH_2CH_2CH_3$
　　　　　　　$|$
　　　　　$CH(CH_3)_2$

(7)

(8)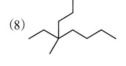

(9)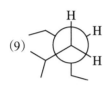

3. 指出题 1 中化合物 (3) 和 (4) 分子中的各个碳原子的类型 (用 1°、2°、3° 和 4° 表示)。

4. 画出围绕 2-甲基丁烷中 C_2—C_3 旋转时最稳定构象的纽曼投影式、锯架式,并画出旋转过程中的能量变化 (势能对旋转的角度)。

5. 请推测下列各组化合物中哪个具有较高的沸点。

(1) 庚烷与 3,3-二甲基戊烷　　　　　　　　　(2) 2,3-二甲基己烷与 2,2,3,3-四甲基丁烷

6. 按稳定性大小的顺序排列下列自由基。

a. $(CH_3)_2CHCH_2\dot{C}H_2$　　　　　b. $(CH_3)_2\dot{C}CH_2CH_3$　　　　　c. $(CH_3)_2CH\dot{C}HCH_3$

7. 下列化合物在发生卤代反应时能得到几种构造异构的一卤化物?

(1) $CH_3CH_2CH_2CH_2CH_3$　　　　　　　(2) $(CH_3)_3CCH_2C(CH_3)_3$

(3) $(CH_3)_2CHCH_2CH_2CH(CH_3)_2$　　　(4) $(CH_3)_2CHCH_2CH_2CH_3$

(5) $(CH_3)_3CC(CH_3)_3$　　　　　　　　　(6) $(CH_3)_3CCH_2CH_2CH(CH_3)_2$

8. 写出题 7 中 (6) 的 3°H 被溴代的产物,并计算它在 (6) 的一溴化物中所占的份额 (%)。

9. 写出 CH_3CH_3 与溴反应得一溴化物的反应机理,并计算链增长阶段的反应热。

10. 按照稳定性大小次序,用锯架式表示 2-甲基丁烷的交叉式构象。

11. 按照稳定性大小次序,用锯架式表示 2-甲基丁烷的重叠式构象。

12. 按照稳定性大小次序,用纽曼投影式表示 2,3-二甲基丁烷的交叉式构象。

13. 写出分子式为 (a) C_8H_{18} 和 (b) $C_{11}H_{24}$ 的含有最多甲基的烷烃结构式。

14. 写出分子量为 72 的三种烷烃,(1) 只得一种构造的一卤化物;(2) 得三种构造的一卤化物;(3) 得四种构造的一卤化物。

15. 分子式为 C_5H_{12} 的烃,其三种异构体在 300℃时分别氯代,A 得到三种不同构造的一氯化物,B 只得到一种构造的一氯化物,C 可得到四种不同构造的一氯化物,试推测 A、B 和 C 的构造式。

16. 某烷烃的分子式为 C_6H_{14},发生氯代反应只能得到两种构造的一氯化物,试写出该烷烃和一氯化物的结构。

第三章

烯　烃

烯烃(alkene)是一类含有碳碳双键(C＝C)的化合物,属于不饱和烃(unsaturated hydrocarbon)。含有一个碳碳双键的开链烯烃比相应的烷烃少两个氢原子,其分子通式为 C_nH_{2n}。碳碳双键是烯烃的官能团,烯烃的化学反应多数发生在碳碳双键上。

第一节　结构、同分异构和命名

一、结构

乙烯($CH_2＝CH_2$)是最简单的烯烃。结构研究表明,乙烯分子中的所有原子均在同一平面上,其键长和键角见图 3-1。杂化轨道理论认为,双键碳原子为 sp^2 杂化,两个碳原子各以一个 sp^2 杂化轨道轴向重叠形成碳碳 σ 键,并各以两个 sp^2 杂化轨道与两个氢原子的 1s 轨道重叠形成碳氢 σ 键;与此同时,两个碳原子上还各有一个未参与杂化的 p 轨道,这两个 p 轨道垂直于 sp^2 杂化轨道所在的平面,彼此侧面重叠形成另外一种共价键,这种由 p 轨道侧面重叠形成的共价键称为 π 键,故碳碳双键是由一个 σ 键和一个 π 键组成的。π 键垂直于 σ 键所在的平面,其 π 电子云分布在平面上方和下方。图 3-2 为乙烯分子的结构示意图。

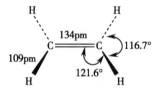

图 3-1　乙烯的 C—H 和 C＝C 键的键长和键角

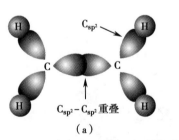

（a）C—C和C—H σ 键的形成；（b）π 键的形成。

图 3-2　乙烯分子的结构

乙烯分子中的碳碳双键的键能为 612kJ/mol,而乙烷分子中的碳碳单键的键能为 361kJ/mol。由此可见,乙烯分子中的 π 键的键能约为 250kJ/mol,比单键小。这也说明 π 键的电子云重叠程度不如 σ 键。因此,π 键比 σ 键容易断裂,是烯烃发生化学反应的主要部位。

按照分子轨道理论,两个 p 轨道可线性组合成为两个分子轨道,一个是成键轨道,以 π 表示;另一个是反键轨道,以 π^* 表示(图 3-3)。前者的能量较低,后者的能量较高。在基态时,两个 π 电子

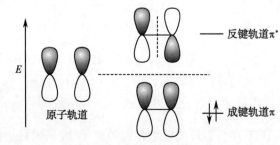

图 3-3　乙烯的 π 分子轨道

在成键轨道上,反键轨道上不占有电子。成键轨道没有节面,反键轨道有一个节面,在节面处电子云密度等于 0。

丙烯与乙烯的结构十分相似,C＝C 的键长亦是 134pm,碳碳双键上的 C—C—H 和 H—C—H 的键角接近 120°,但 C_2 和 C_3 间的单键的键长为 150pm,比乙烷的 C—C 键(154pm)略短,其原因可能是碳原子的杂化状态不同。丙烯中的 C_2 为 sp^2 杂化,其含 s 成分比 sp^3 杂化轨道多,离原子核较近,核对电子云的束缚力较大,因此由 C_{sp^3}—C_{sp^2} 形成的 C—C 键的键长比 C_{sp^3}—C_{sp^3} 形成的 C—C 键的键长稍短。

$$\overset{3}{CH_3}-\overset{2}{CH}=\overset{1}{CH_2} \qquad CH_3-CH_3$$

	$CH_3-CH=CH_2$	CH_3-CH_3
C—C 键长	150pm	154pm
形成键的轨道	$C_{sp^3}-C_{sp^2}$	$C_{sp^3}-C_{sp^3}$

二、同分异构

(一) 构造异构

烯烃的构造异构要比烷烃复杂,它不仅存在碳架异构,而且存在由于双键在碳架上的位置不同而产生的位置异构。例如丁烯存在三种构造异构体,丁 –1–烯和丁 –2–烯为官能团位置异构体,它们与 2-甲基丙烯(异丁烯)为碳架异构体。

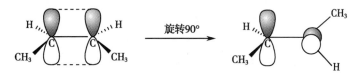

丁–1 –烯   丁–2–烯   2-甲基丙烯
but–1-ene   but–2-ene   2-methylpropene

练习题 3.1　写出 C_5H_{10} 烯烃的构造异构体。

(二) 顺反异构

由烯烃的结构特点可以看出,双键碳原子是不能自由旋转的,否则将会导致 π 键的削弱或断裂(图 3-4),因此与双键碳原子相连的原子或原子团在空间排列的方式是固定的。

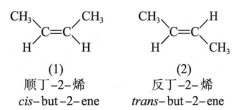

图 3-4　碳碳双键旋转将使 p 轨道间不能重叠,破坏 π 键

例如丁 –2–烯,根据双键碳原子上的氢和甲基在空间上的不同排列,丁 –2–烯就存在两种异构体。

$$\underset{\substack{(1)\\ 顺丁–2–烯\\ \textit{cis}-but–2-ene}}{\overset{CH_3}{\underset{H}{}}C=C\overset{CH_3}{\underset{H}{}}} \qquad \underset{\substack{(2)\\ 反丁–2–烯\\ \textit{trans}-but–2-ene}}{\overset{CH_3}{\underset{H}{}}C=C\overset{H}{\underset{CH_3}{}}}$$

其中,式(1)中两个相同的原子(或基团)(如氢原子或甲基)在双键同侧的称为顺式(*cis–*),式(2)中两个相同的原子(或基团)(如氢原子或甲基)在双键两侧的称为反式(*trans–*)。这种由于双

键的自由旋转受阻所引起的原子或基团在空间呈现不同的排列方式,即分子呈现不同几何形象的异构现象称为顺反异构(*cis-trans* isomerism)或几何异构(geometrical isomerism),属于立体异构(stereoisomerism)的范畴。顺反异构体是不同的化合物,在室温下不能相互转化,物理性质也不相同。例如丁–2–烯的两种异构体的一些物理常数见表3-1。

表3-1 丁–2–烯的两种异构体的物理常数

名称	分子式	熔点/℃	沸点/℃	相对密度(d_4^{20})
顺丁–2–烯	C_4H_8	−138.9	3.7	$0.616\ 0^{25}$
反丁–2–烯	C_4H_8	−105.5	0.8	$0.599\ 0^{25}$

顺反异构体不仅在理化性质上有差别,它们的生理活性亦有区别。例如两种己烯雌酚,只有反式异构体能够用于治疗卵巢功能不全或垂体功能异常引起的各种妇科疾病。

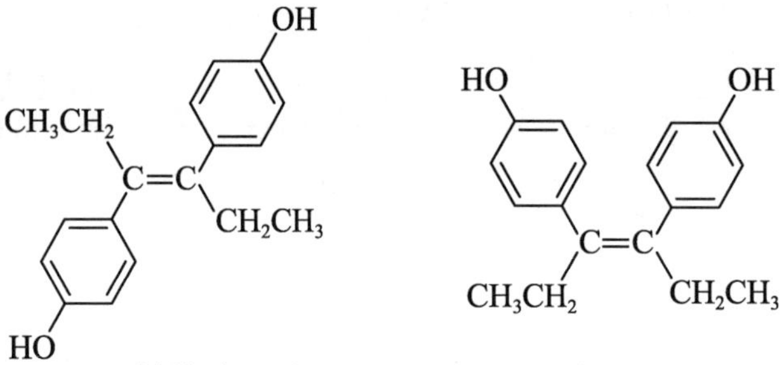

反式己烯雌酚(有效)　　　　顺式己烯雌酚(无效)

存在顺反异构体的烯烃必须是每个双键碳原子都连有不同的原子或基团。

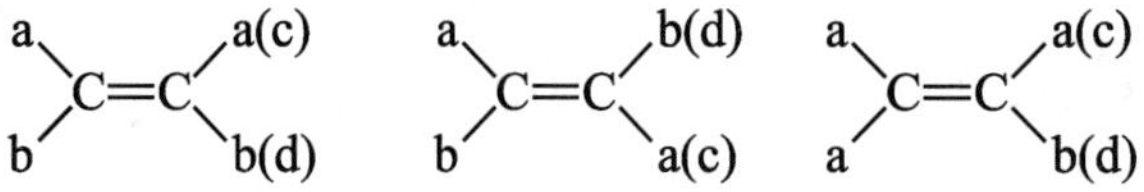

(1)　　　　(2)

(1)和(2)互为顺反异构体　　　　无顺反异构体

练习题 3.2 指出下列烯烃是否有顺反异构体。若有,试写出其两种异构体。

(1) $CH_3CH_2CH=CHCH_2CH_3$ 　　　　(2) $(CH_3)_2CHCH=CHCH_3$

三、命名

普通命名法仅用于结构简单的烯烃,通常根据含碳数的多少称为"某烯"。例如:

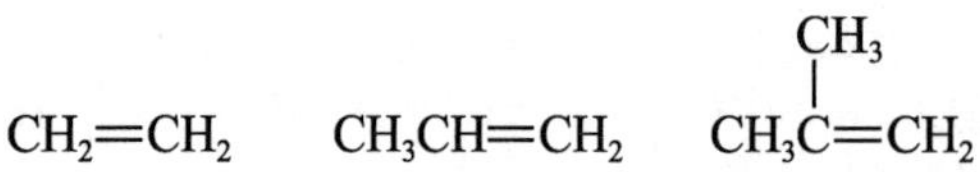

$CH_2=CH_2$　　　$CH_3CH=CH_2$　　　$CH_3\overset{\underset{|}{CH_3}}{C}=CH_2$

乙烯　　　　丙烯　　　　异丁烯
ethene　　　propene　　　isobutene

系统命名法可用于各种烯烃的命名。

烯烃的系统命名是选择最长的连续碳链作为主链,当 C＝C 作为主链的一部分时,按其主链的碳原子数称为"某烯",超过 10 个碳原子数则称为"某碳烯"。编号从靠近双键的一端编起,使表示双键位置的数字尽可能最小,然后将双键中编号较小的那个碳原子的序号写在"某烯"或"某碳烯"前面,以表示双键在碳链中的位置。取代基名称和位置等的表示方法与烷烃类似。例如:

$$CH_2{=}CHCH_2CH_2CH_3 \qquad \underset{\underset{CH_3}{|}}{CH_3CH_2C}{=}CH_2 \qquad \underset{\underset{CH_3}{|}}{CH_3CH_2CHCH}{=}CHCH_2CH_3$$

<table>
<tr><td>戊–1–烯</td><td>2–甲基丁–1–烯</td><td>5–甲基庚–3–烯</td></tr>
<tr><td>pent–1–ene</td><td>2–methylbut–1–ene</td><td>5–methylhept–3–ene</td></tr>
</table>

如果最长的碳链不包含 C=C,则以烷烃为母体,将烯烃部分作为取代基。烯烃分子中去掉一个氢原子的基团称烯基,常见的烯基如下。

$$CH_2{=}CH{-} \qquad CH_3CH{=}CH{-} \qquad CH_2{=}CHCH_2{-} \qquad CH_2{=}CHCH_2CH_2{-}$$

<table>
<tr><td>乙烯基</td><td>丙烯基（丙–1–烯基）</td><td>烯丙基（丙–2–烯基）</td><td>丁–3–烯–1–基</td></tr>
<tr><td>ethenyl 或 vinyl</td><td>prop–1–enyl</td><td>allyl或prop–2–enyl</td><td>but–3–en–1–yl</td></tr>
</table>

对于与主链同一碳原子相连的带有两个游离价的基团称为"某亚基"。例如:

$$H_2C{=} \qquad CH_3CH{=} \qquad \overset{\|}{CH_3CCH_3} \qquad CH_3CH_2CH_2CH{=}$$

<table>
<tr><td>甲亚基</td><td>乙亚基</td><td>异丙亚基</td><td>丁亚基</td></tr>
<tr><td>methylidene</td><td>ethylidene</td><td>isopropylidene</td><td>butylidene</td></tr>
</table>

对于与主链两个碳原子相连的带有两个游离价的基团称为"某叉基"。例如:

<table>
<tr><td>甲叉基</td><td>乙–1,1–叉基</td><td>乙–1,2–叉基</td><td>丙–2,2–叉基或异丙叉基</td></tr>
<tr><td>methanediyl
或methylene</td><td>ethane–1,1–diyl</td><td>ethane–1,2–diyl
或ethylene</td><td>propane–2,2–diyl
或isopropylene</td></tr>
</table>

烯烃顺反异构体的普通命名法采用顺/反构型命名法,即用"顺(cis)"词头表示两个相同基团在双键同侧的异构体,而以"反(trans)"词头表示另一个异构体。

<table>
<tr><td>顺丁–2–烯（cis–丁–2–烯）</td><td>反丁–2–烯（trans–丁–2–烯）</td></tr>
<tr><td>cis–but–2–ene</td><td>trans–but–2–ene</td></tr>
</table>

顺/反构型命名法存在局限性,通常只适用于两个烯碳原子上连有相同的原子或基团的情况。

烯烃顺反异构体的系统命名法是用字母 Z(德文 Zusammen,意为一起)和 E(Entgegen,意为相反)表示顺反异构体的构型。命名时将每个双键碳原子上的取代基按顺序规则排列优先顺序,若两个碳上的优先基团在双键同侧,称为 Z 型;在异侧称为 E 型。

<table>
<tr><td>(Z)–丁–2–烯</td><td>(E)–丁–2–烯</td></tr>
<tr><td>(Z)–but–2–ene</td><td>(E)–but–2–ene</td></tr>
</table>

确定基团排列先后的顺序规则的主要内容如下。

(1)将直接连在双键碳原子上的两个原子按照原子序数大小为序排列,原子序数大的优先,原子序数小的在后。同位素原子以质量大者优先。例如在顺丁–2–烯中,基团优先顺序是 CH₃、H,因此顺丁–2–烯的系统名称为(Z)–丁–2–烯。

(2)若与双键碳原子相连的两个原子相同时,则比较连在这两个原子上的其他原子,原子序数较大者优先;若所有第二个原子都相同,则比较第三个原子,以此类推。

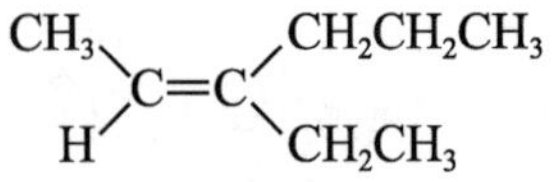

$$\underset{\text{(Z)-3-乙基己-2-烯}}{\underset{\text{(Z)-3-ethylhex-2-ene}}{}}$$

(Z)-3-乙基己-2-烯
(Z)-3-ethylhex-2-ene

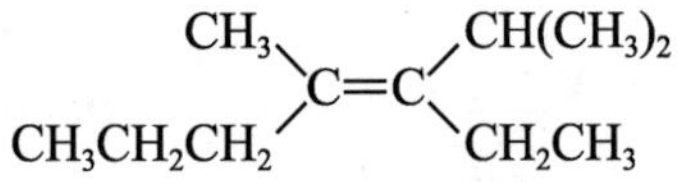

(E)-3-乙基-2,4-二甲基庚-3-烯
(E)-3-ethyl-2,4-dimethylhept-3-ene

(3)若与双键碳原子相连的基团具有双键或三键时,可将其看作是连接两个或三个相同的原子。即:

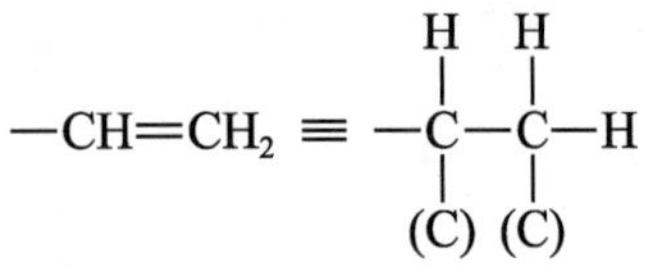

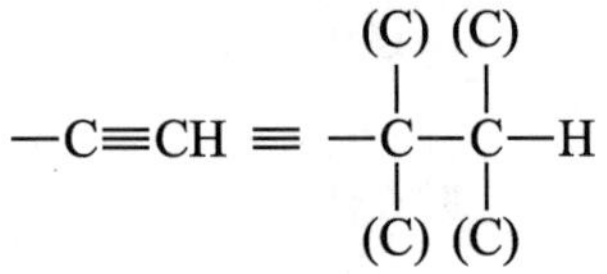

$$-CH=CH_2 \equiv -\overset{H}{\underset{(C)}{C}}-\overset{H}{\underset{(C)}{C}}-H \qquad -C\equiv CH \equiv -\overset{(C)}{\underset{(C)}{C}}-\overset{(C)}{\underset{(C)}{C}}-H$$

例如:

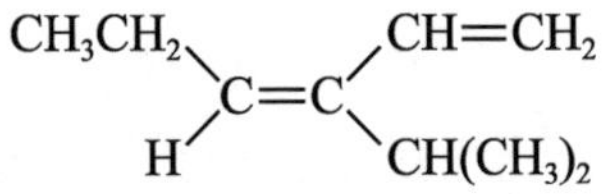

(Z)-3-异丙基己-1,3-二烯
(Z)-3-isopropylhexa-1,3-diene

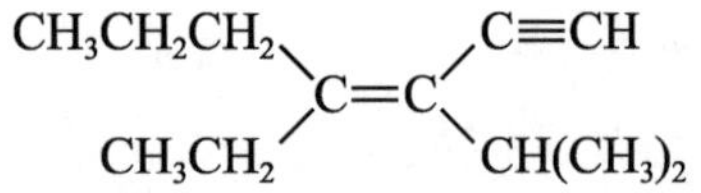

(Z)-4-乙基-3-异丙基庚-3-烯-1-炔
(Z)-4-ethyl-3-isopropylhept-3-en-1-yne

(4)若与双键碳原子相连的基团互为顺反异构时,Z 型先于 E 型。

目前在各种教材和文献中,Z/E 构型命名法与顺/反构型命名法同时并用,但是不能简单地将这两种命名法等同看待,它们之间没有必然的对应关系。例如:

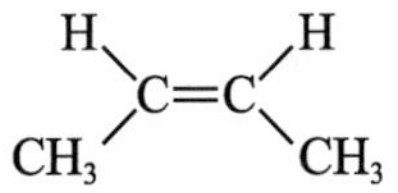

顺丁-2-烯
(Z)-丁-2-烯

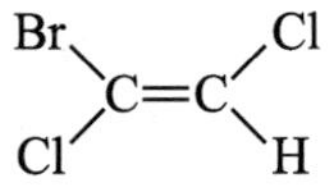

反-1-溴-1,2-二氯乙烯
(Z)-1-溴-1,2-二氯乙烯

练习题 3.3 用系统命名法命名下列化合物。

(1) $CH_3(CH_2)_{15}CH=CH_2$

(2)

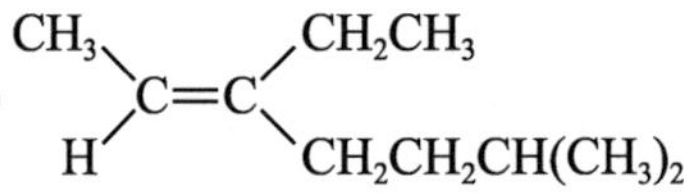

练习题 3.4 写出下列化合物的构造式。

(1) 3-乙基辛-1-烯

(2)(E)-2-溴-3-氯丁-2-烯

(3) 3-乙烯基戊-1,3-二烯

(4) 7-甲基-3-甲亚基辛-1,6-二烯

第二节 物理性质及光谱性质

一、物理性质

烯烃与烷烃类似,主要仍为以非极性的碳碳键和碳氢键结合而成,分子间作用力仍以色散力为主。沸点、熔点和相对密度等物理性质随分子量的变化规律亦与烷烃类似。表 3-2 为一些烯烃的物理常数。在丁-2-烯的两个异构体中,反式异构体有较高的对称性,熔点高于顺式异构体。但反式异构体的偶极矩为 0,故反式异构体的沸点低于顺式异构体。

表 3-2　一些烯烃的物理常数

名称	分子式	熔点 /℃	沸点 /℃	相对密度(d_4^{20})
乙烯	C_2H_4	−169.4	−103.7	$0.567\,8^{-104}$
丙烯	C_3H_6	−185.2	−47.6	$0.505\,0^{25}$
丁-1-烯	C_4H_8	−185.3	−6.2	$0.588\,0^{25}$
异丁烯	C_4H_8	−140.4	−6.9	$0.589\,0^{25}$
戊-1-烯	C_5H_{10}	−165.2	29.9	0.640 5
2-甲基丁-1-烯	C_5H_{10}	−137.5	31.2	0.650 4
3-甲基丁-1-烯	C_5H_{10}	−168.5	20.1	0.621 3
己-1-烯	C_6H_{12}	−139.7	63.4	0.673 1
庚-1-烯	C_7H_{14}	−119.7	93.6	0.697 0
辛-1-烯	C_8H_{16}	−101.7	121.2	0.714 9

二、光谱性质

(一) 红外吸收光谱

在红外吸收光谱中,烯烃的特征吸收峰为碳碳双键(C＝C)的伸缩振动,为 1 675~1 640cm^{-1};烯碳原子上碳氢键(C＝C—H)的伸缩振动和面外弯曲振动,吸收峰分别为 3 100~3 010cm^{-1} 和 1 000~675cm^{-1}。

图 3-5 为辛-1-烯的红外吸收光谱图,3 080 和 1 645cm^{-1} 分别为＝C—H 和 C＝C 的伸缩振动的相应吸收峰,900cm^{-1} 为＝C—H 的面外弯曲振动的吸收峰。

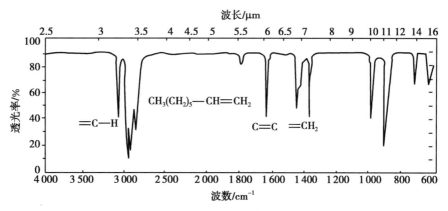

图 3-5　辛-1-烯的红外吸收光谱图

烯碳原子上 C—H 键弯曲振动的吸收频率与双键上取代基的数目、位置和构型有关。例如表 3-3:

表 3-3　不同类型烯碳原子上 C—H 键弯曲振动的吸收频率

取代情况	结构	波数 /cm^{-1}
一取代	RCH＝CH$_2$	1 000~900
二取代	R$_2$C＝CH$_2$	~880
	RCH＝CHR(顺式)	730~675
	RCH＝CHR(反式)	970~960
三取代	R$_2$C＝CHR	840~800

(二) 核磁共振氢谱

C＝C—H 的氢核比烷烃中的氢核在较低的磁场产生核磁共振,其化学位移(δ 值)为 4.5~

6.5ppm,比烷烃的化学位移大得多,例如乙烯和乙烷分子中氢核的 δ 值分别为 5.4ppm 和 0.9ppm。

乙烯双键上的 π 电子环电流在外加磁场的影响下产生一个感应磁场,该磁场在双键平面上方和下方的方向与外加磁场方向相反处称为屏蔽区。但由于磁力线是闭合的,在双键周围侧面,感应磁场的方向却与外加磁场的方向一致,称为去屏蔽区,烯氢正处于这个区域内(图 3-6),因此该种氢核在低于乙烷氢核发生共振的外加磁场强度下就可以发生核磁共振。

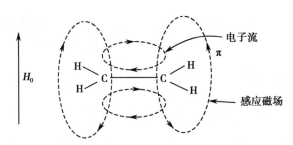

图 3-6 乙烯的感应磁场对烯氢的去屏蔽作用

C＝C—H 中的氢核在较低磁场发生共振吸收的另一个因素是烯碳原子为 sp^2 杂化,sp^2 杂化轨道中含 s 成分比 sp^3 杂化轨道多,使 C—H 的电子云较靠近碳原子,减少对氢核的屏蔽。图 3-7 为 3-甲亚基戊烷的核磁共振氢谱,各组氢核的化学位移和裂分情况如下。

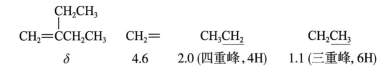

图 3-7 3-甲亚基戊烷的 ^{1}H-NMR 谱图

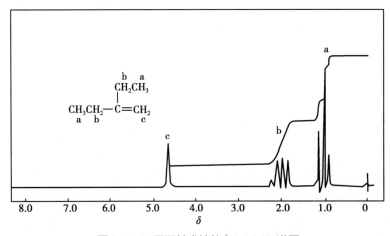

两个双键碳上的氢核 H—C＝C—H 可以相互耦合,都呈双重峰。反式异构体比顺式异构体的耦合常数大,前者约为 15Hz,后者约为 10Hz。同一烯碳上的两个氢核 C＝CH$_2$ 若所处的化学环境不同亦可发生耦合,称为同碳耦合,其耦合常数很小,约 2Hz。

(三) 质谱

烯烃的质谱有如下特征。

1. 烯烃易失去一个 π 电子,分子离子峰非常明显,其强度随分子量的增大而减弱。

2. 烯烃质谱的基峰是双键 α、β 位 C—C 键的裂解峰,即烯丙基型裂解特征峰。结果是带有双键的裂片具有正电荷。

$$CH_2{=}CH{-}CH_2{-}R \xrightarrow{-e} CH_2\overset{\cdot\,+}{{=}}CH{-}CH_2{\overset{\frown}{}}R \longrightarrow CH_2{=}CH{-}\overset{+}{C}H_2 + R\cdot$$

由于烯丙基型裂解,出现 m/z 41、55、69 和 83 等(C_nH_{2n-1})的离子峰,这些峰比相应的烷烃碎片峰少两个质量单位。

3. 常发生麦克拉费蒂重排(Mclafferty rearrangement)(简称麦氏重排),产生 C_nH_{2n} 离子。例如:

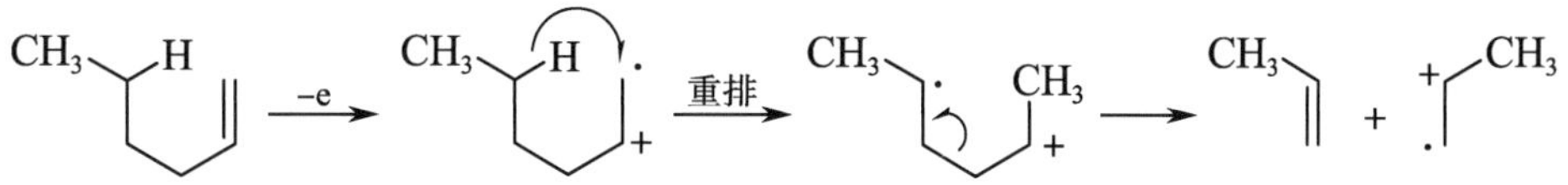

4. 环己烯类发生逆向狄尔斯 – 阿尔德裂解(Diels–Alder cleavage reaction)。

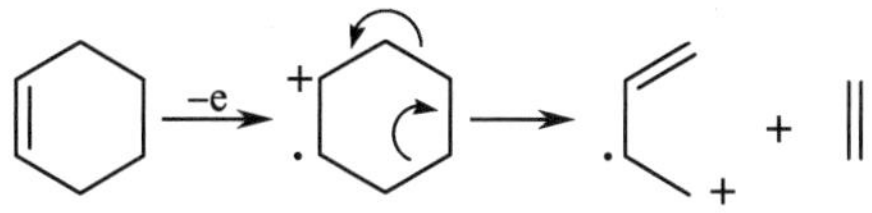

由质谱碎片峰并不能确定双键的位置异构体,因为在裂解过程中常发生双键移位。

练习题 3.5　指出 $\underset{H}{\overset{Br}{}}C{=}\underset{CH_3}{\overset{H}{}}$ 在 ^{1}H-NMR 谱图中有几组吸收峰,并指出化学位移大小的次序。

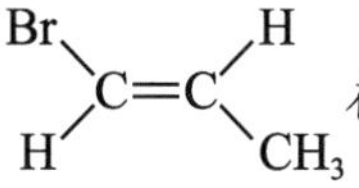

练习题 3.6　下面是丁烯的质谱数据:

m/z	15	20	26	28	37.5	41	52	56
相对丰度/%	2	0.1	8	27	0.1	100	1	39

你认为何种质荷比是其特征的离子峰?据此能否确定该烯烃是丁–1–烯或丁–2–烯?

第三节 化 学 性 质

与烷烃具有较高稳定性的化学性质相比,烯烃的化学性质显得比较活泼。烯烃的化学性质主要体现在碳碳双键这个官能团上。因为烯烃中 π 键的键能比 σ 键的键能小,π 电子云分布在双键平面的上、下方,受核的束缚力较弱,可极化性较大,易给出电子,故化学性质活泼,易发生亲电加成、自由基加成和氧化反应。此外,与碳碳双键相邻碳原子(称 α–碳原子或烯丙位碳原子)上的氢原子易发生卤代和氧化反应。

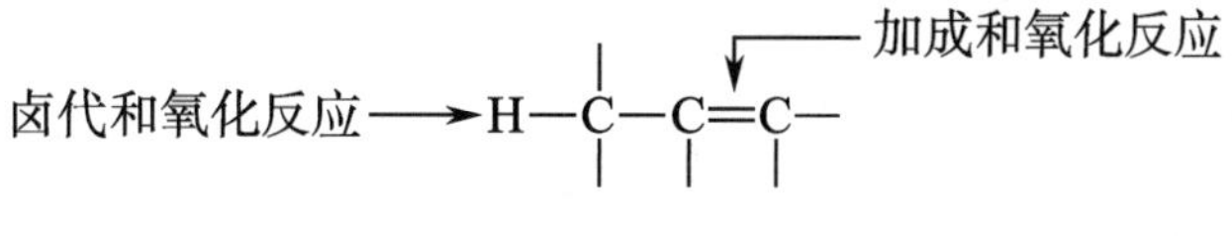

一、催化氢化反应

烯烃与氢气在无催化剂的情况下通常不会发生反应。在催化剂作用下,可降低反应的活化能,使反应易于进行。在催化剂存在下,烯烃与氢加成生成饱和烃的反应称为催化加氢或催化氢化(catalytic hydrogenation)反应。在有机化学中,我们也将氢化反应称为还原反应(reduction reaction)。

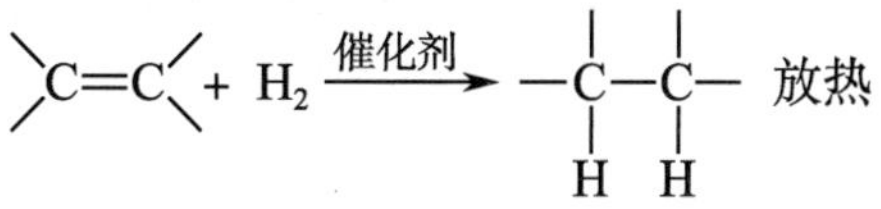

常用的催化剂为分散程度很高的铂（Pt）、钯（Pd）、铑（Rh）、镍（Ni）等金属细粉。这些催化剂均不溶于有机溶剂，称为多相催化剂（heterogeneous catalyst）或非均相催化剂。近年来又开发出许多种可溶于有机溶剂的催化剂，称为均相催化剂（homogeneous catalyst）。这些均相催化剂一般都是金属配合物，使用比较广泛的有［RhCl（PPh₃）₃］，称为威尔金森催化剂（Wilkinson catalyst）。该催化剂为氯化铑和三苯基膦形成的配合物，化学名称是三（三苯基膦）氯化铑，其可以实现烯烃在温和条件下的氢化。

催化氢化主要得顺式加成（syn-addition）产物。

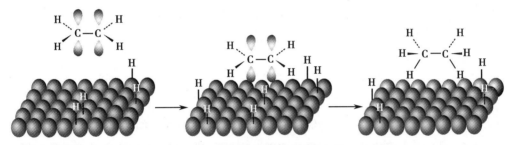

$$\overset{\cdots}{\underset{}{C}}=\overset{\cdots}{\underset{}{C}} \xrightarrow{\text{H}_2/\text{催化剂}} \underset{\underset{H}{|}}{\overset{\cdots}{C}}-\underset{\underset{H}{|}}{\overset{\cdots}{C}} \quad 顺式加成$$

对于在 Pt、Pd、Rh、Ni 金属催化剂存在下的催化氢化反应，一般认为其反应机理是氢分子首先被吸附在催化剂的细颗粒表面上，使 H—H 键发生断裂，生成活泼的氢原子，同时烯烃的 π 键也被削弱，然后活泼氢原子从烯烃双键的同一侧加到双键上生成烷烃，生成的烷烃随后离开催化剂表面。如图 3-8 所示。

图 3-8 乙烯催化氢化过程示意图

催化氢化在工业上和有机化合物的结构确证中都有十分重要的用途。工业上将植物油催化氢化，可使分子熔点升高，成为固态脂肪。催化氢化还可将汽油中的烯烃变为烷烃，提高汽油的质量。由于催化氢化可定量地完成，因此可根据反应所吸收氢气的体积推测分子所含的碳碳双键数目，为确定其结构提供依据。

烯烃的氢化反应是放热反应，1mol 烯烃氢化时所放出的热量称为氢化热，氢化热的大小可以反映烯烃的稳定性。例如顺丁-2-烯和反丁-2-烯加氢生成的产物是相同的烷烃，但氢化热有差别：顺丁-2-烯为 120kJ/mol，反丁-2-烯为 116kJ/mol。这就表明它们的内能有所不同，氢化热大，分子内能高，稳定性小。反丁-2-烯的氢化热小于顺丁-2-烯，所以反式比顺式稳定。这是因为顺丁-2-烯的 2 个甲基在空间比较拥挤，存在范德华力，分子内能较高（图 3-9）。

又如下面三个分子式为 C_5H_{10} 的烯烃，在双键上连有三个烷基的 2-甲基丁-2-烯最稳定。可以看出，在双键上连接烷基数目较多的烯烃其稳定性较大。

顺丁-2-烯   反丁-2-烯

图 3-9 顺式和反式丁-2-烯的 2 个甲基空间障碍的比较

	$\underset{CH_3CHCH=CH_2}{\overset{CH_3}{\vert}}$	$\underset{CH_3CH_2C=CH_2}{\overset{CH_3}{\vert}}$	$\underset{CH_3C=CHCH_3}{\overset{CH_3}{\vert}}$
氢化热/（kJ/mol）	126.0 >	119.2 >	112.5
稳定性	最小	其次	最大

一般烯烃的相对稳定性的次序如下：

$$CH_2{=}CH_2 < RCH{=}CH_2 < CH_2{=}CR_2 \approx RCH{=}CHR < R_2C{=}CHR < R_2C{=}CR_2$$

练习题 3.7 完成下列反应式。

(1)
$$
\begin{array}{c}
CH_3 \\

\end{array}
C{=}C
\begin{array}{c}
D \\
C_2H_5
\end{array}
\quad \xrightarrow{H_2/Pt}
$$
（D 在左下方）

(2) （十氢萘结构，顶部 CH_3） $\xrightarrow{D_2/Pt}$

二、亲电加成反应

烯烃中的 π 键容易受到缺电子试剂的进攻而发生亲电加成反应（electrophilic addition reaction）。烯烃在与亲电试剂的反应中，π 键发生断裂，形成两个更强的 σ 键。

（一）与卤化氢加成

烯烃与卤化氢或浓的氢卤酸发生加成生成一卤代烷。

$$
\text{\Large C}{=}\text{\Large C} + HX \longrightarrow -\overset{}{\underset{H}{C}}-\overset{}{\underset{X}{C}}- \quad X=Cl, Br, I
$$

例如：

$$CH_2{=}CH_2 + HCl \longrightarrow CH_3CH_2Cl$$

$$CH_3CH{=}CHCH_3 + HBr \longrightarrow CH_3CHBrCH_2CH_3$$

1. 反应机理 首先卤化氢中的氢进攻双键上的 π 电子云，经过渡态生成碳上带正电荷的中间体，然后卤素负离子进攻该正离子，经第二个过渡态生成卤代烷。

第一步

$$
\text{C}{=}\text{C} + H{-}X \longrightarrow \left[\begin{array}{c} \overset{\delta^-}{X}{\cdots}\overset{\delta^+}{H} \\ {-}\overset{}{C}{=}\overset{\delta^+}{C}{-} \end{array}\right]^{\neq} \longrightarrow -\overset{H}{C}-\overset{+}{C}-
$$

第二步

$$
-\overset{H}{C}-\overset{+}{C}- + X^- \longrightarrow \left[\begin{array}{c} H \\ {-}\overset{}{C}-\overset{\delta^+}{C}{\cdots}\overset{\delta^-}{X} \end{array}\right]^{\neq} \longrightarrow -\overset{H}{C}-\overset{}{C}-X
$$

第一步中生成带正电荷的中间体涉及共价键的断裂，而第二步是离子反应，因此第一步所需的活化能比第二步高，是决定反应速率的步骤（图 3-10）。卤化氢中的氢以质子的形式与 π 电子结合，是亲电试剂（electrophile），由亲电试剂进攻引起的加成反应称为亲电加成反应。

反应机理表明，卤化氢的反应活性会随酸性增强而增强，所以卤化氢的反应活性为 HI>HBr>HCl>HF。氟化氢的毒性太大，一般不用于与烯烃发生加成反应。

2. 碳正离子的结构和相对稳定性 质子与烯烃的 π 电子结合所形成的碳上带正电荷的中间体称为碳正离子（carbocation）。碳正离子是有机反应中常见的活性中间体之一，一般不能分离得到，但可通过物理方法观察到它的存在。碳正离子是由共价键的异裂所产生的。

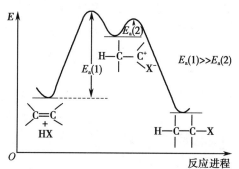

图 3-10 烯烃与氢卤酸加成的势能图

$$R \overset{\frown}{:} X \longrightarrow R^+ + X:^- \quad \text{共价键的异裂}$$

有证据表明,在烷基碳正离子中,缺电子的碳原子为 sp^2 杂化,三个 sp^2 轨道和其他三个原子形成 σ 键,留下一个空 p 轨道,垂直于 σ 键骨架平面(图 3-11)。

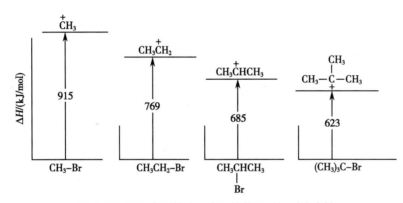

(a)碳正离子 σ 键平面骨架;(b)垂直于 σ 键平面的空 p 轨道。

图 3-11　碳正离子的结构

如同自由基一样,烷基碳正离子根据正电荷所在的碳原子的类型,可分为伯(1°)、仲(2°)、叔(3°)碳正离子,它们的稳定性顺序与烷基自由基一致,即 $R_3C^+ > R_2CH^+ > RCH_2^+ > CH_3^+$。这个稳定性顺序可以从共价键异裂的离解能数据加以说明。以不同类型的 C—Br 键异裂的离解能(即下列反应的 ΔH 值)为例,不难看出不同的碳正离子相对其母体溴代烷的能量差和它们的相对稳定性(图 3-12)。

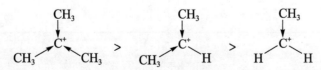

图 3-12　不同类型的碳正离子的能量和相对稳定性

按照物理学上的基本规律,一个带电荷的物种其电荷越分散,体系就越稳定。碳正离子上所连接的烷基越多,其正电荷就越分散,碳正离子亦就越稳定。在烷基碳正离子中,带有正电荷的碳是 sp^2 杂化,其他碳原子是 sp^3 杂化。sp^2 杂化的碳原子由于 s 轨道成分所占的比例大,其电负性较 sp^3 杂化碳原子强,因此烷基表现出一种给电子的作用。烷基的这种给电子作用称为给电子诱导效应。所谓诱导效应(inductive effect,一般用"I"表示),是指由于形成共价键的两个原子的电负性不同,使得共价键电子云不是平均分布在两个原子之间,而是沿着共价键由电负性小的原子偏向电负性大的原子所产生的电子效应。诱导效应与原子的电负性有关。成键的两个原子中电负性大的原子或基团表现出吸电子效应(即共用的电子偏向自己一方),称为吸电子诱导效应,一般用 –I 表示;相对电负性较小的原子或基团则表现出给电子效应(即共用的电子偏向对方),称为给电子诱导效应,一般用 +I 表示。甲基的给电子作用使得碳正离子的相对稳定性如下:

烷基通过给电子诱导效应对碳正离子有稳定作用。除这种作用外,还有另一种作用,即围绕碳正离子的 α-C—C 旋转,当带正电荷碳原子的 p 轨道轴和 α-C—H 键的 σ 轨道轴在同一平面时,这两

个轨道可发生部分重叠(图 3-13),使部分正电荷可分散到甲基上,起稳定碳正离子的作用,这种现象称为超共轭(hyperconjugation)。甲基越多,正电荷分散的可能性越大,碳正离子就越稳定,因此烷基碳正离子的稳定性次序为 $R_3C^+ > R_2CH^+ > RCH_2^+ > CH_3^+$。

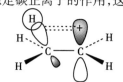

图 3-13　乙基碳正离子中的超共轭作用

3. 区域选择性和反应活性　不对称烯烃与卤化氢加成存在两种取向,得到两种产物。在实验中发现,加成产物往往以一种产物为主。例如丁–1–烯与 HBr 的加成产物中 2–溴丁烷占 80%,而 1–溴丁烷只占 20%。

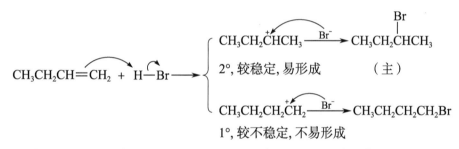

80%　　　　　20%

像这种凡是反应中有多个构造异构体可以生成,只有一个主要产物或唯一一种产物生成的反应称为区域选择性反应(regioselective reaction)。

1870 年,俄国化学家马尔科夫尼科夫(V. V. Markovnikov)根据大量实验事实,归纳出一条经验规则:不对称烯烃与不对称试剂加成时,试剂的正性部分加在含氢较多的双键碳原子上,而负性部分加在含氢较少的双键碳原子上。这一规律称为马尔科夫尼科夫规则(Markovnikov rule),简称"马氏规则"。

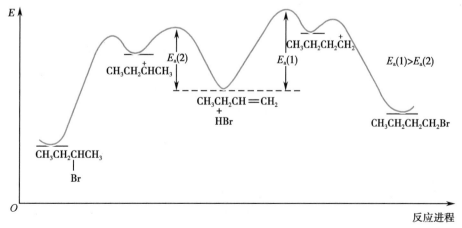

"马氏规则"现在可从反应机理给予解释(以丁–1–烯加溴化氢为例说明)。丁–1–烯与质子结合可得仲和伯两种碳正离子,前者较后者稳定,生成仲碳正离子所需的活化能较小,反应速率快。由于加成反应的总速率由这一步控制,因此经仲碳正离子所得的 2–溴丁烷为主要产物(图 3-14 为碳正离子的稳定性与加成取向的示意图)。

图 3-14　碳正离子的稳定性与加成取向

由此可见,加成反应的区域选择性取决于碳正离子的稳定性。根据此原则即可理解下面这个反

应的加成取向:3,3,3-三氟丙烯和氯化氢反应时,氯化氢中的氢加到反应物双键中含氢较少的碳原子上。

$$F_3CCH=CH_2 \xrightarrow{HCl} \begin{cases} F_3CCH_2\overset{+}{C}H_2 \xrightarrow{Cl^-} F_3CCH_2CH_2 \quad 主产物 \\ \qquad\qquad\qquad\qquad\qquad | \\ \qquad\qquad\qquad\qquad\qquad Cl \\ \\ F_3C\overset{+}{C}HCH_3 \xrightarrow{Cl^-} F_3CCHCH_3 \\ \qquad\qquad\qquad\qquad\quad | \\ \qquad\qquad\qquad\qquad\quad Cl \end{cases}$$

这是由于氟原子的电负性很大,使三氟甲基成为强的吸电子基。第一步中质子加到 C_1 和 C_2 上分别产生碳正离子 $CF_3CH^+CH_3$ 和 $CF_3CH_2CH_2^+$,前者虽为 2° 碳正离子,但 CF_3 与带正电荷的碳原子直接相连,由于它的强吸电子作用,使碳正离子更不稳定,后者的 CF_3 与带正电荷的碳原子间接相连,影响小一些,所以 $CF_3CH_2CH_2^+$ 比 $CF_3CH^+CH_3$ 稳定,生成速率较快,导致质子主要加到碳碳双键上含氢较少的碳原子上。所以"马氏规则"本质上是"当不对称试剂与双键发生亲电性加成时,试剂中的正电性部分主要加到能形成较稳定的碳正离子的那个碳原子上"。

碳碳双键上所连的基团(或原子)不仅影响加 HX 的取向,还影响双键的反应活性。例如异丁烯、丁-1-烯和乙烯与 HX 加成的活性有差别,其活性次序如下:

$$(CH_3)_2C=CH_2 > CH_3CH_2CH=CH_2 > CH_2=CH_2$$

其原因与双键加 HX 有区域选择性类似,是由于反应的第一步(决定反应速率的步骤)中产生的碳正离子稳定性不同,碳正离子的稳定性越大,加成速率越快。异丁烯、丙烯和乙烯产生的碳正离子及其相对稳定性如下:

$$\underset{\underset{CH_3}{|}}{CH_3-\overset{+}{C}-CH_3} > \underset{\underset{H}{|}}{CH_3-\overset{+}{C}-CH_3} > \underset{\underset{H}{|}}{CH_3-\overset{+}{C}-H}$$
$$\quad 叔 \qquad\qquad\quad 仲 \qquad\qquad\quad 伯$$

4. 碳正离子的重排　在经碳正离子中间体的反应中,往往可以观察到产物的碳架与反应物相比发生变化,这一现象称为碳正离子重排(carbocation rearrangement)。例如 3-甲基丁-1-烯与 HCl 加成除可得正常产物 2-氯-3-甲基丁烷外,还有重排产物 2-氯-2-甲基丁烷。其反应过程如下:

$$\underset{\underset{CH_3}{|}}{CH_3CHCH=CH_2} \xrightarrow{HCl} \underset{\underset{CH_3}{|}}{CH_3\overset{H}{\overset{\curvearrowright}{C}}-\overset{+}{C}HCH_3} \begin{cases} \xrightarrow{Cl^-} \underset{\underset{CH_3}{|}}{CH_3\underset{}{CHCHCH_3}} \overset{Cl}{|} \quad 非重排产物 \\ \\ \xrightarrow[H-迁移]{重排} \underset{\underset{CH_3}{|}}{CH_3\overset{+}{C}CH_2CH_3} \xrightarrow{Cl^-} \underset{\underset{CH_3}{|}}{CH_3\overset{Cl}{\underset{}{C}}CH_2CH_3} \\ \qquad\qquad\qquad\qquad\qquad\qquad\quad 重排产物 \end{cases}$$

在重排反应中,也可以发生烷基的迁移。例如 3,3-二甲基丁-1-烯与 HCl 加成除正常产物 3-氯-2,2-二甲基丁烷外,还有重排产物 2-氯-2,3-二甲基丁烷。其重排过程如下:

$$\underset{\underset{CH_3}{|}}{\overset{\overset{CH_3}{|}}{CH_3CCH=CH_2}} \xrightarrow{HCl} \underset{\underset{CH_3}{|}}{\overset{\overset{CH_3}{|}}{CH_3\overset{\curvearrowright}{C}-\overset{+}{C}HCH_3}} \xrightarrow[CH_3-迁移]{重排} \underset{\underset{CH_3}{|}}{\overset{\overset{CH_3}{|}}{CH_3\overset{+}{C}CHCH_3}} \xrightarrow{Cl^-} \underset{\underset{CH_3}{|}}{\overset{\overset{Cl\ CH_3}{|\ \ |}}{CH_3C-CHCH_3}}$$

在上述重排反应中,迁移的原子或基团都是带一对电子迁移至邻位带正电荷的碳原子上的,形成更为稳定的碳正离子,这就是碳正离子发生重排的推动力。碳正离子重排是碳正离子的一个重要性

质,将会在以后的章节中经常遇到类似反应。

练习题 3.8　写出(1)、(2)和(3)分别加 HBr 的主要产物。

(1) $CH_2=CHCH_2CH_3$　　　　(2) $CF_3CH=CHCH_3$　　　　(3) $(CH_3)_3CCH=CH_2$

练习题 3.9　写出戊-1-烯和异丁烯加 HBr 的主要产物,哪个烯烃的加成速率较快? 并给予解释。

(二) 与硫酸加成

烯烃可与浓硫酸反应,质子和硫酸氢根负离子在 0 ℃分别加到双键的两个碳原子上形成硫酸氢酯。

$$\begin{array}{c}\diagup\\C=C\\\diagdown\end{array}\ +\ HOSO_2OH\ \longrightarrow\ \begin{array}{cc}|&|\\-C-C-\\|&|\\H&OSO_2OH\end{array}\ \xrightarrow{\ H_2O\ }\ \begin{array}{cc}|&|\\-C-C-\\|&|\\H&OH\end{array}$$

硫酸氢酯可被水解转变成醇,这是工业上制备醇的方法之一。

加成的机理与烯烃加 HX 类似,是亲电性加成反应,即先产生碳正离子中间体,然后它再与硫酸氢根负离子结合得到产物。

$$CH_2=CH_2\ +\ HOSO_2OH\ \longrightarrow\ \underset{\text{碳正离子}}{CH_3-\overset{+}{C}H_2}\ +\ HOSO_2O^-\ \longrightarrow\ \underset{\text{硫酸氢乙酯}}{CH_3CH_2OSO_2OH}$$

不对称烯烃与硫酸加成的取向亦符合"马氏规则"。

$$CH_2=CHCH_2CH_3\ +\ HOSO_2OH\ \longrightarrow\ \begin{array}{c}CH_3-CH-CH_2CH_3\\|\\OSO_2OH\end{array}$$

烯烃通过硫酸氢酯制备醇的方法称为烯烃的间接水合法(indirect hydration)。

在硫酸、磷酸等催化下,烯烃也可直接与水加成生成醇,这也是工业上制备醇的方法,称为直接水合法(direct hydration)。例如乙烯在磷酸催化下,在 300 ℃和 7MPa 压力下与水反应生成醇。

$$CH_2=CH_2\ +\ H_2O\ \xrightarrow[300℃/7MPa]{H_3PO_4}\ CH_3CH_2OH$$

烯烃与水的加成反应也符合"马氏规则",双键碳原子上连有的烷基越多,反应越容易进行。

由于受"马氏规则"的限制,通过上述方法制得的醇(除乙醇外)都是仲醇和叔醇。此类反应常伴有重排产物产生,选择性差。

烯烃和其他有机酸在一定条件下也可进行加成反应。

练习题 3.10　写出下列试剂与 2-甲基戊-2-烯的加成产物。

(1) H_2SO_4　　　　　　(2) CH_3COOH/H^+

(三) 与卤素加成

烯烃与卤素在四氯化碳或三氯甲烷等溶剂中进行反应,生成邻位二卤代烷。

$$\begin{array}{c}\diagup\\C=C\\\diagdown\end{array}\ +\ X_2\ \longrightarrow\ \begin{array}{cc}|&|\\-C-C-\\|&|\\X&X\end{array}\quad X=Cl,\ Br$$

反应在室温下就可以迅速定量地进行,卤素的活性次序为 $F_2>Cl_2>Br_2>I_2$。氟与烯烃反应十分

剧烈,同时伴随其他副反应。碘与烯烃一般不反应,所以常用氯和溴与烯烃反应,以制得邻二氯化物和邻二溴化物。

　　向烯烃中加入溴的四氯化碳溶液,溴的红棕色很快褪去,常将该反应作为烯烃的鉴别反应。

　　在该反应中,烯烃与卤素加成不需光照或高温(引发自由基反应的条件),而极性条件能使反应加快。例如烯烃和溴在干燥的四氯化碳中反应很慢,需要几小时甚至几天才能完成;当四氯化碳中有少量水存在时,加成反应就能迅速进行。此外,当反应介质中有氯化钠存在时,反应产物中有氯负离子参与的产物。例如:

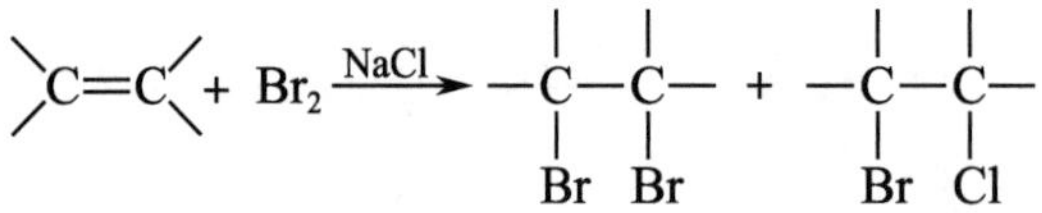

$$\text{C=C} + Br_2 \xrightarrow{\text{NaCl}} \begin{array}{c} -\overset{|}{\underset{|}{C}}-\overset{|}{\underset{|}{C}}- \\ Br\ Br \end{array} + \begin{array}{c} -\overset{|}{\underset{|}{C}}-\overset{|}{\underset{|}{C}}- \\ Br\ Cl \end{array}$$

　　烯烃与溴加成是通过形成溴鎓离子的反应机理进行的。加成反应的第一步,溴分子接近烯烃的 π 键,受其影响而产生极化,一端带正电荷,另一端带负电荷,带正电荷的一端进攻 C=C 的 π 电子云,然后 π 键和溴分子的共价键发生异裂,溴负离子离去,溴正离子与双键碳结合形成环状正离子,即溴鎓离子(cyclic bromonium ion);第二步溴负离子从三元环的背面进攻,生成二溴化物。反应的结果是两个溴从双键的两侧加到烯烃分子中,这种加成方式称为反式加成(anti-addition)。

03D06

3-D-6
烯烃与溴的
加成反应
(动画)

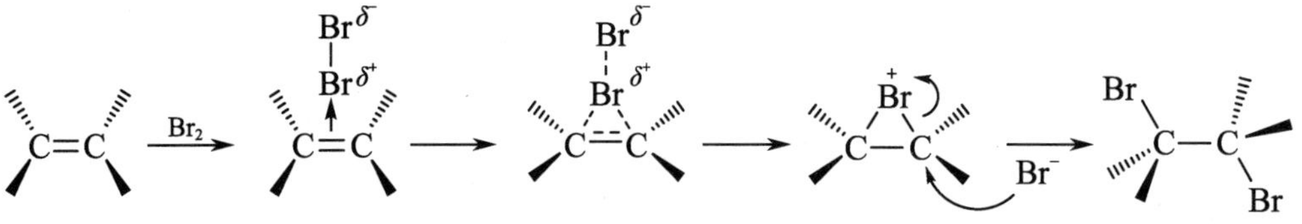

（此处为反应机理图）

π配合物　　　　　　　　　　溴鎓离子　　反式加成

例如:

（环己烯与 Br_2 加成反应生成反式二溴环己烷的结构图）

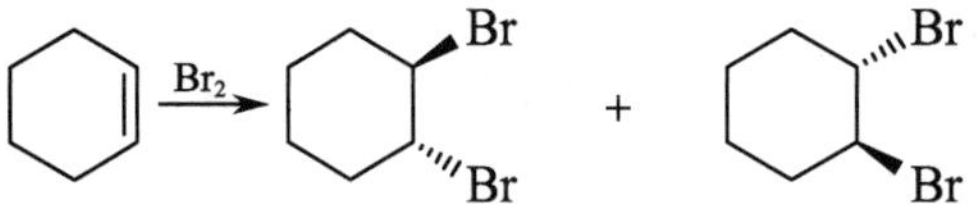

　　若在反应介质中有 Cl^- 或其他负离子,它们亦可进攻溴鎓离子,形成相应的产物。三元环的溴鎓离子可能是由碳正离子接受 α 位上溴的一对电子产生的,它的溴原子和两个碳原子外层都是八个电子,比缺电子的碳正离子稳定。但由于三元环的张力很大,仍很活泼,一经形成,很快便进行下一步反应。

$$\overset{+}{\underset{CH_2-CH_2}{Br}} \qquad \qquad \overset{Br}{\underset{CH_2-\overset{+}{C}H_2}{|}}$$

溴鎓离子,较稳定　　　　碳正离子

　　由于氯的电负性比溴大,原子半径较小,形成相应的环状氯鎓离子的可能性较小,因此氯与烯烃的加成反应一般按照碳正离子机理进行。烯烃与 Cl_2 加成是共价键异裂的离子反应,反应分两个步骤进行,第一步是 Cl_2 分子发生极化,一端带部分正电荷,另一端带部分负电荷,带部分正电荷的一端进攻 C=C 的 π 电子云,并接受一对 π 电子形成 C—Cl 键,同时 C—Cl 键断裂,产生碳正离子和氯负离子;第二步是氯负离子和碳正离子很快结合,转变为邻二氯代烷烃。

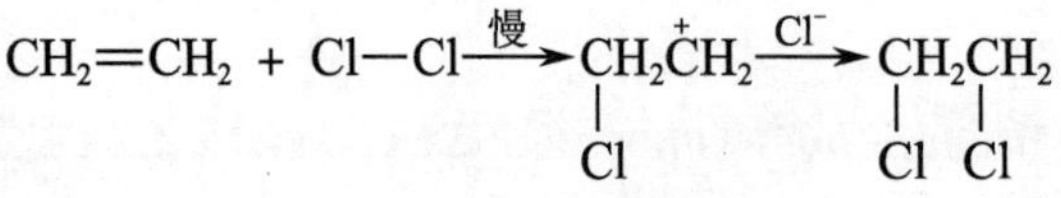

$$CH_2=CH_2 + Cl-Cl \xrightarrow{\text{慢}} \underset{Cl}{\overset{}{CH_2\overset{+}{C}H_2}} \xrightarrow{Cl^-} \underset{Cl\ Cl}{CH_2CH_2}$$

碳正离子

练习题 3.11　写出异丁烯与 Br_2/CCl_4 的加成产物。

练习题 3.12　己-3-烯与 Br_2/CCl_4 发生加成反应时,如果体系中有 $NaNO_3$,会有什么副产物?

(四) 与次卤酸加成

烯烃与氯或溴在水溶液中反应,主要产物为 β-氯(溴)代醇,相当于在双键上加了一分子次卤酸。

$$\text{C=C} + X_2 \xrightarrow{H_2O} \underset{X \quad OH}{-\text{C}-\text{C}-} + HX$$

此反应也是分两步进行的,首先形成三元环状鎓离子中间体或碳正离子,然后 H_2O 从卤鎓离子背面进攻或与碳正离子结合,后失去一个质子得到加成产物。

$$\text{C=C} \xrightarrow{Br_2} \quad \xrightarrow{H_2O} \quad \xrightarrow{-H^+}$$

或

$$\text{C=C} \xrightarrow{Cl_2} \quad \xrightarrow{H_2O} \quad \xrightarrow{-H^+}$$

在第一步中同时生成了卤负离子,它亦可进攻溴鎓离子或碳正离子转变成邻二卤化物,因此卤负离子和 $H_2\ddot{O}$ 竞争性进攻反应中间体。但由于水是溶剂,大量存在,因此主要得到邻卤代醇。

不对称烯烃在上述条件下反应,是卤素加到含氢多的双键碳原子上去。相当于 HOX 中的亲电部分卤素(X^+)加到含氢多的双键碳原子上,亲核部分(OH^-)加到含氢少的双键碳原子上,即也是按"马氏规则"加成。例如:

$$\underset{CH_3}{CH_3C=CH_2} + Br_2 \xrightarrow{H_2O} \underset{CH_3}{\overset{OH}{CH_3CCH_2Br}}$$

若卤素与烯烃在醇溶液中反应,醇分子亦可进攻环状的卤鎓离子而生成 β-烷氧基卤代烷。例如:

$$CH_3CH=CH_2 + Br_2 \xrightarrow{CH_3OH} \underset{1-溴-2-甲氧基丙烷}{\overset{OCH_3}{CH_3CHCH_2Br}}$$

练习题 3.13　写出丁-1-烯与溴在乙醇溶液中反应的产物及其反应机理。

(五) 羟汞化-脱汞反应

羟汞化-脱汞反应是由烯烃合成醇的有效途径之一。烯烃与乙酸汞发生羟汞化,羟汞化产物不经分离,直接加入 $NaBH_4$ 进行还原脱汞得到醇。例如:

$$(CH_3)_3CCH=CH_2 \xrightarrow{Hg(OAc)_2,\ H_2O} (CH_3)_3CCH-CH_2 \xrightarrow{NaBH_4,\ OH^-} (CH_3)_3CCH-CH_3$$
$$\qquad\qquad\qquad\qquad\qquad OH\quad HgOAc \qquad\qquad\qquad\qquad OH$$

该反应具有条件温和(一般在室温下进行)、反应速率快、中间产物不需分离、区域选择性好(符合"马氏规则")、无重排产物等优点。因此,尽管汞是毒性金属元素,但由于羟汞化反应的诸多优点,该反应仍被广泛用于有机合成。

三、自由基加成反应

不对称烯烃与溴化氢加成时,如有过氧化物(R—O—O—R)存在或在光照条件下,加成产物主要是反"马氏规则"的产物。例如:

$$CH_3CH=CH_2 + HBr \xrightarrow{ROOR} CH_3CH_2CH_2Br$$

03K02

3-K-2
科学家简介

这种现象称为过氧化物效应(peroxide effect)。美国科学家卡拉施(M. S. Kharasch)于 1933 年首先发现这一现象,因此也称为卡拉施效应(Kharasch effect)。这是因为过氧化物存在时,烯烃与溴化氢发生的反应不是离子型的亲电加成反应,而是自由基加成反应。其反应机理为:

链引发

$$RO-OR \longrightarrow 2RO\cdot$$
$$RO\cdot + H-Br \longrightarrow ROH + Br\cdot$$

链增长

$$\overset{3}{C}H_3\overset{2}{C}H=\overset{1}{C}H_2 + Br\cdot \longrightarrow
\begin{cases}
CH_3\overset{\cdot}{C}HCH_2Br \quad \Delta H=-38kJ/mol \\
\underset{2^\circ}{} \\
CH_3CH\overset{\cdot}{C}H_2 \\
\underset{Br}{}\ _{1^\circ}
\end{cases}$$

$$CH_3\overset{\cdot}{C}HCH_2Br + H-Br \longrightarrow CH_3CHCH_2Br + Br\cdot \quad \Delta H=-29kJ/mol$$
$$\qquad\qquad\qquad\qquad\qquad\qquad\quad H$$

链终止

$$Br\cdot + Br\cdot \longrightarrow Br_2$$

$$CH_3\overset{\cdot}{C}HCH_2Br + Br\cdot \longrightarrow CH_3CHCH_2Br$$
$$\qquad\qquad\qquad\qquad\qquad\qquad Br$$

在链增长阶段中,溴原子加到 C=C 双键的 C_1 上,产生仲自由基;加到 C_2 上则生成伯自由基,前者比后者稳定,反应所需的活化能较小,生成速率快。由于这一步是速率控制步骤,因此主要得反"马氏规则"的加成产物。

氯化氢和碘化氢没有过氧化物效应,加成取向仍符合"马氏规则"。H—Cl 的键能较大,在链增长阶段与烷基自由基反应产生氯原子(Cl·)这一步是吸热反应,因此 Cl·虽活泼,但不易生成。H—I虽易产生 I·,但 I·不活泼,与烯烃加成这一步是吸热反应,不易和烯烃加成。

$$\begin{array}{lr} & \Delta H/(kJ/mol) \\ RCH=CH_2 + X\cdot (Cl\cdot\ 或\ I\cdot) \longrightarrow R\overset{\cdot}{C}HCH_2X \quad Cl\cdot & -92 \\ \qquad\qquad\qquad\qquad\qquad\qquad\qquad\qquad\quad I\cdot & +21 \\ R\overset{\cdot}{C}HCH_2X + H-X \longrightarrow RCH_2CH_2X + X\cdot \quad HCl & +33 \\ \qquad\qquad\qquad\qquad\qquad\qquad\qquad\qquad\quad HI & -100 \end{array}$$

多卤化物等也可以在过氧化物或者光照下发生自由基反应,往往是卤代烷中最弱的键断裂,最稳定的自由基易形成。例如:

$$CH_3CH=CH_2 + ICF_3 \xrightarrow{ROOR} CH_3\underset{\underset{I}{|}}{C}HCH_2CF_3$$

练习题 3.14　预测下列反应的主要产物。

(1) $CH_2=C(CH_3)_2 + HBr \xrightarrow{ROOR}$

(2) $CF_2=CH_2 + CHCl_3 \xrightarrow{ROOR}$

四、硼氢化反应

烯烃与硼烷在醚类溶剂(如乙醚、四氢呋喃、二缩乙二醇二甲醚等)中发生加成反应生成烷基硼烷。硼烷中的硼原子和氢原子分别加到碳碳双键的两个碳原子上,此反应称为硼氢化(hydroboration)。

$$\underset{}{\diagup}C=C\underset{}{\diagup} \xrightarrow{B_2H_6/THF} -\underset{\underset{H}{|}}{C}-\underset{\underset{BH_2}{|}}{C}- \xrightarrow{2C=C} (\underset{\underset{H}{|}}{C}-\underset{|}{C})_3B$$

三烷基硼

甲硼烷(BH_3)分子中的硼原子外层只有六个电子,很不稳定,两个甲硼烷极易结合成乙硼烷(B_2H_6)。乙硼烷是一种能自燃的有毒气体,它在四氢呋喃中可生成甲硼烷的配合物($BH_3\cdot THF$)。乙硼烷可通过下列反应制备:

$$3NaBH_4 + 4BF_3 \longrightarrow 2B_2H_6 + 3NaBF_4$$

硼氢化反应具有区域选择性。由于硼的电负性(2.0)比氢的电负性(2.1)稍小,更由于硼的外层是缺电子的,所以硼原子是亲电中心,它和不对称烯烃加成时,硼原子加到含氢较多的空间位阻较小的双键碳原子上,而氢原子加到含氢较少的空间位阻较大的双键碳原子上,得到反"马氏规则"产物。

$$RCH=CH_2 \xrightarrow{B_2H_6/THF} R-\underset{\underset{H}{\overset{H}{|}}}{C}-\underset{\underset{BH_2}{\overset{H}{|}}}{C}-H \xrightarrow{2RCH=CH_2} (R-\underset{\underset{H}{\overset{H}{|}}}{C}-\underset{\overset{H}{|}}{C})_3B$$

硼氢化反应得到顺式加成(syn-addition)产物。硼氢化反应的反应机理可用下式表示:

$$\diagup C=C\diagdown \xrightarrow{B_2H_6/THF} \quad \cdots \quad \longrightarrow \left[\begin{array}{c}H_2B\text{-}\text{-}H\\ \diagup C\text{=}C\diagdown\end{array}\right]^{\neq} \longrightarrow \begin{array}{c}BH_2\\ \diagup C-C\diagdown\end{array}$$

π配合物　　　　　　　过渡态　　　　　　　顺式加成

烷基硼烷在碱性条件下用过氧化氢处理转变成醇。

$$3RCH=CH_2 \xrightarrow{B_2H_6/THF} (RCH_2CH_2)_3B \xrightarrow{H_2O_2/OH^-} 3RCH_2CH_2OH$$

烯烃经硼氢化加成后再用碱性的过氧化氢氧化水解,两步反应总的结果相当于在烯烃的双键上

按照反"马氏规则"顺式加上一分子水,整个反应称为硼氢化–氧化反应。该反应条件温和、操作简便、产率较高,也没有重排物的生成,是一种重要的有机合成反应,可用于制备醇类化合物,特别是伯醇。烯烃经硫酸氢酯或酸催化水合只能合成仲醇和叔醇(除乙醇外)。

烷基硼烷还可和羧酸反应生成烷烃,此反应称为烷基硼烷的还原反应。该反应和烯烃的硼氢化反应合在一起,总称为硼氢化–还原反应,可将烯烃还原成烷烃。例如:

$$3RCH{=}CH_2 \xrightarrow{B_2H_6/THF} (RCH_2CH_2)_3B \xrightarrow{RCOOH} 3RCH_2CH_3$$

练习题 3.15 完成下列反应式。

(1) $CH_3CH_2CH_2CH{=}CH_2 \xrightarrow{B_2H_6/THF} \xrightarrow{H_2O_2/OH^-}$

(2)
$$\begin{array}{c} H \\ CH_3 \end{array}\!\!\Big/ C{=}C \Big\backslash\!\!\begin{array}{c} CH_2CH_3 \\ H \end{array} \xrightarrow{B_2H_6/THF} \xrightarrow{H_2O_2/OH^-}$$

五、氧化反应

氧化反应是有机化学中的重要反应,碳碳双键容易被氧化,发生双键断裂,氧化产物的结构取决于试剂和反应条件。

(一) 高锰酸钾氧化

烯烃与冷稀、碱性高锰酸钾水溶液反应得到邻二醇。反应经环状锰酸酯中间体,因此两个羟基是在双键的同侧生成。

$$\text{C=C} + KMnO_4 \longrightarrow \left[\begin{array}{c} C{-}C \\ O\quad O \\ Mn \\ O\quad O^- \end{array}\right] K^+ \longrightarrow \underset{HO\quad OH}{\text{C}{-}\text{C}}$$

在反应中高锰酸钾的颜色能很快褪去,因此可用作烯烃的鉴别反应。

如用浓的、热的或酸性高锰酸钾氧化,反应条件比较剧烈,则发生碳碳双键的断裂,生成酮、羧酸或酮和羧酸的混合物。氧化产物的结构取决于双键碳上氢(烯氢)被烷基取代的情况,$R_2C{=}$、$RCH{=}$ 和 $CH_2{=}$ 分别被氧化成酮、羧酸和二氧化碳。例如:

$$CH_3CH_2CH{=}CH_2 \xrightarrow[H_2O,\ H_2SO_4]{KMnO_4} CH_3CH_2COOH + CO_2$$

$$\underset{\underset{CH_3}{|}}{CH_3CH_2C}{=}CHCH_3 \xrightarrow[H_2O,\ H_2SO_4]{KMnO_4} CH_3CH_2\overset{\overset{O}{\|}}{C}CH_3 + CH_3COOH$$

因此,根据氧化产物的结构也可用于推断出原来烯烃的结构。

(二) 臭氧化

将含有 6%~8% 臭氧的氧气通入烯烃或烯烃的溶液中,很快能生成臭氧化物,反应可定量地完成,此反应称为臭氧化(ozonization)。臭氧化物很易爆炸,一般不将它分离出来,而是将其直接加水水解,水解产物为醛或酮及过氧化氢。

$$\underset{R(H)}{\overset{R}{C}}=\underset{R(H)}{\overset{H}{C}} \xrightarrow{O_3} \text{臭氧化物} \xrightarrow{H_2O} \underset{R}{\overset{R}{C}}=O + O=\underset{R(H)}{\overset{H}{C}} + H_2O_2$$

臭氧化物

$$\xrightarrow{[O]} \underset{}{\overset{O}{\parallel}} (H)R-C-OH$$

为了避免水解生成的醛被过氧化氢氧化成羧酸,通常将臭氧化物用还原剂(例如锌粉加乙酸或催化氢化)还原分解,这样可得到醛和酮。因此,该反应可用于从烯烃制备某些醛或酮。例如:

$$\underset{CH_3CH_2}{\overset{CH_3CH_2}{C}}=\underset{H}{\overset{CH_3}{C}} \xrightarrow[]{O_3} \xrightarrow{Zn/H_2O} \underset{CH_3CH_2}{\overset{CH_3CH_2}{C}}=O + O=\underset{H}{\overset{CH_3}{C}}$$

产物的结构由双键碳上的烷基取代情况决定,反应物中的 $R_2C=$ 部分变成酮,$RCH=$ 部分变成醛,$CH_2=$ 部分则变成甲醛。因此,可以根据臭氧化物还原水解的产物来推断烯烃的结构。

练习题 3.16　烯烃 A 和 B 用 $KMnO_4$ 氧化,A 得到 1 种产物丙酸,而 B 的氧化产物为戊酸和二氧化碳,试写出 A 和 B 的结构式。若 A 和 B 用臭氧氧化,再用锌水处理将得到什么产物?

(三) 环氧化

烯烃被过氧酸氧化生成环氧化合物的反应称为环氧化(epoxidation)。

$$\underset{}{\overset{}{C}}=\underset{}{\overset{}{C}} + R-\overset{O}{\overset{\parallel}{C}}-O-O-H \longrightarrow \underset{}{\overset{O}{\underset{C-C}{\triangle}}}$$

过氧酸　　　　　环氧化合物

环氧化是顺式加成反应,故产物的构型与反应物的构型保持一致。

$$\underset{H}{\overset{CH_3}{C}}=\underset{H}{\overset{CH_3}{C}} + CH_3CO_3H \longrightarrow \underset{H}{\overset{CH_3}{C}}-\underset{H}{\overset{CH_3}{C}}$$

环氧化合物在有机合成中有十分重要的用途,它可转变成邻二醇和氨基醇等一系列有机化合物。最常用的有机过氧酸为过氧乙酸(CH_3CO_3H)和过氧苯甲酸($PhCO_3H$)等。

六、α-氢原子的卤代反应

与碳碳双键相邻的碳原子称为 α-碳原子或烯丙位碳原子,与此相连的氢原子称为 α-氢原子或烯丙位氢原子。

在高温或光照下,α-氢原子易被卤素取代,发生自由基取代反应。例如丙烯高温氯代得 3-氯丙烯。

$$CH_3CH=CH_2 + Cl_2 \xrightarrow[500\sim600℃]{气相} \underset{Cl}{CH_2CH=CH_2}$$

α-氢原子的卤代反应机理与烷烃的卤代反应一样,是自由基取代反应,生成自由基的一步是决定反应速率的步骤。

链的引发　$Cl_2 \xrightarrow{高温} Cl\cdot$

链的增长　$CH_3CH=CH_2 + Cl· \longrightarrow \dot{C}H_2CH=CH_2 + HCl$

$\dot{C}H_2CH=CH_2 + Cl_2 \longrightarrow ClCH_2CH=CH_2 + Cl·$

链终止

$2Cl· \longrightarrow Cl_2$

$\dot{C}H_2CH=CH_2 + Cl· \longrightarrow ClCH_2CH=CH_2$

烯烃高温氯代时,取代反应总是发生在 α-氢原子上,具有较高的区域选择性。原因在于 α 位 C—H 的解离能较小,只有 364kJ/mol;而烷烃(乙烷)和烯烃(乙烯)C—H 的解离能分别为 410kJ/mol 和 453kJ/mol。

$$CH_2=CHCH_2—H \qquad CH_3CH_2—H \qquad CH_2=CH—H$$

解离能　　　　　　　　364kJ/mol　　<　410kJ/mol　　<　453kJ/mol

自由基的相对稳定性　　$CH_2=CH\dot{C}H_2$　>　$CH_3\dot{C}H_2$　>　$CH_2=\dot{C}H$

在讨论烷烃的卤代反应时已指出,C—H 的解离能越小,解离后的自由基越稳定,在反应中越易生成。烯烃的 α-C—H 键的解离能最小,因此氯原子进攻丙烯时主要夺取 α-氢原子,产生较稳定的烯丙基自由基,进而生成 α-氢原子被取代的 3-氯丙烯。

烯丙基自由基的稳定性也大于叔自由基和仲自由基(叔丁烷和丙烷的 3° C—H 和 2° C—H 的解离能分别为 380kJ/mol 和 397kJ/mol)。各种自由基的稳定性大小顺序为:

$$CH_2=CH\dot{C}H_2 > 3° > 2° > 1° > \dot{C}H_3 > CH_2=\dot{C}H$$

烯烃与卤素在室温下发生亲电加成反应;但在高温下除发生自由基取代反应外,还可能有自由基加成反应发生。例如:

$$CH_3CH=CH_2 + Cl· \longrightarrow \dot{C}H_2CH=CH_2 \xrightarrow{Cl_2} ClCH_2CH=CH_2 + Cl·$$
$$\updownarrow$$
$$CH_3\dot{C}HCH_2Cl \xrightarrow{Cl_2} \underset{\overset{|}{Cl}}{CH_3CHCH_2Cl} + Cl·$$

但由于 $CH_3\dot{C}HCH_2Cl$ 属仲自由基,稳定性比烯丙基小,因此取代反应的速率比加成反应快。为更有利于发生取代反应,应在氯浓度低的条件下进行,这是因为加成反应产生的自由基的稳定性差,很易恢复成原来的丙烯和氯原子。若反应物中的氯浓度很低,该自由基与氯碰撞的概率小,更不利于转变成加成产物。

α-氢原子的溴代可用单质溴,也常用 N-溴代丁二酰亚胺(英文简写为 NBS)在光照或过氧化物存在下低温时与烯烃反应,得到 α-溴代烯烃。NBS 与反应体系中存在的极少量的酸作用慢慢转变成溴,为反应提供低浓度的溴。生成的溴在自由基引发剂作用下变成溴原子,进行自由基取代反应。

$$\underset{\overset{\|}{O}}{\overset{\overset{O}{\|}}{\big\langle}}N—Br + HBr \longrightarrow \underset{\overset{\|}{O}}{\overset{\overset{O}{\|}}{\big\langle}}N—H + Br_2$$

例如:

$$CH_2=CHCH_3 \xrightarrow[(C_6H_5COO)_2]{NBS} CH_2=CHCH_2Br$$

练习题 3.17 写出下列反应的主要产物。

(1) $CH_3CH_2CH_2CH=CH_2 \xrightarrow[500\sim600℃]{Cl_2}$

(2) $CH_2=C(CH_3)_2 \xrightarrow[CCl_4/\triangle]{NBS/(C_6H_5COO)_2}$

七、聚合反应

由分子量小的化合物通过加成或缩合反应生成分子量大的化合物的反应称为聚合反应 (polymerization)。烯烃在一定条件下可打开不饱和键,发生分子间的自身加成,即加成聚合(addition polymerization),形成分子量很大的聚合物(polymer)。在这里,参与反应的烯烃分子称为单体 (monomer)。

$$n\begin{array}{c}\\C=C\\R\quad\ \ R'\end{array} \longrightarrow \left[\begin{array}{c}|\quad |\\-C-C-\\|\quad |\\R\quad R'\end{array}\right]_n$$

反应可通过自由基加成或离子型加成或金属配位机理进行。如变换烯烃双键上的取代基,可得各种不同结构的聚合物,从而得到性质各异的高分子材料。

第四节　烯烃的制备

工业上,烯烃的主要来源为石油裂解。实验室制备烯烃的方法如下。

一、炔烃还原

炔烃中的碳碳三键经选择性催化加氢或化学还原,得到相应的烯烃(见第四章)。

$$\begin{array}{c}R\quad\ \ H\\C=C\\H\quad\ \ R\end{array} \xleftarrow{Na/NH_3/-35℃} RC\equiv CR \xrightarrow[喹啉]{H_2/Pd/CaCO_3} \begin{array}{c}R\quad\ \ R\\C=C\\H\quad\ \ H\end{array}$$

二、醇脱水

醇在催化剂存在下加热,分子内失去一分子水形成烯烃(见第九章)。

$$\begin{array}{c}|\quad |\\-C-C-\\|\quad |\\H\quad OH\end{array} \xrightarrow{H^+} \begin{array}{c}\\C=C\\\end{array} + H_2O$$

三、1,2- 二卤代烷脱卤素

邻二卤代烷在金属锌或镁作用下,同时脱去两个卤原子生成烯烃(见第八章)。

$$\begin{array}{c}|\quad |\\-C-C-\\|\quad |\\X\quad X\end{array} \xrightarrow[\triangle]{Zn/C_2H_5OH} \begin{array}{c}\\C=C\\\end{array} + ZnX_2$$

四、卤代烷脱卤化氢

卤代烷在碱性试剂作用下失去一分子 HX,生成烯烃(见第八章)。

$$-\overset{\underset{|}{H}}{\underset{}{C}}-\overset{\underset{|}{X}}{\underset{}{C}}- \xrightarrow{\text{碱}} \overset{}{C}=\overset{}{C} + HX$$

习 题

1. 用系统命名法命名下列化合物。

(1)
$$\begin{matrix} CH_3 & & C_2H_5 \\ & C=C & \\ H & & CH(CH_3)_2 \end{matrix}$$

(2)
$$\begin{matrix} & CH_3 & & CH_3 \\ & | & & | \\ CH_3CH_2C-C=CHCH_2CHCH_3 \\ & | & | \\ & CH_3 & CH_3 \end{matrix}$$

(3) $CH_3CH_2CH=CHCH(CH_3)_2$

(4) $CH_3CH_2CH=CHCH_2CH_2CH_2Cl$

2. 下列化合物哪个存在顺反异构？写出其结构式并为其命名。

(1)
$$\begin{matrix} & CH_3 \\ & | \\ CH_3CH_2C=CCH_2CH_3 \\ & | \\ & CH_3 \end{matrix}$$

(2)
$$\begin{matrix} CH_3C=CH_2 \\ | \\ Cl \end{matrix}$$

(3) $CH_3CH_2CH=CHCH_2I$

(4) $CH_3CH=CHCH=CH_2$

(5) $CH_3CH=CHCH=CHCH_2CH_3$

(6) $CH_3CH=CHCH=CHCH_3$

3. 写出下列化合物的结构式。

(1) 3-溴戊-2-烯

(2) 2,4-二甲基己-3-烯

(3) 2,4,4-三甲基戊-2-烯

(4) 己-1,3,5-三烯

4. 下列各对化合物中哪个偶极矩较大？

(1)
$$\begin{matrix} H & & H \\ & C=C & \\ Cl & & Cl \end{matrix} \quad 和 \quad \begin{matrix} Cl & & H \\ & C=C & \\ H & & Cl \end{matrix}$$

(2)
$$\begin{matrix} Cl & & H \\ & C=C & \\ H & & CH_3 \end{matrix} \quad 和 \quad \begin{matrix} H & & H \\ & C=C & \\ CH_3 & & Cl \end{matrix}$$

5. 写出丙烯与下列物质反应所生成的主要产物的结构式。

(1) Br_2

(2) HI

(3) HOBr

(4) 稀硫酸水溶液

(5) 冷 H_2SO_4

(6) 稀/冷/碱性 $KMnO_4$

6. 写出下列反应的产物或所需的试剂或反应条件。

(1) 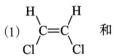 $\xrightarrow{HBr}$

(2) $\xrightarrow{\text{冷/稀}KMnO_4}$

(3)
$$\begin{matrix} CH_3CH_2C=CHCH_3 \\ | \\ CH_2CH_3 \end{matrix} \xrightarrow{RCOOOH}$$

(4)

(5) $CH_3CH_2CH=CH_2 \longrightarrow CH_3CH_2CHCH_2Br$ 带 OH

(6) $CH_3CH=CH(CH_2)_2CH=CHCF_3 \xrightarrow{1mol\ Br_2}$

(7) 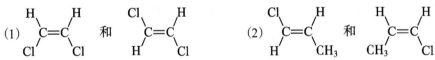 $\xrightarrow{O_3} \xrightarrow{Zn/H_2O}$

(8)
$$\begin{matrix} & CH_3 \\ & | \\ CH_3CH_2-C=CH_2 \end{matrix} \longrightarrow \begin{matrix} & CH_3 \\ & | \\ CH_3CH_2-CCH_3 \\ & | \\ & OH \end{matrix}$$

(9) $CH_3C=CH_2 \longrightarrow CH_3CHCH_2OH$ (10) $(CH_3)_2CHCH=CH_2$ $\xrightarrow{Hg(OAc)_2, H_2O}$ $\xrightarrow{NaBH_4, OH^-}$

位于 CH_3 与 CH_3 下方

7. 为什么经常使用干燥的卤化氢而不是它的水溶液来从烯烃制备卤代烷?

8. 写出下列反应的机理。

(1) $CH_3C=CHCH_2CH_2CH=CHCH_3$ $\xrightarrow{H_3O^+}$ 产物

(2) 环己烯衍生物 $\xrightarrow{HCl}$ 产物 + 产物

9. 指出下列化合物有几种氢原子。

(1)   (2)

10. C_6H_{12}(A)的烯烃,在有过氧化物和无过氧化物存在时与 HBr 加成所得的产物是一样的,试写出 A 的构造式。

11. 有三种 C_6H_{12} 的烯烃:(1)有三个烯氢,两个烯丙位氢;(2)有三个烯氢,一个烯丙位氢;(3)有三个烯氢,无烯丙位氢。试写出(1)、(2)和(3)的构造式。

12. 根据所给出的反应结果决定各化合物的结构并给出所涉及的反应。

(1)化合物 A,分子式为 $C_{10}H_{16}$,可吸收 1mol 氢,臭氧氧化后再还原生成一个对称的二酮 $C_{10}H_{16}O_2$。

(2)化合物 A、B 和 C 均为庚烯的异构体。A、B 和 C 分别经臭氧氧化和还原水解,A 生成乙醛和戊醛,B 生成丙酮和丁酮,C 生成乙醛和戊-3-酮。

第四章

炔烃和二烯烃

炔烃(alkyne)是指分子中含有碳碳三键(C≡C)的不饱和烃,二烯烃(diene)是指含有两个碳碳双键的不饱和烃。相同碳原子数的炔烃和二烯烃互为同分异构体,分子通式为 C_nH_{2n-2}。

第一节 炔烃的结构、同分异构和命名

一、结构

乙炔是最简单的炔烃,分子式为 C_2H_2。用电子衍射光谱等物理方法测得乙炔是一直线型分子,键角为 180°,C≡C 键长 120pm,C—H 键长 106pm(图 4-1)。根据以上事实,杂化轨道理论认为,三键碳原子(炔碳原子)为 sp 杂化,每个碳原子各以一个 sp 杂化轨道互相重叠形成一个 σ 键,而又各以另一个 sp 杂化轨道和氢原子的 1s 轨道重叠形成 C—H σ 键,分子中的四个原子处于一条直线上(图 4-2 为乙炔分子的三个 σ 键)。在形成三个 σ 键的同时,两个碳原子的两对 p 轨道分别侧面重叠形成两个 π 键(图 4-2),使得炔键的 π 电子云呈圆筒形分布。

图 4-1 乙炔分子中的键长和键角

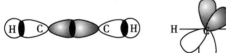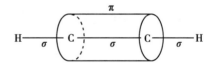

图 4-2 乙炔分子中的 σ 键和两个 π 键,以及 C≡C 键的圆筒形 π 电子云

可见,三键是由一个 σ 键和两个 π 键组成的。sp 杂化轨道的 s 成分较大,轨道较 sp^2 杂化轨道和 sp^3 杂化轨道短,因此两个碳原子之间的电子密度较大,使两个碳原子比由双键或单键连接的碳原子更靠近,碳碳三键的键长比碳碳双键和碳碳单键短,三键碳原子上碳氢键的键长也较烷烃和烯烃碳氢的键长短。

表 4-1 列出乙烷、乙烯和乙炔分子中的键长、键能。

表 4-1 乙烷、乙烯和乙炔分子中的键长、键能

化合物	碳碳键长 /pm	碳碳键能 /(kJ/mol)	碳氢键长 /pm
乙烷	154(C—C)	347(C—C)	110
乙烯	134(C=C)	611(C=C)	108
乙炔	120(C≡C)	837(C≡C)	106

二、同分异构

炔烃的异构是由于碳架不同或三键位置不同而引起的。由于三键的几何形状为直线型,所以炔

烃没有顺反异构体。因此,炔烃同分异构的数目较相同碳原子数的烯烃要少。例如丁-1-炔和丁-2-炔为官能团位置异构,戊-1-炔和3-甲基丁-1-炔为碳架异构。

$$CH_3CH_2C\equiv CH \qquad CH_3-C\equiv C-CH_3 \qquad 官能团位置异构$$

丁-1-炔　　　　　　　丁-2-炔
but-1-yne　　　　　　but-2-yne

$$CH_3CH_2CH_2C\equiv CH \qquad \underset{\underset{CH_3}{|}}{CH_3CHC}\equiv CH \qquad 碳架异构$$

戊-1-炔　　　　　　　3-甲基丁-1-炔
pent-1-yne　　　　　　3-methylbut-1-yne

> **练习题** 4.1　写出 C_5H_8 炔烃的所有构造式。

三、命名

炔烃的系统命名法的命名原则与烯烃类似,只是将“烯”字改为“炔”。炔烃的英文名称是将相应烷烃中的“ane”改为“yne”,例如:

$$\underset{\underset{CH_3}{|}}{CH_3CH_2CHC}\equiv CCH_2CH_3$$

5-甲基庚-3-炔
5-methylhept-3-yne

若分子中同时具有双键和三键,选择最长的连续碳链(不取决于是否包含所有不饱和键)作为主链;若主链中包含不饱和键,则按照烯烃或炔烃进行命名。例如:

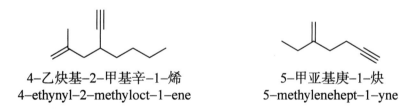

4-乙炔基-2-甲基辛-1-烯　　　　　　　5-甲亚基庚-1-炔
4-ethynyl-2-methyloct-1-ene　　　　　　5-methylenehept-1-yne

若双键和三键同时包含在主链中,编号时从靠近不饱和键的一端开始,使不饱和键都有较低位次,书写母体名称时先烯烃后炔烃。若两个不饱和键的编号相同,应使双键具有最小的位次。例如:

$$CH_3CH=CHC\equiv CH \qquad\qquad CH_3C\equiv CCH=CH_2$$

戊-3-烯-1-炔　　　　　　　　　戊-1-烯-3-炔
pent-3-en-1-yne　　　　　　　　pent-1-en-3-yne

$$CH_3CH=CHCH_2C\equiv CCH_3 \qquad HC\equiv CCH_2CH=CHCH_2CH_2CH=CH_2$$

庚-2-烯-5-炔　　　　　　　　　壬-4,8-二烯-1-炔
hept-2-en-5-yne　　　　　　　　nona-4,8-dien-1-yne

炔烃分子中去掉一个氢原子即为炔基。例如:

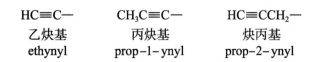

$$HC\equiv C- \qquad\qquad CH_3C\equiv C- \qquad\qquad HC\equiv CCH_2-$$

乙炔基　　　　　　　丙炔基　　　　　　　炔丙基
ethynyl　　　　　　　prop-1-ynyl　　　　　　prop-2-ynyl

对于与主链同一碳原子相连的带有三个游离价的基团称为"某次基"。例如：

$$HC\equiv \qquad\qquad CH_3C\equiv$$
甲次基　　　　　　乙次基
methylidyne　　　　ethylidyne

对于简单的炔烃，习惯上还可采用衍生命名法进行命名，即将它们看成是乙炔的一个或两个氢原子被烃基取代的衍生物来命名。例如：

$$HC\equiv CH \qquad CH_3CH_2C\equiv CH \qquad CH_3C\equiv CCH_3$$
乙炔　　　　　　乙基乙炔　　　　　　二甲基乙炔
acetylene　　　　ethylacetylene　　　dimethylacetylene

练习题 4.2　用系统命名法命名下列化合物。

(1) $CH\equiv C(CH_2)_{13}CH_3$ 　　　　　　(2) $CH\equiv CCH_2CH_2C\equiv CCH_3$

(3) $CH_2=CHCH_2CH_2C\equiv CCH_3$ 　　　(4) $CH\equiv CCH_2CH_2CH=CHCH_3$

练习题 4.3　写出 C_6H_{10} 炔烃的所有结构式，并用系统命名法命名每个异构体。

第二节　炔烃的物理性质及光谱性质

一、物理性质

炔烃的物理性质与烷烃及烯烃相似。它们都是低极性化合物，不溶于水，比水轻，易溶于低极性有机溶剂如石油醚、乙醚、苯、四氯化碳等。常温下乙炔、丙炔和丁-1-炔为气体。炔烃中的 π 电子较多，且分子结构呈直线型，分子间较易靠近，分子间的范德华力较强，因此炔烃的沸点、熔点、相对密度均比相应的烷烃、烯烃高些。一些炔烃的物理常数见表 4-2。

表 4-2　一些炔烃的物理常数

名称	构造式	熔点 /℃	沸点 /℃	相对密度(d_4^{20})
乙炔	$HC\equiv CH$	$-81.5^{118.7kPa}$	-84.7(升华)	$0.377\,0^{25}$
丙炔	$CH_3C\equiv CH$	-102.7	-23.2	$0.607\,0^{25}$
丁-1-炔	$CH_3CH_2C\equiv CH$	-125.7	8.0	$0.678\,3$
戊-1-炔	$CH_3CH_2CH_2C\equiv CH$	-90.0	40.1	$0.690\,1$
戊-2-炔	$CH_3CH_2C\equiv CCH_3$	-109.3	56.1	$0.705\,8^{25}$
己-1-炔	$CH_3CH_2CH_2CH_2C\equiv CH$	-131.9	71.3	$0.715\,5$
己-2-炔	$CH_3C\equiv CCH_2CH_2CH_3$	-89.6	84.5	$0.731\,5$
己-3-炔	$CH_3CH_2C\equiv CCH_2CH_3$	-103.0	81.0	$0.723\,1$
庚-1-炔	$CH_3CH_2(CH_2)_3C\equiv CH$	-81.0	99.7	$0.732\,8$
辛-1-炔	$CH_3CH_2(CH_2)_4C\equiv CH$	-79.3	126.3	$0.746\,1$
壬-1-炔	$CH_3CH_2(CH_2)_5C\equiv CH$	-50.0	150.8	$0.765\,8$
癸-1-炔	$CH_3CH_2(CH_2)_6C\equiv CH$	-44.0	173.4	$0.765\,5$

二、光谱性质

(一) 红外吸收光谱

在红外吸收光谱中,炔烃的特征吸收峰为碳碳三键(C≡C)的伸缩振动,为 2 250~2 100cm⁻¹;端基炔碳原子上碳氢键(≡C—H)的伸缩振动,吸收峰在 3 300cm⁻¹ 左右。其中在 2 250~2 210cm⁻¹ 的吸收峰在结构确证中有重要意义,因为此区域内受其他吸收峰的干扰很小。图 4-3 为辛-1-炔的红外吸收谱图,3 310cm⁻¹ 和 2 120cm⁻¹ 处分别为≡C—H 和 C≡C 的伸缩振动的吸收峰。

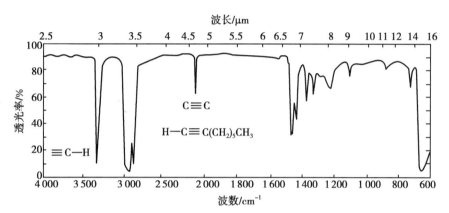

图 4-3 辛-1-炔的红外吸收光谱图

(二) 核磁共振氢谱

在核磁共振氢谱中,与炔键相连的氢核(≡C—H)的化学位移(δ 值)比与烯键相连的氢核小,一般在 1.8~2.8ppm。例如乙炔和乙烯中氢核的 δ 值分别为 2.88 和 5.80ppm,这种差别是由于这两种氢核处于感应磁场的不同区域引起的。炔键的 π 电子云呈圆筒形分布,其环电流在外界磁场影响下产生一个感应磁场,由于磁力线的闭合性,因此与烯烃类似,也在分子中存在屏蔽区和去屏蔽区,C≡C—H 的氢核处于屏蔽区 (图 4-4),而乙烯的氢核处于去屏蔽区(图 3-6)。从炔碳和烯碳的杂化状态考虑,前者为 sp 杂化,后者为 sp² 杂化。炔键 C—H 的电子更靠近碳核,氢核的屏蔽效应比烯键上的氢核小一些,但与炔氢受感应磁场的屏蔽作用相比,这种影响较小,因此与炔键相连的氢核需在较高的磁场强度下产生核磁共振,δ 值比烯键上的氢核小。图 4-5 为 3,3-二甲基丁-1-炔的核磁共振谱图,δ 2.0 和 1.2 分别为炔氢和三个甲基中氢的吸收峰。炔氢与烷烃中的氢相比,是向低场移动的,这可能和碳原子的杂化状态有关。

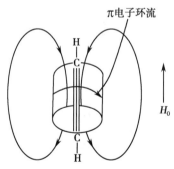

图 4-4 乙炔感应磁场对炔氢的屏蔽作用

至此已介绍了烷烃、烯烃、炔烃的红外吸收光谱和核磁共振氢谱的情况。现将烷烃、烯烃和炔烃的特征吸收(伸缩振动)的频率(cm⁻¹)归纳如下。

烷烃	烯烃	炔烃
C—C(吸收弱)	C═C 1 675~1 640cm⁻¹	C≡C 2 250~2 100cm⁻¹
C—H 3 000~2 850cm⁻¹	═C—H 3 100~3 010cm⁻¹	≡C—H ~3 300cm⁻¹

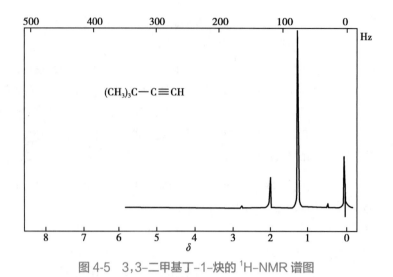

图 4-5 3,3-二甲基丁-1-炔的 ^{1}H-NMR 谱图

与饱和碳、烯碳和炔碳相连的氢核在核磁共振氢谱中的 δ 值如下。

C—H	C=C—H	C≡C—H
0.9 ~ 1.8ppm	4.8 ~ 6.6ppm	1.8 ~ 2.8ppm
	在去屏蔽区	在屏蔽区

练习题 4.4 试写出下列分子中各组氢核的化学位移(δ 值)大小次序。

(1) CH$_3$CH$_2$CHCH$_2$CH$_3$ (2) HC≡CCH=CHCl
             |
            Br

第三节 炔烃的化学性质

炔烃和烯烃一样,分子中都有 π 键,因此它亦可发生亲电加成和氧化等反应。但碳碳三键的碳原子的杂化状态和电子云分布等方面与碳碳双键有不同之处,因此除某些反应的反应活性有差别外,最大的区别是与炔碳相连的氢(简称炔氢)具有弱酸性。

一、炔氢的反应

乙炔和一取代乙炔与金属钠作用放出氢气并生成炔钠,其反应式如下。

$$2HC≡CH + 2Na \xrightarrow{110℃} 2HC≡CNa + H_2\uparrow$$

$$2RC≡CH + 2Na \longrightarrow 2RC≡CNa + H_2\uparrow$$

乙炔与过量的钠可生成乙炔二钠。

$$HC≡CH + 2Na \xrightarrow{190～200℃} NaC≡CNa + H_2\uparrow$$

反应类似于酸或水与金属钠的反应,说明乙炔具有酸性。乙炔的酸性既不能使石蕊试纸变红,又没有酸味,它只有很小的失去氢质子的倾向。

$$HC≡CH \rightleftharpoons HC≡C^- + H^+$$
弱酸   强碱

乙炔是一个很弱的酸,它的酸性比水和醇小得多,但比氨强。

$$酸性：\quad CH_3OH > HC\equiv CH > NH_3$$
$$pK_a\qquad 15.5\qquad\quad 25\qquad\quad 35$$

乙炔、乙烯和乙烷的 pK_a 分别为 ~25、~45 和 ~50,说明乙炔的酸性最大,乙烷的酸性最小。

乙炔、乙烯和乙烷失去一个质子后的负离子(共轭碱)为乙炔基负离子、乙烯基负离子和乙基负离子,这些负离子的一对电子处在不同的杂化轨道上,电子对处在 s 成分越多的杂化轨道中,就越靠近原子核,受到的核束缚力越大,负离子就越稳定,从而碱性就越小,相应的共轭酸的酸性就越强。因此,乙炔的酸性大于乙烯,乙烯的酸性又大于乙烷。

$$酸性：\quad HC\equiv C-H \quad > \quad CH_2{=}CH-H \quad > \quad CH_3CH_2-H$$
$$轨道杂化形式：\qquad sp\qquad\qquad\quad sp^2\qquad\qquad\quad sp^3$$
$$轨道中的s成分：\qquad 1/2\qquad\qquad\quad 1/3\qquad\qquad\quad 1/4$$
$$负离子的稳定性：\quad HC\equiv C^- \quad > \quad CH_2{=}CH^- \quad > \quad CH_3CH_2^-$$
$$碱性：\quad HC\equiv C^- \quad < \quad CH_2{=}CH^- \quad < \quad CH_3CH_2^-$$

乙炔或末端炔烃在液氨溶剂中能与强碱氨基钠反应生成炔钠(称金属炔化物)。例如:

$$HC\equiv CH \xrightarrow[液氨]{NaNH_2} HC\equiv CNa \xrightarrow[液氨]{NaNH_2} NaC\equiv CNa$$
$$乙炔钠$$

$$RC\equiv CH + NaNH_2 \xrightarrow{液氨} RC\equiv CNa + NH_3$$
$$pK_a\qquad\quad \sim25\qquad\qquad\qquad\qquad\qquad\qquad 35$$

这是个酸碱反应,它之所以能发生是由于符合酸碱反应的一般规律,即由相对较强的酸($RC\equiv CH$)和相对较强的碱(NH_2^-)生成较弱的酸(NH_3)和较弱的碱($RC\equiv C^-$)。

炔化钠是一个弱酸强碱的盐,分子中的碳负离子是很强的亲核试剂,在有机合成中是非常有用的中间体。例如它与伯卤代烷反应,得到碳链增长的炔烃。这是有机合成中增长碳链的一个常用方法。

$$RC\equiv CNa + R'X \longrightarrow RC\equiv CR' + NaX$$

练习题 4.5

(1) $R-C\equiv CH$ 能否与 $NaOH$、C_2H_5ONa 反应? 并给予解释。

(2) 从含八个碳原子的一卤代烃合成辛–1–炔。

炔氢不仅能被碱金属取代,还能被重金属(Ag 和 Cu)取代形成相应的重金属炔化物。

$$HC\equiv CH + [Ag(NH_3)_2]^+NO_3^- \longrightarrow AgC\equiv CAg\downarrow 白色$$

$$RC\equiv CH + [Ag(NH_3)_2]^+NO_3^- \longrightarrow RC\equiv CAg\downarrow 白色$$

$$HC\equiv CH + [Cu(NH_3)_2]^+Cl^- \longrightarrow CuC\equiv CCu\downarrow 棕红色$$

$$RC\equiv CH + [Cu(NH_3)_2]^+Cl^- \longrightarrow RC\equiv CCu\downarrow 棕红色$$

该反应较灵敏,且现象明显,可用作末端炔烃的鉴别反应。这些重金属炔化物在干燥状态易爆炸,不宜保存,生成后应及时用盐酸或硝酸等处理。

二、碳碳三键的反应

(一) 还原反应

炔烃在铂、钯、铑、镍等过渡金属催化剂存在下与氢气加成,首先生成烯烃,进一步与氢气加成则

生成烷烃。

$$RC{\equiv}CR' + H_2 \xrightarrow{\text{Pt或Pd}} \underset{H}{\overset{R}{\underset{\big|}{C}}}{=}\underset{H}{\overset{R'}{\underset{\big|}{C}}} \xrightarrow[\text{Pt或Pd}]{H_2} RCH_2CH_2R'$$

4-K-1
科学家简介

　　第二步加氢(即烯烃的加氢)非常快,以至于采用一般的催化剂时反应无法停留在生成烯烃的阶段。但是采用一些活性减弱的特殊催化剂如林德拉催化剂(Lindlar catalyst),则能使反应停止在烯烃阶段,且收率较高。例如:

$$C_2H_5C{\equiv}CC_2H_5 + H_2 \xrightarrow[\text{喹啉}]{Pd/CaCO_3} \underset{H}{\overset{C_2H_5}{C}}{=}\underset{H}{\overset{C_2H_5}{C}}$$

　　林德拉催化剂是将金属钯的细粉沉积在碳酸钙上,再用乙酸铅或少量喹啉处理,以降低催化剂的活性,使反应停止在烯烃阶段。更重要的是,由此得到的是具有立体构型的顺式烯烃。

　　若用金属锂或钠在液氨(-33℃)中与炔烃反应,亦可得烯烃,但产物的立体化学与催化氢化不同,得到反式烯烃。例如:

$$n{-}C_4H_9C{\equiv}CC_4H_9{-}n \xrightarrow[NH_3(l)]{Na} \underset{H}{\overset{n-C_4H_9}{C}}{=}\underset{C_4H_9-n}{\overset{H}{C}}$$

　　该还原反应是通过炔键从金属钠获得两个电子和从氨分子中获得两个质子完成的。获得的第一个电子进入反键 π* 轨道,形成一个自由基负离子,其碱性很强,从氨中夺取一个质子,转变为烯基自由基。这个烯基自由基再从钠中获得一个电子,被还原成烯基负离子。然后再从氨分子中得到一个质子,生成烯烃和氨负离子 NH_2^-。由于反式烯基负离子比顺式烯基负离子稳定,所以得到反式烯烃。反应机理可表示如下。

$$R{-}C{\equiv}C{-}R + Na \longrightarrow [R{-}\ddot{C}{=}\dot{C}{-}R]^- + Na^+$$
$$\text{自由基负离子}$$

$$[R{-}\ddot{C}{=}\dot{C}{-}R]^- + NH_3 \longrightarrow RCH{=}\dot{C}R + NH_2^-$$
$$\text{烯基自由基}$$

$$RCH{=}\dot{C}R + Na \longrightarrow \left[\underset{H}{\overset{R}{C}}{=}\underset{R}{\overset{}{C}}\right]^- + Na^+$$

$$\left[\underset{H}{\overset{R}{C}}{=}\underset{R}{\overset{}{C}}\right]^- + NH_3 \longrightarrow \underset{H}{\overset{R}{C}}{=}\underset{R}{\overset{H}{C}} + NH_2^-$$

烯烃在上述条件下不会被还原。

　　应用炔化物和卤代烷反应及炔烃两种还原反应的立体化学,可以从乙炔来合成含较长碳链的顺式或反式烯烃,所得的产物在立体化学上的纯度相当高。

$$HC{\equiv}CH \xrightarrow[NH_3(l)]{NaNH_2} \xrightarrow{CH_3I} HC{\equiv}CCH_3 \xrightarrow[NH_3(l)]{NaNH_2} \xrightarrow{n-C_3H_7Br} n{-}C_3H_7C{\equiv}CCH_3$$

$$n\text{-}C_3H_7C\equiv CCH_3 \quad \begin{cases} \xrightarrow[\text{Pd/CaCO}_3/\text{喹啉}]{H_2} \\[3em] \xrightarrow{\text{Na/NH}_3(l)} \end{cases}$$

（二）加成反应

炔烃与烯烃类似，可与卤素、卤化氢、水等试剂发生加成反应。

1. 与卤素加成　炔烃与氯、溴的加成反应主要是反式加成。反应机理与卤素和烯烃的加成相似。

炔烃加卤素首先生成邻二卤代烯，再生成四卤代烷。例如乙炔与溴反应，先形成1,2-二溴乙烯，进一步反应形成1,1,2,2-四溴乙烷。炔烃与溴的反应除用于合成外，还可用于炔烃的鉴别。

$$HC\equiv CH \xrightarrow{Br_2} \underset{Br}{\overset{H}{C}}=\underset{H}{\overset{Br}{C}} \xrightarrow{Br_2} H-\underset{Br}{\overset{Br}{C}}-\underset{Br}{\overset{Br}{C}}-H$$

在1,2-二溴乙烯分子中，两个双键碳原子上都连有吸电子的卤素，使 C＝C 双键的亲电加成活性减小，所以加成可停留在第一步。

炔烃与卤素加成一般较烯烃难，所以分子中存在双键和三键时，首先进行的是双键的加成反应。例如：

$$CH_2=CHCH_2C\equiv CH + Cl_2 \xrightarrow{FeCl_3} Cl CH_2\overset{Cl}{\underset{}{CH}}CHCH_2C\equiv CH$$
$$90\%$$

2. 与卤化氢加成　炔烃与等摩尔的卤化氢作用生成一卤代烯烃，进一步加成生成偕二卤化物。例如乙炔在汞盐催化下，与一分子氯化氢加成，生成氯乙烯，反应可以停留在一分子加成阶段。在较强烈的条件下，氯乙烯进一步与氯化氢加成生成1,1-二氯乙烷，加成取向是符合马氏规则的。

$$HC\equiv CH \xrightarrow[HgCl_2]{HCl} CH_2=CHCl \xrightarrow{HCl} CH_3CHCl_2$$

不对称炔烃与卤化氢加成时，两步加成均遵循马氏规则，最终生成偕二卤代烃。

$$CH_3C\equiv CH \xrightarrow{HBr} CH_3\underset{Br}{\overset{}{C}}=CH_2 \xrightarrow{HBr} CH_3\underset{Br}{\overset{Br}{C}}CH_3$$

炔烃与卤化氢加成大多数为反式加成。例如：

$$CH_3CH_2C\equiv CCH_2CH_3 + HCl \longrightarrow \underset{H}{\overset{CH_3CH_2}{C}}=\underset{CH_2CH_3}{\overset{Cl}{C}}$$

3. 与水加成　炔烃与烯烃不同，在酸催化下与水加成是很困难的。在硫酸汞作催化剂的硫酸溶液中，炔烃与水发生加成。例如乙炔在硫酸汞、硫酸催化下与水发生加成反应，生成乙醛，这也是工业上制备乙醛的方法之一。

$$HC\equiv CH + HOH \xrightarrow[H_2SO_4]{HgSO_4} \left[CH_2=\underset{}{\overset{OH}{CH}} \right] \longrightarrow CH_3CHO$$
$$\text{乙烯醇}$$

在炔烃与水加成反应过程中,相当于水先与三键加成,加成产物中的羟基与双键碳原子直接相连,称为烯醇式。烯醇式一般不稳定,很快发生异构化,形成酮式。异构化过程包括氢质子和双键的转移。这种现象称为互变异构,这两种异构体称为互变异构体(tautomer)。烯醇式与酮式处于动态平衡,可相互转化。

$$\underset{\text{烯醇式}}{-\underset{|}{C}=\underset{|}{C}-OH} \Longrightarrow \underset{\text{酮式}}{-\overset{|}{\underset{\underset{H}{|}}{\overset{\alpha}{C}}}-\overset{|}{C}=O}$$

炔烃与水加成的反应机理可能是首先 Hg^{2+} 与炔烃形成 π 配合物,然后水作为亲核试剂进攻配合物中的不饱和碳原子,形成一个 σ 配合物中间体,随后发生酸性水解得到烯醇,再发生异构化,形成醛或酮。

$$R-C\equiv C-R \xrightarrow{Hg^{2+}} R-\overset{Hg^{2+}}{\overset{|}{C}}=C-R \xrightarrow{H_2O} R-\underset{\underset{Hg^+}{|}}{C}=\overset{\overset{OH_2^+}{|}}{C}-R \xrightarrow{-H^+} R-\underset{\underset{Hg^+}{|}}{C}=\overset{\overset{OH}{|}}{C}-R$$

$$\xrightarrow{H^+} R-\underset{\underset{H}{|}}{C}=\overset{\overset{OH}{|}}{C}-R \Longleftrightarrow RCH_2-\overset{\overset{O}{||}}{C}-R$$

炔烃的水合符合马氏规则,只有乙炔的水合生成醛,其他炔烃都生成相应的酮。例如:

$$CH_3(CH_2)_5C\equiv CH + H_2O \xrightarrow[H_2SO_4]{HgSO_4} CH_3(CH_2)_5\overset{\overset{O}{||}}{C}CH_3$$
$$91\%$$

练习题 4.6　制备酮(1)和(2)选用哪种炔烃较好?
(1) $CH_3COCH_2CH_2CH_3$　　　　　　　(2) $CH_3CH_2COCH_2CH_2CH_3$

4. 与醇、氢氰酸和羧酸加成　炔烃除与亲电试剂发生亲电加成反应外,还可以与 HCN、ROH、RCO_2H 等亲核试剂(nucleophile)作用发生亲核加成(nucleophilic addition)反应,这是与烯烃的不同之处。亲核试剂进攻炔烃的不饱和键而引起的加成反应称为炔烃的亲核加成,反应中亲核试剂带负电的部分进攻炔烃的三键。反应一般需要催化剂。

炔烃在高温、高压下,在醇中与醇钾反应可得到烯基醚。

$$HC\equiv CH + ROK \xrightarrow[150℃/P]{ROH} ROCH=\bar{C}H \xrightarrow{ROH} ROCH=CH_2 + RO^-$$

乙炔在氯化铵与氯化亚铜存在下可与氢氰酸反应得到丙烯腈,它是合成聚丙烯腈的单体,也是制备某些药物的原料之一。聚丙烯腈可用于合成纤维、塑料、丁腈橡胶、己二腈等。

$$HC\equiv CH + HCN \xrightarrow[NH_4Cl]{Cu_2Cl_2} CH_2=CHCN$$

乙炔在乙酸汞催化下可与乙酸加成得到乙酸乙烯酯,它可用于制备乳胶黏合剂、胶水、维尼纶等。

$$HC\equiv CH + CH_3COOH \xrightarrow{(AcO)_2Hg} CH_3COOCH=CH_2$$

(三) 硼氢化反应

和烯烃相似,炔烃也能和乙硼烷加成发生硼氢化。炔烃和乙硼烷反应只打开一个 π 键生成三烯

基硼,三烯基硼再经碱性 H_2O_2 处理,水解生成烯醇,重排后生成醛或酮。如果将三烯基硼用乙酸处理,则生成顺式烯烃。例如:

$$C_2H_5C\equiv CC_2H_5 \xrightarrow[\text{醚}]{B_2H_6} \left[\begin{array}{c} C_2H_5 \quad C_2H_5 \\ C=C \\ H \quad \quad \end{array}\right]_3 B \xrightarrow{3CH_3COOH} \begin{array}{c} C_2H_5 \quad C_2H_5 \\ C=C \\ H \quad \quad H \end{array}$$

顺式

$$\downarrow H_2O_2/OH^-$$

$$\left[\begin{array}{c} C_2H_5 \quad C_2H_5 \\ C=C \\ H \quad \quad OH \end{array}\right] \rightleftharpoons C_2H_5CH_2CC_2H_5$$

烯醇   酮

$$n-C_4H_9C\equiv CH \xrightarrow[\text{醚}]{B_2H_6} \xrightarrow[OH^-]{H_2O_2} n-C_4H_9CH_2CHO$$

(四) 氧化反应

在温和的条件下用 $KMnO_4$ 水溶液(pH = 7.5)氧化二取代炔烃,可以得到 1,2-二酮化合物。

$$CH_3(CH_2)_7C\equiv C(CH_2)_7CH_3 \xrightarrow[\text{pH 7.5}]{KMnO_4/H_2O} CH_3(CH_2)_7C\overset{O}{\underset{O}{-}}C(CH_2)_7CH_3$$

在剧烈的反应条件下氧化,碳碳三键发生断裂,得到相应的羧酸和二氧化碳。

$$RC\equiv CH \xrightarrow[100℃]{KMnO_4/H_2O} RCOOH + CO_2$$

根据高锰酸钾的颜色变化,可鉴别炔烃;根据所得产物的结构,可推知原炔烃的结构。

(五) 乙炔的聚合反应

在不同的催化剂和反应条件下,乙炔可有选择性地聚合成链状或环状化合物。与烯烃不同,乙炔一般不能聚合成高聚物。

当乙炔通入 Cu_2Cl_2-NH_4Cl 的酸性溶液中时,能发生两分子或三分子的线性聚合,生成乙烯基乙炔或二乙烯基乙炔。这种聚合反应可以看作是乙炔的自身加成反应。

$$2HC\equiv CH \xrightarrow[NH_4Cl]{Cu_2Cl_2} CH_2=CH-C\equiv CH$$

乙炔在高温下可发生三聚作用,生成苯。

$$3HC\equiv CH \xrightarrow{500℃} \bigcirc$$

(六) 自由基加成反应

炔烃与溴化氢的反应也存在过氧化物效应,反应机理是自由基加成,生成反马氏规则的产物。例如:

$$n-C_4H_9C\equiv CH \xrightarrow[ROOR]{HBr} n-C_4H_9CH=CHBr \xrightarrow[ROOR]{HBr} n-C_4H_9\overset{Br}{\underset{|}{C}}HCH_2Br$$

> **练习题 4.7**　用化学方法鉴别下列化合物。
>
> $CH_3CH_2CH_2CH_3$　　　　　$CH_3CH_2CH=CH_2$　　　　　$CH_3CH_2C\equiv CH$

第四节 炔烃的制备

一、乙炔的工业来源

乙炔是工业上最重要的炔烃,自然界中没有乙炔存在,通常用电石水解法制备。

$$CaC_2 + 2H_2O \longrightarrow HC\equiv CH + Ca(OH)_2$$

工业上生产乙炔的另一个方法是由甲烷在高温条件下部分氧化而得。

$$6CH_4 + 6O_2 \xrightarrow{500℃} 2HC\equiv CH + 2CO + 10H_2O$$

或者甲烷在 1 500℃电弧中加热,裂解。

$$2CH_4 \xrightarrow{1500℃/电弧} HC\equiv CH + 3H_2$$

近年来用轻油和重油在适当的条件下裂解得到乙炔和乙烯。

二、炔烃的制法

(一) 二卤代烷脱卤化氢

$$CH_3(CH_2)_7\underset{\underset{Br}{|}}{C}HCH_2Br \xrightarrow[\triangle]{NaNH_2} CH_3(CH_2)_7C\equiv CNa \xrightarrow{H_2O} CH_3(CH_2)_7C\equiv CH$$

$$CH_3\underset{\underset{CH_3}{|}}{\overset{\overset{CH_3}{|}}{C}}CH_2CHCl_2 \xrightarrow[\triangle]{NaNH_2} \xrightarrow{H_2O} CH_3\underset{\underset{CH_3}{|}}{\overset{\overset{CH_3}{|}}{C}}C\equiv CH$$

(二) 伯卤代烷与炔钠反应

炔氢被金属取代形成的炔钠(钾)可与伯卤代烃发生亲核取代反应,结果形成新的碳碳键,使一个低级炔烃转变成高级炔烃。

从乙炔出发,可得一取代乙炔,也可得二取代乙炔。例如:

$$HC\equiv CH \xrightarrow[液氨]{NaNH_2} HC\equiv CNa \xrightarrow{n-C_4H_9Br} \underset{89\%}{CH_3CH_2CH_2CH_2C\equiv CH}$$

$$HC\equiv CH \xrightarrow[液氨]{2NaNH_2} \xrightarrow{2n-C_3H_7Br} \underset{60\%\sim66\%}{CH_3CH_2CH_2C\equiv CCH_2CH_2CH_3}$$

$$HC\equiv CH \xrightarrow[②C_2H_5Br]{①NaNH_2} CH_3CH_2C\equiv CH \xrightarrow[②CH_3Br]{①NaNH_2} CH_3CH_2C\equiv CCH_3$$

> **练习题 4.8** 完成下列转化。
>
> (1) $CH_3CH_2CH_2CH=CH_2 \longrightarrow CH_3CH_2CH_2C\equiv CH$
>
> (2) $CH_3CH=CH_2 \longrightarrow CH_3C\equiv CCH_2CH=CH_2$
>
> (3) $CH_3CH_2OH \longrightarrow CH_3CH_2C\equiv CCH_2CH_3$
>
> (4) $CH_3(CH_2)_5CH_2CH_2Br \longrightarrow CH_3(CH_2)_5C\equiv CH$

第五节　二　烯　烃

一、分类和命名

(一) 分类

具有两个或更多双键的烯烃统称为多烯烃。根据所含双键的数目分别称为二烯烃、三烯烃等。二烯烃(diene)根据双键的相对位置,又可分为下列三类。

1. **聚集二烯烃(cumulated diene)**　两个双键共用一个碳原子,即双键聚集在一起,称为聚集二烯烃,又称累积二烯烃。

2. **共轭二烯烃(conjugated diene)**　两个双键中间隔一单键,即单、双键交替排列,称为共轭二烯烃。

3. **隔离二烯烃(isolated diene)**　两个双键间隔两个或多个单键,称为隔离二烯烃,又称孤立二烯烃。

这三类二烯烃的碳架如下($n \geq 1$):

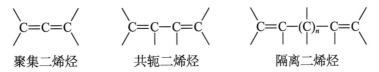

聚集二烯烃　　　共轭二烯烃　　　隔离二烯烃

隔离二烯烃的两个双键相距较远,彼此之间的影响较小,化学性质基本和单烯烃相同。聚集二烯烃为数不多,实际应用也不多,主要侧重于其立体化学研究。共轭二烯烃中的两个双键相互影响,有些性质较为特殊,在理论和应用上都有重要价值。共轭二烯烃相互影响的特征同样存在于共轭多烯烃中,本节主要讨论共轭二烯烃。

(二) 命名

二烯烃的系统命名与烯烃相似,也是选择最长的连续碳链作为主链。当两个双键都包含在主链之中时,母体名称则称为某二烯,编号从靠近链端的双键开始,双键的位置写在某字前面。如碳链上还有烷基,将其位置和名称写在某二烯名称的前面。例如:

$$CH_2=C=CH_2 \qquad CH_2=CHCH=CH_2 \qquad CH_2=CHCHCH=CH_2$$

丙二烯　　　　　丁-1,3-二烯　　　　2,3-二甲基戊-1,4-二烯
propa-1,2-diene　　buta-1,3-diene　　2,3-dimethylpenta-1,4-diene

具有几何异构体的二烯烃和多烯烃需要标明其构型。例如:

(2E,4E)-己-2,4-二烯
(2E,4E)-hexa-2,4-diene

围绕共轭双键间的单键旋转,可产生两种构象。在构象命名时可用 s-顺及 s-反来表示。例如:

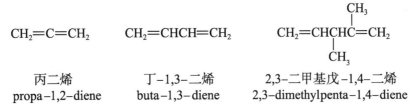

s-顺丁-1,3-二烯　　　　　s-反丁-1,3-二烯
s-cis-buta-1,3-diene　　　s-trans-buta-1,3-diene

名称中的"s"取自英语"单键"(single bond)中的第一个字母。应注意它们不是双键的顺反异构，而是围绕单键旋转的构象异构。s–顺表示两个双键位于 C_2 和 C_3 单键的同侧，s–反表示两个双键位于 C_2 和 C_3 单键的异侧。s–顺式分子内原子的排斥作用较大，内能较高。因此，s–反式是优势构象。

二、共轭二烯烃的结构

(一) π–π 共轭

现以最简单的丁–1,3–二烯($CH_2=CH-CH=CH_2$)为例说明共轭二烯烃的结构特点。丁–1,3–二烯分子中 $C=C$ 的键长(135pm)比普通 $C=C$ 的键长(134pm)要长。C_2 和 C_3 间的键长146pm，比乙烷中的 $C-C$ 键(154pm)短，键长趋于平均化是共轭体系的特征之一。根据以上事实，杂化轨道理论认为，丁–1,3–二烯分子中的四个烯碳均是 sp^2 杂化，三个 $C-C$ σ键和六个 $C-H$ σ键都在同一平面上，每个碳原子中各有一个 p 轨道，它们与该平面垂直。分子中的两个 π 键是由 C_1 和 C_2 的两个 p 轨道及 C_3 和 C_4 的两个 p 轨道分别侧面重叠形成的。这两个 π 键靠得很近，在 C_2 和 C_3 间可发生一定程度的重叠，这样两个 π 键不是孤立存在的，而是相互结合成一个整体，称为 π–π 共轭体系(conjugated system)。通常将这个整体称为大 π 键。图 4-6(a)为丁–1,3–二烯分子中的大 π 键，(b)为丁–1,3–二烯分子中的键长和键角。

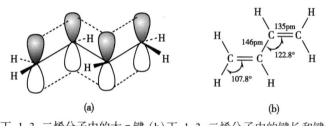

(a)丁–1,3–二烯分子中的大 π 键；(b)丁–1,3–二烯分子中的键长和键角。

图 4-6　丁–1,3–二烯的结构

由图 4-6(a)可以看出，π 电子不再局限(定域)在 C_1 和 C_2 或 C_3 和 C_4 之间，而是在整个分子中运动，即 π 电子发生离域(delocalization)或共轭(conjugation)。每个 π 电子不只受两个原子核而是受四个核的吸引，这种围绕三个或三个以上原子的分子轨道称为离域分子轨道，由它们形成的化学键称为离域键(delocalized bond)。共轭 π 键也称离域键。

共轭二烯烃中的这种电子离域不仅使键长趋于平均化，还会使分子内能降低。例如戊–1–烯的氢化热为126.0kJ/mol，戊–1,4–二烯的氢化热为254.4kJ/mol，而戊–1,3–二烯的氢化热为226.4kJ/mol，说明共轭二烯烃的内能较低，较稳定。图 4-7 为戊–1,3–二烯和戊–1,4–二烯的氢化热，戊–1,3–二烯的氢化热比戊–1,4–二烯降低28kJ/mol。降低的能量称为离域能(delocalization energy)或共轭能。

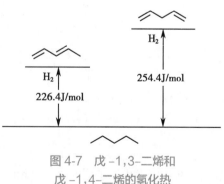

图 4-7　戊 –1,3–二烯和
戊 –1,4–二烯的氢化热

(二) 分子轨道法对共轭二烯烃结构的解释

对共轭分子中的电子离域现象可用分子轨道理论加以描述。分子轨道理论认为，丁–1,3–二烯的四个 p 轨道组成四个分子轨道 ψ_1、ψ_2、ψ_3 和 ψ_4，如图 4-8 所示。

在四个分子轨道中，ψ_1 没有节面，ψ_2、ψ_3 和 ψ_4 分别有一个、两个和三个节面，分子轨道的节面越多，能级越高。ψ_1、ψ_2 的能级低于原子轨道，为成键轨道；ψ_3、ψ_4 的能级高于原子轨道，为反键轨道。

在基态下四个 π 电子分别填充在两个成键轨道中,它们在这两个成键轨道中围绕四个原子核运动。

从图 4-8 可以看出,占有电子的两个成键轨道 ψ_1 和 ψ_2 的 C_1 与 C_2 和 C_3 与 C_4 都是成键的,而在 C_2 与 C_3 间是不一样的。ψ_1 是成键的,使 C_2 和 C_3 间有双键的特征;但在 ψ_2 中是不成键的,有一个节面。因为 ψ_1 和 ψ_2 叠加的结果,使中间的碳碳键具有部分双键的特征和键长缩短。这一单键较短可能还与成键轨道的杂化状态有关(参见第三章第一节中丙烯的结构)。

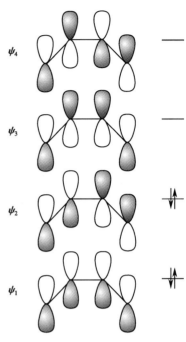

图 4-8　丁 -1,3-二烯的分子轨道

(三) 共振论对共轭二烯烃结构的解释

在讨论共轭二烯烃的结构时,按经典价键理论写出的结构式不能充分反映出 C_2—C_3 之间具有的部分双键的特征。1933 年,美国化学家鲍林在经典价键理论的基础上提出共振论(resonance theory)。

1. 共振论的基本概念　当一个分子、离子或自由基不能用单一的路易斯结构来适当地描述它们的真实结构时,则可用 2 个或多个仅在电子排列上有差别,而原子核的排列是完全相同的结构来表示。其相应的结构称为共振式或极限式,可以将这样的分子、离子或自由基认为是共振结构 "杂化" 而产生的共振杂化体(resonance hybrid)。例如丁-1,3-二烯的真实结构认为是下列极限式的共振杂化体。

$$[CH_2=CH-CH=CH_2 \longleftrightarrow \overset{-}{C}H_2-CH=CH-\overset{+}{C}H_2 \longleftrightarrow \overset{+}{C}H_2-CH=CH-\overset{-}{C}H_2$$
$$(1) \qquad\qquad (2) \qquad\qquad\qquad (3)$$

$$\longleftrightarrow \overset{+}{C}H_2-\overset{-}{C}H-CH=CH_2 \longleftrightarrow \overset{-}{C}H_2-\overset{+}{C}H-CH=CH_2 \longleftrightarrow CH_2=CH-\overset{-}{C}H-\overset{+}{C}H_2$$
$$(4) \qquad\qquad\qquad (5) \qquad\qquad\qquad (6)$$

$$\longleftrightarrow CH_2=CH-\overset{+}{C}H-\overset{-}{C}H_2]$$
$$(7)$$

这种表述方式也反映出丁-1,3-二烯分子中 π 电子的离域及 C_2 和 C_3 间有部分双键的特征。

在极限式之间的双箭头 "$\longleftrightarrow$" 表示两个极限式间的共振,切忌与平衡符号 "$\rightleftharpoons$" 相混淆。还应指出的是,在共振论概念中,只有共振杂化体才是真实的分子,它只能有一个结构。一系列极限式是主观假想出来的,都不是实际存在的结构,是用来描述分子真实结构和性质的一种手段。也不能将真实的分子结构看成是几个极限式的混合物或看成是几种结构互变的平衡体系。

2. 书写极限式的规定　应用共振论描述分子、离子或自由基的真实结构时,首先要写出极限式。书写极限式应遵循以下原则。

(1) 各极限式都必须符合路易斯结构式的要求。例如丁-1,3-二烯不能写成:

$$CH_2=C=CH-\overset{+}{C}H_2$$

(2) 各极限式中原子核的排列要相同,不同的仅是电子排布。例如乙烯醇与乙醛间就不是共振关系,两者氢原子的位置发生变化,是互变异构体。

$$CH_2=CH-OH \rightleftharpoons CH_3-\overset{\overset{\displaystyle O}{\|}}{C}-H$$

(3) 各极限式中配对的电子或未配对的电子数应是相等的。因此,下面的第二个式子是错误的。

$$\left[CH_2{=}CH{-}\dot{C}H_2 \longleftrightarrow \dot{C}H_2{-}CH{=}CH_2 \right]$$

$$CH_2{=}CH{-}\dot{C}H_2 \longleftrightarrow \dot{C}H_2{-}\dot{C}H{-}\dot{C}H_2$$

3. **判断共振极限式稳定性的原则**　每个极限式对共振杂化体的贡献是不同的。也就是说,极限式对杂化体的参与程度是有差别的。极限式对杂化体贡献的大小,取决于极限式的相对稳定性。极限式越稳定,对共振杂化体的贡献越大。极限式的相对稳定性有以下几种影响因素。

(1) 满足八隅体的极限式比未满足的稳定。例如:

$$\left[\begin{array}{c} H \\ C{=}\overset{+}{\underset{H}{O}}H \end{array} \longleftrightarrow \begin{array}{c} H \\ \overset{+}{C}{-}\ddot{O}H \\ H \end{array} \right]$$
较稳定

(2) 没有正、负电荷分离的极限式比电荷分离的稳定(即共价键数目多的极限式稳定)。

$$\left[CH_2{=}CH{-}CH{=}CH_2 \longleftrightarrow \bar{C}H_2{-}CH{=}CH{-}\overset{+}{C}H_2 \right]$$
较稳定的极限式

(3) 如几个极限式都满足八隅体电子结构,且有电荷分离时,电负性大的原子带负电荷,电负性小的原子带正电荷的极限式比较稳定。例如:

$$\left[\bar{C}H_2{-}\overset{+}{N}{\equiv}N{:} \longleftrightarrow CH_2{=}\overset{+}{N}{=}\ddot{\underline{N}}{:} \right]$$
较稳定的极限式

(4) 相同符号的电荷相距远,相异符号的电荷相距近的极限式稳定。这是因为要使正、负电荷分离必须提供一定的能量,分离越远,需要提供的能量越多;而相同符号的电荷之间有斥力,要使它们靠近也需要能量。因此,上述丁-1,3-二烯中,(4)、(5)式比(2)、(3)式稳定。

(5) 极限式含有的共价键越多,则越稳定。例如七个丁-1,3-二烯的极限式中,(1)式具有 11 个共价键,其余各式上有 10 个共价键,所以(1)式最稳定。

(6) 如参与共振的极限式具有相同的能量,它们的共振杂化体特别稳定。例如烯丙基自由基:

$$\left[CH_2{=}CH{-}\dot{C}H_2 \longleftrightarrow \dot{C}H_2{-}CH{=}CH_2 \right]$$

(7) 参与共振的极限式越多,共振杂化体就越稳定。

共振论认为,共振杂化体的能量比参与共振的任何一个极限式的能量都低。实际化合物与最低能量的极限式之间的能量差也就是由于电子离域而获得的额外的稳定能,称为共振能。共振能实际上就是离域能。共振能越大,体系就越稳定。

按照共振论的观点,在丁-1,3-二烯的七个极限式中,极限式(1)最稳定,对共振杂化体的贡献最大,通常用它表示丁-1,3-二烯的结构。但其他极限式对分子的真实结构也有贡献,极限式(4)、(5)、(6)和(7)的贡献其次,分别使 $C_1{-}C_2$ 及 $C_3{-}C_4$ 呈现双键特征;极限式(2)和(3)的贡献最小,使 $C_1{-}C_2$ 及 $C_3{-}C_4$ 呈现单键特征,而使 $C_2{-}C_3$ 呈现双键特征。综合考虑,丁-1,3-二烯中 $C_2{-}C_3$ 之间的键比一般的 C—C 单键短而具有某些双键的性质,而 $C_1{-}C_2$ 及 $C_3{-}C_4$ 键比一般的 C=C 双键略长而具有一定的单键性质。

共振论应用广泛,它是经典价键理论的补充和发展。用经典的结构式,比起分子轨道的表示方法较为清楚、简便,易被接受;而分子轨道理论是以量子力学为基础的,理论上比较完善,但抽象、表达不够直观。这三种理论在解释分子结构和性质等方面有广泛应用,并起到互补的作用。共振论主要用来阐明有机化合物的物理和化学性质,是一种定性的经验理论。作为一种学说,共振论引入一些任意规定,因此存在一定的局限性。例如书写共振结构式具有随意性;对有些分子结构的解释不令人满意;共振论也不能说明立体化学问题。

练习题 4.9   下列各对极限式中哪个较稳定？

$$(1) \left[\begin{array}{c} \overset{O}{\overset{\|}{H-C}}-\overset{-}{C}H_2 \longleftrightarrow \overset{O^-}{\overset{|}{H-C}}=CH_2 \\ A \qquad\qquad\qquad B \end{array} \right]$$

$$(2) \left[CH_2=CH-\overset{\cdot\cdot}{O}-CH_2CH_3 \longleftrightarrow \overset{-}{C}H_2CH=\overset{+}{\overset{\cdot\cdot}{O}}-CH_2CH_3 \right]$$
$$A \qquad\qquad\qquad\qquad\qquad B$$

三、共轭二烯烃的特征反应

（一）共轭加成反应

1. 1,2-加成和 1,4-加成   非共轭二烯烃戊-1,4-二烯与亲电试剂 Br_2 的加成是分两个阶段进行的,可以将反应看作是对孤立双键的加成。

$$CH_2=CHCH_2CH=CH_2 \xrightarrow{Br_2} CH_2=CHCH_2\underset{\underset{Br}{|}}{C}HCH_2Br \xrightarrow{Br_2} BrCH_2\underset{\underset{Br}{|}}{C}HCH_2\underset{\underset{Br}{|}}{C}HCH_2Br$$

具有共轭结构的丁-1,3-二烯与 1mol 溴反应时,得到的产物不仅有预期的 3,4-二溴丁-1-烯,还有 1,4-二溴丁-2-烯。前者为 1,2-加成产物,后者为 1,4-加成产物。丁-1,3-二烯与 HX 加成亦有 1,2-加成和 1,4-加成两种产物。

$$CH_2=CHCH=CH_2 \xrightarrow{Br_2} BrCH_2\underset{\underset{Br}{|}}{C}HCH=CH_2 \;+\; \underset{\underset{Br}{|}}{C}H_2CH=CH\underset{\underset{Br}{|}}{C}H_2$$
$$\qquad\qquad\qquad\qquad 1,2\text{-加成} \qquad\qquad 1,4\text{-加成}$$

$$CH_2=CHCH=CH_2 \xrightarrow{HCl} CH_3\underset{\underset{Cl}{|}}{C}HCH=CH_2 \;+\; CH_3CH=CHCH_2Cl$$
$$\qquad\qquad\qquad\qquad 1,2\text{-加成} \qquad\qquad 1,4\text{-加成}$$

1,2-加成是试剂的两部分分别加到一个双键的两个碳原子上;1,4-加成则是加到共轭体系的两端 C_1 和 C_4 上,原来的两个双键打开,而在 C_2、C_3 之间形成一个新的双键,这种加成方式通常称为共轭加成。1,2-加成和 1,4-加成常在反应中同时发生,这是共轭烯烃的共同特征。

2. 烯丙型碳正离子的结构和稳定性   共轭二烯烃与卤素和卤化氢的加成按亲电性加成反应机理进行。丁-1,3-二烯和氯化氢加成时,第一步氯化氢的质子加到共轭体系的端基碳原子上,形成的碳正离子称为烯丙型碳正离子,它因可以发生共振而稳定。

$$\left[CH_2=CH-\overset{+}{C}H_2 \longleftrightarrow \overset{+}{C}H_2-CH=CH_2 \right] \equiv \overset{\delta^+}{C}H_2\text{---}CH\text{---}\overset{\delta^+}{C}H_2$$

但质子加到中间碳原子上形成的碳正离子则不能共振而不稳定,因此在丁-1,3-二烯与 HCl 加成的第一步中,氢质子总是加到末端碳原子上。

第二步氯离子进攻碳正离子,由极限式(1)得到 1,2-加成产物,极限式(2)得到 1,4-加成产物。

$$CH_2=CHCH=CH_2 \xrightarrow{H^+} \left[CH_2=CH\overset{+}{C}HCH_3 \longleftrightarrow CH_3CH=CH\overset{+}{C}H_2 \right]$$
$$\qquad\qquad\qquad\qquad (1)\Big\downarrow Cl^- \qquad\qquad\qquad (2)\Big\downarrow Cl^-$$
$$\qquad\qquad\qquad CH_2=CHCHCH_3 \qquad CH_3CH=CHCH_2Cl$$
$$\qquad\qquad\qquad\qquad\underset{\underset{Cl}{|}}{}$$

下面用分子轨道理论来分析烯丙基碳正离子的结构和稳定性。

烯丙基碳正离子中带正电荷的碳原子是 sp^2 杂化的,三个 σ 键在同一平面上,碳原子上还有一个未占电子的 p 轨道,它能与相邻的 π 轨道平行重叠,形成 p–π 共轭体系。π 电子可离域到空的 p 轨道上,以弥补碳正离子电荷的不足,使碳正离子趋于稳定。图 4-9 为烯丙基碳正离子中 p–π 共轭的示意图。

分子轨道理论认为,烯丙基碳正离子中的三个 p 轨道可组成三个分子轨道——π_1、π_2 和 π_3^*(图 4-10)。π_1 为成键轨道,π_2 为非键轨道,π_3^* 为反键轨道。在基态时两个电子在成键轨道上,π_2 为空轨道。

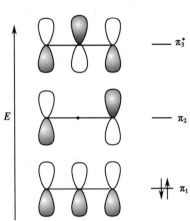

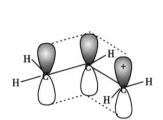

图 4-9　烯丙基碳正离子中
p–π 共轭的示意图

图 4-10　烯丙基碳正离子的
π 分子轨道

由上述讨论可以看出,烯丙基碳正离子的两个 π 电子是围绕三个碳原子核运动的,电子云分布在三个碳原子周围,使烯丙基碳正离子上的正电荷得以分散而趋于稳定。

综合前面学过的烷基碳正离子的稳定性,将烯丙基碳正离子和烷基碳正离子的稳定性归纳如下。

$$RCH{=}CHC^+R_2 > RCH{=}CHC^+HR > R_3C^+ > R_2C^+H > RC^+H_2 > C^+H_3$$

练习题 4.10

(1) 写出 2-甲基己-1,4-二烯分别与 1mol HBr 和 1mol Br_2 反应的产物。

(2) 写出 2-甲基己-1,3-二烯与上述试剂反应的产物,并给予解释。

---

3. **热力学控制和动力学控制**　在反应中产生的 1,2-加成和 1,4-加成产物的相对比例受共轭二烯烃的结构、试剂和反应温度等反应条件的影响,一般在较高的温度下以 1,4-加成产物为主,在低温下以 1,2-加成产物为主。例如:

$$CH_2{=}CHCH{=}CH_2 \xrightarrow{HBr} CH_3\overset{\displaystyle Br}{\underset{\displaystyle |}{C}}HCH{=}CH_2 + CH_3CH{=}CHCH_2Br$$

	1,2-加成	1,4-加成
−80℃	80%	20%
40℃	20%	80%

生成 1,2-加成和 1,4-加成产物是经同样的碳正离子中间体。第一步反应是相同的,因此形成两种产物的相对数量取决于第二步反应。共振论认为丁-1,3-二烯和 HBr 加成的第一步生成的碳正离子的真实结构为(1)和(2)的共振杂化体(也可用右式表示)。

$$\left[CH_3\overset{+}{C}HCH{=}CH_2 \longleftrightarrow CH_3CH{=}CH\overset{+}{C}H_2 \right] \equiv CH_3CH{\overset{\delta^+}{=\!\!=}}CH{=\!\!=}\overset{\delta^+}{C}H_2$$

$\quad\quad\quad\quad$ (1) $\quad\quad\quad\quad\quad\quad$ (2)

由于极限式（1）比（2）稳定,因此对共振杂化体的贡献大。在共振杂化体中,C_2 比 C_4 上容纳的正电荷多一些,因此 C_2 比 C_4 易接受 Br^- 的进攻,发生 1,2-加成所需的活化能较小,反应速率比 1,4-加成快（图 4-11）。

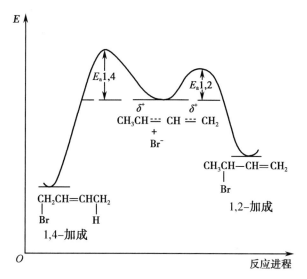

图 4-11　丁-1,3-二烯与 HBr 加成的动力学和热力学控制

在较高的温度下进行反应时,加成产物中的 $C—Br$ 键离解成烯丙基正离子和溴负离子,1,2-加成和 1,4-加成产物可通过烯丙基碳正离子相互转化,形成动态平衡。

$$CH_2=CHCHCH_3 \underset{-Br^-}{\overset{}{\rightleftharpoons}} \overset{\delta^+}{CH_2}\!=\!\!-CH\!=\!\!-\overset{\delta^+}{CHCH_3} \underset{-Br^-}{\overset{}{\rightleftharpoons}} CH_2CH=CHCH_3$$

由于 1,4-加成产物（二取代乙烯）比 1,2-加成产物（一取代乙烯）稳定,所以在平衡混合物中 1,4-加成产物占有较多的比例（80%）。

由上可见,在低温下进行反应,以 1,2-加成产物为主,产物的比例由反应速率决定,称为动力学控制;在较高的温度下反应,以 1,4-加成产物为主,产物的比例由产物的稳定性决定,称为热力学控制。

（二）狄尔斯－阿尔德反应

共轭二烯烃的另一个特征反应是与含碳碳双键或三键的化合物可发生 1,4-加成反应,生成六元环状化合物,称为双烯合成（diene synthesis）反应,又称狄尔斯 - 阿尔德反应（Diels-Alder reaction）。例如:

该反应在加热条件下进行,是合成六元环状化合物的重要方法,属于周环反应（pericyclic reaction）。大量实验事实已证明该反应的特点是旧共价键断裂和新共价键形成同时进行,反应为一步完成的协同反应过程。在该反应中共轭二烯烃称双烯体（diene）,不饱和化合物称为亲双烯体（dienophile）。根据其反应特点,在该反应中双烯体必须以 s-顺式构象进行反应,若双烯体的 s-反式构象在反应条件不能转变为 s-顺式构象,则该反应不能发生。

四、聚集二烯烃

最简单的聚集二烯烃是丙二烯。杂化轨道理论认为,丙二烯分子的中间碳原子为 sp 杂化,三个

碳原子处于一条直线上,两端碳原子为 sp^2 杂化,这两个碳原子的 p 轨道分别与中间碳原子上的两个相互垂直的 p 轨道重叠,形成两个相互垂直的 π 键,两个甲亚基位于互相垂直的平面上。图 4-12 为丙二烯分子中的轨道结构示意图。

4-D-6
丙二烯
（模型）

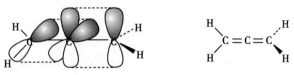

图 4-12　丙二烯分子中的轨道结构示意图

丙二烯及其衍生物在立体化学的研究方面具有重要作用。

五、共轭效应

通过前面章节的学习,我们一般认为,不饱和化合物中由三个或三个以上互相平行的 p 轨道重叠形成的大 π 键称为共轭体系。共轭体系中,π 电子云扩展到整个体系的现象称为电子离域。我们将这种由于相邻 p 轨道的重叠而产生电子间的相互流动,致使体系能量降低、键长平均化、分子趋于稳定的电子效应称为共轭效应(conjugated effect),简称 C 效应。

共轭体系的特征是各 σ 键在同一平面内,参加共轭的 p 轨道轴互相平行,且垂直于 σ 键所在的平面,相邻 p 轨道间从侧面重叠发生电子离域。

(一) 共轭体系的类型

共轭体系大体上分为三类。

1. π-π 共轭体系　双键单键相间的共轭体系称为 π-π 共轭体系。例如:

$$CH_2=CH-CH=CH-CH=CH_2 \qquad CH_2=CH-CH=CH-CH=O$$

$$CH_2=CH-C\equiv N$$

2. p-π 共轭　由 p 轨道和 π 轨道重叠形成的共轭体系称为 p-π 共轭体系。

$$-\overset{|}{C}=\overset{|}{C}-Y \qquad Y=-\ddot{X}, -\ddot{O}H(R), -\overset{|}{C}{}^{+}, -\overset{|}{C}\cdot, -\overset{|}{C}{}^{-} \ \ 等$$

例如:

$$CH_2=CH-\ddot{B}r \qquad CH_2=CH-\overset{+}{C}H_2 \qquad CH_2=CH-\dot{C}H_2$$

3. 超共轭体系

(1) σ-p 超共轭:σ-p 超共轭是由 C—H 键的 σ 轨道和 p 轨道重叠形成的超共轭体系。图 4-13(a)是乙基自由基的 σ-p 超共轭示意图,(b)是乙基碳正离子的 σ-p 超共轭示意图。

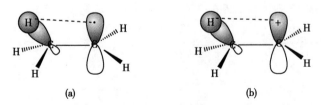

(a) 　　　　　　　　　　(b)

图 4-13　σ-p 超共轭

σ-p 超共轭体系中,σ 电子可离域到中心原子的单电子或空的 p 轨道上,从而使中心原子的缺电子状况得到缓解,使自由基或正离子趋于稳定。由于可围绕中心碳原子和 α-碳间的 C—C 键旋转,超共轭作用是所有 α-C—H 键的平均效应,α-C—H 键越多,超共轭作用越大。所以碳自由基和碳

正离子的稳定性次序是一致的,均为叔(3°)>仲(2°)>伯(1°)>甲基自由基或碳正离子。

(2) σ-π 超共轭:σ-π 超共轭是由 C—H 键的 σ 轨道和 π 轨道重叠形成的共轭体系。图 4-14 为丙烯分子中的 α-C—H 键的 σ 轨道与 π 轨道重叠形成的 σ-π 超共轭示意图。

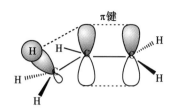

图 4-14   丙烯分子中的 σ-π 超共轭

由于丙烯中的 σ-π 超共轭作用,使双键上的电子云密度增加,分子的极性加强,降低丙烯分子的能量,增加分子的稳定性;和 σ-p 超共轭一样,α-C—H 键数目越多,超共轭效应越强。这就解释了烯烃的稳定性有如下次序:

$$CH_2=CH_2 < RCH=CH_2 < CH_2=CR_2 \approx RCH=CHR < R_2C=CHR < R_2C=CR_2$$

由于超共轭效应不是完全发生在 p 轨道中的电子离域或轨道交盖,其作用和影响不及 π-π 和 p-π 共轭效应强。

根据共轭体系中电子离域的程度或轨道之间的重叠程度,可以得出在共轭体系中各种共轭效应对分子影响的相对强度为 π-π 共轭>p-π 共轭>σ-π 超共轭>σ-p 超共轭。

(二) 吸电子共轭效应和给电子共轭效应

共轭链两端的原子的电负性不同,共轭体系中的电子离域有方向性,在共轭链上会出现正、负电荷交替分布的情况,有两种类型。

1. 吸电子共轭效应(-C 效应)   凡共轭体系上的取代基能降低体系的电子云密度,称为吸电子共轭效应(-C 效应)。例如— NO_2、—COOH、—CHO 等。

2. 给电子共轭效应(+C 效应)   凡共轭体系上的取代基能增加体系的电子云密度,称为给电子共轭效应(+C 效应)。例如— NH_2、—OH 等。

(三) 共轭效应与诱导效应共存时的电子效应

当共轭效应与诱导效应共存时,其电子效应为两者之和,存在两种情况。

1. 当诱导效应和共轭效应的方向一致时,总的电子效应得到加强。例如醛基的诱导效应和共轭效应都是吸电子的,总效应表现为吸电子效应。

$$CH_2=CH-CH=CH-CH=O$$

2. 当诱导效应和共轭效应的方向不一致时,总的电子效应的方向由效应强者决定。例如氨基的共轭效应给电子,其诱导效应吸电子,共轭效应大于诱导效应,总的电子效应表现为给电子效应;而氯原子的共轭效应给电子,其诱导效应吸电子,共轭效应小于诱导效应,总的电子效应表现为吸电子效应。

$$CH_2=CH-CH=CH-NH_2 \qquad CH_2=CH-CH=CH-Cl$$

> **练习题** 4.11   分析下列画线基团在分子中为吸电子基还是给电子基。
> (1) $CH_2=CH-\underline{C}\equiv N$　　　(2) $CH_2=CH-\underline{NO_2}$
> (3) $CH_2=CH-\underline{NH_2}$　　　　(4) $CH_2=CH-\underline{Cl}$

习　　题

1. 写出下列化合物的结构式。

(1) 己-1,4-二炔　　　　　　　(2) 二乙基乙炔

（3）3,3-二甲基己-1-炔　　　　　　　（4）3-乙基戊-3-烯-1-炔

2. 命名下列化合物。

（1）(CH₃)₂CHCHCH(CH₃)₂
　　　　　|
　　　　　C≡CH

（2）CH₃CHCH₂CH(CH₂)₃CH₃
　　　　　　　　|
　　　　　　C≡CH（上方）
　　　　　CH(CH₃)₂

（3）CH₂=CC≡CHCH₂CH=CH₂
　　　　　|
　　　　　CH₃

（4）
$(CH_3)_2CH$　C_2H_5
　　　　C=C
$HC≡C$　　$CH=CH_2$

（5）
H　　　H CH₃　　CH₂CH₃
　C=C　　　C=C
CH₃CH₂　CH₂CH₃　CH₃

（6）CH≡C(CH₂)₁₆C≡CH

3. 为什么环己炔不能存在？

4. 完成下列反应式。

（1）CH₃CH=CHC=CH₂
　　　　　　　　|
　　　　　　　CH₃

→ $\xrightarrow{KMnO_4/H^+}$ (a) + (b) + (c)

→ $\xrightarrow[②Zn/H_2O]{①O_3}$ (d) + (e) + (f)

（2）CH₃C≡CCH₃ $\xrightarrow{(a)}$
CH₃　H
　C=C
H　CH₃
$\xrightarrow[NaNH_2]{Br_2}$ (b) $\xrightarrow{(c)}$
CH₃　CH₃
　C=C
H　H

（3）(CH₃)₂CHCH=CH₂ $\xrightarrow{Cl_2/高温}$ (a) $\xrightarrow[C_2H_5OH/\triangle]{KOH}$ (b)

（4）CH₃CH=CHCHC≡CH $\xrightarrow[喹啉]{H_2/Pd}$ (a) $\xrightarrow[②Zn/H_2O]{①O_3}$ (b) + (c) + (d)
　　　　　　|
　　　　　CH₃

（5）CH₂=CHCH₂CH₂CH=CCH₃ $\xrightarrow{HCl (1mol)}$
　　　　　　　　　　　|
　　　　　　　　　　CH₃

（6）
　　　Br
　　　|
CH₃CCH₃ $\xrightarrow[C_2H_5OH/\triangle]{KOH}$ (a) $\xrightarrow[H_2SO_4]{HgSO_4}$ (b)
　　　|
　　　Br

（7）〔丁二烯〕 + 〔CHO烯醛〕 $\xrightarrow{\triangle}$

（8）〔环己烯〕 + 〔NO₂烯〕 $\xrightarrow{\triangle}$

（9）〔二亚甲基环己烷〕 + 〔马来酸酐〕 $\xrightarrow{\triangle}$

（10）〔丁二烯〕 + 〔NC 烯〕 $\xrightarrow{\triangle}$

5. 写出丁-1,3-二烯与下列化合物反应所得的产物。

（1）1 分子 H₂/Ni　　　　　　（2）2 分子 H₂/Ni　　　　　　（3）1 分子 Br₂

(4) 2 分子 Br_2 (5) 1 分子 HCl   (6) O_3,然后 Zn/H_2O

6. 在与亲电试剂如 Br_2、Cl_2、HCl 等的加成反应时,烯烃比炔烃活泼,但是炔烃与这些试剂作用时,为什么又可停止在烯烃阶段?

7. 比较下列各碳正离子的稳定性。

(1) $CH_3\overset{+}{C}HCH=CH_2$ (2) $\overset{+}{C}H_2CH_2CH=CH_2$

(3) $CH_3\underset{\underset{CH_3}{|}}{\overset{+}{C}}CH=CH_2$ (4) $CH_3\overset{+}{C}HCH=CHCH_3$

8. 用不超过四个碳原子的烃类化合物和其他必要的试剂合成下列化合物。

(1) $CH_3\overset{\overset{O}{\|}}{C}CH_2CH_2CH_3$ (2) 环己-3-烯甲酸(结构式,环上带COOH,环内双键)

(3) $CH_3CH_2\underset{\underset{I}{|}}{\overset{\overset{Cl}{|}}{C}}CH_3$ (4) $\underset{C_2H_5}{\overset{H}{}}C=C\underset{H}{\overset{C_4H_9-n}{}}$

(5) $CH_3CH_2CH_2CH_2Br$

9. 试将丙烯和乙炔转变成庚-2,6-二酮。

10. 化合物 A、B 和 C,分子式均为 C_6H_{12},三者都可使 $KMnO_4$ 溶液褪色,将 A、B 和 C 催化氢化都转化为 3-甲基戊烷,A 有顺反异构体,B 和 C 不存在顺反异构体,A 和 B 与 HBr 加成主要得同一化合物 D。试写出 A、B、C 和 D 的结构式。

11. 化合物 A 的分子量为 82,1mol A 能吸收 2mol H_2,在红外吸收光谱中的 3 100~3 010cm^{-1} 处无吸收峰,A 用 $KMnO_4$ 氧化只得一种羧酸。试写出 A 的构造式。

12. 链烃 A,分子式为 C_7H_{10},无顺反异构体,用 $AgNO_3/NH_3 \cdot H_2O$ 处理得到白色沉淀,用林德拉试剂氢化得到化合物 B,其分子式为 C_7H_{12},B 亦无顺反异构体。A 和 B 与 $KMnO_4$ 发生氧化反应都得到 2mol CO_2 和另一酸性化合物 C,其分子式为 $C_5H_8O_3$。试写出 A、B 和 C 的结构式。

13. 某二烯烃和 1mol Br_2 加成生成 2,5-二溴己-3-烯,此二烯烃经臭氧分解生成 2mol CH_3CHO 和 1mol 乙二醛。

(1) 写出该二烯烃的结构式。

(2) 将上述溴加成物再加 1mol Br_2 得到的产物是什么?

14. 化合物 A(C_5H_6),在林德拉试剂催化下吸收 1mol 氢气生成 B(C_5H_8),A 可与 Cu_2Cl_2 的氨溶液反应生成棕红色沉淀,B 则不反应,B 在低温下与 HBr 反应生成 C(C_5H_9Br),B、C 都发生臭氧化还原水解反应,反应后 B 的生成物是 CH_3COCHO 和甲醛,C 的生成物是 $(CH_3)_2C(Br)CHO$ 和甲醛。试写出 A、B 和 C 的结构式。

第五章
教学课件

5-SZ-1
烃类化合
物与碳中
和（案例）

第五章

脂 环 烃

碳原子连接成环,其性质与开链脂肪烃相似的碳环烃称为脂环烃(alicyclic hydrocarbon)。单环烷烃比相应的开链烷烃少一对氢原子,分子通式为 C_nH_{2n}。

第一节　分类和命名

一、分类

根据所含环的数目,脂环烃分为单环、双环和多环脂环烃。单环脂环烃根据成环碳原子的数目,可分为小环(三至四元环)、普通环(五至六元环)、中环(七至十一元环)及大环(十二元环以上)脂环烃。例如:

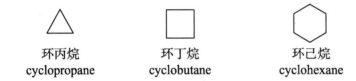

环丙烷　　　　　环丁烷　　　　　环己烷
cyclopropane　　cyclobutane　　cyclohexane

在双环或多环脂环烃中,根据环间的连接方式分为螺环烃和桥环烃。螺环烃(spiro hydrocarbon)是两个环间以一个共用碳原子相结合,该碳原子称为螺原子。环与环共用两个或两个以上碳原子的称为桥环烃(bridged hydrocarbon),其中桥碳链的交汇点原子称为桥原子。

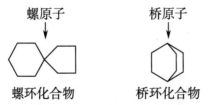

螺原子　　　　　桥原子

螺环化合物　　　桥环化合物

单环烷烃除与单烯烃互为构造异构体外,还可因环的大小和环上取代基的不同而形成多种构造异构体。如环丁烷的可能构造异构体有甲基环丙烷、2-甲基丙烯、丁-1-烯和丁-2-烯。

環丁烷　　甲基环丙烷　　2-甲基丙烯　　丁-1-烯　　丁-2-烯

$$CH_3-C=CH_2 \quad CH_2=CHCH_2CH_3 \quad CH_3CH=CHCH_3$$

二、命名

(一) 单环脂环烃的系统命名

单环脂环烃的系统命名法与链烃相似,根据环碳原子总数称为环某烷或环某烯或环某炔,名称的前缀为"环(cyclo)"字。环碳原子编号时,应使不饱和键和取代基位次最小。例如:

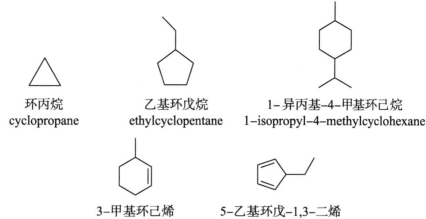

环丙烷
cyclopropane

乙基环戊烷
ethylcyclopentane

1-异丙基-4-甲基环己烷
1-isopropyl-4-methylcyclohexane

3-甲基环己烯
3-methylcyclohexene

5-乙基环戊-1,3-二烯
5-ethylcyclopenta-1,3-diene

对于环烃类化合物,当环和侧链并存时,不论侧链有多长,均优先选择环为母体;当有两个环并存时,优先选择大环为母体。例如:

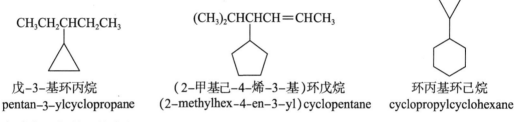

戊-3-基环丙烷
pentan-3-ylcyclopropane

(2-甲基己-4-烯-3-基)环戊烷
(2-methylhex-4-en-3-yl)cyclopentane

环丙基环己烷
cyclopropylcyclohexane

(二) 螺环烃的系统命名

根据单螺环上碳原子的总数称为螺某烷或螺某烯或螺某炔,并在"螺(spiro)"字和母体名称间插入方括号,用阿拉伯数字表示螺原子所夹碳链上碳原子的数目(不包括螺原子),数字从小到大排列,并在下角用圆点隔开。环碳原子编号时,从紧邻螺原子的碳原子开始,先编小环,经螺原子再编大环。在此基础上,给予取代基及不饱和键的位次最小编号。例如:

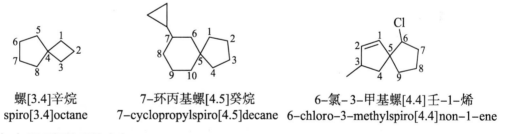

螺[3.4]辛烷
spiro[3.4]octane

7-环丙基螺[4.5]癸烷
7-cyclopropylspiro[4.5]decane

6-氯-3-甲基螺[4.4]壬-1-烯
6-chloro-3-methylspiro[4.4]non-1-ene

(三) 桥环烃的系统命名

将桥环烃转变为链烃所需断裂的碳碳单键的数目作为碳环的数目,称为双(二)环或三环等作为词头,母体由环中所含碳原子的总数表示,称为某烷或某烯或某炔。然后在词头与母体名称间插入方括号,并用阿拉伯数字标明每条桥上的碳原子数(不包括桥头碳原子),数字从大到小排列,并在下角用圆点隔开。环碳原子的编号顺序是从第一个桥头碳原子开始,沿最长的桥路到第二个桥头碳原子,再从次长的桥路回到第一个桥头,最后给最短的桥路编号,并注意使取代基位次最小。例如:

双环[4.4.0]癸烷
bicyclo[4.4.0]decane

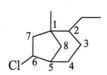

6-氯-2-乙基-1-甲基双环[3.2.1]辛烷
6-chloro-2-ethyl-1-methylbicyclo[3.2.1]octane

7,7-二甲基双环[2.2.1]庚-2-烯
7,7-dimethylbicyclo[2.2.1]hept-2-ene

练习题 5.1　命名下列化合物。

(1) 　　(2) 　　(3) 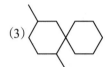 　　(4)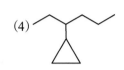

第二节　小环烷烃的结构

普通环、中环和大环等结构与烷烃类似,这里主要讨论小环的结构。

一、小环烷烃的不稳定性和角张力的概念

1883 年由柏琴(W. H. Perkin)首次合成含有三元环和四元环的碳环化合物,并发现三元环和四元环与普通环不一样,易发生开环反应(三元环比四元环更容易)。例如环丙烷和溴在室温下就能开环,生成 1,3-二溴丙烷。

$$\triangle + Br_2 \longrightarrow Br\diagdown\diagup\diagdown Br$$

1885 年拜尔(A. V. Baeyer)提出角张力学说(angle strain theory)。他假设环烷烃的碳原子排列在同一平面内,呈正多边形,并计算不同大小的环烷烃中的 C—C—C 键角与碳正四面体所要求的键角 109.5° 的偏差程度(图 5-1),如环丙烷键角的偏转度为 (109.5°−60)/2 ＝＋24.75°,环丁烷、环戊烷向内的偏转度分别为 ＋9.75° 和 ＋0.75°,而环己烷向外偏转 −5.25°(− 表示向外偏转),这种偏转使环碳的键角都有恢复正常键角的张力,称为角张力(angle strain)。

5-K-1
科学家简介

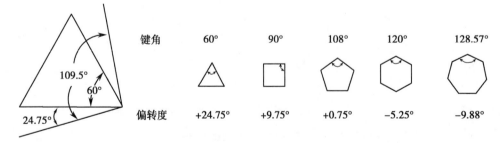

	键角	60°	90°	108°	120°	128.57°
	偏转度	+24.75°	+9.75°	+0.75°	−5.25°	−9.88°

图 5-1　环烷烃分子中键角的偏转度

角张力学说认为环的角张力存在使环变得不稳定,角张力越大,环越不稳定。环丙烷的角张力最大,最不稳定;环戊烷的角张力最小,最稳定,这是角张力学说的合理之处。但按角张力学说,环己烷应不如环戊烷稳定,环己烷以后的成员亦应越来越不稳定,但实际上环己烷很稳定,后来合成的大环亦是稳定的。造成以上矛盾的原因是由于拜尔假设各种环烷烃的环碳原子都在同一平面上,这与实际不符。后来证明只有三元环的碳原子在同一平面上。

二、环丙烷的结构

环丙烷易发生 C—C 键断裂的开环反应，说明这种键不如烷烃中的 C—C 键稳定，对此现代理论解释如下：按几何学要求，环丙烷的三个碳原子必须在同一平面上，碳碳键间的夹角为 60°。但 sp^3 杂化碳原子沿键轴方向的重叠要求键角为 109.5°，因此环丙烷中的碳碳键不能像开链烷烃那样沿键轴方向重叠，而是形成一种弯曲键（俗称香蕉键），如图 5-2 和图 5-3 所示。这种弯曲键使环丙烷的碳碳键比开链烷烃中的碳碳键弱，存在严重的角张力，导致环丙烷有较大的环张力和不稳定性。

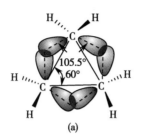
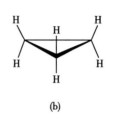

图 5-2　环丙烷的结构

环丙烷产生环张力的另一个原因是分子中的碳氢键在空间上均处于重叠式构象的位置［图 5-2（b），详见本章第三节］。

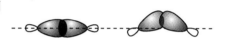

图 5-3　成键轨道的轴向、非轴向重叠

在环丁烷的平面结构中，环中碳碳键间的键角要求为 90°。碳碳键的弯曲程度不像环丙烷那样大，因此稳定性比环丙烷大一些。

普通环和中环等的碳原子的键角都能接近烷烃的键角，碳的 sp^3 杂化轨道能沿键轴方向重叠形成 C—C σ 键，与烷烃的 C—C σ 键同样牢固。因此，几个环烷烃的稳定性顺序为：

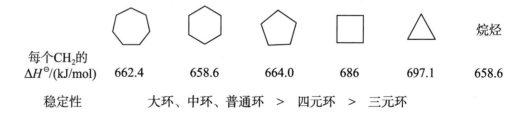

需指出的是，由于环的存在，环烷烃环上的 C—C σ 键不能自由旋转，否则引起环的破裂。

在不同大小的环烷烃中，因它们的分子组成不同，燃烧热有一定的差别，比较它们总的燃烧热是没有意义的，但可比较它们环中的每个 CH_2 的燃烧热，从下面的数据可以看出各种环烷烃的分子内能大小和相对稳定性。

					烷烃
每个CH_2的 $\Delta H^{\ominus}$/(kJ/mol)	662.4	658.6	664.0	686	697.1	658.6

稳定性　　　　大环、中环、普通环　＞　四元环　＞　三元环

练习题 5.2　指出下列化合物中处于共平面的碳原子。

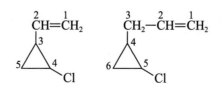

第三节 构 象

一、环丙烷、环丁烷和环戊烷的构象

前面已提及环丙烷的碳原子只能处于同一平面上［图 5-2(b)］，C—H 键都处于重叠式构象。环丁烷的结构经物理方法测定表明，它的四个碳原子不在同一平面上，而为折叠式排列，可形象化地称其为蝶式构象。C_1、C_2、C_3 所在的平面与 C_1、C_4、C_3 所在的平面之间的夹角约为 25°，如图 5-4 所示。

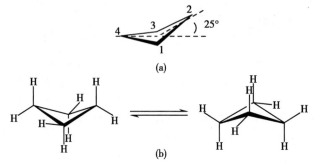

(a)折叠的角度;(b)立体结构式。

图 5-4 环丁烷的蝶式构象

环丁烷的环折叠后，角张力有所增加，但扭转张力减小，由于两种张力的协调，使分子具有最低的能量。

环丁烷的两种蝶式构象可相互翻转（图 5-5），势能的最高点是平面式构象。在室温下几种构象间极易转换，在平衡混合物中，平面构象亦能有一定的份额。

环戊烷若采取平面五角形结构，碳碳键的夹角将为 108°，接近正常四面体的键角 109.5°，没有显著的角张力。但是如图 5-6(a) 所示，这样的结构中所有的氢原子处于全重叠式构象，分子有约 42kJ/mol 的扭转张力。事实上，环戊烷通过环内 C—C 单键的旋转，可形成如图 5-6(b) 所示的信封式构象，其中四个碳原子在同一平面上，一个碳原子离开此平面。在这个非平面结构中，虽然环内的角张力略有提高，但离开平面的 CH_2 与相邻的碳原子以接近交叉式构象的方式连接，使 C—H 间的扭转张力降低较大，因此比平面结构的能量低，较为稳定，是环戊烷的优势构象。环戊烷在一系列构象的动态转换中，环上的每个碳原子可依次交替离开平面，从一个信封式构象转换成另一个信封式构象。

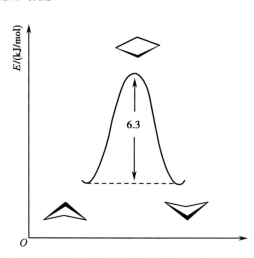

图 5-5 环丁烷的两种蝶式构象的翻转和能量变化

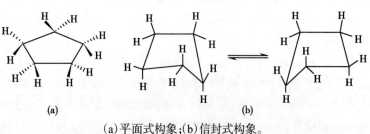

(a)平面式构象;(b)信封式构象。

图 5-6 环戊烷的构象

二、环己烷的构象

(一) 椅式和船式等构象

拜尔提出角张力学说后不久,有人开始用球棒模型将六个碳原子连接成环己烷的两种立体模型(图 5-7),一种称为椅式(chair form),另一种称为船式(boat form)。在这两种模型中 C—C—C 之间的键角都是 109.5°,后来哈塞尔(O. Hassel)用物理方法证明了环己烷的各个键角都接近 109.5°。

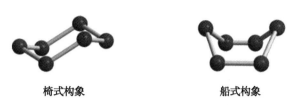

椅式构象　　　　　　　　船式构象

图 5-7　环己烷分子中的六个碳原子连接方式的两种模型

环己烷椅式构象的透视式和纽曼投影式可用图 5-8(a)表示。从该图清楚地看出在椅式构象中任何两个相邻碳原子上的 C—H 键和 C—C 键都处于邻位交叉式构象,它既没有角张力,也没有扭转张力,是无张力环,是环己烷的多种构象中最稳定的构象。

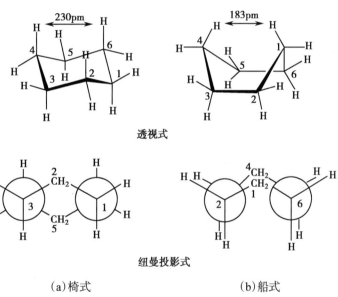

透视式

纽曼投影式

(a) 椅式　　　　　　　　(b) 船式

图 5-8　环己烷的椅式和船式构象

船式构象的透视式和纽曼投影式见图 5-8(b)。在这种构象中,C_2、C_3、C_5 和 C_6 在同一平面上,看作为"船底";C_1、C_4 在这个平面上方,可视为"船头"。它们虽然也没有角张力,但在 C_2—C_3 及 C_5—C_6 之间的碳氢键则处于重叠式构象位置,引起扭转张力;此外,两个船头碳(C_1 和 C_4)上有伸向环内侧的两个氢原子,称其为旗杆氢(flagpole hydrogen),它们间的距离只有 183pm,已远小于两个氢原子半径之和(250pm),因而存在空间拥挤引起的斥力,亦称跨环张力。由于存在这两种张力,船式构象不如椅式构象稳定,其能量约比椅式构象高 28.9kJ/mol。

若转动船式构象中船底的碳原子,使 C_3 和 C_6 翻转下去、C_2 和 C_5 翻转上来,结果 C_1 和 C_4 上旗杆氢间的距离拉大,C_2 和 C_3 及 C_5 和 C_6 的氢有所靠近,当与旗杆氢间的距离一样时停止转动,此时分子的构象称为扭船式构象(twist-boat or skew-boat conformation)[图 5-9(a)]。在这种构象中,每对碳原子的构象不再是重叠式构象,亦不是完全的交叉式构象,其扭转角为 30°。旗杆氢之间的距离比船式大[图 5-9(b)],船式中的四对重叠 C—H 键所起的扭转张力得到缓解,因此扭船式构象比船式构

象的内能稍低（低 5.4kJ/mol），稍稳定。

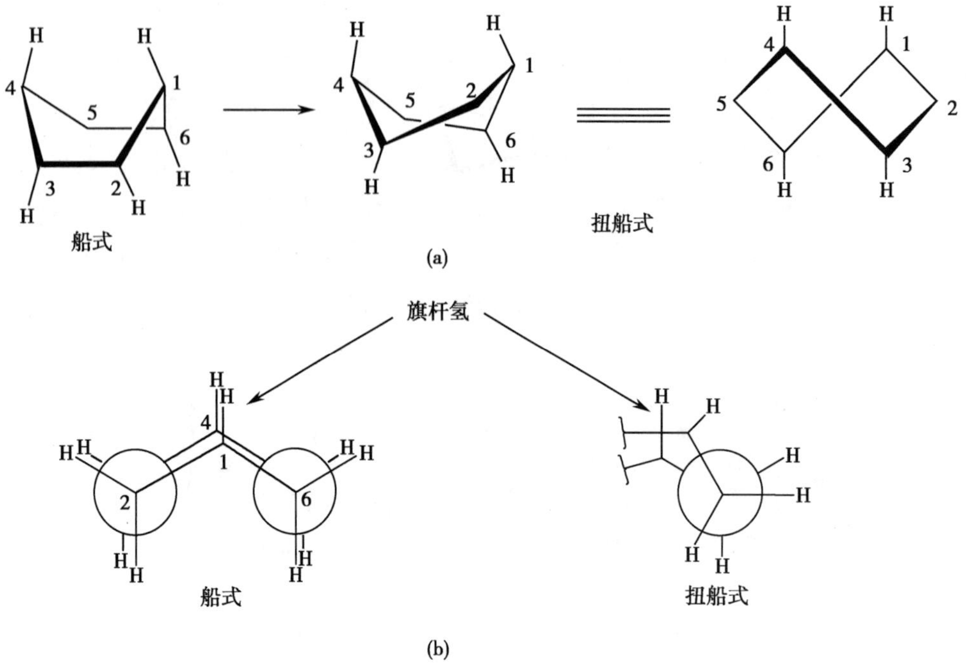

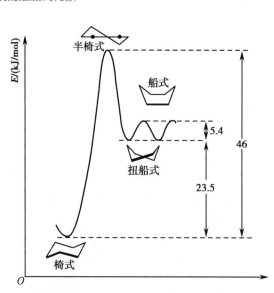

（a）从船式转换成扭船式；（b）船式和扭船式中的旗杆氢。

图 5-9　环己烷的扭船式构象

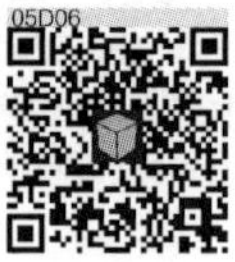

5-D-6
环己烷扭
船式构象
（模型）

　　环己烷的椅式和船式构象间在室温下能快速地不断转换，在转换中要经半椅式（half chair form）和扭船式构象。转换过程中势能的变化见图 5-10。从该图进一步看出，在这几种构象中，椅式构象最稳定，半椅式构象的势能最高，比椅式高 46kJ/mol。半椅式势能高是由于它不但有较高的扭转张力，还有角张力。由于椅式构象最稳定，因此在室温下环己烷分子绝大部分以椅式构象存在，约占 99.9%。

　　图 5-10 显示环己烷各构象之间的势能关系，椅式和扭船式之间的转换需经过一个半椅式的高能量中间状态，此能垒是环己烷各种构象转换中最大的能垒。环己烷椅式构象的环翻转需越过这个能垒，因此约需 46kJ/mol 的能量。这个能垒虽

图 5-10　环己烷构象之间的势能关系

比开链烷烃构象转换的能垒高，但仍不足以阻止室温下环翻转的进行。

　　（二）椅式构象中的直立键和平伏键
　　进一步观察可以发现，在椅式构象中存在两种不同类型的 C—H 键，分别称为直立键或竖键（a 键，axial bond）和平伏键或横键（e 键，equatorial bond）。直立键垂直于环平面，平伏键分布于环平面的四周（图 5-11）。
　　（三）椅式构象的环翻转
　　环己烷通过环上碳碳单键的扭动，可从一种椅式构象转变为另一种椅式构象，称为椅式构象的环翻转（ring inversion）。经过环翻转后，环上原来的直立键全部变成平伏键，而原来的平伏键全部

变成直立键；处于高位的碳原子 C_1、C_3 和 C_5 变成低位，而处于低位的碳原子 C_2、C_4 和 C_6 变成高位（图 5-12）。

5-D-7
环己烷椅式构象中的 ae 键（动画）

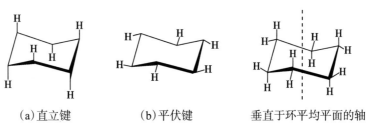

(a)直立键   (b)平伏键   垂直于环平均平面的轴

图 5-11   环己烷椅式构象中的直立键和平伏键

5-D-8
环己烷椅式构象的环翻转（动画）

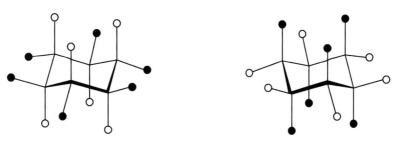

图 5-12   环己烷椅式构象中的环翻转

练习题 5.3 写出 ◯ 环翻转后的椅式构象。

第四节 物 理 性 质

在脂环烃中，小环为气体，普通环为液体，中环及大环为固体。脂环烃环上的 C—C 单键旋转受到一定的限制，因此脂环烃分子具有一定的对称性和刚性，沸点、熔点和相对密度都比相应的开链烷烃高（表 5-1）。此外，脂环烃与开链烷烃一样，都不溶于水。

表 5-1   一些脂环烃的物理性质

名称	分子式	熔点 /℃	沸点 /℃	相对密度(d_4^{20})
环丙烷	C_3H_6	−127	−32	0.720（−79℃）
环丁烷	C_4H_8	−80	11	0.703（0℃）
环戊烷	C_5H_{10}	−94	49.5	0.745
环己烷	C_6H_{12}	6.5	80.7	0.779
环庚烷	C_7H_{14}	−12	117	0.810
环辛烷	C_8H_{16}	11.5	148	0.836

第五节　化　学　性　质

一般环烷烃的化学性质与烷烃相似,如在室温下与氧化剂(如高锰酸钾)不发生反应,而在光照或在较高的温度下可与卤素发生自由基取代反应。

$$\text{（环己烷、环丙烷）} \xrightarrow[\text{水溶液}]{\text{KMnO}_4} \text{不反应}$$

$$\text{（环己烷）} + \text{Cl}_2 \xrightarrow{hv} \text{（氯代环己烷）} + \text{HCl}$$

$$\text{（环戊烷）} + \text{Br}_2 \xrightarrow{300℃} \text{（溴代环戊烷）} + \text{HBr}$$

环烯烃与烯烃一样,也能发生加成和氧化等反应。例如:

$$\text{（环戊烯）} \xrightarrow{\text{H}_2/\text{Pt}} \text{（环戊烷）}$$

$$\text{（环己烯）} \xrightarrow{\text{KMnO}_4} \text{HOOC(CH}_2)_4\text{COOH}$$

但含三元环和四元环的环烷烃由于碳环结构存在较强的张力,而易发生开环反应,形成相应的链状化合物;而在相同的条件下,环戊烷和环己烷等不发生开环反应。

1. 加氢　环丙烷和环丁烷都可以用镍作催化剂,常压下加氢生成丙烷和丁烷。

$$\text{（环丙烷）} + \text{H}_2 \xrightarrow[80℃,\ 常压]{\text{Ni}} \text{CH}_3\text{CH}_2\text{CH}_3$$

$$\text{（环丁烷）} + \text{H}_2 \xrightarrow[120℃,\ 常压]{\text{Ni}} \text{CH}_3\text{CH}_2\text{CH}_2\text{CH}_3$$

2. 与卤素反应　环丙烷在室温下与氯反应,开环生成1,3-二氯丙烷。

$$\text{（环丙烷）} + \text{Cl}_2 \xrightarrow{\text{FeCl}_3} \underset{\underset{\text{Cl}}{|}}{\text{CH}_2}-\text{CH}_2-\underset{\underset{\text{Cl}}{|}}{\text{CH}_2}$$

3. 与卤化氢反应　环丙烷与卤化氢反应,开环生成1-卤丙烷。例如与溴化氢的反应:

$$\text{（环丙烷）} + \text{HBr} \longrightarrow \underset{\underset{\text{H}}{|}}{\text{CH}_2}-\text{CH}_2-\underset{\underset{\text{Br}}{|}}{\text{CH}_2}$$

当烷基取代的环丙烷与溴化氢反应时,氢与含氢较多的碳原子结合,而溴则加到含氢较少的碳原子上,即反应按照马氏规则进行。

$$\text{CH}_3-\text{（环丙烷）} + \text{HBr} \longrightarrow \text{CH}_3-\underset{\underset{\text{Br}}{|}}{\text{CH}}-\text{CH}_2-\underset{\underset{\text{H}}{|}}{\text{CH}_2}$$

从上述反应可以看出,小环化合物比普通环不稳定,易发生开环反应,这与它们的稳定性顺序是相符的。

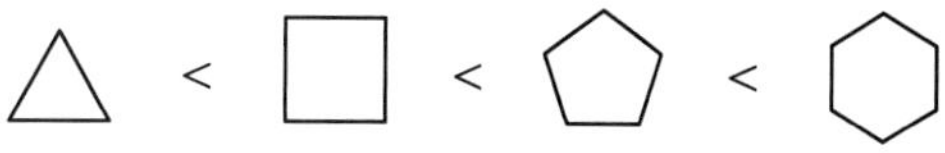

$$\triangle \quad < \quad \square \quad < \quad \pentagon \quad < \quad \hexagon$$

练习题 5.4 写出下列反应的主要产物。

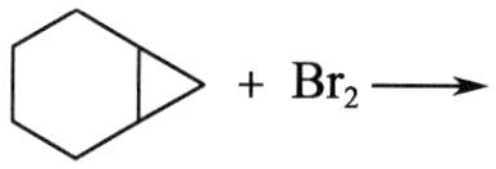

$$\text{（二环结构）} + Br_2 \longrightarrow$$

练习题 5.5 写出 1,1-二甲基环丙烷与溴化氢反应的主要产物。

第六节 脂环烃的制备

一些脂环烃如环己烷、甲基环己烷和甲基环戊烷等存在于石油中,可从石油产品中获得。工业上也采用还原芳香化合物的方法得到脂环烃及其衍生物。例如将苯酚还原可得环己醇:

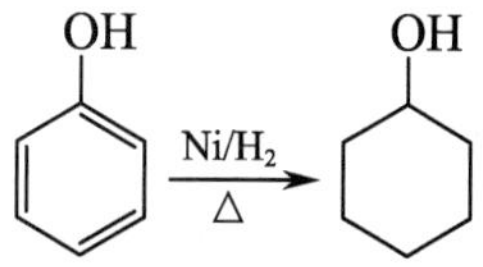

$$\text{（苯酚）} \xrightarrow[\triangle]{Ni/H_2} \text{（环己醇）}$$

环丙烷的制备可以 1,3-二卤丙烷为原料,用锌粉脱卤制得。

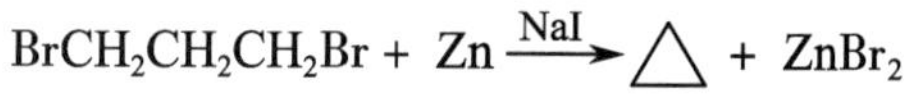

$$BrCH_2CH_2CH_2Br + Zn \xrightarrow{NaI} \triangle + ZnBr_2$$

六元环及其桥环化合物可采用狄尔斯 – 阿尔德反应制得。例如:

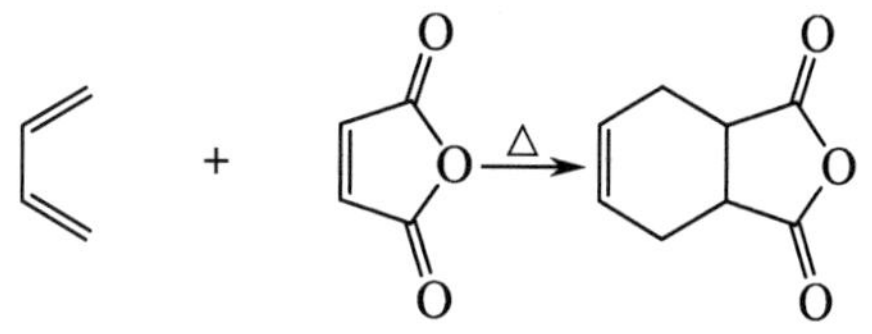

$$\text{（1,3-丁二烯）} + \text{（顺丁烯二酸酐）} \xrightarrow{\triangle} \text{（产物）}$$

习   题

1. 写出下列烷烃、环烷烃或烷基的构造式。

(1) 乙烯基环己烷

(2) 1-叔丁基-4-甲基环己烷

(3) 环戊基甲基

(4) 二环[3.3.0]辛烷

2. 用系统命名法命名下列化合物。

(1)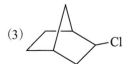

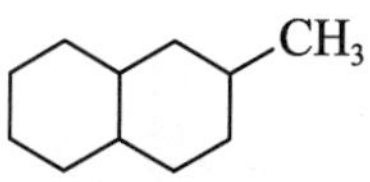

(2)

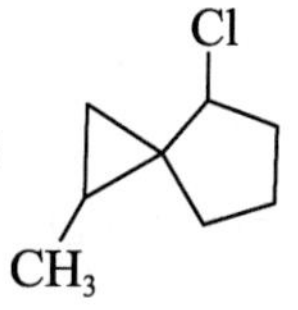

(3)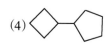

(4)

3. 推测下列化合物中哪个具有较高的沸点。

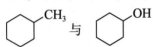 与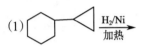

4. 下列环烷烃中哪个具有最大的环张力? 哪个没有环张力?

(1) 环丙烷 　　　(2) 环丁烷 　　　(3) 环戊烷 　　　(4) 环己烷 　　　(5) 环庚烷

5. 写出下列反应的主要产物。

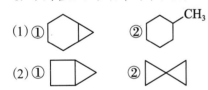

6. 写出环己烷的椅式构象(包括所有 C—H 键),并将 CH_3 和 Cl 分别写入 1,4 位的 e 键和 a 键上。

7. 在下面的结构中,哪种表述是正确的?

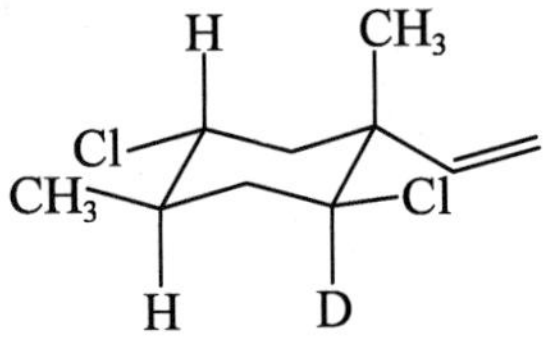

(A) Cl 都处于平伏键 　　　　　　(B) 甲基都处于直立键

(C) 环中的 6 个原子共平面 　　　(D) 有 8 个 sp^2 杂化的碳

8. 下列各组化合物中哪个燃烧热大?

(1) ① 　　②

(2) ① 　　②

9. 化合物 A(C_6H_{12}),在室温下不能使高锰酸钾水溶液褪色,与氢碘酸反应得 B($C_6H_{13}I$)。A 氢化后只得 3-甲基戊烷。推测 A 和 B 的结构。

10. 按稳定性大小的顺序排列下列自由基。

a. 　　　　　　b. 　　　　　　c.

11. 写出下列反应的反应机理。

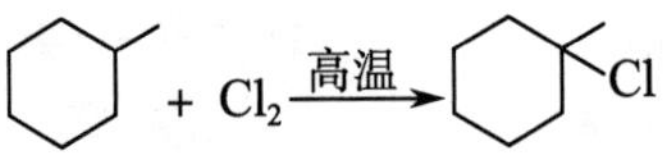

+ Cl_2 高温→

第六章
教学课件

6-SZ-1
药物分子的
手性——反
应停事件
（案例）

第六章

立体化学基础

有机化合物结构复杂、种类繁多、数目庞大，一个重要原因是有机化合物普遍存在异构体（isomer）。异构体是指具有相同的分子式而具有不同结构的化合物，这种产生异构体的现象称为同分异构（isomerism）现象。有机化合物中的同分异构现象可归纳如下：

$$
\text{同分异构}\begin{cases}\text{构造异构}\begin{cases}\text{碳架异构}\\\text{位置异构}\\\text{官能团异构}\end{cases}\\\text{立体异构}\begin{cases}\text{对映异构}\\\text{非对映异构}\end{cases}\end{cases}
$$

构造异构（constitutional isomerism）指分子中原子的连接次序或键合性质不同而产生的同分异构现象，通常可分为以下几种。

1. 碳架异构

$$CH_3CH_2CH_2CH_3 \qquad CH_3\underset{\overset{|}{CH_3}}{CH}CH_3$$

正丁烷 　　　　　　异丁烷

2. 位置异构

$$CH_3CH_2CH_2CH_2OH \qquad CH_3\underset{\overset{|}{OH}}{CH}CH_2CH_3$$

正丁醇 　　　　　　仲丁醇

$$CH_2{=}CHCH_2CH_3 \qquad CH_3CH{=}CHCH_3$$

丁-1-烯 　　　　　　丁-2-烯

3. 官能团异构

$$CH_3CH_2OH \qquad CH_3OCH_3 \qquad \underset{\text{酮式}}{H_3C-\overset{\overset{\textstyle O}{\|}}{C}-CH_3} \;\underset{\text{互变异构}}{\rightleftharpoons}\; \underset{\text{烯醇式}}{H_2C{=}\overset{\overset{\textstyle OH}{|}}{C}-CH_3}$$

乙醇 　　　　　　甲醚

互变异构（tautomerism）可看作是一种特殊的官能团异构，如酮式和烯醇式互变异构。

立体异构（stereoisomerism）是指分子的构造相同（分子中原子的连接次序相同），但立体结构（即分子中的原子或基团在三维空间的立体取向）不同而产生的异构现象。立体化学（stereochemistry）是研究分子的三维立体结构及其反应性规律的科学。立体异构包括对映异构（enantiomerism）和非对映异构（diastereomerism）。本章重点介绍对映异构现象和对映异构体（enantiomer），以及非对映异构现象和非对映异构体（diastereomer）。需要指出的是，构象异构（conformational isomerism）是指分子围绕一个或一个以上的 σ 单键旋转而产生无数种三维立体形象。构象异构体（conformational isomer）之间在一般条件下均可以迅速转化，而立体异构体（stereoisomer）之间在一般条件下则无法通过单键

的旋转相互转化,因此目前一般不将构象异构包含在立体异构范畴内。

第一节　概　　述

一、旋光性和比旋光度

光是一种电磁波,其振动方向与传播方向垂直。一束普通光或单色光在与其传播方向垂直的所有平面上振动。当一束普通光或单色光通过一个起偏振器(如尼科耳棱镜)时,只有与起偏振器晶轴平行振动的光才能通过,因此通过起偏振器之后的光只在一个平面内振动。这种只在一个平面内振动的光称为偏振光(polarized light)。偏振光的传播方向和其振动方向所构成的平面称为振动面,见图 6-1。

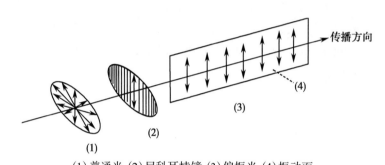

(1) 普通光;(2) 尼科耳棱镜;(3) 偏振光;(4) 振动面。

图 6-1　普通光与偏振光

当偏振光通过一些物质如水、乙醇等时,这些物质对振动面不产生任何可观测的影响;而有些物质,如葡萄糖、酒石酸等则能使偏振光的振动面旋转一定的角度。这种能使偏振光的振动面发生旋转的性质称为旋光性(optical activity),具有这种性质的物质称为旋光物质(optically active substance)。

旋光物质使偏振光的振动面旋转的角度称为旋光度(optical rotation),用 α 表示。不同的旋光物质使偏振光振动面旋转的大小和方向不同。从面对偏振光的传播方向观察,有的物质能使振动面向顺时针方向旋转,称为右旋体(dextrorotatory),用符号"+"或"d"表示;有的物质能使振动面向逆时针方向旋转,称为左旋体(levorotatory),用符号"–"或"l"表示。

旋光度的大小可以用旋光仪(polarimeter)测定,其工作原理见图 6-2。

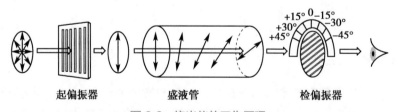

起偏振器　　　　盛液管　　　　检偏振器

图 6-2　旋光仪的工作原理

从单色光源发出的一定波长的光通过一个固定的起偏振器后变成偏振光,通过盛有旋光性样品的盛液管后,偏振光的振动面旋转一定的角度 α,只有将另一个可转动的尼科耳棱镜或偏振片(检偏振器)旋转相应的角度后,偏振光才能完全通过,由装在检偏振器上的刻度盘即可读出 α 值,这就是所测样品的旋光度。

就某一旋光物质而言,实验测得的旋光度不是固定的,因为旋光度的大小和方向除与分子的结构

有关外,还与测定时的温度、波长、盛液管的长度、样品浓度和所用溶剂种类等因素有关。因此,常用比旋光度(specific rotation)$[\alpha]$来衡量化合物的旋光能力。比旋光度是指在一定的温度和波长下,将浓度为 1g/ml 的被测物质溶液置于 1dm 长的盛液管时测得的旋光度。因此,比旋光度与旋光度的关系为:

$$[\alpha]_\lambda^t = \frac{\alpha}{L \cdot C}$$

式中,α 为实测旋光度;L 为盛液管的长度(dm),C 为溶液浓度(g/ml)。如果样品为一纯液体,则以其密度 d 来代替浓度 C。λ 为旋光仪所使用光源的波长,通常是钠光(亦称 D 线,波长为 589nm),t 为温度(℃)。同时,如果使用了溶剂,应在最右边的括号中注明溶剂种类。

比旋光度和熔点、沸点等一样,是化合物的一种物理性质。在一定条件下,比旋光度为一常数。
例如:

葡萄糖的 $[\alpha]_D^{20} = +52.5°$(水)

氯霉素的 $[\alpha]_D^{25} = +17.0° \sim 20.0°$(无水乙醇) $[\alpha]_D^{25} = -25.5°$(乙酸乙酯)

从氯霉素的比旋光度数据可以看出,溶剂的种类对比旋光度的大小和方向均可能产生影响。

测定旋光度,可用来鉴定旋光物质或测定旋光物质的浓度。在制糖工业中常用测定旋光度的方法来控制糖液的浓度,例如已知在一定条件下葡萄糖水溶液的比旋光度为 +52.5°,在该条件下测得某葡萄糖水溶液的旋光度为 +3.4°,若盛液管的长度为 1dm,则可计算出该葡萄糖水溶液的浓度为:

$$C = \frac{\alpha}{[\alpha] \cdot L} = \frac{3.4}{52.5 \times 1} = 0.064\ 8\text{g/ml}$$

练习题 6.1   将 1g 某旋光物质溶于 10ml 氯仿,并置于 0.5dm 长的盛液管中,测得其旋光度为 −3.9°,计算此物质的比旋光度。

练习题 6.2   比旋光度为 +40° 的某物质,在 1dm 的盛液管中测得的旋光度为 +10°,试计算此物质溶液的浓度。

因测定旋光度时的浓度是以每毫升溶液中所含化合物的质量为单位,而分子量不同的物质在质量相等时所含的分子数不同,所以当分子量不同的两种物质具有相同的比旋光度时,其分子的旋光能力其实是不同的。为了明确表示某物质的旋光特性,有时会采用摩尔比旋光度 $[\varphi]$,它与比旋光度的关系如下:

$$[\varphi] = \frac{[\alpha] \times 分子量}{100}$$

二、对映异构和手性

实物在镜子中的投影称为镜像(mirror image),实物和镜像具有对映的关系。有的实物与其镜像能够完全重合,如一个圆球与其镜像;有的实物与其镜像却不能完全重合,例如我们的左、右手具有实物与镜像的对映关系,它们彼此不能完全重合,即在三维空间中,左、右手是不同的实物(图 6-3)。

有机化合物与实物一样,有的有机分子与其镜像能完全重合,而有的则不能。例如图 6-4 中的两个乙醇分子模型,它们互为实物和镜像关系,也就是说,它们具有对映关系。但是当我们将两个分子中连有羟基的碳原子相互重叠,然后再将连在碳原子上的任何两对基团(图中为羟基和甲基)重叠时,剩下的 2 对基团(图中为氢原子)也能重合,所以这两个分子模型代表同一化合物。

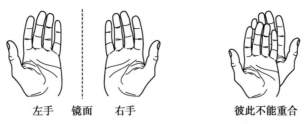

图 6-3 左、右手的对映关系及重叠情况

而对于图 6-5 中互为实物和镜像的两个丁-2-醇分子而言,当将两者连有羟基的碳原子(C_2)与连在此碳原子上的乙基和羟基分别重叠时,剩下的基团并不能重合(这里是甲基与氢原子相遇),因此属于两种不同的化合物。像这种互为镜像关系而又不能完全重合的一对异构体,彼此互称为对映异构体(enantiomer)。与我们的左、右手一样,一对对映异构体具有互为镜像关系而又不能完全重合的性质,称为手性(chirality)。具有手性的分子称为手性分子(chiral molecule)。相反,如果分子与其镜像能够完全重合,则它们代表的是同一种化合物,该化合物不具有手性,这样的分子称为非手性分子(achiral molecule)。手性分子通常都具有旋光性。

图 6-4 乙醇模型的重叠操作   图 6-5 丁-2-醇模型的重叠操作

从结构上看,手性分子大都具有一个共同的结构特征,即分子中都存在一个连有四个互不相同的原子或基团的碳原子中心,这种碳原子称为不对称碳原子(asymmetric carbon atom)或手性碳原子(chiral carbon atom),常用 C* 表示。手性碳原子是一种常见的手性中心(chiral center)。除碳原子外,氮、磷、硫等其他原子也可能成为手性中心。例如下式中标有"*"者均为手性中心。

需要注意的是,手性原子是引起化合物产生手性的最普遍(但不是唯一)的因素,但既不能认为含有手性原子的分子一定是手性分子,也不能认为手性分子一定含有手性原子。手性的必要和充分条件是分子与其镜像不能重合。有些分子虽然不含手性原子,但分子整体仍具有手性,相关内容将在下一节中进行讨论。

练习题 6.3 下列化合物哪些是手性的? 用"*"标示出手性碳原子。

(1) CH_3Cl (2) $CHCl_3$ (3) $CH_3—CH—CH_2CH_3$
                                                            |
                                                           Cl

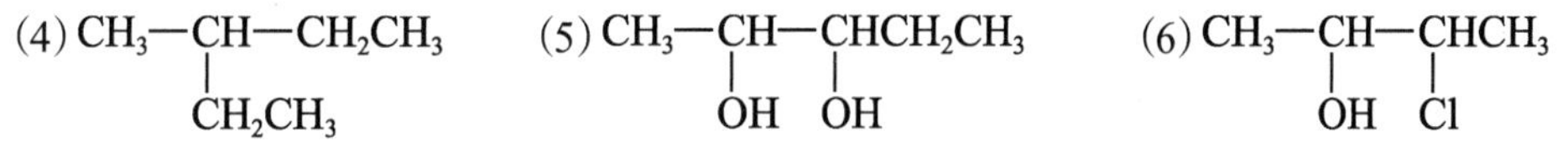

(4) CH3—CH—CH2CH3
CH2CH3
(5) CH3—CH—CHCH2CH3
OH OH
(6) CH3—CH—CHCH3
OH Cl

三、分子的对称性和手性

根据分子与镜像能否完全重合可以准确地判断分子是否具有手性，但是这一方法在判断复杂分子的手性时可能会遇到困难。一般来说，分子与其镜像能否重合与分子本身是否具有某种对称因素有关，因此我们常可通过判断分子的对称因素来准确快速地判断分子是否具有手性。

判断一个分子的对称性，可以将分子进行某种对称操作，看操作结果是否与原来的立体形象完全重合。如果通过某种操作后和原来的立体形象完全重合，就说明该分子具有某种对称因素（symmetry element）。

1. 对称面　假设存在一个“平面”，能将分子一分为二，两部分具有实物与镜像的关系，则该假想平面就是分子的对称面（plane of symmetry），通常用“σ”表示。如顺-1，2-二氯乙烯具有两个对称面，一个是分子的六个原子所在的平面，另一个是通过双键中心并垂直于分子平面的平面，见（1）。顺-1，2-二甲基环丙烷有一个通过甲叉基并垂直于环平面的对称面，见（2）。

σ
H
H
σ
C
C
Cl
Cl
H3C
CH3
σ
H
H

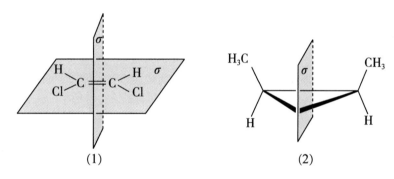

(1)　　　　(2)

2. 对称中心　若有一假想点“i”，分子中的任何一个原子或基团向“i”连线，在其延长线距离相等处都能遇到相同的原子或基团，则“i”点为该分子的对称中心（center of symmetry）。如在下列分子中均有一个对称中心。

Cl
CH3
i
H
H
H
H
H3C
Cl
CH3
H
H
H
H
i
CH3
H3C
H
H
H
H
CH3
HO
H
COOH
i
HOOC
C
C
H
OH

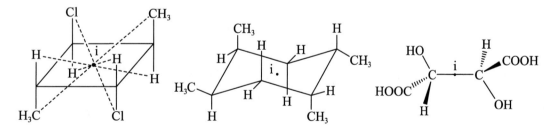

凡具有对称面或对称中心这两类对称因素的分子，一定是非手性分子，无对映异构体，无旋光性。

练习题 6.4　判断下列分子是否具有对称中心或对称面。

(1) 二氯甲烷　　(2) 环己烷的船式构象

(3) 乙烷的交叉式构象　　(4) 丁烷的对位交叉式构象

(5) 乙烷的重叠式构象

第二节 对映异构和非对映异构

一、含一个手性碳原子的化合物

含有一个手性碳原子的化合物其分子和镜像分子不能重合,它们代表两种不同的化合物,彼此互为对映异构体。例如乳酸,即 2-羟基丙酸含有一个连接 CH_3、OH、COOH 和 H 的四个不同原子或基团的手性碳原子,这些原子或基团在三维空间中可以按照两种不同的方式围绕该手性碳原子进行排列,我们称之为构型(configuration)(图 6-6)。

由图 6-6 可以看出,两种乳酸的立体结构之间存在实物和镜像的对映关系且不能完全重合,因此互为对映异构体。和乳酸一样,所有含有一个手性碳原子的化合物都具有一对对映异构体。

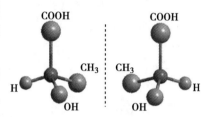

图 6-6 两种乳酸分子的构型

6-D-1
手性分子
——乳酸
(动画)

(一)对映异构体的理化性质

对映异构体之间的很多理化性质都相同,如熔点、沸点、折光率、相对密度、在非手性溶剂中的溶解度等,与非手性试剂反应时也具有相同的反应性。但是,在同样的条件下,一对对映异构体的旋光能力相同,而方向相反(表 6-1)。例如利用微生物将葡萄糖或乳糖发酵分解产生乳酸时,使用不同的菌种,可得到两种不同的乳酸。以水为溶剂,其中一种乳酸使偏振光的振动面向顺时针方向旋转 3.82°,称为右旋乳酸,可以表示为(+)-乳酸;另一种乳酸使偏振光的振动面向逆时针方向旋转 3.82°,称为左旋乳酸,可以表示为(−)-乳酸。此外,一对对映异构体与手性试剂反应时,通常也会表现出不同的反应性。由于人体中存在多种手性环境,因此对映异构体的生理活性也往往存在很大的差异。

表 6-1 乳酸的理化性质

乳酸	$[\alpha]_D^{20}(H_2O)$	mp/℃	pK_a
(+)-乳酸	+3.82°	53	3.79
(−)-乳酸	−3.82°	53	3.79
(±)-乳酸	0	18	3.79

(二)外消旋体

用常规化学方法合成乳酸时,得到的产物为等量的左旋体和右旋体组成的混合物,这种由等量的一对对映异构体所组成的混合物称为外消旋体(racemate)或外消旋混合物(racemic mixture),常用符号(±)或 *dl* 表示。由于 2 种组分的旋光能力相同,但旋光方向相反,因此外消旋体不显旋光性。作为混合物,外消旋体的物理性质通常和单一对映异构体(纯的左旋体或右旋体)有所差异(表 6-1)。

(三)对映体过量百分比和旋光纯度

当一对对映异构体以不等量混合时,即其中一种异构体的含量比另一种异构体高,该混合物的组成可以用对映体过量百分比(enantiomeric excess, *ee*)来表示。即在由一对对映异构体组成的混合物中,其中一种异构体比另一种异构体过量的百分比。对映体过量百分比可用下式计算:

$$ee = \frac{[R]-[S]}{[R]+[S]} \times 100\%$$

式中,[R]表示主要对映异构体的量;[S]表示次要对映异构体的量。

一般情况下,旋光物质的组成与旋光度呈线性关系,因此对映体过量百分比也可用旋光纯度百分率(optical purity,op)来表示。

$$op = \frac{[\alpha]_{观察}}{[\alpha]_{纯}} \times 100\%$$

式中,$[\alpha]_{观察}$为测得的混合物的旋光度;$[\alpha]_{纯}$为相同条件下测得的纯的单一对映异构体的旋光度。

对于化学纯的化合物,*ee* 和 op 通常具有相同值。

由一对对映异构体以不等量组成的混合物仍具有一定的旋光性,不过这种混合物的旋光能力比纯的对映异构体要弱。通过测定这种混合物的旋光度,可以计算出其组成。

练习题 6.5   已知丁-2-醇的比旋光度为 13.5°,试计算 6g(+)-丁-2-醇与 4g(−)-丁-2-醇组成的混合物的 *ee* 值。

练习题 6.6   天然药用肾上腺素的比旋光度为 −50°,其对映异构体具有很强的毒性。现有含有 1g 肾上腺素的 20ml 溶液,用 1dm 的盛液管测得其旋光度为 −2.5°。试计算该样品的旋光纯度。

(四) 对映异构体的表示方法

透视式是在二维平面上表达立体异构体三维结构的好方法,但有时不易描绘。费歇尔投影式(Fischer projection)是一种在纸平面上简单快速描绘不对称碳原子的方法(图 6-7),该法是以手性碳原子为中心,将与手性碳原子相连的四个原子或基团中的两个 U、V 置于水平方向并朝向观察者,另两个 S、T 置于垂直方向并远离观察者,然后将其向纸面投影。这样,朝向观察者的两个原子或基团处于水平方向,而远离观察者的两个原子或基团处于垂直方向,手性碳原子则处于两条垂直交叉线的交点,省略不写出。对于含有多个手性碳原子的分子,可绕单键旋转,使分子处于重叠式构象,然后按照上述方法进行投影。

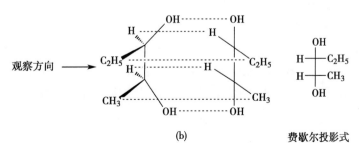

(a)含有一个手性碳原子的分子的费歇尔投影操作;(b)含有两个手性碳原子的分子的费歇尔投影操作。

图 6-7   费歇尔投影式

由于可以将与手性碳原子相连的任意两个原子或基团置于水平或垂直方向,因此同一分子能够绘制出多个不同的费歇尔投影式,它们代表的都是同一化合物,都具有相同的构型。

由于费歇尔投影式对处于水平和垂直方向的原子或基团的朝向都有严格的规定,因此,在对不同的费歇尔投影进行转换时,必须遵循一定的规则,否则其构型就可能会发生变化。对于仅含有一个手性原子的化合物的费歇尔投影式进行转换时需遵循的基本规则如下。

1. 投影式中手性碳原子上的任意两个原子或基团的位置经偶数次互换,其构型保持不变;若进行奇数次互换,则构型发生变化。例如下面的费歇尔投影式(a)和(c)代表的是同一种化合物,而(a)或(c)与(b)则具有不同的构型,互为对映异构体。

$$H \overset{CH_3}{\underset{C_2H_5}{|}} Br \xrightarrow{\text{基团互换}} H \overset{CH_3}{\underset{Br}{|}} C_2H_5 \xrightarrow{\text{基团互换}} Br \overset{CH_3}{\underset{H}{|}} C_2H_5$$

$$(a) \qquad\qquad (b) \qquad\qquad (c)$$

2. 如投影式不离开纸平面旋转 180° 或其整数倍,则构型不变;若旋转 90° 或其奇数倍,则转变为其对映异构体。例如:

$$H \overset{CH_3}{\underset{C_2H_5}{|}} Br$$

旋转180° → $Br \overset{C_2H_5}{\underset{CH_3}{|}} H$ 同一化合物

旋转90° → $C_2H_5 \overset{H}{\underset{Br}{|}} CH_3$ 对映异构体

3. 若固定投影式的一个基团不动,其余三个基团按顺时针或逆时针方向旋转至相应的位置,则构型保持不变。例如:

$$H \overset{CH_3}{\underset{C_2H_5}{|}} Br$$

固定甲基 → $C_2H_5 \overset{CH_3}{\underset{Br}{|}} H$ 或 $Br \overset{CH_3}{\underset{H}{|}} C_2H_5$ 同一化合物

固定乙基 → $Br \overset{H}{\underset{C_2H_5}{|}} CH_3$ 或 $CH_3 \overset{Br}{\underset{C_2H_5}{|}} H$ 同一化合物

我们此前已经学习过表示有机化合物结构的其他方法,如纽曼投影式、透视式和锯架式等,它们与费歇尔投影式之间的转换可采用下面的方法进行。

6-D-2
立体结构表达式的转化
(动画)

练习题 6.7 指出下列化合物之间的相互关系(是同一化合物,还是对映异构体)。

(1) $H \overset{OH}{\underset{COOH}{|}} CH_3$

(2) (OH, CH_3, COOH 的手性结构)

(3) $H \overset{CH_3}{\underset{COOH}{|}} OH$

(4) $HO \overset{H}{\underset{COOH}{|}} CH_3$

(1)   (2)   (3)   (4)

（五）对映异构体构型的标示

1. D、L 构型标示法　在 X 射线衍射法问世以前,费歇尔选择以甘油醛作为标准,将主链垂直放置,氧化态高的碳原子(C_1)置于上方,氧化态低的碳原子(C_3)置于下方,写出甘油醛的费歇尔投影式,并人为规定与最高位次手性碳原子(这里是 C_2)相连的取代基(这里是羟基)处于碳链右侧者为 D-构型甘油醛,处于左侧者为 L-构型甘油醛。

$$\begin{array}{c} ^1CHO \\ H-\underset{2}{|}-OH \\ ^3CH_2OH \end{array} \qquad \begin{array}{c} CHO \\ HO-|-H \\ CH_2OH \end{array}$$

　　　　D-(+)-甘油醛　　　　　　　　　L-(−)-甘油醛

然后将其他旋光物质与甘油醛进行直接或间接比较来确定其构型。例如下列化合物都是 D-构型:

$$\begin{array}{c} CHO \\ H-|-OH \\ CH_2OH \end{array} \xrightarrow{\text{氧化}} \begin{array}{c} COOH \\ H-|-OH \\ CH_2OH \end{array} \xleftarrow{HNO_2} \begin{array}{c} COOH \\ H-|-OH \\ CH_2NH_2 \end{array} \xrightarrow[\text{(2)Zn, HCl}]{\text{(1)}NaNO_2, HBr} \begin{array}{c} COOH \\ H-|-OH \\ CH_3 \end{array}$$

　D-(+)-甘油醛　　　D-(−)-甘油酸　　D-(+)-异丝氨酸　　　D-(−)-乳酸

这种与人为规定的标准物相联系而得出的构型称为相对构型(relative configuration),它是在人们无法测出旋光物质的真实构型的情况下作出的人为规定。1951 年 J. M. Bijvoet 用 X 射线衍射法测定了(+)-酒石酸钠铷在三维空间中的真实构型,也就确定了酒石酸的绝对构型(absolute configuration)。巧合的是,利用 X 射线衍射法实际测出的酒石酸钠铷的真实构型与人为规定的构型一致。因此,人为规定的甘油醛的相对构型,以及由此而来的其他旋光物质的 D、L 构型与它们的绝对构型是一致的。

D、L 命名法有明显的局限性,对于含有多个手性碳的化合物而言,用这种方法只能确定其中一个手性碳原子的构型。但由于习惯的原因,此种构型命名法目前在糖类化合物和氨基酸等具有重要生理意义的物质的命名中仍普遍使用。例如在生物体中普遍存在的天然 α-氨基酸主要是 L 型,而从天然产物中得到的单糖多为 D 型。

2. R/S-构型标示法　1970 年,IUPAC 提出以 R/S 体系来命名手性化合物。其原则是:

(1)将连在手性碳上的四个基团(a、b、c、d)按顺序规则(sequence rule)排序。以下五条是顺序规则的基本规则,用以对原子或基团逐条依次考察比较,直至确定出优先次序:①原子序数大的优先于原子序数小的;②原子质量大的优先于原子质量小的;③顺式优先于反式,Z 型优先于 E 型;④RR 或 SS 优先于 RS 或 SR;⑤R 优先于 S。假设在本例中基团的优先次序为 a>b>c>d。

(2)将次序最低的基团 d 远离观察者,然后观察其他三个基团的位置关系。若由 a→b→c 按顺时针方向排列,则规定此手性碳具有 R-构型(R 来自拉丁文 Rectus 的词头,意为"右");若由 a→b→c 按逆时针方向排列,则规定此手性碳为 S-构型(S 来自拉丁文 Sinister 的词头,意为"左")。如图 6-8 所示。

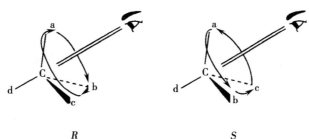

图 6-8　R-及 S-构型

例如在化合物(1)中,根据顺序规则,与手性碳原子相连的基团的优先次序为—Cl>—SO₃H>—CH₃>—H,因此命名为(R)-1-氯乙磺酸。化合物(2)的手性中心带有不同的同位素原子,基团的优先次序为—OH>—CH₃>—²H(即D)>H,因此命名为(R)-(1-²H₁)乙-1-醇。注意,同位素取代的化合物的命名是在化合物名称中被取代的部分之前插入一个括号说明取代情况,括号中取代的位次1-表示在前面,取代的核素²H在后面,取代的原子个数1在原子符号²H的右下角用数字标出。

d
H
c |
CH₃—⟋C⟍—SO₃H
Cl   b
a

(1)
(R)-1-氯乙磺酸

a
OH
b |
CH₃—⟋C⟍—²Hc
H
d

(2)
(R)-(1-²H₁)乙-1-醇

当与手性碳原子相连的两个基团的第一个元素相同时,为了准确地确定基团的优先次序,可将这两个基团中的原子排列成具有层级的导向图,用顺序规则逐步考察比较每个层级,直至得出结论。注意由上一层级进入下一层级比较时,仅考虑上一层级中占优的元素相连的下一层级的基团,而不考虑上一层级中的其他元素相连的下一层级的基团。

例如为判断化合物(3)中标有"*"的手性碳原子的构型,需要给出左、右两侧基团的优先次序,为此画出导向图(图6-9)。因无法立即判断处于第一层级中的两个碳原子的优先次序,因此进入第二层级中进行比较。在第二层级中,左、右两侧均为(C,C,H),因此仍无法判断,需进入第三层级进行比较。在第三层级中,左、右两个基团均具有相同的两个分支(F,C,H)和(C,H,H),至此仍无法判断。但由于按照顺序规则(F,C,H)优于(C,H,H),因此接下来仅考虑与(F,C,H)中的碳原子相连的第四层级原子,而不再考虑与(C,H,H)中的碳原子相连的第四层级原子的情况。第四层级的右侧为(Cl,H,H),优于左侧(F,H,H),因此最终判定右侧基团优于左侧基团,该手性碳原子为S-构型。

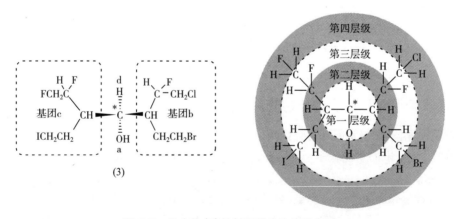

图6-9 化合物(3)的基团优先次序导向图

当采用费歇尔投影式表示分子结构并进行构型标示时,可以按照以下规则进行:若次序最低的原子或基团处于垂直方向上,表明最小基团正好处于远离观察者的位置,因此其他原子或基团的优先次序如果是从a→b→c按顺时针方向排列,则是R-构型;如果是按逆时针方向排列,则是S-构型。例如下面几个2-氯丁烷的费歇尔投影式的构型标示如下:

H   H   C₂H₅   C₂H₅
| | | |
Cl—┼—CH₃   CH₃—┼—Cl   Cl—┼—CH₃   CH₃—┼—Cl
| | | |
C₂H₅   C₂H₅   H   H

S-构型   R-构型   R-构型   S-构型

当次序最低的原子或基团位于水平方向上,其他原子或基团按优先次序,若从 a → b → c 为顺时针方向排列的是 S-构型,逆时针方向排列的是 R-构型。这是因为此时在平面内观察基团大小顺序时,最小基团是离观察者最近,而原规定是最小基团离观察者最远,因此结果相反。例如:

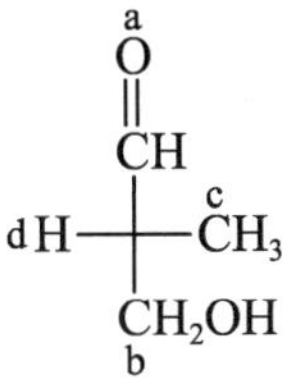

R-构型 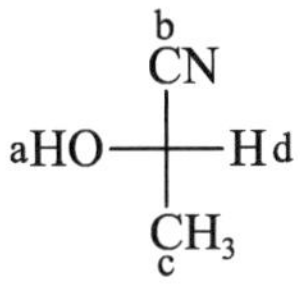 S-构型

练习题 6.8

(1) 指出以下化合物中手性碳的构型

(a) 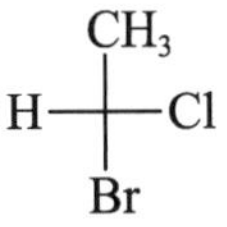 (b) 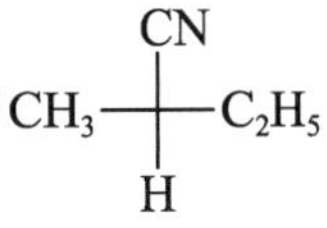 (c)

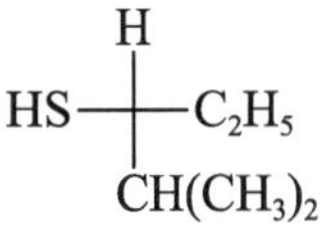

(d) 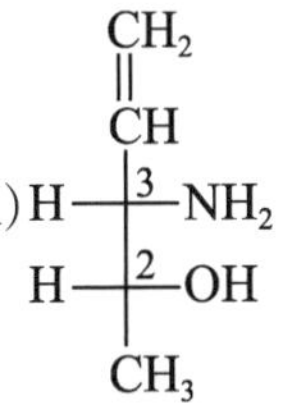 (e) 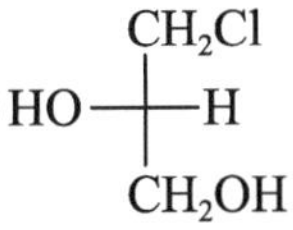 (f)

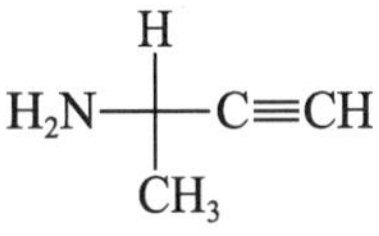

(g) 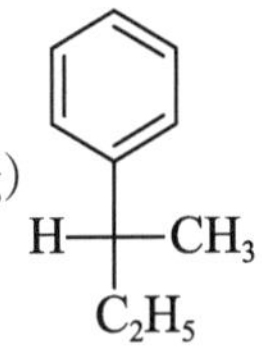 (h)

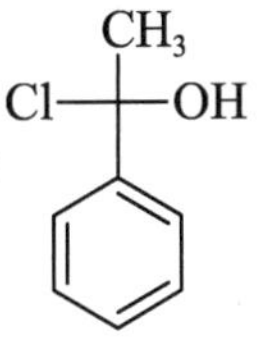

(2) 练习题 6.7 中化合物的手性碳原子,哪些是 R 型? 哪些是 S 型?

二、含多个手性碳原子的化合物

(一) 含两个不同手性碳原子的化合物

一般来说,分子中的手性碳原子数越多,其立体异构体的数目也越多。如分子中含有两个不相同的手性碳原子时,与它们相连的原子或基团可有四种不同的空间排列,因此存在四个立体异构体,彼此构成两对对映异构体。例如 2-氯-3-羟基丁二酸分子中有两个不同的手性碳原子,一个手性碳原子连接—H、—OH、—COOH 和—CHClCOOH 四个不同的基团,而另一个手性碳原子则与—H、—Cl、—COOH 和—CHOHCOOH 四个不同的基团相连,该化合物的四个立体异构体的费歇尔投影式如下:

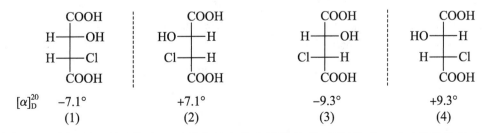

$[\alpha]_D^{20}$ −7.1°   +7.1°   −9.3°   +9.3°

        (1)   (2)   (3)   (4)

其中(1)和(2)、(3)和(4)均为互不重合的实物和镜像关系,分别构成一对对映异构体;(1)和(3)

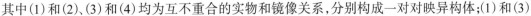

或(4)、(2)和(3)或(4)均是不呈实物和镜像关系的立体异构体,称为非对映异构体(diastereomer)。

2-(甲基氨基)-1-苯基丙-1-醇也有两个不同的手性碳原子,所以也有四个立体异构体。它们的费歇尔投影式和俗名表示如下:

<table>
<tr><td>(−)-麻黄碱
(5)</td><td>(+)-麻黄碱
(6)</td><td>(−)-伪麻黄碱
(7)</td><td>(+)-伪麻黄碱
(8)</td></tr>
</table>

麻黄碱和伪麻黄碱各具有一对对映异构体,即上式中的(5)和(6)、(7)和(8)。麻黄碱与伪麻黄碱之间则为非对映异构体。通常情况下,非对映异构体的旋光性互不相同,其他物理和化学性质也有差异(表6-2)。

表6-2 麻黄碱及伪麻黄碱的物理性质

	mp/℃	$[\alpha]_D^{20}$		溶解性
(−)-麻黄碱	38	−6.3°(乙醇)	−34.9°(盐酸盐)	溶于水、乙醇和乙醚
(+)-麻黄碱	40	+13.4°(4% 水)	+34.4°(盐酸盐)	同上
(±)-麻黄碱	77	0		同上
(−)-伪麻黄碱	118	−52.5°		难溶于水,溶于乙醇和乙醚
(+)-伪麻黄碱	118	+51.24°		同上
(±)-伪麻黄碱	118	0		难溶于水,易溶于乙醇,溶于乙醚

由上可知,随着分子中含有的手性碳原子数目增大,立体异构体也会增多。由于每一手性碳原子的构型只有 R 和 S 两种可能,因此含有 n 个不同手性碳原子的分子具有的立体异构体数目为 2^n 个(其中包括 2^{n-1} 对对映异构体),称为 2^n 规则。

若两个手性碳原子上连有相同的原子或基团,习惯上也常将其与丁醛糖的四个立体异构体进行比较来表示其构型。丁醛糖的四个立体异构体的费歇尔投影式及名称如下:

<table>
<tr><td>D-(−)-赤藓糖</td><td>L-(+)-赤藓糖</td><td>L-(+)-苏阿糖</td><td>D-(−)-苏阿糖</td></tr>
</table>

两个相同的原子或基团在同侧的称为赤藓糖型,简称赤型(erythro-);两个相同的原子或基团在异侧的称为苏阿糖型,简称苏型(threo-)。因此,麻黄碱的四个立体异构体也可用赤、苏型命名如下:

<table>
<tr><td>赤型-(−)-麻黄碱</td><td>赤型-(+)-麻黄碱</td><td>苏型-(−)-伪麻黄碱</td><td>苏型-(+)-伪麻黄碱</td></tr>
</table>

(二) 含两个相同手性碳原子的化合物

分子中含有两个相同手性碳原子的化合物只有三个立体异构体。以酒石酸分子为例,分子中的

两个手性碳原子上都同样连有—OH、—H、—COOH 和—CH(OH)COOH 四个不同的基团。根据 2^n 规则,形式上仍可写出四种立体异构体组合。

$$
\begin{array}{cccc}
^1\text{COOH} & \text{COOH} & \text{COOH} & \text{COOH} \\
\text{HO}-\overset{2}{\text{C}}-\text{H} & \text{H}-\overset{2}{\text{C}}-\text{OH} & \text{H}-\overset{2}{\text{C}}-\text{OH} & \text{HO}-\overset{2}{\text{C}}-\text{H} \\
\text{H}-\overset{3}{\text{C}}-\text{OH} & \text{HO}-\overset{3}{\text{C}}-\text{H} & \text{H}-\overset{3}{\text{C}}-\text{OH} \equiv & \text{HO}-\overset{3}{\text{C}}-\text{H} \\
^4\text{COOH} & \text{COOH} & \text{COOH} & \text{COOH} \\
(2S,3S) & (2R,3R) & (2R,3S) & (2S,3R) \\
\text{左旋酒石酸} & \text{右旋酒石酸} & \text{内消旋酒石酸} & \\
(1) & (2) & (3) & (4)
\end{array}
$$

其中,化合物(1)和(2)互为对映异构体;(3)和(4)形式上互为镜像分子,但两者可以完全重合〔将(4)在纸平面内旋转 180° 即得(3)〕,因此实际上代表的是同一化合物,该化合物是非手性分子,不显旋光性。因此,酒石酸仅有三个立体异构体。

虽然(3)和(4)中存在两个手性碳原子,但是一个为 S–构型,另一个为 R–构型,它们所引起的旋光度大小相同而方向相反,恰好在分子内抵消,因此分子整体不显旋光性。这种含有多个手性中心的非手性分子称为内消旋体(meso compound),用 "meso" 表示。内消旋酒石酸与左旋酒石酸或右旋酒石酸互为非对映异构体,故物理和化学性质会有所不同(表 6-3)。

表 6-3   几种酒石酸的理化性质

酒石酸	mp/℃	$[\alpha]_D^{20}$(H$_2$O)	溶解度(20℃)/ (g/100ml H$_2$O)	密度(20℃)/ (g/cm^3)	pK_{a_1}	pK_{a_2}
(+)	170	+12	147.0	1.760	2.93	4.23
(−)	170	−12	147.0	1.760	2.93	4.23
meso	140	0	125.0	1.666	3.20	4.68
(±)	206	0	20.6	1.687	2.96	4.24

内消旋体不显旋光性的原因也可由分子的对称性来说明。例如在内消旋酒石酸的三种典型构象中,对位交叉式有一个对称中心,全重叠式构象有一个对称面,均为非手性构象,不具旋光性;邻位交叉式构象虽然是手性构象,但其两种邻位交叉式构象互为对映异构体,等量存在,且可迅速相互转化,故也不显旋光性。因此,内消旋酒石酸实际上是各种具有对称因素的构象及各种外消旋构象所组成的动态平衡体系,分子总体上不显旋光性。

对位交叉式构象   全重叠式构象   邻位交叉式构象

内消旋体和外消旋体虽然都不具有旋光性,但它们有本质的不同:内消旋体是一种纯化合物;而外消旋体是由等量的一对对映异构体组成的混合物,经分离可得到两种单一对映异构体。

对于含有三个手性碳的化合物,如手性碳都不同,则有八种立体异构体(四对对映异构体);如果其中有两个手性碳是相同的,则只有四个立体异构体,包括一对对映异构体和两个不同的内消旋体。如 2,3,4-三羟基戊二酸有四个立体异构体(5)、(6)、(7)和(8)。在(5)和(6)中,C$_3$ 上连有两个构造和构型完全相同的基团,因此 C$_3$ 不是手性碳原子。但 C$_2$ 和 C$_4$ 两个手性碳原子所处的基团不呈镜像关系,整个分子没有对称面和对称中心,所以它们都是手性分子,(5)和(6)互为对映异构体。而在(7)和(8)中,沿 C$_3$、OH 和 H 均有一个对称面,C$_2$ 和 C$_4$ 所处的基团又呈镜像关系,因此(7)和(8)都是内

消旋体。对(7)和(8)的 C_3 而言,它连有四个不同的原子和基团,其中包括两个构造相同、构型不同的手性碳原子,但整个分子却是非手性的,常称其为假手性碳原子或假不对称碳原子(pseudoasymmetric carbon atom)。假不对称碳原子的构型可以用小写字体 r 或 s 表示。根据顺序规则中 R 比 S 优先的原则,化合物(7)的 C_3 为 s-构型,化合物(8)的 C_3 为 r-构型。

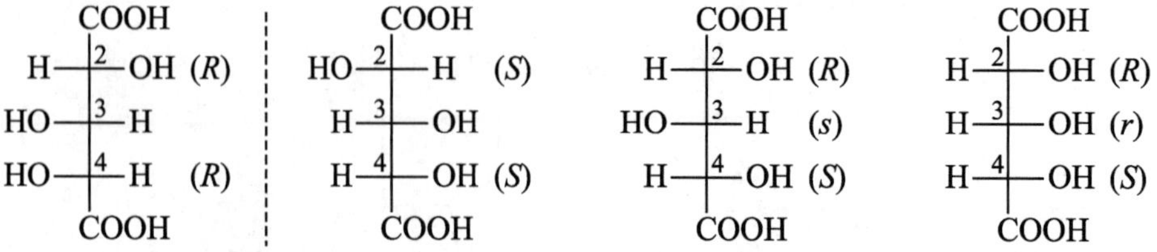

	(5)	(6)	(7)	(8)
	对映异构体		内消旋体	内消旋体
mp	127℃	127℃	170℃	190℃

上述内消旋体的例子说明,分子中是否含有不对称碳原子和分子是否具有手性之间并没有必然联系。

练习题 6.9

(1) 苯丙酸诺龙是增加肌肉力量的雄性激素和蛋白同化激素,它有几个手性碳原子? 理论上有多少个立体异构体?

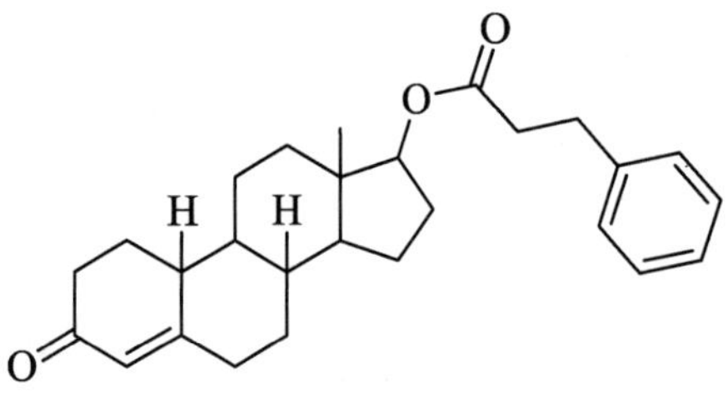

苯丙酸诺龙

(2) 青霉素 V 是广谱抗生素,试标出三个手性碳原子的位置并分别确定构型。

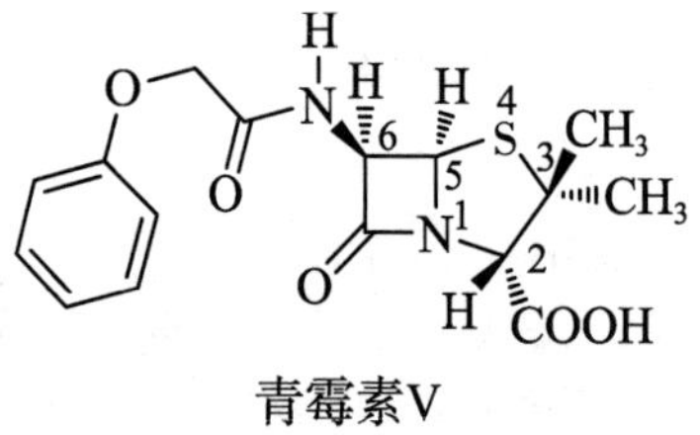

青霉素V

练习题 6.10　判断下列化合物是否具有旋光性,并标明不对称碳原子的构型。

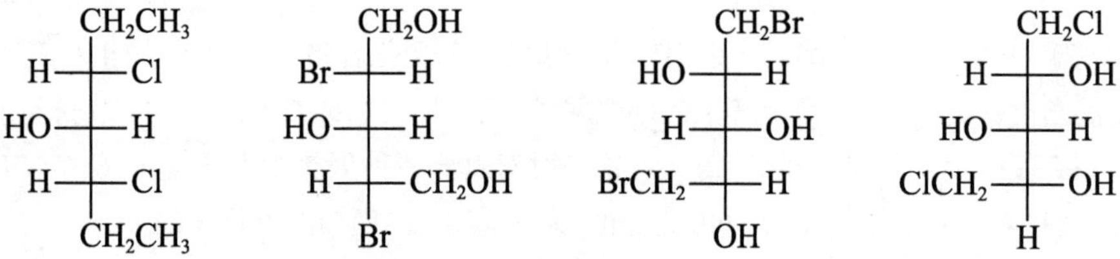

三、含手性轴化合物的立体异构

前面介绍的手性分子中都含有手性原子,但必须注意,手性原子是化合物产生手性的原因之一,它既不是充分条件,也不是必要条件。从根本上来说,决定一个分子是否具有手性,要看该分子与其

镜像能否重合。前面已经看到,有些分子中含有手性碳原子,但分子整体没有手性,不显旋光性,例如内消旋酒石酸。此外,还有些情况下,分子中不含有手性原子,但分子整体具有手性。例如若分子中存在一个假想轴,当分子中的某些基团围绕该轴在三维空间呈不对称分布时,也会产生手性现象。这个轴即称为手性轴(chiral axis),这类手性分子常称为含手性轴化合物。

06D03

6-D-3
丙二烯对
映异构体
（模型）

（一）丙二烯型化合物的对映异构

1878 年霍夫曼就预言丙二烯的两端碳原子都连有不同基团的化合物有一对对映异构体。

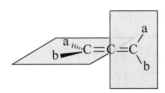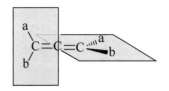

但这一预言直到 60 年后才由实验证明,第一个合成的具有旋光性的丙二烯型化合物是 1,3-二(萘-1-基)-1,3-二苯基丙-1,2-二烯(a、b 分别为苯基和萘-1-基)。在这类化合物中,两个 Cab 构成的平面彼此间存在夹角,使得两个 Cab 围绕 C—C—C 键在空间呈不对称分布,分子没有对称中心和对称面,为手性分子。通过 C—C—C 键的假想轴即为该类化合物的手性轴。

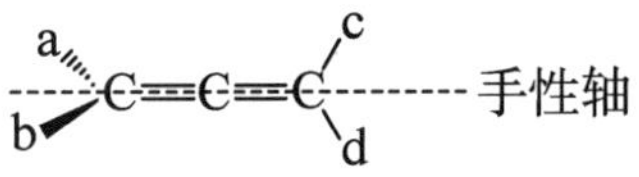

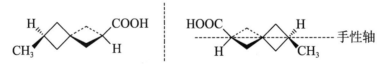

（当 a≠b 且 c≠d 时，即使 a=c 和/或 b=d，虚线为手性轴）

如果将上例中的双键看作是特殊的环–二元环,那么当双键替换成为三元或三元以上环时,只要环上碳原子连接有不同的基团,通常就会产生手性。如下面的两个化合物($CH_3 \neq H$,$COOH \neq H$)为一对对映异构体。

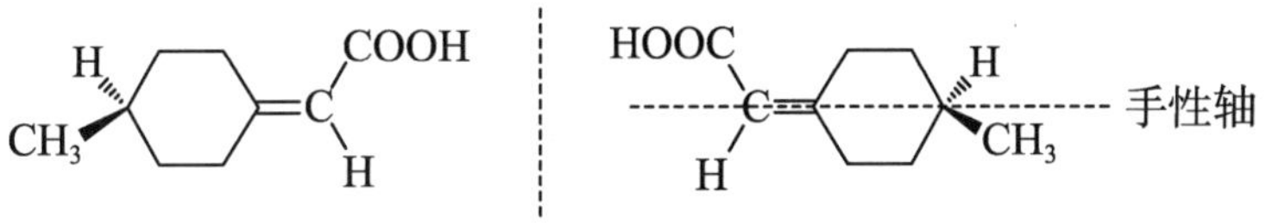

06D04

6-D-4
螺环对映
异构体
（模型）

螺环化合物也与丙二烯型化合物类似,当两个环上都连有不同的基团时(例如 $CH_3 \neq H$,$COOH \neq H$),分子通常便具有手性,存在一对对映异构体。

（二）联苯型化合物的对映异构

06D05

6-D-5
联苯对映
异构体
（模型）

当分子中单键的自由旋转受到阻碍时,也可能产生立体异构现象,称为阻转异构(atropisomerism)。典型代表是四个邻位都连有位阻较大基团的联苯型化合物,两个苯环的相对旋转受阻,被迫固定呈一定的角度。此时,若每个苯环上的两个取代基不同,如 6,6′-二硝基-［1,1′-联苯］-2,2′-二甲酸,分子便具有手性,存在一对对映异构体。这一对对映异构体因 2,2′ 位羧基和 6,6′ 位硝基的体积过大,而无法通过 C_1—C_1' 键的旋转而相互转化(旋转受阻),因而构型是稳定的。

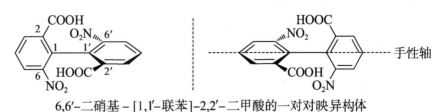

6,6′-二硝基 – [1,1′-联苯]-2,2′-二甲酸的一对对映异构体

如果上例中体积较大的硝基被体积很小的氢原子替换,所得的化合物[1,1'-联苯]-2,2'-二甲酸的各种手性构象在室温下即可通过 C_1—$C_{1'}$ 键的旋转而发生构型的相互转化,因而被视为是非手性分子,不显旋光性。此例也说明,有时立体异构体(构型异构体)和构象异构体间并没有绝对的界限。

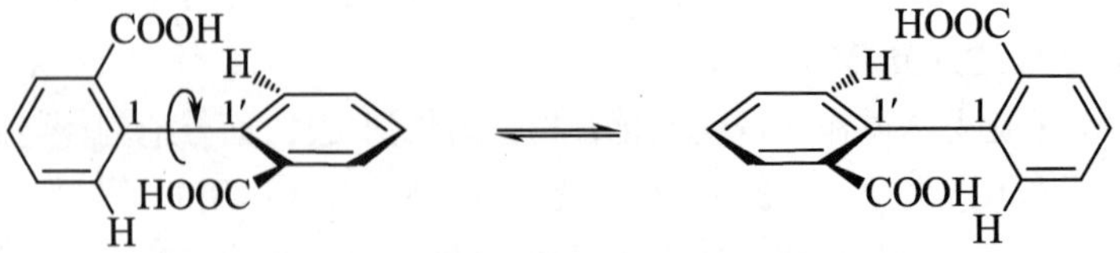

[1,1'-联苯]-2,2'-二甲酸的手性构象间的快速转化

练习题 6.11　指出下列化合物有无旋光性。

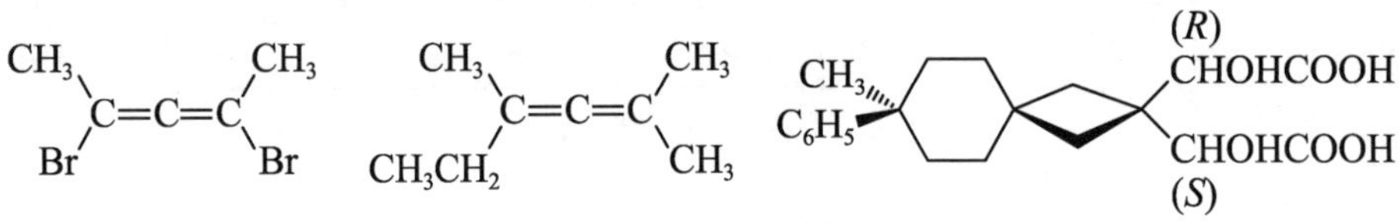

(1)　　　　　　(2)　　　　　　(3)

练习题 6.12　具有下列结构的分子,当 $n=8$ 时,存在一对稳定的对映异构体,两者的比旋光度大小相等而方向相反。当 $n=9$ 时,在室温下存在一对对映异构体;但若将该对映异构体中的任何一个在 95.5℃ 放置 7 小时 24 分钟,则旋光度变为 0。当 $n=10$ 时,即使在室温下也不显旋光性。

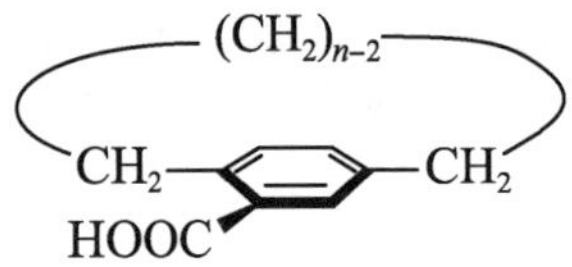

试解释上述实验事实,并画出 $n \leqslant 8$ 时分子的一对对映异构体。

四、获得单一对映异构体的方法

在很多情况下,通过常规化学合成得到的往往是外消旋体,但是在实际应用中经常只需要其中的一个对映异构体。获得单一对映异构体的途径(除来自天然外)主要有两种:一种是将合成得到的外消旋体的两个对映异构体分离开,这种分离过程称为外消旋体的拆分(resolution);另一种是不对称合成(asymmetric synthesis)。不对称合成这一术语由费歇尔于 1894 年首次使用。现今人们对不对称合成的理解是"一个不对称合成是这样一个反应,反应物分子整体中的一个对称的结构单元被一个试剂转化为一个不对称的单元,从而产生不等量的立体异构体产物。"上述试剂可以是化学试剂、溶剂、催化剂或物理力(诸如圆偏振光等)。不对称合成是近代有机合成中十分活跃的研究领域。

(一) 外消旋体的拆分

任何混合物的分离都是基于不同组分的不同性质(主要是物理性质)进行的。但是构成外消旋体的一对对映异构体之间除旋光性不同外,其他物理性质都相同,因此外消旋体的拆分与一般化合物的分离不一样,需要采用特殊的方法。

1. 诱导结晶拆分法　在需要拆分的外消旋体过饱和溶液中加入一定量的一种纯的(即旋光纯度为 100%)对映异构体作为晶种,于是溶液中该对映异构体的含量较高,冷却后,该对映异构体就优先结晶析出。将析出的结晶滤出后,另一种对映异构体则成为含量较高的组分,再加入外消旋体过饱和

溶液,温度降低后这种对映异构体也会优先结晶析出。如此反复进行,就可以将一对对映异构体分离开来。在氯霉素的工业制备过程中就应用了这种拆分法。

2. 化学拆分法　化学拆分法首先通过化学反应(酸碱反应、酯化反应等)将一对对映异构体转变为一对非对映异构体,由于非对映异构体之间的物理、化学性质通常具有明显的差异,因此可以利用重结晶、蒸馏、层析等一般方法将非对映异构体分离,最后再通过反应将单一的非对映异构体恢复为单一的对映异构体,从而达到分离的目的。

由于外消旋体与无旋光物质作用得到的化合物仍为外消旋体,而外消旋体与旋光物质作用得到的化合物是非对映异构体混合物,因此在拆分过程中,与外消旋体作用的试剂必须是旋光物质,通常称为拆分剂(resolving agent)。化学拆分法应用最成功的是(±)−酸或(±)−碱的拆分,外消旋有机酸的常见拆分过程表示如下:

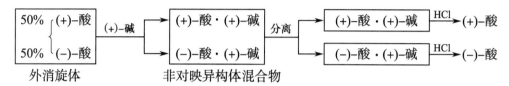

用于拆分外消旋有机酸的常用碱性拆分剂包括人工合成的手性胺如 $\alpha-$ 苯基乙胺,也有来自植物体的生物碱如(−)−番木鳖碱、(−)−马钱子碱、(+)−辛可宁碱、(−)−吗啡碱、(−)−奎宁碱、(−)−麻黄碱等。外消旋有机碱的拆分原理与外消旋有机酸的拆分原理相同,只是需要改用酸性拆分剂,才能通过酸碱反应形成具有非对映异构体性质的盐类。常用的酸性拆分剂有(+)−酒石酸、(−)−二乙酰酒石酸、(−)−二苯甲酰酒石酸、(+)−樟脑磺酸、(−)−苹果酸等。

3. 生物分离法　生物体中,如细菌、霉菌的酶是旋光物质,当它们与外消旋体作用时,2 个对映异构体的反应速率有显著性差异,从而实现分离。例如外消旋酒石酸铵盐在酵母(一种酶)作用下发酵,天然的右旋酒石酸铵盐可逐渐被消耗(与酵母作用生成其他产物),发酵液中最后可分离出纯的左旋酒石酸铵盐。

4. 色谱分离法　该法用天然手性物质如淀粉、蔗糖或某些人工合成的手性分子作为柱层析的吸附剂(手性固定相)。当外消旋体通过层析柱时,可与手性吸附剂相互作用,形成具有非对映异构体性质的瞬间配合物,导致两个对映异构体被吸附的程度不同,在柱中的保留时间不同。因而在用溶剂洗脱时,一个组分先被洗脱下来,另一个组分后被洗脱下来,从而达到分离的目的。例如用多糖衍生物类手性固定相可实现调血脂药氟伐他汀的拆分。

（二）不对称合成简介

采用上述外消旋体拆分获得单一对映异构体的方法既烦琐,又不经济。因为拆分后,另一个异构体如果没有使用价值,则合成效率至多只有 50%。通过不对称合成的方法可只获得或主要获得所需要的单一对映异构体,这是一种既经济有效、又合理的合成方法,是有机合成发展的一个重要方面。不对称合成又可分为化学计量的不对称合成反应和催化不对称合成反应两种,其中催化不对称合成反应的效率更高。

20 世纪有机化学的发展见证了不对称催化反应的兴起和繁荣,它作为手性技术应用于合成工业,尤其是涉及人类健康——手性药物工业,受到国际社会的普遍关注。例如日本名古屋大学的野依良治教授于 1974 年开始进行手性过渡金属氢化催化剂的研究工作,用了 6 年的时间,到 1980 年才发表了第一篇有关这方面的研究论文,并于 1984 年完成(−)−薄荷醇的人工合成。1986 年他又用钌催化剂代替铑催化剂,成功地应用于一些药物的合成和中间体的制备。后来,他又将应用范围从烯烃扩展到酮羰基的不对称加氢反应,并将其应用到一些药物和药物中间体的合成上。由于在不对称催化反应研究方面的贡献,野依良治获得 2001 年度诺贝尔化学奖。

五、立体异构与生理活性

生物机体中的药物作用靶点（如受体、酶、离子通道等蛋白质，DNA、RNA 等核酸）均具有三维结构，药物三维结构与靶点三维结构间的互补性（匹配性）越强，产生的生理活性也越强。另外，靶点的三维结构对药物的吸收、分布、代谢和排泄均具有立体选择性，导致药效上的差异。因此，手性药物的数个立体异构体之间的生理活性、毒性及药物代谢动力学性质往往存在明显的差异。例如抗菌药物左氧氟沙星（左指左旋体）的抗菌活性是外消旋体氧氟沙星的两倍；广谱抗生素氯霉素有两个手性碳原子，存在四个立体异构体，其中仅 D-(−)-氯霉素显示出抗菌活性，是高度立体专一性的手性药物；(−)-依托唑啉是一种渗透性利尿药，而其对映异构体却有抗利尿作用。

左氧氟沙星　　　　　　　D-(−)-氯霉素　　　　　　(−)-依托唑啉

顺反异构体是相互间不呈镜像关系的立体异构体，属于非对映异构体，也可能具有不同的生理活性。例如 E- 曲普利啶可作为感冒药的一种成分，其抗组胺活性是相应的 Z- 异构体的 1 000 倍；抗精神病药氯普噻吨为 Z- 异构体，其抗精神病作用比 E- 异构体高 12 倍。

E-曲普利啶　　　　　　　　　　　　Z-氯普噻吨

第三节　取代环烷烃的立体异构和构象分析

一、取代环烷烃的立体异构

当两个取代基位于环烷烃的不同碳原子上时，就存在顺反异构。例如对于 1,2-二甲基环己烷而言，若将环己烷分子中的六个碳原子看成在同一平面上，将它作为参考平面，两个甲基位于环平面同一侧，称为顺式；若位于环平面两侧，称为反式。顺反异构属于非对映异构，顺反异构体互为非对映异构体。

顺-1,2-二甲基环己烷　　　　　　反-1,2-二甲基环己烷

环的一半用粗线(表示靠近观察者),另一半用细实线写出,表示环平面与纸平面垂直,亦可以写成环平面在纸面上的立体结构式,如(2)和(4)。

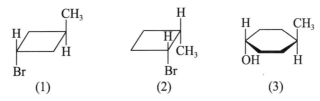

(1)   (2)   (3)   (4)

虽然 1,2-二甲基环己烷的顺反异构体中都含有两个手性碳原子,但顺式异构体分子内存在一个对称平面,因此不是手性化合物,无旋光性,属于内消旋体;而反式异构体分子内不存在对称面,也没有对称中心,因此是手性化合物,有一对对映异构体。

上例中,若 1、2 位取代基不同,则无论顺式异构体还是反式异构体均为手性分子,都存在一对对映异构体。例如:

一对对映异构体(顺式)   一对对映异构体(反式)

当取代基处于其他位置时,均可按照类似的方法进行分析。

总体来看,取代环烷烃化合物的立体异构较复杂,有的结构只有非对映异构(顺反异构)现象,有的结构则同时存在非对映异构和对映异构。

练习题 6.13   画出下列化合物的所有立体异构体,并标明手性碳的构型。

(1)   (2)   (3)

练习题 6.14   在环丙烷骨架上引入两个甲基取代基,可形成四种异构体(包括构造异构和立体异构)。

(1)画出每种异构体的立体结构式。

(2)哪些异构体具有旋光性?

(3)如果对上述四种异构体的混合物进行分馏(精密蒸馏),能得到几种馏分?

(4)这些馏分中,哪几种具有旋光性?

二、取代环己烷的构象分析

在第五章已介绍了环己烷的椅式、半椅式、船式和扭船式构象,其中椅式构象是优势构象。椅式构象中有两种 C—H 键,即平伏键(e 键)和直立键(a 键),一种椅式构象能通过环翻转成为另一种椅式构象。下面将介绍取代环己烷的构象。

(一)一取代环己烷

甲基环己烷能以两种不同的椅式构象存在,一种是甲基处于直立键(1),另一种是甲基处于平伏键(2)(图 6-10),(1)和(2)可以通过环翻转而相互转化,构成一个平衡体系。研究表明,在此平衡体系中,(1)约占 5%,(2)约占 95%,这说明甲基处于平伏键时能量较低,因此(2)为优势构象。从

图 6-10 中沿 C_1 到 C_2 间的单键观察而画出的纽曼投影式可见,(2)中平伏键甲基与环上的 3 位 CH_2 成对位交叉式构象。而(1)中直立键甲基与 3 位 CH_2 成邻位交叉式构象,且甲基上的氢与 3 位及 5 位上的直立键氢非常接近,存在范德华力,这种空间拥挤引起的斥力常称为 1,3–双直立键相互作用 (1,3–diaxial interaction,其中阿拉伯数字是指相互作用的两个直立键基团的相对位置)。

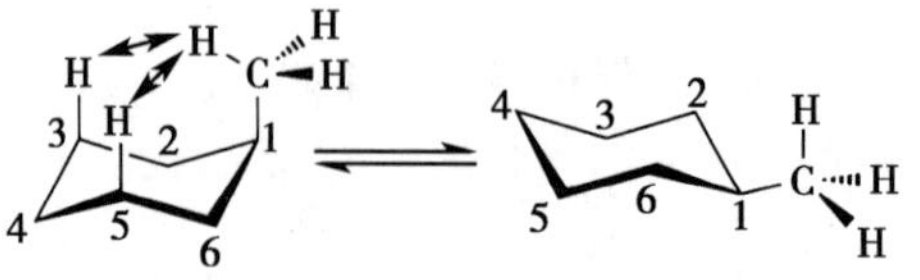

$$(1) \rightleftharpoons (2)$$

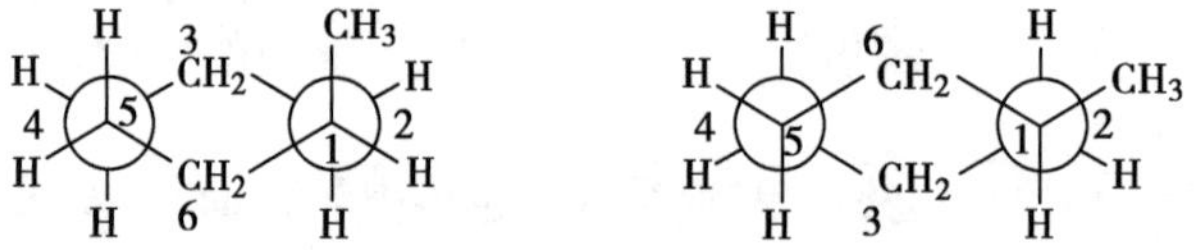

(1) (2)

5% 95%

图 6-10 甲基环己烷的两种椅式构象

由于这些因素的存在,使甲基处于平伏键成为优势构象。随着取代基体积的增大,取代基处于直立键的比例更少。如异丙基和叔丁基,取代基处于直立键的比例分别为 4% 和 <0.01%,叔丁基尤其明显,因其体积很大,1,3–双直立键相互作用更加显著。

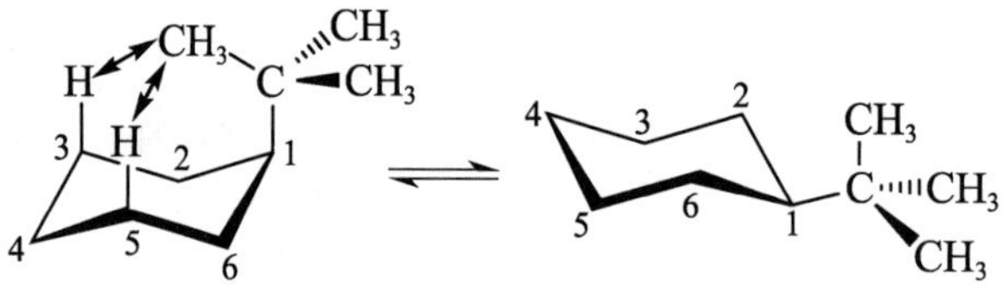

<0.01% 接近 100%

(二) 二取代环己烷

通过比较 1,2–、1,3–和 1,4–二甲基环己烷的顺反异构体的燃烧热发现,顺反异构体的稳定性也有差别。结果如表 6-4。

表 6-4　1,2–、1,3–和 1,4–二甲基环己烷的顺反异构体的燃烧热及稳定性比较

化合物	燃烧热的差别 /(kJ/mol)	较稳定的异构体
1,2–二甲基环己烷	反式比顺式低	反式
1,3–二甲基环己烷	反式比顺式高	顺式
1,4–二甲基环己烷	反式比顺式低	反式

可通过对顺反异构体进行构象分析来理解其相对稳定性。如顺和反–1,4–二甲基环己烷的两种椅式构象如下:

顺式　　　　　　　　　　　　反式

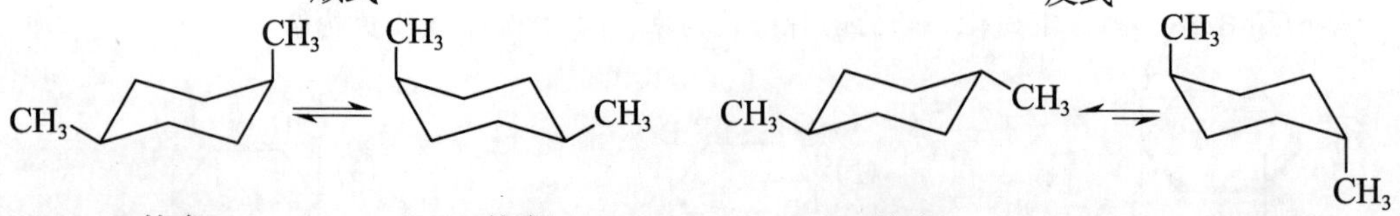

ae构象　　　　　ae构象　　　　　ee构象　　　　　aa构象

优势构象

顺式异构体的两种构象中都有一个甲基处于平伏键,另一个甲基处于直立键,简称 ae 构象,它们具有相同的能量,在平衡体系中两者各占 50%;而在反式异构体中,一种是两个甲基都处于平伏键(ee 构象),另一种是两个甲基都处于直立键(aa 构象),显然 ee 构象为优势构象。由于反式异构体中能量较低的 ee 构象为优势构象,而顺式异构体只有能量相对较高的 ae 构象,因此反式异构体比顺式异构体稳定,燃烧热稍低。

又如 1,3-二甲基环己烷,顺式和反式异构体的构象如下:

顺式　　　　　　　　　　　　　　反式

ee构象　　　　　　　aa构象　　　　　　　ae构象　　　　　　　ae构象
优势构象

在顺式异构体中有 ee 构象为优势构象,而反式异构体中只有 ae 构象,因此顺式异构体比反式异构体稳定。

练习题 6.15　试用上述方法分析在 1,2-二甲基环己烷的顺反异构体中为什么反式异构体的稳定性大于顺式异构体的稳定性。

1-叔丁基-2-甲基环己烷的顺反异构体中,反式异构体的优势构象是 ee 构象,而在顺式异构体中,大体积的叔丁基处于平伏键时为优势构象。

反式　　　　　　　　　　　　　　顺式

ee构象　　　　　　　aa构象　　　　　　　ae构象　　　　　　　ae构象
优势构象　　　　　　　　　　　　　　优势构象

至此讨论了环己烷和取代环己烷的优势构象,从取代基的体积大小考虑可总结出如下规律:①在环己烷体系中,椅式构象一般为稳定构象;②在多取代环己烷中,一般取代基占平伏键多的为优势构象;③含不同的取代基时,体积较大的基团处于平伏键为优势构象。大体积基团如叔丁基一般均处于椅式构象的平伏键位置,因此叔丁基也称为构象控制基团(conformation-controlling group)。如 $(1R,2R,4S)$-4-叔丁基-1,2-二甲基环己烷,尽管构象(3)中有两个甲基处于 a 键,但仍为优势构象。

(3)　　　　　　　　　(4)
优势构象

练习题 6.16　画出下列化合物的两种椅式构象,并指出哪个是优势构象。

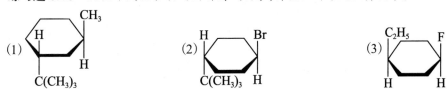

(1)　　　　　　　　(2)　　　　　　　　(3)

尽管有些取代环己烷的椅式构象是手性构象,但分子整体却并不一定具有手性。例如顺-1,2-二甲基环己烷,从平面结构看有对称面,是非手性分子。虽然它的椅式构象是手性构象,存在具有对映关系的构象异构体(5)和(6),但是(5)和(6)两种对映的手性构象在室温下可通过环翻转而相互转化,(5)环翻转变成(6'),(6')与(6)代表相同的结构,因为将(6')绕轴旋转 120° 即与(6)重合(或者说换个角度去观察结构)。(5)和(6)都是 ae 构象,能量相等,在平衡体系中数量相等,因此总体不显旋光性。这与从平面结构分析的结果是一致的。因此,判断取代环己烷分子是否具有手性,常常将环己烷作为一个平面结构来考虑。

以上对于优势构象的讨论,只是从取代基的大小引起的空间效应进行分析,这对于烷基这类非极性基团来说是正确的。但除体积的影响外,有时非键合原子间的其他作用力,如氢键和偶极-偶极相互作用也会影响分子的优势构象。如反式 1,2-二氯环己烷,由于两个碳氯键的排斥作用,使两个氯原子处于反式双直立键的 aa 构象成为优势构象;而顺式环己-1,3-二醇中的两个羟基处于直立键时可形成分子内氢键,从而使 aa 构象成为优势构象。

三、双环环烷烃的构象

一些双环结构的桥头位置的立体结构是固定的。如双环[2.2.1]庚烷(降冰片烷),它的甲叉基(—CH₂—)只能以顺式的方式连接于环己烷船式构象的 1,4 位,反式方向的连接因张力过大而不能存在。

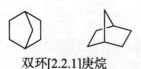

双环[2.2.1]庚烷

一些较大的环系则不受上述限制,如双环[4.4.0]癸烷(十氢萘)的两个环可以通过顺式或反式两种方式连接。用结构式(1)和(2)表示,(1)称为顺式十氢萘,(2)称为反式十氢萘。桥头上的氢可省去,用圆点表示氢伸向环的上方,无圆点的表示氢伸向环的下方(表6-5)。

表6-5   顺式及反式十氢萘的结构式、构象及沸点

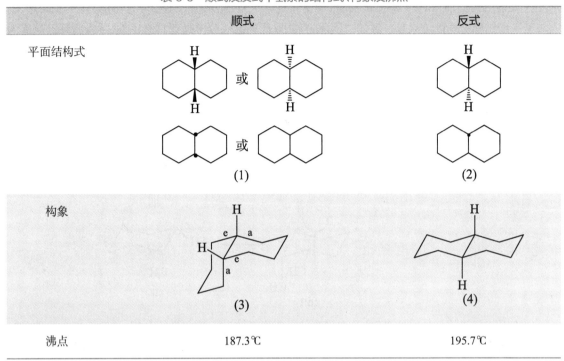

	顺式	反式
平面结构式	(1)	(2)
构象	(3)	(4)
沸点	187.3℃	195.7℃

当两个环己烷并合时,因为环己烷的椅式构象较稳定,相互连接的环都采取椅式构象,(1)和(2)的稳定构象分别为(3)和(4)。

因顺式十氢萘的两个六元环相互以 ae 键并合,而反式十氢萘的两个六元环相互以 ee 键并合,因此反式十氢萘比顺式十氢萘稳定,体现在顺式十氢萘的燃烧热比反式十氢萘的燃烧热大(分别为5 286 和 5 277kJ/mol)。

顺式十氢萘的两个椅式六元环可以环翻转,所得的构象是原构象的对映构象(图6-11),两者能量相等,在平衡混合物中各占50%,因此顺式十氢萘不显旋光性,属于非手性分子。

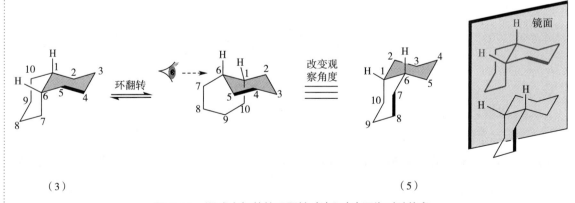

图 6-11   顺式十氢萘的环翻转:(3)和(5)互为对映构象

反式十氢萘有对称中心,是非手性分子,不显旋光性。反式十氢萘因结构刚性很强,导致不能环翻转,因为环翻转后,意味着两个椅式环己烷相互要以反式 aa 键并合,这在空间上是不可能的。

第四节　立体异构在反应机理研究中的应用

前面我们讨论的立体异构内容仅限于与立体异构现象有关的分子的三维立体结构和物理性质之间的关系,属于静态立体化学的内容。而研究分子的立体结构对化学反应的方向、难易程度和产物立体结构的影响则属于动态立体化学的范畴,是研究反应机理的一个重要工具。下面应用立体化学知识对已经学过的两类反应机理进行进一步讨论。

一、自由基卤代反应

正丁烷的一溴代产物为1-溴丁烷和2-溴丁烷。

$$CH_3CH_2CH_2CH_3 \xrightarrow[\text{光照}]{Br_2} CH_3CH_2CH_2CH_2Br + CH_3CHCH_2CH_3$$
$$\underset{\text{1-溴丁烷}}{} \quad \underset{\underset{\text{2-溴丁烷}}{Br}}{}$$

其中,2-溴丁烷有一个手性碳原子,为手性化合物,通过该反应得到的2-溴丁烷是外消旋体。

这是由于在反应中,溴原子(Br·)夺取反应物 C_2 上的氢所生成的自由基活性中间体具有平面结构,是非手性的。在下一步反应时,溴分子(Br_2)可从该平面两侧以相等的概率进攻,产生等量的一对对映异构体混合物。

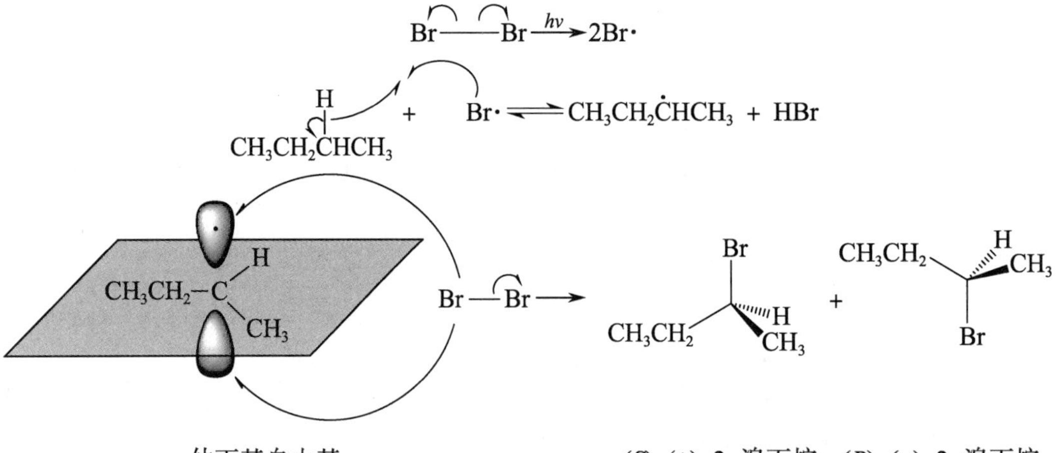

仲丁基自由基　　　　　　　　　　(S)-(+)-2-溴丁烷　　(R)-(−)-2-溴丁烷
　　　　　　　　　　　　　　　　$[\alpha]_D=+39°$　　　　$[\alpha]_D=-39°$

在这个反应中,正丁烷的 C_2 在溴代后变成手性碳原子,C_2 称为前手性碳原子(prochiral carbon atom,可用 Pro–C 表示)。正丁烷是非手性分子,经 C_2 溴代变成手性分子,但得到的是外消旋体,这是有机反应的一般规律。即在有机反应中,非手性分子在非手性条件下反应,所得的产物总是无旋光性的(无论每一产物是否具有手性)。此外,从上述讨论可以看出,反应的立体化学结果也为烷烃自由基取代反应机理提供了有力的支持。

那么,单一的对映异构体发生自由基取代反应,结果又如何呢?

我们以(S)-2-溴丁烷的氯代反应为例进行说明。在这个反应中,氯代可以发生在四个碳的任一位置上,下面分别进行讨论。首先看 C_1 和 C_4 上的氯代反应:

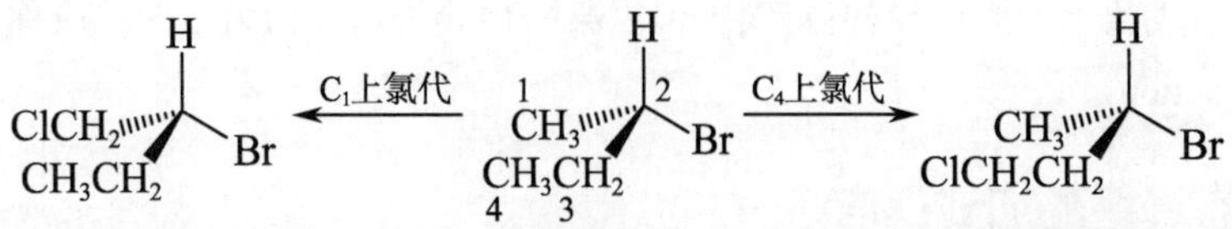

旋光性　　　　　　旋光性　　　　　　旋光性
　R　　　　　　　　S　　　　　　　　S

　　无论是 C_1 还是 C_4 上的氯代反应,均没有形成新的手性中心,且生成产物的相对构型都保持不变,产物都有旋光性。不过,需要注意的是,C_1 甲基发生氯代后,基团的优先次序发生改变,产物的构型名称从 S 变成为 R。

　　C_2 为 (S)-2-溴丁烷的手性中心, (S)-2-溴丁烷在 C_2 上的氯代产物为 2-溴-2-氯丁烷,是手性化合物,但通过测量产物旋光度发现,产物并没有旋光性,得到的产物为外消旋体。

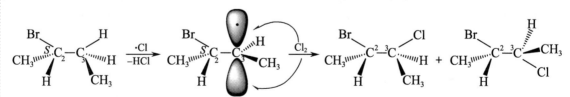

(S)-2-溴丁烷　　　　　　　非手性中间体　　　　　　　外消旋体

　　在这个反应中,由于所产生的自由基中间体为一平面结构,氯分子可以从自由基平面两侧以相同的概率进攻,从而生成等量的一对对映异构体,即外消旋体,这一反应过程也称为外消旋化(racemization)。

　　对于手性碳上有化学键发生断裂的反应,其构型的变化是较复杂的,像上面讨论的例子是发生了外消旋化。随着反应机理的不同,反应结果也可能构型改变或构型保持,这些问题将在以后的相关章节中讨论。

　　(S)-2-溴丁烷的 C_3 也可以发生氯代反应,而且不会影响已经存在的手性中心,但能够产生一个新的手性中心,得到的是一对非对映异构体。

2S　　　　　　　　2S, 3R　　　　2S, 3S
不等量的一对非对映异构体

　　那么,发生在 C_3 上的氯代反应得到的是等量的非对映异构体混合物吗?

　　答案是否定的。这样的结果,同样可以通过分析反应中间体的结构进行解释。夺取 C_3 上的两个氢原子中的任何一个都可以得到同样的碳自由基中间体。其中 C_2 为手性碳原子,没有参与反应,构型保持不变。该 C_3 自由基进一步与 Cl_2 反应后,C_3 变为手性碳原子,可以有两种构型,因此反应产物为一对非对映异构体(2S,3S 和 2S,3R)。C_2 为手性碳原子,其上基团的不对称取代导致 Cl_2 从 C_3 自由基平面上方和下方进攻的概率不相等,因而得到的非对映异构体是不等量的。

(S)-2-溴丁烷　　　含有手性碳原子的自由基　　　(2S,3S)-产物(25%)　　　(2S,3R)-产物(75%)

　　像这种可以生成若干个立体异构体产物,但以某一种异构体产物为主的反应称为立体选择反应(stereoselective reaction)。

二、卤素与烯烃的加成反应

　　在第三章中,我们学习了烯烃与溴的亲电加成反应,具有特定的立体化学特征,属于反式加成。

下面我们利用刚刚学习的立体化学知识进一步分析卤素与烯烃的加成反应。

溴与顺丁-2-烯和反丁-2-烯反应，产物 2，3-二溴丁烷分别为苏式外消旋体和赤式内消旋体。

顺式　　苏式外消旋体　　反式　　赤式内消旋体

这样的反应结果，能够很好地利用反式加成机理进行解释。

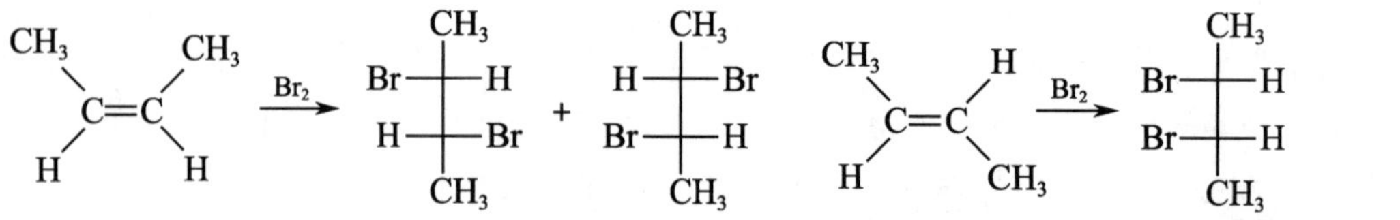

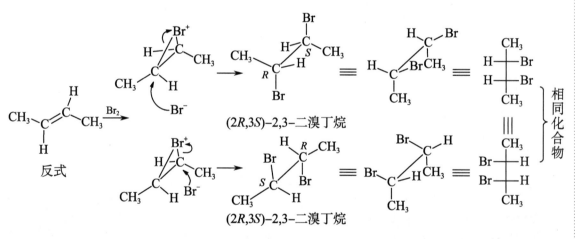

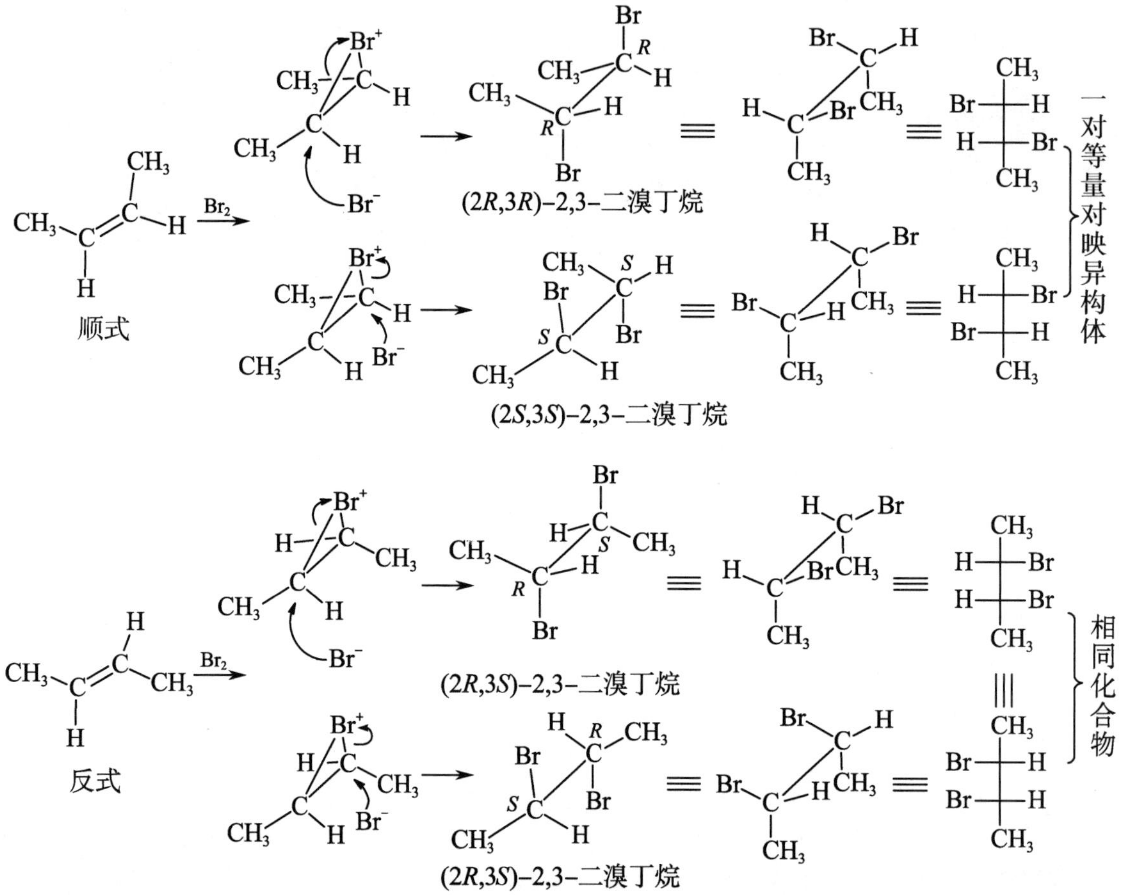

6-D-7
卤素与顺式烯烃加成的立体化学（动画）

6-D-8
卤素与反式烯烃加成的立体化学（动画）

以上述两个反应为例，不同的立体异构体反应给出不同的立体异构体产物，这样的反应称为立体专一性反应（stereospecific reaction）。

练习题 6.17　写出（*S*）-2-溴戊烷在每个碳原子上发生一溴代反应形成的产物的结构式，命名每种产物，并说明每种化合物是否有手性。若在同一碳原子上反应能够得到多种产物，说明每种产物的形成是否等量。

练习题 6.18　写出顺式和反式戊-2-烯与溴发生加成反应的产物。

习   题

1. 举例说明下列名词术语。

(1) 对映异构体   (2) 手性分子   (3) 手性碳原子   (4) 对称中心

(5) 外消旋体   (6) 非对映异构体   (7) 内消旋体   (8) R-构型

2. 按顺序规则排出下列基团的优先次序。

(1) 苯基

(2) $-CH=CH_2$

(3) $-C\equiv N$

(4) $-CH_2I$

(5) $\begin{matrix} H \\ -C=O \end{matrix}$

(6) $\begin{matrix} O \\ \parallel \\ -C-OC_2H_5 \end{matrix}$

(7) $-CH_2NH_2$

(8) $\begin{matrix} O \\ \parallel \\ -C-NH_2 \end{matrix}$

(9) $\begin{matrix} O \\ \parallel \\ -C-CH_3 \end{matrix}$

3. 用星号标出下列化合物中的手性碳原子。

(1) $CH_3CH(D)CH(CH_3)_2$

(2) $CH_2=CHCH(OH)CH_2CH_3$

(3) $C_6H_5CD(Cl)CH_3$

(4) $ClCH_2CH(Cl)CH_2CH_2Cl$

4. 下列各分子中各有几个手性碳原子？理论上各有多少个立体异构体？

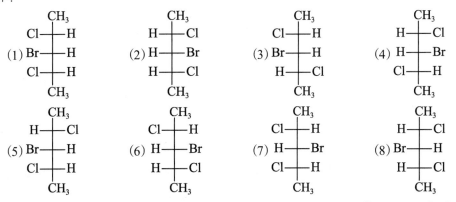

(1)   (2)   (3)

5. 画出下列各化合物的费歇尔投影式。

(1) (S)-4-溴戊-1-烯

(2) ($2R,3R,4S$)-2,3-二溴-4-氯己烷

6. 下列费歇尔投影式所代表的化合物,哪些是相同化合物？哪些是对映异构体？哪些是内消旋体？

(1)
$$\begin{matrix} & CH_3 \\ Cl & \!\!-\!\! & H \\ Br & \!\!-\!\! & H \\ Cl & \!\!-\!\! & H \\ & CH_3 \end{matrix}$$

(2)
$$\begin{matrix} & CH_3 \\ H & \!\!-\!\! & Cl \\ H & \!\!-\!\! & Br \\ H & \!\!-\!\! & Cl \\ & CH_3 \end{matrix}$$

(3)
$$\begin{matrix} & CH_3 \\ Cl & \!\!-\!\! & H \\ Br & \!\!-\!\! & H \\ H & \!\!-\!\! & Cl \\ & CH_3 \end{matrix}$$

(4)
$$\begin{matrix} & CH_3 \\ H & \!\!-\!\! & Cl \\ H & \!\!-\!\! & Br \\ Cl & \!\!-\!\! & H \\ & CH_3 \end{matrix}$$

(5)
$$\begin{matrix} & CH_3 \\ H & \!\!-\!\! & Cl \\ Br & \!\!-\!\! & H \\ Cl & \!\!-\!\! & H \\ & CH_3 \end{matrix}$$

(6)
$$\begin{matrix} & CH_3 \\ Cl & \!\!-\!\! & H \\ H & \!\!-\!\! & Br \\ H & \!\!-\!\! & Cl \\ & CH_3 \end{matrix}$$

(7)
$$\begin{matrix} & CH_3 \\ Cl & \!\!-\!\! & H \\ H & \!\!-\!\! & Br \\ Cl & \!\!-\!\! & H \\ & CH_3 \end{matrix}$$

(8)
$$\begin{matrix} & CH_3 \\ H & \!\!-\!\! & Cl \\ Br & \!\!-\!\! & H \\ H & \!\!-\!\! & Cl \\ & CH_3 \end{matrix}$$

7. 将下述化合物进行氯代反应后,反应产物用分馏法小心分开:①预计可收集到多少馏分;②画出各馏分的立体结构式并以 R,S 标明手性碳原子的构型;③指出哪种馏分具有旋光性。

(1) 正丁烷 $+Cl_2 \xrightarrow{\triangle} C_4H_9Cl$

(2) (S)-2-氯戊烷 $+Cl_2 \xrightarrow{\triangle} C_5H_{10}Cl_2$

(3) (R)-2-氯-2,3-二甲基戊烷 $+Cl_2 \xrightarrow{\triangle} C_7H_{14}Cl_2$

(4) ($\pm$)-1-氯-2-甲基丁烷 $+Cl_2 \xrightarrow{\triangle} C_5H_{10}Cl_2$

8. 将 1.5g 某旋光物质溶解于乙醇中,配成 50ml 溶液。

(1) 假如该溶液在 10cm 的旋光仪盛液管中观察到的旋光度为 +2.79°(20℃,D 线),试计算比旋光度。

(2) 假如上述溶液在 5cm 的盛液管中测定,那么测得的旋光度应为多少?

(3) 若将溶液由 50ml 稀释到 150ml 且在 10cm 的盛液管中测量,旋光度又是多少?

9. 将下列费歇尔投影式改画成锯架式。

(1) 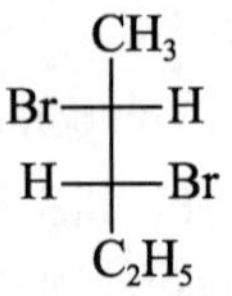
CH₃
Br——H
H——Br
C₂H₅

(2)
CH₃
H——Cl
H——Cl
CH(CH₃)₂

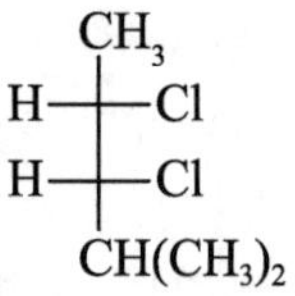

10. (S)-(−)-1-氯-2-甲基丁烷发生一氯代反应的产物能得到几种馏分? 画出每种馏分化合物的结构,各馏分是否有旋光性?

11. 下面的 A、B 和 C 为 2,3-二氯丁烷的纽曼投影式。

(1) 请标示出每个手性碳原子的 R/S-构型。

(2) 哪个化合物为内消旋体?

A. 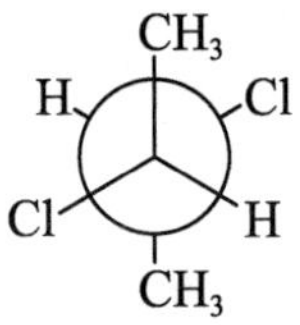
CH₃
H　Cl
Cl　H
CH₃

B. 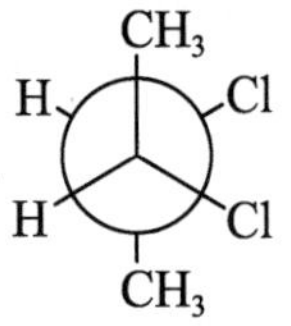
CH₃
H　Cl
H　Cl
CH₃

C. 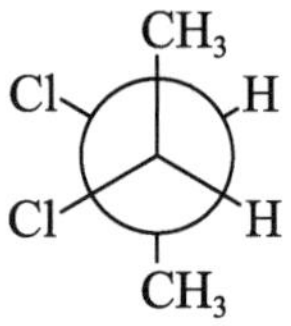
CH₃
Cl　H
Cl　H
CH₃

12. 化合物样品 D 的分子式为 C_6H_{12},没有旋光性,但可拆分为一对对映异构体。D 氢化后生成 E(C_6H_{14}),E 没有旋光性。试推测 D、E 的结构。

13. 判断下列叙述是否正确。

(1) 多取代环己烷的优势构象是所有取代基都处于 e 键的构象。

(2) 外消旋体是没有旋光性的化合物。

(3) 内消旋体是没有手性碳原子的化合物。

14. 画出下面两种氨基酸的纽曼投影式,并指出这两种化合物之间的立体化学关系。

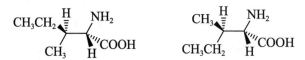

15. 画出下列取代环己烷的两种椅式构象,并指出优势构象。

(1)(1S,2S)-1-乙基-2-异丙基环己烷　　(2)(1R,2S)-1-乙基-2-异丙基环己烷

第七章
教学课件

7-SZ-1
科学想象力创造奇迹——凯库勒发现苯环的故事（案例）

第七章

芳　　烃

有机化合物可分为脂肪族化合物（aliphatic compound）和芳香化合物（aromatic compound）两大类。脂肪族化合物指开链化合物或性质与之类似的环状化合物，例如烷烃、烯烃、炔烃和脂环烃等。芳香化合物最初是指一些具有特殊香味的化合物，后来研究表明，它们具有高度不饱和性，但很稳定，不易发生加成和氧化反应，容易发生取代反应。芳香化合物的这些特殊性称为芳香性（aromaticity），具有芳香性的化合物一般含有苯环结构，也有一些化合物不含有苯环结构但有类似于苯的独特化学性质。芳香化合物的母体是芳烃（aromatic hydrocarbon）。

第一节　分类和命名

一、分类

含苯环的芳烃称为苯型芳烃（benzenoid aromatic hydrocarbon），不含苯环的芳烃称为非苯型芳烃（non-benzenoid aromatic hydrocarbon）。苯可以看作是苯型芳烃的母体。按照它们的结构中所含的苯环数目和连接方式，苯型芳烃又可分为以下两大类。

1. 单环芳烃　这类芳烃分子中只含一个苯环，例如苯、甲苯、邻二甲苯等。

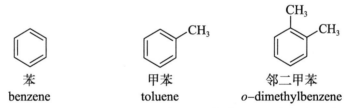

苯
benzene

甲苯
toluene

邻二甲苯
o-dimethylbenzene

2. 多环芳烃　分子中含有两个或两个以上的苯环。根据苯环的连接方式不同，又可分为以下三类。

(1) 多苯代脂肪烃：这类芳烃可看作是脂肪烃分子中的两个或两个以上的氢原子被苯环取代的化合物，例如二苯甲烷、三苯甲烷等。

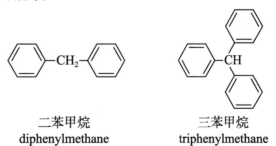

二苯甲烷
diphenylmethane

三苯甲烷
triphenylmethane

(2) 稠环芳烃：指苯环通过共用相邻的碳原子相互稠合而成的芳烃，例如萘、蒽、菲、芘等。

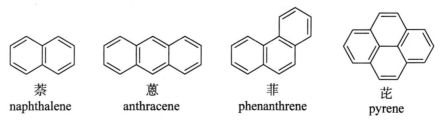

萘
naphthalene

蒽
anthracene

菲
phenanthrene

芘
pyrene

(3)联苯和联多苯:分子中的两个或两个以上的苯环以单键直接相互连接,例如联苯、对三联苯等。

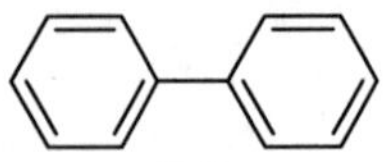

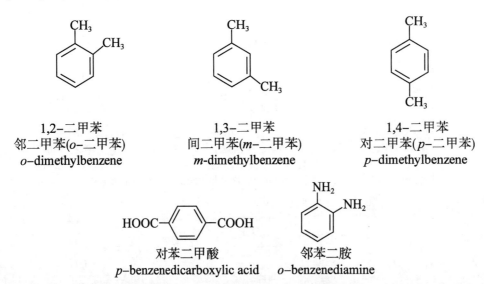

联苯
biphenyl

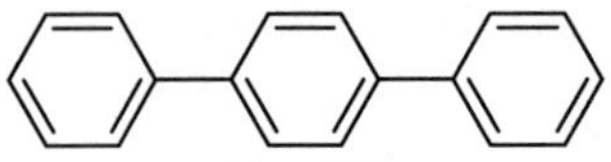

对三联苯
p-terphenyl

二、命名

许多苯的衍生物早有惯用的俗名,这些俗名常基于它们的来源,并已被 IUPAC 接受。取代苯衍生物的系统命名如下。

一取代苯中的取代基是烷基、卤素、硝基等时,以苯为母体,将取代基的名称写在母体的前面,称为某苯,例如甲苯、溴苯和硝基苯;取代基为羧基、醛基、羟基、氨基等时,则以这些官能团作为母体。例如:

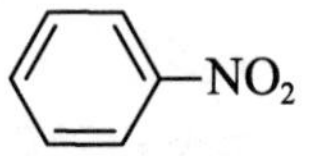

硝基苯
nitrobenzene

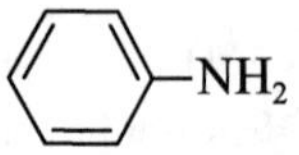

苯胺
phenylamine

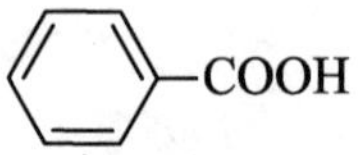

苯甲酸
benzoic acid

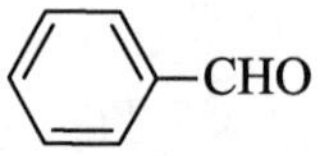

苯甲醛
benzaldehyde

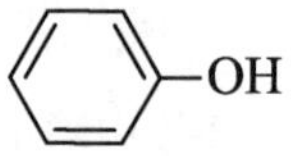

苯酚
phenol

当取代基为链状烃基时,以环状的苯为母体,链烃视作取代基。

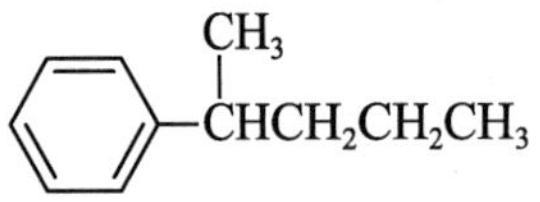

戊-2-基苯
pentan-2-ylbenzene

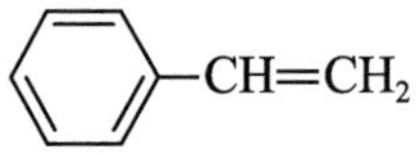

乙烯基苯
vinyl benzene

苯的二取代产物有三种异构体,它们是由于取代基在苯环上的相对位置不同而引起的。命名时用邻(*ortho*,简写为 *o*)表示两个取代基处于邻位;用间(*meta*,简写为 *m*)表示两个取代基处于中间相隔一个碳原子的两个碳上;用对(*para*,简写为 *p*)表示两个取代基处于对角位置。邻、间、对也可用1,2-、1,3-、1,4-表示。例如:

1,2-二甲苯
邻二甲苯(*o*-二甲苯)
o-dimethylbenzene

1,3-二甲苯
间二甲苯(*m*-二甲苯)
m-dimethylbenzene

1,4-二甲苯
对二甲苯(*p*-二甲苯)
p-dimethylbenzene

对苯二甲酸
p-benzenedicarboxylic acid

邻苯二胺
o-benzenediamine

当苯环上有两个或两个以上的取代基时,若取代基中含有羧基($-COOH$)、磺酸基($-SO_3H$)、醛基($-CHO$)、羟基($-OH$)、氨基($-NH_2$)等官能团,则选择其中最优先的一个官能团作为母体官能团,与苯环一起作为母体,分别称为苯甲酸、苯磺酸、苯甲醛、苯酚、苯胺,其他官能团只能作为取代基。母体官能团一般按下列官能团出现的先后顺序进行选择:羧基($-COOH$),磺酸基($-SO_3H$),醛基($-CHO$),羟

基(—OH),氨基(—NH₂)。编号时,母体官能团的位置编号为1,书写时编号1往往省略。例如:

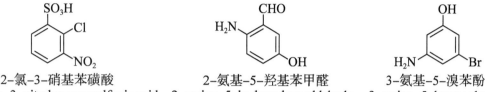

3-羟基苯甲酸或间羟基苯甲酸　　　　　　　2-氨基苯甲醛或邻氨基苯甲醛
3-hydroxybenzoic acid或*m*-hydroxybenzoic acid　　2-aminobenzaldehyde或*o*-aminobenzaldehyde

当含有多个取代基时,首先保证母体官能团的编号为1,在此基础上使取代基位次尽可能小。书写名称时,取代基按照其英文名称首字母的顺序依次列出。例如:

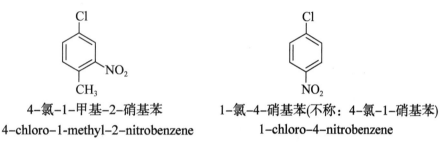

2-氯-3-硝基苯磺酸　　　　　　2-氨基-5-羟基苯甲醛　　　　3-氨基-5-溴苯酚
2-chloro-3-nitrobenzenesulfonic acid　2-amino-5-hydroxybenzaldehyde　3-amino-5-bromophenol

若苯环取代基中不含上述官能团,则以苯为母体,编号时使取代基位次组尽可能小。若存在两种编号方式的位次组完全相同时,使英文名称首字母排前的取代基编号较小。例如:

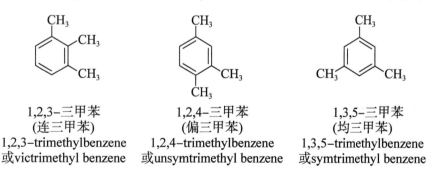

4-氯-1-甲基-2-硝基苯　　　　　　1-氯-4-硝基苯(不称: 4-氯-1-硝基苯)
4-chloro-1-methyl-2-nitrobenzene　　　1-chloro-4-nitrobenzene

若苯环上的三个取代基相同,常用"连"(英文用"vicinal",简写为"vic")为词头,表示三个基团处在1,2,3位;用"偏"(英文用"unsymmetrical",简写为"unsym")为词头,表示三个基团处在1,2,4位;用"均"(英文用"symmetrical",简写为"sym")为词头,表示三个基团处在1,3,5位。

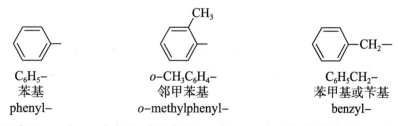

1,2,3-三甲苯　　　　　　1,2,4-三甲苯　　　　　　1,3,5-三甲苯
(连三甲苯)　　　　　　　(偏三甲苯)　　　　　　　(均三甲苯)
1,2,3-trimethylbenzene　　1,2,4-trimethylbenzene　　1,3,5-trimethylbenzene
或victrimethyl benzene　或unsymtrimethyl benzene　或symtrimethyl benzene

芳烃中少一个氢原子的基团称为芳基。例如:

C₆H₅-　　　　　　　　*o*-CH₃C₆H₄-　　　　　　　C₆H₅CH₂-
苯基　　　　　　　　　邻甲苯基　　　　　　　　苯甲基或苄基
phenyl-　　　　　　　*o*-methylphenyl-　　　　　benzyl-

泛指的芳基常用 Ar-(Aryl-)表示,苯基常用 Ph-(phenyl-)表示,苄基常用 Bn-(benzyl-)表示。

萘是由两个苯环稠合而成的芳烃分子,萘分子中的碳原子位置不是等同的,由环上的取代基位置不同而形成的同分异构体可用环碳原子的编号来表示它们的取代位置和命名。环碳原子的编号如下图所示,其中共用碳一般不编号;1,4,5,8 位等同,也称为 α 位;2,3,6,7 位等同,也称为 β 位。

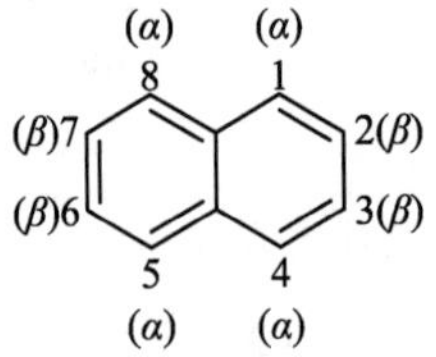

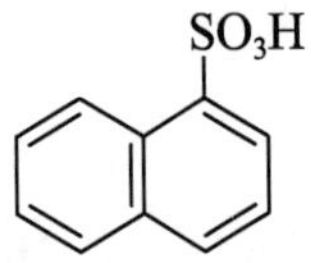

萘-1-磺酸
(萘-α-磺酸)
naphthalene-1-sulfonic acid
(naphthalene-α-sulfonic acid)

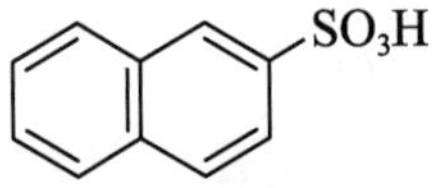

萘-2-磺酸
(萘-β-磺酸)
naphthalene-2-sulfonic acid
(naphthalene-β-sulfonic acid)

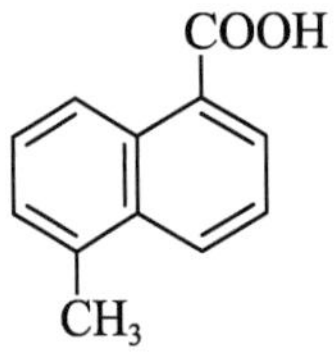

5-甲基萘-1-甲酸
5-methyl-1-naphthoic acid

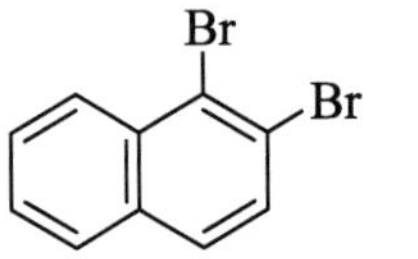

1,2-二溴萘
1,2-dibromonaphthalene

蒽和菲的编号如下图所示:

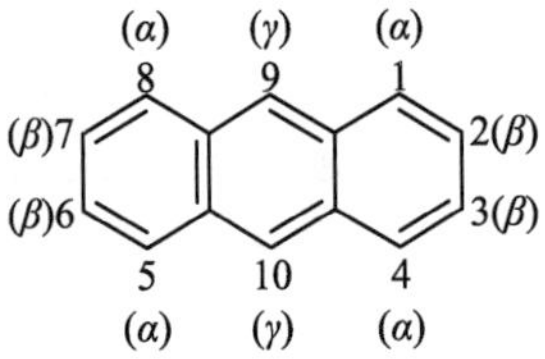

蒽
anthracene

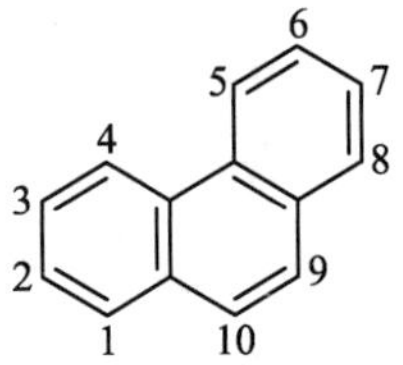

菲
phenanthrene

蒽中的三个环是直线式稠合,1,4,5,8 位等同,称为 α 位;2,3,6,7 位等同,称为 β 位;9,10 等同,称为 γ 位。菲中的三个环是非直线式稠合,不处在一条直线上,其 1,8 位、2,7 位、3,6 位、4,5 位及 9,10 位分别是等同的。

联苯环上碳原子的编号如下图所示:

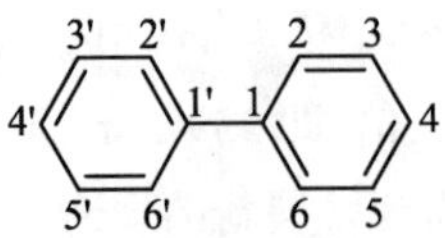

联苯
biphenyl

简单的取代联苯衍生物也可用邻、间、对的方式命名;复杂的衍生物则可用环上碳原子的编号来标明取代基的位置。例如:

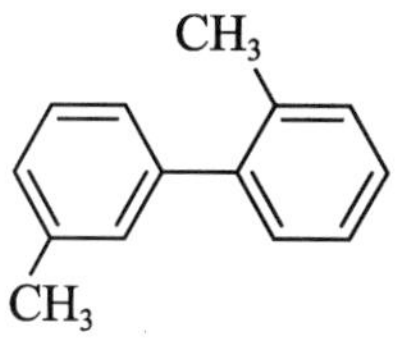

2,3'-二甲基联苯
2,3'-dimethyl biphenyl

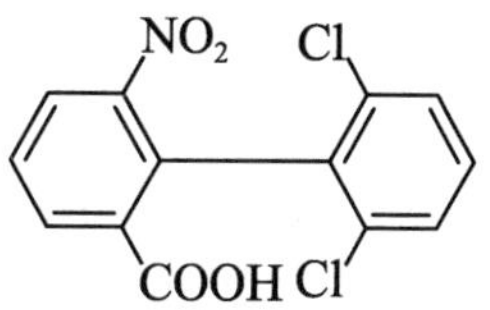

2',6'-二氯-6-硝基联苯-2-甲酸
2',6'-dichloro-6-nitrobiphenyl-2-carboxylic acid

练习题 7.1 写出四甲苯的各种异构体并命名。

练习题 7.2 命名下列化合物。

(1) 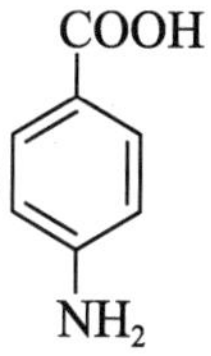   COOH ... NH₂

(2) 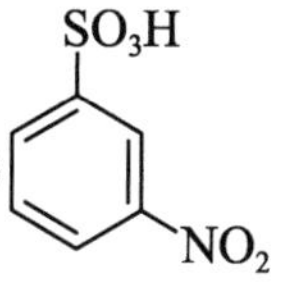   SO₃H ... NO₂

(3) 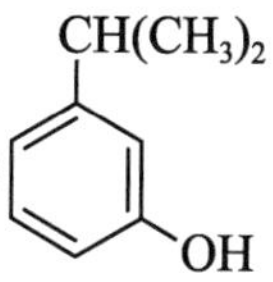   CH(CH₃)₂ ... OH

(4) 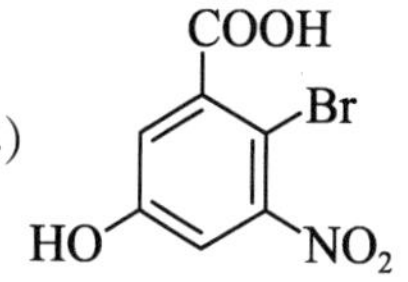   COOH, Br, HO—, NO₂

第二节 苯 的 结 构

一、凯库勒结构式

苯是 1825 年英国化学家法拉第(M. Faraday)从照明气中分离得到的,1834 年德国化学家米希尔里希(E. Mitscherlich)将苯甲酸和氧化钙一起加热得到同样的化合物,并测定出它的分子式为 C_6H_6。科学家对于分子中的六个碳和六个氢如何连接的问题进行了大量研究,发现苯的一取代只有一种产物,邻位二取代产物只有一种,有三个相同取代基的苯也只有三种。根据大量的事实和科学研究,1865 年德国化学家凯库勒(Kekulé)提出苯是含有交替单、双键的六碳原子的环状化合物。他认为苯实际上以两种结构存在,这两种结构的区别仅在于环中的单键和双键的排列方式不同,而这两种不同的排列方式围绕着环不断地振荡。凯库勒用这种单键和双键快速振荡的概念来解释苯为什么不易发生加成反应,以及苯的邻位二取代产物只有一种。

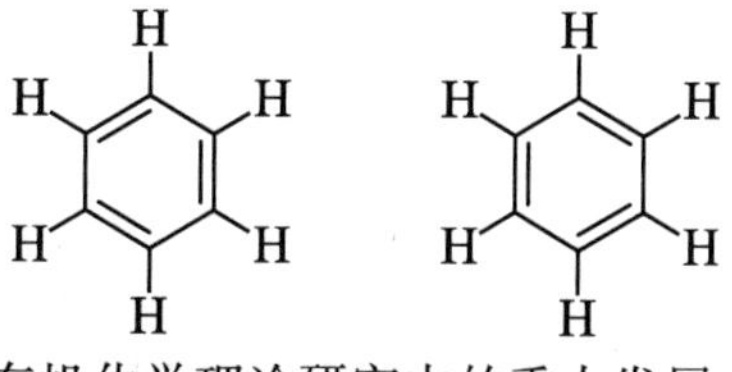

凯库勒提出的苯的结构式是有机化学理论研究中的重大发展,对有机化合物的结构理论起到很大的促进作用,但也有不足之处。它不能解释苯比较稳定、不易与 $KMnO_4$ 等强氧化剂发生反应、在反应中苯环常保持不变、燃烧热和氢化热都比较低等实验现象。

苯的氢化热为 208kJ/mol,环己烯的氢化热为 119.7kJ/mol,环己二烯的氢化热为 231.6kJ/mol,而假想的环己三烯的氢化热应为环己烯的三倍,即 359kJ/mol。苯的氢化热低,说明苯很稳定(能量越低越稳定)。如何解释这一特殊的稳定性,需要发展新的理论。

二、芳香六隅体

现代物理法(光谱法、电子衍射法、X 射线衍射法)测定苯的结构(图 7-1)表明:①分子是平面正六边形,六个碳和六个氢处于同一平面上。②六个碳碳键等长,均为 140pm,处于碳碳单键的 154pm 和双键的 134pm 之间;六个碳氢键的键长均为 108pm。③键角均为 120°。

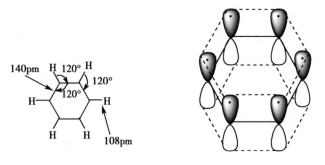

图 7-1　苯分子的键长、键角和大 π 键

为何会出现上述情况呢？

杂化轨道理论认为，苯分子的六个碳原子均为 sp^2 杂化，相邻的碳原子之间以 sp^2 杂化轨道互相重叠，形成六个均等的碳碳 σ 键；每个碳原子又各用一个 sp^2 杂化轨道与氢原子的 1s 轨道重叠，形成碳氢 σ 键。所有轨道之间的键角都为 120°，由于 sp^2 杂化轨道都处在同一平面内，所以苯的六个氢原子和六个碳原子共平面，每个碳原子还剩下一个未参与杂化的垂直于分子平面的 p 轨道，这六个 2p 轨道（每个碳原子一个）相互侧面重叠构成一个由六个碳原子形成的环状大 π 键（图 7-1），六个 π 电子为六个碳原子所共享，电子云对称、均匀地分布在环平面的上、下方，因此苯分子中没有单、双键区别。由于 π 电子不是局限于两个碳原子之间，而是离域在整个环状的体系中，因此苯有特殊的稳定性。

三、苯的分子轨道模型

图 7-1 已能部分地表示苯分子中 π 电子的运动情况，而分子轨道理论能更精确地描述苯分子中 π 电子的运动状态，它认为苯分子中的六个 p 原子轨道彼此作用形成六个 π 分子轨道，它们的形状及相应的能级如图 7-2 所示。从图 7-2 中可以看出，苯有六个 π 分子轨道，ψ_1、ψ_2 和 ψ_3 是能量较低的成键轨道，ψ_4、ψ_5 和 ψ_6 是能量较高的反键轨道。在三个成键轨道中，ψ_1 没有节面，能量最低；ψ_2 和 ψ_3 各有一个节面，它们的能量相等，但都比 ψ_1 高。分子轨道理论将两个能量相等的轨道称为简并轨道，ψ_2 和 ψ_3 是一对简并轨道。同样，反键的 ψ_4 和 ψ_5 也是一对简并轨道，它们各有两个节面，能量比 ψ_2 和 ψ_3 高。反键的 ψ_6 能量最高，它有三个节面。基态时，六个 π 电子占据三个成键轨道，所以苯的 π 电子云

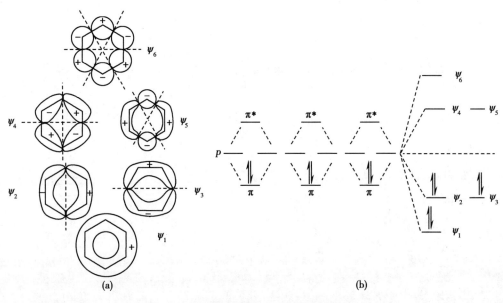

（a）分子轨道图（俯视图）；（b）分子轨道能级。

图 7-2　苯的 π 分子轨道和能级图解

是由三个成键轨道叠加而成的,叠加的最后结果是 π 电子云在苯环上下对称地均匀分布,又由于碳碳 σ 键也是均等的,所以碳碳键长完全相等,形成一个正六边形的碳架。闭合的电子云可以使苯分子在磁场中产生环电流,环电流可看作是没有尽头的,因此离域范围很广。如图 7-2 所示,三个成键轨道中的电子总能量大大低于处在三个孤立的 π 成键轨道中的总能量,因此具有特殊的稳定性。

四、共振论对苯结构的解释

共振论用两个经典的价键结构式(极限式)之间的共振来描述苯的结构,它认为苯的真实结构是这两个极限式(凯库勒结构式)的共振杂化体。按照共振论的观点,每个极限式对共振杂化体具有其相应的贡献,能量较低的极限式对共振杂化体的贡献较大;相同极限式间的共振,其共振杂化体的能量特别低。因为苯的两个极限式结构相同,所以共振杂化体的能量比假想的环己三烯低得多,有特殊的稳定性。可见共振论对苯结构的描述与凯库勒对苯结构的描述是不同的,凯库勒认为苯是两个环己三烯间的不断互相转化,而共振论认为苯的真实结构只有一个,是两个凯库勒结构式的共振杂化体,因此特别稳定,没有单、双键区别,不易发生加成和氧化反应。

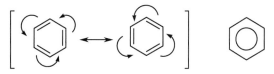

在书写苯的结构时,为简化起见,一般用凯库勒结构式表示,也可以在六元环内加一个圆圈表示。

第三节　苯及其同系物的物理性质及光谱性质

一、物理性质

苯及其同系物一般为无色而具有气味的液体,不溶于水,相对密度和折光率比相应的链烃和脂环烃高[苯的密度为 0.876 5g/cm³(20℃)]。液体芳烃常用作有机溶剂,但具有一定的毒性。高浓度的苯蒸气会引起中枢神经急性中毒,长期接触低浓度的苯蒸气会损害造血系统,使用时应注意防护。表 7-1 列出苯及其某些同系物的物理常数。

表 7-1　苯及其某些同系物的物理常数

化合物	熔点 /℃	沸点 /℃
苯	5.4	80.1
甲苯	−93	110.6
邻二甲苯	−28	114
间二甲苯	−54	139
对二甲苯	−13	138
乙苯	−93	136
丙苯	−99	159.5
异丙苯	−96	152
苯乙烯	−31	146
苯乙炔	−45	142

二、光谱性质

(一)红外吸收光谱

苯和取代苯在红外吸收光谱(IR)中的重要特征吸收峰是：

1. 芳环上的 C—H 伸缩振动　~3 030cm⁻¹。

2. 芳环上的 C═C 骨架振动　1 600~1 400cm⁻¹，一般在 1 600cm⁻¹、1 580cm⁻¹、1 500cm⁻¹ 和 1 450cm⁻¹ 处有四个吸收峰。

3. 芳环上氢(Ar–H)的面外弯曲振动　900~600cm⁻¹ 处,其吸收峰的位置与苯环上取代基的数目及其位置有关。

图 7-3 为甲苯的红外吸收光谱,甲基 C—H 的伸缩振动吸收峰位于脂肪族烷烃 C—H 的伸缩振动吸收范围 ~2 950cm⁻¹。

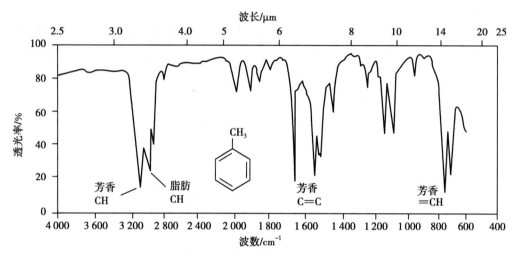

图 7-3　甲苯的红外吸收光谱图

(二)核磁共振氢谱

苯环上的六个氢是等价的,在核磁共振氢谱(¹H-NMR)中呈单峰,化学位移(δ 值为)7.27ppm。其他苯衍生物的芳环上氢的化学位移也均出现在 δ 6.5~8.0ppm 的低场区域。

在取代苯衍生物中,芳环上的取代基除有它们本身的核磁共振吸收峰外,可能会影响芳环上氢的核磁共振。给电子基团使芳环上氢的化学位移向高场移动,吸电子基团使芳环上氢的化学位移向低场移动。图 7-4 和图 7-5 分别显示乙苯和硝基苯的核磁共振氢谱。

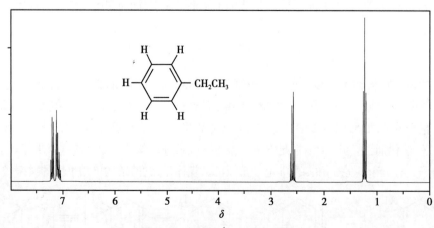

图 7-4　乙苯的 ¹H-NMR 谱图

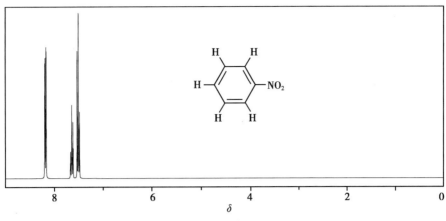

图 7-5　硝基苯的 ^{1}H–NMR 谱图

(三) 质谱

　　芳烃有较强的分子离子峰,其质谱裂解规律为易发生 β 开裂,生成䓬鎓离子。苯的同系物易生成 $C_7H_7^+$,m/z 91 峰较强; 萘的同系物易生成 $C_{11}H_9^+$,m/z 141 峰较强; 苯环的碎片离子顺次失去 C_2H_2。因此化合物含苯环时,一般可见 m/z 39、51、65、77 等峰。

　　例如在乙苯的质谱图中,分子离子峰为 m/z 106,失去一个甲基得碎片峰 m/z 91,该碎片峰再失去一个亚甲基得碎片峰 m/z 77,再失去一个乙炔得碎片峰 m/z 51。见图 7-6。

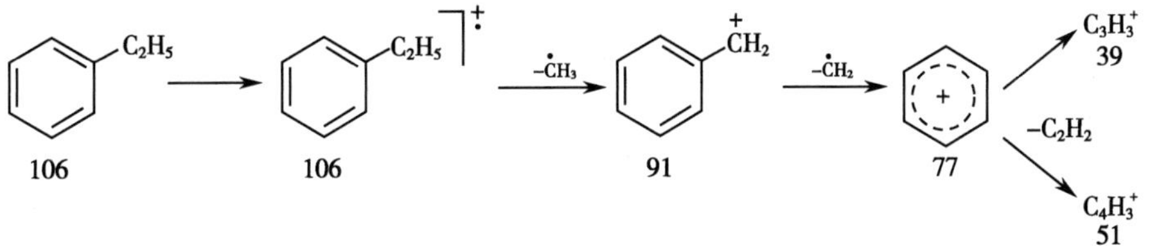

图 7-6　乙苯的质谱图

第四节　苯及其同系物的化学性质

一、苯环上的亲电取代反应

(一) 反应机理

苯富含 π 电子,易受亲电试剂进攻,在适当的催化剂存在下,能与亲电试剂发生取代反应。

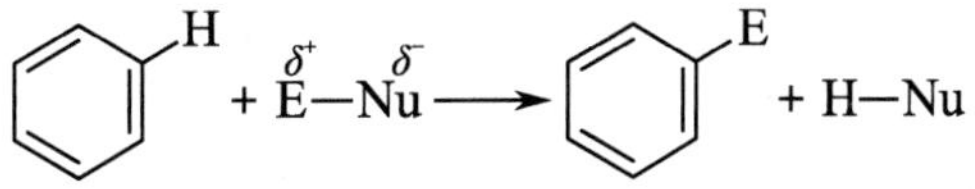

　　芳香亲电取代反应的第一步类似于亲电试剂对烯烃的加成,亲电试剂首先从苯环上接受一对 π 电子,连接于环上,生成一个共振稳定化的碳正离子活性中间体。因为苯环向亲电试剂提供的这对电子是离域于整个苯环的,所以该步骤的反应比烯烃难得多。事实上,反应需要有强路易斯酸(如 AlCl$_3$ 或 FeBr$_3$ 等)作催化剂,借助产生活性足够大的亲电试剂来进攻苯环才能完成这个步骤。这一步所形成的碳正离子具有五个碳原子和四个 π 电子形成的共轭体系,它的结构可用下面的共振式表示。

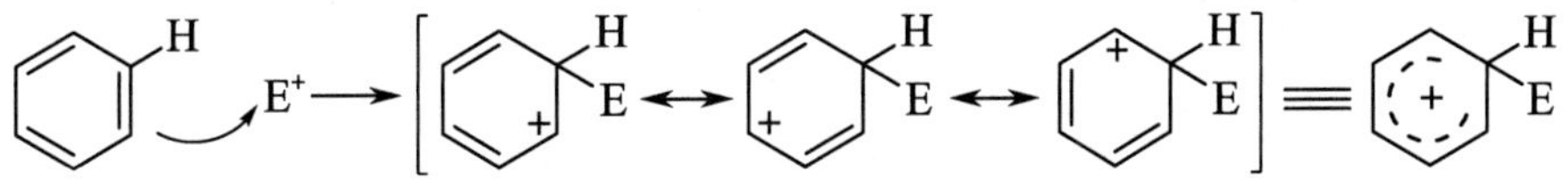

　　反应的第二步为与新进入苯环的亲电试剂 E 相连的碳上的氢以质子形式从碳正离子中间体离去,恢复苯环的六电子 π 体系,生成取代产物。在这一步中,反应介质中的负离子 Nu⁻ 起到碱的作用,帮助质子的离去。

$$\text{（反应式）}$$

　　图 7-7 显示苯的亲电取代反应过程的能量变化。一般来说,第一步反应的活化能 E_{a_1} 大于第二步反应的活化能 E_{a_2},整个反应的反应速率取决于第一步,是速率决定步骤。

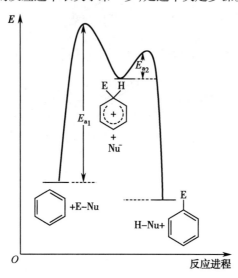

图 7-7　苯的亲电取代反应过程的能量变化示意图

（二）常见的亲电取代反应

1. 卤代反应

$$ArH + X_2 \xrightarrow{FeX_3} ArX + HX \ (X=Cl,Br)$$

　　在三卤化铁的催化下,苯与卤素发生卤代反应(halogenation reaction)生成卤代苯。卤素的活性次序为氟>氯>溴>碘。氟代反应太剧烈,不易控制。碘代反应不仅太慢,且生成的碘化氢是还原剂,可使反应逆转。因此,卤代反应通常不用于氟化物和碘化物的制备。反应常用 $FeCl_3$、$FeBr_3$、$AlCl_3$、$CuCl_2$、$SbCl_5$ 等路易斯酸作催化剂,也常用铁粉直接与卤素反应生成卤化铁来催化反应。催化剂的作用是通过路易斯酸碱反应,使亲电活性不足的卤素转变为活性更强的亲电试剂。例如在下面的反应中,由路易斯酸和溴生成的溴正离子作亲电试剂使得反应发生。

$$\text{（反应式）} \xrightarrow[55\sim60℃]{FeBr_3}$$

$$FeBr_3 + Br_2 \longrightarrow FeBr_4^- + Br^+$$

$$\text{（反应式）}$$

　　练习题 7.3　试写出苯与溴在三溴化铁催化下的反应机理,并解释为何生成取代产物,而不是加成产物。

2. 硝化反应

$$ArH + HONO_2 \xrightarrow{H_2SO_4} ArNO_2 + H_2O$$

苯与浓硝酸和浓硫酸的混合物（常称为混酸）发生硝化反应（nitration reaction）生成硝基苯。反应结果是在芳环上引入一个硝基（—NO_2）。浓硝酸和浓硫酸通过路易斯酸碱反应，产生硝基正离子（NO_2^+）亲电试剂，然后与苯进行下一步反应。

$$\text{（苯）} + HNO_3 \xrightarrow{H_2SO_4} \text{（硝基苯）} + H_2O$$

硝基苯

$$HNO_3 + 2H_2SO_4 \rightleftharpoons NO_2^+ + H_3O^+ + 2HSO_4^-$$

$$\text{（苯）} + NO_2^+ \longrightarrow \text{（中间体）} \longrightarrow \text{（硝基苯）} + H^+$$

硝基苯不易继续硝化。如果用发烟硝酸和浓硫酸，则在95℃时硝基苯可转变为间二硝基苯。

$$\text{（硝基苯）} \xrightarrow[95℃]{\text{发烟硝酸，浓硫酸}} \text{（间二硝基苯）}$$

> **练习题 7.4** 写出甲苯与 NO_2^+ 反应生成硝基甲苯的过程。

3. 磺化反应

$$ArH \xrightarrow{\text{发烟硫酸}} ArSO_3H + H_2O$$

苯与浓硫酸或发烟硫酸发生磺化反应（sulfonation reaction）生成苯磺酸。在磺化反应中，亲电试剂是 SO_3。发烟硫酸是含 SO_3 的浓硫酸。

$$\text{（苯）} + HOSO_3H\text{(浓)} \xrightarrow{75\sim80℃} \text{（苯磺酸）}$$

$$\text{（苯）} + SO_3 \xrightarrow[40℃]{\text{浓}H_2SO_4} \text{（苯磺酸）}$$

苯磺酸

浓硫酸自身反应也会产生 SO_3。

$$2H_2SO_4 \rightleftharpoons SO_3 + H_3O^+ + HSO_4^-$$

反应机理可用下面的反应式表示。

$$\text{（苯）} + \overset{O}{\underset{O}{\overset{\delta^+}{S}}}{=}\overset{\delta^-}{O} \rightleftharpoons \text{（中间体）}$$

$$\text{（中间体）} + HSO_4^- \xrightarrow{\text{快}} \text{（苯磺酸根）} + H_2SO_4$$

$$\underset{}{SO_3^-} + H_3O^+ \underset{}{\overset{快}{\rightleftharpoons}} \underset{}{SO_3H} + H_2O$$

产物苯磺酸在较强烈的条件下可进一步反应,主要得间位产物。

$$\underset{苯磺酸}{SO_3H} + SO_3 \xrightarrow[\text{浓}H_2SO_4]{220\sim230℃} \underset{间苯二磺酸}{\overset{SO_3H}{\underset{SO_3H}{}}}$$

磺化反应是可逆反应,苯磺酸与稀酸一起加热又返回苯和硫酸。这是因为三氧化硫与苯环能结合成一个比较稳定的电中性中间体,比硝化、卤代反应机理中的正电中间体更稳定。而卤代、硝化反应的中间体带正电荷,一经生成,立刻与溶液中的负离子作用,脱去质子而生成产物,所以它们是不可逆的。磺化反应的可逆性在芳香衍生物的合成中起很重要的作用。

$$\underset{}{SO_3H} + H_2O \underset{}{\overset{H^+}{\rightleftharpoons}} \underset{}{} + H_2SO_4$$

练习题 7.5 写出下列反应的产物。

$$CH_3\text{—}\underset{}{}\text{—}SO_3H + H_2O \xrightarrow[\triangle]{H_2SO_4}$$

---

4. 弗里德－克拉夫茨反应 弗里德－克拉夫茨(Friedel-Crafts)反应简称 F–C 反应,此反应有两类:F–C 烷基化反应(Friedel-Crafts alkylation reaction)和 F–C 酰基化反应(Friede-Crafts acylation reaction)。前者向芳环引入一个烷基,后者向芳环引入一个酰基。

(1) F–C 烷基化反应

$$ArH + RX \xrightarrow{AlX_3} Ar\text{—}R + HX$$

卤代烷在 $AlCl_3$、$FeCl_3$、$SnCl_4$、BF_3、$ZnCl_2$ 等路易斯酸催化下与苯反应,生成烷基苯。催化剂的作用是使卤代烷转变成烷基碳正离子亲电试剂。溴代烷和氯代烷是常用于该反应的卤代烷。

$$\underset{}{} + CH_3CH_2Br \xrightarrow{\text{路易斯酸}} \underset{}{\overset{CH_2CH_3}{}} + HBr$$

F–C 烷基化反应不易控制在一取代阶段,常常得到一取代、二取代、多取代产物的混合物。要得到纯的一取代产物,需使用过量的苯。

F–C 烷基化反应易发生重排,不适合制备长的直链烷基苯。例如苯与 1-氯丙烷在三氯化铝存在下反应,只得到少量期望的正丙基苯,较多的产物是异丙基苯。

$$\underset{}{} + CH_3CH_2CH_2Cl \xrightarrow{AlCl_3} \underset{主产物}{\overset{CH(CH_3)_2}{}} + \underset{少量产物}{\overset{CH_2CH_2CH_3}{}}$$

这是反应中生成的伯碳正离子很容易重排成较稳定的仲碳正离子造成的。

07K01

7-K-1
科学家简介

$$CH_3-CH_2-\overset{+}{C}H_2 \longrightarrow CH_3-\overset{+}{C}H-CH_3$$
$$较稳定$$

另外,对于苯环上有—NO_2、—SO_3H、—CN 和羰基等的芳烃,由于这些取代基的吸电子性,使芳环的活性降低,F–C 烷基化反应不能发生。

除用卤代烷外,还可用烯或醇在酸催化下发生烷基化反应。醇和烯在酸催化下均能形成烷基碳正离子亲电试剂。

$$R-\overset{\cdot\cdot}{O}H + H^+ \longrightarrow R\overset{+}{\overset{\cdot\cdot}{O}}\!\!\begin{smallmatrix}H\\H\end{smallmatrix} \xrightarrow{-H_2O} R^+$$

苯 + $(CH_3)_2CHOH \xrightarrow[65℃]{H_2SO_4}$ 苯环—$CH(CH_3)_2$

$$R-CH=CH_2 + H^+ \longrightarrow R\overset{+}{C}HCH_3$$

苯 + $CH_3CH_2CH=CH_2 \xrightarrow{H_2SO_4}$ 苯环—$\overset{CH_3}{\underset{}{C}}HCH_2CH_3$

(2) F–C 酰基化反应

$$ArH + RCOCl \xrightarrow{AlCl_3} Ar-COR + HCl$$

酰卤或酸酐在路易斯酸催化下与苯反应生成酰基苯(芳香酮)。反应结果是向芳环引入一个酰基。在此反应中,酰卤或酸酐与催化剂作用,生成进攻芳环的酰基正离子亲电试剂。

$$R-\overset{O}{\overset{\|}{C}}-Cl + AlCl_3 \longrightarrow R-\overset{O}{\overset{\|}{C}}{}^+ + [AlCl_4]^-$$

$$(R-\overset{O}{\overset{\|}{C}}-)_2O + AlCl_3 \longrightarrow R-\overset{O}{\overset{\|}{C}}{}^+ + RCO-AlCl_3^-$$

苯 + $RCOCl \xrightarrow{AlCl_3}$ 苯环—$\overset{O}{\overset{\|}{C}}$R

苯 + 丁二酸酐 $\xrightarrow{AlCl_3}$ 苯环—$\overset{O}{\overset{\|}{C}}$—$CH_2CH_2$—COOH

当苯环上有强吸电子基团时,F–C 酰基化反应也不能发生。由于酰基使苯环钝化,因而 F–C 酰基化反应停留在一取代阶段。

练习题 7.6 写出下列反应的产物和反应机理。

(1) 苯 + $(CH_3)_2CHCH_2Cl \xrightarrow{AlCl_3}$

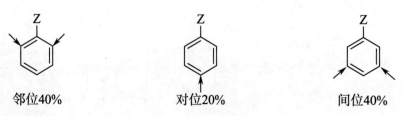

二、取代苯的亲电取代反应的定位规律

(一) 取代基对反应速率的影响

若苯环上已有取代基,再进行亲电取代反应时,环上已存在的取代基会对苯环活性(即反应速率)及第二个取代基进入苯环的位置产生影响。以苯及一些取代苯的硝化反应为例,它们的相对反应速率如下:

相对反应速率

酚	甲苯	苯	氯苯	硝基苯
10^{13}	25	1	$3×10^{-2}$	$1×10^{-7}$

从实验数据可见,酚和甲苯的硝化反应比苯快,环上的羟基和甲基具有使芳环亲电取代反应活性提高的作用;氯苯和硝基苯的硝化反应比苯慢,即环上的氯和硝基具有使芳环亲电取代反应活性降低的作用。以苯为比较标准,能使芳香亲电取代反应活性提高的取代基称为活化基团(activating group),而使芳香亲电取代反应活性降低的取代基称为钝化基团(deactivating group)。因此,羟基和甲基是活化基团,卤素和硝基是钝化基团。在活化基团和钝化基团中,不同基团的作用强弱是有差别的,详见表7-2。这些差别对二取代苯再进一步的亲电取代反应的定位作用(directing effect)是很重要的。

表 7-2　常见的邻对位定位基和间位定位基及其对苯的活性的影响

邻对位定位基	对活性的影响	间位定位基	对活性的影响
$—NH_2(R),—OH$	强活化	$—NO_2,—CF_3,—{}^+NR_3$	很强钝化
$—OR,—NHCOR$	中等活化	$—CHO,—COR,—COOH(R)$	强钝化
$—R,—Ar,—CH＝CR_2$	弱活化	$—COCl,—CONH_2$	强钝化
$—X,—CH_2Cl$	弱钝化	$—SO_3H,—C≡N$	强钝化

(二) 一取代苯的亲电取代反应的定位规律

苯环上的取代基不仅会影响芳环亲电取代反应的活性,同时对亲电取代反应中第二个取代基进入芳环的位置具有定位作用。

当苯的一取代物进行亲电取代反应时,新取代基可进入原有取代基的邻位、对位和间位,生成三种二取代产物。若新取代基进入五个位置(两个邻位、两个间位、一个对位)的概率相同,在二取代产物中邻位、对位和间位异构体应各占 40%、20% 和 40%。

但实际情况并非如此,例如硝基苯的硝化,得到 93% 以上的间位产物,而苯酚的硝化则得到几乎 100% 的邻、对位产物。

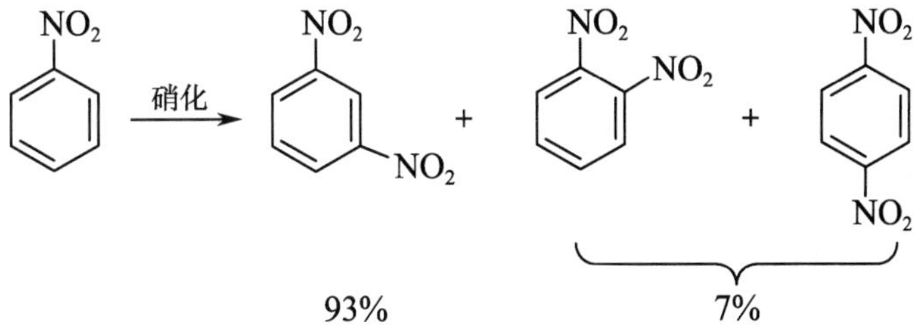

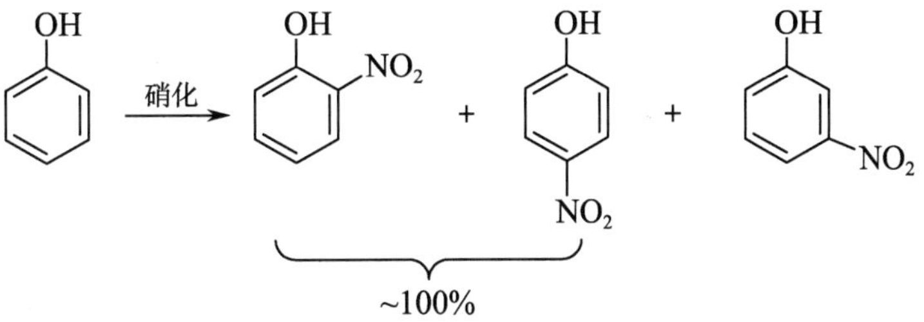

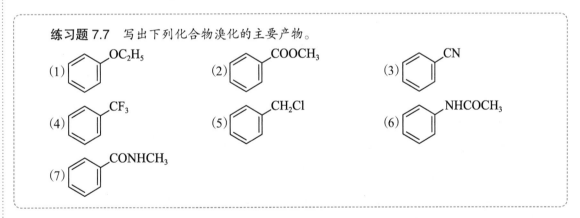

93%   7%

~100%

可见在苯环的亲电取代反应中,第二个取代基进入的位置取决于原有的取代基,故称原有的取代基为定位基(directing group)。

某些定位基使亲电试剂主要进攻其邻、对位,并使其邻、对位产物超过 60% 者称之为邻对位定位基(*ortho-para* directing group);某些定位基使亲电试剂主要进攻其间位,并使间位产物的产率超过 40% 者称之为间位定位基(*meta* directing group)。除卤素外,绝大多数邻对位定位基都可使苯环活化。邻对位定位基的结构特点是与苯环直接相连的原子大都是饱和的,有的该原子上还带有未共用电子对;而间位定位基都可使苯环钝化,其与苯环直接相连的是带正电荷的原子(例如—N^+R_3)或是极性不饱和基团(例如—NO_2 和—$C \equiv N$ 等)。

练习题 7.7 写出下列化合物溴化的主要产物。

(1) [图:苯环—OC_2H_5]   (2) [图:苯环—$COOCH_3$]   (3) [图:苯环—CN]

(4) [图:苯环—CF_3]   (5) [图:苯环—CH_2Cl]   (6) [图:苯环—$NHCOCH_3$]

(7) [图:苯环—$CONHCH_3$]

(三) 一取代苯的亲电取代反应的定位规律和活性的理论解释

一取代苯在进行亲电取代反应时,与苯一样,反应分两步进行,第一步生成碳正离子中间体,这是决定取代反应速率的步骤,但一取代苯接受亲电试剂进攻后可生成邻、对、间三种反应中间体(2)、(3)、(4),然后再产生三种相应的取代产物。

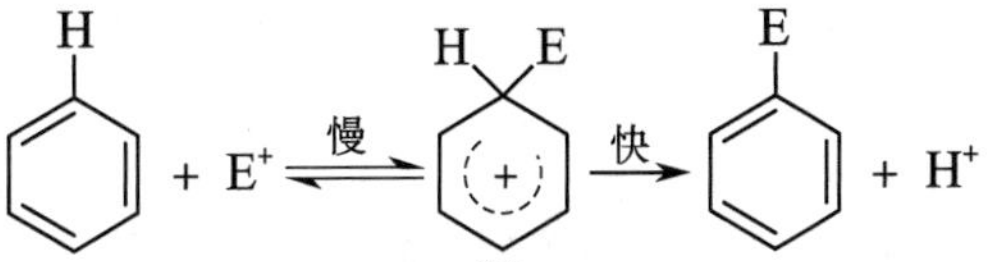

[图:苯 + E^+ $\xrightarrow{\text{慢}}$ 碳正离子中间体 (1) $\xrightarrow{\text{快}}$ 取代产物 + H^+]

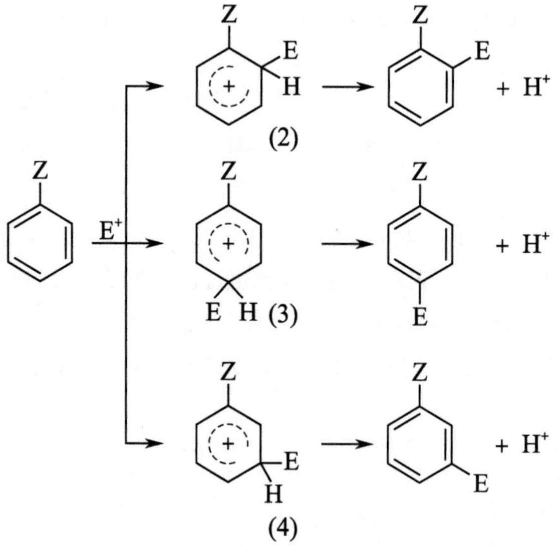

碳正离子中间体

　　一取代苯接受亲电试剂进攻所生成的三种碳正离子的稳定性是不同的,若原有基团 Z 是邻对位定位基,则碳正离子中间体(2)和(3)比(4)稳定;若是间位定位基,则碳正离子(4)的稳定性比(2)和(3)高。若碳正离子(2)或(3)或(4)的稳定性比苯在同一反应中的碳正离子(1)高,则 Z 为活化基团;反之,Z 为钝化基团。稳定性比较如下:

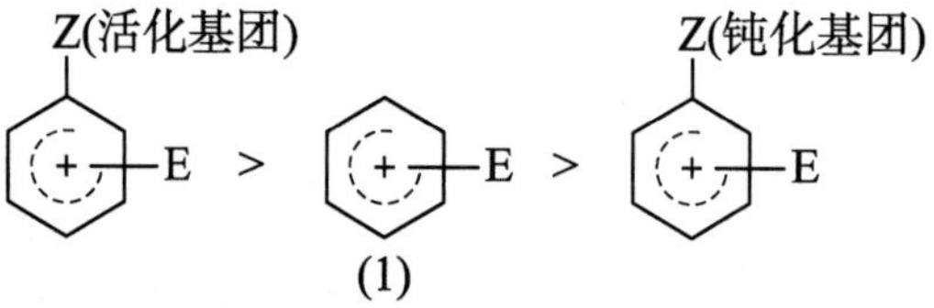

　　下面举几种典型的取代基,对亲电取代反应的活性和定位规律给以具体解释。

　　1. 甲基　以甲苯的硝化反应为例,硝基进攻邻、对及间位所产生的碳正离子活性中间体如下。

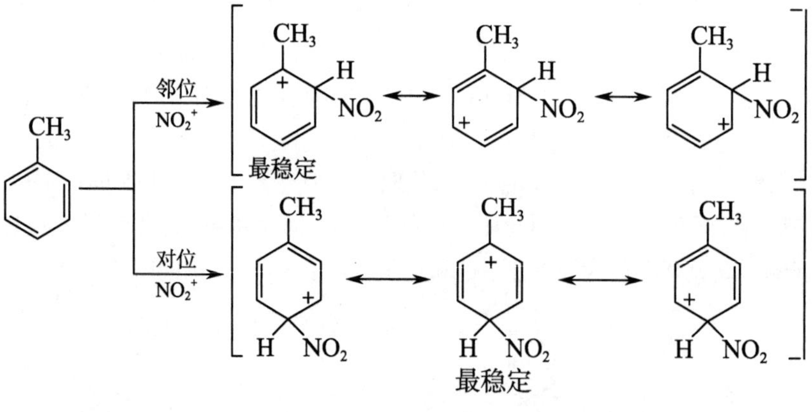

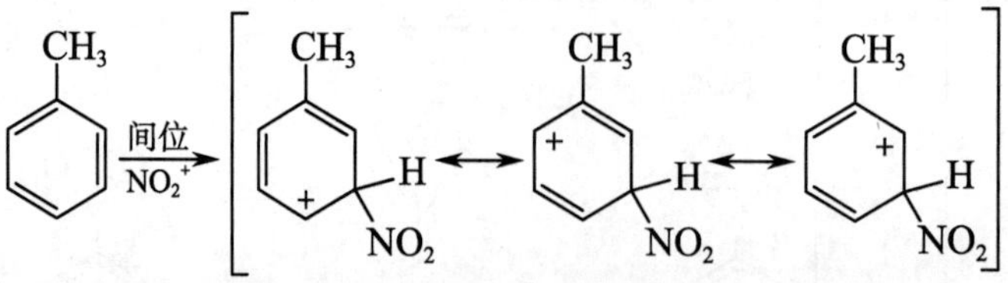

　　由于甲基是给电子基,使三种碳正离子的稳定性比苯的亲电取代生成的碳正离子(1)大,所以甲苯的硝化速率比苯快,甲基是活化基团。同时,在硝基进攻邻位或对位时所产生的碳正离子中间体的三个极限式中,有一个极限式是叔碳正离子,它对共振杂化体有主要贡献;而硝基进攻间位所产生的

碳正离子中间体的三种极限式均是仲碳正离子。因此硝基进攻邻、对位所得的碳正离子中间体比进攻间位所得的碳正离子中间体稳定,故甲基是邻对位定位基。

2. **羟基**　羟基对 Br$^+$ 进攻邻、对位产生的碳正离子中间体有较大的稳定作用,这是因为碳正离子中间体都有一个碳和氧的外层电子,都能满足八隅体电子结构的极限式,较稳定,对共振杂化体的贡献最大。而 Br$^+$ 进攻羟基的间位时,在活性中间体的极限式中都有外层电子不是八个电子的碳原子。此外,Br$^+$ 进攻邻、对位的活性中间体有四个极限式,而进攻间位只有三个极限式。基于这些因素,Br$^+$ 进攻羟基邻、对位所形成的碳正离子中间体比进攻间位的稳定,所以羟基是邻对位定位基。氧原子上的 p 电子与苯环可形成供电子的 p–π 共轭效应,有使苯环的电子云密度增高的趋势,而且碳正离子中间体比苯受 E$^+$ 进攻产生的中间体(1)稳定,所以羟基对苯的亲电取代反应起活化作用,是活化基团。

其他具有未共用电子对的基团除卤素外,—OR 和—NH$_2$(R)等和羟基有类似的定位作用。

3. **硝基**　亲电试剂进攻其邻位或对位取代所产生的碳正离子中间体有一个很不稳定的极限式,其正电荷分布在直接与吸电子基相连的环碳原子上,这在能量上是不利的;而当间位取代时,碳正离子中间体的极限结构式中没有这种不稳定的极限式。因此,进攻间位所产生的碳正离子中间体比邻位或对位取代所产生的碳正离子中间体稳定,间位取代较为有利,所以硝基是间位定位基。但这三种碳正离子受硝基的吸电子影响,都比中间体(1)更不稳定。因而硝基使亲电取代反应速率比苯慢,是钝化基团。醛(酮)基、氰基和羧基等极性不饱和基团的定位和钝化作用与硝基类似。

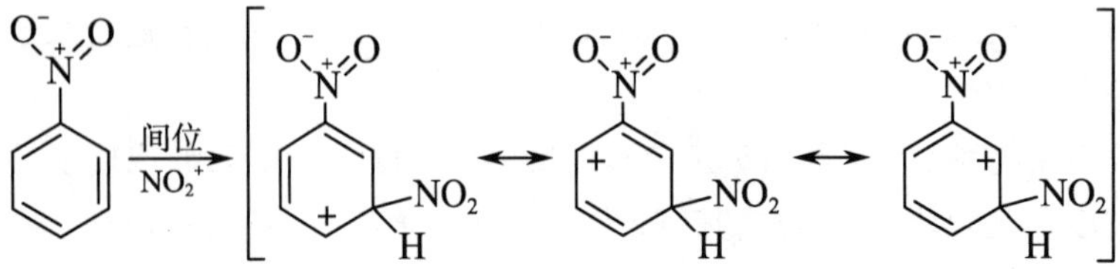

4. **卤素**　硝基正离子进攻氯的邻、对和间位,分别形成邻、对和间位取代的碳正离子。

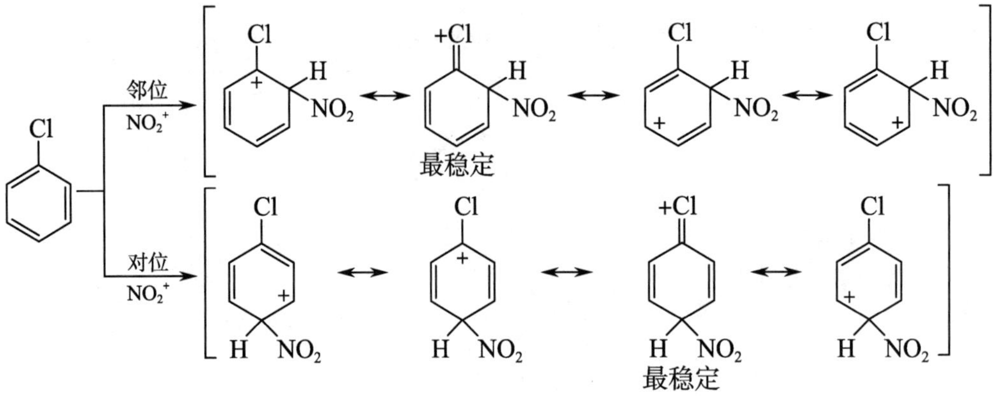

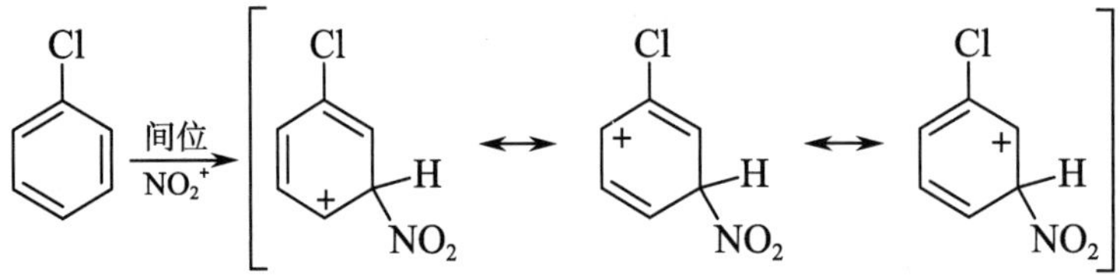

在邻位和对位中有氯鎓离子结构的极限式,氯鎓离子中的每个原子的最外层均满足八隅体的电子结构,比较稳定;而间位中没有这样的极限式。另外,邻位和对位都有四个极限式,而间位只有三个极限式,参与共振的极限式越多,共振杂化体应越稳定。基于这两个原因,邻位和对位取代的碳正离子活性中间体比间位稳定,易生成,所以氯是邻对位定位基。

氯的电负性比碳大,具有强吸电子作用,使苯环的电子云密度降低,亲电取代反应速率比苯慢,是钝化基团。虽然还有另外一种因素存在,即氯原子上的 p 电子与苯环可形成供电子的 p-π 共轭效应,有使苯环的电子云密度增高的趋势,但这种作用和氯的强吸电子作用比较很微弱,不足以发挥作用。所以,氯对苯的亲电取代反应起钝化作用。

> **练习题 7.8**　写出溴苯硝化的活性中间体的共振极限式,比较这些极限式的稳定性并说明理由。

(四) 二取代苯的亲电取代反应的经验规律

当苯环上已有了两个取代基,如再发生亲电取代反应,第三个取代基进入的位置有如下三种情况。

1. 原有的两个取代基都是邻、对位定位基再进行亲电取代,第三个取代基进入的位置主要由定位能力强的邻对位定位基决定。因为它可以更多地降低反应中间体和过渡态的能量,使这些位置更容易发生反应。例如对甲基苯甲醚,由于甲氧基的定位能力比甲基强,因此甲氧基的邻位更容易发生亲电取代。

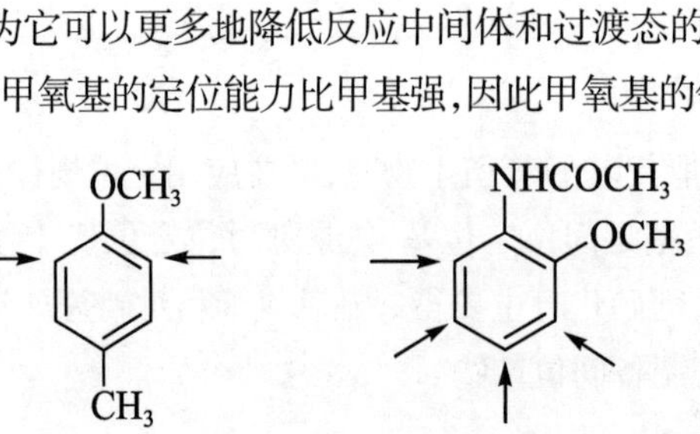

　　当苯环上的两个定位基的定位能力接近时,例如邻甲氧基乙酰苯胺,再进行亲电取代的四种产物都有,很难预测它们的比例。

　　2. 原有的两个取代基一个是邻对位定位基而另一个是间位定位基,新取代基进入的位置主要由邻对位定位基决定,因为它能活化苯环,其定位影响大于钝化苯环的间位定位基。例如间硝基乙酰苯胺,进行亲电取代时,取代基主要进入乙酰氨基的邻、对位。但两个取代基中间的位置由于位阻效应的存在,一般不易引入新的取代基。

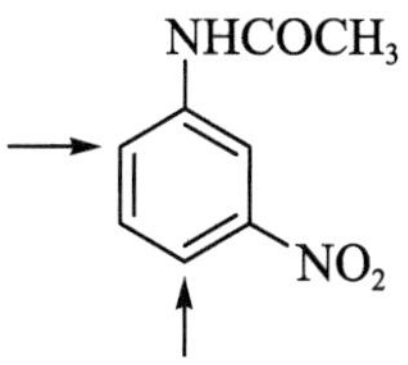

　　3. 原有的两个取代基都是间位定位基,而且它们分别处在1,3位,例如3-硝基苯甲酸,亲电取代时,新引入的取代基主要进入5位。

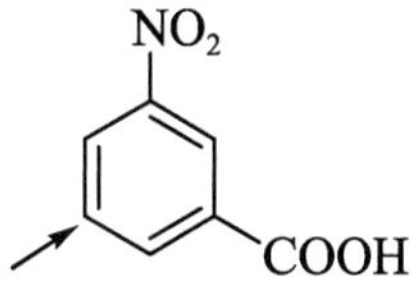

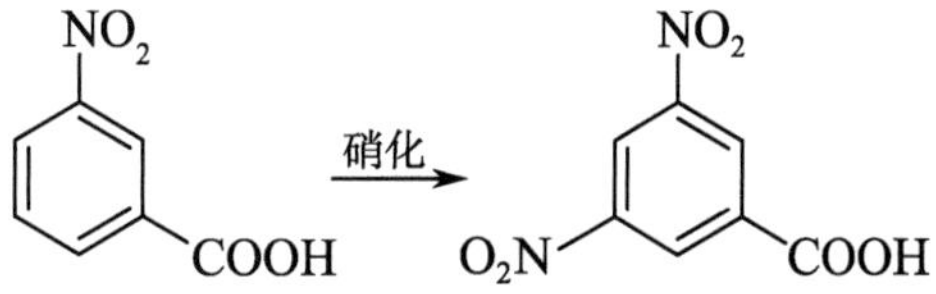

　　如果原有的两个间位定位基处于对位或邻位,则第三个取代基的定位就很复杂,因为原有的两个基团都钝化苯环,使亲电取代已经很难发生,再加上它们彼此的定位矛盾,使产物的收率很低,因此很难判断以哪个基团定位为主。

练习题 7.9 写出下列化合物发生溴代反应的主要产物。

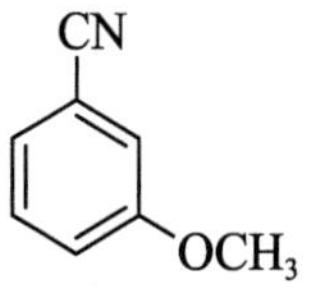

(1) 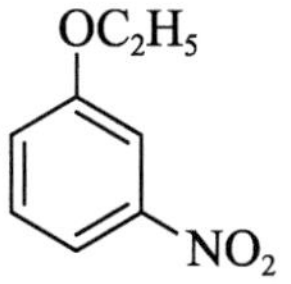 ～ (6)

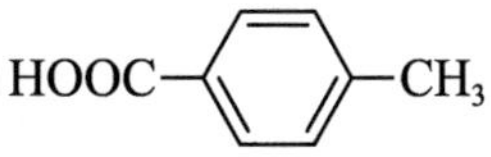

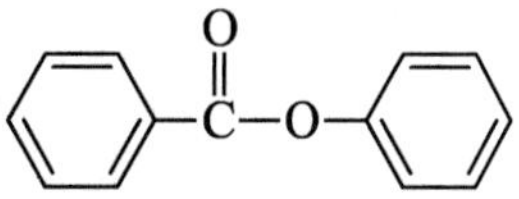

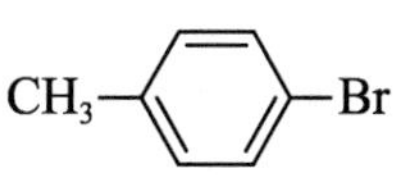

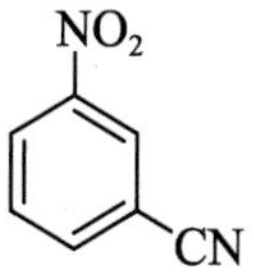

(五) 定位规律的应用

　　在合成具有两个或多个取代基的苯衍生物时,需要应用定位规律合理设计合成方案。例如在合成间氯硝基苯时,应考虑到硝基是间位定位基,氯是邻对位定位基,因此确定取代基引入苯环的顺序是关键。如果氯代先于硝化,则硝化时主要得邻硝基氯苯和对硝基氯苯,而得不到所希望的间硝基氯苯。因此,应先硝化后氯代来制备间位产物。

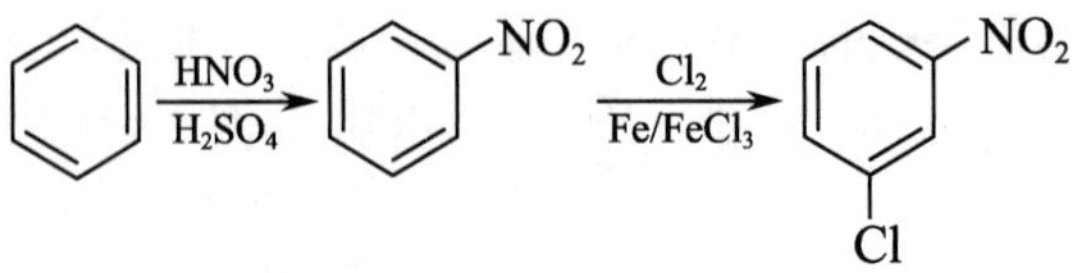

练习题 7.10 如何以苯为原料合成下列化合物？

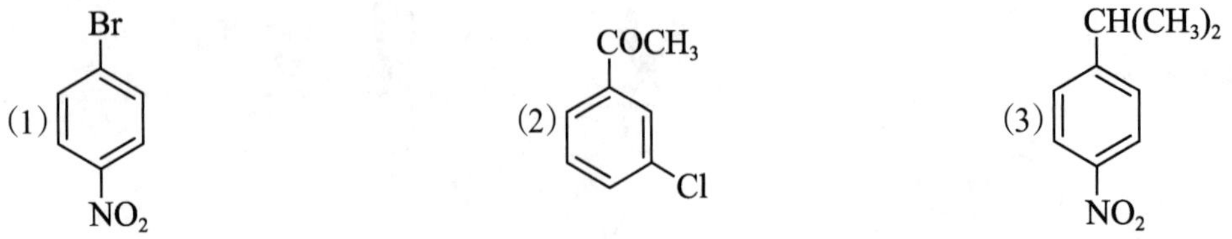

三、苯的加成和氧化反应

（一）苯的加成反应

与烯相比，苯不易发生加成反应，但在特殊条件下也能发生加成反应。如在高温、高压及催化剂作用下，可与氢发生加成生成环己烷；在紫外线照射和一定温度下，能与三分子氯加成生成六氯代环己烷。六氯代环己烷俗称六六六，对昆虫有触杀、熏杀和胃毒作用，也是一种致癌物质，当在体内积累到一定程度时也会使人中毒。

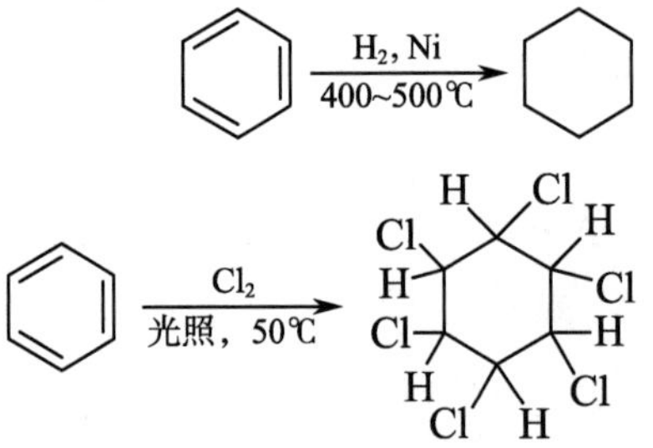

1,2,3,4,5,6-六氯代环己烷（六六六）

（二）苯的氧化反应

苯在高温和催化作用下可被氧化开环，生成顺丁烯二酸酐。

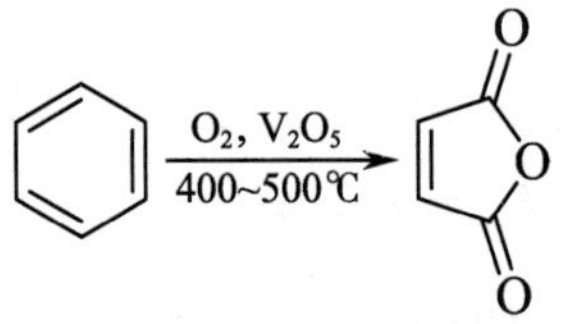

四、烷基苯侧链的反应

（一）烷基苯侧链的卤代反应

连接于芳环的碳链常称为侧链或边链。侧链中与苯环隔开两个或更多个 σ 键的碳原子上的氢具有相应的开链烷烃中的氢的性质，然而直接键合于苯环的碳原子（α-碳原子）上的氢受苯环的影响而被活化。如在光照下，乙苯与氯反应得到一个混合物；而乙苯与溴在日光下反应，α-溴乙苯几乎是唯一产物。这个反应表明自由基溴代时，溴对不同氢原子取代的选择性。

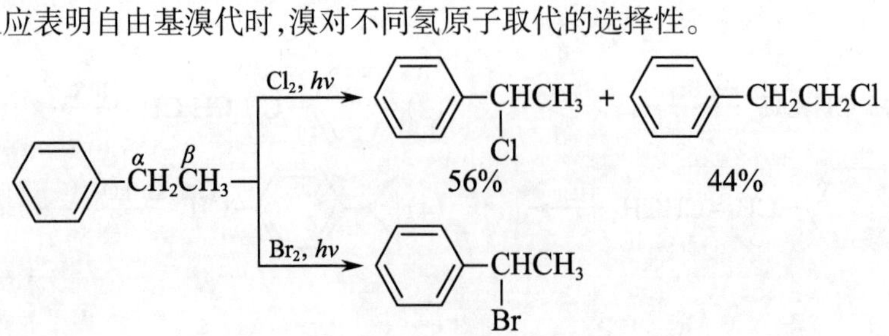

烷基苯侧链的卤代反应和烷烃的卤代反应机理一样,属自由基反应,通常在苯环附近的 $\alpha-$ 碳原子上发生反应,在链式反应中会产生比较稳定的苄基自由基,如图 7-8 所示。

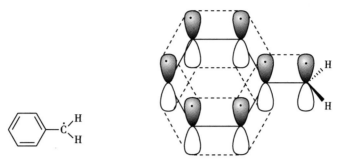

图 7-8 苄基自由基

在苄基自由基中,苯环上的轨道和未成对电子所在的轨道可形成共轭体系,因此较稳定。此外,苄基自由基的稳定性也可通过共振论来解释。苄基自由基是以下四个极限式的共振杂化体,比较稳定。

至此已讨论了各种碳自由基的结构和稳定性,一般苄型≈烯丙型>烷基自由基,其相对稳定性的顺序如下:

$$(C_6H_5)_3\dot{C} > (C_6H_5)_2\dot{C}H > C_6H_5\dot{C}H_2 \approx CH_2=CH\dot{C}H_2 > R_3\dot{C} > R_2\dot{C}H > R\dot{C}H_2 > \dot{C}H_3$$

（二）烷基苯侧链的氧化反应

在氧化剂如酸性高锰酸钾作用下,侧链能顺利地被氧化。一般来说,不论碳链长短,最终都只能保留一个碳,并转变为羧基。

叔烷基苯不含 $\alpha-$ 氢,在上述条件下不被氧化。

练习题 7.11 完成下列反应式。

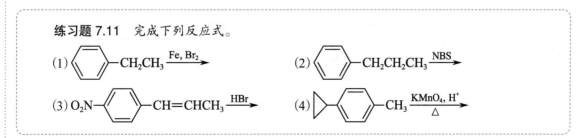

第五节　多环芳烃和非苯芳烃

多环芳烃是指分子中含有两个或多个苯环的芳烃,包括含有两个或多个独立苯环的芳烃,如联苯、三苯甲烷;以及两个或多个苯环,彼此通过共用两个相邻碳原子稠合而成的稠环芳烃,如萘、蒽、菲等。

一、萘

(一) 萘的物理性质和结构

萘的分子式为 $C_{10}H_8$,可从煤焦油中分离得到,呈无色片状晶体,熔点为80℃,沸点为218℃,易升华,不溶于水,易溶于热的乙醇等有机溶剂,有特殊气味,可制成用于防蛀的卫生球。

萘分子中的两个苯环及八个氢原子在同一平面上,两个苯环共用两个碳原子互相稠合在一起。C—C 键的键长既不同于典型的单键和双键,也不同于苯分子中的 C—C 键。

由于萘是由两个苯环稠合而成的,因此成键的形式也与苯类似,有由 p 轨道组成的平面环状芳香大 π 键,可看作有两个芳香六隅体,π 电子处于离域状态,具有芳香稳定性。但两个共用碳原子(稠合点)的 p_z 轨道除彼此重叠外,还分别与 $C_{1,8}$ 及 $C_{4,5}$ 的 p_z 轨道重叠。因此,萘和苯不同,其 π 电子云并不是均匀地分布在环的 10 个碳原子上。各碳键的键长也有差别,没有完全平均化(图 7-9)。萘分子中的这种电子云分布不平均化,使萘环上不同位置的碳原子表现出不同的反应活性。如 α 位碳原子的电子云密度最高,β 位碳原子低些,共用碳原子最低,因此它们发生亲电取代反应的难易程度也不同。萘比苯较容易发生亲电取代反应、氧化反应及加成反应。

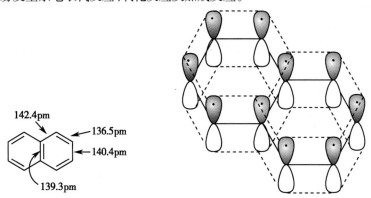

图 7-9　萘分子的键长、键角和大 π 键

萘一般可写出三个极限式,共振能约为 250kJ/mol。

$$\left[\text{萘的极限式} \right]$$

萘的极限式

一取代萘衍生物有两个结构异构体;α 取代产物(1-取代产物)和 β 取代产物(2-取代产物)。

(二) 萘的化学反应

1. 亲电取代反应　萘能发生硝化、卤代、磺化和 F-C 酰基化反应等一系列常见的芳香亲电取代反应,α 位是反应的活性位置。

萘 $\xrightarrow[\text{CH}_3\text{COOH}]{\text{HNO}_3, (\text{CH}_3\text{CO})_2\text{O}}$ 1-硝基萘 + 2-硝基萘

10　:　1
1-硝基萘　　2-硝基萘

硝化反应形成少量 2-硝基萘。α 位比 β 位易发生亲电取代反应,也可用共振论解释。

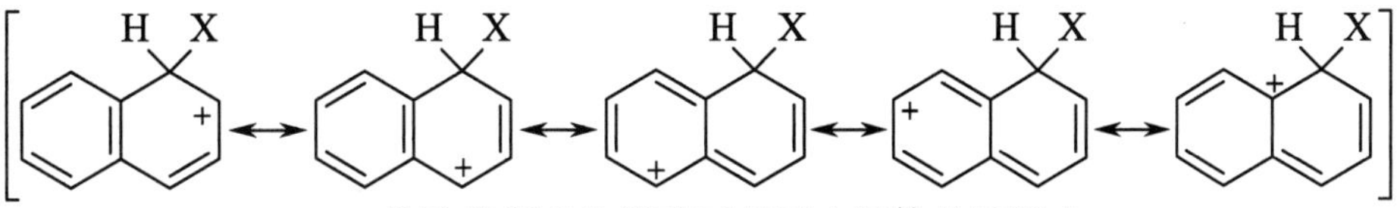

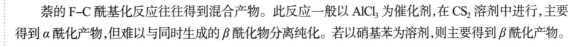

α 位取代所产生的碳正离子中间体的极限式

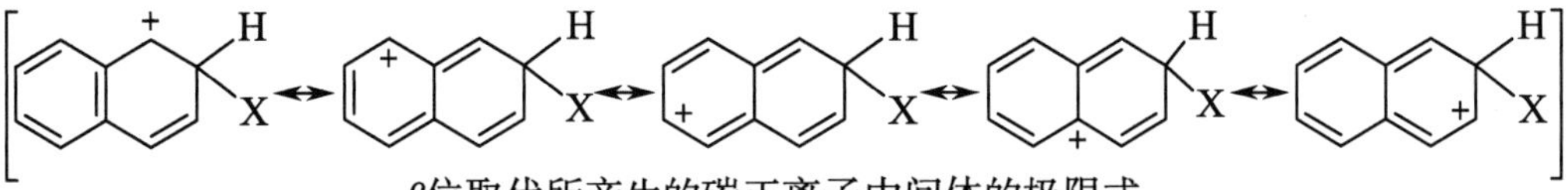

β 位取代所产生的碳正离子中间体的极限式

两种位置取代所产生的碳正离子中间体都是五个极限式的共振杂化体。α 位取代时,前两个极限式有一个完整的芳香六隅体,能量较低,对共振杂化体的贡献较大,使其更稳定;β 位取代时,只有第一个极限式有完整的芳香六隅体。因此就整体而言,α 位取代的过渡态能量较低,反应活化能较小,即 α 位取代产物是动力学控制的产物。

萘的卤代反应也是主要得 α 位取代产物,如溴化时不用催化剂即可得到纯的 1-溴萘产物。

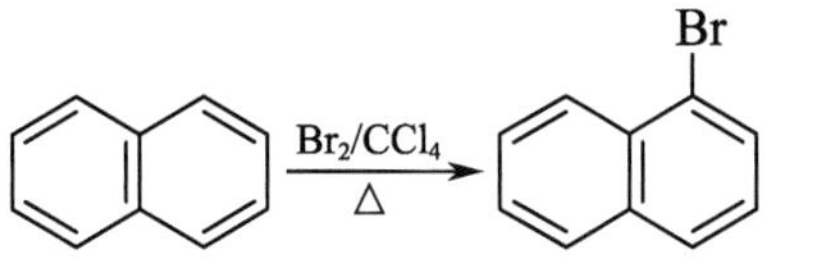

1-溴萘(72%~75%)

萘在温和的条件下磺化,得萘-1-磺酸;而在较高的温度下反应,则得萘-2-磺酸。这是在不同的反应条件下,动力学控制反应和热力学控制反应竞争变化的结果。虽然 1-位在亲电取代反应中有较高的反应活性,萘-1-磺酸是动力学控制的产物,但是其磺酸基与 8-位氢的距离较近,具有较大的立体障碍,能量较高,是热力学上较不稳定的产物。萘-2-磺酸在热力学上比萘-1-磺酸稳定。磺化反应是一个可逆反应,在低温下得到由反应速率决定的动力学控制产物萘-1-磺酸;而在高温下通过可逆反应的平衡,最终得到较为稳定的萘-2-磺酸。

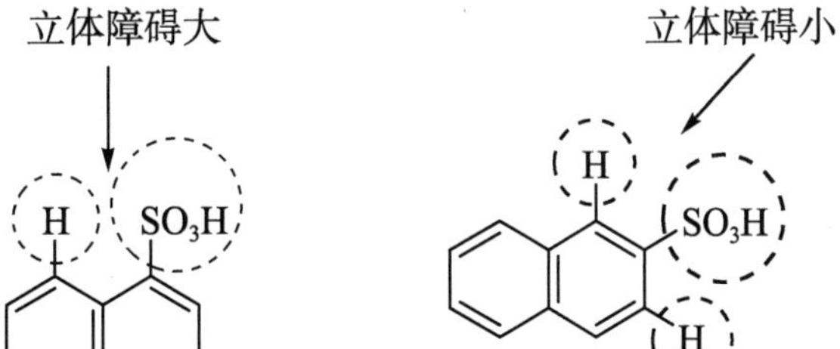

立体障碍大　　　　　　立体障碍小

萘-1-磺酸　　　　　　萘-2-磺酸

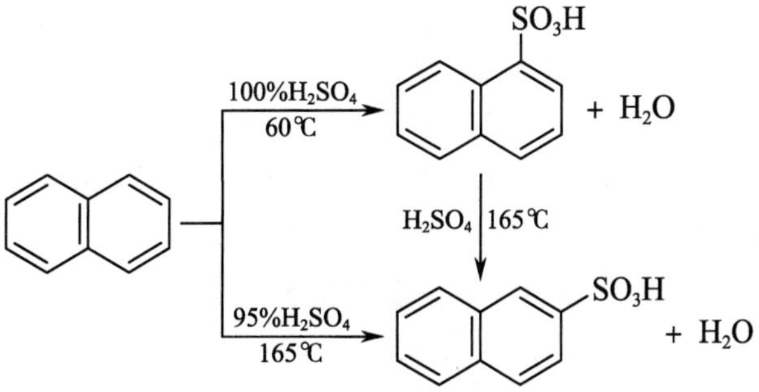

$100\% H_2SO_4$
$60℃$

+ H_2O

H_2SO_4 $165℃$

$95\% H_2SO_4$
$165℃$

+ H_2O

萘的 F-C 酰基化反应往往得到混合产物。此反应一般以 $AlCl_3$ 为催化剂,在 CS_2 溶剂中进行,主要得到 α 酰化产物,但难以与同时生成的 β 酰化物分离纯化。若以硝基苯为溶剂,则主要得到 β 酰化产物。

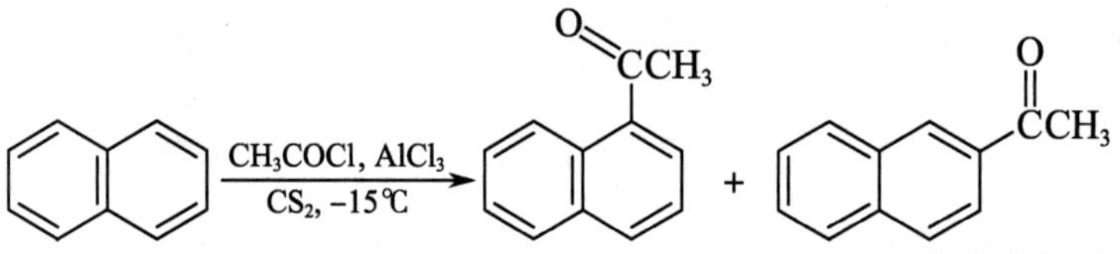

$$3 : 1 \text{ 产物难以分离}$$

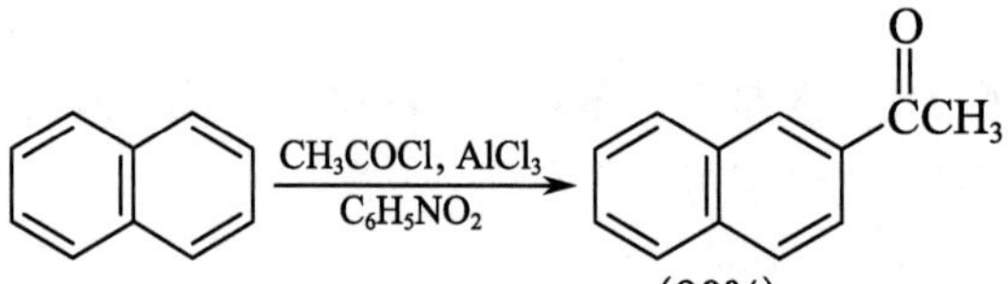

(90%)
2-乙酰基萘

2. 氧化反应　萘比苯易被氧化,主要发生在 α 位上,不同条件可得不同产物。例如:

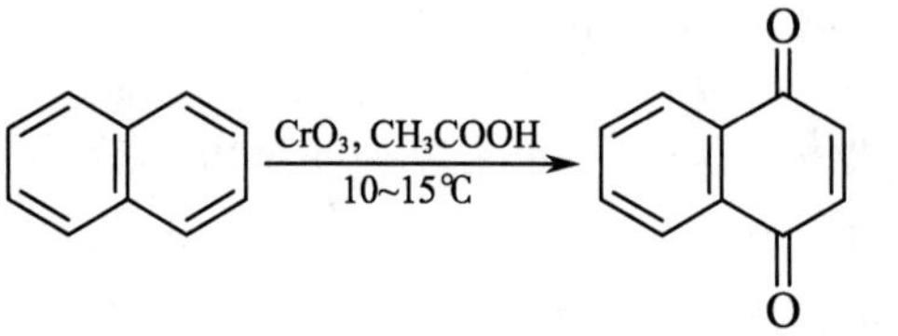

萘-1,4-醌(α-萘醌)
(18%)

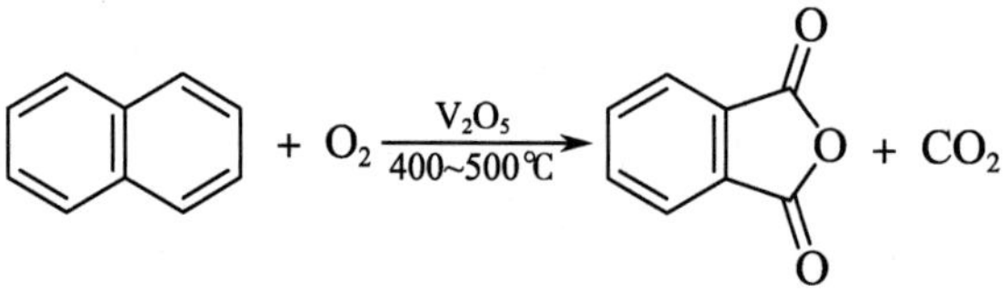

邻苯二甲酸酐

取代萘氧化时,取代基对开环的位置有影响。具有给电子基取代的环,电子密度较高,较易被氧化开环;相反,具有吸电子基取代的环,较难被氧化开环。例如:

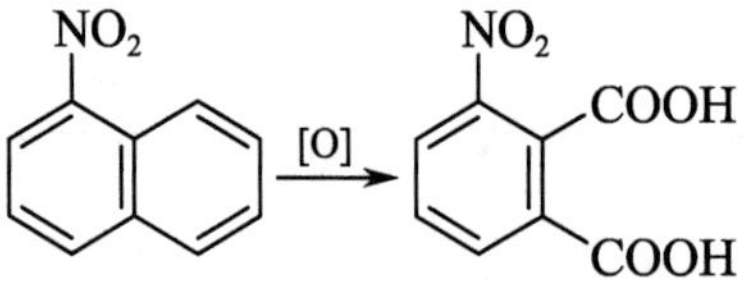

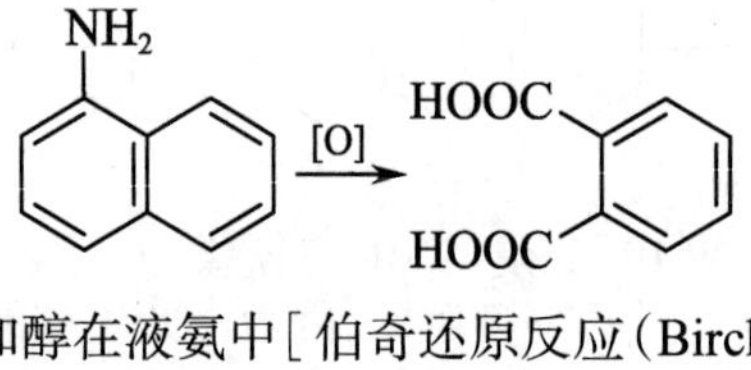

3. 还原反应　萘用金属钠和醇在液氨中[伯奇还原反应(Birch reduction reaction)]可被还原得到1,4-二氢萘。此产物中有一根孤立的双键,它不被进一步还原。

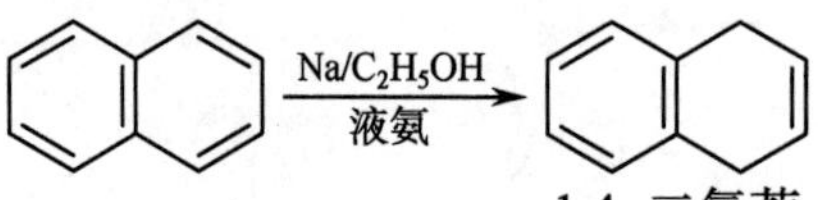

1,4-二氢萘

苯与金属钠和醇在液氨中也可还原成1,4-环己二烯。

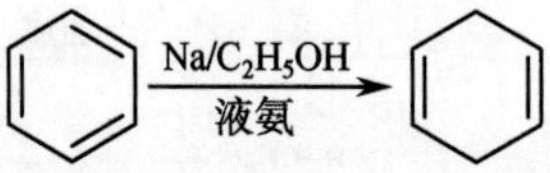

萘经催化氢化,可得1,2,3,4-四氢萘或十氢萘。四氢萘和十氢萘均为液体,常作溶剂使用。

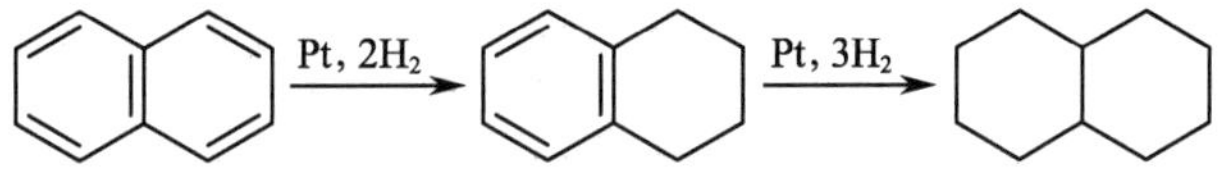

二、蒽、菲和其他稠环芳烃

(一) 蒽和菲

蒽和菲的分子式都是 $C_{14}H_{10}$。蒽是三个苯环呈线形稠合，菲是三个苯环呈角形稠合。所有原子都处在同一平面上，都具有芳香大 π 键，可看作有三个芳香六隅体。

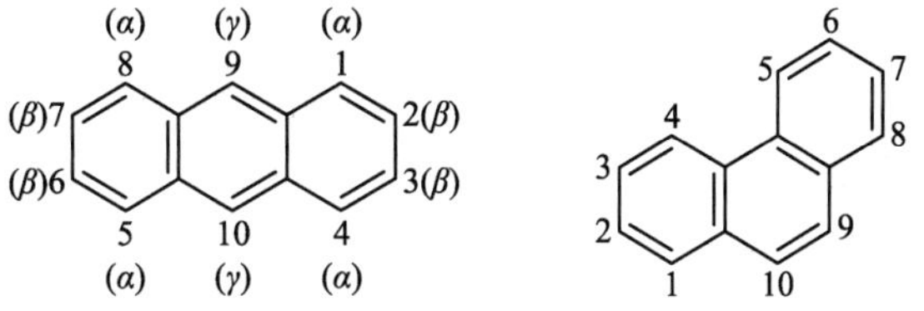

蒽是片状结晶，具有蓝色荧光，熔点为 216℃，沸点为 340℃，不溶于水，也难溶于乙醚和乙醇，但能溶于苯。菲是白色结晶，熔点为 100℃，沸点为 340℃，不溶于水，易溶于乙醚和苯。

它们的氧化和还原都比萘容易，反应发生在 9，10 位，所得的产物均仍保持两个完整的苯环。亲电取代反应一般得混合物或多取代产物，故在有机合成中的应用价值较小。

菲溴化可得 9 位取代产物，也可发生 9，10 位加成反应。

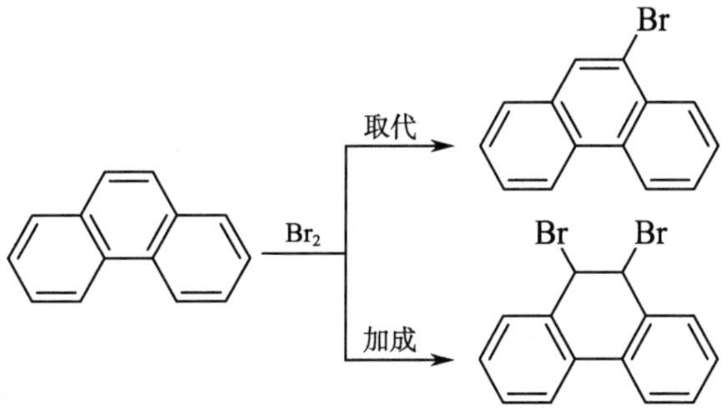

9，10-二溴-9，10-二氢菲

蒽与溴更倾向于加成反应，加成产物加热或与碱作用，发生消除 HBr 的反应。

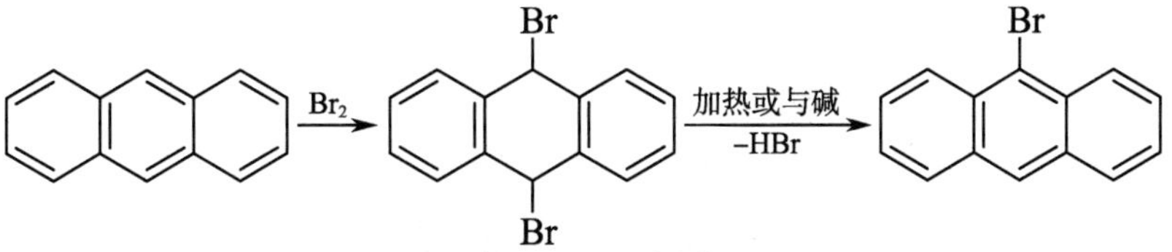

9，10-二溴-9，10-二氢蒽

亲电试剂优先进攻 9 位或 10 位是容易理解的，因为由此生成的碳正离子中间体最稳定，它们保持两个完整的芳香六隅体。

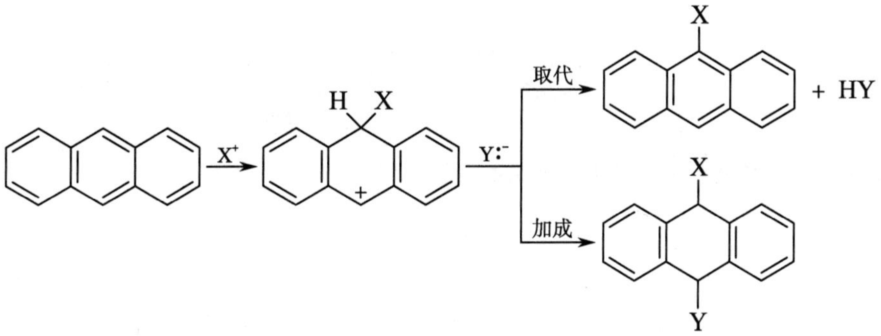

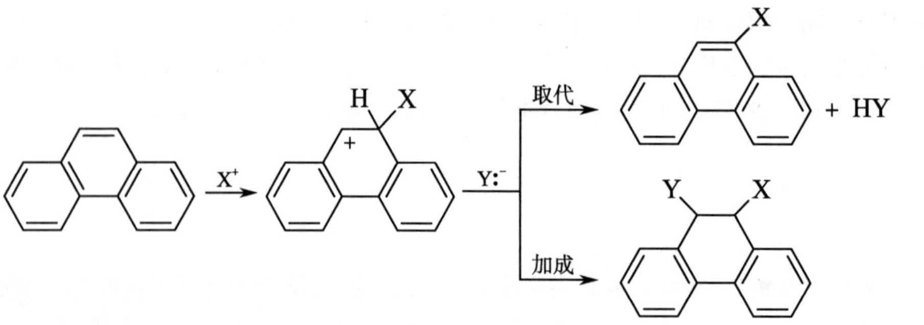

（二）其他稠环芳烃

芳烃主要来自煤焦油,其中还可分离出其他稠环芳烃。茚、芴和苊是芳环与脂环相稠合的芳烃,四苯、五苯和芘等是高级稠环芳烃。

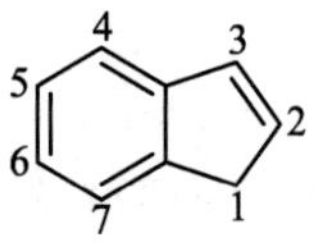

茚 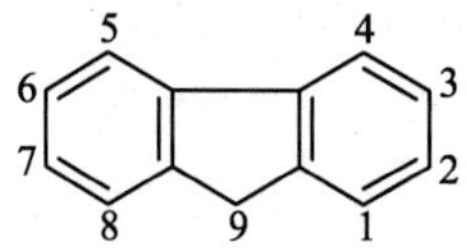　　　芴 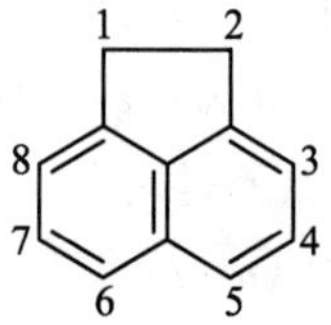　　　苊

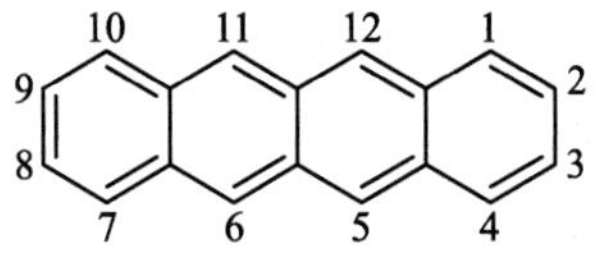

四苯 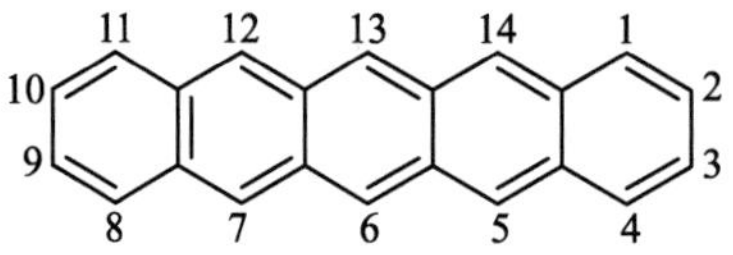　　　五苯 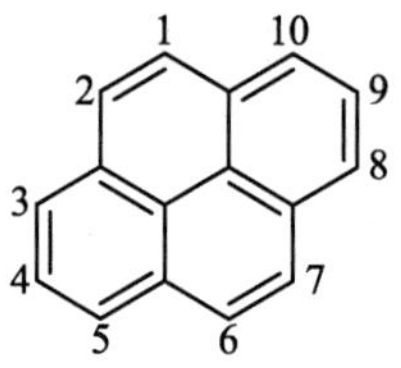　　　芘

此外,还有显著致癌作用的稠环芳烃常称为致癌芳烃,它们多为蒽或菲的衍生物。例如:

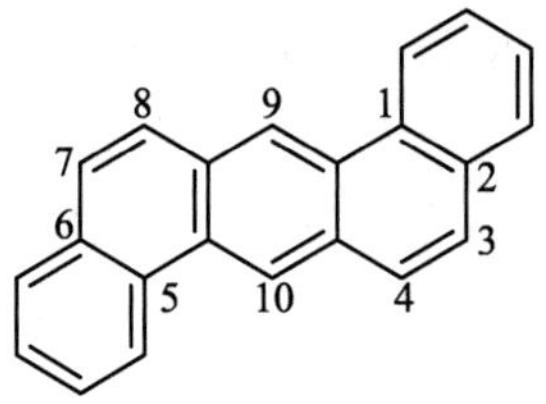

1,2,5,6-二苯并蒽 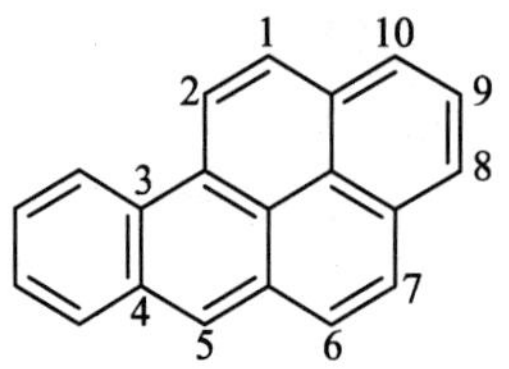　　　3,4-苯并芘 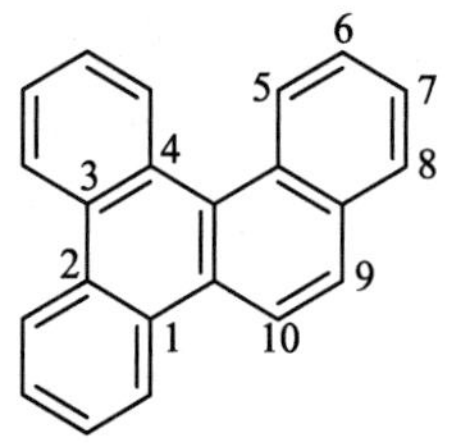　　　1,2,3,4-二苯并菲

三、联苯

联苯类化合物是由两个或多个苯环直接以单键相连所形成的一类多环芳烃。该类化合物中最简单的是由两个苯环组成的联苯。

在晶体中,联苯的两个苯环共平面,这样分子可排列得更紧密,具有较高的晶格能。但在溶液和气相中,不存在来自晶格能的稳定作用。由于2,2' 位和6,6' 位上的两对氢之间的相互排斥力,使两个苯环不处于同一平面上,约呈 45° 角。

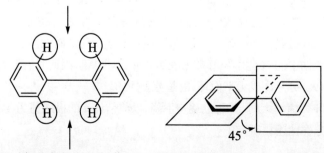

两对邻位氢间的空间作用　　　联苯在溶液和气相中的优势构象

联苯本身的两对邻位氢间的空间作用,以及约几 kJ/mol 的能垒尚不足以阻碍单键的自由旋转。但当这两对氢被大基团取代时,这种空间作用将增大。当取代基足够大,且这两对取代基不相同(即每个环上的两个取代基不同)时,分子就存在手性轴,有一对对映异构体(见第六章)。

四、非苯芳烃

(一) 休克尔规则

大多数芳香化合物含有苯环,也有些非苯类芳香化合物,它们具有与苯相类似的特征稳定性和化学性质。1937 年,休克尔(Hückel)在以分子轨道法计算单环多烯烃的 π 电子能级后,提出判断某一化合物是否具有芳香性的规则,称为休克尔规则(Hückel rule)。按此规则,芳香性分子必须具备三个条件:①分子必须是环状化合物且成环原子共平面;②构成环的原子必须都是 sp^2 杂化原子,它们能形成一个离域的 π 电子体系(环原子中不能有 sp^3 杂化原子中断这种离域 π 电子体系);③π 电子总数必须等于 $4n+2$,其中 n 为自然整数(注意 n 不是指环碳原子数)。

依据休克尔规则,苯是具有 6π 电子的环状平面共轭大 π 体系,符合上述三个芳香性的评判标准。其他具有 6(n=1)、10(n=2) 和 14(n=3)π 电子的芳香性体系,将在下面的轮烯和环状正负离子中讨论。

有些环状多烯烃虽然也具有环内交替的单键和双键,但它们不符合休克尔规则芳香性的要求,因而是没有芳香性的。例如环丁二烯和环辛四烯:

环丁二烯　　　　　　　　　环辛四烯

环丁二烯非常不稳定,仅从红外吸收光谱见其瞬间存在,至今还没有被分离得到。环丁二烯有 4 个 π 电子,不能满足休克尔规则芳香性的要求。环辛四烯有 8 个 π 电子,电子总数也不符合 $4n+2$,而且它不是一个平面分子,它的 2p 轨道不能重叠形成环状共轭大 π 体系,故也是非芳香性的。虽然环辛四烯是一个稳定的分子,但它的性质如同正常烯烃,它能与溴发生加成反应,也容易被氢化。

(二) 轮烯的芳香性

单环共轭多烯统称轮烯。环丁二烯称[4]轮烯,苯称[6]轮烯,环辛四烯称[8]轮烯。

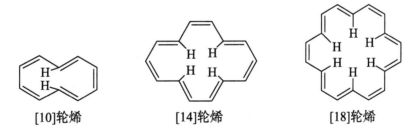

[10]轮烯　　　　　　　　[14]轮烯　　　　　　　　[18]轮烯

[10]轮烯中,双键如果是全顺式,由此构成平面环内角为 144°,显然角张力太大。要构成平面,并且符合 120°,必定有两个双键为反式。但这样在环内有两个氢原子,它们之间的空间扭转张力足以破坏环平面性。因此它虽属于 $4n+2$ 个 π 电子数,但由于达不到平面性,故是非芳香性的。[14]轮烯接近共平面,NMR 数据中的 H 化学位移数据表明能形成环电流,因此具有芳香性。[18]轮烯虽然环内有六个氢,但环较大,可允许成为平面环,故是芳香性的。

在 $4n+2$ 规则中,n 数值增大时,芳香性逐步下降,以前估计 n 的极限值为 5,即芳香性到[22]轮烯结束。大环轮烯的芳香性还在研究中。

练习题 7.12　根据休克尔规则,判断下列化合物有无芳香性。

(1) 　(2) 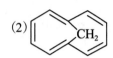　(3) 　(4)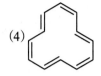

(三) 环状正、负离子的芳香性

奇数碳的环状化合物如果是中性分子,例如环戊二烯,因此必定有一个 sp^3 杂化碳原子,不可能构成环状共轭体系。但它们转化为正离子或负离子时,就有可能构成环状共轭体系。

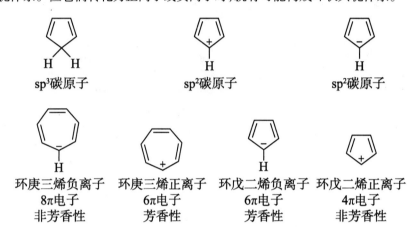

环庚三烯负离子	环庚三烯正离子	环戊二烯负离子	环戊二烯正离子
8π电子	6π电子	6π电子	4π电子
非芳香性	芳香性	芳香性	非芳香性

环戊二烯有明显的酸性(pK_a=15),比一般烯丙型氢的酸性(例如 $CH_3—CH=CH_2$ 的 pK_a=35)强得多,在强碱作用下容易转化为负离子。显然此种负离子的稳定性是由芳香性提供的,其 π 电子数为6。环戊二烯正离子却是不稳定的,因为它的 π 电子数为4,是非芳香性的。

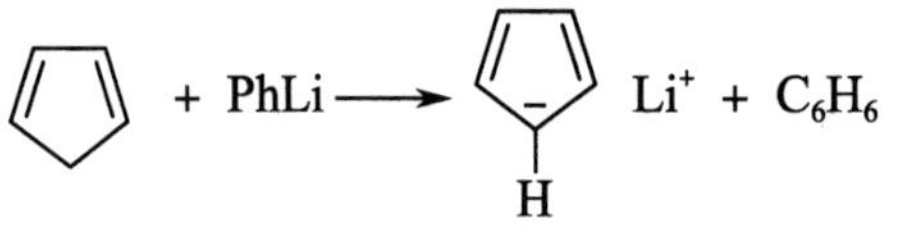

$$\text{\raisebox{0pt}{环戊二烯}} + PhLi \longrightarrow \text{\raisebox{0pt}{环戊二烯负离子}} Li^+ + C_6H_6$$

环庚三烯没有酸性氢,因为它转化为负离子时 π 电子数为8,是非芳香性的。但溴化环庚三烯却是离子型化合物,说明环庚三烯正离子(又称䓬鎓离子)是稳定的,它的稳定性也是由芳香性提供的。

环辛四烯容易与钾反应,生成环辛四烯双负离子,这也是由于芳香性稳定了此双负离子。

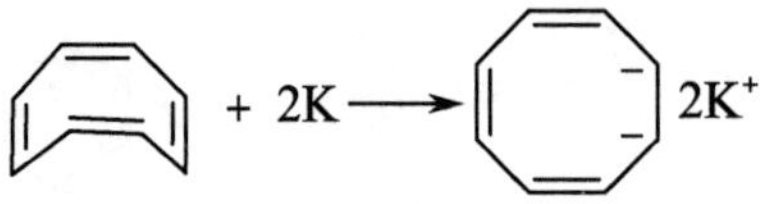

$$\text{环辛四烯} + 2K \longrightarrow \text{环辛四烯双负离子} \ 2K^+$$

类似的实验表明下列一些离子都是具有芳香性的。

结构	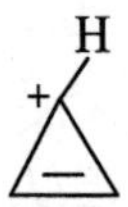 △	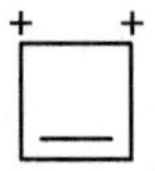 □	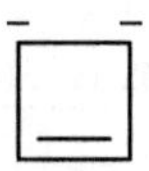 □
π电子数	2	2	6
名称	环丙烯正离子	环丁二烯双正离子	环丁二烯双负离子

由于形成环状共轭体系,此类离子中的正或负电荷就不局限在某个碳原子上,而是离域于环上的各碳原子,因此一般书写时表示为下面的结构式。

结构	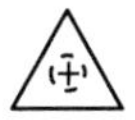	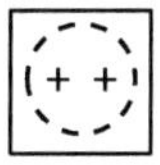	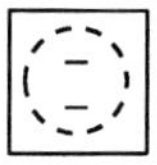	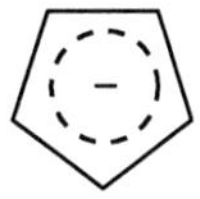	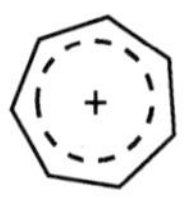	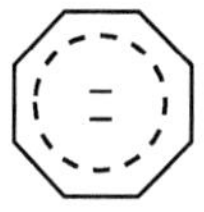
π电子数	2	2	6	6	6	10
名称	环丙烯正离子	环丁二烯双正离子	环丁二烯双负离子	环戊二烯负离子	环庚三烯正离子	环辛四烯双负离子

练习题 7.13 根据休克尔规则,判断下列化合物有无芳香性。

(1)

(2) 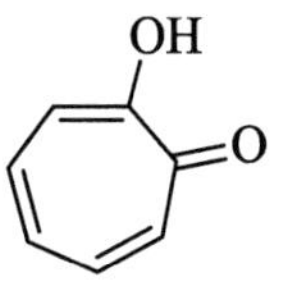 含OH和O的七元环

(3)

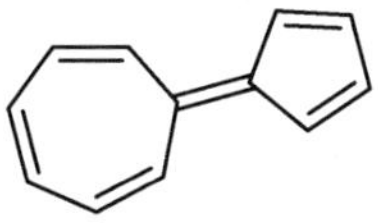

(4) 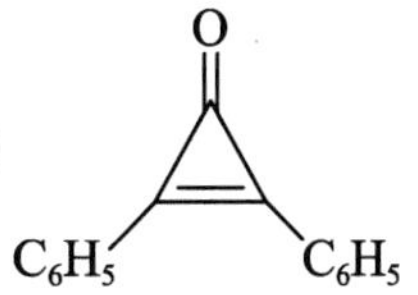 C₆H₅取代的环丙烯酮

(5) 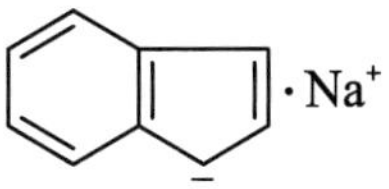 ·Na⁺

(6) 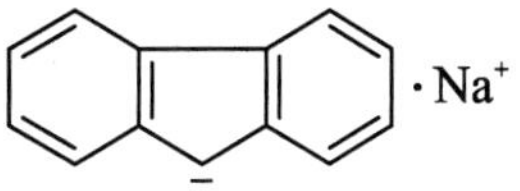 ·Na⁺

习　题

1. 命名下列化合物。

(1) 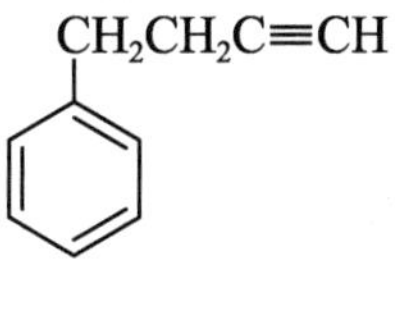 CH₂CH₂C≡CH 苯基

(2) 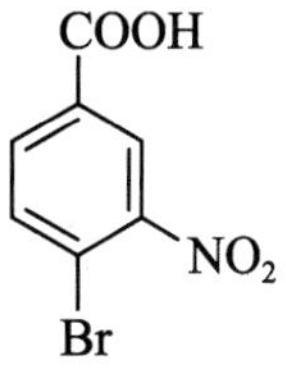 COOH/NO₂/Br 取代苯

(3) 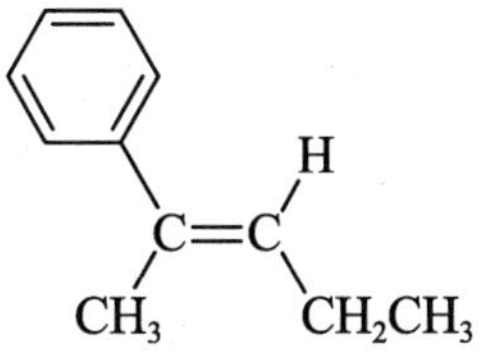 苯基 C=C H, CH₃, CH₂CH₃

(4) 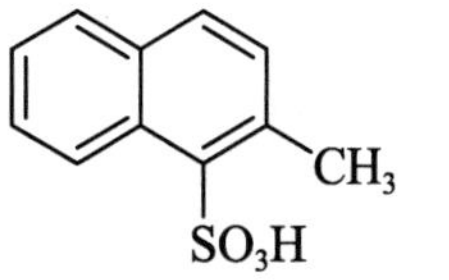 萘 CH₃ SO₃H

(5) 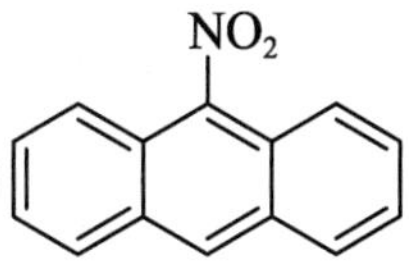 NO₂ 蒽

(6) 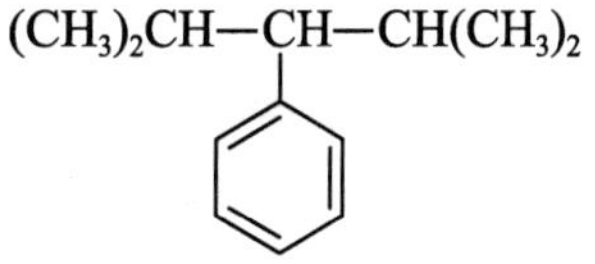 (CH₃)₂CH-CH-CH(CH₃)₂ 苯基

2. 完成下列反应式(写出主要产物)。

(1) 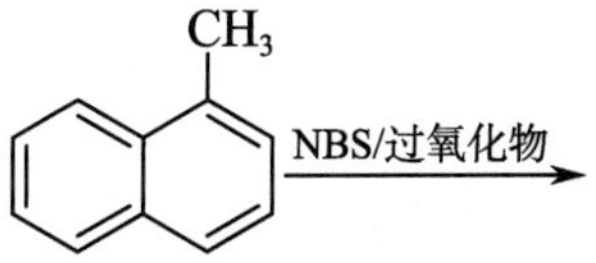 甲基萘 + NBS/过氧化物 →

(2) 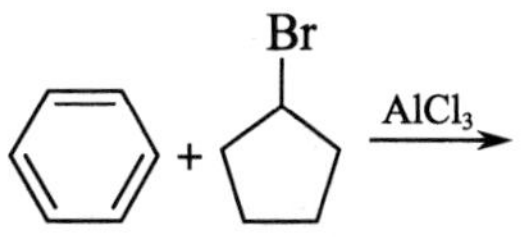 苯 + 环戊基溴 →AlCl₃→

(3) 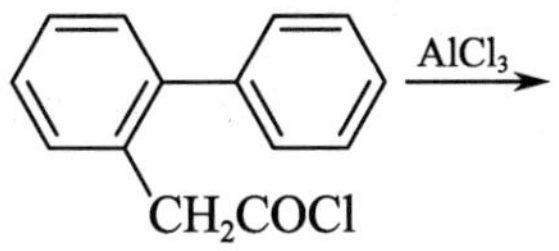 联苯-CH₂COCl →AlCl₃→

(4) 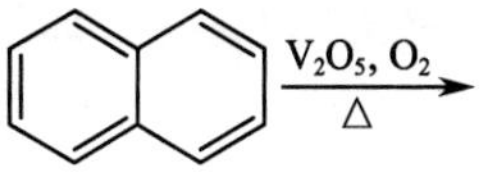 萘 →V₂O₅, O₂, Δ→

(5) 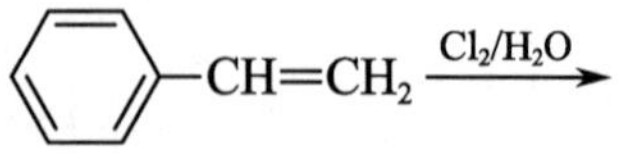 $\xrightarrow{\text{Cl}_2/\text{H}_2\text{O}}$

(6) 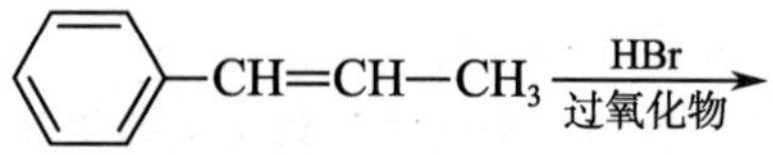 $\xrightarrow[\text{过氧化物}]{\text{HBr}}$

(7) 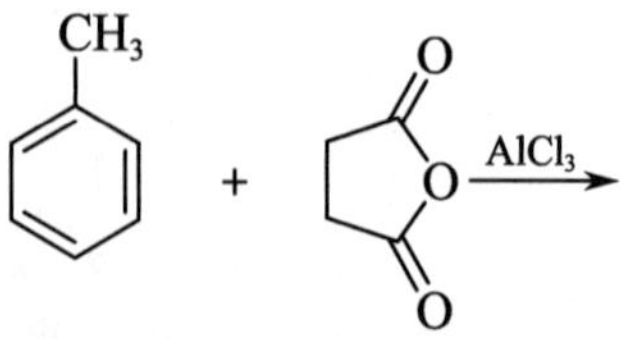 $\xrightarrow{\text{AlCl}_3}$

(8) 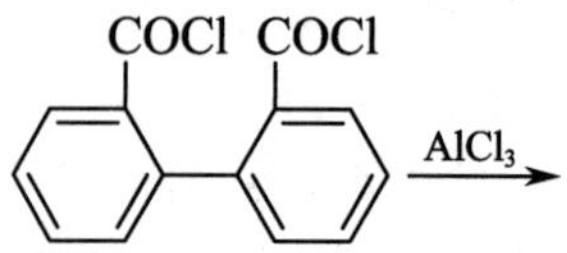 $\xrightarrow{\text{AlCl}_3}$

3. 判断下列化合物是否有芳香性。

(1)

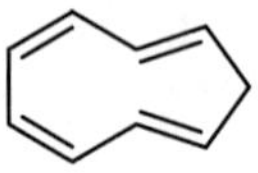

(2)

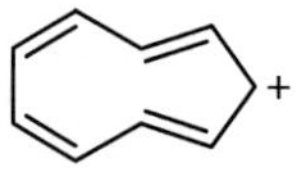

(3)

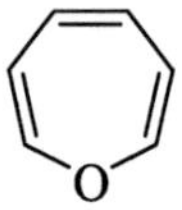

(4)

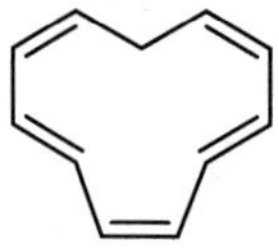

(5)

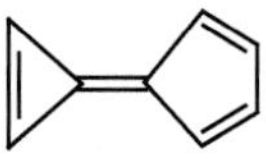

(6)

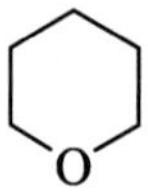

(7)

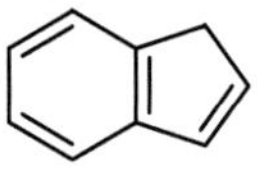

(8)

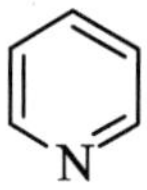

4. 写出苯与下列试剂作用的主要产物。

(1) $Cl_2 + AlCl_3$

(2) N_2O_5（易分解为 NO_2^+ 和 NO_3^-）

(3) $(CH_3)_2C{=}CH_2 + H_3PO_4$

(4) $(CH_3)_3CCH_2CH_2Cl + AlCl_3$

(5) $(CH_3)_2CCH_2CH_2C(CH_3)_2 + AlBr_3$
　　　$\underset{Br}{|}$　　　$\underset{Br}{|}$

(6) 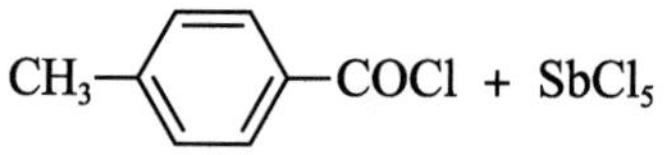 $CH_3{-}$$-COCl + SbCl_5$

5. 用反应机理解释下列反应。

(1)

(2)

6. 用苯或甲苯为原料合成下列化合物，可选用其他简单的原料，无机试剂任选。

(1) $HO_3S{-}$$-COOH$

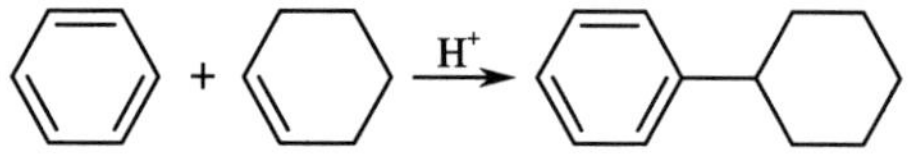

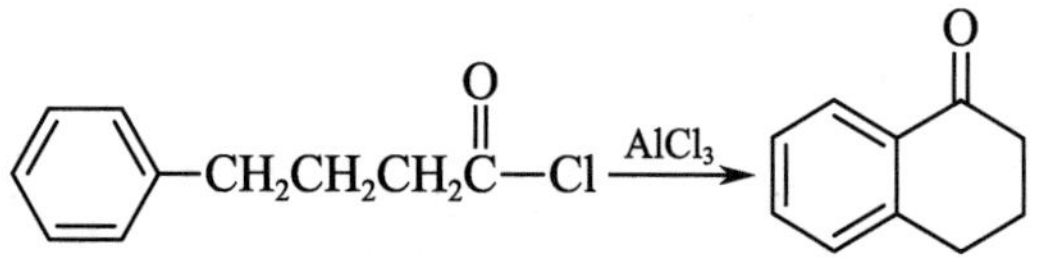

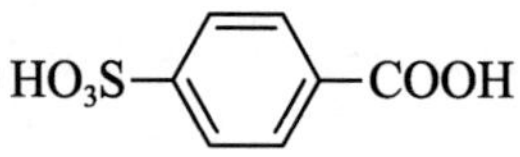

(2)

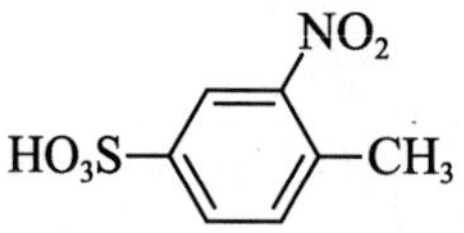

7. 化合物 A($C_{16}H_{16}$) 能使 Br_2/CCl_4 和冷 $KMnO_4$ 溶液褪色。A 能与等摩尔的氢发生室温低压氢化反应，用热的 $KMnO_4$ 氧化时，A 生成一个二元酸 B($C_8H_6O_4$)。B 只能生成一个一溴化物。推测 A 和 B 的结构。

8. 某烃 A，分子式为 C_9H_8，它能与氯化亚铜的氨溶液反应生成红色沉淀。A 催化加氢得 B，B 用酸性高锰酸钾氧化得 C($C_8H_6O_4$)，C 加热得 D($C_8H_4O_3$)。A 与丁-1,3-二烯作用得 E，E 脱氢得 2-甲基联苯。写出 A~E 的结构。

9. 用化学方法鉴别下列化合物。

(1) 苯乙炔、环己烯、环己烷

(2) 戊-1-烯、1,2-二甲基环丙烷、甲苯

(3) 丁-2-烯、丁-1-炔、苯

10. 比较下列各组化合物的硝化反应的活泼性。

(1) 苯、溴苯、硝基苯、甲苯

(2) 乙酰苯胺、乙酰基苯、苯胺、苯

(3) 对苯二甲酸、甲苯、对甲苯甲酸、对二甲苯

(4) 氯苯、1-氯-4-硝基苯、1-氯-2,4-二硝基苯

第八章

卤 代 烃

08SZ01

8-SZ-1
端正价值
观,走上科
研路——格
氏试剂的发
明人格利雅
（案例）

卤代烃(halohydrocarbon)是指烃分子中的氢原子被卤原子取代而生成的化合物。卤代烃常用通式 RX 表示,其中 R 为烃基,X 为氟、氯、溴、碘原子。

天然存在的卤代烃种类不多,大多是人工合成产物。卤代烃可用作溶剂、农药、制冷剂、麻醉剂、防腐剂、灭火剂等,是一类重要的化合物。卤代烃的性质较活泼,在有机合成中发挥重要作用。

第一节 结构、分类和命名

一、结构

在卤代烷分子中,碳卤键(C—X 键)中的碳原子为 sp^3 杂化,碳与卤素以 σ 键相连,价键间的夹角接近 109.5°。因为卤原子的电负性(electronegativity)比碳原子大,所以碳卤键为极性共价键,成键电子对偏向卤原子,碳原子带有部分正电荷,卤原子带有部分负电荷,偶极方向由碳原子指向卤原子,如下图所示。

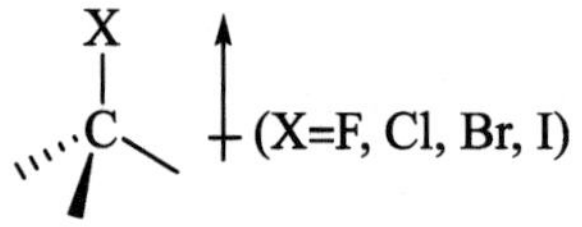

$$X \quad \uparrow \quad (X=F, Cl, Br, I)$$

碳卤键的极性

卤代烷中的四种 C—X 键的偶极矩、键长和键能数据见表 8-1。

表 8-1 C—X 键的偶极矩、键长和键能

C—X 键	偶极矩 /(C·m)	键长 /pm	键能 /(kJ/mol)
C—F	$6.10×10^{-30}$	142	485.6
C—Cl	$6.87×10^{-30}$	178	339.1
C—Br	$6.80×10^{-30}$	190	284.6
C—I	$6.00×10^{-30}$	212	217.8

由于成键原子的电负性不同,而使整个分子的电子云沿碳链向某一方向偏移的现象称为诱导效应(inductive effect)。诱导效应是一个很重要的电子效应,对化合物的性质及反应活性有重要影响。在比较不同原子或原子团的诱导效应时,一般是以氢原子为标准。如果原子或原子团的电负性大于氢原子,则表现出吸电子诱导效应,用 –I 表示;如果原子或原子团的电负性小于氢原子,则表现出给电子诱导效应,用 +I 表示。

电负性: Y < H < X

诱导效应:

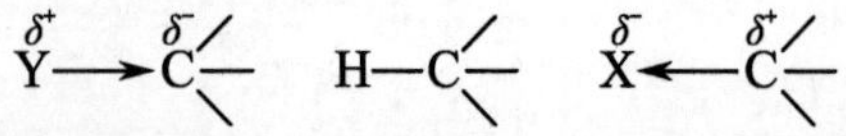

$$\overset{\delta^-}{Y} \longrightarrow \overset{\delta^+}{C}— \qquad H—C— \qquad \overset{\delta^-}{X} \longleftarrow \overset{\delta^+}{C}—$$

Y具有+I效应 　　标准 　　X具有–I效应

卤原子的电负性大于氢原子,所以是具有 –I 效应的基团。四种卤原子的 –I 效应大小与它们的电负性大小顺序一致,即氟>氯>溴>碘。诱导效应可沿着共价键在碳链上传递,影响链上的其他原子。但这种影响随着距离的增加而迅速减弱,一般跨越三根单键后基本消失。例如在 1-氯丙烷中的 α-碳原子、β-碳原子和 γ-碳原子都受到氯原子的 –I 效应影响而带有部分正电荷,但 β-碳的正电荷少于 α-碳,γ-碳的正电荷最少。

$$H-\underset{\underset{H}{|}}{\overset{\overset{H}{|}}{\underset{\gamma}{C}}}{}^{\delta\delta\delta^+}-\underset{\underset{H}{|}}{\overset{\overset{H}{|}}{\underset{\beta}{C}}}{}^{\delta\delta^+}-\underset{\underset{H}{|}}{\overset{\overset{H}{|}}{\underset{\alpha}{C}}}{}^{\delta^+}-Cl^{\delta}$$

二、分类

卤代烃可根据不同的分类方法进行分类。

根据分子中所含卤素的种类,可将卤代烃分为氟代烃、氯代烃、溴代烃及碘代烃。在化学合成中最常用的是氯代烃和溴代烃。

根据分子中所含卤原子的数目,卤代烃可分为一元卤代烃、二元卤代烃和多元卤代烃。

根据烃基的不同,卤代烃可分为饱和卤代烃、不饱和卤代烃和芳香卤代烃。

$$RCH_2X \quad RCH{=}CHX \quad RC{\equiv}CCH_2X \quad X{-}\bigcirc \quad XCH_2{-}\bigcirc$$

卤代烷　　卤代烯烃　　卤代炔烃　　苯型卤代芳烃　苄型卤代芳烃

饱和卤代烃　　　不饱和卤代烃　　　　　芳香卤代烃

根据卤素所连接的饱和碳原子的类型,卤代烷分子分为伯(1°)卤代烷、仲(2°)卤代烷及叔(3°)卤代烷。伯、仲、叔卤代烷的化学反应性有一定的差别。

$$RCH_2{-}X \qquad \underset{R}{\overset{R}{}}CH{-}X \qquad \underset{R}{\overset{R}{}}\underset{R}{\overset{|}{C}}{-}X$$

伯卤代烷　　　　仲卤代烷　　　　叔卤代烷

三、命名

(一) 普通命名法

普通命名法适用于结构简单的卤代烃,通常根据烃基和卤素的名称将其称为“卤(代)某烃”或“某基卤”;卤代烃的英文名称是在烃基的英文名称后加上 fluoride(氟化物)、chloride(氯化物)、bromide(溴化物)及 iodide(碘化物)。例如:

CH_3I

碘甲烷

methyl iodide

$CH_3\overset{\overset{CH_3}{|}}{CH}CH_2Br$

溴代异丁烷

isobutyl bromide

$CH_2{=}CHCl$

氯乙烯

vinyl chloride

$CH_3CH_2CH_2CH_2Cl$

正丁基氯

n-butyl chloride

$CH_2{=}CH{-}CH_2Br$

烯丙基溴

allyl bromide

$H{-}\overset{\overset{CH_3}{|}}{\underset{\underset{CH_2CH_3}{|}}{C}}{-}Br$

(S)-溴代仲丁烷

(S)-sec-butyl bromide

溴苯

phenyl bromide

苄基氯

benzyl chloride

（二）俗名

有些多卤代烷常用俗名。例如：

$$CHCl_3 \qquad CHI_3$$
氯仿　　　　　碘仿
chloroform　　iodoform

（三）系统命名法

对于结构比较复杂的卤代烃一般采用系统命名法。系统命名法以烃为母体，按烃的命名原则对母体进行编号，将卤素作为取代基，然后按照英文名称字母的顺序排列，依次写在母体名称之前。英文命名时，卤原子用词头 fluoro（氟）、chloro（氯）、bromo（溴）、iodo（碘）表示。例如：

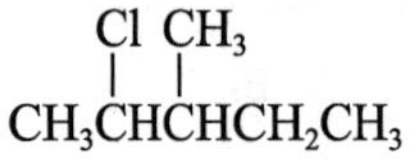

Cl CH₃
CH₃CHCHCH₂CH₃

Br CH₃
CH₃CHCH₂CHCH₃

2-氯-3-甲基戊烷　　　　　　　2-溴-4-甲基戊烷
2-chloro-3-methylpentane　　2-bromo-4-methylpentane

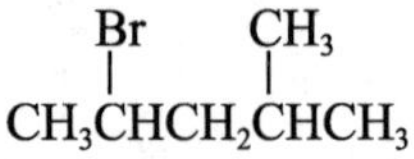

Cl　　Cl
CH₃CHCH₂CCH(CH₃)₂
　　　　　Cl

Br
CH₃CHCH=CHCH₃

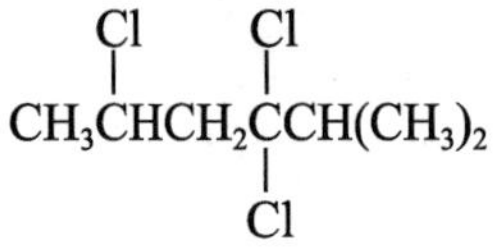

2,4,4-三氯-5-甲基己烷　　　　4-溴戊-2-烯
2,4,4-trichloro-5-methylhexane　　4-bromopent-2-ene

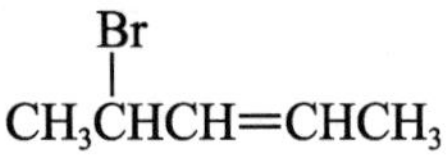

如果分子含有手性碳原子，则要标出其绝对构型。例如：

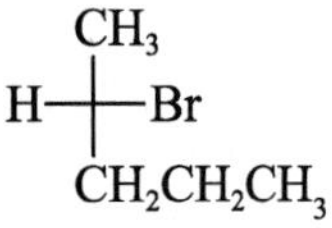

CH₃
H—⊢Br
CH₂CH₂CH₃

（S）-2-溴戊烷　　　　　　（1R,2S）-1-溴-2-氯环己烷
（S）-2-bromopentane　　（1R,2S）-1-bromo-2-chlorocyclohexane

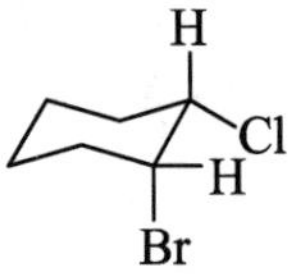

练习题 8.1　写出 $C_5H_{11}Br$ 的所有同分异构体，并将其命名。

练习题 8.2　用 IUPAC 命名法命名下列化合物。

(1) 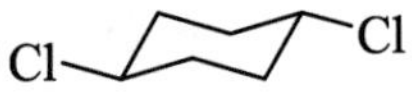 Cl—⬡—Cl

(2) 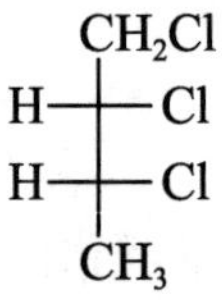
CH₂Cl
H—⊢Cl
H—⊢Cl
CH₃

(3) 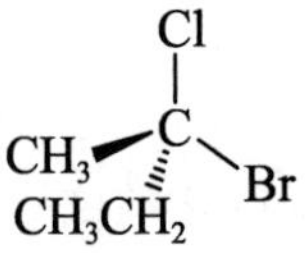 CH₃—C—Cl / Br，CH₃CH₂

(4)

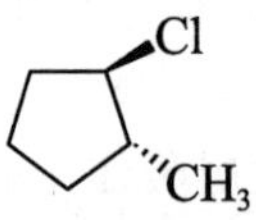

第二节　物理性质及光谱性质

一、物理性质

常温下，除四个碳以下的一氟代烷、两个碳以下的一氯代烷和一溴甲烷为气体外，常见的卤代烷

均为液体。随着分子量增加,熔点升高,15 个碳以上的卤代烷为固体。

卤代烷的沸点与烷烃有类似的变化规律,沸点随碳链增长而升高;在同分异构体中,卤代烷的沸点随碳链的支链增加而降低。

除氟外,卤原子的质量比有机化合物中常见的其他原子的质量大,因而卤代烃的密度较高。除氟代烷和一氯代烷外,其他卤代烃都比水重(表 8-2)。分子中的卤原子越多,密度越大。

表 8-2　常见卤代烷的沸点和相对密度

化合物	沸点 /℃	相对密度 (d_4^{20})	化合物	沸点 /℃	相对密度 (d_4^{20})
CH_3F	−78	0.84	CH_3CH_2F	−38	0.72
CH_3Cl	−24	0.92	CH_3CH_2Cl	12	0.91
CH_3Br	4	1.73	CH_3CH_2Br	38	1.42
CH_3I	42	2.28	CH_3CH_2I	72	1.94
CH_2Cl_2	40	1.34	$CH_3CH_2CH_2F$	−2.5	0.78
$CHCl_3$	61	1.50	$CH_3CH_2CH_2Cl$	47	0.89
CCl_4	77	1.60	$CH_3CH_2CH_2Br$	71	1.35
			$CH_3CH_2CH_2I$	102	1.75

尽管卤代烃分子多数有极性,但它们都不溶于水,而易溶于醇、醚、烃等有机溶剂。二氯甲烷、氯仿常被用作溶剂,用来从水溶液中萃取有机化合物。

不同的卤代烷其稳定性也不同。一氟代烷不稳定,蒸馏时有烯烃生成,同时释放出氟化氢。氯代烷比较稳定,一般可用蒸馏方法来纯化。但较高分子量的叔烷基氯化物加热时会释放出氯化氢,因而在处理时须有必要的防护措施。叔丁基碘在常压下蒸馏时全部分解。氯仿在光照下会发生缓慢的分解,生成光气;有少量醇存在时可避免这种分解,因此市售氯仿中常含有约 0.5% 的醇。溴代烷和碘代烷在光的作用下会缓慢释放出溴和碘单质而变成棕色或紫色,因而常用不透明或棕色试剂瓶储存,并且在使用前需重新蒸馏。许多卤代烃有毒性,使用时须有必要的安全防护。

二、光谱性质

(一) 红外吸收光谱

碳卤键伸缩振动的吸收频率随卤原子量的增加而减小,吸收峰分别位于:

C—F　1 400~1 000 cm^{-1}(极强)　　　　C—Br　700~500 cm^{-1}(强)

C—Cl　850~600 cm^{-1}(强)　　　　　　C—I　600~500 cm^{-1}(强)

图 8-1 为 1,2-二氯乙烷的红外吸收光谱图。由于 C—X 键的吸收峰都在指纹区,因此要用红外吸收光谱确定有机化合物中是否存在 C—X 键是十分困难的。

(二) 核磁共振氢谱

受卤原子吸电子诱导效应的去屏蔽作用的影响,与其直接相连碳上的氢的化学位移与相应烷烃碳上的氢相比移向低场(图 8-2)。这种去屏蔽效应的大小与卤原子的电负性强弱顺序一致,即 F>Cl>Br>I。例如:

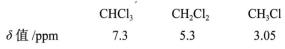

	$CH_3—F$	$CH_3—Cl$	$CH_3—Br$	$CH_3—I$	$CH_3—H$
δ 值 /ppm	4.26	3.05	2.68	2.16	0.23

诱导效应具有加和性,随着碳上取代的卤原子增多,去屏蔽效应也随之增大。

	$CHCl_3$	CH_2Cl_2	CH_3Cl
δ 值 /ppm	7.3	5.3	3.05

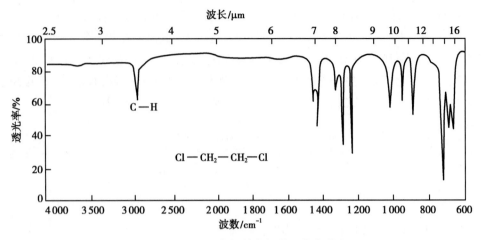

图 8-1 1,2-二氯乙烷的红外吸收光谱图

同时,诱导效应可沿着碳链影响 β-碳原子上的氢,但对与卤原子相隔三个碳原子及三个以上的氢,其化学位移一般无明显影响。

$$\underset{\delta}{\overset{H_2}{C}}\underset{(\delta)}{\overset{\alpha}{C}}X \underset{H_2}{}$$

(δ) β-H: 1.24~1.55ppm　　α-H: 2.16~4.4ppm

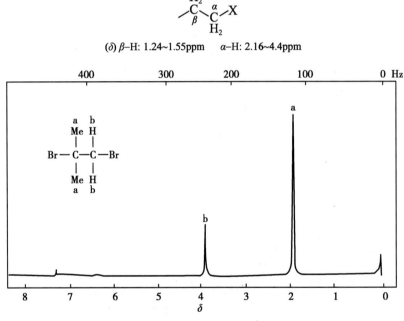

图 8-2 1,2-二溴-2-甲基丙烷的 ¹H-NMR 谱图

（三）质谱

通常能够观察到卤代烃的分子离子峰,其中卤代芳烃的分子离子峰较强。由于卤素存在同位素,所以卤代烷的质谱中有同位素离子相应的峰,即同位素离子峰,其可被用来识别分子中所含卤素的种类。卤素常见同位素的天然丰度见表 8-3。

表 8-3 卤素常见同位素的天然丰度

卤素	同位素的天然丰度 /%	
氟	¹⁹F　100	
氯	³⁵Cl　75.8	³⁷Cl　24.2
溴	⁷⁹Br　50.5	⁸¹Br　49.4
碘	¹²⁷I　100	

由于氯和溴元素含有高两个质量单位的同位素,因此氯代烷和溴代烷可以在 M 和 $M+2$ 处出现特征强度的离子峰,其间距为两个质量单位。对于一元卤代烃,其同位素离子峰的强度比例与天然丰度比例相当,所以一氯代烷的 M 峰和 $M+2$ 峰的峰高比接近 $3:1$,而一溴代烷的 M 峰和 $M+2$ 峰的峰高比接近 $1:1$。例如溴乙烷在 m/z 108 和 110 处出现两个相邻且几乎等高的分子离子峰,这是由溴的两个同位素 ^{79}Br 和 ^{81}Br 产生的结果。溴乙烷的分子离子按以下方式断裂:

$$\underset{m/z\ 108,110}{C_2H_5Br]^{+}} \longrightarrow \underset{m/z\ 29}{CH_3-CH_2^{+}} + Br\cdot$$
$$\longrightarrow \underset{m/z\ 27}{CH_2=\overset{+}{C}H} + H_2$$

练习题 8.3　比较环己烷和氯代环己烷的沸点。

练习题 8.4　一个氯化物的分子离子峰 M 与 $M+2$ 峰的峰高之比接近 $1:1$,你能大致判断出分子中含有几个氯原子吗?

第三节　化　学　性　质

卤代烃的主要化学反应是由卤原子引起的,卤原子是卤代烃的官能团。本章着重讨论卤代烷的化学性质。在卤代烷分子中,碳卤键很活泼,容易发生亲核取代反应(nucleophilic substitution reaction)、消除反应(elimination reaction)和生成金属有机化合物的反应等。

一、亲核取代反应

(一)亲核取代反应和亲核试剂

在卤代烷分子中,由于卤原子的吸电子诱导效应,成键电子云偏向卤原子,与其键合的碳原子带有部分正电荷,容易受到带有负电荷或带有孤对电子的试剂的进攻,从而发生取代反应。

例如在溴乙烷与甲醇钠生成甲氧基乙烷(乙基甲基醚)的反应中,甲氧基负离子进攻溴乙烷中带部分正电荷的碳原子(中心碳原子),提供一对电子和碳原子成键,同时置换出溴原子,完成取代反应。

$$\overset{\delta^+}{CH_3CH_2}-\overset{\delta^-}{Br} + {}^-OCH_3 \longrightarrow \underset{\text{甲氧基乙烷}}{CH_3CH_2OCH_3} + Br^-$$

又如在溴乙烷和氨生成乙胺的反应中,氨分子中氮原子上的未共用电子对(孤对电子)进攻溴乙烷中带部分正电荷的中心碳原子,取代溴原子后生成取代产物。

$$\overset{\delta^+}{CH_3CH_2}-\overset{\delta^-}{Br} + \ddot{N}H_3 \longrightarrow CH_3CH_2\overset{+}{N}H_3Br^-$$
$$\xrightarrow{HO^-} \underset{\text{乙胺}}{CH_3CH_2NH_2} + H_2O + Br^-$$

甲氧基负离子和氨分子都是富电子的,具有进攻带正电荷或部分正电荷原子的倾向,称为亲核试剂(nucleophile,简写为 Nu)。亲核试剂都属于路易斯碱。在有机化学反应中,由亲核试剂引起的取代反应称为亲核取代反应。

亲核试剂分为两类:一类是负离子(用 Nu^- 表示),如 HO^-(氢氧根负离子)、RO^-(烷氧负离子)、HS^-(巯基负离子)、RS^-(烷硫负离子)、CN^-(氰基负离子)、X^-(卤素负离子)和 R^-(碳负离子);另一类是具有孤对电子的中性分子(用 $Nu:$ 表示),如 $\dot{N}H_3$,$H_2\ddot{O}$,$R\ddot{S}H$ 等。

在亲核取代反应中,反应物卤代烷称为底物(substrate),卤原子被亲核试剂取代,以负离子的形式离开底物分子,称为离去基团(leaving group)。卤代烷的亲核取代反应是由共价键异裂而发生的反应。

$$Nu^- + R{-}X \longrightarrow R{-}Nu + X^-$$

$$Nu{:} + R{-}X \longrightarrow R{-}Nu^+ + X^-$$

亲核试剂　底物　　　产物　离去基团

(二) 常见的亲核取代反应

亲核取代反应是有机化学中的一类重要反应。卤代烷分子能与许多亲核试剂反应生成相应的取代产物,被广泛用于合成含其他官能团的有机化合物。

1. 被羟基取代　卤代烷与氢氧化钠(或氢氧化钾)水溶液共热,卤原子被羟基取代生成醇。

$$RX + NaOH \longrightarrow ROH + NaX$$

该反应也称为卤代烷的水解反应(hydrolysis reaction)。由于卤代烷在工业上大多从醇制备,因而卤代烷的水解反应在合成上的应用不多。因为卤代烷的水解反应速率与卤代烷的结构、反应条件等密切相关,所以该反应主要用于研究亲核取代反应机理。

2. 被烷氧基取代　卤代烷与醇钠反应,卤原子被烷氧基(RO$^-$,alkoxy group)取代生成醚。这是合成混合醚的常用方法,亦称威廉姆逊醚合成法(Williamson ether synthesis)。

$$RX + NaOR' \longrightarrow ROR' + NaX$$
醚

8-K-1
科学家简介

这个反应一般用伯卤代烷作为反应底物合成相应的醚。若用叔卤代烷,则容易发生消除反应生成烯烃。

3. 被氰基取代　卤代烷与氰化钠(或氰化钾)反应,卤原子被氰基取代生成腈。

$$RX + NaCN \longrightarrow RCN + NaX$$
腈

腈比卤代烷多1个碳原子,所以该反应是增长碳链的方法之一。腈可转变为胺、羧酸和酯等重要的官能团。氰化钠(或氰化钾)有剧毒,使用须有必要的安全防护措施。

$$RCN \begin{cases} \xrightarrow{[H]} RCH_2NH_2 \\ \xrightarrow{H^+, H_2O} RCOOH \\ \xrightarrow{H^+, R'OH} RCOOR' \end{cases}$$

4. 被硝酸根取代　卤代烷与硝酸银的醇溶液反应生成卤化银沉淀和硝酸酯,此反应可用于鉴别卤代烃。

$$RX + AgNO_3 \longrightarrow RONO_2 + AgX \downarrow$$
硝酸酯　卤化银

不同的卤代烷其反应活性也不同。烃基相同,卤原子不同的卤代烃的活性顺序为RI>RBr>RCl;卤原子相同,烃基结构不同的卤代烷的活性顺序为叔卤代烷>仲卤代烷>伯卤代烷。所以可根据反应活性不同,可定性鉴别卤代烷。

5. 被其他卤原子取代　卤代烷可被其他卤素负离子取代,发生卤素交换反应。

$$RCl + NaI \xrightarrow{\text{无水丙酮}} RI + NaCl$$

这是一个平衡反应,常用于碘代烷和氟代烷的制备。碘代烷很难从烷烃直接碘化获得,常用碘化钠或碘化钾在无水丙酮溶液中与氯代烷或溴代烷反应来制备。由于氯化钠或氯化钾在丙酮中的溶解

度比碘化钠或碘化钾小得多,所以易从无水丙酮中沉淀析出,从而打破平衡,使反应向生成碘代烷的方向移动。

6. 被氨基取代　卤代烷与氨作用,卤原子被氨基取代生成胺。

$$RX + NH_3 \longrightarrow RNH_2 + HX$$
$$\xrightarrow{RX} R_2NH + HX$$
$$\xrightarrow{RX} R_3N + HX$$

首先生成的伯胺仍是亲核试剂,可以继续与卤代烷反应,最终通过三次亲核取代生成叔胺。胺是有机碱,与反应中生成的氢卤酸成盐,所以反应得到的是铵盐。

$$3CH_3I + NH_3 \longrightarrow (CH_3)_3\overset{+}{N}H\bar{I} \quad [(CH_3)_3N \cdot HI]$$

除此之外,卤代烷还可以与巯基负离子、硫醇负离子、碳负离子、叠氮负离子(N_3^-)等发生反应生成相应的硫醇、硫醚、烃、叠氮化合物等。

在卤代烷与水、醇等发生的亲核取代反应中,水和醇既是亲核试剂又是溶剂,这类反应称为溶剂解(solvolysis)反应。溶剂解反应的速率较慢,一般不用于合成。

二、消除反应

卤代烷在碱的醇溶液中加热,消去一分子卤化氢生成烯烃。这种由分子中脱去小分子如水、卤化氢、卤素等,生成含不饱和键化合物的反应称为消除反应(亦称消去反应),用 E 表示。

$$R\overset{\beta}{-}CH_2\overset{\alpha}{-}CH_2X \xrightarrow[KOH,\triangle]{C_2H_5OH} R-CH=CH_2 + KX + H_2O$$

反应中消去的是 α-碳原子上的卤原子和 β-碳原子上的氢原子,所以这种反应也称为 β-消除反应或 1,2-消除反应。卤代烷的消除反应可以用来制备烯烃或炔烃。例如:

$$CH_3\underset{Br}{CH}-\underset{H}{CH_2} \xrightarrow[KOH,\triangle]{C_2H_5OH} CH_3CH=CH_2 + KBr + H_2O$$

$$CH_3-\underset{Br\ Br}{CHCH_2} \xrightarrow[\text{或NaNH}_2]{KOH/C_2H_5OH} CH_3C\equiv CH$$

消除反应通常在强碱(如氢氧化钠、氢氧化钾、醇钠、醇钾、氨基钠等)和醇类溶剂中进行。

(一) 区域选择性反应

卤代烷在发生消除反应时,分子中如果只有一种 β-氢原子,则产生单一产物。例如 2-溴丙烷在氢氧化钾醇溶液中加热生成丙烯。

$$CH_3\underset{Br}{CH}-\underset{H}{CH_2} \xrightarrow[KOH,\triangle]{C_2H_5OH} CH_3CH=CH_2$$

当卤代烷分子中存在两种以上的 β-氢原子时,消除生成烯烃时就会产生双键在不同位置的产物的混合物。例如 2-溴丁烷发生消除反应时,由于有两种可能被消除的 β-氢原子,反应产物为丁-2-烯(主要产物)和丁-1-烯的混合物。2-溴-2-甲基丁烷的消除产物也是不同烯烃的混合物。

$$CH_3CH_2\overset{\beta}{C}H\overset{\beta}{C}H_3 \xrightarrow[C_2H_5OH]{KOH} CH_3CH=CHCH_3 + CH_3CH_2CH=CH_2$$
$$\underset{Br}{} \qquad\qquad 81\% \qquad\qquad 19\%$$

$$\underset{\substack{\text{2-溴-2-甲基丁烷}}}{\underset{\underset{\text{Br}}{|}}{\overset{\overset{CH_3}{|}}{CH_3CH_2\underset{\beta}{C}CH_3}}} \xrightarrow[C_2H_5OH]{KOH} \underset{\substack{\text{2-甲基丁-2-烯}\\(70\%)}}{CH_3CH=C(CH_3)_2} + \underset{\substack{\text{2-甲基丁-1-烯}\\(30\%)}}{\underset{\underset{CH_3}{|}}{CH_2=CCH_2CH_3}}$$

俄国化学家札依采夫（Zaitsev）在大量实验结果的基础上,提出札依采夫规则（Zaitsev rule）:当卤代烷发生消除反应时,主要产物为双键碳上连有较多烷基的烯烃。也就是说,如果有两种以上的β-氢原子,在发生消除反应时,主要消除含氢原子较少的β-碳上的氢原子。当底物中含有两个及两个以上可能的反应位点时,理论上可生成多种异构体,而反应选择性地仅在或主要在其中的一个位点发生,这类反应称为区域选择性（regioselectivity）反应。卤代烷的β-消除反应就是区域选择性反应。

消除反应的区域选择性与所生成的烯烃的稳定性有关。不同结构的烯烃分子所具有的内能不同,其规律是双键碳原子上连有的烷基越多烯烃就越稳定（见第三章第三节）。生成的烯烃越稳定,反应的热力学驱动力就越强,就越容易进行。烯烃的稳定性次序为:

$$R_2C=CR_2 > R_2C=CHR > R_2C=CH_2 \approx RCH=CHR > RCH=CH_2 > CH_2=CH_2$$

（二）卤代烷的消除反应活性

卤代烷的消除反应活性顺序为叔卤代烷>仲卤代烷>伯卤代烷,这是由它们消除所生成的烯烃的稳定性所决定的,叔卤代烷最易发生消除反应。例如:

相对速率

$$CH_3CH_2Br \xrightarrow{CH_3O^-/CH_3OH} CH_2=CH_2 \qquad 1.0$$

$$\underset{\underset{Br}{|}}{CH_3CHCH_3} \xrightarrow{CH_3O^-/CH_3OH} CH_3CH=CH_2 \qquad 9.4$$

$$(CH_3)_3CBr \xrightarrow{CH_3O^-/CH_3OH} (CH_3)_2C=CH_2 \qquad 120$$

在碱性条件下,亲核取代反应和消除反应是竞争反应。因此,在用卤代烷的取代反应制备醇、醚和腈类等化合物时,要避免使用易发生消除反应的叔卤代烷。

三、与金属的反应

卤代烃能与多种金属反应形成含有碳-金属键（C—M）的一类化合物,称为金属有机化合物（organometallic compound）。金属有机化合物非常活泼,在有机合成中发挥非常重要的作用。

卤代烃与金属镁反应生成的有机镁化合物称为格利雅试剂（Grignard reagent）,简称格氏试剂。格氏试剂是金属有机化合物中应用最广泛的一类化合物,它是由卤代烷与金属镁在无水乙醚中反应得到的。

$$CH_3CH_2Br + Mg \xrightarrow[\triangle]{\text{无水乙醚}} \underset{\text{乙基溴化镁}}{CH_3CH_2MgBr}$$

$$\underset{\text{}}{\overset{\overset{CH_2Br}{|}}{\bigcirc\!\!\!\!\!\bigcirc}} + Mg \xrightarrow[\triangle]{\text{无水乙醚}} \underset{\text{苄基溴化镁}}{\overset{\overset{CH_2MgBr}{|}}{\bigcirc\!\!\!\!\!\bigcirc}}$$

以无水乙醚作为制备格氏试剂的溶剂,是因为它可以与格氏试剂中的金属镁配位,形成路易斯酸和路易斯碱的配位化合物而使格氏试剂稳定。

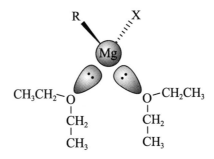

在用卤代烷合成格氏试剂时,卤代烷的反应活性顺序为 RI>RBr>RCl。由于碘代烷的价格较贵,故在合成格氏试剂时,除甲基格氏试剂(因 CH_3Br 和 CH_3Cl 是气体,使用不便)外,常用反应活性适中的溴代烷。

制备格氏试剂以伯卤代烷最适合,仲卤代烷也可以。叔卤代烷在强碱性条件下主要发生消除反应,难以生成格氏试剂。卤代烯烃和卤代芳烃也可以用于制备格氏试剂,一般需要较高的反应温度,常用沸点较高的四氢呋喃(THF,bp 65℃)代替乙醚作为反应溶剂。四氢呋喃能够与格氏试剂形成更稳定的配位化合物,从而加速反应的进行。

$$CH_2=CHBr \xrightarrow[THF]{Mg} CH_2=CHMgBr$$

格氏试剂非常活泼,可以与空气中的氧、二氧化碳和含有活泼氢的化合物如水、醇、酸、胺等发生反应,生成不同的化合物。

$$RMgX \begin{cases} \xrightarrow{O_2} R-O-MgX \xrightarrow{H_2O} ROH + Mg(OH)X \\ \xrightarrow{CO_2} R-\overset{O}{\overset{\|}{C}}-OMgX \\ \xrightarrow{H_2O} R-H + Mg(OH)X \\ \xrightarrow{R'OH} R-H + Mg(OR')X \\ \xrightarrow{NH_3} R-H + Mg(NH_2)X \\ \xrightarrow{R'COOH} R-H + R'COOMgX \\ \xrightarrow{HC\equiv CR'} R-H + R'-C\equiv CMgX \end{cases}$$

因此在制备格氏试剂时,除需要干燥的仪器,无水的试剂和溶剂外,还应尽量避免与空气接触,不能用含有活泼氢的质子溶剂。当底物分子中有含活泼氢的羟基、羧基等基团时,需事先保护,否则将分解格氏试剂。

格氏试剂具有极性非常大的碳镁键,其碳原子带部分负电荷,而金属镁原子带部分正电荷。

$$\overset{\longleftarrow}{\underset{|}{\overset{|}{-}}\overset{\delta^-}{C}-\overset{\delta^+}{MgBr}}$$

带有部分负电荷的碳原子具有碱性(路易斯碱),可与带部分正电荷的活泼氢结合;亦是一个强的亲核试剂,可进攻卤代烷、羰基化合物中带部分正电荷的碳原子,进行亲核取代或亲核加成反应。

$$R\overset{\delta^+}{O}-H + H_3\overset{\delta^-}{C}-\overset{\delta^+}{MgBr} \longrightarrow CH_4 + ROMgX$$

$$R\overset{\delta^+}{C}H_2X + H_3\overset{\delta^-}{C}-\overset{\delta^+}{MgBr} \longrightarrow RCH_2CH_3 + XMgBr$$

$$R_2\overset{\delta^+}{C}O + H_3\overset{\delta^-}{C}-\overset{\delta^+}{MgBr} \longrightarrow R_2\underset{|}{C}OMgBr \xrightarrow{H_2O} R_2\underset{|}{C}OH \\ \qquad\qquad\qquad\qquad\qquad\qquad\quad CH_3 \qquad\qquad\quad CH_3$$

卤代烷与金属锂在非极性溶剂中反应可生成烷基锂。有机锂化合物的用途与格氏试剂相似,但比格氏试剂更为活泼且价格也更贵。

四、还原反应

卤代烷中的卤素可以被还原生成烷烃。催化氢化是常用的还原方法之一。由于反应是碳卤键的断裂,并在碳原子和卤原子上各加一个氢原子,因此也称为氢解(hydrogenolysis)。

$$RX + H_2 \xrightarrow{\text{催化剂}} R\text{—}H + H\text{—}X$$

某些金属(如锌)在乙酸等酸性条件下也能还原卤代烷。反应中金属提供电子,酸提供质子。

$$\underset{\underset{\displaystyle Br}{|}}{CH_3CH_2CHCH_3} \xrightarrow[CH_3COOH]{Zn} CH_3CH_2CH_2CH_3$$

氢化锂铝($LiAlH_4$)是能提供氢负离子的还原剂,氢负离子对卤代烷进行亲核取代反应,置换卤素得到烷烃。

$$n\text{-}C_8H_{17}Br + LiAlH_4 \xrightarrow[\text{回流}1h]{\text{四氢呋喃}} n\text{-}C_8H_{18}$$

氢化锂铝是一种灰白色固体,对水特别敏感,遇水即分解放出氢气,反应剧烈,因此反应需在无水条件下进行。

$$LiAlH_4 + 4H_2O \longrightarrow Al(OH)_3 + 4H_2 + LiOH$$

练习题 8.5 完成下列反应。

(1) $CH_3CH_2CH_2Cl \xrightarrow[H_2O]{NaOH}$

(2) $CH_3CH_2Br + NaOCH_3 \longrightarrow$

(3) ⬡—Br $\xrightarrow{KCN}$

(4) $\underset{\underset{\displaystyle Cl}{|}}{CH_3CHCH_3} \xrightarrow{NaSH}$

(5) $CH_3CH_2CH_2Br(过量) \xrightarrow{NH_3}$

(6) $(CH_3CH_2)_3CBr + OH^- \xrightarrow{C_2H_5OH}$

(7) $CH_3CH_2CH_2Br + Mg \xrightarrow{\text{无水乙醚}} \xrightarrow{C_2H_5OH}$

五、多元卤代烷和氟代烷

(一)多元卤代烷

当多元卤代烷中的卤原子连在不同的碳原子上时,碳卤键的性质基本与一元卤代烷相似;当两个或多个卤原子连在同一碳原子上时,碳卤键的活性明显降低。

例如:

$$CH_3Cl + H_2O \xrightarrow[\text{加压}]{100℃} CH_3OH + HCl$$

$$CH_2Cl_2 + 2H_2O \xrightarrow[\text{加压}]{165℃} \left[H_2C\underset{OH}{\overset{OH}{\diagdown}} \right] \xrightarrow{-H_2O} H\text{—}\overset{\displaystyle O}{\overset{\|}{C}}\text{—}H + 2HCl$$
甲醛

$$CHCl_3 + 3H_2O \xrightarrow[\text{加压}]{225℃} \left[HC\overset{OH}{\underset{OH}{-OH}} \right] \xrightarrow{-H_2O} H\text{—}\overset{\displaystyle O}{\overset{\|}{C}}\text{—}OH + 3HCl$$
甲酸

$$CCl_4 + 4H_2O \xrightarrow[\text{加压}]{250℃} \left[HO-\underset{\underset{OH}{|}}{\overset{\overset{OH}{|}}{C}}-OH \right] \xrightarrow{-2H_2O} CO_2\uparrow + 4HCl$$

多卤代烷与硝酸银的醇溶液共热不会产生卤化银沉淀。

（二）氟代烷

一元氟代烷不太稳定,但当一个碳上连有多个氟原子时稳定性显著提升。全氟代烷是非常稳定的一类化合物,如六氟乙烷在 400~500℃的高温下也不发生变化,且对强酸、强碱、强氧化剂都很稳定。由四氟乙烯聚合成的聚四氟乙烯是一种性能非常好的塑料,商品名为 Teflon。它具有耐酸、耐碱、耐高温(250℃)、耐低温(-269℃)、耐腐蚀等优点,并具有较高的机械强度,因而具有许多特殊的用途,例如被用于制造人造血管等医用材料、实验室电磁搅拌磁心的外壳及炊事用具(不粘锅锅底的内衬)等。

含氟化合物在药物研发中具有非常重要和广泛的应用价值,许多药物分子结构都含有氟原子,例如抗肿瘤药 5-氟尿嘧啶、治疗精神类疾病的盐酸三氟拉嗪,以及喹诺酮类抗菌药物诺氟沙星、环丙沙星等。氟的原子半径与氢原子类似,因此碳氟键的键长与碳氢键也相似。但是氟原子的电负性比氢原子大很多,因而能够对化合物的电子效应、酸碱性、偶极矩、分子构型和邻近基团的化学反应性等理化性能产生较大的影响。这一特点被应用于将已知药物分子中的氢原子用氟原子代替,从而开发出新的药物分子,例如抗肿瘤药 5-氟尿嘧啶。5-氟尿嘧啶的结构与尿嘧啶类似,可以通过伪似作用干扰癌细胞 DNA 合成而达到抗肿瘤的目的。引入氟原子还可增加化合物在细胞膜上的脂溶性,提高药物的吸收与转运速率。三氟甲基是最具亲脂性的基团之一。含氟化合物在农药领域也有广泛的应用,如杀虫剂、除草剂、昆虫信息素等。氟原子引入后明显改善农药分子的亲脂性、特效性、吸收转运和转化降解等性能,从而达到高效低毒的要求。

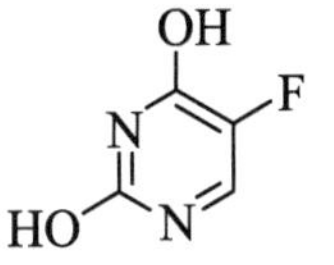

5-氟尿嘧啶 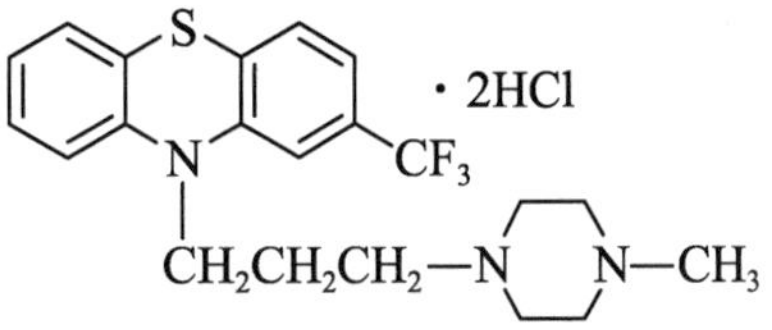　　　　盐酸三氟拉嗪

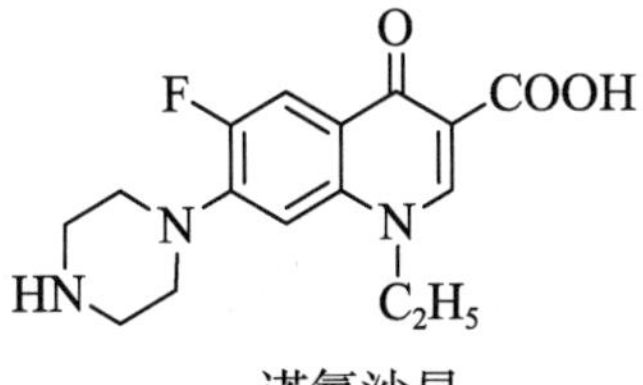

诺氟沙星 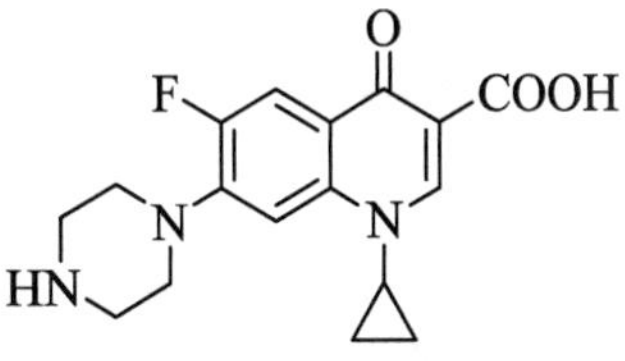　　　　环丙沙星

第四节　亲核取代反应和消除反应机理

一、亲核取代反应机理

溴甲烷在 80% 乙醇的水溶液中反应时反应速率很慢,但在溶液中加入氢氧化钠后水解速率随之增加,并且反应速率与溴甲烷和碱的浓度成正比。这在动力学上称为二级反应。

$$反应速率 = k[CH_3Br][OH^-]（k 为速率常数）$$

但叔丁基溴的水解反应速率与碱的浓度无关,只与卤代烷的浓度有关。这在动力学上称为一级

反应。

$$反应速率 = k\left[(CH_3)_3CBr\right]$$

不同的卤代烃所表现出的不同的反应速率方程说明，它们的反应机理不同。不同卤代烷的反应速率和动力学级数的研究表明，亲核取代反应存在两种反应机理：双分子亲核取代机理和单分子亲核取代机理，分别用 S_N2 和 S_N1 表示。其中"S"表示取代（substitution），"N"表示亲核（nucleophilic），"2"是指双分子，"1"是指单分子。对亲核取代反应机理的建立作出重要贡献的化学家是英果尔德（Ingold）和休斯（Hughes）。

（一）双分子亲核取代反应

氯甲烷在碱性条件下的水解反应在动力学上是二级反应，这说明该反应的速率取决于氯甲烷与氢氧根负离子的相互碰撞。结合立体化学的研究结果，英果尔德等提出如下图所示的双分子亲核取代反应机理。

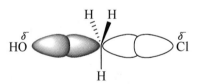

过渡态

在反应中，氢氧根负离子从氯原子的背面接近中心碳原子，三者呈一条直线，氧原子与碳原子之间的距离逐渐减小，C—Cl 键逐渐伸长。到达过渡态时，中心碳由 sp^3 杂化转变为 sp^2 杂化，所键合的三根 C—H 键处于同一平面，剩下的 p 轨道垂直于该平面，即将离去的氯和将要结合的氢氧根在该 p 轨道的两侧与其形成轨道重叠。此时，C—O 键已部分形成，C—Cl 键已部分断裂，其键长都超过正常键长。氧原子和氯原子上都带有部分负电荷，以 δ^- 表示。在此之后，C—O 键之间的距离进一步缩短，C—Cl 键之间的距离进一步增加，中心碳由 sp^2 杂化向 sp^3 杂化转变，所连接的三根 C—H 键由平面型向氯原子一侧偏转。最后，C—O 键完全形成，氯负离子离开中心碳原子，C—Cl 键完全断裂，中心碳原子恢复成 sp^3 杂化的四面体结构。由此可见，氯甲烷与氢氧根负离子是以协同反应的方式转变成产物。

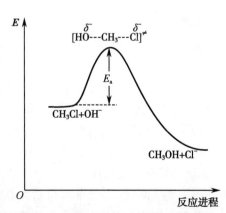

在反应过程中，随着反应底物结构的变化，体系能量也在不断变化。氢氧根负离子从氯原子背面接近中心碳原子时，会产生与三个氢原子的空间排斥，造成体系能量升高。另外，中心碳由四面体结构转变为张力更大的平面结构也使体系能量升高。当到达过渡态时，五个原子同时挤在中心碳原子周围，体系能量达到最高点。随着氯原子的离去，张力减小，体系能量也逐渐降低，见图 8-3。

过渡态位于能量曲线的峰顶，它与反应底物之间的能量差就是反应的活化能（E_a）。活化能的大小决定反应速率，因此从反应物到过渡态的过程是决定反应速率的步骤，简称决速步骤。该步骤涉及两种粒子间的相互碰撞，与反应的二级动力学是一致的，故称为双分子亲核取代反应。

图 8-3　S_N2 反应能量图：氯甲烷与氢氧负离子的反应

（二）双分子亲核取代反应的立体化学

当 S_N2 反应发生在手性碳原子上时,由于亲核试剂从离去基团的背面呈直线型进攻,所以该手性碳原子的构型将发生完全翻转。下面的实验结果支持这一结论。光学活性的(R)-2-溴丁烷在碱性条件下的水解反应生成构型完全翻转的产物(S)-丁-2-醇。

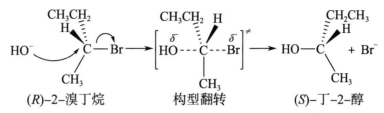

(R)-2-溴丁烷 构型翻转 (S)-丁-2-醇

中心碳原子构型完全翻转是 S_N2 反应的非常重要的立体化学特征。这个现象是由瓦尔登(Walden)首先发现的,因而称为瓦尔登翻转(Walden inversion),也形象地称为"伞"型翻转。

需要注意的是,这里所谓的构型翻转是指反应中心碳上四个键构成的骨架构型的翻转。这种翻转可以引起反应物与产物 R/S-构型的改变,如上述(S)-2-溴丁烷的例子。但也可以不引起 R/S-构型的改变,例如:

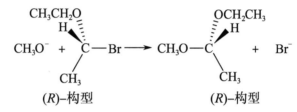

(R)-构型 (R)-构型

在这个反应中,手性碳原子的骨架构型发生改变,但反应物和产物都是(R)-构型的。

综上所述,S_N2 反应的特点是反应一步完成,旧键的断裂和新键的生成同时进行;反应速率与卤代烷和亲核试剂的浓度成正比;中心碳的构型发生瓦尔登翻转。

（三）单分子亲核取代反应

与上述 2-溴丁烷的反应不同,叔丁基溴的水解在动力学上为一级反应。根据实验结果,反应机理如下:

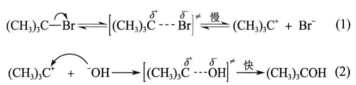

$(CH_3)_3C\!-\!Br \rightleftharpoons \left[(CH_3)_3\overset{\delta+}{C}\cdots\overset{\delta-}{Br}\right]^{\neq} \underset{慢}{\rightleftharpoons} (CH_3)_3C^+ + Br^-$ (1)

$(CH_3)_3C^+ + {}^-OH \longrightarrow \left[(CH_3)_3\overset{\delta+}{C}\cdots\overset{\delta-}{OH}\right]^{\neq} \overset{快}{\longrightarrow} (CH_3)_3COH$ (2)

在第一步反应中,叔丁基溴在溶剂的作用下解离成叔丁基碳正离子中间体和溴负离子,这是一个慢步骤,决定反应速率;第二步是碳正离子迅速与氢氧根负离子结合,生成叔丁醇。在反应决速步骤中,因为只涉及一种分子,所以称为单分子亲核取代反应(S_N1 反应)。S_N1 反应的能量变化曲线见图 8-4。

在反应中,随着叔丁基溴分子中 C—Br 键的逐渐伸长,键的极化程度增加,碳原子上所带部分正电荷和溴原子上所带部分负电荷的量也随之增加,所造成的键的部分断裂使体系能量上升。由于反应在溶剂中进行,正、负电荷分离的程度增加,带电质点溶剂化的程度也随之增加,体系逐渐释放出能量。因此,当 C—Br 键的

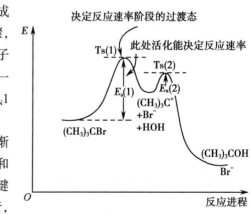

图 8-4 S_N1 反应能量图:叔丁基溴的水解反应

极化达到一定程度后,体系能量开始下降。能量图上的第一个高峰就是第一步反应的过渡态。所生成的反应中间体叔丁基碳正离子被溶剂分子所包围,是被溶剂化所稳定的,要与氢氧负离子结合,就必须脱去部分溶剂分子,因此体系能量再度升高。随着 C—O 键的逐渐形成,体系能量在到达第二个高峰后又开始下降。这样,反应中间体叔丁基碳正离子位于两个峰之间的谷底。在这两步反应中,第一步反应所需的活化能 E_{a_1} 远远大于第二步反应的活化能 E_{a_2}。因此,整个 S_N1 反应的速率取决于第一步反应的活化能 E_{a_1}。

(四) 单分子亲核取代反应的立体化学

在 S_N1 反应中,卤代烷首先生成平面型碳正离子,然后试剂从平面两侧机会均等地进攻中心碳原子。如果底物的中心碳原子是手性的,则在反应产物中构型翻转和构型保持的机会相等,产物将是一对外消旋体。例如 (S)-3-溴-3-甲基己烷的水解反应生成的是 3-甲基己-3-醇的外消旋体。

CH₃CH₂

(S)-3-溴-3-甲基己烷

(R)-3-甲基己-3-醇
构型翻转

+

(S)-3-甲基己-3-醇
构型保持

与 S_N2 反应不同,S_N1 反应的典型立体化学特征是产物外消旋化。外消旋化、重排和消除产物的产生都是因为反应中有碳正离子的生成。

综上所述,S_N1 反应的特点是反应分两步进行,旧键先断裂,新键再生成;反应速率只与卤代烷的浓度有关;反应中有碳正离子生成,生成外消旋化产物,有重排或消除产物的生成。

二、影响亲核取代反应的因素

(一) 卤代烷结构的影响

卤代烷结构对亲核取代反应的速率影响比较明显,其主要影响因素有空间效应和电子效应。

卤代烷结构对 S_N2 反应速率的影响主要来自其空间效应,这一点可以通过 S_N2 反应的机理进行解释。由于亲核试剂需要从离去基团的背面进攻中心碳原子,所以以中心碳上的取代基越多、越大,则空间位阻就越大,反应也就越困难。表 8-4 列出几种溴代烷与碘负离子 S_N2 反应的相对速率。

从表 8-4 中可以看出空间效应对速率的显著影响:溴甲烷的 α-碳上无取代基,空间位阻最小,反应最快;α-碳或 β-碳上的取代基越多、越大,空间位阻越大,反应越慢;由于反应的中心碳是 α-碳,所以 α-碳上的取代基比 β-碳上的取代基对反应的阻碍作用更强。因此,S_N2 反应的速率大小顺序为卤代甲烷>伯卤代烷>仲卤代烷>叔卤代烷。

表 8-4 几种溴代烷与碘负离子反应的相对速率

R—	CH₃—	CH₃CH₂—	(CH₃)₂CH—	(CH₃)₃C—	CH₃CH₂CH₂—	(CH₃)₂CHCH₂—	(CH₃)₃CCH₂—
相对速率	30	1	0.02	~0	0.82	0.036	0.000 012

在 S_N1 反应中决定反应速率的一步是碳正离子的生成,碳正离子越稳定,反应就越容易进行。碳正离子的稳定性顺序为 $3° > 2° > 1° > CH_3^+$,因此卤代烷 S_N1 反应的速率大小顺序与 S_N2 反应正好相反。表 8-5 列出几种溴代烷在水中反应的相对速率。

表 8-5　几种溴代烷在水中反应的相对速率

R—	CH_3—	CH_3CH_2—	$(CH_3)_2CH$—	$(CH_3)_3C$—
相对速率	1.0	1.7	45	10^8

由于水的亲核能力较弱,表 8-5 中的溴代烷水解不易发生 S_N2 反应,一般按 S_N1 机理进行。按 S_N1 机理将分别生成甲基、乙基($1°$)、异丙基($2°$)和叔丁基($3°$)碳正离子,它们的稳定性次序为 $3° > 2° > 1° > CH_3^+$,所以 S_N1 反应速率的顺序为叔丁基溴>异丙基溴>乙基溴>溴甲烷。

> **练习题 8.6**　溴代新戊烷是何种类型的卤代烷(伯、仲、叔)? 在与乙醇反应时是进行 S_N1 反应还是 S_N2 反应?

综合以上讨论,卤代烷的结构对亲核取代反应的影响可以归纳为:

$$\xrightarrow{\quad\quad\quad\quad\quad S_N2 \quad\quad\quad\quad\quad}$$

　　3°卤代烷　2°卤代烷　1°卤代烷　　CH_3X

$$\xleftarrow{\quad\quad\quad\quad\quad S_N1 \quad\quad\quad\quad\quad}$$

一般情况下,伯卤代烷的亲核取代总是以 S_N2 机理进行的,而叔卤代烷则以 S_N1 机理进行。仲卤代烷则两种机理都有可能,亲核试剂和溶剂的性质决定两种机理的比例。

卤原子连在桥头的桥环化合物无论按 S_N1 还是 S_N2 机理,都难以发生取代反应。例如 1-氯-7,7-二甲基双环[2.2.1]庚烷与硝酸银的醇溶液回流 48 小时,或与 30% KOH 的乙醇溶液回流 21 小时,氯原子都难以被取代。这是因为如果按 S_N1 机理反应,由于受桥环刚性骨架的限制,桥头碳很难伸展成碳正离子所需的平面构型;如果选择 S_N2 机理,则亲核试剂必须从背面进攻中心碳原子,而氯原子的背面是环结构,空间上阻碍亲核试剂的进攻,所以也不容易发生反应。

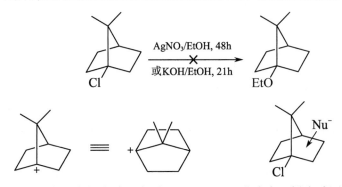

很难形成桥头碳正离子　　　　Nu⁻进攻中心桥头碳原子受阻

(二)离去基团的影响

底物中离去基团的离去能力越强,无论对 S_N1 机理还是 S_N2 机理都是有利的。但 S_N1 机理受离去基团离去能力的影响更大,因为 S_N1 反应的速率主要取决于离去基团从底物中离去这一步骤;而对于 S_N2 机理,决定速率的步骤还有亲核试剂的参与,所以离去基团的性质所产生的影响相对较小。

由于离去基团要带着一对电子离去,所以离去基团的碱性越弱(共轭酸的酸性越强),形成的负离子或电中性分子就越稳定,离去能力就越强,就是一个好的离去基团。卤素负离子的碱性顺序为

$F^->Cl^->Br^->I^-$，其共轭酸的酸性顺序为 $HI>HBr>HCl>HF$。因此，烷基相同时，卤代烷的亲核取代反应的活性顺序为 $RI>RBr>RCl>RF$，这与实验结果也是一致的。

例如各种叔卤代烷在 80% 乙醇的水溶液中发生 S_N1 反应的相对速率为：

$$(CH_3)_3C—X + H_2O \xrightarrow{C_2H_5OH} (CH_3)_3C—OH + (CH_3)_3C—OC_2H_5 + HX$$

X	Cl	Br	I
相对速率	1.0	39	99

烷基相同时，碘代烷可与硝酸银立即反应产生碘化银沉淀，一般不需加热；溴代烷反应稍慢，有时要加热；氯代烷反应最慢。银离子在反应中起到加快反应速率的作用，因为它能与卤素络合，增强卤原子的离去能力，使离去基团从原来的卤素负离子变为碱性更弱、更稳定的卤化银，并以沉淀的形式从反应体系中析出，从而驱动平衡向产物方向移动。Hg^{2+} 等金属离子也有同样的作用。

$$(CH_3)_3C—Br + Ag^+ \longrightarrow (CH_3)_3C—Br\cdots Ag^+ \longrightarrow (CH_3)_3C^+ + AgBr\downarrow$$

卤代烷反应活性的大小还可从碳卤键的解离能得到解释。碳卤键的解离能越小，越易异裂，相应的卤素负离子的离去能力就越强。以卤甲烷为例，各种碳卤键的异裂解离能如下。

卤代烷	CH_3F	CH_3Cl	CH_3Br	CH_3I
解离能 /(kJ/mol)	460.2	355.6	297.1	238.5

氟代烷不容易获得，反应活性又低，所以很少用于合成。碘代烷的活性最高，但价格昂贵。氯代烷的价格便宜，但活性较低。因此，溴代烷在合成中的应用最广。

除卤代烷外，醇类的磺酸酯 RSO_2OR' 也常用于亲核取代反应，并且反应活性较高。反应中的离去基团是磺酸根离子 RSO_2O^-，它是一种很弱的碱（共轭酸是磺酸 RSO_3H，是一种有机强酸），因而是好的离去基团。磺酸酯的价格便宜，因而常在合成反应中代替卤代烷。其他具有良好离去基团的化合物还有硫酸二酯、苯磺酸酯等，也可作为亲核取代反应的底物。

硫酸二酯	甲磺酸酯	苯磺酸酯	对甲苯磺酸酯
$RO\overset{O}{\underset{O}{S}}OR$	$CH_3\overset{O}{\underset{O}{S}}OR$	$Ph\overset{O}{\underset{O}{S}}OR$	$CH_3{-}\langle\rangle{-}\overset{O}{\underset{O}{S}}OR$

> **练习题 8.7** 预测 1-溴-1-氯丁烷在乙醇水溶液中与 KCN 反应的主要产物。
>
> **练习题 8.8** 不管实验条件如何，卤代新戊烷在亲核取代中的反应速率都很慢。怎样解释这个现象？

（三）亲核试剂的影响

亲核试剂的亲核性（nucleophilicity）是指试剂对带有正电荷的碳原子的亲和力。在 S_N1 反应中，反应速率只取决于第一步卤代烷的解离，因此亲核试剂的浓度和亲核性的强弱对反应的影响不大；而在 S_N2 反应中，决定反应速率的步骤有亲核试剂的参与，因此亲核试剂的浓度和亲核性的强弱对反应有较大的影响。

亲核试剂的亲核性强弱取决于其碱性、可极化性和溶剂化作用。碱性是指其与质子结合的能力，而亲核性则是指其与碳原子结合的能力，这是两个不同的概念。亲核性的强弱与碱性的强弱有时是一致的，有时是相反的。亲核性和碱性之间的一般规律如下。

中心原子为同种元素的亲核试剂，其亲核性和碱性的强弱是一致的。例如：

亲核性：$RO^->HO^->PhO^->RCOO^->NO_3^->ROH>H_2O$

$$碱性：RO^- > HO^- > PhO^- > RCOO^- > NO_3^- > ROH > H_2O$$

H_2O 和 ROH 是弱的亲核试剂，而相应的共轭碱 HO^- 和 RO^- 都是较强的亲核试剂。

中心原子处于同一周期并具有相同电荷的亲核试剂，按周期表的位置从左到右，其亲核性和碱性的强弱都呈递减的变化趋势。例如：

$$R_3C^- > R_2N^- > RO^- > F^- \qquad RS^- > Cl^- \qquad R_3P > R_2S$$

对于中心原子处于同一族的亲核试剂，它们的亲核性和碱性强弱顺序受溶剂的影响较大。在质子溶剂中，它们的亲核性和碱性强弱顺序相反。例如：

$$亲核性：I^- > Br^- > Cl^- > F^- \qquad HS^- > HO^-$$

$$碱性：I^- < Br^- < Cl^- < F^- \qquad HS^- < HO^-$$

在质子溶剂中，一些常用亲核试剂的亲核性强弱的大致顺序为：

$$RS^- \approx ArS^- > CN^- > I^- > NH_3(RNH_2) > RO^- \approx OH^- > Br^- > PhO^- > Cl^- > H_2O > F^-$$

I^- 既是很好的亲核试剂，又是很好的离去基团，因此在很多氯代烷、溴代烷的亲核取代反应中常加入少量碘化钾来催化反应的进行。反应中，I^- 作为好的亲核试剂首先将底物中的 Cl 或 Br 取代并转化为碘代烷；碘代烷进一步与 Nu^- 发生亲核取代反应生成目标产物，而 I^- 则作为好的离去基团离去，进入下一个反应循环。因此，碘化钾仅需催化量即可。

$$R{-}Cl \xrightarrow{\ I^-\ } R{-}I \xrightarrow{\ Nu^-\ } R{-}Nu \ + \ I^-$$

（四）溶剂的影响

在卤代烷的亲核取代反应中，溶剂发挥重要作用。有机合成中常用的溶剂可以按给出质子的难易程度，分为质子溶剂（protic solvent）和非质子溶剂（aprotic solvent）。其中，质子溶剂是指结构中含有能够形成氢键并快速交换的质子，这些质子通常与 O、N、S 等相连，如水、醇、羧酸、液氨、硫醇等；非质子溶剂结构中的氢通常与碳原子相连，因而很难给出质子形成氢键。

常用的非质子溶剂可按介电常数（ε）和偶极矩（μ）的大小分类。以介电常数 15 和偶极矩 6.67×10^{-30} C·m 为界（或以吡啶的介电常数和偶极矩为界），大于此值的为极性溶剂（polar solvent），如二甲基亚砜（DMSO）、乙腈、二甲基甲酰胺（DMF）、硝基甲烷、丙酮等；而小于此值的则为非极性溶剂（non-polar solvent），如二氯甲烷、四氢呋喃（THF）、乙醚、苯、环己烷等。

质子溶剂能使解离出来的负离子溶剂化，因而对 S_N1 反应是有利的。例如水可在卤素负离子周围形成氢键，分散卤素负离子的电荷，起到稳定负离子的作用，因此有利于卤素负离子的离去，从而促进 S_N1 反应。一般来说，负离子的体积越小、电荷越集中或碱性越强，与质子溶剂的氢键作用就越强，溶剂化程度就越高。

对于 S_N2 反应，质子溶剂的影响比较复杂。其一方面有利于离去基团的解离，但另一方面又能通过氢键使亲核试剂（Nu^-）溶剂化，造成 Nu^- 被溶剂分子包围，从而降低反应活性。因此，质子溶剂对 S_N2 反应的影响是上述 2 种作用相互博弈的综合结果。

> **练习题 8.9** 将下列负离子按在水中的溶剂化作用的大小排序。
> （1）HO^-、RO^-、HS^-　　　（2）Cl^-、I^-、Br^-

极性溶剂与质子溶剂相比有利于 S_N2 反应的进行。这是因为极性溶剂（如二甲基甲酰胺和二甲基亚砜）的偶极正端埋在分子内部，阻碍对负离子的溶剂化；而其偶极负端暴露在分子外部，可以使正离子溶剂化。这样的双重作用使得亲核试剂处于"裸露"的"自由"状态，其亲核性比在质子溶剂中更强。因此，S_N2 反应在极性溶剂中比在质子溶剂中进行要快得多，这一点可以从溴代正丁烷与叠氮负离子（N_3^-）在不同溶剂中的反应相对速率对比看出。

$$\underset{\text{二甲基甲酰胺}}{\overset{\overset{\delta^-}{O}}{\underset{\underset{CH_3}{|}}{CH_3-\overset{+}{N}-\overset{}{C}-H}}} \qquad \underset{\text{二甲基亚砜}}{\overset{\overset{\delta^-}{O}}{\underset{\delta^+}{CH_3-\overset{}{S}-CH_3}}}$$

$$N_3^- + CH_3(CH_2)_2CH_2Br \longrightarrow \left[\overset{\delta^-}{N_3}---\overset{\overset{H\;\;H}{|}}{\underset{\underset{(CH_2)_2CH_3}{|}}{C}}---\overset{\delta^-}{Br}\right]^{\neq} \longrightarrow CH_3(CH_2)_2CH_2N_3 + Br^-$$

溶剂	甲醇	水	DMSO	DMF	乙腈
相对速率	1	6.6	1 300	2 800	5 000

对于相同类型的亲核试剂,其亲核性的强弱也受溶剂的影响。例如在极性溶剂二甲基甲酰胺(DMF)中,卤素负离子的亲核性强弱顺序与碱性顺序是一致的,而在质子溶剂中则相反。

尽管极性溶剂有利于 S_N2 反应,但醇的水溶液仍是 S_N2 反应常用的溶剂,因其价格便宜,且卤代烷和无机离子化合物可溶于醇的水溶液中。DMSO(bp 189℃)、DMF(bp 153℃)等偶极溶剂的缺点是沸点太高,反应后不易除去。目前采用低沸点的非极性溶剂(如苯、二氯甲烷)和水,在相转移催化剂的作用下进行 S_N2 反应,克服了以上缺点。

非极性溶剂不利于亲核取代反应的进行。这是因为在非极性溶剂中极性分子不容易溶解,以缔合状态存在,因此反应活性降低。

> **练习题 8.10** 排列下列亲核试剂在 DMSO 中的亲核性的大小顺序。
> (1) Br^-、Cl^-、CN^-、I^- 　(2) HO^-、HS^-、RO^-

三、消除反应机理

与亲核取代反应一样,消除反应也有两种不同的反应机理,即双分子消除(bimolecular elimination)机理和单分子消除(monomolecular elimination)机理,分别用 E2 和 E1 表示。其中,"E"表示消除(elimination),"2"是指双分子,"1"是指单分子。

(一)双分子消除反应机理

实验证明,有些卤代烷的消除反应速率与底物和试剂的浓度成正比,这类反应遵循的就是 E2 反应机理。反应中,碱(如 HO^-)进攻并夺取 β-碳上的氢,使其以质子的形式离去,同时碳卤键拉长断裂,离去基团带着一对电子离去,最终在 α-碳与 β-碳之间形成双键,生成烯烃。

$$HO^- \;\; \overset{H}{\underset{\beta\quad\alpha}{C-C}}\overset{}{\underset{X}{}} \longrightarrow \left[\overset{\delta}{HO}----H\quad\overset{}{\underset{\underset{X}{\delta}}{C=C}}\right]^{\neq} \longrightarrow \;\;C=C\;\; + H_2O + X^-$$

与 S_N2 机理相似,E2 机理经过的也是协同反应过程。在反应能量变化曲线的最高处是反应的过渡态。在过渡态中,碳氢键和碳卤键部分断裂,碳碳双键和氧氢键部分形成,原来由试剂所携带的负电荷分散到整个体系中。

S_N2 反应和 E2 反应一般可在相似的条件下进行。所不同的是,在 S_N2 反应中,试剂进攻的是中心碳原子并与其结合;而在 E2 反应中,试剂进攻的是 β-碳上的氢原子,并将其夺走。在同一反应

中，S_N2 机理和 E2 机理是并存和相互竞争的。

由于双键碳上烃基越多的烯烃越稳定，所以对 E2 反应来说，叔卤代烷消除生成的烯烃最稳定，仲卤代烷次之，伯卤代烷消除生成的烯烃的稳定性最差。生成的产物越稳定，反应越容易进行。所以，卤代烷发生 E2 消除反应的活性顺序为叔卤代烷>仲卤代烷>伯卤代烷。

(二)双分子消除反应的立体化学

从反应物和产物的立体结构的对比分析中得知，E2 反应的过渡态有严格的空间要求，即 H—C—C—L(H 为 β-氢，L 为离去基团)必须处于共平面位置。这是因为产物烯烃中的两个双键碳原子和四个取代基必须处于同一平面，这样垂直于此面的两个 p 轨道才能平行重叠形成 π 键。这就要求反应物中的 H—C—C—L 必须处在同一平面，如此才能确保 β-氢和离去基团 L 离去后所形成的两个 p 轨道平行重叠(图 8-5)。

要满足 H—C—C—L 共平面，反应物可以采用两种构象，一种是顺式共平面(重叠式构象)，发生顺式消除；另一种是反式共平面(交叉式构象)，发生反式消除。

顺式共平面
（重叠式构象）　　　　　　　　　　　顺式消除

反式共平面
（交叉式构象）　　　　　　　　　　　反式消除

研究表明，大多数情况下卤代烷的 E2 反应是以反式消除的方式进行的(图 8-5)。

如［(1R,2R)-1-溴丙烷-1,2-二基］二苯 (1)的消除，C—H 和 C—Br 顺式和反式共平面分别以构象式(2)和(3)表示。若进行顺式消除，应得(E)-烯烃；若反式消除，则得(Z)-烯烃。实验结果得到的是(Z)-烯烃，这就支持了反应是以反式消除方式进行的。

图 8-5　E2 过渡态中的轨道结合状态

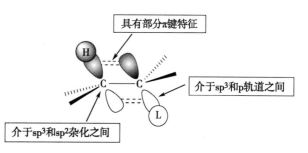

(E)-丙-1-烯-1,2-二基二苯

(Z)-丙-1-烯-1,2-二基二苯

而［(1R,2S)-1-溴丙烷-1,2-二基］二苯(4)的 E2 反应生成的是 E-烯烃,这一结果同样支持反应是以反式消除方式进行的。

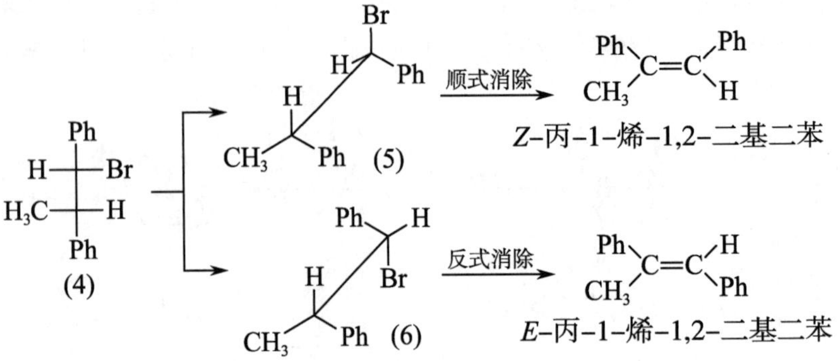

顺式消除 → Z-丙-1-烯-1,2-二基二苯

反式消除 → E-丙-1-烯-1,2-二基二苯

E2 反应主要以反式消除进行的原因是 H—C—C—L 处于反式共平面时形成的是交叉式构象,它比顺式共平面的重叠式构象的能量更低。

2-溴丁烷含有两种不同的 β-氢,分别是 C_1 位的 H_a 和 C_3 位的 H_b/H_c。E2 反应可以在 C_1 位发生,脱除 H_a,生成丁-1-烯;也可以在 C_3 位发生,脱除 H_b 或 H_c,生成丁-2-烯。实验结果表明,反应遵循札依采夫规则,以丁-2-烯为主要产物、丁-1-烯为次要产物。在生成的丁-2-烯中,(E)-烯烃为主要异构体,(Z)-烯烃为次要异构体,原因分析如下。

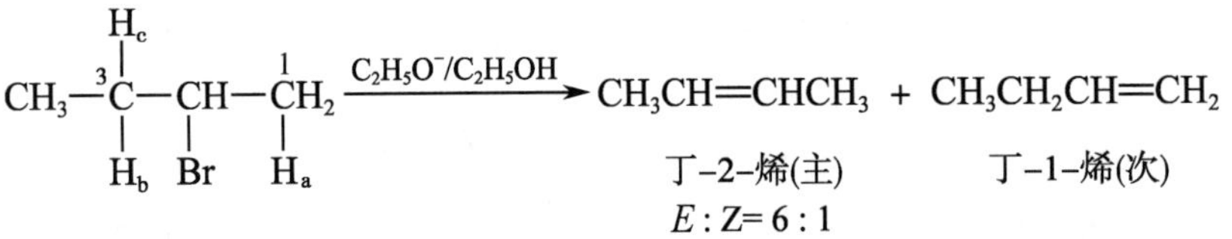

$$CH_3-\overset{H_c}{\underset{H_b}{\overset{3}{C}}}-\overset{|}{\underset{Br}{C}}H-\overset{1}{\underset{H_a}{C}}H_2 \xrightarrow{C_2H_5O^-/C_2H_5OH} CH_3CH=CHCH_3 + CH_3CH_2CH=CH_2$$

丁-2-烯(主)　　　丁-1-烯(次)
$E:Z=6:1$

2-溴丁烷 C_3 碳上有两个 β-氢,即 H_b 和 H_c。C—H_b 键和 C—H_c 键都可与 C—Br 键处于反式共平面,分别以交叉式构象式(7)和(8)表示。两个甲基在构象式(7)中处于对位交叉,而在(8)中则处于邻位交叉,距离更近,因而存在不利的空间排斥。因此,构象式(7)比(8)更稳定,反应主要由(7)进行,生成(E)-丁-2-烯。

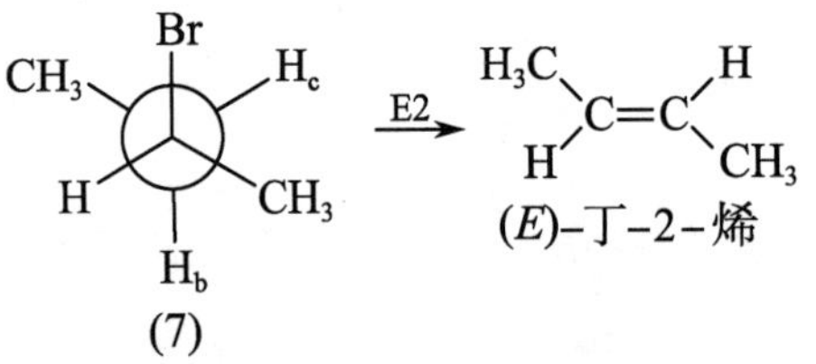

$\xrightarrow{E2}$ (E)-丁-2-烯

(7)

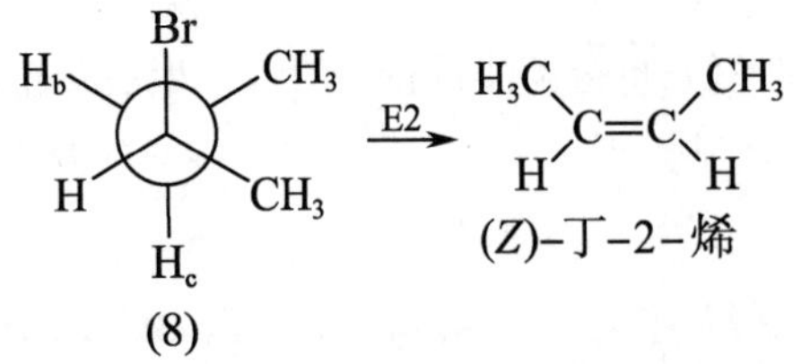

$\xrightarrow{E2}$ (Z)-丁-2-烯

(8)

练习题 8.11　完成下列反应式。

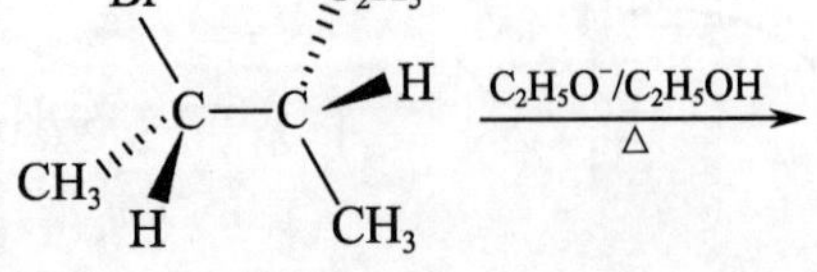

$$\xrightarrow{C_2H_5O^-/C_2H_5OH \atop \Delta}$$

卤代环己烷的 E2 反应同样遵循反式共平面消除的规则。例如 (1R)–(–)–氯代薄荷脑在乙醇钠作用下的 E2 反应仅生成单一烯烃产物(ⅰ)。由于稳定构象中的氯原子处于平伏键,没有 β–氢与其处于反式共平面,因此需要先发生构象翻转,转换成氯原子处于直立键的非稳定构象。这需要外界提供能量,因此反应速率较慢。在翻转后的构象中,只有一个 β–氢 H_a 与氯原子处于反式共平面,所以只得到一种消除产物(ⅰ)。

而 (1S)–(–)–氯代薄荷脑在相同条件下的 E2 反应则生成烯烃(ⅰ)和(ⅱ)的混合物,且反应速率快 200 倍。此时,稳定构象中的氯原子处于直立键,β–氢 H_b 和 H_c 均与其呈反式共平面,因此无须构象翻转,所以反应速率更快。通过该构象,消除遵循札依采夫规则,生成的取代基更多的烯烃(ⅱ)为主要产物。

在少数情况下,由于空间因素或键的旋转受阻,反应物无法形成反式共平面的构象时,亦可以通过顺式共平面发生顺式消除。

(三) 单分子消除反应机理

E1 反应与 S_N1 反应的机理类似,也分两步进行。第一步生成碳正离子中间体;第二步试剂夺取 β–氢,生成碳碳双键。第一步是控制反应速率的步骤,这一步只涉及底物分子,反应速率只与底物的浓度有关。

　　E1 反应时，首先生成碳正离子中间体。由于叔卤代烷产生的三级碳正离子最稳定，因此卤代烷的 E1 反应活性顺序为叔卤代烷>仲卤代烷>伯卤代烷。该顺序与 E2 反应是一致的。消除的区域选择性也遵循札依采夫规则，即生成取代基更多的稳定烯烃。

　　卤代烷的 S_N1 反应和 E1 反应条件类似，因此两种机理存在相互竞争。S_N1 反应与 E1 反应都经过碳正离子中间体，不同的是在 S_N1 反应中试剂进攻碳正离子，生成取代产物；而在 E1 反应中试剂进攻 β-氢，生成消除产物。例如：

　　2-溴-2-甲基丁烷在乙醇中反应同时生成 2-乙氧基-2-甲基丁烷和 2-甲基丁-2-烯及 2-甲基丁-1-烯，取代和消除产物的比例为 64∶36。

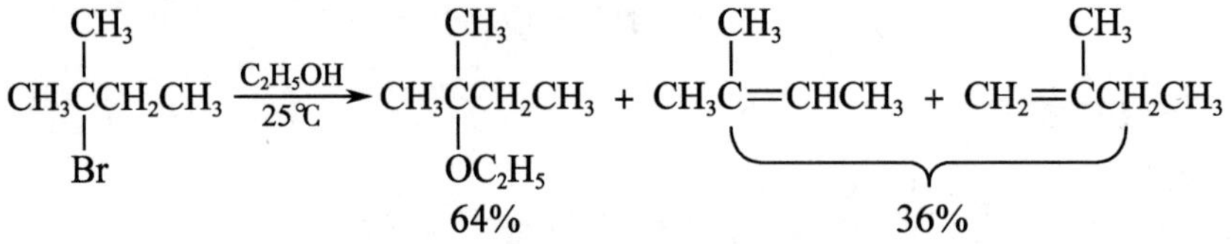

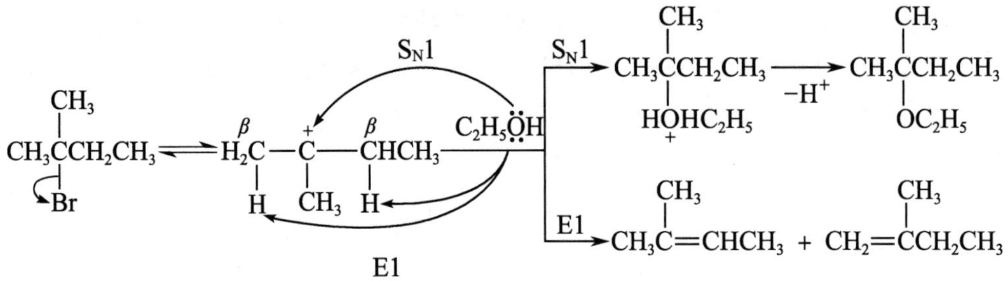

$$
\underset{\underset{64\%}{\text{OC}_2\text{H}_5}}{\overset{\overset{\text{CH}_3}{|}}{\text{CH}_3\text{C}}}\text{CH}_2\text{CH}_3
\;+\;
\overset{\overset{\text{CH}_3}{|}}{\text{CH}_3\text{C}}=\text{CHCH}_3
\;+\;
\text{CH}_2=\overset{\overset{\text{CH}_3}{|}}{\text{C}}\text{CH}_2\text{CH}_3
$$

2-溴-2-甲基丁烷 $\xrightarrow[25℃]{\text{C}_2\text{H}_5\text{OH}}$ 上述（36%）

　　卤代烷在消除反应中以 E1 机理还是 E2 机理进行，与反应条件密切相关，尤其是碱的强度和浓度。在弱碱性或中性条件下，仲卤代烷和叔卤代烷容易发生 E1 消除；但在浓的强碱及低极性溶剂中，消除机理可从 E1 转变成 E2。伯卤代烷由于不易产生碳正离子，所以 E1 反应十分困难；虽然在浓的强碱存在下可发生 E2 反应，但反应速率也很慢。

四、消除反应与亲核取代反应的竞争

　　亲核取代反应和消除反应是竞争反应，反应可由同一试剂引起。试剂若进攻 α-碳，则发生取代反应；若进攻 β-氢，则发生消除反应。反应中，S_N1、S_N2、E1 和 E2 是并存和相互竞争的四种机理。取代反应和消除反应的产物比例受底物结构、试剂、溶剂和温度等多种因素的影响。了解这些影响因素，对设计合理的合成路线和反应条件，实现从卤代烷选择性地制备醚、腈等取代产物或制备烯烃十分重要。

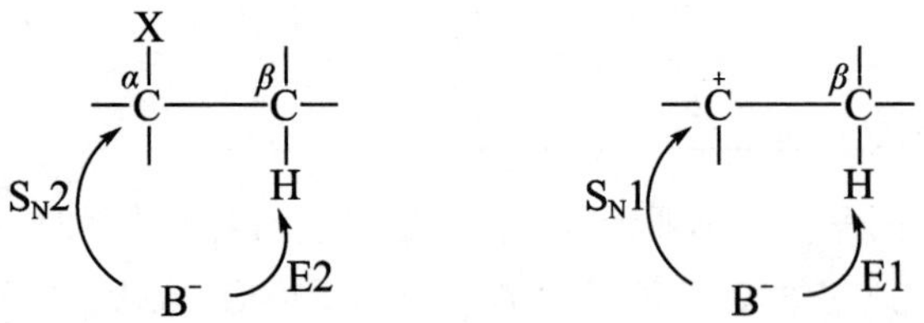

（一）卤代烷结构的影响

　　在强碱如氢氧化钠、醇钠，以及醇类溶剂的反应条件下，直链的伯卤代烷主要生成取代产物；而在相同的条件下，仲卤代烷和叔卤代烷则主要生成消除产物。

$$\text{CH}_3\text{CH}_2\text{CH}_2\text{CH}_2\text{Br}\xrightarrow[\text{CH}_3\text{OH}]{\text{CH}_3\text{O}^-}\underset{90\%}{\text{CH}_3\text{CH}_2\text{CH}_2\text{CH}_2\text{OCH}_3}\;+\;\underset{10\%}{\text{CH}_3\text{CH}_2\text{CH}=\text{CH}_2}$$

$$(\text{CH}_3)_3\text{CBr}\xrightarrow[\text{CH}_3\text{OH}]{\text{CH}_3\text{O}^-}\underset{93\%}{(\text{CH}_3)_2\text{C}=\text{CH}_2}\;+\;\underset{7\%}{(\text{CH}_3)_3\text{COCH}_3}$$

因此,伯卤代烷在上述条件下主要为 S_N2 机理和 E2 机理之间的竞争。在反应中,进攻试剂既是亲核试剂也是碱。对于直链的伯卤代烷,反应以 S_N2 产物为主,E2 产物较少。当 β-碳上连有烷基时,S_N2 产物的比例下降,E2 产物的比例增加。这是由于空间位阻增加,试剂进攻 α-碳的难度也随之增加,转而进攻 β-氢的结果。

$$S_N2取代反应$$

$$E2消除反应$$

由于卤代烷的 S_N2 反应活性顺序为伯卤代烷>仲卤代烷>叔卤代烷,而 E2 反应活性顺序为叔卤代烷>仲卤代烷>伯卤代烷,因此直链伯卤代烷的 E2 反应速率很慢,主要生成取代产物。但当 β-碳烷基取代增加时,S_N2 产物的比例下降,E2 产物的比例相应增加。表8-6是几种伯卤代烷在乙醇钠的乙醇溶液中反应的结果。

表 8-6   几种伯卤代烷在乙醇钠的乙醇溶液中反应的结果

底物	S_N2 产物 /%	E2 产物 /%
CH_3CH_2Br	99	1
$CH_3CH_2CH_2Br$	91	9
$(CH_3)_2CHCH_2Br$	40	60

在相同的条件下,仲卤代烷的消除产物比例比伯卤代烷更大。叔卤代烷的 S_N2 反应十分困难,更易发生 E2 反应生成消除产物(表8-7)。

表 8-7   伯仲叔卤代烷发生取代和消除反应的比例

底物	S_N2 产物 /%	E2 产物 /%
$CH_3CH_2CH_2Br$	91	9
$(CH_3)_2CHBr$	20	80
$(CH_3)_3CBr$	3	97

另外,当卤代烷 β-氢的酸性增加或消除后能生成稳定的共轭体系时,消除反应的速率会提升,产率会增加。例如溴乙烷与乙醇钠在乙醇溶剂中 55℃反应时,取代产物占99%,而烯烃只占1%;而 β-氢被苯基取代后的 2-溴乙基苯在同样的条件下反应生成的取代产物只占4.4%,消除产物却占94.6%。

$$CH_3CH_2Br \xrightarrow[55℃]{\frac{CH_3CH_2ONa}{CH_3CH_2OH}} CH_3CH_2OCH_2CH_3 + CH_2{=}CH_2$$
$$99\% \qquad 1\%$$

S_N1 与 E1 反应产物之比主要取决于空间效应。卤代烷中的取代基越大,越有利于消除反应。例如下面三个氯代烷的溶剂解反应,随着取代基的位阻增大,消除产物的比例亦增大。

$$CH_3CH_2-\underset{\underset{CH_3}{|}}{\overset{\overset{CH_3}{|}}{C}}-Cl + CH_3CH_2OH \longrightarrow CH_3CH_2-\underset{\underset{CH_3}{|}}{\overset{\overset{CH_3}{|}}{C}}-OC_2H_5 + CH_3CH=C\underset{CH_3}{\overset{CH_3}{<}}$$
$$\qquad\qquad\qquad\qquad\qquad\qquad\qquad\qquad 66\% \qquad\qquad\qquad 34\%$$

$$CH_3-\underset{\underset{Cl}{|}}{\overset{\overset{CH_3}{|}}{C}}-CH_2-\underset{\underset{CH_3}{|}}{\overset{\overset{CH_3}{|}}{C}}-CH_3 + CH_3CH_2OH \longrightarrow CH_3-\underset{\underset{OC_2H_5}{|}}{\overset{\overset{CH_3}{|}}{C}}-CH_2-\underset{\underset{CH_3}{|}}{\overset{\overset{CH_3}{|}}{C}}-CH_3 + \underset{CH_3}{\overset{CH_3}{>}}C=CH-\underset{\underset{CH_3}{|}}{\overset{\overset{CH_3}{|}}{C}}-CH_3$$
$$\qquad\qquad\qquad\qquad\qquad\qquad\qquad\qquad\qquad 35\% \qquad\qquad\qquad\qquad 65\%$$

$$CH_3-\underset{\underset{CH_3}{|}}{\overset{\overset{CH_3}{|}}{C}}-CH_2-\underset{\underset{Cl}{|}}{\overset{\overset{CH_3}{|}}{C}}-CH_2-\underset{\underset{CH_3}{|}}{\overset{\overset{CH_3}{|}}{C}}-CH_3 + CH_3CH_2OH \longrightarrow CH_3-\underset{\underset{CH_3}{|}}{\overset{\overset{CH_3}{|}}{C}}-CH=C-CH_2-\underset{\underset{CH_3}{|}}{\overset{\overset{CH_3}{|}}{C}}-CH_3$$
$$\qquad\qquad\qquad\qquad\qquad\qquad\qquad\qquad\qquad\qquad\qquad 100\%$$

(二) 试剂的结构和性质的影响

试剂的影响主要存在于双分子反应中。试剂的碱性强、浓度高、体积大,有利于试剂进攻 β-氢,形成 E2 过渡态,生成消除产物;试剂的亲核性强、浓度低、体积小,有利于进攻 α-碳,形成 S_N2 过渡态,生成取代产物。因此要合成取代产物时,应尽量选择亲核性强的弱碱性试剂;而在需要消除反应产物时,应选择碱性强而亲核性弱的试剂。例如当仲卤代烷用 NaOH 水解时,一般得到取代和消除两种产物,其中以取代产物为主;而在乙醇钠的乙醇溶液中反应时,由于烷氧基负离子的碱性更强,主要产物是消除产物烯烃;当在乙酸钠的乙酸溶液反应时,由于试剂的碱性很弱,则只得到取代产物。

$$CH_3\underset{\underset{Cl}{|}}{CH}CH_3 \xrightarrow[CH_3CH_2OH]{CH_3CH_2ONa} CH_3\underset{\underset{OCH_2CH_3}{|}}{CH}CH_3 + CH_3CH=CH_2$$
$$\qquad\qquad\qquad\qquad\qquad 25\% \qquad\qquad 75\%$$

$$CH_3\underset{\underset{Cl}{|}}{CH}CH_3 \xrightarrow[CH_3COOH]{CH_3COONa} CH_3\underset{\underset{\underset{O}{\underset{\|}{C}}-CH_3}{|}}{\overset{}{CH}}CH_3$$
$$\qquad\qquad\qquad\qquad\qquad\qquad 100\%$$

SCN^- 和 I^- 的亲核性强,与卤代烷反应时主要进行取代反应,发生消除反应的倾向很小。

受空间位阻效应的影响,体积大的试剂不易进攻 α-碳原子,但可进攻 β-氢,从而有利于消除反应的进行。例如:

$$(CH_3)_2CHCH_2Br \xrightarrow[CH_3CH_2OH]{CH_3CH_2ONa} (CH_3)_2C=CH_2 + (CH_3)_2CHCH_2OC_2H_5$$
$$\qquad\qquad\qquad\qquad\qquad\qquad 62\% \qquad\qquad 38\%$$

$$(CH_3)_2CHCH_2Br \xrightarrow[(CH_3)_3COH]{(CH_3)_3COK} (CH_3)_2C=CH_2 + (CH_3)_2CHCH_2OC(CH_3)_3$$
$$\qquad\qquad\qquad\qquad\qquad\qquad 92\% \qquad\qquad 8\%$$

(三) 溶剂极性和反应温度的影响

溶剂极性小有利于 E2 反应。例如由于水的极性大于醇,因而常在 KOH 的稀醇水溶液中进行卤代烷的水解反应,而在 KOH 的醇溶液中进行消除反应。这是由于 E2 反应的过渡态的极性比 S_N2 反应的过渡态的极性小,低极性的溶剂有利于稳定较低极性的 E2 过渡态。

高温有利于 E2 反应,低温有利于 S_N2 反应。因为消除反应的活化能要比取代反应高,升高温度有利于消除反应。

总之,亲核取代反应与消除反应是并存和相互竞争的两类反应,按哪种或主要按哪种反应进行取决于卤代烷的结构、试剂的性质和反应条件。直链的伯卤代烷易进行取代反应,常用来制备醚和腈类等化合物。仲卤代烷及 β-碳上有支链的伯卤代烷进行 S_N2 反应较慢,强极性溶剂和强亲核试剂有利于其发生 S_N2 反应,而低极性溶剂和强碱性试剂则有利于 E2 反应。叔卤代烷难以进行 S_N2 反应,强碱有利于 E2 反应生成消除产物,是制备烯烃的重要方法。叔卤代烷在无强碱存在时,一般生成 S_N1 和 E1 反应的混合产物,产物比例由卤代烷的结构和反应条件决定,在合成中较少使用。

第五节　不饱和卤代烃和芳香卤代烃

不饱和卤代烃以卤代烯烃为主。根据卤原子与双键的相对位置不同将其分为三类:卤原子直接与双键碳相连的烯烃,称为乙烯型卤代烃(vinylic halide);卤原子与双键碳原子相隔一个饱和碳原子的卤代烯烃,称为烯丙型卤代烃(allylic halide);卤原子与双键相隔两个以上的饱和碳原子的卤代烯烃,称为隔离型卤代烯烃。

对于芳香卤代烃,卤原子直接与苯环相连的称为苯型卤代芳烃,卤原子与苯环相隔一个饱和碳原子的称为苄型卤代芳烃。

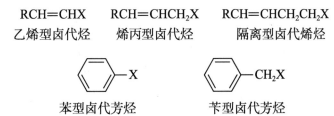

不同的卤代烯烃和芳香卤代烃由于双键或芳环与卤原子的相对位置不同,因而相互之间的作用也不同,在化学性质,尤其是卤原子的活性上有较大的差别,其活性顺序为:

烯丙型卤代烃 ≈ 苄型卤代芳烃 > 隔离型卤代烯烃 > 乙烯型卤代烃 ≈ 苯型卤代芳烃

隔离型卤代烯烃的双键与卤原子相隔较远,其反应活性与卤代烷相似。

一、乙烯型卤代烃和苯型卤代芳烃

乙烯型卤代烃的沸点和溶解度等与相应的卤代烷差别不大,但 C—X 键的偶极矩比相应的卤代烷小,键长比卤代烷短,解离能亦比卤代烷高(表 8-8)。

表 8-8 一些乙烯型卤代烃和苯型卤代芳烃化合物的键长和解离能

化合物	C—X 键长 /pm	解离能 /(kJ/mol)
CH_3CH_2—Cl	177	334.7
CH_2=CH—Cl	106.9	376.6
⬡—Cl	169	401.7
CH_3CH_2—Br	191	284.5
CH_2=CH—Br	186	326.4
⬡—Br	186	336.8

对于乙烯型卤代烃,无论是 S_N1 反应或 S_N2 反应都很难发生,卤原子的反应活性都特别低。例如溴乙烷与乙醇钠反应 1 小时后即可生成乙醚,但溴乙烯在相同的条件下不发生 S_N2 反应,即使在较高的温度下也仅发生消除反应生成乙炔。

$$CH_3CH_2Br + C_2H_5ONa \xrightarrow{C_2H_5OH} CH_3CH_2OCH_2CH_3$$

$$\underset{\overset{|}{H}}{HC}=\underset{\overset{|}{Br}}{CH} + C_2H_5ONa \xrightarrow[\triangle]{C_2H_5OH} CH \equiv CH + HBr$$

乙烯型卤代烃与硝酸银溶液加热数天也无反应。鉴定此类化合物中的卤素需先用"钠融法",将样品用高温熔融的金属钠处理破坏结构中的 C—X 键,使其转化成无机的卤素负离子,然后再加硝酸银溶液析出卤化银沉淀(氟化物除外,因 AgF 溶于水)。

乙烯型卤代烃的这些性质与其结构有关,下面以氯乙烯为例说明。在氯乙烯分子中,氯原子的一对孤对电子所在的 p 轨道可与双键的 π 键平行重叠,形成一个大 π 键,这种现象称为 p–π 共轭,其分子轨道模型如图 8-6 所示。

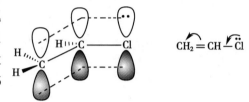

图 8-6　氯乙烯的分子轨道模型

在这个共轭体系中,氯原子的孤对电子离域到双键上,使 C—Cl 键具有部分双键的性质。电子离域的状态亦可用共振式表示:

$$[CH_2=CH-\ddot{Cl} \longleftrightarrow \bar{C}H_2-CH=\overset{+}{Cl}]$$

这样就使氯乙烯的偶极矩减小,C—Cl 键的键长缩短,键能增大,氯原子不易离去,氯乙烯的亲核取代活性也因此大大降低。另外,与氯原子直接相连的碳是 sp^2 杂化,其电负性大于 sp^3 杂化的碳原子,因此相比饱和的氯乙烷,氯乙烯中的氯原子更不容易带着一对电子离开反应底物。

在氯乙烯的 p–π 共轭中,氯原子上的未共用电子对向双键方向移动,使双键上的电子云密度增加,而氯原子本身的电子云密度减少,带微量正电荷,发挥给电子作用。这种效应称为给电子共轭效应。

苯型卤代芳烃与乙烯型卤代烃的结构相似,也存在 p–π 共轭体系,其亲核取代反应活性也特别低。例如氯苯的水解反应要在 400℃高温和 2.5MPa 压力下才能进行。

氯苯可以在液氨中与氨基钠反应生成苯胺。这个反应好像进行了亲核取代,即氨基取代氯原子。但实验发现,反应并不是亲核取代,而是通过苯炔(benzyne)中间体完成的反应:

反应的第一步是强碱氨基负离子进攻氯原子邻位上的氢原子,然后脱去氯离子生成活性中间体苯炔。苯炔很活泼,与氨基负离子结合得到苯基碳负离子,苯基碳负离子从氨中夺取质子后生成苯胺。所以该反应是消除－加成的机理。下面的实验结果支持上述机理。

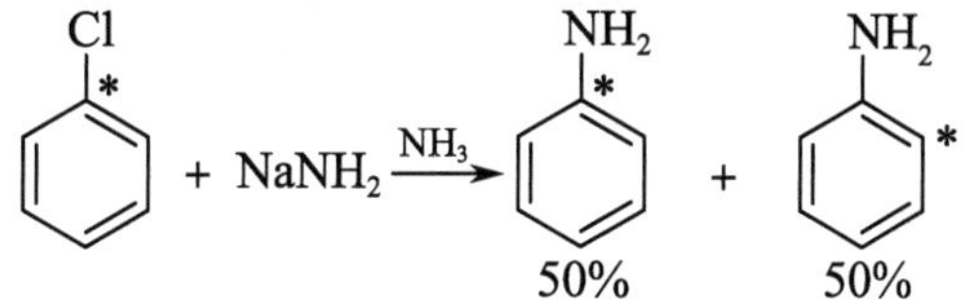

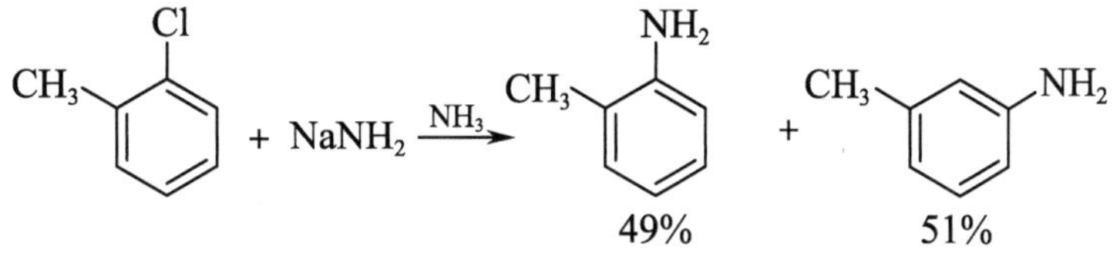

（反应式图）50%　50%

（反应式图）CH₃ 49%　CH₃ 51%

苯炔是一种很不稳定的、反应活性很高的中间体。在苯炔中间体中,其碳原子仍然是 sp² 杂化,苯环仍然保持其平面性和芳香性。其特殊的三键中含有一个微弱的 π 键。该微弱的 π 键是由 2 个 sp² 杂化轨道重叠形成的,与苯环的 π 体系相互垂直。由于两个 sp² 轨道并不平行且相隔较远,彼此重叠程度很低,因此这个 π 键很弱,张力大,具有很高的反应活性。苯炔的轨道图可表示如下:

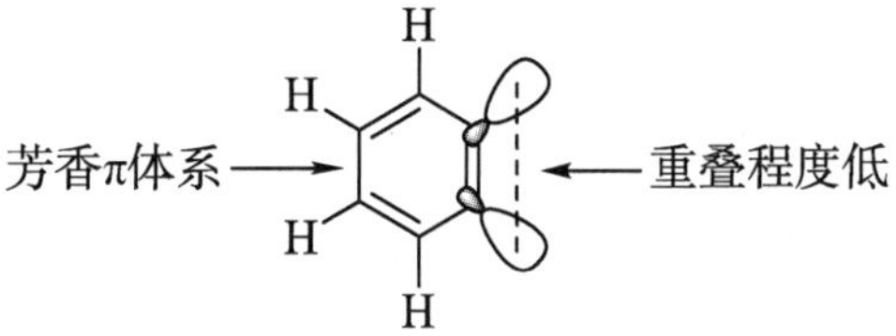

（苯炔轨道图）芳香π体系　←　→　重叠程度低

苯炔中间体在接近绝对 0℃ 的条件下可分离得到,而在其他情况下则会很快发生反应。例如苯炔中间体可以通过狄尔斯－阿尔德反应"捕获"。

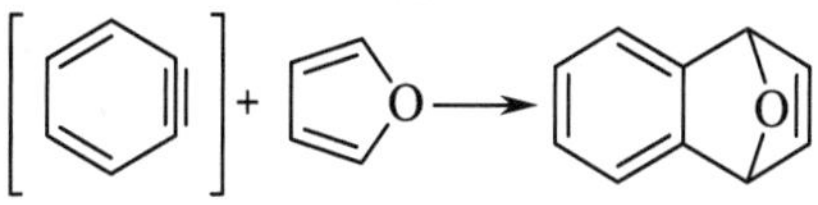

（反应式图）

通过邻氨基苯甲酸的重氮化产物加热也可以形成苯炔中间体。

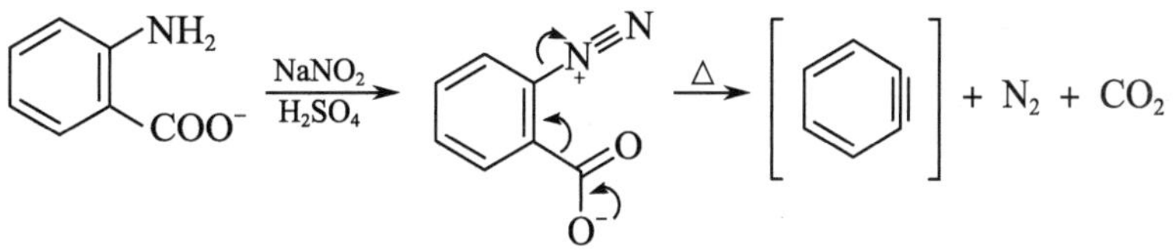

（反应式图）+ N₂ + CO₂

二、烯丙型卤代烃和苄型卤代芳烃

烯丙型卤代烃中卤素的活性比相应的卤代烷活泼,这与乙烯型卤代烃刚好相反。例如烯丙型卤代烃在室温下与硝酸银醇溶液作用可以立即生成卤化银沉淀;烯丙基氯与碘负离子发生 S_N2 反应的速率为氯丙烷的 73 倍。

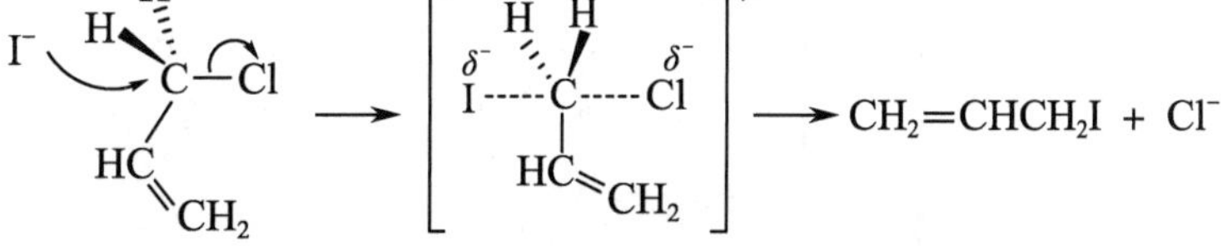

（反应式图）→ CH₂=CHCH₂I + Cl⁻

烯丙型卤代烃在 S_N2 反应中具有较高的活性,这可能是由于过渡态中 sp² 杂化的中心碳原子上的 p 轨道与相邻的 π 键平行重叠,从而对过渡态起到稳定作用(尽管该 p 轨道与亲核试剂和离去基团仍有一定的结合)。烯丙基氯与碘负离子 S_N2 反应的过渡态轨道模型如图 8-7 所示。

当烯丙型卤代烃发生 S_N1 反应时,碳卤键断裂后生成烯丙基碳正离子。此时,双键上的 π 电子可

与碳正离子的空 p 轨道形成 p–π 共轭(图 8-8),使正电荷得以分散,稳定碳正离子,体系能量降低,因此有利于反应进行。

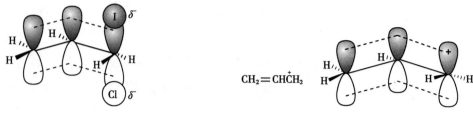

图 8-7 烯丙基氯与碘负离子反应的过渡态　　　　图 8-8 烯丙基碳正离子的轨道模型

在 50% 乙醇的水溶液中(S_N1 反应条件),烯丙型卤代烃和卤代烷溶剂解的相对反应速率如下。

化合物				
相对速率	1	0.000 2	38	162

以上数据说明,发生 S_N1 反应时,烯丙型卤代烃的活性与叔卤代烷相近;当 α–碳上有多个烷基存在时,其活性高于叔卤代烷。

与烯丙型卤代烃类似,苄型卤代芳烃中的卤素也比较活泼,容易发生亲核取代反应,生成各种苄型芳烃类化合物。例如苄溴(溴甲基苯)可以和叠氮化钠反应生成苄基叠氮。苄氯和苄溴是目前有机合成中广泛使用的苄基化试剂。

$$\text{⟨苯环⟩—CH}_2\text{Br} + \text{NaN}_3 \xrightarrow{\text{DMF}} \text{⟨苯环⟩—CH}_2\text{N}_3$$

> **练习题 8.12** 试比较下列卤代烃的 S_N1 反应速率。
> (1) $CH_3CH = CHCH_2Cl$　　　(2) $CH_2 = CHCH_2CH_2Cl$　　　(3) $CF_3CH_2CH_2Cl$

第六节　卤代烃的制备

天然存在的卤代烃很少,所以卤代烃一般是通过化学合成获得的。因为卤代烃是有机合成的重要原料,所以卤代烃的化学合成非常重要,其制备方法主要包括取代、加成和置换三种反应。

一、由烃类制备

烃在光照或高温条件下卤化,可生成一取代、二取代及多取代卤代烃。一般情况下,通过烷烃卤化制备卤代烃的意义不大,因为得到的产物是混合物,而且很难分离。但在实际工作中,可以通过控制条件制备所需的卤代烃。下面的这些反应可用于卤代烃的制备。

$$(CH_3)_3CH + Cl_2 \xrightarrow{h\nu} (CH_3)_2CHCH_2Cl$$

$$CH_2=CHCH_3 + Cl_2 \xrightarrow{500\,℃} CH_2=CHCH_2Cl$$

$$CH_2=CHCH_3 + NBS \longrightarrow CH_2=CHCH_2Br$$

$$CH_3 \text{-benzene} + Cl_2 \xrightarrow{500℃} CH_2Cl\text{-benzene}$$

$$CH_3\text{-benzene} + NBS \longrightarrow CH_2Br\text{-benzene}$$

通过不饱和烃与 HX、X_2 的亲电加成反应也可以制备卤代烃。

$$CH_2=CHCH_3 + Cl_2 \longrightarrow \underset{\underset{Cl}{|}}{CH_2}\underset{\underset{Cl}{|}}{CHCH_3}$$

$$CH_2=CHCH_3 + HBr \longrightarrow CH_3\underset{\underset{Br}{|}}{CH}CH_3$$

$$CH_2=CHCH_3 + HBr \xrightarrow{\text{过氧化物}} CH_3CH_2CH_2Br$$

$$CH_3C\equiv CH + HCl \longrightarrow CH_3\underset{\underset{Cl}{|}}{C}=CH_2 \xrightarrow{HCl} CH_3\underset{\underset{Cl}{|}}{\overset{\overset{Cl}{|}}{C}}CH_3$$

芳烃的亲电取代反应是制备卤代芳烃的常用方法。

$$\text{benzene} + X_2 \xrightarrow{FeX_3} X\text{-benzene} + HX$$

$$\text{benzene} + Cl_2 \xrightarrow{FeCl_3} Cl\text{-benzene} + HCl$$

芳烃的氯甲基化反应可以用来合成苄基氯。

$$\text{benzene} + HCHO + HCl \xrightarrow[60℃]{ZnCl_2} CH_2Cl\text{-benzene} + CH_2Cl\text{-benzene-}CH_2Cl$$

通过芳烃制备的芳香重氮盐可以用来制备卤代芳烃。

$$N_2^+X^-\text{-benzene} \xrightarrow{CuX} X\text{-benzene}$$

碘代烷和氟代烷用常规方法很难制备,通常采用卤代烃的交换反应来制备。

$$RCl + NaI \xrightarrow{\text{丙酮}} RI + NaCl$$

二、由醇制备

醇分子中的羟基可被卤素取代生成卤代烃,因为醇比较容易获得,所以这是制备卤代烃的常用方法。常用试剂有氢卤酸、卤化磷、氯化亚砜。

$$ROH + HX \rightleftharpoons RX + H_2O$$

$$ROH + PX_3 \longrightarrow RX + P(OH)_3$$

$$ROH + PX_5 \longrightarrow RX + POX_3 + HX$$

$$ROH + SOCl_2 \longrightarrow RCl + SO_2 + HCl$$

醇与氢卤酸的反应是可逆反应。为使反应完全,可通过除去反应中生成的水,推动平衡向产物方向移动。但这个反应并不是制备卤代烃的好方法,因为醇在酸性条件下易发生重排和消除等副反应,得到的产物较为复杂。醇与氯化亚砜的反应是制备氯代烃的常用方法,因生成的二氧化硫和氯化氢都是气体,所以可以获得高纯度的氯代烃产物。

习 题

1. 写出下列化合物的结构式。

(1) 二氯二氟甲烷　　　(2) 2-氯乙基苯　　　(3)(S)-2-碘己烷

(4) 新戊基氯　　　　　(5) 1,1-二氯丁烷　　　(6) 异丁基溴

2. 用系统命名法命名下列化合物。

(1) CH₃CHBrCHCH₂CHCH₂CH₂CH₃
　　　　　　|　　　|
　　　　CH₂Cl　CH₃

(2) (CH₃CH₂CH₂CH₂)₃CCl

(3) 　(4) 　(5)

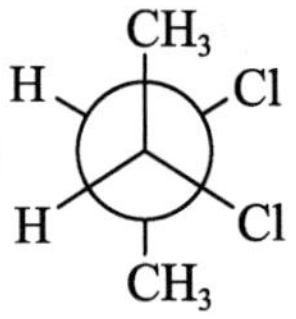

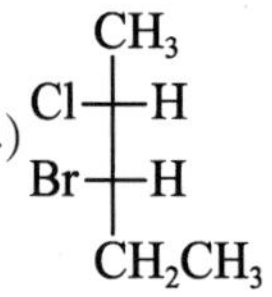

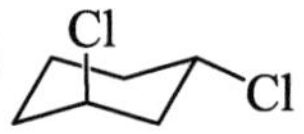

3. 写出下列反应的主要产物。

(1) $(CH_3)_3C-CH_2I \xrightarrow{CH_3COOAg}$

(2) $(CH_3CH_2CH_2)_3CCl \xrightarrow[CH_3CH_2OH]{C_2H_5ONa}$

(3) $(CH_3)_2NCH_2CH_2CH_2CH_2Br \xrightarrow{DMF}$

(4) $\xrightarrow[\triangle]{KOH/CH_3CH_2OH}$

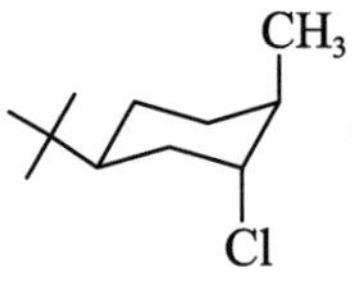

(5) $\xrightarrow[CH_3OH]{CH_3ONa}$

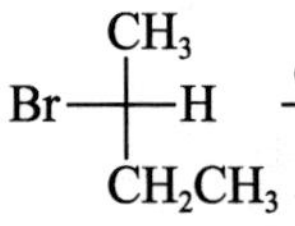

(6) $\xrightarrow[DMF]{CN^-}$

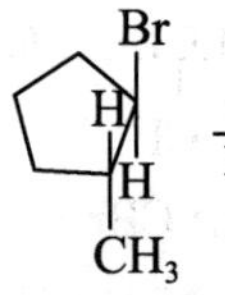

(7) $CH_3CH_2CH_2Br + NH_3 \longrightarrow$

(8) $+ NaCN \longrightarrow$

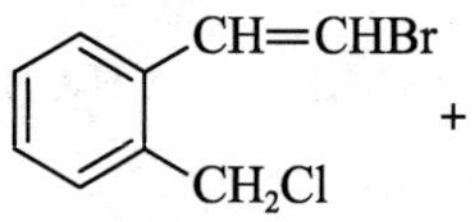

(9) $(CH_3)_3CCH_2Br \xrightarrow{EtOH}$

(10) $\xrightarrow[EtOH\triangle]{EtONa}$

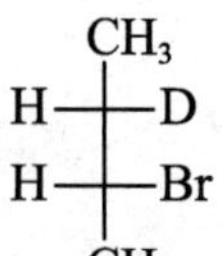

(11) $CH_3-$$-Br \xrightarrow[无水乙醚]{Mg} \xrightarrow{CH_3CH_2OH}$

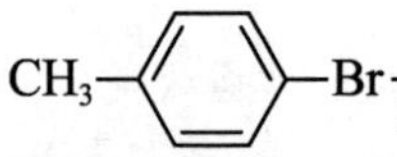

(12) $CH_3CH=CH_2 \xrightarrow{HBr} \xrightarrow{NaCN} \xrightarrow{H^+, H_2O}$

4. 预测下列各组反应哪个快? 并说明理由。

(1) $(CH_3)_2CHCH_2Cl + HS^- \longrightarrow (CH_3)_2CHCH_2SH + Cl^-$

　　$(CH_3)_2CHCH_2I + HS^- \longrightarrow (CH_3)_2CHCH_2SH + I^-$

(2) $CH_3CH_2CH_2CH_2Br + {}^-CN \longrightarrow CH_3CH_2CH_2CH_2CN + Br^-$

$$CH_3CH_2CHCH_2Br + {}^-CN \longrightarrow CH_3CH_2CHCH_2CN + Br^-$$
$$\quad\quad\quad\quad |\qquad\qquad\qquad\qquad\qquad\qquad\qquad |$$
$$\quad\quad\quad\quad CH_3\qquad\qquad\qquad\qquad\qquad\qquad CH_3$$

(3) $CH_3CH{=}CH{-}CH_2Cl + H_2O \xrightarrow{\triangle} CH_3CH{=}CH{-}CH_2OH + HCl$

$$CH_2{=}CHCH_2CH_2Cl + H_2O \xrightarrow{\triangle} CH_2{=}CHCH_2CH_2OH + HCl$$

(4) $CH_3CH_2CH_2Br + NaSH \longrightarrow CH_3CH_2CH_2SH + NaBr$

$$CH_3CH_2CH_2Br + NaOH \longrightarrow CH_3CH_2CH_2OH + NaBr$$

(5) $CH_3CH_2I + NaSH \xrightarrow{CH_3CH_2OH} CH_3CH_2SH + NaI$

$$CH_3CH_2I + NaSH \xrightarrow{DMF} CH_3CH_2SH + NaI$$

(6) $(CH_3)_3CCl + H_2O \xrightarrow{\triangle} (CH_3)_3COH + HCl$

$$(CH_3)_2CHCl + H_2O \xrightarrow{\triangle} (CH_3)_2CHOH + HCl$$

5. 判断下列反应主要属于取代反应还是消除反应。

(1) $CH_3CH_2CH_2Cl + I^- \longrightarrow$

(2) $(CH_3)_3CBr + CN^- \xrightarrow{C_2H_5OH}$

(3) $CH_3CHBrCH_3 + OH^- \xrightarrow{H_2O}$

(4) $CH_3CHBrCH_3 + OH^- \xrightarrow{C_2H_5OH}$

(5) $(CH_3)_3CBr + H_2O \longrightarrow$

6. 写出 $CH_3CH_2CH_2CH_2Br$ 与下列试剂反应的主要产物。

(1) KOH/H$_2$O　　　　　　(2) KOH/ 醇,△　　　　　(3) Mg/ 无水乙醚

(4) NaI/ 丙酮　　　　　　(5) NH$_3$　　　　　　　　(6) NaCN

(7) CH$_3$C≡CNa/ 甲苯　　(8) AgNO$_3$/ 乙醇

7. 用化学方法区别下列各组化合物。

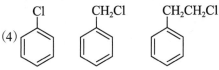

(1)
$$\begin{array}{c} CH_3 \\ | \\ CH_3{-}C{-}CH_3 \\ | \\ Cl \end{array} \qquad \begin{array}{c} CH_3CHCH_2CH_3 \\ | \\ Cl \end{array} \qquad CH_3CH_2CH_2CH_2Cl$$

(2) $CH_3CH_2CH_2Br \qquad (CH_3)_3CBr \qquad H_2C{=}CHCH_2Br \qquad BrCH{=}CHCH_3$

(3) $CH_3CH_2CH_2CH_2I \qquad CH_3CH_2CH_2CH_2Br \qquad CH_3CH_2CH_2CH_2Cl$

(4)

8. 卤代烷在氢氧化钠的乙醇 – 水溶液中进行反应,根据现象指出哪些属于 S_N2 机理、哪些属于 S_N1 机理。

(1) 产物构型完全转化　　　　　　　　(2) 有重排产物

(3) 氢氧化钠溶液的浓度增加,反应速率加快　　(4) 叔卤代烷快于仲卤代烷

(5) 增加水的量,反应速率加快　　　　(6) 增加乙醇的比例,反应速率加快

(7) 减少碱的量,反应速率不变　　　　(8) 伯卤代烷比仲卤代烷反应快

9. 写出下列化合物脱卤化氢后的主要产物。

(1) 2- 溴 -4- 甲基己烷　　　　　　　　(2) 2- 溴 -2- 甲基戊烷

(3) 3- 溴 -2- 甲基戊烷　　　　　　　　(4) 1- 溴 -4- 甲基戊烷

(5) 3-溴-2,3-二甲基戊烷

10. 化合物 2-溴-2-甲基丁烷、2-氯-2-甲基丁烷、2-碘-2-甲基丁烷以不同的速率与甲醇作用,得到相同的 2-甲氧基-2-甲基丁烷、2-甲基丁-1-烯和 2-甲基丁-2-烯的混合物,试说明其原因。

11. 完成下列转变。

(1) $CH_3CH_2Br \longrightarrow CH_3CH_2C \equiv CCH_2CH_3$

(2) $CH_3CH_2CH_2Br \longrightarrow CH_3CHCOOH$
　　　　　　　　　　　　　　　　　|
　　　　　　　　　　　　　　　　CH_3

12. 推测化合物的结构。

(1) $C_4H_8Br_2$, δ 1.97 (s, 6H), 3.89 (s, 2H) ppm。

(2) C_8H_9Br, δ 2.01 (d, 3H), 5.14 (quart, 1H), 7.35 (m, 5H) ppm。

09章

第九章
教学课件

09SZ01

9-SZ-1
麻醉药的发
展历史
（案例）

09D01

9-D-1
甲醇的结构
及孤对电子
（动画）

09D02

9-D-2
甲醇
（模型）

第九章

醇、酚和醚

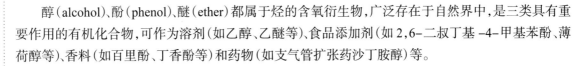

醇（alcohol）、酚（phenol）、醚（ether）都属于烃的含氧衍生物，广泛存在于自然界中，是三类具有重要作用的有机化合物，可作为溶剂（如乙醇、乙醚等）、食品添加剂（如 2,6–二叔丁基 –4–甲基苯酚、薄荷醇等）、香料（如百里酚、丁香酚等）和药物（如支气管扩张药沙丁胺醇）等。

第一节　醇

醇是脂肪烃分子中的一个或多个氢原子被羟基取代生成的化合物，也可以看作是水分子中的氢被烃基取代的化合物，通式为 R — OH。醇的官能团是羟基（— OH，hydroxyl）。

一、结构、分类和命名

（一）结构

醇的结构特点是羟基直接与饱和碳原子相连，一般认为醇羟基中的氧原子为不等性 sp^3 杂化，两对未共用电子对分别位于两个 sp^3 杂化轨道中，余下的两个 sp^3 杂化轨道分别与碳原子和氢原子形成 O — C 和 O — H σ 键。例如甲醇的结构：

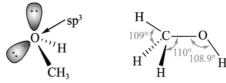

由于氧原子的电负性强于碳原子和氢原子，醇分子中的 C — O 键和 O — H 键的电子云均偏向于氧原子，为极性共价键，因此醇为极性分子，偶极方向指向羟基。甲醇的偶极矩为 5.01×10^{-30} C·m。

（二）分类

根据醇分子中羟基的数目，可将醇分为一元醇、二元醇和三元醇等，含两个以上羟基的醇统称为多元醇。例如：

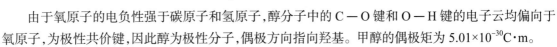

CH_3CH_2OH　　乙醇（一元醇）　　乙二醇（二元醇）　　丙三醇（多元醇）　　季戊四醇（多元醇）

根据醇分子中羟基连接的碳原子的种类，可将醇分为伯醇（1°醇）、仲醇（2°醇）和叔醇（3°醇）。例如：

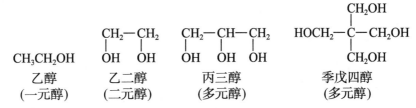

R — CH₂OH　　　R—C—R¹　　　R—C—R²

伯醇（1°醇）　　　仲醇（2°醇）　　　叔醇（3°醇）

根据醇分子中羟基所连的烃基的种类,可将醇分为饱和醇、不饱和醇、脂环醇及芳香醇。例如:

$$CH_3CH_2CH_2CH_2OH \qquad CH_3CH=CHCH_2OH$$

正丁醇　　　　　丁-2-烯-1-醇　　　　　环己醇　　　　　苯甲醇
(饱和醇)　　　　(不饱和醇)　　　　　(脂环醇)　　　　(芳香醇)

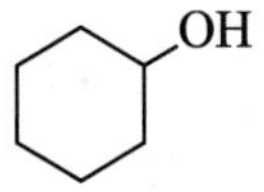

醇羟基通常只能连接在饱和碳原子上。如果连在不饱和碳原子上,如双键碳原子上,则称为烯醇,一般其不稳定,很快变为较稳定的酮或醛。多元醇的羟基一般分别与不同的碳原子相连,同一碳原子上连有两个或三个羟基的多元醇不稳定,可自动脱水成醛或酸。

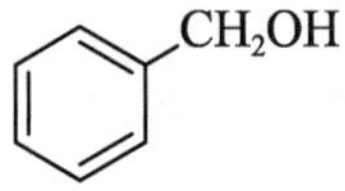

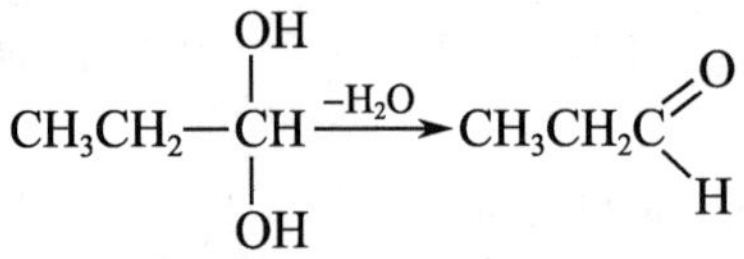

$$CH_3CH_2-\underset{OH}{\overset{OH}{CH}} \xrightarrow{-H_2O} CH_3CH_2C\overset{O}{\underset{H}{}}$$

(三) 命名

1. 普通命名法　一般适用于结构较简单的醇。通常是在"醇"前加上烃基名称,称为"某醇"。英文名称是在相应的烷基名称后加 alcohol。例如:

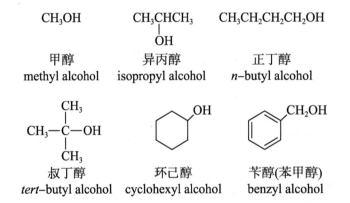

$$CH_3OH \qquad CH_3\underset{OH}{CH}CH_3 \qquad CH_3CH_2CH_2CH_2OH$$

甲醇　　　　　　异丙醇　　　　　　　正丁醇
methyl alcohol　　isopropyl alcohol　　n-butyl alcohol

叔丁醇　　　　　　环己醇　　　　　　　苄醇(苯甲醇)
tert-butyl alcohol　cyclohexyl alcohol　benzyl alcohol

2. 系统命名法　结构比较复杂的醇用系统命名法命名。命名原则是选择连有羟基碳原子在内的最长碳链作为主链,称为"某醇";从靠近羟基的一端开始依次给主链碳原子编号,在"某"字后用阿拉伯数字标出羟基的位置;将支链的位置和名称写在前面。英文名称是将相应的烷烃名称中的词尾 -ane 改为"-anol"。例如:

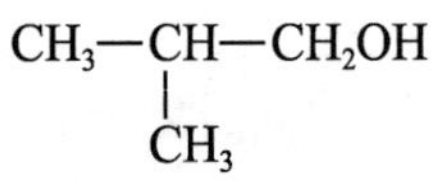

$$CH_3-\underset{CH_3}{CH}-CH_2OH \qquad CH_3-\underset{CH_3}{CH}-CH_2-\underset{\underset{CH_3}{|}}{CH}-\underset{OH}{CH}-CH_3$$

2-甲基丙-1-醇　　　　　　　　　3,5-二甲基己-2-醇
2-methylpropan-1-ol　　　　　　　3,5-dimethylhexan-2-ol

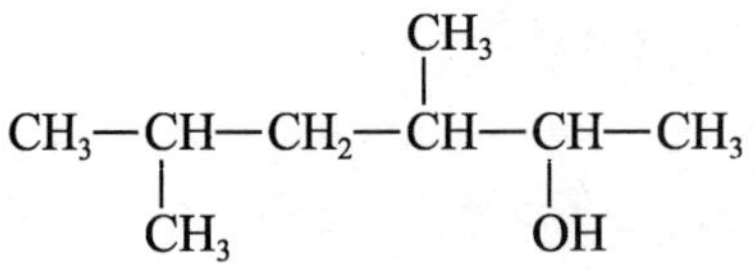

对于脂环醇,根据与羟基相连的脂环烃基命名为"环某醇",环碳原子的编号从连有羟基的碳原子开始。例如:

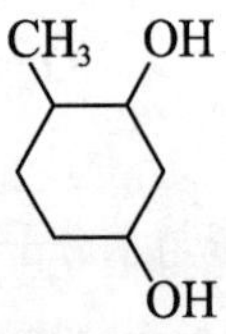

4-甲基环己-1,3-二醇　　　　　　　4-乙基-2-甲基环戊醇
4-methylcyclohexane-1,3-diol　　　4-ethyl-2-methylcyclopentanol

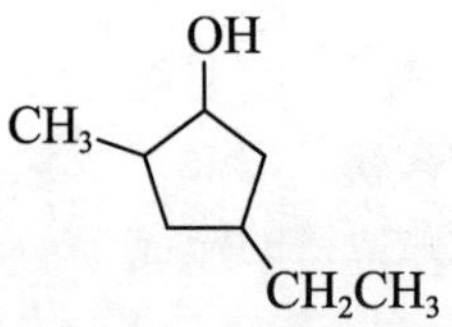

对于芳香醇,通常将链醇作为母体,芳基作为取代基。例如:

    1-苯基乙醇   3-苯基丁-2-醇

1-phenylethan-1-ol   3-phenylbutan-2-ol

对于不饱和醇,依然选择含有羟基碳原子在内的最长碳链作为主链,从靠近羟基的一端开始编号。当主链中含有不饱和键时,称为"某烯(炔)醇",并标明不饱和键及羟基的位置。例如:

5-甲基己-4-烯-2-醇   丁-3-炔-1-醇

5-methylhex-4-en-2-ol   but-3-yn-1-ol

多元醇的命名应选择连有尽可能多的羟基的最长碳链作为主链,依羟基的数目称为某二醇或某三醇等,并标明羟基的位次。英文名称中,二元醇是在烷烃名称词尾加"diol",三元醇词尾加"triol"等。例如:

$HOCH_2CH_2CH_2OH$

丙-1,3-二醇   丙-1,2,3-三醇

propane-1,3-diol   propane-1,2,3-triol

> **练习题 9.1** 写出下列醇的结构。
> (1)异戊醇　(2)仲戊醇　(3)环戊醇　(4)新戊醇　(5)3-甲基戊-1,2,4-三醇

二、物理性质及光谱性质

(一) 物理性质

C_1~C_4 的低级饱和一元醇为无色液体,C_5~C_{11} 的醇为黏稠液体,一般具有特殊的气味;11 个碳原子以上的高级醇为蜡状固体,多数无臭无味。

醇的沸点比分子量相近的烷烃要高,例如甲醇的沸点比甲烷高 229℃、乙醇的沸点比乙烷高 167℃。其原因在于液态醇分子中的羟基之间可以通过氢键缔合起来,要使缔合形成的液态醇气化为单个气体分子,除要克服分子间的范德华力外,还需要提供更多的能量去破坏氢键(氢键的键能约为 25kJ/mol)。随着醇的分子量增大,烃基增大,阻碍氢键的形成,醇分子间的氢键缔合程度减弱,因而沸点也与相应烃的沸点越来越接近。例如正十二醇与正十二烷的沸点仅差 25℃。直链饱和一元醇的沸点随碳原子数的增加而上升;碳原子数相同的醇,含支链越多者沸点越低。

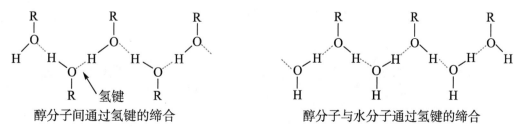

醇分子间通过氢键的缔合   醇分子与水分子通过氢键的缔合

醇分子与水分子之间也可形成氢键,因此醇在水中的溶解度比烃类大得多。低级醇如甲醇、乙醇、丙醇等能与水以任意比例互溶。随着醇分子中的烃基部分增大,醇分子中的亲水部分(羟基)所

占的比例减小,醇分子与水分子间形成氢键的能力也降低,醇在水中的溶解度也随之降低(例如正己醇于 25℃时在水中的溶解度为 0.6g/100ml)。

多元醇分子中的羟基数目较多,与水形成氢键的部位增多,故在水中的溶解度更大。例如丙三醇(俗称甘油),不仅可以和水互溶,而且具有很强的吸湿性,能滋润皮肤,加之其对无机盐及一些药物的盐有较好的溶解性能,使得甘油在药物制剂及化妆品工业中得到广泛应用。一些常见醇的物理常数见表 9-1。

表 9-1　一些常见醇的物理常数

化合物	熔点 /℃	沸点 /℃	溶解度 /(g/100ml H₂O)
甲醇	−97.9	65.0	∞
乙醇	−114.7	78.5	∞
正丙醇	−126.5	97.4	∞
异丙醇	−88.5	82.4	∞
正丁醇	−89.5	117.3	7.9
异丁醇	−108	108	10.0
仲丁醇	−114.7	99.5	25.3
叔丁醇	25.5	82.2	∞
正戊醇	−79	138	2.2
正己醇	−52	156	0.6
环己醇	25.2	161.1	3.8

低级醇能与氯化钙、氯化镁等无机盐形成结晶配合物,它们可溶于水而不溶于有机溶剂。例如:

$$CaCl_2 \cdot 4CH_3OH \quad MgCl_2 \cdot 6CH_3OH$$
$$CaCl_2 \cdot 4C_2H_5OH \quad MgCl_2 \cdot 6C_2H_5OH$$

因此,醇类化合物不能用氯化镁、氯化钙作干燥剂而除去其中的水分。

(二) 光谱性质

1. 红外吸收光谱　醇类中的游离羟基(未形成氢键)的伸缩振动在 3 650~3 500cm⁻¹ 区间产生一个尖峰,强度不定。形成氢键后,羟基伸缩振动吸收峰出现在 3 500~3 200cm⁻¹ 部位,峰形较宽(有时与 N—H 伸缩振动吸收峰重叠)。醇分子中的碳氧(C—O)伸缩振动吸收峰通常出现在 1 260~1 000cm⁻¹ 部位。由于伯、仲和叔醇三种醇类在该吸收峰上存在细微的差别,故有时可根据该特征峰来确定伯、仲和叔醇。

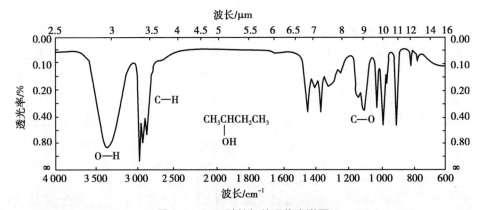

图 9-1　2-丁醇的红外吸收光谱图

图 9-1 中的 3 350cm⁻¹ 及 1 100cm⁻¹ 处分别为 O—H 及 C—O 键伸缩振动吸收峰。

2. 核磁共振氢谱　醇中羟基质子的化学位移受温度、溶剂、浓度变化的影响,可出现在

δ 0.5~5.5ppm 的范围。氢键的形成能降低羟基质子周围的电子云密度,使质子的吸收向低场位移。当溶液被稀释(用非质子溶剂)或升高温度时,分子间形成氢键的程度减弱,质子化学位移将向高场移动。乙醇的核磁共振氢谱见图 9-2。

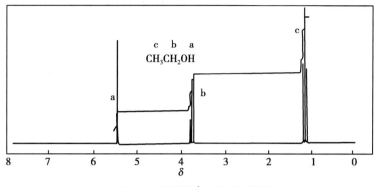

图 9-2　乙醇的 ^{1}H–NMR 谱图

练习题 9.2

(1) 比较环己烷、氯代环己烷、环己醇和甘油的沸点高低,并解释理由。

(2) 比较正丁烷、正丁醇、正戊醇和乙二醇在水中的溶解度大小,并解释理由。

练习题 9.3　分子式为 $C_4H_{10}O$ 的饱和醇,其核磁共振氢谱如图 9-3 所示,试推测该醇的结构。

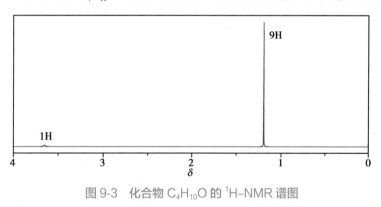

图 9-3　化合物 $C_4H_{10}O$ 的 ^{1}H–NMR 谱图

三、化学性质

醇的化学性质主要由羟基(—OH)官能团决定。由于氧的电负性比较大,与氧相连的 C—O 键和 O—H 键有很强的极性,都可以发生断裂。C—O 键断裂主要发生亲核取代反应和消除反应;O—H 键断裂主要表现出醇的酸性。羟基氧原子上的孤对电子能接受质子,具有一定的碱性(路易斯碱)和亲核性。由于羟基是吸电子基团,醇的 α-碳原子上的氢原子(称为 α-氢原子)也表现出一定的活性,可以发生氧化和脱氢反应。

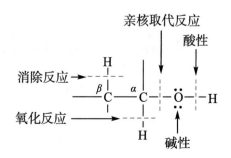

邻二醇类化合物的两个相邻羟基相互影响,使其具有一些特殊的性质。

(一) 酸性及与活泼金属的反应

醇羟基中的 O—H 是极性键,容易断裂而提供质子,具有一定的酸性,可以与活泼金属钾、钠反应生成醇盐并放出氢气。

$$R—O—H + Na \longrightarrow R—ONa + 1/2H_2 \uparrow$$

$$R—O—H + K \longrightarrow R—OK + 1/2H_2 \uparrow$$

由于醇羟基与给电子的烃基相连,烃基的 +I 诱导效应使羟基中氧原子上的电子云密度增加,减弱氧吸引氢氧间电子对的能力,使醇的酸性(pK_a 15.5~19)比水的酸性(pK_a 14.0)弱,生成的共轭碱的碱性比 NaOH 强,只能在醇溶液中保存,一旦遇到水会立即与水反应游离出醇。

$$R—ONa + H_2O \longrightarrow R—O—H + NaOH$$

随着醇的 α-碳原子上的烷基取代基增多,与羟基相连的烷基的给电子能力增强,醇的酸性减弱(pK_a 增大)。不同类型的醇溶液的酸性强弱次序为甲醇>伯醇>仲醇>叔醇,其共轭碱的碱性强弱次序为叔醇钠>仲醇钠>伯醇钠>甲醇钠。

醇除与碱金属反应外,还可以与其他活泼金属如镁、铝反应,生成醇镁和醇铝。生成醇镁的反应需要少量碘催化。

$$2ROH + Mg \xrightarrow{I_2} (RO)_2Mg + H_2 \uparrow$$

$$3ROH + Al \xrightarrow{\text{催化剂}} (RO)_3Al + 3/2\,H_2 \uparrow$$

其中异丙醇铝和叔丁醇铝在有机合成中有重要用途。

(二) 成酯反应

醇与酸(无机酸和有机酸)作用可生成相应的酯,醇与有机酸之间脱水生成有机酸酯(将在第十一章中讨论),醇与无机含氧酸之间脱水生成相应的无机酸酯。例如:

$$\begin{array}{c} CH_3 \\ | \\ CH_3CHCH_2CH_2OH \end{array} + HONO \longrightarrow \begin{array}{c} CH_3 \\ | \\ CH_3CHCH_2CH_2ONO \end{array} + H_2O$$
亚硝酸异戊酯

$$\begin{array}{c} CH_2—OH \\ | \\ CH—OH \\ | \\ CH_2—OH \end{array} + 3HONO_2 \longrightarrow \begin{array}{c} CH_2—ONO_2 \\ | \\ CH—ONO_2 \\ | \\ CH_2—ONO_2 \end{array} + 3H_2O$$
三硝酸甘油酯

亚硝酸异戊酯和三硝酸甘油酯(又称硝化甘油)在临床上作为扩张血管及治疗心绞痛的药物。硝酸甘油遇到震动还会发生猛烈的爆炸,通常将它与一些惰性材料混合以提高其使用安全性,这就是诺贝尔发明的硝酸甘油炸药。

二元酸与醇反应时可脱水生成酸性酯或中性酯。例如:

$$C_2H_5OH + H_2SO_4 \xrightarrow{<100℃} C_2H_5OSO_3H + H_2O$$
硫酸氢乙酯(酸性酯)

$$C_2H_5OH + C_2H_5OSO_3H \longrightarrow C_2H_5OSO_2OC_2H_5 + H_2O$$
硫酸二乙酯(中性酯)

硫酸二乙酯和硫酸二甲酯都是很好的烷基化试剂,可以用作向有机分子中导入乙基或甲基的试剂。其中硫酸二甲酯为无色剧毒的液体,对呼吸器官和皮肤有强烈的刺激作用,使用时应注意安全。

磷酸是三元酸,可形成三种磷酸酯,通式分别为:

$$RO-\overset{\displaystyle O}{\underset{\displaystyle OH}{\overset{\|}{P}}}-OH \qquad RO-\overset{\displaystyle O}{\underset{\displaystyle OH}{\overset{\|}{P}}}-OR \qquad RO-\overset{\displaystyle O}{\underset{\displaystyle OR}{\overset{\|}{P}}}-OR$$

磷酸烷基二氢酯(酸性酯)　　磷酸二烷基一氢酯(酸性酯)　　磷酸三烷基酯(中性酯)

　　具有磷酸酯结构的物质广泛存在于生物体内,在生物体生长和代谢中起重要作用。例如生物体内供给能量的物质三磷酸腺苷(ATP)、遗传物质 DNA、细胞膜成分磷脂等均含有磷酸酯的结构。

(三) 亲核取代反应

　　醇与氢卤酸发生亲核取代反应,醇中的羟基被卤素取代而生成卤代烷。

$$R-OH + HX \xrightarrow{H^+} R-X + H_2O$$

　　由于羟基不是一种良好的离去基团,因此反应需用酸催化。醇与氢卤酸的反应活性与醇的结构及氢卤酸的种类有关。对于同一种醇来说,氢卤酸的活性次序为 HI>HBr>HCl(HF 一般不反应),这是因为卤素负离子的亲核能力为 $I^->Br^->Cl^-$。而对于相同的氢卤酸,醇的活性次序为烯丙型或苄基型醇>叔醇>仲醇>伯醇。例如:

$$(CH_3)_3C-OH + HCl(浓) \xrightarrow{室温} (CH_3)_3C-Cl + H_2O$$

$$CH_3CH_2CH_2CH_2OH + HCl(浓) \xrightarrow[\triangle]{ZnCl_2} CH_3CH_2CH_2CH_2Cl + H_2O$$

　　叔丁醇与浓盐酸在室温下即可发生反应;而正丁醇则需在路易斯酸 $ZnCl_2$ 催化,加热条件下才可反应。

　　浓盐酸与无水氯化锌配成的溶液称为卢卡斯试剂(Lucas reagent),可用来鉴别六个碳以下的低级醇。

$$\left.\begin{array}{l}叔醇\\仲醇\\伯醇\end{array}\right\} \xrightarrow[室温]{36\%HCl/ZnCl_2} \left\{\begin{array}{l}立即混浊\\数分钟后混浊\\不出现混浊,加热后混浊\end{array}\right.$$

　　醇与氢卤酸的反应是酸催化下的亲核取代反应,根据醇的结构可按 S_N1 机理或 S_N2 机理进行。一般情况下,烯丙型、苄基型、叔醇、大多数仲醇及 β-碳含有较多支链的伯醇易按 S_N1 机理进行。例如:

$$R-\ddot{O}H + H^+ \rightleftharpoons R-\overset{+}{O}H_2 \rightleftharpoons R^+ + H_2O \xrightarrow{X^-} R-X$$

　　醇按 S_N1 机理反应时与卤代烷的 S_N1 机理类似,反应经历碳正离子中间体,有重排产物生成。

$$\underset{\underset{CH_3}{|}}{CH_3-CH}-\underset{\underset{OH}{|}}{CH}-CH_3 + HBr \longrightarrow CH_3-\underset{\underset{Br}{|}}{\overset{\overset{CH_3}{|}}{C}}-CH_2CH_3 \qquad 64\%重排产物$$

$$CH_3-\underset{\underset{CH_3}{|}}{\overset{\overset{CH_3}{|}}{C}}-CH_2OH + HBr \longrightarrow CH_3-\underset{\underset{Br}{|}}{\overset{\overset{CH_3}{|}}{C}}-CH_2CH_3 \qquad 重排产物$$

有旋光性的(+)–肾上腺素在 HCl(H_2O)中 60~70℃加热 4 小时,发生外消旋化。

(+)-肾上腺素的外消旋化是由于原手性碳原子上发生 C—O 键断裂而形成碳正离子中间体,形成的碳正离子具有平面结构,当它再与 H_2O 结合时,H_2O 从平面两边进攻的机会均等,生成两种对映异构体的机会均等,因此旋光度不断降低,达到平衡时两种异构体各占 50%,得到无光学活性的外消旋体。

而大多数伯醇与氢卤酸反应是按 S_N2 机理进行的。

$$R-CH_2\ddot{O}H + H^+ \rightleftharpoons R-CH_2-\overset{+}{O}H_2$$

为了避免重排反应的发生,常使用卤化磷(PX_3 或 PX_5)或氯化亚砜($SOCl_2$)作为醇的卤代试剂。它们与醇作用的方式不同于氢卤酸,不形成碳正离子,因此引起重排的机会较少。

$$3ROH + PX_3 \longrightarrow 3RX + H_3PO_3 \quad (X=Br, I)$$

在实际实验中,三溴化磷或三碘化磷常用红磷与溴或碘作用而产生。

$$2P + 3X_2 \longrightarrow 2PX_3 \quad (X=Br, I)$$

例如:

$$CH_3CH_2OH \xrightarrow{P, I_2} CH_3CH_2I$$

醇与 PX_5 可发生类似的反应,但与 PCl_5 反应时因副产物较多,不易分离,故不是制备氯代烃的好方法。

$$ROH + PCl_5 \longrightarrow RCl + POCl_3 + HCl$$

$$\underset{\text{磷酸酯}}{3ROH + POCl_3 \longrightarrow (RO)_3PO + 3HCl}$$

醇与氯化亚砜反应:

$$ROH + SOCl_2 \xrightarrow[\triangle]{\text{醚}} RCl + SO_2\uparrow + HCl\uparrow$$

在此反应中,产物除氯代烃外,其余都是气体,易分离提纯。

醇与氯化亚砜反应的立体化学特征与反应条件有关,当与羟基相连的碳原子有手性时,在醚类溶剂中反应,生成的氯代烃手性碳的构型保持不变;如果采用吡啶作为溶剂,则得到构型翻转的产物。例如:

练习题 9.4 写出新戊醇与氢溴酸反应的产物,并写出反应机理。

练习题 9.5 完成下列反应。

(1) CH_3 —⟨环⟩— $OH \xrightarrow[\text{吡啶}]{SOCl_2}$

(2) ⟨环戊基⟩— $CH_2CH_2OH \xrightarrow{SOCl_2}$

(四) 消除反应

醇在脱水剂硫酸或氧化铝等存在下,加热可发生分子内脱水,生成烯烃。例如:

$$\underset{CH_2CH_2}{\overset{\boxed{H \quad OH}}{|\quad\;|}} \xrightarrow[170℃]{H_2SO_4} CH_2{=}CH_2 + H_2O$$

其反应机理为 E1 机理,即在酸的存在下羟基发生质子化,质子化后使碳氧键的极性增加,更易断裂,脱去一分子水而形成碳正离子中间体,然后再消除 β-氢生成烯烃。

$$-\overset{|}{\underset{H}{C}}-\overset{\overset{\ddot{O}H}{|}}{C}- \xrightleftharpoons[\text{快}]{H^+} -\overset{|}{\underset{H}{C}}-\overset{\overset{+}{\overset{\cdot\cdot}{O}H_2}}{C}- \xrightleftharpoons{\text{慢}} -\overset{|}{\underset{H}{C}}-\overset{+}{C}\Big\langle \xrightleftharpoons{-H^+} \Big\rangle C{=}C\Big\langle$$

由于脱水是按 E1 机理进行的,故其脱水的难易程度取决于中间体碳正离子的稳定性。由于碳正离子的稳定性为 3° (叔)>2° (仲)>1° (伯),所以醇的脱水活性顺序为叔醇>仲醇>伯醇。

例如:

$$CH_3CH_2OH \xrightarrow[170℃]{H_2SO_4} CH_2{=}CH_2 + H_2O$$
伯醇

$$\underset{\text{仲醇}}{⟨环己醇⟩} \xrightarrow[165\sim170℃]{H_3PO_4} ⟨环己烯⟩ + H_2O$$

$$\underset{\text{叔醇}}{(CH_3)_3C{-}OH} \xrightarrow[85\sim90℃]{20\% H_2SO_4} \underset{CH_3}{CH_2{=}C{-}CH_3} + H_2O$$

当醇分子中有多个 β-氢可供消除时,遵循札依采夫规则,生成双键上连有取代基最多的烯烃(与卤代烷脱卤化氢类似)。例如:

$$\underset{\overset{|}{OH}}{CH_3{-}\overset{\overset{CH_3}{|}}{C}{-}CH_2CH_3} \xrightarrow[\triangle]{H_2SO_4} \underset{90\%}{\overset{CH_3}{CH_3C}{=}CHCH_3} + \underset{10\%}{\overset{CH_3}{CH_2{=}CCH_2CH_3}}$$

当主要产物有顺反异构体时,常以反式异构体为主(烯烃的稳定性是反式>顺式)。例如:

$$\underset{\overset{|}{OH}}{CH_3CH_2CHCH_2CH_3} \xrightarrow[\triangle]{H_2SO_4} \underset{\text{反式}(75\%)}{\overset{CH_3}{H}\!\!\diagup C{=}C\diagdown\!\!\overset{H}{CH_2CH_3}} + \underset{\text{顺式}(25\%)}{\overset{CH_3}{H}\!\!\diagup C{=}C\diagdown\!\!\overset{CH_2CH_3}{H}}$$

由于脱水反应的中间体是碳正离子,其可能发生重排后再消除 β-氢生成烯烃。例如 3,3-二甲基丁-2-醇脱水的主要产物是 2,3-二甲基丁-2-烯。

$$CH_3-\underset{\underset{CH_3}{|}}{\overset{\overset{CH_3}{|}}{C}}-\underset{\underset{OH}{|}}{\overset{}{C}}HCH_3 \xrightarrow{H^+} CH_3-\underset{\underset{H_3C}{|}}{\overset{\overset{CH_3}{|}}{C}}-\underset{\underset{\overset{+}{O}H_2}{|}}{\overset{}{C}}HCH_3 \xrightarrow{-H_2O} \left[CH_3-\underset{\underset{CH_3}{|}}{\overset{\overset{CH_3}{|}}{C}}-\overset{+}{C}HCH_3 \right. \xrightarrow{\text{重排}}$$

$$\left. CH_3-\overset{+}{\underset{\underset{CH_3}{|}}{C}}-\underset{\underset{CH_3}{|}}{\overset{\overset{CH_3}{|}}{C}}HCH_3 \right] \xrightarrow{-H^+} \underset{CH_3}{\overset{CH_3}{}}C=C\underset{CH_3}{\overset{CH_3}{}}$$

（五）成醚反应

醇发生分子内消除反应生成烯烃,两分子醇也可以发生分子间脱水而生成醚。例如:

$$CH_3CH_2OH + HOCH_2CH_3 \xrightarrow[140℃]{H_2SO_4} CH_3CH_2OCH_2CH_3 + H_2O$$

此反应实际上是一种亲核取代反应。一般伯醇按 S_N2 机理,仲醇按 S_N1 机理或 S_N2 机理;而叔醇在一般情况下易发生消除反应生成烯烃,很难形成醚。

$$R-\ddot{O}H \underset{}{\overset{H^+}{\rightleftharpoons}} R-\overset{+}{O}H_2 \xrightarrow[-H_2O]{H\ddot{O}R} R-\underset{\overset{+}{H}}{\overset{H}{O}}-R \xrightarrow{-H^+} R-O-R$$

醇的消除和成醚反应都是在酸的存在下进行的,成醚反应和消除反应是并存和相互竞争的,反应方向与醇的结构和反应条件有关。伯醇易发生成醚反应,而叔醇易发生消除反应;较低的温度下有利于成醚反应,而在高温条件下有利于消除反应生成烯烃。若能控制好反应条件,可使以其中的一种产物为主。

$$H-CH_2CH_2OH \xrightarrow[170℃]{H_2SO_4} CH_2=CH_2 + H_2O$$

$$2CH_3CH_2OH \xrightarrow[140℃]{H_2SO_4} CH_3CH_2OCH_2CH_3 + H_2O$$

（六）氧化反应

醇分子中的 α-氢由于受到—OH 的影响,表现出一定的活性,使醇可以被多种氧化剂氧化。醇的结构不同,氧化剂不同,氧化产物也各异。

1. **强氧化剂氧化**　用 $K_2Cr_2O_7$($Na_2Cr_2O_7$)或 $KMnO_4$ 作氧化剂,伯醇首先被氧化为醛,再进一步被氧化为羧酸。

$$R-CH_2OH \xrightarrow[\text{或}KMnO_4]{K_2Cr_2O_7/H_2SO_4} [R-CHO] \xrightarrow[\text{或}KMnO_4]{K_2Cr_2O_7/H_2SO_4} \underset{\text{羧酸}}{R-COOH}$$

由于醛比醇更易被氧化生成羧酸,若想用该类氧化剂从伯醇制备醛,则必须将生成的醛立即从反应体系中蒸出,以防其继续氧化。这只能限于产物醛的沸点比较低而容易蒸出的情况,但一般收率低,使应用受到限制。例如:

$$\underset{\text{bp } 97℃}{CH_3CH_2CH_2OH} \xrightarrow[75℃]{Na_2Cr_2O_7/H_2SO_4} \underset{\text{bp } 49℃}{CH_3CH_2CHO}$$

仲醇氧化生成酮,酮比较稳定,在同样的条件下不易继续被氧化。

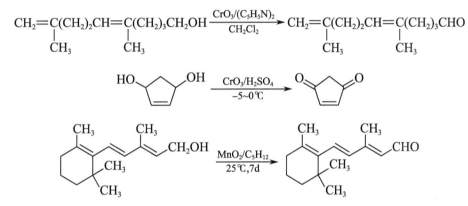

叔醇由于没有 α-氢，对氧化剂是稳定的，与 $Na_2Cr_2O_7$ 不发生氧化反应。但在强氧化剂的酸性溶液中可先脱水成烯，然后烯烃再发生碳碳键断裂的氧化反应。例如：

2. 选择性氧化剂氧化　选择性氧化剂包括沙瑞特试剂（Sarett reagent）$[CrO_3/(C_5H_5N)_2]$、琼斯试剂（Jones reagent）(CrO_3/H_2SO_4) 和活性二氧化锰等，这些试剂的特点是活性较低，具有选择性，能选择性氧化不饱和醇中的羟基，而不氧化 $C=C$、$C\equiv C$ 等，进而可从伯醇制备醛或从不饱和醇制备相应的不饱和醛、酮。例如：

3. 欧芬脑尔氧化　在异丙醇铝或叔丁醇铝存在下，将仲醇和丙酮一起反应，仲醇被氧化成酮，丙酮被还原成异丙醇的反应称为欧芬脑尔氧化（Oppenauer oxidation）。可用通式表示如下：

此反应只将仲醇上的两个氢原子转移给丙酮，醇分子中的其他官能团不受影响，是制备不饱和酮的好方法，但伯醇的收率低。例如：

4. 催化脱氢氧化　将伯醇或仲醇的蒸气在高温下通过催化剂（如活性铜、银、镍等）可发生脱氢氧化，分别生成醛或酮。

$$CH_3CH_2OH \xrightarrow[250\sim350\text{℃}]{Cu} CH_3CHO + H_2$$

$$CH_3-\underset{\underset{OH}{|}}{C}H-CH_3 \xrightarrow[500\text{℃},\ 0.3\text{MPa}]{Cu} CH_3-\underset{\underset{O}{\|}}{C}-CH_3 + H_2$$

叔醇分子中无 α-氢存在，因此不能发生脱氢氧化反应。脱氢反应是可逆的，为了使反应向生成物方向进行，往往通入一些空气，将脱下的氢转化成水。脱氢反应的优点是产品较纯，但由于需要专

门的设备和苛刻的反应条件,主要适用于工业生产,实验室中较少应用。

交通警察快速检查驾驶员是否酒后驾车的酒精分析仪就是利用醇的氧化反应原理。醇的氧化也常见于人体的代谢过程中,不同在于它一般是在脱氢酶的催化下进行。例如人们饮酒后,摄入的乙醇在肝脏内被醇脱氢酶氧化成乙醛,乙醛可被进一步氧化成乙酸,乙酸可以被机体细胞同化。但如果饮酒过量,导致摄入乙醇的速率远大于其被氧化的速率,则乙醇会在血液中潴留,导致酒精中毒。如果饮用了甲醇,在醇脱氢酶的作用下,甲醇会被氧化成甲醛,而甲醛不能被机体细胞同化利用,而且还会损伤视神经和视网膜,因此服用 10ml 甲醇即可致人失明。

四、邻二醇的特性

二元醇分子中,根据两个羟基的相对位置不同可将二元醇分为 1,2-二醇(又称邻二醇)、1,3-二醇、1,4-二醇等。

$$HOCH_2CH_2OH \quad HOCH_2CH_2CH_2OH \quad HOCH_2CH_2CH_2CH_2OH$$

乙二醇　　　　　丙-1,3-二醇　　　　　丁-1,4-二醇

两个羟基相对位置较远的二元醇其化学性质与一元醇相似。但两个羟基连在相邻的两个碳原子上的邻二醇除具有一元醇的一般性质外,还具有一些特殊的化学性质。

(一) 高碘酸和四乙酸铅氧化

邻二醇用高碘酸或四乙酸铅氧化,可以断裂两个羟基之间的碳碳单键,生成两分子羰基化合物。

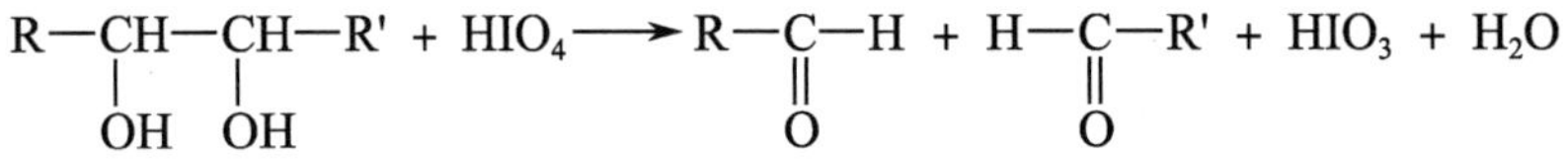

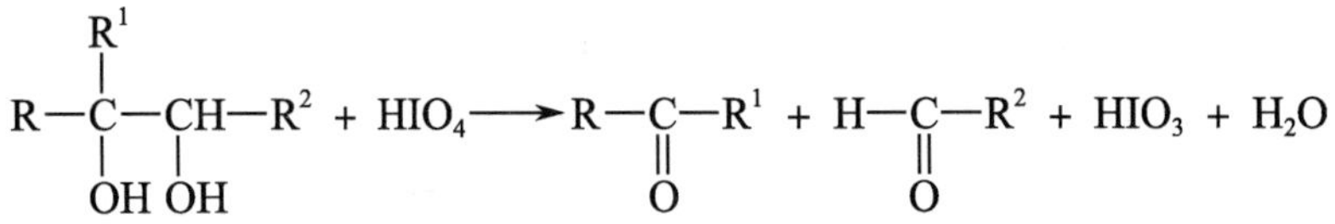

$$\underset{\underset{OH}{|} \quad \underset{OH}{|}}{R-CH-CH-R'} + HIO_4 \longrightarrow \underset{\underset{O}{\|}}{R-C-H} + \underset{\underset{O}{\|}}{H-C-R'} + HIO_3 + H_2O$$

$$\underset{\underset{OH}{|} \quad \underset{OH}{|}}{\overset{\overset{R^1}{|}}{R-C-CH-R^2}} + HIO_4 \longrightarrow \underset{\underset{O}{\|}}{R-C-R^1} + \underset{\underset{O}{\|}}{H-C-R^2} + HIO_3 + H_2O$$

此反应可能是通过环状高碘酸酯进行的。

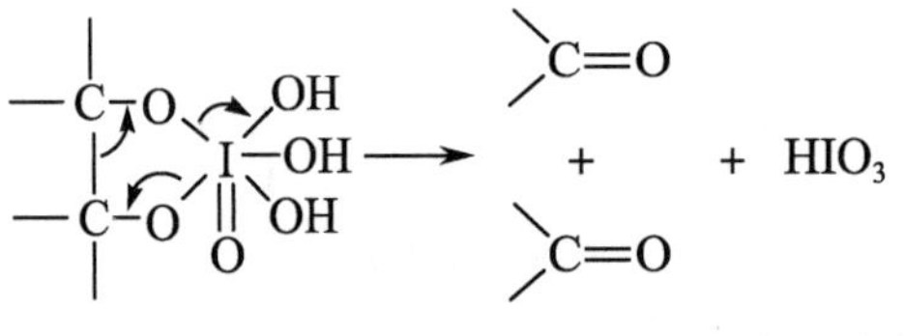

因此,当相邻的两个羟基因几何异构等原因相距较远而无法形成过渡态时,氧化就难以进行。例如:

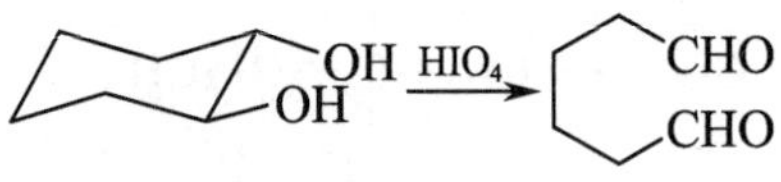

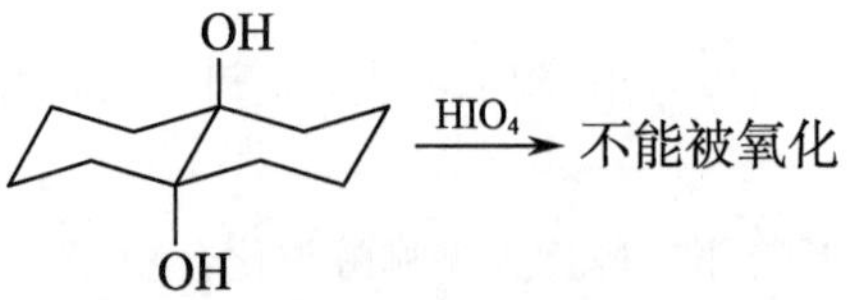

当用四乙酸铅氧化邻二醇时,不经历环状过渡态,因此可以氧化上述不能被高碘酸氧化的二醇。

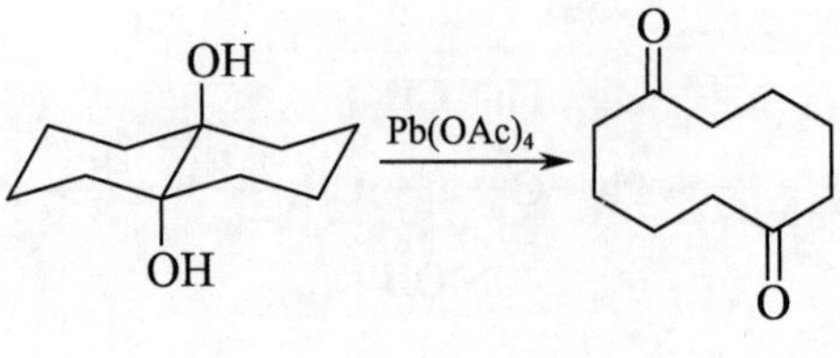

高碘酸氧化邻二醇的反应是定量进行的,每断裂一个 C — C 键需要一分子 HIO$_4$,故可根据消耗 HIO$_4$ 的物质的量及产生的醛或酮的结构推测邻二醇的结构。例如:

$$CH_2-CH-CH-CH_3 \xrightarrow{2HIO_4} H-\overset{O}{\overset{||}{C}}-H + H-\overset{O}{\overset{||}{C}}-OH + H-\overset{O}{\overset{||}{C}}-CH_3$$
$$\overset{|}{OH}\ \overset{|}{OH}\ \overset{|}{OH}$$

除邻二醇外,邻羰基醇也可被高碘酸氧化。例如:

$$\underset{CH_3}{\overset{CHO}{\underset{|}{\overset{|}{\underset{H-\overset{|}{C}-OH}{H-\overset{|}{C}-OH}}}}} \xrightarrow{2HIO_4} H-\overset{O}{\overset{||}{C}}-OH + H-\overset{O}{\overset{||}{C}}-OH + H-\overset{O}{\overset{||}{C}}-CH_3$$

$$\underset{CH_2CH_3}{\overset{CHO}{\underset{|}{\overset{|}{\underset{H-\overset{|}{C}-OH}{\overset{|}{C}=O}}}}} \xrightarrow{2HIO_4} H-\overset{O}{\overset{||}{C}}-OH + CO_2 + H-\overset{O}{\overset{||}{C}}-CH_2CH_3$$

(二) 频哪醇重排

化合物 2,3-二甲基丁-2,3-二醇俗称频哪醇(pinacol)。频哪醇在酸性试剂(如硫酸)的作用下脱去一分子水生成碳正离子后,碳骨架会发生重排,生成的化合物称为频哪酮(pinacolone),这类反应称为频哪醇重排。例如:

$$\underset{\overset{|}{OH}\ \overset{|}{OH}}{CH_3-\overset{\overset{\displaystyle CH_3}{|}}{C}-\overset{\overset{\displaystyle CH_3}{|}}{C}-CH_3} \xrightarrow{H_2SO_4} CH_3-\underset{\overset{|}{CH_3}}{\overset{\overset{\displaystyle CH_3}{|}}{C}}-\underset{O}{\overset{||}{C}}-CH_3$$

　　　　　频哪醇　　　　　　　　　　　　频哪酮

反应是通过碳正离子中间体进行的,其机理如下。

从重排后碳正离子的极限式可以看出,碳上的正电荷可分散到氧原子上,较稳定,这可能是频哪醇重排的动力。

两个羟基都连在叔碳原子上的邻二醇称为频哪醇类化合物,都可以发生类似于频哪醇重排的反应。当烃基不相同时,哪个羟基先离去,哪个基团迁移,具有如下规律。

(1) 优先生成较稳定的碳正离子。例如:

因为中间体碳正离子的稳定性为 Ph—C⁺(CH₃)—C(CH₃)(OH)—CH₃ > Ph—C(Ph)(OH)—C⁺(CH₃)(CH₃)。

(2)基团的迁移能力一般为芳基>烷基>氢。例如:

$$CH_3-C(Ph)(OH)-C(Ph)(OH)-CH_3 \xrightarrow[-H_2O]{H^+} CH_3-C^+(Ph)-C(Ph)(:OH)-CH_3 \xrightarrow[-H^+]{Ph迁移} Ph-C(Ph)(CH_3)-C(=O)-CH_3$$

碳正离子是有机化学中的一个重要的活性中间体,经碳正离子的反应是复杂的,可与亲核试剂反应;可消除 β-氢生成烯烃;亦可先重排成新的碳正离子,再进行前两种反应。

例如:

$$PhCH_2CH(OH)CHCH_3 \xrightarrow{H^+} PhCH_2CH-C^+HCH_3 \xrightarrow{重排} PhCH_2C^+CH_2CH_3$$

消除 取代 取代 消除
PhCH₂C(CH₃)=CHCH₃ PhCH₂CH(CH₃)CHClCH₃ PhCH₂C(CH₃)ClCH₂CH₃ PhCH=C(CH₃)CH₂CH₃

碳正离子形成后,主要进行哪类反应取决于它的结构和反应条件。如通过1,2-氢迁移或1,2-烃基迁移能产生更稳定的碳正离子,一般就会发生重排。在反应机理研究中,如某一反应有重排产物生成,该反应很有可能是经碳正离子中间体进行的。

练习题 9.6 下列醇中哪些能被高碘酸氧化? 试写出氧化产物。

(a)   (b)   (c)   (d)

练习题 9.7 试写出碳正离子 $CH_3CH_2\overset{+}{C}HCH(CH_3)_2$ 在乙醇中与乙醇钠反应的所有可能产物及反应机理,从这些反应产物说明碳正离子具有哪些性质。

（三）与氢氧化铜的反应

邻二醇可与氢氧化铜反应,使氢氧化铜沉淀溶解,变为绛蓝色溶液。例如:

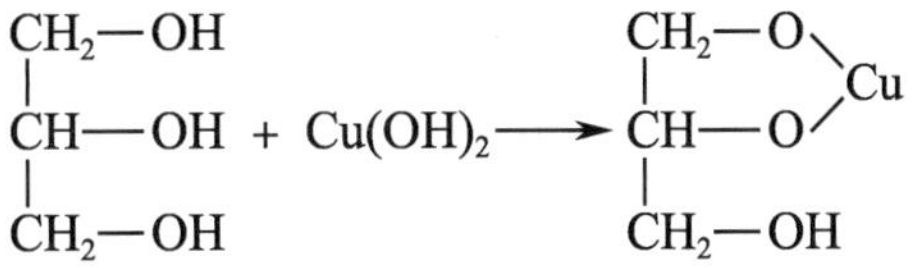

$$
\begin{array}{l}
CH_2-OH \\
| \\
CH-OH + Cu(OH)_2 \longrightarrow \\
| \\
CH_2-OH
\end{array}
\qquad
\begin{array}{l}
CH_2-O \\
| \quad\quad\ \ Cu \\
CH-O \\
| \\
CH_2-OH
\end{array}
$$

甘油　　　　　　　　　　　　　甘油铜

此反应是邻二醇类化合物的特有反应,一元醇和非邻二醇结构的醇类无此反应,因此可以用于鉴别邻二醇类化合物。

五、醇的制备

工业上,一些简单的醇如乙醇,以前是用粮食发酵的方法生产,但因要耗费大量的粮食(生产 1 吨乙醇要用 4 吨粮食),已逐渐被淘汰。目前,甲醇已实现用一氧化碳和氢气催化转化法生产。随着石油化工的发展,大多数醇已改由烯烃来生产。醇的常见制备方法如下:

（一）由烯烃制备

1. 酸催化水合　烯烃在酸催化下与水进行加成反应得到醇。由乙烯可以制备伯醇,由其他烯烃可制备仲醇和叔醇。

$$
R-CH=CH_2 \xrightarrow[H^+, \triangle, 加压]{H_2O}
\begin{array}{c}
R-CH-CH_3 \\
| \\
OH
\end{array}
$$

2. 硼氢化 - 氧化反应　烯烃经过硼氢化 - 氧化反应可制得上述方法不能得到的伯醇。

$$
R-CH=CH_2 \xrightarrow{B_2H_6} \xrightarrow[OH^-]{H_2O_2} RCH_2CH_2OH
$$

（二）由卤代烃制备

一般由卤代烃的水解反应制备醇的实际应用不多,只有一些较难得到的醇才用此法来制备,而且一般用伯卤代烃,因为仲和叔卤代烃在碱性条件下易发生消除反应。

（三）由格氏试剂制备

由格氏试剂与醛、酮加成可以制得伯、仲和叔醇,而且生成醇的碳链也得到增长。用通式表示如下:

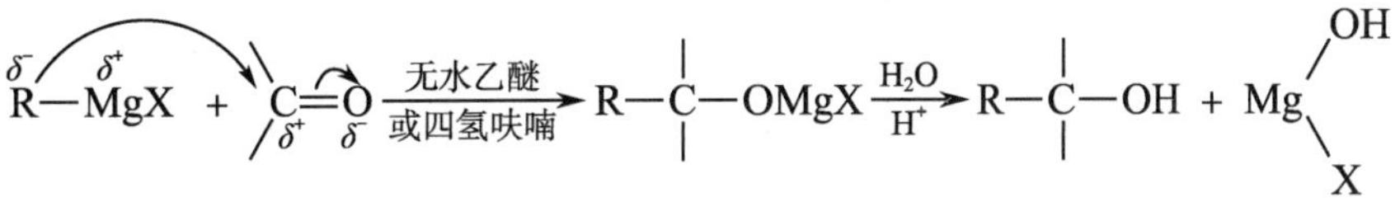

$$
R-MgX + \overset{\delta^-}{\underset{\delta^+}{C}}\!\!=\!\!\overset{\delta^+}{\underset{\delta^-}{O}} \xrightarrow[或四氢呋喃]{无水乙醚}
\begin{array}{c}
| \\
R-C-OMgX \\
|
\end{array}
\xrightarrow[H^+]{H_2O}
\begin{array}{c}
| \\
R-C-OH \\
|
\end{array}
+ Mg
\begin{array}{c}
OH \\
\diagup \\
\diagdown \\
X
\end{array}
$$

甲醛与格氏试剂加成、水解可制伯醇,其他醛可制得仲醇,由酮可制得叔醇。

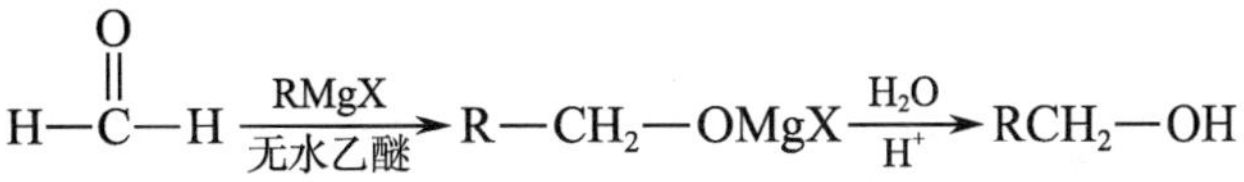

$$
\begin{array}{c}
O \\
\| \\
H-C-H
\end{array}
\xrightarrow[无水乙醚]{RMgX}
R-CH_2-OMgX
\xrightarrow[H^+]{H_2O}
RCH_2-OH
$$

甲醛　　　　　　　　　　　　　　　　伯醇

$$
\begin{array}{c}
O \\
\| \\
R-C-H
\end{array}
\xrightarrow[无水乙醚]{R^1MgX}
\begin{array}{c}
R-CH-OMgX \\
| \\
R^1
\end{array}
\xrightarrow[H^+]{H_2O}
\begin{array}{c}
R-CH-OH \\
| \\
R^1
\end{array}
$$

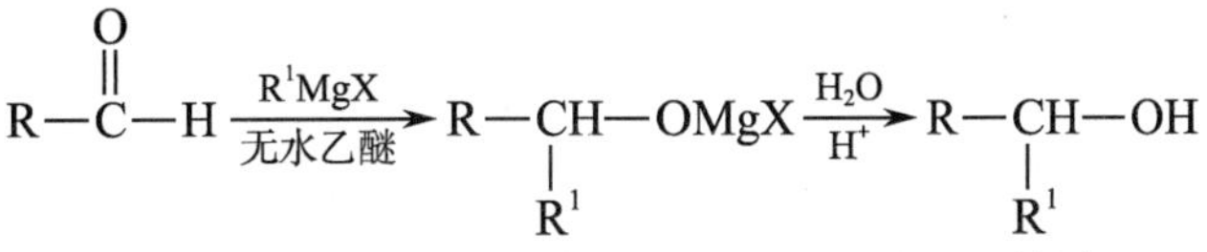

醛　　　　　　　　　　　　　　　　仲醇

$$R-\overset{O}{\underset{}{C}}-R^1 \xrightarrow[\text{无水乙醚}]{R^2MgX} R-\overset{R^2}{\underset{R^1}{C}}-OMgX \xrightarrow[H^+]{H_2O} R-\overset{R^2}{\underset{R^1}{C}}-OH$$

酮　　　　　　　　　　　　　　　　　叔醇

用格氏试剂制备醇时,可以用不同的格氏试剂与不同的醛、酮进行组合,具体采用哪种方式要由原料来源、反应难易等各种因素决定。如下列例子中,可以考虑①和②两种制备方式。

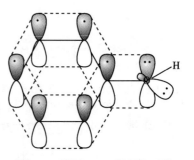

两种方式的反应分别为:

① $CH_3X + Mg \xrightarrow{\text{无水醚}} CH_3MgX$

$$\left.\begin{array}{l}(CH_3)_2CHCH_2\overset{O}{\underset{H}{C}}\end{array}\right\} \xrightarrow{\text{无水醚}} CH_3-\overset{OH}{\underset{}{CH}}-CH_2CH(CH_3)_2$$

② $(CH_3)_2CHCH_2X + Mg \xrightarrow{\text{无水醚}} (CH_3)_2CHCH_2MgX$

$$\left.\begin{array}{l}CH_3CHO\end{array}\right\} \xrightarrow{\text{无水醚}} CH_3-\overset{OH}{\underset{}{CH}}-CH_2CH(CH_3)_2$$

醇的其他合成方法(如醛、酮还原等)将在以后的有关章节中介绍。

第二节　酚

一、结构、分类和命名

(一) 结构

酚(phenol)是羟基与芳香环直接相连的化合物,通式为 Ar—OH。其官能团是与苯环直接相连的羟基,称为酚羟基。

最简单的酚是苯酚。苯酚是平面分子,酚羟基中氧原子上的一对未共用电子对处于 p 轨道上,该 p 轨道和苯环的 π 键能发生 p–π 共轭(图 9-4)。氧原子上的未共用电子对可离域到苯环上,结果导致:①C—O 键间的电子云密度相对增加,难以断裂;②氧原子上的电子云密度相对降低,O—H 键的极性增强,易断裂;③苯环上的电子云密度相对增加。

在甲醇中,羟基是吸电子基,偶极矩的方向指向羟基;而在苯酚中,由于羟基对苯环所起的给电子共轭效应超过它对苯环的吸电子诱导效应,所以偶极矩的方向指向苯环。

09D03

9-D-3
苯酚的电子
离域
（动画）

图 9-4　苯酚 p–π 共轭体系的
轨道示意图

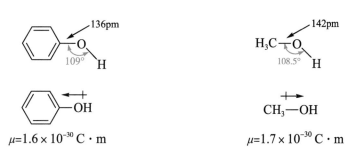

$\mu = 1.6 \times 10^{-30}$ C·m $\mu = 1.7 \times 10^{-30}$ C·m

（二）分类与命名

根据酚羟基的数目,酚可以分为一元酚、二元酚和三元酚等。通常将含有两个以上的酚羟基的酚称为多元酚。例如:

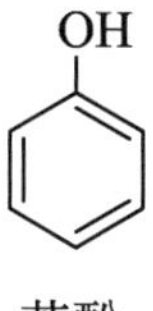

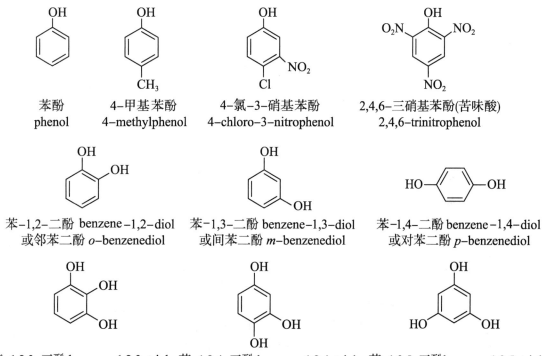

酚的命名通常是以酚为母体,在"酚"字之前加上芳环的名称,再标明取代基的位次、数目和名称。例如:

苯酚
(一元酚)

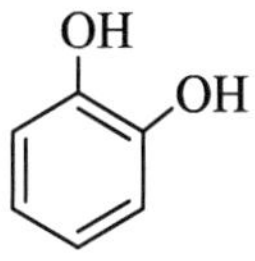

邻苯二酚(儿茶酚)
(二元酚)

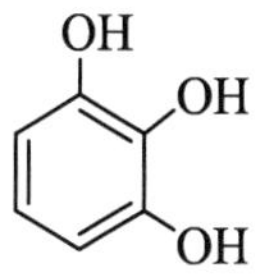

连苯三酚(苯-1,2,3-三酚)
(三元酚)

苯酚
phenol

4-甲基苯酚
4-methylphenol

4-氯-3-硝基苯酚
4-chloro-3-nitrophenol

2,4,6-三硝基苯酚(苦味酸)
2,4,6-trinitrophenol

苯-1,2-二酚 benzene-1,2-diol
或邻苯二酚 o-benzenediol

苯-1,3-二酚 benzene-1,3-diol
或间苯二酚 m-benzenediol

苯-1,4-二酚 benzene-1,4-diol
或对苯二酚 p-benzenediol

苯-1,2,3-三酚 benzene-1,2,3-triol
或连苯三酚 vic-benzenetriol

苯-1,2,4-三酚 benzene-1,2,4-triol
或偏苯三酚 unsym-benzenetriol

苯-1,3,5-三酚 benzene-1,3,5-triol
或均苯三酚 sym-benzenetriol

有些情况下,酚羟基也被看作取代基来命名,例如:

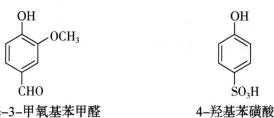

4-羟基-3-甲氧基苯甲醛
4-hydroxy-3-methoxybenzaldehyde

4-羟基苯磺酸
4-hydroxybenzenesulfonic acid

二、物理性质及光谱性质

(一) 物理性质

多数酚类在室温下为固体(少数烷基取代的酚除外),一般没有颜色,但往往由于含有氧化产物而带黄色或红色。大多数酚有难闻的气味,少数酚具有香味,例如百里香酚具有百里香的香味。

酚类化合物与醇类化合物一样,分子之间及与水分子之间能够形成氢键,所以酚类的沸点和水溶性均比分子量相当的烃类高,其相对密度都大于1。例如苯酚的沸点为182℃,而与之分子量接近的甲苯的沸点只有110.6℃。一些常见酚类的物理常数见表9-2。

表 9-2 一些常见酚类的物理常数

化合物	熔点 /℃	沸点 /℃	溶解度 /(g/100ml H_2O) (25℃)	pK_a
苯酚	43	182	9.3	10.0
2-甲基苯酚	30	191	2.5	10.20
3-甲基苯酚	11	201	2.6	10.01
4-甲基苯酚	35.5	201	2.3	10.17
2-氯苯酚	43	220	2.8	8.11
3-氯苯酚	33	214	2.6	8.80
4-氯苯酚	43	220	2.7	9.20
2-硝基苯酚	45	217	0.2	7.17
3-硝基苯酚	96	—	1.4	8.28
4-硝基苯酚	114	—	1.7	7.15
2,4-二硝基苯酚	113	—	0.6	3.96
2,4,6-三硝基苯酚(苦味酸)	122	—	1.4	0.38

(二) 光谱性质

1. 红外吸收光谱   酚类化合物的结构中既有羟基,又有苯环结构,因此酚类的红外吸收光谱除有羟基的特征吸收外,还有苯环的特征吸收。酚羟基的O—H键伸缩振动在3 650~3 590cm^{-1},缔合的O—H键伸缩振动在3 550~3 200cm^{-1}出现宽峰,酚的C—O键伸缩振动在1 250~1 220cm^{-1},苯环的C—C键伸缩振动在1 600cm^{-1}左右,苯环的C—H键伸缩振动在3 000cm^{-1}左右。

图9-5为对甲基苯酚的红外吸收光谱图,3 250cm^{-1}及1 230cm^{-1}处分别为O—H及C—O键伸缩振动吸收峰。

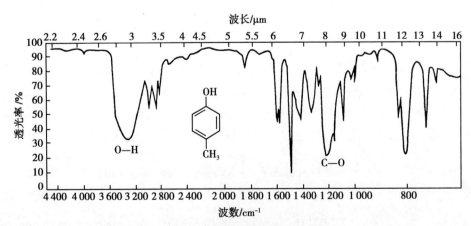

图 9-5 对甲基苯酚的红外吸收光谱图

2. **核磁共振氢谱**   酚羟基质子的化学位移(δ 值)随溶剂、温度和浓度的不同有很大的变化，一般在 4.5~7.7ppm。图 9-6 为对甲基苯酚的核磁共振氢谱图，其酚羟基质子的 δ 值为 5.0ppm 左右。

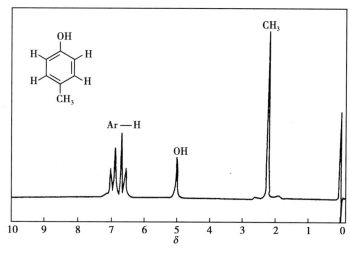

图 9-6   对甲基苯酚的 ^{1}H-NMR 谱图

三、化学性质

酚与醇一样，均含有羟基，因此具有很多共性，如都具有一定的酸性，都能发生成醚、成酯等反应。但由于酚羟基中氧原子上的一对未共用电子对与苯环发生 p-π 共轭，其作用超过羟基的 —I 诱导效应，使氧原子的电子云移向苯环，其在化学性质上表现出①C—O 键的极性降低，键更牢固，不易发生羟基的取代和消除反应；②O—H 键的极性增大，易断裂，酚羟基的氢较醇羟基的氢更活泼、酸性更强，而且比醇更易于氧化；③苯环上更容易发生亲电取代反应。

(一) 酚的 O—H 键断裂的反应

1. **酸性**   苯酚具有弱酸性，俗称石炭酸。除酚羟基上的氢能被活泼金属取代外，还能与强碱溶液作用生成酚盐。

$$2 \overset{OH}{\underset{}{\bigcirc}} + 2Na \longrightarrow 2 \overset{ONa}{\underset{苯酚钠}{\bigcirc}} + H_2\uparrow$$

$$\overset{OH}{\underset{}{\bigcirc}} + NaOH \longrightarrow \overset{ONa}{\underset{}{\bigcirc}} + H_2O$$

酚的酸性比醇强。例如苯酚的 pK_a 为 10.0，环己醇的 pK_a 为 15.9，两者相差约 10^6 倍。其原因是酚羟基与苯环发生给电子共轭效应，导致酚羟基氧原子上的电子云密度相对降低，O—H 键的极性增强，酚羟基中的氢更易以 H^+ 形式离解。另外，酚解离出 H^+ 后所生成的苯氧负离子其氧上的负电荷可通过 p-π 共轭效应分散到整个苯环上，从而比醇解离出 H^+ 后所生成的烷氧负离子更稳定。

$$\bigcirc\!\!-\ddot{\overset{..}{O}}\!\!-H \rightleftharpoons \bigcirc\!\!-\overset{..}{\underset{..}{O}}\!: \ + \ H^+ \quad pK_a=10.0$$

$$\bigcirc\!\!-\ddot{\overset{..}{O}}\!\!-H \rightleftharpoons \bigcirc\!\!-\overset{..}{\underset{..}{O}}\!: \ + \ H^+ \quad pK_a=15.9$$

环己醇解离后生成的是环己基氧负离子,负电荷完全集中在氧原子上;而苯酚解离形成的是苯氧负离子,氧原子上的负电荷可以通过与苯环的 p–π 共轭而得到有效分散。其共轭作用可表示如下:

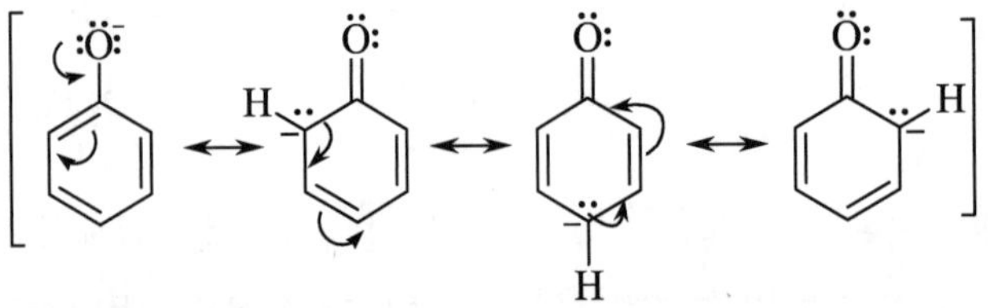

取代基在苯环上与酚羟基的相对位置对酚酸性的影响有较大的影响,一些取代酚的酸性强弱见表 9-2。一般地,当苯环上连有吸电子取代基时,酚的酸性增强,例如 2,4,6-三硝基苯酚的酸性($pK_a = 0.38$)接近无机强酸;而苯环上连有给电子基时,酚的酸性减弱,例如对甲基苯酚的酸性($pK_a = 10.17$)比苯酚弱。其原因主要在于吸电子基团能有效稳定酚电离形成的苯氧负离子,而给电子基团却具有相反的效应。

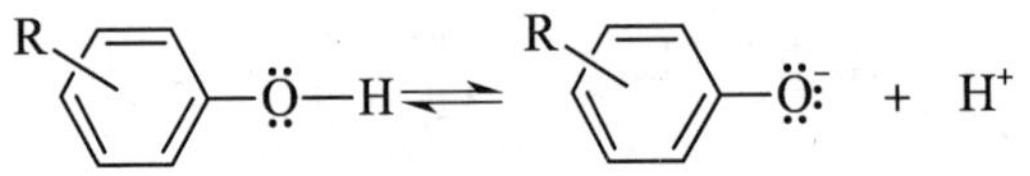

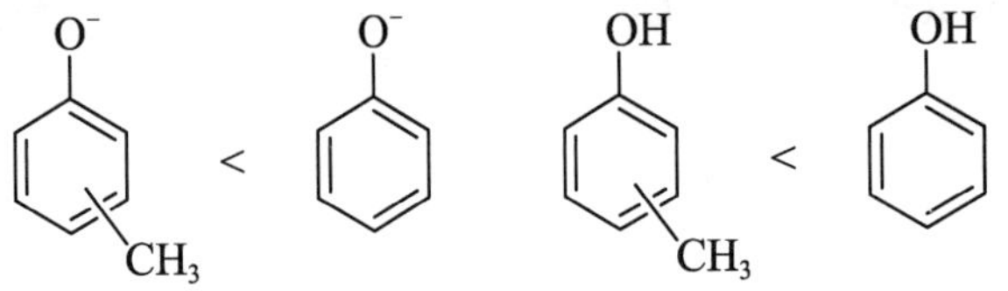

取代基在苯环上与酚羟基的相对位置对酚酸性的影响较复杂。一般地,当取代基处于酚羟基的对位和间位时,仅通过电子效应影响酚羟基的解离;而处于邻位时,除电子效应外,还有空间效应等(统称为邻位效应)影响。例如:

(1) 对、邻和间硝基苯酚的酸性都比苯酚强,其酸性分别比苯酚约强 600 倍、590 倍和 40 倍。这是由于当硝基与酚羟基处于邻位或对位时,硝基除表现出强的吸电子诱导效应外,还能够通过强的吸电子共轭效应使得苯氧负离子的负电荷离域到硝基的氧原子上,因此使得其酸性大大增强。以对硝基酚氧负离子为例,其共振式表示如下:

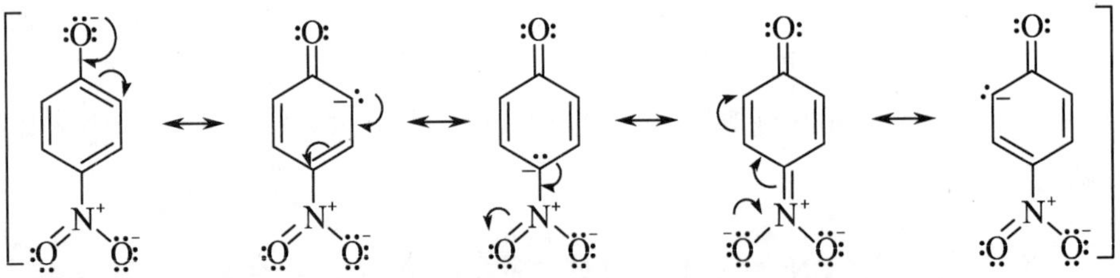

在间硝基苯氧负离子中,氧原子上的负电荷不能通过共轭效应得到分散,只有硝基的强吸电子诱导效应发挥分散电荷的作用,因此间硝基苯氧负离子虽然比苯氧负离子稳定,但不如邻、对位异构体稳定。

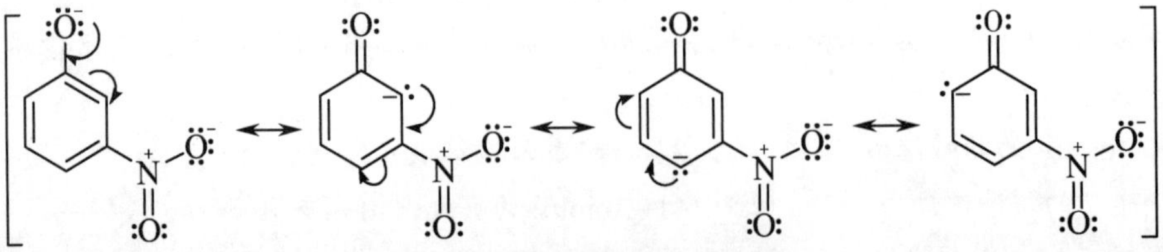

(2) 甲氧基苯酚的酸性较复杂,对位异构体的酸性较苯酚弱,而邻、间位异构体的酸性却要强于苯酚。

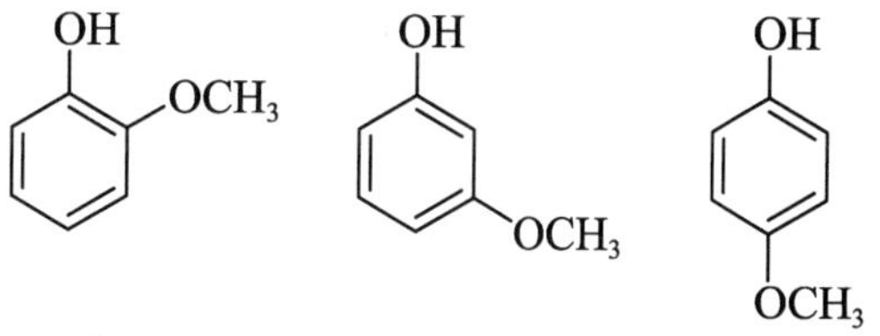

pK_a	9.98	9.65	10.21

对甲氧基苯酚的酸性比苯酚弱，是由于甲氧基能通过给电子共轭效应使氧原子上的未共用电子对离域到苯环的对位，使对位上的电子云密度增加，不利于苯氧负离子中氧原子上负电荷的分散；甲氧基虽然还有吸电子诱导效应，但与共轭效应相比，这种影响较小。两种效应的总结果是使负离子的稳定性降低。

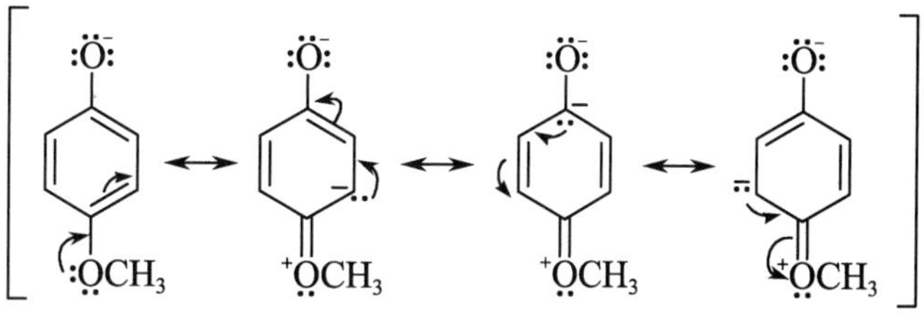

邻甲氧基苯酚的酸性比苯酚稍强则是"邻位效应"影响的结果。

在间甲氧基苯酚电离形成的间甲氧基苯氧负离子中，甲氧基上的未共用电子对不能离域到芳环上，但具有吸电子诱导效应，有利于负电荷的分散。因此间甲氧基苯氧负离子比苯氧负离子稳定，其酸性较苯酚强。

与甲氧基性质类似的还有卤素，不过卤素的吸电子诱导效应强于给电子共轭效应，因此卤代苯酚的酸性较苯酚强，例如三种一氯代苯酚的酸性均比苯酚强。在这三种氯代苯酚中，由于"邻位效应"的影响，邻氯苯酚的酸性最强；当氯处于酚羟基的间位时，只有吸电子诱导效应，而当氯原子处于对位时，则给电子共轭效应抵消部分吸电子诱导效应的影响，因而对氯苯酚的酸性比间氯苯酚稍弱。

除电子效应外，还有其他一些因素也会影响酚的酸性。例如 2,4,6-三新戊基苯酚的酸性极弱（在液氨中与金属钠不发生反应），这可能是因为羟基邻位有体积很大的基团，使氧负离子的溶剂化作用受阻，而使其酸性减弱。

酚的酸性比碳酸（pK_a = 6.37）弱，所以酚只能溶于氢氧化钠而不溶于碳酸氢钠。如果向苯酚钠的水溶液中通入 CO_2，即有苯酚析出。利用酚的这一性质可对其进行分离纯化。实验室常根据酚的这一特性，与既溶于氢氧化钠又溶于碳酸氢钠的羧酸相区别。此外，此方法也可用于中草药中酚类成分与羧酸类成分的分离。

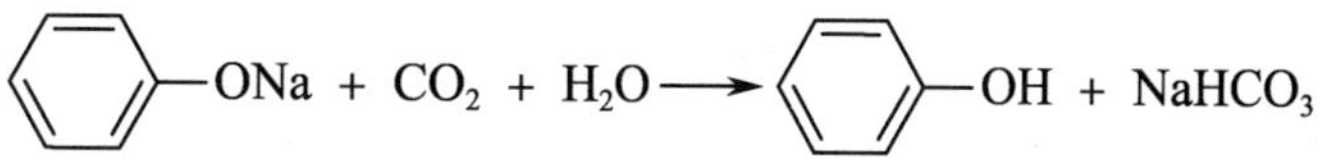

练习题 9.8　比较苯酚、对氯苯酚、对甲基苯酚与对硝基苯酚的酸性强弱。

练习题 9.9　为什么间硝基苯酚的酸性比邻和对硝基苯酚的酸性弱而比苯酚的酸性强？

练习题 9.10　对甲基苯酚和 2,4-二硝基苯酚混合物的乙醚溶液用下面哪种溶液来分离效果最佳？为什么？

（1）0.1mol/L 的盐酸溶液　　　　　（2）pH=4 的缓冲溶液

（3）pH=7 的缓冲溶液　　　　　　（4）0.1mol/L 的氢氧化钠溶液

练习题 9.11　如果你想通过苯酚酸性的强弱来比较一系列基团的诱导效应强弱，例如—Cl、—Br、—CN、—COOH 等，你会利用哪种类型取代苯酚的酸性来进行？为什么？

2. 酚醚的形成和克莱森重排　由于酚羟基的碳氧键的极性降低,故酚醚的合成不能像醇那样通过分子间脱水进行。通常采用威廉姆逊反应(Williamson reaction)合成酚醚,即在碱性条件下将酚转化为酚钠,然后再和卤代烃反应生成酚醚。

$$ArOH \xrightarrow{NaOH} ArO^- Na^+ + R{-}X \xrightarrow{S_N2} ArOR + NaX$$

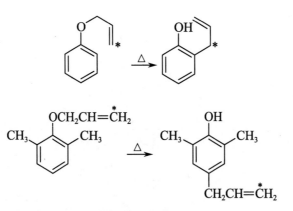

反应是在碱性条件下进行的,由于仲卤代烃和叔卤代烃在碱性条件下易发生消除反应,因此形成酚醚的卤代烃必须是卤代甲烷或伯卤代烃。另外,酚钠盐与卤代烃的反应一般为两相反应,为了提高产率,常常需要加入相转移催化剂(phase transfer catalyst,PTC)。

除卤代烃外,硫酸二甲酯和重氮甲烷也常常用来与酚反应生成芳香甲醚。硫酸二甲酯和重氮甲烷的毒性都很高,操作时要注意安全。另外,重氮甲烷的价格很贵,一般只用于稀有酚的甲醚化。

将烯丙基苯基醚加热至200℃时会发生分子内重排反应,生成2-烯丙基苯酚,这一反应称为克莱森重排(Claisen rearrangement)。重排时烯丙基进入酚羟基的邻位。当两个邻位均有取代基时,则进入对位;当邻、对位都有取代基时,就不能发生重排反应。

克莱森重排是经过六元环过渡态进行的一种协同反应。

邻位被占据时重排到对位的反应实际上是经历两次环状过渡态而完成的。

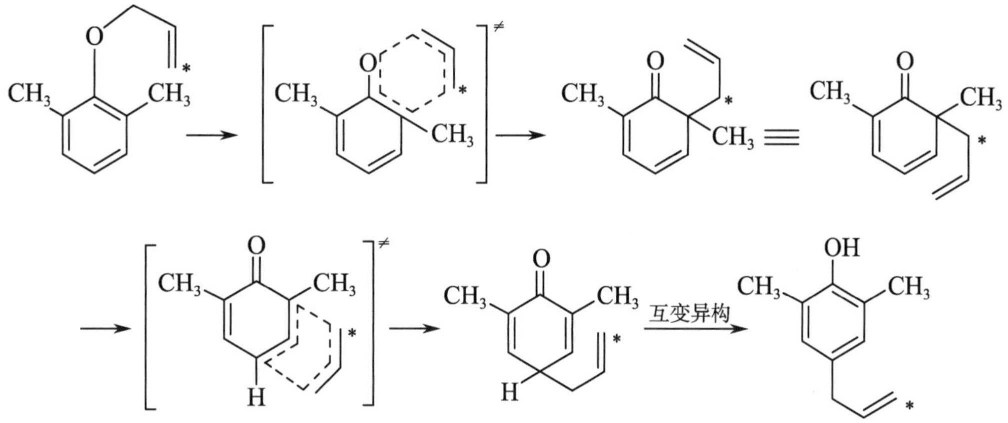

练习题 9.12　烯丙基乙烯基醚也能发生克莱森重排,其重排过程与烯丙基苯基醚的重排过程类似,请写出其重排过程和产物。

练习题 9.13　写出丁-2-烯基苯基醚的克莱森重排产物。

3. 酚酯的形成和弗莱斯重排　醇与羧酸在酸催化下可直接反应生成酯,而酚须在碱催化下与酸酐或酰氯反应生成酚酯。

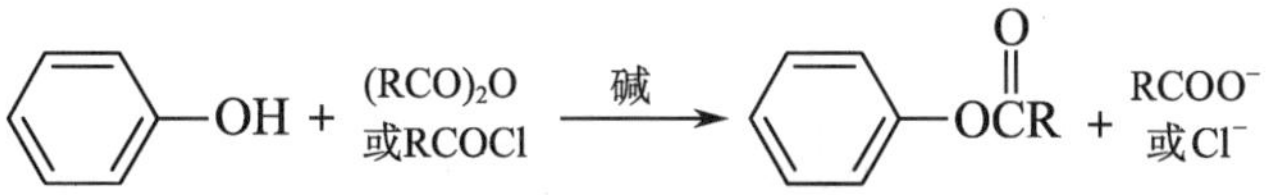

酚酯在路易斯酸如三氯化铝、氢氟酸等的催化下,酰基可重排到邻位或对位,生成羟基芳香酮,这种重排反应称为弗莱斯重排(Fries rearrangement)反应。

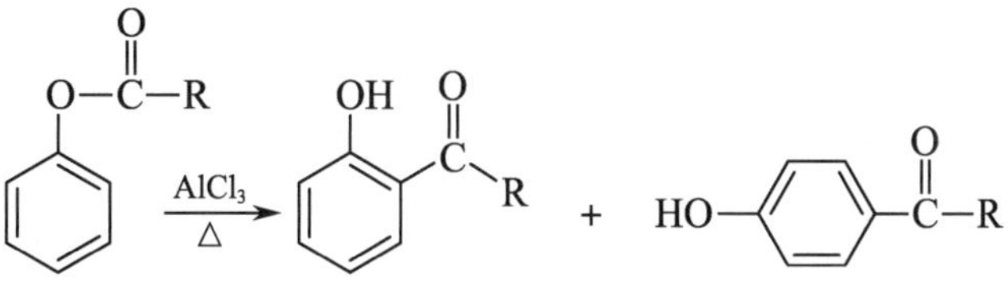

邻位和对位重排产物的比例与温度有关。一般来说,低温有利于对位产物的生成,而高温有利于邻位产物的生成。例如:

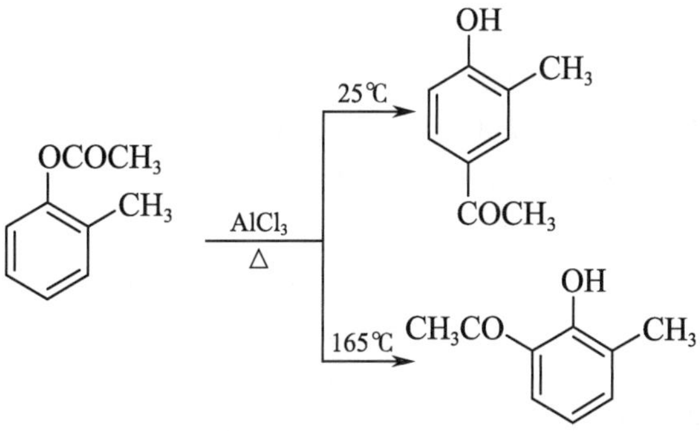

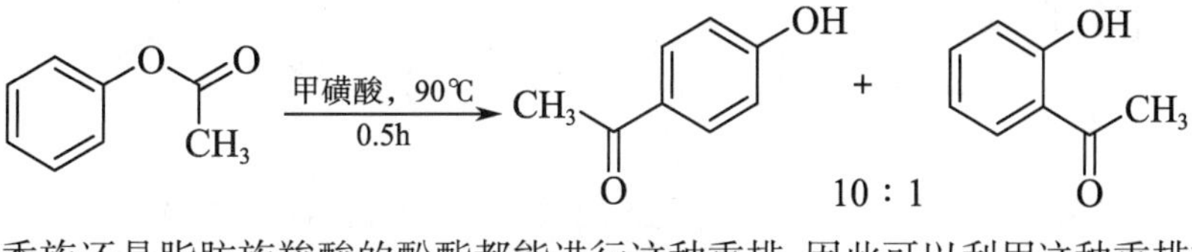

无论是芳香族还是脂肪族羧酸的酚酯都能进行这种重排,因此可以利用这种重排在酚的苯环上

09K05

9-K-5
科学家简介

引入酰基。需要注意的是,若酚的芳环上带有间位定位基,就不能发生此重排;如果芳环部分或酰基部分的空间位阻过大,产率也会大大下降。

(二) 苯环上的亲电取代反应

羟基是强的活化基团,使苯环活化,因此很容易发生芳环上的亲电取代反应。

1. **卤代反应** 无需路易斯酸催化,苯酚和溴水在室温下就很容易发生亲电取代反应,生成三溴苯酚白色沉淀。此反应迅速、现象明显且定量进行,常用于酚类化合物的定性和定量分析。

$$\text{苯酚} + 3Br_2 \xrightarrow{H_2O} \text{2,4,6-三溴苯酚} \downarrow (\text{白色}) + 3HBr$$

在强酸性条件下,苯酚与溴反应可以得到二溴化物。

$$\text{苯酚} + 2Br_2 \xrightarrow[HBr]{H_2O} \text{2,4-二溴苯酚} + 2HBr$$

在低温、非极性溶剂如二硫化碳或四氯化碳条件下,则可以得到一溴化物。

$$\text{苯酚} + Br_2 \xrightarrow[0℃]{CS_2\text{或}CCl_4} HO-\text{C}_6\text{H}_4-Br + HBr$$

2. **磺化反应** 苯酚与浓硫酸作用,在较低的温度下主要得到邻位产物(动力学控制产物),在较高的温度下主要得到对位产物(热力学控制产物)。将邻羟基苯磺酸加热可转化为更加稳定的对羟基苯磺酸。邻、对位异构体进一步磺化,均得到 4-羟基苯 -1,3-二磺酸。

磺化反应是可逆的,在稀酸条件下回流可以除去磺酸基,故在有机合成中常利用磺酸基对芳环上的某位置进行保护,从而将取代基引入指定的位置。

3. **硝化反应** 苯酚在室温下就很容易用稀硝酸硝化,得到邻位和对位硝基产物。

$$\text{苯酚} \xrightarrow[15℃]{HNO_3/CHCl_3} \text{邻硝基苯酚}(30\%\sim40\%) + \text{对硝基苯酚}(15\%)$$

虽然该反应的产率较低,且生成两种异构体,但邻位和对位产物可用水蒸气蒸馏法分离。因为邻位异构体可形成分子内氢键,挥发性大,可随水蒸气蒸出;而对位异构体可通过分子间氢键形成缔合体,挥发性小,不易随水蒸气蒸出。因此,该反应在合成上仍然具有重要意义。

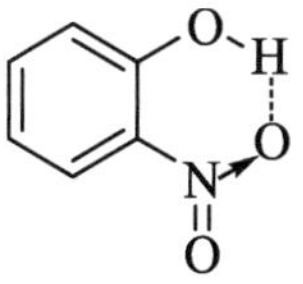

分子内氢键 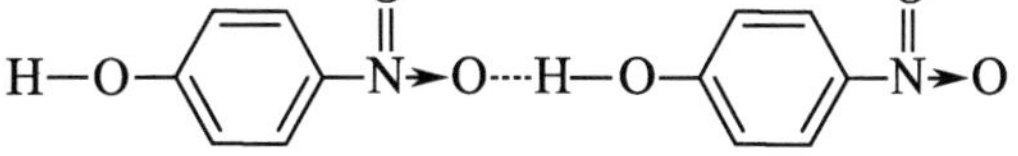　　　　　　　　　　　　　　　分子间氢键

苯酚用亚硝酸处理时形成对亚硝基酚,对亚硝基酚可用稀硝酸氧化成对硝基酚。因此,通过苯酚亚硝化 – 氧化途径能制得对硝基酚。

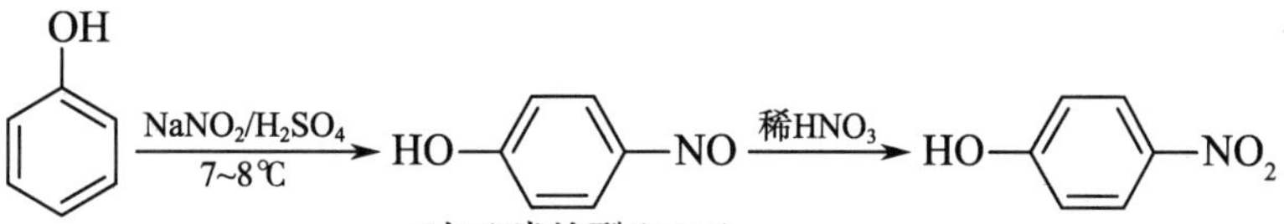

对亚硝基酚(80%)

4. F–C 反应　酚可以在一般的 F–C 反应条件下发生烷基化和酰基化反应。

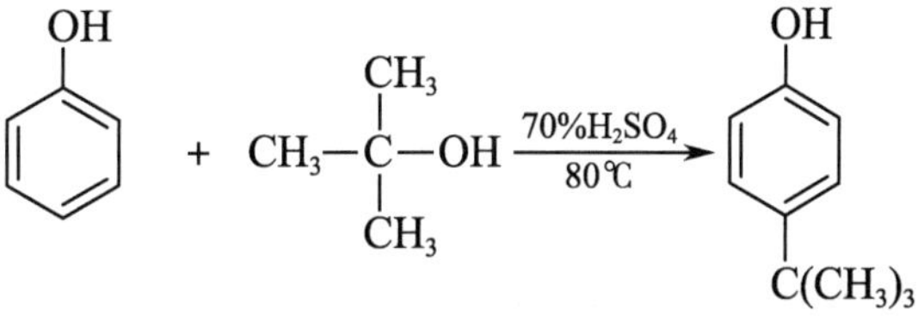

但是在强路易斯酸如 $AlCl_3$ 催化下,酚的 F–C 酰基化反应并不那么容易进行。因为酚与 $AlCl_3$ 较容易形成配合物,该配合物氧原子上的电子离域至缺电子的铝原子上,使得苯环上的电子密度大大下降。因此,$AlCl_3$ 催化下酚的弗里德 – 克拉夫茨酰基化反应较难进行,只有在较高的温度下才能够发生反应。

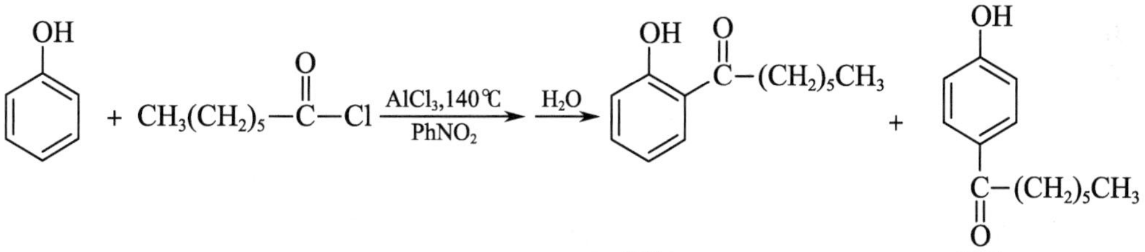

34%　　　　　　　　47%

5. 柯尔柏 – 施密特反应　苯酚的钠盐或钾盐能与二氧化碳在加温、加压下反应,生成羟基苯甲酸,这一反应称为柯尔柏 – 施密特反应(Kolbe–Schmidt reaction)。

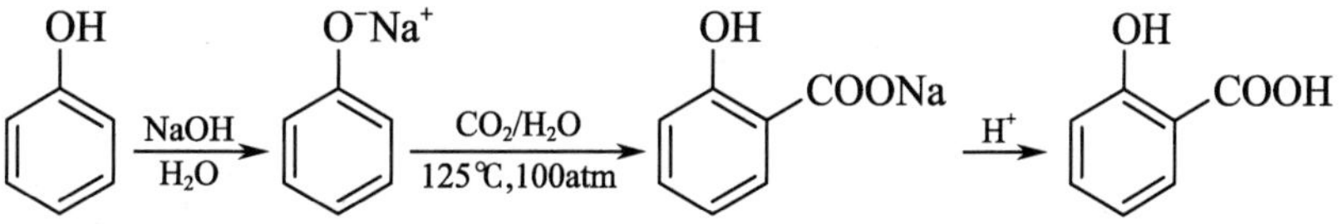

柯尔柏 – 施密特反应的机理为:

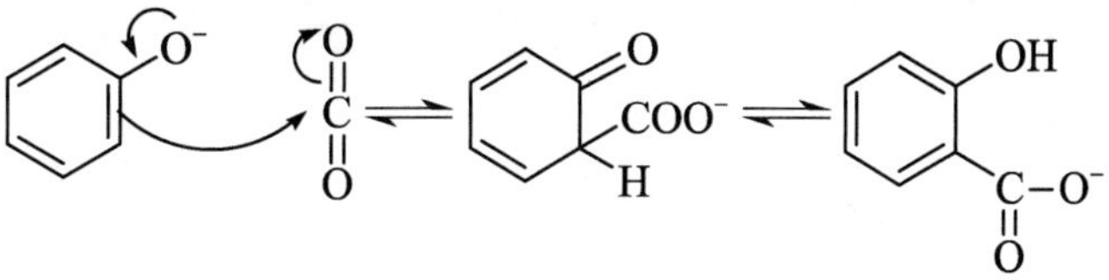

9–K–6
科学家简介

9–K–7
科学家简介

苯酚在碱的作用下转化为酚钠盐，苯氧负离子使得苯环上具有更高的电子云密度，因此可以进攻二氧化碳中缺电子的碳原子，形成的中间体经互变异构成为稳定的芳环体系。

柯尔柏－施密特反应是在芳环上直接引入羧基的一种方法，许多苯酚的衍生物都能发生柯尔柏－施密特反应。例如治疗结核病的常用药物对氨基水杨酸（*para*-aminosalicylic acid，PAS）的工业制法就采用柯尔柏－施密特反应。

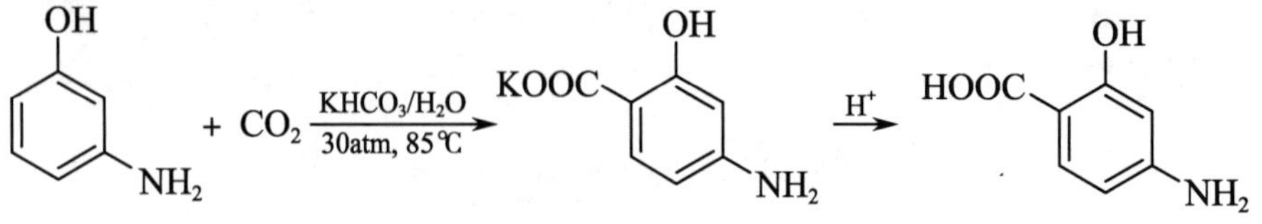

但是，如果苯环上有强的吸电子基团，柯尔柏－施密特反应的产率会很低。

若将苯酚的钠盐换成钾盐，加入碳酸钾和一氧化碳，在 200~250℃反应，则生成对羟基苯甲酸。

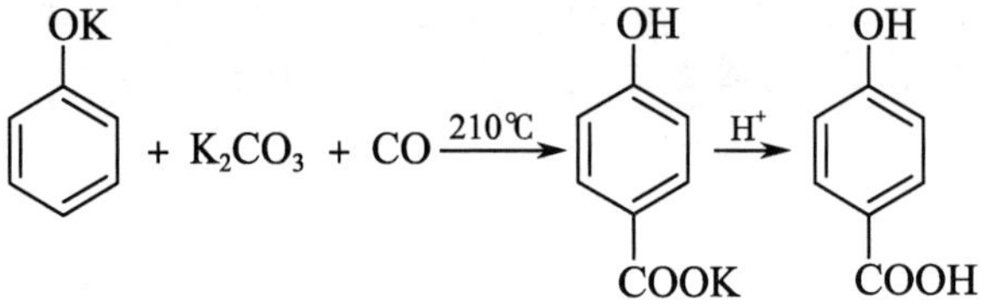

6. **瑞穆尔－梯门反应**　酚类化合物在碱性溶液中与氯仿一起加热，苯环的邻位或对位会引入醛基，这一反应称为瑞穆尔－梯门反应（Reimer-Tiemann reaction）。反应中醛基主要进入羟基的邻位，当邻位有取代基时才进入对位。例如：

瑞穆尔－梯门反应的机理为氯仿在碱的作用下生成二氯卡宾，二氯卡宾非常不稳定，具有很高的反应活性，再进攻苯环得到产物（有关卡宾的详细内容见第十四章第五节）。

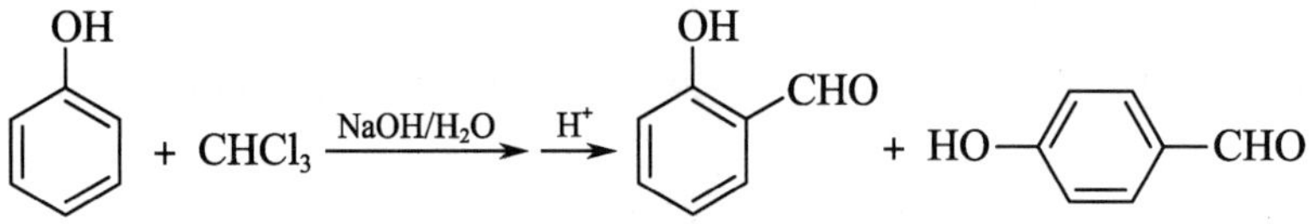

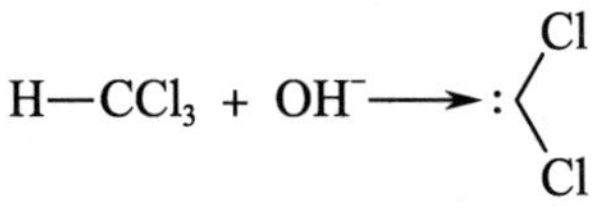

$$H-CCl_3 + OH^- \longrightarrow :CHCl_2$$

二氯卡宾

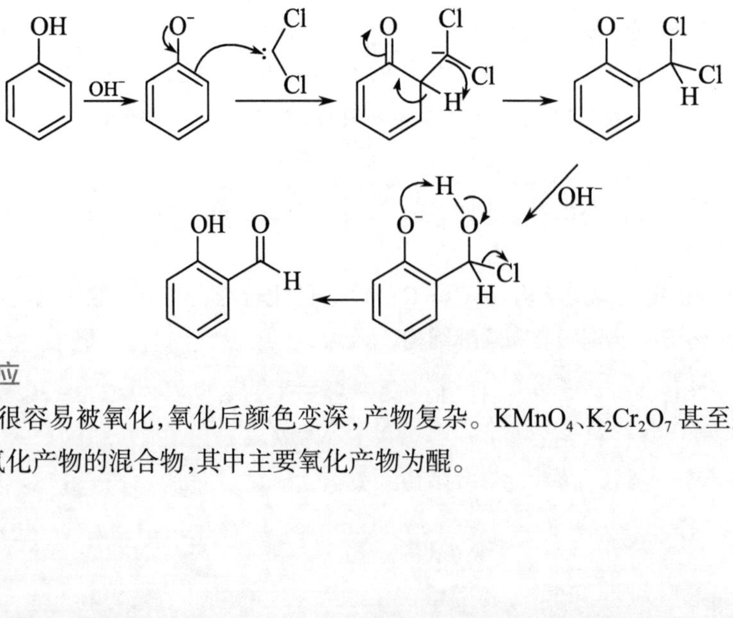

（三）氧化反应

酚类化合物很容易被氧化，氧化后颜色变深，产物复杂。$KMnO_4$、$K_2Cr_2O_7$ 甚至空气中的氧都可使酚氧化，生成氧化产物的混合物，其中主要氧化产物为醌。

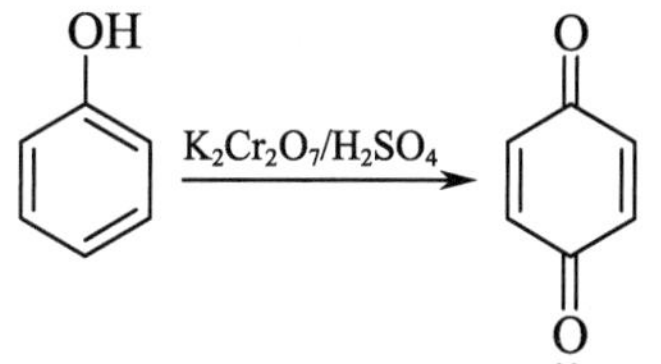

$$\text{苯酚} \xrightarrow{K_2Cr_2O_7/H_2SO_4} \text{对苯醌}$$

对苯醌

多元酚更容易被氧化,特别是邻位和对位异构体。例如邻苯二酚和对苯二酚在室温下即可被弱氧化剂(如氧化银)氧化成相应的醌。

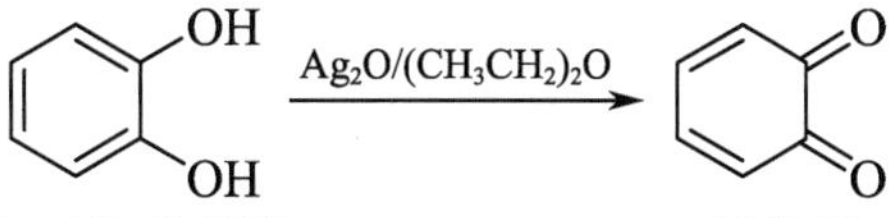

$$\text{邻苯二酚(儿茶酚)} \xrightarrow{Ag_2O/(CH_3CH_2)_2O} \text{邻苯醌}$$

邻苯二酚(儿茶酚)   邻苯醌

此外,酚类化合物易被氧化的特性还应用于食品、橡胶、塑料等工业,将其作为抗氧剂来使用。例如食品的变色和腐烂实际上是发生缓慢的自由基氧化,抗氧剂如 2,6-二叔丁基 -4-甲基苯酚(BHT)、叔丁基羟基苯甲醚(BHA)等能够抑制这一氧化过程,从而达到延缓食品变质。

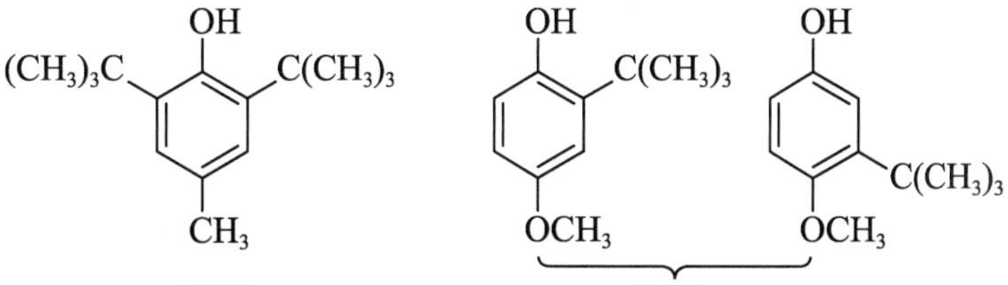

BHT   BHA

抗氧剂之所以能够抑制这种自由基氧化过程,是因为抗氧剂与自由基反应后生成的新自由基非常稳定,从而很难进行自由基的链传递,因而使得自由基链锁反应终止,达到延缓氧化的目的。

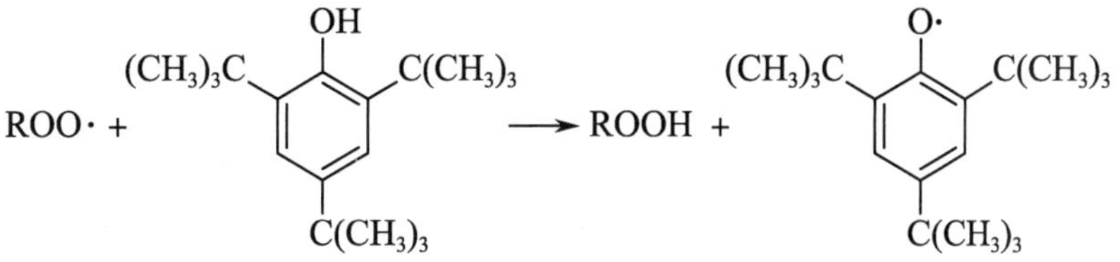

$$ROO\cdot + \quad \longrightarrow \quad ROOH + \quad \text{稳定的自由基}$$

稳定的自由基

一些植物中含有的多酚类物质,例如存在于绿茶中的茶多酚,存在于红葡萄籽、花生皮中的葡萄多酚等具有抗氧化、清除自由基、抑制肿瘤、抗诱变的能力,已经引起世界各国化学家及医学家的高度关注。

(四) 与三氯化铁的显色反应

大多数酚都能与三氯化铁的水溶液发生颜色反应。一般认为是由于生成配合物而产生颜色。

$$6C_6H_5OH + FeCl_3 \longrightarrow H_3[Fe(OC_6H_5)_6] + 3HCl$$
蓝紫色

不同的酚产生的颜色各不相同。例如苯酚、间苯二酚显紫色,甲苯酚显蓝色,邻苯二酚、对苯二酚显绿色。

除酚外,凡具有稳定烯醇式结构($-C=C-OH$)的化合物也能与三氯化铁溶液发生颜色反应,故常用三氯化铁水溶液来鉴别酚类和烯醇结构。

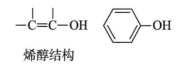

烯醇结构

四、酚的制备

(一) 苯磺酸盐碱熔法

这是第一种工业制备苯酚的方法,于 1890 年首先在德国应用。其方法是先将苯磺酸盐与氢氧化钠等强碱在高温、高压下反应,得到酚钠盐,然后酸化得到酚。实验室也能采用该法制备酚,但由于反应条件十分剧烈,一般只能用于合成少数苯酚衍生物。

$$\begin{array}{c} \text{甲苯} \xrightarrow[\text{H}_2\text{SO}_4]{\text{SO}_3} \text{对甲苯磺酸} \xrightarrow[\text{②H}_3\text{O}^+]{\text{①NaOH, 300℃}} \text{对甲基苯酚} \end{array}$$

(二) 卤代芳烃水解法

卤代芳烃的卤原子非常不活泼,通常情况下很难发生亲核取代反应。但在十分剧烈的条件下,卤代苯仍然能够发生反应,例如氯代苯在高温(340℃)、高压(150atm)条件下与碱作用后得到苯酚钠,酸化即得到苯酚(该反应的机理与卤代烃的亲核取代反应不同,详见第八章第五节)。

$$\text{氯苯} + \text{NaOH} \xrightarrow[\text{150atm}]{340℃} \text{苯酚钠(ONa)} \xrightarrow{\text{H}_3\text{O}^+} \text{苯酚(OH)}$$

当卤原子的邻对位引入强的吸电子基如硝基、三氟甲基等时,其反应活性大大提高,较容易按照亲核取代机理发生水解反应而生成酚。

(三) 异丙苯法

异丙苯在催化剂的作用下,经氧气氧化生成过氧化物,酸化后即可得到苯酚,同时还得到另一种重要的工业原料丙酮。这是 20 世纪 40 年代初开始发展起来的工业生产苯酚的方法,目前仍在广泛使用。

$$\text{异丙苯} \xrightarrow[\text{催化剂}]{\text{O}_2} \text{异丙苯过氧化物} \xrightarrow{\text{H}_3\text{O}^+} \text{苯酚(OH)} + \text{CH}_3\text{CCH}_3\text{(}\overset{\text{O}}{\text{丙酮}}\text{)}$$

(四) 重氮盐的水解法

这是实验室向苯环上引入羟基的重要方法。首先将苯胺进行重氮化,然后水解即可得到苯酚(见第十四章第四节)。例如:

$$\text{间溴苯胺(NH}_2\text{)} \xrightarrow[\text{0~5℃}]{\text{NaNO}_2/\text{H}_2\text{SO}_4} \text{N}_2^+\text{HSO}_4^- \xrightarrow{\text{H}_3\text{O}^+} \text{间溴苯酚(OH)}$$

练习题 9.15 为下列反应提出合理的反应机理。（提示：芳香族亲核取代反应）

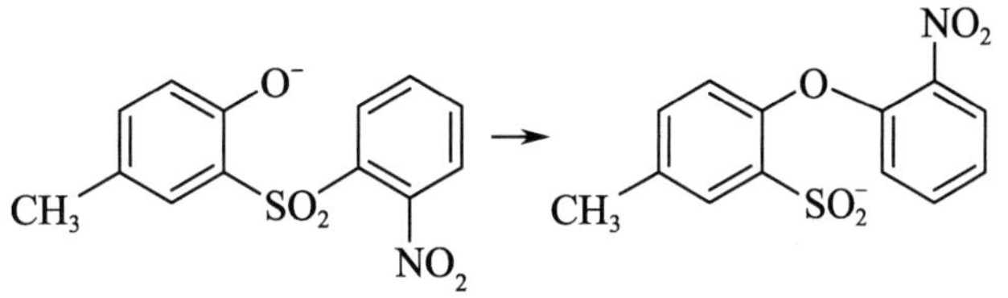

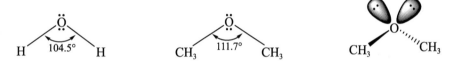

第三节 醚和环氧化合物

醚（ether）可以看作是醇羟基或酚羟基上的氢原子被烃基取代的化合物，也可以看作是水分子中的两个氢原子分别被两个烃基取代的产物。环氧化合物（epoxide）通常是指含有三元环的醚及其衍生物。含有多个氧的大环醚因为形如皇冠，称为冠醚（crown ether）。

一、结构、分类和命名

（一）结构

9-D-5 乙醚（模型）

醚的通式为（Ar）R — O — R′（Ar′），官能团（$\gt$C—O—C$\lt$）称为醚键。与水分子的结构相似，氧原子为不等性 sp^3 杂化，两对未共用电子对位于 sp^3 杂化轨道中。例如甲醚的结构：

（二）分类

在醚分子中，若 R 与 R′（或 Ar 与 Ar′）相同，则称为简单醚（simple ether）；若 R 与 R′（或 Ar 与 Ar′）不同，则称为混合醚（complex ether）。两个烃基都是脂肪烃基的称为脂肪醚，两个烃基中有一个或两个是芳香烃基的称为芳香醚。烃基与氧原子形成环状结构的醚称为环醚（cyclic ether）。分子中含有多个氧原子，其结构很像皇冠，称为冠醚。

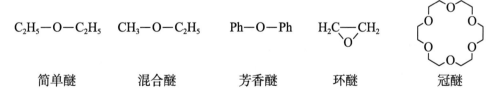

简单醚	混合醚	芳香醚	环醚	冠醚
$C_2H_5—O—C_2H_5$	$CH_3—O—C_2H_5$	Ph—O—Ph		

（三）命名

结构简单的醚常用官能团类别法命名。即写出与氧相连的烃基的名称，再加上“醚”字，一般省去“基”字。简单醚可以在两个相同的烃基名称前冠以“二”字，如烃基为烷基时，则“二”字也可省去。英文称醚为 ether。例如：

$CH_3CH_2OCH_2CH_3$	$CH_2═CH—O—CH═CH_2$	Ph—O—Ph
（二）乙醚	二乙烯基醚	二苯醚
ethyl ether	diethenyl ether	diphenyl ether

对于混合醚，则将英文名称首字母排前的取代基放在前面。

例如：

CH₃OCH₂CH₃

乙基甲基醚
ethyl methyl ether

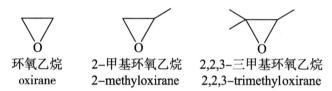

甲基苯基醚
methyl phenyl ether

结构复杂的醚可用取代法系统命名。取较长的烃基作为母体，将余下的碳数较少的烷氧基作为取代基。

$$CH_3-\underset{\underset{OCH_3}{|}}{CH}-\underset{\underset{CH_3}{|}}{CH}-CH_3$$

2-甲氧基-3-甲基丁烷
2-methoxyl-3-methylbutane

CH₃OCH₂CH₂CH₂OH

3-甲氧基丙-1-醇
3-methoxypropan-1-ol

CH₃O—⟨benzene⟩—CH₃

对甲氧基甲苯
p-methoxy methylbenzene

Cl—⟨cyclohexane⟩—OCH₂CH₃

1-氯-4-乙氧基环己烷
1-chloro-4-ethoxycyclohexane

三元环醚称为环氧化合物(epoxide)，通常将母体命名为"环氧乙烷"，氧原子编号为1。其他环醚按杂环化合物的名称命名。例如：

环氧乙烷
oxirane

2-甲基环氧乙烷
2-methyloxirane

2,2,3-三甲基环氧乙烷
2,2,3-trimethyloxirane

练习题 9.16　*命名下列化合物。*

(1) CH₃CH₂OCHCH₃
　　　　　　　|
　　　　　　 CH₃

(2) ⟨benzene⟩—O—CH₂CH₃

(3) CH₃CH₂CHCH₂CH₂CH₃
　　　　　　|
　　　　　 OCH₃

二、物理性质及光谱性质

(一) 物理性质

常温下除甲醚和甲乙醚为气体外，其余的醚大多数是无色液体。与醇不同，醚分子间不能形成氢键，所以沸点比分子量相近的醇要低得多，而接近分子量相近的烷烃。例如甲醚的沸点 –23℃，丙烷和乙醇的沸点分别为 –42℃ 和 78.5℃。

醚分子中的氧可与水形成氢键，故醚在水中的溶解度与分子量相近的醇相似，例如乙醚和正丁醇在水中的溶解度均为 8g/100ml。但四氢呋喃和 1,4-二氧六环等环醚由于氧原子成环后暴露于分子的一端而突出在外，更易于和水形成氢键，因此它们能以任意比例与水互溶。

醚常用作有机溶剂。乙醚是实验室中常用的溶剂，例如常用乙醚作提取剂提取中草药中的某些脂溶性有效成分。纯净乙醚在外科手术中是一种吸入性全身麻醉药。乙醚极易挥发、着火，因此使用时要保持通风良好，且禁止使用明火。

(二) 光谱性质

1. **红外吸收光谱**　在 1 300~1 000cm⁻¹ 有 C—O 键伸缩振动。但要注意，其他含氧化合物如醇、

羰基化合物等也有此伸缩振动吸收峰。

2. **核磁共振氢谱**　与氧直接相连的碳上的质子的 δ 值一般在 3.3~3.9ppm 处,β-氢的信号在 0.8~1.4ppm 处。

三、化学性质

醚分子中虽然含有极性较大的碳氧键,但由于氧原子的两端均与碳相连,整个分子的极性并不大。因此醚的化学性质比较稳定,不与氧化剂、还原剂、稀酸、强碱、金属钠等反应。但醚的氧原子上有未共用电子对,可以接受质子;醚的碳氧键是极性键,在强酸介质中醚的 C—O 键也可发生断裂,发生亲核取代反应。

(一) 锌盐的形成

醚中的氧原子上具有未共用电子对,作为路易斯碱可以与强酸或路易斯酸生成锌盐。例如:

$$R-\overset{..}{\overset{..}{O}}-R + HCl \longrightarrow [R-\overset{H}{\overset{\uparrow}{O}}-R]^+Cl^-$$

$$R-\overset{..}{\overset{..}{O}}-R + BF_3 \longrightarrow R-\overset{BF_3}{\overset{\uparrow}{O}}-R$$

(二) 醚键的断裂

醚与浓的强酸(如氢卤酸)共热,醚键会发生断裂,生成卤代烃和醇。如果氢卤酸过量,则生成的醇也转变成卤代烃。

$$R-O-R + HX \overset{\triangle}{\longrightarrow} RX + ROH \overset{\underset{HX}{|}}{\longrightarrow} RX + H_2O$$

该反应机理为亲核取代反应,不同的氢卤酸使醚键断裂的能力为 HI>HBr>HCl,这正是卤素负离子的亲核能力的顺序。

混合醚发生此反应时,一般是较小的烃基生成卤代烃,较大的烃基或芳基生成醇或酚。例如:

$$CH_3OCH(CH_3)_2 + HI \overset{\triangle}{\longrightarrow} CH_3I + (CH_3)_2CHOH$$

$$\text{〇}-O\overset{!}{|}CH_3 + HI \overset{\triangle}{\longrightarrow} \text{〇}-OH + CH_3I$$

反应机理为醚先与强酸生成锌盐,再按 S_N2 机理发生亲核取代反应。

$$CH_3-\overset{..}{\overset{..}{O}}-R + H\text{-}X \longrightarrow CH_3-\overset{H}{\underset{+}{O}}-R + X^-$$

$$X^- + CH_3-\overset{+}{\underset{H}{O}}-R \longrightarrow CH_3X + ROH$$

亲核试剂(X^-)进攻空间位阻较小的碳原子,形成较小烃基的卤代烷。

当醚中氧上所连接的两个碳有一个是叔碳时,断裂反应将得到的主要产物是烯烃。例如:

$$(CH_3)_3C-OCH_3 \overset{\text{浓}H_2SO_4}{\underset{\triangle}{\longrightarrow}} CH_3OH + (CH_3)_2C{=}CH_2$$

这应该是经历一个碳正离子的过程,机理如下:

$$(CH_3)_3COCH_3 \overset{\text{浓}H_2SO_4}{\longrightarrow} (CH_3)_3C-\overset{+}{\underset{H}{O}}-CH_3$$

$$(CH_3)_3C-\overset{+}{\underset{H}{O}}-CH_3 \longrightarrow (CH_3)_3C^+ + CH_3OH$$

$$(CH_3)_2\overset{+}{C}\frown CH_2-H \xrightarrow{-H^+} (CH_3)_2C=CH_2$$

甲基、乙基、苄基醚易形成,也易被酸分解,在有机合成中经常被用来保护醇和酚的羟基。

(三) 自动氧化

醚对氧化剂稳定,例如 $KMnO_4$、$K_2Cr_2O_7$ 都不能将醚氧化,但含有 α-氢原子的醚若在空气中久置或经光照,则可缓慢发生自动氧化反应,形成不易挥发的过氧化物(peroxide)。例如:

$$CH_3CH_2OCH_2CH_3 + O_2 \longrightarrow CH_3\underset{\underset{O-O-H}{|}}{CH}-O-CH_2CH_3$$

过氧化物遇热会发生爆炸,因此蒸馏含过氧化物的醚时,加热温度不能过高,也不能将醚蒸干,否则会发生爆炸。

保存醚时应避免将其暴露于空气中,并置于深色瓶内,或加少量对苯二酚作抗氧剂。久置的醚在使用前应进行检查,检查是否含有过氧化物的方法是若醚能使淀粉 -KI 试纸变蓝或使 $FeSO_4$-KCNS 混合液显红色,即说明醚中存在过氧化物。发现过氧化物可用硫酸亚铁水溶液或亚硫酸钠水溶液洗涤,以破坏过氧化物。

四、醚的制备

(一) 威廉姆逊合成法

卤代烃与醇钠或酚钠作用生成醚的方法称为威廉姆逊合成法(Williamson synthesis)。

$$RONa + R'X \longrightarrow ROR' + NaX$$

此法既可用于简单醚的制备,也可用于混合醚的制备。但要注意,卤代烃应该用伯或仲卤代烃,叔卤代烃在反应条件下将主要发生分子内消除反应。例如制备醚 $(CH_3)_3COC_2H_5$ 时,两种可选择的制备方式如下。

$$(CH_3)_3C\overset{|}{\underset{②}{+}}O\overset{|}{\underset{①}{+}}CH_2CH_3 \Longrightarrow \begin{cases} (CH_3)_3C-ONa + CH_3CH_2X & ① \\ (CH_3)_3C-X + NaO-CH_2CH_3 & ② \end{cases}$$

方式②的原料为叔卤代烷,将主要发生消除反应,因此选择方式①。

$$(CH_3)_3C-OH \xrightarrow{Na} (CH_3)_3C-ONa \xrightarrow{CH_3CH_2X} (CH_3)_3C-O-CH_2CH_3$$

除卤代烷外,磺酸酯、硫酸酯也可与醇钠反应合成醚。

(二) 醇分子间脱水

$$2ROH \xrightarrow{H_2SO_4} ROR + H_2O$$

$$2C_2H_5OH \xrightarrow[140℃]{H_2SO_4} CH_3CH_2OCH_2CH_3$$

醇分子间脱水生成醚的方法只适合于制备两个烃基相同的醚(简单醚);如用两个不同的醇进行分子间脱水反应,将得到复杂的产物,没有实际应用价值。另外,叔醇易发生消除反应,很难形成醚。

五、冠醚

冠醚是分子中具有 $+CH_2CH_2O+$ 重复单位的大环多醚。因其立体结构像皇冠，故称冠醚。冠醚的命名比较特殊，通常以"X-冠-Y"来表示，X代表构成环的C原子和O原子的总数，Y代表环中的O原子数。例如18-冠-6表示是由18个C原子和O原子组成的环醚，其中O原子有6个。

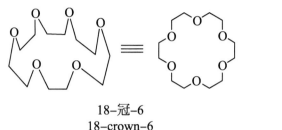

18-冠-6
18-crown-6

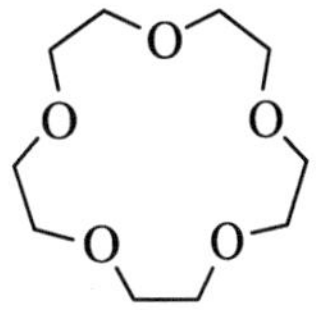

15-冠-5
15-crown-5

冠醚的一个重要特点是可以与金属离子形成配合物。不同的冠醚分子中的空穴大小不同，可络合不同的金属离子（只有与空穴直径大小相当的金属离子才能进入而被络合），例如18-冠-6与K^+配合，24-冠-8与Rb^+、Cs^+配合等，利用冠醚的这一特性可分离不同的金属离子。

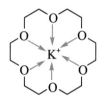

18-冠-6与K^+的配合物

冠醚还是一种相转移催化剂。因为它的分子内腔为氧原子，可以与水形成氢键，具有亲水性；而其外部为亚乙基结构，具有亲脂性。因此冠醚可以将水相中的金属离子络合形成伪有机正离子，形成的正离子外层具有亲脂性，可与负离子组成松散的离子对溶解在有机溶剂中（即相转移作用），从而达到加速非均相反应的目的。例如固体氰化钾和卤代烷在有机溶剂中很难反应，但加入18-冠-6后反应迅速进行。

$$RBr + CN^- \xrightarrow[\text{有机溶剂}]{18\text{-}冠\text{-}6} RCN + Br^-$$

六、环氧化合物

（一）结构

1,2-环氧化合物简称环氧化物，是指一个氧原子与相邻的两个碳原子相连所构成的三元环醚及其取代产物，最简单的是环氧乙烷。同环丙烷类似，环氧乙烷是一个张力很大的环，其张力为114.1kJ/mol。因此，环氧化合物比开链的醚或一般的环醚要活泼，可与多种试剂作用而开环，使环的张力得到缓解。

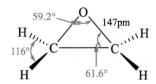

（二）开环反应

环氧化合物和一般醚完全不同，由于环的张力，其性质非常活泼，在酸或碱催化下极易与多种亲核试剂反应而开环。

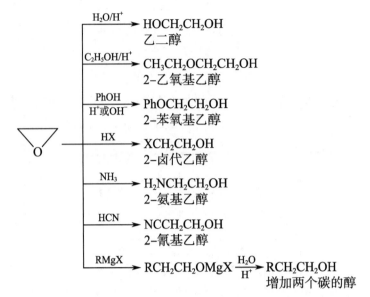

1. 反应机理　反应一般认为是按 S_N2 机理进行的。在酸性条件下,氧首先质子化,使碳氧键的极性增强,有利于亲核试剂的进攻。在碱性条件下,虽然环氧烷不是最活泼的形式,但亲核试剂的亲核能力较强,同样会发生开环反应。

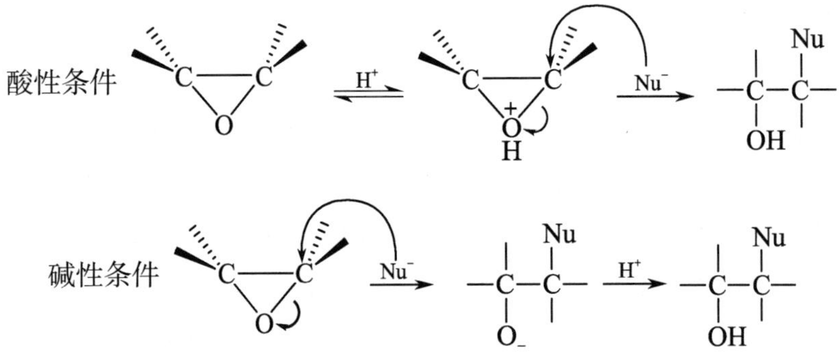

2. 区域选择性　不对称的环氧化合物发生开环反应时可能会得到两种产物,在两种产物中哪个占优势,这就是反应的方向性问题。实际结果是在酸性条件下开环,亲核试剂主要进攻取代基较多的碳原子。

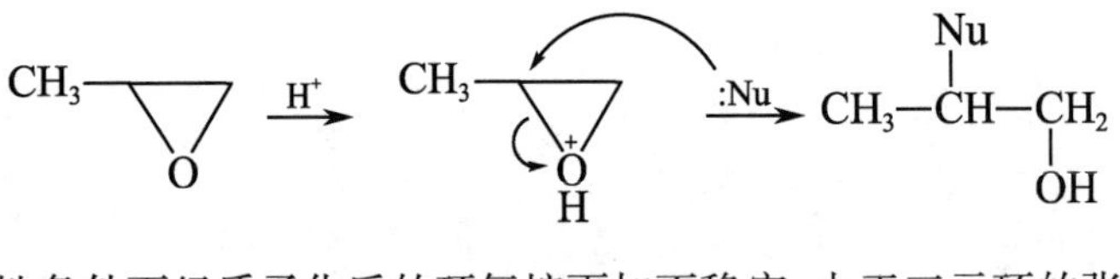

这是因为,在酸性条件下经质子化后的环氧烷更加不稳定,由于三元环的张力大,使它具有碳正离子的性质,因为连有烷基较多的碳原子更能容纳较多的正电荷,易接受亲核试剂的进攻,形成过渡态所需的活化能较小。

在碱性条件下,亲核试剂进攻位阻较小的碳原子。

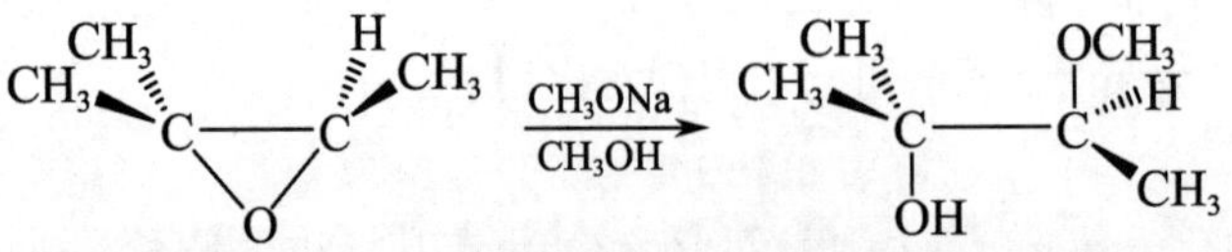

在碱性条件下,由于不能形成锌盐,而烷氧基的离去能力又较弱,此时亲核试剂优先进攻含有取代基较少的环碳原子,原因是它的空间位阻较小,开环反应按 S_N2 机理进行。

9-D-8
环氧化合物
酸性开环
(动画)

9-D-9
环氧化合物
碱性开环
(动画)

上述开环取向可以总结为：

$$R—CH—CH_2$$

酸催化断裂   O   碱催化断裂

3. 立体化学   无论在酸性条件下还是在碱性条件下，环氧化合物的开环反应均是 S_N2 机理，所以亲核试剂总是从离去基团（氧桥）的背面进攻中心碳原子，导致中心碳原子的构型翻转。

第四节   硫醇和硫醚

一、硫醇

(一) 结构与命名

醇分子中羟基上的氧原子被硫原子取代所形成的化合物称为硫醇(mercaptan)，通式为 R—SH；"—SH" 是其官能团，称为巯基(mercapto)。因硫的价电子在第三层，与氢原子的1s轨道的重叠程度较差，所以巯基中的 S—H 键比羟基中的 O—H 键更易离解。

硫醇的命名与醇类似，只在"醇"字前加上"硫"即可。例如：

$$CH_3SH \qquad CH_3CH_2SH \qquad \underset{\underset{SH\ SH}{|\ \ |}}{CH_2CHCH_3}$$

甲硫醇   乙硫醇   丙-1,2-二硫醇
methanethiol   ethanethiol   propane-1,2-dithiol

当分子中同时含有羟基和巯基时，以醇为母体，将巯基作取代基。例如：

$$\underset{\underset{SH}{|}}{CH_2CH_2OH} \qquad 2\text{-巯基乙醇   2-mercaptoethanol}$$

(二) 物理性质

低分子量的硫醇易挥发，具有非常难闻的臭味，例如丙硫醇有类似于洋葱的气味，动物臭鼬的臭气中含有多种硫醇。随着碳数增加，臭味变弱，超过9个碳的硫醇无臭味。工业上常用硫醇作臭味剂使用，例如在燃气中加入少量的乙硫醇或叔丁硫醇来提升人们对煤气漏气的警觉。

由于硫的电负性小，原子半径又大，硫醇分子之间和水分子之间形成氢键的能力较弱，因此硫醇的沸点和水溶性均比相应的醇低。例如乙硫醇的沸点为 37℃，而乙醇的沸点为 78.5℃；20℃时，乙硫醇在水中的溶解度为 1.5g/ml，而乙醇可与水以任意比例互溶。

(三) 化学性质

硫醇与醇比较，在化学性质上有相似之处，但硫醇也有其特殊的性质。

1. 酸性   硫醇的酸性比醇强。例如乙硫醇的 pK_a 为 10.5，乙醇的 pK_a 为 16.2，乙醇不能与氢氧化钠成盐，而乙硫醇和氢氧化钠可形成稳定的盐。

$$R-SH + NaOH \longrightarrow R-SNa + H_2O$$

$$\begin{array}{ccc} & CH_3CH_2SH & CH_3CH_2OH \\ pK_a & 10.5 & 16.2 \end{array} \qquad 稳定性 R-S^- > R-O^-$$

硫醇的酸性比相应的醇大,一方面是因为硫原子的半径比氧原子的半径大,硫氢键(S—H)的键长(182pm)比氧氢键(O—H)的键长(144pm)长,易被极化断裂;另一方面是所形成的烷硫负离子比烷氧负离子稳定。

2. 与重金属的作用 硫醇可与重金属(Hg^{2+}、Pb^{2+}、Ag^+、Cu^{2+})的氧化物或盐反应,生成不溶于水的硫醇盐。

$$2RSH + HgO \longrightarrow (RS)_2Hg\downarrow + H_2O$$

$$2RSH + Pb(Ac)_2 \longrightarrow (RS)_2Pb\downarrow + 2HAc$$

重金属盐进入人体后,能与体内某些酶上的巯基结合成重金属盐,使酶失去活性,引起中毒,这就是所谓的"重金属中毒"。临床上则使用一些硫醇类化合物如二巯丙醇、二巯丁二钠、二巯丙磺钠等作为重金属盐中毒的解毒剂。它们与金属离子的亲和力较强,可以夺取已和酶结合的重金属离子,形成不易解离的配合物经尿液排出体外,从而使酶复活。例如:

$$\begin{array}{ccc} \underset{|\ |}{CH_2CHCH_2OH} & \underset{|\ |}{NaOOCCH\ CHCOOH} & \underset{|\ |}{CH_2CHCH_2SO_3Na} \\ SH\ SH & SH\ SH & SH\ SH \\ 二巯丙醇 & 二巯丁二钠 & 二巯丙磺钠 \end{array}$$

$$\begin{array}{l} CH_2-SH \\ | \\ CH-SH + Hg^{2+} \longrightarrow \\ | \\ CH_2-OH \end{array} \begin{array}{l} CH_2-S \\ | \qquad\ \ \diagdown Hg \\ CH-S \qquad \downarrow \\ | \\ CH_2-OH \end{array}$$

3. 氧化反应 硫醇很容易被氧化,较弱的氧化剂如碘、过氧化氢甚至空气中的氧都能将硫醇氧化生成二硫化物(disulfide)。

$$2RSH + 1/2O_2 \longrightarrow RS-SR + H_2O$$

$$2RSH + H_2O_2 \longrightarrow RS-SR + 2H_2O$$

生物体内的一些蛋白质含有巯基,可通过体内的氧化形成含有二硫键的蛋白质。例如:

$$HS-\underset{\underset{NH_2}{|}}{\overset{}{\diagup}}COOH \xrightarrow{[O]} HOOC-\underset{\underset{NH_2}{|}}{\overset{}{\diagup}}S-S-\underset{\overset{NH_2}{|}}{\overset{}{\diagdown}}COOH$$

半胱氨酸 　　　　　　　　　胱氨酸

在强氧化剂(如高锰酸钾、硝酸等)作用下,硫醇被氧化生成磺酸。例如:

$$CH_3CH_2SH \xrightarrow{KMnO_4/H^+} CH_3CH_2SO_3H$$

二、硫醚

(一) 结构与命名

醚分子中的氧原子被硫代替所形成的化合物称为硫醚(thioether),通式为 $(Ar)R-S-R'(Ar')$,官能团为硫醚基(C—S—C)。

硫醚的命名方法与醚相似,只是将"醚"字改为"硫醚"即可。英文命名在两个烃基名称之后加单词"sulfide"。例如:

$$CH_3SCH_3 \qquad CH_3SCH_2CH_3 \qquad PhSCH_2CH_3$$

（二）甲硫醚　　　　乙基甲基硫醚　　　　乙基苯基硫醚
dimethyl sulfide　　ethyl methyl sulfide　　ethyl phenyl sulfide

9-D-10
甲硫醚
（模型）

结构较复杂的硫醚可采用系统命名法，即将硫醚作为烃的衍生物，将烃硫基作为取代基。例如：

$$CH_3-S-\underset{\underset{CH_3}{|}}{CH}-CH_2CH_3$$

2-甲硫基丁烷
2-methylthiobutane

（二）物理性质

低级硫醚除甲硫醚外都是无色液体，有臭味，但不如硫醇那样强烈，例如大蒜头和葱头中含有乙硫醚和烯丙硫醚等。硫醚不能与水产生氢键而不溶于水，易溶于醇和醚中，沸点比相应的醚高。例如甲硫醚的沸点为 37.6℃，而甲醚的沸点为 −23.6℃。

（三）化学性质

1. 锍盐的生成　硫醚中的硫原子上有未共用电子对，可以结合一个质子生成锍盐。

$$R-S-R + H_2SO_4 \longrightarrow R-\overset{\overset{H}{|}}{\underset{+}{S}}-RHSO_4^-$$
$$\overset{H_2O}{\longrightarrow} R-S-R + H_3O^+ + HSO_4^-$$

生成的锍盐不稳定，遇水即发生分解。

硫醚与卤代烷作用生成的锍盐比较稳定，易溶于水，能导电，在水中以 R_3S^+ 和 X^- 存在。例如：

$$\underset{CH_3 \quad CH_3}{S} + CH_3I \longrightarrow \left[\underset{CH_3 \quad CH_3}{\overset{CH_3}{\underset{+}{S}}}\right] I^-$$

2. 氧化反应　硫醚比醚易氧化，产物随氧化条件的不同而不同。在常温下，硫醚可被硝酸、铬酐（CrO_3）、过氧化氢等氧化生成亚砜。

$$R-S-R \xrightarrow{[O]} R-\overset{\overset{O}{\|}}{S}-R$$

亚砜
sulfoxide

例如：

$$CH_3SCH_3 \xrightarrow{H_2O_2} CH_3-\overset{\overset{O}{\|}}{S}-CH_3$$

二甲基亚砜
dimethyl sulfoxide

9-D-11
二甲基亚砜
（模型）

二甲基亚砜（DMSO）是一种无色液体，沸点为 189℃，分子的极性大，毒性低，可与水以任意比例互溶，而且既能溶解有机物又能溶解无机物，是一种优良的极性非质子溶剂。DMSO 对皮肤有较强的穿透力，药物溶于 DMSO 中可促使药物渗入皮肤，因此可作为药物的促渗剂。

在高温下，硫醚被发烟硝酸、高锰酸钾等强氧化剂氧化生成砜。

$$R-S-R \xrightarrow{[O]} R-\overset{\overset{O}{\|}}{\underset{\underset{O}{\|}}{S}}-R$$

砜
sulfone

例如：

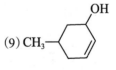

甲基苯基砜
methyl phenyl sulfone

硫醚类药物在代谢过程中可以被氧化成亚砜或砜。有的硫醚代谢转化为亚砜后才具有生物活性或生物活性进一步增强。例如抗精神失常药硫利达嗪经氧化代谢后生成亚砜化合物美索达嗪,其抗精神失常活性比硫利哒嗪高一倍。

有的砜可直接作为药物使用,例如常用于治疗麻风病的 4,4′-二氨基二苯砜。

$$H_2N—\!\!\!\bigcirc\!\!\!—SO_2—\!\!\!\bigcirc\!\!\!—NH_2$$
4,4′-二氨基二苯砜

练习题 9.17　完成下列反应。

(1) [环状结构] $\xrightarrow{H_2O_2}$　　　　(2) $CH_3SCH_3 \xrightarrow[\triangle]{KMnO_4}$

习　　题

1. 命名下列化合物。

$$(1)\ CH_3\underset{\underset{CH_3}{|}}{C}HCH_2\underset{\underset{OH}{|}}{C}HCH_3$$

$$(2)\ CH_2{=}\underset{\underset{CH_3}{|}}{C}CH_2\underset{\underset{OH}{|}}{C}HCH_2CH_3$$

$$(3)\ \underset{\underset{SH}{|}}{C}H_2CH_2\underset{\underset{OH}{|}}{C}H_2$$

$$(4)\ H\underset{\underset{CH_2OH}{|}}{\overset{\overset{CH_2SH}{|}}{C}}OH$$

$$(5)\ CH_3CH{=}CH{-}O{-}CH_2CH{=}CH_2$$

(6) [苯环]$OCH(CH_3)_2$

(7) [二苯硫醚结构]

$$(8)\ CH_3\underset{\underset{CH_2CH_3}{|}}{C}H\underset{\underset{OCH_3}{|}}{C}HCH_2CH{=}CHCH_3$$

(9) CH_3[环己烯醇结构]OH

(10) $CH_3{-}CH{-}CH{-}CH_3$ [环氧结构]

(11) $HO{-}$[苯环]${-}NO_2$, OCH_3

(12) [冠醚结构]

2. 写出下列化合物的结构式。

(1) 异丁醇　　(2) 叔丁基异丁基醚　　(3) 2,3-二巯基丙醇(BAL)　　(4) DMSO

(5) 苦味酸　　(6) 环氧丙烷　　　(7) 4-甲氧基-1-萘酚　　(8) 异丙硫醇

(9) 5-异丙基-2-甲基苯酚(香芹酚)　　(10) 2-甲氧基-4-丙烯基苯酚(异丁子香酚)

3. 将下列各组化合物按指定的要求进行排序。

(1) 沸点从高到低

a. 正丁醇   b. 正戊醇   c. 仲丁醇   d. 环己醇   e. 仲丁硫醇

(2) 酸性从强到弱

a. 甲醇   b. 异丙醇   c. 苯酚   d. 碳酸   e. 叔丁醇

(3) 酸性从强到弱

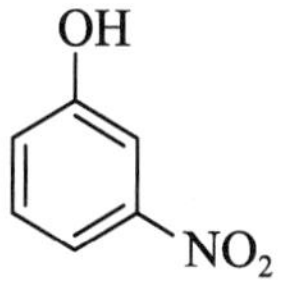

(4) 酸性从强到弱

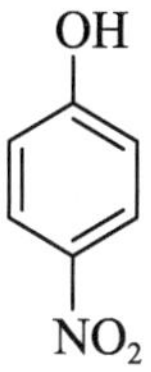

(5) 酸性从强到弱

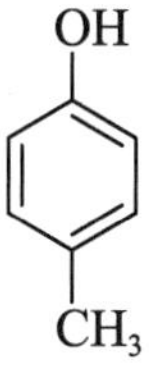

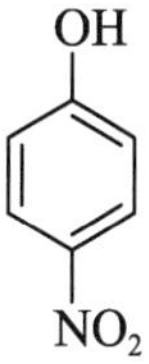

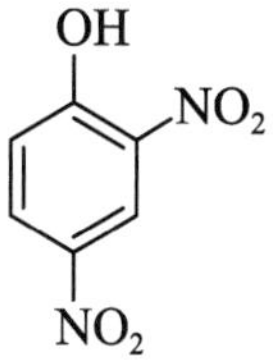

a. CH$_3$OH   b. CH$_3$COOH

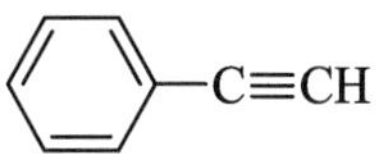

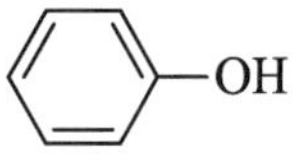

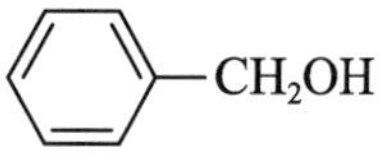

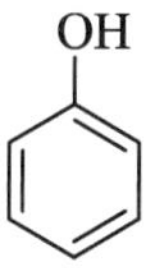

4. 写出下列反应的主要产物或填入反应试剂。

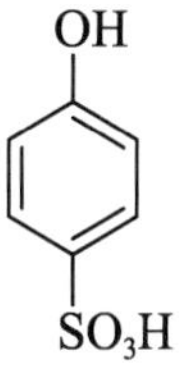

(1)

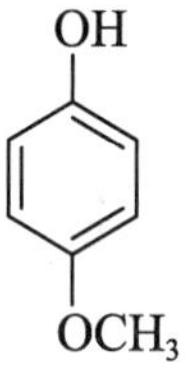

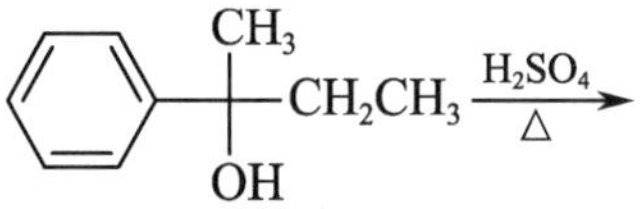

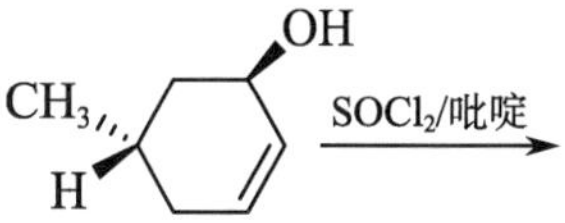

(3) (CH$_3$)$_3$CCH$_2$OH + HBr ⟶

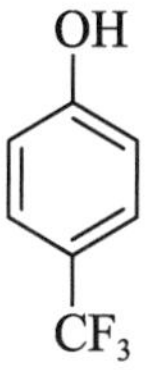

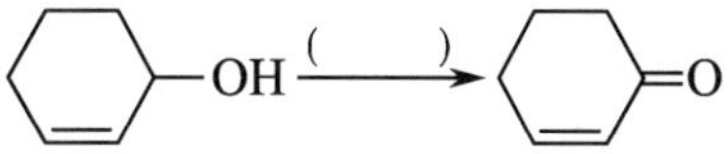

(5) 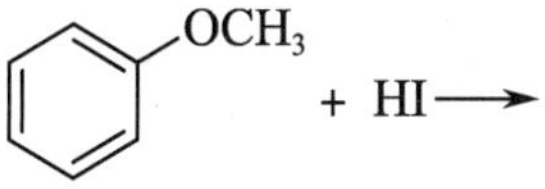 + HI ⟶

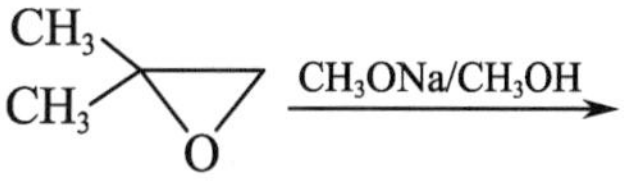

(7)

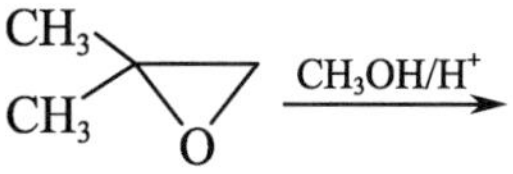

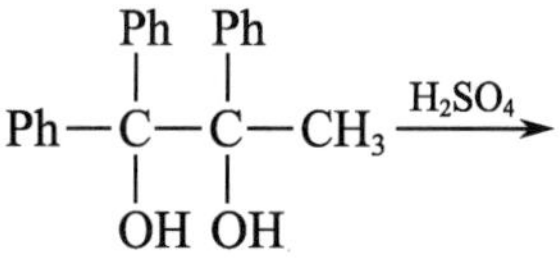

(9) 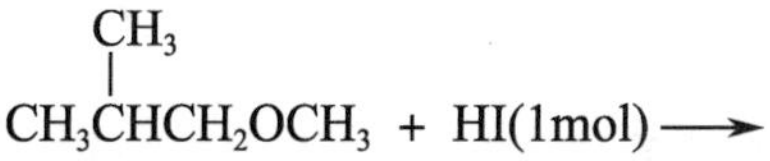 CH$_3$CHCH$_2$OCH$_3$ + HI(1mol) ⟶

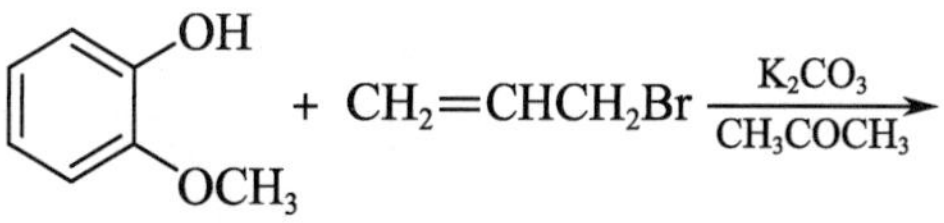

(11) 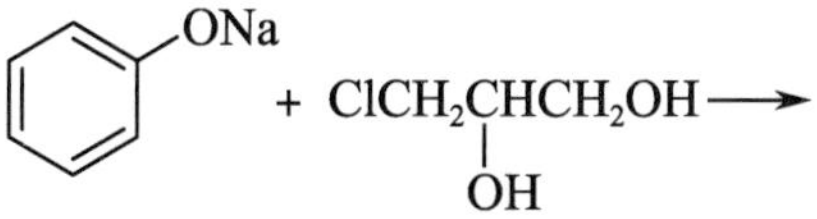 + ClCH$_2$CHCH$_2$OH ⟶

(12)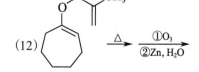

(13) 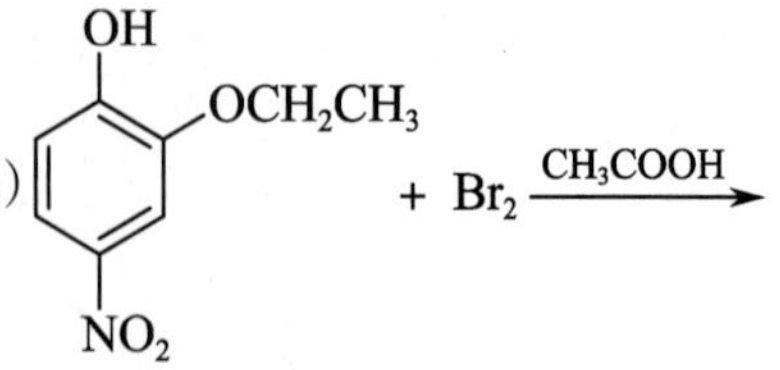 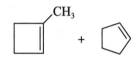 + Br₂ $\xrightarrow{CH_3COOH}$

(14) 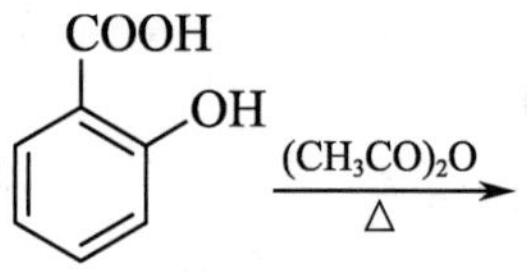 结构 $\xrightarrow[\triangle]{(CH_3CO)_2O}$

(15) 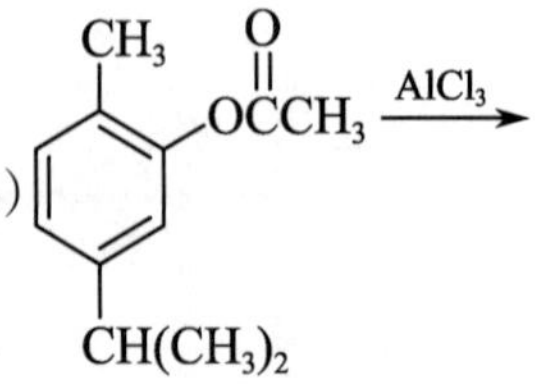 结构 $\xrightarrow{AlCl_3}$

(16) 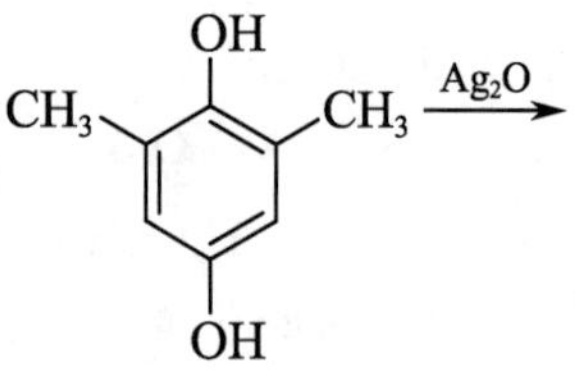 结构 $\xrightarrow{Ag_2O}$

5. 用化学方法区别下列各组化合物。

(1) 正丁醇、仲丁醇、叔丁醇、乙醚　　　　(2) 丁–1,4–二醇、丁–1,2–二醇

(3) 苯甲醇、甲基苯基醚、对甲基苯酚　　　(4) 正丙醇、2–甲基丁–2–醇、甘油

6. 解释下列反应现象。

(1) 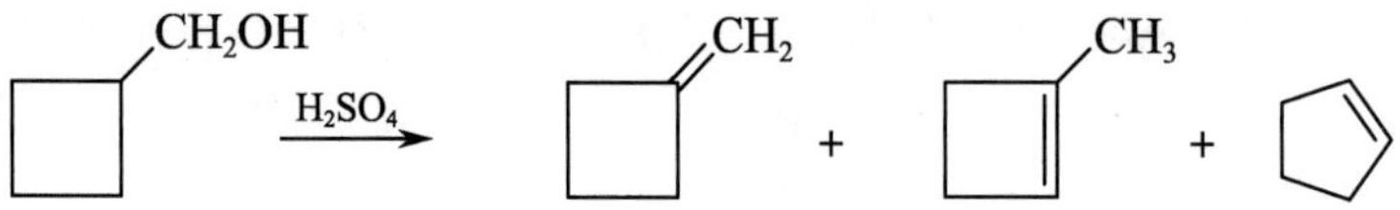 结构式 $\xrightarrow{H_2SO_4}$ 产物 + 产物 + 产物

(2) $(CH_3)_3CCHCH_3 \xrightarrow{85\%H_3PO_4} (CH_3)_3CCH=CH_2 + (CH_3)_2CHC=CH_2 + (CH_3)_2C=C(CH_3)_2$

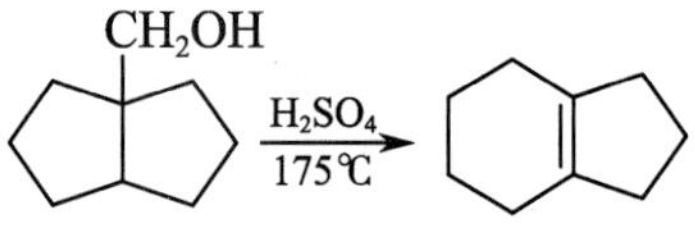

$\underset{OH}{\quad}$　　　　　　　　　　　　　　　　　$\overset{CH_3}{\quad}$

(3) 结构式 $\xrightarrow[175℃]{H_2SO_4}$ 产物

(4) 结构式 $\xrightarrow{H_2SO_4}$ 产物

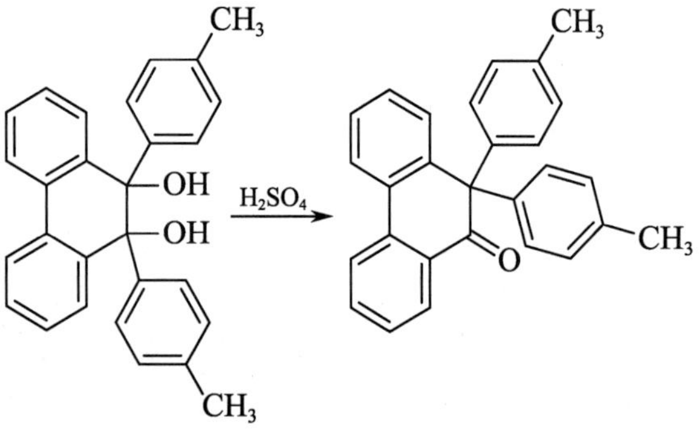

7. 对于异丁醇、仲丁醇、叔丁醇：

(1) 它们的沸点由高至低的顺序是什么？

(2) 它们与金属钠的反应速率有何差异？

(3) 用重铬酸钾作氧化剂，它们的氧化产物有什么不同？

(4) 哪个的脱水产物有顺反异构体？写出它的反应式。

(5) 实验室可以用什么方法鉴别它们？

8. 写出环氧丙烷与下列试剂反应的主要产物。

(1) 无水 HBr　　　　　　　(2) (CH₃CH₂)₂NH　　　　(3) CH₃CH₂ONa/CH₃CH₂OH

(4) CH₃CH₂MgBr　　　　　(5) CH₃CH₂OH/H⁺　　　　(6) PhOH/OH⁻

9. 用指定的原料合成（必要的无机试剂任选）。

(1) 由叔丁醇和乙醇合成乙基叔丁基醚　　　　(2) 由环己醇合成二环己醚

(3) 由苯酚和氯苯制备(4–硝基苯基)苯基醚　　(4) 由丙烯合成甘油

10. 用高碘酸分别氧化四个邻二醇,得到的氧化产物如下:

(1) 只得到 $CH_3\overset{O}{\overset{\|}{C}}CH_2CH_3$

(2) 得到 CH_3CHO 和 CH_3CH_2CHO

(3) 得到 $HCHO$ 和 $CH_3\overset{O}{\overset{\|}{C}}CH_3$

(4) 得到一个二羰基化合物 $CH_3\overset{O}{\overset{\|}{C}}CH_2CH_2CH_2CHO$

请根据氧化产物分别写出四个邻二醇的结构式。

11. 分子式为 $C_5H_{12}O$ 的化合物 A 能与金属钠反应放出氢气,与卢卡斯试剂作用时几分钟后出现浑浊。A 与浓硫酸共热可得 B(C_5H_{10}),用冷稀高锰酸钾水溶液处理 B 可以得到产物 C($C_5H_{12}O_2$),C 在高碘酸的作用下最终生成乙醛和丙酮。试推测 A 的结构,并用化学反应式表明推断过程。

12. 将 3,5-二甲基苯酚用稀硝酸处理,所得的混合物用水蒸气蒸馏得化合物 A($C_8H_9NO_3$,熔点为 66℃),继而用氯仿萃取水蒸气蒸馏过程中剩余的非挥发性残留物得化合物 B($C_8H_9NO_3$,熔点为 108℃)。试推断 A 和 B 的结构式。

第十章

醛 和 酮

碳原子与氧原子以双键相连的官能团（$\diagdown C=O$）称为羰基（carbonyl）。醛和酮都是含有羰基的化合物。羰基分别与一个烃基和一个氢相连的化合物称为醛（aldehyde，RCHO，甲醛中的羰基与两个氢相连），结构中的—CHO 称为醛基；羰基与两个烃基相连的化合物称为酮（ketone，$R_2C=O$），酮分子中的羰基称为酮羰基，可简写为—CO—。

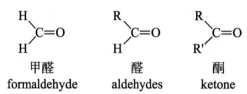

甲醛　　　　　　　醛　　　　　　　酮
formaldehyde　　aldehydes　　　ketone

第一节　结构、分类和命名

一、结构

醛、酮分子中的羰基碳与氧以双键相结合，其成键情况与乙烯有些相似。碳原子为 sp^2 杂化，三个 sp^2 杂化轨道形成三个 σ 键并处在同一平面上，其中一个杂化轨道与氧形成 σ 键，另外两个 sp^2 杂化轨道分别与碳原子或氢原子形成两个 σ 键。碳原子上的 p 轨道与氧的 p 轨道彼此重叠形成 π 键，并垂直于三个 σ 键所在的平面。因此，羰基的碳氧双键是由一个 σ 键和一个 π 键组成的，如图 10-1（a）所示。

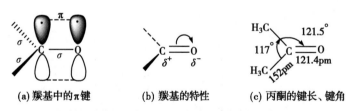

(a) 羰基中的 π 键　　　(b) 羰基的特性　　　(c) 丙酮的键长、键角

图 10-1　羰基的结构示意图

由于氧的电负性比碳大，羰基中成键的电子云并不是均匀地分布在碳氧之间，而是偏向于氧原子，氧原子带部分负电荷（δ^-），而碳原子带部分正电荷（δ^+）。所以，羰基是一个极性基团，偶极矩的大小一般为 2.3~2.8D，参见图 10-1（b）和（c）。羰基的极性是使它具有高度化学活性的一个重要原因。

二、分类

根据与羰基相连的烃基的结构类型，醛、酮可分为脂肪醛、酮（aliphatic aldehyde and ketone）和芳香醛、酮（aromatic aldehyde and ketone）；脂肪醛、酮中根据烃基是否含有不饱和碳碳键，又可分为饱和醛、酮（saturated aldehyde and ketone）和不饱和醛、酮（unsaturated aldehyde and ketone）。根据分子中所含羰基的数目，醛、酮又可分为一元醛、酮和二元醛、酮等。例如：

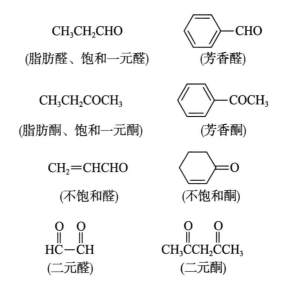

CH₃CH₂CHO　　　　　⬡—CHO
(脂肪醛、饱和一元醛)　　(芳香醛)

CH₃CH₂COCH₃　　　　⬡—COCH₃
(脂肪酮、饱和一元酮)　　(芳香酮)

CH₂=CHCHO　　　　　⬡=O
(不饱和醛)　　　　　(不饱和酮)

$$\underset{\text{(二元醛)}}{\overset{O\ \ \ O}{HC\!-\!CH}}\qquad\underset{\text{(二元酮)}}{\overset{O\ \ \ \ \ \ O}{CH_3CCH_2CCH_3}}$$

三、命名

(一) 普通命名法

简单醛、酮可采用普通命名法。脂肪醛的普通命名法可根据其碳原子数和碳链取代情况命名为"某醛",芳香醛则将芳基作为取代基来进行命名。例如:

CH₃CH₂CHO　　　　CH₃CHCHO
　　　　　　　　　　　｜
　　　　　　　　　　　CH₃

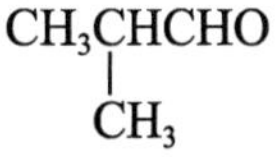

丙醛　　　　　　异丁醛
propanal　　　isobutyl aldehyde

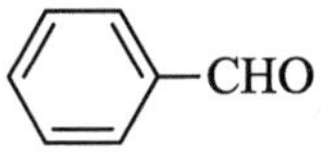

⬡—CHO　　　　⬡—CHCHO
　　　　　　　　　　｜
　　　　　　　　　　CH₃

苯(基)甲醛　　　2-苯基丙醛
benzaldehyde　2-phenylpropanal

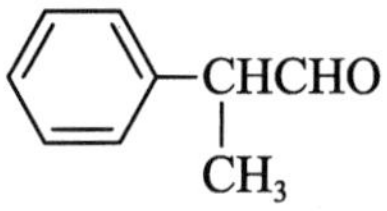

酮则按羰基所连接的两个烃基的名称来命名。将两个烃基的名称分别列出,然后加"甲酮"。以下例子括号中的"基"字或"甲"字常省去。羰基与苯环连接时,可称为某酰(基)苯。例如:

CH₃CH₂COCH₂CH₂CH₃　　　　⬡—CO—⬡

乙(基)丙(基)(甲)酮　　　　二苯(基)(甲)酮
ethyl propyl ketone　　　diphenyl ketone

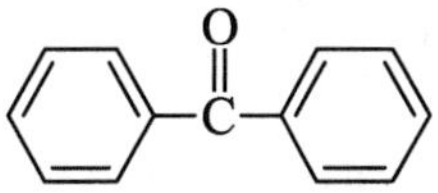

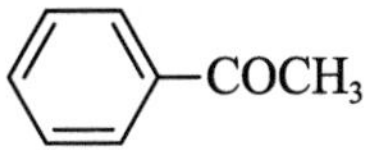

⬡—COCH₃　　　　⬡—COCH₂CH₂CH₃

乙酰苯(习惯称苯乙酮)　　丁酰苯
acetophenone　　　　　*n*–butyrophenone

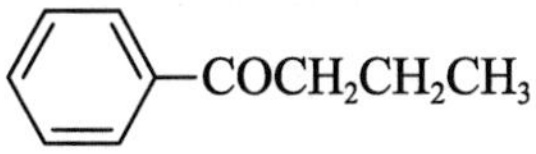

(二) 系统命名法

结构复杂的醛、酮采用系统命名法命名。选择含有羰基的最长碳链作为主链,醛类从醛基碳开始编号,因醛基处在链端,编号总是为1,不用标明醛基的位次;酮则从靠近羰基的一端开始编号,并标明酮羰基的位次。如主链上有取代基,将取代基的位次及名称写在"某醛"和"某酮"的前面(醛亦可用 α、β、γ……等表明支链或取代基的位次)。例如:

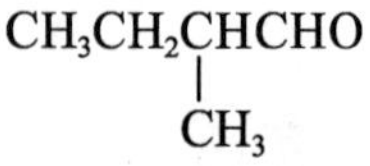

$$CH_3CH_2\underset{\underset{\displaystyle CH_3}{|}}{CH}CHO \qquad CH_3COCH_2\underset{\underset{\displaystyle CH_3}{|}}{CH}CH_3 \qquad CH_3OCH_2CH_2CH_2CHO$$

2-甲基丁醛　　　　4-甲基戊-2-酮　　　　γ-甲氧基丁醛
2-methylbutanal　 4-methylpentan-2-one　 γ-methoxybutanal

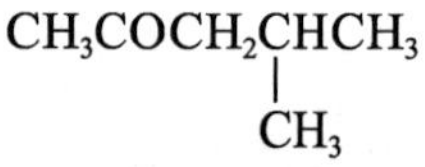

脂环酮的羰基碳在环内时,称为环某酮;羰基在环外,则将环作为取代基。例如:

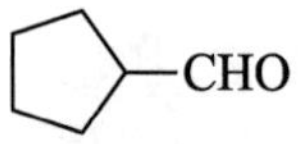

环戊基甲醛　　　　2-羟基环己酮　　　　1-环己基丁-2-酮
cyclopentanecarbaldehyde　2-hydroxycyclohexanone　1-cyclohexylbutan-2-one

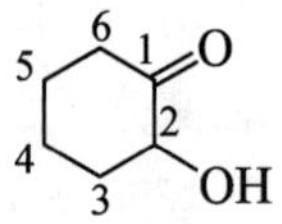

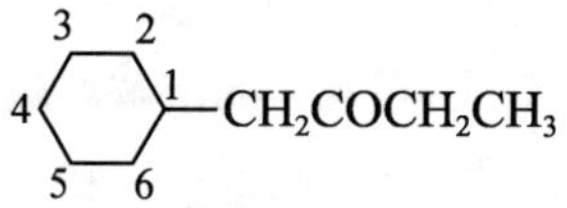

含有芳基的醛、酮命名时,总是将芳基作为取代基。例如:

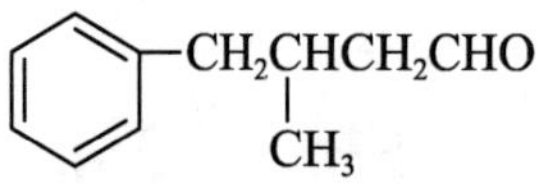

3-甲基-4-苯基丁醛　　　　　1-苯基戊-2-酮
3-methyl-4-phenylbutanal　　 1-phenylpentan-2-one

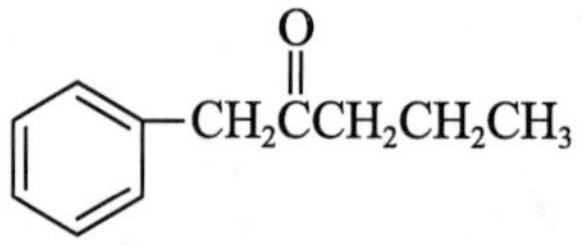

在编号和命名时,醛羰基是目前为止最优先的官能团,在命名含多官能团的醛、酮时,醛羰基和酮羰基的编号优先于醇羟基和碳碳双键或三键,所有常见母体官能团的优先选择原则参见第十二章第一节。例如:

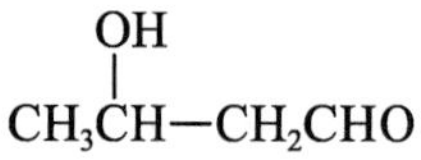

$$CH_3\underset{\underset{\displaystyle OH}{|}}{CH}-CH_2CHO$$

3-羟基丁醛
3-hydroxybutanal

$$CH_3-\underset{\underset{\displaystyle \|}{O}}{C}-\text{（苯环）}-CHO$$

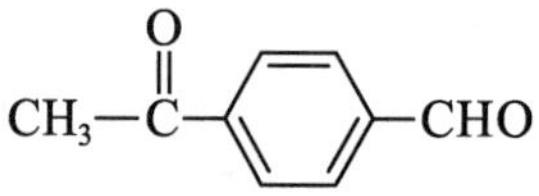

4-乙酰基苯甲醛
4-acetylbenzaldehyde

$$CH_2{=}CHCH_2CH_2CH_2CHO$$

己-5-烯醛
hex-5-enal

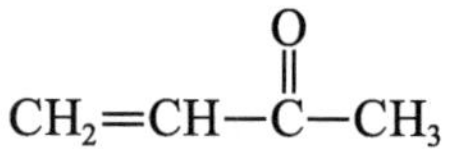

$$CH_2{=}CH-\underset{\underset{\displaystyle \|}{O}}{C}-CH_3$$

丁-3-烯-2-酮
but-3-en-2-one

多元醛、酮的命名原则与多元醇相似。例如:

$$OHCCH_2CHO \qquad CH_3COCHCOCH_2CH_3$$
$$\underset{\displaystyle CH_2CH_3}{|}$$

丙二醛　　　　　3-乙基己-2,4-二酮
propanedial　　 3-ethylhexane-2,4-dione

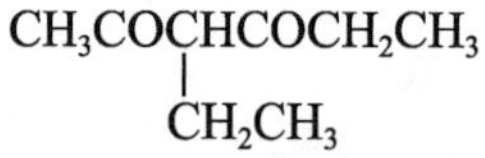

练习题 10.1 命名下列化合物。

(1) $(CH_3)_2C{=}CHCH_2CH_2CHO$

(2) 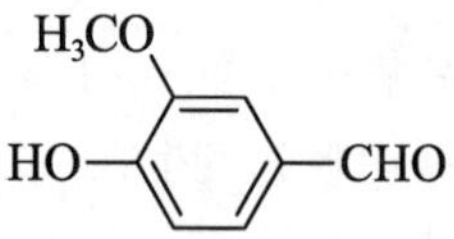 （苯环,H_3CO,HO,CHO）

(3) $CH_3COCHCOCH_2CH_3$
$\underset{\displaystyle CH_2CH_3}{|}$

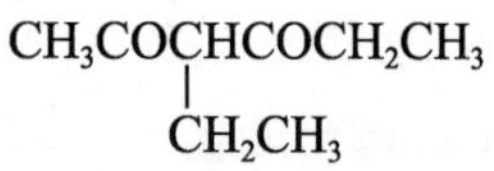

(4) 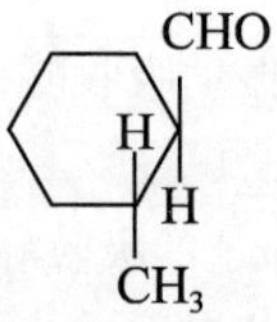 （环己基,CHO,H,H,CH_3）

(5) 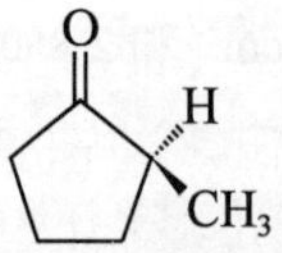 （环戊酮,H,CH_3）

第二节 物理性质及光谱性质

一、物理性质

醛、酮分子中羰基上的氧原子可以与水分子中的氢原子形成氢键,因此低级醛、酮可与水混溶,随分子量增加,醛、酮在水中的溶解度减小。但醛、酮分子之间不能形成氢键,因此其沸点比相应的醇低得多,但比同碳数的烃、醚要高。在室温下,除甲醛外,其他醛、酮都为液体或固体。一些常见醛、酮的熔点、沸点见表 10-1。

表 10-1　一些常见醛、酮的熔点、沸点

醛、酮的名称	熔点 /℃	沸点 /℃
甲醛	–92	–21
乙醛	–121	20
丙醛	–81	49
正丁醛	–99	76
异丁醛	–66	61
正戊醛	–91	103
正庚醛	–42	155
丙烯醛	–88	52.5
苯甲醛	–56	178
丙酮	–94	56
甲乙酮	–86	80
戊 –2– 酮	–78	102
戊 –3– 酮	–42	101
己 –2– 酮	–35	150
苯乙酮	21	202
二苯酮	48	306
环己酮	–31	156

二、光谱性质

(一) 红外吸收光谱

在红外吸收光谱中,羰基伸缩振动在 $1\,750\sim1\,680cm^{-1}$ 有一个强吸收峰,这是鉴别羰基化合物的特征峰。酮羰基的正常伸缩振动吸收发生在 $1\,725cm^{-1}$ 附近,醛羰基的正常伸缩振动发生在 $1\,715cm^{-1}$ 附近。

醛基(—CHO)中的 C—H 键在 $2\,720cm^{-1}$ 和 $2\,850cm^{-1}$ 附近还有两个伸缩振动吸收峰,比较特征,可用来区别醛、酮。

当羰基与双键共轭时,吸收峰向低波数位移;与苯环共轭时,芳环在 $1\,600cm^{-1}$ 的吸收峰分裂为两个峰,即在 $1\,580cm^{-1}$ 附近又出现一个新的吸收峰。图 10-2 为丁醛的红外吸收光谱图。

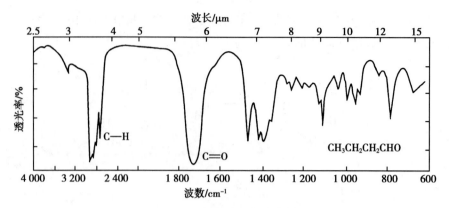

图 10-2　丁醛的红外吸收光谱图

图 10-2 中，2 850cm^{-1}、2 740cm^{-1} 和 1 720cm^{-1} 处分别为—CHO 中的 C—H 伸缩振动及 C＝O 伸缩振动吸收峰。

（二）核磁共振氢谱

在核磁共振氢谱中，醛基中氢的 δ 值在 9~10ppm 处，与羰基相连的甲基或亚甲基氢的 δ 值在 2.0~2.5ppm 处。图 10-3 为 3–甲基丁–2–酮的核磁共振氢谱。

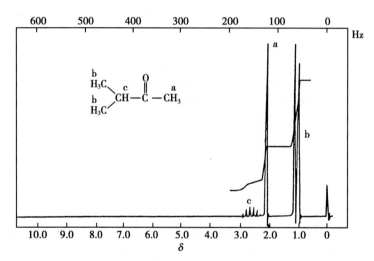

图 10-3　3–甲基丁–2–酮的 ^{1}H–NMR 谱图

（三）质谱

醛、酮的主要裂解方式是分子离子容易进行 α-裂解。

$$R-\overset{\overset{+\cdot}{O}}{\overset{\|}{C}}-H \xrightarrow{\alpha} R-C\equiv\overset{+}{O} + \cdot H$$
$$(M-1)$$

$$R-\overset{\overset{+\cdot}{O}}{\overset{\|}{C}}-H \xrightarrow{\alpha} \overset{+}{O}\equiv C-H + \cdot R$$
$$m/z\ 29$$

$$\underset{R^1}{\overset{R}{>}}C=\overset{+}{\overset{\cdot}{O}} \begin{array}{l} \xrightarrow{\alpha_1} \cdot R + R^1C\equiv\overset{+}{O} \\ \xrightarrow{\alpha_2} \cdot R^1 + RC\equiv\overset{+}{O} \end{array}$$

若羰基的 γ-位有氢存在时,则容易进行麦氏重排。如丁醛的质谱图(图 10-4)中有一强峰 m/z 44 (基峰),其就是经过麦氏重排而产生的。

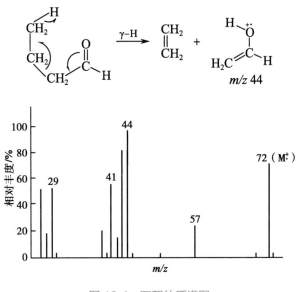

图 10-4　丁醛的质谱图

练习题 10.2　化合物 A、B 的分子式均为 $C_5H_{10}O$。两者的 IR 谱图中,在 1 720cm^{-1} 附近都有一强吸收峰。它们的 ^{1}H-NMR 谱数据如下(δ 值):A 为 1.02(d,6H),2.12(s,3H),2.22(m,1H);B 为 1.05(t,6H),2.47(qua,4H)ppm。试推测 A、B 的结构。

第三节　化学性质

羰基是醛、酮的反应中心。由于羰基碳原子带部分正电荷,容易受到一系列亲核试剂的进攻而发生加成反应,故醛、酮的一大类重要反应是亲核加成反应(nucleophilic addition reaction)。由于羰基吸电子作用的影响,其 α-碳上的 α-氢比较活泼,涉及 α-氢的一些反应是醛、酮的化学性质的重要组成部分。此外,醛、酮还可以发生氧化反应、还原反应和其他一些反应。

$$\alpha\text{-氢的反应} \longrightarrow \underset{H}{R-CH-}\overset{O^\delta}{\underset{\delta^+}{C}}-R(H) \quad \text{亲核加成,氧化、还原}$$

一、亲核加成反应

醛、酮的亲核加成反应可用通式表示如下:

$$\diagdown C{=}O + Nu^- \rightleftharpoons \diagdown \underset{\ddot{O}^-}{\overset{Nu}{C}}\diagup \xrightarrow[-OH]{H_2O} \diagdown \underset{OH}{\overset{Nu}{C}}\diagup$$

不同的醛、酮与同一种亲核试剂反应时,反应活性有差异。例如在脂肪族醛、酮系列中的反应活性次序为:

$$\underset{\text{甲醛}}{H-\overset{\displaystyle O}{\overset{\|}{C}}-H} > \underset{\text{醛}}{R-\overset{\displaystyle O}{\overset{\|}{C}}-H} > \underset{\text{甲基酮}}{R-\overset{\displaystyle O}{\overset{\|}{C}}-CH_3} > \underset{\text{酮}}{R-\overset{\displaystyle O}{\overset{\|}{C}}-R'}$$

可从以下两个方面来理解上述活性次序。①电性因素：因为烷基是给电子基，与羰基相连后，将降低羰基碳原子上的正电性，因而不利于亲核加成反应；②立体因素：当烷基与羰基碳相连后，不仅降低羰基碳原子的正电性，同时也增大空间位阻，也不利于亲核加成反应的进行。

（一）与氢氰酸加成

醛、酮与氢氰酸加成生成 α-羟基腈（又称 α-氰醇）。

$$\overset{}{C}=O + H^+CN^- \rightleftharpoons \overset{\displaystyle CN}{\underset{\displaystyle OH}{C}}$$

α-羟基腈

例如：

$$CH_3-\overset{\displaystyle O}{\overset{\|}{C}}-CH_3 \xrightarrow{HCN} \overset{\displaystyle H_3C\quad OH}{\underset{\displaystyle H_3C\quad CN}{C}}$$

77%~78%

酸、碱对醛、酮与氢氰酸的加成反应有很大的影响。例如丙酮与氢氰酸反应，在 3~4 小时内只有一半原料起作用；若加一滴氢氧化钾溶液，则反应在几分钟内完成。加酸则使反应减慢；在大量酸存在下，放置几周也不起反应。这是因为氢氰酸是一个弱酸，不易离解生成 CN^-。加酸可降低 CN^- 的浓度，而加碱则可提高 CN^- 的浓度。

$$HCN + OH^- \rightleftharpoons CN^- + H_2O$$

这一现象也可说明，氢氰酸与醛、酮的加成反应中，进攻的亲核试剂实际上是带负电荷的 CN^-。加成反应机理表示如下：

$$\overset{\displaystyle O}{\overset{\|}{C}} + CN^- \xrightarrow{\text{慢}} \overset{\displaystyle O^-}{\underset{\displaystyle CN}{C}}$$

$$\overset{\displaystyle O^-}{\underset{\displaystyle CN}{C}} + H-OH \xrightarrow{\text{快}} \overset{\displaystyle OH}{\underset{\displaystyle CN}{C}} + OH^-$$

在上述机理中，第一步即 CN^- 对羰基的加成是慢反应，该步反应是速率决定步骤；第二步是质子转移反应，是快反应。因此在反应中加入微量的碱，可提高 CN^- 的浓度，有利于亲核加成。

醛、酮与 HCN 的反应是可逆反应，加碱只能使反应迅速达到平衡，起加速反应的作用，但并不能改变反应的平衡常数。平衡常数<1，则可以认为不发生反应。表 10-2 是一些醛、酮与 HCN 反应的平衡常数。

表 10-2　一些醛、酮与 HCN 反应的平衡常数 K

化合物	K	化合物	K
CH_3CHO	很大	$CH_3COCH(CH_3)_2$	38
$p\text{-}NO_2C_6H_4CHO$	1 420	$C_6H_5COCH_3$	0.8
C_6H_5CHO	210	$C_6H_5COC_6H_5$	很小

从表 10-2 中所列的数据可以看出，醛、酮进行亲核加成反应的相对活性是不同的。例如醛都能与 HCN 加成；而酮中，只有脂肪族甲基酮能与 HCN 加成，其他酮因为平衡常数太小而认为不反应。

因此,醛、酮与HCN进行亲核加成反应的范围是醛、脂肪族甲基酮和八个碳以下的环酮(八个碳以下的环酮由于成环,使羰基突出而具有较高的活性)。但由于氢氰酸有剧毒,挥发性大,使用不便。实际工作中,常用氰化钾或氰化钠加无机酸来代替氢氰酸。形成α-羟基腈的反应在合成上有一定的价值,加成产物α-羟基腈水解可制得α-羟基酸。例如:

$$\text{O}_2\text{N}-\text{C}_6\text{H}_4-\text{CHO} \xrightarrow{\text{HCN}} \text{O}_2\text{N}-\text{C}_6\text{H}_4-\overset{\text{OH}}{\underset{\text{H}}{\text{C}}}-\text{CN} \xrightarrow[\triangle]{\text{HCl}} \text{O}_2\text{N}-\text{C}_6\text{H}_4-\overset{\text{OH}}{\underset{\text{H}}{\text{C}}}-\text{COOH}$$

(二) 与亚硫酸氢钠加成

醛、酮与饱和亚硫酸氢钠溶液(40%)反应,生成亚硫酸氢钠加成物。该加成物溶于水,但不溶于饱和亚硫酸氢钠溶液,以白色固体析出。

$$\text{C}=\text{O} + \text{NaHSO}_3 \rightleftharpoons -\overset{|}{\underset{\text{SO}_3\text{Na}}{\text{C}}}-\text{OH} \downarrow \text{白色}$$

醛或酮的亚硫酸氢钠加成物

亚硫酸氢根负离子(HSO_3^-)中,由于硫的强亲核性,反应不需要使用催化剂即可进行。

$$\overset{\text{O}}{\underset{\text{C}}{\|}} + \text{H}-\overset{\text{O}}{\underset{\text{O}}{\overset{\|}{\text{S}}}}-\text{O}^-\text{Na}^+ \rightleftharpoons \overset{\text{O}^-\text{Na}^+}{\underset{\text{SO}_3\text{H}}{\text{C}}} \rightarrow \overset{\text{OH}}{\underset{\text{SO}_3\text{Na}}{\text{C}}}$$

醛、脂肪族甲基酮和八个碳以下的环酮可发生上述反应。因为反应前后有明显的现象变化,故可用于一些简单醛、酮的鉴别。

由于加成物用稀酸或稀碱处理,可分解成原来的醛、酮,故可用于醛、酮的分离、纯化。

$$\overset{\text{SO}_3\text{Na}}{\underset{\text{OH}}{\text{C}}} \begin{cases} \xrightarrow[\text{H}_2\text{O}]{\text{HCl}} \text{C}=\text{O} + \text{NaCl} + \text{SO}_2 + \text{H}_2\text{O} \\ \xrightarrow[\text{H}_2\text{O}]{\text{Na}_2\text{CO}_3} \text{C}=\text{O} + \text{Na}_2\text{SO}_3 + \text{NaHCO}_3 \end{cases}$$

此外,加成物与氰化钠作用可转化为α-羟基腈,这样可避免直接使用剧毒的HCN。

$$\overset{\text{CH}_3}{\underset{\text{CH}_3}{\text{C}}}=\text{O} + \text{NaHSO}_3 \rightleftharpoons \overset{\text{CH}_3}{\underset{\text{CH}_3}{\text{C}}}\overset{\text{OH}}{\underset{\text{SO}_3\text{Na}}{}} \xrightarrow{\text{NaCN}} \overset{\text{CH}_3}{\underset{\text{CH}_3}{\text{C}}}\overset{\text{OH}}{\underset{\text{CN}}{}}$$

丙酮亚硫酸氢钠加成物 2-羟基-2-甲基丙腈

练习题 10.3 下列化合物中,哪些可以与亚硫酸氢钠发生反应?如果发生反应,哪个最快?
(1) 苯乙酮 (2) 二苯酮 (3) 环己酮 (4) 丙醛 (5) 丁-2-酮

(三) 与水加成

醛、酮与水加成形成水合物,称为偕二醇(geminal diol)。

$$\text{C}=\text{O} + \text{H}_2\text{O} \rightleftharpoons \overset{\text{OH}}{\underset{\text{OH}}{\text{C}}}$$

偕二醇

在一般条件下偕二醇是不稳定的,很容易脱水而生成醛、酮。因此,对于多数醛、酮,该反应平衡倾向反应物醛、酮一侧。个别的醛如甲醛,在水溶液中几乎全部以水合物的形式存在,但分离过程中很容易失水。

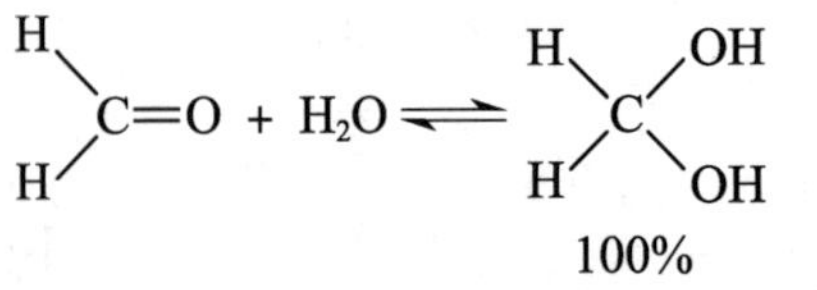

$$\text{H}\text{C=O} + H_2O \rightleftharpoons \text{H}\text{C(OH)(OH)}$$

100%

若羰基与强的吸电子基团相连(如— COOH、— CHO、— COR、— CCl$_3$ 等),使羰基碳原子的正电性增加,接受亲核试剂进攻的能力增强,可以形成稳定的水合物。例如水合氯醛就是三氯乙醛的水合物,在水合氯醛的红外吸收光谱图中未观察到羰基吸收峰。

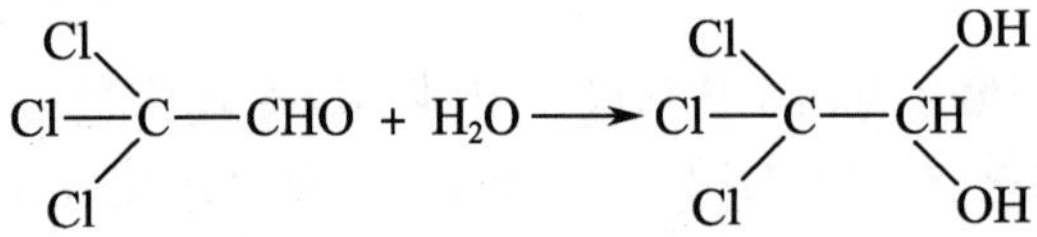

$$\text{Cl}_3\text{C—CHO} + H_2O \longrightarrow \text{Cl}_3\text{C—CH(OH)(OH)}$$

该水合物非常稳定,为白色固体,熔点为 57℃,具有安眠作用。

环丙酮分子的张力很大,转变成水合物后使张力有所下降,因此室温时即可生成水合物。

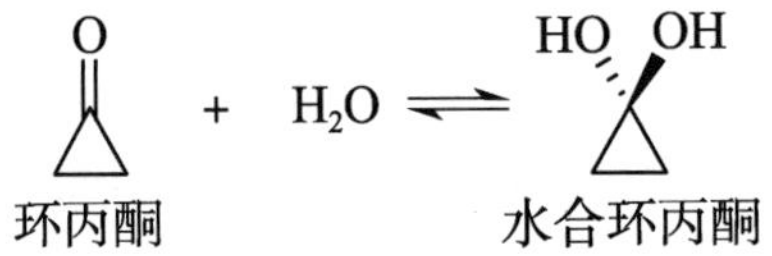

$$\text{环丙酮} + H_2O \rightleftharpoons \text{水合环丙酮}$$

再如茚三酮是一个不稳定的化合物(分子中三个带正电荷的碳原子之间正电荷相互排斥,分子位能升高),但当中间的羰基形成水合物以后,电荷间的斥力减小,且能够形成分子内氢键,因此平衡偏向水合物一边。

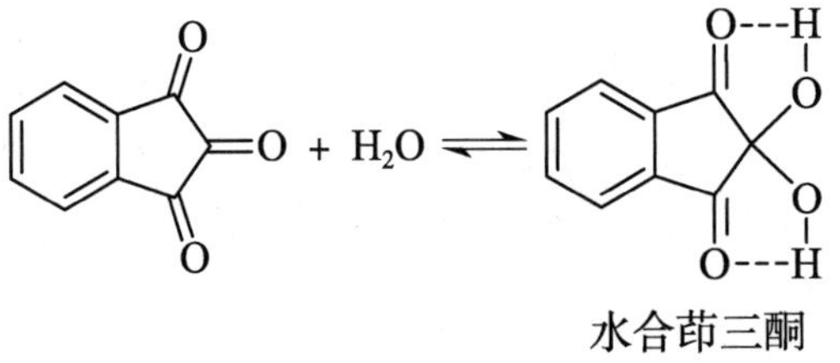

$$\text{茚三酮} + H_2O \rightleftharpoons \text{水合茚三酮}$$

水合茚三酮

水合茚三酮是氨基酸和蛋白质分析中常用的试剂(见第十七章第一节)。

（四）与醇加成

醛在酸性催化剂(如干燥氯化氢、对甲苯磺酸)存在下,先与一分子醇发生亲核加成,生成半缩醛(hemiacetal)。半缩醛不稳定,继续与一分子醇反应生成缩醛(acetal)。

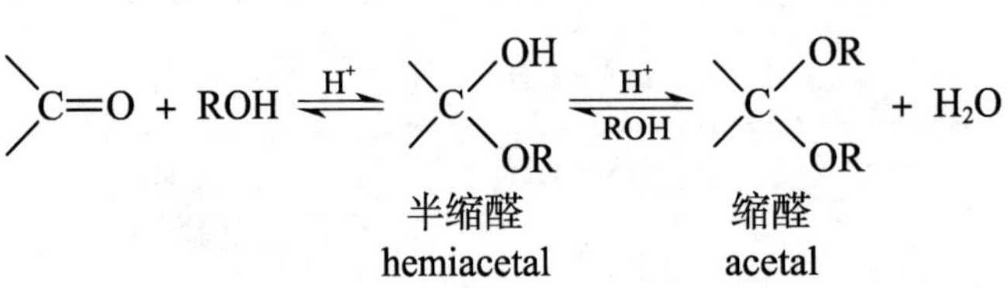

$$\text{C=O} + ROH \underset{H^+}{\rightleftharpoons} \text{C(OH)(OR)} \underset{ROH}{\overset{H^+}{\rightleftharpoons}} \text{C(OR)(OR)} + H_2O$$

半缩醛　　　　缩醛
hemiacetal　　acetal

例如:

$$\text{C}_6\text{H}_5\text{—CHO} + 2CH_3CH_2OH \xrightarrow{\text{干 HCl}} \text{C}_6\text{H}_5\text{—CH(OCH}_2\text{CH}_3)_2$$

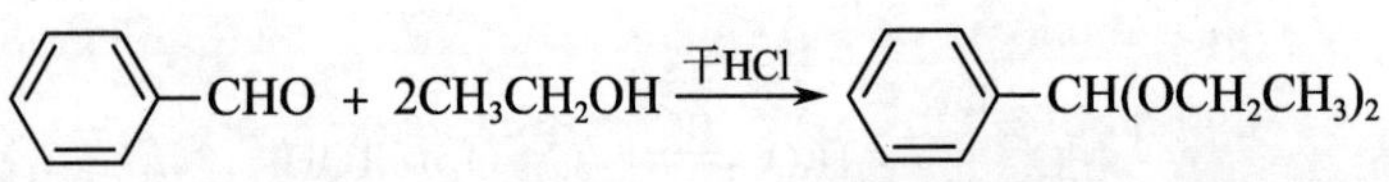

苯甲醛缩二乙醇(66%)

反应按以下机理进行:

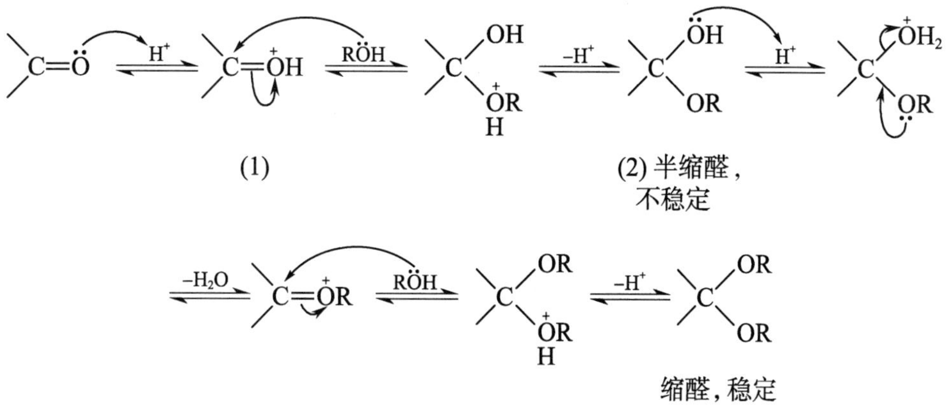

由醛生成半缩醛是醇对醛羰基的亲核加成,而由半缩醛生成缩醛则为亲核取代反应。酸对这两步反应均起催化作用,在亲核加成一步,质子与羰基氧原子结合,带正电荷的氧原子吸引电子的程度增加,从而增加羰基碳原子的正电性,即提高羰基的活性。

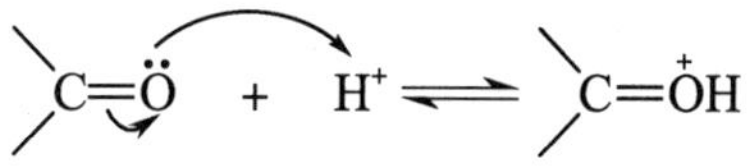

在亲核取代一步,酸使半缩醛羟基质子化,产生较好的离去基团(H_2O),有利于反应进行。

对于分子中含有羟基的醛,如果能形成五元或六元环状半缩醛,则反应容易进行,且产物较稳定。例如:

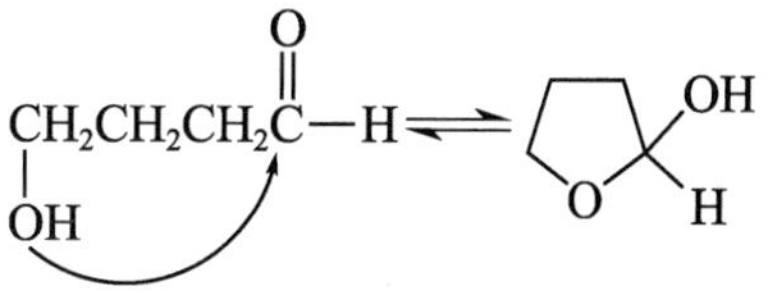

酮也可与醇作用生成半缩酮和缩酮,但比较困难。在生成缩酮的反应中,反应平衡倾向反应物酮一侧。若采用特殊装置,除去反应中生成的水,可使平衡向右移动而制得缩酮。例如酮与乙二醇在对甲苯磺酸催化下,用苯或甲苯作脱水剂,可得环状缩酮。生成的缩酮在稀酸中也水解成原来的酮。

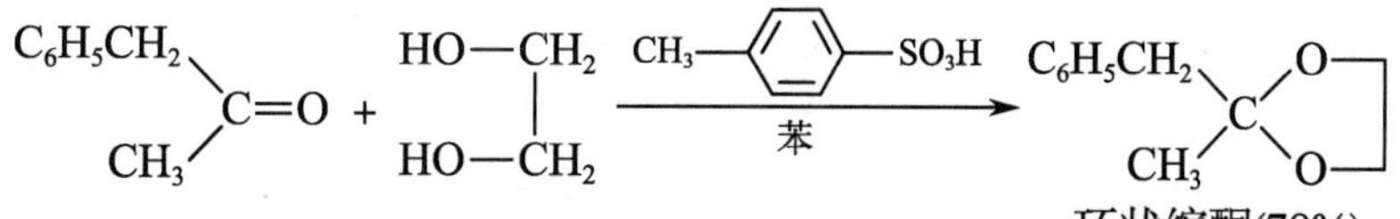

硫醇比相应的醇具有更强的亲核能力,乙二硫醇在室温下即可与酮反应生成缩硫酮。

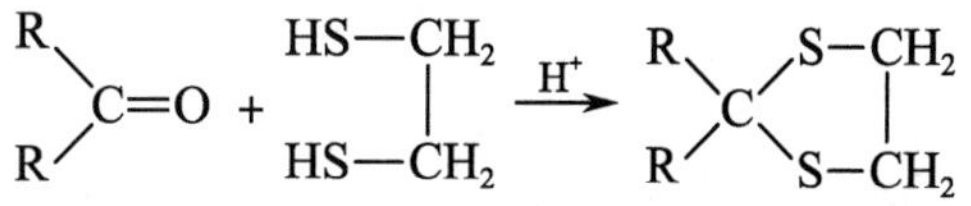

生成缩醛(酮)的反应是在酸(无水)催化下进行的,且反应可逆。但在稀酸溶液中,缩醛又可分解成原来的醛和醇。

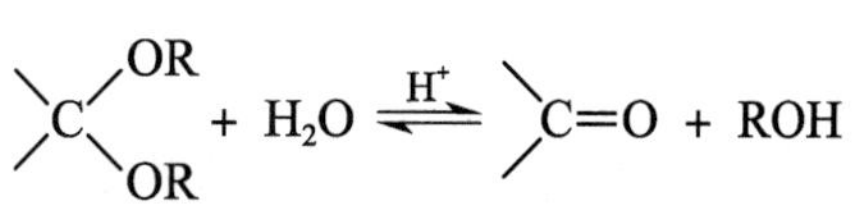

缩醛与缩酮对碱及氧化剂稳定。在有机合成中常利用此性质来保护羰基,先将醛、酮制成缩醛或缩酮再进行有关反应,待反应结束后,用稀酸将缩醛、缩酮分解成醛、酮,以达到保护羰基的目的。

例如将丙烯醛转化为2,3-二羟基丙醛,如果直接用冷稀 KMnO₄ 氧化时,虽然双键可被氧化成邻二醇,但分子中的醛基也会被氧化。因此,可采用先将醛基制成缩醛保护后,再氧化。

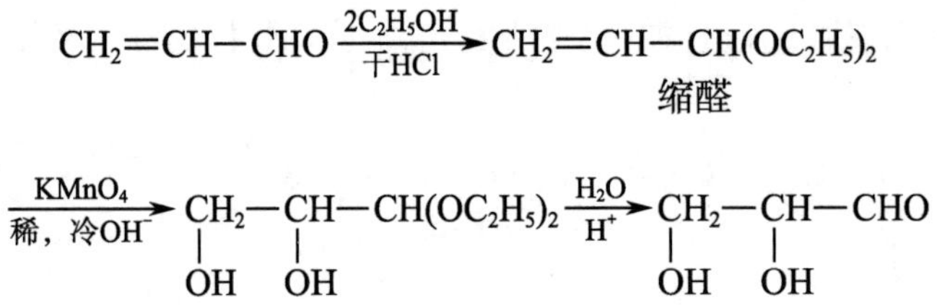

$$CH_2{=}CH{-}CHO \xrightarrow[\text{干 HCl}]{2C_2H_5OH} \underset{\text{缩醛}}{CH_2{=}CH{-}CH(OC_2H_5)_2}$$

$$\xrightarrow[\text{稀, 冷 OH}]{KMnO_4} \underset{\underset{OH}{|}\ \underset{OH}{|}}{CH_2{-}CH{-}CH(OC_2H_5)_2} \xrightarrow[H^+]{H_2O} \underset{\underset{OH}{|}\ \underset{OH}{|}}{CH_2{-}CH{-}CHO}$$

缩硫酮很难分解为原来的酮,因此在保护羰基时使用没有价值。但缩硫酮能被催化氢解,使羰基间接还原为亚甲基,在有机合成中也常被应用。

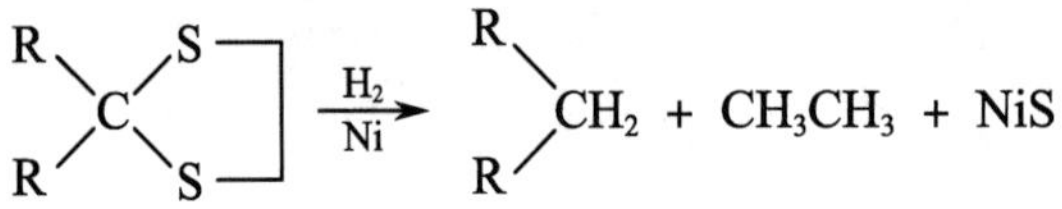

$$\underset{R}{\overset{R}{>}}C\underset{S}{\overset{S}{<}} \xrightarrow[Ni]{H_2} \underset{R}{\overset{R}{>}}CH_2\ +\ CH_3CH_3\ +\ NiS$$

(五) 与金属有机化合物加成

金属有机化合物中的碳金属(C—M)键是极性很强的键,与金属(M)相连的碳带负电荷或部分负电荷(如格氏试剂、金属炔化合物等),可与醛、酮发生亲核加成反应。例如格氏试剂与甲醛反应得到伯醇,与其他醛反应得到仲醇,与酮反应得到叔醇,这是制备醇的重要方法。

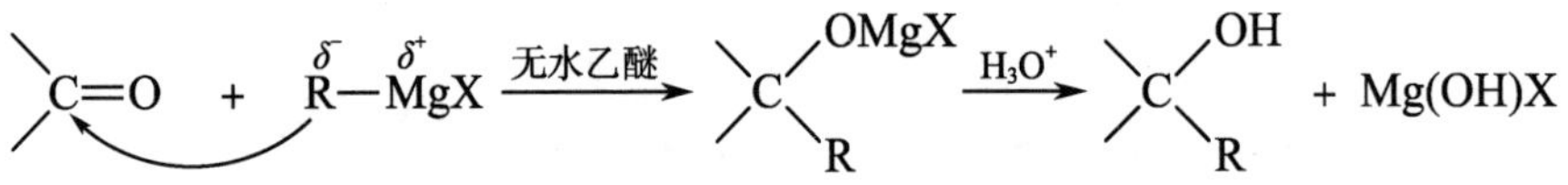

$$>C{=}O\ +\ \overset{\delta^-}{R}{-}\overset{\delta^+}{MgX} \xrightarrow{\text{无水乙醚}} \underset{R}{\overset{OMgX}{C<}} \xrightarrow{H_3O^+} \underset{R}{\overset{OH}{C<}}\ +\ Mg(OH)X$$

例如:

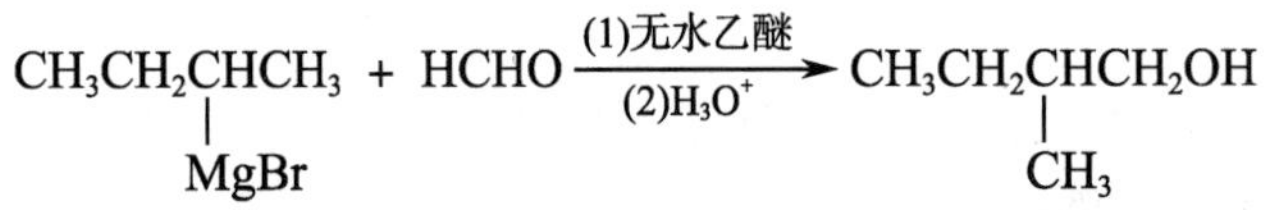

$$\underset{\underset{MgBr}{|}}{CH_3CH_2CHCH_3}\ +\ HCHO \xrightarrow[(2)H_3O^+]{(1)\text{无水乙醚}} \underset{\underset{\underset{1°醇}{CH_3}}{|}}{CH_3CH_2CHCH_2OH}$$

$$\underset{\underset{MgBr}{|}}{CH_3CH_2CHCH_3}\ +\ CH_3CHO \xrightarrow[(2)H_3O^+]{(1)\text{无水乙醚}} \underset{\underset{\underset{2°醇}{CH_3}}{|}}{CH_3CH_2CH\overset{\overset{OH}{|}}{C}HCH_3}$$

$$CH_3CH_2CH_2CH_2MgBr\ +\ CH_3\overset{CH_3}{\underset{}{C}}{=}O \xrightarrow[(2)H_3O^+]{(1)\text{无水乙醚}} \underset{\underset{\underset{3°醇}{OH}}{|}}{CH_3CH_2CH_2CH_2\overset{\overset{CH_3}{|}}{C}CH_3}$$

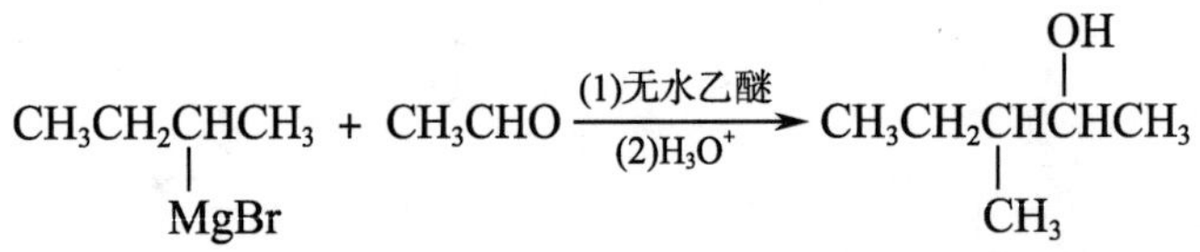

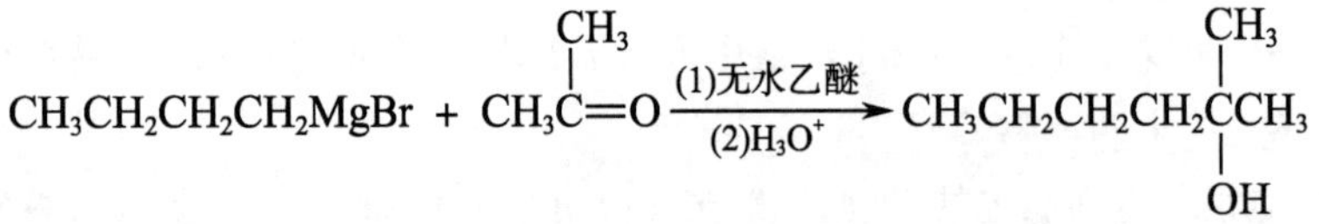

金属炔化合物(例如炔化钠、炔化钾等)与醛、酮的加成反应可在有机分子中引入三键。例如:

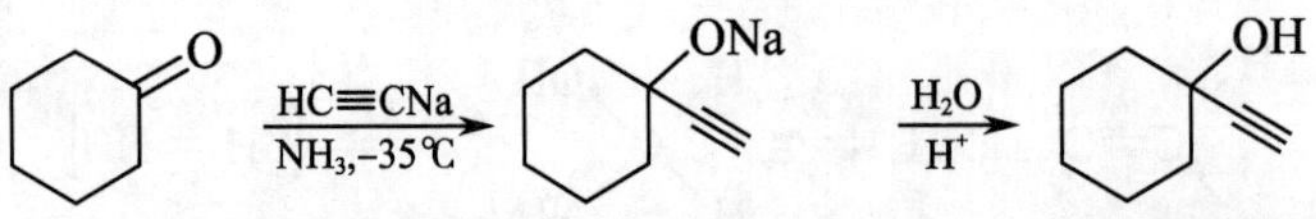

（环己酮）$\xrightarrow[NH_3,-35℃]{HC{\equiv}CNa}$（1-乙炔基环己醇ONa盐）$\xrightarrow[H^+]{H_2O}$（1-乙炔基环己醇）
65%~75%

练习题 10.4 写出丙酮、苯甲醛分别与下列试剂反应的产物。

(1) HOCH₂CH₂OH/ 干燥 HCl $\qquad$ (2) ① CH₃MgI/ 无水乙醚；② H₃O⁺

(3) ① CH₃C ≡ CNa；② H₂O/H⁺ $\qquad$ (4) NaHSO₃

（六）与胺及氨的衍生物加成

醛、酮与伯胺发生亲核加成反应，加成产物不稳定，很易失水生成亚胺，又称席夫碱（Schiff base）。

$$\diagdown C \overset{\frown}{=} O \ + \ H_2N-R \ \rightleftharpoons \ -\overset{O^-}{\underset{\overset{+}{N}H_2R}{C}}- \ \rightleftharpoons \ -\overset{OH}{\underset{NHR}{C}}- \ \xrightarrow{-H_2O} \ \diagdown C=NR$$

亚胺

可以看出，反应经历加成 – 消除过程。通常脂肪族亚胺不稳定，芳香族亚胺因存在共轭体系则较稳定，可分离出来。例如：

$$\text{C}_6\text{H}_5\text{-CHO} \ + \ \text{H}_2\text{NCH}_3 \ \longrightarrow \ \text{C}_6\text{H}_5\text{-CH}=\text{NCH}_3$$

70%

亚胺经稀酸水解可恢复成芳香醛和伯胺，故可利用此反应来保护醛基。亚胺还原可制得仲胺，参见第十四章第二节。

醛、酮与仲胺发生反应，中间产物也不稳定，由于醇胺氮原子上无氢原子存在，不可能按与伯胺反应的方式脱水。但如果羰基化合物具有 α- 氢时，则能与羟基脱水生成烯胺（enamine）。

$$-\overset{|}{\underset{H}{C}}-\overset{|}{C}=O \ + \ HNR_2 \ \longrightarrow \ -\overset{|}{\underset{H}{C}}-\overset{|}{\underset{OH}{C}}-NR_2 \ \xrightarrow{-H_2O} \ \diagup C=\overset{|}{C}-NR_2$$

烯胺

反应通常在酸催化下进行，为使反应完全，需要将水从反应体系中分离出去。参加反应的仲胺常用一些环状的胺如四氢吡咯、哌啶和吗啉等。例如：

$$\text{（环己酮）} \ + \ \text{（哌啶）} \ \xrightarrow{H^+} \ \text{（N-环己烯基哌啶）} \ + \ H_2O$$

哌啶

此反应也是一个可逆反应，在稀酸水溶液中可将烯胺水解，又得到羰基化合物和仲胺。有关烯胺在合成中的应用参见第十四章第二节。

醛、酮与氨反应很难得到稳定的产物，一般实际应用意义不大。甲醛和氨反应首先产生极不稳定的加成产物，然后再失水聚合，生成一个特殊的笼状化合物，称为乌洛托品或六亚甲基四胺，是制备树脂和炸药的原料，本身也具有消毒作用。

$$\overset{H}{\underset{H}{C}}=O \ + \ NH_3 \ \rightleftharpoons \ \overset{H}{\underset{H}{C}}\overset{OH}{\underset{NH_2}{}} \ \underset{\longleftarrow}{\overset{-H_2O}{\longrightarrow}} \ [CH_2=NH]$$

$$3CH_2=NH \rightleftharpoons \text{(六氢三嗪结构)} \xrightarrow[NH_3]{3HCHO} \text{(乌洛托品结构)}$$

乌洛托品

多种氨的衍生物(可用通式 H_2N-G 表示)与醛、酮发生亲核加成反应,失水(消除)后形成含有碳氮双键的化合物。用通式表示如下:

$$R-\underset{H(R')}{C}=O + H_2N-G \xrightarrow{-H_2O} R-\underset{H(R')}{C}=N-G$$

一些常见氨的衍生物及其与醛、酮加成反应的产物及名称如下所示。

试剂		产物
H_2N-G	$C=N-G$	
H_2N-OH 羟胺 (hydroxylamine)	$C=N-OH$	肟 (oxime)
H_2N-NH_2 肼 (hydrazine)	$C=N-NH_2$	腙 (hydrazone)
$H_2N-NHC_6H_5$ 苯肼 (phenylhydrazine)	$C=N-NHC_6H_5$	苯腙 (phenylhydrazone)
$H_2N-NHCONH_2$ 氨基脲 (semicarbazide)	$C=N-NHCONH_2$	缩氨脲 (semicarbazone)

例如:

$$CH_3(CH_2)_5CHO + H_2N-OH \longrightarrow CH_3(CH_2)_5CH=NOH + H_2O$$
庚醛肟 (81%~93%)

$$C_6H_5\overset{O}{\underset{}{C}}-C_6H_5 + H_2NNH_2 \longrightarrow \underset{C_6H_5}{\overset{C_6H_5}{C}}=NNH_2 + H_2O$$
二苯甲酮腙(73%)

$$\text{(苯基)}\overset{O}{C}-CH_3 + H_2NNH-C_6H_5 \longrightarrow \underset{CH_3}{\overset{C_6H_5}{C}}=NNH-C_6H_5 + H_2O$$
87%~91%

$$CH_3\overset{O}{C}-(CH_2)_9CH_3 + H_2NN H\overset{O}{C}-NH_2 \xrightarrow[\text{乙醇-水}]{\text{乙酸钠}} \underset{CH_3}{\overset{CH_3(CH_2)_9}{C}}=NN H\overset{O}{C}-NH_2 + H_2O$$
93%

反应一般在弱酸性条件下进行,质子与羰基氧原子结合,可以提高羰基的活性。

氨的衍生物与醛、酮反应后的产物肟、腙、苯腙、缩氨脲等一般都是很好的结晶,并具有一定的熔点,因此可用于鉴别醛、酮。这些试剂专称为羰基试剂。特别是2,4-二硝基苯肼几乎可以与大多数醛、酮反应,产生黄色沉淀,故常用于醛、酮的鉴别。

$$C=O + H_2NHN-\text{(2,4-二硝基苯基)}-NO_2 \longrightarrow C=NNH-\text{(2,4-二硝基苯基)}-NO_2 \downarrow \text{黄色}$$

此外,上述加成产物在酸性条件下又可水解为原来的醛、酮。因此,上述反应还可用于醛、酮的分离提纯。可先将醛、酮与羰基试剂作用,所得的加成产物经纯化后再进行酸性水解,恢复成原来的醛、酮,达到纯化的目的。

$$>\!C=N\!-\!G \ + \ H_2O \xrightarrow{H^+} \ >\!C=O \ + \ H_2N\!-\!G$$

练习题 10.5 命名下列化合物。

(1) 环己基=N—NHCONH₂

(2) C₆H₅C(CH₃)=NOH

(3) (CH₃)₂C=NNHC₆H₅

练习题 10.6 下列化合物为抗高血压药普萘洛尔的肟衍生物,在体内可代谢活化。试写出其酸水解后的产物结构。

二、α-活泼氢的反应

(一) α-氢的酸性

醛、酮的 α-氢受羰基的影响,具有较大的活泼性。从乙烷、乙烯、乙炔及丙酮的 pK_a 可以看出,醛、酮的 α-氢的酸性比炔氢还强。

	CH_3CH_3	$CH_2=CH_2$	$HC\equiv CH$	$CH_3\overset{O}{\overset{\|}{C}}CH_3$
pK_a	50	44	25	20

醛、酮的 α-氢具有酸性是基于两个方面的原因。一是羰基的极化导致 α 位碳氢键的极性也增加,有利于 α-氢的解离;二是解离后生成的相应负离子(共轭碱)能够通过电子离域作用,使负电荷分散在氧原子和 α-碳原子上而得到稳定。

$$\left. -\overset{|}{\underset{\underset{\overset{|}{H}}{}}{C}}-\overset{O}{\overset{\|}{C}}-CH(R) \right. \Longleftrightarrow \left[-\overset{|}{C}-\overset{O}{\overset{\|}{C}}-CH(R) \longleftrightarrow -\overset{|}{C}=\overset{O^-}{\overset{|}{C}}-CH(R) \right]$$

共轭碱

例如:

$$CH_3\overset{O}{\overset{\|}{C}}CH_3 \Longleftrightarrow H^+ + \left[\bar{C}H_2-\overset{O}{\overset{\|}{C}}-CH_3 \longleftrightarrow CH_2=\overset{O^-}{\overset{|}{C}}-CH_3 \right] \Longleftrightarrow CH_2=\overset{OH}{\overset{|}{C}}-CH_3$$

酮式　　　　　　　　　共轭碱　　　　　　　　　烯醇式

共轭碱是两个极限式(1)和(2)的共振杂化体,其负电荷可分散在 α-碳原子和氧原子上而得到稳定。由于氧承受负电荷的能力比碳大,所以极限式(2)对杂化体的贡献较大。从上式还可以看出,当质子与共轭碱重新结合时,若与碳负离子结合,则重新得到酮;若与氧负离子结合,则得到烯醇。

α–氢的酸性强弱取决于与 α–碳相连的官能团的吸电子能力,其吸电子能力越强,α–氢解离的能力就越强,α–氢的酸性就越强。α–氢的酸性还与 α–氢解离后所生成的碳负离子的稳定性有关,负离子越稳定,平衡越有利于向解离的方向进行。一些常见化合物 α–氢的 pK_a 见表 10-3。

表 10-3　常见化合物 α-氢的 pK_a

化合物	α–氢的 pK_a	化合物	α–氢的 pK_a
CH_3NO_2	10.21	$CH_2(NO_2)_2$	3.57
CH_3COCl	16	$CH_3COCH_2COCH_3$	9
CH_3CHO	17	$CNCH_2COOCH_3$	9
CH_3COCH_3	20	$NCCH_2CN$	11.2
CH_3COOCH_3	25	$CH_3COCH_2COOC_2H_5$	11
CH_3CN	25	$CH_2(COOC_2H_5)_2$	13

含 α–氢的脂肪族硝基化合物表现出明显的酸性,能逐渐溶于强碱水溶液中而形成盐。例如:

$$CH_3CH_2NO_2 + NaOH \longrightarrow [CH_3CHNO_2]^- Na^+ + H_2O$$

这是由于受硝基的强吸电子作用的影响,α–碳上的氢原子以质子的形式发生迁移而转变为硝基化合物的假酸式结构。

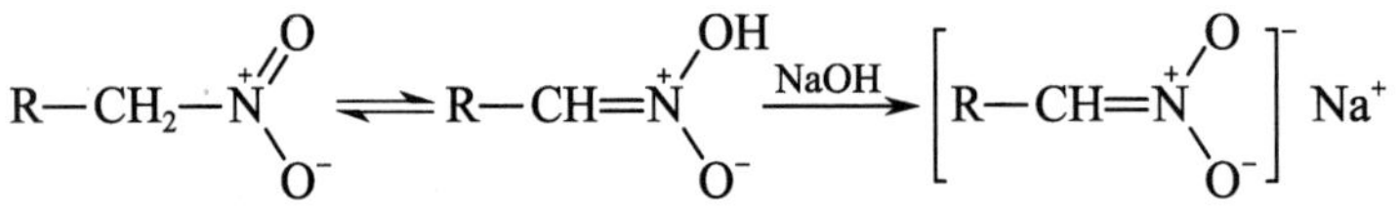

硝基式　　　异硝基式(假酸式)　　　　钠盐

通常硝基化合物中的假酸式含量较少,但加入碱后,碱与假酸式作用使平衡不断向右移动,直至完全成盐。这种互变平衡的速率较慢,所以假酸式与碱作用需要一定的时间。

当同一碳原子上连有两个吸电子基团时,这样的化合物其酸性明显增强。如乙酰乙酸乙酯是典型的 β–二羰基化合物(β-dicarbonyl compound),由于受两个羰基的吸电子作用,亚甲基上的氢特别活泼,解离后形成稳定的碳负离子。该碳负离子稳定是因为碳原子上的负电荷可以同时与两个羰基发生共轭作用,具有比较广泛的离域范围。乙酰乙酸乙酯负离子可用三个共振极限式表示如下:

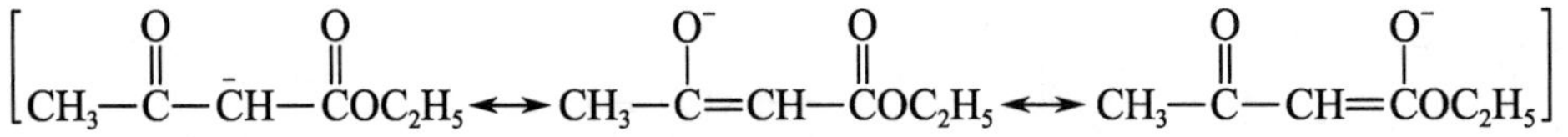

其他 β–二羰基化合物与之相似,如硝基、氰基等其他吸电子基团与羰基的作用相同,因此,在含有氢的碳原子上连有两个吸电子基团的化合物都具有一个活泼的亚甲基,此类化合物统称为含活泼亚甲基的化合物,也称为含活泼氢的化合物,它们的性质是相似的。在有机合成中常见的含活泼亚甲基的化合物有:

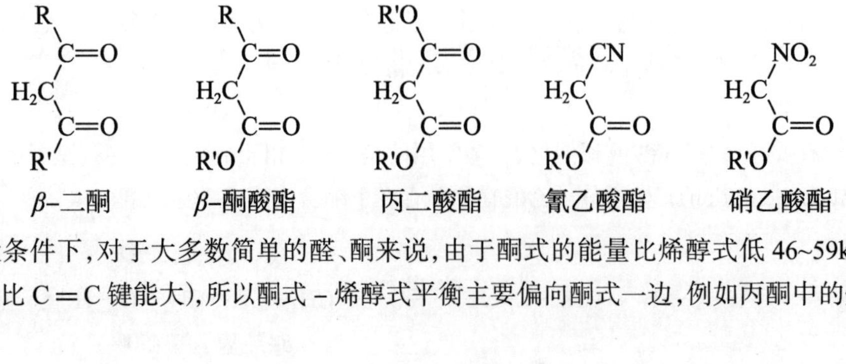

β–二酮　　　β–酮酸酯　　　丙二酸酯　　　氰乙酸酯　　　硝乙酸酯

在一般条件下,对于大多数简单的醛、酮来说,由于酮式的能量比烯醇式低 46~59kJ/mol(因为 C=O 键能比 C=C 键能大),所以酮式–烯醇式平衡主要偏向酮式一边,例如丙酮中的烯醇式含量仅 0.01%。

$$CH_3-\overset{\overset{\displaystyle O}{\|}}{C}-CH_3 \Longrightarrow CH_2=\overset{\overset{\displaystyle OH}{|}}{C}-CH_3$$

然而,具有 β-二羰基结构的化合物在平衡状态下酮式和烯醇式异构体确实是存在且相对稳定的。例如 β-二羰基化合物乙酰乙酸乙酯存在酮式 – 烯醇式互变异构现象,在室温条件下保持下列动态平衡。

$$CH_3-\overset{\overset{\displaystyle O}{\|}}{C}-\overset{\displaystyle C}{\underset{H_2}{}}-\overset{\overset{\displaystyle O}{\|}}{C}-OC_2H_5 \Longrightarrow CH_3-\overset{\overset{\displaystyle O\cdots H}{|}}{C}=\overset{\displaystyle C}{\underset{H}{}}-\overset{\overset{\displaystyle O}{\|}}{C}-OC_2H_5$$

酮式 (92.5%)　　　　　烯醇式 (7.5%)

乙酰乙酸乙酯的烯醇式异构体之所以具有较大的稳定性,其原因一是通过分子内氢键形成一个较稳定的六元闭合环系;二是烯醇式羟基氧原子上的未共用电子对与碳碳双键和碳氧双键形成共轭体系,发生电子离域,使分子内能降低。

$$CH_3-\overset{\overset{\displaystyle \ddot{O}H}{|}}{C}=CH-\overset{\overset{\displaystyle O}{\|}}{C}-OC_2H_5$$

酮式 – 烯醇式互变异构现象在含羰基的化合物中普遍存在,酮式和烯醇式共存于一个平衡体系中,多数情况下酮式是主要存在形式。但随着 α-氢的活泼性增强,氢原子解离后形成的碳负离子的稳定性增大,烯醇式在平衡体系中的含量也随之增加。表 10-4 列出一些化合物的烯醇式结构及其含量,从中可以看出结构对形成烯醇式异构体的影响。

表 10-4　一些化合物的烯醇式结构及其含量

化合物	酮式 – 烯醇式互变异构	烯醇式的含量 /%
丙酮	$CH_3\overset{\overset{\displaystyle O}{\|}}{C}CH_3 \Longrightarrow CH_2=\overset{\overset{\displaystyle OH}{\|}}{C}CH_3$	0.01
丙二酸二乙酯	$C_2H_5O\overset{\overset{\displaystyle O}{\|}}{C}CH_2\overset{\overset{\displaystyle O}{\|}}{C}OC_2H_5 \Longrightarrow C_2H_5O\overset{\overset{\displaystyle OH}{\|}}{C}=CH\overset{\overset{\displaystyle O}{\|}}{C}OC_2H_5$	0.1
乙酰乙酸乙酯	$CH_3\overset{\overset{\displaystyle O}{\|}}{C}CH_2\overset{\overset{\displaystyle O}{\|}}{C}OC_2H_5 \Longrightarrow CH_3\overset{\overset{\displaystyle OH}{\|}}{C}=CH\overset{\overset{\displaystyle O}{\|}}{C}OC_2H_5$	7.5
戊-2,4-二酮	$CH_3\overset{\overset{\displaystyle O}{\|}}{C}CH_2\overset{\overset{\displaystyle O}{\|}}{C}CH_3 \Longrightarrow CH_3\overset{\overset{\displaystyle OH}{\|}}{C}=CH\overset{\overset{\displaystyle O}{\|}}{C}CH_3$	76.0
1-苯基丁 -1,3-二酮	$C_6H_5\overset{\overset{\displaystyle O}{\|}}{C}CH_2\overset{\overset{\displaystyle O}{\|}}{C}CH_3 \Longrightarrow C_6H_5\overset{\overset{\displaystyle OH}{\|}}{C}=CH\overset{\overset{\displaystyle O}{\|}}{C}CH_3$	90.0

正如上面所述,含有 α-活泼氢的化合物一旦 α-氢解离则生成烯醇负离子,负电荷离域到碳和杂原子上。那么烯醇负离子的碳端和杂原子端都带有部分负电荷,反应发生在哪端,视具体情况而论。一般来说,碳端的亲核性较强,在亲核反应中往往是碳负离子作为亲核试剂参与取代或加成反应,如下述的羟醛缩合反应即可看作是碳负离子对羰基亲核加成的结果。

(二) 羟醛缩合

两分子含有 α-氢的醛在酸或碱催化下(最常用的是稀碱),相互结合形成 β-羟基醛的反应称为羟醛缩合(aldol condensation)。如两分子乙醛在稀碱存在下缩合生成 β-羟基丁醛。

$$CH_3-\overset{\overset{\displaystyle O}{\|}}{C}-H + CH_3-\overset{\overset{\displaystyle O}{\|}}{C}-H \xrightarrow[4\sim5℃]{NaOH,\ H_2O} CH_3-\overset{\overset{\displaystyle OH}{|}}{C}H-CH_2-\overset{\overset{\displaystyle O}{\|}}{C}-H$$

β-羟基丁醛 (50%)

羟醛缩合是分步进行的,反应机理如下(以乙醛在稀碱催化下的缩合为例):一分子乙醛在稀碱作用下形成负离子,它是烯醇负离子和碳负离子的共振杂化体(本书为简明起见,以下凡涉及烯醇负离子的反应均以碳负离子表示),可作为亲核试剂对另一分子醛的羰基碳进行亲核加成生成氧负离子,氧负离子再接受一个质子生成 β-羟基醛。

$$HO^- + H{-}CH_2{-}\overset{\displaystyle O}{\overset{\|}{C}}{-}H \underset{}{\overset{快}{\rightleftharpoons}} H_2O + \left[\ ^-CH_2{-}\overset{\displaystyle O}{\overset{\|}{C}}{-}H \longleftrightarrow CH_2{=}\overset{\displaystyle O^-}{C}{-}H\right]$$

$$\underset{\text{碳负离子}}{\qquad}\qquad\underset{\text{烯醇负离子}}{\qquad}$$

$$CH_3{-}\overset{\displaystyle O}{\overset{\|}{C}}{-}H + \ ^-CH_2{-}\overset{\displaystyle O}{\overset{\|}{C}}{-}H \overset{慢}{\rightleftharpoons} CH_3{-}\overset{\displaystyle O^-}{\underset{}{CH}}{-}CH_2{-}\overset{\displaystyle O}{\overset{\|}{C}}{-}H$$

$$CH_3{-}\overset{\displaystyle O^-}{CH}{-}CH_2{-}\overset{\displaystyle O}{\overset{\|}{C}}{-}H + H{-}OH \overset{快}{\rightleftharpoons} CH_3{-}\overset{\displaystyle OH}{\underset{}{CH}}{-}CH_2{-}\overset{\displaystyle O}{\overset{\|}{C}}{-}H + OH^-$$

β-羟基醛在加热时容易脱水生成 α,β-不饱和醛。

$$CH_3{-}\overset{\displaystyle OH}{\underset{}{CH}}{-}CH_2{-}\overset{\displaystyle O}{\overset{\|}{C}}{-}H \overset{\triangle}{\longrightarrow} CH_3CH{=}CH{-}\overset{\displaystyle O}{\overset{\|}{C}}{-}H$$

因此,若要制备 α,β-不饱和醛,则在较高的温度下反应;若要制备 β-羟基醛,要在尽可能低的温度下进行反应。例如:

$$2CH_3CH_2CH_2CHO\ \begin{cases} \xrightarrow[80\sim100℃]{NaOH/H_2O} CH_3CH_2CH_2CH{=}\underset{\underset{CH_2CH_3}{|}}{C}CHO \\ \qquad\qquad\text{2-乙基己-2-烯醛 (86\%)} \\ \\ \xrightarrow[6\sim8℃]{KOH/H_2O} CH_3CH_2CH_2\underset{\underset{OH}{|}}{CH}{-}\underset{\underset{CH_2CH_3}{|}}{CH}CHO \\ \qquad\qquad\text{2-乙基-3-羟基己醛 (75\%)} \end{cases}$$

由此可见,通过羟醛缩合反应可以制备 α,β-不饱和羰基化合物,后者可以转变为其他化合物。因此,羟醛缩合反应是有机合成中用于增长碳链的重要方法之一。

含有 α-氢的酮在稀碱作用下也可发生羟醛缩合反应,但其平衡偏向于反应物一边。例如丙酮在氢氧化钡催化下的羟醛缩合反应,在 20℃时平衡混合物中只含有 5% 左右的缩合产物。

$$2(CH_3)_2C{=}O \overset{Ba(OH)_2}{\rightleftharpoons} (CH_3)_2\underset{\underset{OH}{|}}{C}CH_2COCH_3$$

$$\text{双丙酮醇}$$

如果反应在索氏提取器(Soxhlet extractor)中进行,使缩合产物不断地离开平衡体系,产率可达 70% 左右。

促进羟醛缩合反应进行的另一个方法是用叔丁醇铝作催化剂,并提高反应温度。例如:

$$2C_6H_5\overset{\displaystyle O}{\overset{\|}{C}}{-}CH_3 \xrightarrow[\text{二甲苯,}100℃]{Al[OC(CH_3)_3]_3} C_6H_5\underset{\underset{CH_3}{|}}{C}{=}CH{-}\overset{\displaystyle O}{\overset{\|}{C}}{-}C_6H_5$$

$$77\%$$

羟醛缩合一般在稀碱条件下进行,有时也可用酸催化,常见的酸催化剂有 AlCl₃、HF、HCl、H₃PO₄、磺酸等。

例如在酸性催化剂(例如酸性离子交换树脂)存在下,丙酮可缩合先生成双丙酮醇,然后迅速脱水生成 α,β-不饱和酮,使平衡向右移动,反应可进行较完全。

$$2(CH_3)_2C{=\!\!=}O \xrightarrow{H^+} (CH_3)_2C{=\!\!=}CHCOCH_3$$

4-甲基戊-3-烯-2-酮 (79%)

酸催化的机理如下所示:

在酸催化反应中,亲核试剂实际上就是醛的烯醇式,酸的作用除促进醛、酮的烯醇化外,还可以活化羰基。此外,在酸性条件下,羟醛化合物更容易脱水生成相应的 α,β-不饱和醛、酮。

两种不同的醛在稀碱作用下可发生交叉羟醛缩合。如果两种不同的醛皆含有 α-氢,则可生成四种不同的缩合产物,由于分离困难,所以实际应用意义不大。但若选用一个含 α-氢的醛或酮(提供烯醇负离子)和一个不含有 α-氢的醛或酮(提供羰基)进行交叉羟醛缩合(crossed aldol condensation)反应,产物较单一,则具有合成价值。例如:

$$H_2C{=\!\!=}O + (CH_3)_2CHCH_2CHO \xrightarrow{K_2CO_3} (CH_3)_2CHCHCHO$$
$$\underset{\quad CH_2OH}{}$$

甲醛   3-甲基丁醛   2-羟甲基-3-甲基丁醛 (52%)

由芳香醛(提供羰基)和含有 α-氢的脂肪醛或酮(提供烯醇负离子)进行交叉羟醛缩合生成 α,β-不饱和醛或酮的反应专称克莱森-施密特反应(Claisen-Schmidt reaction)。例如:

$$CH_3O{-}\!\!\!\bigcirc\!\!\!{-}\overset{O}{\overset{\|}{C}}{-}H + CH_3\overset{O}{\overset{\|}{C}}CH_3 \xrightarrow[30℃]{NaOH,\ H_2O} CH_3O{-}\!\!\!\bigcirc\!\!\!{-}CH{=\!\!=}CH{-}\overset{O}{\overset{\|}{C}}{-}CH_3$$

4-(4-甲氧基苯基)丁-3-烯-2-酮 (83%)

克莱森-施密特反应第一步生成的 β-羟基醛极易发生脱水反应,因为脱水产物中的双键和芳环、羰基形成一个大的共轭体系而稳定。产物烯烃有顺反异构体时,以较稳定的反式异构体为主。例如:

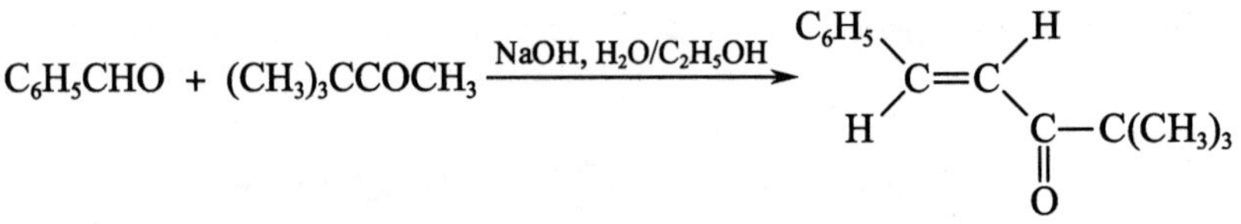

$$C_6H_5CHO + (CH_3)_3CCOCH_3 \xrightarrow{NaOH, H_2O/C_2H_5OH}$$

结构式：

$$\underset{88\%\sim93\%}{}$$

羟醛缩合反应不仅可在分子间进行，二羰基化合物还可发生分子内羟醛缩合（intramolecular aldol condensation）反应，生成环状化合物。这是合成含五～七元环状化合物的常用方法之一。例如：

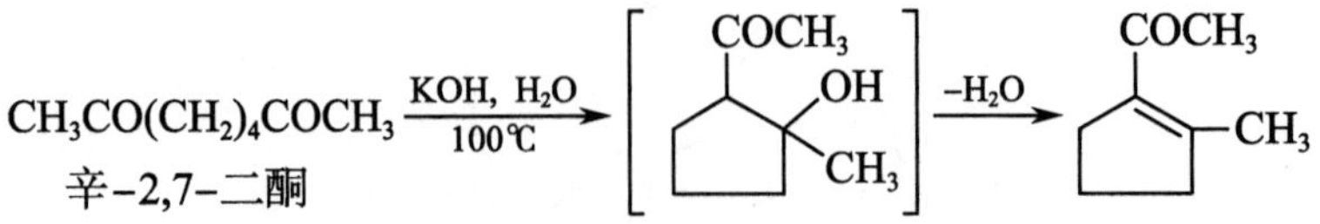

$$CH_3CO(CH_2)_4COCH_3 \xrightarrow[100℃]{KOH, H_2O} \left[\quad \right] \xrightarrow{-H_2O}$$

辛-2,7-二酮

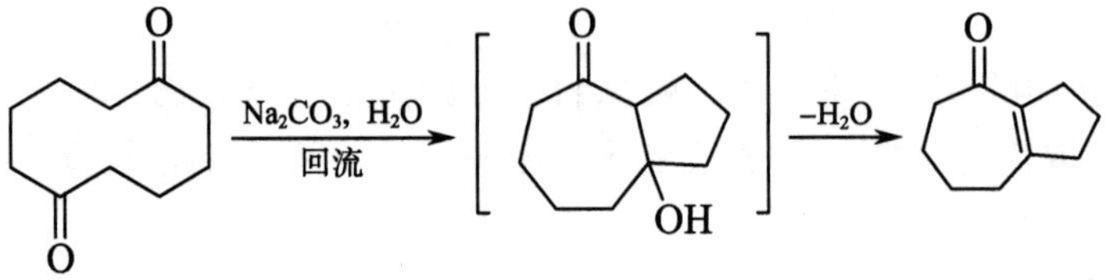

环癸-1,6-二酮 $\xrightarrow[回流]{Na_2CO_3,\ H_2O}$ $\left[\quad \right]$ $\xrightarrow{-H_2O}$ 96%

（三）卤代反应和卤仿反应

醛、酮在酸、碱催化下可以与卤素反应，其 α-氢可被卤素取代。例如：

$$CH_3COCH_3 + Br_2 \xrightarrow{HOAc} BrCH_2COCH_3 + HBr$$

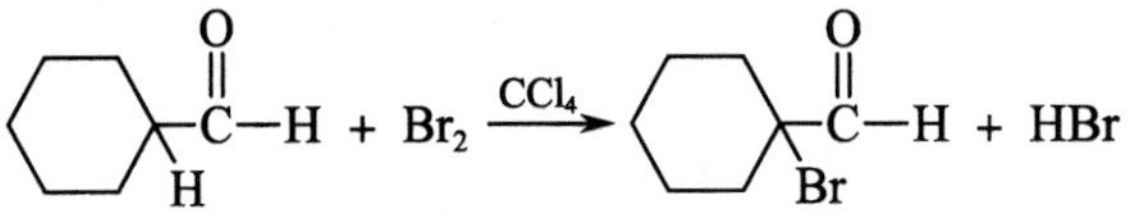

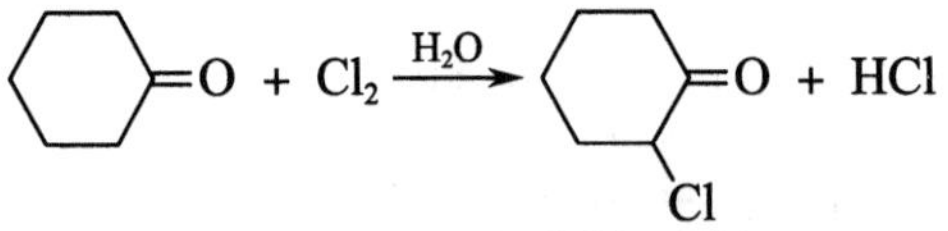

$$\text{环己基}-\underset{H}{\overset{O}{C}}-H + Br_2 \xrightarrow{CCl_4} \underset{80\%}{\text{环己基}-\underset{Br}{\overset{O}{C}}-H + HBr}$$

$$\text{环己酮} + Cl_2 \xrightarrow{H_2O} \underset{61\%\sim66\%}{\text{2-氯环己酮}} + HCl$$

卤代反应（halogenation reaction）的溶剂除上述例子中提到的乙酸、四氯化碳和水以外，还有乙醚和甲醇等也常用。一般情况下，醛、酮在酸催化下进行卤代反应，控制好反应条件，可得一卤化物。其酸催化反应的机理为：

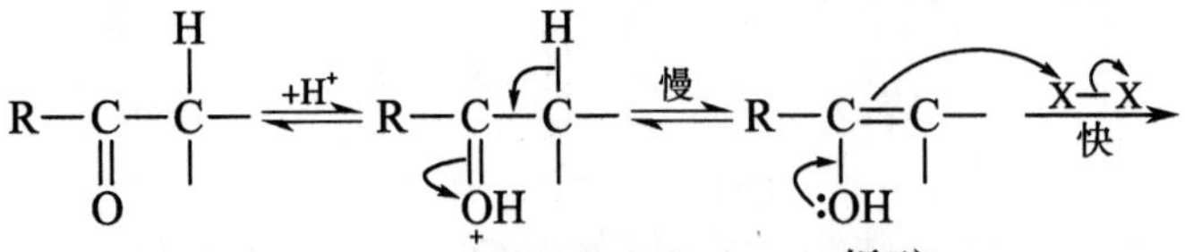

反应机理式（烯醇生成）

烯醇

$$X^- + R-\overset{}{C}-\overset{X}{\underset{}{C}} \xrightleftharpoons{-H^+} R-\overset{O}{\underset{}{C}}-\overset{X}{\underset{}{C}}$$

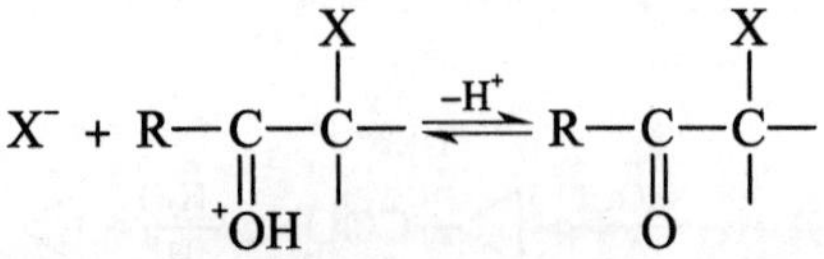

实验表明，烯醇的生成是反应速率决定步骤。当引入一个卤原子后，由于卤原子的吸电子效应，使羰基氧原子上的电子云密度降低，再质子化形成烯醇比未卤代前困难一些。因此，通过控制反应条件，酸催化下的卤代反应可停留在一卤代阶段。

醛、酮的 α-卤代反应若用碱催化,反应一般不易控制在一卤代阶段。例如:

$$(CH_3)_2CHCCH_3 + Br_2 \xrightarrow{\text{NaOH}} (CH_3)_2CHCCBr_3$$

碱催化的卤代反应是通过烯醇负离子进行的,反应机理如下:

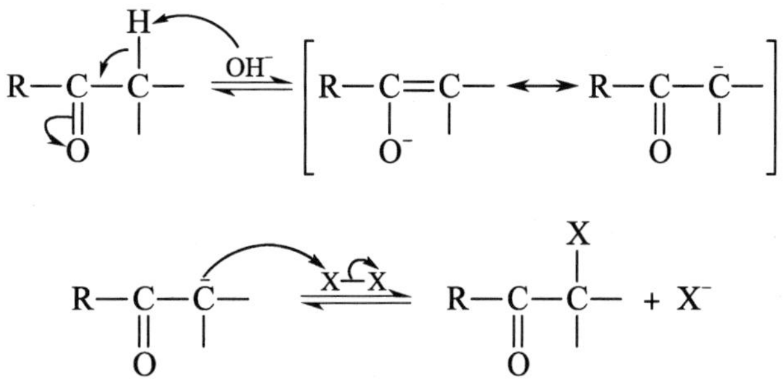

由于卤原子的吸电子效应,使 α-卤代醛、酮中 α-氢的酸性比未卤化前增强。这样,第二个氢被卤化的速率比未被取代前要快,α-二卤代醛、酮的卤化速率更快。因此,反应难以停留在一卤代阶段,易生成多卤化物。

乙醛、甲基酮与次卤酸盐反应(相当于在碱性溶液中卤代),三个 α-氢都被卤原子取代。

$$(R)H-C-CH_3 \xrightarrow[\text{(或}X_2+OH^-)]{\text{NaOX}} (R)H-C-CX_3$$

在生成的三卤化物分子中,三个卤原子的吸电子作用增强羰基碳原子的正电性,在碱性条件下极易受到 OH^- 的进攻,进而使碳碳键断裂,生成三卤甲烷(又称卤仿)和相应的羧酸盐。

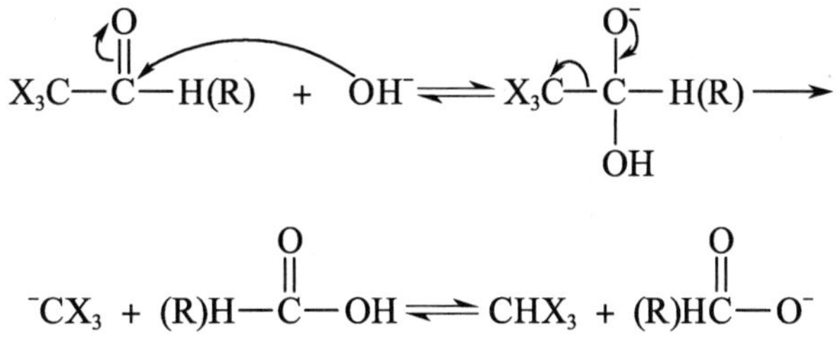

$$X_3C-C-H(R) + OH^- \rightleftharpoons X_3C-C-H(R) \longrightarrow$$

$$^-CX_3 + (R)H-C-OH \rightleftharpoons CHX_3 + (R)HC-O^-$$

由于产物中有卤仿生成,所以该类反应称为卤仿反应(haloform reaction)。

碘仿为有特殊臭味的黄色固体,不溶于反应液而容易析出,且反应进行很快,因此常用碘仿反应鉴别乙醛、甲基酮类化合物。由于乙醇和 α-碳原子上连有甲基的仲醇可被次卤酸盐氧化成相应的羰基化合物,故碘仿反应也可用于该类型醇的鉴别。

$$(R)H-CH-CH_3 \xrightarrow{\text{NaOX}} (R)H-C-CH_3$$
$$\quad\quad\quad |$$
$$\quad\quad OH$$

乙醇,α-碳上连有甲基的仲醇   乙醛,甲基酮

此外,在有机合成中,卤仿反应还可用来将甲基酮转变成少一个碳的羧酸,此时一般使用较便宜的次氯酸盐。例如:

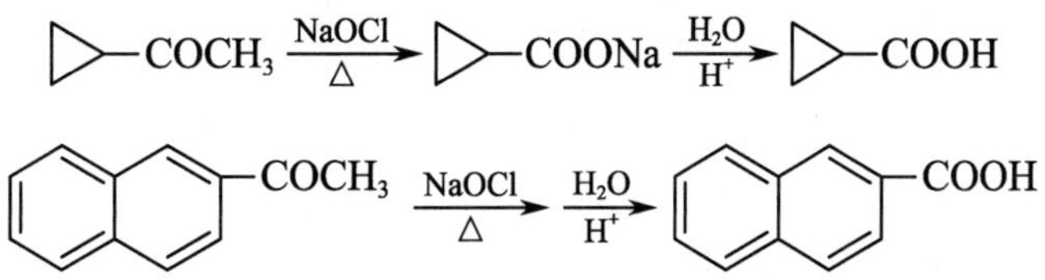

$$\triangleright-COCH_3 \xrightarrow{\text{NaOCl}}{\triangle} \triangleright-COONa \xrightarrow[\text{H}^+]{\text{H}_2\text{O}} \triangleright-COOH$$

练习题 10.7 完成下列反应式(写出主要产物或试剂)。

(1) $CH_3CH_2-CHO + HCHO \xrightarrow{稀OH^-}$

(2) $CH_3O-\bigcirc-CHO \xrightarrow[稀OH^-]{(CH_3)_2C=O}$

(3) $\bigcirc-CH_3 \xrightarrow{①} \bigcirc-CHO \xrightarrow{②} \bigcirc-\underset{\underset{SO_3Na}{|}}{C}HOH \xrightarrow{NaCN}$

(4) $\bigcirc-OCOCH_3 \xrightarrow{①} CH_3\overset{O}{\underset{||}{C}}-\bigcirc-OH \xrightarrow{②}$

$CH_3\overset{O}{\underset{||}{C}}-\bigcirc-OCH_3 \xrightarrow{NH_2NHCONH_2}$

(5) $\bigcirc \xrightarrow{①} \bigcirc-COCH_3 \xrightarrow{②} \bigcirc-COONa + CHI_3\downarrow$

(6) $(CH_3)_3CCOCH_3 \xrightarrow[\triangle]{NaOCl}$

10-K-1
科学家简介

(四) 曼尼希反应

含有 α–活泼氢的酮与甲醛及胺反应,可以在酮的 α 位引入一个胺甲基,这个反应称为曼尼希反应(Mannich reaction),也称胺甲基化反应。

$$R'\overset{O}{\underset{||}{C}}CH_2R + HCHO + HN\overset{R}{\underset{R}{\diagdown}} \xrightarrow{H^+} R'\overset{O}{\underset{||}{C}}-\underset{\underset{R}{|}}{C}H-CH_2N\overset{R}{\underset{R}{\diagdown}}$$

例如:

$$\overset{O}{\bigcirc} + HCHO + (CH_3)_2NH\cdot HCl \longrightarrow \overset{O}{\bigcirc}\overset{CH_2N(CH_3)_2}{}$$

利用这个反应,可以从一个较小的胺制备一个较复杂的胺。反应一般在水、醇或乙酸溶液中进行,可用三聚甲醛或多聚甲醛及甲醛溶液。胺一般用仲胺的盐酸盐。反应在酸性条件下进行,其反应机理如下:

$$R'\overset{O}{\underset{||}{C}}CH_2R \rightleftharpoons R'\overset{OH}{\underset{||}{C}}=CHR$$

$$H\overset{O}{\underset{||}{C}}H + HNR_2 \rightleftharpoons \overset{OH}{\underset{|}{C}}H_2-NR_2 \underset{-H_2O}{\overset{H^+}{\rightleftharpoons}} CH_2=\overset{+}{N}R_2$$

$$R'\overset{OH}{\underset{||}{C}}=CHR + CH_2=\overset{+}{N}R_2 \overset{-H^+}{\rightleftharpoons} R'\overset{O}{\underset{||}{C}}\underset{\underset{R}{|}}{C}H-CH_2NR_2$$

生成的产物一般以盐的形式存在,因此,经常称此类产物为曼尼希碱(Mannich base)。

三、氧化反应

醛、酮在氧化反应性质上的差异非常显著,醛对氧化剂比较敏感,酮对一般的氧化剂都比较稳定。

(一) 醛的氧化

用高锰酸钾、重铬酸钠等强氧化剂氧化时,醛被氧化成羧酸。例如:

$$CH_3(CH_2)_5CHO \xrightarrow[20℃]{KMnO_4/H_2SO_4/H_2O} CH_3(CH_2)_5COOH$$

庚醛　　　　　　　　　　　　　　　庚酸 (76%~78%)

醛基在芳环侧链上时,氧化反应的条件不能剧烈,否则芳环侧链断裂成苯甲酸。

$$C_6H_5CH_2CHO \xrightarrow[或CrO_3/H^+]{冷,稀KMnO_4} C_6H_5CH_2COOH$$

10-K-2
科学家简介

醛还可被弱的氧化剂氧化。例如托伦试剂(Tollens reagent)(硝酸银的氨溶液)、费林试剂 (Fehling reagent)(硫酸铜与酒石酸钾钠的碱溶液)可将醛氧化成相应的羧酸。

醛用托伦试剂氧化时,醛氧化成羧酸,银离子被还原成金属银。当反应器壁光滑洁净时,银沉淀在试管壁上形成银镜,故亦称银镜反应。

$$RCHO + 2Ag(NH_3)_2{}^+OH^- \xrightarrow{\triangle} RCOONH_4 + 2Ag\downarrow + 3NH_3 + H_2O$$

10-K-3
科学家简介

脂肪醛与费林试剂反应时,醛被氧化成羧酸,而铜离子被还原成砖红色的氧化亚铜沉淀析出;而芳香醛不与费林试剂作用。因此,利用费林试剂可区别脂肪醛和芳香醛。

$$RCHO + 2Cu(OH)_2 + NaOH \xrightarrow{\triangle} RCOONa + Cu_2O\downarrow + 3H_2O$$

氧化银是一种温和的氧化剂,可使醛氧化成酸,分子中的双键等可不受影响。例如:

(二) 酮的氧化

酮不被托伦试剂和费林试剂氧化,所以上述两种试剂可用于醛和酮的鉴别反应。

酮若用 $KMnO_4$、硝酸等强氧化剂在剧烈的条件下氧化,可发生碳链断裂,断裂发生在羰基碳与 α-碳处,生成多种羧酸的混合物,因此无制备价值。但是结构对称的环酮氧化,则只得一种产物,可用于制备。例如工业上采用环己酮氧化制备己二酸。

环己酮　　　　　　己二酸

练习题 10.8　化合物 A($C_6H_{12}O_3$),有碘仿反应,但不与托伦试剂作用。将 A 与稀 H_2SO_4 一起煮沸,得 B,B 可与托伦试剂作用。A 的 IR 谱图在 1 710cm^{-1} 处有强吸收;其 ^{1}H-NMR 谱图数据(δ 值)为 2.1(s,3H),2.6(d,2H),3.6(s,6H),4.1(t,1H)ppm。试推测 A 的结构。

练习题 10.9　化合物 A($C_9H_{10}O$)，可与苯肼反应生成腙，亦可发生碘仿反应；A 的 ^1H-NMR 谱图数据(δ 值)为 2.0(s,3H),3.5(s,2H),7.5(m,5H)ppm。化合物 B 是 A 的同分异构体，也能与苯肼反应生成腙，但不能发生碘仿反应；B 的 ^1H-NMR 谱图数据(δ 值)为 1.2(t,3H),3.0(qua,2H),7.7(m,5H)ppm。试推测 A、B 的结构。

四、还原反应

(一) 羰基还原成亚甲基

1. 克莱门森还原法　醛、酮与锌汞齐和浓盐酸回流反应，羰基被还原成亚甲基，称为克莱门森还原法(Clemmensen reduction)。

$$\underset{}{}C=O \xrightarrow[\text{浓HCl}]{\text{Zn-Hg}} \underset{}{}CH_2 + H_2O$$

例如：

$$C_6H_5COCH_2CH_2CH_3 \xrightarrow[\triangle]{\text{Zn-Hg, 浓 HCl}} C_6H_5CH_2CH_2CH_2CH_3$$
丁酰苯　　　　　　　　　　　　　　　　　正丁基苯

$$\text{HO}\underset{}{\overset{CH_3O}{\bigcirc}}\text{CHO} \xrightarrow[\triangle]{\text{Zn-Hg, 浓 HCl}} \text{HO}\underset{65\%}{\overset{CH_3O}{\bigcirc}}CH_3$$

该法只适用于对酸稳定的化合物，芳香酮用此法还原时产率较高。

2. 沃尔夫 – 基希纳 – 黄鸣龙还原法　对酸不稳定的化合物，可采用沃尔夫 – 基希纳还原法(Wolff–Kishner reduction)将羰基还原成亚甲基。该法原系将醛、酮与肼和金属钠(钾)在高压釜中或封管中加热(约 200℃)反应，醛、酮先与肼生成腙，再放出氮气而生成烃。

$$\underset{}{}C=O \longrightarrow \underset{}{}C=NNH_2 \longrightarrow \underset{}{}CH_2 + N_2\uparrow$$

由于反应温度高，又要在高压釜中进行，操作不方便。后来我国化学家黄鸣龙对此法进行改进。用氢氧化钾代替金属钾，用肼的水溶液代替无水肼，并加入一高沸点溶剂如一缩乙二醇($HOCH_2CH_2)_2O$，反应可在常压下进行，操作方便，便于工业上推广使用。改进后的沃尔夫 – 基希纳还原法称沃尔夫 – 基希纳 – 黄鸣龙还原法(Wolff–Kishner–Huang Minglong reduction)，简称黄鸣龙还原法。例如：

$$C_6H_5COCH_2CH_3 \xrightarrow[(HOCH_2CH_2)_2O/\triangle]{NH_2NH_2/KOH} \left[\begin{array}{c}C_6H_5C=NNH_2 \\ | \\ CH_2CH_3\end{array}\right] \xrightarrow{-N_2} C_6H_5CH_2CH_2CH_3$$
丙酰苯　　　　　　　　　　　　　　　　　　　　　正丙苯 (82%)

$$\underset{\text{环壬酮}}{\bigcirc=O} \xrightarrow[(HOCH_2CH_2)_2O/\triangle]{NH_2NH_2/KOH} \left[\bigcirc=NNH_2\right] \xrightarrow{-N_2} \underset{\text{环壬烷 (74%)}}{\bigcirc}$$

现又进一步改进，采用二甲基亚砜(DMSO)作溶剂，使反应温度降低，更适合于工业化生产。

(二) 羰基还原成醇羟基

采用催化氢化或化学还原剂可将羰基还原成醇羟基。

1. 催化氢化　醛、酮在铂、钯或镍等催化剂存在下,可被还原成相应的伯醇和仲醇。

$$\underset{(R^2)H}{\overset{R^1}{\diagdown}}C=O \xrightarrow[\text{(或Pd或Pt)}]{H_2/Ni} \underset{(R^2)H}{\overset{R^1}{\diagdown}}CH-OH$$

例如:

$$CH_3O-\!\!\!\!\bigcirc\!\!\!\!-CHO \xrightarrow[\text{乙醇}]{H_2/Pt} CH_3O-\!\!\!\!\bigcirc\!\!\!\!-CH_2OH$$
$$92\%$$

$$\bigcirc\!\!-COCH_3 \xrightarrow{H_2/Ni} \bigcirc\!\!-\underset{OH}{\overset{}{CH}}CH_3$$
$$96\%$$

分子中的其他不饱和官能团(双键、三键、硝基和氰基等)在此反应条件下都可被还原。与烯烃的双键相比,羰基催化氢化的活性为醛羰基>碳碳双键>酮羰基。

当羰基与碳碳双键孤立地处于同一分子中时,由于其活性上的差异,通过控制反应条件,使活性较高的基团先还原。例如:

$$CH_2=CHCH_2\overset{O}{\overset{\|}{C}}-H \xrightarrow[\text{控制}]{H_2/Ni} CH_2=CHCH_2CH_2OH$$

$$CH_2=CHCH_2\overset{O}{\overset{\|}{C}}-CH_3 \xrightarrow[\text{控制}]{H_2/Ni} CH_3CH_2CH_2\overset{O}{\overset{\|}{C}}-CH_3$$

对 α,β-不饱和醛、酮,在催化氢化的条件下控制反应,通常先还原碳碳双键,再还原羰基。例如:

$$\underset{CH_3}{\overset{O}{\bigcirc}} + H_2(1\text{mol}) \xrightarrow{Pd/C} \underset{CH_3}{\overset{O}{\bigcirc}}$$
$$100\%$$

如果不控制反应条件,上述醛、酮中的羰基和碳碳双键将同时被还原。

2. 麦尔外因－彭多夫还原　在异丙醇铝－异丙醇的作用下,醛、酮可被还原成醇。

$$\underset{(R')H}{\overset{R}{\diagdown}}C=O + (CH_3)_2CHOH \underset{}{\overset{[(CH_3)_2CHO]_3Al}{\rightleftharpoons}} \underset{(R')H}{\overset{R}{\diagdown}}CH-OH + CH_3\overset{O}{\overset{\|}{C}}CH_3$$

该还原反应专称麦尔外因－彭多夫还原(Meerwein-Ponndorf reduction),是欧芬脑尔氧化的逆反应。麦尔外因－彭多夫还原和欧芬脑尔氧化皆具有高度选择性,对分子中的其他不饱和基团不发生作用。例如:

$$C_6H_5CH=CHCHO \xrightarrow[(CH_3)_2CHOH]{Al[OCH(CH_3)_2]_3} C_6H_5CH=CHCH_2OH$$

$$O_2N-\!\!\!\!\bigcirc\!\!\!\!-\underset{\underset{\overset{\|}{NHCCHCl_2}}{O}}{\overset{O}{\overset{\|}{C}}}-CHCH_2OH \xrightarrow[(CH_3)_2CHOH]{Al[OCH(CH_3)_2]_3} O_2N-\!\!\!\!\bigcirc\!\!\!\!-\underset{H}{\overset{OH}{CH}}-\underset{\underset{\overset{\|}{NHCCHCl_2}}{O}}{CHCH_2OH}$$

3. 用金属氢化物还原 醛、酮用金属氢化物如氢化锂铝（lithium aluminum hydride，$LiAlH_4$）、硼氢化钠（sodium borohydride，$NaBH_4$）还原时，羰基被还原成醇羟基。例如：

$$CH_3\overset{O}{\overset{\|}{C}}CH_2C(CH_3)_3 \xrightarrow[\text{②}H_2O/H^+]{\text{①}NaBH_4/\text{乙醇}} CH_3\overset{OH}{\overset{|}{C}}HCH_2C(CH_3)_3 \quad 85\%$$

$$CH_3(CH_2)_5CHO \xrightarrow[\text{②}H_2O/H^+]{\text{①}LiAlH_4/\text{乙醚}} CH_3(CH_2)_5CH_2OH \quad 86\%$$

用金属氢化物还原醛、酮时，分子中的碳碳双键和三键可不被还原。例如：

$$CH_3CH{=}CHCH_2CH_2CHO \xrightarrow[\text{②}H_2O/H^+]{\text{①}LiAlH_4/\text{乙醚}} CH_3CH{=}CHCH_2CH_2CH_2OH$$

$LiAlH_4$ 极易水解，反应需在无水条件下进行。$NaBH_4$ 与水、质子溶剂的作用较慢，使用比较方便，但其还原能力比 $LiAlH_4$ 弱。

这类还原的本质是氢负离子作为亲核试剂与羰基进行亲核加成，形成醇盐；后者经水解而得到醇。以 $LiAlH_4$ 为例：

3RCHO
(RCH2O)4AlLi
水解
稀盐酸
RCH2OH + AlCl3 + LiCl
醇盐

当用 $LiAlH_4$ 还原 2-丁酮时，试剂从羰基平面两侧进攻的机会均等，产物中 *R* 与 *S* 的量相等，得到外消旋体。

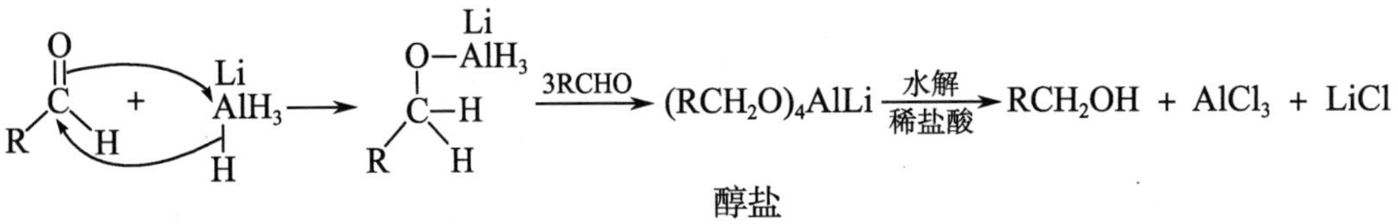

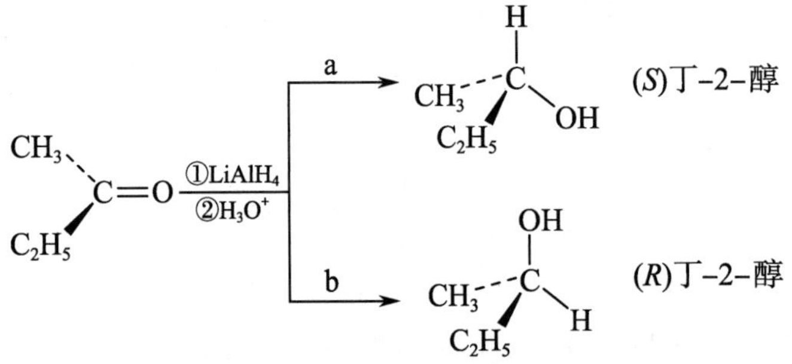

①LiAlH4
②H3O+
a
b
(S)丁-2-醇
(R)丁-2-醇

3,3,5-三甲基环己酮羰基平面两侧的化学环境是不同的，所以它还原后得到两种异构体的量就不相等。

10-D-2 羰基还原的立体选择性（动画）

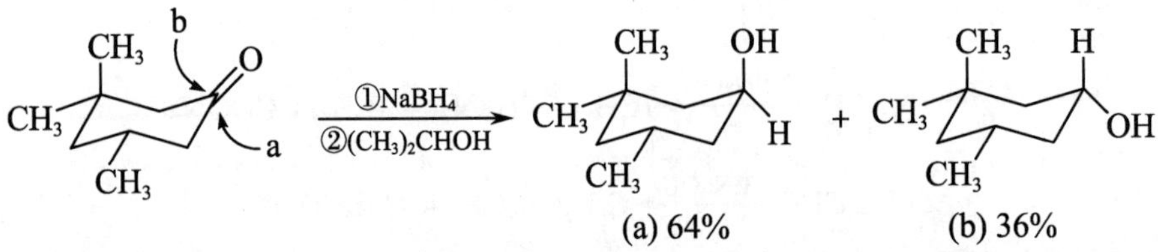

①NaBH4
②(CH3)2CHOH
(a) 64%
(b) 36%

试剂从 a 方向进攻羰基碳时位阻较小，试剂进攻有利，故产物（a）为主要产物；试剂从 b 方向进攻羰基碳时，虽然所得产物的羟基处于平伏键，较稳定，但是因为有一个直立键的甲基，位阻较大，不利于试剂进攻，故为次要产物。

当羰基两旁的立体环境相差不大时，以稳定的产物为主。例如：

$$(CH_3)_3C\text{—}\overset{O}{\diagdown}\ \xrightarrow[\text{乙醚}]{LiAlH_4}\ \xrightarrow{H_2O}\ (CH_3)_3C\text{—}\overset{H}{\underset{OH}{\diagdown}}\ +\ (CH_3)_3C\text{—}\overset{OH}{\underset{H}{\diagdown}}$$

88%　　　　　12%
羟基在平伏键稳定

4. 酮的双分子还原　在一定条件下,很多金属如 Na/C_2H_5OH、Fe/CH_3COOH 等都能将醛、酮还原成醇。例如:

$$CH_3(CH_2)_4COCH_3 \xrightarrow{Na/C_2H_5OH} CH_3(CH_2)_4\overset{}{\underset{OH}{C}HCH_3}$$

$$CH_3(CH_2)_5CHO \xrightarrow{Fe/CH_3COOH} CH_3(CH_2)_5CH_2OH$$

当酮用镁、镁汞齐或铝汞齐在非质子溶剂(如苯)中反应时,经水解后主要得双分子还原产物(产物为频哪醇),该反应称为酮的双分子还原。

$$CH_3\text{—}\overset{O}{\underset{}{C}}\text{—}CH_3 \xrightarrow[\text{苯}]{Mg} \xrightarrow{H_2O/H^+} CH_3\text{—}\overset{CH_3}{\underset{OH}{C}}\text{—}\overset{CH_3}{\underset{OH}{C}}\text{—}CH_3$$

$$\bigcirc\!\!=\!\!O \xrightarrow[\text{苯}]{Mg} \xrightarrow{H_2O/H^+} \underset{OH}{\bigcirc}\!\!-\!\!\underset{OH}{\bigcirc}$$

双分子还原的机理可表示如下:

邻二醇在酸的作用下可发生频哪醇重排(见第九章第一节)。

5. 康尼扎罗反应　无 α-氢的醛在浓碱作用下可在两分子间发生反应,一分子醛被还原成醇,另一分子醛被氧化成酸。这类反应称为康尼扎罗反应(Cannizzaro reaction),也称为歧化反应。例如:

$$2HCHO \xrightarrow{\text{浓}NaOH} CH_3OH + HCOONa$$

$$2(CH_3)_3CCHO \xrightarrow{\text{浓}NaOH} (CH_3)_3CCH_2OH + (CH_3)_3CCOONa$$

$$2C_6H_5CHO \xrightarrow{\text{浓}NaOH} C_6H_5CH_2OH + C_6H_5COONa$$

康尼扎罗反应的机理(以苯甲醛为例)如下:

$$Ar\text{—}CH\!\!=\!\!O + OH^- \ \rightleftharpoons\ Ar\text{—}\overset{H}{\underset{OH}{C}}\text{—}O^- \xrightarrow{Ar\text{—}\overset{O}{C}\text{—}H}$$

$$Ar-\underset{OH}{\overset{\overset{\displaystyle }{|}}{C}}{=}O + Ar-\underset{H}{\overset{\overset{\displaystyle H}{|}}{C}}{-}O^- \longrightarrow Ar-\underset{\underset{\displaystyle }{O^-}}{\overset{\displaystyle }{C}}{=}O + Ar-CH_2OH$$

$$\xrightarrow{H^+} Ar-\underset{OH}{\overset{\displaystyle }{C}}{=}O$$

可以看出,羰基受 OH⁻ 的亲核进攻生成氧负离子中间体,氧上的负电荷向碳转移,致使碳上的氢带着 1 对电子以氢负离子的形式转移到另一分子醛的羰基碳原子上。给出氢的醛为供体,被氧化成酸;另一分子醛为氢的受体,被还原成醇。

两种不同的无 α-氢的醛在浓碱存在下会发生交叉康尼扎罗反应,生成多种产物的混合物,合成上没有太大的意义。但当用甲醛与其他无 α-氢的醛进行交叉康尼扎罗反应时,由于甲醛的羰基较活泼,总是先受到 OH⁻ 进攻而成为氢的供体,其本身被氧化成甲酸,而另一醛则被还原成醇。这样,产物较单纯,在有机合成中常被应用。例如:

$$HCHO + C_6H_5CHO \xrightarrow{\text{浓}OH^-} HCOO^- + C_6H_5CH_2OH$$

工业上采用甲醛和乙醛为原料,通过羟醛缩合和交叉康尼扎罗反应制得季戊四醇。

$$CH_3CHO \xrightarrow[\text{稀}OH^-]{3HCHO} HOCH_2-\underset{CH_2OH}{\overset{\overset{\displaystyle CH_2OH}{|}}{C}}{-}CHO \xrightarrow[\text{浓}OH^-]{HCHO} (HOCH_2)_3C-CH_2OH + HCOONa$$

练习题 10.10　完成下列反应(写出主要产物或试剂)。

(1) $(CH_3)_3CCHO + HCHO \xrightarrow{\text{浓}OH^-}$

(2) （结构式反应）

(3) （结构式） $\xrightarrow[\text{(2)}H_2O/Zn]{\text{(1)}O_3}$ (a) $\xrightarrow{\text{浓}OH^-}$ (b)

五、其他反应

(一) 维蒂希反应

醛、酮与磷叶立德(phosphorus ylide)反应生成烯烃,此反应称为维蒂希反应(Wittig reaction)。磷叶立德也称为维蒂希试剂(Wittig reagent)。

$$\underset{}{\diagup}\!\!\!\diagdown\!\!C{=}O + (C_6H_5)_3\overset{+}{P}{-}\overset{-}{\underset{R'}{\overset{R}{C}}} \longrightarrow \underset{}{\diagup}\!\!\!\diagdown\!\!C{=}\underset{R'}{\overset{R}{C}}$$

$$\underset{\text{磷叶立德}}{} \underset{\text{烯烃}}{}$$

磷叶立德是由三苯基磷与卤代烷反应生成鏻盐,鏻盐在苯基锂、醇钠等强碱作用下脱去卤化氢制得的。反应中的卤代烷可以是伯或仲卤代烷,卤代烷分子中可含有烯键、炔键或烷氧基等,但不能是叔卤代烷或乙烯型卤代烷。反应过程如下:

$$(C_6H_5)_3P\!:\ + \underset{R'}{\overset{R}{C}}H{-}X \longrightarrow (C_6H_5)_3\overset{+}{P}{-}\underset{R'}{\overset{R}{C}}H\ X^- \xrightarrow{C_6H_5Li} (C_6H_5)_3\overset{+}{P}{-}\overset{-}{\underset{R'}{\overset{R}{C}}}$$

10-K-9
科学家简介

　　磷叶立德一般是黄色固体,对空气和水不稳定,因此在合成时一般不经分离直接用于下一步反应。磷叶立德具有内鎓盐的结构,其结构可用共振式表示如下:

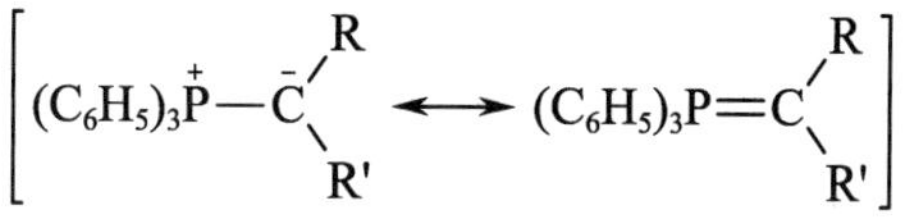

$$\left[(C_6H_5)_3\overset{+}{P}-\overset{-}{C}\overset{R}{\underset{R'}{{}}} \longleftrightarrow (C_6H_5)_3P=C\overset{R}{\underset{R'}{{}}}\right]$$

叶立德(ylide)　　　　叶林(ylene)

　　磷叶立德中带负电荷的碳原子具有很强的亲核性,与醛、酮的羰基发生亲核加成生成一个磷内盐,这种磷内盐不稳定,很快转变为氧磷杂环丁烷过渡态,随后进一步分解为烯烃和三苯基氧磷。反应过程如下:

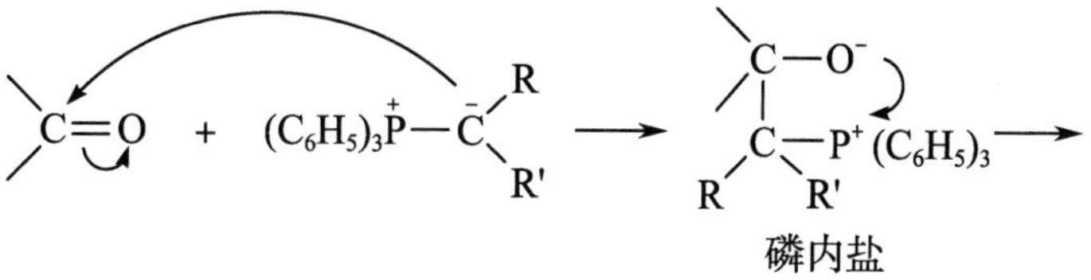

磷内盐

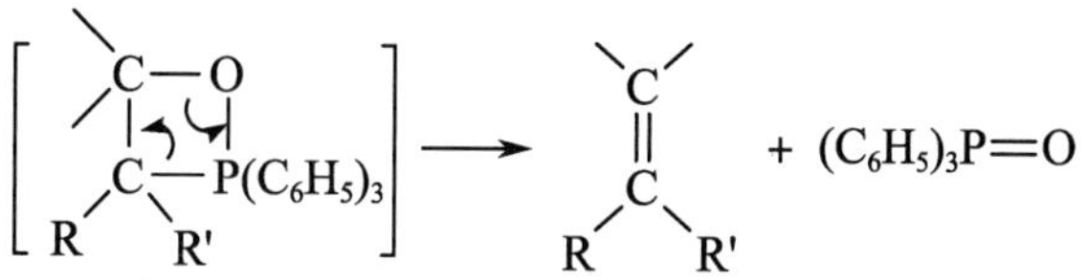

氧磷杂环丁烷

$$\longrightarrow \overset{C}{\underset{R'}{\underset{\|}{C}}}{}_{R} + (C_6H_5)_3P=O$$

　　维蒂希反应的条件温和、产率较高,反应物中含有的醚、酯、卤素、烯、炔等官能团不受影响。因此,维蒂希反应是在有机分子中引入烯键的重要方法。例如:

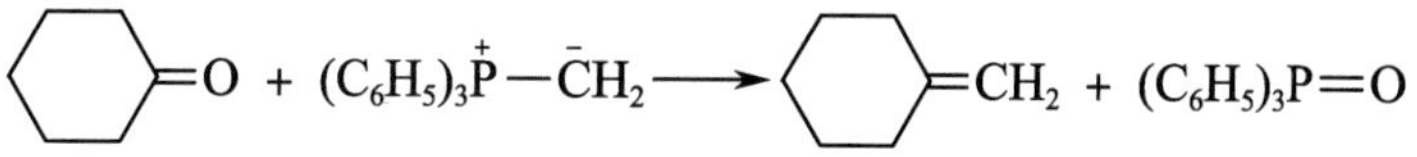

$$\bigcirc=O + (C_6H_5)_3\overset{+}{P}-\overset{-}{C}H_2 \longrightarrow \bigcirc=CH_2 + (C_6H_5)_3P=O$$

86%

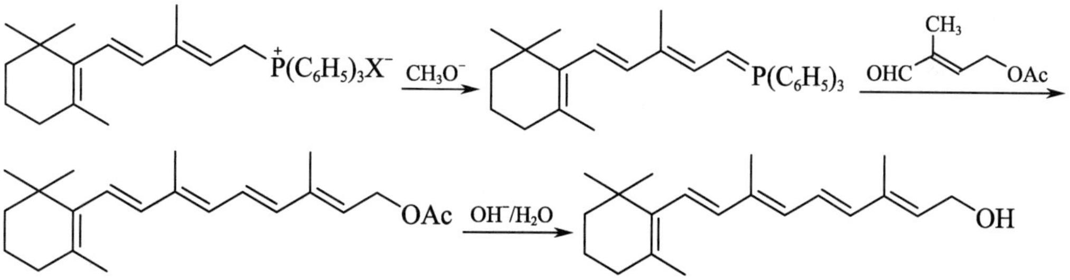

维生素A₁

(二) 安息香缩合反应

　　芳香醛在氰基负离子(CN⁻)催化下生成 α-羟基酮的反应称为安息香缩合(benzoin condensation)反应。因为最简单的芳香 α-羟基酮称为安息香(benzoin),此反应因此得名。

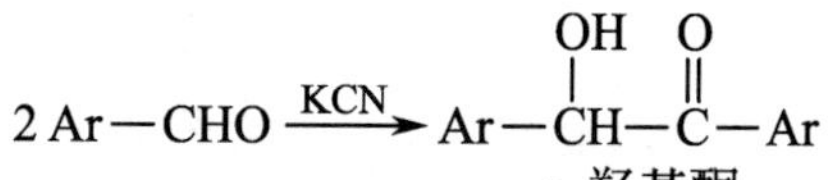

$$2\,Ar-CHO \xrightarrow{KCN} Ar-\overset{OH}{\underset{}{C}}H-\overset{O}{\underset{}{C}}-Ar$$

α-羟基酮

　　安息香缩合反应的机理如下:

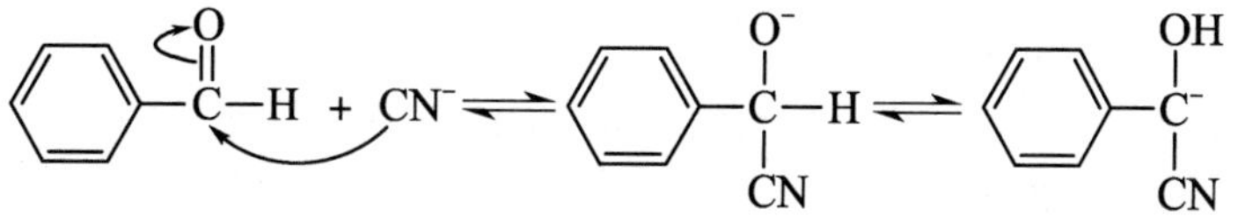

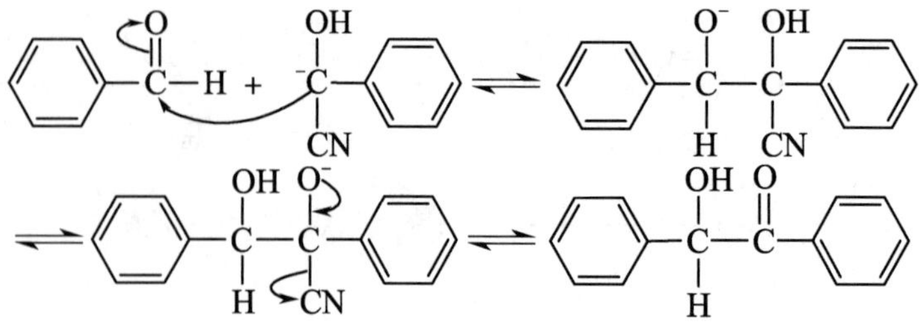

（化学反应机理图示）

练习题 10.11 写出下述转化的合成路线（其他试剂任选）。

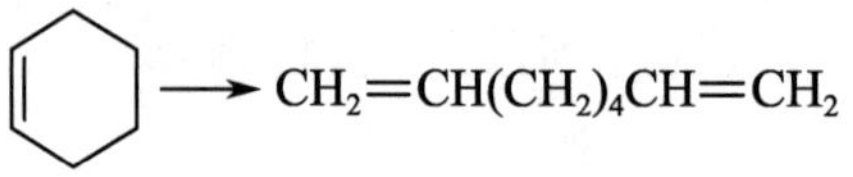

$$\bigcirc \longrightarrow CH_2=CH(CH_2)_4CH=CH_2$$

（三）醛的聚合反应

甲醛、乙醛等低级醛的羰基可自身加成,打开碳氧双键,聚合成三聚体或多聚体。

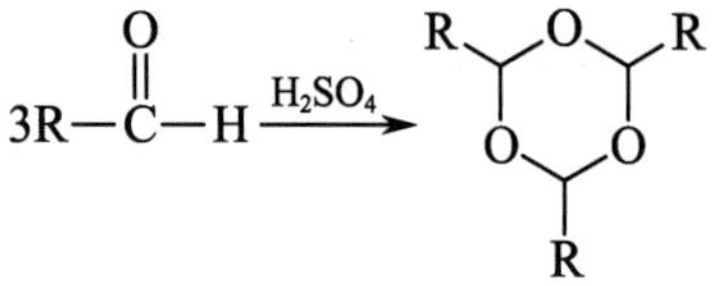

$$3R-\overset{\overset{O}{\|}}{C}-H \xrightarrow{H_2SO_4} \text{（六元环三聚体）}$$

R＝H　　三聚甲醛
R＝CH_3　三聚乙醛

但低级醛的三聚体在酸中也不稳定,遇热即分解成单体。因此甲醛（气体）、乙醛（低沸点液体）一般采用固体三聚体形式保存,使用时稍加硫酸并加热即解聚。

多聚甲醛 $HO-CH_2\overset{}{(}O-CH_2\overset{}{)}_{\overline{n}}OH$ 对热不稳定,100℃时很快分解为甲醛,常被用来提供甲醛。甲醛水溶液在贮存过程中,容易聚合成链长不等的多聚甲醛白色沉淀。

第四节　醛和酮的制备

醛、酮的合成方法很多,但大体上可分成两大类。一类是由其他官能团转化而来,另一类是在分子中直接引入羰基。这两大类反应中,有不少是在前面的有关章节中已介绍过的反应,对于这些反应可参见有关章节。

一、官能团转化法

（一）醇的氧化

伯醇用选择性氧化剂如 CrO_3/ 吡啶 或 CrO_3/H_2SO_4 可制得醛（若用 $Na_2Cr_2O_7$/H_2SO_4 等氧化剂则需控制条件）,仲醇用 $KMnO_4$ 等氧化剂氧化可制得酮。从醇转化成醛酮是一种常用的方法,尤其是不饱和醛、酮。例如:

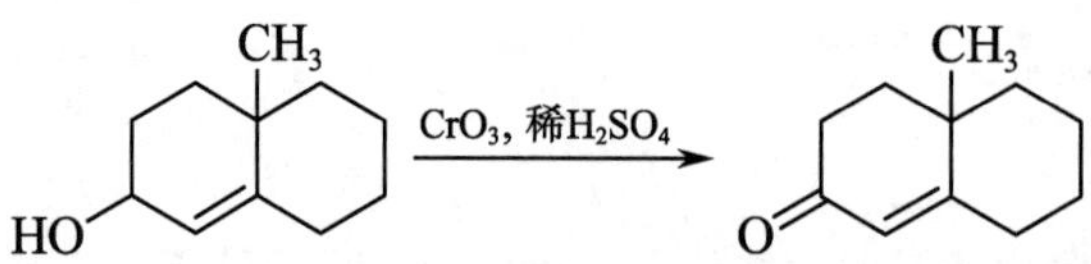

（反应式：HO-十氢萘甲基结构 $\xrightarrow{CrO_3, 稀H_2SO_4}$ 酮结构）

邻二醇用高碘酸或四乙酸铅氧化亦可得到醛、酮;某些邻二醇经频哪醇重排亦可制得叔烷基酮。

（二）从烯烃和炔烃制备

烯烃的臭氧化可制得醛或酮;炔烃的酸催化加水可制得酮。

$$R^1 \overset{R}{\underset{R^1}{C}} = CHR^2 \xrightarrow[\text{② Zn/H}_2\text{O}]{\text{① O}_3} \overset{R}{\underset{R^1}{C}} = O + R^2CHO$$
$$\qquad\qquad\qquad\qquad\quad 酮 \quad\ 醛$$

$$R-C\equiv C-R \xrightarrow[\text{Hg}^{2+}]{\text{H}_2\text{O/H}^+} RCCH_2R \quad (乙炔可转变成乙醛)$$
$$\qquad\qquad\qquad\qquad\ \underset{\text{O}}{\overset{\|}{\ }}$$
$$\qquad\qquad\qquad\qquad\quad 酮$$

（三）芳烃侧链的控制氧化

芳烃侧链 α 位上的氢在适当的条件下［如 MnO₂/H₂SO₄、CrO₃/(CH₃CO)₂O 等］氧化时，侧链甲基氧化为醛（由于芳香醛比芳烃更易被氧化，所以必须控制反应条件及氧化剂用量、加料方式等），其他侧链（指 α 位上有两个氢的）氧化为酮。例如：

$$\bigcirc\!\!\!-CH_3 \xrightarrow{\text{MnO}_2/\text{H}_2\text{SO}_4} \bigcirc\!\!\!-CHO$$

$$\bigcirc\!\!\!-CH_2CH_3 \xrightarrow[\text{MgSO}_4,\ \text{H}_2\text{O}]{\text{MnO}_2} \bigcirc\!\!\!-COCH_3$$

当用三氧化铬 / 乙酸酐作氧化剂时，首先生成中间物二乙酸酯，经水解后得芳香醛。

$$\underset{\text{NO}_2}{\overset{\text{CH}_3}{\bigcirc}} \xrightarrow{\text{CrO}_3/(\text{CH}_3\text{CO})_2\text{O}} \underset{\text{NO}_2}{\overset{\text{CH(OCOCH}_3)_2}{\bigcirc}} \xrightarrow{\text{H}_3\text{O}^+} \underset{\text{NO}_2}{\overset{\text{CHO}}{\bigcirc}}$$

使用上述氧化剂时，芳环上有硝基、溴、氯等吸电子基团时，芳环很稳定，不会被氧化；如有氨基、羟基等给电子基团时，芳环本身易被氧化。

（四）卤代水解

在光照或加热下，用卤素制得二卤化合物，水解后生成醛或酮。

$$\underset{\text{Br}}{\overset{\text{CH}_3}{\bigcirc}} \xrightarrow[\text{光或加热}]{\text{Br}_2\text{或NBS}} \underset{\text{Br}}{\overset{\text{CHBr}_2}{\bigcirc}} \xrightarrow{\text{CaCO}_3,\ \text{H}_2\text{O}} \underset{\text{Br}}{\overset{\text{CHO}}{\bigcirc}}$$

（五）罗森孟德还原法（见第十二章第三节）

$$R-\overset{\text{O}}{\overset{\|}{C}}-Cl + H_2 \xrightarrow[\text{喹啉+S}]{\text{Pd/BaSO}_4} R-\overset{\text{O}}{\overset{\|}{C}}-H$$

二、向分子中直接引入羰基

（一）F–C 酰基化反应

当苯环上有硝基等强吸电子基时不能用此法（见第七章第四节）。

$$ArH + RCOCl \xrightarrow{\text{无水AlCl}_3} Ar-\overset{\text{O}}{\overset{\|}{C}}-R$$

（二）盖特曼–柯赫反应

在催化剂（无水三氯化铝和氯化亚酮）存在下，芳烃与氯化氢和一氧化碳混合气体作用，生成芳香

醛的反应专称盖特曼 – 柯赫反应(Gattermann–Koch reaction)。

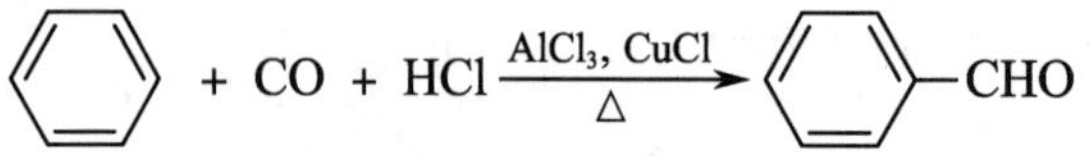

芳环上有甲基、甲氧基等给电子基团时,通常得到对位产物。其他烷基苯、酚等易发生副反应,不宜进行此反应;含有强的钝化基团的化合物不发生反应。例如:

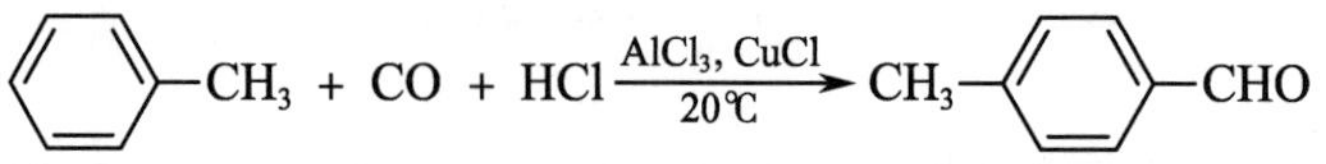

4–甲基苯甲醛(50%~60%)

(三) 酚醛和酚酮的合成

瑞穆尔 – 梯门(Reimer–Tiemann)反应用于合成酚醛(见第九章第二节)。

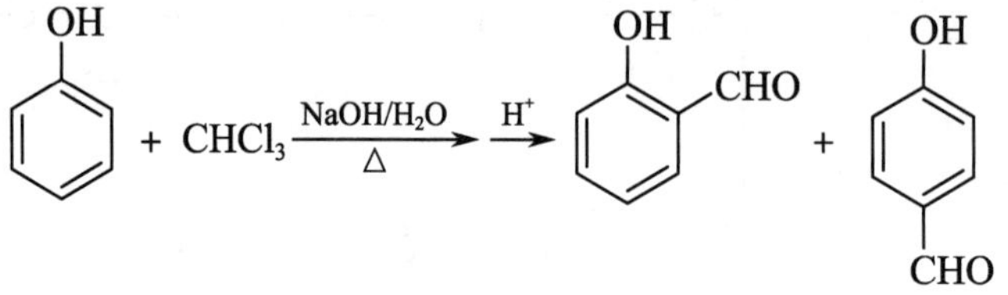

弗莱斯重排(Fries rearrangement)反应合成酚酮(见第九章第二节)。

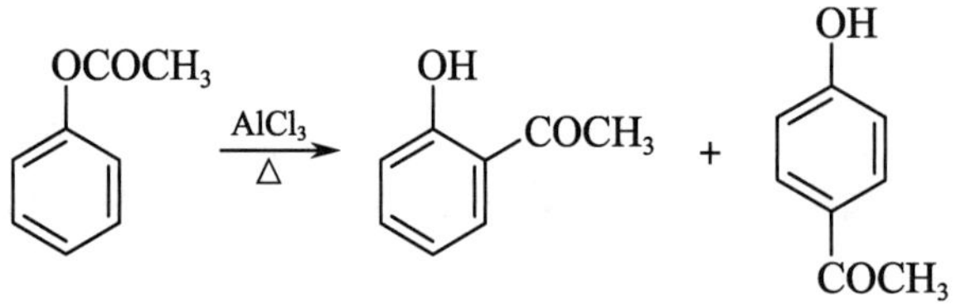

练习题 10.12　实现下列转化。

(1) 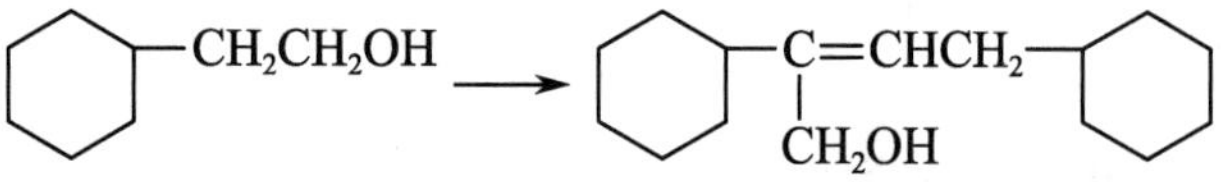 $\text{CH}_2\text{CH}_2\text{OH}$ ⟶

(2)

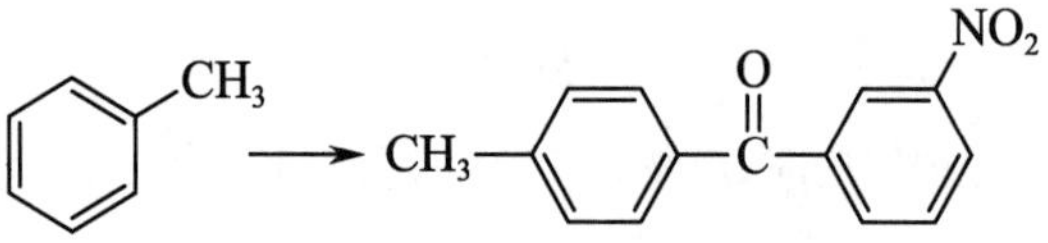

第五节　α,β–不饱和醛、酮

不饱和醛、酮的种类很多,其中碳碳双键处于 α–碳原子和 β–碳原子之间的称为 α,β–不饱和醛、酮,是最重要的不饱和醛、酮(可通过羟醛缩合反应制备),在此只讨论 α,β–不饱和醛、酮的结构及有关反应。

一、结构

与丁–1,3–二烯相似,在 α,β–不饱和醛、酮分子中,碳碳双键和羰基共轭,形成一个 π–π 共轭体系。丙烯醛分子中的共轭体系如图 10-5 所示。

10-D-3
丙烯醛的共
轭体系
(动画)

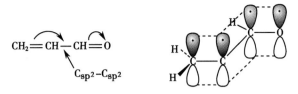

图 10-5　丙烯醛分子中的共轭体系

二、化学性质

α,β-不饱和醛、酮既可发生亲核加成,也可发生亲电加成,而且具有 1,2-加成和 1,4-加成两种加成方式。

(一) 亲核加成

当 A 为 H 时,1,4-加成所生成的产物是烯醇结构,互变成酮式,加成结果看似发生在双键上的 3,4-加成,但从本质上看,还是属于 1,4-加成。

α,β-不饱和醛、酮与亲核试剂氢氰酸、亚硫酸氢钠加成时,一般主要生成 1,4-加成产物。例如:

$$C_6H_5CH=CHCOC_6H_5 \xrightarrow[CH_3COOH]{KCN} C_6H_5\underset{CN}{CH}CH_2COC_6H_5$$

$$C_6H_5CH=CHCHO + NaHSO_3 \longrightarrow C_6H_5\underset{SO_3Na}{CH}CH_2CHO$$

α,β-不饱和醛、酮与有机炔钠、有机锂化合物作用时,产物以 1,2-加成为主。例如:

$$CH_2=CH-\overset{O}{\overset{\|}{C}}-CH_3 \xrightarrow{CH\equiv CNa} \xrightarrow{H_2O} CH_2=CH-\underset{CH_3}{\overset{OH}{\underset{|}{C}}}-C\equiv CH$$

(主要产物)

$$PhCH=CH-\overset{O}{\overset{\|}{C}}-Ph \xrightarrow{PhLi} \xrightarrow{H_2O} PhCH=CH-\underset{Ph}{\overset{OH}{\underset{|}{C}}}-Ph$$

(主要产物)

α,β-不饱和醛、酮与格氏试剂加成时,有的以 1,2-加成为主,有的以 1,4-加成为主,可能与羰基旁烃基 R 的体积有关。R 的体积小时,以 1,2-加成为主;R 的体积大时,以 1,4-加成为主。例如:

$$C_6H_5CH{=}CH{-}CHO \xrightarrow[\text{②H}_3\text{O}^+]{\text{①C}_6\text{H}_5\text{MgBr/无水醚}} C_6H_5CH{=}CH{-}\overset{\overset{\displaystyle OH}{|}}{CH}{-}C_6H_5$$
$$100\%\ (1,2\text{-加成})$$

$$C_6H_5CH{=}CH{-}\overset{\overset{\displaystyle O}{\|}}{C}{-}C_6H_5 \xrightarrow[\text{②H}_3\text{O}^+]{\text{①C}_6\text{H}_5\text{MgBr/无水醚}} C_6H_5\underset{\underset{\displaystyle C_6H_5}{|}}{CH}CH_2\overset{\overset{\displaystyle O}{\|}}{C}{-}C_6H_5$$
$$94\%\ (1,4\text{-加成})$$

（二）亲电加成

α,β-不饱和醛、酮进行亲电加成时,由于羰基的吸电子作用,不仅降低碳碳双键的活性,而且影响加成反应的方向。例如:

$$\overset{\beta}{CH_2}{=}\overset{\alpha}{CH}{-}\underset{\underset{\displaystyle H}{|}}{C}{=}O + HCl(\text{气}) \xrightarrow{-10℃} CH_2{-}\overset{\overset{\displaystyle H}{|}}{C}{-}C{=}O$$

上式中,氢不是加到含氢较多的碳上,这也是 1,4-加成的结果,其过程如下所示。

$$-\overset{|}{C}{=}\overset{|}{C}{\curvearrowright}\overset{|}{C}{=}O \xrightarrow{H^+} -\underset{+}{\overset{|}{C}{=}C{=}\overset{|}{C}}{-}OH \xrightarrow{B^-} -\overset{|}{\underset{\underset{\displaystyle B}{|}}{C}}{-}\overset{|}{C}{=}\overset{|}{C}{-}OH \longrightarrow -\overset{|}{\underset{\underset{\displaystyle B}{|}}{C}}{-}\overset{|}{\underset{\underset{\displaystyle H}{|}}{C}}{-}\overset{|}{C}{=}O$$
$$\text{烯醇式} \qquad\qquad \text{酮式}$$

α,β-不饱和醛、酮与卤素、次卤酸不发生共轭加成,只是在双键碳上发生亲电加成。例如:

$$CH_3CH{=}CH{-}\overset{\overset{\displaystyle O}{\|}}{C}{-}CH_3 \xrightarrow{Br_2} CH_3\overset{\overset{\displaystyle Br}{|}}{CH}{-}\overset{\overset{\displaystyle Br}{|}}{CH}{-}\overset{\overset{\displaystyle O}{\|}}{C}{-}CH_3$$

（三）插烯规则

人们发现丁-2-烯醛中的甲基与乙醛中的甲基相似,也很活泼,在稀碱的存在下也能发生羟醛缩合。

$$CH_3{-}CH{=}CHCHO + CH_3{-}CH{=}CHCHO \longrightarrow CH_3{-}CH{=}CH\overset{\overset{\displaystyle OH}{|}}{CH}{-}CH_2CH{=}CHCHO$$

$$\Big\downarrow {-}H_2O$$

$$CH_3CH{=}CH{-}CH{=}CH{-}CH{=}CHCHO$$

丁-2-烯醛可看成在乙醛分子中的甲基和醛基之间插入 1 个—CH＝CH—,其并不影响醛基对甲基的影响;而且当插入更多的—CH＝CH—后,这种影响仍保持,称为插烯规则。

（四）迈克尔加成

此外,α,β-不饱和醛、酮和亲核的碳负离子可进行的 1,4-共轭加成反应称为迈克尔加成反应（Michael addition reaction）。例如:

10-K-12
科学家简介

$$\text{（环己烷-1,3-二酮-2-甲基）} + CH_2{=}CH{-}\overset{\overset{\displaystyle O}{\|}}{C}{-}CH_3 \xrightarrow[\text{CH}_3\text{OH}]{\text{KOH}} \text{（产物）}$$
$$85\%$$

迈克尔加成反应的机理如下(以上述反应为例):

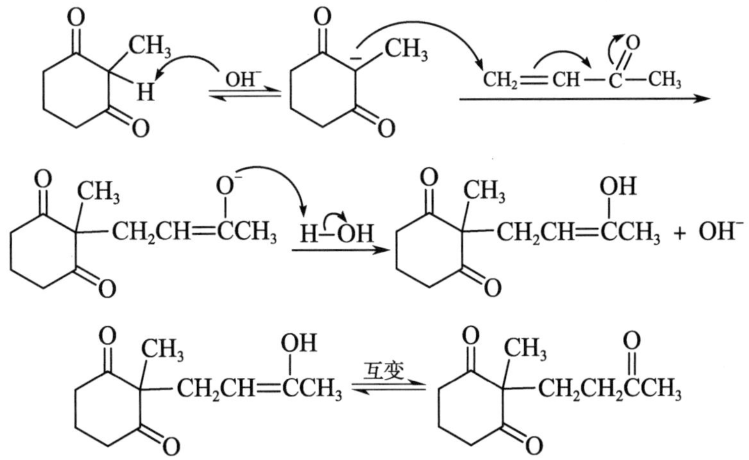

首先具有 α-活泼氢的化合物在碱作用下失去活泼氢生成碳负离子,然后碳负离子与 α,β-不饱和醛、酮发生 1,4-共轭加成,加成物从溶剂中夺取一个质子而形成烯醇,烯醇互变异构得最终产物。

上述迈克尔加成反应的产物还可进行分子内羟醛缩合。

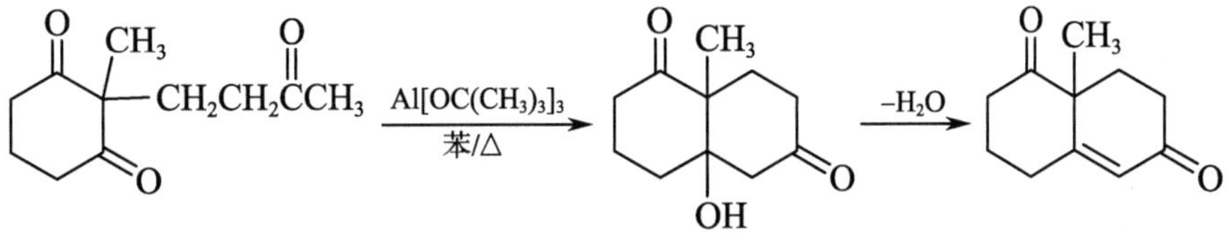

通过迈克尔加成反应,再进行分子内羟醛缩合反应生成环己酮衍生物的合成称为鲁宾逊合成(Robinson synthesis)。

有关迈克尔加成反应的更多应用,参见第十三章第二节。

(五) 与双烯的加成

在第四章中已初步介绍了狄尔斯 – 阿尔德反应,即共轭二烯烃与不饱和化合物可发生 1,4-加成反应,生成环状化合物。例如:

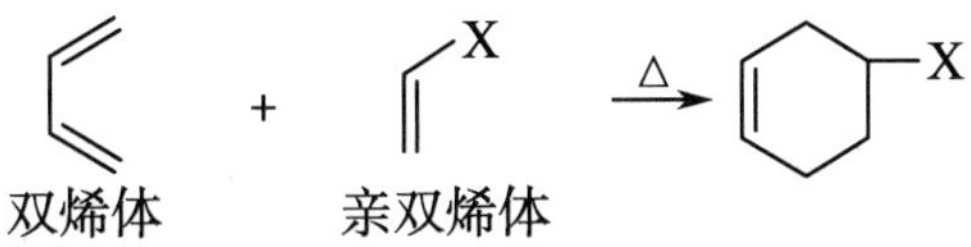

在此反应中,一般将共轭二烯烃称为双烯体,而将与共轭二烯烃反应的不饱和化合物称为亲双烯体。亲双烯体如果是乙烯,则反应十分困难。当亲双烯体的双键或三键碳原子上的 X 为硝基、醛基或酮基、氰基、羧基或酯基等吸电子基时,加成反应就容易进行。因此,α,β-不饱和醛、酮是很好的亲双烯体。例如:

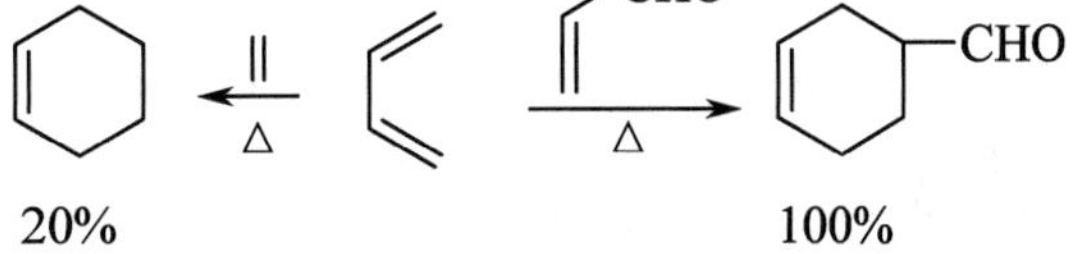

双烯加成反应是协同反应,反应中旧键的断裂和新键的形成同时进行。反应经六个碳原子组成的环状过渡态(见第十九章第二节)。

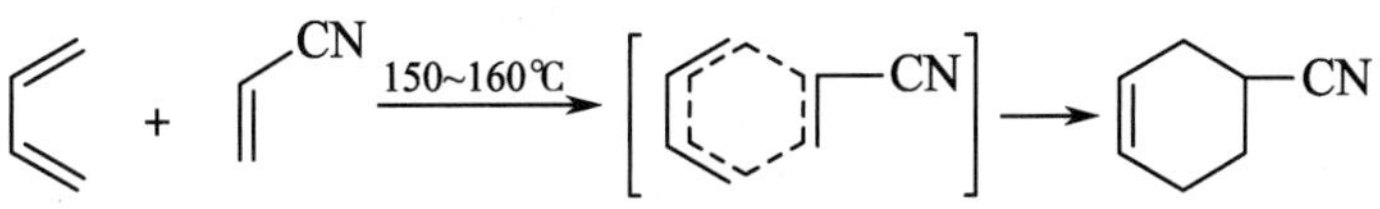

10-K-13
科学家简介

狄尔斯－阿尔德反应是立体专一的顺式加成反应,亲双烯体在反应过程中构型保持不变。例如:

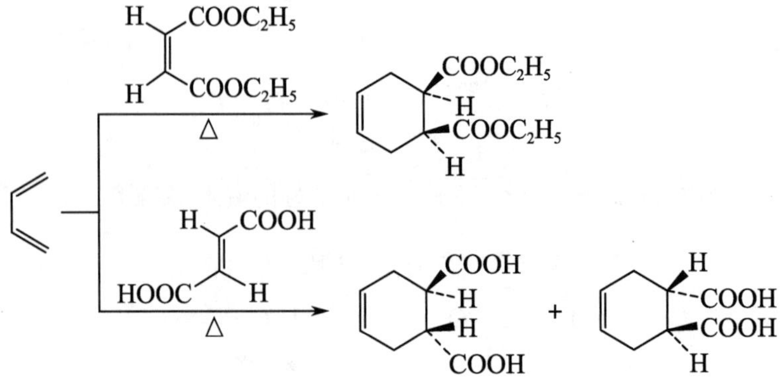

狄尔斯－阿尔德反应优先生成内型加成产物,如下所示。

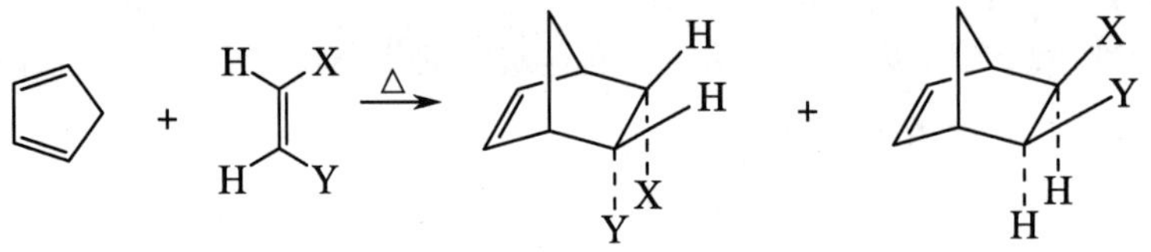

内型产物 (endo)   外型产物 (exo)

在加成产物分子中,X、Y 接近新形成的双键称为内型产物。再如:

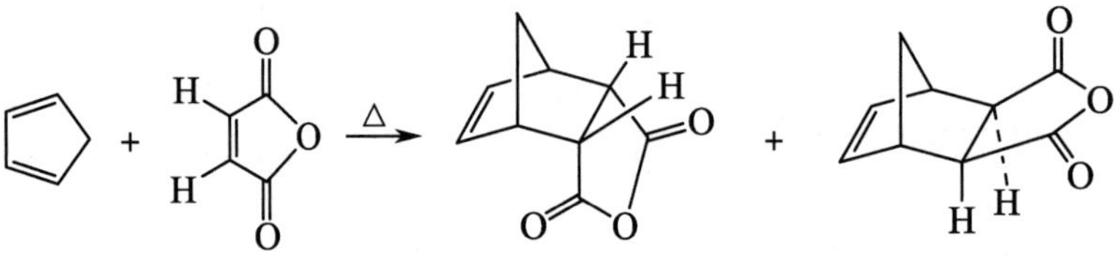

内型产物(主)   外型产物
endo   exo

(六) 还原反应

$\alpha,\beta-$不饱和醛、酮分子中有两个可被还原的官能团,如何进行选择性还原是有机合成中的一个重要问题。在本章羰基的还原反应中曾介绍过,$LiAlH_4$ 可选择性地还原羰基。若用催化氢化(Pd、Ni、Pt 等作催化剂),控制氢的用量和反应条件,可选择性地使碳碳双键还原;若用过量的氢,在一定条件下反应,则羰基也可被还原。例如:

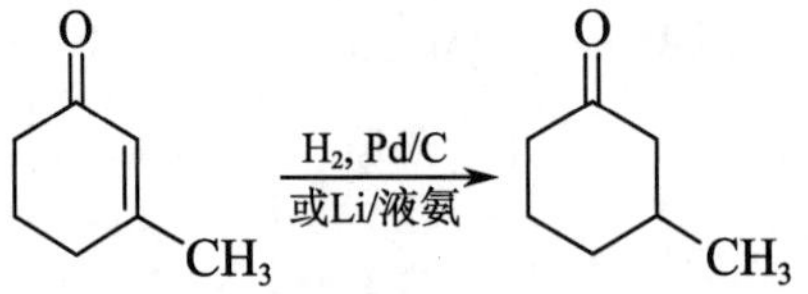

$$C_6H_5CH{=}CHCHO \xrightarrow[加温,加压]{H_2/Ni} C_6H_5CH_2CH_2CH_2OH$$

练习题 10.13 由苯及不超过两个碳的有机物为原料合成下列化合物。

(1) 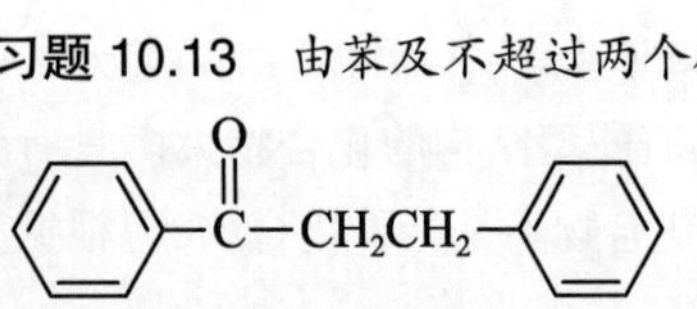   (2)

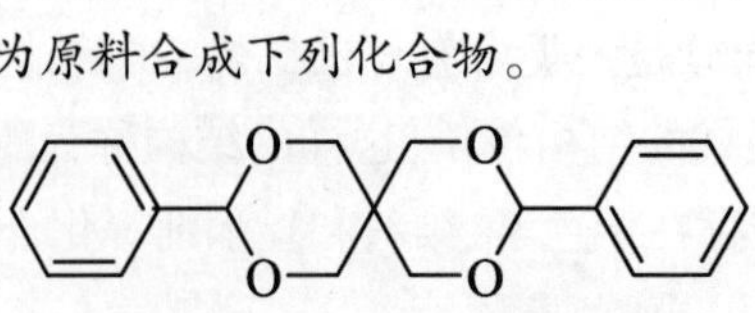

三、烯酮

烯酮是一类具有聚集双烯体系的不饱和酮,最简单的是乙烯酮,为有毒气体(沸点为 −48℃),工业上由丙酮热裂解制得。

$$CH_3COCH_3 \xrightarrow{700℃} CH_2{=}C{=}O + CH_4$$
$$乙烯酮$$

乙烯酮很容易聚合成双乙烯酮。双乙烯酮是具有刺激性的液体(沸点为 127℃)。

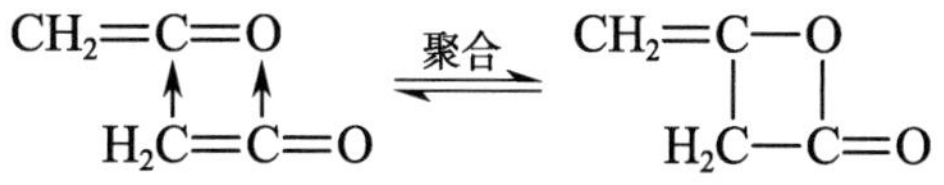

$$双乙烯酮$$

因此,双乙烯酮分子为乙烯酮的保存形式,使用时加热即可分解为乙烯酮。乙烯酮的结构与丙二烯相似,分子中的两个 π 键处于相互垂直的位置。

乙烯酮的化学性质非常活泼,可以和多种含有活泼氢的化合物如水、醇、氨、羧酸、卤化氢等发生加成反应,生成羧酸、酯、酰胺、酸酐和酰卤。

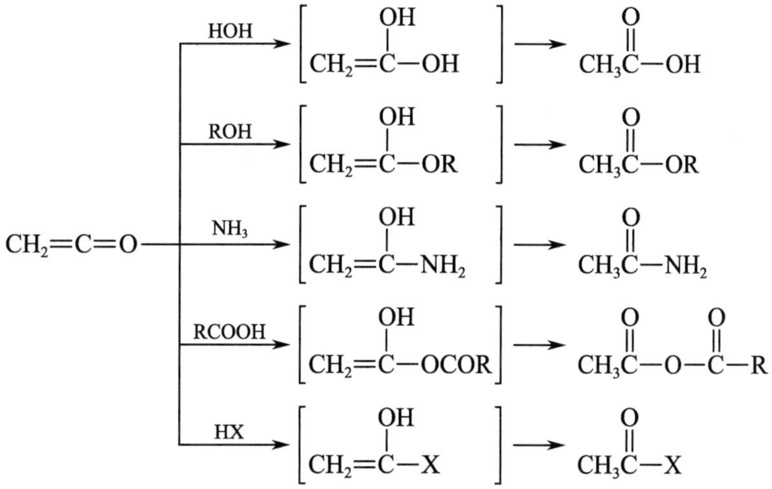

以上各反应可看作是试剂分子中的氢被乙酰基取代,因此乙烯酮是一个乙酰化试剂。双乙烯酮与乙醇反应可用来制备乙酰乙酸乙酯。

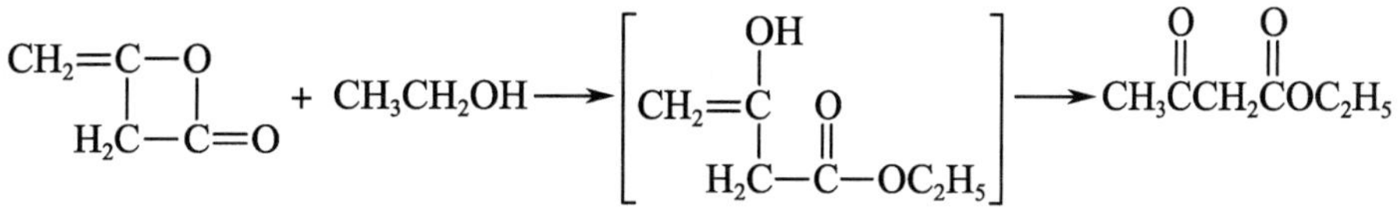

$$双乙烯酮 \qquad\qquad\qquad\qquad\qquad 乙酰乙酸乙酯$$

四、醌

(一) 醌的分类和命名

醌(quinone)是一类含有环己二烯二酮结构的化合物,如对苯醌、邻苯醌等。醌类分子中都具有对醌式或邻醌式的结构单元,这样的结构称为醌型结构。具有醌型结构的化合物大多具有颜色。醌类化合物普遍存在于色素、染料和指示剂等化合物中。醌类化合物不是芳香化合物,但根据其骨架可分为苯醌、萘醌、蒽醌、菲醌等。

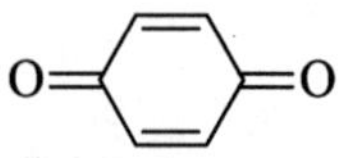

对醌式 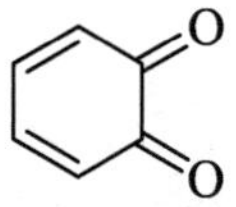　　　　　　　　　　邻醌式

　　醌是作为相应芳烃的衍生物来命名的。例如由苯衍生得到的醌称为苯醌,由萘衍生得到的醌称为萘醌等。

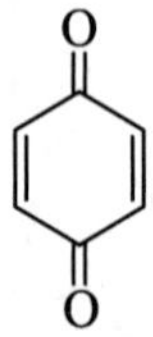

对苯醌　　　　　　邻苯醌　　　　　　2,5-二甲基苯-1,4-醌
p-benzoquinone　*o*-benzoquinone　2,5-dimethylbenzo-1,4-quinone

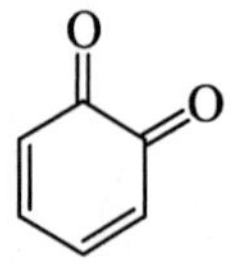

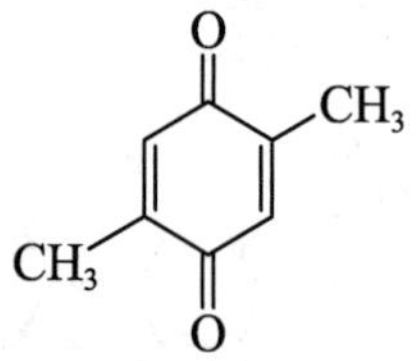

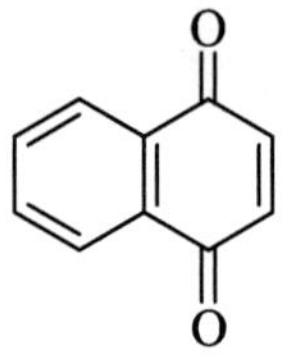

萘-1,4-醌　　　　　　蒽-9,10-醌　　　　　　菲-9,10-醌
naphtho-1,4-quinone　anthra-9,10-quinone　phenanthrene-9,10-quinone

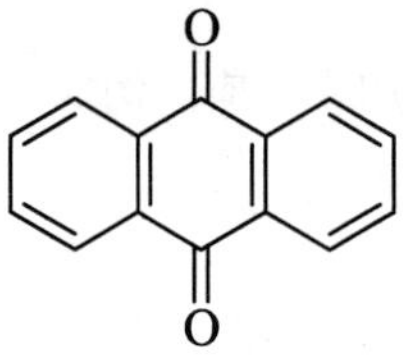

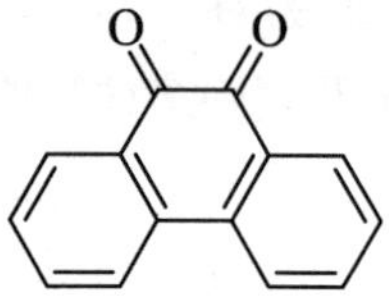

　　醌类化合物在自然界中的分布很广。例如具有凝血作用的维生素 K 类化合物属于萘醌类化合物,具有抗菌作用的大黄素和抗肿瘤药米托蒽醌属于蒽醌类化合物,辅酶 Q_{10} 则属于苯醌类化合物。

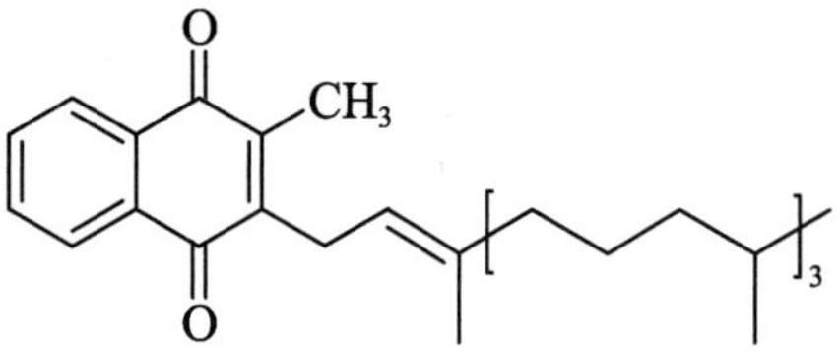

维生素K_1 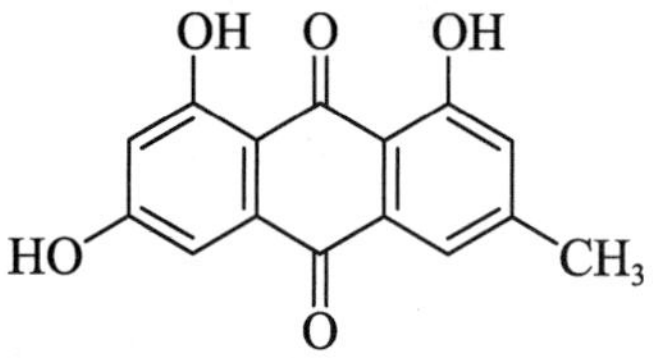　　　　　　　　　　大黄素

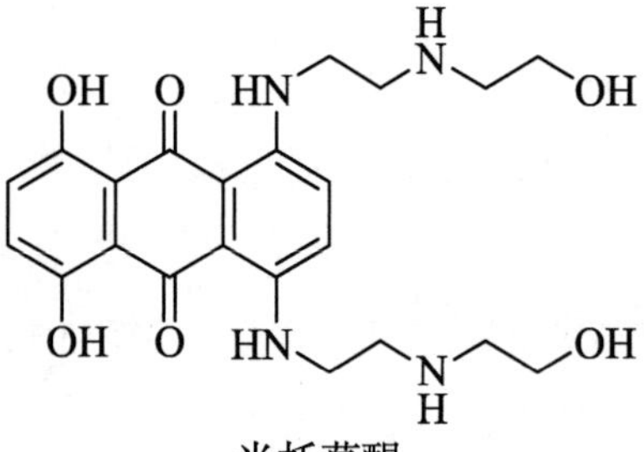

米托蒽醌 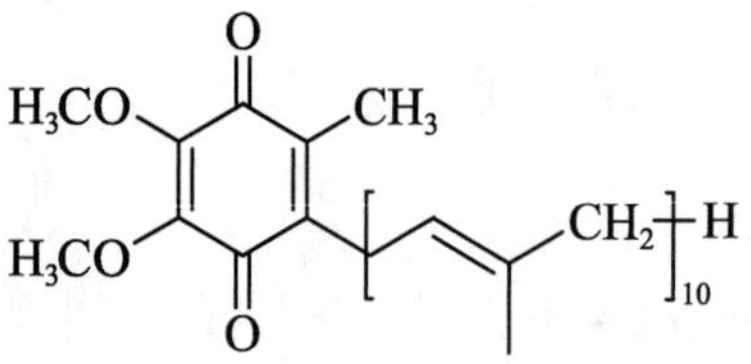　　　　　　　　辅酶Q_{10}(酶激活剂)

(二) 醌的制备

醌类化合物一般是通过苯酚、氨基苯酚、芳胺或氨基萘酚等氧化而制备的。

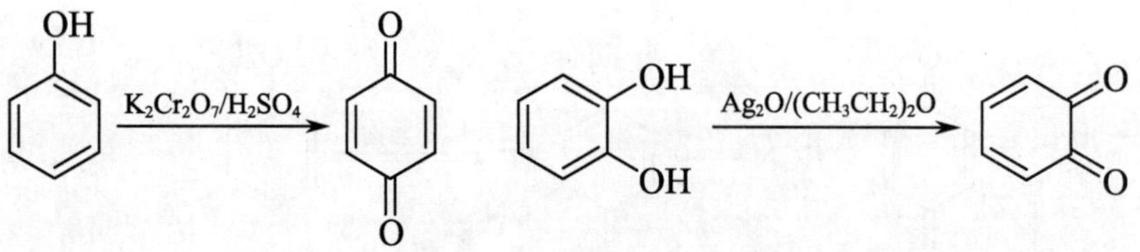

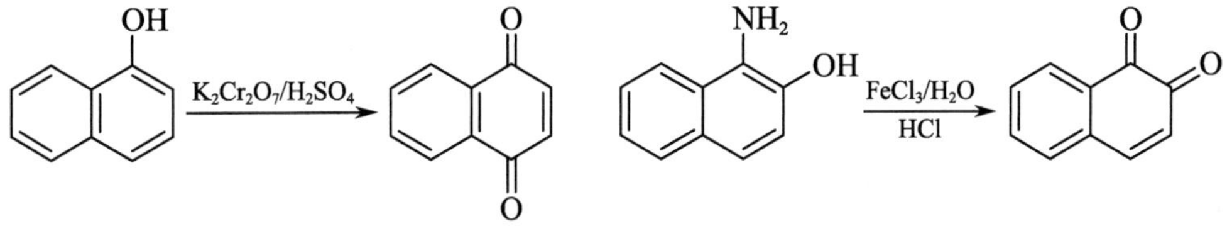

蒽醌和菲醌可以通过相应的蒽和菲直接氧化制得。由于蒽和菲的 9,10 位两个位置特别活泼,所以容易被氧化。

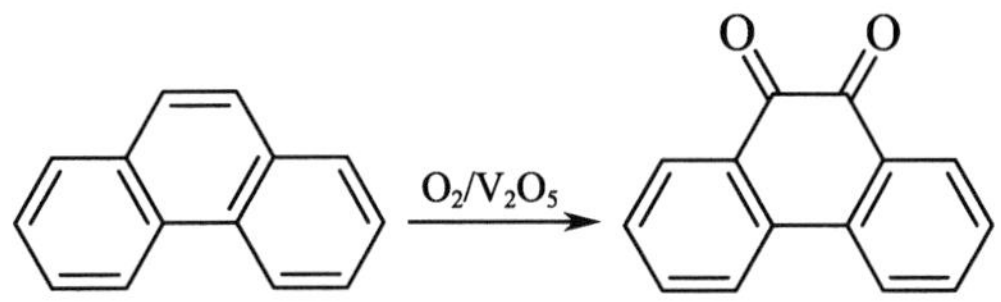

(三) 对苯醌的反应

醌类化合物的性质和 α,β-不饱和酮相似,既可发生碳碳双键和羰基的反应,又可发生 1,4-共轭加成和 1,6-共轭加成反应。

对苯醌的羰基可以与多种亲核试剂发生加成反应。例如:

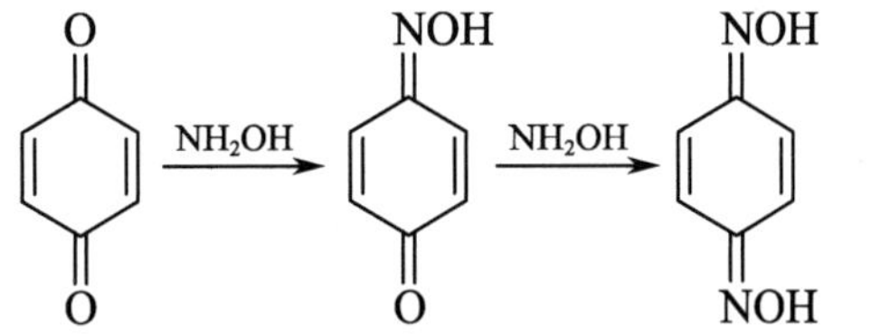

对苯醌单肟   对苯醌二肟

对苯醌中的碳碳双键可以与卤素等亲电试剂发生加成反应,也可以作为亲双烯体与双烯发生狄尔斯–阿尔德反应。例如:

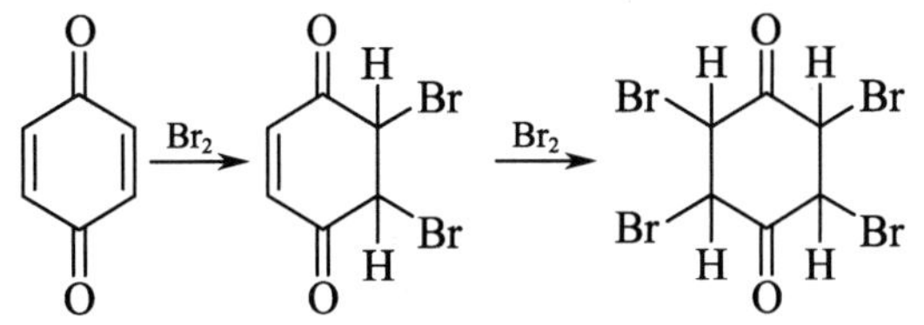

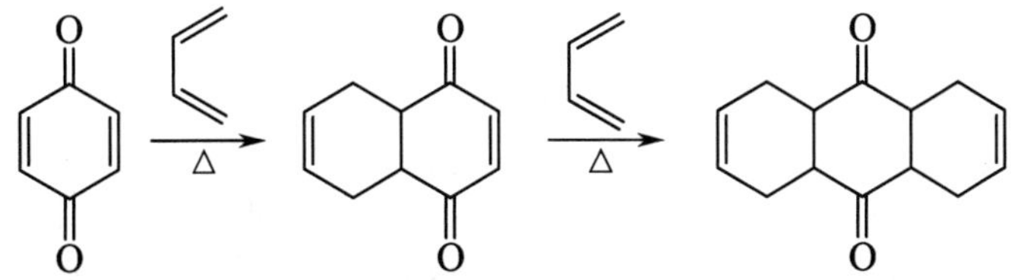

与 α,β-不饱和羰基化合物一样,对苯醌也能够与氯化氢、氢氰酸等发生共轭加成反应。

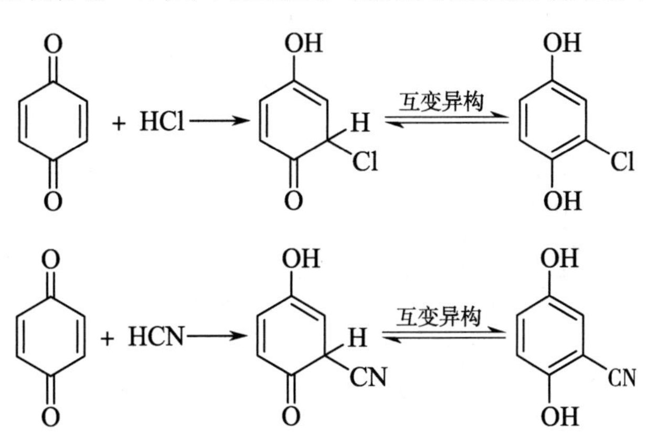

互变异构

互变异构

对苯醌还可发生还原反应,还原产物为对苯二酚,即氢醌,这是氢醌氧化成对苯醌的逆反应。

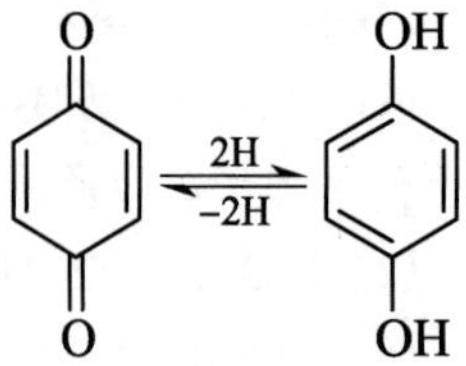

对苯醌与对苯二酚能形成1:1的难溶于水的分子配合物(一种深绿色的闪光的晶体),又称醌氢醌。这种配合物的形成是两种分子中 π 电子体系相互作用的结果。氢醌分子中的 π 电子"过剩",而对苯醌分子中的 π 电子"缺少",两者之间发生电子授受现象,形成授受电子配合物(又称电子转移配合物)。此外,分子间的氢键对配合物的稳定性也有一定作用。

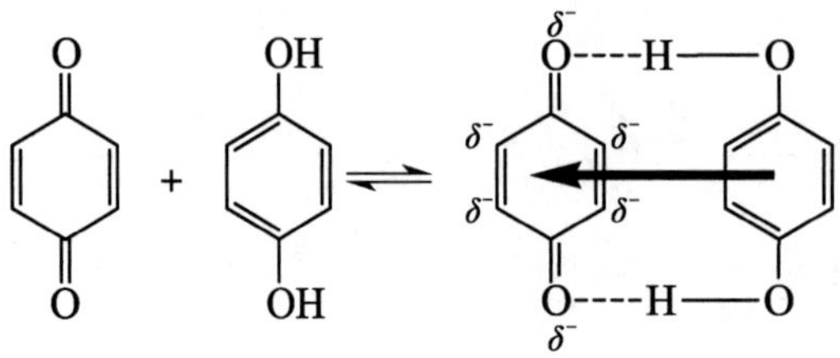

练习题 10.14 *写出下列各步骤的反应产物。(提示:第二步异构化)*

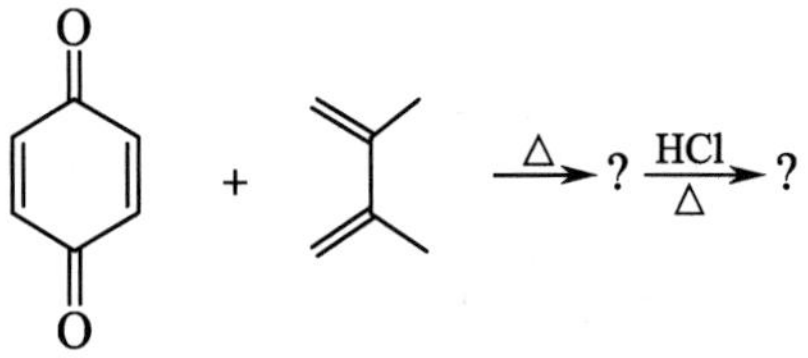

习　　题

1. 用系统命名法命名下列化合物。

(1) 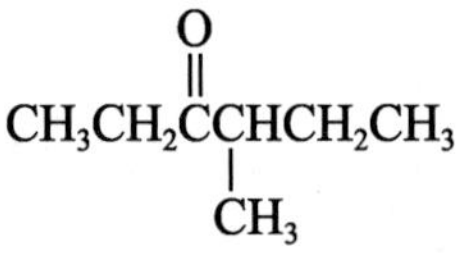 $CH_3CH_2CCHCH_2CH_3$
　　　　$\overset{O}{\|}$　$\overset{|}{CH_3}$

(2)

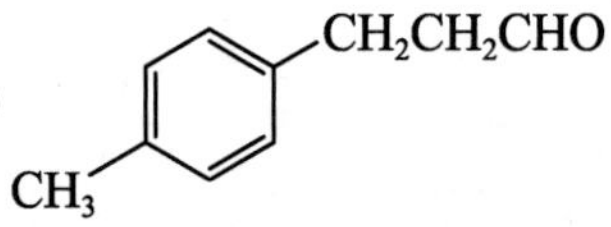

(3) 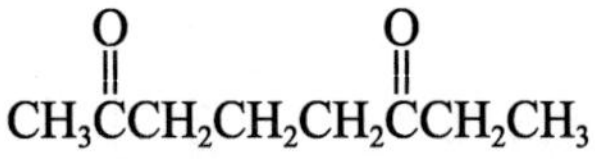 $CH_3CCH_2CH_2CH_2CCH_2CH_3$

(4) 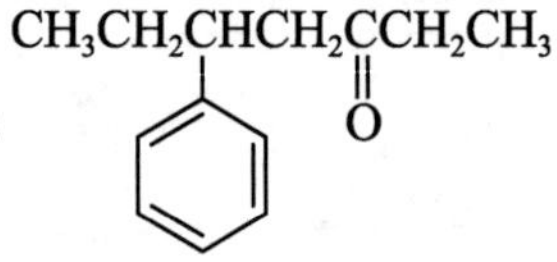 $CH_3CH_2CHCH_2CCH_2CH_3$

(5) 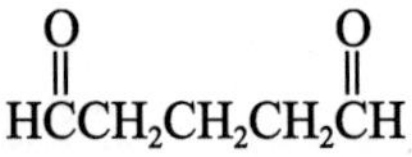 $HCCH_2CH_2CH_2CH$

(6)

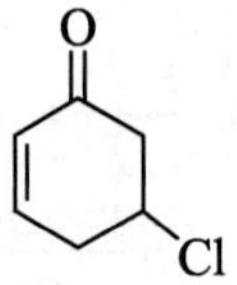

(7) 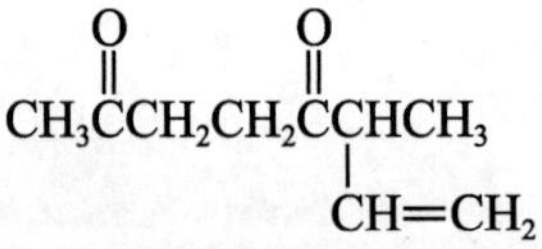 $CH_3CCH_2CH_2CCHCH_3$
　　　　　　　　　　$\overset{|}{CH=CH_2}$

(8)

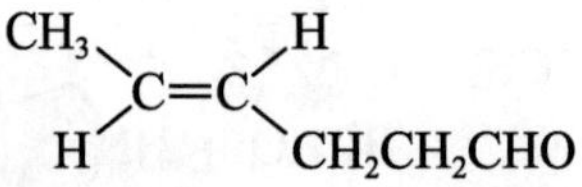

2. 苯乙醛和苯乙酮能否与下列试剂作用? 能反应的写出其产物。

(1) ① $NaBH_4$;② H_3O^+　　　　(2) Tollens 试剂　　　　(3) NH_2OH

(4) ① CH₃MgBr；② H₃O⁺   (5) CH₃OH，干 HCl   (6) NH₂NH₂，KOH

(7) HCN   (8) 饱和 NaHSO₃   (9) NaOCl/NaOH

(10) H₂，Ni   (11) (C₆H₅)₃P=CH₂   (12) 冷稀 KMnO₄，OH⁻

3. 试写出 C₆H₅CH=CHCOCH₃ 与下列试剂反应的产物。

(1) NaOl   (2) ① O₃ ；② Zn，H₂O   (3) HCl

(4) NaCN，H₂O，HOAc   (5) CH₃NH₂   (6) 环己-1,3-二烯

(7) Br₂，CCl₄   (8) ① PhMgBr；② H₃O⁺   (9) 异丙醇铝，异丙醇

4. 完成下列反应式。

(1) $\xrightarrow[\text{浓HCl}]{\text{Zn-Hg}}$

(2) + NaCN ⟶

(3) $\xrightarrow[\text{}]{\text{Mg}}$ $\xrightarrow[\text{}]{\text{H}_2\text{O}}$ (   ) $\xrightarrow[\text{}]{\text{H}_2\text{SO}_4}$ (   )

(4) O + HOCH₂CH₂OH $\xrightarrow{\text{干 HCl}}$

(5) $\xrightarrow{\text{H}_3\text{O}^+}$

(6) Br——COCH₃ + Br₂ $\xrightarrow[\text{25℃}]{\text{CH}_3\text{COOH}}$

(7) $\xrightarrow[\text{NaOH}]{\text{NaOCl}}$

(8) $\xrightarrow[\text{② Zn/H}_2\text{O}]{\text{① O}_3}$ $\xrightarrow[\triangle]{\text{稀NaOH}}$

(9) —CH=CHCHO $\xrightarrow{\text{NaBH}_4}$ $\xrightarrow{\text{H}_3\text{O}^+}$

(10) $\xrightarrow{\text{NaBH}_4}$ $\xrightarrow{\text{H}_3\text{O}^+}$

(11) $\xrightarrow{\text{CH}_3\text{CO}_3\text{H}}$

(12) (HOCH₂)₃CCHO + HCHO $\xrightarrow{\text{Ca(OH)}_2}$

(13) $\xrightarrow[\text{② Zn/H}_2\text{O}]{\text{① O}_3}$ (   ) $\xrightarrow[\triangle]{\text{稀NaOH}}$ (   ) $\xrightarrow{\text{LiAlH}_4}$ $\xrightarrow{\text{H}_3\text{O}^+}$ (   )

(14) —COCH₃ + HCHO + HN⟨ $\xrightarrow{\text{HCl}}$

(15) 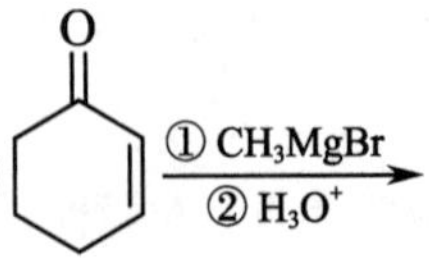 $\dfrac{\text{① CH}_3\text{MgBr}}{\text{② H}_3\text{O}^+}$

(16) 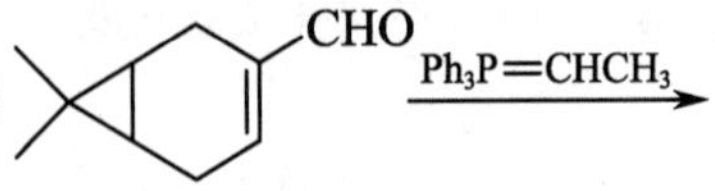 $\xrightarrow{\text{Ph}_3\text{P}=\text{CHCH}_3}$

(17) 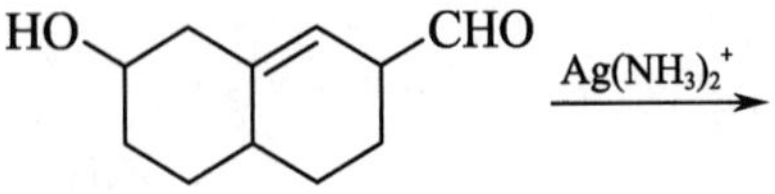 $\xrightarrow{\text{Ag(NH}_3)_2^+}$

(18) 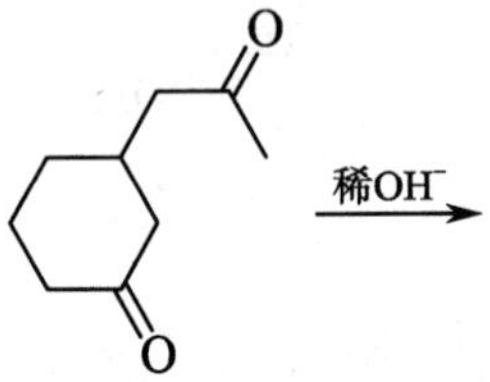 $\xrightarrow{稀\text{OH}^-}$

(19) 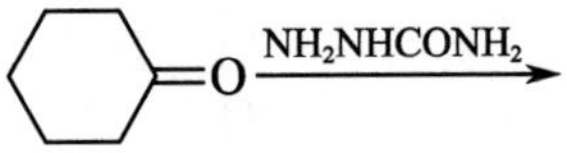 $\xrightarrow{\text{NH}_2\text{NHCONH}_2}$

(20) 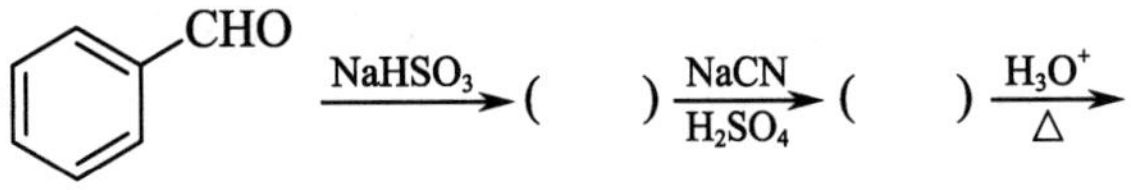 $\xrightarrow{\text{NaHSO}_3}$ ( ) $\dfrac{\text{NaCN}}{\text{H}_2\text{SO}_4}$ ( ) $\xrightarrow[\triangle]{\text{H}_3\text{O}^+}$

5. 下列化合物中,哪些能发生碘仿反应?哪些能发生自身羟醛缩合反应?哪些能与饱和亚硫酸氢钠加成?哪些能与甲醛发生交叉康尼扎罗反应?哪些能与托伦试剂反应?哪些能与费林试剂反应?

(1) CH_3CHO

(2) $CH_3CH_2COCH_2CH_3$

(3) $(CH_3)_2CHOH$

(4)

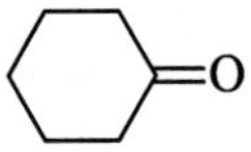

(5) $(CH_3)_2CHCHO$

(6) C_6H_5CHO

(7) $C_6H_5COCH_3$

(8)

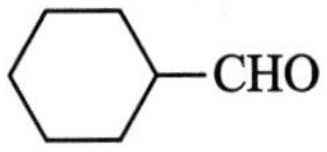

6. 写出下列反应的反应机理。

(1)

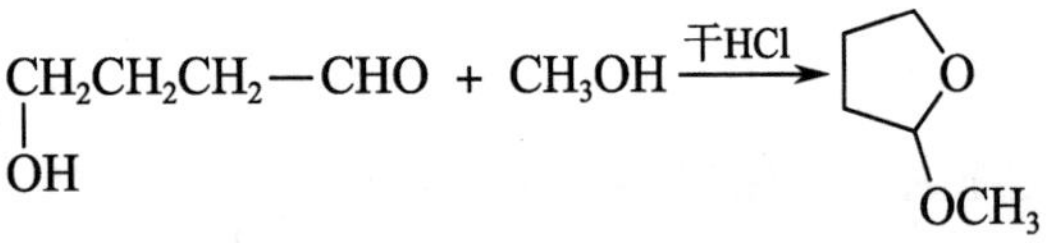

(2)

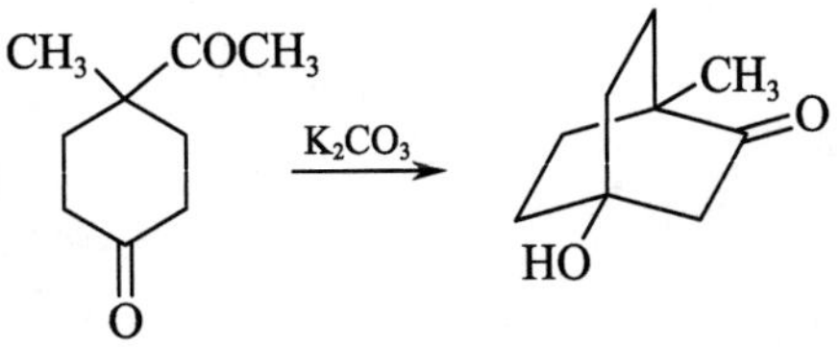

(3)

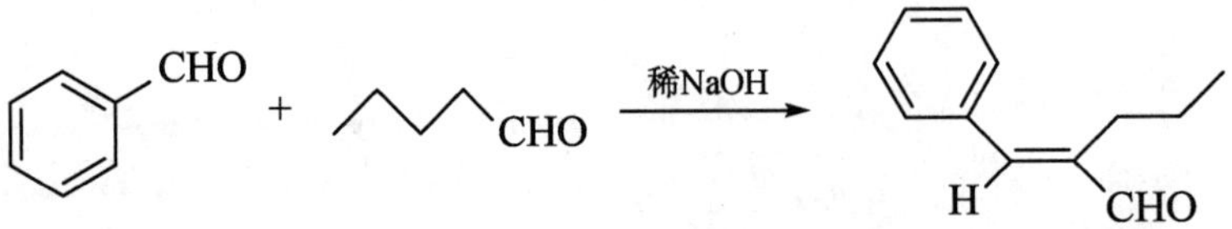

7. 3-羟基苯甲醛易发生康尼扎罗反应,而 2-羟基苯甲醛或 4-羟基苯甲醛却不易发生,试解释之。

8. 化合物 A 的分子量为 86,在 1 730cm^{-1} 有红外吸收峰;其 ^{1}HNMR(δ 值) 为 9.7(1H,s),1.2(9H,s)ppm。试推测 A 的结构。

9. 某化合物 A 的分子式为 $C_7H_{14}O_2$,与金属钠发生强烈反应,但不与苯肼作用。当与高碘酸

作用时,得到化合物 B(C$_7$H$_{12}$O$_2$)。B 与苯肼作用,能还原费林试剂,并与碘的碱溶液作用生成碘仿及己二酸。试推测 A、B 的结构。

10. 某化合物 A 的分子式为 C$_8$H$_{14}$O,可以使溴水褪色,也可与苯肼作用。A 经酸性 KMnO$_4$ 氧化得到一分子丙酮和另一化合物 B,B 具有酸性且能与碘的碱溶液作用生成碘仿及丁二酸。试推测 A、B 的结构。

11. 以环己-2-烯-1-酮为原料合成下列化合物。

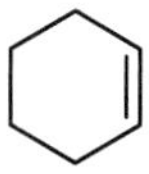

(1) 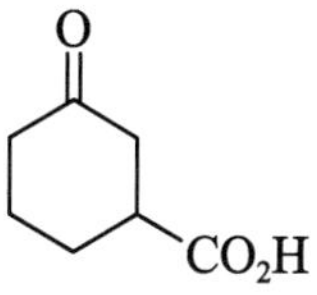   (2) 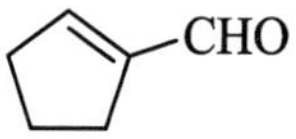   (3) 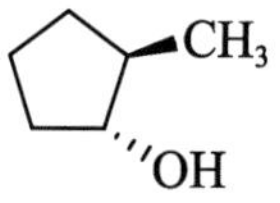   (4)

12. 以苯、甲苯及四个碳以下的有机物为原料合成下列化合物。

(1) 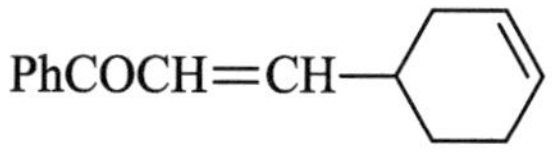 PhCOCH=CH-   (2) CH$_3$CH$_2$CO-〈〉-NO$_2$

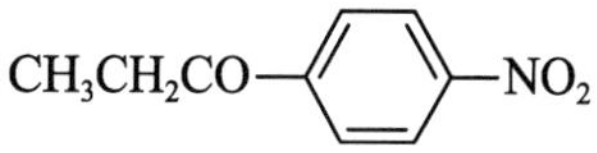

(3) 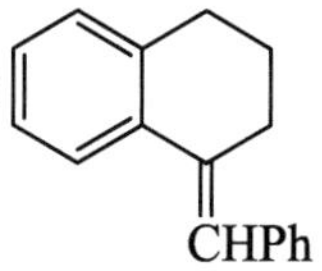   (4) 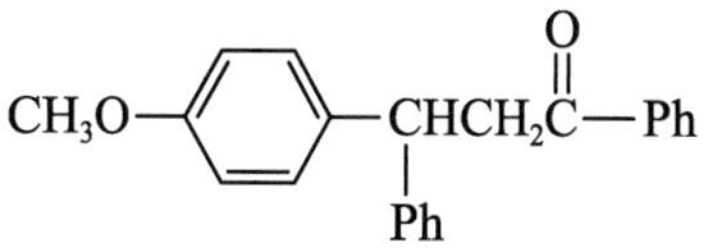 CH$_3$O-〈〉-CHCH$_2$C-Ph / Ph / O

(5) 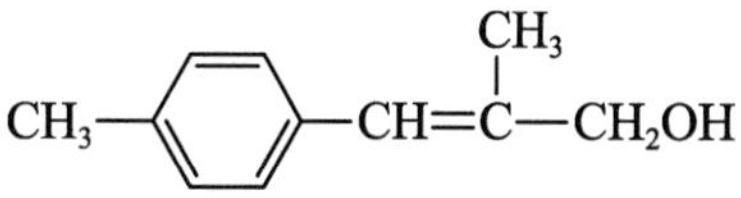 CH$_3$-〈〉-CH=C-CH$_2$OH / CH$_3$ (6) 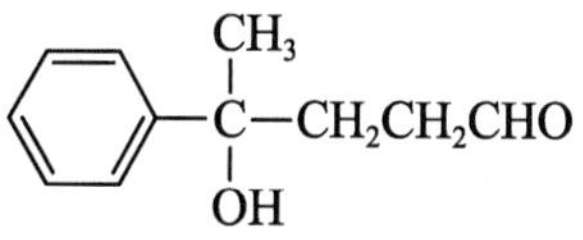 〈〉-C-CH$_2$CH$_2$CHO / CH$_3$ / OH

13*. 分子式为 C$_7$H$_{11}$Br 的化合物 A,构型为 R,在无过氧化物存在下,A 和溴化氢反应生成异构体 B(C$_7$H$_{12}$Br$_2$)和 C(C$_7$H$_{12}$Br$_2$)。B 具有光学活性,C 没有光学活性。用 1mol 叔丁醇钾处理 B,则生成 A,用 1mol 叔丁醇钾处理 C 得到 A 和它的对映异构体,A 用叔丁醇钾处理得 D(C$_7$H$_{10}$),D 经臭氧化,再还原水解可得 2mol 甲醛和 1mol 环戊-1,3-二酮。试写出 A、B、C 和 D 的构型式。

14*. 试写出下列反应的机理。

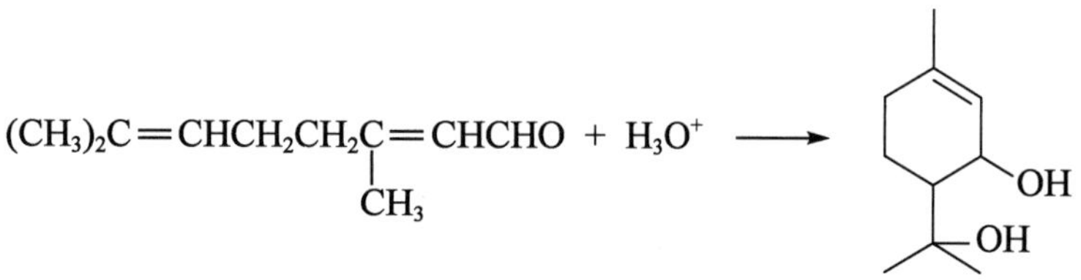

(CH$_3$)$_2$C=CHCH$_2$CH$_2$C=CHCHO + H$_3$O$^+$ $\longrightarrow$ / CH$_3$

第十一章

羧酸和取代羧酸

第十一章
教学课件

羧酸(carboxylic acid)是分子中含有羧基(—COOH,carboxyl)的一类有机化合物。除甲酸外,羧酸可看作是烃分子中的氢被羧基取代的衍生物。羧酸的通式可写成 RCOOH 或 ArCOOH。羧酸分子中烃基上的氢原子被其他原子或原子团取代的化合物称为取代羧酸(substituted carboxylic acid),如卤代酸、羟基酸、氨基酸和酮酸等。

羧酸和取代羧酸广泛存在于自然界中,对人类的生活起重要作用。许多羧酸和取代羧酸是动植物代谢的中间产物,有些羧酸和取代羧酸参与动植物的生命过程,具有生物活性和药理活性,并且是制药及有机化工过程的重要中间体。

11-SZ-1
从水杨酸到阿司匹林——百年老药发展历程的启示
(案例)

第一节　结构、分类和命名

一、结构

羧酸分子中羧基的碳原子为 sp^2 杂化,三个 sp^2 杂化轨道分别与两个氧原子和另一碳原子或氢原子形成三个 σ 键。未参与杂化的 p 轨道与氧原子上的 p 轨道形成 π 键,因此羧基是一平面结构,三个 σ 键间的夹角约 120°。羟基氧原子上占有未共用电子对的 p 轨道可与羰基的 π 键发生 p-π 共轭,羧基的结构如图 11-1 所示。

p-π 共轭使碳氧双键和碳氧单键的键长趋于平均化。X 射线衍射证明,在甲酸分子中 C=O 双键的键长为 123pm,较醛、酮中羰基的键长(120pm)有所增长;C—O 单键的键长为 136pm,较醇中碳氧单键的键长(143pm)为短。羧基是羧酸

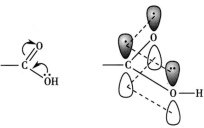

图 11-1　羧基的结构

11-D-1
羧基的结构
(动画)

的官能团,羧酸中的羰基与羟基相互影响,从而显示羧基的特殊化学性质。如羧基中羟基的 O—H 键的极性增大,氢质子易电离而表现酸性;羧基中的羰基不易发生类似于醛、酮羰基的亲核加成反应等。

二、分类

根据分子中与羧基相连的烃基的结构不同,羧酸可分为脂肪酸(fatty acid)和芳香酸(aromatic acid),前者还可以分为饱和脂肪酸(saturated fatty acid)和不饱和脂肪酸(unsaturated fatty acid);根据羧基的数目不同又可分为一元羧酸(monocarboxylic acid)、二元羧酸(dicarboxylic acid)或多元羧酸(polycarboxylic acid)。

三、命名

羧酸的命名采用系统命名法,但相当一部分羧酸和取代羧酸都有俗名。俗名通常根据其来源而得,如甲酸是于 1670 年从蚂蚁蒸馏液中分离得到的,故称蚁酸;乙酸是于 1700 年从食醋中得到的,故称醋酸。一些从自然界中得到的取代羧酸也常用俗名,如 $CH_3CH(OH)COOH$ 是在 1850 年从酸奶中得到的,称为乳酸。2-羟基苯甲酸又称水杨酸(salicylic acid),存在于自然界的柳树皮、白珠树叶及甜桦树中。

羧酸的系统命名原则与醛相似,命名时选择含羧基的最长碳链为主链,编号从羧基碳原子开始,用阿拉伯数字标明主链碳原子的位次。简单的羧酸习惯上也常用希腊字母标位,与羧基直接相连的碳原子位置为 α,依次为 β、γ、δ……等,最末端碳原子可用 ω 表示。例如:

$$\overset{\gamma}{C}H_3\overset{}{C}H_2\overset{\beta}{C}H\overset{\alpha}{C}H_2COOH$$
$$\underset{CH_3}{|}$$

3-甲基戊酸或β-甲基戊酸
3-methylpentanoic acid

$$Br\overset{CH_3}{\longleftrightarrow}\overset{|}{C}HCH_2COOH$$

3-(4-溴苯基)丁酸
3-(4-bromophenyl)butanoic acid

如果主链中含有不饱和键 C＝C 或 C≡C,则分别称为烯酸(-enoic acid)或炔酸(-ynoic acid),并将不饱和键的位次编号置于"烯"或"炔"之前。例如:

$$CH_3CH＝CHCOOH$$

丁-2-烯酸(巴豆酸)
but-2-enoic acid

$$CH_3CH_2C≡CCH_2COOH$$

己-3-炔酸
hex-3-ynoic acid

羧酸的英文名称在 IUPAC 命名法中是将相应碳原子数的母体烃去掉其名称的词尾 e,加上 oic acid,二酸则是加上 dioic acid。如上述例子中丁-2-烯酸其相应的母体烃为四个碳原子的烯,丁-2-烯的英文名称为 but-2-ene,变为酸名称则为 but-2-enoic acid。

无支链的直链二元酸可按含碳总数称为"某二酸"。含有支链的二元酸应选择含有两个羧基在内的最长碳链为主链,支链无论长短均作为取代基。当直链烃直接与两个以上的羧基相连时,看作母体烷烃为羧基所取代,可采用如"三甲酸"等后缀方法命名,编号时应使所有羧基的位次和最小。例如:

$$HOOCCH_2CHCH_2COOH$$
$$\underset{CH_2CH_2CH_3}{|}$$

3-丙基戊二酸
3-propylpentanedioic acid

$$\overset{CH_2COOH}{\overset{|}{HO-C-COOH}}$$
$$\underset{CH_2COOH}{|}$$

2-羟基丙烷-1,2,3-三甲酸(柠檬酸)
2-hydroxypropane-1,2,3-tricarboxylic acid

脂环直接与羧基相连时,命名时可由其母体烃名称加上后缀"甲酸"(-carboxylic acid)、"二甲酸"(-dicarboxylic acid)等,编号从与羧基相连的碳原子开始。若是多元酸,羧基的位次编号置于"二甲酸"等之前。例如:

环己-2-烯甲酸
cyclohex-2-enecarboxylic acid

(1R,3R)-环己烷-1,3-二甲酸
(1R,3R)-cyclohexane-1,3-dicarboxylic acid

羧基连在苯环上的芳香酸则常以苯甲酸为母体,并加上取代基的名称和位次。

取代羧酸的命名是以羧酸为母体,命名时标明取代基的位置和名称。当主链上含有羰基时,羰基作为取代基,称为"氧亚基"(oxo-)。例如:

2-羟基苯甲酸(水杨酸)
2-hydroxybenzoic acid

2-氯-4-硝基苯甲酸
2-chloro-4-nitrobenzoic acid

$$CH_3SCH_2CH_2\underset{\underset{\displaystyle NH_2}{|}}{C}HCOOH$$

2-氨基-4-甲硫基丁酸(甲硫氨酸)
2-amino-4-methylsulfanylbutanoic acid

$$CH_3\overset{\displaystyle O}{\overset{\|}{C}}COOH$$

2-氧亚基丙酸(丙酮酸)
2-oxopropanoic acid

羧酸分子中除去羧基中的羟基后所余下的部分称为酰基(acyl),酰基名称可根据相应的羧酸命名。例如:

$$CH_3-\overset{\displaystyle O}{\overset{\|}{C}}-$$

乙酰基(acetyl)

4-甲基苯甲酰基(4-methylbenzoyl)

第二节　物理性质及光谱性质

一、物理性质

低级饱和一元羧酸为液体,$C_4\sim C_{10}$的羧酸都具有强烈的刺鼻气味或恶臭,如丁酸就有腐败奶油的臭味。高级饱和一元羧酸为蜡状固体,挥发性低,没有气味。脂肪族二元羧酸和芳香羧酸都是结晶固体。

在羧酸分子的羧基中,羰基氧是氢键中的质子受体,羟基氢则是质子供体(羟基氧由于和羰基共轭,很难作质子受体),因此羧酸分子间可以形成氢键。液态甚至气态羧酸都可能有二聚(缔合)体存在,因此羧酸的沸点比分子量相近的醇的沸点高很多。例如甲酸的沸点(100.5℃)比相同分子量的乙醇的沸点(78.5℃)高,乙酸的沸点(118℃)比丙醇的沸点(97.2℃)高。羧酸的沸点通常随分子量增大而升高。

$$2\ RCOOH \Longleftrightarrow R-\overset{\displaystyle O\cdots H-O}{\underset{\displaystyle O-H\cdots O}{C}}C-R$$

羧酸与水也能形成很强的氢键,所以丁酸比同数碳原子的丁醇在水中的溶解度要大一些。在饱和一元羧酸中,甲酸至丁酸可与水混溶;其他一元羧酸随碳链增长,水溶性降低。高级一元羧酸不溶于水,而易溶于有机溶剂中。芳香羧酸的水溶性小。多元酸的水溶性大于同数碳原子的一元羧酸。

饱和一元羧酸的熔点也随碳原子的增加而呈锯齿形上升,即偶数碳原子的羧酸的熔点比相邻两个奇数碳原子的羧酸高。二元羧酸由于分子中的碳链两端都有羧基,分子间引力大,熔点比分子量相近的一元羧酸高得多。一些常见羧酸的物理常数如表 11-1 所示。

表 11-1　一些常见羧酸的物理常数

系统命名	俗名	熔点 /℃	沸点 /℃	溶解度 /(g/100ml H_2O)	pK_a(25℃)
甲酸 methanoic acid	蚁酸 formic acid	8.4	100.5	∞	3.76
乙酸 ethanoic acid	醋酸 acetic acid	16.6	117.9	∞	4.75
丙酸 propanoic acid	初油酸 propionic acid	−20.8	141	∞	4.87
丁酸 butanoic acid	酪酸 butyric acid	−4.3	163.5	∞	4.81

续表

系统命名	俗名	熔点 /℃	沸点 /℃	溶解度 /(g/100ml H_2O)	pK_a(25℃)
2-甲基丙酸 2-methylpropanoic acid	异丁酸 isobutyric acid	−46.1	153.2	22.8	4.84
戊酸 pentanoic acid	缬草酸 valeric acid	−33.8	186	~5	4.82
己酸 hexanoic acid	羊油酸 caproic acid	−2	205	0.96	4.83
十六碳酸 hexadecanoic acid	软脂酸 palmitic acid	62.9	269/0.01MPa	不溶	—
十八碳酸 octadecanoic acid	硬脂酸 stearic acid	69.9	287/0.01MPa	不溶	—
乙二酸 ethanedioic acid	草酸 oxalic acid	189.5	—	8.6	1.27*4.27**
丙二酸 propanedioic acid	缩苹果酸 malonic acid	136	—	73.5	2.85* 5.70**
丁二酸 butanedioic acid	琥珀酸 succinic acid	185	—	5.8	4.21* 5.64**
戊二酸 pentanedioic acid	胶酸 glutaric acid	98	—	63.9	4.34* 5.41**
己二酸 hexanedioic acid	肥酸 adipic acid	151	—	1.5	4.43* 5.40**
顺丁烯二酸 *cis*-butenedioic acid	马来酸 maleic acid	131	—	79	1.90* 6.50**
反丁烯二酸 *trans*-butenedioic acid	富马酸 fumaric acid	302	—	0.7	3.00* 4.20**
苯甲酸 benzoic acid	安息香酸 benzoic acid	122.4	249	0.34	4.17

注:* pK_{a_1} ;** pK_{a_2}。

二、光谱性质

(一) 红外吸收光谱

羧基是羧酸的官能团,其特征吸收是 O—H、C＝O、C—O 键振动吸收。图 11-2 为正己酸的红外吸收光谱图,图 11-3 为苯甲酸的红外吸收光谱图。

在液体或固体状态,羧酸常形成二聚体,氢键削弱羧基的双键特性,C＝O 键伸缩振动吸收一般在 1 725~1 700cm^{-1};当在四氯化碳或氯仿稀溶液中可向高波数移动,一般在 1 760cm^{-1} 处出现吸收峰。如果 C＝O 键与双键共轭则降低吸收频率,此时 $\bar{\nu}_{C=O}$ 在 1 700~1 680cm^{-1} 范围。

单体羧酸的 O—H 键伸缩振动吸收在 3 550cm^{-1} 附近有一弱的锐峰;羧酸的二聚体在 3 300~2 500cm^{-1} 处有一很强的宽峰。925cm^{-1} 处的 O—H 键弯曲振动吸收也是羧酸的特征吸收。C—O 键伸缩振动在 1 320~1 210cm^{-1} 处出现吸收峰。

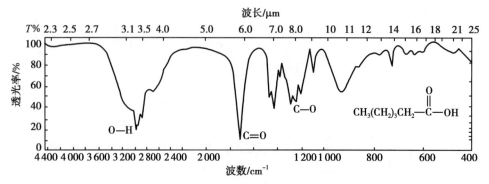

图 11-2　正己酸的红外吸收光谱图

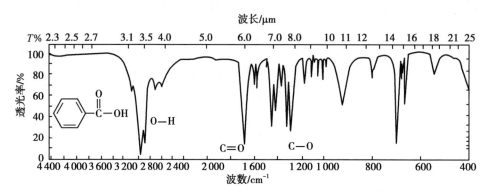

图 11-3　苯甲酸的红外吸收光谱图

(二) 核磁共振氢谱

羧酸中羧基的质子由于受氧原子的诱导作用及羟基和羰基间共轭等因素的影响,屏蔽作用大大降低,化学位移出现在低场,δ 值为 10~13ppm。羧酸分子中 α-碳原子上的氢受羧基强吸电子作用的影响,其化学位移向低场移动,δ 值为 2~2.5ppm。图 11-4 为丙酸的核磁共振氢谱图。

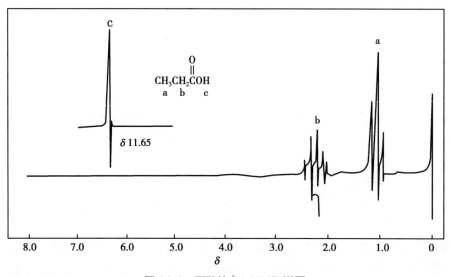

图 11-4　丙酸的 ^{1}H-NMR 谱图

(三) 质谱

脂肪族羧酸的分子离子峰不明显,一般经麦氏重排后,再发生 α-裂解得一强峰 m/z 60(基峰)。

图 11-5 为戊酸的质谱图。

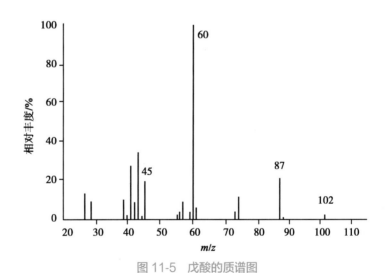

而芳香族羧酸其分子离子峰表现得很强,经 α-裂解得酰基离子(基峰),然后再失去一氧化碳得芳基离子。

图 11-5　戊酸的质谱图

练习题 11.1　苯甲醛、苯甲醇和苯甲酸的分子量较接近,而沸点和熔点却相差较大,此现象如何解释?

	苯甲醛	苯甲醇	苯甲酸
分子量	106	108	122
沸点 /℃	178	205	249
熔点 /℃	−26	−15.3	122

练习题 11.2　顺丁烯二酸在 100g 水中能溶解 79g,而反丁烯二酸只能溶解 0.7g,请给予解释。

第三节　化学性质

一、酸性

（一）酸性

羧酸在水中能解离出质子而呈明显的酸性，它可与碳酸氢钠反应放出二氧化碳，这说明它的酸性比碳酸强，也比酚、醇及其他各类含氢有机化合物的酸性强（表 11-2）。

$$CH_3COOH + H_2O \rightleftharpoons CH_3COO^- + H_3O^+$$

表 11-2　各类含氢有机化合物的酸性

类别	RCOOH	⬡—OH	HOH	ROH	CH≡CH	H_2NH	RH
pK_a	4~5	10	~14.0	15.5~19	~25	~35	~50

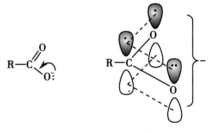

图 11-6　羧酸根负离子的结构

在羧基解离氢质子后的羧酸根负离子中有一个 π 分子轨道，是由一个碳原子和两个氧原子各提供一个 p 轨道形成的，如图 11-6 所示。因此羧基负离子中的负电荷不再集中在一个氧原子上，而是分散于两个氧原子上，使能量降低而趋向稳定。X 射线衍射实验证明甲酸钠的两个 C—O 键的键长相等，都是 127pm。

羧基和羧酸根负离子的结构亦可分别用两种极限式间的共振表示。

$$\left[R-C\overset{O}{\underset{OH}{\diagup}} \longleftrightarrow R-C\overset{O^-}{\underset{\overset{+}{O}H}{\diagup}} \right] + H_2O \rightleftharpoons \left[R-C\overset{O}{\underset{O^-}{\diagup}} \longleftrightarrow R-C\overset{O^-}{\underset{O}{\diagup}} \right] + H_3O^+$$

$$(1) \qquad\qquad (2) \qquad\qquad\qquad (3) \qquad\qquad (4)$$

从极限式（3）、（4）可进一步看出羧酸根负离子的负电荷分散在两个氧原子上。另外极限式（3）和（4）是等性共振，这种共振对杂化体有较强的稳定作用。但羧酸的两个极限式（1）和（2）的能量不相同，极限式（2）中的两个氧原子各带有相反的电荷，能量高，不如极限式（1）稳定，它们之间的共振是非等性的。因此，共振对羧酸根负离子的稳定作用比羧酸大，平衡移向电离增大的方向，使羧酸具有明显的酸性。

醇解离后生成的烷氧负离子中没有上述稳定作用，因此羧酸的酸性比醇强。烷氧负离子的稳定性也比苯氧负离子小，所以酚的酸性也比醇强。但羧酸与盐酸、硫酸等强无机酸相比为弱酸，羧酸的 pK_a 一般在 4~5。

羧酸酸性的强弱取决于电离后所生成的羧酸根负离子的稳定性。取代基对酸性强弱的影响与取代基的性质、数目及相对位置等有关。

脂肪族一元羧酸中，甲酸的酸性最强。这是由于烷基有微弱的给电子诱导效应，同时又有超共轭作用，不利于羧酸根负离子负电荷的分散，稳定性降低，因而酸性降低。甲酸中的氢被一系列烷基取代后的酸性如下：

	HCOOH	CH₃COOH	CH₃CH₂COOH	(CH₃)₂CHCOOH	(CH₃)₃CCOOH
pK_a	3.77	4.74	4.87	4.86	5.05

当烷基上的氢原子被卤原子、羟基、硝基等吸电子基取代后，由于这些基团的吸电子诱导效应使羧酸根负离子的负电荷得到分散而稳定性增大，因而酸性增强。取代基的吸电子能力越强，羧酸的酸

性亦越强(表 11-3)。

表 11-3　取代乙酸(y–CH$_2$COOH)的 pK_a

y	pK_a	y	pK_a	y	pK_a
H	4.74	CH$_3$O	3.53	Cl	2.86
CH=CH$_2$	4.35	C≡CH	3.32	F	2.57
C$_6$H$_5$	4.28	I	3.18	CN	2.44
OH	3.83	Br	2.94	NO$_2$	1.08

通过测定部分取代乙酸的 pK_a,根据取代乙酸 pK_a 的大小,可以对各原子或取代基诱导效应的方向及强弱排出相应的次序。

吸电子诱导效应:NO$_2$>CN>CHO>COOH>F>Cl>Br>I>C≡CH>OCH$_3$>OH>C$_6$H$_5$>CH=CH$_2$>H

给电子诱导效应:(CH$_3$)$_3$C>(CH$_3$)$_2$CH>CH$_3$CH$_2$>CH$_3$>H

在不同的化合物中,取代基的诱导效应次序可能不完全一致,影响因素可能有共轭效应、空间效应、场效应、溶剂效应等。

诱导效应有加和性,相同性质的基团越多对酸性的影响越大。例如 α-卤代乙酸,随着卤原子数目的增多,酸性逐渐增强,三氯乙酸是个强酸。

	CH$_3$COOH	ClCH$_2$COOH	Cl$_2$CHCOOH	Cl$_3$CCOOH
pK_a	4.74	2.86	1.29	0.65

诱导效应在饱和碳链上沿 σ 键传递,随距离的增加而迅速减弱,一般超过三个碳原子的影响已很小。例如不同位置氯化所得的氯代丁酸的酸性,其中 γ-氯丁酸的酸性已接近丁酸。

	CH$_3$CH$_2$CHCOOH 　　　　　Cl	CH$_3$CHCH$_2$COOH 　　　Cl	CH$_2$CH$_2$CH$_2$COOH 　Cl	CH$_3$CH$_2$CH$_2$COOH
pK_a	2.86	4.41	4.70	4.81

二元羧酸酸性的变化均与两个羧基的相对距离有关。例如乙二酸的 pK_{a_1} 为 1.27;丙二酸的 pK_{a_1} 为 2.85;丁二酸的 pK_{a_1} 为 4.21;戊二酸的 pK_{a_1} 为 4.34,碳链在四个碳原子以上的二元羧酸其 pK_{a_1} 相差很小,但酸性还是比乙酸强。当第一个羧基解离后,成为羧酸根负离子,对另一端的羧基产生给电子诱导效应,使第二个羧基不易解离。因此,一些低级二元羧酸的 pK_{a_2} 总是大于 pK_{a_1}。

诱导效应是沿碳链传递的静电作用,但当两个基团处于一定的相对空间位置时,还可以通过空间静电场的作用传递,这种影响方式称为场效应(field effect)。例如丙二酸的第一个羧基发生解离后,羧酸根负离子除对另一端的羧基产生诱导效应外,还有场效应。两种效应均使羧基的质子不易离去,故丙二酸的二级电离度大大减弱。

场效应的大小与距离的平方成反比,距离越远,作用越小。例如化合物(1)和(2)两个异构体,(1)的酸性比(2)的酸性弱。

(1) pK_a 6.07　　　　　　　(2) pK_a 5.69

从立体结构上就不难看出,这种差异不是诱导效应,而是由场效应引起的,场效应的大小与C—Cl键上带部分负电荷一端离羧基的距离有关,带部分负电荷的氯在(1)中比(2)中更靠近羧基,场效应抑制(1)的羧基中氢的电离作用大于(2),所以(1)的酸性弱于(2)。

苯甲酸的酸性比一般脂肪酸强(除甲酸外),它的pK_a为4.17。当芳环上引入取代基后,与取代酚类似,其酸性随取代基的种类、位置不同而发生变化。表11-4列出一些取代苯甲酸的pK_a。

表 11-4 一些取代苯甲酸的 pK_a

	邻–	间–	对–		邻–	间–	对–
H	4.17	4.17	4.17	NO$_2$	2.21	3.46	3.40
CH$_3$	3.89	4.28	4.35	OH	2.98	4.12	4.54
Cl	2.89	3.82	4.03	OCH$_3$	4.09	4.09	4.47
Br	2.82	3.85	4.18	NH$_2$	5.00	4.82	4.92

从表11-4可以看出,当取代基在间位和对位时,一般给电子基如甲基使酸性降低,吸电子基如硝基使酸性增强。

三种硝基苯甲酸的酸性都比苯甲酸强,而且酸性强弱顺序为邻位 > 对位 > 间位。这是因为硝基苯的结构为下列极限式的叠加,在邻、对位电子云密度较低。当邻、对位连有羧基后,必然对羧基上的电子有吸引作用,有利于羧基中氢的解离。

使邻、对位异构体酸性增加的另一个因素是硝基的吸电子诱导效应,但在对位异构体中影响较小,而在邻位异构体中影响较大。因此,邻硝基苯甲酸的酸性比对硝基苯甲酸还强。硝基处于羧基间位时只有吸电子诱导效应,因此酸性不如邻、对位的强。

甲氧基取代的苯甲酸其酸性邻、间位的强于苯甲酸,而对位的弱于苯甲酸,这和甲氧基取代的苯酚类似。对甲氧基苯甲酸的结构可认为是下面两种极限式的叠加。

可见,烷氧基氧上的电子通过苯环转向羧基,使质子不易离去,可使酸性降低,且甲氧基这种作用大于使酸性增强的吸电子诱导效应,因此酸性弱于苯甲酸;而甲氧基处于间位时,没有给电子共轭效应,只有吸电子诱导效应,因此酸根负离子较稳定,酸性增强。

从表11-4可以看出,取代基在邻位,不论是吸电子基团还是给电子基团(氨基除外),都使酸性增强。这是邻位效应(电性效应、空间效应及氢键等)的结果。

　　邻羟基苯甲酸(水杨酸)的酸性较间位和对位异构体显著增强,主要是由于邻位羟基与酸根负离子形成分子内氢键,使邻羟基苯甲酸根负离子稳定,酸性增强;而间位或对位异构体则在几何上不能形成分子内氢键。

稳定性:

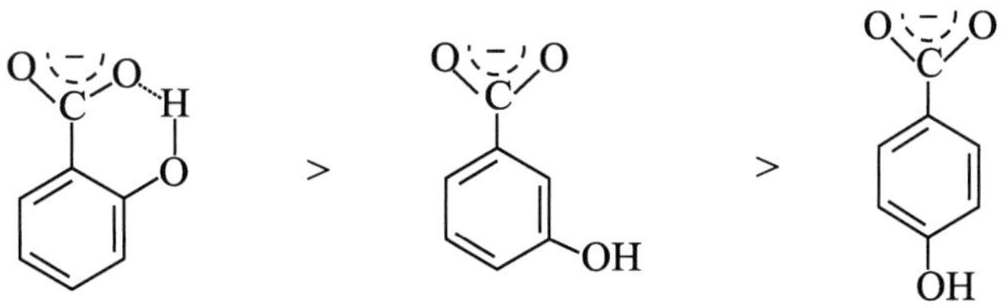

(二) 成盐反应

羧酸具有酸性,能与碱(如氢氧化钠、碳酸钠、碳酸氢钠等)中和成盐。例如:

$$CH_3COOH + NaOH \longrightarrow CH_3COONa + H_2O$$

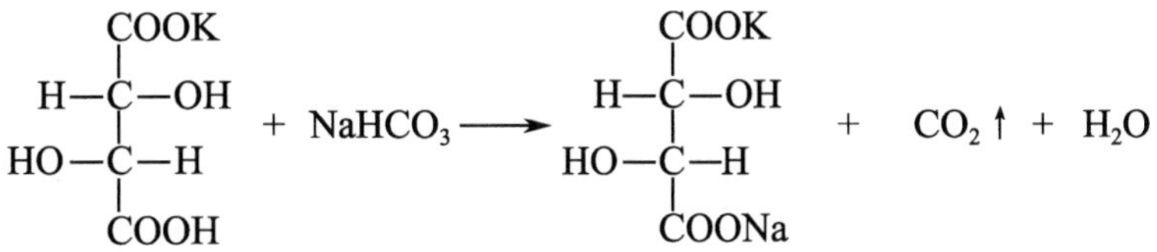

$$
\begin{array}{c}
COOK \\
H-C-OH \\
HO-C-H \\
COOH
\end{array}
+ NaHCO_3 \longrightarrow
\begin{array}{c}
COOK \\
H-C-OH \\
HO-C-H \\
COONa
\end{array}
+ CO_2\uparrow + H_2O
$$

　　后一个反应就是发酵粉使生面团发酵的化学反应。发酵粉是碳酸氢钠与酒石酸氢钾的混合物,当加入水时,发酵粉中酸和碱发生反应,放出二氧化碳达到发酵的目的。

　　羧酸与碱的成盐反应在药物合成中的分离、提纯,药物的含量测定,提高药效及有机化合物分子中羧基数目的测定等方面都有广泛的用途。

　　羧酸的碱金属盐一般为固体,低级羧酸的钠盐易溶于水,而不溶于非极性溶剂。成盐也可改变药物的水溶性,如含有羧基的青霉素和氨苄西林的水溶性小,将其转变成钾盐或钠盐后水溶性增大,便于临床使用。硬脂酸钠(钾)可用作表面活性剂;苯甲酸钠具杀菌防腐作用。羧酸盐与强的无机酸作用,又可转化为原来的羧酸。羧酸的这个性质常用于分离与提纯,或从动植物中提取含羧基的有效成分。

$$RCOONa + HCl \longrightarrow RCOOH + NaCl$$

羧酸亦可与有机胺成盐(见第十四章第二节)。

$$RCOOH + R'NH_2 \longrightarrow RCOO^-H_3N^+R'$$

此反应可用于羧酸或胺类外消旋体的拆分。例如外消旋的 α-羟基苯乙酸(又称扁桃酸)是用(−)-α-苯基乙胺作拆分剂拆分为(+)和(−)体的,其反应式如下。

$$\underset{\substack{\\ \text{(±)-}\alpha\text{-羟基苯乙酸}}}{\underset{OH}{C_6H_5CHCOOH}} + \underset{\text{(-)-}\alpha\text{-苯基乙胺}}{H_2N-\overset{CH_3}{\underset{C_6H_5}{C}}} \longrightarrow \begin{array}{l}\text{(+)酸·(-)胺盐}\\ \text{(-)酸·(-)胺盐}\end{array}\Bigg] \xrightarrow{\text{分离}} \begin{array}{c}\text{(+)酸·(-)胺盐}\\ +\\ \text{(-)酸·(-)胺盐}\end{array}$$

非对映异构体

$$\underset{\substack{\\ \text{(+)酸·(-)胺盐}}}{\overset{HO}{\underset{C_6H_5}{\overset{H}{C}}-COO^-}\ H_3N^+-\overset{H}{\underset{C_6H_5}{\overset{CH_3}{C}}}} \xrightarrow{HCl} \underset{\substack{\\ \text{(+)-}\alpha\text{-羟基苯乙酸}\\ \text{不溶于水}}}{\overset{HO}{\underset{C_6H_5}{\overset{H}{C}}-COOH}} + \underset{\substack{\\ \text{(-)-}\alpha\text{-苯基乙胺盐酸盐}\\ \text{溶于水}}}{Cl^-H_3N^+-\overset{H}{\underset{C_6H_5}{\overset{CH_3}{C}}}}$$

$$\underset{\substack{\\ \text{(-)酸·(-)胺盐}}}{\overset{HO}{\underset{C_6H_5}{\overset{H}{C}}-COO^-}\ H_3N^+-\overset{H}{\underset{C_6H_5}{\overset{CH_3}{C}}}} \xrightarrow{HCl} \underset{\substack{\\ \text{(-)-}\alpha\text{-羟基苯乙酸}\\ \text{不溶于水}}}{\overset{HO}{\underset{C_6H_5}{\overset{H}{C}}-COOH}} + \underset{\substack{\\ \text{(-)-}\alpha\text{-苯基乙胺盐酸盐}\\ \text{溶于水}}}{Cl^-H_3N^+-\overset{H}{\underset{C_6H_5}{\overset{CH_3}{C}}}}$$

同理,也可用旋光性的羧酸来拆分外消旋的胺。

羧酸根负离子具有亲核性,可与活泼的卤代烷发生反应生成羧酸酯,也可在催化剂作用下进行亲核取代反应,这可作为合成酯的一种方法。

$$C_2H_5-\!\!\!\left\langle\ \right\rangle\!\!\!-CH_2Cl + CH_3COONa \xrightarrow[\triangle]{CH_3COOH} C_2H_5-\!\!\!\left\langle\ \right\rangle\!\!\!-CH_2OOCCH_3$$

$$\underset{CH_2=\overset{CH_3}{C}-COO^-Na^+}{} + ClCH_2CH-CH_2 \xrightarrow[C_2H_5OH]{(C_4H_9)_4N^+Cl^-} CH_2=\overset{CH_3}{C}-COOCH_2CH-CH_2$$

二、羧基中羟基的取代反应

羧基中的羟基虽不如醇羟基易被取代,但在一定条件下,羧基中的羟基可以被卤素、酰氧基、烷氧基或氨基取代,形成酰卤、酸酐、酯或酰胺等羧酸衍生物。这些反应的机理都涉及羧基中羰基的亲核加成与消除。

(一) 酯化反应

羧酸与醇在酸(如硫酸、氯化氢或苯磺酸等)催化下反应生成酯(ester)和水的反应称为酯化反应(esterification reaction)。酯化反应是可逆反应。

$$RCOOH + R'OH \underset{\text{水解}}{\overset{\text{酯化}}{\rightleftharpoons}} RCOOR' + H_2O$$

酯化反应一般进行得较慢,催化剂和温度在加速酯化反应速率的同时也加速水解反应速率。通常酯化和水解都不能进行完全,处于平衡状态。为提高产率,必须使平衡向酯化方向移动。常采用加入过量的价廉原料,以改变反应达到平衡时反应物和产物的组成;或加除水剂,除去反应中所产生的水;也可以将酯从反应体系中不断蒸出。

酯化反应是一重要的反应,在药物合成中常利用酯化反应将药物转变成前药,以改变药物的生物利用度、稳定性及克服多种不利因素。如治疗青光眼的药物塞他洛尔(cetamolol),分子中含羟基,极性强,脂溶性差,难于透过角膜。将羟基酯化制成丁酰塞他洛尔,其脂溶性明显增强,透过角膜的能力增强 4~6 倍,进入眼球后,经酶水解再生成塞他洛尔而起效。

酯化反应是羧酸和醇之间脱水,反应机理主要有以下几种。

1. 亲核加成－消除机理

$$CH_3-\overset{O}{\overset{\|}{C}}\underset{}{+OH} + H\underset{}{+O}-CH_2CH_2CH_3 \underset{}{\overset{H^+}{\rightleftharpoons}} CH_3-\overset{O}{\overset{\|}{C}}-OCH_2CH_2CH_3 + H_2O$$

　　酯化反应由羧酸分子中的羟基与醇羟基的氢结合脱水生成酯,在反应中羧酸的酰氧键断裂。各种实验表明,在大多数情况下,酯化反应是按这种酰氧断裂方式进行的。如用含有 ^{18}O 的醇和羧酸酯化时,形成含有 ^{18}O 的酯。

$$C_6H_5-\overset{O}{\overset{\|}{C}}-OH + H^{18}OCH_3 \underset{}{\overset{H^+}{\rightleftharpoons}} C_6H_5-\overset{O}{\overset{\|}{C}}-^{18}OCH_3 + H_2O$$

　　又如羧酸与具有光学活性的醇进行酯化反应,形成的酯其构型与醇的构型一致,仍具有光学活性,说明醇分子中手性碳上的四个共价键未发生断裂。

$$CH_3COOH + HO-\overset{H}{\underset{CH_3}{C}}-(CH_2)_5CH_3 \underset{}{\overset{H^+}{\rightleftharpoons}} CH_3COO-\overset{H}{\underset{CH_3}{C}}-(CH_2)_5CH_3 + H_2O$$

　　上述例子说明酯化反应是由羧酸提供羟基,是亲核加成－消除反应机理。

首先羧酸中的羰基氧与 H^+ 结合成锌盐(1),增加羰基碳原子的正电性,使醇容易发生亲核加成,碳氧之间的 π 键打开形成一个四面体中间体(2),此步反应是决定反应速率的一步;然后质子转移生成中间体(3),失水而成锌盐(4),再失去 H^+ 即形成酯(5)。反应是经历亲核加成－消除的过程。总的结果是羧基中的羟基被烷氧基取代,可看作羰基上的亲核取代反应。

　　由反应机理可知,反应中间体是一个四面体结构,比起反应物空间位阻加大了,所以羧酸和醇的结构对酯化难易的影响很大。一般来说,酸或醇分子中烃基的空间位阻加大都会使酯化反应速率变慢。例如在氯化氢催化下,下列羧酸与甲醇酯化的相对速率为:

$$CH_3COOH \quad C_2H_5COOH \quad (CH_3)_2CHCOOH \quad (CH_3)_3CCOOH \quad (C_2H_5)_3CCOOH$$
$$1 \qquad\quad 0.84 \qquad\qquad 0.33 \qquad\qquad\quad 0.027 \qquad\qquad\quad 0.001\,6$$

结构不同的醇和羧酸进行酯化反应时的活性顺序如下。

醇:$CH_3OH>RCH_2OH>R_2CHOH$

酸:$CH_3COOH>RCH_2COOH>R_2CHCOOH>R_3CCOOH$

2. 碳正离子机理

$$R-\overset{O}{\overset{\|}{C}}-O\vdots H + HO\vdots R' \longrightarrow R-\overset{O}{\overset{\|}{C}}-OR' + H_2O$$

　　当羧基中的氢与醇中的羟基结合脱水生成酯,在反应中羧酸的氧氢键断裂,而醇分子是发生烷氧断裂。羧酸与叔醇发生酯化反应时,由于叔醇的体积较大,不易形成四面体中间体,在酸性介质(如

H$_2$SO$_4$)中易生成叔碳正离子。因此,羧酸与叔醇的酯化反应不以加成–消除反应机理成酯,而是按碳正离子机理成酯。

$$(CH_3)_3C\overset{..}{O}H \xrightarrow{H^+} (CH_3)_3C\overset{+}{-}\overset{..}{O}H_2 \xrightarrow{-H_2O} (CH_3)_3C^+ \xrightarrow{\overset{\overset{OH}{|}}{O=C-R'}} R'\overset{+OH}{\underset{}{-C-OC(CH_3)_3}}$$

$$\xrightarrow{-H^+} R'\overset{O}{\underset{||}{-C-OC(CH_3)_3}} + H^+$$

3. 酰基正离子机理 芳酸也有因空间位阻增大而使酯化反应变慢的现象,如苯甲酸羧基邻位上有一个甲基时酯化速率减慢,但仍能进行;当两个邻位都有甲基时(例如 2,4,6–三甲基苯甲酸),由于空间位阻加大,不能以正常的加成–消除反应机理成酯。如果将羧酸先溶于浓硫酸中,羧酸分子中的羟基质子化后脱水,形成酰基正离子,然后再倒入醇中,就能顺利地生成酯。如 2,4,6–三甲基苯甲酸与甲醇的酯化反应是按酰基正离子机理成酯。

酰基正离子的碳原子是 sp 杂化,为直线型结构,并与苯环共平面,醇分子可从平面上方或下方进攻酰基碳原子,从而顺利地生成 2,4,6–三甲基苯甲酸甲酯,产率为 78%。其成酯过程类似于饱和碳原子上的亲核取代反应。

(二) 酰卤、酸酐和酰胺的生成

1. 生成酰卤 羧基中的羟基被卤素取代的产物称为酰卤(acyl halide),其中最重要的是酰氯。酰氯可由羧酸与亚硫酰氯(氯化亚砜)、三氯化磷或五氯化磷等氯化剂反应制得。

$$3\,R\overset{O}{\underset{||}{-C-OH}} + PCl_3 \longrightarrow 3\,R\overset{O}{\underset{||}{-C-Cl}} + H_3PO_3$$

$$R\overset{O}{\underset{||}{-C-OH}} + PCl_5 \longrightarrow R\overset{O}{\underset{||}{-C-Cl}} + POCl_3 + HCl$$

$$R\overset{O}{\underset{||}{-C-OH}} + SOCl_2 \longrightarrow R\overset{O}{\underset{||}{-C-Cl}} + SO_2\uparrow + HCl\uparrow$$

以上反应与酯化反应类似,经亲核加成–消除机理进行,如羧酸与亚硫酰氯的反应。

$$R\overset{O}{\underset{||}{-C-O-H}} + Cl\overset{O}{\underset{||}{-S-Cl}} \longrightarrow R\overset{O}{\underset{||}{-C-O-S-Cl}}\overset{O}{\underset{||}{}} + HCl$$

$$\xrightarrow{加成} R\underset{\underset{Cl}{|}}{\overset{\overset{OH}{|}}{-C-O-S-Cl}}\overset{O}{\underset{||}{}} \xrightarrow{消除} R\overset{+OH}{\underset{}{-C-Cl}} + {}^-O\overset{O}{\underset{||}{-S-Cl}} \longrightarrow R\overset{O}{\underset{||}{-C-Cl}} + SO_2 + HCl$$

酰氯很活泼,容易水解,因此不能用水洗的方法除去反应中的无机物,通常用蒸馏法分离产物。故采用哪种氯化剂,主要取决于原料、产物和副产物之间的沸点差。亚硫酰氯(沸点为 76℃)是实验室制备酰氯常用的试剂,在反应中生成的副产物 HCl 和 SO_2 气体易于回收或吸收分离,过量 $SOCl_2$ 可通过蒸馏除去,得到纯净的酰氯。酰溴常用三溴化磷与羧酸反应制得。

2. 生成酸酐 羧酸在脱水剂(如乙酰氯、乙酸酐、P_2O_5 等)存在下加热,发生分子间脱水生成酸酐(anhydride)。

$$\underset{\substack{\|\\O}}{R-C-OH} + \underset{\substack{\|\\O}}{HO-C-R} \xrightarrow[\triangle]{脱水剂} \underset{\substack{\|\quad\quad\|\\O\quad\quad O}}{R-C-O-C-R} + H_2O$$

甲酸一般不发生分子间加热脱水生成酐,但在浓硫酸中加热分解成一氧化碳和水,可用来制取高纯度的一氧化碳。

$$HCOOH \xrightarrow[60\sim80℃]{H_2SO_4} CO + H_2O$$

酸酐也可由羧酸盐与酰氯反应得到,此方法可以制备混合酸酐。

$$\underset{\substack{\|\\O}}{R-C-O-Na} + \underset{\substack{\|\\O}}{R'-C-Cl} \longrightarrow \underset{\substack{\|\quad\quad\|\\O\quad\quad O}}{R-C-O-C-R'} + NaCl$$

五元或六元环状酸酐可由 1,4-或 1,5-二元羧酸分子内脱水而得。例如:

$$\underset{COOH}{\overset{COOH}{\bigcirc}} \xrightarrow{180℃} + H_2O$$

邻苯二甲酸酐

3. 生成酰胺 羧酸可以与氨(或胺)反应形成酰胺(amide)。羧酸与氨(胺)反应首先形成铵盐,然后加热脱水得到酰胺。

$$RCOOH \xrightarrow{NH_3} RCOONH_4 \underset{\triangle}{\overset{\triangle}{\rightleftharpoons}} \underset{\substack{\|\\O}}{R-C-NH_2} + H_2O$$

$$RCOOH \xrightarrow{HNR'_2} RCOOH \cdot NHR'_2 \underset{\triangle}{\overset{\triangle}{\rightleftharpoons}} \underset{\substack{\|\\O}}{R-C-NR'_2} + H_2O$$

这是一个可逆反应,但在铵盐分解的温度下水被蒸馏除去,使平衡转移,反应可趋于完全。例如乙酰胺可用此法制备。

$$CH_3COONH_4 \xrightarrow[\triangle]{冰醋酸} \underset{\substack{\|\\O}}{CH_3-C-NH_2} + H_2O$$

练习题 11.6 排列出下列醇在酸催化下与丁酸发生酯化反应的活性次序。

(1) $(CH_3)_3CCH(OH)CH_3$ (2) $CH_3CH_2CH_2CH_2OH$

(3) CH_3OH (4) $CH_3CH(OH)CH_2CH_3$

练习题 11.7 下列羧酸哪些能形成环状酸酐? 哪些不能形成? 为什么?

(1) 顺(或反)环戊烷-1,2-二甲酸

(2) 顺(或反)环己烷-1,3-二甲酸

(3) 顺(或反)环己烷-1,2-二甲酸

练习题 11.8　解释除非加入强的无机酸,否则大多数羧酸的酯化都失败;高浓度的无机酸产生抗催化效应,使酯化率锐减。

三、还原反应

羧基含有碳氧双键,但受羟基的影响,一般还原剂或催化氢化难以还原羧酸。强还原剂氢化铝锂(LiAlH$_4$)却能顺利地将羧酸还原为伯醇。例如:

$$\underset{\underset{CH_3}{|}}{\overset{\overset{CH_3}{|}}{H_3C-C-COOH}} \xrightarrow[\text{②}H_3O^+]{\text{① LiAlH}_4\text{/ Et}_2O} \underset{\underset{CH_3}{|}}{\overset{\overset{CH_3}{|}}{H_3C-C-CH_2OH}}$$

$$CH_2=CHCH_2COOH \xrightarrow[\text{② }H_3O^+]{\text{① LiAlH}_4\text{/ Et}_2O} CH_2=CHCH_2CH_2OH$$

反应常在无水乙醚或四氢呋喃中进行。LiAlH$_4$能还原很多具有羰基结构的化合物,但不能还原孤立的碳碳双键,因此是一种选择性还原剂。LiAlH$_4$对羧酸的还原条件很温和,在室温下即可进行,产率很高,在实验室及工业生产中广泛使用。

LiAlH$_4$还原羧酸分两个阶段进行,第一阶段是将羧酸还原成醛,第二阶段是醛再与第二分子LiAlH$_4$反应(见第十章),然后用稀酸水解得一级醇。第一阶段的机理如下:

$$RCOOH + LiAlH_4 \longrightarrow RCOOLi + H_2 + AlH_3$$

$$\underset{R\ \ \ \ OLi}{\overset{O----AlH_2}{\underset{||}{C}}}\cdots H \longrightarrow \underset{R\ \ \ \ H}{\overset{OAlH_2}{\underset{|}{C}}}\text{O}^-\text{Li}^+ \xrightarrow{-\text{LiOAlH}_2} RCHO$$

实际上,氢化铝锂还原羧酸的机理类似于还原羰基的机理。

通常情况下硼氢化钠不能还原羧酸。乙硼烷在四氢呋喃溶液中能使羧酸还原成伯醇。例如:

$$O_2N-\!\!\!\left\langle\ \right\rangle\!\!\!-COOH \xrightarrow[\text{② }H_3O^+]{\text{① }B_2H_6\text{/ THF}} O_2N-\!\!\!\left\langle\ \right\rangle\!\!\!-CH_2OH$$

四、α-氢的反应

羧酸 α-碳上的氢原子受羧基吸电子诱导效应的影响,具有一定的活性,但较醛、酮的 α-氢的活性差,难以直接卤化。羧酸在少量红磷或三卤化磷存在下可与卤素(Cl$_2$ 或 Br$_2$)发生反应,得到 α-卤代酸。此反应称为赫尔–乌尔哈–泽林斯基反应(Hell–Volhard–Zelinsky reaction)。例如:

$$CH_3CH_2CH_2COOH + Br_2 \xrightarrow[\text{或PBr}_3]{\text{红P}} \underset{\underset{Br}{|}}{CH_3CH_2CHCOOH} + HBr$$

$$2P + 3Br_2 \longrightarrow 2PBr_3$$

通常认为反应机理如下:

$$RCH_2COOH \xrightarrow{PX_3} RCH_2-\overset{O}{\underset{X}{\overset{||}{C}}} \underset{\text{互变异构}}{\rightleftharpoons} RCH=C\overset{OH}{\underset{X}{}} \xrightarrow[-X]{X-X} \underset{\underset{X}{|}}{RCH}-C\overset{\overset{+}{O}H}{\underset{X}{}}$$

$$\xrightarrow{-H^+} RCH-\overset{\overset{\displaystyle O}{\|}}{C}-X \xrightarrow{RCH_2COOH} RCH-\overset{\overset{\displaystyle O}{\|}}{C}-OH + RCH_2-\overset{\overset{\displaystyle O}{\|}}{C}-X$$

在上述过程中烯醇化和加卤素是很重要的,三卤化磷将羧酸转化为酰卤,因为酰卤的 α-氢比羧酸的 α-氢活泼,更容易形成烯醇而加快反应。

羧酸卤化时,控制卤素的用量,可生成一卤代酸或多卤代酸。常用的氯代乙酸就是用乙酸和氯气在微量碘的催化下制备的,可以得到一氯代、二氯代和三氯代乙酸。

$$CH_3COOH \xrightarrow[I_2]{Cl_2} ClCH_2COOH \xrightarrow[I_2]{Cl_2} Cl_2CHCOOH \xrightarrow[I_2]{Cl_2} Cl_3CCOOH$$

三氯乙酸不但可作为农药的原料、蛋白质的沉淀剂,主要还用作生化药物的提取剂,如三磷酸腺苷(ATP)、细胞色素 c 和胎盘多糖等高效生化药物的提取。

练习题 11.9 环己烷甲酸在 270℃(无 PCl₃ 存在)与氯反应得到多种一氯化物,而在 PCl₃ 存在下氯化时得到 1-氯环己烷甲酸,如何解释该现象?

五、脱羧反应

羧酸分子中脱去羧基并放出二氧化碳的反应称为脱羧(decarboxylation)反应。饱和一元羧酸对热稳定,不易发生脱羧反应。但以下几类羧酸在一定条件下易发生脱羧反应。

1. 在 α-碳上连有吸电子基(如硝基、卤素、酰基、羧基、氰基和不饱和键等)的羧酸容易发生脱羧反应。例如:

$$\underset{\beta\text{-酮酸}}{CH_3\overset{\overset{\displaystyle O}{\|}}{C}CH_2COOH} \xrightarrow{\triangle} CH_3\overset{\overset{\displaystyle O}{\|}}{C}CH_3 + CO_2\uparrow$$

$$CH_2=CH-CH_2-COOH \xrightarrow{\triangle} CH_2=CH-CH_3 + CO_2\uparrow$$

丙二酸也易受热脱羧。这些羧酸的脱羧机理如下:

$$R-\overset{\overset{\displaystyle \ddot{O}\cdots H}{\|}}{C}\underset{CH_2}{\diagdown}\overset{\displaystyle \ddot{O}}{C}=O \xrightarrow[-CO_2]{\triangle} R-\overset{\overset{\displaystyle OH}{|}}{C}=CH_2 \longrightarrow R-\overset{\overset{\displaystyle O}{\|}}{C}-CH_3$$

在反应中羰基(或碳碳双键)和羧基以氢键配合形成六元环状过渡态,然后发生电子转移失去二氧化碳,先生成烯醇,再重排得到酮。

有些多环 β-酮酸加热时不脱羧。如下面的这个化合物在 250℃ 下仍稳定,可能是由于脱羧生成的烯醇含有张力很大的桥头双键,不容易生成。

$$HOOC\cdots$$

在生物体内脱羧也是通过 β-酮酸中间体在酶的催化下进行的。

$$HOOCCH_2\overset{\overset{\displaystyle O}{\|}}{C}COOH \xrightarrow[或\triangle]{脱羧酶} CH_3\overset{\overset{\displaystyle O}{\|}}{C}COOH + CO_2$$

通过连有氨基的酶在温和的条件下与代谢产物 β-丁酮酸作用生成亚胺,然后质子转移使羧基以负离子的形式脱羧。

$$酶-NH_2 + CH_3COCH_2COOH \longrightarrow CH_3\overset{\overset{N-酶}{\|}}{C}-CH_2COOH$$

$$CH_3\overset{\overset{+NH-酶}{\|}}{C}-CH_2-COO^- \xrightarrow{-CO_2} CH_3\overset{\overset{NH-酶}{\|}}{C}=CH_2 \rightleftharpoons CH_3\overset{\overset{N-酶}{\|}}{C}-CH_3 \xrightarrow{H_2O} CH_3COCH_3 + 酶-NH_2$$

三氯乙酸亦易发生脱酸反应,但其脱羧机理与 β-酮酸不同。

$$Cl_3C-COOH \xrightarrow{\triangle} CHCl_3 + CO_2\uparrow$$

脱羧机理如下:

$$Cl_3C-\overset{\overset{O}{\|}}{C}-OH \xrightarrow{-H^+} Cl_3C-\overset{\overset{O}{\|}}{C}-O^- \xrightarrow{\triangle} Cl_3C^- + CO_2\uparrow \xrightarrow{H^+} CHCl_3$$

2. 羧基直接与羰基相连的 α-酮酸和乙二酸也易发生脱羧反应。α-酮酸与稀硫酸共热,或被弱氧化剂(如托伦试剂)氧化,均可失去二氧化碳而生成少一个碳的醛或羧酸。

$$CH_3-\overset{\overset{}{\underset{\underset{O}{\|}}{C}}}{}-COOH \xrightarrow[\triangle]{H_2SO_4/H_2O} CH_3CHO + CO_2\uparrow$$

$$CH_3-\overset{\overset{}{\underset{\underset{O}{\|}}{C}}}{}-COOH \xrightarrow{Ag(NH_3)_2^+} CH_3COOH + CO_2\uparrow$$

生物体内的丙酮酸在缺氧情况下发生脱羧反应生成乙醛,然后还原成乙醇。水果开始腐烂或制作发酵饲料时常常产生酒味就是这个原因。

3. α-羟基酸在一定条件下可发生脱羧反应。如与硫酸或酸性高锰酸钾溶液共热,则分解脱羧生成醛或酮。

$$R-\overset{\overset{H(R')}{|}}{\underset{\underset{OH}{|}}{C}}-COOH \xrightarrow{\overset{H_2SO_4}{H_2O/\triangle}} R-\overset{\overset{O}{\|}}{C}-H(R') + HCOOH \xrightarrow{[O]} CO_2\uparrow + H_2O$$

$$R\overset{}{\underset{\underset{OH}{|}}{C}}HCOOH \xrightarrow[H^+]{KMnO_4} R-\overset{\overset{O}{\|}}{C}-H + CO_2\uparrow + H_2O \xrightarrow{KMnO_4} RCOOH$$

饱和一元羧酸在特殊条件下,如羧酸钠盐与碱石灰共热,也可以发生脱羧反应。

$$CH_3\overline{COONa} + Na\overline{O}H \xrightarrow[\triangle]{CaO} CH_4\uparrow + Na_2CO_3$$

芳香族羧酸的脱羧反应较脂肪族羧酸容易,如苯甲酸在喹啉溶液中加少量铜粉加热即可脱羧。当羧基邻、对位上连有强吸电子基时更易发生脱羧反应。例如:

$$C_6H_5COOH \xrightarrow[喹啉/\triangle]{Cu} C_6H_6 + CO_2\uparrow$$

（反应式图）

练习题 11.10　写出丙二酸、2-硝基丁酸脱羧的反应机理。

练习题 11.11　为什么脱羧反应常常在加热和碱性条件下进行？

六、二元羧酸的受热反应

简单的脂肪族二元羧酸广泛存在于自然界中。草酸是最简单的二元羧酸，它存在于菠菜、番茄等中。草酸的钙盐不溶于水，它存在于植物细胞内，人体内有的结石就是草酸的钙盐。丁二酸（琥珀酸）存在于琥珀、化石、真菌中。戊二酸、己二酸存在于甜菜中。

二元羧酸对热较敏感，当单独加热或与脱水剂共热时，随着两个羧基间距离的不同，可发生脱羧、分子内脱水生成酸酐，或兼有脱羧和脱水生成环酮的不同反应。

乙二酸、丙二酸受热后易脱羧生成一元羧酸。

$$\begin{array}{c} COOH \\ | \\ COOH \end{array} \xrightarrow{\triangle} HCOOH + CO_2\uparrow$$

$$CH_3-CH\begin{array}{c} COOH \\ \\ COOH \end{array} \xrightarrow{\triangle} CH_3CH_2COOH + CO_2\uparrow$$

两个羧基相隔两或三个碳原子的二元羧酸受热发生脱水反应，生成环状酸酐。若与脱水剂共热，反应更易进行，常用的脱水剂有乙酰氯、乙酸酐、五氧化二磷等。例如：

$$\begin{array}{c} CH_2COOH \\ | \\ CH_2COOH \end{array} \xrightarrow{(CH_3CO)_2O \atop \triangle} \text{（环状酸酐）} + H_2O$$

丁二酸酐

两个羧基相隔四或五个碳原子的二元羧酸受热发生既脱水又脱羧反应，生成五元或六元环酮（cyclic ketone）。例如：

$$CH_3-CHCH_2COOH \atop CH_2CH_2COOH \xrightarrow{Ba(OH)_2 \atop \triangle} \text{（环戊酮）} + H_2O + CO_2\uparrow$$

$$CH_2 \underset{CH_2CH_2COOH}{\overset{CH_2CH_2COOH}{<}} \xrightarrow{Ba(OH)_2 \atop \triangle} \text{（环己酮）} + H_2O + CO_2\uparrow$$

更长碳链的二元羧酸受热时发生分子间脱水形成聚酸酐，一般不形成大于六元环的环酮。这是布朗克（Blanc）在用各种二元酸和乙酸酐加热时得到的结果，从而得出一个结论，即在有机反应中有成环可能时，一般形成五元或六元环，这称为布朗克规则。

练习题 11.12　完成下列反应，写出主要产物。

(1) 环己烷-COOH,COOH $\xrightarrow{\triangle}$?　　(2) 邻苯二甲酸 $\xrightarrow{\triangle}$?

练习题 11.13　下列化合物受热哪个能发生脱羧反应？若能反应，写出产物的结构式。

(1) $(CH_3)_2C(COOH)_2$　　(2) CH_3CHCH_2COOH（OH）　　(3) O_2NCH_2COOH

(4) $CH_3COC(CH_3)_2COOH$　　(5) 萘-1,8-二甲酸　　(6) 联苯-2,2'-二甲酸

第四节　羧酸的制备

一、氧化法

在前面的有关章节中已讨论了从不饱和烃、醇、芳烃侧链、醛、酮在一定条件下氧化转变为羧酸的反应和应用，这里进行简单小结，见表 11-5。

表 11-5　一些常见的氧化制备羧酸的方法

化合物的类别	氧化剂	产物	主要应用
芳烃 CH_3—⬡—CH_2CH_3	$KMnO_4/H_2SO_4$	$HOOC$—⬡—$COOH$	制备芳酸
伯醇 RCH_2OH	$KMnO_4/H_2SO_4$ $Na_2Cr_2O_7/H_2SO_4$	$RCOOH$	制备酸
醛 $RCHO$	$KMnO_4/H_2SO_4$ $Na_2Cr_2O_7/H_2SO_4$	$RCOOH$	制备酸
不饱和醛 环己烯-CHO	Ag_2O/H_2O	环己烯-COOH	制备不饱和酸
无 α-氢的醛 $HCHO$	浓 NaOH 作用下	$HCOONa$（分离）	制备无 α-氢的酸
环己酮 ⬡=O	HNO_3; $KMnO_4/H_2SO_4$ $KMnO_4/NaOH$	$HOOC(CH_2)_4COOH$	制备二元酸
甲基酮 $RCOCH_3$ $RCH(OH)CH_3$	$I_2/NaOH$	$RCOOH$	制备少 1 个碳的一元酸

二、腈水解法

腈在酸性或碱性水溶液中加热，可水解生成羧酸。

$$R{-}CN + 2H_2O \xrightarrow[\triangle]{H^+或OH^-} R{-}COOH + NH_3$$

腈的水解反应机理参见第十二章。腈水解法是制备羧酸的常用方法。例如：

$$\text{（苯）CH}_2\text{CN} + 2\text{H}_2\text{O} \xrightarrow[105\,℃]{\text{H}_2\text{SO}_4} \text{（苯）CH}_2\text{COOH} + (\text{NH}_4)\text{HSO}_4$$

脂肪族腈是由卤代烷与氰化钠（钾）反应制得的，水解后所得的羧酸比原来的卤代烷多一个碳原子，这也是增长碳链的一种方法。此法通常只适用于伯卤代烷，因仲、叔卤代烷在氰化钠（钾）中易发生消除反应。芳香族腈水解得芳香族羧酸，但芳香腈不能通过卤代芳烃制得，芳香族腈可由重氮盐制取（见第十四章）。

二元羧酸和不饱和羧酸也可通过此法制备。例如：

$$\text{BrCH}_2\text{CH}_2\text{Br} \xrightarrow{\text{NaCN}} \text{NCCH}_2\text{CH}_2\text{CN} \xrightarrow{\text{H}_3\text{O}^+} \text{HOOCCH}_2\text{CH}_2\text{COOH}$$

$$\text{CH}_2=\text{CHCH}_2\text{Cl} \xrightarrow{\text{NaCN}} \text{CH}_2=\text{CHCH}_2\text{CN} \xrightarrow{\text{H}_3\text{O}^+} \text{CH}_2=\text{CHCH}_2\text{COOH}$$

三、格氏试剂法

格氏试剂与二氧化碳的加成产物经水解生成羧酸。

$$(\text{Ar})\text{R}^-\text{Mg}^+\text{X} + \ddot{\text{O}}=\text{C}=\ddot{\text{O}} \longrightarrow (\text{Ar})\text{R}-\overset{\displaystyle O}{\underset{\displaystyle O^-\text{Mg}^+\text{X}}{C}} \xrightarrow{\text{H}_3\text{O}^+} (\text{Ar})\text{RCOOH}$$

反应时，低温对反应有利。通常将格氏试剂的乙醚溶液在冷却条件下通入二氧化碳，一般温度在 $-10\sim10\,℃$；或将格氏试剂的乙醚溶液倒入过量的干冰中，这时干冰既作反应试剂，又作冷却剂。利用此法可由一级、二级、三级或芳香卤代烷来制备增加一个碳原子的羧酸。例如：

$$\underset{\underset{\displaystyle \text{Br}}{|}}{\text{CH}_3\text{CH}_2\text{CHCH}_3} \xrightarrow{\text{Mg,无水乙醚}} \underset{\underset{\displaystyle \text{MgBr}}{|}}{\text{CH}_3\text{CH}_2\text{CHCH}_3} \xrightarrow{\text{CO}_2}$$

$$\underset{\underset{\displaystyle \text{COOMgBr}}{|}}{\text{CH}_3\text{CH}_2\text{CHCH}_3} \xrightarrow[\text{H}^+]{\text{H}_2\text{O}} \underset{\underset{\displaystyle \text{COOH}}{|}}{\text{CH}_3\text{CH}_2\text{CHCH}_3}$$

$$\text{（苯）Cl} \xrightarrow{\text{Mg,无水乙醚}} \text{（苯）MgCl} \xrightarrow{\text{CO}_2} \text{（苯）COOMgCl} \xrightarrow[\text{H}^+]{\text{H}_2\text{O}} \text{（苯）COOH}$$

其他制备羧酸的方法将在后续章节（第十二章、第十三章）中学习。

练习题 11.14　选择合适的方法，完成下列转化。

(1) $\text{HOCH}_2\text{CH}_2\text{Cl} \longrightarrow \text{HOCH}_2\text{CH}_2\text{COOH}$

(2) $\text{CH}_2=\text{CHBr} \longrightarrow \text{CH}_2=\text{CHCOOH}$

(3) $\text{CH}_3\text{C}\equiv\text{CH} \longrightarrow \text{CH}_3\text{C}\equiv\text{CCOOH}$

(4) $\text{CH}_3\text{CH}_2\text{CH}_2\text{Br} \longrightarrow \text{CH}_3(\text{CH}_2)_3\text{COOH}$

第五节　取代羧酸

取代羧酸根据取代基的不同，分为卤代酸、羟基酸、氨基酸、氧代酸（羰基酸）等。羟基酸又可分为醇酸和酚酸，羰基酸分为醛酸和酮酸。各类取代酸还可根据取代基和羧基的相对位置，分为 α、β 和 γ 等取代

羧酸。取代羧酸是多官能团化合物,分子中既有羧基,又有其他官能团。在性质上,各官能团既保留其本身的特征反应,又由于不同的官能团之间相互影响而产生一些特殊性质,如前面已介绍的各取代基对羧酸酸性的影响及某些取代羧酸的脱羧反应。这里主要介绍卤代酸、羟基酸的一些比较典型、重要的性质。

一、卤代酸

(一) 化学特性

卤代酸(halo acid)在稀碱溶液中,卤原子可发生亲核取代反应,也可发生消除反应,发生何种类型的反应,主要取决于卤原子与羧基的相对位置和产物的稳定性。

β-卤代酸在稀碱条件下发生消除反应,生成 α,β-不饱和酸,这与 α-氢原子比较活泼,以及产物中可形成较稳定的 π-π 共轭体系有关。

$$\overset{\beta}{R}CH-CHCOOH \xrightarrow[\triangle]{稀OH^-} \xrightarrow{H^+} RCH=CHCOOH$$
$$\quad\underset{X\quad H}{|\quad|}$$

γ- 或 δ-卤代酸在等摩尔碱的作用下则生成五元或六元环的内酯(lactone)。

$$\overset{\gamma}{R}CHCH_2CH_2COOH \xrightarrow{Na_2CO_3/H_2O}$$
$$\quad|$$
$$\quad X$$

α-卤代酸中的卤原子由于受羧基的影响,活性增强,极易发生水解反应,可用于制备 α-羟基酸。它能与多种亲核试剂反应生成不同的产物。例如:

$$\overset{\alpha}{R}CHCOOH + H_2O \xrightarrow{稀OH^-} RCHCOOH$$
$$\quad|\qquad\qquad\qquad\qquad\quad|$$
$$\quad X\qquad\qquad\qquad\qquad\quad OH$$

$$R-CH-COOH + NH_3(过量) \longrightarrow R-CH-COOH$$
$$\quad|\qquad\qquad\qquad\qquad\qquad\qquad\quad|$$
$$\quad X\qquad\qquad\qquad\qquad\qquad\qquad\quad NH_2$$

还可用于制备化学医药工业中的重要原料丙二酸。

$$BrCH_2COOH \xrightarrow[-H_2O]{NaOH} BrCH_2COONa \xrightarrow[-NaBr]{NaCN} NC-CH_2COONa$$

$$NC-CH_2COONa \xrightarrow[\triangle]{H_3O^+} HOOCCH_2COOH$$

α-卤代酸如有光学活性,在不同条件下反应可得不同构型的产物。如(S)-2-溴丙酸在浓 NaOH 溶液中发生 S_N2 反应,手性碳的构型翻转,得(R)-乳酸。

$$\text{(S)-2-溴丙酸} \xrightarrow{NaOH} \left[\text{过渡态}\right]^{\neq} \longrightarrow \xrightarrow{H^+} \text{(R)-乳酸}$$

(S)-2-溴丙酸在稀 NaOH 溶液和 Ag$_2$O 存在下反应得构型保持的(S)-乳酸。

$$\text{(S)-2-溴丙酸} \xrightarrow{NaOH/Ag_2O} \xrightarrow{H^+} \text{(S)-乳酸}$$

这一结果无法用 S_N1、S_N2 和离子对反应机理给予解释。经研究表明,这是邻基参与反应的结果。

（二）邻基参与的概念

在亲核取代反应中,当某些取代基位于分子中的适当位置时,能够和反应中心部分地或完全地成键形成过渡态或中间体,从而影响反应的进行,这种现象称为邻基参与效应(neighboring group participation effect)。邻基参与效应这一概念是由温斯腾(S. Winstein)于 1942 年首先提出的。通常将由于邻基参与效应而使反应加速的现象称为邻基协助或邻基促进(anchimeric assistance)。邻基参与的结果,或导致环状化合物的生成,或限制产物的构型,或促进反应速率明显加快,或几种情况同时存在。

能发生邻基参与效应的基团通常为具有未共用电子对的基团、含有碳碳双键等的不饱和基团、具有 π 键的芳基及 C—C 和 C—H σ 键。这里仅简介未共用电子对的基团参与和苯基 π 电子参与的反应。

化合物分子中具有未共用电子对的基团位于离去基团的 β 位置或更远时,这种化合物在取代反应过程中保持原来的构型。这些 β-取代基包括 COO^-(但不是 COOH)、OCOR、COOR、COAr、OR、OH、NH_2、NHR、NR_2、NHCOR、SH、SR、Br、I 及 Cl。

上述(S)-2-溴丙酸在稀 NaOH 溶液和 Ag_2O 存在下反应得到构型保持的(S)-乳酸。其反应机理如下:

$$\text{(S)-2-溴丙酸盐} \quad \text{第一次构型转化} \quad \text{第二次构型转化} \quad \text{(S)-乳酸}$$

反应是分步进行的,第一步是 Ag^+ 接近溴原子,促进溴原子带着一对电子离去;与此同时,邻近的 COO^- 作为亲核试剂从溴原子的背面进攻中心碳原子,及时补充碳原子上电子的不足,形成一个环状中间体(R)-α-丙内酯。第二步是外部的试剂 OH^- 再从内酯环的背面进攻,同时三元环中的 C—O 键断裂恢复成原来的 COO^-,得最终产物。在整个过程中,中心碳原子上发生两次 S_N2 反应,发生两次构型翻转,所以最终得保持构型的产物。

许多事实表明,在亲核取代反应中,若中心碳原子邻近有提供电子的负离子或具有未共用电子对的基团或 C=C 或 Ar 等,反应先形成一个环状中间体,外加的亲核试剂再从环的背面进攻中心碳原子反应。若邻近基团具有未用电子对,其参与过程可用下式表示。

$$\text{构型保持} \quad \text{重排产物}$$

3-苯基戊-2-醇的对甲苯磺酸酯的乙酸解反应,苯基作为邻近基团参与亲核取代反应,生成分子重排的产物。

综合前面章节所学的知识不难发现,在有机化学反应中,由非手性分子中引入手性中心,可采用 C＝C、C＝O 等潜手性基团的加成反应来实现。而具有手性中心的化合物参与的反应,其产物的分子构型与反应物的结构、反应类型和反应机理等有关,涉及化学键的断裂、形成、试剂进攻的方向和离去基团的离去方式等整个反应过程,这些均为立体化学研究的内容。产物分子的构型可以是构型保持(如邻基参与反应)、构型翻转(如卤代烷的 S_N2 反应)、消旋化(如卤代烷的 S_N1 反应)和单一构型或以一种构型为主(如不对称合成)。

练习题 11.15 (1)$C_2H_5SCH_2CH_2Cl$　(2)$C_2H_5OCH_2CH_2Cl$　(3)$CH_3CH_2CH_2CH_2Cl$ 的水解速率为(1)>(2)>(3),试给予解释。

练习题 11.16 试解释下列现象。

$$\text{（结构式图）} \xrightarrow{H_2O/C_2H_5OH} \text{（结构式图）} + \text{（结构式图）}$$

G:	反式C_6H_5S	H	顺式C_6H_5S
相对反应速率:	7 000	1.00	0.16

(三) 制备

卤原子与羧基的相对位置不同,可采用不同的方法制备。α-卤代酸可由羧酸 α-氢直接卤化得到 (见本章第三节);β-卤代酸由 α,β-不饱和酸与卤化氢共轭加成得到。

$$RCH=CHCOOH + HX \longrightarrow \underset{\underset{X}{|}}{R}CHCH_2COOH$$

γ-卤代酸、δ-卤代酸或卤素离羧基更远的卤代酸的制备可由相应的二元酸单酯经汉斯狄克反应 (Hunsdiecker reaction)制得,如 δ-卤代酸由己二酸单甲酯合成。

$$CH_3OOC(CH_2)_4COOH \xrightarrow[KOH]{AgNO_3} CH_3OOC(CH_2)_4COOAg \xrightarrow[CCl_4]{Br_2} CH_3OOC(CH_2)_3CH_2Br$$

二、羟基酸

(一) 受热反应

羟基酸(hydroxy acid)对热敏感,受热易脱水,产物因羟基与羧基的相对位置不同而异。α-羟基酸受热时两分子间交叉脱水形成交酯(lactide);β-羟基酸受热发生分子内脱水生成 α,β-不饱和酸;γ- 或 δ-羟基酸受热发生分子内脱水生成 γ-或 δ-内酯。

$$\underset{\underset{OH}{|}}{R}\overset{\alpha}{C}H\cdots OH + HO\cdots \overset{|}{C}HR \xrightarrow{\Delta} \text{（交酯结构）} + 2H_2O$$
交酯

$$\underset{\underset{OH}{|}}{R}\overset{\beta}{C}HCH_2COOH \xrightarrow{\Delta} RCH=CHCOOH + H_2O$$

$$\underset{\underset{OH}{|}}{R}\overset{\gamma}{C}HCH_2CH_2COOH \xrightarrow{\Delta} \text{（}\gamma\text{-内酯结构）} + H_2O$$
γ-内酯

  γ-羟基酸在室温下即可脱水生成内酯,所以不易得到游离的 γ-羟基酸。γ-内酯是稳定的中性化合物,在碱性条件下可开环形成 γ-羟基酸盐,通常以这种形式保存 γ-羟基酸。例如:

$$\text{（内酯结构）} + NaOH \longrightarrow HOCH_2CH_2CH_2COONa$$
$$\gamma\text{-羟基丁酸钠}$$

  γ-羟基丁酸钠有麻醉作用,它具有术后患者苏醒快的优点。

  δ-羟基酸也能脱水生成六元环的 δ-内酯。

$$\begin{array}{l} CH_2CH_2CO\;\boxed{OH} \\ CH_2CH_2-O\;\boxed{H} \end{array} \xrightarrow{\Delta} \text{（六元环内酯）} + H_2O$$

  δ-内酯比 γ-内酯难生成,且 δ-内酯易开环,在室温时即可分解而显酸性。

  当羟基和羧基相距四个碳原子以上时,难于发生分子内脱水生成内酯。在加热条件下,可发生分子间脱水生成链状聚酯。

(二) 制备

  1. 水解法　α-卤代酸水解得 α-羟基酸。羟基腈在酸性溶液中水解也可得相应的羟基酸。例如:

$$\text{（苯甲醛）} \xrightarrow[\text{② NaCN}]{\text{① NaHSO}_3} \text{（氰醇）} \xrightarrow{H_3O^+} \text{（羟基酸）}$$
$$\alpha\text{-羟基苯乙酸(杏仁酸)}$$

  2. 瑞佛马斯基反应(Reformatsky reaction)　将 α-卤代酸酯与醛或酮的混合物在乙醚溶剂中与锌粉反应,产物水解得 β-羟基酸酯,此反应称瑞佛马斯基反应。

$$\begin{array}{l} R \\ (R')H \end{array}\!\!C{=}O + BrCH_2COOR \xrightarrow[\text{② H}_3O^+]{\text{① Zn / Et}_2O} \begin{array}{l} R\quad OH \\ (R')H\quad CH_2COOR \end{array}$$

其反应机理如下:

$$BrCH_2COOR + Zn \xrightarrow{Et_2O} BrZnCH_2COOR$$

$$\begin{array}{l} R \\ (R')H \end{array}\!\!C{=}O + BrZnCH_2COOR \longrightarrow \begin{array}{l} R\quad OZnBr \\ C \\ (R')H\quad CH_2COOR \end{array} \xrightarrow{H_3O^+} \begin{array}{l} R\quad OH \\ C \\ (R')H\quad CH_2COOR \end{array}$$

  此反应类似于格氏试剂与羰基化合物的加成反应,但为什么不用镁与卤代酸酯反应生成格氏试剂呢,因为生成的格氏试剂立即与用作原料的酯加成。而 α-卤代酸酯与锌形成有机锌化合物的活性较低,不与酯反应,但是它可与醛、酮的分子中活性较大的羰基加成,再水解生成 β-羟基酸酯。此方法可避免 β-羟基酸或 β-羟基酸酯受热易脱水生成 α,β-不饱和酸或酯的缺点,因而产率较高,是合成 β-羟基酸酯的一个重要方法。例如:

$$(CH_3)_2CHCH_2CHO + \underset{\underset{Br}{|}}{CH_3CHCOOC_2H_5} \xrightarrow[\text{② H}_3O^+]{\text{① Zn/Et}_2O} (CH_3)_2CHCH_2\underset{\underset{OH}{|}}{CH}-\underset{\underset{CH_3}{|}}{CH}COOC_2H_5$$

$$\text{（环戊酮衍生物）} + BrCH_2COOCH_3 \xrightarrow[\text{② H}_3O^+]{\text{① Zn/Et}_2O} \text{（环戊烷衍生物）}$$

习　题

1. 用系统命名法命名下列化合物(标明构型)。

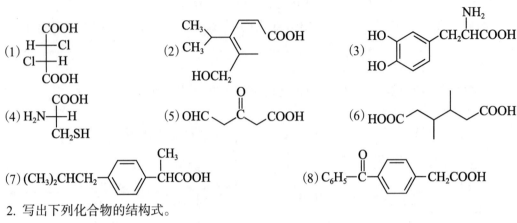

2. 写出下列化合物的结构式。

(1) 反-4-羟基环己烷甲酸(优势构象)　　　(2)(2S,3R)-2-羟基-3-苯基丁酸

(3) 2-甲基-4-硝基苯甲酸　　　(4)(R)-2-苯氧基丁酸

(5) 己烷-1,2,6-三甲酸　　　(6)(E)-4-氯戊-2-烯酸

3. 选择题(请选择一个正确答案)。

(1) 下列化合物丁酸(Ⅰ)、顺丁烯二酸(Ⅱ)、丁二酸(Ⅲ)、丁炔二酸(Ⅳ)按酸性由大到小的顺序排列,正确的是(　　　)

A. Ⅰ > Ⅱ > Ⅲ > Ⅳ　　　　　　B. Ⅳ > Ⅰ > Ⅲ > Ⅱ

C. Ⅳ > Ⅱ > Ⅲ > Ⅰ　　　　　　D. Ⅲ > Ⅳ > Ⅱ > Ⅰ

(2) 下列化合物中酸性最强的是(　　　)

A. β-羟基丁酸　　　B. γ-羟基丁酸　　　C. 丁酸　　　D.α-羟基丁酸

(3) 己二酸加热后生成的主产物是(　　　)

A. 一元酸　　　B. 环酮　　　C. 内酯　　　D. 酸酐

(4) 在酸催化下酯化时,丙醇分别和苯甲酸、2,4,6-三甲基苯甲酸、2,4-二甲基苯甲酸反应的速率按由快到慢的次序排列,正确的是(　　　)

A. 2,4,6-三甲基苯甲酸 > 苯甲酸 >2,4-二甲基苯甲酸

B. 2,4-二甲基苯甲酸 > 苯甲酸 >2,4,6-三甲基苯甲酸

C. 2,4,6-三甲基苯甲酸 >2,4-二甲基苯甲酸 > 苯甲酸

D. 苯甲酸 >2,4-二甲基苯甲酸 >2,4,6-三甲基苯甲酸

(5) 下列环丁烷二甲酸的异构体中,具有旋光性的是(　　　)

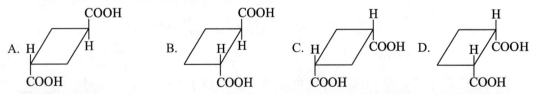

(6) 苯甲酸在酸催化下分别和 CH_3OH、$CH_3CHOHCH_2CH_3$、$CH_3CH_2CH_2OH$ 发生酯化反应,速率按由快到慢的正确次序是(　　　)

A. CH_3OH > $CH_3CHOHCH_2CH_3$ > $CH_3CH_2CH_2OH$

B. $CH_3CHOHCH_2CH_3$ > $CH_3CH_2CH_2OH$ > CH_3OH

C. $CH_3OH > CH_3CH_2CH_2OH > CH_3CHOHCH_2CH_3$

D. $CH_3CH_2CH_2OH > CH_3OH > CH_3CHOHCH_2CH_3$

4. 回答下列问题。

(1) 为什么羧酸的沸点及在水中的溶解度较分子量相近的其他有机物高？

(2) 请用化学方法分离下列混合物：苯甲酸、对甲酚、苯甲醚。

(3) 如果不用红磷或三卤化磷作催化剂，可以采用什么方法使羧酸的 α-卤代反应顺利进行？说明理由。

(4) 请用化学方法分离下列混合物：辛酸、己醛、1-溴丁烷。

(5) 乳酸加热得两种非对映异构的交酯，它们的结构如何？是否都可拆分？

5. 写出下列反应的主要产物。

(1) [苯环，邻位COOH和OH] $\xrightarrow{(CH_3CO)_2O}$

(2) [苯基-CH2-CH(OH)-COOH] $\xrightarrow[\triangle]{H_2SO_4/H_2O}$

(3) $Cl_2CH-COOH$ $\xrightarrow[②H^+]{①NaOH/H_2O}$ $\xrightarrow{H_2/Ni}$

(4) $C_6H_5-CH(Cl)-CH_2-COOH$ $\xrightarrow[\triangle]{NaOH/H_2O}$ $\xrightarrow[H^+]{KMnO_4}$

(5) 2 [苯环-COOH] $+$ [乙二醇 OH-OH] $\xrightarrow[\triangle]{H^+}$

(6) [O=C-CH2-CH2-COOH] $\xrightarrow{NaBH_4}$

(7) [4-亚甲基环己烷甲酸] $\xrightarrow[②H_3O^+]{①LiAlH_4}$

(8) [环己烷甲酸] $\xrightarrow[P]{Br_2}$

(9) [(CH3)2CH-CH2-COOH] $\xrightarrow[H^+]{C_2H_5OH}$

(10) [环己烷甲酸] $\xrightarrow{SOCl_2}$

6. 下列化合物在加热条件下发生什么反应？写出主要产物。

(1) 2-羟基-3-苯基丙酸   (2) 邻羟基苯乙酸   (3) 2-氧亚基环戊烷甲酸

(4) 顺-β-(邻羟基苯)丙烯酸   (5) 丁二酸   (6) 庚二酸

7. 用化学方法区别下列各组化合物。

(1) 乙醇，乙醛，乙酸

(2) 水杨酸，2-羟基环己烷甲酸，阿司匹林

(3) 甲酸，草酸，丙二酸

(4) 对甲基苯甲酸，对甲氧基苯乙酮，2-乙烯基苯-1,4-二酚

8. 解释下列实验事实。

(1) 乙酸中也含有 CH_3CO— 基团，但不发生碘仿反应。

(2) 下述反应前后构型保持不变。

$$CH_3-\underset{H}{\overset{Br}{C}}-COONa \xrightarrow[Ag_2O]{NaOH} CH_3-\underset{H}{\overset{OH}{C}}-COONa$$

(3) 化合物 [双环结构，COOH，=O，两个甲基] 虽是 β-氧代羧酸，但不发生脱羧反应。

9. 完成下列转化(其他试剂任选)。

(1) $CH_3-\overset{O}{\underset{}{C}}-H$ $\longrightarrow$ [CH3-CH(Br)-CH2-COOH]

(2) [(CH3)2CH-CH2-OH] $\longrightarrow$ [(CH3)C=CH-COOH]

(3)

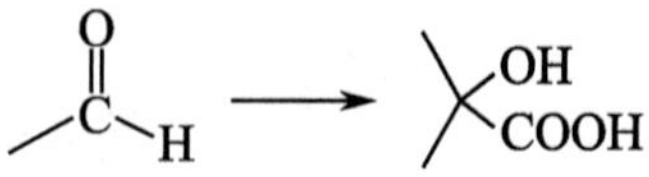

$$\text{CH}_3\text{CHO} \longrightarrow (\text{CH}_3)_2\text{C(OH)COOH}$$

(4)

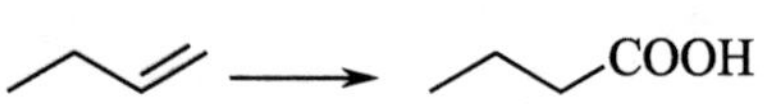

(5)

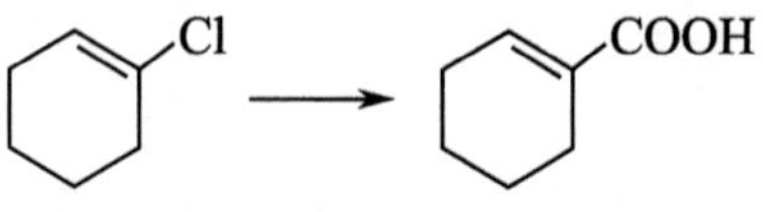

(6)

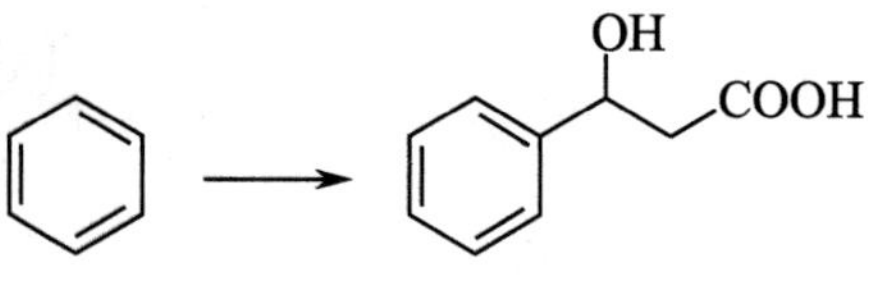

(7)

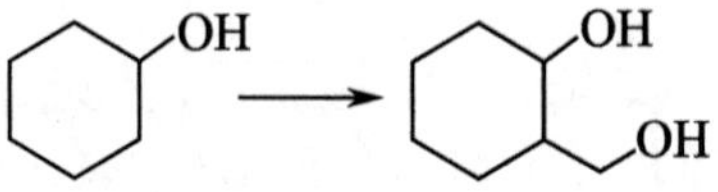

(8)

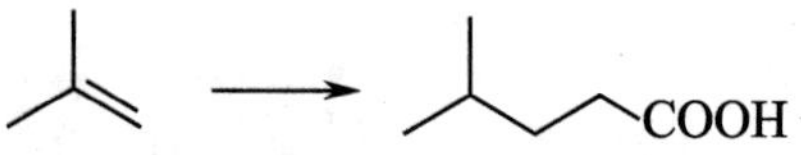

10. 环丙烷二甲酸有 A、B、C 和 D 四个异构体。A 和 B 具有旋光性,对热稳定;C 和 D 均无旋光性,C 加热时脱羧而得 E,D 加热失水而得 F。写出 A~F 的结构。

11. 化合物 A 能溶于水,但不溶于乙醚,元素分析含 C、H、O 和 N。A 加热失去一分子水得到化合物 B。B 与氢氧化钠的水溶液共热,放出一种有气味的气体,残余物酸化后得一不含氮的酸性物质 C。C 与氢化铝锂反应的产物用浓硫酸处理,得一气体烯烃 D,其分子量为 56。该烯烃经臭氧化再还原水解后,分解得一个醛和一个酮。试推出 A~D 的结构。

12. 给出与下列各组核磁共振氢谱数据相符的结构。

(1) $C_3H_5ClO_2$:δ 1.73(d,3H),4.47(qua,1H),11.22(s,1H)ppm。

(2) $C_4H_7BrO_2$:δ 1.08(t,3H),2.07(qui,2H),4.23(t,1H),10.97(s,1H)ppm。

(3) $C_4H_8O_3$:δ 1.27(t,3H),3.36(qua,2H),4.13(s,2H),10.95(s,1H)ppm。

13. 某化合物的分子式为 $C_8H_8O_2$,IR 谱图中在 1 725cm^{-1} 处有强吸收,^{1}H-NMR 谱图的数据(δ 值)如下:

3.53(s,2H)、7.21(b,5H)、11.95(s,1H)ppm。请写出此化合物的结构。

第十二章

羧酸衍生物

羧酸分子中的羟基被其他原子或基团取代所生成的化合物称为羧酸衍生物(carboxylic acid derivative)。羧酸衍生物的主要类型有酰卤(acyl halide)、酸酐(anhydride)、酯(羧酸酯, carboxylic ester)、酰胺(amide)。腈(nitrile)在化学性质上与上述化合物相似,故也归在此类化合物中讨论。

酰卤、酸酐、羧酸酯及酰胺的分子结构中均含有酰基,因而也称为酰基化合物。羧酸衍生物的反应活性能很强,可转变成多种化合物,其中酰卤和酸酐在自然界中几乎不存在,但其化学性质较活泼,常作为有机合成中间体用于药物合成。而酯和酰胺则广泛存在于动植物体内,有重要的生理作用。许多药物具有酯和酰胺的结构特征。例如:

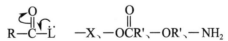

盐酸普鲁卡因procaine hydrochloride(局部麻醉药)　　苯巴比妥phenobarbital(镇静催眠药)

第一节　结构和命名

一、结构

12-D-1
羧酸衍生
物的结构
(动画)

酰卤、酸酐、酯和酰胺的结构与羧酸类似,分子中都含有碳氧双键即羰基,与羰基相连的原子(X、O、N)上都有未共用电子对,可与羰基的 π 键形成 p–π 共轭。其差异仅仅是 p–π 共轭的程度不同。如以下通式所示:

$$R-\overset{O}{\underset{||}{C}}-L \qquad -X、-OCR'、-OR'、-NH_2$$

羧酸衍生物的结构亦可用共振极限式表示如下:

$$\left[R-\overset{O}{\underset{||}{C}}-\ddot{L} \longleftrightarrow R-\overset{O^-}{\underset{|}{C^+}}-\ddot{L} \longleftrightarrow R-\overset{O^-}{\underset{|}{C}}=L^+ \right]$$

$$(1) \qquad\qquad (2)$$

电荷分离的共振极限式对共振杂化体的贡献大小取决于 L 中直接与羰基相连的原子(X、O、N)的电负性大小。在酰卤分子中,由于卤原子的电负性较大,电荷分离式(2)不稳定,所以电荷分离式(2)对共振杂化体的贡献很小,在共振杂化体中以(1)式为主;而在酰胺分子中,氮原子的电负性较小,电荷分离极限式(2)对共振杂化体的贡献较大,在共振杂化体中以(2)式为主。也就是说 L 中直接与羰基相连的原子的电负性越小,电荷分离极限式(2)对共振杂化体的贡献就越大。这种共振杂化体组成上的差异直接反映在 C—L 键键长的变化上(表 12-1)。

表 12-1　RCOL 中 C—L 键的键长与 R—L 中 C—L 单键的键长的比较

RCOL	C—L 键的键长 /pm	R—L	C—L 单键的键长 /pm
$CH_3-\overset{O}{\underset{\|\|}{C}}-Cl$	179.0	CH_3-Cl	178.4
$H-\overset{O}{\underset{\|\|}{C}}-OCH_3$	133.4	CH_3-OH	143.0
$H-\overset{O}{\underset{\|\|}{C}}-NH_2$	137.6	CH_3-NH_2	147.4

由于酰胺的结构以电荷分离极限式(2)为主,从而表现出 C—N 键具有部分双键的性质。

腈分子中氰基的结构与炔烃相似,碳原子和氮原子均为 sp 杂化,碳氮三键是由一个 σ 键和两个 π 键组成的,而氮原子的未共用电子对处于 sp 杂化轨道上。腈的结构可用共振极限式表示如下:

$$\left[R-C\equiv N \longleftrightarrow R-\overset{+}{C}=\overset{-}{N} \right]$$

二、命名

1. 酰卤和酰胺　酰卤和酰胺的命名是由在酰基名称后加上卤原子或胺的名称组成的。酰卤的英文名称是由 –yl halide 取代相应羧酸的词尾 –oic acid;酰胺的英文命名是由相应羧酸名称去掉 –oic acid,然后加词尾 amide 即可。例如:

$$CH_3CH_2CHCH_2\overset{O}{\underset{\|\|}{C}}-Br$$

3-甲基戊酰溴
3-methyl pentanoyl bromide

苯甲酰氯
benzoyl chloride

$$CH_3-\overset{O}{\underset{\|\|}{C}}-NH_2$$

乙酰胺
acetamide

两个酰基与一个氮原子相连的酰胺称为酰亚胺(imide);环状酰胺称为内酰胺(lactam)。

苯-1,2-二甲酰亚胺
benzene-1,2-dicarboximide

戊-5-内酰胺
valero-5-lactam

若酰胺分子中的氮原子上连有取代基,则在取代基名称前加 "N–" 标出。例如:

$$CH_3CH_2\overset{O}{\underset{\|\|}{C}}-NHCH_3$$

N-甲基丙酰胺
N-methylpropanamide

$$H-\overset{O}{\underset{\|\|}{C}}-N(CH_3)_2$$

N,N-二甲基甲酰胺
N,N-dimethyl formamide

2. 酸酐　酸酐的命名是由相应羧酸的名称加上 "酐" 字组成的。英文命名是将相应羧酸名称的 acid 改为 anhydride。例如:

苯甲酸酐
benzoic anhydride

$$CH_3-\overset{O}{\underset{\|\|}{C}}-O-\overset{O}{\underset{\|\|}{C}}-CH_2CH_3$$

乙(酸)丙(酸)酐
acetic propanoic anhydride

丁二酸酐
butanedioic anhydride

3. 酯   酯的命名是根据其水解生成的羧酸和醇的名称,称为某酸某酯。英文名称是将相应的羧酸名称中的 –ic acid 改为词尾 –ate,并在前面加上烃基的名称。例如:

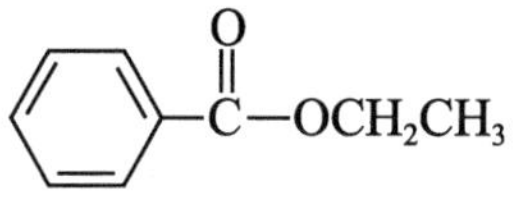

苯甲酸乙酯
ethyl benzoate

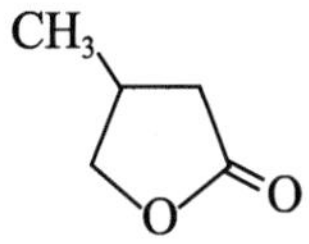

3-甲基丁-4-内酯
3-methylbutano-4-lactone

4. 腈   腈的命名与羧酸的命名方式类似。可以看作是酸的羧基(— COOH)被氰基(— CN)取代,命名时将相应羧酸的后缀 "–酸(–oic acid)" 替换为 "–腈(–nitrile)" 即可。

例如:

CH₃CN

乙腈
acetonitrile

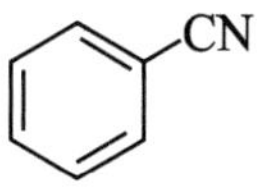

苯甲腈
benzonitrile

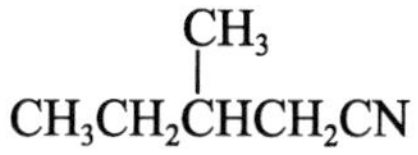

3-甲基戊腈
3-methylpentanenitrile

含有多个特性基团的化合物命名时,首先按特性基团的优先次序选择某特性基团为母体化合物,而将其他特性基团作为取代基。各类特性基团选作母体化合物时的优先次序如下:

$$RCOOH>RSO_3H>（RCO）_2O>RCOOR'>RCOX>RCONHR'>RCN>RCHO>RCOR'>ROH>ArOH$$
$$RNHR'>ROR'$$

羧酸衍生物的特性基团作为取代基时,名称如下:

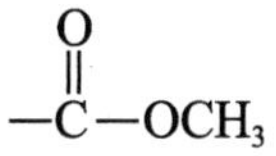

—C—OCH₃
甲氧甲酰(羰)基
methoxycarbonyl

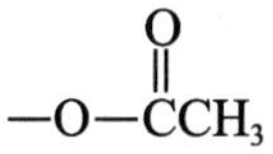

—O—CCH₃
乙酰氧基
acetyloxy

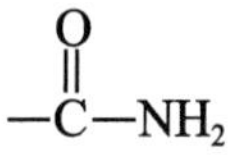

—C—NH₂
氨甲酰(羰)基
carbamoyl

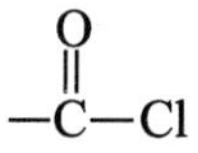

—C—Cl
氯甲酰(羰)基
chlorocarbonyl

—CN
氰基
cyano

第二节   物理性质及光谱性质

一、物理性质

低级酰卤和酸酐是具有刺激性气味的无色液体,高级的为固体;低级酯是易挥发并有芳香气味的无色液体;酰胺除甲酰胺和某些 N-取代酰胺外均为固体。

酰卤和酯各自分子间无氢键缔合,故它们的沸点较相应羧酸的沸点低;酸酐的沸点较相应羧酸的沸点高,但较分子量相当的羧酸低;酰胺分子间不仅可以通过氢键缔合,而且在酰胺的共振极限式中以电荷分离式为主,因此酰胺分子间的偶极作用力比较大,其熔点、沸点都较相应的羧酸高。当酰胺氮原子上的氢原子都被烃基取代后,分子间不能形成氢键,熔点和沸点随之降低。腈分子中 C≡N 键的极性较大,沸点比相应的酰卤和酯高,但由于分子间不能形成氢键,故沸点较相应的羧酸低。

所有羧酸衍生物均易溶于有机溶剂,如乙醚、氯仿、丙酮和苯等。低级酰胺(如 N,N-二甲基甲酰胺)、乙腈等可与水混溶,它们是很好的极性非质子溶剂。酯在水中的溶解度较小,常用于从水溶液中提取有机物。表 12-2 为常见羧酸衍生物的物理常数。

表 12-2　常见羧酸衍生物的物理常数

名称	沸点 /℃	熔点 /℃	相对密度（d_4^{20}）
乙酰氯	52.0	−112.0	1.104
丙酰氯	80.0	−94.0	1.065
苯甲酰氯	197.2	−1.0	1.212
乙酸酐	139.6	−73.1	1.082
丙酸酐	168.0	−45.0	1.212
苯甲酸酐	360.0	42.0	1.199
邻苯二甲酸酐	284.5	131.6	1.527
甲酸乙酯	54.0	−80.5	0.969
乙酸乙酯	77.1	−84.0	0.901
苯甲酸乙酯	213.0	−35.0	$1.051^{15°}$
乙酰胺	222.0	82.3	1.159
丙酰胺	213.0	80.0	1.042
乙酰苯胺	305.0	114.3	$1.210^{4°}$
N,N-二甲基甲酰胺	153.0	−61.0	0.948
乙腈	82.0	−45.7	0.783
苯甲腈	190.7	−13.0	1.005

练习题 12.1　乙酰胺的分子量较 N,N-二甲基甲酰胺小，但熔点和沸点均比后者高，为什么？

二、光谱性质

（一）红外吸收光谱

羧酸衍生物（腈除外）的红外吸收光谱的特征吸收峰在 1 850~1 630cm⁻¹，酰卤、酸酐、羧酸酯及酰胺分子中的羰基伸缩振动吸收频率不同。羧酸衍生物中羰基的红外吸收频率的大致范围见表 12-3。

表 12-3　羧酸衍生物（腈除外）中羰基红外吸收峰的位置

化合物	羰基伸缩振动 /cm⁻¹	化合物	羰基伸缩振动 /cm⁻¹
R—C(=O)—Cl	1 810~1 795	Ar—C(=O)—OR'	1 740~1 715
Ar—C(=O)—Cl	1 770~1 740（液态或固态）	R—C(=O)—NH₂	1 680~1 660（固）
(R—C(=O)—)₂O	1 845~1 815　1 780~1 745	R—C(=O)—NHR'	1 680~1 630
R—C(=O)—OR'	1 750~1 735	R—C(=O)—NR'₂	1 670~1 640

酰卤分子中由于卤原子的吸电子诱导效应,使羰基伸缩振动的吸收频率加大,约在 1 800cm⁻¹ 区域(图 12-1)。

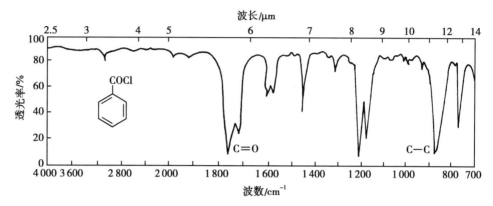

图 12-1 苯甲酰氯的红外吸收光谱图

酸酐分子中有两个羰基,在 1 845~1 745cm⁻¹ 区域有两个伸缩振动吸收,两峰相差约 60cm⁻¹;在 1 310~1 050cm⁻¹ 区域有 C—O 伸缩振动吸收(图 12-2)。

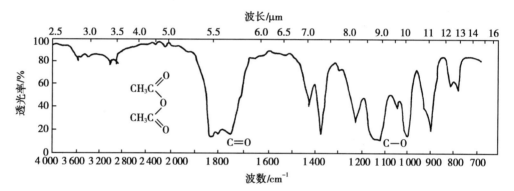

图 12-2 乙酸酐的红外吸收光谱图

羧酸酯分子中的羰基伸缩振动吸收在 1 735cm⁻¹ 区域;并在 1 300~1 050cm⁻¹ 区域有两个 C—O 伸缩振动,其中波数较高的吸收峰易于鉴别(图 12-3)。

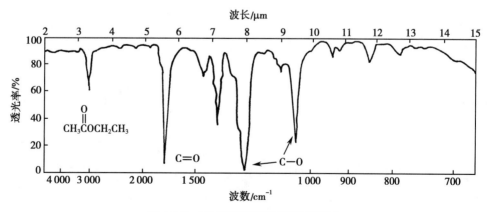

图 12-3 乙酸乙酯的红外吸收光谱图

酰胺分子中由于氨基氮原子与羰基的共轭作用较强,使羰基伸缩振动的吸收频率降低,

出现在 1 650cm⁻¹ 区域;N—H 伸缩振动吸收在 3 500~3 200cm⁻¹ 区域,N—H 弯曲振动吸收在 1 550~1 530cm⁻¹ 区域(图 12-4)。

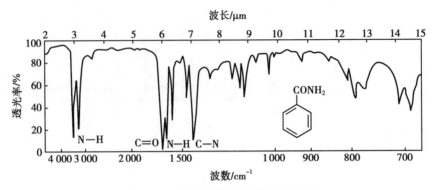

图 12-4 苯甲酰胺的红外吸收光谱图

脂肪族腈的 C≡N 键伸缩振动在 2 260~2 240cm⁻¹ 区域,芳香族腈则在 2 240~2 220cm⁻¹ 区域有特征吸收峰。

(二)核磁共振氢谱

羧酸衍生物中的 α-氢受羰基或氰基影响,使化学位移向低场移动,一般 δ 值为 2~3ppm。酯分子中烷氧基 α-碳上的氢质子的 δ 值在 3.7~4.1ppm,比羰基 α-碳上的氢质子化学位移更靠近低场(图 12-5)。酰胺分子中,氮原子上氢质子(—CONH—)的 δ 值一般在 5~9.4ppm,是宽而矮的典型吸收峰。

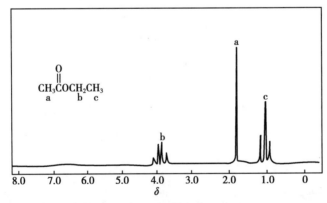

图 12-5 乙酸乙酯的 ¹H-NMR 谱图

(三)质谱

酯、酰胺的裂解方式与羧酸相似,但与羧酸相比更容易发生 α-裂解。图 12-6 为丁酸甲酯的质谱图。

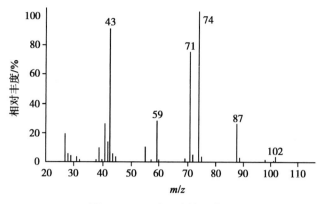

图 12-6　丁酸甲酯的质谱图

第三节　化　学　性　质

羧酸衍生物(腈除外)结构中都含有相同的酰基官能团,因而表现出相似的化学性质,其反应机理也大致相同,只是在反应活性上有所差异。有些羧酸衍生物还表现出特殊的化学性质。

一、水解、醇解和氨解

在酸或碱催化下,羧酸衍生物与水、醇或氨(胺)反应,酰基所连的基团分别被羟基、烷氧基或氨基(烷氨基)取代,依次称为羧酸衍生物的水解(hydrolysis)、醇解(alcoholysis)和氨解(ammonolysis)。腈在特定条件下具有同样的反应而得到相应的衍生物。反应通式如下:

$$
\underset{\substack{O \\ \parallel}}{R-C-L} + :Nu \longrightarrow \underset{\substack{O \\ \parallel}}{R-C-Nu} + :L
$$

:Nu=H$_2$O, R'OH, NH$_3$, R'NH$_2$
L=-X, -OOCR', -OR', -NH$_2$, -NHR'

反应通过亲核加成 - 消除机理进行。反应分两步,首先是亲核试剂在羰基碳上发生亲核加成,形成四面体的氧负离子中间体,然后再消除一个负离子,总的结果是 L 基团被取代。故又称为羧酸衍生物的亲核取代反应。

$$
\underset{\substack{O \\ \parallel}}{R-C-L} + :Nu^- \longrightarrow \underset{\substack{O^- \\ | \\ L}}{R-C-Nu} \longrightarrow \underset{\substack{O \\ \parallel}}{R-C-Nu} + L^-
$$

取代反应速率受羧酸衍生物分子结构中的电子效应和空间效应的影响,与亲核加成及消除这两步反应均有关系。如果羰基碳原子上所连基团的吸电子效应越强,且体积较小,则氧负离子中间体就越稳定,因而有利于亲核加成,反应速率就快;反之则不利于加成,反应速率就慢。L 基团吸电子效应的强弱顺序为—X>—OOCR'>—OR'>—NH$_2$。而消除反应的速率与 L 基团的离去倾向有关,L 越易离去,反应速率越快。L 的离去能力与负离子 L$^-$ 的稳定性有关,L$^-$ 的稳定性顺序为 X$^-$>RCOO$^-$>RO$^-$>NH$_2^-$,所以 L 的离去能力为—X>—OOCR'>—OR'>—NH$_2$。因此,综合加成、消除两步反应,羧酸衍生物发生亲核取代反应的活性顺序为酰卤 > 酸酐 > 酯 > 酰胺≈腈。

(一)水解

所有羧酸衍生物均可发生水解反应而生成羧酸。反应通式如下:

$$R-\overset{\overset{\displaystyle O}{\|}}{C}-L + H_2O \longrightarrow R-\overset{\overset{\displaystyle O}{\|}}{C}-OH + HL$$

1. 酰卤的水解　低分子酰卤极易水解,例如乙酰氯遇水反应很猛烈;随着酰卤分子量的增大,在水中的溶解度降低,水解速率逐渐减慢,如果加入适当的溶剂(如二氧六环、四氢呋喃等)以增加酰卤在水中的溶解或加碱催化,均可使反应速率加快。例如:

$$(C_6H_5)_2CHCH_2\overset{\overset{\displaystyle O}{\|}}{C}-Cl \xrightarrow[0℃]{Na_2CO_3/H_2O} (C_6H_5)_2CHCH_2\overset{\overset{\displaystyle O}{\|}}{C}-OH$$
$$95\%$$

2. 酸酐的水解　酸酐可以在中性、酸性或碱性溶液中水解,反应活性比酰卤稍缓和一些,但比酯容易水解。由于酸酐不溶于水,室温下水解很慢,必要时加热、酸碱催化或选择适当的溶剂使之成为均相,均可加速水解的进行。例如:

（马来酸酐 + H₂O → 甲基马来酸结构式）94%

酰卤和酸酐通常由羧酸制备,因此酰卤和酸酐的水解反应在有机合成中应用较少,只适用于那些酰卤或酸酐比相应的羧酸更容易获得时使用。

3. 酯的水解　酯水解生成一分子羧酸和一分子醇,是酯化反应的逆反应。酯的水解比酰卤、酸酐的反应活性低,需在酸或碱催化下进行。

$$R-\overset{\overset{\displaystyle O}{\|}}{C}-OR' + H_2O \xrightarrow{H^+或OH^-} R-\overset{\overset{\displaystyle O}{\|}}{C}-OH + R'OH$$

酯在酸催化下水解是可逆反应;在碱催化下反应是不可逆反应,因为水解生成的羧酸与碱作用生成羧酸负离子,羧酸负离子的羰基正电性下降,不能接受醇的亲核进攻,逆反应不再发生,故酯在碱过量的条件下可彻底水解。所以,酯的水解常采用碱催化的方法,反应中碱既是催化剂又是试剂,反应速率与酯和碱的浓度成正比。

酯广泛存在于自然界中,它的水解是制备羧酸的重要方法。例如亚油酸乙酯与氢氧化钠乙醇溶液在室温下反应即可水解成亚油酸。

$$\begin{array}{l}CH=CH(CH_2)_7COOC_2H_5\\ |\\ CH_2CH=CH(CH_2)_4CH_3\end{array} \xrightarrow[②H_2SO_4]{①NaOH/EtOH} \begin{array}{l}CH=CH(CH_2)_7COOH\\ |\\ CH_2CH=CH(CH_2)_4CH_3\end{array}$$
$$90\%$$

在水解反应中,酯分子可能在两个位置发生键的断裂而生成羧酸和醇,一种是酰氧键断裂,另一种是烷氧键断裂。

$$R-\overset{\overset{\displaystyle O}{\|}}{C}\vdots O-R' \qquad R-\overset{\overset{\displaystyle O}{\|}}{C}-O\vdots R'$$
酰氧键断裂　　　　烷氧键断裂

通过实验可以证实酯水解反应中键的断裂方式。例如采用 ^{18}O 标记的丙酸乙酯在碱催化下于普通水中水解,生成含有 ^{18}O 的乙醇。说明碱催化下酯的水解是以酰氧键断裂方式进行的。

$$CH_3CH_2\overset{\overset{\displaystyle O}{\|}}{C}-^{18}OC_2H_5 + NaOH \longrightarrow CH_3CH_2\overset{\overset{\displaystyle O}{\|}}{C}-ONa + C_2H_5^{18}OH$$

再如具有光学活性的乙酸–1–苯基乙醇酯的水解生成具有旋光性的 1–苯基乙醇,其构型没有发生改变。说明该水解反应也是以酰氧键断裂方式进行的。

$$CH_3COO-\overset{\overset{H}{|}}{\underset{\underset{CH_3}{|}}{C}}-C_6H_5 + KOH \xrightarrow{EtOH/H_2O} HO-\overset{\overset{H}{|}}{\underset{\underset{CH_3}{|}}{C}}-C_6H_5 + CH_3COOK$$

(R)–(+)–乙酸–1–苯基乙醇酯　　　　　　　　(R)–(+)–1–苯基乙醇

酰氧键断裂的机理如下:首先 HO⁻ 进攻酯分子中的羰基碳原子发生亲核加成,形成正四面体中间体,再脱去烷氧负离子。

$$R-\overset{O}{\underset{}{C}}-OR' + OH^- \underset{慢}{\rightleftharpoons} R-\overset{O^-}{\underset{\underset{OR'}{|}}{C}}-OH \underset{快}{\rightleftharpoons} R-\overset{O}{\underset{}{C}}-OH + R'O^- \longrightarrow RCO^- + R'OH$$

通过实验可以证实酯水解是以正四面体中间体机理进行的。例如碱催化下,在普通水中对 ¹⁸O 标记羰基的酯进行部分水解,然后回收未水解的酯,测定其 ¹⁸O 的丰度,发现酯中 ¹⁸O 的丰度降低,即存在没有 ¹⁸O 的酯。这说明酯分子中 ¹⁸O 在水解过程中与反应介质中的 ¹⁶O 发生同位素交换。如下式所示:

$$R-\overset{^{18}O}{\underset{}{C}}-OR' + OH^- \rightleftharpoons R-\overset{^{18}O^-}{\underset{\underset{OH}{|}}{C}}-OR' \rightleftharpoons R-\overset{^{18}O}{\underset{}{C}}-OH + R'O^-$$
(1)

$$R-\overset{O}{\underset{}{C}}-OR' + {}^{18}OH^- \rightleftharpoons R-\overset{^{18}OH}{\underset{\underset{O^-}{|}}{C}}-OR' \rightleftharpoons R-\overset{O}{\underset{}{C}}-{}^{18}OH + R'O^-$$
(2)

中间体(1)与(2)发生质子转移,使酯中 ¹⁸O 的丰度降低,因此碱催化下酯的水解是按亲核加成–消除机理进行的,总的结果是酯分子中的烷氧基被羟基所取代。

水解过程中,HO⁻ 进攻羰基发生亲核加成反应,生成四面体中间体是决定反应速率的一步。反应速率与带负电荷的四面体中间体的稳定性有关。若酯分子中的烃基上带有吸电子基,可使负离子中间体稳定而促进反应,吸电子能力越强,反应速率就越快。此外,空间位阻对四面体中间体的形成也有较大影响,酯分子中酰基 α–碳原子或烷氧基中与氧原子直接相连的碳原子上取代基的数目越多、体积越大,越不利于中间体的形成,反应速率就越慢。表 12-4 为酯的碱催化水解中电性效应及空间位阻对反应速率的影响。

表 12-4 酯的碱催化水解中电性效应及空间位阻对反应速率的影响

$RCOOC_2H_5$ $H_2O(25℃)$		$RCOOC_2H_5$ $87.8\%ROH(30℃)$		CH_3COOR 70% 丙酮$(25℃)$	
R	相对速率	R	相对速率	R	相对速率
CH_3	1	CH_3	1	CH_3	1
CH_2Cl	290	CH_3CH_2	0.470	CH_3CH_2	0.431
$CHCl_2$	6 130	$(CH_3)_2CH$	0.100	$(CH_3)_2CH$	0.065
CH_3CO	7 200	$(CH_3)_3C$	0.010	$(CH_3)_3C$	0.002
CCl_3	23 150	C_6H_5	0.102	环己基	0.042

酯水解也可在酸性催化剂作用下进行。羧酸的伯、仲醇酯水解时也是以酰氧键断裂方式进行的。

$$R-\overset{O}{\overset{\|}{C}}-OR' \underset{}{\overset{H^+}{\rightleftharpoons}} R-\overset{\overset{+}{O}H}{\overset{\|}{C}}-OR' \overset{H_2O}{\longrightarrow} R-\overset{OH}{\underset{\overset{+}{O}H_2}{\overset{|}{\underset{|}{C}}}}-OR' \overset{质子转移}{\rightleftharpoons} R-\overset{\overset{+}{O}H}{\underset{OH}{\overset{|}{\underset{|}{C}}}}-\overset{H}{\overset{+}{O}R'}$$

$$\overset{-R'OH}{\longleftarrow} R-\overset{\overset{+}{O}H}{\overset{\|}{C}}-OH \rightleftharpoons R-\overset{O}{\overset{\|}{C}}-OH + H^+$$

首先是酯分子中的羰基氧原子质子化,使羰基碳原子的正电性增加,有利于弱亲核试剂水对其进攻而生成四面体正离子中间体,然后质子转移到烷氧基氧原子上,再消除弱碱性的醇分子而生成羧酸。酸催化下酯水解的反应速率也与中间体的稳定性有关,电性效应对水解速率的影响不如在碱催化水解中大,而空间位阻对反应速率的影响较大。表 12-5 为乙酸酯(CH_3COOR)25℃时在盐酸溶液中水解的相对速率。

表 12-5 乙酸酯(CH_3COOR)25℃时在盐酸溶液中水解的相对速率

R	CH_3	CH_3CH_2	$(CH_3)_2CH$	$(CH_3)_3C$	$C_6H_5CH_2$	C_6H_5
相对速率	1	0.97	0.53	1.15	0.96	0.69

一般情况下,酯在酸性催化剂作用下的水解按上述机理进行,但由于酯的结构和反应条件不同,水解的机理和键的断裂方式也会有所不同。叔醇酯在酸催化下水解时,由于空间位阻较大,且容易生成相对稳定的碳正离子,所以水解反应是按烷氧键断裂方式进行的。

$$R-\overset{O}{\overset{\|}{C}}-OCR'_3 \overset{H^+}{\rightleftharpoons} R-\overset{\overset{+}{O}H}{\overset{\|}{C}}-O-CR'_3 \rightleftharpoons R-\overset{O}{\overset{\|}{C}}-OH + {}^+CR'_3$$

$$R'_3C^+ + H_2O \rightleftharpoons R'_3C-\overset{+}{O}H_2 \rightleftharpoons R'_3C-OH + H^+$$

4. 酰胺的水解　酰胺比酯难以水解,一般需要在酸或碱催化、加热的条件下进行,其水解的机理与酯的水解相似。例如:

练习题 12.2　有旋光性的 3,7-二甲基辛 -2-醇乙酸酯在酸性条件下水解时,生成的醇其光学纯度降低,如何解释?

练习题 12.3　表 12-5 列出在 25℃时,乙酸甲酯、乙酸乙酯、乙酸异丙酯及乙酸叔丁酯于盐酸溶液中水解的相对速率。请对实验结果给出合理的解释。

5. 腈的水解　腈在酸或碱性催化剂作用下水解,首先生成酰胺,继续水解生成羧酸。

$$R-CN \underset{H_2O}{\overset{H^+或OH^-}{\longrightarrow}} R-\overset{O}{\overset{\|}{C}}-NH_2 \underset{H_2O}{\overset{H^+或OH^-}{\longrightarrow}} R-\overset{O}{\overset{\|}{C}}-OH$$

碱催化水解的机理:

$$R-C≡N \overset{OH^-}{\rightleftharpoons} R-\overset{OH}{\underset{|}{C}}=N^- \overset{H_2O}{\underset{-OH^-}{\longrightarrow}} R-\overset{OH}{\underset{|}{C}}=NH \rightleftharpoons R-\overset{OH}{\underset{|}{C}}-NH_2 \overset{H_2O}{\underset{OH^-}{\longrightarrow}} R-\overset{O}{\overset{\|}{C}}-OH$$

酸催化水解的机理：

$$R-C\equiv N: \xrightleftharpoons{H^+} R-C\equiv \overset{+}{N}H \xrightleftharpoons{H_2O} R-\overset{\overset{+}{O}H_2}{\underset{|}{C}}=NH \xrightleftharpoons{-H^+} R-\overset{OH}{\underset{|}{C}}=NH$$

$$\rightleftharpoons R-\overset{O}{\overset{||}{C}}-NH_2 \xrightarrow[H^+]{H_2O} R-\overset{O}{\overset{||}{C}}-OH$$

控制反应条件,可使腈的水解停留在酰胺一步,称为腈的部分水解。一般是先将腈溶于浓硫酸中,再将此溶液慢慢倒入冰水中;或将腈与冷的浓盐酸混合剧烈搅拌,都可得到酰胺。下面的例子是强心药氨力农(amrinone)合成中的一步反应,利用腈的部分水解而制得酰胺。

综上所述,羧酸衍生物容易发生水解反应,许多前体药物正是利用了这一性质,但在生产、使用和保存该类药物时应注意防止水解。例如某些容易水解的药物通常制成含水量控制在一定范围内的注射用制剂,临用时再加水配成注射液;酯类和酰胺类药物在一定的 pH 范围内较稳定,配成水溶液时必须控制溶液的 pH;羧酸衍生物类药物的注射用制剂在消毒灭菌时应注意控制温度和时间等。

练习题 12.4 对位取代的苯甲酸乙酯(p-RC$_6$H$_4$COOC$_2$H$_5$)在碱催化水解时的相对速率如下:

R:	–NO$_2$	–Cl	–H	–CH$_3$	–OCH$_3$
	110	4	1	0.5	0.2

应如何解释?

练习题 12.5 醛、酮与羧酸衍生物分子中都含有羰基,羧酸衍生物可发生亲核取代反应,而醛、酮只能发生亲核加成而不发生亲核取代反应,解释其原因。

(二) 醇解

羧酸衍生物醇解生成酯,此反应是合成酯类化合物的重要方法。反应通式如下:

$$R-\overset{O}{\overset{||}{C}}-L + R'OH \longrightarrow R-\overset{O}{\overset{||}{C}}-OR' + HL$$

1. 酰卤的醇解   酰卤很容易与醇或酚反应生成酯,通常用来制备难以直接通过酯化反应得到的酯。对于活性较弱的酰卤或叔醇和酚,需在碱存在下反应,碱可促进反应的进行。例如:

$$CH_3\overset{O}{\overset{||}{C}}Cl + (CH_3)_3COH \xrightarrow[Et_2O]{C_6H_5N(CH_3)_2} CH_3\overset{O}{\overset{||}{C}}OC(CH_3)_3 + C_6H_5N(CH_3)_2 \cdot HCl$$

68%

反应中碱的作用一方面是中和反应过程中产生的酸,另一方面是起催化作用。

2. **酸酐的醇解** 酸酐的醇解反应较酰卤温和,反应可用少量酸或碱催化,也是制备酯的常用方法。例如解热镇痛药阿司匹林的制备就是以水杨酸为原料,在硫酸催化下与乙酸酐作用制得的。

$$\text{COOH-OH} + (CH_3CO)_2O \xrightarrow{H_2SO_4/70\sim75℃} \text{COOH-OOCCH}_3 + CH_3COOH$$

阿司匹林

环状酸酐(cyclic acid anhydride)的醇解得到二元羧酸单酯,二元羧酸单酯进一步酯化可生成二元羧酸二酯。例如:

$$\text{(酸酐)} + C_2H_5OH \xrightarrow{回流} \text{COOC}_2H_5\text{/COOH} \xrightarrow[PhSO_3H/\triangle]{C_2H_5OH} \text{COOC}_2H_5\text{/COOC}_2H_5$$

3. **酯的醇解** 在酸(如硫酸、对甲基苯磺酸)或碱(如醇钠)催化下,酯与醇反应,酯分子中的烷氧基被醇分子中的烷氧基置换称为酯的醇解。反应通式如下:

$$R-\overset{O}{\underset{|}{C}}-OR' + R''OH \underset{}{\overset{H^+或R''ONa}{\rightleftharpoons}} R-\overset{O}{\underset{|}{C}}-OR'' + R'OH$$

这是从一个酯转变为另一新酯的反应,所以酯的醇解又称为酯交换(ester exchange)反应。此反应是可逆的,为使反应向生成新酯的方向进行,常采用加入过量的原料醇或将生成的产物醇除去的方法。酯交换反应常用来制备难以合成的酯(如酚酯或烯醇酯)或从低沸点醇的酯合成高沸点醇的酯。例如:

$$CH_3\overset{O}{\underset{|}{C}}OCH_3 + \text{(环己酮)} \xrightarrow{p-CH_3C_6H_4SO_3H} \text{(环己烯-OOCCH}_3) + CH_3OH$$

$$CH_2=CH\overset{O}{\underset{|}{C}}OCH_3 + n-C_4H_9OH \underset{}{\overset{p-CH_3C_6H_4SO_3H}{\rightleftharpoons}} CH_2=CH\overset{O}{\underset{|}{C}}OC_4H_9-n + CH_3OH$$

4. **腈的醇解** 腈在酸性条件下用醇处理可得到羧酸酯,这也是制备酯的方法之一。

$$R-C≡N + HOR' \xrightarrow{HCl} R-\overset{NH\cdot HCl}{\underset{|}{C}}-OR' \xrightarrow{H_3O^+} R-\overset{O}{\underset{|}{C}}-OR' + NH_4Cl$$

亚氨酸酯盐酸盐

反应首先是醇在酸催化下与腈发生亲核加成而生成亚氨酸酯盐,亚氨酸酯盐经酸性水解得羧酸酯。例如解痉药替喹溴铵(tiquizium bromide)的中间体3-乙氧甲酰基-2H-八氢喹嗪的合成即采用腈的醇解而得。

$$\text{(八氢喹嗪-CN)} \xrightarrow[HCl/\triangle]{C_2H_5OH} \text{(八氢喹嗪-COOC}_2H_5) \dashrightarrow \text{(替喹溴铵)Br}^-$$

81%

八氢-2H-喹啉嗪-3-甲酸乙酯　　　　　　替喹溴铵

亚氨酸酯盐与过量的醇作用可生成原羧酸酯。例如：

$$CH_3-\underset{\underset{OC_2H_5}{\|}}{\overset{\overset{NH\cdot HCl}{\|}}{C}}-OC_2H_5 + 2C_2H_5OH \longrightarrow CH_3-\underset{\underset{OC_2H_5}{|}}{\overset{\overset{OC_2H_5}{|}}{C}}-OC_2H_5 + NH_4Cl$$

原乙酸三乙酯

由于氨（或胺）基是不易离去的基团，而且氨（或胺）的亲核性比醇要强，故酰胺不容易发生醇解反应。

练习题 12.6　以合理的反应机理解释下列实验结果。

(1) $O_2N-\langle\bigcirc\rangle-COCl + HOCH_2CH_2N(C_2H_5)_2 \longrightarrow O_2N-\langle\bigcirc\rangle-COOCH_2CH_2N(C_2H_5)_2$

请解释为什么产物不是酰胺而是酯？

(2) $CH_2\text{—}\overset{O}{\underset{O}{\square}} \xrightarrow{CH_3CH_2OH} CH_3\overset{O}{\overset{\|}{C}}CH_2COOC_2H_5$

$H_2C\text{=}\overset{O}{\underset{O}{\square}} \xrightarrow{CH_3CH_2OH} CH_3\overset{O}{\overset{\|}{C}}CH_2COOC_2H_5$

练习题 12.7　如何由乙酸制备丙二酸二乙酯？

（三）氨解

羧酸衍生物与氨（或胺）作用可生成酰胺，这是制备酰胺的常用方法。由于氨（或胺）的亲核性比水、醇强，故羧酸衍生物的氨解反应比水解、醇解更容易进行。反应通式如下：

$$R-\overset{O}{\overset{\|}{C}}-L + NH_3(R'NH_2, R'_2NH) \longrightarrow R-\overset{O}{\overset{\|}{C}}-NH_2(HNR', NR'_2) + HL$$

1. **酰卤的氨解**　酰卤与氨（或胺）可迅速反应形成酰胺。反应通常在碱性条件下进行，碱的作用是中和反应过程中生成的卤化氢，以避免消耗反应物氨（或胺）。例如：

$$C_6H_5-\overset{O}{\overset{\|}{C}}-Cl + HN\langle\bigcirc\rangle \xrightarrow{NaOH} C_6H_5-\overset{O}{\overset{\|}{C}}-N\langle\bigcirc\rangle + NaCl + H_2O$$

81%

2. **酸酐的氨解**　酸酐氨解亦生成酰胺，但酸酐的反应活性比酰卤稍弱，反应较温和。因此，酸酐氨解的反应速率比酰卤慢。例如：

$$(CH_3CO)_2O + \langle\bigcirc\rangle-NH_2 \xrightarrow{40℃} \langle\bigcirc\rangle-NHCOCH_3 + CH_3COOH$$

环状酸酐与氨（或胺）反应，则开环生成酰胺酸的铵盐，酸化后生成酰胺酸（amic acid）。

$$\langle\text{邻苯二甲酸酐}\rangle + 2NH_3 \longrightarrow \langle\underset{COO^-NH_4^+}{\overset{CONH_2}{}}\rangle \xrightarrow{H^+} \langle\underset{COOH}{\overset{CONH_2}{}}\rangle$$

若在高温下反应，则生成酰亚胺。

$$\text{邻苯二甲酸酐} + NH_3 \xrightarrow{300^\circ C} \text{邻苯二甲酰亚胺} \quad 96\%$$

酰卤、酸酐的醇解和氨解又称为醇和氨(或胺)的酰化反应(acylation reaction),酰卤和酸酐称为酰化剂(acylating agent)。醇和氨(或胺)的酰化反应在有机合成中常用于羟基或氨基的保护。羟基或氨基均为活性基团,当在某步合成中羟基或氨基有可能参与反应而又不希望其反应时,可将羟基或氨基转化为酯或酰胺,酯或酰胺则相对稳定,待达到合成目的后,再通过水解使羟基或氨基游离出来,此为羟基或氨基的保护。酰化反应仅仅是羟基或氨基保护的手段之一,保护羟基或氨基的其他方法将在相关章节中进行相应介绍。

另外,酰化反应在新药设计中也有重要意义,它可用以制备前体药物;或增加药物的脂溶性,以改善体内吸收;或延长作用时间;或降低毒性,提高疗效等。例如维生素 C 具有特殊的烯二醇结构,还原性强,在空气中极易氧化而失效,将其制成维生素 C 苯甲酸酯的前药后,其效力与维生素 C 相等,但稳定性提高,即使在水溶液中也相当稳定。

再如治疗青光眼的肾上腺素,因缺乏脂溶性而不易吸收,有时会引起角膜水肿等副作用,将其修饰为匹呋酸酯后,脂溶性增大,吸收性好,在眼部用药后遇酯酶分解为肾上腺素而发挥作用,使疗效提高 10 倍,而副作用仅为原药的 1/10。

3. 酯的氨解　酯与氨(或胺)及氨的衍生物(如肼、羟氨等)发生氨解生成酰胺或酰胺衍生物。由于氨(或胺)的亲核性比醇强,所以酯的氨解不需要加催化剂。例如:

$$\underset{\underset{OH}{|}}{CH_3CHCOOC_2H_5} + NH_3 \xrightarrow{25^\circ C/24h} \underset{\underset{OH}{|}}{CH_3CHCONH_2} + C_2H_5OH$$
$$70\%$$

酯的氨解反应也常用于药物的合成,例如在胃肠促动药甲氧氯普胺(胃复安)的合成中即采用酯的氨解反应。合成路线如下:

酰胺的氨解反应是酰胺的交换反应,反应时,作为反应物胺的碱性应比离去胺的碱性强,且需过量。因此,酰胺的氨解在有机合成中较少应用。

练习题 12.8 完成下列反应式。

(1) $CH_3CH_2COOC_2H_5 + H_2NNH_2 \longrightarrow$

(2) $C_6H_5COOC_2H_5 + H_2NOH \longrightarrow$

　　酯、酰胺的水解、醇解和氨解不仅仅在有机合成中很重要,亦是生物转化中的重要反应类型。例如生物体内蛋白质的代谢其化学本质是酰胺的水解,与体外反应不同的是反应不是酸碱催化,而是酶参与催化的反应。酶作为催化剂有两个主要特点:一是催化能力强,二是反应的专一性。酶因其分子的结构不同而表现出对某一结构或某种类型键的专一性反应,例如胰蛋白酶只水解精氨酸和赖氨酸的羧基形成的肽键,不同的酶其选择性不同。表 12-6 为常见蛋白酶在多肽断裂中的选择性。

表 12-6　常见蛋白酶在多肽断裂中的选择性

酶	断裂位点
胰蛋白酶	Lys, Arg, C 端
梭菌蛋白酶	Arg, C 端
胰凝乳蛋白酶	Phe, Trp, Tyr, C 端
胃蛋白酶	Asp, Glu, Leu, Phe, Trp, Tyr, C 端
嗜热菌蛋白酶	Leu, Ile, Val, N 端

　　生物体内的酰化反应需辅酶的参与来完成。1945 年李普曼(F. Lipmann)发现许多酶所催化的乙酰化反应都需要一种耐热的辅助因子,几年后将其分离并确定了结构。这种辅助因子称为辅酶 A (coenzyme A,缩写为 CoA 或 HS—CoA),A 代表乙酰化(acetylation)。辅酶 A 是由 β-巯基乙胺、泛酸和 $3',5'$-三磷酸腺苷构成的。

辅酶A(CoA)

泛酸

　　辅酶 A 是酰基转移酶的辅酶,末端巯基是其活性部位。例如形成乙酰辅酶 A 的一种途径就是乙酸在三磷酸腺苷(ATP)的催化下生成混合酸酐,然后辅酶 A 的末端巯基对酸酐进行亲核进攻而生成乙酰辅酶 A 和磷酸根。

$$CH_3COH + ATP \xrightarrow[-ADP]{} CH_3C-O-P-O^- \xrightarrow[-HOPO_3^{2-}]{HS-CoA} CH_3C-S-CoA$$

乙酰辅酶A

　　其他酰基辅酶 A 也可以类似的方式形成。酰基辅酶 A 中的硫酯键不稳定,类似于 ATP 中的高能键,而且 RS^- 是容易离去的基团,因此酰基辅酶 A 很容易发生亲核取代反应。其反应结果是酰基辅酶 A 中的酰基转移给其他物质而又释放出辅酶 A,所以辅酶 A 实际上只是酰基的载体。例如:

$$CH_3CSCoA + HOCH_2CH_2N^+(CH_3)_3 \longrightarrow CH_3COCH_2CH_2\overset{+}{N}(CH_3)_3 + HS-CoA$$

胆碱　　　　　　　　　　　　　　　乙酰胆碱

二、与金属有机化合物的反应

（一）与格氏试剂的反应

各类羧酸衍生物均能与格氏试剂反应，首先进行加成－消除反应生成酮，酮与格氏试剂进一步反应生成叔醇。

$$R\overset{O}{\underset{}{\overset{\|}{C}}}L + R'MgX \longrightarrow R\overset{O-MgX}{\underset{L}{\overset{|}{C}}}R' \xrightarrow{-MgXL} R\overset{O}{\underset{}{\overset{\|}{C}}}R' \xrightarrow[\text{②}H_3O^+]{\text{①}R'MgX} R\overset{OH}{\underset{R'}{\overset{|}{C}}}R'$$

在合成中较为常用的是酯与格氏试剂的反应，以制备羟基 α-碳原子上至少连有两个相同烃基的叔醇；若用甲酸酯与格氏试剂反应，则生成对称的仲醇；内酯也能发生类似的反应，产物为二元醇。例如：

$$\text{环己基}-COOC_2H_5 \xrightarrow[\text{②}H_3O^+]{\text{①}2CH_3MgI} \text{环己基}-\overset{OH}{\underset{CH_3}{\overset{|}{C}}}-CH_3$$

$$H\overset{O}{\underset{}{\overset{\|}{C}}}-OC_2H_5 \xrightarrow[\text{②}H_3O^+]{\text{①}2(CH_3)_2CHMg} (CH_3)_2CH\overset{OH}{\underset{}{\overset{|}{C}}}HCH(CH_3)_2$$

$$\text{(}\gamma\text{-丁内酯)} \xrightarrow[\text{②}H_3O^+]{\text{①}2C_2H_5MgI} HOCH_2CH_2\overset{OH}{\underset{C_2H_5}{\overset{|}{C}}}C_2H_5$$

（二）与二烃基铜锂的反应

酰氯能迅速与二烃基铜锂反应生成酮。

$$R\overset{O}{\underset{}{\overset{\|}{C}}}Cl \xrightarrow{R'_2CuLi/Et_2O} R\overset{O}{\underset{}{\overset{\|}{C}}}R'$$

二烃基铜锂比格氏试剂的反应活性低，与酮反应的速率很慢，并且在低温下不与酯、酰胺和腈反应。因此，二烃基铜锂的一个重要用途是用来合成酮或酮酸酯。例如：

$$CH_3(CH_2)_2\overset{O}{\underset{}{\overset{\|}{C}}}(CH_2)_4\overset{O}{\underset{}{\overset{\|}{C}}}Cl + (CH_3)_2CuLi \xrightarrow{Et_2O} CH_3(CH_2)_2\overset{O}{\underset{}{\overset{\|}{C}}}(CH_2)_4\overset{O}{\underset{}{\overset{\|}{C}}}CH_3$$
$$95\%$$

$$n\text{-}C_4H_9O\overset{O}{\underset{}{\overset{\|}{C}}}(CH_2)_4\overset{O}{\underset{}{\overset{\|}{C}}}Cl + (CH_3)_2CuLi \xrightarrow{Et_2O} n\text{-}C_4H_9O\overset{O}{\underset{}{\overset{\|}{C}}}(CH_2)_4\overset{O}{\underset{}{\overset{\|}{C}}}CH_3$$

酰氯与有机镉化合物（R_2Cd）反应也生成酮，但有机镉化合物的毒性太大而限制了它的应用。

练习题 12.9 完成下列反应式，写出主要有机产物。

$$(1)\ CH_3\overset{O}{\underset{}{\overset{\|}{C}}}CH_2CH_2\overset{O}{\underset{}{\overset{\|}{C}}}OCH_2CH_3 \xrightarrow[\text{②}H_3O^+]{\text{①}CH_3MgI, Et_2O}$$

$$(2)\ HOCH_2CH_2\overset{O}{\underset{}{\overset{\|}{C}}}CH_2CH_2COOCH_2CH_3 \xrightarrow{1mol\ CH_3MgBr} \xrightarrow{1mol\ CH_3MgBr} \xrightarrow[\text{②}NH_4Cl, H_2O]{\text{①}2mol\ CH_3MgBr}$$

三、还原反应

羧酸衍生物与羧酸类似,分子中的羰基也可以被还原。由于与羰基所连的基团不同,反应活性有差异。通常,发生还原反应由易到难的顺序为酰氯＞酸酐＞酯＞羧酸。

羧酸衍生物的还原可以多种方法进行,不同衍生物因还原方法的不同而得到不同的还原产物。

(一) 氢化铝锂还原

羧酸衍生物都可以被氢化铝锂还原,酰卤、酸酐、酯还原生成伯醇,酰胺、腈还原生成胺。例如:

$$\text{R} - \overset{\displaystyle \overset{O}{\|}}{\text{C}} - \text{X} \xrightarrow[\text{② H}_2\text{O}]{\text{① LiAlH}_4/\text{Et}_2\text{O}} \text{RCH}_2\text{OH}$$

$$\text{R} - \overset{\displaystyle \overset{O}{\|}}{\text{C}} - \text{O} - \overset{\displaystyle \overset{O}{\|}}{\text{C}} - \text{R}' \xrightarrow[\text{② H}_2\text{O}]{\text{① LiAlH}_4/\text{Et}_2\text{O}} \text{RCH}_2\text{OH} + \text{R}'\text{CH}_2\text{OH}$$

$$\text{R} - \overset{\displaystyle \overset{O}{\|}}{\text{C}} - \text{OR}' \xrightarrow[\text{② H}_2\text{O}]{\text{① LiAlH}_4/\text{Et}_2\text{O}} \text{RCH}_2\text{OH} + \text{R}'\text{OH}$$

$$\text{R} - \overset{\displaystyle \overset{O}{\|}}{\text{C}} - \text{NH}_2 \xrightarrow[\text{② H}_2\text{O}]{\text{① LiAlH}_4/\text{Et}_2\text{O}} \text{RCH}_2\text{NH}_2$$

$$\text{R} - \text{C} \equiv \text{N} \xrightarrow[\text{② H}_2\text{O}]{\text{① LiAlH}_4/\text{Et}_2\text{O}} \text{RCH}_2\text{NH}_2$$

与硼氢化钠不同,氢化铝锂常用于酯和酰胺的还原。例如:

$$\underset{\underset{\text{CH}_3}{|}}{\overset{\overset{\text{CH}_3}{|}}{\text{CH}_3\text{C}}}\text{COOC}_2\text{H}_5 \xrightarrow[\text{② H}_2\text{O}]{\text{① LiAlH}_4/\text{Et}_2\text{O}} \underset{\underset{\text{CH}_3}{|}}{\overset{\overset{\text{CH}_3}{|}}{\text{CH}_3\text{C}}}\text{CH}_2\text{OH}$$
$$65\%$$

$$\text{CH}_3\overset{\displaystyle \overset{O}{\|}}{\text{C}}\text{NHC}_6\text{H}_5 \xrightarrow[\text{② H}_2\text{O}]{\text{① LiAlH}_4/\text{Et}_2\text{O}} \text{CH}_3\text{CH}_2\text{NHC}_6\text{H}_5$$
$$60\%$$

在氢化铝锂分子中引入烷氧基后改变其还原能力,可将酰卤还原成醛。常用试剂有三叔丁氧基氢化铝锂和三乙氧基氢化铝锂等。例如:

$$\xrightarrow[\text{② H}_2\text{O}]{\text{① LiAl[OC(CH}_3)_3]_3\text{H}}$$

（结构式：3,5-二硝基苯甲酰氯 → 3,5-二硝基苯甲醛，63%）

酰卤也可进行罗森孟德反应(Rosenmund reaction)。该反应是指利用降低活性(部分毒化)的钯催化剂进行催化氢化,可将酰卤还原为醛,而醛不会进一步被还原。反应中常用的毒化剂有喹啉－硫、甲基硫脲等。在反应中加入碱性物质(如 2,6-二甲基吡啶)也可以阻止醛的过度还原。例如:

$$\text{CH}_3\overset{\displaystyle \overset{O}{\|}}{\text{C}}(\text{CH}_2)_6\overset{\displaystyle \overset{O}{\|}}{\text{C}}\text{Cl} \xrightarrow[\text{2,6-二甲基吡啶}]{\text{H}_2/\text{Pd/BaSO}_4} \text{CH}_3\overset{\displaystyle \overset{O}{\|}}{\text{C}}(\text{CH}_2)_6\text{CHO}$$

(二) 其他还原

1. 鲍维特－勃朗克还原 以金属钠和醇为还原剂将酯还原成醇的反应称为鲍维特－勃朗克还原(Bouveault–Blanc reduction)。此反应条件较温和,分子中的不饱和键不受影响。例如:

$$CH_3CH=CHCH_2\overset{\overset{\displaystyle O}{\parallel}}{C}OC_2H_5 \xrightarrow{Na/C_2H_5OH} CH_3CH=CHCH_2CH_2OH$$

2. 腈的催化氢化　腈可催化氢化还原生成伯胺。

$$\text{C}_6\text{H}_5\text{CH}_2\text{CN} + H_2 \xrightarrow[120℃/13MPa]{Ni/liq.NH_3} \text{C}_6\text{H}_5\text{CH}_2\text{CH}_2\text{NH}_2$$
87%

练习题 12.10　完成下列反应式，写出主要有机产物。

(1) $CH_3COCH_2CH_2COOCH_3 \xrightarrow[②\ H_2O]{①\ LiAlH_4/Et_2O}$

(2) （对位：CONH₂，CN 取代苯环）$\xrightarrow[②\ H_2O]{①\ LiAlH_4/Et_2O} \xrightarrow{(CH_3CO)_2O\ (过量)}$

(3) （γ-丁内酯）$\xrightarrow{Na/C_2H_5OH} \xrightarrow{H_2SO_4/\triangle}$

练习题 12.11　化合物 A 与氢化铝锂反应后，再用酸的水溶液处理，得到化合物 B，请给出合理的解释。

$$CH_3\text{-}C(OCH_2CH_2O)\text{-}CH_2CH_2CONH_2 \xrightarrow{LiAlH_4/Et_2O} \xrightarrow{H_3O^+} （B：2-甲基-1-吡咯啉 CH_3 连 C=N 环）$$
A　　　　　　　　　　　　　　B

四、酰胺的特性

(一) 酸碱性

　　酰胺分子中氨基氮原子上的未共用电子对与羰基发生共轭，其结果是氮原子上的电子云密度降低，碱性明显减弱。而在酰亚胺分子中，氮原子与两个羰基共轭，氮对共轭体系贡献的电子更多，使氮原子上的电子云密度大大降低而不显碱性；同时氮氢键的极性增强，氮原子上的氢更容易以质子的形式离去，而表现出明显的酸性。例如丁二酰亚胺和邻苯二甲酰亚胺的 pK_a 分别为 9.6 和 8.3，因此酰亚胺能与碱反应生成盐。例如：

$$\text{（邻苯二甲酰亚胺）NH} + KOH \longrightarrow \text{（邻苯二甲酰亚胺）N}^-K^+ + H_2O$$

　　酰亚胺在碱性溶液中可以和溴发生反应生成 N–溴化物。例如在冰冷却的条件下，将溴加到丁二酰亚胺的碱性溶液中可得到 N–溴代丁二酰亚胺（NBS）。

$$\text{（丁二酰亚胺）NH} + Br_2 + NaOH \xrightarrow{0℃} \text{（丁二酰亚胺）N—Br} + NaBr + H_2O$$

（二）霍夫曼降解

氮原子上未取代的酰胺在碱性溶液中与卤素（Cl_2 或 Br_2）作用,放出二氧化碳,生成比酰胺少一个碳原子的伯胺,此反应称为霍夫曼降解反应（Hofmann degradation reaction）,也称为霍夫曼重排反应。

12-K-1
科学家
简介

$$R-\overset{O}{\underset{}{C}}-NH_2 \xrightarrow{Br_2/NaOH} R-N=C=O \xrightarrow{H_2O} R-NH_2 + CO_2$$

反应机理如下:

在溴的碱溶液中,酰胺氮上的氢原子被溴取代,生成 N–溴代酰胺(1);(1)中氮上的 2 个吸电子基团（溴和酰基）增强氮上氢原子的酸性,在碱作用下生成不稳定的 N–溴代酰胺烯醇氧负离子(2);(2)重排生成异氰酸酯(3);(3)水解生成不稳定的 N–取代氨基甲酸(4);(4)脱羧生成相应的伯胺。通常认为重排过程与 S_N2 机理类似,烃基带着一对电子作为亲核试剂进攻氮,与此同时溴带着一对电子离去。因此,如果酰胺的 α–碳是手性碳原子,反应后手性碳原子的构型保持不变。例如:

$$C_6H_5\overset{H}{\underset{CH_3}{|}}CONH_2 \xrightarrow{NaOBr/OH^-} C_6H_5\overset{H}{\underset{CH_3}{|}}NH_2$$

(S)–(–)-α-苯基丙酰胺   (S)–(–)-α-苯基乙胺

霍夫曼降解反应操作简单易行,产率较高。该反应常用于由羧酸制备少一个碳原子的伯胺,例如强心药氨力农（amrinone）合成的最后一步即是采用霍夫曼降解反应将酰胺转变为胺。

$$\xrightarrow{Br_2/NaOH}$$

氨力农(64.2%)

霍夫曼降解反应也可用来制备氨基酸。例如:

$$+ 2NH_3 \longrightarrow H_2N\overset{O}{\underset{}{C}}(CH_2)_2\overset{O}{\underset{}{C}}ONH_4 \xrightarrow[\text{②}H^+]{\text{①}Br_2/NaOH} H_2NCH_2CH_2COOH$$

（三）脱水反应

氮上未取代的酰胺在脱水剂存在下加热,脱去一分子水生成腈。此反应具有条件温和、操作简便、产率高等优点,是制备腈的常用方法。常用的脱水剂有五氧化二磷、三氯氧磷、氯化亚砜等,其中以五氧化二磷的脱水活性最强。例如:

$$\xrightarrow{P_2O_5/\triangle}$$

95%

$$CH_3(CH_2)_4CONH_2 \xrightarrow{SOCl_2/\triangle} CH_3(CH_2)_4CN + H_2O$$
83%

酰胺与羧酸、铵盐和腈的关系如下：

$$R\overset{O}{\underset{\|}{C}}OH \underset{+H^+}{\overset{+NH_3}{\rightleftharpoons}} R\overset{O}{\underset{\|}{C}}O^-NH_4^+ \underset{+H_2O}{\overset{-H_2O}{\rightleftharpoons}} R\overset{O}{\underset{\|}{C}}NH_2 \underset{+H_2O}{\overset{-H_2O}{\rightleftharpoons}} R{-}C{\equiv}N$$

练习题 12.12　某科研小组在研究霍夫曼降解反应时，曾观察到如下反应结果：

$$H_2NCCH_2CH_2CNH_2 \xrightarrow{Br_2/NaOH}$$

请用合理的反应机理给予解释。

第四节　碳酸衍生物和原酸衍生物

一、碳酸衍生物

碳酸可看作是共用一个羰基的二元羧酸。它的酸性衍生物（如氯甲酸、氨基甲酸、碳酸单酯等）是不稳定的，不能游离存在；而它的二元衍生物是稳定的。常见的碳酸衍生物有：

Cl—C(=O)—Cl　　H₂N—C(=O)—NH₂　　H₂N—C(=S)—NH₂　　H₂N—C(=NH)—NH₂

碳酰氯(光气)　　碳酰胺(脲)　　硫代碳酰胺(硫脲)　　亚氨基脲(胍)

某些碳酸衍生物在有机合成及药物合成中是十分重要的试剂。

（一）碳酰氯

碳酰氯俗称光气（phosgene），室温时为有甜味的气体，有毒。工业上采用一氧化碳和氯气在活性炭催化下制备，实验室中可以由四氯化碳和发烟硫酸制得。

$$CO + Cl_2 \xrightarrow{活性炭/200℃} Cl{-}\overset{O}{\underset{\|}{C}}{-}Cl$$

$$CCl_4 + 2SO_3 \longrightarrow Cl{-}\overset{O}{\underset{\|}{C}}{-}Cl + S_2O_5Cl_2$$

碳酰氯具有与羧酸的酰氯一样的化学性质，易发生水解、醇解和氨解反应。

$$Cl{-}\overset{O}{\underset{\|}{C}}{-}Cl$$

- $\xrightarrow{H_2O} CO_2 + HCl$
- $\xrightarrow{ROH} RO{-}\overset{O}{\underset{\|}{C}}{-}Cl$　氯代甲酸酯
  - $\xrightarrow{ROH} RO{-}\overset{O}{\underset{\|}{C}}{-}OR$　碳酸酯
  - $\xrightarrow{NH_3} RO{-}\overset{O}{\underset{\|}{C}}{-}NH_2$　氨基甲酸酯
- $\xrightarrow{NH_3} H_2N{-}\overset{O}{\underset{\|}{C}}{-}NH_2$　脲

氯代甲酸酯（carbonochloridate）、碳酸酯（carbonate）是重要的化学试剂，例如氯代甲酸苄酯、氯代甲酸叔丁醇酯常用于氨基的保护。氨基甲酸酯（amino formate）具有一定的生物活性，例如氨基甲酸乙酯（乌拉坦，urethane）具有镇静和轻度催眠作用，N–甲基氨基甲酸–1–萘酯（西维因，sevin）是广泛应用的杀虫剂。

（二）脲

脲（urea）是多数动物和人类蛋白质代谢的最终产物，是1773年由人体的排泄物中取得的一个纯有机化合物，俗称尿素。脲的结构可用共振极限式表示如下：

$$\left[\underset{}{H_2N-\overset{O}{\overset{\|}{C}}-NH_2} \longleftrightarrow H_2N-\overset{O^-}{\overset{|}{C}}=NH_2^+ \right]$$

脲是结晶固体，熔点为132℃，能溶于水及乙醇，不溶于乙醚。工业上采用二氧化碳和过量氨在加热、加压下作用制得。

$$2NH_3 + CO_2 \xrightarrow{20MPa/180℃} H_2N-\overset{O}{\overset{\|}{C}}-NH_2 + H_2O$$

脲具有酰胺的结构，故它具有酰胺的一般化学性质，例如与酸或碱共热能发生水解。同时，脲还表现出一些特性，例如具有很弱的碱性，可与强酸作用生成盐，也可与酰氯、酸酐或酯作用生成相应的酰脲；在乙醇钠作用下，脲与丙二酸酯缩合生成丙二酰脲。

$$CH_2(COOC_2H_5)_2 + H_2N-\overset{O}{\overset{\|}{C}}-NH_2 \xrightarrow{C_2H_5ONa} \text{(环)} + 2C_2H_5OH$$

丙二酰脲

丙二酰脲在水溶液中存在酮式–烯醇式互变异构现象，并保持动态平衡。

酮式　　　　　　　　　烯醇式

烯醇式（pK_a 3.98）显示出比乙酸（pK_a 4.76）还强的酸性，故又称为巴比妥酸（barbituric acid）。丙二酰脲的 5,5–二取代衍生物是一类重要的镇静催眠药。

练习题 12.13　完成下列反应式。

(1) $HOCH_2COOC_2H_5 + H_2N\overset{O}{\overset{\|}{C}}NH_2 \xrightarrow{C_2H_5ONa}$

(2) （巴比妥酸衍生物结构） $\xrightarrow[25℃]{NaOH/H_2O}$ A　$\xrightarrow[100℃]{NaOH/H_2O}$ B

脲加热到稍高于它的熔点时，发生双分子缩合生成双缩脲（biuret）并放出氨气。

$$H_2N-\overset{O}{\overset{\|}{C}}-NH_2 + H_2N-\overset{O}{\overset{\|}{C}}-NH_2 \xrightarrow{\triangle} H_2N-\overset{O}{\overset{\|}{C}}-NH-\overset{O}{\overset{\|}{C}}-NH_2 + NH_3$$

双缩脲

在双缩脲的碱性溶液中加入微量硫酸铜溶液即显紫红色,这个反应称为双缩脲反应。双缩脲反应可用于多肽和蛋白质的定性鉴别。

(三) 胍

胍(guanidine)为强吸湿性的无色结晶,熔点为 50℃,易溶于水。由单氰胺与氯化铵作用可制得胍的盐酸盐。

$$H_2N-C\equiv N + NH_4Cl \longrightarrow H_2N-\overset{\overset{\displaystyle NH}{\|}}{C}-NH_2 \cdot HCl$$

胍分子中的氨基上除去一个氢原子后剩下的基团称为胍基(guanidino);除去一个氨基后剩下的基团称为脒基(guanyl)。

$$\underset{\text{胍基}}{H_2N-\overset{\overset{\displaystyle NH}{\|}}{C}-NH-} \qquad \underset{\text{脒基}}{H_2N-\overset{\overset{\displaystyle NH}{\|}}{C}-}$$

胍是一元有机强碱,碱性(pK_a 13.8)与氢氧化钾相当,在空气中能吸收水分与二氧化碳生成稳定的碳酸盐。

$$H_2N-\overset{\overset{\displaystyle NH}{\|}}{C}-NH_2 + CO_2 + H_2O \longrightarrow \left[H_2N-\overset{\overset{\displaystyle NH}{\|}}{C}-NH_2\right]_2 \cdot H_2CO_3$$

胍容易水解,在氢氧化钡水溶液中加热即水解生成脲和氨。

$$H_2N-\overset{\overset{\displaystyle NH}{\|}}{C}-NH_2 + H_2O \xrightarrow{Ba(OH)_2} H_2N-\overset{\overset{\displaystyle O}{\|}}{C}-NH_2 + NH_3$$

因此,在碱性条件下游离的胍是不稳定的,通常制成盐的形式保存。胍的衍生物是一类重要的化合物,自然界中的有些化合物如精氨酸中就含有胍的结构;有些胍的衍生物因具有很强的生理活性而用作药物。例如在临床上盐酸吗啉胍用于治疗流行性感冒,盐酸二甲双胍用于治疗糖尿病。

二、原酸衍生物

原酸是羧基中的羰基与水加成所得的化合物。

$$R-\overset{\overset{\displaystyle O}{\|}}{C}-OH + H_2O \longrightarrow \left[R-\overset{\overset{\displaystyle OH}{|}}{\underset{\underset{\displaystyle OH}{|}}{C}}-OH\right]$$

原酸类化合物不稳定,但其衍生物原酸酯却是稳定的。原酸酯可以由腈与醇在氯化氢存在下反应制得(见腈的醇解),而氯仿与醇钠反应可制得原甲酸酯。

$$CHCl_3 + 3C_2H_5ONa \longrightarrow CH(OC_2H_5)_3 + 3NaCl$$
原甲酸三乙酯

原酸酯类化合物的反应活性很高,是制备缩醛或缩酮的常用试剂。例如原甲酸三乙酯(triethyl orthoformate)直接与醛、酮反应可生成相应的缩醛或缩酮。

$$R-\overset{\overset{\displaystyle O}{\|}}{C}-H(R') + CH(OC_2H_5)_3 \longrightarrow R-\overset{\overset{\displaystyle OC_2H_5}{|}}{\underset{\underset{\displaystyle H(R')}{|}}{C}}-OC_2H_5 + HCOOC_2H_5$$

格氏试剂和原甲酸三乙酯作用也生成缩醛,缩醛在酸性条件下水解则生成醛,这也是制备醛的一种方法。例如:

$$
\underset{\text{CH}_3}{\underset{|}{\text{MgBr}}} \xrightarrow{\text{CH(OC}_2\text{H}_5)_3} \underset{\text{CH}_3}{\underset{|}{\text{CH(OC}_2\text{H}_5)_2}} \xrightarrow{\text{H}_3\text{O}^+} \underset{\text{CH}_3}{\underset{|}{\text{CHO}}}
$$

第五节　油脂、磷脂和蜡

油脂、磷脂和蜡同属类脂(lipid)化合物,类脂是指不溶于水而溶于弱极性或非极性有机溶剂的一类有机化合物。生物体内含有类脂化合物,它们具有重要的生理活性,例如脂肪是贮存能量的主要形式、磷脂是构成生物膜的重要物质之一等。

一、油脂

油脂是动植物体内的重要组成成分之一,也是人类生命活动所必需的物质。油脂是油(oil)和脂肪(fat)的总称;室温下呈液态的称为油,呈固态或半固态的称为脂肪。某些油脂在医药上可用作软膏、搽剂的基质或注射剂的溶剂;而有些则可直接用作药物,例如蓖麻油用作轻泻药、鱼肝油用作滋补剂等。

(一) 结构

在化学结构和组成上,油脂是各种高级脂肪酸甘油酯的混合物。其通式如下:

$$
\begin{array}{c}
\overset{\text{O}}{\underset{\|}{}} \\
\text{CH}_2\text{O}-\overset{\text{O}}{\overset{\|}{\text{C}}}-\text{R} \\
\text{R}'-\overset{\text{O}}{\overset{\|}{\text{C}}}-\text{O}-\text{CH} \\
\text{CH}_2\text{O}-\overset{\text{O}}{\overset{\|}{\text{C}}}-\text{R}''
\end{array}
\qquad (\text{R},\text{R}',\text{R}''可相同,也可不同)
$$

油脂分子中若三个脂肪酸相同则称为单三酰甘油(triacylglycerol),否则称为混甘油三酯。组成油脂的脂肪酸一般都是含偶数碳原子的饱和或不饱和直链羧酸。脂肪酸的碳原子数一般在12~20个。组成油脂的常见脂肪酸见表12-7。

表 12-7　油脂中一些常见的高级脂肪酸

俗名	化学名称	结构式	熔点 /℃
月桂酸	十二烷酸	$CH_3(CH_2)_{10}COOH$	43.6
肉豆蔻酸	十四烷酸	$CH_3(CH_2)_{12}COOH$	54
软脂酸	十六烷酸	$CH_3(CH_2)_{14}COOH$	62.9
硬脂酸	十八烷酸	$CH_3(CH_2)_{16}COOH$	69.9
花生酸	二十烷酸	$CH_3(CH_2)_{18}COOH$	75.2
油酸	Δ^9–十八碳烯酸	$CH_3(CH_2)_7CH{=}CH(CH_2)_7COOH$	16.3
亚油酸*	$\Delta^{9,12}$–十八碳二烯酸	$CH_3(CH_2)_4(CH{=}CHCH_2)_2(CH_2)_6COOH$	−5.0
亚麻油酸*	$\Delta^{9,12,15}$–十八碳三烯酸	$CH_3(CH_2CH{=}CH)_3(CH_2)_7COOH$	−11.3
桐油酸	$\Delta^{9,11,13}$–十八碳三烯酸	$CH_3(CH_2)_3(CH{=}CH)_3(CH_2)_7COOH$	49.0
蓖麻油酸	Δ^9–12-羟基十八碳烯酸	$CH_3(CH_2)_5CH(OH)CH_2CH{=}CH(CH_2)_7COOH$	5.5
花生四烯酸*	$\Delta^{5,8,11,14}$–二十碳四烯酸	$CH_3(CH_2)_4(CH{=}CHCH_2)_4CH_2CH_2COOH$	−49.3

注: Δ 表示双键,其右上角的数字表示双键所在的位置。* 表示必需脂肪酸,需从食物中获取。花生四烯酸在体内虽能自身合成,但量太少,故可算作必需脂肪酸。

油脂比水轻,不溶于水,易溶于乙醚、丙酮、苯、氯仿、汽油等有机溶剂。天然油脂一般是混甘油三酯的混合物,因此没有固定的熔点和沸点。通常由饱和脂肪酸酯组成的油脂在室温下是固体,如猪油、牛油等;而含不饱和脂肪酸多的油脂在室温下是液体,如花生油、豆油等。

(二)化学性质

油脂的化学性质主要表现在酯和双键结构上。

1. 皂化　油脂在碱性条件下水解生成高级脂肪酸的钠(或钾)盐及甘油的反应称为皂化反应(saponification reaction)。日常生活中使用的肥皂就是高级脂肪酸的钠盐。

$$
\begin{array}{c}
\text{CH}_2\text{O}-\overset{\overset{\text{O}}{\|}}{\text{C}}-\text{R} \\
\text{R}'-\overset{\overset{\text{O}}{\|}}{\text{C}}-\text{O}-\text{CH} \\
\text{CH}_2\text{O}-\overset{\overset{\text{O}}{\|}}{\text{C}}-\text{R}''
\end{array}
+ \text{NaOH} \longrightarrow
\begin{array}{c}
\text{CH}_2\text{OH} \\
\text{CHOH} \\
\text{CH}_2\text{OH}
\end{array}
+
\begin{array}{c}
\text{RCOONa} \\
\text{R}'\text{COONa} \\
\text{R}''\text{COONa}
\end{array}
$$

由于组成油脂的各种脂肪酸的分子量不同,所以不同的油脂皂化时所需用的碱的量也不相同。使1g 油脂完全皂化所需要的氢氧化钾的毫克数称为皂化值。由皂化值可计算出油脂的平均分子量,皂化值越大,油脂的平均分子量越小。不同的油脂所含的脂肪酸不同,从而具有不同的皂化值(表12-8)。

表 12-8　常见油脂中脂肪酸的含量、皂化值和碘值

油脂	脂肪酸的含量 /%				皂化值	碘值
	软脂酸	硬脂酸	油酸	亚油酸		
牛油	24~32	14~32	35~48	2~4	190~200	30~48
猪油	28~30	12~18	41~48	3~8	195~208	46~70
花生油	6~9	2~6	50~57	13~26	185~195	83~105
大豆油	6~10	2~4	21~29	54~59	189~194	127~138

2. 加成　油脂分子中的不饱和键可发生加成反应,其不饱和程度通常用碘值(iodine value)来表示(表12-8)。碘值是指 100g 油脂所能吸收的碘的克数。碘值是油脂的重要参数,碘值与油脂的不饱和程度成正比,碘值越大表示油脂的不饱和程度越高。一般动物油脂中饱和脂肪酸的含量较高,碘值小;而植物油中不饱和脂肪酸的含量较高,碘值大。

3. 酸败　油脂久置后产生异味的现象称为酸败(rancidity)。酸败是由于受空气中的氧或微生物的作用,油脂中的不饱和键被氧化、水解而生成醛、酮或羧酸等化合物所致。酸败产物具有毒性或刺激性,所以《中华人民共和国药典》规定药用油脂都应没有异臭或酸败味。油脂酸败的程度可用酸值来表示,酸值是指中和 1g 油脂中的游离脂肪酸所需的氢氧化钾的毫克数。

> **练习题 12.14**　测定皂化值和酸值都用氢氧化钾作为试剂,试想在实际操作中会有什么差别。

二、磷脂

磷脂(phospholipid)是含磷酸酯结构的类脂,广泛存在于动植物体内,例如动物的脑、蛋黄及大豆等植物的种子中。根据与磷酸成酯的组分不同将磷脂分为甘油磷脂(phosphoglyceride)和鞘磷脂(sphingomyelin)两类。

(一)甘油磷脂

磷酰基取代油脂中的一个酰基生成的二酰甘油磷酸称为磷脂酸(phosphatidic acid),磷脂肪酸中

的两个酰基通常是不相同的。磷脂酸是甘油磷脂的母体结构,其结构式如下:

$$磷脂酸 \qquad 甘油磷脂$$

磷脂酸的磷酸部分与其他醇成酯即是甘油磷脂,常见的醇有胆碱、乙醇胺、丝氨酸等。卵磷脂(lecithin)和脑磷脂(cephalin)的结构式如下:

$$卵磷脂 \qquad 脑磷脂$$

从上述结构中可以看出,甘油磷脂分子是以偶极离子形式存在的,是两性物质。偶极离子部分是亲水部分,羧酸的长链烃基是疏水部分。

(二) 鞘磷脂

鞘磷脂是由神经酰胺的伯醇羟基与磷酰胆碱(或磷酰乙醇胺)酯化而成的化合物,大量存在于脑和神经组织中。神经酰胺是鞘氨醇的氨基酰化后的产物,鞘氨醇是一类脂肪族长碳链(有一反式双键)的氨基二醇。鞘磷脂也是以偶极离子形式存在的,分子中含有亲水和疏水两种基团。它们的结构式如下:

鞘氨醇(R=H);神经酰胺(R=R'CO—) 　　　　　鞘磷脂

磷脂分子中含亲水和疏水两种基团的结构特点使其在水中极性基团指向水相,而非极性的长链烃基部分聚在一起形成双分子层的中心疏水区,磷脂的这种双分子层结构在水中是稳定的,构成生物膜结构的基本特征之一,使之成为生物膜的重要组成部分。生物膜在细胞吸收外界物质和分泌代谢产物的过程中起重要作用。

三、蜡

蜡(wax)是指含偶数碳原子的高级脂肪酸与高级一元醇所形成的酯,多数是不溶于水的固体,能溶于乙醚、氯仿及四氯化碳等有机溶剂中。蜡也含有游离的高级脂肪酸、高级一元醇及高级烷烃等。蜡广泛存在于生物界中,例如存在于蜂巢中的蜂蜡是由软脂酸和三十碳醇形成的酯,白蜡虫的分泌产物虫蜡是由二十六碳酸与二十六碳醇形成的酯。蜡按来源可分为动物蜡、植物蜡、矿物蜡三种。

蜡的化学性质比较稳定,在空气中不容易变质,而且不容易发生皂化反应。蜡可用于制造蜡纸、润滑油、防水剂、光泽剂及药用基质等。

第六节　羧酸衍生物的制备

一、羧酸法

利用羧酸分子中的羟基被取代的反应可制备酰卤、酸酐、酯和酰胺(见第十一章)。

二、羧酸衍生物法

羧酸衍生物间的相互转化是制备酸酐、酯、酰胺和腈类化合物的重要手段。酰化反应、酯的醇解和氨解是制备酯和酰胺的主要方法;酰卤与羧酸盐的反应用于制备酸酐;腈的部分水解常用来制备酰胺;酰胺的脱水反应用于制备腈。上述方法的具体内容详见本章。

12-K-2
科学家
简介

三、贝克曼重排

肟类化合物在酸催化下重排生成 N-取代酰胺的反应称为贝克曼重排(Beckmann rearrangement)。

$$\underset{R'}{\overset{R}{>}}C=N\overset{OH}{} \xrightarrow{\ H^+\ } R-\overset{\overset{O}{\parallel}}{C}-NHR'$$

此反应广泛用于肟结构的测定,亦可用于合成酰胺。R 与 R' 可以是烷基或芳基,醛肟在酸性条件下易脱水生成腈,所以一般不用醛肟制备酰胺。常用的酸性催化剂有浓硫酸、五氧化二磷、氯化亚砜、卤化磷、路易斯酸及酰卤等。反应机理如下:

$$\underset{R'}{\overset{R}{>}}C=N\overset{OH}{} \xrightleftharpoons[\ H^+\ ]{} \underset{R'}{\overset{R}{>}}C=N\overset{\overset{+}{O}H_2}{} \xrightarrow{-H_2O} R-\overset{+}{C}=N-R' \xrightarrow{H_2O}$$
$$(1)$$

$$R-\underset{}{\overset{\overset{+}{O}H_2}{\underset{\|}{C}}}=N-R' \xrightarrow{-H^+} R-\underset{}{\overset{OH}{C}}=N-R' \xrightleftharpoons R-\overset{\overset{O}{\parallel}}{C}-NHR'$$
$$(2)$$

首先在酸催化下肟羟基变成易离去基团,然后与羟基处于反位的基团(R')向氮原子迁移,同时离去基团离去生成碳正离子(1),(1)立即与反应介质中的亲核试剂(H$_2$O)作用生成亚胺(2),(2)经异构化生成 N-取代酰胺。

通常,脂肪芳香混合酮形成肟时,主要生成芳基与羟基处于反式的产物。不对称的二芳香酮及脂肪酮往往生成顺式和反式肟的混合物,因此它们重排时生成两种酰胺的混合物。由于重排时基团的离去与基团的迁移是同步进行的,因此迁移基团在迁移前后的构型保持不变。例如:

86%

96.5%

四、拜尔 – 维立格反应

酮在酸催化下与过氧酸作用生成酯的反应称为拜尔 – 维立格反应（Baeyer–Villiger reaction）。

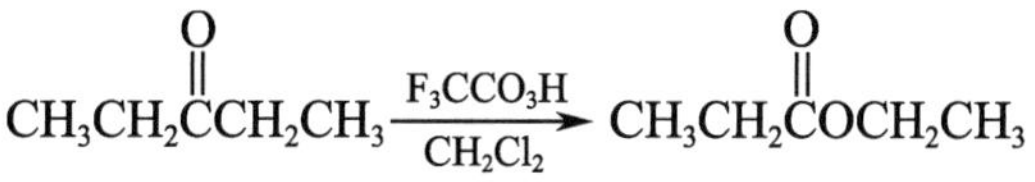

$$CH_3CH_2\overset{\underset{\displaystyle O}{\|}}{C}CH_2CH_3 \xrightarrow[CH_2Cl_2]{F_3CCO_3H} CH_3CH_2\overset{\underset{\displaystyle O}{\|}}{C}OCH_2CH_3$$

反应的结果是在羰基碳与 α-碳之间插入氧原子。常用的过氧酸有过氧乙酸、过氧三氟乙酸、过氧苯甲酸、过氧间氯苯甲酸等。反应机理如下：

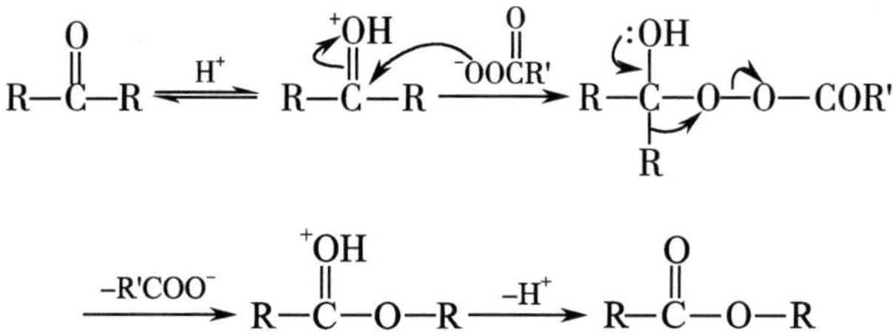

反应机理示意图

在酸性条件下酮羰基先与过氧酸进行亲核加成；加成产物发生过氧键断裂,同时烃基带着一对电子迁移到氧原子上生成质子化的酯；后者脱掉质子而得到酯。

不对称酮进行拜尔 – 维立格反应时,理论上有生成两种酯的可能性,但从上述反应机理可以看出,生成哪种酯取决于两个烃基迁移能力的大小。烃基的迁移能力一般为芳基 > 叔烷基 > 仲烷基 > 伯烷基 > 甲基。例如：

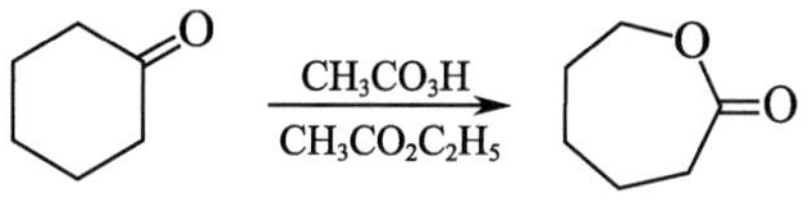

$$\text{环己酮} \xrightarrow[CH_3CO_2C_2H_5]{CH_3CO_3H} \text{内酯} \quad 90\%$$

$$\text{环己基COCH}_3 \xrightarrow{PhCO_3H} \text{环己基OOCCH}_3 \quad 63\%$$

$$\xrightarrow{CH_3CO_3H/H_2SO_4} \quad 96\%$$

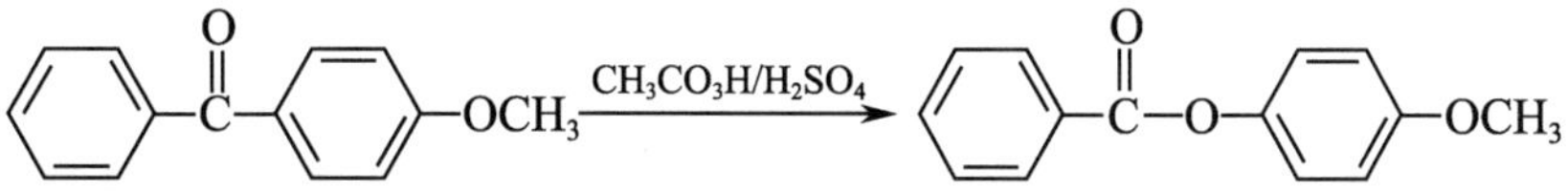

若迁移基团具有光学活性,迁移后其构型保持不变,即拜尔 – 维立格反应属于分子内重排。

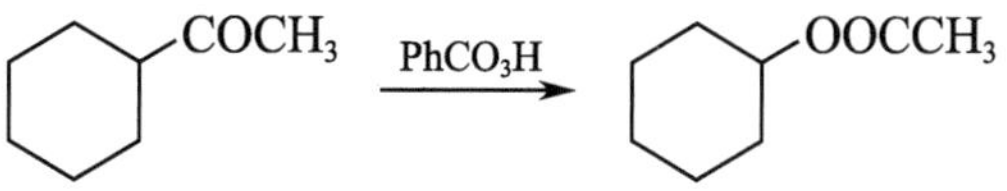

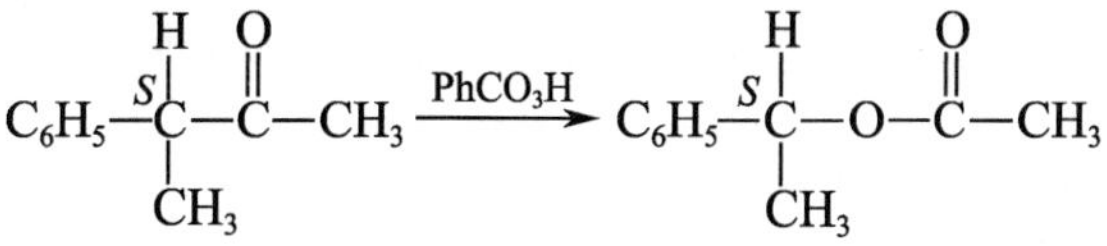

$$C_6H_5\overset{H}{\underset{CH_3}{\overset{S}{C}}}\overset{\underset{\displaystyle O}{\|}}{C}CH_3 \xrightarrow{PhCO_3H} C_6H_5\overset{H}{\underset{CH_3}{\overset{S}{C}}}O\overset{\underset{\displaystyle O}{\|}}{C}CH_3$$

习 题

1. 命名或写出下列化合物的结构。

(1) 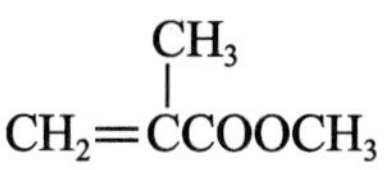 $CH_2=\overset{CH_3}{\underset{\displaystyle |}{C}}COOCH_3$

(2) 苯甲酰乙酸酐结构

(3) 邻甲氧基苯甲酰溴结构

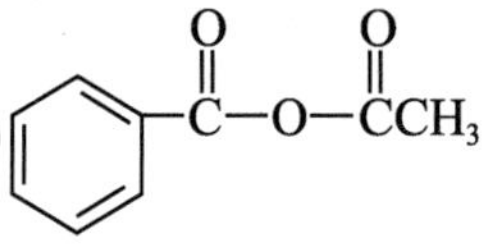

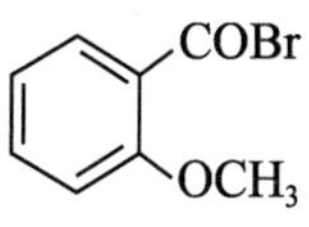

(4) 苯甲酰基-N-甲基苯胺结构

(5) 3-甲基丁二酰亚胺结构

(6) 5-甲基-δ-戊内酯结构

(7) 氯甲酸苄酯　　　　　　　　(8) 丙二酸乙甲酯　　　　　　　(9) N-甲基苯甲酰胺

(10) N-甲基戊-5-内酰胺

2. 比较下列酯类在碱性条件下发生水解反应的活性大小。

(1) 乙酸苯酯、乙酸对硝基苯酯、乙酸对氨基苯酯、乙酸对甲基苯酯

(2) $CH_3CHCOOCH_3$　$CH_3CHCOOCH_3$　$CH_3CHCOOCH_3$　$CH_3CHCOOCH_3$
　　　CH_2CH_3　　　　　CN　　　　　　　CH_3　　　　　　　Cl

3. 完成下列反应式。

(1) HO—⟨ ⟩—CH$_2$OH (1mol) + CH$_3$C(=O)—O—C(=O)CH$_3$ (1mol) ⟶

(2) ⟨ ⟩—NH$_2$ + CH$_3$COCl ⟶

(3) 3-溴苯甲酰胺 $\xrightarrow[H_2O]{Br_2/NaOH}$

(4) CH$_3$COCl + 对乙氧基苯胺(NH$_2$, OC$_2$H$_5$) ⟶

(5) $CH_3CHCH(CH_2)_2COOH$ (带Cl) $\xrightarrow[\triangle]{NaHCO_3液}$

(6) CH$_3$COO—⟨ ⟩—COOCH$_3$ + CH$_3$OH $\xrightarrow{CH_3ONa}$

(7) $(CH_3)_3CCH_2COCl$ $\xrightarrow[硫/喹啉]{H_2, Pd/BaSO_4}$

(8) $H_2C=C=O$ $\xrightarrow{NH_3}$

(9) CH$_3$—⟨ ⟩—CH$_2$CH$_2$COOH $\xrightarrow{SOCl_2}$ $\xrightarrow{无水AlCl_3}$ $\xrightarrow{C_6H_5CO_3H}$

(10) 丁二酸酐 $\xrightarrow[②H_2O]{①LiAlH_4/Et_2O}$ $\xrightarrow{H_2SO_4/\triangle}$

4. 如何将苯甲酸甲酯转变为下列化合物?

(1) 苄醇　　　　　　(2) 苯甲酸丁酯　　　　(3) 3-苯基戊-3-醇　　　　(4) 苯甲酸钠

(5) N,N-二甲基苯甲酰胺

5. 在含有乙酸、丁醇、乙酸丁酯、水及硫酸的反应混合液中,请设计一个提纯乙酸丁酯的实验方案。

6. 实现下列转化需要什么试剂?

(1) 环己烷甲酰氯 ⟶ 1-环己基戊-1-酮

(2) 顺丁烯二酸酐 ⟶ (Z)丁-2-烯-1,4-二醇

(3) 3-甲基丁酰溴 ⟶ 3-甲基丁醛

(4) 苯乙酰胺 ⟶ 2-苯基乙胺

(5) 丙酸甲酯 ⟶ 4-乙基庚-4-醇

7. 请写出下述转化的反应机理。

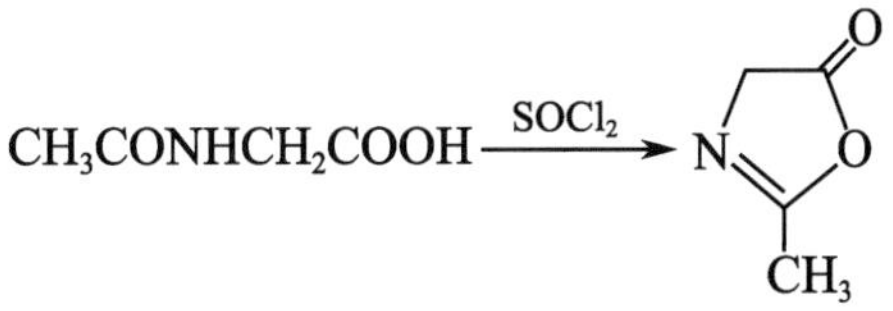

$$CH_3CONHCH_2COOH \xrightarrow{SOCl_2}$$

8. 化合物 A 的分子式为 $C_5H_6O_3$,它能与乙醇作用得到两个构造异构体 B 和 C,B 和 C 分别与氯化亚砜作用后再与乙醇反应,则两者生成同一化合物 D。试推测 A、B、C 和 D 的结构。

9. 化合物 A 的分子式为 $C_9H_7ClO_2$,可与水发生反应生成 $B(C_9H_8O_3)$;B 可溶于碳酸氢钠溶液,并能与苯肼反应生成固体化合物,但不与托伦试剂反应;将 B 强烈氧化可得到 $C(C_8H_6O_4)$,C 脱水可得到酸酐($C_8H_4O_3$)。试推测 A、B 和 C 的结构,并写出相关反应式。

10. 有一酸性化合物 $A(C_6H_{10}O_4)$,经加热得到化合物 $B(C_6H_8O_3)$。B 的 IR 在 1 820cm^{-1}、1 755cm^{-1} 有吸收峰;B 的 ^{1}H-NMR 数据为 δ 1.0(双峰,3H),2.1(多重峰,1H),2.8(双峰,4H)ppm。写出 A、B 的结构式。

11. 用指定的化合物和不超过四个碳原子的常用有机物作原料,合成下列化合物(无机试剂任选)。

(1)

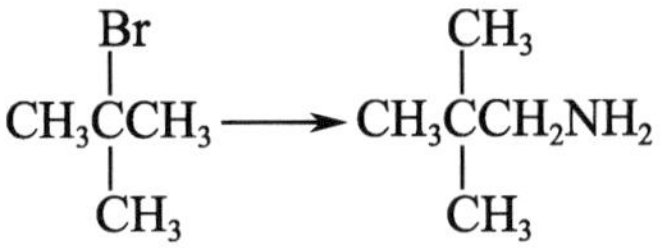

(2)

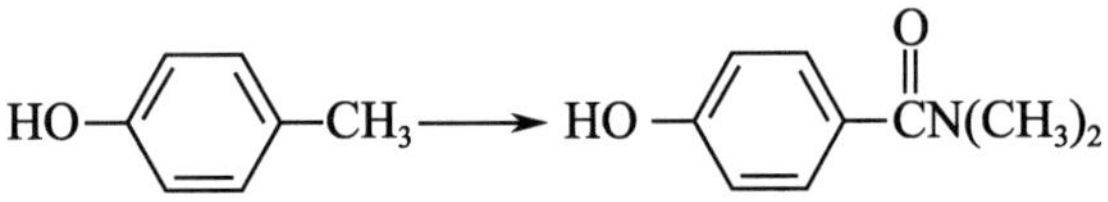

(3)

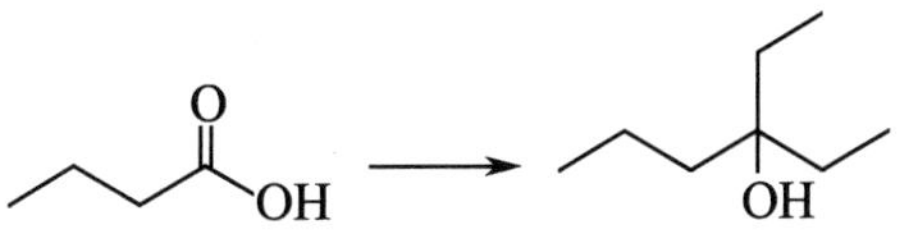

(4)

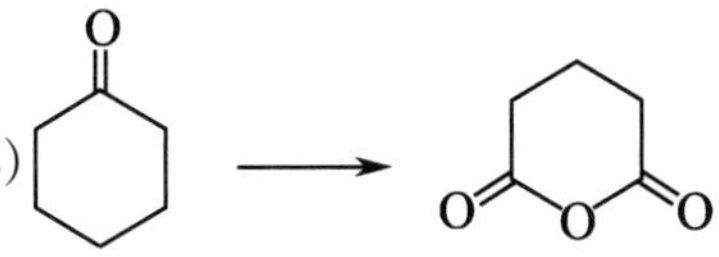

(5)

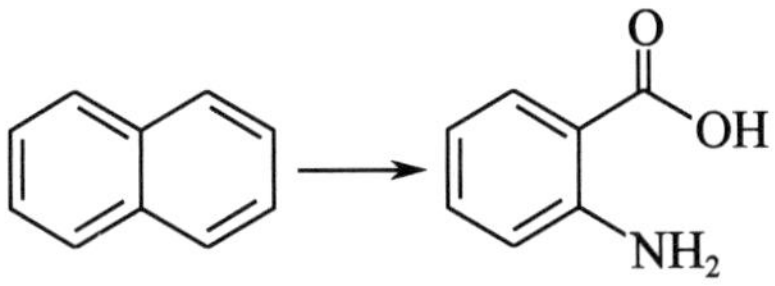

第十三章

碳负离子的反应

碳负离子的反应通常是指含 α-活泼氢的化合物在碱性环境下以碳负离子或烯醇氧负离子形式参与的亲核取代或亲核加成反应。例如羟醛缩合反应(见第十章第三节)即是碳负离子对羰基亲核加成的结果。碳负离子的反应是改变化合物碳的骨架、增长碳链或在分子中引入新官能团的重要手段,因此被广泛应用于有机合成。

第一节　缩　合　反　应

两个或多个有机化合物分子通过反应生成一个新的较大分子的反应,或同一分子发生分子内反应形成新的分子的反应都可称为缩合反应(condensation reaction)。通过缩合反应可以建立新的碳碳键及碳杂键,本章重点讨论形成新的碳碳键的反应。在缩合反应中,在形成新的化学键的同时往往有简单小分子(如水、醇等)的脱去。

一、羟醛缩合型反应

在第十章中曾讨论过羟醛缩合反应,羟醛缩合是指含有 α-氢的醛或酮在酸或碱催化下缩合生成 β-羟基醛或 β-羟基酮的反应。例如:

$$\underset{\substack{\| \\ O}}{CH_3CH_2CH} + \underset{\substack{\| \\ O}}{CH_3CH_2CH} \xrightarrow{OH^-} \underset{\substack{\quad | \\ \quad CH_3}}{\overset{OH}{\underset{|}{CH_3CH_2CH}}\overset{O}{\overset{\|}{CHCH}}}$$

$$\underset{\substack{\| \\ O}}{CH_3CCH_3} + \underset{\substack{\| \\ O}}{CH_3CCH_3} \xrightarrow{OH^-} \underset{\substack{\quad | \\ \quad CH_3}}{\overset{OH}{\underset{|}{CH_3C}}CH_2}\overset{O}{\overset{\|}{CCH_3}}$$

羟醛缩合反应的本质是含有 α-氢的醛或酮在酸或碱作用下形成烯醇或烯醇负离子,烯醇或烯醇负离子作为亲核试剂对另一分子醛或酮的亲核加成。生成的 β-羟基醛或 β-羟基酮很容易脱水,有的在反应时就脱水(即反应不能停留在 β-羟基醛或 β-羟基酮一步),有的需要在酸或碱的作用下脱水,生成 α,β-不饱和醛、酮。因此,羟醛缩合反应是合成 α,β-不饱和醛、酮的重要方法。除羰基化合物可发生羟醛缩合反应外,其他形式的碳负离子(或烯醇负离子)也可以对醛或酮的羰基发生类似的缩合反应,生成 α,β-不饱和化合物,这类缩合反应在有机合成和药物合成中经常使用。重要的反应有以下几种。

(一) 柏琴反应

在碱性催化剂的作用下,芳香醛与酸酐反应生成 β-芳基-α,β-不饱和羧酸的反应称为柏琴反应(Perkin reaction)。所用的碱性催化剂通常是与酸酐相应的羧酸盐。反应通式如下:

$$ArCHO + (RCH_2CO)_2O \xrightarrow[\triangle]{RCH_2COOK} \underset{Ar}{\overset{H}{\diagdown}}C=C\underset{R}{\overset{COOH}{\diagup}}$$

一般生成的 β-芳基-α,β-不饱和羧酸为反式构型,即芳基与羧基处于双键的异侧。例如苯甲醛

与乙酸酐在乙酸钾催化下反应生成反式 β-苯基丙烯酸（肉桂酸）。

$$C_6H_5CHO + (CH_3CO)_2O \xrightarrow[180℃]{CH_3COOK}$$
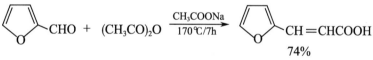
肉桂酸

柏琴反应的机理如下：

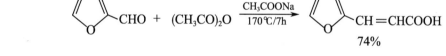

（1）   （2）

（3）   （4）

$$\xrightarrow{OH^-/H_2O}$$ $$\xrightarrow{H^+}$$ (Ac=CH_3CO^-)

该反应的实质是酸酐的 α-碳原子与芳香醛发生羟醛缩合型反应。首先，乙酸酐在乙酸钾作用下生成烯醇负离子（1），（1）与苯甲醛发生亲核加成生成烷氧负离子（2），（2）再与乙酸酐发生亲核加成–消除反应得乙酰化中间体（3），（3）经 E2 消除得一混合酸酐（4），（4）经水解、酸化得缩合产物肉桂酸。

在柏琴反应中涉及羰基的亲核加成，因此，取代芳香醛中芳环上取代基的电性效应对反应活性有一定影响。若芳环上的取代基具有吸电子作用，可使柏琴反应容易进行；反之则难以反应。例如对硝基苯甲醛与乙酸酐反应生成对硝基肉桂酸，产率为 82%；而对二甲氨基苯甲醛则不发生柏琴反应。

柏琴反应所需的温度较高、反应时间长，有时产率不是很高，但由于原料容易得到，在合成上仍有一定的应用价值。例如治疗血吸虫病的药物呋喃丙胺的中间体呋喃丙烯酸即采用柏琴反应合成。

$$\text{〔furan〕CHO} + (CH_3CO)_2O \xrightarrow[170℃/7h]{CH_3COONa} \text{〔furan〕CH=CHCOOH}$$
74%

练习题 13.1   在柏琴反应中，为什么必须采用 α-碳上有两个 α-氢的酸酐？为什么脂肪醛不能进行反应？

（二）克脑文格尔反应

在弱碱性催化剂的作用下，醛或酮与含活泼亚甲基化合物的缩合反应称为克脑文格尔反应（Knoevenagel reaction）。常用的碱性催化剂有吡啶、哌啶、胺等。反应通式如下：

$$\underset{R'}{\overset{R}{>}}C=O + H_2C\underset{X}{\overset{Y}{<}} \xrightarrow{B:} \underset{R'}{\overset{R}{>}}C=C\underset{X}{\overset{Y}{<}}$$

X或Y = —COR，—COOR，—COOH，—CN，—NO_2等

通式中的 X 或 Y 可以相同也可以不同，其反应机理与羟醛缩合反应相类似。

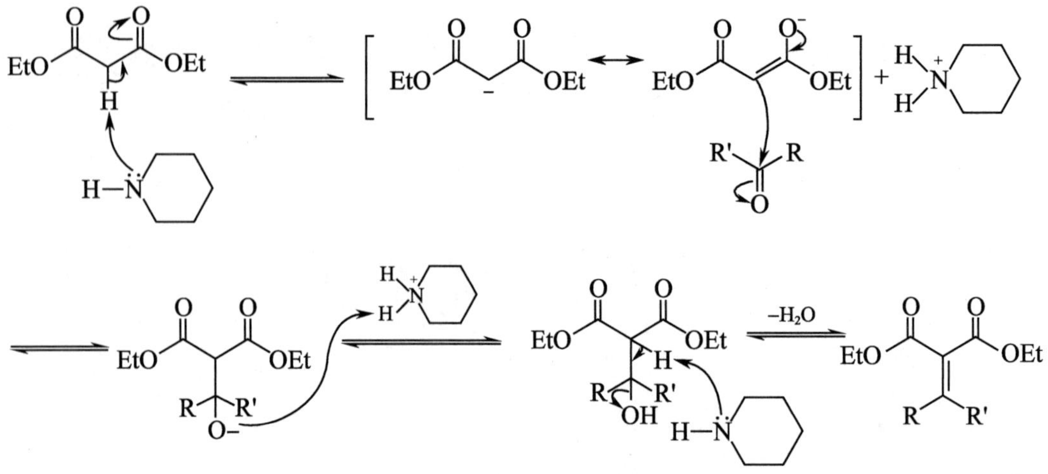

因亚甲基上的氢足够活泼,活泼亚甲基化合物优先与弱碱反应形成碳负离子,从而降低醛、酮发生羟醛缩合的可能性,因此克脑文格尔反应的收率较高,广泛应用于 α,β-不饱和化合物的合成。例如:

$$(CH_3)_2CHCH_2CHO + CH_2(COOC_2H_5)_2 \xrightarrow[\triangle]{\text{哌啶}} (CH_3)_2CHCH_2CH=C(COOC_2H_5)_2$$
$$78\%$$

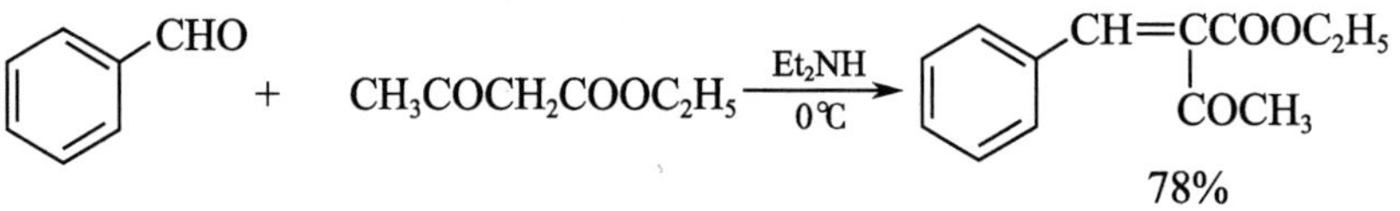

含有酯基的缩合产物经水解、脱羧得 α,β-不饱和化合物,而醛与丙二酸在吡啶或吡啶/哌啶的催化下缩合可直接生成 α,β-不饱和酸。例如在抗变态反应药曲尼司特(tranilast)的合成中,其中间体 3-(3,4-二甲氧苯基)丙烯酸即采用此方法合成。

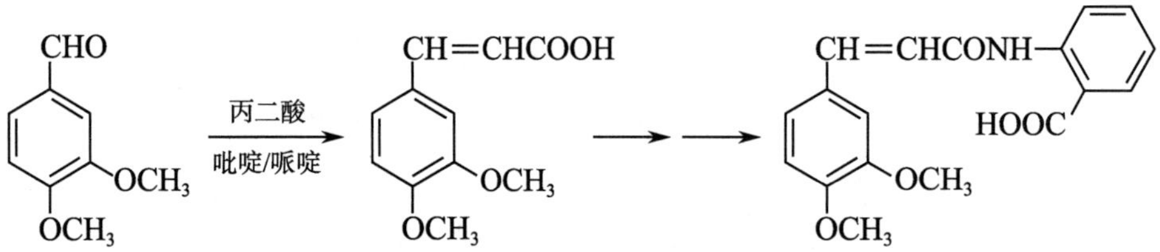

91%

3-(3,4-二甲氧苯基)丙烯酸　　　　曲尼司特

酮一般不与丙二酸或丙二酸酯作用,但可与活性更强的氰乙酸酯反应,缩合产物经水解、脱羧也可制得不饱和酸。例如:

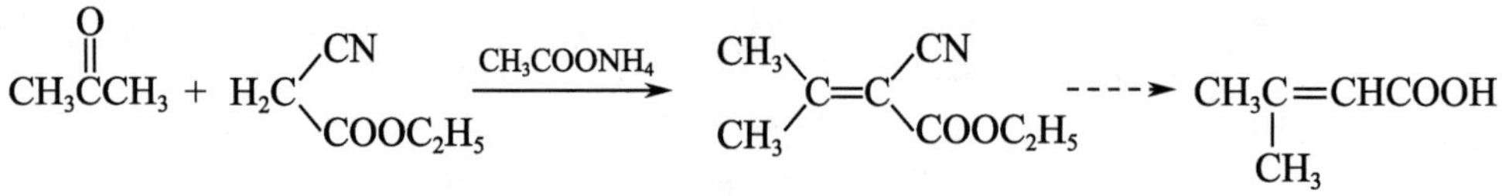

练习题 13.2　化合物(A)是长效消炎镇痛药萘丁美酮(nabumetone),它的合成工艺中采用克脑文格尔反应,试写出下述转化的合成路线(除指定化合物外,其他试剂任选)。

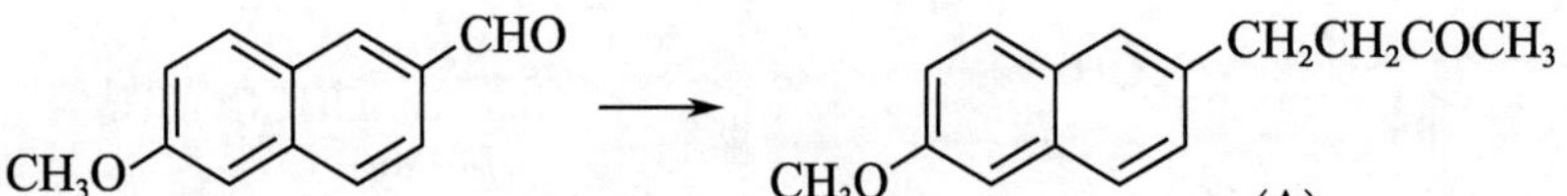

13-K-2
科学家
简介

(三) 达琴反应

在强碱(醇钠、氨基钠等)作用下,醛、酮与 α-卤代酸酯反应,生成 α,β-环氧酸酯(glycidic ester)的反应称为达琴反应(Darzens reaction)。反应通式及举例如下:

$$R-\overset{O}{\overset{\|}{C}}-R'(H) + X\overset{R''(H)}{\underset{}{CH}}COOC_2H_5 \xrightarrow{C_2H_5ONa} RC\overset{O}{\overset{}{\diagdown}}CCOOC_2H_5$$

$$\bigcirc\!\!=\!\!O + ClCH_2COOC_2H_5 \xrightarrow{t\text{-BuOK}} \bigcirc\!\!\overset{O}{\diagdown}CHCOOC_2H_5$$

$$83\%\sim85\%$$

达琴反应的机理如下:

$$C_2H_5O^- + H\!-\!\overset{(H)R''}{\underset{X}{\overset{|}{C}}}\!-\!\overset{O}{\overset{\|}{C}}OC_2H_5 \longrightarrow XC\!\!=\!\!\overset{(H)R''}{\overset{\|}{C}}\!-\!OC_2H_5 + C_2H_5OH \quad (1)$$

$$R-\overset{O}{\overset{\|}{C}}-R'(H) + XC\!\!=\!\!\overset{O^-}{\underset{R''(H)}{\overset{\|}{C}}}\!-\!OC_2H_5 \longrightarrow R-\overset{O^-}{\underset{(H)R'}{\overset{|}{\underset{X}{\overset{|}{C}}}}}\!-\!\overset{R''(H)}{\underset{X}{\overset{|}{C}}}COOC_2H_5 \xrightarrow{-X^-} RC\overset{O}{\diagdown}\overset{R''(H)}{\underset{(H)R'}{\overset{|}{C}}}COOC_2H_5$$

$$(2) \qquad\qquad (3)$$

上述反应过程中,首先 α-卤代酸酯在碱作用下形成烯醇负离子(1),(1)与羰基亲核加成得一烷氧负离子(2),(2)发生分子内 S_N2 反应,卤离子离去而生成 α,β-环氧酸酯(3)。

达琴反应除用于合成 α,β-环氧酸酯外,另一重要用途是可以用来制备醛或酮。即 α,β-环氧酸酯经水解、酸化得到游离酸,后加热脱羧生成醛或酮。反应过程如下:

$$RC\overset{O}{\diagdown}\overset{}{\underset{(H)R'}{\underset{R''(H)}{\overset{|}{C}}}}COOC_2H_5 \xrightarrow{H_2O/OH^-} RC\overset{O}{\diagdown}\overset{}{\underset{(H)R'}{\overset{}{C}}}\overset{O}{\overset{\|}{C}}-O^- \xrightarrow{H^+} RC\overset{O}{\diagdown}\overset{}{\underset{(H)R'}{\overset{}{C}}}\overset{O}{\overset{\|}{C}}-O\!-\!H$$

$$\xrightarrow{-CO_2} R-\overset{OH}{\underset{R'(H)}{\overset{|}{C}}}\!=\!\overset{}{\overset{}{C}}-R''(H) \rightleftharpoons R-\overset{}{\underset{R'(H)}{\overset{|}{CH}}}\overset{O}{\overset{\|}{C}}-R''(H)$$

因此,利用达琴反应可以在醛、酮的羰基碳上引入一个新的羰基,而新的羰基碳原子则是由 α-卤代酸酯提供的,这也是合成醛、酮的一种方法。例如 2-苯基丙醛的合成原料可逆向分析如下:

$$\bigcirc\!\!-\!\!\overset{}{\underset{CH_3}{\overset{|}{CH}}}\!+\!CHO \Longrightarrow \bigcirc\!\!-\!\!\overset{O}{\overset{\|}{C}}\!-\!CH_3 + ClCH_2COOC_2H_5$$

> **练习题 13.3**　化合物(B)是合成非甾体抗炎药萘普生(naproxen)的中间体,试写出下述转化的合成路线(除指定化合物外,其他试剂任选)。
>
> $$\bigcirc\!\!\bigcirc\!\!-\!OH \longrightarrow CH_3O\!-\!\bigcirc\!\!\bigcirc\!\!-\!\overset{CH_3}{\underset{}{\overset{|}{C}}}\!\!\overset{O}{\diagdown}CHCOOCH_3$$
>
> $$\text{(B)}$$

从上述三个反应的机理可以看出,反应首先是酸酐、含活泼亚甲基化合物、α-卤代酸酯在不同碱的作用下生成相应的烯醇负离子(或碳负离子),进而与醛或酮的羰基发生亲核加成,加成产物经脱水或发生分子内亲核取代而得最终产物——α,β-不饱和醛、酮、羧酸、腈或环氧化合物等,其反应的本质与羟醛缩合反应类似,故统称为羟醛缩合型反应。因达琴反应也是碳负离子和醛、酮进行亲核加成反应,与羟醛缩合相类似,但由于酯的α-碳上有卤原子,所以加成后发生分子内亲核取代而得环氧化合物。

二、酯缩合反应

酯分子中的α-氢显弱酸性,在碱的作用下可与另一分子酯发生类似于羟醛缩合的反应,失去一分子醇生成β-酮酸酯,称为酯缩合反应或克莱森酯缩合反应(Claisen ester condensation reaction)。例如在乙醇钠作用下,两分子乙酸乙酯脱去一分子乙醇生成β-丁酮酸乙酯(乙酰乙酸乙酯)。

$$CH_3\overset{O}{\overset{\|}{C}}\text{-}OC_2H_5 + H\text{-}CH_2\overset{O}{\overset{\|}{C}}OC_2H_5 \xrightarrow[\text{②}H_3O^+]{\text{①}C_2H_5ONa} CH_3\overset{O}{\overset{\|}{C}}\text{-}CH_2\overset{O}{\overset{\|}{C}}OC_2H_5 + C_2H_5OH$$

75%

反应的结果是一分子酯的α-氢被另一分子酯的酰基取代。反应机理如下:

$$CH_3\overset{O}{\overset{\|}{C}}OC_2H_5 \overset{C_2H_5O^-}{\rightleftharpoons} \left[\overset{O}{\overset{\|}{\bar{C}H_2}}COC_2H_5 \longleftrightarrow CH_2=\overset{O^-}{\overset{|}{C}}OC_2H_5 \right] + C_2H_5OH$$

(1)

$$CH_3\text{-}\overset{O}{\overset{\|}{C}}\text{-}OC_2H_5 + CH_2=\overset{O^-}{\overset{|}{C}}OC_2H_5 \rightleftharpoons CH_3\text{-}\overset{O^-}{\underset{OC_2H_5}{\overset{|}{C}}}\text{-}CH_2COOC_2H_5$$

(2)

$$CH_3\text{-}\overset{O^-}{\underset{OC_2H_5}{\overset{|}{C}}}\text{-}CH_2COOC_2H_5 \rightleftharpoons CH_3\overset{O}{\overset{\|}{C}}CH_2COOC_2H_5 + C_2H_5O^-$$

(3)

$$CH_3\overset{O}{\overset{\|}{C}}CH_2COOC_2H_5 + C_2H_5O^- \longrightarrow CH_3\overset{O}{\overset{\|}{C}}\bar{C}HCOOC_2H_5 + C_2H_5OH$$

pK_a=11 (4)

$$\downarrow H_3O^+$$

$$CH_3COCH_2COOC_2H_5$$

反应的(1)~(3)步是可逆的。首先乙酸乙酯在醇钠作用下失去α-氢生成烯醇负离子,烯醇负离子对另一分子酯的羰基进行亲核加成,加成中间体再消除乙氧负离子生成β-丁酮酸乙酯。由于反应是在碱性体系中进行的,生成的β-丁酮酸乙酯迅速与醇钠作用生成稳定的β-丁酮酸乙酯盐,最后酸化得游离的β-丁酮酸乙酯。因此,克莱森酯缩合反应仍是按亲核加成-消除的机理进行的,其反应结果是亲核取代。

乙酸乙酯α-氢的酸性(pK_a=24.5)弱于乙醇(pK_a=16),所以反应(1)平衡向生成烯醇负离子的趋势很小,那么缩合反应为什么还会发生呢? 其原因是β-丁酮酸乙酯是一个较强的酸(pK_a=11),在强碱醇钠的作用下可以形成稳定的碳负离子,即此反应的第四步是不可逆的,使反应朝产物方向移动。因此,具有两个以上α-氢的酯用乙醇钠处理,一般都可以顺利地发生克莱森酯缩合反应。可用通式表示如下:

$$2RCH_2COOR' \xrightarrow[\text{②}H_3O^+]{\text{①}C_2H_5ONa} RCH_2\overset{O}{\overset{\|}{C}}\underset{R}{\overset{|}{C}}HCOOR' + R'OH$$

β-酮酸酯

而只含有一个 α-氢原子的酯在乙醇钠作用下,缩合反应不容易进行。因为生成的 β-酮酸酯没有 α-氢原子,不能生成稳定的负离子,即缺乏使平衡向产物移动的推动力。但若采用一个很强的碱(如三苯甲基钠,其共轭酸的 pK_a=31.5),则反应(1)能彻底进行,酯缩合反应也能完成。例如异丁酸乙酯的缩合反应需在三苯甲基钠作用下进行。

$$(CH_3)_2CHCOOC_2H_5 + (C_6H_5)_3C^-Na^+ \longrightarrow (CH_3)_2\bar{C}COOC_2H_5 + (C_6H_5)_3CH$$

$$(CH_3)_2\bar{C}COOC_2H_5 + (CH_3)_2CHCOOC_2H_5 \longrightarrow (CH_3)_2CHCOC\underset{\underset{CH_3}{|}}{\overset{\overset{CH_3}{|}}{C}}COOC_2H_5 + C_2H_5O^-$$
$$55\%$$

练习题 13.4   在催化量的乙醇钠作用下,乙酰乙酸乙酯与等摩尔的乙醇会发生什么反应?并写出其反应过程。

若两种不同的并都含有 α-氢原子的酯进行酯缩合反应时,理论上可能有四种缩合产物,在合成上意义不大。但如用不含 α-氢的酯(如苯甲酸酯、甲酸酯、草酸酯、碳酸酯等)与含 α-氢的酯进行缩合反应时,则可得到单一的缩合产物。这种缩合称为交叉酯缩合(crossed ester condensation)。虽然交叉酯缩合产物理论上有两种,由于它们的性质一般差别较大而容易被分离,因此交叉酯缩合在合成上具有很大的应用价值。例如:

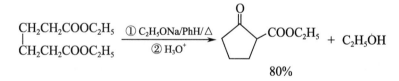

由于芳酸酯的酯羰基一般不够活泼,缩合时需用较强的碱(如 NaH)以保证有足够浓度的烯醇负离子与之反应,缩合反应才能顺利进行。

二元羧酸酯在碱作用下,可发生分子内或分子间克莱森酯缩合反应。己二酸酯或庚二酸酯均可发生分子内酯缩合反应而生成五元或六元环的 β-酮酸酯,这种分子内的酯缩合反应称为狄克曼缩合(Dieckmann condensation)。例如:

$$\begin{array}{l}CH_2CH_2COOC_2H_5\\CH_2CH_2COOC_2H_5\end{array} \xrightarrow[\text{② } H_3O^+]{\text{① } C_2H_5ONa/PhH/\triangle}$$

80%

练习题 13.5   写出 2-甲基己二酸二乙酯的狄克曼缩合产物,并解释其原因。

练习题 13.6   完成下列反应式。

(1) $HCOOC_2H_5 + CH_3COOC_2H_5 \xrightarrow[\text{② } H_3O^+]{\text{① } C_2H_5ONa}$

(2) $CO(OC_2H_5)_2 + C_6H_5CH_2COOC_2H_5 \xrightarrow[\text{② } H_3O^+]{\text{① } C_2H_5ONa}$

(3) $C_2H_5OOC(CH_2)_5COOC_2H_5 \xrightarrow[\text{② } H_3O^+]{\text{① } C_2H_5ONa}$

含有 α-氢的酮与酯之间也可以进行缩合反应,主要产物为 β-二酮。这是由于酮的 α-氢的酸性

强于酯的 α-氢,所以在碱性催化剂作用下,酮提供 α-氢形成烯醇负离子,与酯发生亲核加成 - 消除反应生成 β-二酮。同时,生成的 β-二酮在可能的产物中酸性是最大的(pK_a=9),所以在可能的缩合方式中,按生成 β-二酮的方式进行对反应平衡是最有利的。例如:

$$C_6H_5COOC_2H_5 + CH_3\overset{O}{\overset{\|}{C}}C_6H_5 \xrightarrow[\textcircled{2}\,H_3O^+]{\textcircled{1}\,C_2H_5ONa} C_6H_5\overset{O}{\overset{\|}{C}}CH_2\overset{O}{\overset{\|}{C}}C_6H_5 + C_2H_5OH$$

若酮酸酯分子中的酮基与酯基的相对位置适合生成稳定的环系,则此类酮酸酯也可进行分子内缩合反应。例如:

$$CH_3\overset{O}{\overset{\|}{C}}CH_2CH_2CH_2CH_2\overset{O}{\overset{\|}{C}}OC_2H_5 \xrightarrow[\textcircled{2}\,H_3O^+]{\textcircled{1}\,C_2H_5ONa} CH_3\overset{O}{\overset{\|}{C}} \text{[环戊酮基]} + C_2H_5OH$$

酯缩合反应是形成碳碳键的重要手段,它可以合成 1,3-二羰基化合物如 β-酮酸酯、1,3-二酮、1,3-二酯等。因此,酯缩合反应在有机合成和药物合成方面具有很重要的价值。例如 1-苯基 -1,3-丁二酮可通过酯缩合反应得到。按照合成逆向分析的原理,对于 1,3-二官能团化合物一般从 1,3-官能团内侧切断,可清晰地看出酯缩合的两个反应物,按(1)切断可采用苯甲酸酯与丙酮缩合,按(2)切断则应采用乙酸酯与苯乙酮缩合。

$$\text{[图:苯基-C-CH}_2\text{-C-CH}_3 \text{ 逆向分析]}$$

在生物转化中同样存在类似于克莱森酯缩合类型的反应。例如酰基辅酶 A 在脂肪酸生物合成的过程中即发生类似的反应,脂肪酸生物合成的第一步是乙酰辅酶 A 在 ATP 存在下与碳酸氢根反应生成丙二酸单酰辅酶 A。此过程可能是 ATP 与碳酸氢根先生成混合酸酐,然后乙酰辅酶 A 的乙酰基中的 α-氢在酶作用下脱去,形成 α-碳负离子,此 α-碳负离子与前面的混合酸酐反应而生成丙二酸单酰辅酶 A。

$$HCO_3^- + ATP \xrightarrow{-ADP} \overset{O^-}{\underset{O^-}{\overset{|}{\underset{|}{O}}}}{-}O{-}P{-}O{-}\overset{O}{\overset{\|}{C}}{-}OH \xrightarrow[-PO_4^{3-}]{^-CH_2\overset{O}{\overset{\|}{C}}SCoA} HO{-}\overset{O}{\overset{\|}{C}}{-}CH_2\overset{O}{\overset{\|}{C}}SCoA$$
$$\text{丙二酸单酰辅酶A}$$

第二节　β-二羰基化合物的烷基化、酰基化及在合成中的应用

两个羰基被一个碳原子隔开的化合物称为 β-二羰基化合物。此处的羰基既指典型的羰基,也包括酯基或其他不饱和极性基团等,因此 β-二羰基化合物一般泛指 β-二酮、β-酮酸酯、丙二酸酯等含活泼亚甲基的化合物。这类化合物是有机合成的重要试剂,主要反应类型是亚甲基碳上的烷基化(alkylation)、酰基化(acylation)反应。本节重点介绍 β-酮酸酯、丙二酸酯两类化合物。

一、乙酰乙酸乙酯

乙酰乙酸乙酯(ethyl acetoacetate)可由乙酸乙酯经克莱森酯缩合反应制得,工业上采用二乙烯酮与乙醇作用制得。乙酰乙酸乙酯为无色的具有水果香味的液体,沸点为 181℃,微溶于水,可溶于多

种有机溶剂。乙酰乙酸乙酯对石蕊呈中性,但能溶解于稀氢氧化钠溶液中;它不发生碘仿反应。

(一) 特殊的化学性质

1. 与三氯化铁的显色反应　由于室温下乙酰乙酸乙酯能以烯醇式异构体的形式存在,所以乙酰乙酸乙酯能与三氯化铁发生颜色反应显紫色。此反应可用于乙酰乙酸乙酯或部分 β-酮酸酯类化合物的定性鉴别。

2. 酮式分解和酸式分解　乙酰乙酸乙酯用不同浓度的碱处理可发生两种方式的分解。

$$CH_3-\overset{O}{\overset{||}{C}} \vdots CH_2-\overset{O}{\overset{||}{C}}-OC_2H_5 \qquad CH_3-\overset{O}{\overset{||}{C}}-CH_2 \vdots \overset{O}{\overset{||}{C}}-OC_2H_5$$

酸式分解　　　　　　　　酮式分解

乙酰乙酸乙酯在稀碱作用下水解生成乙酰乙酸盐,后者酸化后加热则脱羧生成酮,称为酮式分解(keto form decomposition)。

$$CH_3\overset{O}{\overset{||}{C}}CH_2COOC_2H_5 \xrightarrow{稀NaOH} CH_3\overset{O}{\overset{||}{C}}CH_2COO^-Na^+ \xrightarrow{H^+/\triangle} CH_3\overset{O}{\overset{||}{C}}CH_3 + CO_2$$

乙酰乙酸乙酯与浓的碱液共热,酯基水解的同时发生碳碳键断裂,生成两分子乙酸盐,称为酸式分解(acid form decomposition)。

$$CH_3\overset{O}{\overset{||}{C}}CH_2COOC_2H_5 \xrightarrow[② H^+/\triangle]{① 40\%NaOH/\triangle} 2CH_3COOH + C_2H_5OH$$

通常 β-酮酸酯都能发生此类反应,反应过程中氢氧负离子对比较活泼的羰基发生加成反应。反应机理如下:

$$CH_3\overset{O}{\overset{||}{C}}CH_2\overset{O}{\overset{||}{C}}OC_2H_5 \longrightarrow CH_3\overset{O^-}{\overset{|}{C}}CH_2\overset{O}{\overset{||}{C}}OC_2H_5 \longrightarrow CH_3COOH + CH_2=\overset{O^-}{\overset{|}{C}}OC_2H_5$$
$$\overset{|}{OH^-} \qquad\qquad \overset{|}{OH}$$

$$\longrightarrow CH_3COO^- + CH_3\overset{O}{\overset{||}{C}}OC_2H_5 \xrightarrow{OH^-} 2CH_3COO^- + C_2H_5OH$$

3. 亚甲基上的烷基化、酰基化　乙酰乙酸乙酯亚甲基上的氢呈弱酸性,在强碱(如 RONa、NaH 等)作用下可形成烯醇负离子。乙酰乙酸乙酯烯醇负离子与卤代烷、活泼的不饱和卤代烷或酰卤发生亲核取代反应,生成烷基或酰基取代的乙酰乙酸乙酯。烷基取代的乙酰乙酸乙酯重复上述反应还可以生成二烷基取代的乙酰乙酸乙酯,但一般需使用更强的碱(如叔丁醇钾)代替乙醇钠进行反应。

$$CH_3\overset{O}{\overset{||}{C}}CH_2\overset{O}{\overset{||}{C}}OC_2H_5 \xrightarrow{EtONa} CH_3\overset{O^-}{\overset{|}{C}}=CH\overset{O}{\overset{||}{C}}OC_2H_5 \xrightarrow{RX} CH_3CO\overset{}{C}HCOOC_2H_5$$
$$\overset{|}{R}$$

$$\xrightarrow{t\text{-BuOK}} CH_3CO\overset{}{\overset{|}{C}}COOC_2H_5 \xrightarrow{R'X} CH_3CO\overset{R'}{\overset{|}{\underset{|}{C}}}COOC_2H_5$$
$$\overset{|}{R} \qquad\qquad (烷基化) \qquad \overset{|}{R}$$

$$CH_3\overset{O}{\overset{||}{C}}CH_2\overset{O}{\overset{||}{C}}OC_2H_5 \xrightarrow{NaH} CH_3\overset{O^-}{\overset{|}{C}}=CH\overset{O}{\overset{||}{C}}OC_2H_5 \xrightarrow{RCOX} CH_3CO\overset{}{C}HCOOC_2H_5$$
$$\overset{|}{COR}$$
$$(酰基化)$$

烷基化反应时宜采用伯卤代烷,因叔卤代烷在强碱性条件下易发生消除反应,仲卤代烷也因伴随有消除反应而使产率降低,卤代乙烯、卤代芳烃则不发生反应。酰基化反应时,因酰卤可与乙醇发生反应,宜采用氢化钠代替醇钠,而且反应必须在极性非质子溶剂(如 DMF 或 DMSO)中进行。乙醇钠/乙醇、叔丁醇钾/叔丁醇是使 β-酮酸酯形成烯醇盐的最常用的碱,但在此环境下的烷基化反应常会出现 O-烷基化或双烷基化等副反应,使用非质子溶剂可明显增加反应速率并提高选择性;或采用四烷基氟化铵或吡咯烷酮的四烷基铵盐代替强碱试剂,可以避免 O-烷基化或双烷基化反应。

练习题 13.7 解释乙酰乙酸乙酯不容易生成二酰基化产物的原因。

(二) 在合成中的应用

乙酰乙酸乙酯经烷基或酰基取代后,再进行酮式分解或酸式分解,被广泛应用于合成中。烷基取代乙酰乙酸乙酯经分解可得到取代丙酮或烷基取代乙酸。

$$CH_3\overset{O}{\overset{\|}{C}}\overset{}{\underset{R}{C}}HCOOC_2H_5 \xrightarrow[\text{②}H^+/\triangle]{\text{①稀NaOH}} \boxed{CH_3\overset{O}{\overset{\|}{C}}CH_2}{-}R \text{(酮式分解)}$$

$$CH_3\overset{O}{\overset{\|}{C}}\overset{R}{\underset{R'}{C}}COOC_2H_5 \xrightarrow[\text{②}H^+/\triangle]{\text{①稀NaOH}} \boxed{CH_3\overset{O}{\overset{\|}{C}}\underset{R'}{C}H}{-}R \text{(酮式分解)}$$

$$CH_3\overset{O}{\overset{\|}{C}}\overset{}{\underset{R}{C}}HCOOC_2H_5 \xrightarrow[\text{②}H^+/\triangle]{\text{①浓NaOH}} CH_3COOH + RCH_2COOH \text{(酸式分解)}$$

酰基取代乙酰乙酸乙酯经酮式分解得二元酮。

$$CH_3\overset{O}{\overset{\|}{C}}\overset{}{\underset{COR}{C}}HCOOC_2H_5 \xrightarrow[\text{②}H^+/\triangle]{\text{①稀NaOH}} \boxed{CH_3\overset{O}{\overset{\|}{C}}CH_2}{+}\overset{O}{\overset{\|}{C}}R$$

从上述反应式可以看出,在烷基或酰基取代乙酰乙酸乙酯经酮式分解所得的产物中,虚线所框部分便是乙酰乙酸乙酯所提供的碳的骨架部分,其余部分由相应的卤代烷或酰卤提供。据此广泛用于合成路线的设计。由于参与反应的伯卤代烷的结构可以是各种各样的(如 RCOCH$_2$X、二卤代烷等),所以利用取代乙酰乙酸乙酯的酮式分解可以制备不同结构的甲基酮及各类二元酮。例如:

$$CH_3\overset{O}{\overset{\|}{C}}CH_2\overset{O}{\overset{\|}{C}}OC_2H_5 \xrightarrow[\text{②}n-C_4H_9Br]{\text{①}C_2H_5ONa} CH_3\overset{O}{\overset{\|}{C}}\underset{C_4H_9-n}{C}HCOC_2H_5 \xrightarrow[\text{②}H^+/\triangle]{\text{①稀NaOH}} CH_3\overset{O}{\overset{\|}{C}}CH_2C_4H_9\text{-}n$$

$$CH_3\overset{O}{\overset{\|}{C}}CH_2\overset{O}{\overset{\|}{C}}OC_2H_5 \xrightarrow[\text{②}CH_3COCH_2Cl]{\text{①}C_2H_5ONa} CH_3\overset{O}{\overset{\|}{C}}\underset{CH_2COCH_3}{C}HCOC_2H_5 \xrightarrow[\text{②}H^+/\triangle]{\text{①稀NaOH}} CH_3\overset{O}{\overset{\|}{C}}CH_2CH_2\overset{O}{\overset{\|}{C}}CH_3$$

烷基或酰基取代的乙酰乙酸乙酯在浓碱中加热发生酸式分解,生成取代乙酸。由于酸式分解和酮式分解是竞争反应,在酸式分解条件下也产生部分酮式分解产物,而导致产率降低,故取代乙酸的制备通常采用丙二酸酯合成法。

由酯缩合反应生成的其他 β-酮酸酯同样可发生烷基化、酰基化、酸式或酮式分解,可生成各种结构的酮、环酮及酮酸等,在合成上也有广泛的用途。以 β-酮酸酯为原料的合成统称为 β-酮酸酯合成

法。例如 2-乙基环戊酮即可用此方法合成,由合成逆向分析可知羰基 α-碳引入烷基的方法有多种,β-酮酸酯法是在羰基 α-碳上引入烷基的常用方法之一。

$$H_5C_2OOC(CH_2)_4COOC_2H_5 \xrightarrow[\text{②}H^+]{\text{①}C_2H_5ONa} \text{（环戊酮-COOC}_2H_5\text{）} \xrightarrow[\text{②}C_2H_5Br]{\text{①}C_2H_5ONa}$$

$$\text{（环戊酮-COOC}_2H_5\text{-C}_2H_5\text{）} \xrightarrow[\text{②}H^+/\triangle]{\text{①稀NaOH}} \text{（2-乙基环戊酮）}$$

> **练习题 13.8** 乙酰乙酸乙酯分子中含有甲基酮结构,解释不发生碘仿反应的原因。
>
> **练习题 13.9** 用乙酰乙酸乙酯为原料合成以下两个化合物。
>
> (1) 环戊基-C(=O)-CH₃
>
> (2) $CH_3\overset{O}{\overset{\|}{C}}CH_2CH_2COOH$

二、丙二酸二乙酯

丙二酸二乙酯(diethyl malonate)为无色的有香味的液体,沸点为 199℃,微溶于水。丙二酸二乙酯可由氯乙酸钠经下列反应制得。

$$ClCH_2CONa \xrightarrow{\text{NaCN}} NCCH_2CONa \xrightarrow[\text{H}^+/\triangle]{\text{C}_2\text{H}_5\text{OH}} H_5C_2OCCH_2COC_2H_5$$

丙二酸二乙酯分子中亚甲基上的氢也呈弱酸性($pK_a=13$),在碱作用下形成的碳负离子可与卤代烷发生亲核取代,即烷基化反应,生成一烷基或二烷基取代的丙二酸二乙酯。

$$\overset{CH_2COOC_2H_5}{\underset{COOC_2H_5}{|}} \xrightarrow{C_2H_5ONa} \overset{\bar{C}HCOOC_2H_5}{\underset{COOC_2H_5}{|}} \xrightarrow{RX} \overset{H_5C_2OOCCHCOOC_2H_5}{\underset{R}{|}}$$
（一烷基化）

$$\xrightarrow{C_2H_5ONa} H_5C_2OOC\overset{|}{\underset{R}{\bar{C}}}COOC_2H_5 \xrightarrow{R'X} H_5C_2OOC\overset{R'}{\underset{R}{\overset{|}{C}}}COOC_2H_5$$
（二烷基化）

烷基取代的丙二酸二乙酯经水解、脱羧后生成烷基取代乙酸,这称为丙二酸酯合成法。

$$R-\overset{COOC_2H_5}{\underset{}{\overset{|}{C}H}}COOC_2H_5 \xrightarrow[\text{②}H^+]{\text{①}NaOH/H_2O} R-\overset{COOH}{\underset{}{\overset{|}{C}H}}COOH \xrightarrow{\triangle} R\overset{}{\underset{}{+}}CH_2COOH$$

$$R-\overset{COOC_2H_5}{\underset{R'}{\overset{|}{\underset{|}{C}}}}COOC_2H_5 \xrightarrow[\text{②}H^+]{\text{①}NaOH/H_2O} R-\overset{COOH}{\underset{R'}{\overset{|}{\underset{|}{C}}}}COOH \xrightarrow{\triangle} R\overset{}{\underset{R'}{+}}CHCOOH$$

在丙二酸酯合成法所得的产物中,由丙二酸酯所提供碳的骨架部分便是上述反应式中虚线所框部分,其余部分由卤代烷提供。卤代烷可以是一元或二元卤代烷,也可以是卤代酸酯、活泼的不饱和卤代烷等化合物,根据卤代烷、丙二酸酯、醇钠的投料比不同,丙二酸酯合成法可用于制备各种类型的

羧酸。例如丙二酸二乙酯用于合成一元羧酸。

$$CH_2(COOEt)_2 \xrightarrow[\text{② } CH_3CH_2CH_2Br]{\text{① } C_2H_5ONa} CH_3(CH_2)_2\underset{\underset{COOEt}{|}}{CH}COOEt \xrightarrow[\text{②} H^+/\triangle]{\text{① } OH^-/H_2O} CH_3(CH_2)_3COOH$$

采用二卤代烷或卤代酸酯与丙二酸二乙酯作用可用于合成二元羧酸。例如：

$$2CH_2(COOC_2H_5)_2 \xrightarrow{2C_2H_5ONa} 2\bar{C}H(COOC_2H_5)_2 \xrightarrow{Br(CH_2)_2Br} \underset{\underset{CH(COOC_2H_5)_2}{|}}{\overset{\overset{CH(COOC_2H_5)_2}{|}}{(CH_2)_2}}$$

$$\xrightarrow[\text{②}H^+/\triangle]{\text{① } OH^-/H_2O} HOOCCH_2CH_2CH_2CH_2COOH$$

$$CH_2(COOC_2H_5)_2 \xrightarrow{C_2H_5ONa} {}^-CH(COOC_2H_5)_2 \xrightarrow{ClCH_2COOC_2H_5} \underset{\underset{CH_2COOC_2H_5}{|}}{\overset{\overset{CH(COOC_2H_5)_2}{|}}{}}$$

$$\xrightarrow{H_2O/OH^-} {}^-OOCCH_2CH(COO^-)_2 \xrightarrow{H^+/\triangle} HOOCCH_2CH_2COOH$$

丙二酸二乙酯也可用于合成三～六元环的烷羧酸。例如：

$$CH_2(COOC_2H_5)_2 \xrightarrow[\text{② } Br(CH_2)_4Br]{\text{① } 2C_2H_5ONa} \text{（环戊烷）} \overset{COOC_2H_5}{\underset{COOC_2H_5}{<}} \xrightarrow[\text{② } H^+/\triangle]{\text{① } OH^-/H_2O} \text{（环戊烷）}-COOH$$

练习题 13.10　以丙二酸二乙酯为原料合成下列羧酸。
(1) 2-甲基戊酸　(2) 戊二酸

三、迈克尔加成

在第十章中已讨论过迈克尔加成——α,β-不饱和羰基化合物与碳负离子进行的共轭加成。在碱性环境下易生成碳负离子的含活泼亚甲基化合物如乙酰乙酸乙酯、丙二酸二乙酯、氰乙酸乙酯、β-二酮、硝基化合物等也可作为迈克尔供体发生迈克尔加成反应；而且除 α,β-不饱和羰基化合物外，α,β-不饱和酸酯、α,β-不饱和腈等具有 α,β-不饱和共轭体系的化合物均可作为迈克尔受体与含活泼亚甲基化合物发生反应，这些统称为迈克尔加成反应（Michael addition reaction）。迈克尔加成反应是形成新的碳碳键的重要方法之一。例如：

$$CH_3\overset{O}{\overset{||}{C}}CH_2\overset{O}{\overset{||}{C}}OC_2H_5 + CH_2=CH\overset{O}{\overset{||}{C}}CH_3 \xrightarrow[C_2H_5OH]{C_2H_5ONa} CH_3\overset{O}{\overset{||}{C}}\underset{\underset{COOC_2H_5}{|}}{CH}CH_2CH_2\overset{O}{\overset{||}{C}}CH_3$$

$$CH_2(COOC_2H_5)_2 + CH_2=CH\overset{O}{\overset{||}{C}}CH_3 \xrightarrow[C_2H_5OH/-10℃]{C_2H_5ONa} (C_2H_5OOC)_2CHCH_2CH_2\overset{O}{\overset{||}{C}}CH_3$$

$$CH_3\overset{O}{\overset{||}{C}}CH_2\overset{O}{\overset{||}{C}}CH_3 + CH_2=CHCN \xrightarrow[t\text{-BuOH}/25℃]{(C_2H_5)_3N} CH_3\overset{O}{\overset{||}{C}}\underset{\underset{CH_2CH_2CN}{|}}{CH}\overset{O}{\overset{||}{C}}CH_3$$

$$NCCH_2\overset{O}{\overset{||}{C}}OC_2H_5 + CH_2=CH\overset{O}{\overset{||}{C}}OC_2H_5 \xrightarrow[C_2H_5OH]{C_2H_5ONa} C_2H_5OOC\underset{\underset{CN}{|}}{CH}CH_2CH_2\overset{O}{\overset{||}{C}}OC_2H_5$$

含活泼亚甲基化合物作为迈克尔供体进行迈克尔加成反应的机理,以丙二酸酯与不饱和酮反应为例。

$$CH_2(COOC_2H_5)_2 \xrightarrow[C_2H_5OH]{C_2H_5ONa} {}^-CH(COOC_2H_5)_2 \longleftrightarrow C_2H_5O\overset{O}{\overset{\|}{C}}CH{=}\overset{O^-}{\overset{|}{C}}OC_2H_5$$

$$C_2H_5O\overset{O}{\overset{\|}{C}}CH{=}\overset{O^-}{\overset{|}{C}}OC_2H_5 + CH_2{=}CH{-}\overset{O}{\overset{\|}{C}}CH_3 \longrightarrow \underset{CH(COOC_2H_5)_2}{CH_2CH{=}\overset{O^-}{\overset{|}{C}}CH_3} \xrightarrow{C_2H_5OH}$$

$$C_2H_5O\overset{O}{\overset{\|}{C}}CH{=}\overset{O^-}{\overset{|}{C}}OC_2H_5 + CH_2{=}CH{-}\overset{O}{\overset{\|}{C}}CH_3 \longrightarrow \underset{CH(COOC_2H_5)_2}{CH_2CH{=}\overset{O^-}{\overset{|}{C}}CH_3} \xrightarrow{C_2H_5OH}$$

$$(C_2H_5OOC)_2CHCH_2CH{=}\overset{OH}{\overset{|}{C}}CH_3 \Longleftrightarrow CH_3\overset{O}{\overset{\|}{C}}CH_2CH_2CH(COOC_2H_5)_2$$

含活泼亚甲基化合物经迈克尔加成所得的亚甲基上烃基取代的产物通过水解、脱羧反应可制得1,5-双官能团化合物。加成产物也可发生鲁宾逊环合(Robinson annulation)。例如:

$$CH_3\overset{O}{\overset{\|}{C}}\underset{COOC_2H_5}{CHCH_2CH_2}\overset{O}{\overset{\|}{C}}CH_3 \xrightarrow[\triangle]{H_2O/H^+} CH_3\overset{O}{\overset{\|}{C}}CH_2CH_2CH_2\overset{O}{\overset{\|}{C}}CH_3$$

$$CH_3\overset{O}{\overset{\|}{C}}CH_2CH_2CH(COOC_2H_5)_2 \xrightarrow{C_2H_5ONa}$$

产物为环己二酮-COOC₂H₅结构图。

练习题 13.11　给出利用迈克尔加成反应合成下述两个化合物的反应物。

(1) 环己烯酮结构,带-COOC₂H₅和-CH₃取代基

(2) HOOC(CH₂)₃COOH

习　　题

1. 完成下列反应式。

(1) $2CH_3CH_2CH_2\overset{O}{\overset{\|}{C}}OC_2H_5 \xrightarrow[②\,H_3O^+]{①\,C_2H_5ONa}$

(2) $CH_3\overset{O}{\overset{\|}{C}}(CH_2)_3\overset{O}{\overset{\|}{C}}OC_2H_5 \xrightarrow[②\,H_3O^+]{①\,C_2H_5ONa}$

(3) 对硝基苯甲醛 + $(CH_3CO)_2O \xrightarrow[\triangle]{CH_3COOK}$

(4) 4-甲基环己基甲醛 + $ClCH_2\overset{O}{\overset{\|}{C}}OC_2H_5 \xrightarrow{C_2H_5ONa}$

(5) $CH_3(CH_2)_3\underset{CH_2CH_3}{CHCHO} + CH_2(COOC_2H_5)_2 \xrightarrow{哌啶/\triangle} \xrightarrow[②\,H^+/\triangle]{①\,OH^-/H_2O}$

(6) $CH_3\overset{O}{\overset{\|}{C}}C_6H_5$ + $\xrightarrow[\text{② } H_3O^+]{\text{① } C_2H_5ONa}$

(7) + $CH_3\overset{O}{\overset{\|}{C}}CH_2\overset{O}{\overset{\|}{C}}OEt$ $\xrightarrow{OH^-}$

(8) $2HCHO + CH_2(COOEt)_2 \xrightarrow{KHCO_3}$

2. 对下列反应给出一个合理的机理(用反应式表示)。

(1) + $CH_3COOC_2H_5$ $\xrightarrow[\text{② } H_3O^+]{\text{① } C_2H_5ONa}$

(2) $\xrightarrow{CH_3ONa/CH_3OH}$

3. 根据下述反应过程写出 A~D 的结构式。

$CH_3\overset{O}{\overset{\|}{C}}CH_2\overset{O}{\overset{\|}{C}}OC_2H_5$ + $CH_2\!=\!CHCH$ $\xrightarrow[C_2H_5OH]{C_2H_5ONa}$ A $\xrightarrow{H^+/\triangle}$ B $\xrightarrow{C_2H_5ONa}$ C $\xrightarrow{\triangle}$ D

4. 以乙酰乙酸乙酯为原料合成下列化合物。

(1) $CH_3CH_2CH_2\overset{O}{\overset{\|}{C}}CH_2\overset{O}{\overset{\|}{C}}CH_3$

(2)

(3) $CH_3\overset{O}{\overset{\|}{C}}CHCH_2COOH$
$\quad\quad\;\;\underset{CH_3}{|}$

(4)

5. 以丙二酸二乙酯为原料合成下列化合物。

(1) $CH_3CH_2\overset{CH_3}{\overset{|}{CH}}COOH$

(2)

(3) $CH_2\!=\!CHCH_2CH_2CH_2OH$

(4)

6. 用指定的化合物作原料完成下列转化。

(1) $\longrightarrow$

(2) $\longrightarrow$

(3) $\longrightarrow$

(4) $CH_3\overset{O}{\overset{\|}{C}}CH_2CH_3 \longrightarrow CH_3\overset{CH_2CH_3}{\overset{|}{CH}}CHO$

第十四章

有机含氮化合物

　　有机含氮化合物是指分子中含有 C—N 键的有机化合物,例如胺、酰胺、腈、硝基化合物等,有时将含 C—O—N 的硝酸酯或亚硝酸酯也归入此类。该类化合物的范围广、种类多,与生命活动和人类的日常生活关系非常密切。前面的有关章节已经学习过多种有机含氮化合物,例如氨基酸、腈、异腈、酰胺、酰脲、硫脲、亚胺、肟、腙、缩氨脲等,本章主要讨论芳香族硝基化合物、胺类、重氮化合物及偶氮化合物。

第一节　硝基化合物

一、结构和分类

　　硝基化合物(nitro-compound)是指烃分子中的氢原子被硝基(—NO₂)取代后得到的化合物,一元硝基化合物常用 R—NO₂ 或 Ar—NO₂ 表示。

　　根据硝基所连接的烃基不同,硝基化合物可以分为脂肪族硝基化合物和芳香族硝基化合物;根据分子中所连硝基的多少,又可分为一硝基化合物和多硝基化合物。

　　用物理方法测定有关硝基化合物的结构表明,硝基中的两个 N—O 键的键长均为 122pm,说明两个 N—O 键是等同的。杂化轨道理论认为,氮原子为 sp² 杂化,其中两个 sp² 杂化轨道分别与两个氧原子形成两根 σ 键,另一个 sp² 杂化轨道与碳原子形成 σ 键。氮原子未参与杂化的 p 轨道垂直于三个 sp² 轨道所在的平面,并和两个氧原子上的 p 轨道互相平行,侧面重叠,形成三中心四电子的大 π 键。因此,硝基的结构是对称的(图 14-1)。

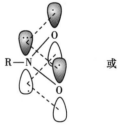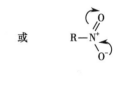

图 14-1　硝基化合物的结构

　　共振论的观点认为硝基化合物是下列两种极限式的共振杂化体。

$$\left[R-\overset{+}{N}\overset{O}{\underset{O^-}{\Big\Vert}} \longleftrightarrow R-\overset{+}{N}\overset{O^-}{\underset{O}{\Big\Vert}} \right]$$

　　在芳香族硝基化合物中,硝基的大 π 键进一步与苯环的大 π 键形成一个更大的共轭体系。

二、物理性质及光谱性质

(一) 物理性质

　　硝基化合物分子的极性较大,沸点较高,相对密度 >1,硝基越多,密度越大。大部分芳香族硝基化合物为淡黄色固体,大多具有苦杏仁气味,一般难溶于水,易溶于有机溶剂。多硝基化合物在受热时易分解爆炸,可作为炸药使用,如 2,4,6-三硝基甲苯(TNT)。硝基化合物具有毒性,可透皮吸收,能和血液中的血红素作用,严重时可以致死。

(二) 光谱性质

　　红外吸收光谱:硝基化合物的红外吸收光谱中有两个强的 N—O 键对称伸缩振动和不对称伸缩

振动吸收带。芳香族硝基化合物的 N—O 键伸缩振动在 1 550~1 500cm^{-1} 和 1 365~1 290cm^{-1}；若硝基的邻位或对位有给电子基,则不对称伸缩振动吸收峰向低波数方向移动。图 14-2 为间二硝基苯的红外吸收光谱图。

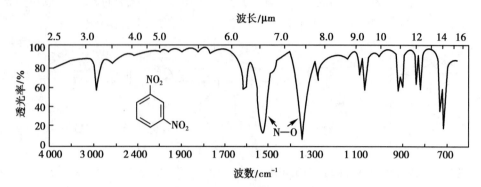

图 14-2　间二硝基苯的红外吸收光谱图

三、化学性质

第七章已经介绍了硝基对芳环上亲电取代反应活性和反应位置的影响,本节主要介绍硝基对芳环亲核取代反应活性的影响和硝基的还原反应。

(一) 芳环上的亲核取代反应

脂肪族卤代烃容易发生亲核取代反应,但苯型卤代烃的卤素不活泼,难以发生亲核取代反应。但当卤素的邻、对位有硝基存在时,卤原子的活性增加,硝基越多,亲核取代越容易发生。例如:

有证据表明,该取代反应分两步进行。第一步是亲核加成,形成带负电荷的活性中间体迈森海默尔配合物(Meisenheimer complex);第二步是离去基团卤素的离去(消除),生成产物。总的结果是氯原子被亲核试剂氢氧根取代。第一步是决定反应速率的步骤,活性中间体越稳定,反应越容易进行。

迈森海默尔配合物

对于芳环上的亲核取代反应,决定其反应速率的步骤有两种分子参与,所以为双分子芳香亲核取代反应(S_N2Ar)。

由于硝基的强吸电子效应,使得邻、对位碳原子的电子密度显著下降,加上卤原子本身也具有吸电子诱导效应,使得与卤素连接的碳原子带有正电性,容易受到亲核试剂的进攻,形成一个带负电荷的中间体。此外,中间体的负电荷得到有效分散而趋于稳定,使得反应也容易进行。

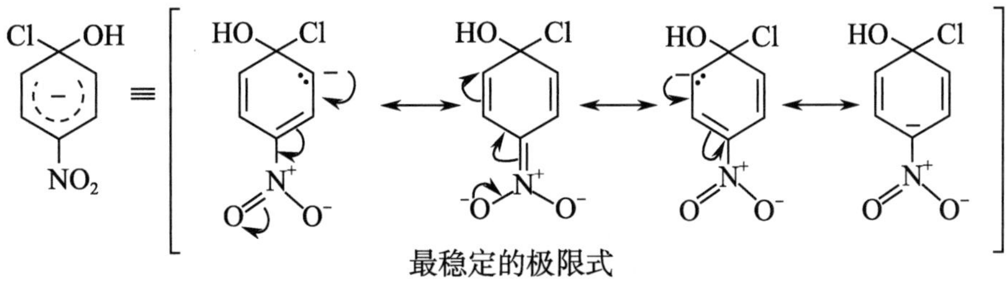

最稳定的极限式

在上述极限式中,有一种极限式的负电荷分散在电负性较大的氧原子上,最为稳定,对共振杂化体的贡献最大,硝基在邻位的情况与其在对位的情况相似。如果邻、对位上均有硝基,则芳香亲核取代反应更容易发生。而硝基在卤素的间位时,则不能通过类似的作用来稳定中间体,因此对卤素的活化作用不明显。

练习题 14.1　苯环上甲基的邻位和对位上有硝基时,甲基氢的酸性会明显增强,在碱性条件下能与苯甲醛发生缩合反应。请说明为什么甲基氢的酸性会明显增强,并写出三硝基甲苯与苯甲醛反应生成缩合产物的反应机理。

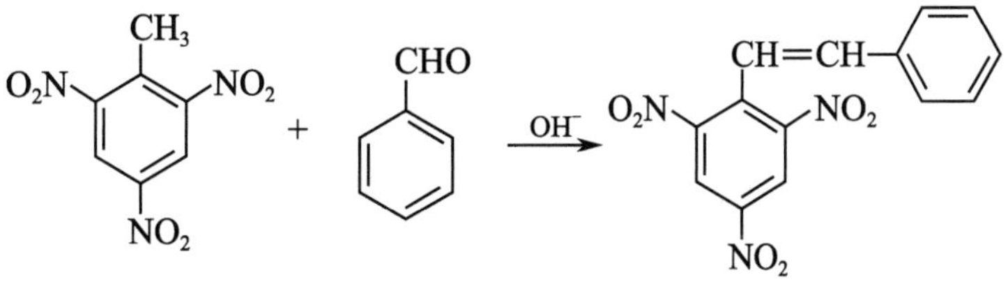

练习题 14.2　试比较 1-氟-4-硝基苯、1-氯-4-硝基苯、1-溴-4-硝基苯在碱性条件下水解反应的活性。

(二) 硝基的还原反应

硝基化合物易被还原,反应条件及介质对还原产物有较大影响。在酸性介质中(常用盐酸、硫酸或乙酸),以 Zn、Fe 或 Sn 等金属为还原剂,硝基被还原为氨基。例如:

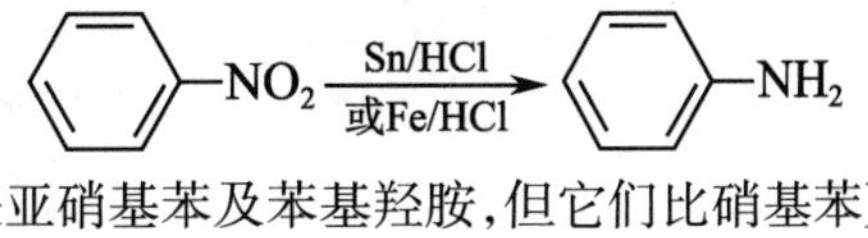

该还原反应的中间产物是亚硝基苯及苯基羟胺,但它们比硝基苯更容易还原,不易被分离出来,进一步还原为氨基。

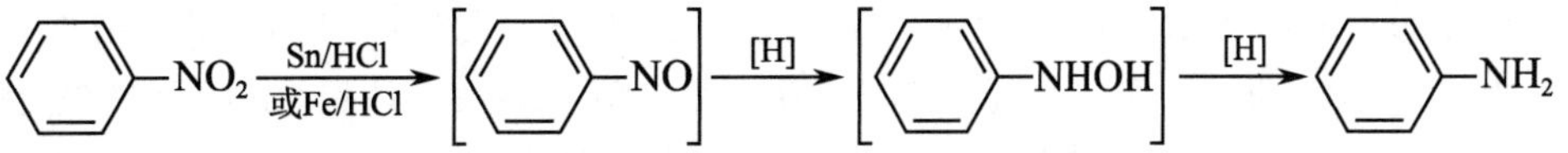

亚硝基苯　　　　　　N-苯基羟胺

若以二氯化锡为还原剂,可选择性还原硝基,避免醛基的还原。例如:

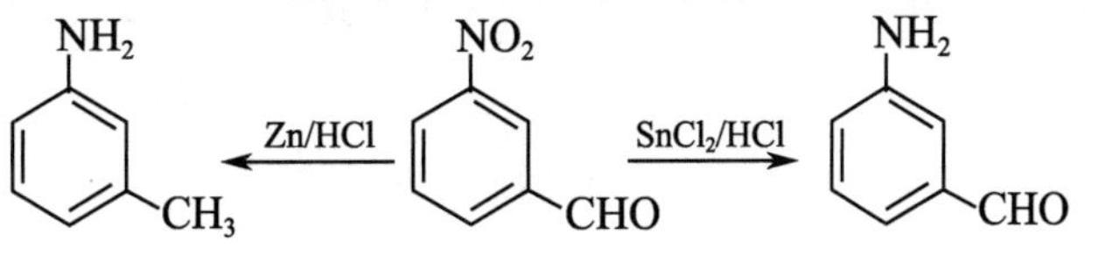

在中性或弱酸性条件下,主要还原为芳基羟胺。例如:

$$\text{C}_6\text{H}_5\text{NO}_2 \xrightarrow{\text{Zn/NH}_4\text{Cl}} \text{C}_6\text{H}_5\text{NHOH}$$

如果要制备亚硝基苯,可由苯基羟胺用 $Na_2Cr_2O_7/H_2SO_4$ 氧化而得。

$$\text{C}_6\text{H}_5\text{NHOH} \xrightarrow{\text{Na}_2\text{Cr}_2\text{O}_7/\text{H}_2\text{SO}_4} \text{C}_6\text{H}_5\text{NO}$$

在碱性介质中主要发生双分子还原。还原剂不同,还原产物有很大的差异,但产物在酸性条件下进一步还原都生成苯胺。例如:

二苯乙氮烯氧化物（氧化偶氮苯）
二苯乙氮烯（偶氮苯）
1,2-二苯基肼（氢化偶氮苯）

$$\xrightarrow{\text{Zn/H}^+} \text{C}_6\text{H}_5\text{NH}_2$$

氢化偶氮苯在酸性介质中可发生重排,得到联苯胺,称为联苯胺重排(benzidine rearrangement)。

$$\text{C}_6\text{H}_5\text{NHNHC}_6\text{H}_5 \xrightarrow{\text{H}^+} \text{H}_2\text{N}\text{—C}_6\text{H}_4\text{—C}_6\text{H}_4\text{—NH}_2$$

对位取代的氢化偶氮苯也能发生联苯胺重排,不过重排将在邻位发生。

多硝基芳烃在计算量的 Na_2S_x、NH_4HS、$(NH_4)_2S$、$(NH_4)_2S_x$ 等硫化物的作用下可进行部分还原,即只还原一个硝基。不同的试剂还原的硝基可能不同,只有通过实验才能确定哪个硝基被还原。例如:

$$\xleftarrow{\text{SnCl}_2/\text{HCl}} \qquad \xrightarrow{\text{NH}_4\text{HS}}$$

此外,催化氢化也可将硝基还原为氨基,此法特别适用于对酸敏感的硝基化合物的还原。例如:

$$\xrightarrow{\text{H}_2/\text{Pt}}$$

(三) 硝基化合物的互变异构现象

含 α-氢的脂肪族硝基化合物表现出明显的酸性,它能逐渐与强碱反应生成钠盐而溶解。例如:

$$\text{CH}_3\text{CH}_2\text{NO}_2 + \text{NaOH} \longrightarrow [\text{CH}_3\text{CHNO}_2]^- \text{Na}^+ + \text{H}_2\text{O}$$
$$\text{p}K_a = 8.5$$

这是由于受硝基强吸电子作用的影响,α-碳上的氢原子具有明显的酸性,以质子的形式发生迁移,硝基的结构发生互变异构(类似于烯醇互变异构),转变为假酸式结构。

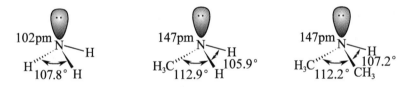

$$\text{硝基式} \qquad\qquad \text{假酸式（异硝基式）} \qquad\qquad\qquad \text{钠盐}$$

通常硝基化合物中的假酸式含量较少,但加入碱后,碱与假酸式作用使平衡不断向右移动,直至完全成盐。这种互变异构平衡的速率较慢,所以假酸式与碱作用需要一定的时间。

第二节　胺类化合物

胺(amine)可看作是氨分子中的氢原子被烃基取代而形成的一类化合物,其通式为 RNH_2 或 $ArNH_2$。它广泛分布于动植物界,具有多种生理活性。例如从金鸡纳树皮中分离得到的奎宁(quinine)具有抗疟疾作用;从鸦片中提取得到的吗啡(morphine)具有镇痛作用;三甲胺与许多鱼的腥味有关,因此烹调或直接食用时加醋可以抑制鱼腥味。胺类化合物与药物密切相关,许多药物分子中含有氨基或取代氨基。

14-D-2
脂肪胺的结构(动画)

一、结构、分类和命名

(一) 结构

胺的结构与氨类似,分子中的氮原子是不等性 sp^3 杂化,其中的未共用电子对占据一个 sp^3 杂化轨道,其余三个 sp^3 杂化轨道上各有一个电子,它们与氢原子的 s 轨道或碳原子的杂化轨道重叠形成三个 σ 键,整个分子为四面体构型。氨及几种简单胺分子的结构与几何参数如下:

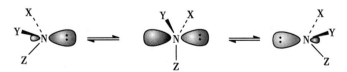

由于胺为四面体构型,所以当氮原子上所连的三个原子或基团彼此不同时,氮原子就应该是手性原子,分子与其镜像不能重合,应存在对映异构体。但实际上,对这种简单胺的对映异构体的拆分却没有成功,这是因为两种构型相互转化的能垒较低(约 25kJ/mol),在室温条件下两种构型能很快地相互转化而发生外消旋化(图 14-3),使之无法拆分。而碳手性化合物中,对映异构体之间的相互转化需要共价键的断裂,所需的能量较高,一般情况下不易发生,因此可进行拆分。

图 14-3　胺的对映异构体及其转化

不过,在某些桥环胺中,由于有某种因素阻碍这种构型间的快速转化,则可拆分成一对对映异构体,例如特勒格碱(Tröger base)。而对于季铵盐和氧化胺而言,则由于氮上的四个 sp^3 杂化轨道都用于成键,氮构型的转化被限制,也可分离得到一对对映异构体。

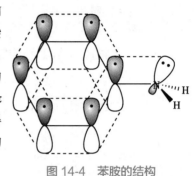

特勒格碱　　　　　　　　季铵盐的对映异构体

在苯胺中,其 C—N 键的键长为 140pm,较脂肪胺中的 C—N键的键长(147pm)稍短。这是由于与氮原子成键的碳原子为 sp^2 杂化,吸电子能力较强,更重要的是苯胺的氮原子为不等性 sp^3 杂化,未共用电子对所占据的轨道含有较多的 p 轨道成分,其与苯环上的 π 轨道虽然不平行,但可以共平面,使得未共用电子对与苯环的大 π键有相当程度的共轭。同时,也使得以氮原子为中心的四面体变得比脂肪胺中的更扁平一些,H—N—H 所构成的平面与苯环平面的夹角为 39.4°(图 14-4)。

14-D-3
苯胺的结构
(动画)

图 14-4　苯胺的结构

根据共振论,苯胺的结构是以下极限式的共振杂化体。

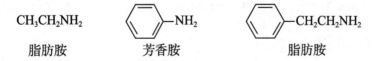

(二) 分类

根据氮原子上取代的烃基数目,胺类可分为伯胺、仲胺、叔胺和季铵盐,或分别称为一级胺(primary amine)、二级胺(secondary amine)、三级胺(tertiary amine)和四级铵盐(quaternary ammonium salt)。

RNH_2	R_2NH	R_3N	$R_4N^+X^-$
CH_3NH_2	$(CH_3)_2NH$	$(CH_3)_3N$	$(CH_3)_4N^+Cl^-$
伯胺	仲胺	叔胺	季铵盐

胺类的伯、仲、叔的含义与其在卤代烃或醇中的含义是不同的。胺的伯、仲、叔是指与氮原子连接的烃基数目,与烃基本身的结构无关;而在卤代烃和醇中,则是指卤素和羟基所连接的碳原子类型。例如:

$$CH_3\overset{|}{\underset{OH}{C}}HCH_3 \qquad CH_3\overset{|}{\underset{NH_2}{C}}HCH_3$$

异丙醇(仲醇)　　异丙胺(伯胺)

根据直接与氮原子连接的烃基种类不同,胺类化合物可分为脂肪胺和芳香胺。例如:

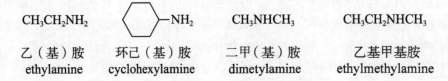

脂肪胺　　　　　芳香胺　　　　　　　脂肪胺

(三) 命名

简单的胺可按"烃基+胺"来命名,其中的"基"字可省略。若氮原子上所连的烃基相同,用"二"或"三"表明烃基的数目;若氮原子上所连的烃基不同,则按基团首字母依次列出。脂肪胺英文名以 –amine 结尾。例如:

$$CH_3CH_2NH_2 \qquad \qquad CH_3NHCH_3 \qquad CH_3CH_2NHCH_3$$

乙(基)胺　　　　环己(基)胺　　　二甲(基)胺　　　乙基甲基胺
ethylamine　　　cyclohexylamine　　dimetylamine　　ethylmethylamine

　　对烃基结构比较复杂的脂肪胺,可按"母体氢化物(烃)+胺"来命名。母体氢化物为烷烃时,"烷"字可省略。例如:

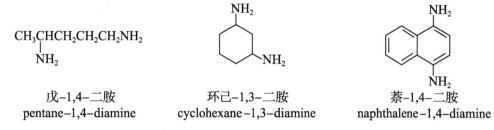

| 丁-2-胺 | 4-苯基丁-2-胺 | 4-甲基戊-1-胺 |
| butan-2-amine | 4-phenylbutan-2-amine | 4-methylpentan-1-amine |

　　对于多元胺,采用与多元醇相类似的方法进行命名。例如:

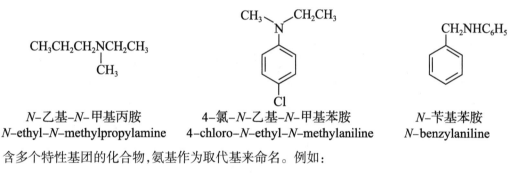

| 戊-1,4-二胺 | 环己-1,3-二胺 | 萘-1,4-二胺 |
| pentane-1,4-diamine | cyclohexane-1,3-diamine | naphthalene-1,4-diamine |

　　对于仲胺和叔胺,还可以选择最长的碳链作为母体,称为"某胺",氮上的其他烃基作为取代基,以"N-某基"的形式写在母体前面。苯胺的英文俗名为"aniline"。

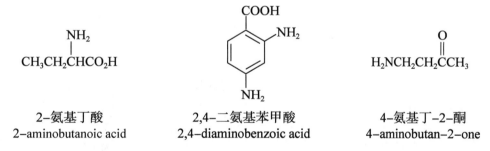

| N-乙基-N-甲基丙胺 | 4-氯-N-乙基-N-甲基苯胺 | N-苄基苯胺 |
| N-ethyl-N-methylpropylamine | 4-chloro-N-ethyl-N-methylaniline | N-benzylaniline |

　　含多个特性基团的化合物,氨基作为取代基来命名。例如:

| 2-氨基丁酸 | 2,4-二氨基苯甲酸 | 4-氨基丁-2-酮 |
| 2-aminobutanoic acid | 2,4-diaminobenzoic acid | 4-aminobutan-2-one |

二、物理性质及光谱性质

(一)物理性质

　　常温下,低级和中级脂肪胺为无色气体或易挥发的液体,气味与氨相似,有的具有鱼腥味;高级脂肪胺为固体。芳香胺为高沸点的液体或低熔点的固体,具有特殊的气味,并有较大的毒性,有的还可致癌。

　　伯胺、仲胺和叔胺能与水分子形成氢键,因此低级脂肪胺易溶于水,但随烃基增大,溶解度迅速下降;中、高级胺和芳香胺微溶或难溶于水。胺大都可溶于有机溶剂。伯胺和仲胺分子间亦可形成氢键,因此胺的熔点和沸点比分子量相近的非极性化合物高。由于氮的电负性比氧小,所以胺的氢键不如醇的氢键强,因此胺的沸点比分子量相近的醇低。常见的胺的物理常数见表14-1。

表 14-1 常见的胺的物理常数

名称	结构简式	沸点 /℃	熔点 /℃	水溶性 /(g/100ml)(25℃)
氨	NH_3	–33	–78	∞
甲胺	CH_3NH_2	–6	–95	易溶
二甲胺	$(CH_3)_2NH$	7	–93	易溶
三甲胺	$(CH_3)_3N$	3	–117	易溶
乙胺	$C_2H_5NH_2$	17	–81	易溶
二乙胺	$(C_2H_5)_2NH$	56	–48	易溶
三乙胺	$(C_2H_5)_3N$	89	–114	14
丙胺	$CH_3CH_2CH_2NH_2$	49	–83	易溶
二丙胺	$(CH_3CH_2CH_2)_2NH$	110	–40	易溶
三丙胺	$(CH_3CH_2CH_2)_3N$	156	–93	易溶
苯胺	$C_6H_5NH_2$	184	–6	3.7
N–甲基苯胺	$C_6H_5NHCH_3$	196	–57	微溶
N,N–二甲基苯胺	$C_6H_5N(CH_3)_2$	194	3	微溶
邻甲基苯胺	o–$CH_3C_6H_4NH_2$	200	–28	1.7
间甲基苯胺	m–$CH_3C_6H_4NH_2$	203	–30	微溶
对甲基苯胺	p–$CH_3C_6H_4NH_2$	200	44	0.7
邻硝基苯胺	o–$O_2NC_6H_4NH_2$	284	71	0.1
间硝基苯胺	m–$O_2NC_6H_4NH_2$	307（分解）	114	0.1
对硝基苯胺	p–$O_2NC_6H_4NH_2$	332	148	0.05

（二）光谱性质

1. 红外吸收光谱 胺类化合物的红外吸收光谱的最显著的特征是在 3 500~3 300cm^{-1} 区域的 N—H 伸缩振动吸收区。伯胺有两个吸收峰,一个是对称伸缩振动吸收峰,另一个是不对称伸缩振动 吸收峰;而仲胺则只有一个伸缩振动吸收峰;叔胺因无 N—H 键,故在此频区无吸收。此外,伯胺在 1 650~1 590cm^{-1} 还有强 N—H 面内弯曲振动吸收峰;而仲胺在 1 650~1 550cm^{-1} 的峰很弱,只可用于 参考。C—N 伸缩振动吸收峰的位置与 α-碳上所连接的基团有关,脂肪胺在 1 230~1 030cm^{-1} 区域, 芳香胺在 1 340~1 250cm^{-1} 区域;氮上的取代亦能影响取代基的位置,故不易相区别。正丁胺和苯 胺的红外吸收光谱分别见图 14-5 和图 14-6。

2. 核磁共振氢谱 与醇中羟基质子的化学位移一样,胺的氮原子上质子的化学位移变化也较 大。一般情况下,脂肪胺氮原子上质子的 δ 值在 1ppm 左右,而芳胺氮原子上质子的化学位移一般较 大。α-碳上质子的化学位移受氮原子的影响向低场移动,通常在 2.7ppm 左右;β-质子受氮的影响较 小,其化学位移通常在 1.1~1.7ppm 范围。二乙胺的 ^1H-NMR 谱图见图 14-7。

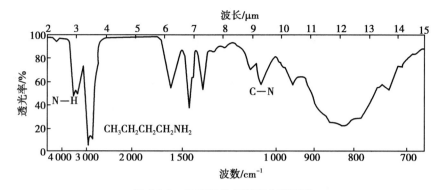

图 14-5　正丁胺的红外吸收光谱图

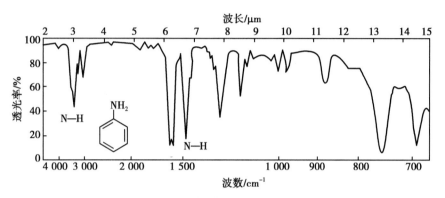

图 14-6　苯胺的红外吸收光谱图

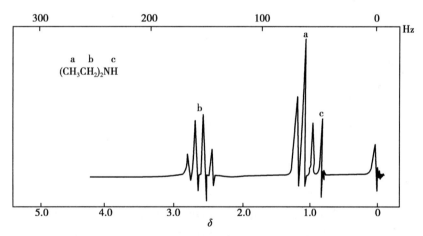

图 14-7　二乙胺的 ^{1}H–NMR 谱图

三、化学性质

胺中的氮上有一对未共用电子对,有与其他原子共享这对电子的倾向,所以胺具有碱性和亲核性。而在芳香胺中,除在氮原子上的反应外,芳环也可发生亲电取代反应,且比苯容易。

(一)碱性和铵盐的形成

与氨一样,伯、仲、叔胺的氮原子上均有未共用电子对,可以接受质子,呈碱性。例如甲胺在水溶液中就存在如下平衡式:

$$CH_3NH_2 + H_2O \rightleftharpoons CH_3NH_3^+ + OH^-$$

胺在水溶液中的碱性强弱通常用胺的共轭酸的电离平衡常数 K_a 或 pK_a 值来表示,K_a 值越小或 pK_a 值越大,表示该胺的碱性越强。常见胺的共轭酸的 pK_a 见表 14-2。

表 14-2　常见胺的共轭酸的 pK_a（25℃）

胺	pK_a	胺	pK_a	胺	pK_a
NH_3	9.24	—		—	
CH_3NH_2	10.65	$(CH_3)_2NH$	10.73	$(CH_3)_3N$	9.78
$CH_3CH_2NH_2$	10.71	$(CH_3CH_2)_2NH$	11.0	$(CH_3CH_2)_3N$	10.75
$CH_3CH_2CH_2NH_2$	10.61	$(CH_3CH_2CH_2)_2NH$	10.91	$(CH_3CH_2CH_2)_3N$	10.65
$PhCH_2NH_2$	9.34	—		—	
$PhNH_2$	4.62	$PhNHCH_3$	4.85	$PhN(CH_3)_2$	5.06
—		$(Ph)_2NH$	0.8	$(Ph)_3N$	−5.0
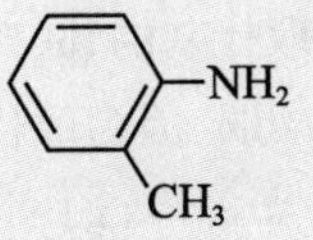 ortho-甲基苯胺	4.39	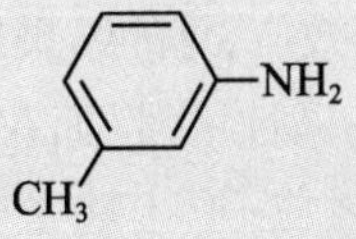 meta-甲基苯胺	4.96	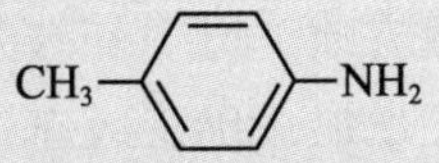 para-甲基苯胺	5.12
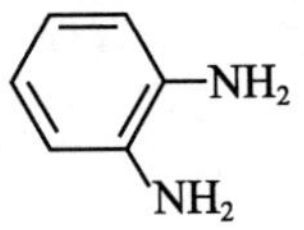 ortho-二氨基苯	4.48	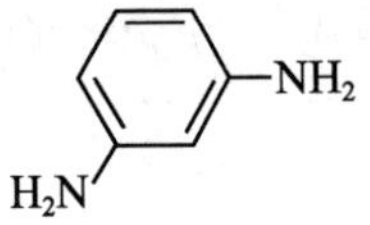 meta-二氨基苯	5.00	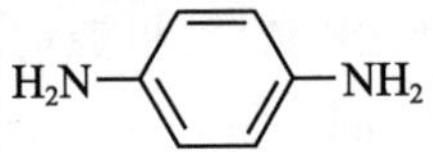 para-二氨基苯	6.15
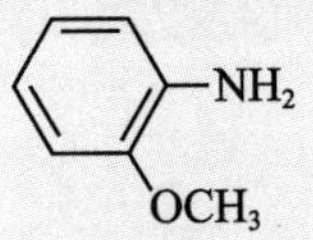 ortho-甲氧基苯胺	4.48	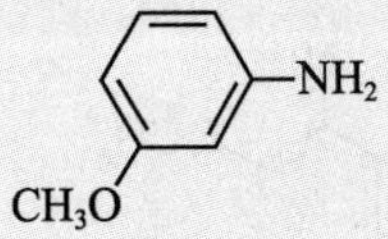 meta-甲氧基苯胺	4.30	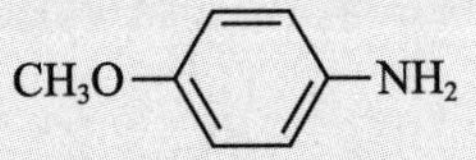 para-甲氧基苯胺	5.30
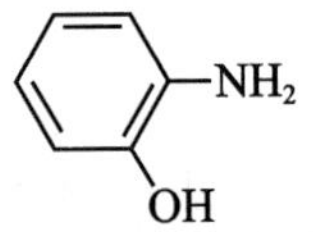 ortho-羟基苯胺	4.72	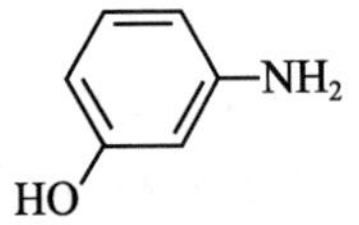 meta-羟基苯胺	4.17	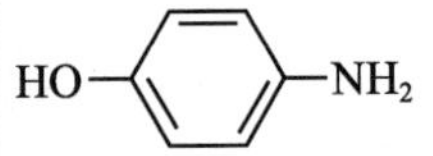 para-羟基苯胺	5.50
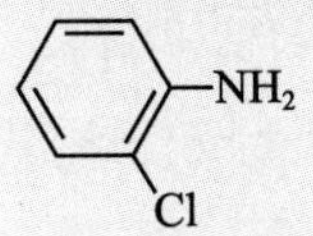 ortho-氯苯胺	2.70	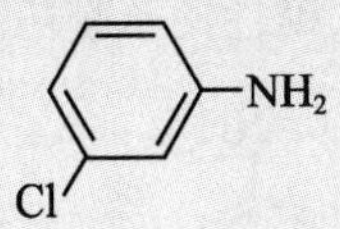 meta-氯苯胺	3.48	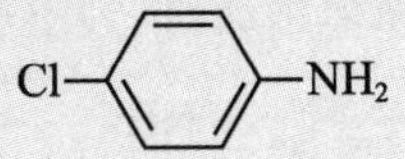 para-氯苯胺	4.00
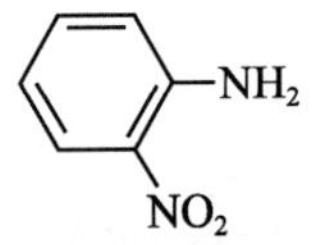 ortho-硝基苯胺	−0.3	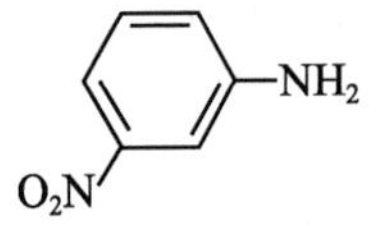 meta-硝基苯胺	2.5	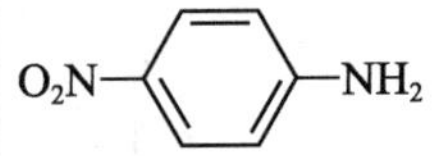 para-硝基苯胺	1.2

从表 14-2 可以看出，大多数脂肪胺的碱性比氨稍强，而芳香胺的碱性比氨弱。

对于脂肪胺，由于烷基的给电子诱导效应，使得氮原子上的电子密度增加，结合质子的能力增强，因而绝大多数脂肪胺的碱性强于氨。

在脂肪胺中，伯、仲和叔胺三种胺的碱性亦有所差别。在气相条件下测定，胺的碱性顺序为叔胺＞仲胺＞伯胺，亦即给电子基团越多，氮原子上的电子密度越高，碱性越强。而在水溶液中碱性的顺序为仲胺＞叔胺＞伯胺。这是因为在水溶液中胺的碱性不仅与氮原子上取代基的电子效应有关，也与结合质子后铵正离子的溶剂化程度有关。胺氮上的氢越多，与水形成氢键的机会就越多，溶剂化的程度也就越高，铵正离子就越稳定，表现为胺的碱性就越强（图 14-8）。

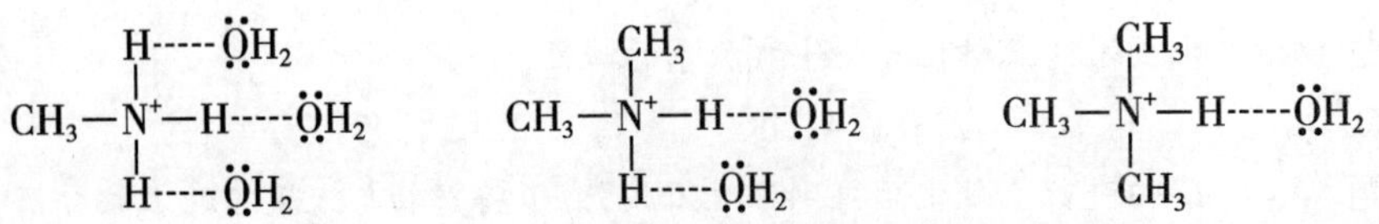

图 14-8　铵离子的溶剂效应示意图

从诱导效应来看,胺的氮原子上的烷基取代越多,碱性越强;从溶剂效应来看,烷基取代越多,则胺的氮原子上的氢就越少,溶剂化程度就越小,碱性就越弱;此外,从空间效应来看,随着氮原子上的取代基增多、体积增大,取代基对氨基的屏蔽作用也增大,使质子不易与氨基接近,表现为碱性下降。因而脂肪胺在水溶液中的碱性是多种因素综合作用的结果。例如在水溶液中叔胺的碱性小于仲胺。

芳香胺的碱性比氨弱,这是因为氮上的未共用电子对与苯环的 π 电子存在 p–π 共轭作用,氮上的孤电子部分地离域到苯环,降低氮原子上的电子密度,使氮原子结合质子的能力降低,碱性减弱。如苯胺的碱性(pK_a=4.62)比氨的碱性(pK_a=9.24)弱得多。

芳环上的取代基对芳香胺的碱性也会产生影响(表 14-2),影响的程度与取代基的种类和位置有关。这种影响是基团的电子效应和空间效应综合作用的结果。

对于给电子基团,如—OH、—OR、—OCOR、—NH₂、—NHR、—NHCOR 等,有吸电子诱导效应和给电子共轭效应,给电子共轭效应大于吸电子诱导效应,总的结果是给电子,但只能使取代基的邻、对位电子云密度增加,因此这些基团在对位使苯胺的碱性增强;而在间位使苯胺的碱性减弱,因为取代基在间位主要是吸电子诱导效应,无给电子共轭效应;取代基处于邻位时(在表 14-2 中除—OH 外)均使苯胺的碱性减弱,这可能主要是因为"邻位效应"的原因,邻位基团的空间位阻对氨基结合质子起到屏蔽作用,同时阻碍与质子结合后的铵正离子的溶剂化,使铵正离子不稳定,苯胺的碱性减弱。如下列化合物的碱性顺序:

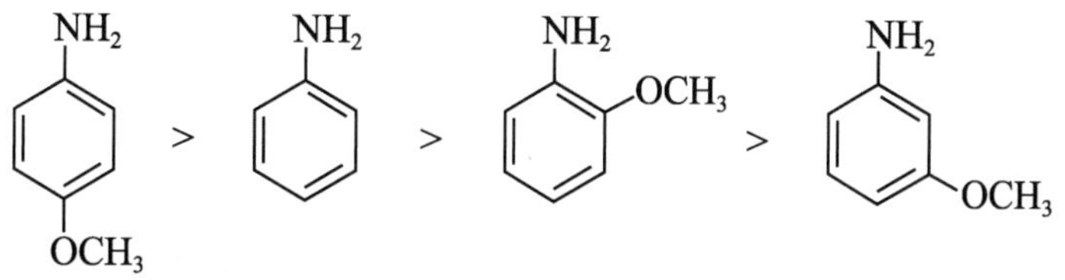

烷基有给电子诱导效应与超共轭效应,但这种效应对碱性的影响不大。如对甲苯胺和间甲苯胺的碱性比苯胺略有增加;而邻甲苯胺由于空间位阻,碱性比苯胺还弱。它们的碱性顺序为:

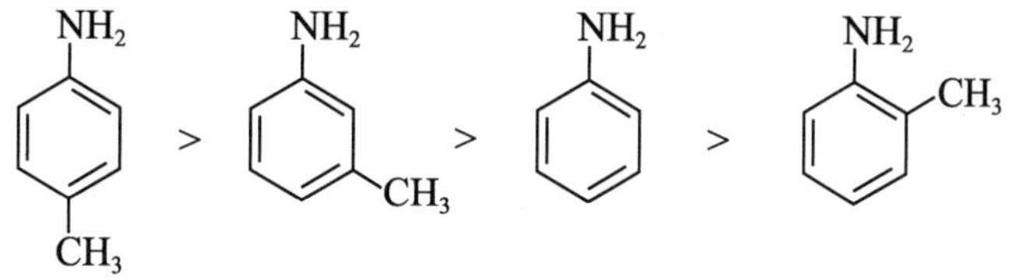

对于吸电子基团,如—NH₃⁺、—NO₂、—SO₃H、—COOH、—X 等,通过吸电子诱导效应和吸电子共轭效应,使氨基上的孤对电子通过苯环向取代基转移,使芳胺的碱性减弱,当吸电子基处于邻位和对位时较为明显,特别是处于邻位时距氨基更近,吸电子诱导效应更强,同时还有空间位阻使芳香胺的碱性降低更加明显。例如:

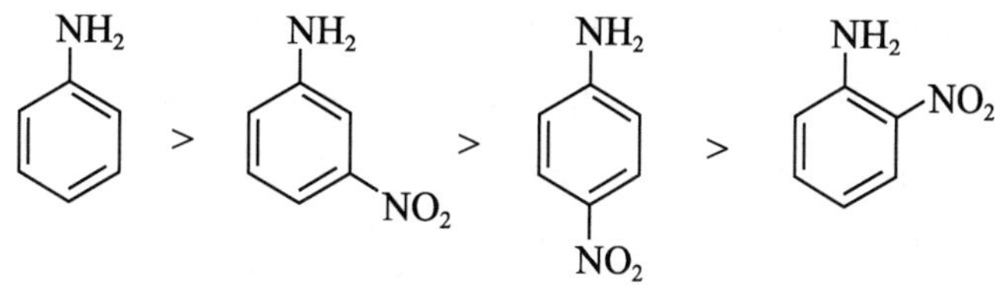

练习题 14.3　比较下列三种化合物中氮原子的碱性。

(1) NH_3　　　　　　　(2) $R_2C=NR$　　　　　　　(3) $RC\equiv N$

练习题 14.4　苯胺进行乙酰化后得到乙酰苯胺,为了将产物与未反应的苯胺分离,试设计一个简便的分离方案。

练习题 14.5 以下是异丙胺共轭酸、丙酸和丙氨酸的各个官能团的 pK_a 值。

$$CH_3CHCH_3 \qquad CH_3CH_2COOH \qquad CH_3CHCOOH$$

NH₃⁺ 部分及标注：

CH₃CHCH₃ 下 NH₃⁺，pK_a 10.78

CH₃CH₂COOH，pK_a 4.78

CH₃CHCOOH（NH₃⁺，pK_a 9.87；COOH 箭头指向 pK_a 2.35）

请解释丙氨酸中—NH₃⁺ 的酸性强于异丙胺共轭酸的酸性，以及丙氨酸共轭酸中—COOH 的酸性比丙酸的酸性强。

（二）烃基化反应

与氨一样，胺类化合物中的氮原子上存在一对未共用电子对，使其可以作为亲核试剂与卤代烷发生取代反应，反应一般按 S$_N$2 机理进行。如伯胺与卤代烷反应得到仲铵盐，该铵盐经质子转移可得到仲胺。

$$R-\overset{\cdot\cdot}{N}H_2 + R'-X \longrightarrow R-\underset{R'}{\overset{+}{N}}H_2X^- \xrightarrow{RNH_2} R-\underset{R'}{NH} + RNH_3^+X^-$$

仲胺的氮上仍有未共用电子对，且仲胺的亲核性一般比伯胺强，可作为亲核试剂继续与卤代烷反应，经类似的过程得到叔胺。而叔胺还可再与卤代烷反应得到季铵盐，因此最后得到的是复杂的混合物。

$$R-\underset{R'}{NH} + R'-X \longrightarrow R-\underset{R'}{\overset{R'}{\overset{+}{N}}}HX^- \xrightarrow{RNH_2} R-\underset{R'}{\overset{R'}{N}} \xrightarrow{R'-X} R-\underset{R'}{\overset{R'}{\overset{+}{N}}}-R'X^-$$

控制原料的用量，可使其中的一种或两种产物的产率较高。例如 1-溴辛烷和 2 倍量的 NH₃ 反应主要得到一取代和二取代产物。

$$CH_3(CH_2)_6CH_2Br + 2\,NH_3 \longrightarrow CH_3(CH_2)_6CH_2NH_2 + [CH_3(CH_2)_6CH_2]_2NH$$

　　　　　　　　　　　　　　　　　45%　　　　　　　43%

$$[CH_3(CH_2)_6CH_2]_3N + [CH_3(CH_2)_6CH_2]_4\overset{+}{N}\,\overset{-}{Br}$$

　　　　　　痕量(trace)　　　　痕量(trace)

练习题 14.6 苯胺与氯苄反应基本上只得到一烃基化产物，你能说明可能是什么因素影响的结果吗？

NH₂（苯环）＋ CH₂Cl（苯环） ⟶ （苯环）—CH₂—NH—（苯环）

（三）酰化反应和磺酰化反应

伯胺和仲胺因氮原子上的氢原子可被酰基取代，生成酰胺化合物；而叔胺氮上无氢，不能生成酰胺化合物。

脂肪胺可与酰卤、酸酐甚至酯等发生氨解反应生成酰胺。芳胺因其亲核性较弱，一般需用酰卤或

酸酐进行酰化。

例如：

$$HO\text{—}\bigcirc\text{—}NH_2 \ + \ (CH_3CO)_2O \xrightarrow[H_2O]{NaOH} HO\text{—}\bigcirc\text{—}NHCOCH_3 \ + \ CH_3COO^-$$

$$\bigcirc N\text{—}H \ + \ \bigcirc\text{—}COCl \xrightarrow{NaOH} \bigcirc\text{—}C\text{—}N\bigcirc \ + \ H_2O + NaCl$$

$$CH_3CH_2NH_2 + CH_3\overset{O}{\overset{\|}{C}}OCH_2CH_3 \longrightarrow CH_3\overset{O}{\overset{\|}{C}}NHCH_2CH_3 + CH_3CH_2OH$$

用酰卤或酸酐作酰化剂时，常需要加入碱以中和生成的酸。常用的碱是氢氧化钠、三乙胺和吡啶。

虽然伯胺分子中有两个氢原子，但一般只能引入一个酰基。因为生成酰胺后，由于羰基的吸电子作用，氮原子的亲核性大大降低。因此，常利用酰化反应对氨基进行保护，使其不易被氧化。酰胺可以通过酸或碱水解再游离出氨基。

$$\bigcirc\overset{NH_2}{\underset{CH_3}{}} \xrightarrow{(CH_3CO)_2O} \bigcirc\overset{NHCOCH_3}{\underset{CH_3}{}} \xrightarrow{KMnO_4} \bigcirc\overset{NHCOCH_3}{\underset{COOH}{}} \xrightarrow[\triangle]{OH^-} \bigcirc\overset{NH_2}{\underset{COOH}{}}$$

伯胺和仲胺也能与磺酰氯作用生成磺酰胺，磺酰胺一般不溶于水，但可缓慢水解游离出原来的胺。

$$RNH_2 \ + \ Cl\text{—}\overset{O}{\underset{O}{\overset{\|}{\underset{\|}{S}}}}\text{—}\bigcirc\text{—}CH_3 \longrightarrow R\text{—}\overset{H}{\underset{}{N}}\text{—}\overset{O}{\underset{O}{\overset{\|}{\underset{\|}{S}}}}\text{—}\bigcirc\text{—}CH_3$$

$$R\underset{}{\overset{R}{\underset{}{N}}H} \ + \ Cl\text{—}\overset{O}{\underset{O}{\overset{\|}{\underset{\|}{S}}}}\text{—}\bigcirc\text{—}CH_3 \longrightarrow R\text{—}\overset{R}{\underset{}{N}}\text{—}\overset{O}{\underset{O}{\overset{\|}{\underset{\|}{S}}}}\text{—}\bigcirc\text{—}CH_3$$

由伯胺生成的磺酰胺，氮原子上的氢原子受磺酰基强吸电子作用的影响而具有弱酸性，与氢氧化钠作用可形成盐而溶于水，将溶液酸化，又会生成不溶于水的磺酰胺。仲胺形成的磺酰胺的氮原子上不含酸性氢原子，因此不能溶于氢氧化钠溶液，将溶液酸化亦不溶解。而叔胺因无可以离去的氢原子，所以不能被磺酰化，不溶于碱，但可溶于酸。因此，利用苯磺酰氯或对甲基苯磺酰氯与三种不同类型的胺在反应现象上的差异，可以鉴别和分离三种不同类型的胺，该反应称为兴斯堡反应（Hinsberg reaction）。

> **练习题 14.7**　一不溶于水的液态胺经苯磺酰氯处理后，加盐酸酸化，没有沉淀出现。你能判断是伯胺、仲胺还是叔胺吗？

（四）与亚硝酸反应

伯胺、仲胺、叔胺与亚硝酸反应的产物和现象不同。

1. **伯胺**　芳香伯胺与亚硝酸在低温下反应，生成芳香重氮盐（arenediazonium salt），称为重氮化（diazotization）。由于亚硝酸不稳定，一般用亚硝酸钠加盐酸或硫酸代替亚硝酸。例如：

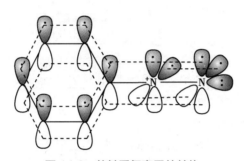

芳香重氮盐可溶于水，由于苯环的给电子共轭效应(图14-9)，重氮正离子在低温(0~5℃)时较为稳定，但加热可水解。干燥的重氮盐稳定性很差，易爆炸，故制备后一般直接在水溶液中进行下一步反应。

图 14-9　苯基重氮离子的结构

脂肪伯胺同样能与亚硝酸进行重氮化反应，生成重氮盐。但是脂肪族重氮盐极不稳定，即使在很低的温度下也会很快分解，放出氮气，生成高度活泼的碳正离子。

$$R-NH_2 + NaNO_2 + 2HX \xrightarrow{H_2O} [R-\overset{+}{N}\equiv NX^-] + NaX + 2H_2O$$
极不稳定的重氮盐

$$\downarrow$$

$$R^+ + X^- + N_2\uparrow$$

该碳正离子会进一步发生一系列的取代、消除和重排等反应，得到多种产物的混合物。例如：

$$CH_3CH_2CH_2CH_2NH_2 \xrightarrow[0~5℃]{NaNO_2/HCl}$$

产物	百分比	类型
$CH_3CH_2CH_2CH_2OH$	25%	取代产物
$CH_3CH_2CH_2CH_2Cl$	5.2%	取代产物
$CH_3CH_2\underset{OH}{CHCH_3}$	13.2%	重排后的取代产物
$CH_3CH_2\underset{Cl}{CHCH_3}$	3%	重排后的取代产物
$CH_3CH=CHCH_3$ cis trans	3.6% 7%	重排后的消除产物
$CH_3CH_2CH=CH_2$	25.9%	消除产物

该反应可定量放出氮气，根据氮气的生成量可以测定分子中—NH_2的数目。

脂肪伯胺与亚硝酸的一个较有制备价值的反应是环状 β-氨基醇的扩环反应(ring expansion reaction)，可用于制备五至九元环酮。例如：

练习题 14.8 由 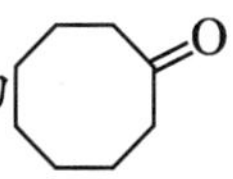 制备 (1) 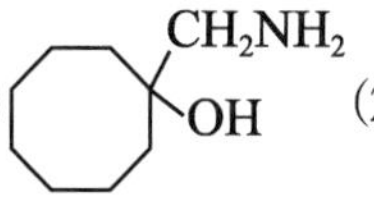 (2)

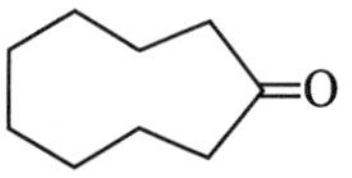

2. 仲胺　无论是芳香仲胺还是脂肪仲胺,与亚硝酸反应都是在胺的氮原子上发生亚硝化反应,得 N-亚硝基胺(N-nitrosoamine)。例如:

$$(CH_3)_2\overset{\cdot\cdot}{N}H + HCl + NaNO_2 \longrightarrow (CH_3)_2\overset{\cdot\cdot}{N}-\overset{\cdot\cdot}{N}=O$$

N-亚硝基二甲胺(黄色油状物)

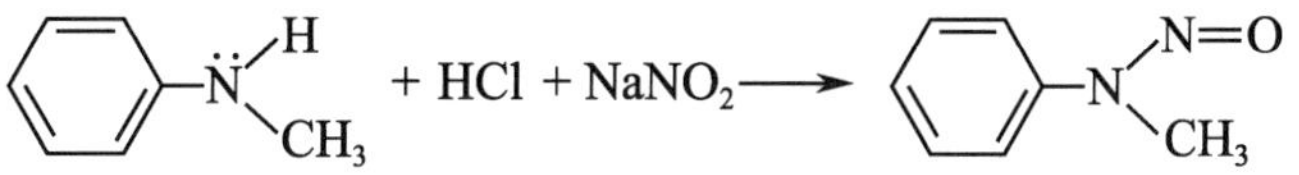

N-甲基-N-亚硝基苯胺(黄色油状物)

N-亚硝基胺几乎没有合成价值或商业价值,不过近年来它们引起人们的密切关注,因为它们中有些是强致癌物质。例如:

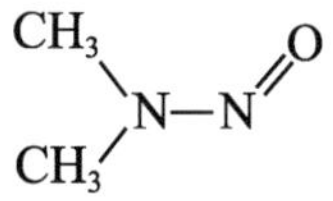

皮革制作过程中可
形成,也存在于啤
酒和除草剂中

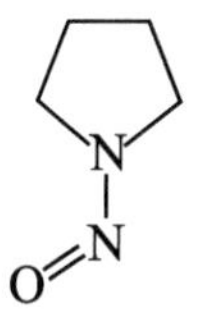

用亚硝酸钠处理
的熏肉油炸过程
中可形成

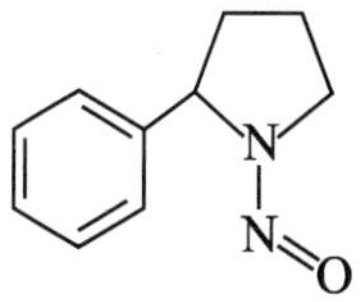

吸烟过程中
可形成

仲胺亚硝化反应得到的 N-亚硝基仲胺一般为中性的黄色液体或固体,比较稳定,可用于仲胺的鉴别。N-亚硝基仲胺经水解或还原(如 $SnCl_2$/HCl 等)可将亚硝基除掉,得到原来的仲胺,可作为仲胺的一种精制方法。

3. 叔胺　脂肪叔胺因氮上没有氢,只与亚硝酸发生酸碱中和反应,生成一个不稳定的、易水解的亚硝酸盐。

$$R_3N + HNO_2 \longrightarrow R_3N^+HNO_2^- \xrightarrow{NaOH} R_3N + NaNO_2 + H_2O$$

由于氨基的强活化作用,芳香叔胺与亚硝酸发生苯环上的亲电取代反应,称为亚硝化反应(nitrosation reaction)。亚硝基进入氨基的对位;若对位已被占据,则进入邻位。

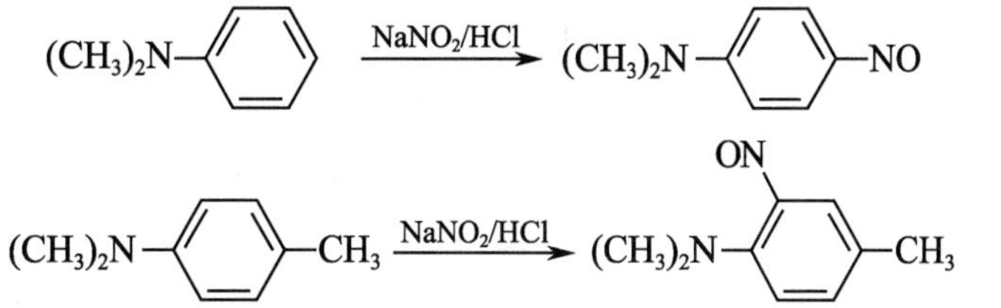

这种环上的亚硝基化合物都有明显的颜色,且在酸性和碱性条件下显不同的颜色。

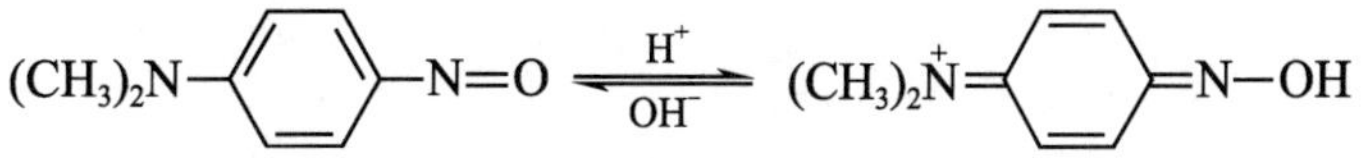

翠绿色　　　　　　　　　　橘黄色

根据伯、仲和叔胺与 HNO_2 反应生成的产物和现象不同,可以用来鉴别不同类型的胺。

（五）芳环上的取代反应

芳胺中的氨基是很强的邻、对位定位基,芳胺的邻、对位很容易发生亲电取代反应。

1. 卤代反应 苯胺与溴水迅速反应,立即生成 2,4,6-三溴苯胺白色沉淀。此反应可定量进行,常用于苯胺的定性鉴别和定量分析。

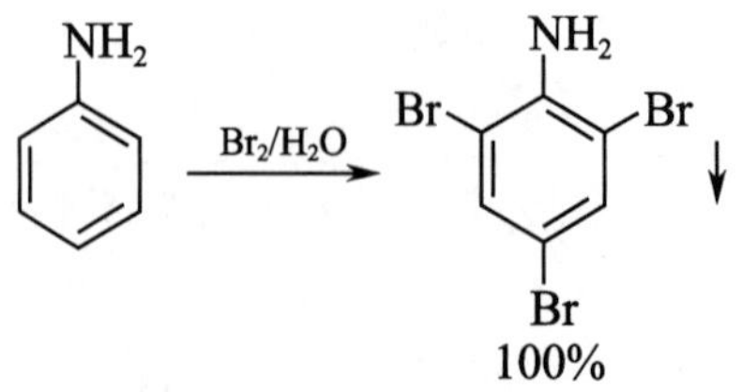

（化学反应式：苯胺 + Br₂/H₂O → 2,4,6-三溴苯胺 100%）

反应不能停留在一溴化或二溴化阶段。即使苯环上有钝化基团时,卤代反应仍较易发生。例如:

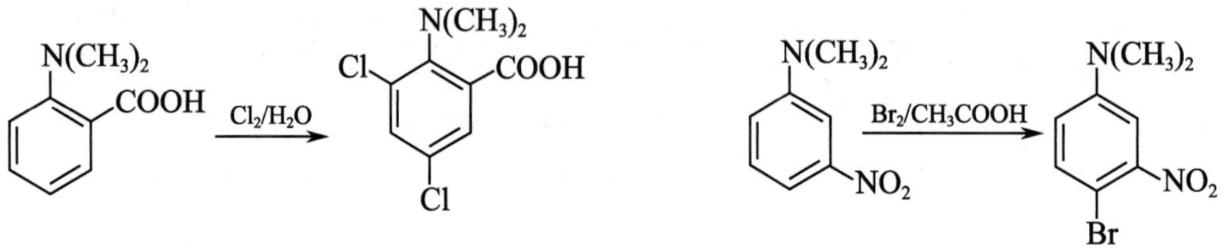

（化学反应式两例）

为制备一卤代苯胺,可先将氨基酰化,以降低氨基对苯环的活化作用;当卤代完毕后再水解脱去乙酰基,即可得到一卤化物。由于乙酰基团的空间位阻的原因,可得到高产率的对位产物。

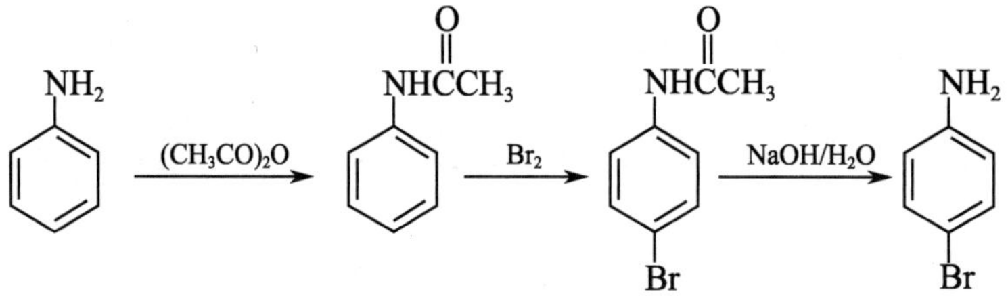

（化学反应式：苯胺 →(CH₃CO)₂O→ 乙酰苯胺 →Br₂→ 对溴乙酰苯胺 →NaOH/H₂O→ 对溴苯胺）

另一种制备一卤代芳胺的方法是先用酸将氨基质子化,使之成为间位定位基,然后再卤化,主要产物为间位卤代芳胺。例如:

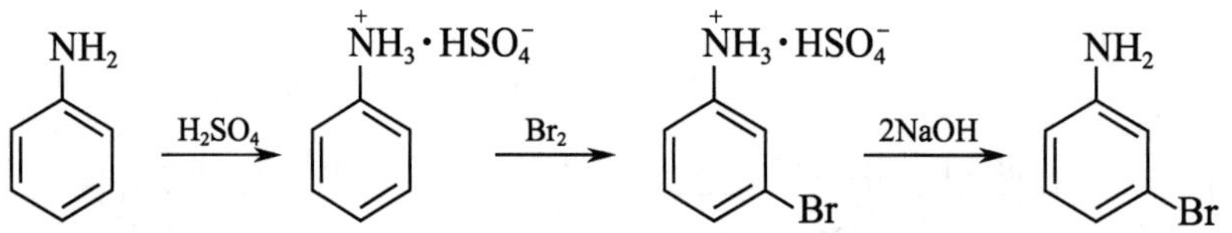

（化学反应式：苯胺 →H₂SO₄→ 苯胺硫酸氢盐 →Br₂→ 间溴苯胺硫酸氢盐 →2NaOH→ 间溴苯胺）

2. 硝化反应 芳伯胺在强酸性条件下硝化,会有较多的苯胺被质子化,成为间位定位基,因此除有邻、对位取代产物外,也有较多的间位取代产物生成。

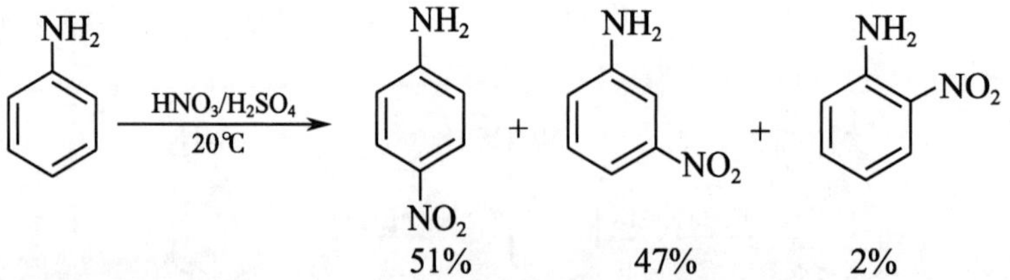

（化学反应式：苯胺 →HNO₃/H₂SO₄, 20℃→ 对硝基苯胺 51% + 间硝基苯胺 47% + 邻硝基苯胺 2%）

苯胺直接硝化时,氨基易被氧化,同时还可能引起爆炸性氧化分解。因此,一般先将氨基用酰基保护后再硝化,最后水解脱除酰基。

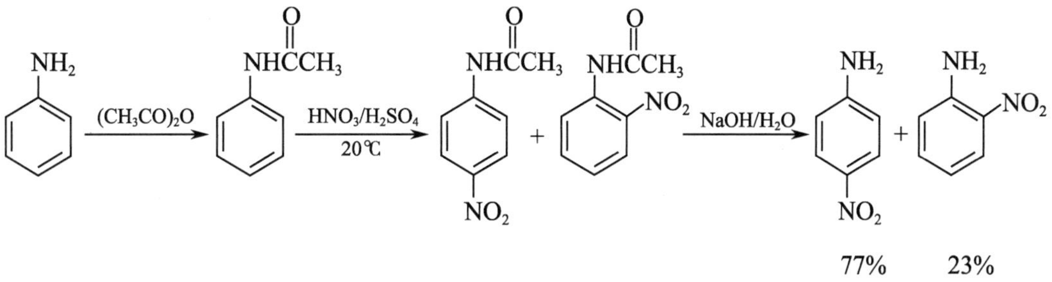

若使用硝酸与乙酸酐作用后生成的硝乙酐(CH₃COONO₂)作酰化剂,在20℃反应,可得以邻位为主的硝化产物。

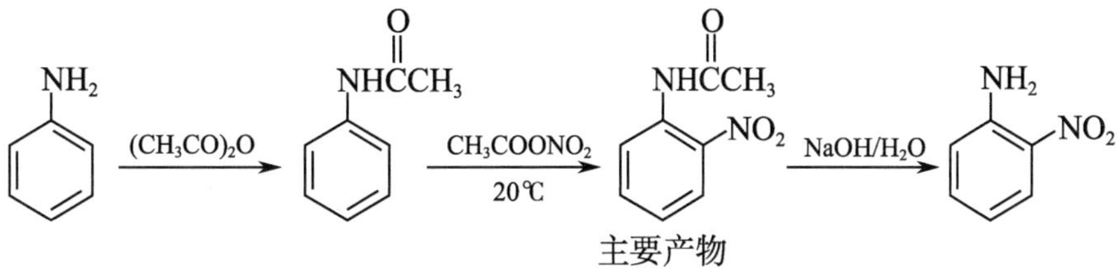

主要产物

3. 磺化反应   苯胺与浓硫酸作用生成苯胺硫酸盐,加热脱水生成不稳定的苯胺磺酸,然后很快重排成对氨基苯磺酸。

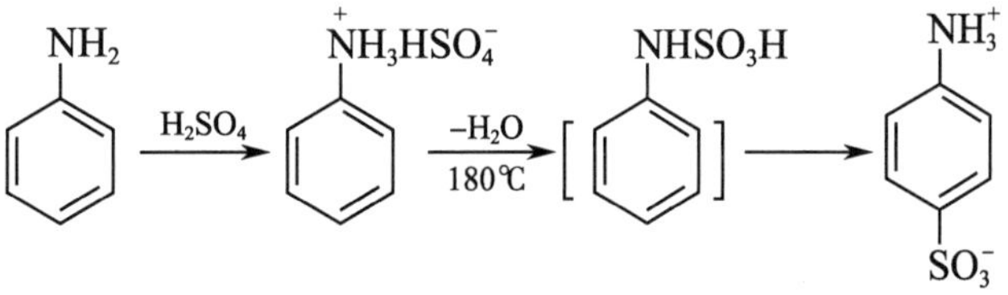

对氨基苯磺酸兼有酸性和碱性两种官能团,是两性化合物,以内盐形式存在,熔点高,水溶性小。

苯胺也能够与氯磺酸发生氯磺化反应,不过一般也是先将氨基进行保护,以避免在氨基上首先进行磺化反应。由此得到的苯磺酰氯是工业上制备磺胺类药物的重要中间体,由此中间体出发,与一系列胺类化合物进行反应,即可得到各种不同的磺胺类药物。

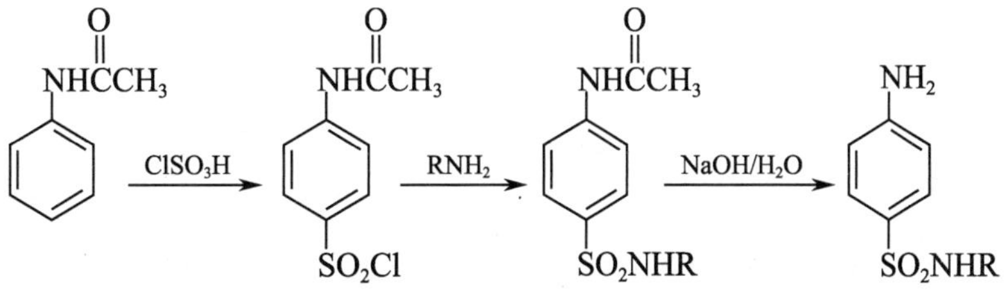

4. F–C反应   苯胺具有较强的亲核性,易与酰化试剂作用,因此需先将氨基保护,再进行F–C反应,否则产率较低。

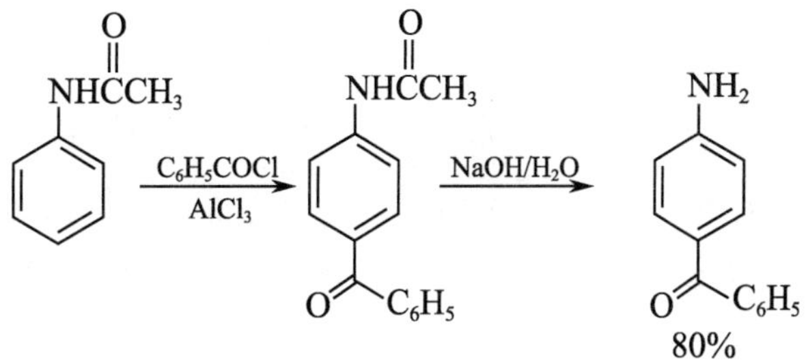

80%

不过,叔胺在温和的条件下可直接进行F–C反应。

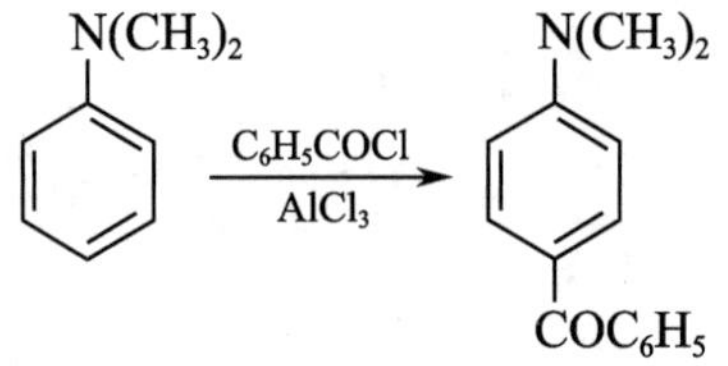

N(CH₃)₂

$\xrightarrow[AlCl_3]{C_6H_5COCl}$

N(CH₃)₂

COC₆H₅

（六）烯胺的烷基化和酰基化

前面已经介绍过,在酸催化下,伯胺与醛、酮缩合可生成亚胺或席夫碱,本节主要介绍仲胺与醛、酮的反应和用途。仲胺与含有 α-氢的醛、酮反应时,因加成产物的氮上已无可消除的氢原子,生成的羟基和原醛、酮的 α-氢脱水,生成称为烯胺(enamine)的产物。例如:

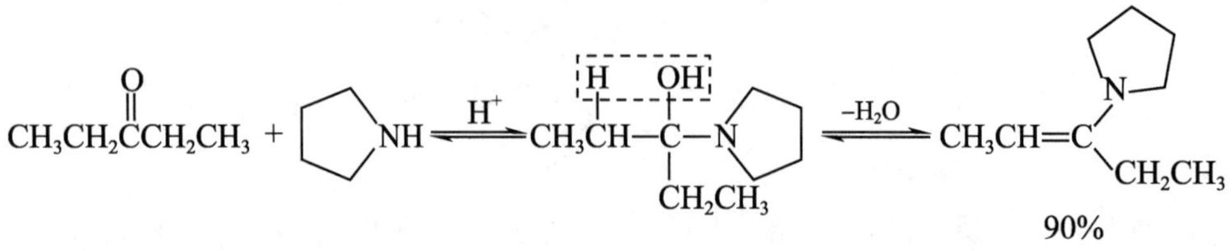

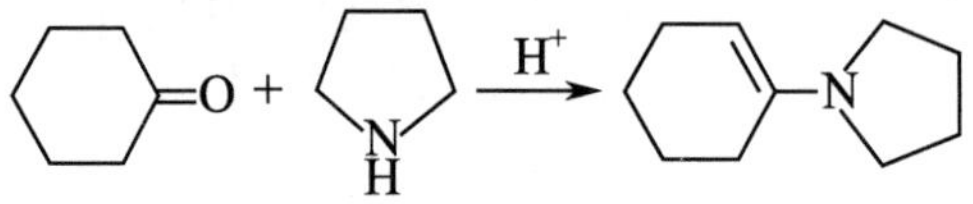

$CH_3CH_2CCH_2CH_3$ + ⟨N⟩NH $\underset{}{\overset{H^+}{\rightleftharpoons}}$ CH₃CH₂—C—N⟨⟩ , 虚框[H OH] $\underset{}{\overset{-H_2O}{\rightleftharpoons}}$ CH₃CH=C—CH₂CH₃ (N⟨⟩)

CH₂CH₃

90%

⟨⟩=O + ⟨N⟩NH $\xrightarrow{H^+}$ ⟨⟩—N⟨⟩

形成烯胺的反应需要在酸(如对甲苯磺酸)催化下进行,若在反应体系中加入强脱水剂则可提高烯胺的收率。仲胺多采用环状胺如六氢吡啶(哌啶)、四氢吡咯(吡咯烷)、吗啉等,它们与羰基的反应活性为:

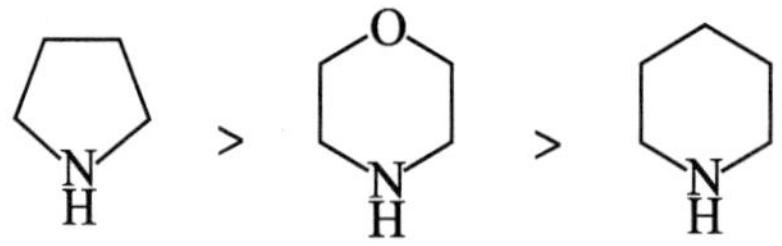

⟨N-H⟩ > ⟨O,N-H⟩ > ⟨N-H⟩

四氢吡咯   吗啉   六氢吡啶

形成烯胺的反应机理如下:

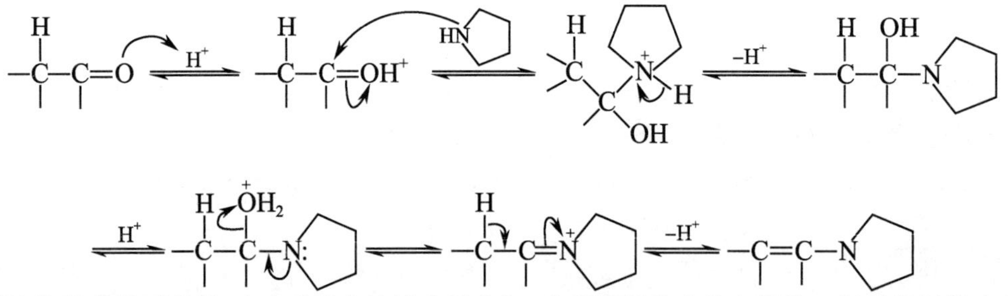

—C—C=O $\underset{}{\overset{H^+}{\rightleftharpoons}}$ —C—C—OH⁺ $\underset{}{\overset{HN⟨⟩}{\rightleftharpoons}}$ —C—C—N⁺H($\oplus$) (OH) $\underset{}{\overset{-H^+}{\rightleftharpoons}}$ —C—C—N⟨⟩ (H OH)

$\underset{}{\overset{H^+}{\rightleftharpoons}}$ —C—C—N⟨⟩ (H O⁺H₂) $\rightleftharpoons$ —C—C=N⁺⟨⟩ (H) $\underset{}{\overset{-H^+}{\rightleftharpoons}}$ —C=C—N⟨⟩

烯胺的形成是可逆的,它在酸性水溶液中易水解,生成羰基化合物和仲胺。烯胺的结构中烯键和氨基间只隔一个单键,存在 p-π 共轭体系,氮原子上的未共用电子对可离域到碳原子上,使原羰基的 α-碳原子上带有部分负电荷。烯胺的结构可用共振式表示如下:

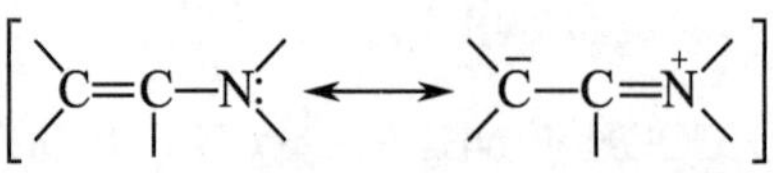

$$\left[\underset{|}{C}=\underset{|}{C}-\overset{..}{N}\overset{|}{} \longleftrightarrow \overset{\ominus}{C}-\underset{|}{C}=\overset{\oplus}{N}\overset{|}{} \right]$$

因此,烯胺具碳负离子的结构特点,具有亲核性,可与卤代烷发生亲核取代反应,生成烷基化产物;与酰卤经亲核加成 – 消除反应,生成酰基化产物。因生成的烷基化和酰基化产物具有亚铵盐的结构,C=N⁺ 的极性很大,很容易与水发生亲核加成而水解成原来的羰基,得到在原羰基的 α-碳上引入烷基或酰基的化合物,这是在酮的 α-碳原子上引入烷基或酰基的重要方法。例如:

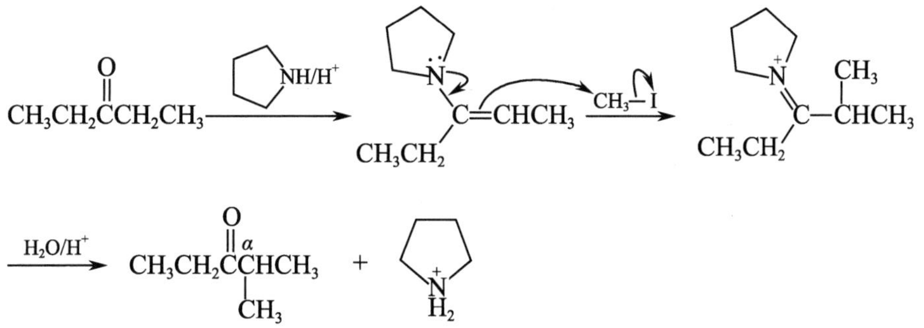

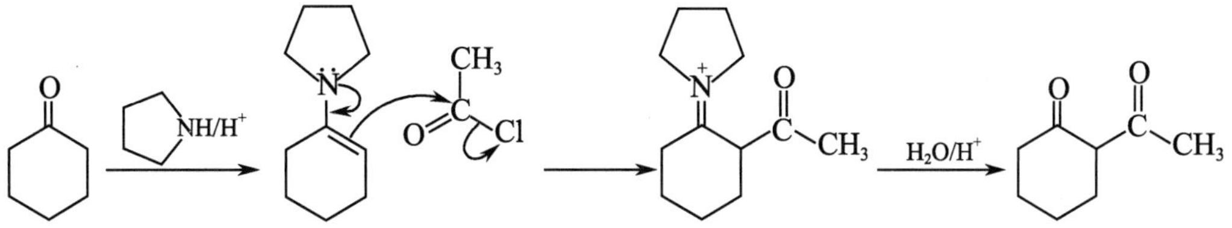

正如上面的极限式所示，烯胺在结构上具有两个亲核部位（原酮的 α-碳原子和氮原子），在与不活泼卤代烷进行烷基化反应时，会有不可逆的 N-烷基化副产物形成，C-烷基化产物的收率很低；而活泼卤代烷如碘甲烷、烯丙型卤化物、苄基型卤化物、α-卤代酸酯等主要发生 C-烷基化反应。例如：

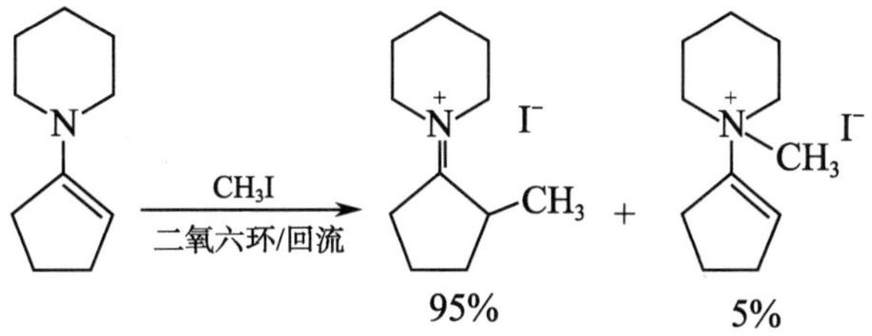

醛也可以通过烯胺制备 α-烷基化的醛。例如：

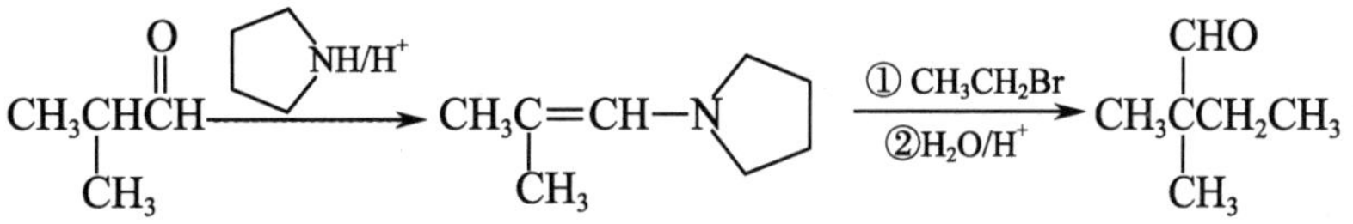

练习题 14.9　写出酮经烯胺烷基化反应中的最后一步即亚铵盐酸性水解的机理。

练习题 14.10　如何由环己酮合成辛酸？

四、胺的制备

（一）氨或胺的烃基化

氨或胺与脂肪族卤代烃反应可生成胺，但是往往得到的是各种胺的混合物，分离、纯化有一定的困难，因而这一方法的使用受到很大的限制。不过，当使用过量的氨或胺时，可以避免反应的多烷基化。例如：

$$CH_3\underset{\underset{Br}{|}}{C}HCOOH + NH_3 \longrightarrow CH_3\underset{\underset{NH_2}{|}}{C}HCOO^-NH_4^+$$

$$1mol \qquad\qquad 70mol \qquad\qquad 65\%\sim70\%$$

芳香卤代烃的卤素很难被氨（或胺）取代，但当卤素的邻、对位有强的吸电子基团（如硝基等）存在时，可使反应变得容易进行。例如：

$$\underset{\text{（邻氯硝基苯）}}{\text{(Cl)}\text{C}_6\text{H}_4\text{NO}_2} + \text{CH}_3\text{NH}_2 \xrightarrow[160\text{℃}]{\text{EtOH}} \underset{\text{NHCH}_3,\ \text{NO}_2}{\text{C}_6\text{H}_4}$$

（二）硝基化合物的还原

硝基化合物的还原是制备伯胺的最常用的方法。硝基可以被多种还原剂还原，最常用的方法是催化氢化。例如：

$$\text{O}_2\text{N}-\!\!\langle\ \rangle\!\!-\text{COOH} \xrightarrow[0.3\text{MPa}]{\text{H}_2/\text{Ni}} \text{H}_2\text{N}-\!\!\langle\ \rangle\!\!-\text{COOH}$$

$$\text{(环己酮)} + \text{CH}_3\text{NO}_2 \xrightarrow{\text{NaOH}} \underset{\text{CH}_2\text{NO}_2}{\text{HO}} \xrightarrow{\text{H}_2/\text{Ni}} \underset{\text{CH}_2\text{NH}_2}{\text{HO}}$$

另一种方法是金属 / 酸还原法，常用的金属是 Fe、Zn 和 Sn 等，也可以用 $SnCl_2$，而且 $SnCl_2$ 作还原剂可以避免醛基的还原，同时还可以完成多硝基化合物的部分还原。工业上曾大量应用比较便宜的铁粉加盐酸，但产生的大量铁泥不易处理，因此现已逐渐少用，被催化氢化取代。

$$\underset{\text{CH}_3}{\overset{\text{NO}_2,\ \text{NO}_2}{\text{C}_6\text{H}_3}} \xrightarrow[\text{C}_2\text{H}_5\text{OH}/\text{H}_2\text{O}]{\text{Fe/HCl}} \underset{\text{CH}_3}{\overset{\text{NH}_3^+\text{Cl}^-,\ \text{NH}_3^+\text{Cl}^-}{\text{C}_6\text{H}_3}} \xrightarrow{\text{NaOH}} \underset{\text{CH}_3}{\overset{\text{NH}_2,\ \text{NH}_2}{\text{C}_6\text{H}_3}}$$

$$\underset{\text{CH(CH}_3)_2}{\overset{\text{CH}_3,\ \text{NO}_2}{\text{C}_6\text{H}_3}} \xrightarrow[7\text{MPa},\ 100\sim200\text{℃}]{\text{H}_2/\text{Ni}} \underset{\text{CH(CH}_3)_2}{\overset{\text{CH}_3,\ \text{NH}_2}{\text{C}_6\text{H}_3}}$$

$$87\%\sim90\%$$

硝基化合物的选择性还原条件及产物见硝基化合物部分。

（三）腈、肟、叠氮化合物和酰胺的还原

腈、肟和叠氮化合物经还原得到的都是伯胺；而酰胺的还原产物则根据氮原子上有无取代基及取代基的数目，可以是伯、仲或叔胺。这些化合物都可以有多种还原方式，最常用的方法是催化氢化和化学试剂还原，在后者中最常用的还原试剂是氢化铝锂。例如：

$$\langle\ \rangle\!-\text{CH}_2\text{CN} \xrightarrow{\text{H}_2/\text{Ni}} \langle\ \rangle\!-\text{CH}_2\text{CH}_2\text{NH}_2$$

$$\langle\ \rangle\!-\text{CH}_2\text{CH}_2\text{NHCCH}_3 \xrightarrow{\text{LiAlH}_4/\text{Et}_2\text{O}} \langle\ \rangle\!-\text{CH}_2\text{CH}_2\text{NHCH}_2\text{CH}_3$$

$$\langle\ \rangle\!-\text{CH}_2\text{Cl} \xrightarrow{\text{KN}_3} \langle\ \rangle\!-\text{CH}_2\text{N}_3 \xrightarrow[\text{②}\ \text{H}_2\text{O}]{\text{①}\ \text{LiAlH}_4} \langle\ \rangle\!-\text{CH}_2\text{NH}_2$$

$$\langle\ \rangle\!=\text{N}-\text{OH} \xrightarrow{\text{Na/NaOH}} \langle\ \rangle\!-\text{NH}_2$$

（四）还原胺化

在还原剂的存在下，醛或酮与氨或胺反应得到相应的伯、仲或叔胺的方法称为还原胺化（reductive amination）。

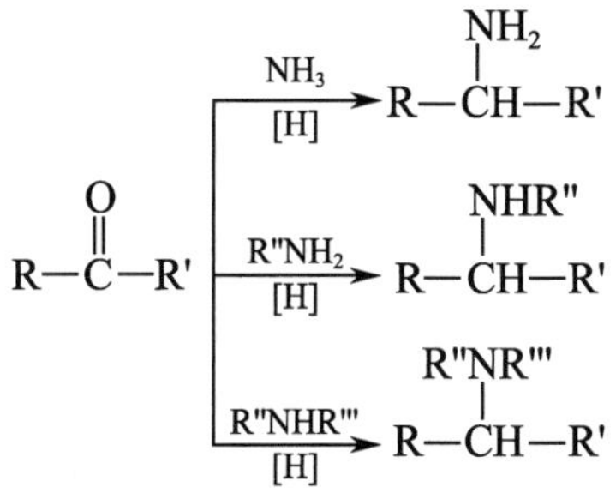

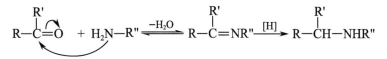

还原胺化实际上包含两步反应,首先是氨(或胺)与醛(或酮)反应得到亚胺或烯胺,然后该产物进一步用 Ni/H₂ 或氰基硼氢化钠(NaBH₃CN)还原为胺。以伯胺为例,其反应过程可表示如下:

$$R-\overset{R'}{\underset{||}{C}}=O + H_2N-R'' \xrightarrow{-H_2O} R-\overset{R'}{\underset{||}{C}}=NR'' \xrightarrow{[H]} R-\overset{R'}{\underset{|}{CH}}-NHR''$$

甲酸铵在高温下与醛或酮反应可得伯胺,称为刘卡特反应(Leuckart reaction)。在反应中,甲酸铵既提供氨,同时也作为还原剂。例如:

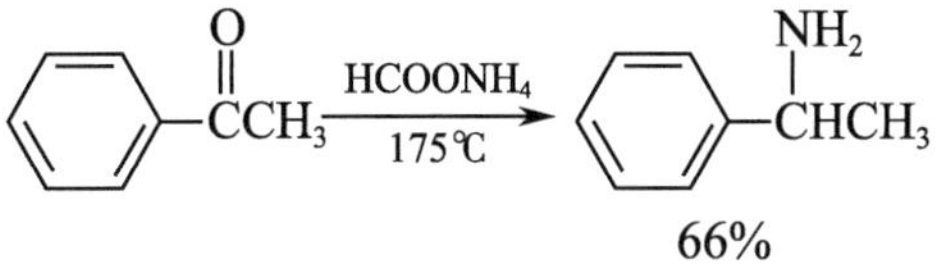

14-K-1
科学家简介

$$\text{(图)} \xrightarrow[175℃]{HCOONH_4} \text{(图)}$$

66%

（五）酰胺的霍夫曼降解

将酰胺用次卤酸钠处理,失去羰基,可生成伯胺。

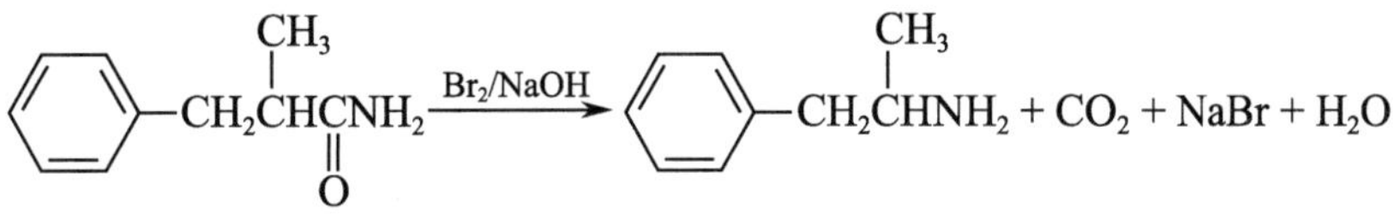

$$\text{(图)} \xrightarrow{Br_2/NaOH} \text{(图)} + CO_2 + NaBr + H_2O$$

（六）加布瑞尔合成法

加布瑞尔合成法(Gabriel synthesis)是制备纯净伯胺的一种方法。首先是在强碱性条件下,邻苯二甲酰亚胺转化为邻苯二甲酰亚胺的负离子,该负离子与卤代烷进行烷基化,再进行水解,从而得到较纯净的伯胺。

14-K-2
科学家简介

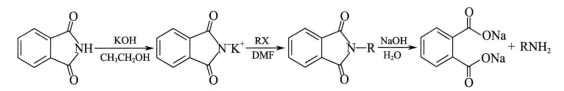

N-烃基化产物的水解需较强烈的条件,在碱或酸中的水解速率较慢、产率较低,现多用肼代替进行肼解。

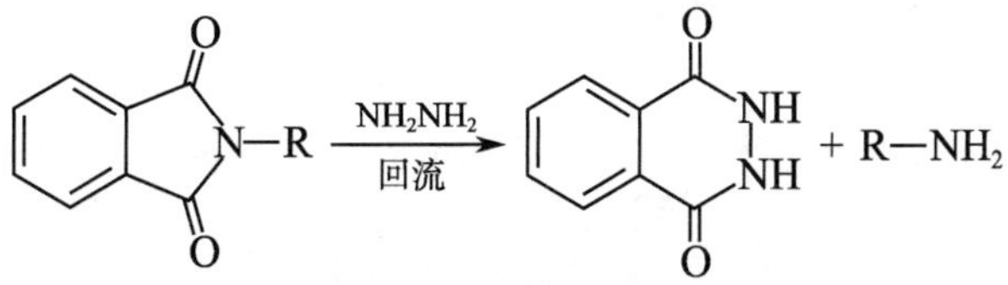

$$\text{(图)} \xrightarrow[回流]{NH_2NH_2} \text{(图)} + R-NH_2$$

加布瑞尔反应是在强碱性条件下进行的,因此卤代烷一般仅限于伯卤代烷,仲和叔卤代烷易发生消除反应。此亲核取代反应按 S_N2 机理进行,如果与卤素相连的碳原子是手性碳原子,其构型会发生翻转。除卤代烷外,醇的苯磺酸酯(ROTs)也是一种很好的反应试剂,它可以由醇与对甲苯磺酰氯(TsCl)反应得到。

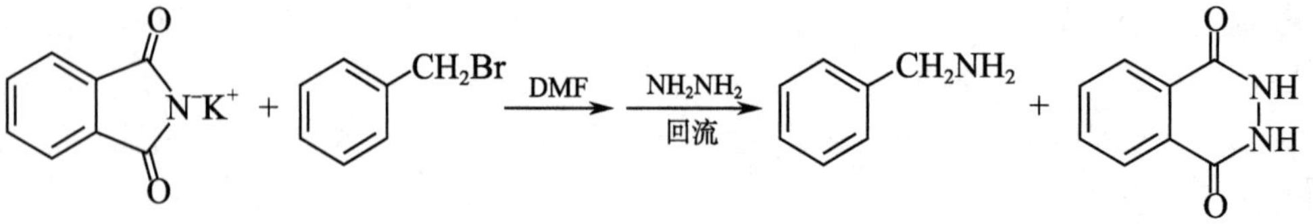

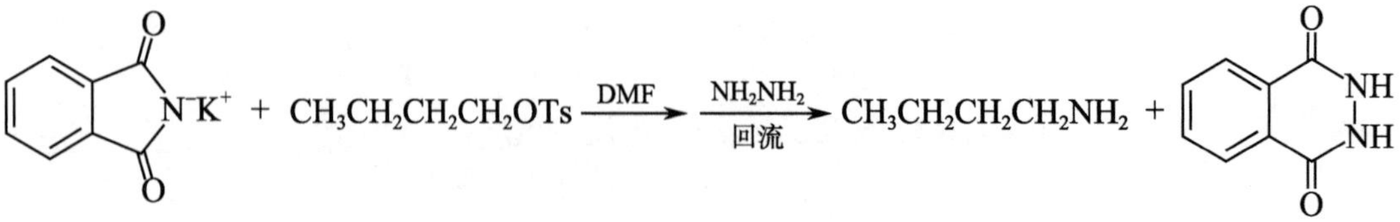

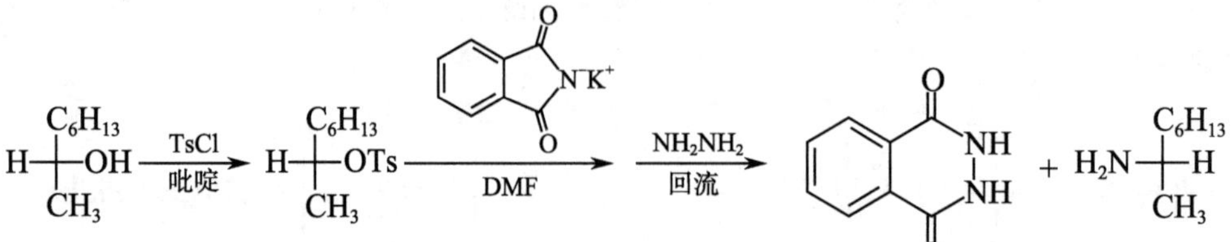

（七）胺甲基化反应

通过曼尼希反应可以在醛、酮的 α–碳原子上引入氨甲基。例如：

$$R'COCH_3 + HCHO + RNH_2 \xrightarrow{HCl/CH_3CH_2OH} \xrightarrow{NaOH} R'COCH_2CH_2NHR$$

练习题 14.11　如何将下列化合物转化为 4–甲氧基苄胺？

(1) 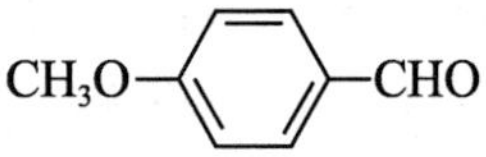 CH_3O-〈苯环〉$-CHO$

(2) 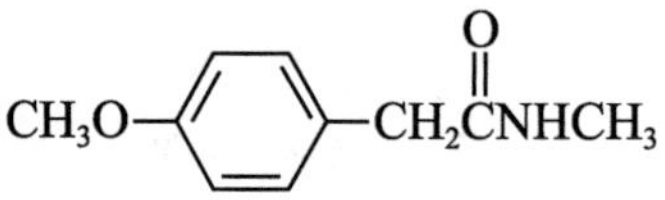 CH_3O-〈苯环〉$-CH_2CONHCH_3$

(3) CH_3O-〈苯环〉$-CH_2CONH_2$

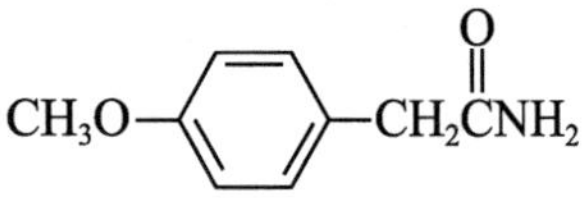

(4) 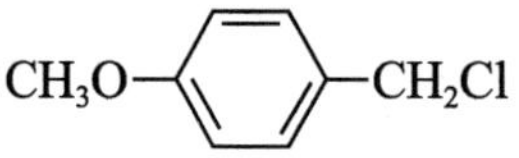 CH_3O-〈苯环〉$-CH_2Cl$

(5) 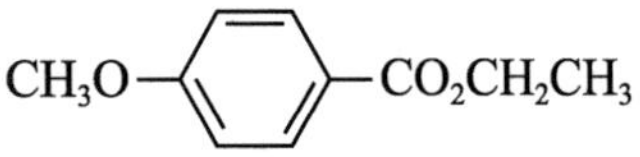 CH_3O-〈苯环〉$-CO_2CH_2CH_3$

(6) 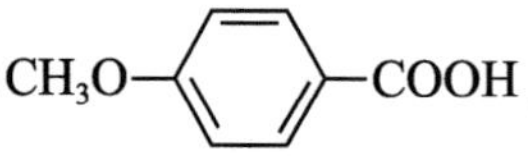 CH_3O-〈苯环〉$-COOH$

练习题 14.12　如何由 1–溴丁烷合成下列化合物？

(1) 戊–1–胺　(2) 丙–1–胺　(3) 丁–2–胺　(4) N–甲基丁–1–胺

练习题 14.13　写出下列反应的产物，并解释反应机理。

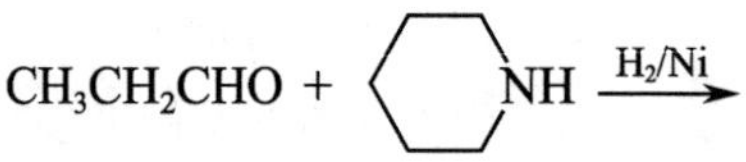

$$CH_3CH_2CHO + \text{〈哌啶〉}NH \xrightarrow{H_2/Ni}$$

第三节　季铵盐和季铵碱

一、季铵盐

季铵盐是指氮原子上连有四个烃基、带有正电荷的一类物质，可以由叔胺与卤代烷反应得到。季铵盐按无机盐的方式进行命名。例如：

$(CH_3)_4N^+Cl^-$　　　　$(CH_3CH_2CH_2CH_2)_4N^+Br^-$　　　　$(CH_3CH_2CH_2CH_2CH_2CH_2)_4N^+HSO_4^-$

氯化四甲基铵　　　　　溴化四正丁基铵　　　　　　硫酸氢化四正己基铵

季铵盐与铵盐相似,是离子型化合物,一般为白色结晶,易溶于水,不溶于乙醚等非极性有机溶剂,熔点较高,在受强热时会分解。

季铵盐与铵盐对碱的作用不同,在碱性条件下铵盐可以游离出胺或氨;而季铵盐的氮上无氢,在强碱作用下生成季铵碱。

$$R_3N^+HCl^- + NaOH \longrightarrow R_3N + NaCl + H_2O$$

$$(CH_3)_4N^+I^- + KOH \rightleftharpoons (CH_3)_4N^+OH^- + KI$$
$$\text{氢氧化四甲基铵}$$

具有长碳链的季铵盐既溶于水,又溶于有机溶剂,因此常用作阳离子型表面活性剂。这些表面活性剂还具有杀菌消毒作用。例如:

$$\left[n\text{-}C_{12}H_{25}-\overset{\overset{\displaystyle CH_3}{|}}{\underset{\underset{\displaystyle CH_3}{|}}{N^+}}-CH_2Ph \right] Br^-$$

溴化N-苄基-N, N-二甲基十二烷基-1-铵
(新洁尔灭)

$$\left[n\text{-}C_{12}H_{25}-\overset{\overset{\displaystyle CH_3}{|}}{\underset{\underset{\displaystyle CH_3}{|}}{N^+}}-CH_2CH_2OPh \right] Br^-$$

溴化N, N-二甲基-N-(2-苯氧乙基)十二烷基-1-铵
(消毒宁,度米芬)

季铵盐的另一重要用途是作为相转移催化剂,常用的有氯化四正丁基铵(TBAC)、氯化苄基三乙基铵(TEBA)、氯化甲基三辛基铵(TCMAC)等。一般含有 15~25 个碳原子的季铵盐可产生较好的催化作用。应用相转移催化反应,可以解决很多非均相反应中反应物互不相容、反应速率慢,甚至难以反应的问题。

以在有机溶剂 CH_2Cl_2 中进行的卤代烃 RX 与 NaCN 的亲核取代反应为例,在加入相转移催化剂 Q^+X^- 前,RX 溶解在有机相中,而 NaCN 溶解在水相中,2 种反应物分别处于两相,反应速率较慢、产率较低。加入 Q^+X^- 后,水相中的 NaCN 与 Q^+X^- 作用,可生成 Q^+CN^-,Q^+CN^- 能够溶解在有机相中,然后与 RX 反应生成产物 RCN,同时又使 Q^+X^- 再生。因此,只需少量 Q^+X^- 作为相转移催化剂,就可将 CN^- 转移至有机相与 RX 进行反应,从而使反应速率加快、产率提高。其催化过程如图 14-10 所示。

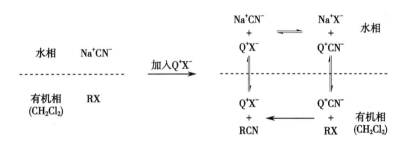

图 14-10　季铵盐的相转移催化过程

现在,相转移催化剂广泛应用于有机合成中,它使得许多反应的速率和产率均大大提高。例如:

$$CH_3(CH_2)_5CH=CH_2 \xrightarrow[\text{KMnO}_4\text{溶液},35℃]{\text{苯, } R_4N^+X^-} CH_3(CH_2)_5COOH$$
$$99\%$$

$$RBr + NaOAc \xrightarrow[H_2O]{(n\text{-Bu})_4N^+Br^-} ROAc$$
$$100\%$$

二、季铵碱

季铵盐与潮湿的氧化银作用得到季铵离子的氢氧化物——季铵碱。由于得到的另一种产物卤化

银为沉淀,将会使反应平衡向产物方向移动,得到较高产率的季铵碱。例如:

$$(CH_3)_4N^+Br^- + Ag_2O + H_2O \longrightarrow (CH_3)_4N^+OH^- + AgBr\downarrow$$

也可将季铵盐与强碱性离子交换树脂作用制备季铵碱,但一般难以制成固体,而是直接使用其溶液。

季铵碱是强碱,碱性类似于氢氧化钾、氢氧化钠,能够吸收空气中的二氧化碳和水,也能和酸发生中和反应。

当季铵碱受热时易发生分解反应,分解产物与季铵碱的结构有关。当四个烃基均为甲基时,其分解产物为三甲胺和甲醇。该反应可以看作是分子内 S_N2 亲核取代反应,OH^- 作为亲核试剂取代三甲氨基。

$$(CH_3)_4N^+OH^- \xrightarrow{\triangle} (CH_3)_3N + CH_3OH$$

$$(CH_3)_3\overset{\frown}{N}-CH_3\overset{\frown}{O}H^- \longrightarrow (CH_3)_3N + CH_3OH$$

而当季铵碱中氮的 β 位有氢原子时,分解产物将为叔胺、烯烃和水。例如:

$$\underset{N^+(CH_3)_3OH^-}{\overset{\overset{\beta}{CH_3}CH_2\overset{\beta}{CH}CH_3}{|}} \xrightarrow{\triangle} \underset{95\%}{CH_3CH_2CH{=}CH_2} + \underset{5\%}{CH_3CH{=}CHCH_3} + (CH_3)_3N + H_2O$$

该反应为分子内消除反应,OH^- 进攻并夺取 β-氢,形成一根双键,同时 C—N 键断裂。

$$\underset{\underset{N^+(CH_3)_3}{|}}{CH_3CH_2CH}{\frown}CH_2{-}H \quad OH^-$$

上述季铵碱含有两种不同的 β-氢原子。但是从反应产物来看,主要从含氢较多的 β-碳原子上消除氢,得到的主要产物是双键碳上含取代基较少的烯烃,这一消除方式与卤代烷的消除方式相反,它首先是由德国化学家霍夫曼(A. W. Hofmann)于 1851 年发现的,因此该消除反应称为霍夫曼消除(Hofmann elimination),反应按 E2 机理进行。

导致季铵碱加热按照霍夫曼消除的原因主要有两点。

(1) β-氢的酸性:从反应物来说,若 β-碳原子上给电子的烷基越少,则 β-氢原子的酸性就越强,就越容易以质子形式离去。从反应过程来说,由于三甲基氨基是一个较差的离去基团,而它的 β-氢因受氨基正离子的强吸电子作用,酸性较强,因此在强碱作用下 β 位 C—H 键的断裂比 C—N 键的断裂容易,使过渡态 β-碳具有部分负离子的特征。

因此,当 β-碳原子上连有给电子的烷基越多时,其过渡态就越不稳定,β-碳上的氢就越不容易被消除,所以导致产生符合霍夫曼消除规则的产物。不过,如果 β-碳上有吸电子基团如羰基、苯基、乙烯基等可产生共轭作用的基团,则 β-碳上氢的酸性增强,较易消除,从而得到与霍夫曼规则不同的主产物。例如:

(2) β-氢的立体位阻：E2 消除反应要求被消除的氢和离去基团处于反式共平面的位置，在季铵碱的消除反应中，能与氨基形成对位交叉式的氢越多，与氨基处于邻位交叉的基团的体积越小，越有利于消除反应的发生。如下面这个化合物分子中有两个 β-碳原子 C_1 和 C_3，如围绕 C_1 和 C_2 间的 σ 键旋转，优势构象为右边的式子，C_1 上的三个氢都有可能与 $N^+(CH_3)_3$ 处于反式共平面，容易发生消除反应。

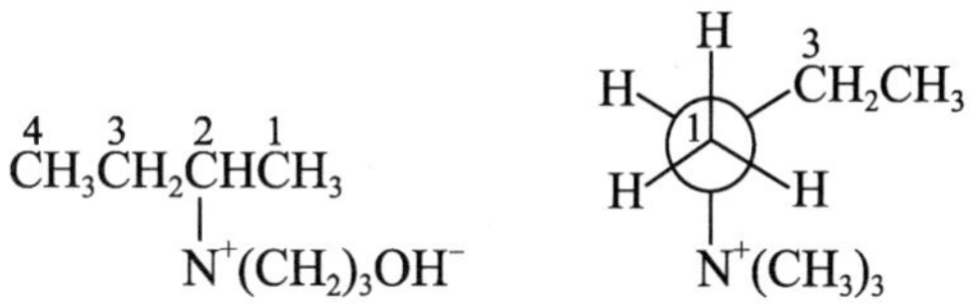

而围绕 C_2 和 C_3 间的 σ 键旋转，可以有下列三种交叉式构象。

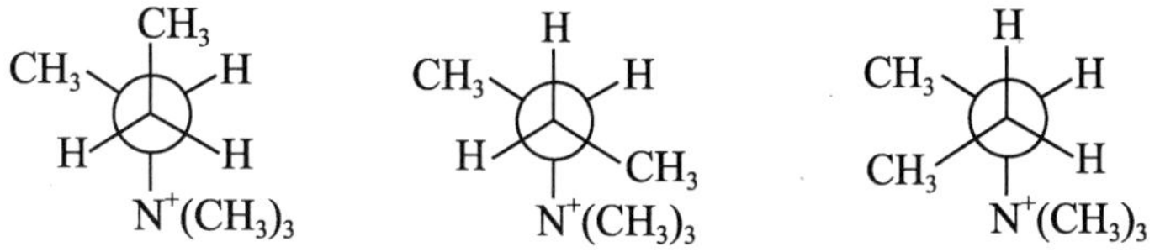

(1)   (2)   (3)

其中最稳定的构象是(1)，但此构象没有与离去基团处于反式共平面的氢原子，不易发生消除。在构象(2)和(3)中虽有与 $N^+(CH_3)_3$ 处于反式共平面的氢原子，但是这两种构象都有大基团间的相互排斥，而使其能量较高，不稳定而较少存在，因此也很少发生消除。

季铵碱的霍夫曼消除可用于测定某些胺的结构，其过程一般是首先将胺与过量的碘甲烷反应得到季铵盐，这一步称为彻底甲基化，然后用湿的氧化银处理季铵盐，使其转化为季铵碱，再加热分解，根据反应中消耗的碘甲烷的量及生成的叔胺和烯烃的结构来推断胺的结构。例如某胺的分子式为 $C_6H_{13}N$，制成季铵盐时只消耗等摩尔的碘甲烷，经两次霍夫曼消除，生成戊 -1,4-二烯和三甲胺，则原胺可能结构为：

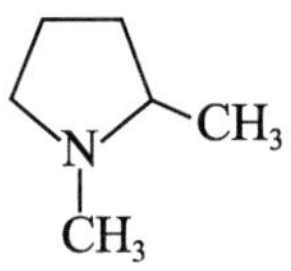

因为：

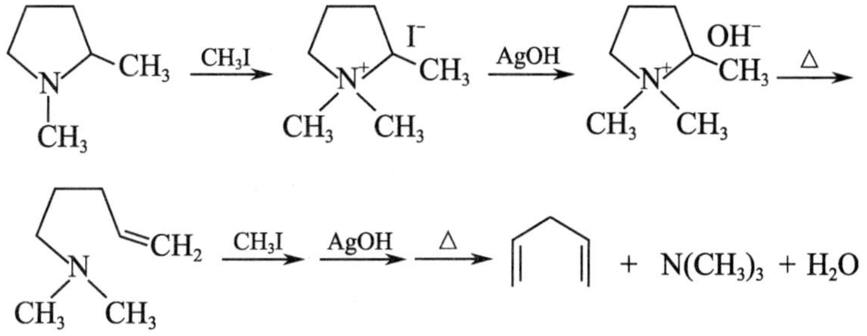

练习题 14.14   如果一个胺经两次彻底甲基化转变成季铵碱，然后发生霍夫曼消除得到的化合物是 [结构式] ，你能判断原来胺的结构是(A) [结构式] 还是(B) [结构式] 吗？

第四节　重氮化合物和偶氮化合物

14K03

14-K-3
科学家简介

一、芳香重氮盐的反应

芳香重氮盐在合成中的用途十分广泛,其主要发生两类反应,一是放出氮气的取代反应,二是不放出氮的还原反应和偶联反应。

（一）取代反应

1. 被卤素或氰基取代　将重氮盐与氯化亚铜、溴化亚铜、氰化亚铜加热,分解放出氮气,同时分别得到氯代芳烃、溴代芳烃、氰代芳烃,这种反应称为桑德迈尔反应(Sandmeyer reaction)。

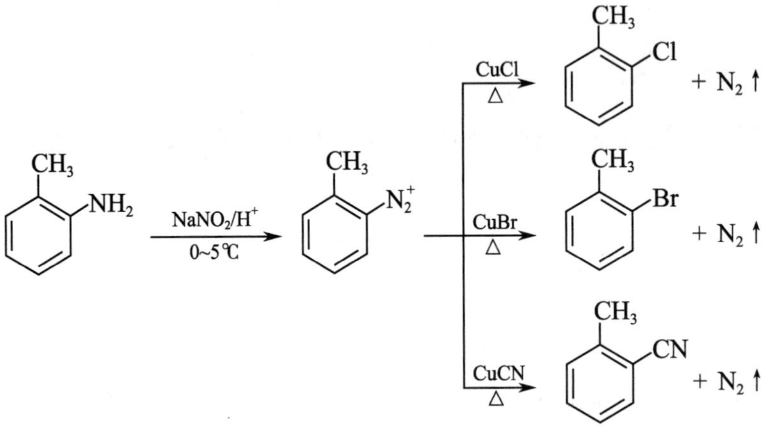

盖特曼(Gatterman)对此反应进行改进,用铜粉代替 CuX,使操作简化,但收率较低。

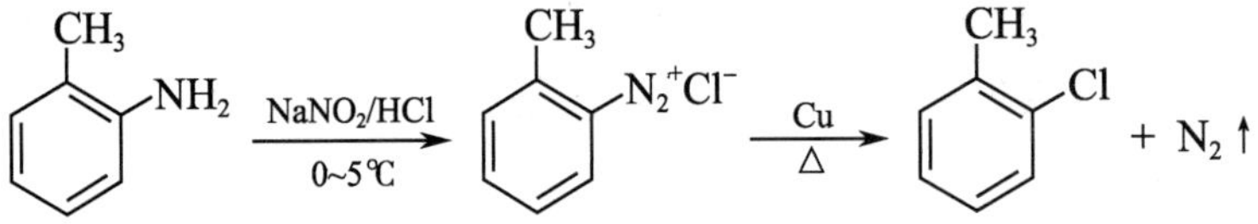

由于碘离子的亲核性较强,碘代反应无需 Cu 催化,重氮盐与 KI 共热,即可得到收率较好的碘化物。

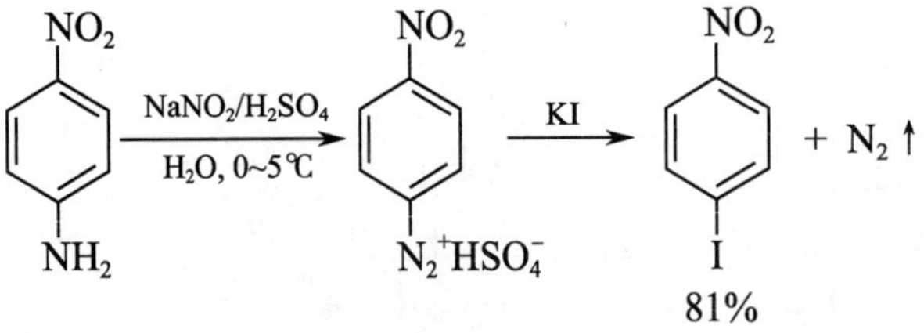

14K04

14-K-4
科学家简介

若在芳环上引入氟,则需先制成氟硼酸重氮盐,其稳定性较高,可以自溶液中分离出来,经干燥后,小心加热使其分解,可得到芳香氟化物,该反应称为希曼反应(Schiemann reaction)。例如:

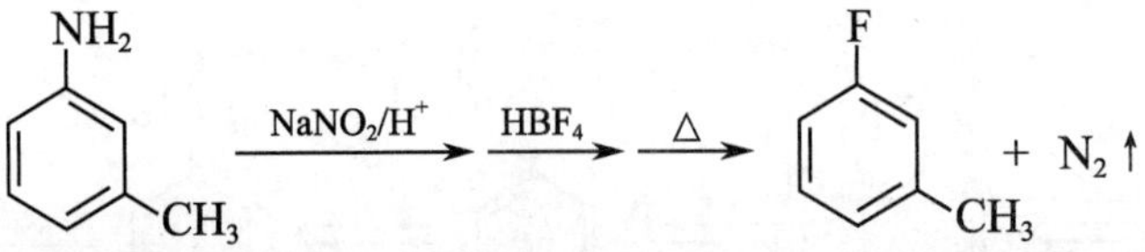

2. 被羟基取代　在酸性溶液中将硫酸氢重氮盐加热,分解放出氮气和芳基正离子,芳基正离子水合生成酚。重氮盐若是在盐酸或氢溴酸的条件下产生的,由于 Cl⁻ 或 Br⁻ 的亲核性较强,会与芳基正离子结合,产生副产物;而使用硫酸,由于 HSO₄⁻ 的亲核性较水弱,可主要得到酚类产物。

水解生成酚时,通常在 40%~50% 的硫酸中煮沸,因为若在中性条件下,生成的酚会与未反应的重氮盐发生偶联生成偶氮类化合物,加热可促进重氮盐尽快分解,避免副反应的发生。

最近发展起来的重氮盐水解方法是在室温下,重氮盐在催化量的氧化亚铜与过量的硝酸铜作用下水解。例如:

95%

3. 被氢原子取代　芳香重氮盐若在次磷酸水溶液中反应,则重氮基可被氢取代。

将重氮盐与乙醇作用也会得到这个结果,但同时会伴有醚类副产物生成。

巧妙地利用该反应,结合氨基的定位作用,可合成直接取代不能得到的产物。例如 3,5-二溴甲苯的合成。

4. 重氮盐的取代反应在合成中的应用　在苯环上引入氨基后,利用氨基的活化作用和邻、对位定位效应,可以根据需要在芳环的某些位置上引入相关基团,然后氨基又可通过形成重氮盐而转变成其他基团或除去,这一系列反应在芳香化合物的合成中非常有用。

例 14-1. 由苯合成间二氯苯:首先用逆合成分析法推知原料和目标产物间的关系。从氯的数目和相对位置推知,须在苯环的适当位置引入—NH_2 活化和定位,然后通过重氮盐法除去。

具体合成路线如下:

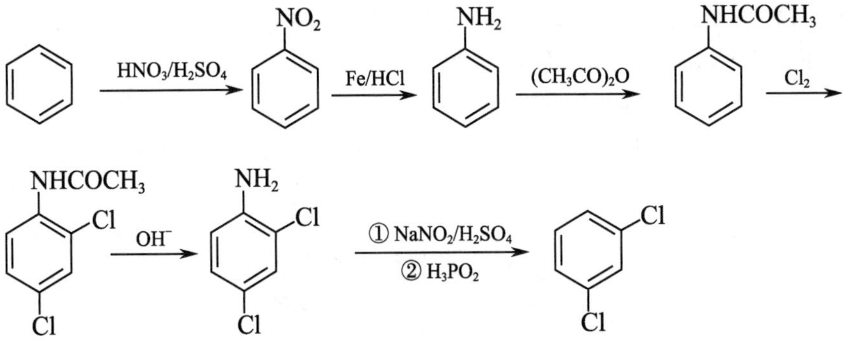

苯 →[HNO₃/H₂SO₄] 硝基苯(NO₂) →[Fe/HCl] 苯胺(NH₂) →[(CH₃CO)₂O] 乙酰苯胺(NHCOCH₃) →[Cl₂]

(第二行反应式)

2-氯乙酰苯胺(NHCOCH₃, 2-Cl, 4-Cl) →[OH⁻] 2,4-二氯苯胺(NH₂, Cl, Cl) →[① NaNO₂/H₂SO₄ ② H₃PO₂] 间二氯苯(Cl, Cl)

例 14-2. 由苯合成 1,2,3-三溴苯：按例 14-1 同样的方法进行逆合成分析。从溴的数目和位置首先考虑 2 位上的—Br 来自—NH₂，但苯胺直接溴代得 2,4,6-三溴苯胺，因此要在 4 位上引入一个阻止溴代的取代基 G（起占据位置的作用），然后设法再除去这个取代基。逆分析过程如下：

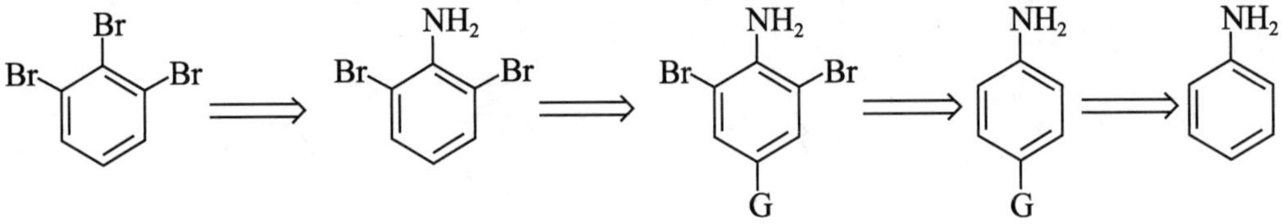

(逆合成分析式，从左至右)

在合成过程中还要进行氨基保护等。具体合成路线如下：

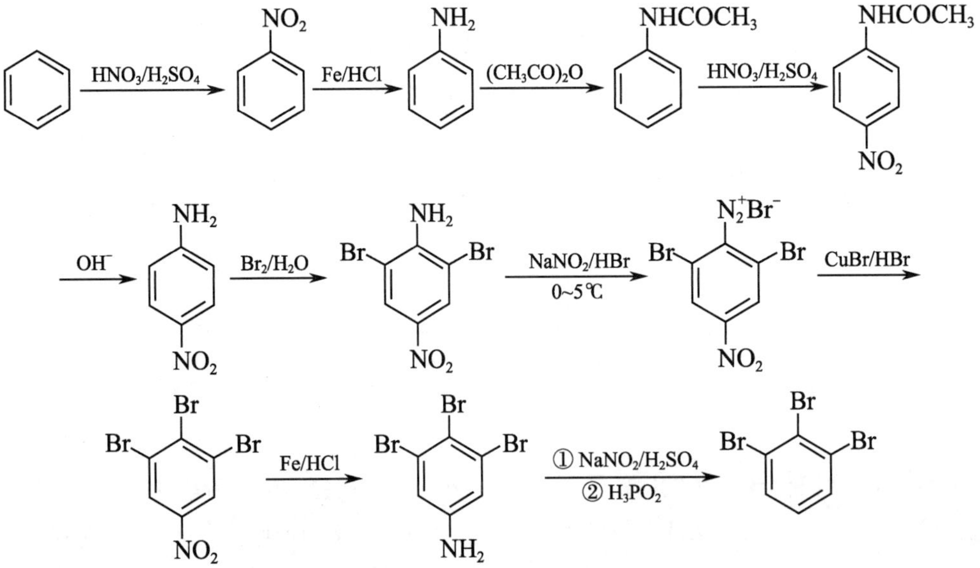

(具体合成路线反应式)

苯 →[HNO₃/H₂SO₄] 硝基苯 →[Fe/HCl] 苯胺 →[(CH₃CO)₂O] 乙酰苯胺 →[HNO₃/H₂SO₄] 对硝基乙酰苯胺

→[OH⁻] 对硝基苯胺 →[Br₂/H₂O] (2,6-二溴-4-硝基苯胺) →[NaNO₂/HBr 0~5℃] (重氮盐) →[CuBr/HBr] (2,6-二溴-4-硝基溴苯)

→[Fe/HCl] (3,5-二溴-4-氨基硝基苯) →[① NaNO₂/H₂SO₄ ② H₃PO₂] 1,2,3-三溴苯

练习题 14.15 由甲苯合成 1-溴-3-甲基苯、3-甲基苯甲酸。

练习题 14.16 由苯合成 3-溴苯酚。

（二）还原反应

芳香重氮盐在还原剂的作用下，其重氮基可被还原成肼。这是实验室及工业生产苯肼的方法。常用的还原剂为氯化亚锡、亚硫酸钠、亚硫酸氢钠、硫代硫酸钠等。

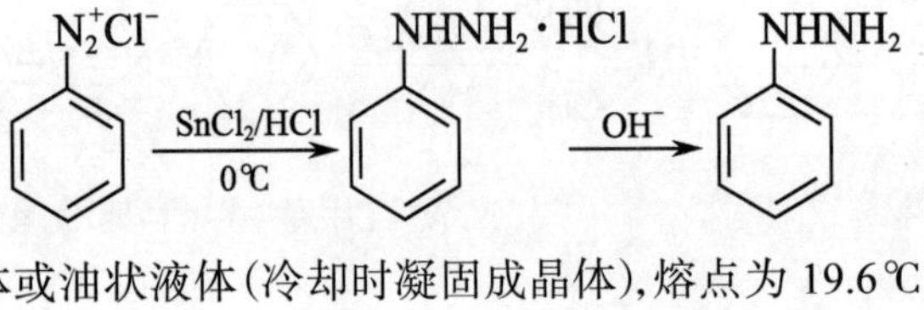

(反应式) N₂⁺Cl⁻ →[SnCl₂/HCl 0℃] NHNH₂·HCl →[OH⁻] NHNH₂

纯的苯肼是无色晶体或油状液体(冷却时凝固成晶体)，熔点为 19.6℃，沸点为 243.5℃（分解）。

微溶于水和碱溶液,易溶于酸,能与乙醇、乙醚、三氯甲烷和苯相混溶。苯肼具有还原性,在空气中,尤其是在光照射下很快变成棕色。苯肼有毒,能与蒸气一同挥发。在工业上常用于制备染料、药物、显像剂等,在实验室中常作为鉴定醛、酮和糖类化合物的试剂。

若以较强的还原剂与芳香重氮盐作用,重氮盐将被还原成苯胺。

$$\text{苯-N}_2^+\text{Cl}^- \xrightarrow{\text{Zn/HCl}} \text{苯-NH}_2$$

(三) 偶联反应

芳香重氮盐正离子是一种弱亲电试剂,只能与亲电取代反应活性较高的化合物如酚类、三级芳胺等化合物进行芳环上的亲电取代反应,生成的是两个芳香基团被—N＝N—连在一起的化合物,这种化合物称为偶氮化合物(azo compound)或乙氮烯化合物(diazene compound),这种芳香亲电取代反应通常称为重氮偶联反应(diazonium coupling reaction)。

$$\text{苯-}\overset{+}{\text{N}}\text{≡N}X^- + \text{苯-Y} \longrightarrow \text{苯-N=N-苯-Y}$$

偶氮(乙氮烯)化合物 (Y= OH, NR$_2$)

偶氮化合物都有颜色,常常被用作染料或酸碱指示剂。

1. 与酚的偶联反应　芳香重氮盐与酚类在弱碱性(pH 8~10)条件下迅速发生偶联,偶联反应一般发生在羟基的对位;当对位有取代基时,则得邻位偶联产物。

$$\text{苯-}\overset{+}{\text{N}}\text{≡N}\text{Cl}^- + \text{苯-OH} \xrightarrow[\text{0℃}]{\text{NaOH/H}_2\text{O}} \text{苯-N=N-苯-OH}$$

$$\text{NaO}_3\text{S-苯-}\overset{+}{\text{N}}\text{≡N}\text{Cl}^- + \text{萘-OH} \xrightarrow[\text{0℃}]{\text{NaOH/H}_2\text{O}} \text{日落黄}$$

日落黄 (食用色素)

由于酚是弱酸性化合物,在碱性条件下,酚与碱作用形成酚盐 ArO$^-$,酚盐进行亲电取代反应时其反应活性比相应的酚大,但碱性也不能太强。因为在强碱性(pH>10)条件下,芳香重氮盐会与氢氧根负离子反应生成反应活性低的重氮酸或重氮酸离子,从而使偶联反应的速率降低或反应不能进行。

$$\text{ArN}\overset{+}{\equiv}\text{N} \underset{\text{H}^+}{\overset{\text{OH}^-}{\rightleftharpoons}} \text{ArN=N-OH} \underset{\text{H}^+}{\overset{\text{OH}^-}{\rightleftharpoons}} \text{ArN=N-O}^-$$
重氮酸　　　　　　重氮酸离子

2. 与芳胺的偶联反应　芳香重氮盐与芳香叔胺在弱酸性(pH 5~7)条件下迅速发生偶联,偶联反应一般也是发生在氨基的对位;当对位有取代基时,才在邻位发生偶联。

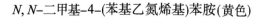

N, N-二甲基-4-(苯基乙氮烯基)苯胺(黄色)

与胺的偶联之所以需要在弱酸性条件下进行,是因为芳香重氮盐正离子在酸性条件下的浓度最高,对偶联反应(亲电取代反应)有利;此外,芳香叔胺在水中的溶解度不大,在弱酸性条件下芳香叔胺可因形成铵盐而增大溶解度。

成盐反应是可逆反应,随着偶联反应中芳香胺的消耗,芳香铵盐会逐渐转化为芳香胺而参与偶联。但溶液中的酸性也不能太强,当 pH<5 时会因大量形成铵盐而使芳香胺的浓度太低,偶联反应变慢甚至终止。

$$^-O_3S \longrightarrow \overset{+}{N}{\equiv}N \; Cl^- + \longrightarrow N\overset{CH_3}{\underset{CH_3}{}} \xrightarrow[0℃]{HOAc/H_2O} HO_3S \longrightarrow N{=}N \longrightarrow N\overset{CH_3}{\underset{CH_3}{}}$$

$$\xrightarrow{NaOH} \; ^+Na\, ^-O_3S \longrightarrow N{=}N \longrightarrow N\overset{CH_3}{\underset{CH_3}{}}$$

$$\text{甲基橙}$$

在冷的弱酸性溶液中,一级芳香胺和二级芳香胺也可以和芳香重氮盐发生偶联反应。但偶联反应是发生在氮原子上,偶联产物为 1,3-二芳基三氮烯。而且一级芳香胺生成的重氮氨基苯的氮原子上还有一个氢,还可以发生互变异构。

$$CH_3 \longrightarrow \overset{+}{N}{\equiv}N \; Cl^- + \longrightarrow NH_2 \xrightarrow[0℃]{HOAc/H_2O} CH_3 \longrightarrow N{=}N{-}NH \longrightarrow$$

$$\text{1-(4-甲基苯基)-3-苯基三氮-1-烯}$$

$$\xrightarrow{\text{互变异构}} CH_3 \longrightarrow NH{-}N{=}N \longrightarrow$$

二、偶氮化合物

偶氮化合物是指偶氮基—N=N—(也称为乙氮烯叉基,diazenediyl)与两个烃基相连接而成的化合物。分子中的氮原子是 sp^2 杂化,与烯烃一样,偶氮化合物也存在顺反几何异构体,反式比顺式稳定,两种异构体在光照或加热条件下可相互转换。

14-D-5
顺偶氮苯
(模型)

14-D-6
反偶氮苯
(模型)

	顺式	反式
mp	71.4℃	68℃

偶氮化合物除常用作染料或指示剂外,还有很多其他重要的应用。例如可以作为一种新型光信息存储材料、聚合反应的引发剂等。

偶氮苯在碱性条件下与锌粉作用可还原为氢化偶氮苯,在酸性条件下还原可使偶氮键断裂,成为合成芳胺的一种方法。

$$\longrightarrow N{=}N \longrightarrow \xrightarrow{Zn/NaOH} \longrightarrow NH{-}NH \longrightarrow \xrightarrow{Zn/HCl} 2 \longrightarrow NH_2$$

$$\longrightarrow N{=}N \longrightarrow \xrightarrow{SnCl_2/HCl} 2 \longrightarrow NH_2$$

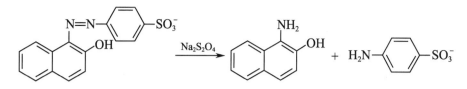

三、重氮甲烷

重氮甲烷（diazomethane，CH_2N_2）是最简单也是最重要的脂肪族重氮化合物，它是一个线性分子，其轨道结构如图 14-11 所示。

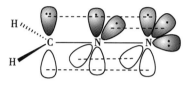

图 14-11   重氮甲烷的结构

重氮甲烷的结构亦可用共振式表示：

$$\left[\begin{array}{c} H \\ C = \overset{+}{N} = \overset{-}{N}: \\ H \end{array} \longleftrightarrow \begin{array}{c} H \\ \overset{-}{C} - \overset{+}{N} \equiv N: \\ H \end{array}\right]$$

重氮甲烷是一种黄色的有毒气体（bp 为 -23℃），并具有爆炸性，因此制备及使用时要注意安全。它易溶于乙醚、四氢呋喃等，故一般使用其乙醚溶液。制备重氮甲烷的最常用、最方便的方法是用碱分解 N-甲基-N-亚硝基对甲基苯磺酰胺。

$$CH_3 - \underset{}{\bigcirc} - SO_2N\overset{NO}{\underset{CH_3}{|}} \xrightarrow[C_2H_5OH]{KOH} CH_3 - \underset{}{\bigcirc} - SO_3C_2H_5 + CH_2N_2 + H_2O$$

重氮甲烷非常活泼，能发生多种化学反应，是一种重要的有机合成试剂。

（一）与含活泼氢化合物的反应

重氮甲烷是重要的甲基化试剂，可与酸、酚、β-二酮和 β-酮酯类化合物反应生成甲酯或甲醚。

$$RCOOH + CH_2N_2 \longrightarrow RCOOCH_3 + N_2\uparrow$$

$$ArOH + CH_2N_2 \longrightarrow ArOCH_3 + N_2\uparrow$$

$$CH_3\overset{O}{\underset{}{C}}CH_2\overset{O}{\underset{}{C}}OC_2H_5 + CH_2N_2 \longrightarrow CH_3\overset{OCH_3}{\underset{}{C}}=CH\overset{O}{\underset{}{C}}OC_2H_5 + N_2\uparrow$$

（二）分解成卡宾的反应

重氮甲烷在光照、加热或铜催化下能够分解形成最简单的卡宾——甲亚基卡宾（$:CH_2$）。

$$\overset{..}{C}H_2 - \overset{+}{N} \equiv N: \xrightarrow{\text{光照、加热或Cu}} :CH_2 + N_2\uparrow$$

练习题 14.17   完成下列反应，写出主要产物。

(1) $HO - \underset{}{\bigcirc} - CH_2OH \xrightarrow{CH_2N_2}$

(2) （结构式）$\xrightarrow{3CH_2N_2}$

第五节   卡   宾

卡宾（carbene）又称碳烯或"甲亚基自由基"（methylidene，methylene），是一个碳外层只有六个价电子的中性的活泼反应中间体，具有 $:CR_2$（R＝H、R、X 等）的结构，只能在反应体系中短暂存在。与

卡宾类似的中间体还有氮烯（RN：）。

一、结构

卡宾有两种结构,一种为单线态,碳原子为 sp^2 杂化,其中两个 sp^2 杂化轨道与两个基团形成两根单键,键角为 $100° \sim 110°$,另一个 sp^2 杂化轨道上为一对孤对电子,两个电子的自旋方向相反,与 sp^2 杂化轨道垂直的 p 轨道为空轨道;另一种为三线态,碳原子为 sp 杂化,其中两个 sp 杂化轨道与两个基团形成两根单键,键角为 $136° \sim 180°$,碳原子上还有两个相互垂直的 p 轨道,每个 p 轨道容纳一个电子,两个电子的自旋方向相同。图 14-12 是最简单的卡宾——甲亚基卡宾的两种结构。

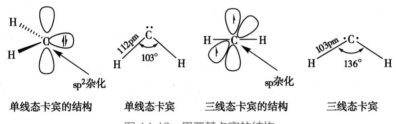

| 单线态卡宾的结构 | 单线态卡宾 | 三线态卡宾的结构 | 三线态卡宾 |

图 14-12 甲亚基卡宾的结构

根据分子轨道的计算和实验证明,单线态卡宾的能量比三线态卡宾的能量高 35~38kJ/mol。新生成的卡宾一般为单线态,单线态卡宾形成后可失去部分能量转变成三线态卡宾。但由于卡宾为高活性的中间体,有时单线态卡宾还没有衰变为三线态卡宾时就已经发生反应。因此,卡宾是以单线态还是以三线态参与反应,要由实验条件决定。无论哪种卡宾都不是一个八隅体结构,其价电子只有六个,为一缺电子中间体,因此容易接受一对电子,是一种强的路易斯酸,具有亲电性;此外,它又有一对未共用电子对,因此具有亲核性。所以卡宾的性质非常活泼,其存在时间很短,只存在于反应的过程中,并立即进行下一步反应。

二、化学性质

卡宾所发生的反应主要有加成反应和插入反应。

（一）加成反应

卡宾为活性的亲电试剂,很容易与烯、炔烃的 π 键发生加成而生成环丙烷衍生物。

$$
\begin{array}{c}
R \quad R \\
C = C \\
R \quad R
\end{array}
\xrightarrow{:CH_2}
\begin{array}{c}
R \quad R \\
\triangle \\
R \quad R
\end{array}
$$

两种形态的卡宾加成反应的立体化学不同。在液态,重氮甲烷分解得到的卡宾主要以新生成的单线态形式发生反应,一对未共用电子对的自旋方向相反,能与 C＝C 双键上的两个 π 电子通过三元环过渡态形成产物,因此反应具有立体专一性。例如:

$$
\begin{array}{c}
CH_3 \quad CH_3 \\
C = C \\
H \qquad H
\end{array}
+ CH_2N_2
\xrightarrow{\text{光照}}
\begin{array}{c}
CH_3 \quad CH_3 \\
\triangle \\
H \qquad H
\end{array}
$$

顺式（内消旋体）

$$
\begin{array}{c}
CH_3 \qquad H \\
C = C \\
H \qquad CH_3
\end{array}
+ CH_2N_2
\xrightarrow{\text{光照}}
\begin{array}{c}
CH_3 \quad H \\
\triangle \\
H \quad CH_3
\end{array}
+
\begin{array}{c}
H \quad CH_3 \\
\triangle \\
CH_3 \quad H
\end{array}
$$

反式（一对对映异构体）

在气态,重氮甲烷在光敏剂二苯酮的存在下分解,得到的单线态卡宾在反应前就大量衰变成三线

态卡宾。三线态卡宾有自旋方向相同的两个单电子,在与双键加成时首先只有一个电子与双键上自旋方向相反的电子成键,剩下的两个自旋方向相同的电子必须在等到经过碰撞或通过 C—C 单键旋转,使其中一个电子的自旋方向发生转变后才能成键。因此三线态卡宾与双键加成是非立体专一性加成,得到的是等量顺式和反式的两种产物。例如:

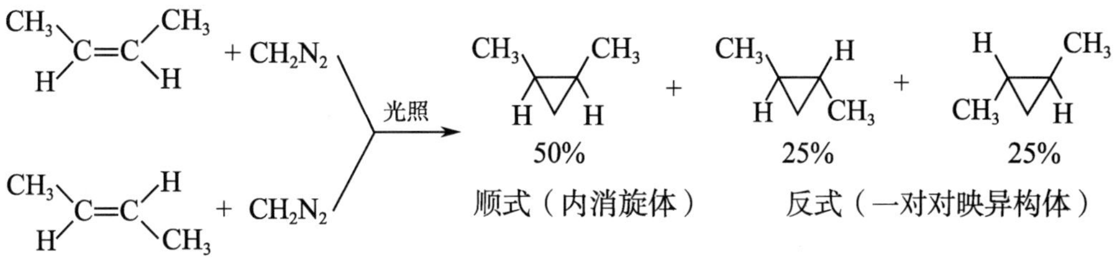

$$\text{（反应式）}$$

50%　　　25%　　　25%

顺式（内消旋体）　　　反式（一对对映异构体）

二氯卡宾一般具有单线态结构,与烯烃等发生的加成反应也具有立体专一性。例如:

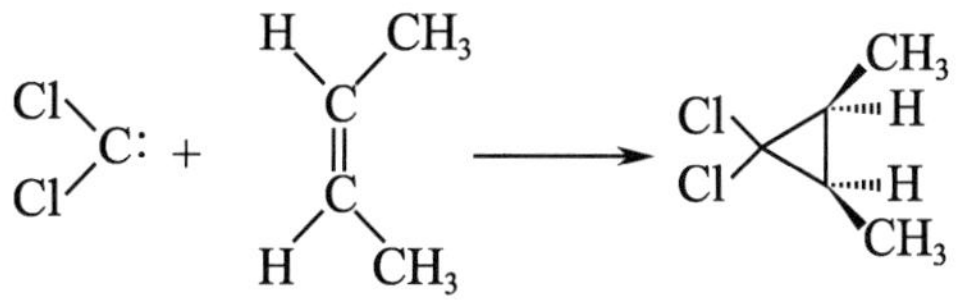

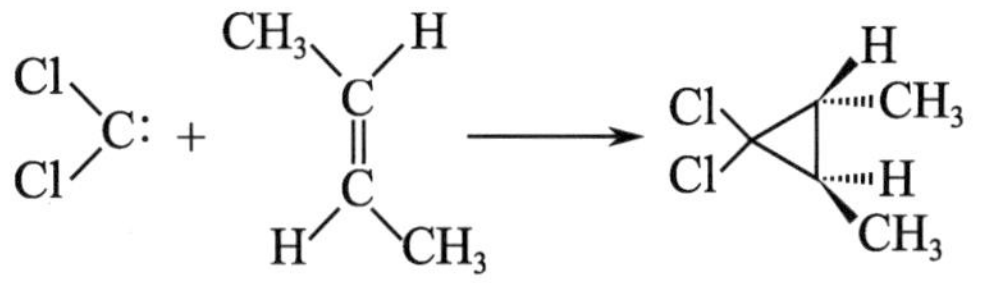

$$\text{（反应式）}$$

$$\text{（反应式）} + \text{对映异构体}$$

（二）插入反应

卡宾除能发生加成反应外,还能发生插入反应,即将 :CH$_2$ 插入碳与其他原子所形成的单键中,例如插入 C—H、O—H 等键中。

单线态甲亚基卡宾与碳氢化合物反应时常有插入反应发生,不过该反应没有选择性,得到的产物为组成复杂的混合物。例如:

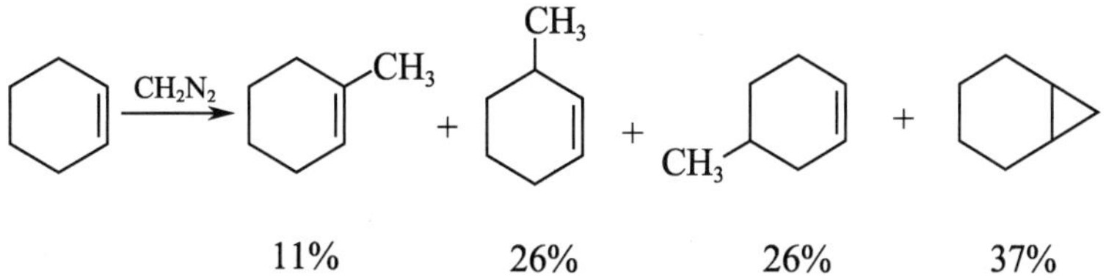

$$\text{（反应式）}$$

11%　　　26%　　　26%　　　37%

重氮甲烷与醛酮反应能够生成多一个碳原子的酮。

$$\text{RCHO} \xrightarrow{CH_2N_2} \text{RCOCH}_2\text{—H} \qquad \text{RCOR'} \xrightarrow{CH_2N_2} \text{RCOCH}_2\text{R'}$$

反应机理首先是重氮甲烷与羰基发生亲核加成,然后重排,主要生成羰基化合物,也有少量环氧化物生成。

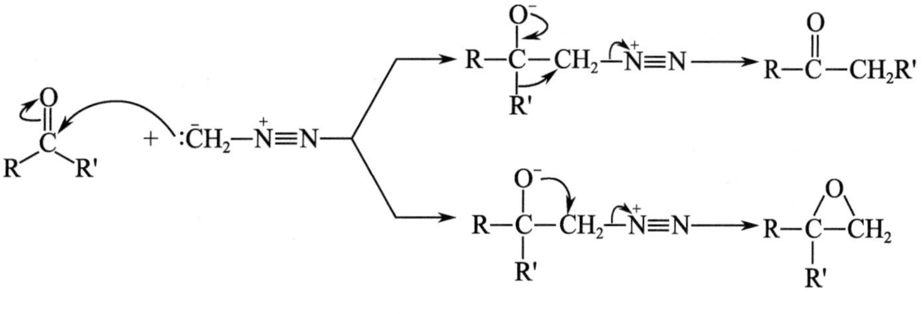

$$\text{（反应机理式）}$$

在重排中基团转移顺序为—H>—CH₃>—CH₂R>—CR₃。

此反应常用于环酮的扩环。例如：

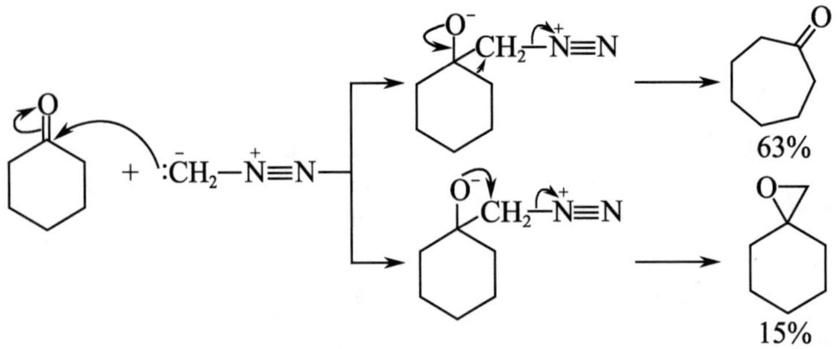

$$\text{（反应式图）}\qquad 63\%$$

$$15\%$$

练习题 14.18　完成下列反应。

(1) $CH_3CH_2CH{=}CHCH_3 \xrightarrow[\text{(CH}_3)_3\text{COK}]{\text{CHCl}_3}$

(2) （环戊酮结构图）$\xrightarrow{\text{CH}_2\text{N}_2}$

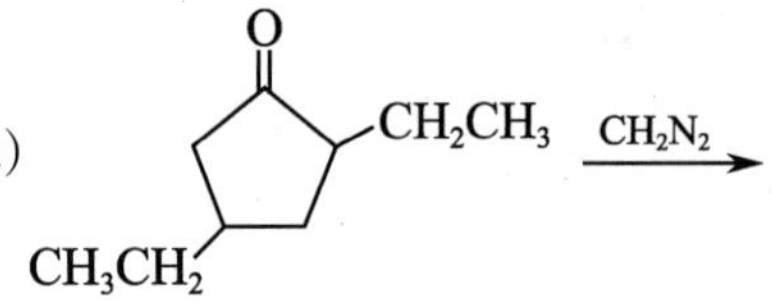

三、制备

制备卡宾的最常用的方法是通过多卤代烃的 α-消除反应。例如三氯甲烷在强碱如叔丁醇钾的作用下会失去一个质子，形成碳负离子；然后该碳负离子再失去一个氯负离子，形成二氯卡宾。

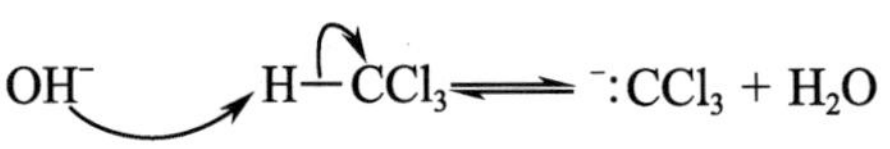

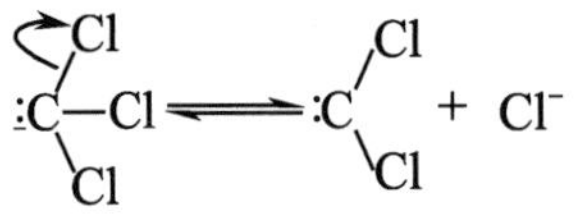

$$OH^- \quad H{-}CCl_3 \Longrightarrow {}^{-}{:}CCl_3 + H_2O$$

$$:\overset{Cl}{\underset{Cl}{C}}{-}Cl \Longrightarrow :C\overset{Cl}{\underset{Cl}{{}}} + Cl^-$$

这里三氯甲烷在碱性条件下的消除反应与此前学习过的卤代烃的消除反应有所不同。前面学的是含有 β-氢的卤代烃与碱发生 β-消除反应，而三氯甲烷不含有 β-氢原子，只含有 α-氢原子，因此三氯甲烷在碱性条件下只能发生 α-消除。当卤代烃既含有 α-氢原子，又含有 β-氢原子时，碱性条件下优先发生 β-消除，因为 β-消除形成的产物烯烃比 α-消除形成的产物卡宾要稳定得多。

产生卡宾的另一种重要的方法是前面介绍的通过重氮甲烷的分解形成甲亚基卡宾。

习　　题

1. 命名下列化合物或根据名称写出各化合物的结构式。

(1) N-乙基-2-苯乙胺

(2) 4-(N,N-二甲氨基)环己酮

(3) 三(2-甲基丙基)胺

(4) 戊-1,3-二胺

(5) 反式-2-苯基环丙胺

(6) 3-氨基丙酸

(7) OHC—〈苯环〉—NH₂

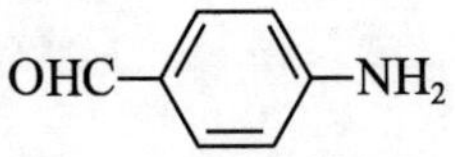

(8) （环戊基）$\overset{CH_3}{\underset{H}{N}}{-}CH_2CH_3\ Cl^-$

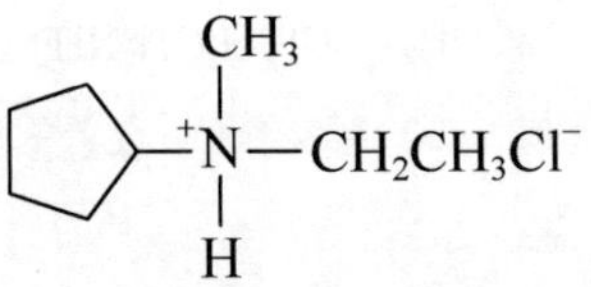

(9)

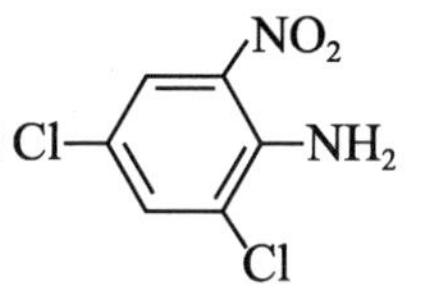

(10) 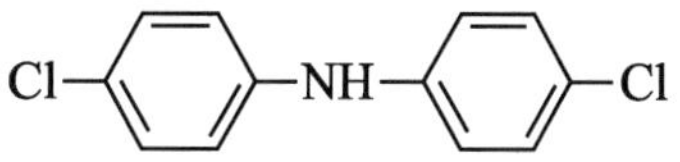 Cl—⟨benzene⟩—NH—⟨benzene⟩—Cl

(11)

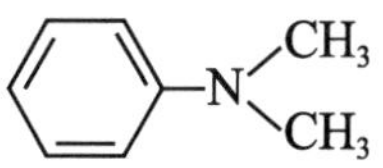

(12)

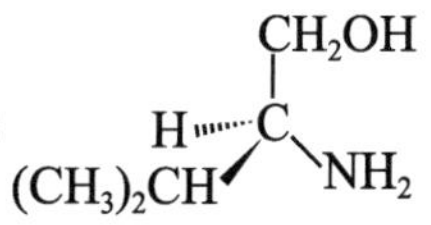

2. 完成下列反应式。

(1) 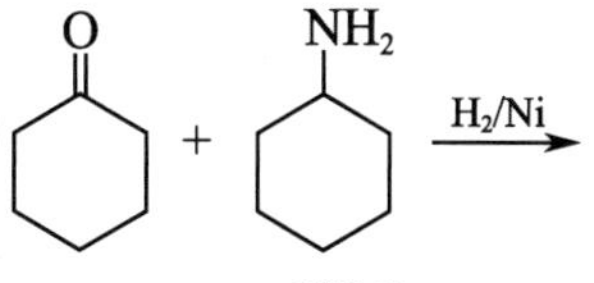 + $\xrightarrow{H_2/Ni}$

(2) —CO_2H + CH_2N_2 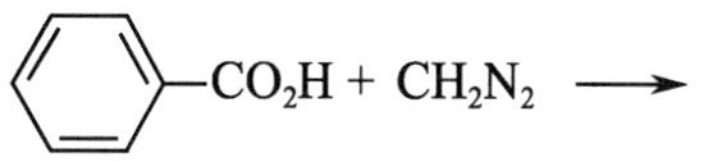 ⟶

(3) 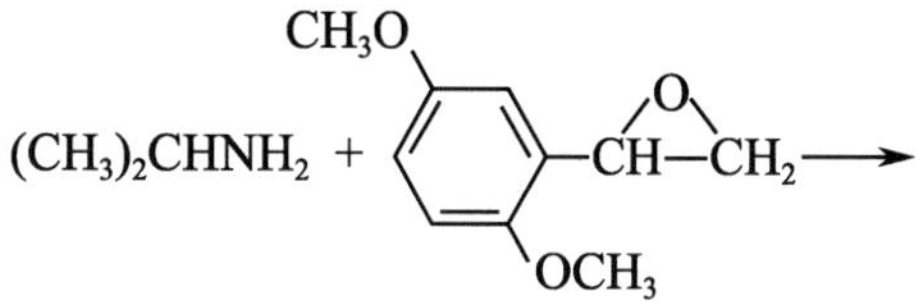 $(CH_3)_2CHNH_2$ + ⟶

(4) $(C_6H_5CH_2)_2NH$ + $CH_3\overset{O}{\overset{\|}{C}}CH_2Cl$ $\xrightarrow{三乙胺}$

(5) 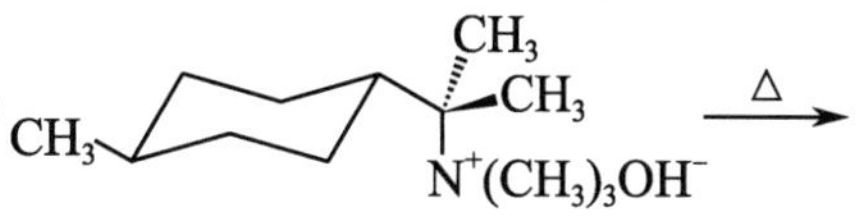 $\xrightarrow{\triangle}$

(6) $(CH_3)_2CHNHCH(CH_3)_2$ $\xrightarrow[HCl/H_2O]{NaNO_2}$

(7) 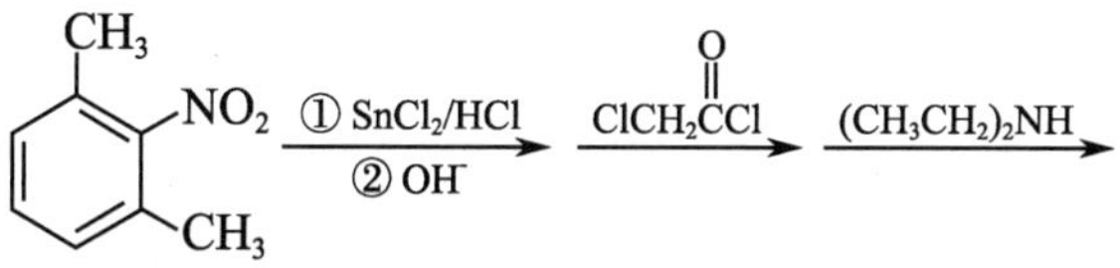 $\xrightarrow[②\ OH^-]{①\ SnCl_2/HCl}$ $\xrightarrow{ClCH_2CCl}$ $\xrightarrow{(CH_3CH_2)_2NH}$ [利多卡因（lidocaine），一种局部麻醉药]

(8) 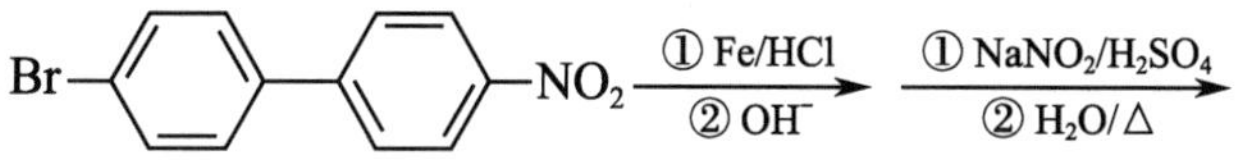 Br—⟨benzene⟩—⟨benzene⟩—NO_2 $\xrightarrow[②\ OH^-]{①\ Fe/HCl}$ $\xrightarrow[②\ H_2O/\triangle]{①\ NaNO_2/H_2SO_4}$

(9) 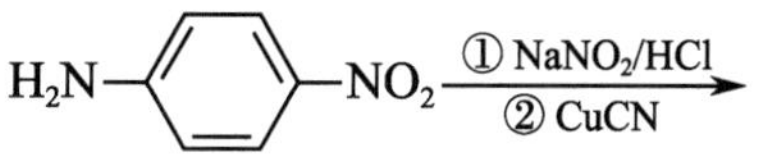 H_2N—⟨benzene⟩—NO_2 $\xrightarrow[②\ CuCN]{①\ NaNO_2/HCl}$

(10) 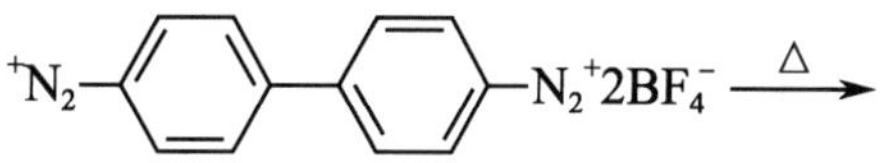 $^+N_2$—⟨benzene⟩—⟨benzene⟩—$N_2^+2BF_4^-$ $\xrightarrow{\triangle}$

(11) 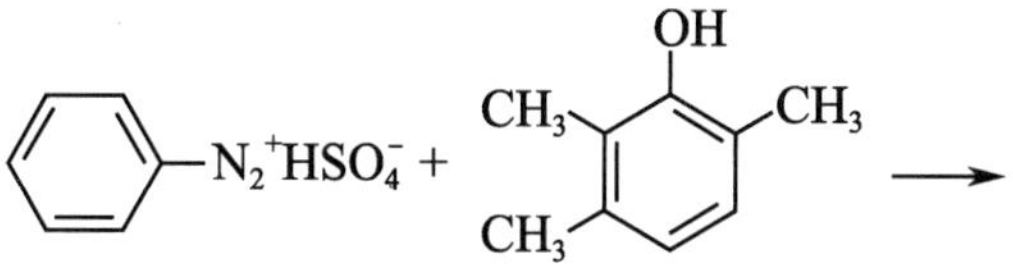 + ⟶

(12) 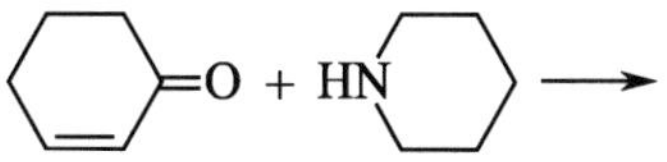 + ⟶

(13) $(CH_3)_2CHCH_2NH_2$ $\xrightarrow{NaNO_2/HCl}$

(14) 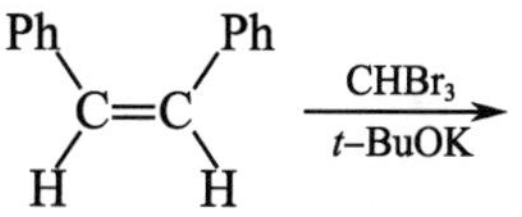 $\xrightarrow[t-BuOK]{CHBr_3}$

(15) 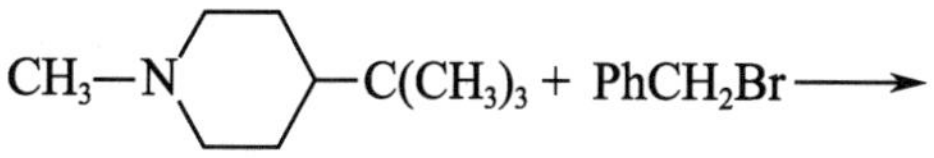 CH_3—⟨N ring⟩—$C(CH_3)_3$ + $PhCH_2Br$ ⟶

(16) 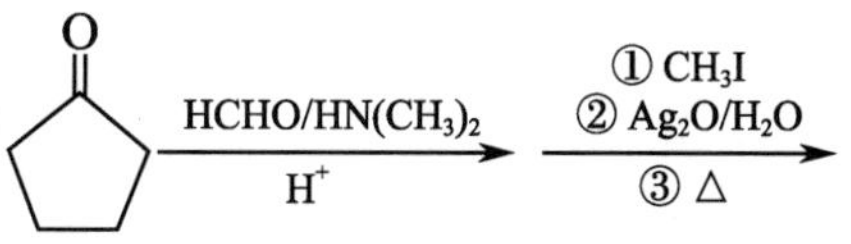 $\xrightarrow[H^+]{HCHO/HN(CH_3)_2}$ $\xrightarrow[③\ \triangle]{\begin{array}{l}①\ CH_3I\\②\ Ag_2O/H_2O\end{array}}$

3. 比较下列各组物质的碱性强弱。

(1) $CH_2\text{=}CHCH_2NH_2$，$CH_3CH_2CH_2NH_2$，$CH\equiv CCH_2NH_2$

(2) $CH_3CH_2NH_2$，$Ph\overset{O}{\overset{\|}{C}}NH_2$，$ClCH_2CH_2NH_2$

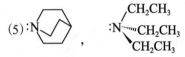

(3) 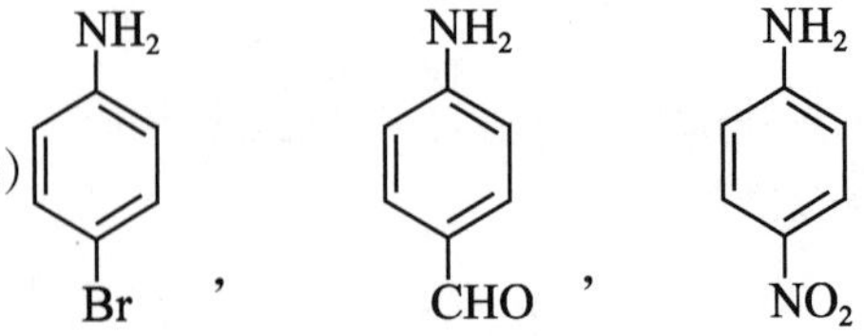 ［对溴苯胺，对氨基苯甲醛，对硝基苯胺］

(4) 二甲胺，二苯胺，N-甲基苯胺，氢氧化四甲铵

(5)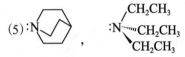

4. 用化学方法区别下列各组化合物。

(1) 邻甲苯胺，N-甲苯胺，N,N-二甲苯胺

(2) 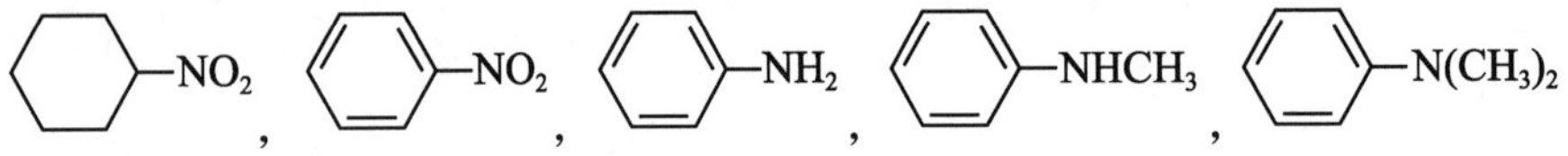 环己基硝基，硝基苯，苯胺，N-甲基苯胺，N,N-二甲苯胺

5. 解释下列事实。

(1) 化合物(A)的沸点比(B)高。

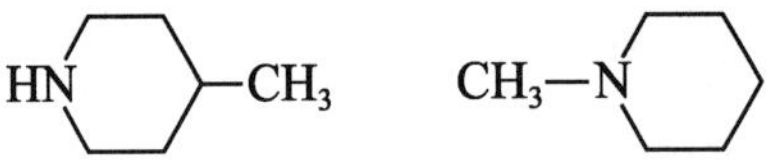

(A) 4-甲基哌啶　　(B) N-甲基哌啶

(2) 下列化合物可拆分成一对对映异构体。

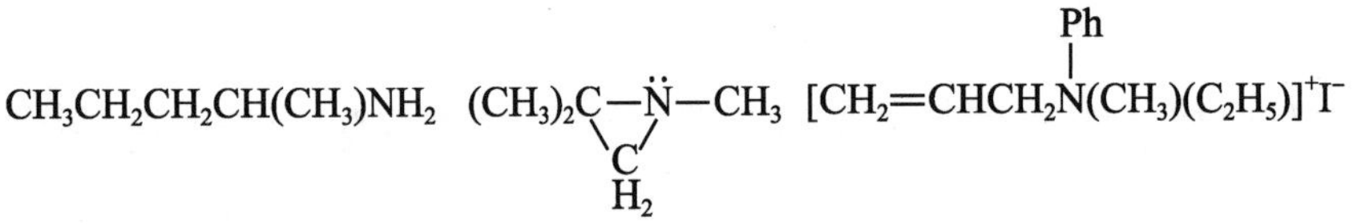

$CH_3CH_2CH_2CH(CH_3)NH_2$　$(CH_3)_2C$—$\ddot{N}$—CH_3　$[CH_2=CHCH_2\overset{Ph}{N}(CH_3)(C_2H_5)]^+I^-$

(A)　(B)　(C)

(3) 丙胺与亚硝酸钠的盐酸溶液反应主要生成丙-2-醇。

(4) 在下面的化合物中(A)可发生霍夫曼消除反应，而(B)则无此反应。

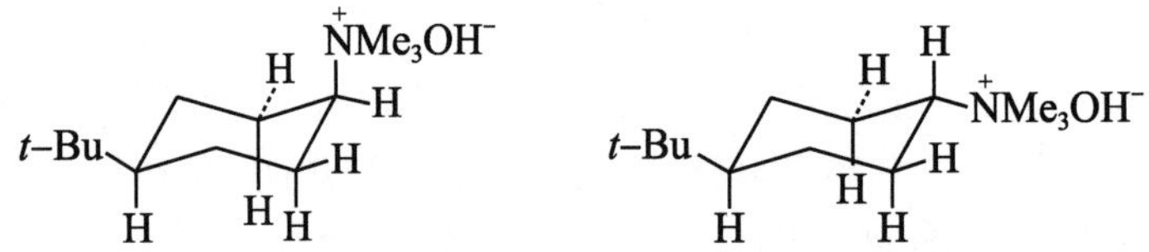

(A)　(B)

(5) 试写出反应机理。

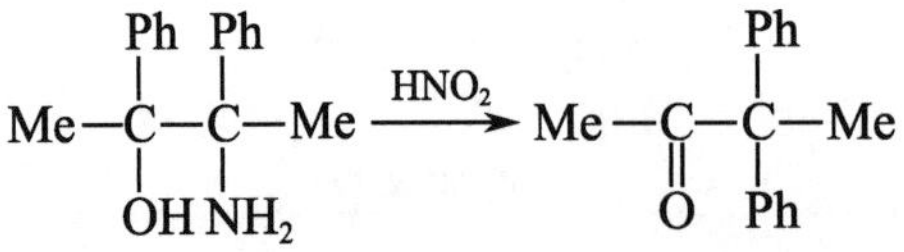

Me—$\overset{Ph}{\underset{OH}{C}}$—$\overset{Ph}{\underset{NH_2}{C}}$—$Me$ $\xrightarrow{HNO_2}$ Me—$\overset{}{\underset{O}{C}}$—$\overset{Ph}{\underset{Ph}{C}}$—$Me$

6. 为下述合成过程填上合适的试剂。

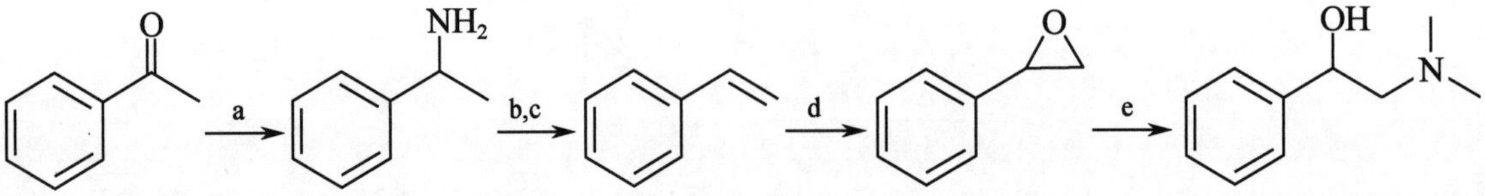

苯乙酮 $\xrightarrow{a}$ 1-苯乙胺 $\xrightarrow{b,c}$ 苯乙烯 $\xrightarrow{d}$ 苯基环氧乙烷 $\xrightarrow{e}$ 1-苯基-2-二甲氨基乙醇

7. 按要求制备苯甲胺。

(1) 通过加布瑞尔合成法　　　　(2) 通过氨的烃基化法　　　　(3) 通过腈还原法

(4) 通过还原胺化法　　　　　　(5) 通过霍夫曼降解反应

8. 按要求合成下列化合物。

(1) 由 1-溴 -2,2-二甲基丙烷合成 3,3-二甲基-丁-1-胺

(2)

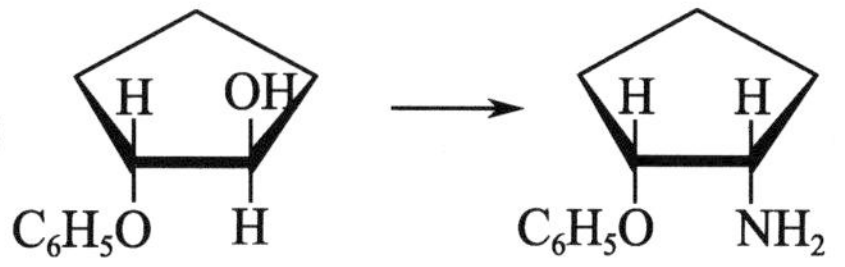

(3)

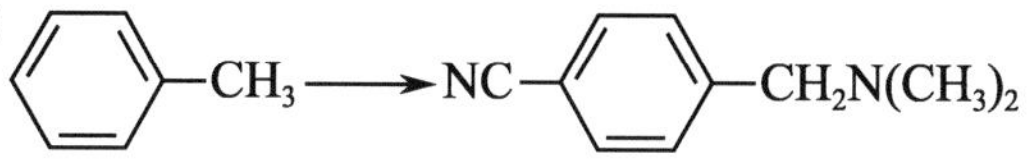

(4)

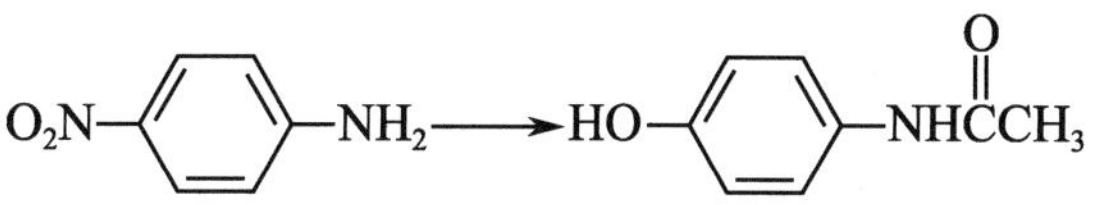

(5)

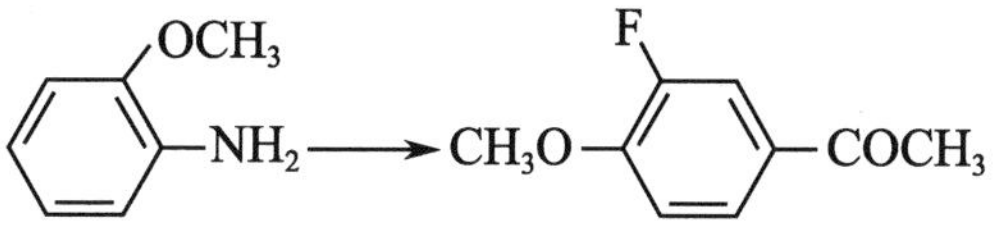

(6)

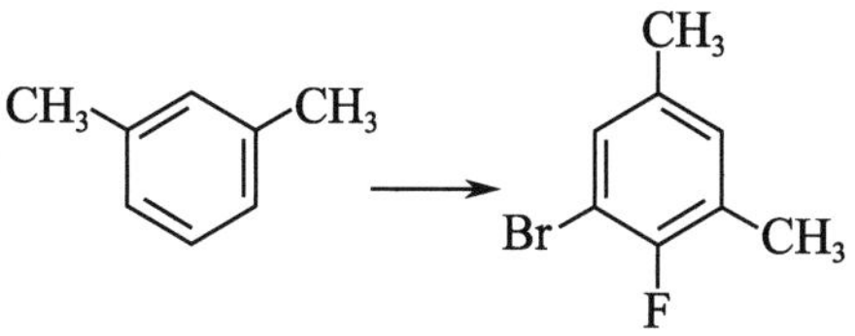

(7) 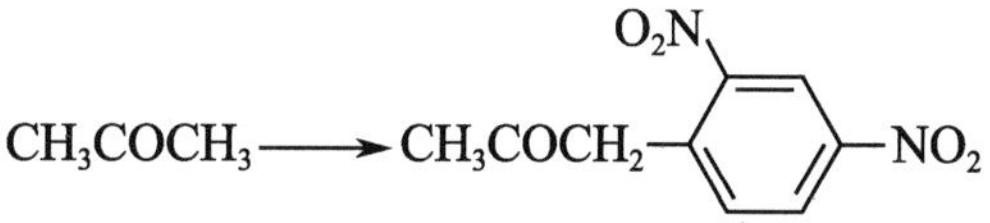 $CH_3COCH_3 \longrightarrow$

9. 美芬新（mephenesin）是一种肌肉松弛药和镇静药,从苯和其他需要的试剂合成美芬新。

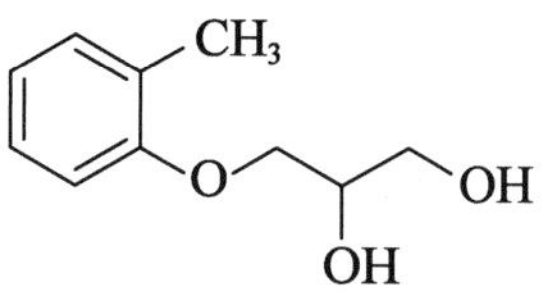

美芬新

10. 百浪多息（prontosil）是世界上第一种商品化的合成抗菌药物,德国科学家多马克在 1932 年发现其具有抗菌作用,并因此于 1939 年获得诺贝尔奖。百浪多息的发现和开发开启了合成药物化学发展的新时代。请从苯出发合成百浪多息。

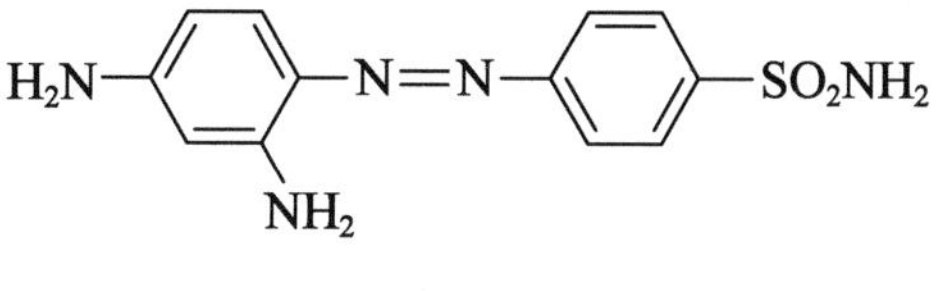

百浪多息

第十五章

杂环化合物

杂环化学是有机化学的一个重要组成部分。杂环化合物（heterocyclic compound）是指由碳原子和非碳原子共同参与组成的环状化合物。这些非碳原子统称杂原子，最常见的杂原子是氮、氧和硫。

严格来说，我们之前学过的内酯、内酰胺、环状酸酐、环醚等也应属于杂环化合物，但它们的环容易形成，也容易开裂，性质与同类的开链化合物相似。本章将着重讨论环系比较稳定、具有一定程度芳香性的杂环化合物，其中以五元、六元杂环及其稠杂环化合物为重点。因这类化合物具有芳香化合物的特点，可统称为芳（香）杂环化合物（aromatic heterocycle）。例如：

吡啶　　　　　呋喃　　　　　噻吩　　　　　吡咯

杂环化合物广泛存在于自然界中，许多天然杂环化合物在动植物体内起重要的生理作用。例如血红素、叶绿素、DNA 及 RNA 中的碱基、酶和辅酶中催化生化反应的活性部位及中草药的有效成分生物碱等都是含氮杂环化合物；为数不少的维生素、抗生素及一些植物色素和植物染料都含有杂环。目前合成的杂环化合物涉及医药、农药、染料、生物模拟材料、超导材料、分子器件、贮能材料等，尤其在现代药物中，杂环化合物占有相当大的比重，与人们的现实生活息息相关。可以说，杂环化合物在生命科学中占有极其重要的地位。

第一节　分类和命名

一、分类

本章讨论的杂环化合物主要是指环系为平面型，π 电子数符合 $4n+2$ 规则，较稳定的芳香杂环化合物。

杂环化合物按环的大小，可分为五元杂环和六元杂环两大类；又可按杂环中杂原子数目的多少，分为含有一个杂原子的杂环及含有两个或两个以上杂原子的杂环；还可按成环的形式，分为单杂环或稠杂环。以上这些分类方法以杂环的骨架为基础。

另一种分类方法是根据杂环上碳原子的电子云密度分布情况，分为富 π 电子芳杂环化合物（通常为五元芳杂环）和缺 π 电子芳杂环化合物（通常为六元含氮芳杂环）两类。这种分类方法反映出杂环性质的不同，可与上述杂环骨架分类法互为补充。

二、命名

杂环化合物的命名比较复杂。现广泛应用的是按 IUPAC 命名原则规定，保留特定的 45 个杂环化合物的俗名和半俗名并作为命名的基础。以此原则为准，我国多采用"音译法"，即按英文名称的读音，选用同音"口"字旁的汉字命名，以"口"字旁作为杂环的标志，对杂环化合物进行命名。

（一）特定杂环的命名规则

具有特定俗名和半俗名的 45 个杂环化合物的编号均有具体规定。例如：

含一个杂原子的五元单杂环：

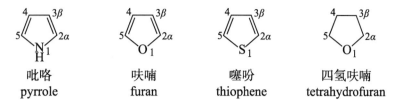

| 吡咯 | 呋喃 | 噻吩 | 四氢呋喃 |
| pyrrole | furan | thiophene | tetrahydrofuran |

含两个杂原子的五元单杂环：

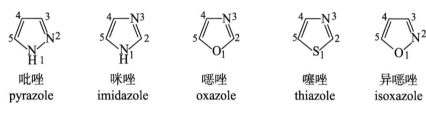

| 吡唑 | 咪唑 | 噁唑 | 噻唑 | 异噁唑 |
| pyrazole | imidazole | oxazole | thiazole | isoxazole |

含一个杂原子的六元单杂环：

| 吡啶 | 2H-吡喃 |
| pyridine | 2H-pyran |

含两个杂原子的六元单杂环：

| 哒嗪 | 嘧啶 | 吡嗪 | 哌嗪 |
| pyridazine | pyrimidine | pyrazine | pyperazine |

五元及六元稠杂环：

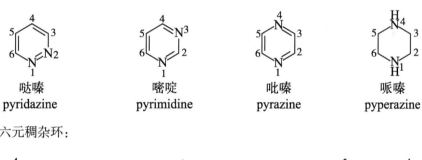

| 吲哚 | 苯并咪唑 | 咔唑 |
| indole | benzimidazole | carbazole |

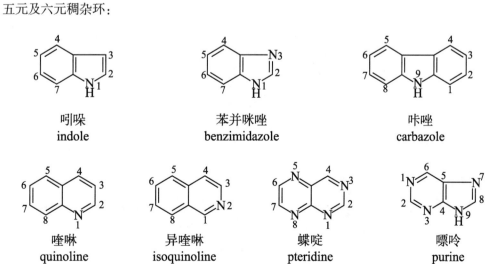

| 喹啉 | 异喹啉 | 蝶啶 | 嘌呤 |
| quinoline | isoquinoline | pteridine | purine |

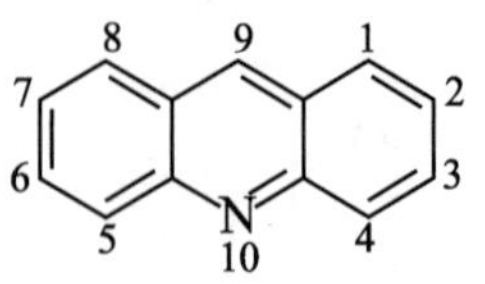

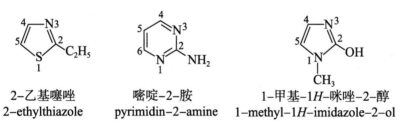

　　吖啶　　　　　　　　　　　　　吩嗪　　　　　　　　　　　　吩噻嗪
　　acridine　　　　　　　　　　　phenazine　　　　　　　　　phenothiazine

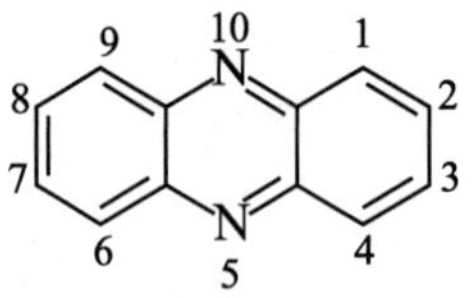

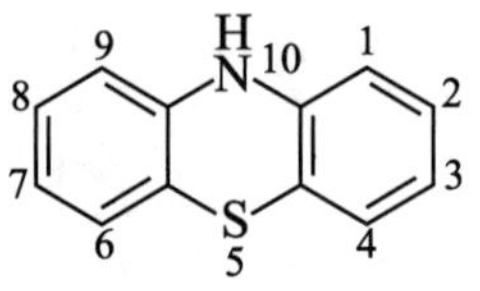

　　杂环母核的名称和编号确定后,可将取代基位置编号、名称以词头或词尾的形式加在杂环名前和名后。以下是有特定名称杂环母核编号的几点说明。

　　对于单杂原子杂环母核,一般从杂原子开始,沿着环编号。若环上有取代基,编号时使连有取代基的碳原子的位次保持较小。当环上只有一个杂原子时,也可将靠近杂原子的碳用 α、β 和 γ 进行编号。例如:

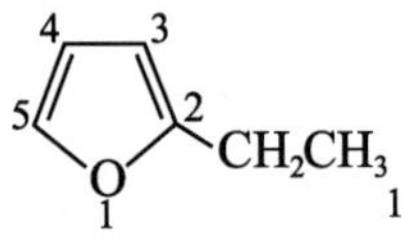

　　2-乙基呋喃　　　　3-甲基吡啶　　　　α,α'-二甲基呋喃　　　吡啶-4-甲酸
　　2-ethylfuran　　　3-methylpyridine　　α,α'-dimethylfuran　　pyridine-4-carboxylic acid

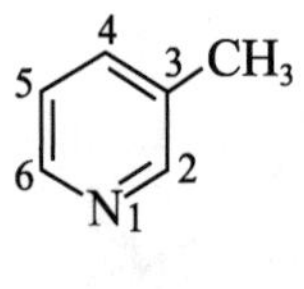

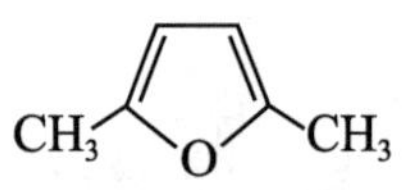

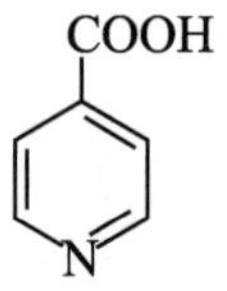

　　若同一环上有多个杂原子,按 O、S、—NH—、—N= 的顺序决定优先的杂原子。从优先杂原子开始编号,并使其他杂原子的编号位次尽可能较小。例如:

　　2-乙基噻唑　　　　　嘧啶-2-胺　　　　　1-甲基-1H-咪唑-2-醇
　　2-ethylthiazole　　pyrimidin-2-amine　　1-methyl-1H-imidazole-2-ol

　　有特定名称的稠杂环有其固定的编号顺序,通常是从一端开始依次编号,共用的碳原子一般不编号;编号时还要注意使杂原子尽可能取较小的编号,并遵守杂原子的优先顺序。例如:

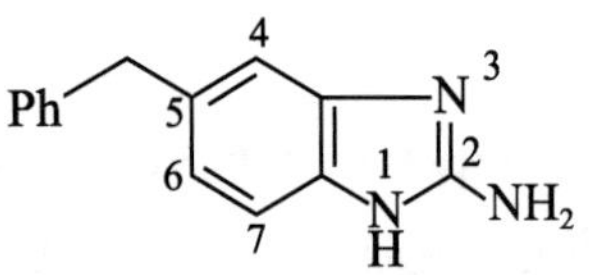

　　5-苄基-1H-苯并[d]咪唑-2-胺　　　　　　8-羟基-7-甲基喹啉-5-磺酸
　　5-benzyl-1H-benzo[d]imidazol-2-amine　　8-hydroxy-7-methylquinoline-5-sulfonic acid

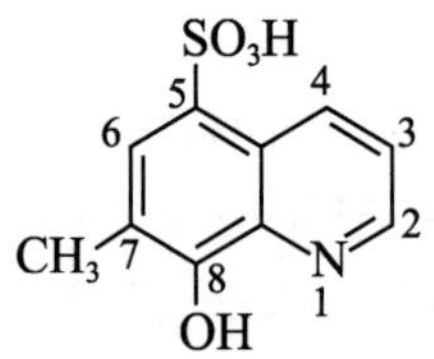

嘌呤是个特例,不仅共用碳原子参与编号,而且编号顺序也很特别。例如:

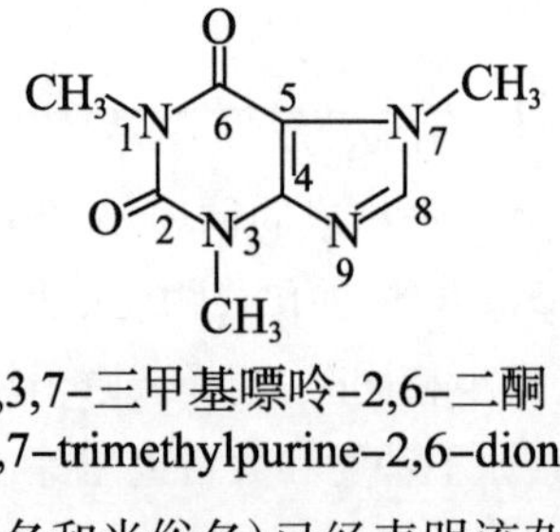

　　1,3,7-三甲基嘌呤-2,6-二酮
　　1,3,7-trimethylpurine-2,6-dione

　　上述特定杂环的命名(即 45 个俗名和半俗名)已经表明该杂环含有最多数目的非聚集双键。此时如有两种或多种异构体,为了区别,还必须标明环上一个或多个氢原子所在的位置,即在名称前面

加上标位的阿拉伯数字及斜体大写的“*H*”,这种氢则称为“指示氢”或“标氢”。例如:

1*H*–吡咯
1*H*–pyrrole

2*H*–吡咯
2*H*–pyrrole

4*H*–吡喃
4*H*–pyran

2*H*–吡喃
2*H*–pyran

1*H*–吲哚
1*H*–indole

3*H*–吲哚
3*H*–indole

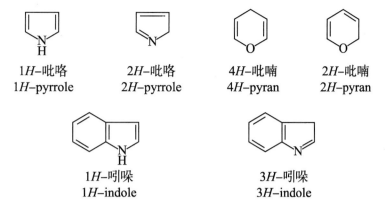

含活泼氢的杂环及其衍生物可能存在互变异构体,命名时需要标明其两种可能的位号。例如:

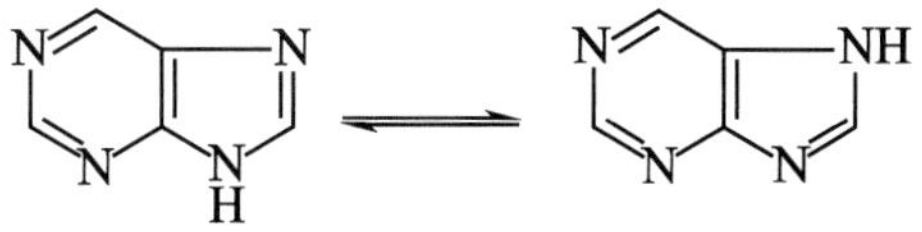

9*H*–嘌呤　　7*H*–嘌呤
9*H*–purine　　7*H*–purine

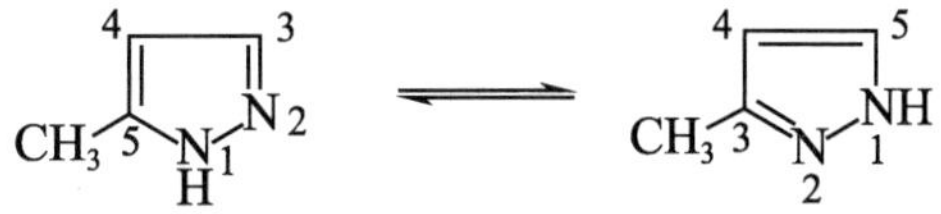

5–甲基吡唑　　3–甲基吡唑
5–methylpyrazole　　3–methylpyrazole

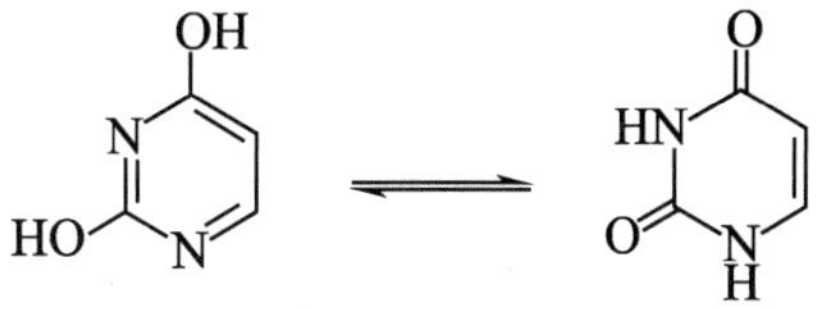

嘧啶–2,4–二醇　　嘧啶–2,4–二酮
pyrimidine–2,4–diol　　pyrimidine–2,4–dione

(二) 无特定名称的稠杂环的命名规则

无特定名称的稠杂环的命名比较复杂,命名时通常将稠杂环看作是两个单杂环并合在一起,其中一个环选定为基本环(主体),它的名称作为“词尾”;另一个环则为附加环(拼合环),其名称作为“词首”,中间加一个“并”字。例如:

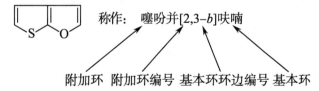

称作:　噻吩并[2,3–*b*]呋喃

附加环　附加环编号　基本环环边编号　基本环

1. 基本环的选择原则　芳碳环和杂环组成的稠环,选杂环为基本环,如化合物(1);杂环和杂环组成的稠杂环,按N、O、S的顺序选择基本环,如化合物(2);大小不同的两个杂环组成的稠杂环,选择大的杂环为基本环,如化合物(3);环大小相同时,选择杂原子数目或杂原子种类多的环为基本环,如化合物(4)和(5);如果环大小相同,杂原子种类和数目也相等,则选择稠合前杂原子编号较低者为基本环,如化合物(6)。

举例如下(以下名称尚不完整):

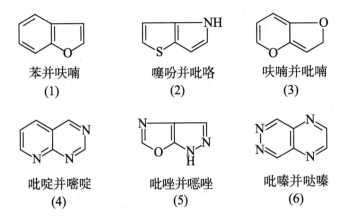

苯并呋喃　　　噻吩并吡咯　　　呋喃并吡喃
　(1)　　　　　　　(2)　　　　　　　(3)

吡啶并嘧啶　　　吡唑并噁唑　　　吡嗪并哒嗪
　(4)　　　　　　　(5)　　　　　　　(6)

2. 稠合边的表示方法　稠杂环的稠合边(即共用边)用附加环和基本环两部分的位号来表示。按原单杂环的编号规则,基本环用英文字母 *a*、*b*、*c*……表示各边(1、2 原子之间为 *a* 边,2、3 原子之间为 *b* 边,……),附加环用阿拉伯数字 1、2、3……标注各原子;当有选择时,应使稠合边的位号尽可能较小。将稠合的原子和稠合边外加方括号,置于"并"字之后。命名时,阿拉伯数字在前,数字之间加逗号;英文字母在后,阿拉伯数字与英文字母之间以短线相连。数字的先后要与基本环边的走向一致。芳碳环的稠合边无须标注。例如:

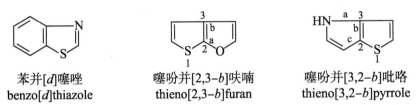

苯并[*d*]噻唑　　　噻吩并[2,3-*b*]呋喃　　　噻吩并[3,2-*b*]吡咯
benzo[*d*]thiazole　　thieno[2,3-*b*]furan　　thieno[3,2-*b*]pyrrole

3. 周边的编号方法　在选择了基本环并对稠合边进行表示后,最后需要对整个稠杂环的周边进行编号,以标明取代基或指示氢的位置。周边的编号遵循如下规则:将稠杂环尽可能多地排列在一横排上,并尽可能多地环排列在右上象限;编号从右上角最远环的自由角(即邻近稠合边的顶端原子)开始,按顺时针方向依次编号,共用边的碳原子一般不编号。例如:

11-甲基-7*H*-吡啶并[4,3-*c*]咔唑
11-methyl-7*H*-pyrido[4,3-*c*]carbazole

稠杂环按上述排列原则如有不止一种排列方式,则其编号顺次遵循下列原则:使所含有杂原子的位次编号尽量低;按 O、S、N 的顺序编号,并使杂原子的位次编号最低。例如:

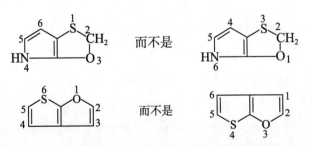

而不是

而不是

综上所述,稠杂环的命名往往涉及两种编号,一种表示取代基的编号(周边的编号),另一种是标明稠合位置(共用边)的编号。举例如下:

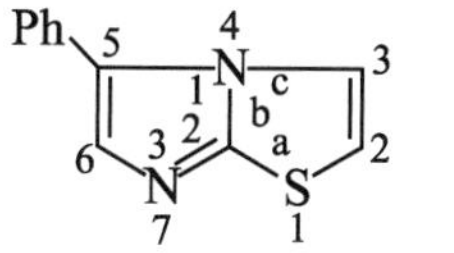

5-苯基咪唑并[2,1-*b*]噻唑
5-phenylimidazolo[2,1-*b*]thiazole

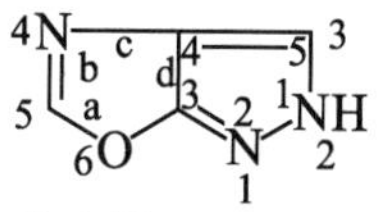

2*H*-吡唑并[3,4-*d*]噁唑
2*H*-pyrazolo[3,4-*d*]oxazole

练习题 15.1　命名下列杂环化合物。

(1) 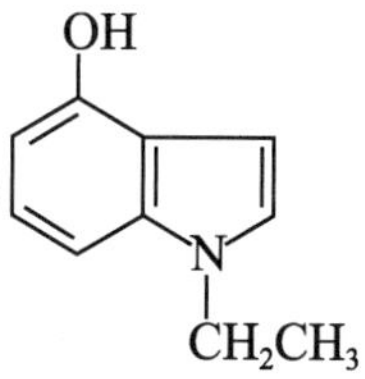　(2) 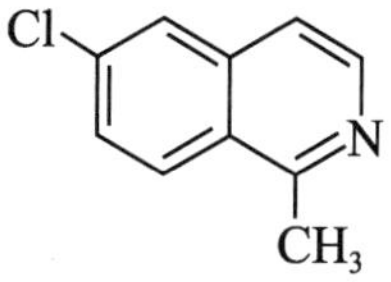　(3)

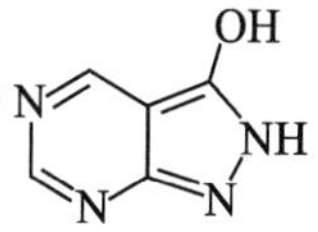

(4) 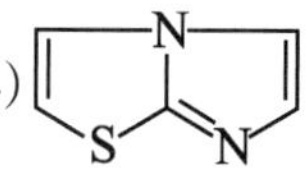　(5)

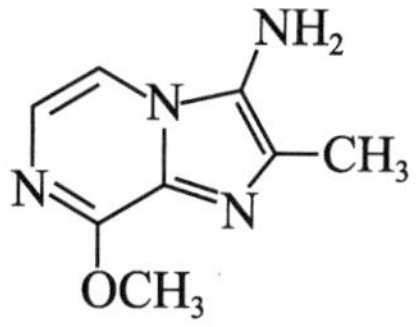

练习题 15.2　写出下列杂环化合物的结构式。

(1) 2-甲氧基吡啶　(2) 8-溴异喹啉　(3) 2-甲基-5-苯基吡嗪

(4) 5-硝基呋喃-2-甲醛　(5) 4,6-二甲基吡喃-2-酮　(6) 吲哚-3-甲酸

第二节　六元杂环化合物

　　六元杂环化合物是杂环化合物的最重要的组成部分,尤其是含氮六元杂环如吡啶、嘧啶等,它们的衍生物广泛存在于自然界中,许多合成药物的结构中也含有吡啶环或嘧啶环。表 15-1 列举了几个常见的含一个氮原子的六元杂环及它们的物理常数。

表 15-1　常见的含一个氮原子的六元杂环及它们的物理常数

物理常数	结构式名称			
	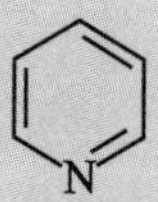 吡啶	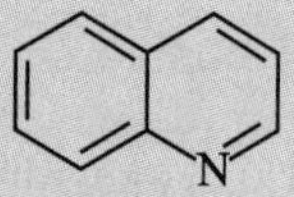 喹啉	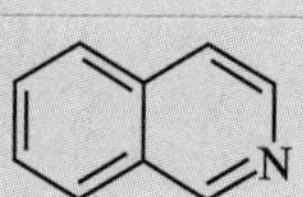 异喹啉	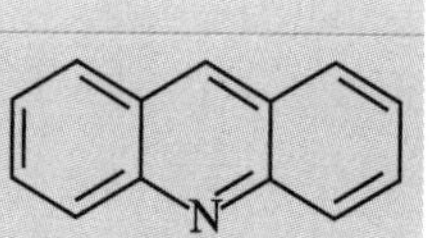 吖啶
分子量	79.10	129.16	129.16	179.22
沸点 /℃	115.5	238.0	243.0	346.0
熔点 /℃	−42.0	−15.6	26.5	111.0
密度(d_4^{20})	0.981 8	1.092 9	1.098 6	1.005 0
pK_a	5.19	4.94	5.42	5.58

　　以上四个芳杂环中,最重要的是吡啶,其他三个化合物可视为吡啶与苯以不同方式形成的稠合物。

一、吡啶

　　吡啶可看成是将苯环的一个—CH 换成氮原子所得到的化合物,其共轭体系与苯相似。许多药

物、染料、维生素和生物碱的结构中含有吡啶环。工业上吡啶大多数是从煤焦油中提取的,将煤焦油分馏出的轻油部分用硫酸处理,则吡啶成硫酸盐而溶解,再用碱中和,游离出吡啶,然后再蒸馏精制。吡啶是具有特殊臭味的无色液体。在煤焦油和骨焦油中还可分离得到许多简单的烷基吡啶。例如:

吡啶
pyridine

2-甲基吡啶
2-methylpyridine

3-甲基吡啶
3-methylpyridine

4-甲基吡啶
4-methylpyridine

(一) 结构与芳香性

按照价键理论的观点,吡啶分子是由五个主要的极限式组成的共振杂化体,其中有三个是两性离子结构,如下式所示。

吡啶的分子式为 C_5H_5N,近代物理方法测知其结构与苯相似,是共平面的、连续封闭的芳香共轭体系,其共振能(31.9kJ/mol)比苯略低。

吡啶分子的键角约为 120°,分子的对称性与苯相比有所降低。吡啶分子中的碳碳键长(139pm)与苯近似,介于 C—C 单键(154pm)与 C=C 双键(134pm)之间;碳氮键长(137pm)介于 C—N 单键(147pm)与 C=N 双键(128pm)之间。可见,吡啶环不存在一般的单、双键,而且其碳碳键与碳氮键的键长数值也相近,说明环上键的平均化程度较高,但并不完全。

吡啶环上的碳原子和氮原子均以 sp^2 杂化轨道成键,构成一个平面六元环。每个原子上有一个 p 轨道(含有一个 p 电子)垂直于环面,相互侧面重叠形成封闭的含六个 π 电子的大 π 键(图 15-1)。

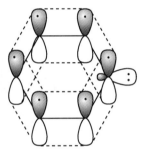

图 15-1　吡啶的结构

吡啶氮原子的一对未共用电子对占据 sp^2 杂化轨道,没有参与大 π 键的形成,像通常的三级胺一样,可与质子结合,呈碱性,并可与强酸作用生成稳定的盐。

吡啶环大 π 键的 π 电子数为 6,符合 $4n+2$ 规则,具有一定的芳香性。但吡啶环上氮原子的电负性较大,使 π 电子云主要向氮原子发生偏移,环上的电子云平均化程度不如苯高,所以吡啶的芳香性比苯差。吡啶环及苯环上 π 电子云出现的概率密度如下(苯环均为 1.00)。

在吡啶环中,氮原子的作用类似于硝基苯中的硝基,使 α 位和 γ 位碳上的电子云密度比苯低(β 位则与苯环近似)。所以这类芳杂环又被称为"缺 π"芳杂环,化学性质表现为亲电取代变难、亲核取代变易,氧化变难、还原变易。

(二) 物理性质及光谱性质

1. **物理性质**　吡啶分子不具有苯的正六边形结构,由于氮原子的电负性较大,使吡啶具有较大的极性。吡啶及哌啶的偶极矩数值如下所示:

$$\mu=7.41\times10^{-30}C\cdot m \qquad\qquad \mu=3.90\times10^{-30}C\cdot m$$

由上式可见,吡啶的偶极矩比哌啶大,这是因为平面型吡啶分子中既有吸电子诱导效应,又有吸电子共轭效应;而哌啶分子的氮原子只有吸电子诱导效应。

吡啶可与水、乙醇、乙醚等以任意比例混溶,也能溶解大多数极性或非极性有机化合物,甚至能溶解许多无机盐类,是一个良好的有机溶剂。吡啶氮上的未共用电子对能与水分子形成氢键,使之呈现高水溶性,且和水可形成共沸混合物(沸点为92.6℃,含水43%);吡啶氮原子也能与一些金属离子如Ag^+、Ni^{2+}、Cu^{2+}形成配位化合物,如$[Cu(C_5H_5N)_2]Cl_2$,这是吡啶可作为无机盐类溶剂的原因。

通常在有机物分子中引入羟基后其水溶性增大,而在吡啶环上引入羟基其水溶性会降低,引入的羟基数越多,水溶性越小。这是因为羟基化吡啶形成分子间氢键的能力大于和水形成氢键的能力,致使其水溶性降低。

2. 光谱性质　芳香杂环化合物的红外吸收光谱与苯系化合物类似。在3 070~3 020cm^{-1}处有芳环上氢的伸缩振动吸收峰;在1 600~1 500cm^{-1}处有芳环骨架的伸缩振动吸收峰;在900~700cm^{-1}处有芳氢的面外弯曲振动吸收峰。吡啶的红外吸收光谱见图15-2。

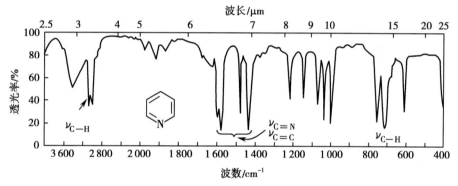

图 15-2　吡啶的红外吸收光谱图

在吡啶的核磁共振氢谱中,氢的化学位移与苯环氢相比有明显区别(苯的六个氢质子的化学位移相等,$\delta=7.27$ppm),吡啶的五个氢质子的化学位移不相等,其中与氮原子相邻的α-碳上氢质子的化学位移更偏向低场。具体数值如下:

$$\delta_a=8.60$$
$$\delta_b=7.25$$
$$\delta_c=7.64$$

(三)化学性质

1. 碱性和成盐反应　吡啶氮原子上具有未共用电子对,它并不参与环上的共轭体系,可以和质子结合或给出电子,呈弱碱性,其共轭酸的pK_a=5.19,可与强酸形成盐。例如:

吡啶的碱性比一般脂肪胺及氨都弱,但比苯胺强。原因是吡啶中氮原子上的未共用电子对处于sp^{2}杂化轨道中,s成分较多,电子受核的束缚较强,给出电子的倾向较小,较难与质子结合,所以碱性

较弱。几种物质的碱性比较顺序如下:

苯胺 < 吡啶 < 氨 < 三乙胺 < 哌啶

pK_a 4.70   5.19   9.24   10.6   11.2

吡啶环上的取代基对其碱性强弱是有影响的,其影响的基本规律如同取代基对苯胺的碱性的影响。

练习题 15.3 某些取代吡啶的共轭酸的 pK_a 如下:

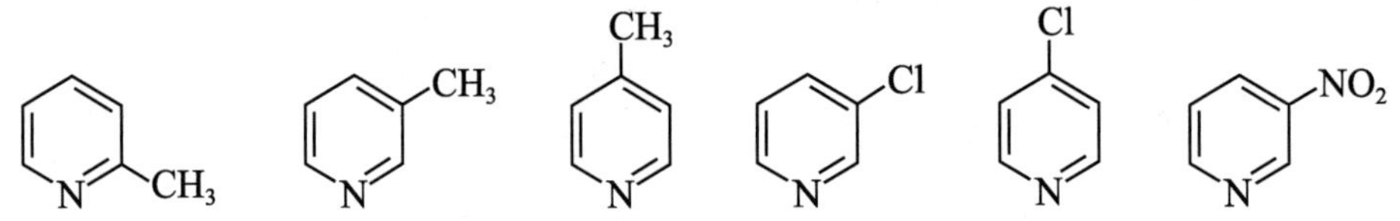

pK_a 5.97   5.68   6.02   2.84   3.53   0.80

试解释上述取代吡啶的碱性变化。

吡啶类化合物的碱性有很大的实际应用意义。常利用它们的碱性从混合物中分离吡啶类化合物,如从煤焦油中分离吡啶及其同系物,即用硫酸水溶液将它们萃取出来;在化学反应中常用吡啶作催化剂和除酸剂,它在水中和有机溶剂中都有良好的溶解性,其催化作用常常是一些无机碱所无法达到的。吡啶还可与某些路易斯酸(如三氧化硫、三氧化铬)结合成盐。例如:

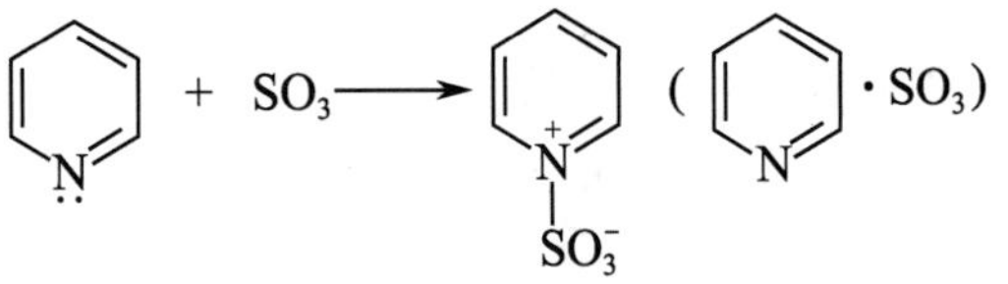

吡啶三氧化硫加合物
(一种温和的非质子性磺化试剂)

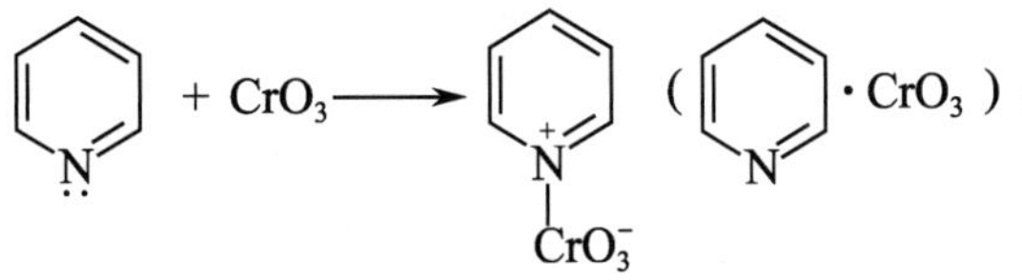

吡啶三氧化铬加合物 (一种温和的非质子性氧化剂)

吡啶三氧化硫加合物是温和的非质子性磺化试剂,常用于对酸不稳定的化合物如呋喃、吡咯等的磺化反应。吡啶三氧化铬加合物是一种温和的非质子性氧化剂(沙瑞特试剂),可将伯醇氧化为醛。

2. 与卤代烷、酰卤和酸酐的反应   吡啶氮原子上的未共用电子对具有亲核性,可以与卤代烷、酰卤和酸酐等反应。吡啶与卤代烷反应生成季铵盐。例如:

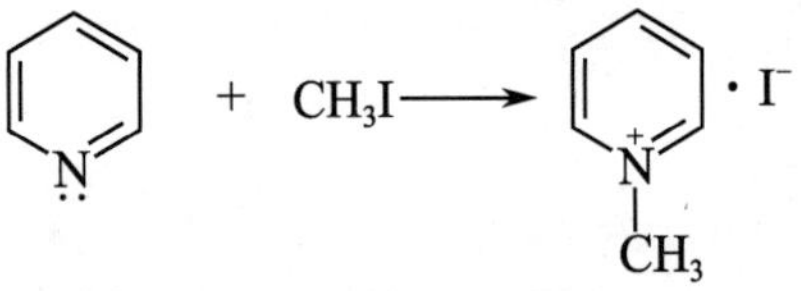

碘化 N-甲基吡啶

吡啶与酰卤反应生成 N-酰基吡啶盐,且该反应是可逆的。在 N-酰基吡啶盐中带正电荷的氮原子的吸电子能力比氯原子大,使羰基的正电性增大,易发生亲核加成反应;另外,吡啶是一个很好的离去基团,因此 N-酰基吡啶盐是比酰氯、酸酐更好的酰化试剂。例如:

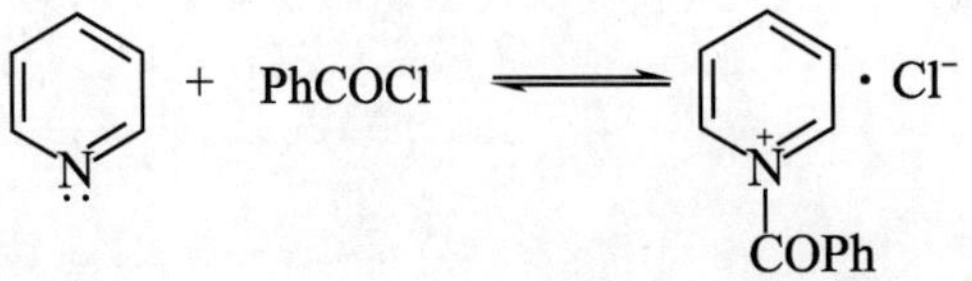

氯化 N-苯甲酰基吡啶

吡啶与硝鎓盐（如 $NO_2^+BF_4^-$）很容易发生作用生成盐。例如：

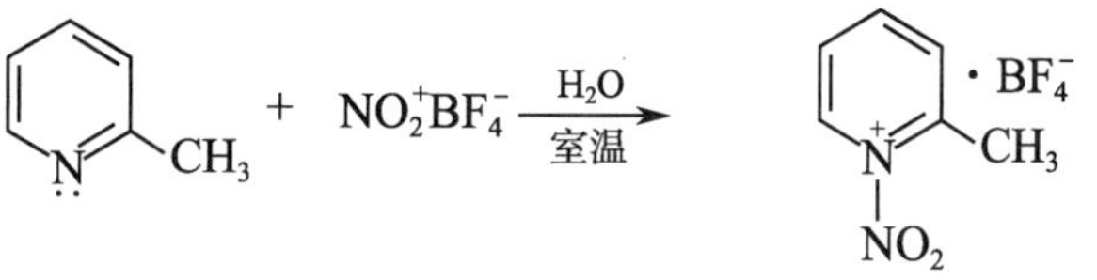

$$\text{2-甲基} + NO_2^+BF_4^- \xrightarrow[\text{室温}]{H_2O} \text{2-甲基-1-硝基吡啶氟硼酸盐}$$

2-甲基-1-硝基吡啶氟硼酸盐

上述吡啶盐的生成并没有改变吡啶的环状闭合共轭体系，所以吡啶盐仍具有芳香性。

练习题 15.4　请写出下列各反应的产物。

(1) 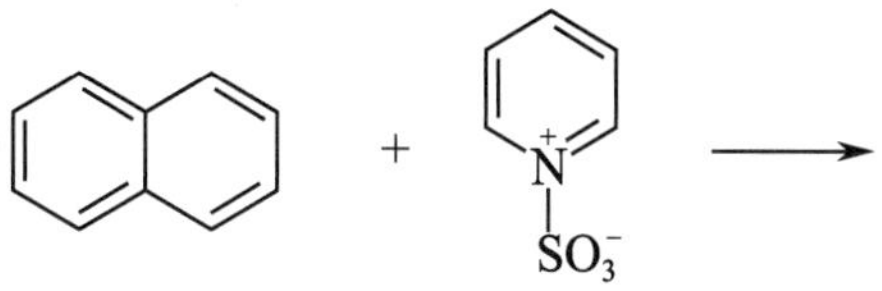 （萘） + （N-SO₃⁻吡啶） ⟶

(2) 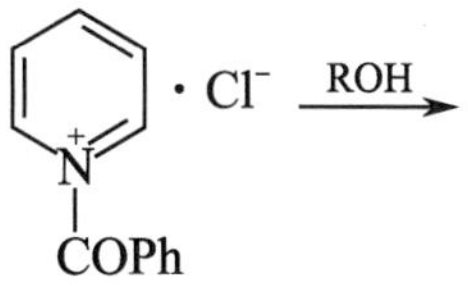 （N-COPh吡啶·Cl⁻） $\xrightarrow{ROH}$

---

3. 亲电取代反应　吡啶是"缺 π"芳杂环，环上电子云密度比苯低，因而亲电取代反应的活性比苯低，与硝基苯相当。反应需在较强烈的条件下进行，且产率较低，取代基主要进入 β 位。例如：

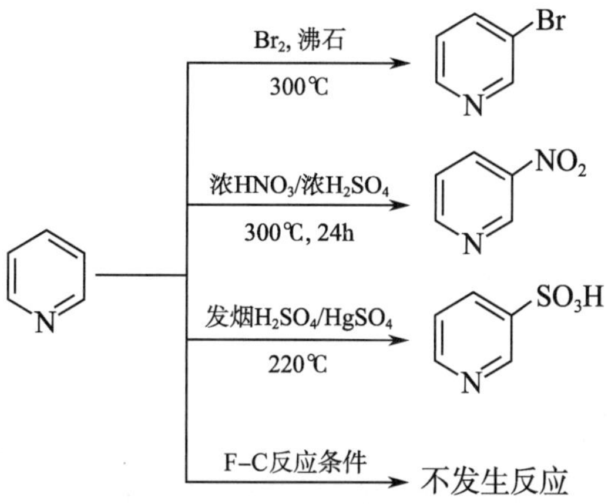

$$\xrightarrow[300℃]{Br_2, 沸石} \text{3-溴吡啶}$$

$$\xrightarrow[300℃, 24h]{浓HNO_3/浓H_2SO_4} \text{3-硝基吡啶}$$

$$\xrightarrow[220℃]{发烟H_2SO_4/HgSO_4} \text{3-磺酸基吡啶}$$

$$\xrightarrow{F-C反应条件} 不发生反应$$

吡啶直接用浓硫酸或发烟硫酸磺化，产率较低。若在催化剂硫酸汞存在下，则磺化产率提高。吡啶环上有给电子基团时，能增强吡啶环的反应活性。例如：

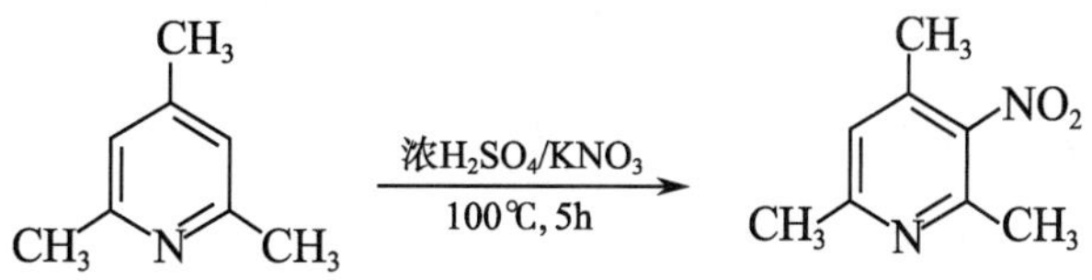

$$\xrightarrow[100℃, 5h]{浓H_2SO_4/KNO_3}$$

93%

练习题 15.5　与吡啶相比，吡啶-2-胺能在较温和的条件下进行硝化或磺化反应，取代主要发生在 5 位，说明其原因。

练习题 15.6　请写出下列各反应的产物。

(1) 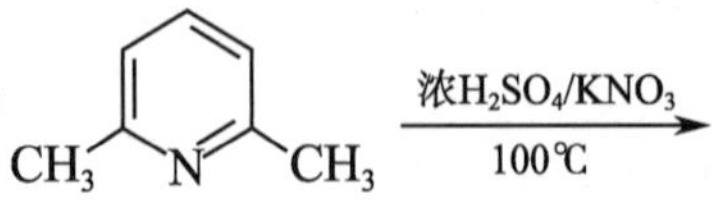 2,6-二甲基吡啶 $\xrightarrow[100℃]{浓H_2SO_4/KNO_3}$　(2) 2-氨基吡啶 $\xrightarrow[20℃]{Br_2/CH_3COOH}$

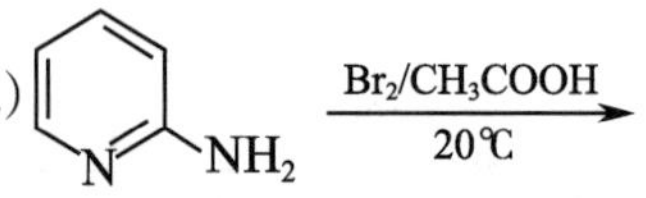

吡啶亲电取代反应活性比苯低,且取代基主要进入 β 位,这与反应中间体的相对稳定性有关。

进攻 α 位: 特别不稳定

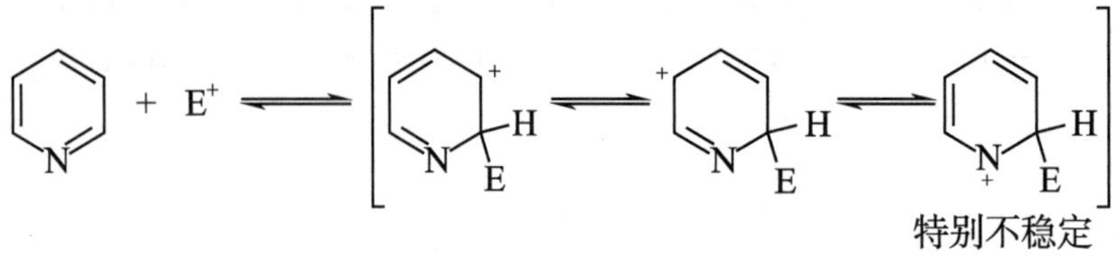

进攻 β 位:

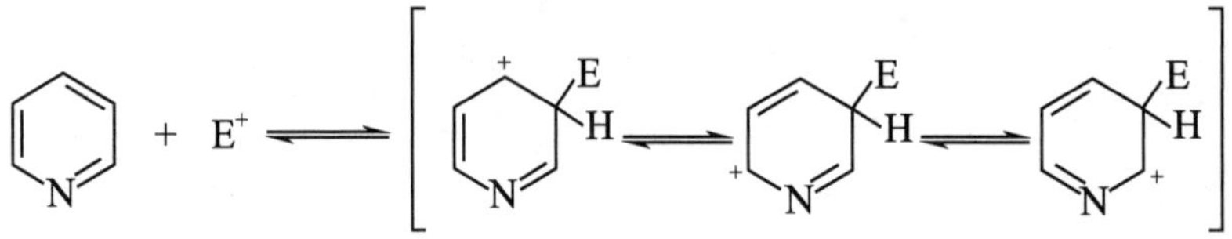

进攻 γ 位: 特别不稳定

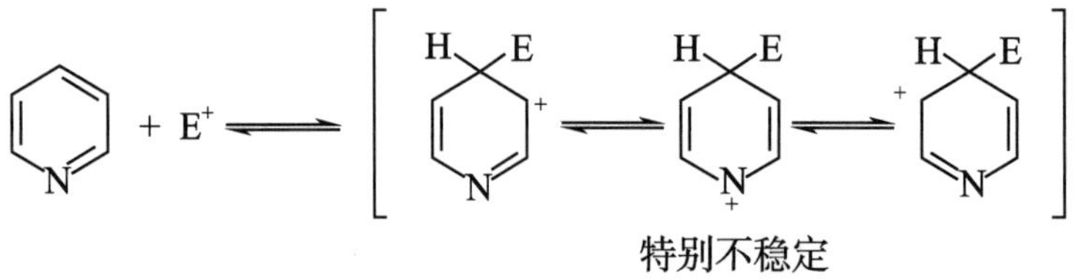

由于吡啶环有电负性较大的氮原子存在,中间体正离子都不如取代苯的相应中间体稳定,所以吡啶的亲电取代比苯难。当亲电试剂进攻 α 位或 γ 位时,一个极限式是正电荷在电负性较大的氮原子上,这一结构极不稳定;而进攻 β 位没有特别不稳定的极限式存在,其活性中间体比进攻 α 位或 γ 位的中间体稳定,所以 β 位的取代产物较容易生成。

4. 亲核取代反应　由于吡啶环上氮原子的吸电子作用,环上碳原子的电子云密度降低,尤其在 α 位或 γ 位上的电子云密度更低,因而环上的亲核取代反应容易发生,取代反应主要发生在 α 位或 γ 位上。例如:

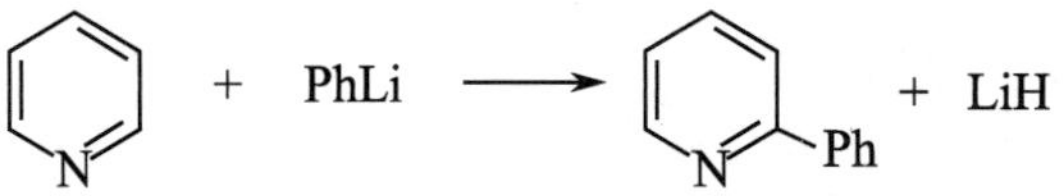

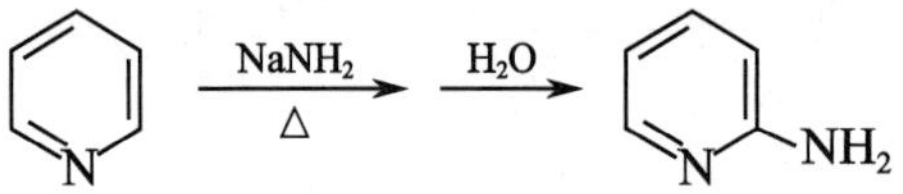

吡啶 + PhLi ⟶ 2-苯基吡啶 + LiH

吡啶 $\xrightarrow[\triangle]{NaNH_2}$ $\xrightarrow{H_2O}$ 2-氨基吡啶

吡啶与氨基钠作用生成吡啶-2-胺的反应称为齐齐巴宾反应(Chichibabin reaction)。如果 α 位已被占据,则得吡啶-4-胺,但产率很低。

如果在吡啶环的 α 位或 γ 位存在较好的离去基团(如卤原子),则更容易发生亲核取代反应。例如 α 位或 γ 位氯代吡啶可以与氨(或胺)、烷氧化物、水等较弱的亲核试剂发生亲核取代反应。

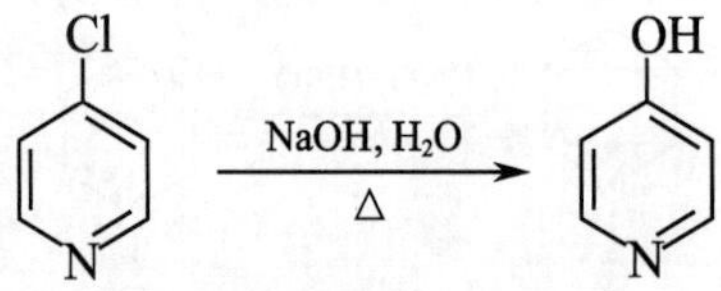

4-氯吡啶 $\xrightarrow[\triangle]{NaOH, H_2O}$ 4-羟基吡啶

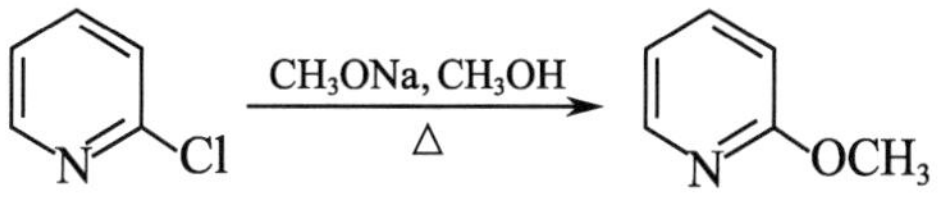

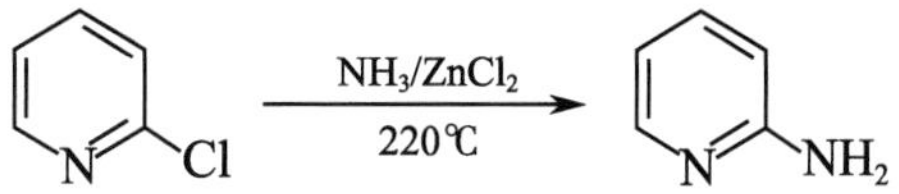

$$\text{2-氯吡啶} \xrightarrow[\triangle]{CH_3ONa, CH_3OH} \text{2-甲氧基吡啶}$$

$$\text{2-氯吡啶} \xrightarrow[220℃]{NH_3/ZnCl_2} \text{2-氨基吡啶}$$

5. 氧化和还原反应　　由于吡啶环上的电子云密度较低,故难以失去电子被氧化。通常情况下吡啶环对氧化剂比较稳定,尤其是在酸性条件下,由于环上氮原子转为吸电性强得多的$^+$NH,环上的电子云密度进一步降低,很难被氧化剂氧化。当吡啶环上有烷基或芳基侧链时,总是侧链先被氧化。例如:

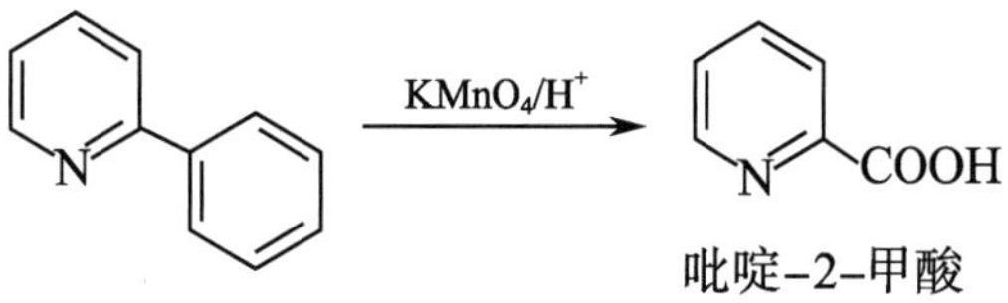

$$\text{2-苯基吡啶} \xrightarrow{KMnO_4/H^+} \text{吡啶-2-甲酸 (COOH)}$$

吡啶-2-甲酸

$$\text{2-甲基吡啶} \xrightarrow{SeO_2} \text{吡啶-2-甲醛 (CHO)}$$

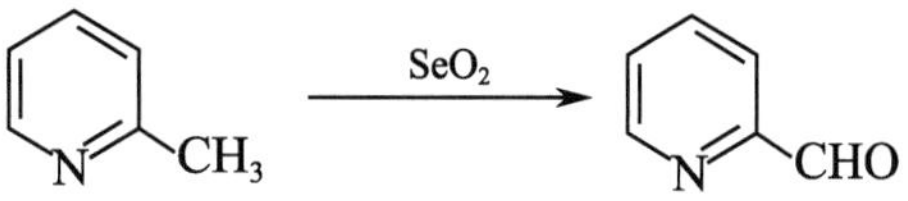

吡啶-2-甲醛

练习题 15.7　试写出齐齐巴宾反应的过程。

练习题 15.8　完成下列反应。

(1) 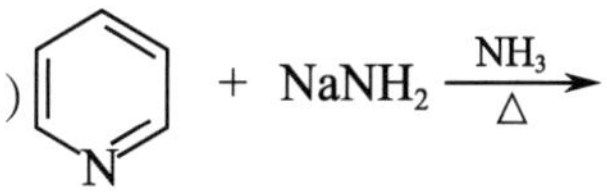 吡啶 + NaNH$_2$ $\xrightarrow[\triangle]{NH_3}$

(2) 2-溴吡啶 $\xrightarrow[H_2O, \triangle]{NaOH}$

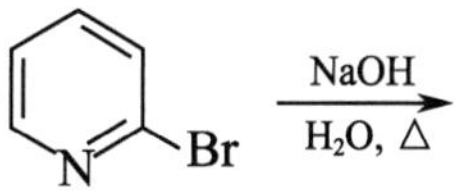

(3) 3-甲基吡啶 $\xrightarrow[OH^-, \triangle]{KMnO_4}$

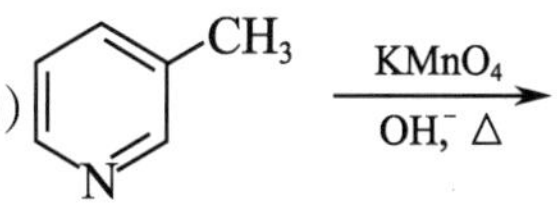

在特殊的氧化条件下,吡啶可发生类似于叔胺的氧化反应生成 *N*-氧化物。例如吡啶与过氧羧酸或过氧化氢作用时,可得到 *N*-氧化吡啶。

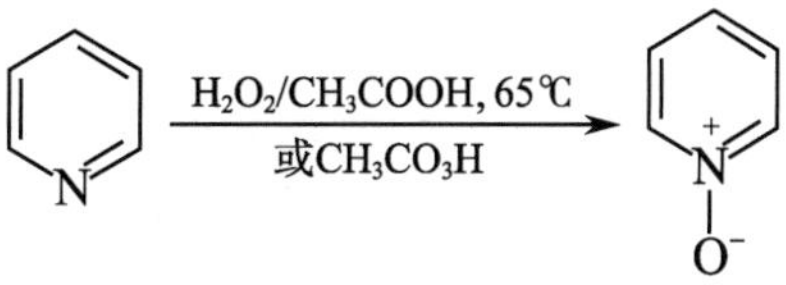

$$\text{吡啶} \xrightarrow[或CH_3CO_3H]{H_2O_2/CH_3COOH, 65℃} \text{N-氧化吡啶}$$

N-氧化吡啶与吡啶不同,它容易进行亲电取代反应,也能进行亲核取代反应,且取代反应都发生在 α 位或 γ 位。*N*-氧化吡啶是一个在合成上很有用的中间体,可通过反应在吡啶环的 α 位或 γ 位上引入不同的基团。例如:

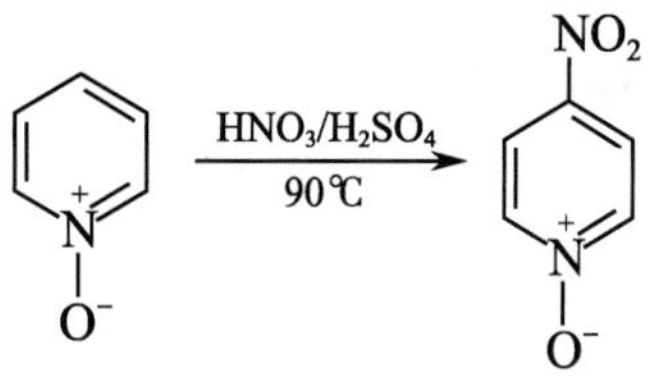

$$\text{N-氧化吡啶} \xrightarrow[90℃]{HNO_3/H_2SO_4} \text{4-硝基-N-氧化吡啶 (NO_2)}$$

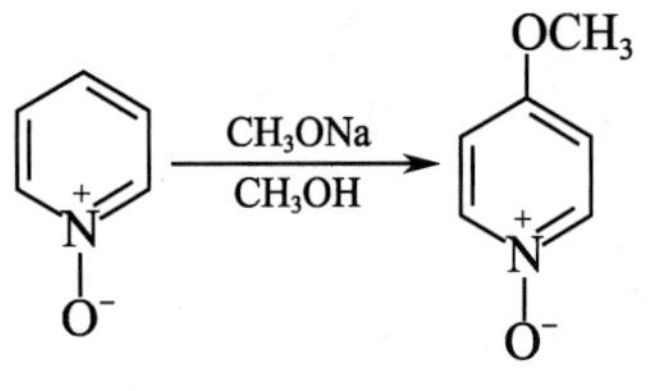

N-氧化吡啶的亲电取代反应容易发生在 α 位或 γ 位,因为反应过程所形成的活性中间体具有稳定的八电子构型的极限式,使中间体的相对稳定性增加;而在 β 位进攻则没有这种稳定性的极限式。

N-氧化吡啶发生取代反应后,用三氯化磷或其他方法处理,N-氧化物中的氧很容易除去,又得到吡啶。所以 N-氧化物常用来活化吡啶和起定位作用,为合成某些取代吡啶提供一条可行的途径。例如:

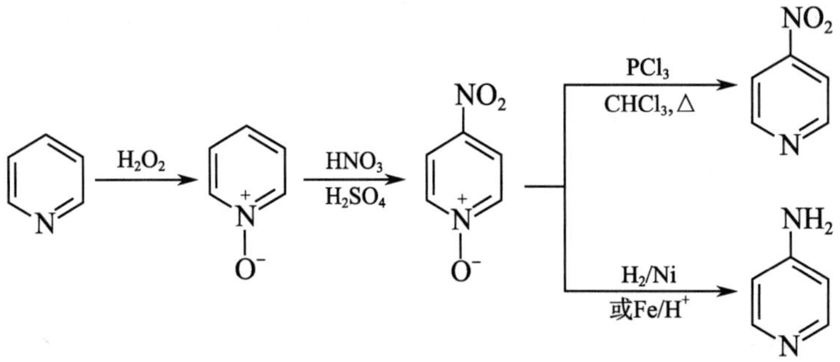

吡啶也因环碳上的电子云密度较低,使加氢还原比苯容易,不仅可被催化加氢还原,还可被化学试剂还原。例如:

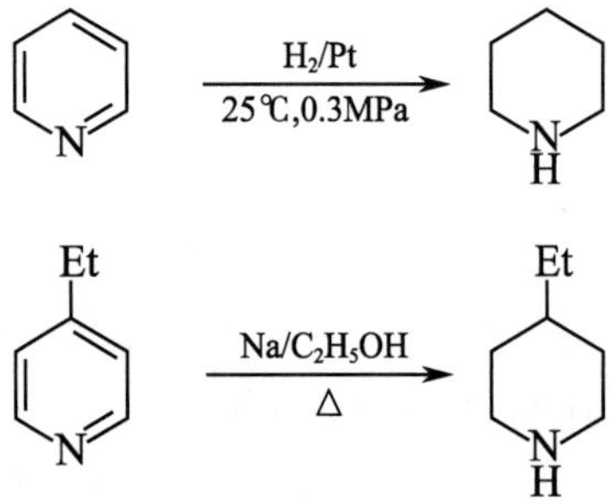

还原产物六氢吡啶(哌啶)为非芳香杂环,具有二级胺的特性,碱性(其共轭酸的 $pK_a = 11.2$)比吡啶强,沸点为 106 ℃,很多天然产物都含有这个环系。它除用作化工原料和有机碱催化剂外,还是一种环氧树脂的固化剂。

练习题 15.9 试写出一条由 4-甲基吡啶合成哌啶-4-甲酸的路线。

(四)吡啶衍生物

吡啶的各种衍生物广泛存在于生物体中,并且大都具有较强的生物活性,在生物体的生长、发育等过程中起重要作用。

烟酸(nicotinic acid)又称尼古丁酸或 β-吡啶甲酸,为 B 族维生素之一,与烟酰胺(nicotinamide)统称为"维生素 PP",在米糠、酵母、肝脏、牛乳、肉类和花生中的含量较高。烟酸和烟酰胺可用于防

治糙皮病、口腔炎及血管硬化等症。另外，4-甲基吡啶的氧化产物异烟酸（吡啶-4-甲酸）是制造抗结核药异烟肼（isoniazid；雷米封，rimifon）的中间体。

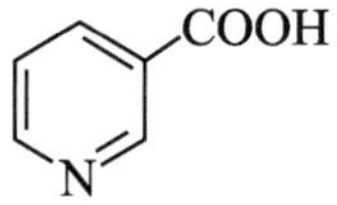
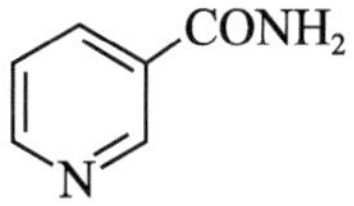
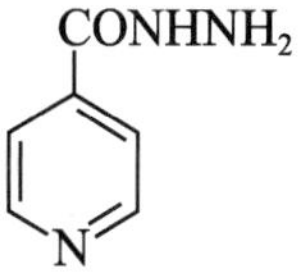

烟酸　　烟酰胺　　异烟肼

基于烟碱类（尼古丁）的结构而开发的低毒高效杀虫剂如吡虫啉、吡虫清具有杀虫谱广、用量低等特点。

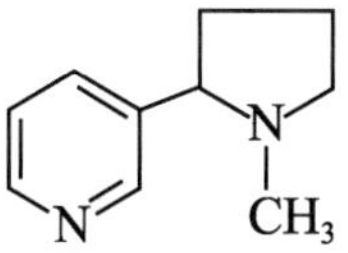
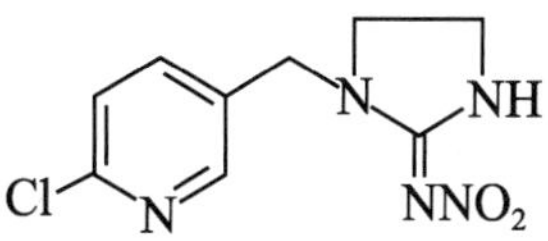

烟碱　　吡虫啉

维生素 B_6 又称吡哆辛，在麦麸、米糠和谷胚中的含量较高。维生素 B_6 是维持蛋白质正常代谢所必需的维生素，临床上主要用于防治周围神经炎，减轻抗肿瘤药和放疗引起的不良反应如恶心、呕吐及白细胞减少症等。

维生素 B_6 包括吡哆醇、吡哆醛和吡哆胺，三者可相互转化。在体内主要以吡哆醛和吡哆胺的形式存在，与三磷酸腺苷（adenosine triphosphate，ATP）作用生成具有生理活性的磷酸吡哆醛和磷酸吡哆胺，是某些氨基转移酶、氨基酸脱羧酶及消旋酶的辅酶，参与许多代谢过程。它们的化学结构如下：

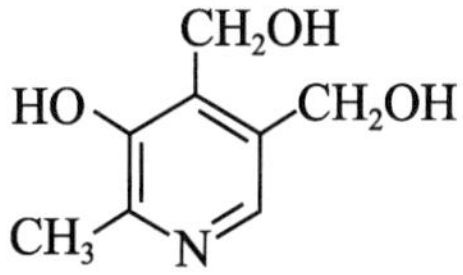
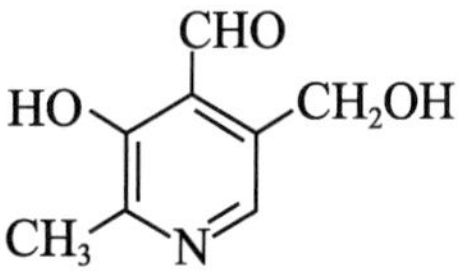
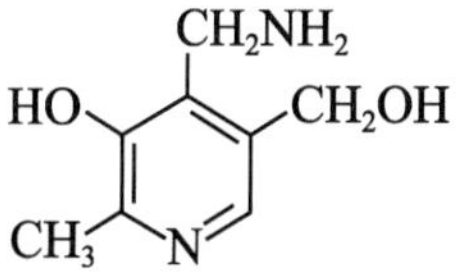

吡哆醇　　吡哆醛　　吡哆胺

二、喹啉和异喹啉

喹啉和异喹啉都是由苯环与吡啶环稠合而成的稠杂环化合物，两者是同分异构体，存在于煤焦油和骨油中。1834 年首次从煤焦油中分离出喹啉，后来用碱干馏抗疟药奎宁（quinine）也得到喹啉，喹啉因此得名。喹啉与异喹啉环系是重要的苯稠杂环化合物。

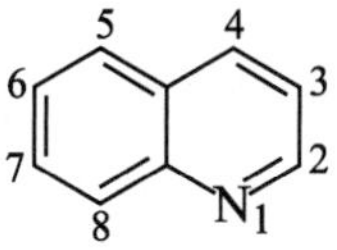
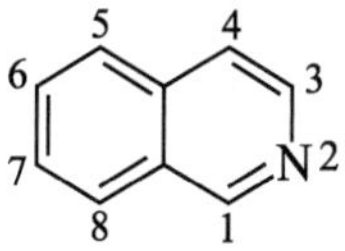

喹啉 quinoline　　异喹啉 isoquinoline

（一）结构与物理性质

喹啉和异喹啉都是平面型分子，都有含 10 个 π 电子的芳香大 π 键，结构与萘相似，可看成是萘的含氮类似物。喹啉、异喹啉分子中氮原子上的未共用电子对均位于 sp^2 杂化轨道中，未参与环上的共轭体系。

喹啉和异喹啉均呈弱碱性，它们共轭酸的 pK_a 分别为 4.9 和 5.4，碱性与吡啶接近，两者都能和强酸反应形成盐。喹啉和异喹啉能与大多数有机溶剂混溶，难溶于冷水，易溶于热水。与吡啶相比，它们的水溶性明显降低。

（二）化学性质

由于喹啉和异喹啉的结构与吡啶和萘有所类似，因此有类似的化学反应，但亦有所不同。

1. 亲电取代反应　喹啉和异喹啉的亲电取代反应比吡啶容易，但比苯和萘难，反应主要发生在电子云密度较大的苯环上，取代基主要进入 5 位和 8 位。

以喹啉与异喹啉的硝化、磺化、卤代为例，喹啉主要发生在 5 位和 8 位，而异喹啉以 5 取代产物为主。例如：

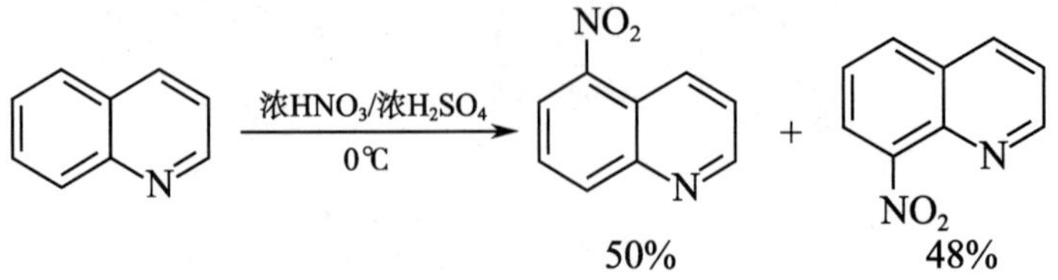

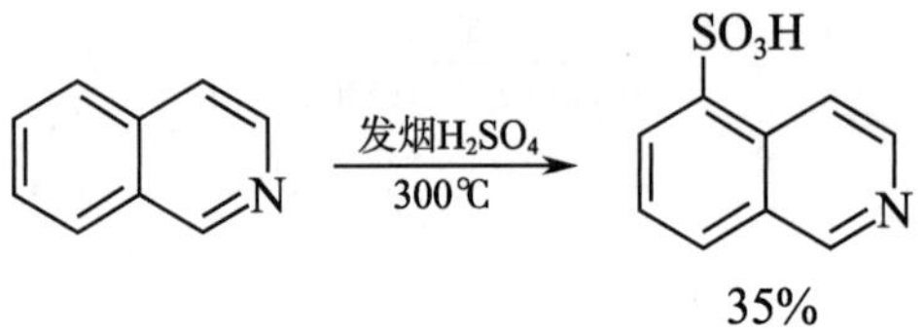

NO2
浓HNO3/浓H2SO4
0℃
N
+
NO2
50%
48%

SO3H
发烟H2SO4
300℃
N
35%

练习题 15.10　用系统命名法命名上述喹啉、异喹啉的亲电取代反应的产物。

2. 亲核取代反应　喹啉与异喹啉的亲核取代反应主要发生在电子云密度较小的吡啶环上，喹啉主要发生在 2 位和 4 位，异喹啉主要发生在 1 位。例如：

C6H5CH2MgCl
N
CH2C6H5
+
CH2C6H5
KNH2/液氮
-10℃
25℃
加压
NH2

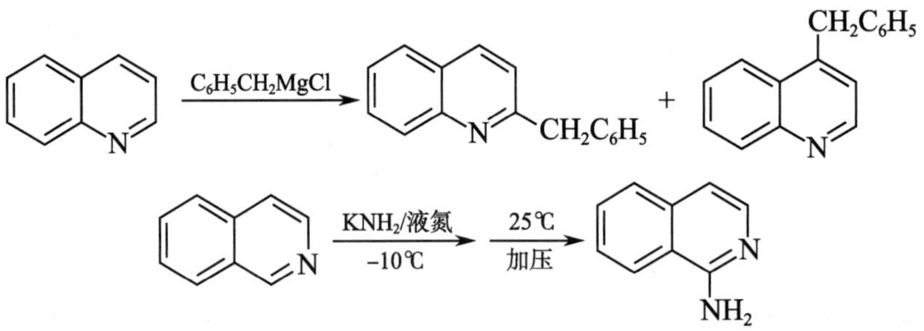

练习题 15.11　写出下列各反应的产物结构。

(1)
Br2/浓H2SO4
△
(2)
发烟HNO3/浓H2SO4
0℃
Cl
(3)
NaOEt
EtOH,△
(4)
n-BuLi
甲苯

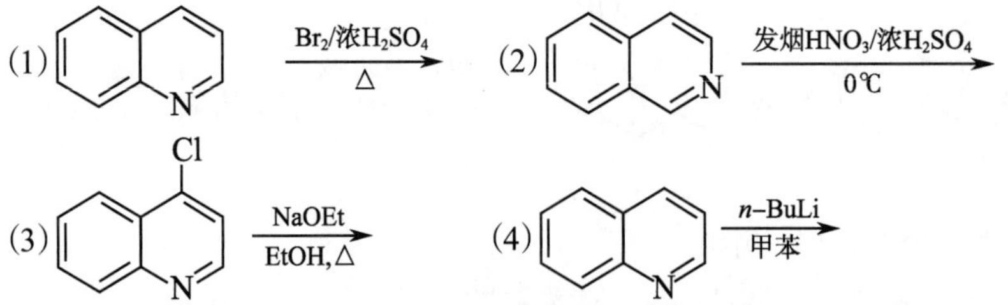

3. 氧化和还原反应　喹啉、异喹啉与大多数氧化剂不发生反应，但能与强氧化剂（如高锰酸钾等）发生氧化反应，且主要发生在电子云密度较高的苯环上。也可以和过氧酸或 H_2O_2 作用形成 *N*–氧化物。例如：

KMnO4水溶液
100℃
COOH
COOH
N

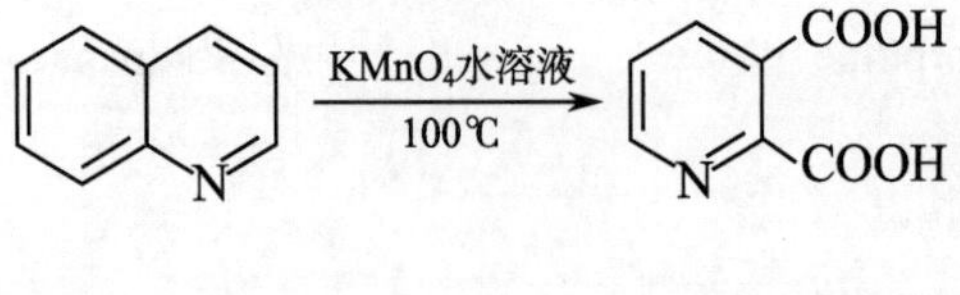

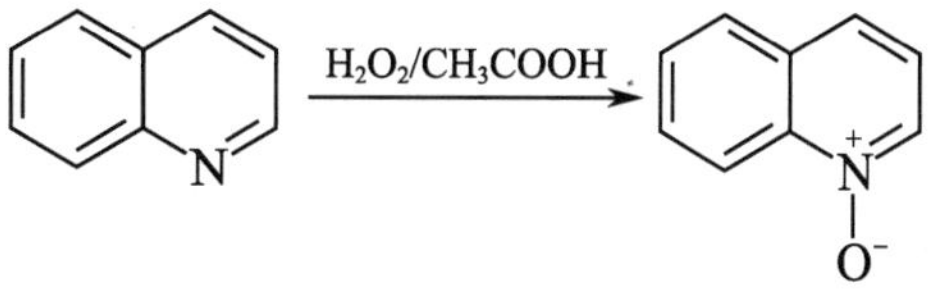

$$\text{quinoline} \xrightarrow{\text{H}_2\text{O}_2/\text{CH}_3\text{COOH}} \text{quinoline N-oxide}$$

喹啉、异喹啉可在催化剂存在下加氢，或用化学还原剂还原，电子云密度较低的吡啶环优先被还原。反应条件不同，产物亦不同。例如：

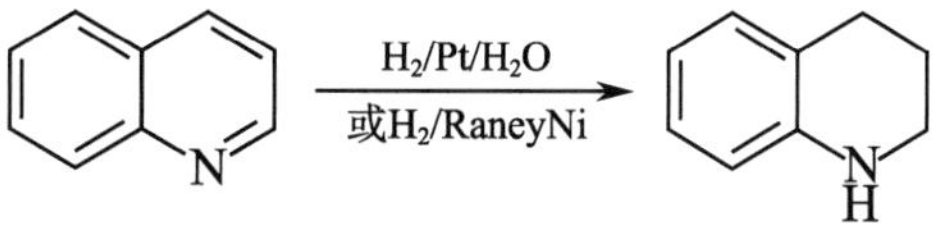

$$\text{quinoline} \xrightarrow[\text{或H}_2/\text{RaneyNi}]{\text{H}_2/\text{Pt}/\text{H}_2\text{O}} \text{1,2,3,4-四氢喹啉}$$

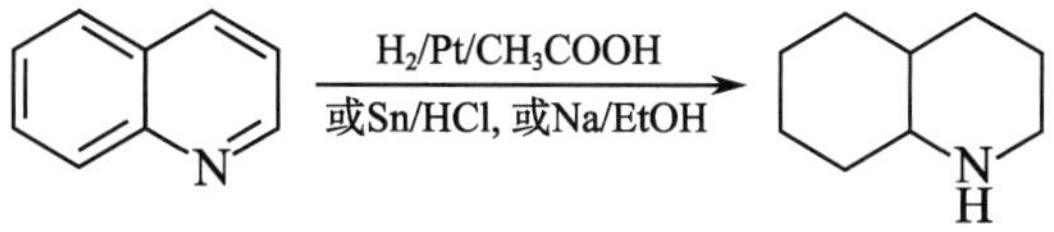

1,2,3,4-四氢喹啉

$$\text{quinoline} \xrightarrow[\text{或Sn/HCl, 或Na/EtOH}]{\text{H}_2/\text{Pt}/\text{CH}_3\text{COOH}} \text{十氢喹啉}$$

十氢喹啉

（三）喹啉和异喹啉衍生物

15-D-2
奎宁
（模型）

喹啉和异喹啉衍生物数目繁多，许多具有重要的药用价值。从金鸡纳属植物中分离得到的奎宁是最早也是最重要的抗疟药，至今仍广泛用于临床。1945年奎宁的全合成是现代有机化学中的一个重要里程碑。通过对奎宁构效关系的研究，发现抗疟药效较好的喹啉-4-胺（如氯喹）和喹啉-8-胺两大类衍生物。

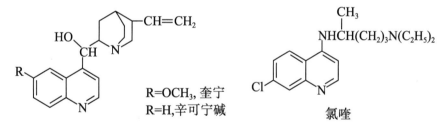

R=OCH₃, 奎宁
R=H, 辛可宁碱

氯喹

从我国特产植物喜树中分离得到若干种有效成分，如喜树碱治疗肠癌、胃癌和白血病的疗效较好，但毒性较大；10-羟基喜树碱的毒性较小，具有显著的抗癌活性。

15-D-3
喜树碱
（模型）

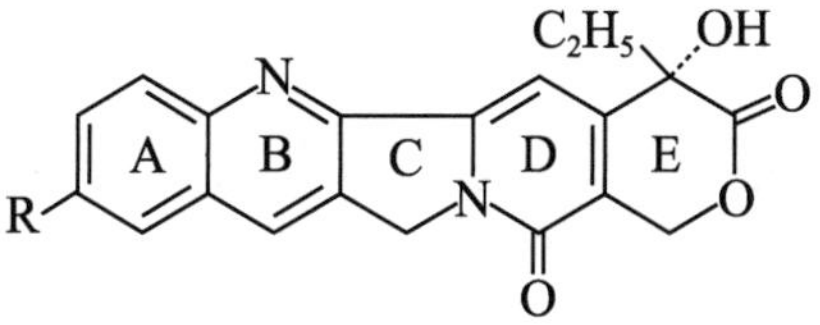

R=H，喜树碱
R=OH，10-羟基喜树碱

异喹啉衍生物在植物中分布较广。例如：

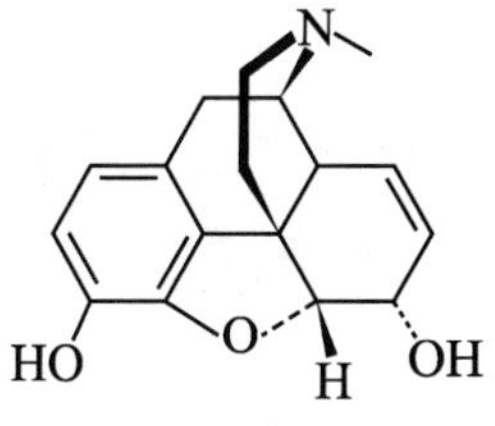

15-D-4
吗啡
（模型）

吗啡morphine 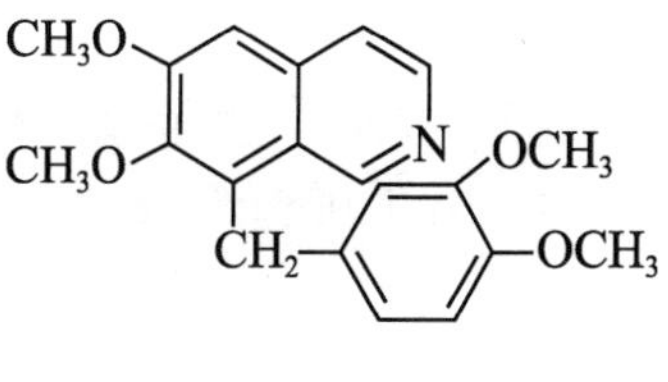　　　　　罂粟碱papaevrine

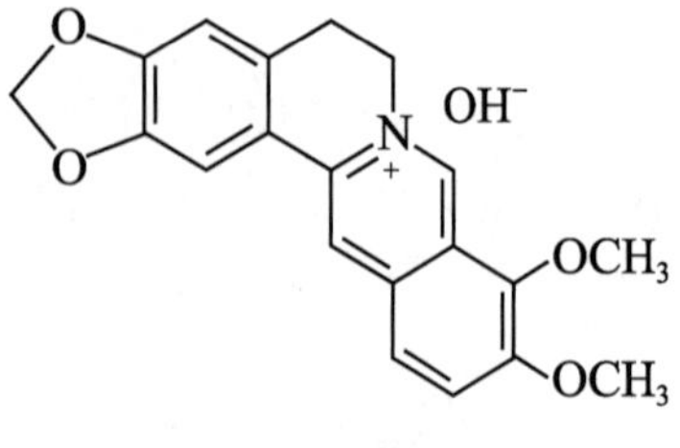

小檗碱berberine 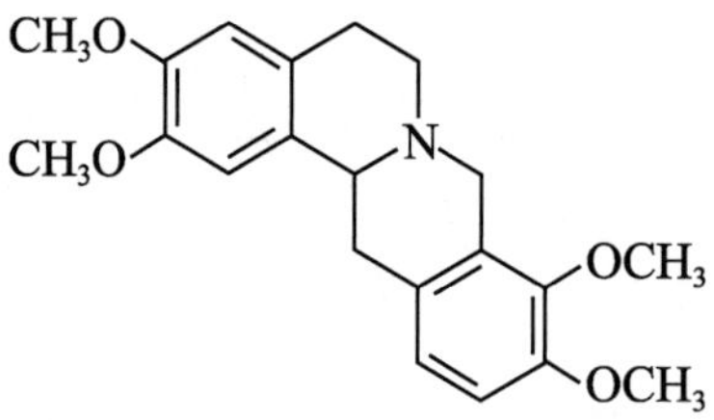   dl-延胡索乙素tetrahydropalmatine

三、含两个氮原子的六元杂环

含有两个氮原子的六元杂环体系称为二嗪类,因两个氮原子在环中的相对位置不同,二嗪类有三种异构体,其结构和名称如下。

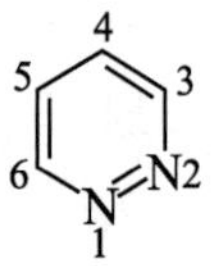

哒嗪
pyridazine

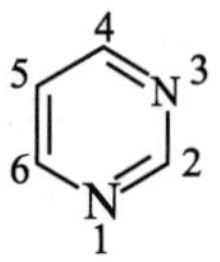

嘧啶
pyrimidine

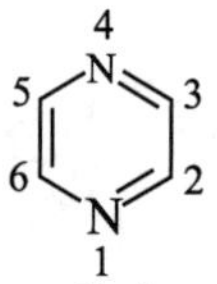

吡嗪
pyrazine

哒嗪、嘧啶和吡嗪是许多重要杂环化合物的母核,其中以嘧啶环系最为重要,广泛存在于动植物中,并在动植物的新陈代谢中起重要作用。嘧啶的衍生物如尿嘧啶、胞嘧啶和胸腺嘧啶是生命现象与遗传现象的物质基础——核酸的重要碱基。

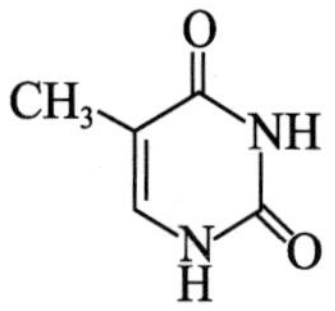

胸腺嘧啶 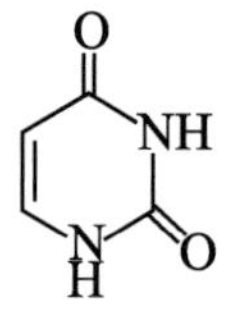   尿嘧啶 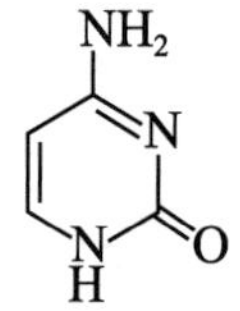   胞嘧啶

有些人工合成药物的结构中含有嘧啶环,如磺胺嘧啶(sulfadiazine,SD)、甲氧苄啶(trimethoprim,TMP)是一类用于治疗细菌感染性疾病的化学药物。

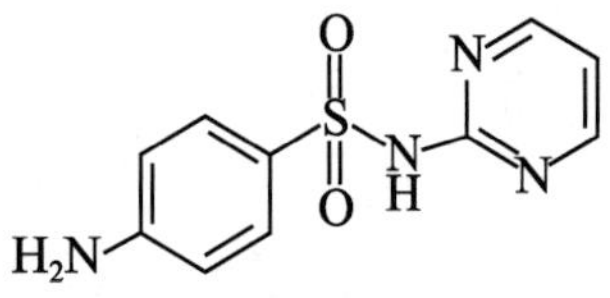

磺胺嘧啶 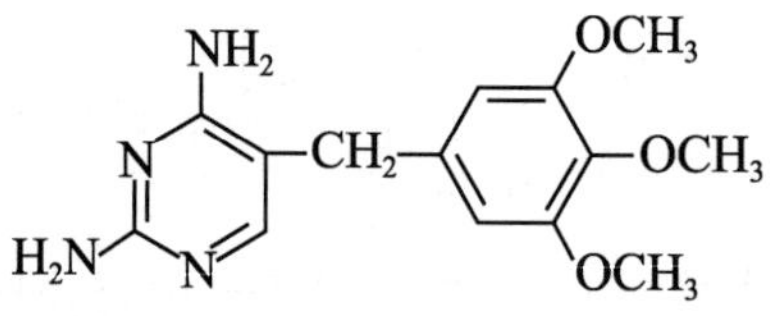   甲氧苄啶

嘧啶环也是某些维生素(如维生素 B_1、维生素 B_2)的重要结构部分。吡嗪和哒嗪衍生物在医药领域中也占有相当重要的地位。

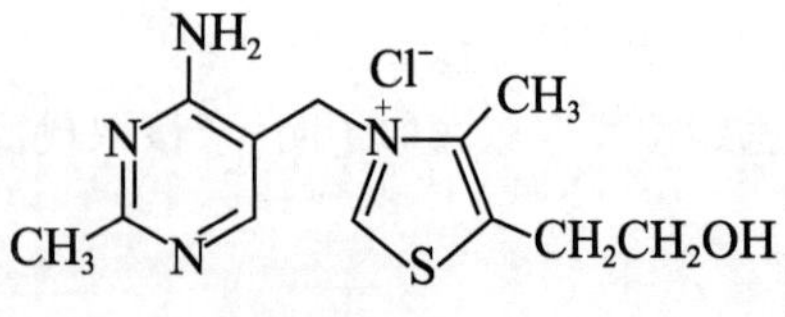

维生素 B_1 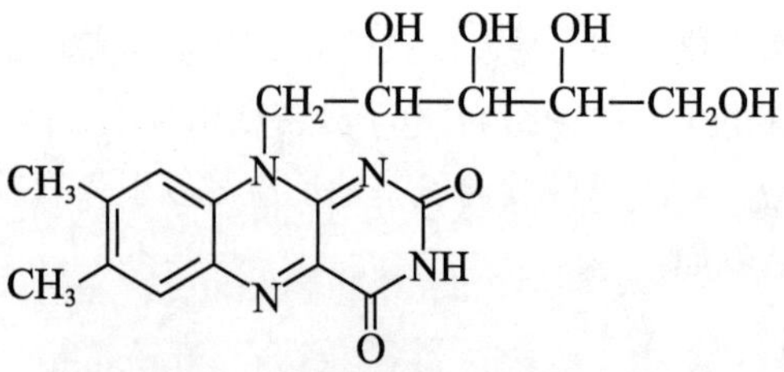   维生素 B_2

(一) 结构与物理性质

二嗪类化合物都是平面型分子,环上有两个氮原子,其电子构型与吡啶中的氮原子相同,各有一对未共用电子对,位于不等性 sp^2 杂化轨道上。其理化性质与吡啶相似,但亦有所差别。三种二嗪类化合物的主要物理常数见表 15-2。

表 15-2   三种二嗪类化合物的主要物理常数

物理常数	二嗪类化合物		
	哒嗪	嘧啶	吡嗪
偶极矩 /(C·m)	13.1×10^{-30}	6.99×10^{-30}	0
熔点 /℃	-6.4	22.5	54.0
沸点 /℃	207.0	124.0	121.0
pK_a	2.33	1.30	0.65

哒嗪与嘧啶因结构的不对称性,分子有一定的极性,而且它们的未共用电子对能与水形成氢键缔合,故哒嗪和嘧啶可与水混溶。吡嗪因分子极性小而水溶性略小。

(二) 化学性质

1. 碱性和亲核性   二嗪类化合物虽然含有两个氮原子,但它们都是一元碱,而且碱性都比吡啶弱。当一个氮原子与酸作用质子化变为氮正离子后,使另一个氮原子的电子云密度大大降低,很难再质子化,故为一元碱。

二嗪类化合物可与卤代烷发生亲核取代反应生成季铵盐,通常生成单季铵盐,生成双季铵盐则较困难。

$$\text{嘧啶} + CH_3-I \xrightarrow[\text{室温}]{CH_3OH} \text{1-甲基嘧啶碘盐}$$

2. 亲电和亲核取代反应   由于两个氮原子的强吸电子作用,三种二嗪类化合物(以嘧啶为例)与吡啶相比更难发生亲电取代反应,而 5 位对两个氮来说都是间位,电子云密度的降低相对最少,是唯一有可能发生亲电取代反应的位置,如卤代反应。但硝化、磺化都很难进行。例如:

$$\text{嘧啶} \xrightarrow[130℃]{Br_2/PhNO_2} \text{5-溴嘧啶}$$

当嘧啶环上连有强活化基团如—OH、—NH$_2$ 等时,则硝化、磺化等亲电取代反应可以进行。例如:

$$\text{2-氨基嘧啶} \xrightarrow[80℃]{Br_2} \text{5-溴-2-氨基嘧啶}$$

二嗪类化合物亦易发生亲核取代反应,如嘧啶的 2、4 和 6 位分别处于两个氮原子的邻位或对位,受双重吸电子效应的影响,电子云密度相对较低;哒嗪氮原子的邻位电子云密度亦低,都易发生亲核取代反应。4-甲基嘧啶与氨基钠反应可以引入氨基;当这些位置连有卤原子时,亲核取代反应更容易进行。例如:

（反应式：4-甲基嘧啶 与 NaNH₂ 130~160℃ 生成 6-甲基-4-氨基嘧啶 + 4-甲基-2-氨基嘧啶）

（反应式：3-氯-6-甲基哒嗪 与 NH₃ 170℃ 生成 3-氨基-6-甲基哒嗪）

3. 氧化反应　二嗪类不易被氧化,苯并二嗪及其衍生物氧化时,苯环作为邻位的取代基团易被氧化,生成二嗪二甲酸。例如:

（反应式：喹喔啉 KMnO₄ 90℃ 生成 2,3-吡嗪二甲酸）

和吡啶类似,二嗪类与过氧酸或 H_2O_2 反应,主要生成二嗪的单 N-氧化物,此 N-氧化物与吡啶的 N-氧化物类似,容易发生亲电取代反应,也容易发生亲核取代反应。例如:

（反应式：哒嗪 H_2O_2/HOAc 生成哒嗪N-氧化物 浓HNO₃/浓H₂SO₄ 130℃ 生成硝基哒嗪N-氧化物）

练习题 15.12　写出下列磺胺类药物的结构式,用系统命名法命名。
(1) 磺胺嘧啶（SD）　(2) 甲氧苄啶（TMP）

四、含氧原子的六元杂环

最简单的含氧六元杂环是吡喃。吡喃是由一个氧原子和五个碳原子构成的六元杂环化合物,分子中有一个碳原子是 sp^3 杂化,环中不存在闭合的共轭体系,所以吡喃没有芳香性,属于烯醚结构的杂环化合物,本身不稳定。由于它的环上有两个双键,根据双键在分子中所处的位置不同,有 α 和 γ 两种异构体。其中,α-吡喃又称 $2H$-吡喃,γ-吡喃又称 $4H$-吡喃。未取代的吡喃在自然界中至今尚未发现,但 $4H$-吡喃已通过合成得到。自然界中常见它的羰基衍生物,称为吡喃酮。例如:

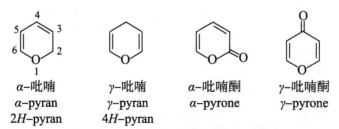

α-吡喃　　γ-吡喃　　α-吡喃酮　　γ-吡喃酮
α-pyran　　γ-pyran　　α-pyrone　　γ-pyrone
$2H$-pyran　　$4H$-pyran

γ-吡喃酮是相当稳定的晶型化合物,而 α-吡喃酮则不稳定,放置后可慢慢发生自身聚合。吡喃酮与苯环稠合形成的色酮及香豆素环系出现在多种天然或合成药物的结构中。

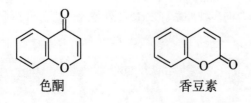

色酮　　　　　　香豆素

α-吡喃酮是一个具有香味的无色油状液体,属于环状不饱和内酯,具有内酯和共轭二烯烃的典型性质。γ-吡喃酮可视为插烯内酯,不具有羰基的典型性质,如不能与羟胺、苯肼等反应生成肟、腙等,也不发生碳碳双键的反应。但在碱性条件下可发生酯的水解反应而开环。例如:

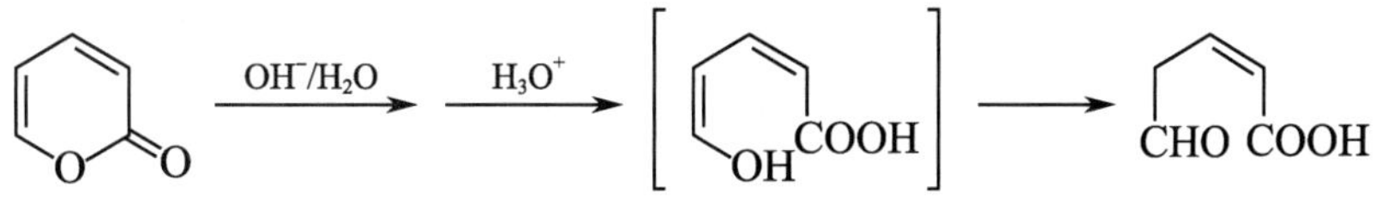

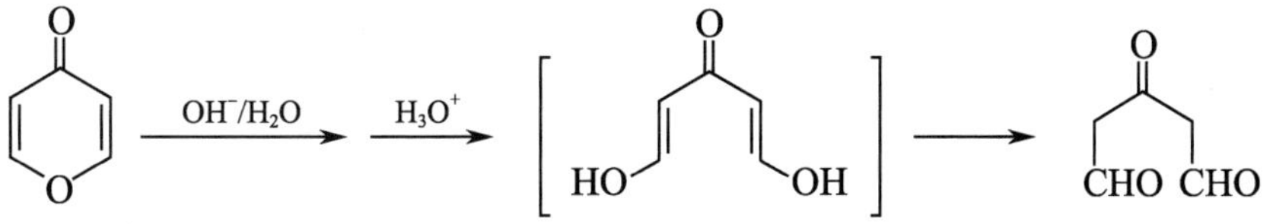

γ-吡喃酮与无机酸、路易斯酸作用可生成锌盐。通常醚的锌盐是不稳定的,遇水即行分解;而γ-吡喃酮的锌盐却非常稳定,这是因为吡喃酮环成盐后变为一个芳香体系,因而增加它的稳定性。例如:

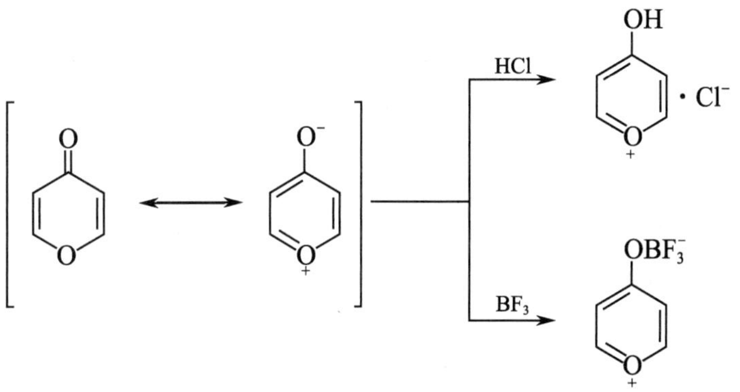

成盐后的结构类似于苯酚及其衍生物,可发生类似于苯酚的反应,如甲基化反应。

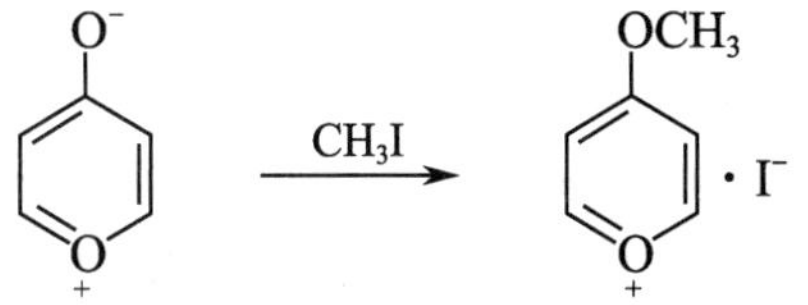

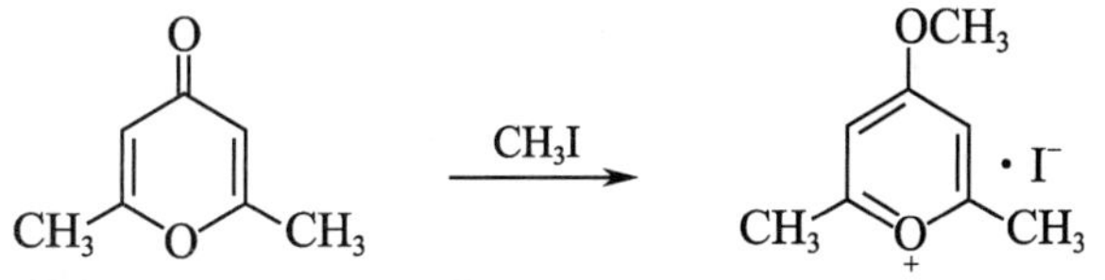

第三节 五元杂环化合物

五元杂环包括含有一个杂原子和多个杂原子的杂环,其中杂原子主要是氮、氧、硫原子,另外还有杂环与苯环或与其他杂环稠合的多种环系。表 15-3 列举了一些五元杂环化合物的物理常数。

表 15-3　一些五元杂环化合物及其物理常数

物理常数	五元杂环化合物					
	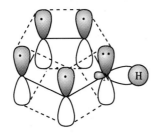					
	吡咯	呋喃	噻吩	吲哚	苯并呋喃	咔唑
沸点 /℃	130~131	31.4	84.4	254.0	174.0	355.0
熔点 /℃	−24.0	−85.6	−38.2	52.2	<−18.0	247~248.0
密度 (d_4^{20})	0.969 1	0.951 4	1.064 9	1.220 0	1.091 3	—

一、吡咯、呋喃和噻吩

吡咯、呋喃、噻吩是最常见、最重要的含一个杂原子的五元杂环化合物,分别存在于木焦油、煤焦油和骨焦油中,它们都是无色液体。吡咯、呋喃和噻吩都是芳香杂环,其结构、性质和合成方法有许多共同点。

(一) 结构与芳香性

用近代物理方法测得吡咯、呋喃、噻吩都是平面型分子,环上的碳原子和杂原子都是以 sp² 杂化轨道与相邻的原子彼此以 σ 键构成五元环,每个原子都有一个未参与杂化的 p 轨道与环平面垂直,碳原子的 p 轨道中有一个电子,而杂原子的 p 轨道中有两个电子,这些 p 轨道相互侧面重叠形成封闭的大 π 键,大 π 键的 π 电子数为 6 个,符合 $4n+2$ 规则,因此这些杂环具有一定程度的芳香性。吡咯氮原子的一个 sp² 杂化轨道与氢原子形成 N—H σ 键;呋喃和噻吩杂原子的一个 sp² 杂化轨道中各有一对未共用电子。吡咯、呋喃的结构如图 15-3 所示。

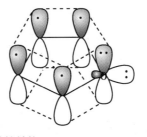

图 15-3　吡咯、呋喃的结构

15-D-5
吡咯和呋喃
的结构
(动画)

上述五元杂环化合物中,组成的大 π 键不同于苯和吡啶,五个原子的 p 轨道中含有六个 p 电子。环碳原子的电子云密度升高,因此将这一类杂环称为"多 π"芳杂环(或富 π 电子芳杂环),它们与"缺 π"六元芳杂环在性质上有显著区别。可以预见,它们进行亲电取代反应比苯和吡啶容易,尤其容易发生在 α 位。

吡咯、呋喃和噻吩三种五元杂环的键长及键角如表 15-4 所示。共轭体系中的键长有一定程度的平均化,但不是完全平均化,对酸和氧化剂不稳定,芳香性较苯差,环的稳定性顺序为苯>噻吩>吡咯>呋喃。

表 15-4　五元杂环的键长和键角

		∠1	∠2	∠3	C—Z 键长 /pm
	吡咯	108.9	108.1	107.5	138.0
	呋喃	108.6	110.7	106.0	137.0
	噻吩	92.2	111.5	112.4	172.0

（二）物理性质及光谱性质

五元杂环化合物形成封闭的芳香共轭体系，与苯环类似，在 ^{1}H-NMR 中，其环外的质子处于去屏蔽区，故氢的化学位移（δ 值）移向低场，一般在 7ppm 左右，这也是它们具有芳香性的标志之一。例如：

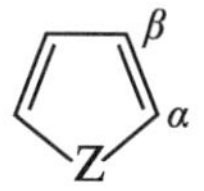

	吡咯	呋喃	噻吩
α-H δ 值 /ppm	6.62	7.40	7.19
β-H δ 值 /ppm	6.15	6.30	7.04
N—H δ 值 /ppm	7.25		

芳香及饱和五元杂环的偶极矩方向及数值如下：

2.33×10^{-30}C · m　　1.70×10^{-30}C · m　　6.03×10^{-30}C · m

5.76×10^{-30}C · m　　6.33×10^{-30}C · m　　5.25×10^{-30}C · m

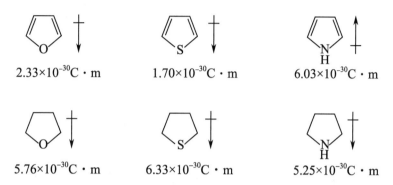

五元芳杂环的偶极矩由两种电性效应构成，即杂原子的吸电子诱导效应和给电子共轭效应，两者的方向相反。因吡咯中氮的给电子共轭效应大于吸电子诱导效应，致使其偶极矩的方向不同于呋喃和噻吩。五元芳杂环氢化后，由于只存在杂原子的吸电子诱导效应，偶极矩都是负极在杂原子一端。

三个五元杂环都能溶于有机溶剂，在水中的溶解度都小于吡啶，这是由于杂原子与水分子缔合的倾向减弱所致，它们的水中溶解度顺序为吡咯＞呋喃＞噻吩。

（三）化学性质

1. 酸碱性及对酸和氧化剂的不稳定性　吡咯虽具有仲胺结构，但几乎不具有碱性，这是因为氮原子 p 轨道上的电子对参与大 π 键的形成，不再具有给出电子对的能力，与质子难以结合。相反，吡咯氮上的氢却较活泼，显示出弱酸性，其 $pK_a = 17.5$。吡咯能与强碱（如金属钾、固体氢氧化钾）共热成盐。例如：

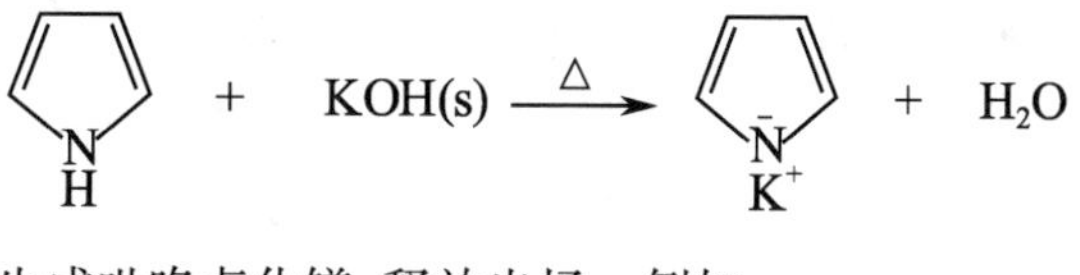

也可与格氏试剂作用生成吡咯卤化镁，释放出烃。例如：

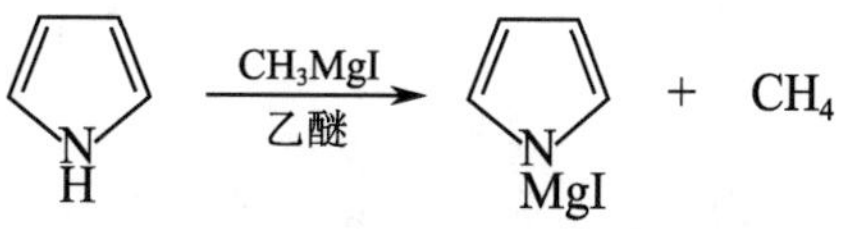

生成的盐不稳定，相对容易水解，在一定条件下可以用来合成吡咯衍生物。例如：

这三个五元杂环对酸性介质、氧化剂也很敏感，特别是吡咯和呋喃遇强酸时呈现出共轭二烯的性质，容易发生聚合、氧化、开环等反应。

吡咯在酸的催化作用下易形成聚合物。

吡咯红

呋喃在酸性条件下极易水解开环，尤其是呋喃环上有给电子基团时，与亲电试剂反应常伴随氧的质子化，接着发生开环或聚合。例如：

呋喃、吡咯均对氧化剂较敏感，在空气作用下可以缓慢开环。例如：

以上反应均表现出呋喃、吡咯环的不稳定性，而噻吩相对来说比较稳定。

2. 亲电取代反应　三个五元芳杂环均属于多π芳杂环，比苯更容易发生亲电取代反应。综合考虑杂原子的吸电子诱导效应和给电子共轭效应，它们的亲电取代反应活性顺序为吡咯＞呋喃＞噻

吩≫苯。

　　虽然上述三种五元芳杂环较易发生亲电取代反应,但它们对酸和氧化剂不稳定,因此不能直接采用强酸性条件进行硝化、磺化等反应,需要在非酸性条件或加入脱酸剂进行反应,通常使用较温和的非质子性试剂。

　　(1)卤代反应:呋喃与卤素反应几乎是爆炸式地完成的,反应需在低温、试剂浓度很低的条件下进行。吡咯的活性最大,在反应中容易形成多卤化物。例如:

$$\text{呋喃} \xrightarrow[-40℃]{Cl_2} \text{2-氯呋喃} + \text{2,5-二氯呋喃}$$

$$\text{噻吩} \xrightarrow[\text{室温}]{Br_2/CH_3COOH} \text{2-溴噻吩}$$

$$\text{吡咯} \xrightarrow{I_2/KI 或 HgO} \text{四碘吡咯}$$

　　(2)硝化反应:通常使用较温和的非质子性试剂硝乙酐(亦称为硝酸乙酰酯)在低温条件下进行硝化。例如:

$$\text{噻吩} \xrightarrow[(CH_3CO)_2O,\ -10℃]{CH_3COONO_2} \underset{70\%}{\text{2-硝基噻吩}} + \underset{5\%}{\text{3-硝基噻吩}}$$

　　噻吩虽然可以用常规的硝化试剂进行硝化,但反应非常剧烈,有时会发生爆炸,故宜采用温和的硝乙酐进行硝化。非质子的硝化试剂硝乙酐为无色发烟性液体,有爆炸性,须在临用时现制。其配制方法是将欲硝化的物质溶于乙酸酐中,充分冷却,在控制温度下滴入硝酸,则按下式生成硝乙酐,并立即发生硝化反应。

$$(CH_3CO)_2O + HNO_3 \xrightarrow{-5℃以下} CH_3CONO_2 + CH_3COOH$$

　　(3)磺化反应:常用温和的非质子性磺化试剂,如用吡啶与三氧化硫形成的盐(吡啶三氧化硫加合物)进行反应。例如:

$$\text{呋喃} + \text{吡啶}\cdot SO_3 \xrightarrow[\text{室温}]{CH_2Cl_2} \text{呋喃-2-磺酸吡啶盐} \xrightarrow{HCl} \text{呋喃-2-磺酸}$$

　　由于噻吩比较稳定,可以直接用硫酸进行磺化,但产率不如使用上述试剂所得的高。

$$\text{噻吩} \xrightarrow[\text{室温}]{98\%H_2SO_4} \text{2-噻吩磺酸}$$

练习题 15.13　噻吩-2-磺酸可溶于浓硫酸。从煤焦油分离得到的粗苯(沸点为 80.1℃)内含有少量噻吩(沸点 84℃),请提出制备无噻吩纯苯的方法。

　　(4)F-C 酰基化反应:五元芳杂环进行 F-C 烷基化反应通常得到多烷基化产物,不易分离,所以烷基化反应无实际意义。但它们进行弗里德－克拉夫茨酰基化反应可以得到一取代的酰基化产物。

例如：

$$\text{（furan）} \xrightarrow[\text{Et}_2\text{O/BF}_3, 0\text{℃}]{(\text{CH}_3\text{CO})_2\text{O}} \text{（2-acetylfuran, COCH}_3\text{）}$$

吡咯的酰基化反应容易进行，在路易斯酸催化下，主要在 α 位发生酰基化；在三乙胺、乙酸钠等碱性条件下，主要得到 N–酰基化产物。例如：

$$\text{（pyrrole）} + (\text{CH}_3\text{CO})_2\text{O} \longrightarrow \begin{cases} \xrightarrow{\text{BF}_3} \text{（2-acetylpyrrole, COCH}_3\text{）} \\ \xrightarrow{\text{CH}_3\text{COONa}} \text{（N-acetylpyrrole, COCH}_3\text{）} \end{cases}$$

总之，呋喃、噻吩、吡咯的亲电取代反应比苯容易，且 α 位比 β 位活泼，取代主要在 α 位进行，这与反应中间体的稳定性有关。

$$\text{（Z-ring）} + \text{E}^+ \xrightarrow{\text{进攻}\alpha\text{位}} \left[\cdots \longleftrightarrow \cdots \longleftrightarrow \cdots \right]$$

$$\text{（Z-ring）} + \text{E}^+ \xrightarrow{\text{进攻}\beta\text{位}} \left[\cdots \longleftrightarrow \cdots \right]$$

Z=O, S, NH

由上可见，α 位较活泼的原因是参与共振的极限式多，电子离域范围较广，活性中间体正离子较稳定，因此亲电取代反应主要发生在 α 位。

3. 其他反应　除上述亲电取代反应外，吡咯的性质与苯酚的性质很相似，如可以发生瑞穆尔－梯门反应和与重氮盐的偶联反应。例如：

$$\text{（pyrrole）} \xrightarrow[25\%\text{KOH}]{\text{CHCl}_3} \text{（2-formylpyrrole, CHO）}$$

$$\text{（pyrrole）} + \text{C}_6\text{H}_5\text{N}_2^+\text{Cl}^- \xrightarrow{\text{H}^+} \text{（N=NC}_6\text{H}_5\text{）}$$

呋喃的离域能相对较小，环的稳定性较低，其芳香性最差，所以呋喃具有明显的共轭二烯性质，可以发生双烯加成反应。吡咯也能发生类似的反应。例如：

$$\text{（furan）} + \text{（maleic anhydride）} \longrightarrow \text{（加成产物）}$$

呋喃、噻吩和吡咯均可进行催化氢化，得到相应的氢化物。呋喃经催化氢化所得的产物四氢呋喃是一种常用的有机溶剂。由于噻吩能使催化剂中毒，需使用特殊的催化剂。例如：

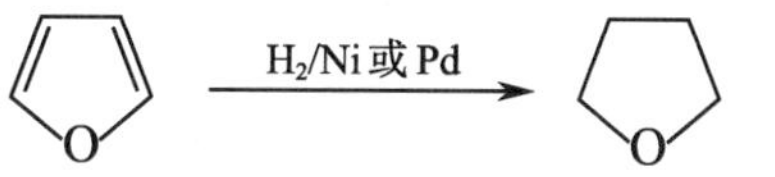

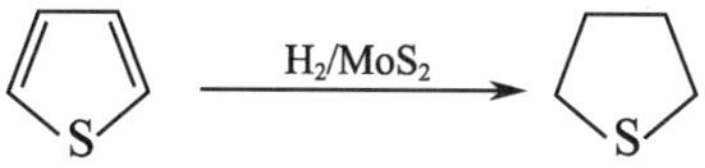

练习题 15.14 写出下列反应的产物。

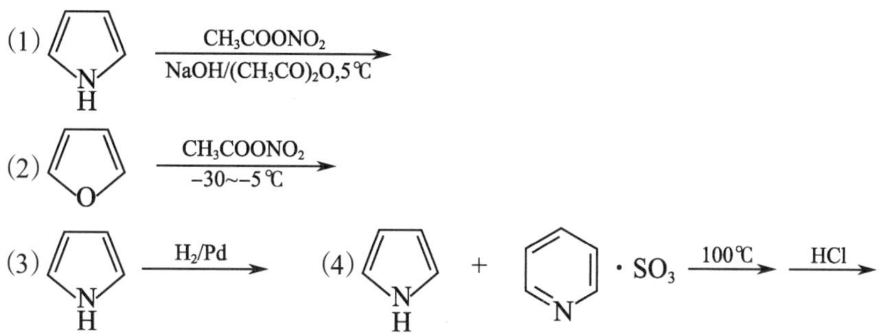

(四) 呋喃、噻吩和吡咯衍生物

呋喃-2-甲醛是呋喃的重要衍生物,俗称糠醛,可从农副产品如玉米芯中提取得到。糠醛为无色液体,是优良的溶剂,常用于精炼石油、润滑油及提炼油脂等。糠醛也是重要的化工原料,可用于合成树脂、尼龙、药物及农药等。糠醛是不含 α-氢的醛,性质类似于苯甲醛,具有芳香醛的性质特征。例如:

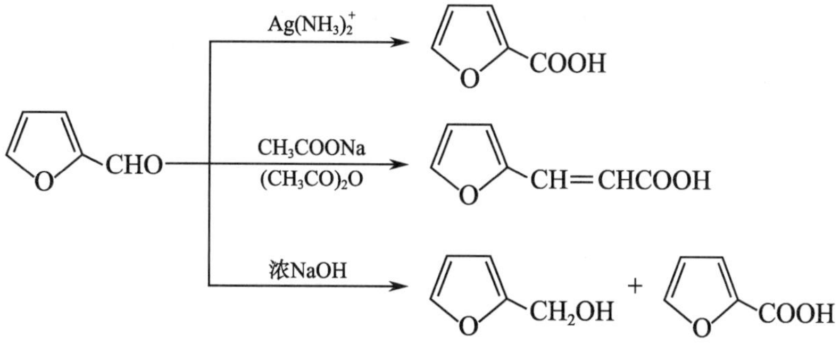

自然界中的吡咯衍生物很多,且大多具有特殊的生理活性。如灵菌红素是从土壤中分离出来的一种红色抗生素;卟吩胆色素原是重要的单吡咯衍生物,它在生物体内通过特定酶的作用可转变成卟啉、叶绿素和维生素 B_{12} 等重要的生物活性物质。

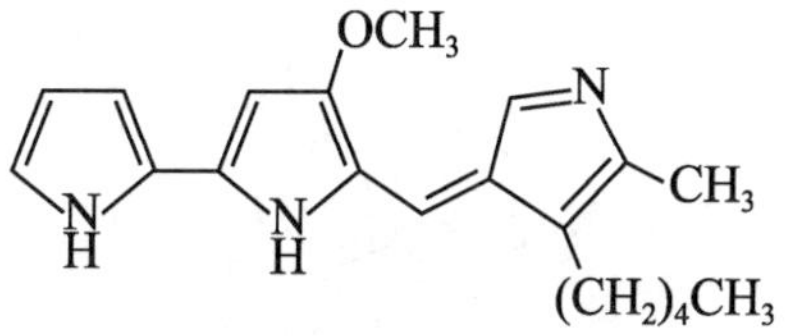

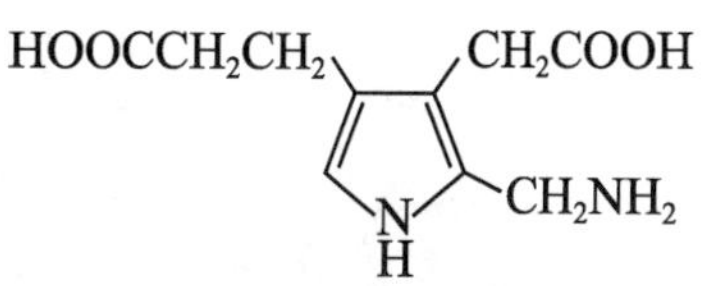

头孢噻吩的结构中含有噻吩环,由于噻吩环的引入,增强其抗菌活性,和许多半合成头孢菌素类抗生素相似,其抗菌活性都优于天然头孢菌素。

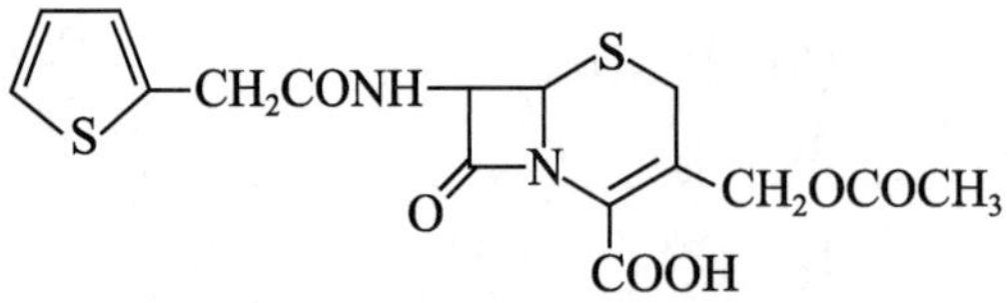

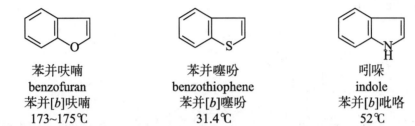

头孢噻吩cefalotin（抗生素）

二、吲哚

苯分别与呋喃、噻吩和吡咯稠合得到苯并呋喃、苯并噻吩和吲哚,其中最为重要的是吲哚。

苯并呋喃
benzofuran
苯并[b]呋喃

苯并噻吩
benzothiophene
苯并[b]噻吩

吲哚
indole
苯并[b]吡咯

熔点: 　　173~175℃　　　　31.4℃　　　　52℃

吲哚为白色片状结晶,具有极臭的气味,但极稀浓度的吲哚则有花香气味,可以作香料用。

由于共轭体系延长,所以吲哚比吡咯稳定。吲哚的碱性比吡咯弱,其 N—H 的酸性($pK_a=17.0$)比吡咯($pK_a=17.5$)稍强;吲哚的亲电取代反应活性比吡咯低,但比苯高。由于强酸能使吲哚环系发生聚合,因此应避免吲哚在强酸性条件下进行反应。例如:

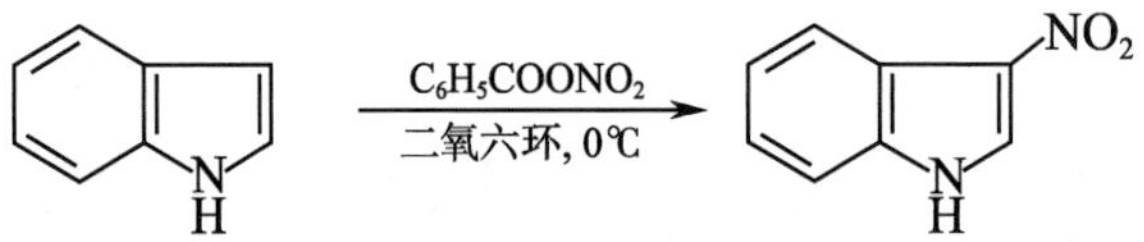

$$\xrightarrow[\text{二氧六环, 0℃}]{C_6H_5COONO_2}$$

3-NO_2 取代吲哚

吲哚的亲电取代反应易在 β 位上发生。当亲电试剂 E^+ 进攻 α 位和 β 位时,生成的活性中间体的极限式分别如下所示。

进攻 α 位:

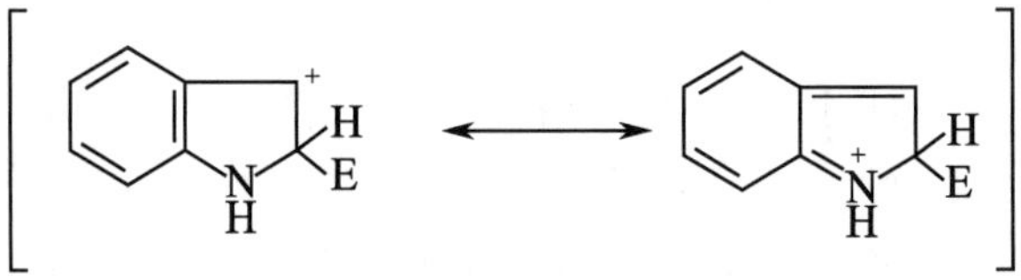

进攻 β 位:

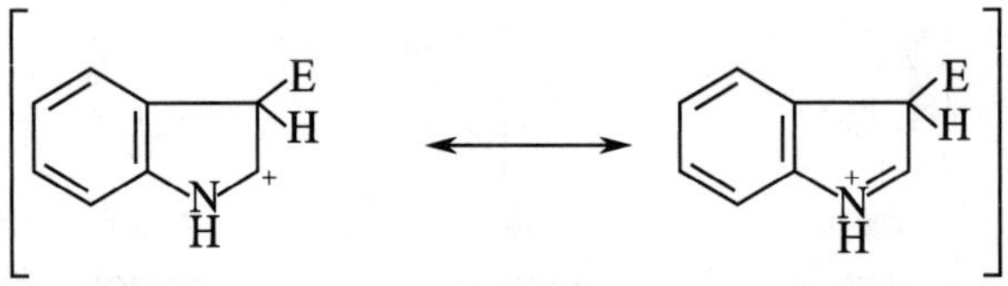

当亲电试剂进攻 α 位时,在两个极限式中只有一个具有完整的苯环结构;而进攻 β 位时,两个极限式都具有完整的苯环结构。因此进攻 β 位的活性中间体较稳定,反应易进行。

练习题 15.15 写出吲哚分别与吡啶三氧化硫加合物、Br_2、$PhN_2^+Cl^-$反应的产物。

吲哚及其衍生物在自然界中的分布很广,许多吲哚衍生物具有重要的生理与药理活性。如人及其他哺乳动物脑中参与思维活动的重要物质 5-羟色胺(5-HT)、天然氨基酸之一色氨酸等。

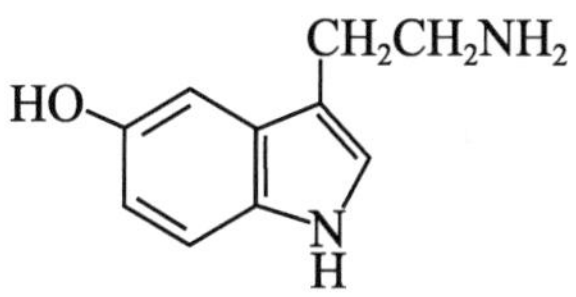

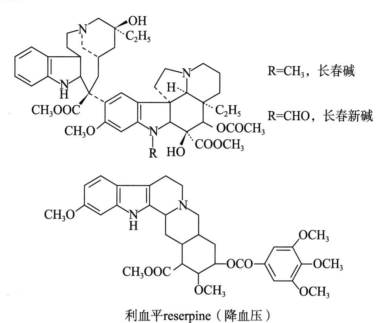

5-羟色胺 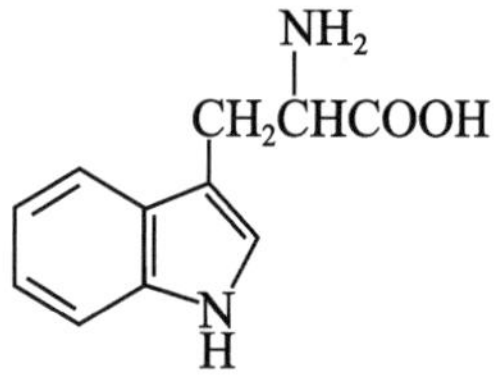   色氨酸

含吲哚的生物碱广泛存在于植物中,如长春碱和长春新碱均是双吲哚衍生物,是从夹竹桃科植物长春花中提取出来的具有抗癌活性的天然生物碱。利血平是一种存在于萝芙木中的生物碱,具有镇静和降血压的作用。

R=CH₃,长春碱

R=CHO,长春新碱

利血平 reserpine(降血压)

三、含两个杂原子的五元杂环

含有两个杂原子的五元杂环化合物至少都含有一个氮原子,其余的杂原子可以是氮、氧或硫原子。这类化合物统称为唑(azole)。根据环中两个杂原子的位置不同,又可分为 1,2-唑与 1,3-唑 2 类。含两个杂原子的五元单杂环主要有吡唑、咪唑、噁唑、异噁唑、噻唑等。

1,3-唑:

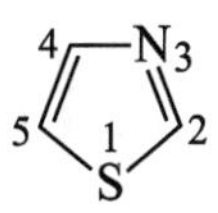

噻唑   咪唑   噁唑
thiazole   imidazole   oxazole

1,2-唑:

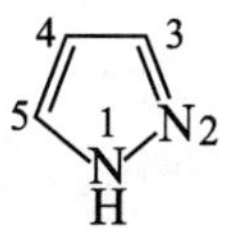

吡唑   异噁唑   异噻唑
pyrazole   isoxazole   isothiazole

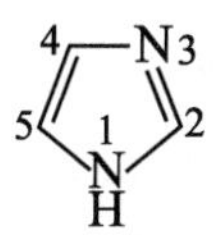

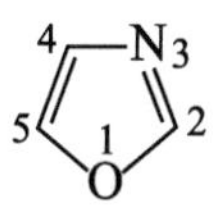

(一)结构与芳香性

唑类可以看作是吡咯、呋喃、噻吩环上的 2 位或 3 位—CH 换成氮原子,这个氮原子的电子构型

15-D-6
长春碱
(模型)

15-D-7
咪唑、噁
唑、噻唑
的结构
(动画)

15-D-8
吡唑、异噁
唑、异噻
唑的结构
(动画)

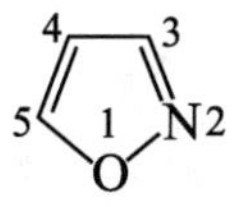

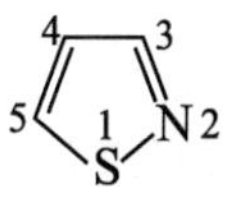

与吡啶中的氮原子相同,为 sp^2 杂化,未杂化 p 轨道中的一个电子参与形成环状闭合的六电子大 π 键共轭体系,具有一定的芳香性,均为平面型芳杂环化合物;一对未共用电子对在 sp^2 杂化轨道中伸向环外。这一结构特征对它们的理化性质有较重要的影响。咪唑的结构如图 15-4 所示。

图 15-4 咪唑的结构

(二)咪唑和吡唑的互变异构现象

咪唑和吡唑环存在三原子体系的互变异构现象,当环上无取代基时,这一现象不易辨别。例如:

但当环上有取代基时,互变异构则很明显。例如:

5-甲基咪唑   4-甲基咪唑

这一对互变异构体由于快速互变而难以分离,因此常称为 4(5)-甲基咪唑。氮上的氢未被取代的吡唑类化合物也有类似的互变异构现象。例如:

3-甲基吡唑   5-甲基吡唑

3(5)-甲基吡唑

(三)理化性质

1. 物理性质   几个重要的含两个杂原子的五元杂环的物理常数见表 15-5。

表 15-5   几个唑类化合物的物理常数

物理常数	唑类化合物				
	吡唑	咪唑	噁唑	异噁唑	噻唑
沸点 /℃	186~188	257	69~70	95~96	116.8
熔点 /℃	69~70	90~91	—	—	—
pK_a(共轭酸)	2.5	7.0	0.8	−2.03	2.4

由表 15-5 可以看出,五个唑类化合物的沸点有较大的差别,咪唑和吡唑的沸点较高,这与分子间氢键有关。可形成线性多聚体的咪唑比只有二聚体的吡唑的沸点高。

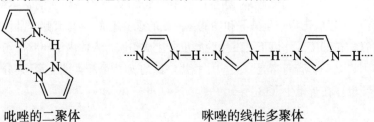

吡唑的二聚体   咪唑的线性多聚体

唑类化合物氮原子上的未共用电子对可以与水分子形成氢键,它们的水溶性比吡咯、呋喃和噻吩大。

2. **碱性** 唑类化合物的碱性比吡咯强,比吡啶弱。1,3-唑类的碱性大于相应的1,2-唑类。含氮唑类(吡唑和咪唑)的碱性比含氧唑类(噁唑与异噁唑)的碱性强。咪唑的碱性最强,因咪唑质子化后的正离子有两种相同的共振极限式,能量较低。

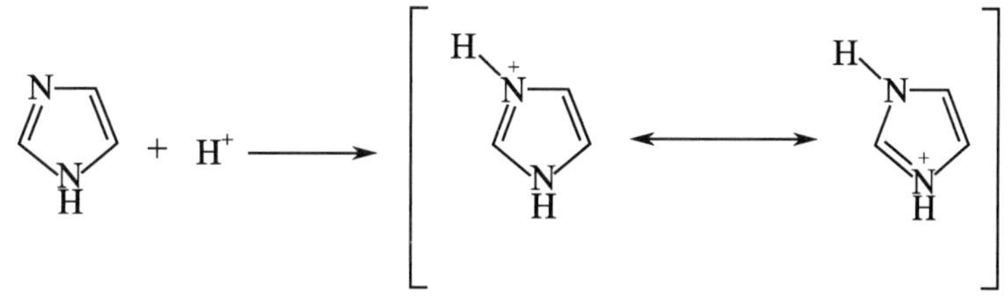

3. **亲电取代反应** 吡唑、咪唑和噻唑由于环上增加一个电负性较大的氮原子,降低环上的电子云密度,唑类化合物的亲电取代反应活性比只含一个杂原子的五元芳杂环明显要低,也比苯低,但高于六元缺 π 芳杂环(如吡啶)。当唑环中显碱性的氮原子($-\ddot{N}=$)与酸性试剂作用成盐后,亲电反应的活性更低,反应条件要求更高。但成盐后并不破坏环的芳香结构,因而增强这类化合物抗酸和抗氧化的能力,稳定性增大。如唑类化合物的磺化和硝化反应可用强酸性试剂;4-甲基吡唑在高锰酸钾氧化的条件下吡唑环不受影响,而甲基被氧化成羧基。例如:

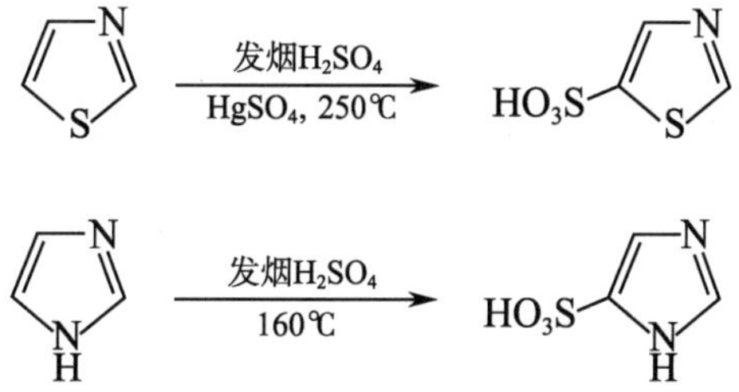

咪唑-4(5)-磺酸

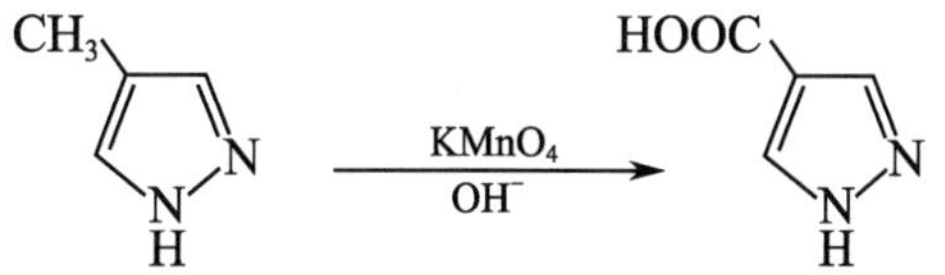

咪唑与其他1,3-唑相比,易发生亲电取代反应。如用浓硝酸和发烟硫酸进行硝化反应,在室温下就可得到高收率的硝化产物。

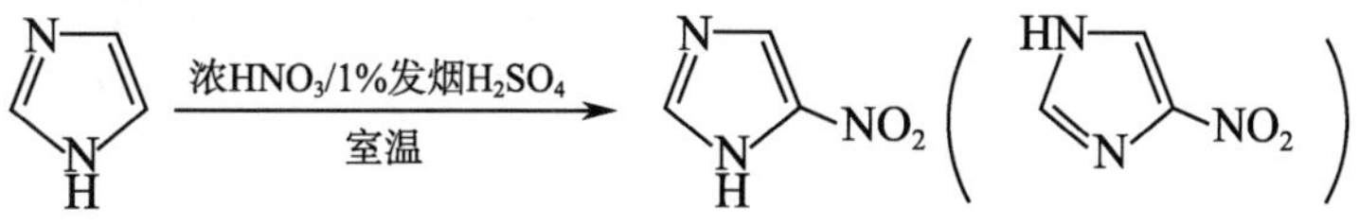

4(5)-硝基咪唑

(四) 咪唑和噻唑衍生物

许多天然产物的结构中含有咪唑环,如蛋白质中的组氨酸,作为蛋白质的基本结构单位,它是许多酶如胰凝乳蛋白酶、超氧化物歧化酶等和功能蛋白质的重要组成部分,其咪唑环往往是酶或蛋白质的活性中心。组氨酸在细菌的作用下可发生脱酸反应生成组胺。人体内游离状态组胺的释放是导致人体过敏反应的因素之一。青霉素是一类应用相当广泛的 β-内酰胺类抗生素,其分子骨架中含有四氢噻唑环。噻唑环也存在于维生素 B_1 等分子中。

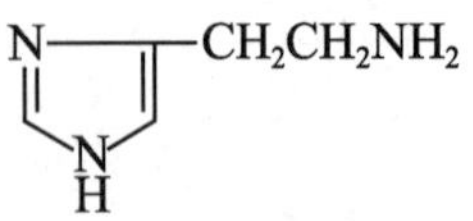

组胺 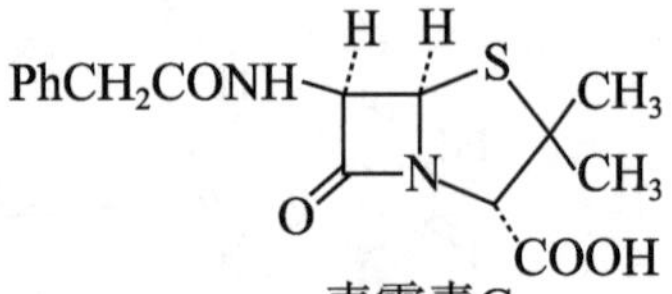　　　　　　　　　青霉素G

四、嘌呤和嘌呤衍生物

嘌呤是重要的稠杂环化合物,由一个嘧啶环和一个咪唑环相互稠合而成。嘌呤存在互变异构体现象,有 $9H$ 和 $7H$ 两种异构体,平衡偏向于 $9H$ 的形式,在药物中以 $7H$-嘌呤式的衍生物较常用,在化学式中则多采用 $9H$-嘌呤式。

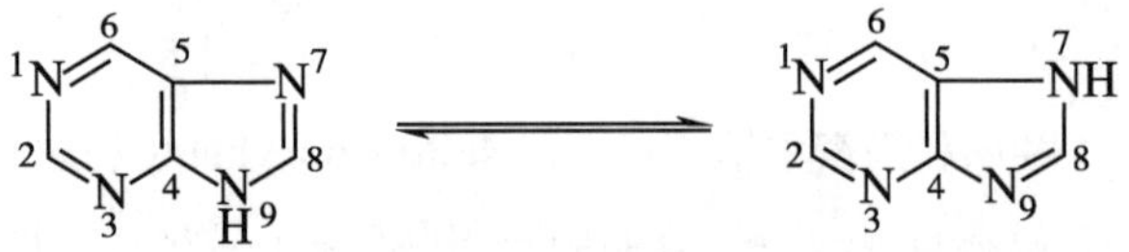

$9H$-嘌呤　　　　　　　　　　　$7H$-嘌呤

嘌呤分子中有三个含未共用电子对的氮原子,所以易溶于水,也溶于醇,难溶于非极性溶剂。嘌呤既有弱碱性又有弱酸性,由于受到分子中"嘧啶环"部分吸电子诱导效应的影响,其酸性(共轭酸的 $pK_a = 8.9$)比咪唑(共轭酸的 $pK_a = 14.5$)强,碱性(共轭酸的 $pK_a = 2.4$)比嘧啶(共轭酸的 $pK_a = 1.4$)强而比咪唑(共轭酸的 $pK_a = 7.0$)弱,所以嘌呤可以与强酸或强碱成盐。

嘌呤有一定程度的芳香性。由于环中含有多个电负性较强的氮原子,大大减弱环碳原子的电子云密度,所以嘌呤很难发生亲电取代反应。

嘌呤本身并不存在于自然界中,但它的衍生物在自然界中的分布极为广泛。例如腺嘌呤、鸟嘌呤是两个重要的核酸碱基。

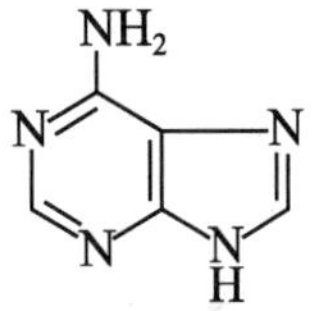

腺嘌呤　　　　　　　　　　　鸟嘌呤
adenine　　　　　　　　　　　guanine

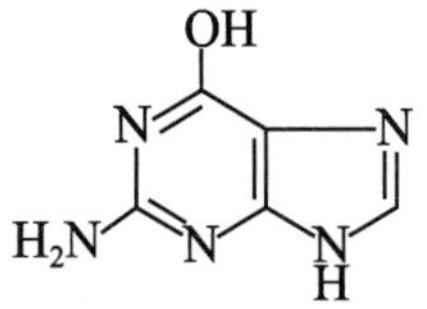

腺嘌呤也称维生素 B_4,它除作为核酸的碱基存在外,也以游离形式存在于动物的肌肉、肝脏及某些植物中。如从香菇中分离得到的香菇嘌呤,以及从冬虫夏草中分离得到的虫草素均可看为是腺嘌呤的衍生物,前者具有降血脂、降胆固醇作用,后者具有抗病毒、抗菌及抗肿瘤活性。

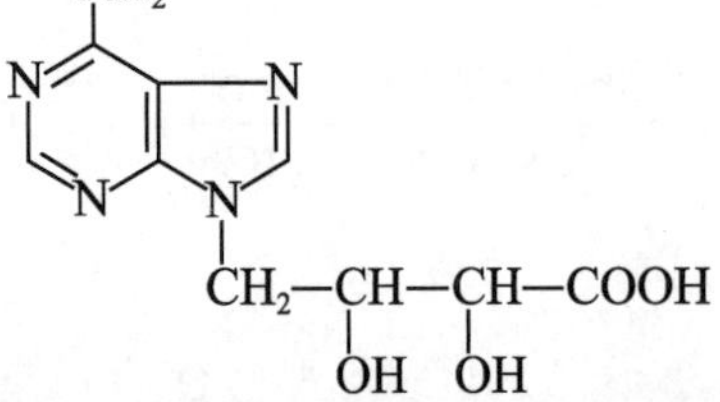

香菇嘌呤 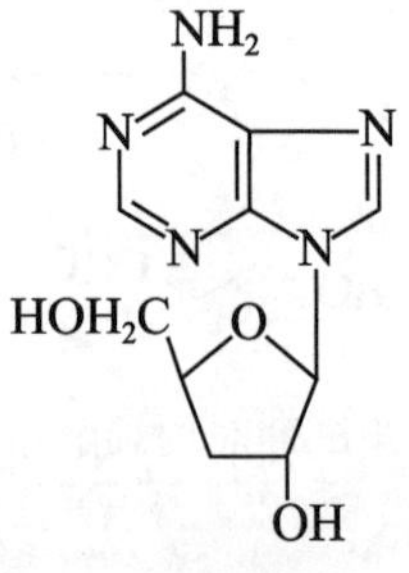　　　　　　　　　　　虫草素

黄嘌呤是 $7H$-嘌呤-2,6-二醇,具有弱碱性和弱酸性,存在酮式-烯醇式互变异构。

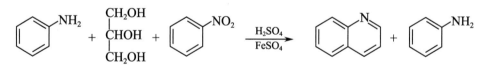

黄嘌呤

咖啡碱(又称咖啡因)、茶碱都是黄嘌呤的衍生物,都具有显著的生理活性。

咖啡因caffeine(利尿和兴奋中枢神经)　茶碱theophyline(利尿和松弛平滑肌)

其他一些具有抗肿瘤、抗病毒、抗过敏、降胆固醇、利尿、强心等生物活性的物质中也有嘌呤类化合物的存在。

第四节　重要杂环化合物的制备

杂环化学是有机化学研究最活跃的领域之一。杂环化合物与生命科学、材料科学等诸多学科有密切联系。目前使用和正在研发中的绝大多数药物在组成上含有杂环结构。杂环化学在医药、化工领域的特殊地位大大促进了许多杂环化合物的发现及杂环新合成方法的建立和发展。以下简要介绍几种常见的重要杂环化合物的主要合成方法。

一、喹啉及其衍生物的合成

合成喹啉及其衍生物的主要方法之一是斯克劳普合成法(Skraup synthesis)。用苯胺(或其他芳胺)、甘油、硫酸和硝基苯(相应于所用的芳胺)等共热,即可得喹啉。

反应过程包括如下步骤:

(1)甘油在浓硫酸作用下脱水生成丙烯醛。

(2)苯胺作为亲核试剂对丙烯醛进行麦克尔加成。

（3）质子化的醛对苯环进行亲电取代，再脱水生成 1,2-二氢喹啉。

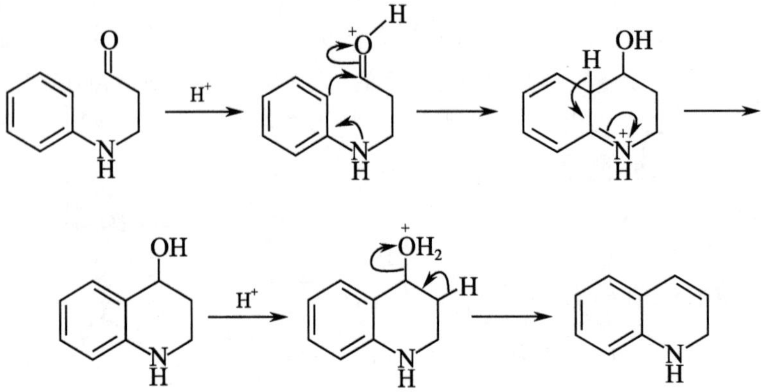

（4）1,2-二氢喹啉与硝基苯作用脱氢氧化生成喹啉，硝基苯被还原成苯胺，可作为原料参与喹啉的合成。

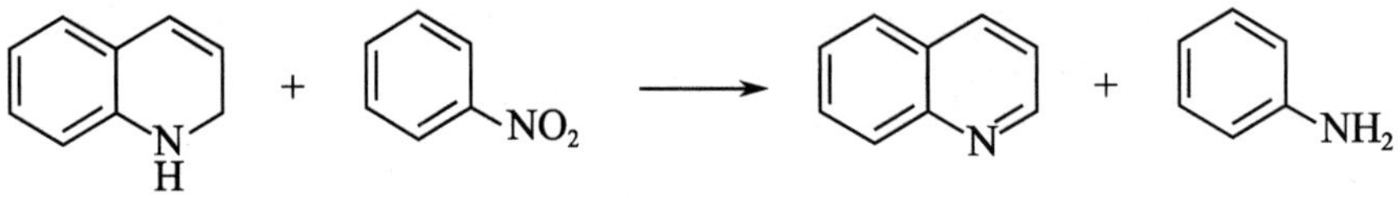

　　喹啉衍生物通常不是以喹啉为原料制取的，而是用取代的苯胺来合成的。可采用不同的 α,β-不饱和醛、酮代替甘油与取代的苯胺反应，也可用磷酸或其他酸代替硫酸。

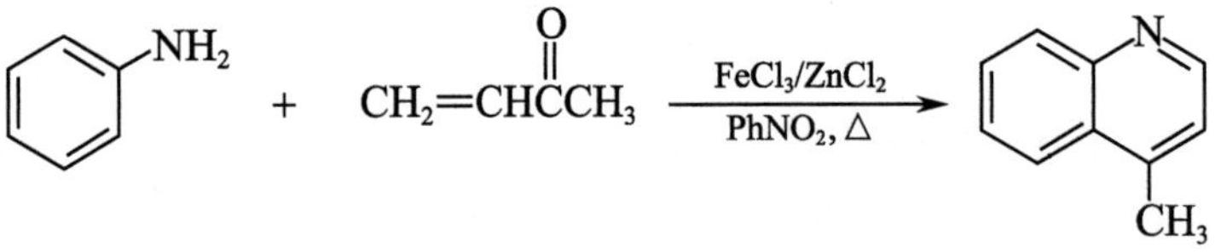

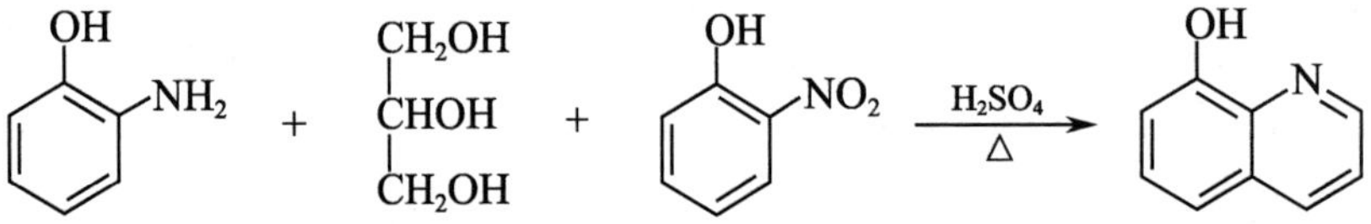

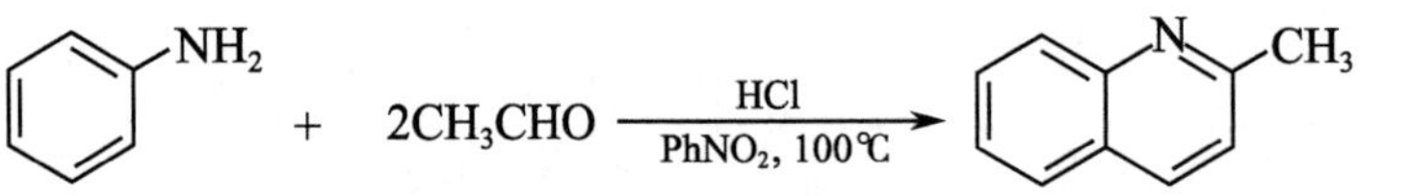

练习题 15.16　*给出下列反应的产物。*

(1)

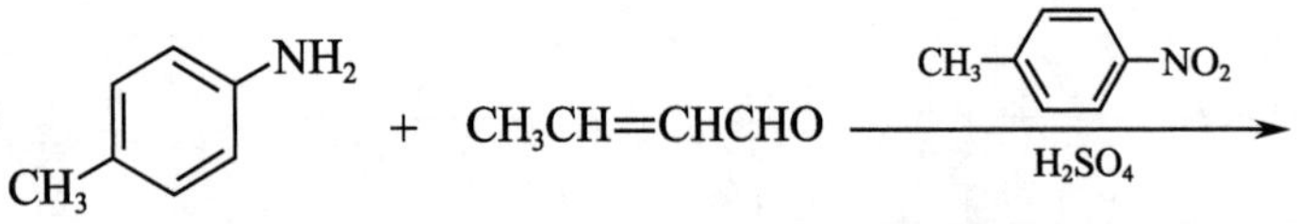

(2)

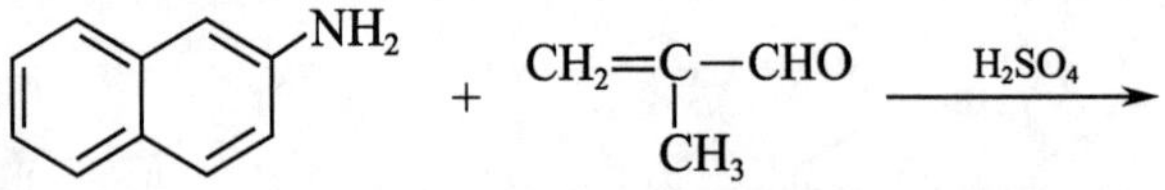

练习题 15.17　*以苯或甲苯为起始物合成下列化合物。*

(1) 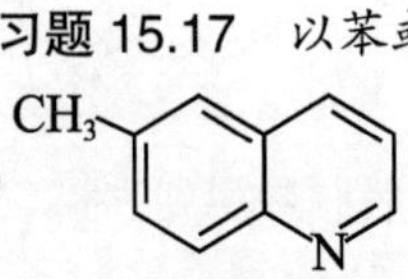　　　(2)

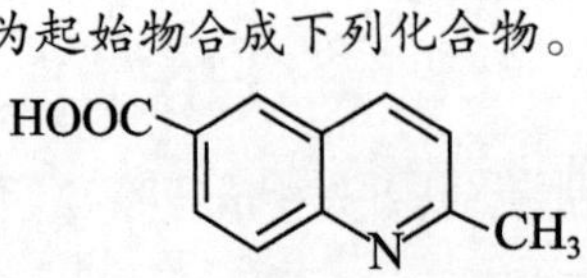

二、嘧啶及其衍生物的合成

嘧啶环广泛存在于动植物体内,是生理及药理上都非常重要的环系。在生命物质核酸的五个碱基中就有三个(尿嘧啶、胸腺嘧啶、胞嘧啶)是嘧啶的衍生物。许多药物也含有嘧啶环结构。合成嘧啶环的主要途径是 1,3-二羰基化合物与二胺缩合。常用的二胺有尿素、硫脲、胍、脒等,而 1,3-二羰基化合物是丙二酸酯、β-酮酸酯、β-二酮等。例如:

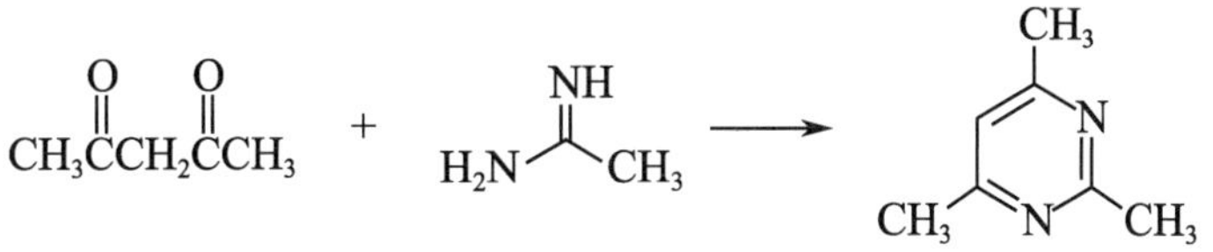

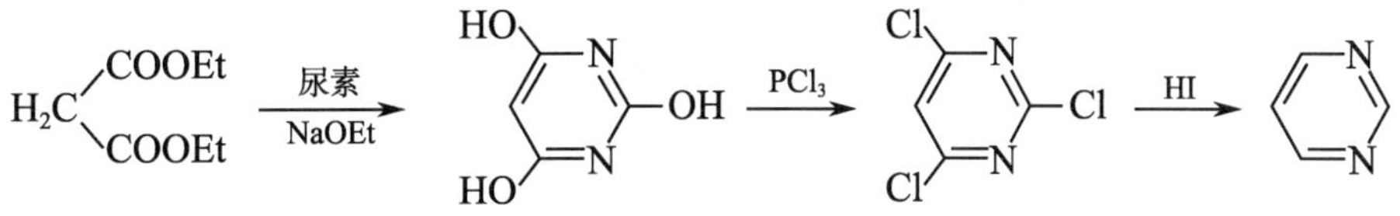

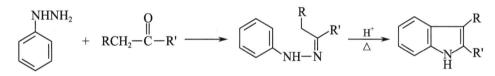

巴比妥酸

氰乙酸酯也能与二胺类化合物反应,生成嘧啶衍生物。

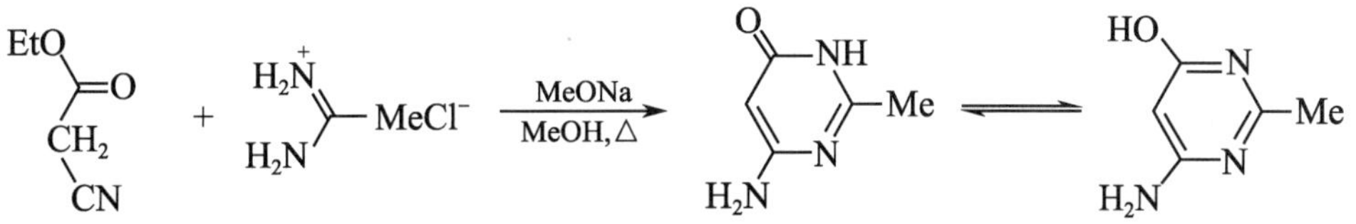

三、吲哚及其衍生物的合成

吲哚类化合物作为一类重要的具有生理和药理活性的分子,其合成方法一直是化学家研究的热点。费歇尔吲哚合成法(Fischer indole synthesis)最初发明于 1883 年,通常是用醛或酮与等摩尔的苯肼在酸中回流生成苯腙,苯腙在酸催化下加热重排,再消除一分子氨得到 2-取代或 3-取代吲哚衍生物。由于可用各种羰基化合物和各种取代苯肼制备相应的吲哚衍生物,故该合成法得到广泛应用。其反应通式如下:

具体合成实例如下:

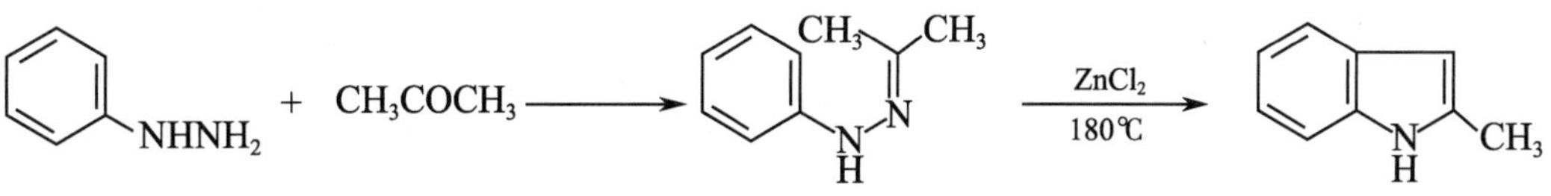

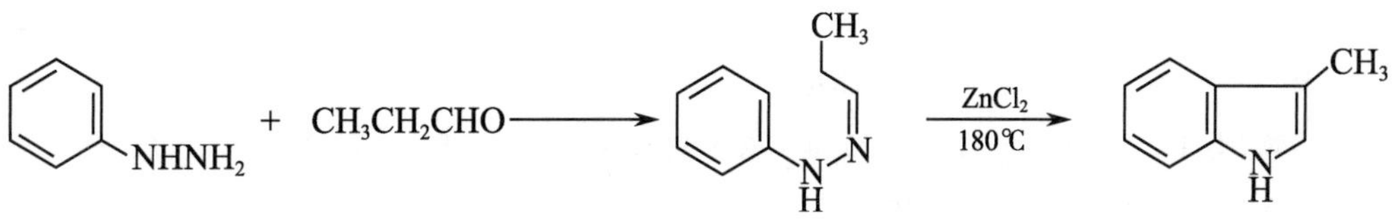

要制备吲哚本身,需用丙酮酸与苯肼反应,首先生成吲哚-2-甲酸,然后脱羧得到吲哚。而不采用乙醛苯腙来制备。

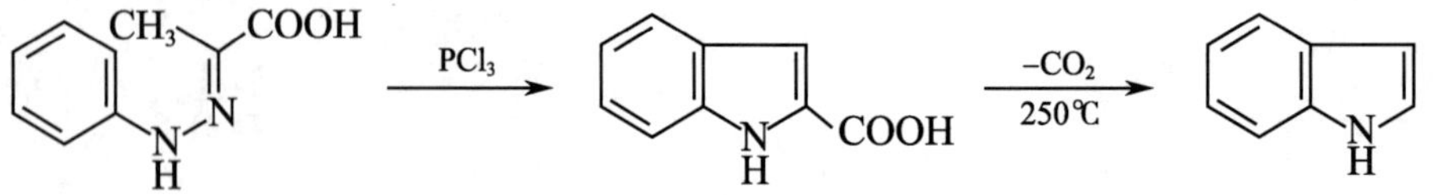

习　题

1. 写出下列化合物的结构式。

(1) 5-氯吡啶-2-胺　　(2) 糠醛

(3) 8-溴异喹啉　　(4) 5-氯噻吩-2-甲酸

(5) 1-甲基-2-乙烯基吡咯　　(6) 5-氟嘧啶-4-胺

(7) 吲哚-3-乙酸　　(8) 2,5-二氢噻吩

(9) 4,6-二甲基吡喃-2-酮　　(10) 2-甲基-6-苯基吡嗪

(11) 1,3-二甲基-7*H*-嘌呤-2,6-二酮　　(12) 3-甲基噻吩并[2,3-*b*]呋喃

2. 命名下列化合物。

(1) 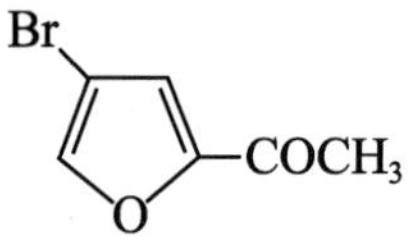

(2) 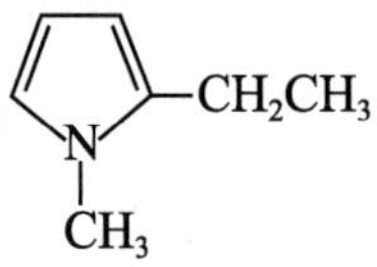

(3) 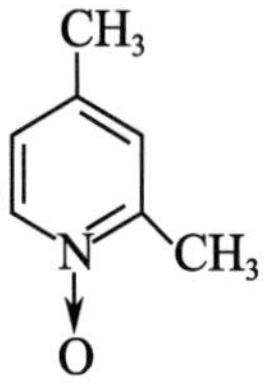

(4) 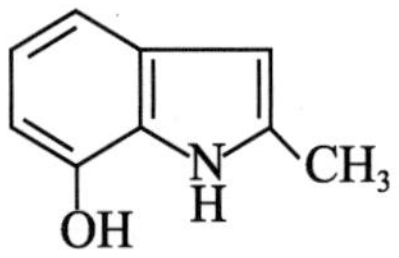

(5) 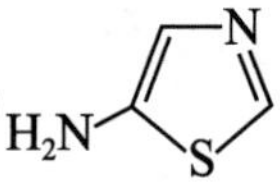

(6) 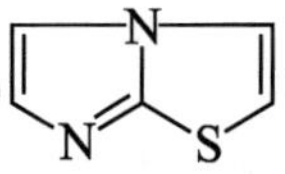

(7) 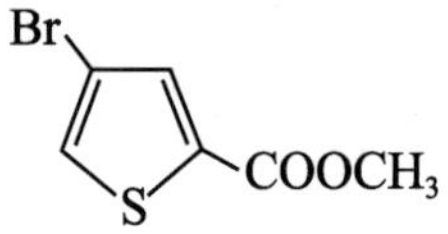

(8) 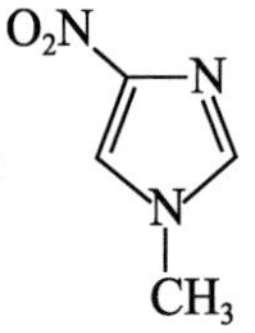

(9) 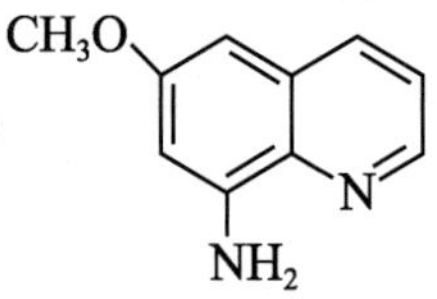

(10) 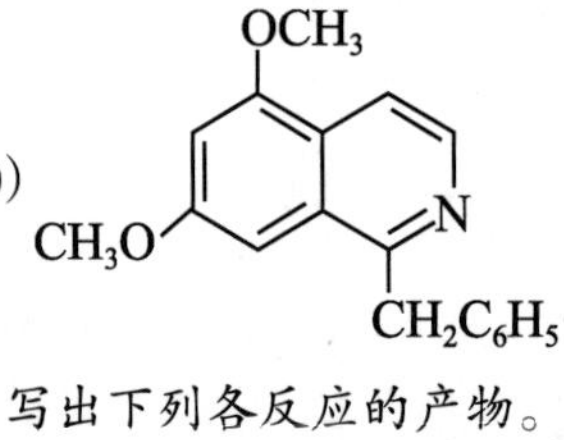

(11) 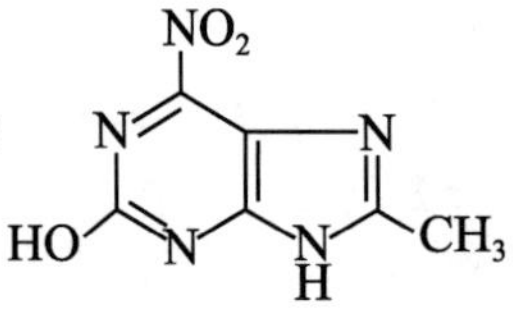

(12) 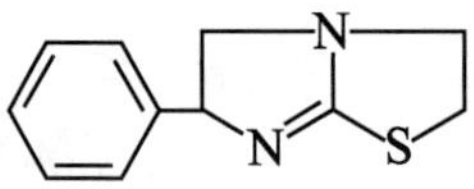

3. 写出下列各反应的产物。

(1) 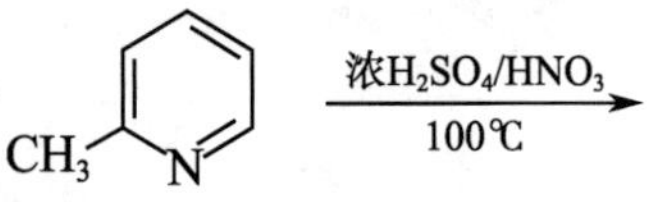

(2) 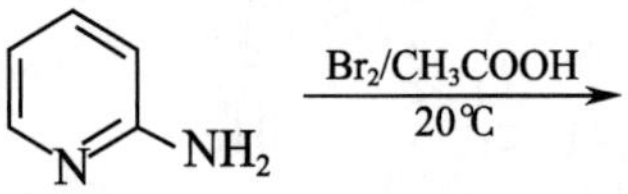

(3) 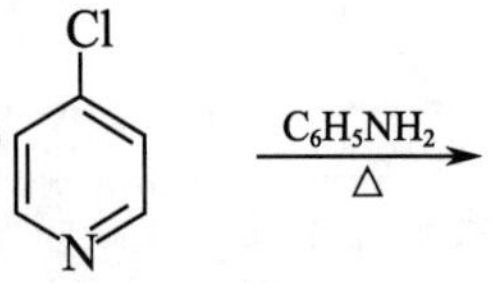

(4) 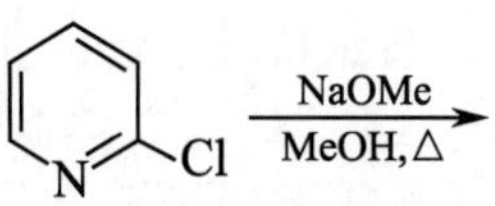

(5) 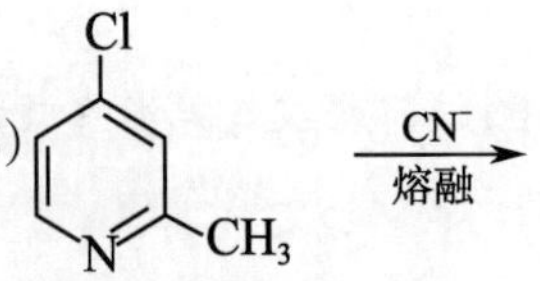

(6) 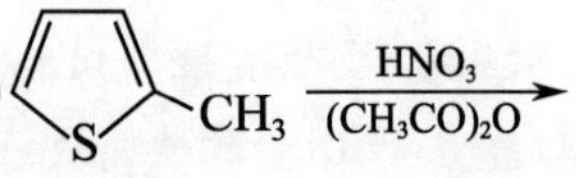

(7) 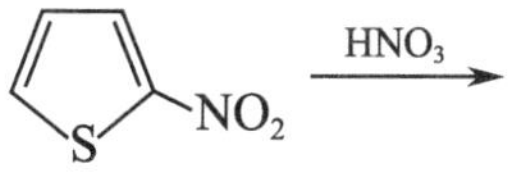 $\xrightarrow{\text{HNO}_3}$

(8) 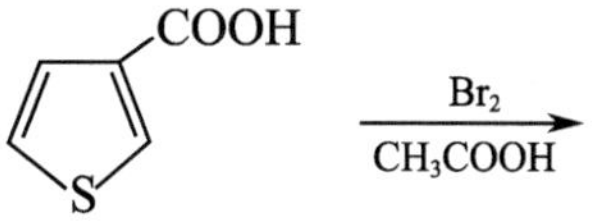 $\xrightarrow{\text{Br}_2}{\text{CH}_3\text{COOH}}$

(9) 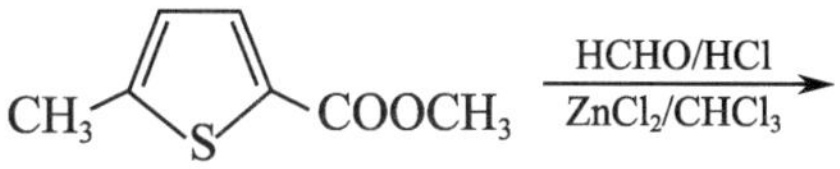 $\xrightarrow[\text{ZnCl}_2/\text{CHCl}_3]{\text{HCHO/HCl}}$

(10) 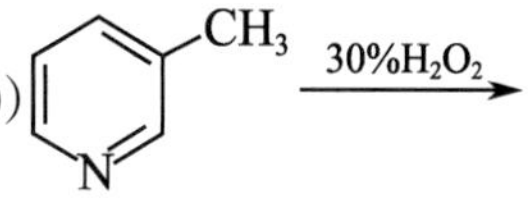 $\xrightarrow{30\%\text{H}_2\text{O}_2}$

(11) 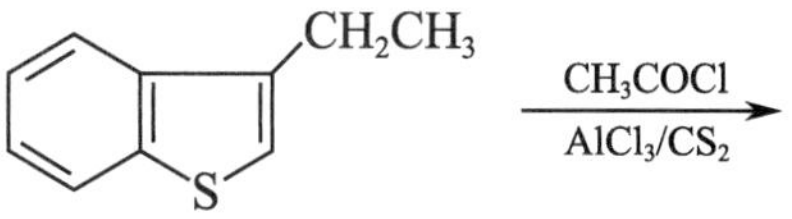 $\xrightarrow[\text{AlCl}_3/\text{CS}_2]{\text{CH}_3\text{COCl}}$

(12) 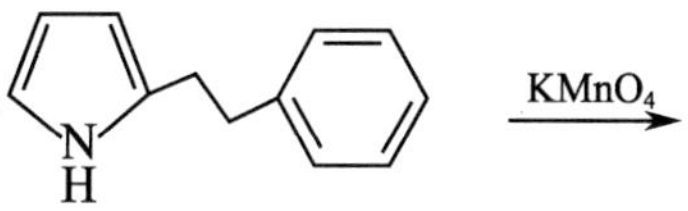 $\xrightarrow{\text{KMnO}_4}$

(13) 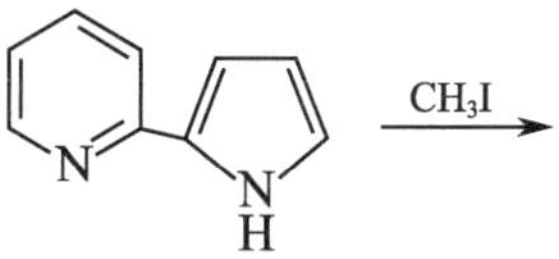 $\xrightarrow{\text{CH}_3\text{I}}$

(14) 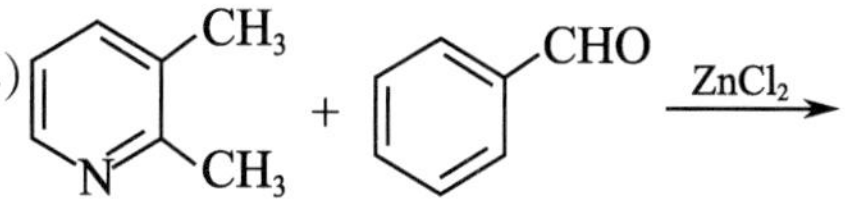 + $\xrightarrow{\text{ZnCl}_2}$

4. 吡啶溴代不使用 FeBr$_3$ 等路易斯酸催化剂,为什么?

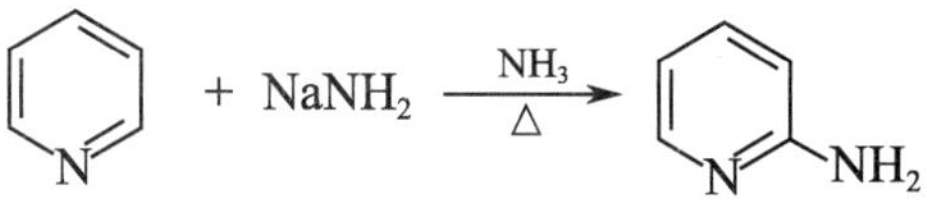

5. 下列反应哪些是错误的? 哪些是正确的? 若是错误的,请指出错在何处。

(1) 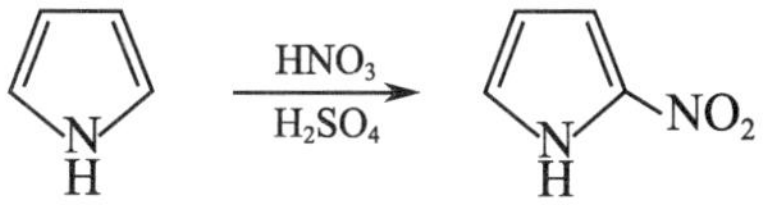 $\xrightarrow[\text{H}_2\text{SO}_4]{\text{HNO}_3}$

(2) + NaNH$_2$ $\xrightarrow[\triangle]{\text{NH}_3}$

(3) $\xrightarrow[\triangle]{\text{KMnO}_4}$

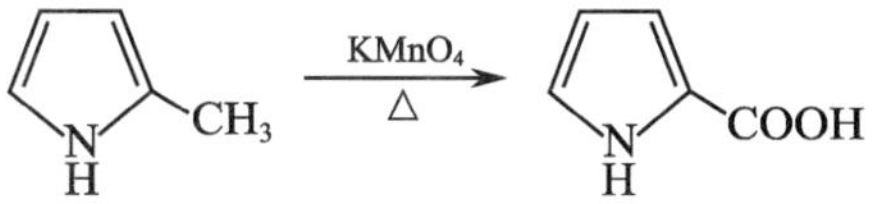

6. 下列反应的产物是吡啶-2-甲酸而无苯甲酸,请解释原因。

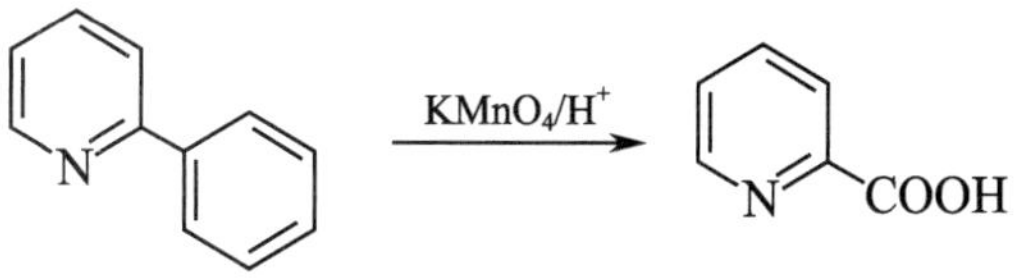

$\xrightarrow{\text{KMnO}_4/\text{H}^+}$

7. 为什么吡咯分子的偶极矩比四氢吡咯分子的偶极矩大,而且方向相反?

8. 试解释吡咯的氢化产物四氢吡咯的碱性大大增加的原因。

9. 比较下列各组化合物的碱性强弱。

(1) a. CH$_3$NH$_2$　　b. NH$_3$　　c. 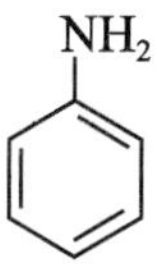 　　d. 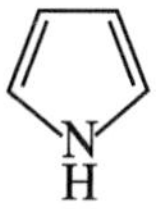 　　e.

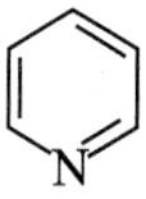

(2) a. 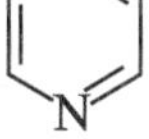 　　b. 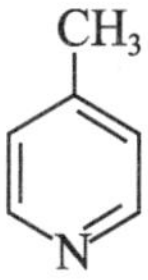 　　c. 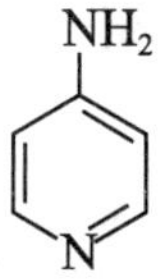 　　d.

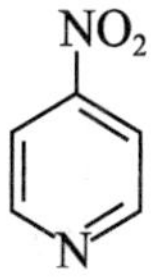

10. 某杂环化合物 C$_6$H$_6$OS 能生成肟,但不能发生银镜反应,它与次碘酸钠反应生成噻吩-2-甲酸。试推断其结构。

11. 化合物 A 为甲基喹啉,用酸性高锰酸钾氧化 A 生成三元羧酸 B,该三元羧酸脱水生成两种酸酐 C 和 D。试写出 A、B、C 和 D 的构造简式。

12. 以苯胺或其衍生物为起始原料合成下列喹啉衍生物。

(1) 6-甲氧基喹啉　(2) 2-乙基-3-甲基喹啉　(3) 6-溴喹啉

13. 以吡啶为原料合成下列化合物。

(1) 2-丙烯基吡啶 CH=CH—CH₃　(2) N-(3-吡啶基)苯甲酰胺

第十六章

糖 类

糖类（saccharide）是自然界中广泛存在的一类有机化合物。由于早年发现的一些糖具有 $C_n(H_2O)_m$ 的结构通式，符合水分子氢和氧的比例，因此被称为碳水化合物（carbohydrate）。但后来的结构研究揭示，有些糖的分子式并不满足 $C_n(H_2O)_m$ 的通式（如鼠李糖和岩藻糖），而另一些物质虽然分子式符合上述通式（如甲醛、乙酸），却又不具备糖的性质。因此，碳水化合物的名称是不够确切的。

糖类是一类多羟基醛（酮），或通过水解能产生多羟基醛（酮）的物质。例如葡萄糖、鼠李糖、岩藻糖是多羟基醛，果糖是多羟基酮，淀粉和纤维素可经水解产生葡萄糖，因而它们都属于糖类。

葡萄糖	鼠李糖	岩藻糖	果糖
CHO H—OH HO—H H—OH H—OH CH₂OH	CHO HO—H HO—H H—OH H—OH CH₃	CHO H—OH HO—H HO—H H—OH CH₃	CH₂OH O HO—H H—OH H—OH CH₂OH

根据糖类水解的情况，可将糖分为三类，即单糖、寡糖和多糖。单糖（monosaccharide）是最简单的糖，不能再被水解成更小的糖分子，如葡萄糖、果糖等；寡糖（oligosaccharide）又称低聚糖，由 2~9 个单糖分子脱水缩聚而成；多糖（polysaccharide）由多于 9 个的单糖分子脱水而成，如淀粉、纤维素等。

第一节 单 糖

一、结构

从结构上，单糖可分为醛糖（aldose）和酮糖（ketose）；根据分子中所含的碳原子数目，又可分为三碳（丙）糖、四碳（丁）糖、五碳（戊）糖和六碳（己）糖等。自然界中最简单的醛糖是甘油醛，最简单的酮糖是 1,3-二羟基丙酮。自然界中存在最广泛的葡萄糖是己醛糖，而在蜂蜜中富含的果糖是己酮糖。自然界存在的碳数最多的单糖为 9 个碳的壬酮糖。生物体内以戊糖和己糖最为常见。有些糖的羟基可被氨基或氢原子取代，分别称为氨基糖和脱氧糖，它们也是生物体内的重要糖类，如 2-氨基葡萄糖、2-脱氧核糖等。

甘油醛	1,3-二羟基丙酮	2-氨基葡萄糖	2-脱氧核糖
CHO H—OH CH₂OH	CH₂OH O CH₂OH	CHO H—NH₂ HO—H H—OH H—OH CH₂OH	CHO H—H H—OH H—OH CH₂OH

单糖是具有甜味的结晶形物质，可溶于水而难溶于有机溶剂，水-醇混合溶液常用于糖的重结晶。

（一）开链结构及构型

通常单糖碳链无分支并含有多个手性碳。具有 n（$n=1$、2、3……）个手性碳的化合物应有 2^n 个立体异构体（分子内无对称因素时），因此，在醛糖中应有一对对映的丙糖、两对对映的丁糖、四对对映的戊糖和八对对映的己糖。酮糖中，由于比相应的醛糖少一个手性碳，因此异构体要少些，如己酮糖只有四对对映异构体。

单糖命名时常采用俗名。一对对映异构体有同一名称，非对映异构体有不同的名称。例如己醛糖中的葡萄糖是指在费歇尔投影式中（按规定，羰基在投影式的上端，碳原子的编号从靠近羰基的一端开始），C_2、C_4 和 C_5 位羟基在同侧，而 C_3 位羟基在异侧的糖，有如下两个互成对映关系的异构体。

$$\begin{array}{cc}
\text{CHO} & \text{CHO} \\
\text{H—OH} & \text{HO—H} \\
\text{HO—H} & \text{H—OH} \\
\text{H—OH} & \text{HO—H} \\
\text{H—OH} & \text{HO—H} \\
\text{CH}_2\text{OH} & \text{CH}_2\text{OH}
\end{array}$$

葡萄糖

葡萄糖和甘露糖是非对映异构体，其差别仅在 C_2 位的构型不同。像这种有多个手性碳的非对映异构体，彼此间仅有一个手性碳原子的构型不同，而其余的都相同者，又可称为差向异构体（epimer）。葡萄糖的 C_4 位差向异构体是半乳糖，C_3 位差向异构体是阿洛糖（图 16-1）。

练习题 16.1　下列四个戊醛糖中，哪些互为对映异构体？哪些互为差向异构体？

$$\begin{array}{cccc}
\text{CHO} & \text{CHO} & \text{CHO} & \text{CHO} \\
\text{H—OH} & \text{HO—H} & \text{HO—H} & \text{H—OH} \\
\text{H—OH} & \text{H—OH} & \text{HO—H} & \text{HO—H} \\
\text{H—OH} & \text{HO—H} & \text{HO—H} & \text{H—OH} \\
\text{CH}_2\text{OH} & \text{CH}_2\text{OH} & \text{CH}_2\text{OH} & \text{CH}_2\text{OH} \\
(1) & (2) & (3) & (4)
\end{array}$$

怎样区分具有相同名称的一对对映异构的糖呢？若用 R/S 标记法标出分子中每个手性碳的构型，对于含多个手性碳的分子来说太麻烦。目前习惯用 D/L 标记法，即以甘油醛作为标准，具体步骤如下：

1. 以费歇尔投影式表示糖的结构，竖线表示碳链，使羰基具有最小编号。

2. 将编号最大的手性碳（即离羰基最远的手性碳，如己醛糖的 C_5）的构型与 D-（+）-甘油醛的 C_2 的构型进行比较，构型相同的糖属于 D-构型；反之，属于 L-构型。因此，在己醛糖的 16 个异构体中，有 8 个是 D-构型、8 个是 L-构型（简称 D-系和 L-系）。为书写方便，在费歇尔投影式中可用横线表示羟基，氢可省略。

$$\begin{array}{ccc}
 & \text{CHO} & \text{CHO} \\
 & \text{H—OH} & \text{|—OH} \\
\text{CHO} & \text{HO—H} & \text{HO—|} \\
\text{H—OH} & \text{H—OH} & \text{|—OH} \\
\text{CH}_2\text{OH} & \text{H—OH} & \text{|—OH} \\
 & \text{CH}_2\text{OH} & \text{CH}_2\text{OH}
\end{array}$$

D-（+）-甘油醛　　D-葡萄糖　　D-葡萄糖

含 $C_3 \sim C_6$ 的各种 D-醛糖的费歇尔投影式见图 16-1。

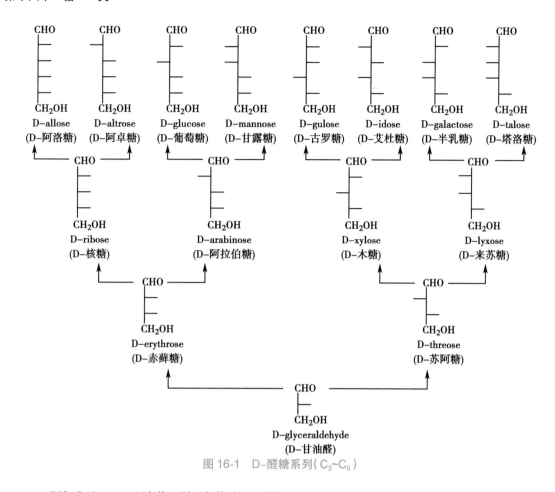

图 16-1   D-醛糖系列($C_3 \sim C_6$)

D-醛糖系列($C_3 \sim C_6$)除苏阿糖、来苏糖、阿洛糖和古罗糖外,其他均为天然糖。

(二) 环状结构及构象

糖的开链结构是从分子中羰基和羟基的一系列化学反应中推导而知的。以葡萄糖为例,其醛基能被氧化和还原;与乙酸酐反应可生成结晶的五乙酸酯;与氢氰酸反应后水解得到酸,再经氢碘酸和磷还原可得正庚酸。

$$\underset{\substack{\text{(CHOH)}_4\\ \text{CH}_2\text{OH}}}{\text{CHO}} \xrightarrow{\text{HCN}} \underset{\substack{\text{(CHOH)}_4\\ \text{CH}_2\text{OH}}}{\text{HO—CHCN}} \xrightarrow{\text{H}_2\text{O}} \underset{\substack{\text{(CHOH)}_5\\ \text{CH}_2\text{OH}}}{\text{COOH}} \xrightarrow{\text{HI, P}} \text{CH}_3(\text{CH}_2)_5\text{COOH}$$

但是实验表明,有些性质不能用开链结构说明。例如:①葡萄糖的醛基虽能与甲醇在无水的酸性条件下反应,但不是产生与两分子甲醇缩合的缩醛,而是生成与一分子甲醇结合的稳定化合物;此外,葡萄糖不与 $NaHSO_3$ 发生反应。②D-葡萄糖在不同的条件下结晶,可得到两种异构体,从冷乙醇中可得到熔点为 146℃、比旋光度为 +112°的晶体,从热吡啶中可得到熔点为 150℃、比旋光度为 +18.7°的晶体。③上述两种晶体的水溶液随着放置时间延长,比旋光度都会发生变化,并都在达到 +52.7°后稳定不变。这个现象并不是由于葡萄糖在水中分解引起的,因为将溶液蒸干后,分别用上述两种方法结晶,仍可分别得到具有原来比旋光度的晶体。上述糖在水溶液中放置后,自行改变比旋光度的现象称为变旋现象(mutarotation)。④ D-葡萄糖晶体在红外吸收光谱中不出现羰基伸缩振动峰,在核磁共振谱中也不显示醛基氢原子的特征峰。

为了解释葡萄糖的上述"异常现象",人们从醛与醇能相互作用生成半缩醛的反应中得到启示:葡萄糖分子内同时存在醛基和羟基,它们有可能发生分子内反应,生成环状的半缩醛结构。X 射线衍

射结果也证实晶体单糖是环状化合物。在第十章中已知,半缩醛(或酮)是不稳定的,但糖的环状半缩醛(或酮)结构较稳定,因而戊糖和己糖通常都以稳定的六元或五元环的形式存在。当其以六元环存在时,与含氧的六元杂环吡喃相似,称为吡喃糖(pyranose);若以五元环存在时,与含氧的五元杂环呋喃相似,称为呋喃糖(furanose)。无论是吡喃糖还是呋喃糖,都有两种异构体。这是由于羰基具有平面结构,羟基可以从平面两侧向羰基进攻,结果生成两个不同的环状半缩醛(或酮),如 D–葡萄糖和 D–果糖。

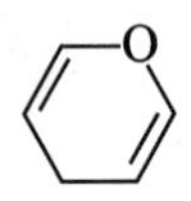

吡喃　　　　β-D–吡喃葡萄糖　　　　α-D–吡喃葡萄糖

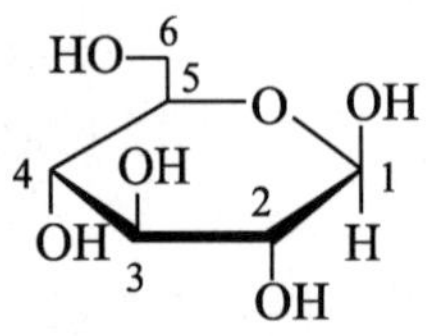

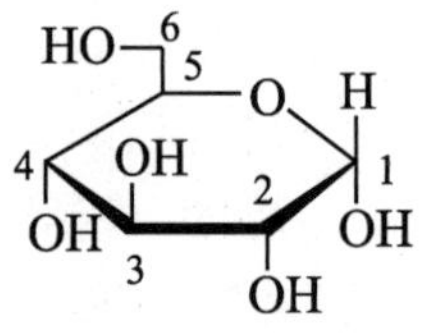

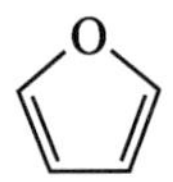

呋喃　　　　β-D–呋喃果糖　　　　α-D–呋喃果糖

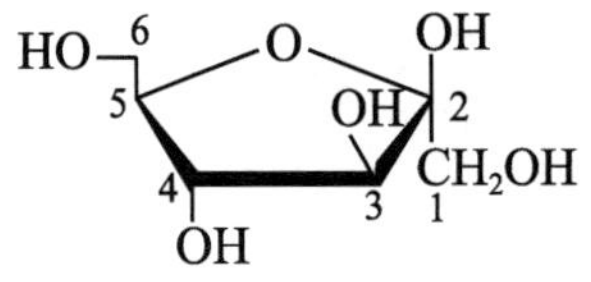

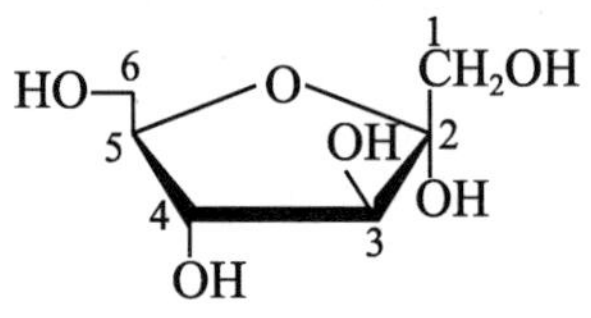

　　上述环状结构式称为哈沃斯透视式(Haworth projection),环平面垂直于纸平面。在六元环中,习惯上将环中的氧原子处于纸平面的右后方,C_2、C_3 处于纸平面的前方,面对观察者(用粗线表示),此时环上的碳原子按顺时针方向编号;环上的氢原子可省略,也可写出。五元环的情况类似。碳环也可简化为均一单线条的六元或五元环。习惯上,将环状己醛糖中的 C_1 位羟基(或环状己酮糖中的 C_2 位羟基)与 C_5 羟甲基处于环平面同侧的称为 β–体,异侧的称为 α–体。它们是非对映异构体,也是差向异构体(epimer),但由于它们的差别是在 C_1 位上,因此又称为端基异构体(anomer)。D–葡萄糖发生变旋现象的内在原因就是这两种端基异构体与开链结构间处于动态平衡中。同时由于开链结构的含量极低,因此羰基加成的某些反应不易发生,并在红外吸收光谱和核磁共振氢谱中表现出异常现象。

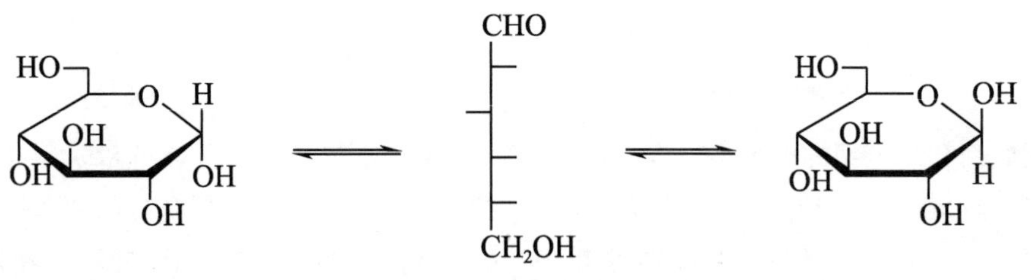

α-D–吡喃葡萄糖　　　　开链 D–葡萄糖　　　　β-D–吡喃葡萄糖

　　如何从己醛糖直链的费歇尔投影式转换成哈沃斯式呢?以 D–葡萄糖为例,它的费歇尔投影式代表 C_1–羰基朝后、C_5–羟基朝前,这种排布方式不利于它们相互接触成环。为了使 C_5–羟基靠近醛基,可使 C_4、C_5 间的单键旋转 120°,此时的费歇尔投影式可改变为如下所示的修饰后的费歇尔投影式。此过程并没有断裂任何键,因此 C_5 的构型并没有改变,但发生有利于成环方向的取向。修饰后的费歇尔投影式可发生碳链弯曲,使 C_5–羟基有利于向 C_1–羰基进攻,最后得到两个端基异构体,具体过程表示如下。

16-K-1
科学家简介

16-D-1
α–D– 吡喃葡萄糖
(模型)

16-D-2
β–D– 吡喃葡萄糖
(模型)

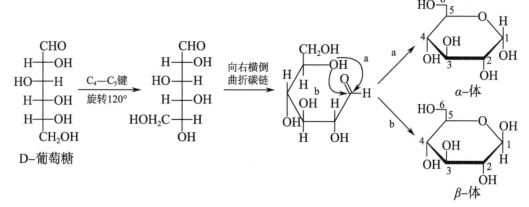

从上述转换过程可知，凡在费歇尔投影式中左侧的基团将处在哈沃斯式中的环上，而右侧的基团将处在环下。

环上的羟基常可用短直线表示，氢原子可省略。当不需要强调 C_1 位的构型或表示两种端基异构体的混合物时，可将 C_1 上的氢原子和羟基并列写出或用波浪线将 C_1 与羟基相连（如 D-葡萄糖）。

如何从哈沃斯式判断糖的构型呢？与原直链结构时的标准有何关系？以己醛糖为例，由于在直链结构中判断构型的标准（C_5-羟基）已参与成环，故无法直接以其为标准，但不同构型的吡喃型己醛糖的 C_5-羟甲基的位置在上述的哈沃斯式中是不同的：D-系糖的 C_5-羟甲基处环上，L-系糖的 C_5-羟甲基处在环下，故可由此差别判断糖的构型。

> **练习题 16.2**　试写出由 L-葡萄糖的费歇尔投影式转换成哈沃斯式的过程。
>
> **练习题 16.3**　试命名下列结构的单糖。

对于戊醛糖和己酮糖的吡喃型哈沃斯式，由于原构型标准（C_4-羟基和 C_5-羟基）不参与成环，故可直接根据它们在哈沃斯式中的位置判断构型，即戊醛糖的 C_4-羟基或己酮糖的 C_5-羟基处环上者为 L-构型，环下者为 D-构型。习惯上将 D-系糖中半缩醛羟基处环上者为 β-体，处环下者为 α-体；在 L-系糖中则情况相反。

> **练习题 16.4**　试命名下列结构的单糖。

由费歇尔投影式转成呋喃型哈沃斯式的过程及判断构型的方法类似于吡喃糖。以呋喃果糖为例，在形成环状的呋喃结构时，可由 C_5 上的羟基与羰基形成呋喃环，有 *α* 和 *β* 两种构型。

D-(-)-果糖　α-D-(-)-呋喃果糖　β-D-(-)-呋喃果糖

α-体和 *β*-体的确定原则是 D-系糖中，半缩醛羟基在环上者为 *β*-体，处环下者为 *α*-体；在 L-系糖中则情况相反。

练习题 16.5　试写出 *β*-D-呋喃核糖和 *β*-D-呋喃葡萄糖的结构式。

在 D-葡萄糖的水溶液中，*β*-D-吡喃葡萄糖的含量比 *α*-异构体的多（*β*-异构体与 *α*-异构体之比约为 64∶36，开链葡萄糖和呋喃糖的含量均极微），这与前者的构象比后者稳定有关。吡喃糖的构象与环己烷类似，以椅式构象存在，并有两种形式，如下列 *β*-D-吡喃葡萄糖的构象。

Ⅰ式（$^4C_1$）　　Ⅱ式（$^1C_4$）

Ⅰ式又称为 $^4C_1$ 式，指 C_4 在环平面上方、C_1 在环平面下方。同理，Ⅱ式也可称为 $^1C_4$ 式，指 C_1 在环平面上方、C_4 在环平面下方。一个单糖究竟以哪种椅式构象存在，与各碳原子上所连的取代基的构象有关。如 *β*-D-吡喃葡萄糖若以Ⅰ式构象存在，各取代基均处 e 键；若以Ⅱ式构象存在，则各取代基均处 a 键。因此，Ⅰ式是其优势构象。对于 *α*-端基异构体来说，处于Ⅰ式情况时，除 C_1-羟基为 a 键外，其他取代基均处 e 键；而在Ⅱ式情况下，除 C_1-羟基为 e 键外，其他取代基均处 a 键。因此，Ⅰ式亦为 *α*-端基异构体的优势构象。但与 *β*-端基异构体相比，其Ⅰ式构象的能量仍高，因此在水溶液的动态平衡中，*β*-端基异构体的含量较高。

β-D-吡喃葡萄糖　　*α*-D-吡喃葡萄糖

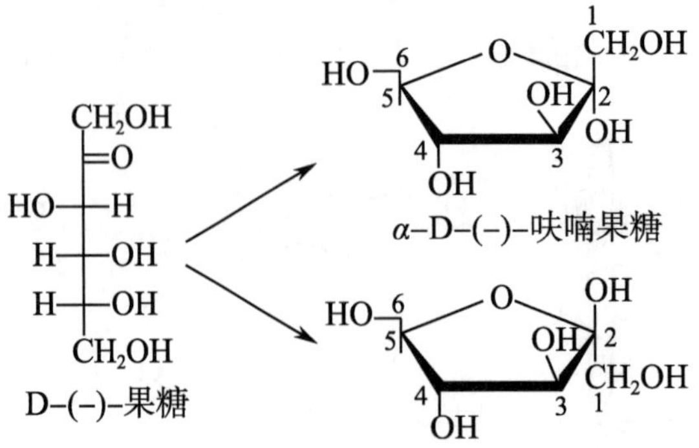

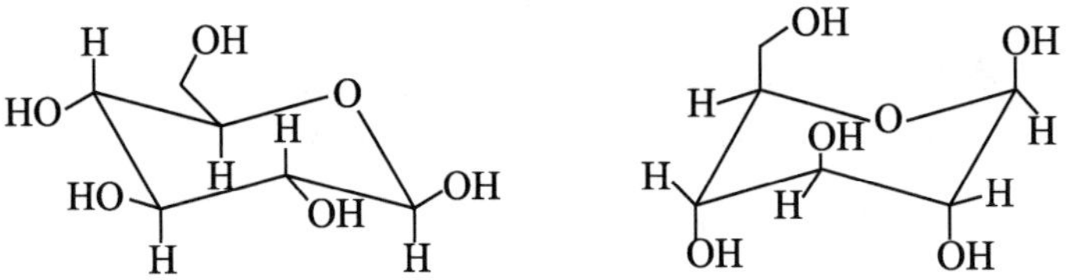

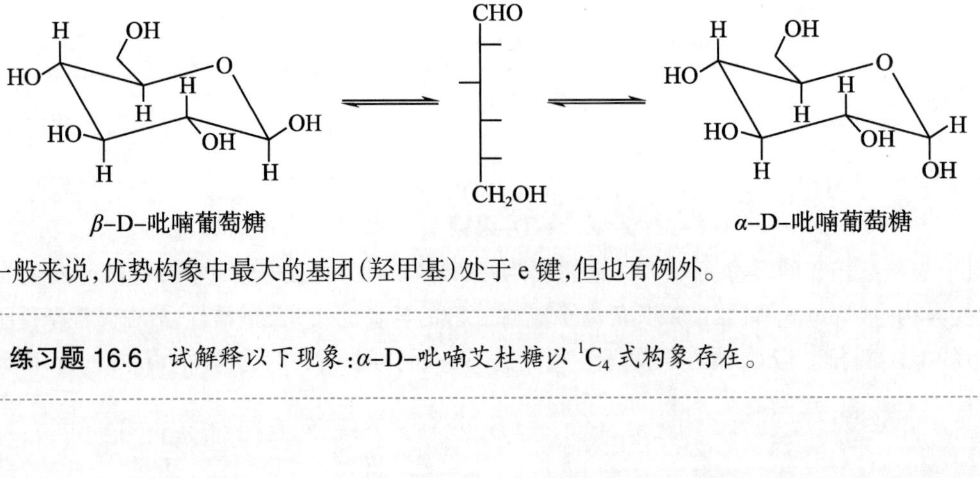

一般来说，优势构象中最大的基团（羟甲基）处于 e 键，但也有例外。

练习题 16.6　试解释以下现象：*α*-D-吡喃艾杜糖以 $^1C_4$ 式构象存在。

决定糖的稳定构象的因素是多个方面的。例如当环上的 C_2~C_6 羟基发生取代时(如甲基化、酰化),一般不影响原构象的稳定性;但当 C_1 位羟基成为甲氧基、乙酰氧基时,此取代基处于 a 键的构象往往是优势构象,此时 α-体反比 β-体稳定。这是由于糖环内氧原子的未共用电子对产生的偶极与 C_1 位 C—O 键的偶极之间相互作用的结果。当甲氧基或乙酰氧基处于 a 键时,偶极间的作用最小。

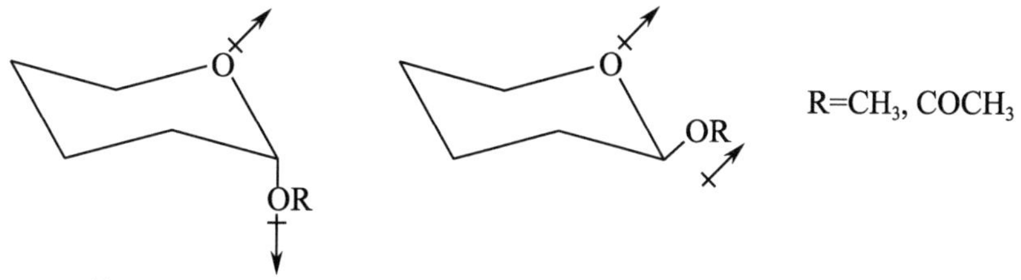

R=CH₃, COCH₃

α-体(较稳定) β-体

上述影响称为端基效应(anomeric effect)。当 C_1 位羟基被卤素取代时,端基效应更强。溶剂对端基效应也有影响,介电常数高的溶剂不利于端基效应,因为此时的溶剂可稳定偶极作用较大的分子状态。一般来说,游离糖易溶于水,水(具有很高的介电常数)可稳定偶极作用较大的 β-端基异构体,端基效应的影响相对较弱。因此在水溶液中,游离糖以 β-体为主;当 C_1 位羟基被甲基化或酰化,生成脂溶性较大的化合物后,它们常溶于介电常数较小的有机溶剂,因而端基效应的影响相对增大,故 α-体成为平衡体中的主要成分。端基效应还受不同糖的结构影响,这里不进行详细讨论。

二、化学性质

单糖中含有羟基和羰基,应具有一般醇和醛、酮的性质,且它们处于同一分子内相互影响,故又显示某些特殊的性质。

(一)碱性条件下的反应

在弱碱(如氢氧化钡)作用下,D-葡萄糖、D-甘露糖和 D-果糖三者可通过烯二醇中间体相互转化。生物体内酶催化下也能进行这种转化。

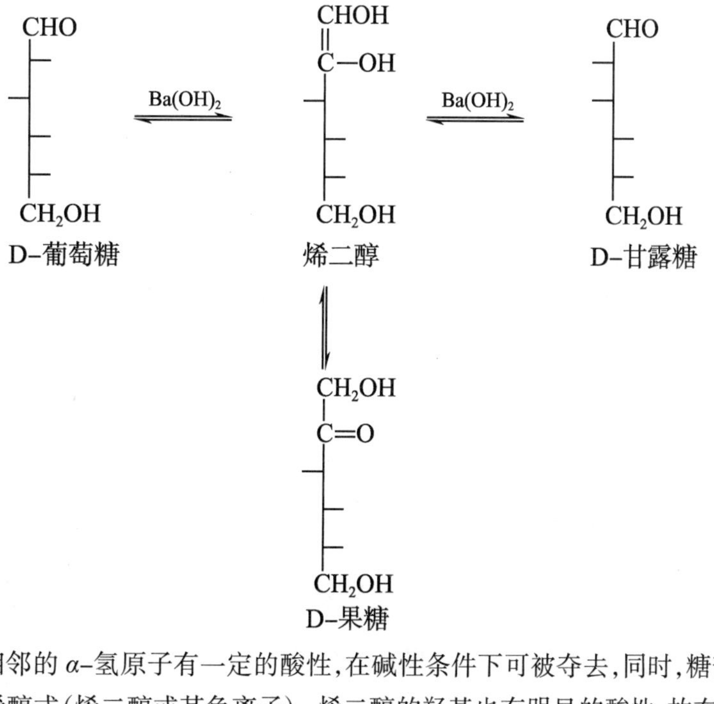

D-葡萄糖   烯二醇   D-甘露糖

D-果糖

由于与羰基相邻的 α-氢原子有一定的酸性,在碱性条件下可被夺去,同时,糖部分发生 1,3-重排(互变异构)成烯醇式(烯二醇或其负离子)。烯二醇的羟基也有明显的酸性,故在碱性条件下可发生类似的 1,3-重排。当 C_1-烯醇羟基发生可逆的 1,3-重排时,可在双键的两个方向进行,因此得到

D–甘露糖和原来的 D–葡萄糖；当 C_2–烯醇羟基发生重排时，即得到 D–果糖。在此反应中，由 D–葡萄糖转变成 D–甘露糖（反之亦是）的过程称为差向立体异构化（epimerization）。

（二）氧化反应

1. 与托伦试剂和费林试剂的反应 单糖虽然具有环状半缩醛（酮）结构，但在溶液中与开链的结构处于动态平衡中。因此，醛糖能还原银氨络离子（托伦试剂）产生银镜，也能还原 Cu^{2+}（费林试剂）产生氧化亚铜的砖红色沉淀。果糖是酮糖，本身不具有能被氧化的醛基，但在试剂的碱性条件下可异构成醛糖，因此也能发生该反应。

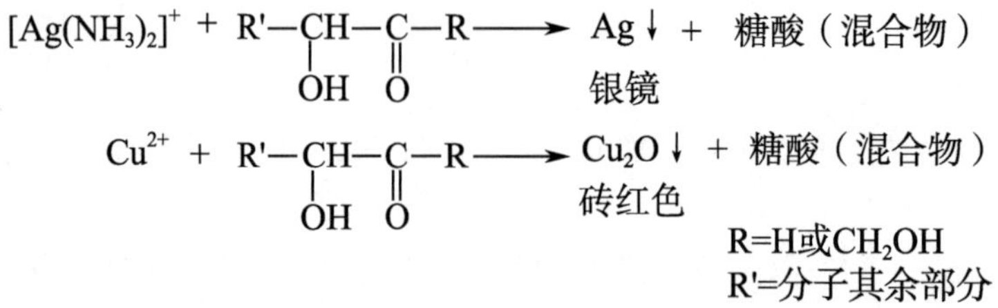

$[Ag(NH_3)_2]^+$ + R'—CH—C—R → Ag↓ + 糖酸（混合物）
OH O
银镜
Cu^{2+} + R'—CH—C—R → Cu_2O↓ + 糖酸（混合物）
OH O
砖红色
R=H或CH_2OH
R'=分子其余部分

在糖化学中，将能发生上述氧化反应的糖称为还原糖，不反应的称为非还原糖。由于醛糖在碱性条件下会发生异构化，故所得到的糖酸为混合物。

尽管开链糖在平衡中占很少的比例，但由于反应后可使平衡向形成开链结构的方向移动，所以糖的很多反应仍是以开链形式（即非环状的）进行的。

2. 与溴水的反应 溴（或其他卤素）的水溶液可很快地与醛糖反应，选择性地将其醛基氧化成羧基，先生成醛糖酸，然后很快生成内酯。酮糖不发生此反应，因此可作为区分此两类糖的鉴别反应。

CHO
Br_2
$CaCO_3$, H_2O
CH_2OH
COOH
CH_2OH
HO
O
OH
O
OH
OH

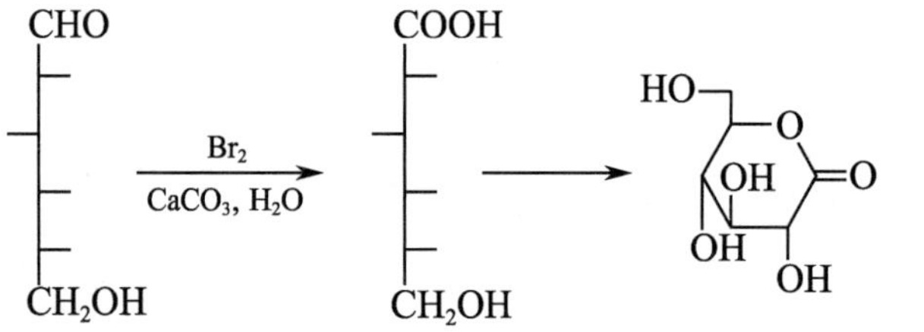

D–葡萄糖 葡萄糖酸 葡萄糖酸δ–内酯

生物体内也可经酶催化氧化产生葡萄糖酸（gluconic acid）。

3. 与稀硝酸的反应 在温热的稀硝酸作用下，醛糖可转化成糖二酸，即在氧化醛基的同时，一级醇羟基也选择性地被氧化。如 D–半乳糖被硝酸氧化，生成半乳糖二酸，通常称为黏液酸。D–葡萄糖经硝酸氧化，生成 D–葡萄糖二酸，其经适当的方法还原，可得 D–葡萄糖醛酸。D–葡萄糖醛酸广泛分布于植物和动物体内，它往往以苷的形式存在。另外，该糖在体内可与许多药结合形成葡萄糖酸衍生物，这是一个水溶性代谢物，易于排泄。

CHO
稀HNO_3
100℃
CH_2OH
COOH
COOH
CHO
COOH
COOH
O
OH
H,OH
OH
OH

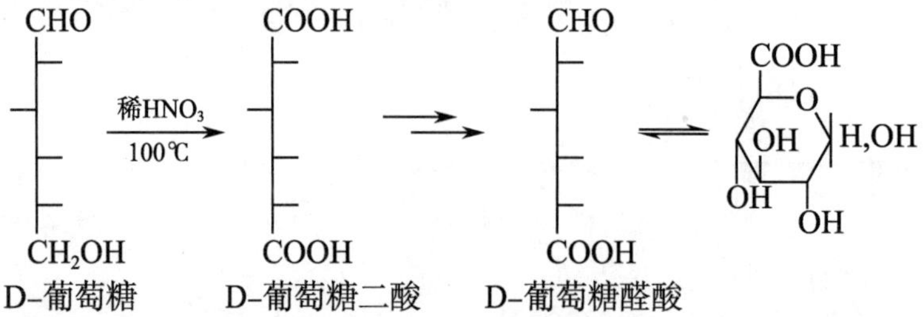

D–葡萄糖 D–葡萄糖二酸 D–葡萄糖醛酸

酮糖在上述条件下发生 C_2—C_3 键断裂，生成小分子的二元酸。如 D–果糖氧化成乙醇酸和三羟基丁酸。

（三）还原反应

单糖的羰基可经催化氢化或硼氢化钠还原得到相应的醇，这类多元醇通称为糖醇。例如 D–核糖

的还原产物称为 D-核糖醇,是维生素 B_2 的组分;D-甘露糖的还原产物称为甘露糖醇;D-葡萄糖的还原产物称为山梨醇(或葡萄糖醇)。

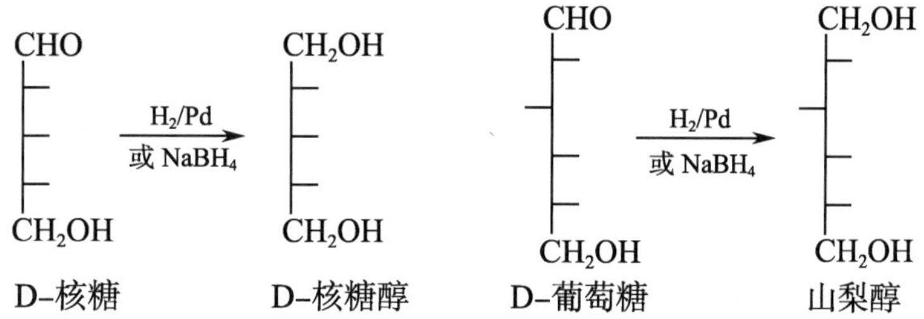

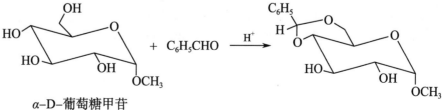

（四）成脎反应

单糖的羰基可与某些含氮试剂发生加成反应。如与等摩尔的苯肼在温和的条件下可生成苯腙;但在苯肼过量(3mol)时,与羰基相邻的 α-羟基可被转化为亚氨基酮,然后再与 1mol 苯肼反应,结果生成称为脎(osazone)的黄色晶体。脎的形成可作为糖的定性反应和衍生物的制备。若两种糖形成同一种脎,则可推知两者的 $C_3 \sim C_6$ 部分具有相同的结构,因而可作为结构鉴定的依据。

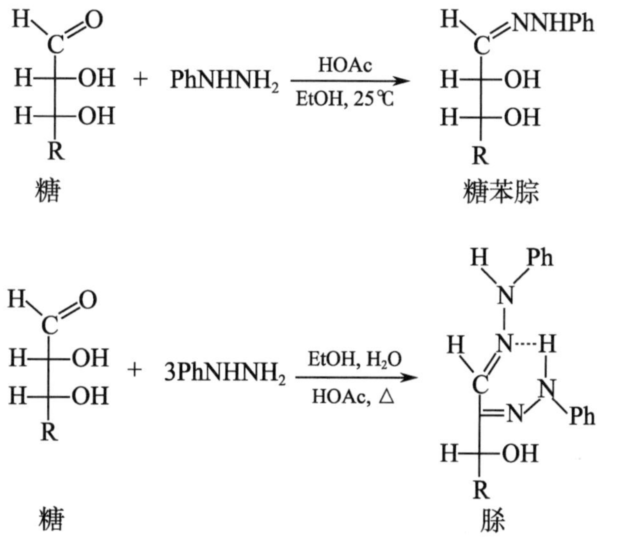

（五）环状缩醛和缩酮的形成

处于糖环上相距较近的邻二醇可与醛或酮生成环状缩醛或缩酮,常用于合成反应中羟基的保护;反式邻二醇则不反应。

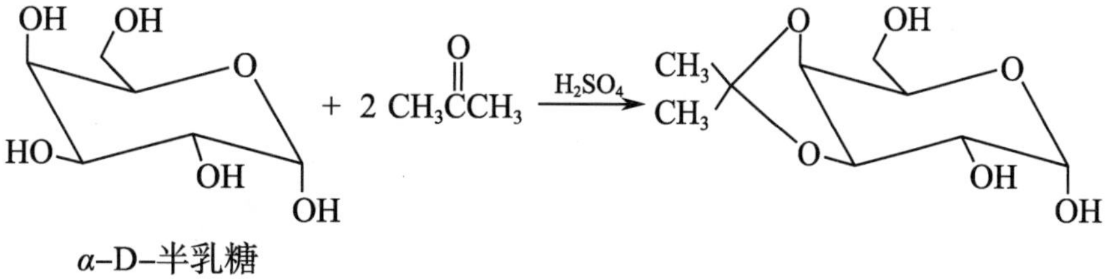

（六）高碘酸氧化

高碘酸对邻二醇的氧化作用在第九章已介绍。当分子中连续三个碳原子上含有羟基时，中间的碳原子将被高碘酸氧化成甲酸。例如：

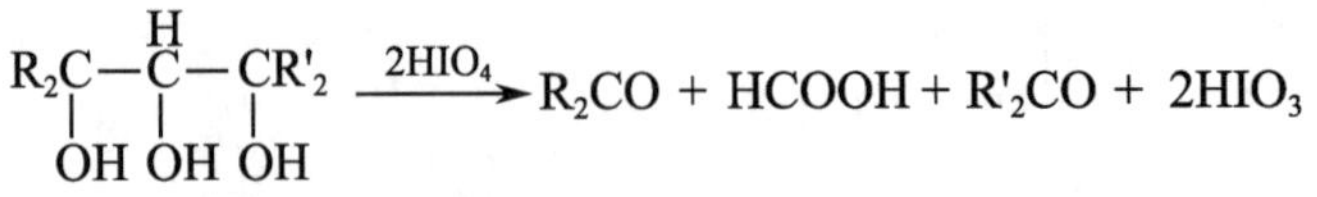

$$R_2C(OH)-CH(OH)-CR'_2(OH) \xrightarrow{2HIO_4} R_2CO + HCOOH + R'_2CO + 2HIO_3$$

此外，α-羟基取代的羰基化合物也能被高碘酸氧化，在两个碳原子间发生氧化断裂，生成羧酸和羰基化合物。例如 D-葡萄糖可与五分子高碘酸反应，生成五分子甲酸和一分子甲醛：

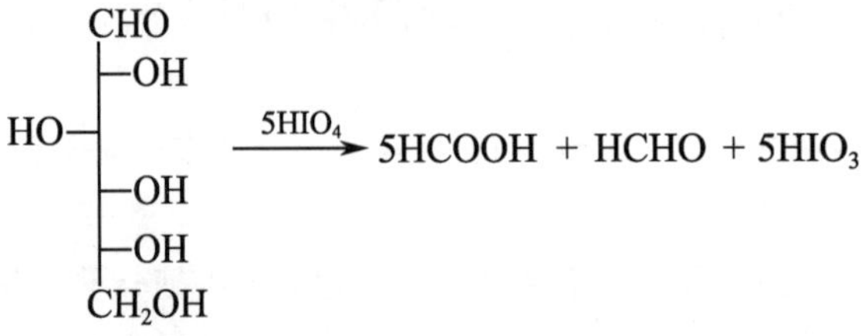

$$\text{D-葡萄糖} \xrightarrow{5HIO_4} 5HCOOH + HCHO + 5HIO_3$$

高碘酸氧化反应在糖的结构测定中是一种有用的方法，例如可确定糖环的大小。以 α-阿拉伯糖为例，为确定其以呋喃环还是吡喃环存在，先将其甲苷化，然后与高碘酸反应。若以呋喃环存在，则消耗一分子高碘酸；若消耗两分子高碘酸，则为吡喃糖。

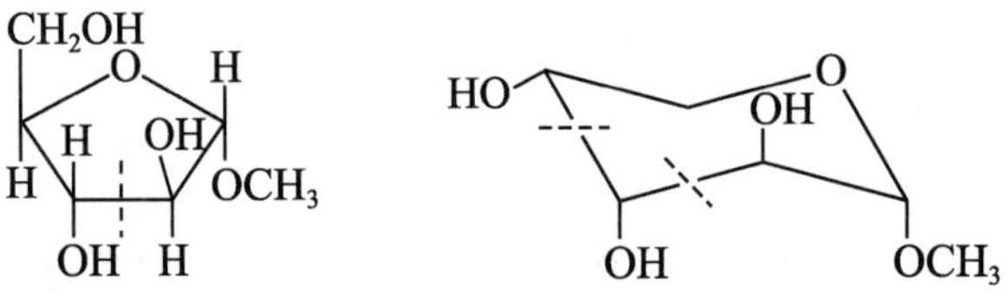

α-呋喃阿拉伯糖甲苷　　α-吡喃阿拉伯糖甲苷

高碘酸氧化法还可确定多糖中糖苷键的连接位置。

练习题 16.7 上述 α-阿拉伯糖苷经高碘酸氧化后，再经 NaBH$_4$ 还原醛基和酸性水解甲苷后，若为呋喃环，应得何产物？若为吡喃环呢？

（七）成苷反应

单糖的半缩醛（酮）的羟基可与其他含羟基或活泼氢（如氨基、巯基）的化合物脱水，生成称为糖苷（甙）（glycoside）的化合物，此反应称为成苷反应。例如 D-葡萄糖在干燥 HCl 条件下与甲醇回流加热，可生成 D-葡萄糖甲苷。成苷的产物为 α-和β-体的混合物，但以 α-体为主。

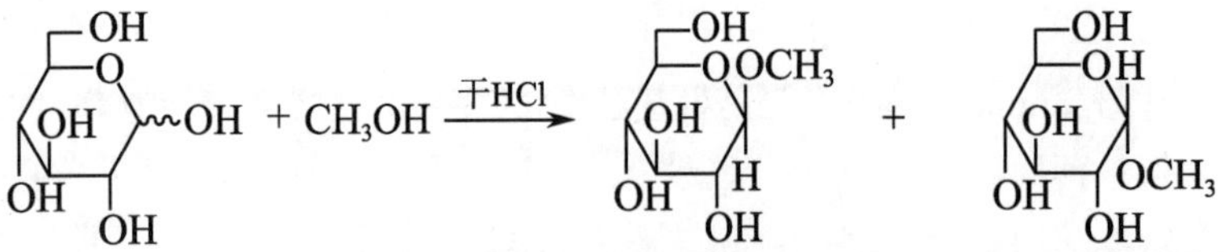

β-D-吡喃葡萄糖甲苷　　α-D-吡喃葡萄糖甲苷

糖苷由糖和非糖部分组成（若两者均为糖，将按双糖处理，见本章第二节）。一般将糖部分称为糖苷基，非糖部分称为苷元或配基。两者之间连接的键称为糖苷键，包括氧苷键、氮苷键、硫苷键和碳苷键。

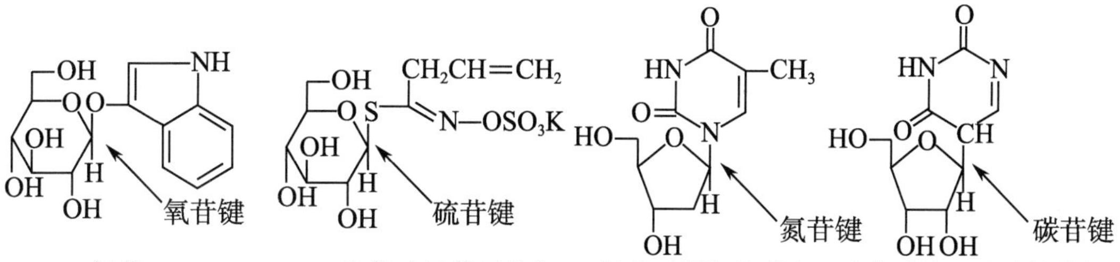

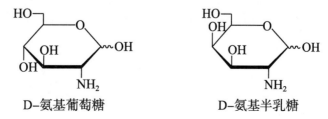

氧苷键 硫苷键 氮苷键 碳苷键

氧苷 硫苷（黑芥子苷） 氮苷（脱氧胸苷） 碳苷（伪尿嘧啶核苷）

糖苷中已无半缩醛（酮）羟基，不能转变为开链结构，故糖苷无变旋现象，也无还原性。它们在碱中较稳定，但在酸或酶催化下可断裂苷键，生成原来的糖和非糖成分。

> **练习题 16.8** 糖苷在酸性溶液中长时间放置或加热后也有变旋现象，为什么？

糖苷在自然界中的分布很广，很多具有生物活性。在糖苷中糖分子的存在可增加水溶解度，并常作为与酶作用时的分子识别部位。

三、重要的单糖及其衍生物

（一）戊醛糖

D-核糖和 D-脱氧核糖是重要的戊醛糖，常与一些杂环化合物及磷酸结合存在于核蛋白中，是核糖核酸和脱氧核糖核酸的重要组成部分之一。

（二）己醛糖

重要的己醛糖有葡萄糖和半乳糖等。

1. 葡萄糖　D-葡萄糖广泛存在于自然界中，天然存在的葡萄糖是右旋的，故常以"右旋糖"代表葡萄糖。正常人的血液中含 3.9~5.6mmol/L 葡萄糖，称为血糖，是人体所需能量的主要来源。糖尿病患者尿中的葡萄糖含量超过标准。

2. 半乳糖　D-半乳糖与葡萄糖结合成乳糖存在于乳汁中，人体中的半乳糖是食物中乳糖的水解产物，在酶催化下可通过差向异构反应转变为葡萄糖。脑髓中有一些结构复杂的脑磷脂也含有半乳糖，半乳糖还以多糖的形式存在于许多植物中，如黄豆、咖啡、豌豆等种子中。

（三）己酮糖

自然界中常见的己酮糖为果糖，是最甜的单糖，蜂蜜很甜即含果糖之故。动物的前列腺素和精液中也含有相当量的果糖。菊科植物根部储藏的碳水化合物菊粉是果糖的高聚体，工业上用酸或酶水解菊粉制取果糖。

体内的果糖-6-磷酸酯和果糖-1,6-二磷酸酯是果糖的重要衍生物，后者在体内酶的作用下可裂解成 2 分子丙糖，是糖类代谢过程中的一个重要中间反应。

（四）氨基糖

自然界存在的氨基糖（amino sugar）主要是氨基己糖，大多数为己醛糖分子中 C_2 上的羟基被氨基取代的衍生物，如 D-氨基葡萄糖和 D-氨基半乳糖。

D-氨基葡萄糖　　　　　D-氨基半乳糖

　　氨基糖是很多糖和蛋白质的组成成分,广泛存在于自然界中,具有重要的生理作用。例如以上两种氨基糖的氨基乙酰化后生成 2-乙酰氨基-D-葡萄糖和 2-乙酰氨基-D-半乳糖,分别是甲壳质(存在于虾、蟹和某些昆虫的甲壳中)和软骨素中所含多糖的基本单位。链霉素分子中含有 2-甲氨基-L-葡萄糖。

(五) 维生素 C

　　维生素 C 可看作是单糖的衍生物,它是由 L-山梨糖经氧化和内酯化制备而成的,L-山梨糖则是由 D-葡萄糖制备的。

CHO —OH HO— —OH —OH CH₂OH
D-葡萄糖

—还原→

CH₂OH HO— HO— —OH HO— CH₂OH
L-山梨醇

—氧化 醋酸酶→

CH₂OH =O HO— —OH HO— CH₂OH
L-山梨糖

—氧化→

COOH =O HO— —OH HO— CH₂OH
L-山梨糖酸

—内酯化→

CO =O O HO— HO— CH₂OH
L-山梨糖酸内酯

—烯醇化→

CH₂OH H—OH H HO— OH
维生素 C（L-抗坏血酸）

　　维生素 C 烯醇型羟基上的氢显酸性,能防治维生素 C 缺乏症(也称"坏血病"),故医药上称为 L-抗坏血酸。维生素 C 分子中相邻的烯醇型羟基很易被氧化,故有很强的还原性,在体内可发生氧化还原反应,起重要的生理作用。此外,维生素 C 还可作食品的抗氧剂。

　　维生素 C 广泛存在于新鲜蔬菜、水果中,以柑橘、柠檬、番茄中的含量较多。许多植物自己能合成维生素 C,但人类却无能为力,必须从食物中摄取。人体缺乏维生素 C 会引起坏血病。

第二节　双　　糖

　　双糖是由单糖通过脱水以苷键连接而成的化合物。本节将讨论双糖中有代表性的双糖,以及一些有重要生物功能的化合物。

　　由两个单糖单元构成的双糖,两个单糖可以相同,也可以不同。连接双糖的苷键可以是一个单糖的半缩醛羟基(简称苷羟基)与另一个单糖的醇羟基脱水,也可是两个单糖都用苷羟基脱水而成的。下面介绍一些有代表性的双糖。

一、麦芽糖

　　淀粉在稀酸中部分水解时可得(+)-麦芽糖(maltose)。此外,淀粉发酵成乙醇的过程中也可得(+)-麦芽糖。发酵所需的淀粉糖化酶存在于发芽的大麦中。在酸性溶液中,(+)-麦芽糖水解生成两分子 D-葡萄糖。麦芽糖有变旋现象,可还原托伦试剂和费林试剂,说明分子内存在游离的半缩醛羟基,故为还原糖。

　　麦芽糖中具还原性的葡萄糖分子的 C₄ 位羟基参与苷键的形成,D-葡萄糖都是以吡喃环的形式存在的。(+)-麦芽糖是以 α-1,4-苷键连接的、具有还原性的双糖,全名为 4-O-(α-D-吡喃葡萄糖基)-D-吡喃葡萄糖。在结晶状态的(+)-麦芽糖中,半缩醛羟基是 β-构型的。但在水溶液中,变旋产

生 α-和 β-体的混合物,故 C_1 的构型可不标出。(+)-麦芽糖的结构式如下:

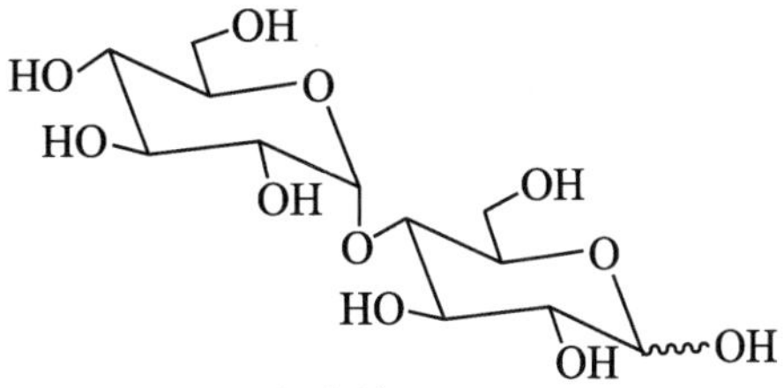

（+）-麦芽糖

二、纤维二糖

（+）-纤维二糖(cellobiose)是纤维素经一定方法处理后部分水解的产物,化学性质与(+)-麦芽糖相似,为还原糖,有变旋现象,水解后生成两分子(+)-D-吡喃葡萄糖。经与麦芽糖类似的一系列化学反应分析知,(+)-纤维二糖也是以 1,4-糖苷键相连的。与(+)-麦芽糖不同的是,(+)-纤维二糖不能被麦芽糖酶水解,而只能被苦杏仁酶(emulsin,来自苦杏仁)水解,此酶是专一性断裂 β-糖苷键的酶。因此,(+)-纤维二糖的全名为 4-O-(β-吡喃葡萄糖基)-D-吡喃葡萄糖。其结构式如下:

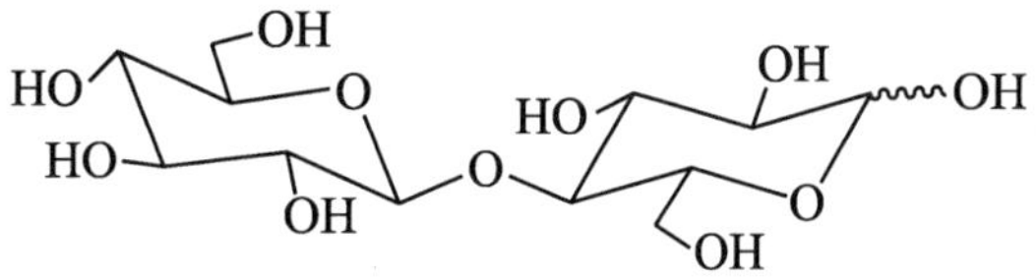

（+）-纤维二糖

这里,还原糖单元的结构采用一般葡萄糖的构象式上下翻转 $180°$ 后的写法,这样可使糖苷键的氧原子处于合理的键角。(+)-纤维二糖与(+)-麦芽糖虽只是苷键的构型不同,但生理上却有很大的差别。(+)-麦芽糖有甜味,可在人体内分解消化;而(+)-纤维二糖既无甜味,也不能被人体消化吸收。

三、乳糖

（+）-乳糖(lactose)存在于哺乳动物的乳汁中(占人乳的 7%~8%、牛乳的 4%~5%)。工业上,可从制取乳酪的副产物乳清中获得。

乳糖也是还原糖,有变旋现象,当用苦杏仁酶水解时,可得等量的 D-葡萄糖和 D-半乳糖。哪个单糖是还原糖单元呢? 根据水解乳糖脎生成 D-半乳糖和 D-葡萄糖脎及水解乳糖酸生成 D-葡萄糖酸和 D-半乳糖可以看出,还原糖单元为 D-葡萄糖。通过氧化、甲基化和水解反应可知,D-葡萄糖的 C_4-羟基参与形成苷键,两个单糖均为吡喃糖。因此,乳糖是由 β-1,4-糖苷键相连的、具有还原性的双糖,全名为 4-O-(β-D-吡喃半乳糖基)-D-吡喃葡萄糖。其结构式如下:

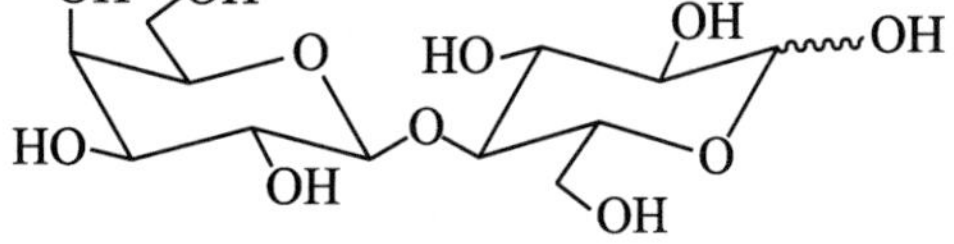

（+）-乳糖

四、蔗糖

（+）-蔗糖(sucrose)为自然界中分布最广的双糖,尤其在甘蔗和甜菜中的含量最多,故有蔗糖或甜菜糖之称。

（+）-蔗糖无变旋现象,也不能还原托伦试剂和费林试剂,因此是非还原糖,分子中不存在游离的

半缩醛(或酮)羟基。

　　当(+)-蔗糖被稀酸水解时,产生等量的 D-葡萄糖和 D-果糖。(+)-蔗糖可被麦芽糖酶水解,说明具有 α-糖苷键。同时,其又可被转化酶水解(此酶是专一性水解 β-D-果糖苷键的酶)。以上说明(+)-蔗糖既是 α-D-葡萄糖苷,又是 β-D-果糖苷,结构比较复杂。后经 X 射线单晶衍射研究及(+)-蔗糖的全合成,确定了(+)-蔗糖为 α-D-吡喃葡萄糖基-β-D-呋喃果糖苷。当然,它同时也可称为 β-D-呋喃果糖基-α-D-吡喃葡萄糖苷。其结构式如下:

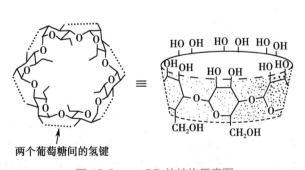

(+)-蔗糖

　　蔗糖是右旋糖,比旋光度为 +66.5°。蔗糖水解后生成等量的 D-葡萄糖和 D-果糖的混合物,其比旋光度为-19.7°,即水解前后旋光方向发生改变。因此,常将蔗糖的水解反应称为转化反应,水解后生成的 D-葡萄糖和 D-果糖的混合物称为转化糖(invert sugar)。蜂蜜中含有大量的转化糖。

第三节　环　糊　精

　　环糊精(cyclodextrin,简称 CD)是经浸麻芽孢杆菌淀粉酶(amylase of bacillus maceran)作用于淀粉后产生的环状低聚糖的总称。由 6、7 和 8 个 D-(+)-吡喃葡萄糖残基经 α-1,4-糖苷键结合成环,分别得到 α、β 和 γ 三种不同的环糊精。图 16-2 是 α-CD 的结构示意图。环糊精形状像个无底的桶,上端大,下端小。桶状环糊精的上端是葡萄糖 C_2 和 C_3 的两个羟基,下端是羟甲基。C_3 和 C_5 上的氢及糖苷键的氧伸向内侧。因此,分子的外部是亲水性的,而内部具有疏水性。许多非极性有机分子或有机分子的非极性一端可进入环糊精的内腔通过疏水性结合的范德华力形成包合物(inclusion complex),它与被包合物的关系也称为主-客体关系。环糊精具有手性,对包合物具有一定的手性影响,使客体分子进行反应时具备立体选择性,常用于立体选择合成中。环糊精还可以包合客体分子的一部分,使另一部分暴露于反应环境中,这就提供反应的区域选择性。例如苯甲醚在次氯酸作用下的氯代作用(图 16-3),在无 CD 存在时得到 33% 的邻氯苯甲醚和 67% 的对氯苯甲醚;但当加入 CD 后,进入 CD 空腔的苯环只有对位不受 CD 阻碍,因而可在对位选择性地反应,得到 96% 的对氯苯甲醚。

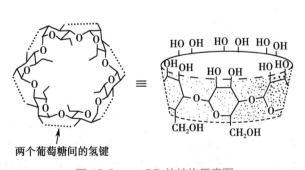

两个葡萄糖间的氢键

图 16-2　α-CD 的结构示意图

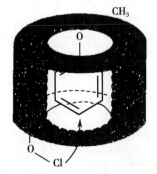

图 16-3　苯甲醚在 CD 催化下的氯代反应

16-D-4
β-环糊精
(模型)

　　环糊精作为性能良好的药物辅料,用于制备难溶性药物包合物的研究日益增多。下面就 β-环糊精包合物在药学方面的应用做一简要介绍。

1. 增加药物的溶解度　增加药物的溶解度有利于药物制剂的制备,提高生物利用度,减少服药剂量。如吲哚美辛(IMC)是一种良好的非甾体抗炎药,但其水溶性较差,且胃肠道反应很大,经 β-CD 包合后可改进溶解度和提高生物利用度;再如格列本脲口服后只有给药剂量的 45% 在胃肠道吸收,但加入 HP-β-CD(1:1),45 分钟的溶出度可高达 90% 以上,是原药物的两倍多。

2. 提高药物的稳定性　很多药物易受光、热、湿、空气和化学环境的影响而导致部分或全部失去药效,将这些药物用 β-CD 包合后,可起到保护和稳定药效的作用。例如用羟丙基-β-环糊精包合雌二醇、用二甲基-β-环糊精包合 3-羟基丙米嗪等药物均能防止药物被氧化、水解和光解,从而起到稳定药物的作用。

3. 提高药物的生物利用度　药物由于形成包合物,其溶解度、溶解速率增加,膜渗透性增大,药物释放的控制性增强,从而使药物的生物利用度提高。例如齐墩果酸-β-CD 的溶解度和溶解速率明显高于齐墩果酸。

4. 减少或消除药物的毒性　大蒜油具有特殊的恶臭和胃肠道刺激性,给生产及患者服用造成不便,如果将大蒜油制成 β-CD 包合物后,臭味和刺激性明显降低,并且保持大蒜油原有的抗菌、降血脂、抗癌等功能。

5. 延长、延迟或控制药物的释放　绝大多数慢释放剂要求在长时间内维持血液中的药物在恒定水平,而疏水修饰的 β-CD 包合物能使药物的溶解速率降低,使药物能在长时间内维持适宜的血液水平。典型的例子是吗多明(molsidomine)的多丁酰基-β-CD 包合物能在长时间内保持血液中药物的有效浓度。

6. 将液体药物转化为固体　液体药物在定量和储存中都会遇到很多问题。如将巴豆油制成 β-CD 包合物后治疗肠梗阻,服用方便,剂量准确;再如用 β-CD 包合救心油后制成片剂,克服了液态救心油口服剂量不准确、携带不方便、有效成分易挥发等缺点。

目前最新的发展方向是设计特殊位置的转送体系,将药物运送到特定的器官、组织和细胞。此外,由于 CD 与被包合物的主-客体关系非常像酶与底物的作用,因此 CD 已成为目前广泛研究的酶模型之一。

第四节　多　　糖

多糖与寡糖的区别仅在于构成分子的单糖数目不同。自然界中的大多数多糖含有 80~100 个单元的单糖。多糖主要有直链和支链两类,个别也有环状的。连接单糖的苷键主要有 α-1,4、β-1,4 和 α-1,6 三种,前两种在直链多糖中常见,支链多糖的链与链的连接点是 α-1,6 苷键。在糖蛋白中还有 1,2 和 1,3 连接方式。多糖分子中虽有苷羟基,但因分子量很大,它们并没有还原性和变旋现象。绝大多数多糖不溶于水,个别多糖虽溶于水,但只是形成胶体溶液。它们都是无定形粉末,也无甜味。

一、淀粉

淀粉(starch)广布于自然界中,是人类获取糖类的主要来源。淀粉是白色、无臭和无味的粉状物质,其颗粒形状及大小因来源不同而异。天然淀粉可分为直链淀粉(amylose)和支链淀粉(amylopectin)两类,前者存在于淀粉的内层,而后者存在于淀粉的外层,组成淀粉的皮质。直链淀粉难溶于冷水,在热水中有一定的溶解度;支链淀粉在热水中也不溶,但可膨胀成糊状。直链淀粉一般由 250~300 个 D-葡萄糖以 α-1,4-苷键连接而成,由于 α-1,4-苷键的氧原子有一定的键角,且单键可自由转动,分子内的羟基间可形成氢键,因此直链淀粉具有规则的螺旋状空间排列,每圈螺旋有六个 D-葡萄糖。其结构式如下:

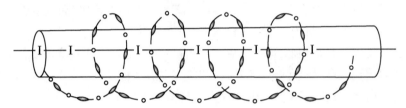

直链淀粉

淀粉溶液遇碘显蓝色,可作为直链淀粉的定性鉴别反应。这是因为碘分子嵌入直链淀粉的螺旋空隙中,依靠分子间引力(范德华力)与淀粉形成蓝色配合物(图 16-4)。

图 16-4 淀粉分子与碘作用的示意图

支链淀粉的分子量因来源不同而异,一般含 6 000~40 000 个 D-葡萄糖。支链淀粉分子中,主链由 α-1,4-苷键连接,而分支处为 α-1,6-苷键。其结构式如下:

← α-1,6-糖苷键

支链淀粉

淀粉通常无明显的药理作用,大量用作制取葡萄糖的原料,在制剂中常作为赋形剂、润滑剂或保护剂。淀粉粒的形态结构是生药显微鉴定的特征之一。

二、纤维素

纤维素(cellulose)是自然界中分布最广、存在量最多的有机物。它是植物细胞的主要结构成分,占叶干重量的 10%~20%、树木和树皮重量的 50%、棉纤维重量的 90%。纯的纤维素最容易从棉纤维获得。在实验室,滤纸是最纯的纤维素来源。

纤维素是 D-葡萄糖以 β-1,4-苷键相连的聚合物。

纤维素

在盐酸水溶液中水解纤维素可得到 D-葡萄糖,在酶的作用下部分水解可得到纤维二糖。纤维素

是线性多糖,但长链并非排成束,而是由相邻的羟基间的氢键聚集在一起的。在植物中存在的真正天然纤维素分子含有 10 000~15 000 个葡萄糖,分子量为 160 万~240 万,在分离纤维素的过程中会发生降解。木材的强度主要取决于相邻的长链间羟基与羟基形成氢键的多少。除反刍动物外,一般动物(包括人)的胃中无纤维素酶,不能消化纤维素。纤维素的用途很广,除可造纸外,分子中的游离羟基经硝化和乙酰化后可制成人造丝、火棉胶、电影胶片、硝基漆等。

三、肝糖

肝糖又称为糖原(glycogen),是由许多葡萄糖分子聚合而成的、存在于动物体中的多糖,又称为动物淀粉。其功能与植物的淀粉相似,是贮存葡萄糖的形式,又是获得葡萄糖的来源。在人体中,糖原主要贮藏在肝脏和骨骼肌中。成人体内约含 400g 糖原,一旦机体需要(如血糖浓度低于正常水平时),糖原即可在酶的催化下分解出葡萄糖供机体利用。

糖原的结构与支链淀粉很相似,但分支更密,每隔 8~10 个葡萄糖残基就出现一个 α-1,6-苷键。分支的作用很重要,分支可增加水溶性,尤其是分支造成许多非还原性的末端残基,而它们是糖原合成和分解时酶的作用部位,因而也增加糖原合成和降解的速率。

习　题

1. 下面是半乳糖的优势构象式,请问这是呋喃糖还是吡喃糖? 是 α-构型还是 β-构型? 该糖属于 D 系列还是 L 系列?

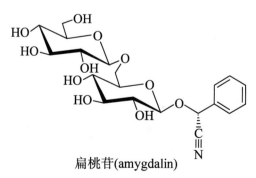

2. (1) 写出下列各六碳糖的吡喃环式及链式异构体的互变平衡体系。

　　①甘露糖　②半乳糖

(2) 写出下列各五碳糖的呋喃环式及链式异构体的互变平衡体系。

　　①核糖　②脱氧核糖

3. 将 D-葡萄糖的 C_2、C_3 和 C_4 位分别进行差向立体异构化可得到什么糖?

4. 当吡喃糖中的半缩醛羟基和羟甲基同处于 a 键时,则可相互作用生成分子内缩醛形式,称为脱水糖。分别将 D-艾杜糖和 D-葡萄糖水溶液在 100℃加热后发现,80% 的 D-艾杜糖以缩醛形式存在,而 D-葡萄糖只有 0.1%。你能解释原因吗? (提示:进行构象分析)

5. 写出扁桃苷在稀酸中水解的产物。你能说明为什么扁桃苷对肿瘤细胞是有毒的吗?

扁桃苷(amygdalin)

6. 蔗糖在碱性溶液中是否会产生变旋作用?

7. 用化学方法分别鉴别下列各组化合物。

(1) 葡萄糖、淀粉、蔗糖 (2) 半乳糖、葡萄糖 (3) 葡萄糖、果糖

8. (+)-海藻糖是自然界中分布较广的一种非还原性二糖,没有变旋现象,不能成脒,也不能用溴水氧化成糖酸。当用酸的水溶液或麦芽糖酶水解时,它只产生 D-葡萄糖;甲基化后可得一个八-O-甲基衍生物,后者水解只产生 2,3,4,6-四-O-甲基-D-葡萄糖。(+)-异海藻糖和(+)-新海藻糖是(+)-海藻糖的两个同分异构体,很多性质与海藻糖相似。然而异海藻糖既能被苦杏仁酶水解也能被麦芽糖酶水解,而新海藻糖只能被苦杏仁酶水解。试写出这三种化合物的结构及其系统名称。

第十七章
教学课件

17-SZ-1
我国科学家
首次完成牛
胰岛素全合
成（案例）

第十七章

氨基酸、多肽、蛋白质和核酸

蛋白质（protein）是生命的物质基础，是构成人体和动植物组织的基本材料，也是生物功能的主要载体。自然界中的蛋白质种类估计在 $10^{10} \sim 10^{12}$ 数量级，但从化学结构上看，蛋白质是由氨基酸通过肽键（酰胺键）形成的聚酰胺（polyamide），氨基酸是构成蛋白质的"基石"。由两个、三个或多个氨基酸形成的肽分别称为二肽、三肽或多肽。肽与蛋白质之间没有十分严格的界限，一般将分子量<10 000 的称为肽，>10 000 的则称为蛋白质。很多多肽本身就具有重要的生理功能，称为生物活性肽。

核酸（nucleic acid）是另一类重要的生物大分子，1869 年首先由瑞士生理学家米歇尔从细胞核中分离得到，对遗传信息的储存和蛋白质的合成起决定作用。

第一节　氨　基　酸

一、结构和分类

氨基酸（amino acid）是分子中既有氨基，又有羧基的化合物。根据氨基和羧基的相对位置不同，又可分为 α-、β-、γ-或 δ-氨基酸等。自然界中存在 700 种以上的氨基酸，但是参与蛋白质组成的主要氨基酸只有 20 种，且几乎都是 α-氨基酸，其结构通式如下。

$$R-\overset{\overset{\displaystyle NH_2}{|}}{CH}-COOH$$

R 代表侧链基团，不同的 α-氨基酸的差别就在于 R 基团的不同，脯氨酸可看作是 α-仲胺类氨基酸。表 17-1 为构成蛋白质的 20 种氨基酸。

表 17-1　构成蛋白质的氨基酸（偶极离子结构）

结构式	中文名称	英文名称	三字符号	pK_{a_1} (α-COOH)	pK_{a_2} (α-NH_3^+)	pI
1. 非极性中性氨基酸						
$H-\underset{\underset{NH_3^+}{\vert}}{CH}COO^-$	甘氨酸	glycine	Gly	2.34	9.60	5.97
$CH_3-\underset{\underset{NH_3^+}{\vert}}{CH}COO^-$	丙氨酸	alanine	Ala	2.34	9.69	6.00
$CH_3\underset{\underset{CH_3}{\vert}}{CH}-\underset{\underset{NH_3}{\vert}}{CH}COO^-$	*缬氨酸	valine	Val	2.32	9.62	5.96
$CH_3\underset{\underset{CH_3}{\vert}}{CH}CH_2\underset{\underset{NH_3}{\vert}}{CH}COO^-$	*亮氨酸	leucine	Leu	2.36	9.60	5.98

结构式	中文名称	英文名称	三字符号	pK_{a_1} (α-COOH)	pK_{a_2} (α-NH$_3^+$)	pI
CH$_3$CH$_2$CH—CHCOO$^-$ (S) CH$_3$ $\overset{+}{N}$H$_3$	* 异亮氨酸	isoleucine	Ile	2.36	9.68	6.02
⬡—CH$_2$—CHCOO$^-$ $\overset{+}{N}$H$_3$	* 苯丙氨酸	phenylalanine	Phe	1.83	9.13	5.48
⬠—COO$^-$ $\overset{+}{N}$H$_2$	脯氨酸	proline	Pro	1.99	10.96	6.30

2. 极性中性氨基酸

结构式	中文名称	英文名称	三字符号	pK_{a_1} (α-COOH)	pK_{a_2} (α-NH$_3^+$)	pI
CH$_2$CHCOO$^-$ $\overset{+}{N}$H$_3$ (indole)	* 色氨酸	tryptophan	Trp	2.38	9.39	5.89
HOCH$_2$CHCOO$^-$ $\overset{+}{N}$H$_3$	丝氨酸	serine	Ser	2.21	9.15	5.68
HO—⬡—CH$_2$CHCOO$^-$ $\overset{+}{N}$H$_3$	酪氨酸	tyrosine	Tyr	2.20	9.11	5.66
HSCH$_2$CHCOO$^-$ $\overset{+}{N}$H$_3$	半胱氨酸	cysteine	Cys	1.96	10.28	5.05
CH$_3$S(CH$_2$)$_2$CHCOO$^-$ $\overset{+}{N}$H$_3$	* 甲硫氨酸	methionine	Met	2.28	9.21	5.74
HOCH—CHCOO$^-$ (R) CH$_3$ $\overset{+}{N}$H$_3$	* 苏氨酸	threonine	Thr	2.09	9.10	5.70
H$_2$N—C(=O)—CH$_2$CHCOO$^-$ $\overset{+}{N}$H$_3$	天冬酰胺	asparagine	Asn	2.02	8.80	5.41
H$_2$N—C(=O)—(CH$_2$)$_2$CHCOO$^-$ $\overset{+}{N}$H$_3$	谷氨酰胺	glutamine	Gln	2.17	9.13	5.65

3. 酸性氨基酸

结构式	中文名称	英文名称	三字符号	pK_{a_1} (α-COOH)	pK_{a_2} (α-NH$_3^+$)	pI
HOOCCH$_2$CHCOO$^-$ $\overset{+}{N}$H$_3$	天冬氨酸	aspartic acid	Asp	2.09	9.60	2.77
HOOC(CH$_2$)$_2$CHCOO$^-$ $\overset{+}{N}$H$_3$	谷氨酸	glutamic acid	Glu	2.19	9.67	3.22

续表

结构式	中文名称	英文名称	三字符号	pK_{a_1} (α-COOH)	pK_{a_2} (α-NH$_3^+$)	pI
4. 碱性氨基酸						
$\overset{+}{H_3}N(CH_2)_4CHCOO^-$ $\underset{NH_2}{\mid}$	*赖氨酸	lysine	Lys	2.18	8.95	9.74
$\overset{\overset{+}{NH_2}}{\overset{\parallel}{H_2N-C-NH(CH_2)_3CHCOO^-}}$ $\underset{NH_2}{\mid}$	精氨酸	arginine	Arg	2.17	9.04	10.76
咪唑环-CH$_2$CHCOO$^-$ $\underset{\overset{+}{NH_3}}{\mid}$	组氨酸	histidine	His	1.82	9.17	7.59

注：有"*"者为必需氨基酸。

　　表 17-1 中八个带有 * 的氨基酸称为必需氨基酸（essential amino acid），它们是生命的必需物质，但人体本身又不能合成它们（其他氨基酸可以在体内合成），必须从食物中得到。

　　氨基酸既含有碱性基团，又含有酸性基团，所以分子以内盐形式存在。内盐也可称为偶极离子（zwitterion，来自德文 zwitter，两性）。

$$\overset{COO^-}{\underset{R}{H_3\overset{+}{N}-\!\!\!\mid\!\!\!-H}}$$

α-氨基酸的偶极离子结构

　　氨基酸的内盐形式极性较大，因此氨基酸在水中有一定的溶解度，不溶于有机溶剂。由于偶极离子间的静电引力较强，所以氨基酸的熔点很高，多数氨基酸受热分解而不熔融。

　　氨基酸可以用 IUPAC 命名原则来命名。但为了方便，天然氨基酸常根据其来源或性质而使用俗名。如甘氨酸，因其具有甜味而得名；天冬氨酸的名称是由于其来源于天冬的幼苗；丝氨酸的名称则是由于其最初来源于蚕丝。

　　在结构上，除甘氨酸外，组成蛋白质的其他氨基酸均具有手性，故具有旋光性。习惯上，氨基酸的构型用 D/L 标记法标示，组成蛋白质的 α-氨基酸均为 L-构型。

$$\overset{CHO}{\underset{CH_2OH}{HO-\!\!\!\mid\!\!\!-H}} \qquad \overset{COOH}{\underset{R}{H_2N-\!\!\!\mid\!\!\!-H}}$$

L-甘油醛　　L-氨基酸（S-构型）

　　若以 R/S 标记法标定，L-构型大多相当于 S-构型。氨基酸侧链中的手性碳原子的构型习惯上按 R/S 标记法标定。

　　根据氨基酸侧链 R 基团的化学结构不同，可将氨基酸分为脂肪族氨基酸、芳香族氨基酸和杂环族氨基酸；根据分子中氨基和羧基的数目，可将氨基酸分为中性氨基酸（氨基和羧基数目相等）、酸性氨基酸（羧基数目大于氨基数目）和碱性氨基酸（氨基数目大于羧基数目）。中性氨基酸中的 R 基团含有烃基、芳基等非极性基团或羟基、巯基等极性基团（表 17-1），因此又可分为非极性中性氨基酸和极性中性氨基酸。

　　中性氨基酸中的 α-羧基的平均 pK_a 为 2.2 左右，比乙酸（pK_a = 4.76）和一般羧酸的酸性强，这是

由于 $\alpha\text{-NH}_3^+$ 的吸电子诱导效应使 α-羧酸根负离子较稳定所致。中性氨基酸中的 $\alpha\text{-NH}_2$ 的碱性比脂肪伯胺的碱性弱,例如 $\alpha\text{-NH}_3^+$($\alpha\text{-NH}_2$ 的共轭酸)的 $\text{p}K_a$ 约为 9.4,而 $CH_3NH_3^+$ 的 $\text{p}K_a$ 约为 10.64,这也是 α-COOH 的吸电子诱导效应所致。中性氨基酸的水溶液显弱酸性,因为 α-COOH 的解离程度比 $\alpha\text{-NH}_2$ 大(α-COOH,$\text{p}K_a=2.2$;$\alpha\text{-NH}_2$,$\text{p}K_b=4.6$)。

碱性氨基酸中的 R 基团含有可与质子结合的碱性基团,现分别讨论如下。

赖 氨 酸 中 的 $\varepsilon\text{-NH}_2$ 离 α-COOH 较远,因而碱性比 $\alpha\text{-NH}_2$ 的碱性强($\varepsilon\text{-NH}_3^+$,$\text{p}K_a=10.53$;$\alpha\text{-NH}_3^+$,$\text{p}K_a=8.95$)。它的偶极离子具有以下结构:

$$\overset{+}{H_3}NCH_2CH_2CH_2CH_2\underset{\underset{NH_2}{|}}{C}HCOO^-$$

赖氨酸

在生理条件(pH=7.35)下,$\alpha\text{-NH}_2$ 也会被质子化。当赖氨酸参与构成多肽或蛋白质后,$\varepsilon\text{-NH}_2$ 常以—NH_3^+ 的形式存在。

精氨酸中的 R 基含有胍基,它是强碱性基团。

$$-HN\overset{\overset{\displaystyle |\!|}{}}{\underset{\underset{NH_2}{|}}{C}}-NH_2 \qquad \text{p}K_a=12.48$$

胍基

因此,精氨酸的偶极离子应为以下结构:

$$H_2N\underset{\underset{\overset{+}{N}H_2}{|}}{C}NHCH_2CH_2CH_2\underset{\underset{NH_2}{|}}{C}HCOO^-$$

精氨酸

在构成蛋白质后,精氨酸侧链中的胍基也总是以质子化状态存在的。

组氨酸中咪唑环的 $\text{p}K_a=6.00$,比 $\alpha\text{-NH}_2$ 的碱性弱,因此组氨酸的偶极离子的正电荷在 $\alpha\text{-NH}_2$ 上。氨基酸中只有这个侧链的 $\text{p}K_a$ 与生理条件接近。咪唑环既是一个弱酸,又是一个弱碱,还是一种极好的亲核试剂。

$$\text{（见图）}$$

酸性氨基酸中的 R 基团含有羧基,它们是天冬氨酸和谷氨酸。

$$HOOCCH_2\underset{\underset{\overset{+}{N}H_3}{|}}{C}HCOO^- \qquad HOOCCH_2CH_2\underset{\underset{\overset{+}{N}H_3}{|}}{C}HCOO^-$$

天冬氨酸　　　　　　　谷氨酸

天冬氨酸的 β-COOH 和谷氨酸的 γ-COOH 的酸性比 α-COOH 弱(因它们离 $\alpha\text{-NH}_3^+$ 远),因此在偶极离子中是 α-COOH 呈负离子,但在生理条件下前两者也有解离的可能性。天冬氨酸的 β-羧基的 $\text{p}K_a$ 为 3.86,比谷氨酸的 γ-羧基的酸性强($\text{p}K_a=4.25$),原因是它们离 $\alpha\text{-NH}_3^+$ 的距离不同,距离远近,影响很大。在体内的某些微环境下,天冬氨酸的 β-羧基可以 COO^- 的形式存在,但酸性稍弱的谷氨酸的 γ-羧基有可能以—COOH 状态存在。

练习题 17.1　写出表 17-1 中的所有氨基酸的费歇尔投影式。

练习题 17.2　能否用测定熔点的方法鉴定氨基酸?

二、化学性质

(一) 酸碱性

氨基酸既含碱性基团,又含酸性基团,常以偶极离子形式存在。氨基酸偶极离子作为两性物质,与强酸或强碱作用都能生成盐。

$$\overset{+}{H_3N}-CHRCOO^- + OH^- \rightleftharpoons H_2NCHRCOO^- + H_2O$$

偶极离子   阴离子

$$\overset{+}{H_3N}-CHRCOO^- + H_3O^+ \rightleftharpoons H_3NCHRCOOH + H_2O$$

偶极离子   阳离子

(二) 等电点

氨基酸在水溶液中所处的状态除与本身的结构有关外,还与溶液的 pH 有关。

$$H_2NCHRCOO^- \underset{OH^-}{\overset{H^+}{\rightleftharpoons}} \overset{+}{H_3N}CHRCOO^- \underset{OH^-}{\overset{H^+}{\rightleftharpoons}} \overset{+}{H_3N}CHRCOOH$$

负离子   偶极离子   正离子

由于偶极离子具有两性,既可以与酸反应,又可以与碱反应,因而随着溶液的 pH 不同,氨基酸所带的电荷也不同。当将氨基酸水溶液置于电场中时,如果氨基酸主要以负离子形式存在,氨基酸就向电场的阳极移动;相反,如果氨基酸主要以正离子形式存在,氨基酸就向阴极移动[此操作称为电泳(electrophoresis)]。如果调节溶液的 pH,使溶液中的氨基酸主要以偶极离子形式存在,净电荷为零,氨基酸则既不向阳极移动,也不向阴极移动,此时溶液的 pH 就称为该氨基酸的等电点(isoelectric point,pI)。

由于中性氨基酸中羧基的电离度大于氨基,其水溶液中生成的负离子略多于正离子,欲到达等电点,需加入少量酸抑制负离子过量,所以中性氨基酸的等电点不是 7,一般在 5.0~6.0。对于碱性氨基酸来说,由于碱性侧链的存在,在水溶液中正离子的量肯定多于负离子,必须加入碱来抑制其生成,因此三种碱性氨基酸有较高的等电点(His 7.59、Lys 9.74、Arg 10.76),碱性越强,pI 值越大。酸性氨基酸的等电点则较低(Asp 2.77、Glu 3.22),这是因为分子中有两个羧基,只有加入较多的酸才能抑制其负离子的过量生成。氨基酸的酸性越强,其 pI 越小。

等电点是每种氨基酸的特定常数。在等电点时,氨基酸的水溶解度最小。利用不同氨基酸的等电点不同,通过电泳可分离和纯化氨基酸。

练习题 17.3 对氨基苯甲酸或邻氨基苯甲酸不能明显地以偶极离子形式存在,而氨基酸和对氨基苯磺酸则能够以偶极离子形式存在,试解释此事实。

练习题 17.4

(1)试提出一个分离甘氨酸、赖氨酸和谷氨酸的混合物的方法。

(2)试推测(1)中所列的 3 种氨基酸在 pH≈4 时在电场中泳动的方向。

(三) 化学反应

1. 与亚硝酸的反应   与其他伯胺一样,在室温条件下,氨基酸的氨基与亚硝酸反应产生氮气。反应式如下:

$$\underset{\overset{|}{\underset{+}{NH_3}}}{R-CH}-COO^- + HNO_2 \longrightarrow \underset{\overset{|}{OH}}{R-CH}-COOH + H_2O + N_2\uparrow$$

由于可定量释放出氮气,故此反应可用于氨基酸、蛋白质的定量分析。此法称为 van Slyke 氨基氮测定法。

2. **与酰化试剂的反应**　氨基酸的氨基与酰氯或酸酐在弱碱性条件下发生反应,氨基可被酰基化。例如:

$$\text{苯氧甲酰氯} \qquad\qquad \text{苯氧酰氨基酸}$$

常用于多肽和蛋白质合成中氨基的保护试剂。

3. **烃基化反应**　氨基酸氨基的一个 H 原子可被烃基取代。例如与 2,4-二硝基氟苯(2,4-dinitrofluorobenzene,简写为 DNFB)在弱碱溶液中发生芳环的亲核取代反应而生成二硝基苯基氨基酸(dinitrophenyl amino acid,简称 DNP-氨基酸)。这个反应首先被英国的桑格(Sanger)用来鉴定多肽或蛋白质的 N 末端氨基酸。

$$\text{DNFB} \qquad\qquad \text{DNP-氨基酸(黄色)}$$

4. **氨基转移反应**　在体内代谢过程中,在酶的作用下,α-氨基酸可发生氨基转移,生成 α-酮酸。接受氨基的 α-酮戊二酸转为谷氨酸,后者可参与成脲的代谢反应。

$$\alpha\text{-氨基酸}+\alpha\text{-酮戊二酸} \Longrightarrow \alpha\text{-酮酸} + \text{谷氨酸}$$

$$\text{RCHCOO}^- + \text{HOOCCH}_2\text{CH}_2\text{CCOOH} \Longrightarrow \text{RCCOOH} + \text{HOOCCH}_2\text{CH}_2\text{CHCOO}^-$$

5. **成酯反应**　像单羧酸化合物一样,氨基酸在酸催化下与过量的醇反应可形成酯。

氨基酸成酯的反应常用于羧基的保护,甲基、乙基和苄基是最常见的保护基团。

6. **受热反应**　与羟基酸相似,由于氨基酸分子中氨基和羧基的相对位置不同,α-、β-和 γ-等氨基酸受热后所发生的反应也不同。

α-氨基酸受热时,能发生两分子间的氨基和羧基脱水作用,生成六元环的交酰胺——二酮吡嗪类。

$$\text{二酮吡嗪(交酰胺)}$$

加热时,两分子 α-氨基酸也可只脱去一分子水生成二肽,但二酮吡嗪更易形成,故为主要产物。如将二酮吡嗪用盐酸短时间处理或加碱摇动,即可转化为二肽。

$$\text{（环二肽）} + H_2O \xrightarrow{H^+ \text{或} OH^-} H_2N{-}CH{-}\underset{O}{\overset{O}{C}}{-}NHCH{-}COOH$$

二肽

β-氨基酸受热时，失去一分子氨而生成 α,β-不饱和酸。

$$\underset{\underset{NH_2}{|}}{RCHCH_2COOH} \xrightarrow{\triangle} RCH{=}CHCOOH + NH_3$$

γ-或δ-氨基酸受热后，分子内容易脱水生成五元或六元环的内酰胺。这些内酰胺用酸或碱水解则得到原来的氨基酸。

$$\underset{\underset{NH_2}{|}}{RCH(CH_2)_nCH_2COOH} \underset{\triangle}{\overset{H^+ \text{或} OH^-}{\rightleftharpoons}} \underset{\underset{HN}{}}{RCH(CH_2)_nCH_2} \underset{C{=}O}{} + H_2O$$

$n=1$，γ-内酰胺；$n=2$，δ-内酰胺

7. 脱羧反应　α-氨基酸在体外 [试剂 $Ba(OH)_2$、加热] 或体内酶的作用下均可发生脱羧反应，生成胺类。

$$\underset{HN\diagdown N}{\overset{CH_2\underset{\underset{NH_3^+}{|}}{CH}COO^-}{}} \xrightarrow[\text{或酶}]{Ba(OH)_2, \triangle} \underset{HN\diagdown N}{\overset{CH_2CH_2NH_2}{}} + CO_2$$

脱羧反应也可在蛋白质腐败时发生。例如在某些细菌的作用下，蛋白质中的赖氨酸脱羧转变为有强烈气味且毒性很强的尸胺。

$$\underset{\underset{NH_2}{|}}{H_2N(CH_2)_4{-}CH{-}COOH} \xrightarrow{-CO_2} NH_2(CH_2)_5NH_2$$

赖氨酸　　　　　　　尸胺

8. 与茚三酮的反应　α-氨基酸与茚三酮（ninhydrin）水合物在水溶液中共热时，经一系列反应，最终生成蓝紫色化合物（脯氨酸与茚三酮的反应产物呈黄色）。

$$\text{（茚三酮水合物）} + \overset{+}{N}H_3{-}\underset{\underset{R}{|}}{CH}{-}COO^- \longrightarrow \text{（=NCH_2R）} + CO_2 + 2H_2O$$

茚三酮水合物

$$RCHO + \text{（-NH_2, OH）} \xleftarrow{H_2O} \text{（N=CHR, OH）}$$

$$\downarrow \text{茚三酮水合物}$$

（蓝紫色化合物）

反应产物蓝紫色化合物的颜色深度或释放出的 CO_2 的体积可作为 α-氨基酸定量分析的依据。

第二节 多肽和蛋白质

一个氨基酸的羧基与另一个氨基酸的氨基之间缩合脱水形成的酰胺类化合物称为肽（peptide）。肽分子中的酰胺键称为肽键（peptide bond）。

$$\underset{R_1}{H_2NCHC}-OH + \underset{R_2}{H_2NCHC}-OH \longrightarrow \overset{+}{H_3}N\underset{R_1}{CHC}-NH\underset{R_2}{CHCOO^-}$$

肽键

由两个氨基酸之间脱水形成的肽称为二肽（dipeptide），由多个氨基酸之间脱水形成的肽称为多肽（polypeptide），其中，由十个以下的氨基酸相连而成的肽称为寡肽（oligopeptide）。肽链中的氨基酸因脱水缩合后而基团不完整，故称为氨基酸残基（amino acid residue）。多肽链有两端，自由氨基的一端称为氨基末端或 N 端，通常写在左端；游离羧基的一端称为羧基末端或 C 端，通常写在右端。

$$\overset{+}{H_3}N-\underset{R_1}{\overset{H}{C}}-\overset{O}{C}-N-\underset{R_2}{\overset{H}{C}}-\overset{O}{C}-N-\underset{R_3}{\overset{H}{C}}-\overset{O}{C}-N-\underset{R_4}{\overset{H}{C}}-\overset{O}{C}-O^-$$

N端　　　　　　　四肽　　　　　　　C端

蛋白质实际上就是分子量较大的多肽，一般情况下，分子量在 10 000 以上的多肽称为蛋白质。

一、多肽的命名与肽键的结构特点

多肽的命名是以 C 端的氨基酸为母体，而将其余的氨基酸残基作为酰基，依次排列在母体名称之前。例如谷胱甘肽（glutathione）可命名为 γ-谷氨酰半胱氨酰甘氨酸，其中的 γ 是指谷氨酸用 γ-羧基，而非 α-羧基与半胱氨酸的氨基结合。

N端 $H_2N-CH-COOH$　　　SH

谷氨酸残基　半胱氨酸残基　甘氨酸残基

17-D-1
肽的结构
及肽键
（动画）

书写肽的结构时，也可用表 17-1 中的氨基酸的英文三字符号或中文词头表示，氨基酸之间用"短直线"或"点"隔开。例如谷胱甘肽（γ-谷氨酰半胱氨酰甘氨酸）三肽可缩写为 Glu–Cys–Gly 或谷·半胱·甘。

肽键是多肽和蛋白质的基本化学键，组成肽键的四个原子与相邻的两个 α-C 共同构成肽单元（peptide unit）。

$$C_\alpha-\overset{O}{\overset{\|}{C}}-\underset{\underset{H}{|}}{N}-C_\alpha$$

肽单位

20 世纪 30 年代末，鲍林（L. Pauling）和科里（R. B. Corey）应用 X 射线衍射技术研究氨基酸和寡肽的晶体结构，目的是要获得一组标准的键长和键角，以推导肽的构象，他们提出肽键的刚性和平面性结构特点。肽键中的 N 原子与羧基之间存在 p-π 共轭，肽键中的 C—N 键的键长为 132pm，介于 C—N 单键（149pm）和 C=N 双键（127pm）之间，因而肽键中的 C—N 键具有部分双键的特性，不能

自由旋转,有一定的刚性,并导致与其相连的两个基团有顺反异构体存在(实际以反式存在)。同时,使得构成肽单元的六个原子都位于同一平面上,称为肽平面(图 17-1)。

$$\left[\begin{array}{c} O \\ \| \\ C-N \\ R_1 \quad H \end{array} R_2 \longleftrightarrow \begin{array}{c} O^- \\ \| \\ C=N^+ \\ R_1 \quad H \end{array} R_2 \right]$$

肽键的共振结构式及反式构型

此外,与酰胺官能团邻近的 C_α—C 和 C_α—N 键均为典型的单键,可自由旋转。因此,多肽既是刚性的,但又具有充分的活性,足以采取多种构象。一般用 φ 代表 C_α—C 键的旋转角度,用 ψ 代表 C_α—N 键的旋转角度。如果每个氨基酸残基的 φ 和 ψ 角度已知,就可决定相邻肽单元平面的相对空间位置,多肽主链的构象就可确定。

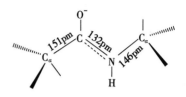

图 17-1　肽键的平面性与各键的键长

> **练习题 17.5**　写出下列多肽的结构式。
> (1) Thr–Phe–Met　(2) Arg–Gly–Ser

二、肽的合成简介

多肽的合成实际上就是将各种氨基酸按照一定的顺序连接起来,主要反应就是氨基酸之间通过脱水形成酰胺键的反应。该反应并不复杂,但由于氨基酸是一种双官能团化合物,即使是由两种不同的氨基酸发生脱水反应制备一个简单的二肽,除能够得到目标二肽外,还至少能够得到三种其他二肽副产物。例如由甘氨酸和丙氨酸反应制备甘-丙二肽,还能够得到丙-甘、丙-丙和甘-甘三种二肽。因此,要使氨基酸在指定的羧基和氨基之间形成所需要的肽键,必须将不希望发生反应的氨基、羧基及侧链上的官能团保护(封闭)起来,使它们不能发生反应。待肽键形成后,再将保护基团移去,形成目标化合物。与其他反应中使用的保护基团一样,在多肽合成中使用的保护试剂必须一方面易于接到被保护基团上,另一方面完成保护任务后,保护基团又必须易于脱去而不影响已形成的肽键。下面简单介绍多肽合成中的基团保护和肽键形成的基本方法。

(一)氨基的保护

多肽合成中,最为常用的氨基保护基是苄氧羰基(简写为 Z—)和叔丁氧羰基(*tert*-butyloxycarbonyl group,简写为 Boc—)。

$$PhCH_2O-\overset{\displaystyle O}{\overset{\|}{C}}- \qquad (CH_3)_3CO-\overset{\displaystyle O}{\overset{\|}{C}}-$$

苄氧羰基　　　　　叔丁氧羰基

它们常是分别通过与苄氧甲酰氯和叔丁氧甲酰氯与氨基反应而引入,苄氧羰基可利用氢解或酸解法脱去,叔丁氧羰基对氢解稳定,常用酸解法脱去。

$$\text{苯基}-CH_2O\overset{O}{\overset{\|}{C}}-Cl + H_2N-R \xrightarrow{OH^-} \text{苯基}-CH_2O\overset{O}{\overset{\|}{C}}-NH-R + Cl^-$$

$$\xrightarrow{HBr/CH_3COOH} \text{苯基}-CH_2Br + CO_2 + H_2N-R$$

$$\xrightarrow{H_2/Pd} \text{苯基}-CH_3 + CO_2 + H_2N-R$$

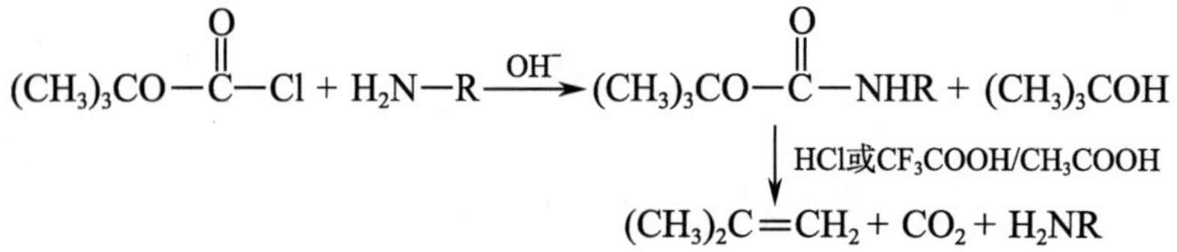

$$(CH_3)_3CO-\overset{\overset{\displaystyle O}{\|}}{C}-Cl + H_2N-R \xrightarrow{OH^-} (CH_3)_3CO-\overset{\overset{\displaystyle O}{\|}}{C}-NHR + (CH_3)_3COH$$

$$\downarrow HCl或CF_3COOH/CH_3COOH$$

$$(CH_3)_2C=CH_2 + CO_2 + H_2NR$$

(二) 羧基的保护

羧基可通过将其转变为各种酯来进行保护,如甲酯、乙酯、苄酯和叔丁酯等。由于酯的水解比酰胺容易,因此肽键形成后可用稀碱水解脱保护。但甲酯、乙酯在碱性条件下水解易发生外消旋化。苄酯可用氢解法脱去,叔丁酯可在温和的条件下用酸脱去,更为常用。

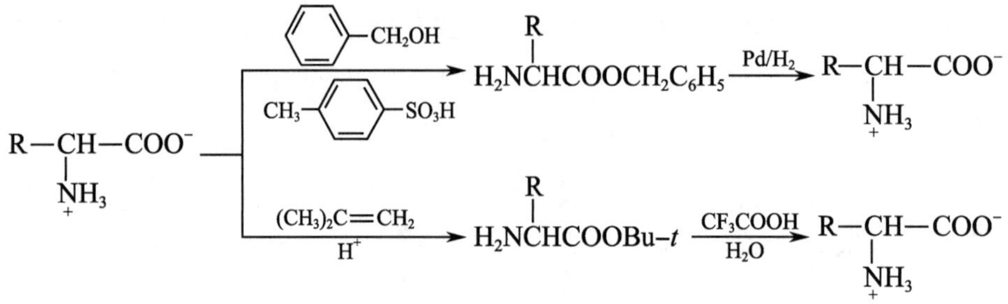

(三) 肽键的形成

分别将不同氨基酸的氨基和羧基进行保护后,就可按照特定的顺序合成多肽。为了提高合成效率,常常需要将羧基活化,提高羧基的亲电能力,如将羧基转变为混合酸酐或活泼酯,也可通过加入强的脱水剂使羧基和氨基脱水形成肽键。

1. 混合酸酐法　氨基被保护的氨基酸在低温下与叔胺形成盐,然后与氯甲酸乙酯生成混合酸酐,该酸酐能与另一氨基酸缩合形成肽键。该法简单、速率快、试剂廉价,特别适合于多肽的大量制备。

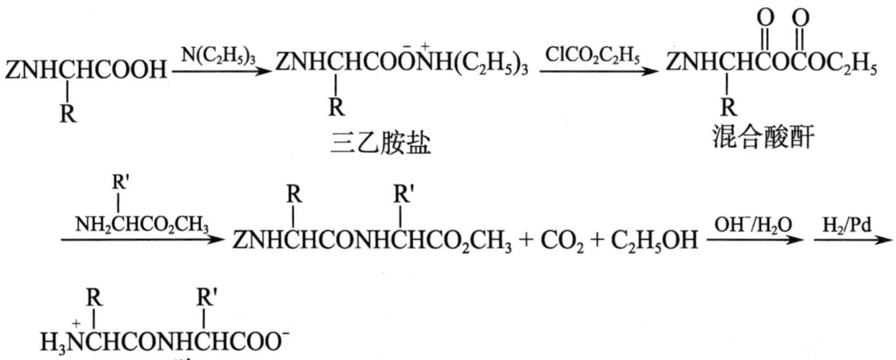

2. 活泼酯法　将氨基被保护的氨基酸的羧基转变为活性更高的酯(常常为对硝基苯酯),通过该酯与另一个氨基酸的氨基缩合,产率较高。

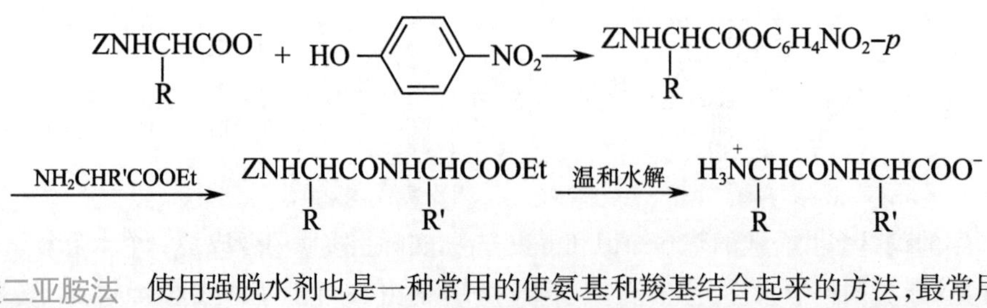

3. 碳二亚胺法　使用强脱水剂也是一种常用的使氨基和羧基结合起来的方法,最常用的试剂是二环己基碳二亚胺(N,N'-dicyclohexylcarbodiimide,简称DCC)。DCC可通过下面的方法制备。

2 ⬡—NH$_2$ + CS$_2$ ⟶ ⬡—NH—$\overset{\overset{S}{\parallel}}{C}$—NH—⬡ $\xrightarrow{\text{HgO}}$ ⬡—N=C=N—⬡

DCC

常温下,DCC 首先与羧酸形成一种活泼酯中间体,然后该中间体与氨基酸的氨基反应,生成肽键,同时生成一种不溶于水的副产物二环己基脲。因此,DCC 法实际上也是一种活泼酯法。

RCOOH + R'NH$_2$ + DCC ⟶ RCONHR' + ⬡—NH$\overset{\overset{O}{\parallel}}{C}$NH—⬡

二环己基脲

在 DCC 的作用下,还可将羧酸首先与 N–羟基丁二酰亚胺形成活泼酯,然后该活泼酯再与氨基酸反应生成酰胺键。该法条件温和,副产物易于分离,且消旋化率低,是多肽合成中常使用的复合缩合剂。

⬡—CH$_2$OCNHCH$_2$COH + HO—N⟨⟩ $\xrightarrow{\text{DCC}}$ ⬡—CH$_2$OCNHCH$_2$C—O—N⟨⟩

$\downarrow$ RNH$_2$

⬡—CH$_2$OCNHCH$_2$C—NHR

下面以二肽丙氨酰缬氨酸的合成为例来说明上面介绍的方法。

第一步:首先用苄氧羰基对丙氨酸的氨基进行保护。

⬡—CH$_2$—O—C—Cl + H$_2$N—CH—C—OH $\xrightarrow{\text{Et}_3\text{N}}$ ⬡—CH$_2$—O—C—NH—CH—C—OH

丙氨酸   Z–丙氨酸

第二步:将第一步产物的羧基用氯甲酸乙酯进行活化。

Z—NH—CH—C—OH + Cl—C—OCH$_2$CH$_3$ ⟶ Z—NH—CH—C—O—C—OCH$_2$CH$_3$

第三步:苄氧羰基保护且羧基活化的丙氨酸与缬氨酸之间形成肽键。

Z—NH—CH—C—O—C—OCH$_2$CH$_3$ + H$_2$N—CH—C—OH ⟶ Z—NH—CH—C—NH—CH—C—OH

CH(CH$_3$)$_2$ Z–丙氨酰缬氨酸

第四步:脱去保护剂,形成产物。

Z—NH—CH—C—NH—CH—C—OH $\xrightarrow{\text{H}_2/\text{Pd}}$ H$_2$N—CH—C—NH—CH—C—OH + ⬡—CH$_3$ + CO$_2$

丙氨酰缬氨酸

以上介绍的仅是多肽合成的基本知识和解决方法,实际上多肽的合成是一个十分复杂、烦琐的工作。例如 1965 年我国科学家首次完成的具有生物活性的由 51 个氨基酸残基组成的牛胰岛素的合成工作,就是由中国科学院上海生物化学研究所、有机化学研究所及北京大学化学系等单位组织的庞大

研究团队历经 6 年才完成的。

(四) 固相肽合成法

上述介绍的多肽合成均是在液相中进行的,每生成一个肽键,都要经过氨基和羧基的保护、羧基活化、缩合脱水、去保护等步骤,形成的中间产物还需要纯化,操作十分繁杂、费时。为了提高多肽合成的效率,有机化学家们进行了多个方面的积极探索。1962 年,美国化学家 Merrifield 提出固相肽合成法(solid phase peptide synthesis),该法大大简化了多肽合成,不仅是多肽合成方法上的突破,更是科学思维的飞跃。Merrifield 因其在固相肽合成法上的出色工作,于 1984 年获得诺贝尔化学奖。

固相肽合成法是在不溶性高分子树脂的表面上进行反应的。该高分子树脂是二乙烯基苯交联的聚苯乙烯树脂,并对其进行氯甲基化,在树脂的苯环上引入氯甲基。苯环上氯甲基的氯原子十分活泼,当它与氨基已保护的氨基酸水溶液一起搅拌时,就可以形成苯甲酯而将氨基酸固定在树脂上。去掉氨基保护剂后,就可以与另一个氨基已保护的氨基酸进行反应,多次重复,直至氨基酸按照顺序全部连接上去,最后将所合成的肽从树脂上解脱下来。原来的树脂变为溴甲基树脂,还可继续使用。这些过程可表示如下:

$$树脂{-}CH_2Cl + HOCCHNHCOC(CH_3)_3$$
$$\Big\downarrow OH^-$$
$$树脂{-}CH_2OCCHNHCOC(CH_3)_3$$
$$\Big\downarrow CF_3COOH$$
$$树脂{-}CH_2OCCHNH_2$$
$$DCC \Big\downarrow HOCCHNHCOC(CH_3)_3 \quad (R')$$
$$树脂{-}CH_2OCCHNHCCHNHCOC(CH_3)_3$$
$$\Big\downarrow CF_3COOH$$
$$树脂{-}CH_2OCCHNHCCHNH_2$$
$$\Big\downarrow 反复循环$$
$$\Big\downarrow 反复循环$$
$$树脂{-}CH_2OCCHNHCCHNHCCHNH{-}$$
$$\Big\downarrow HBr/CF_3COOH$$
$$树脂{-}CH_2Br + HOCCHNHCCHNHCCHNH{-}$$

　　固相肽合成法的优点是可使用过量的反应试剂,使成肽键反应更快、更有效地进行,每步产率可达 99% 以上;每接上一个氨基酸都可用适当的溶剂洗去过量的试剂和副产物,而肽链始终连在树脂上,可省去重结晶、柱层析等分离纯化步骤,使操作更加简化。现在固相肽合成已可自动化进行,并且已有用计算机控制的多肽合成仪商品,能根据需求制备各种多肽。

三、蛋白质的结构层次与特点

　　蛋白质是具有三维结构的复杂分子,了解蛋白质的分子结构是了解其生物学功能的基础。1952年丹麦生物化学家林德尔斯汤姆·莱恩(Linderstrom-Lang)第一次提出蛋白质有一级、二级和三级结构的概念。1958 年,英国晶体学家贝尔耐(J. D. Bernal)在研究蛋白质的晶体结构时发现,并非所有蛋白质的结构都能达到三级结构水平;而另一方面,有些蛋白质则又有更复杂的结构,也就是说具有三级结构的多肽链可形成亚基,而这些相同或不相同的亚基借助非共价键结合在一起,他将这种结构称为四级结构。现在,蛋白质的一级、二级、三级和四级结构的概念已由国际生物化学与分子生物学联盟(IUBMB)的生化命名委员会采纳并作出正式定义。下面我们简单介绍蛋白质的结构层次。

(一) 一级结构

　　蛋白质的一级结构(primary structure)通常是指蛋白质肽链中氨基酸的排列顺序。由多个亚基组成的蛋白质,它们的一级结构就包括各个亚基肽链的氨基酸序列。蛋白质的一级结构决定蛋白质的高级结构,并可由一级结构获得有关蛋白质高级结构的信息,各种蛋白质的生物功能首先也是由一级结构决定的。我国科学家首先合成具有生理活性的结晶牛胰岛素,它就是由有严格氨基酸排列顺序的 A、B 两条多肽链通过二硫键连接而成的。

(二) 二级结构

　　蛋白质的二级结构(secondary structure)是指肽链中局部肽段形成的规则的或无规则的构象,是蛋白质复杂的空间构象的基础。二级结构的形成几乎全是由肽链骨架中羰基上的氧原子与亚氨基上的氢原子之间的氢键所维系的,其他分子间力如范德华力也有一定的贡献。某一肽段或某些肽段间的氢键越多,它们形成的二级结构越稳定。最常见的二级结构包括 α 螺旋结构(α-helix structure)和 β 折叠结构(β-pleated sheet structure)。

　　1. α 螺旋结构　　α 螺旋结构是蛋白质中最常见、最典型、含量最丰富的二级结构单元。早在1950 年,鲍林等根据 X 射线衍射法对纤维蛋白质分子的研究就提出肽链的 α 螺旋结构。

　　α 螺旋结构中的多肽链围绕中心轴呈有规律的螺旋式上升(图 17-2),螺旋的走向为顺时针方向,即右手螺旋。其 ψ 为-47°、φ 为-57°,所有肽键都是反式。氨基酸的侧链伸向螺旋外侧,每 3.6 个氨基酸残基螺旋上升一圈,螺距为 0.54nm,螺旋的直径为 1~1.1nm。在 α 螺旋中氢键起重要的稳定作用,此类氢键是由肽链骨架中的第 i 个羰基上的氧和第 $i+4$ 个肽键—NH 上的氢所形成的。因此,在肽段中,近 N 端的前三个亚氨基上的氢及近 C 端的最后三个羰基上的氧都不参与氢键的形成,这也是一些蛋白质的 N 端和 C 端不易形成 α 螺旋的原因。

　　侧链 R 基团的形状、大小及电荷对 α 螺旋的形成和稳定性都有一定影响。例如甘氨酸没有侧链的取代基团,它参与的肽键活动性较大,因而影响 α 螺旋的稳定;有较大体积 R 基团的残基(如异亮氨酸、缬氨基、酪氨酸等)由于空间位阻,也妨碍 α 螺旋的形成。此外,在酸性或碱性氨基酸残基集中的区域由于同性相斥,形成 α 螺旋较困难。脯氨酸是 α-亚氨基酸,在多肽链中脯氨酸残基的氮上已无氢原子,故

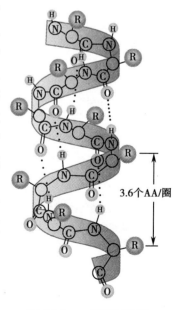

图 17-2　α 螺旋示意图

也不能形成 α 螺旋。

2. β 折叠结构 β 折叠结构是蛋白质的二级结构中又一种普遍存在的规则的构象单元,是 1951 年鲍林等于 α 螺旋之后阐明的第二个结构,故命名为 β 折叠结构,也称为 β 折叠片。在 β 折叠中的多肽链几乎是完全伸展的(图 17-3),相邻的不同肽链或一条肽链中的若干肽段平行排列,多肽链间或肽段间的氢键维持其构象的稳定。此外,每个肽单元以 $C_α$ 为旋转点,依次折叠成锯齿状结构,氨基酸残基侧链交替地位于锯齿状结构的上、下方,以避免邻近侧链 R 基团之间的空间障碍,并能形成更多的氢键。

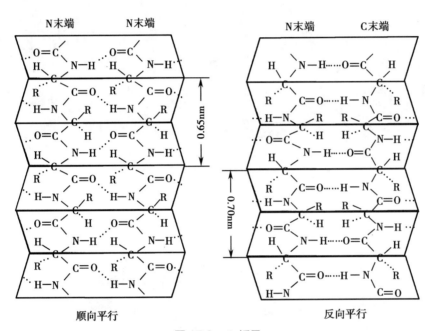

图 17-3　β 折叠

在 β 折叠中,相邻的两条多肽链既可走向相同(两条链均为 N 端→C 端),称为平行 β 折叠;也可走向相反(一条是 N 端→C 端,另一条则是 C 端→N 端),称为反平行 β 折叠。反平行 β 折叠比平行 β 折叠更为稳定。

(三) 三级结构

在二级结构的基础上,蛋白质链通过氨基酸残基侧链的相互作用,会进一步卷曲折叠形成其三维结构,这就是蛋白质的三级结构(tertiary structure)。维持三级结构的作用力除前面提到的氢键外,还有来自氨基酸侧链之间的相互作用,主要有二硫键、配位键、正负离子间的静电引力、疏水基团间的亲和力、范德华力等,这些作用总称为副键。维持蛋白质分子构象的各种作用力如图 17-4 所示。

(四) 四级结构

只有多于一条肽链的蛋白质才具有四级结构(quarternary structure)。蛋白质的四级结构可定义为一些特定三级结构的肽链通过非共价键而形成特定构象的大分子。作为蛋白质四级结构组分的肽链称为亚基。单独的亚基不具有生物功能,只有完整的四级结构寡聚体才有生物功能。例如血红蛋白(图 17-5)由两个 α 亚基(141 个残基)和两个 β 亚基(146 个残基)组成,两个亚基的三级结构很相似,每个亚基都结合一个血红素,四个亚基通过八个离子键相连,形成四聚体,具有运输 O_2 和 CO_2 的功能。

目前已有近万种蛋白质的三维结构的研究资料,随着蛋白质晶体学的发展,将会有越来越多的蛋白质的三维结构被阐明,从而进一步认识蛋白质的结构和功能之间的关系。

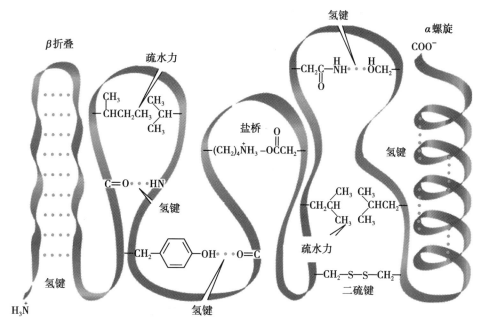

图 17-4   维持蛋白质分子构象的各种作用力

17-D-2
蛋白质结
构（动画）

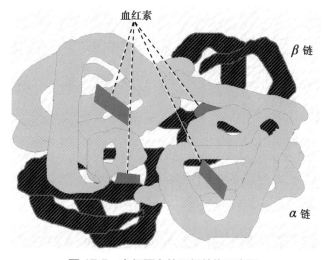

图 17-5   血红蛋白的四级结构示意图

第三节   核   酸

核酸（nucleic acid）是一种重要的生物大分子，对遗传信息的储存和蛋白质的合成起决定作用。核酸的结构与功能比较复杂，所以人类对核酸的研究比对蛋白质的研究要晚。1868 年，瑞士年轻的外科医师 F. Miescher（米歇尔）从绷带的脓细胞中分离得到细胞核，从中纯化得到一种含磷量超过任何当时已经发现的有机化合物，该化合物具有很强的酸性。由于该物质是从细胞核中分离出来的，当时就称它为"核素"（nuclein），但实际上是核蛋白。直到 1889 年，奥特曼（R. Altmann）得到第一个不含蛋白质的核素，并命名为核酸。1944 年，埃佛雷（O. Avery）利用从致病性肺炎球菌中提取的 DNA（脱氧核糖核酸）使另一种非致病性肺炎球菌的遗传性发生改变，成为致病菌，从而证实了 DNA 是遗传的物质基础。此后的大量实验证实，生物体的生长、繁殖、变异和转化等生命现象都与核酸有关。

1953年,沃森(J. Watson)和克里克(F. Crick)提出DNA双螺旋结构模型,并提出"中心法则",从而揭示各种生命遗传现象的奥秘。

一、分类

天然存在的核酸分为脱氧核糖核酸(deoxyribonucleic acid,DNA)和核糖核酸(ribonucleic acid,RNA)两大类。DNA主要分布在细胞核和线粒体内,是主要遗传物质,携带遗传信息,决定细胞和个体的基因型(genotype)。RNA分布在细胞质(90%)和细胞核(10%)内,与遗传信息在子代中的表达有关,即蛋白质的生物合成。

根据RNA在蛋白质合成中所起的作用,又可将其分为三类:①核糖体RNA(ribosomal RNA,rRNA),约占RNA总量的80%,是核糖体的组成成分,核糖体是蛋白质合成的场所。②信使RNA(messenger RNA,mRNA),约占RNA总量的5%。其功能是将细胞核内DNA的遗传信息抄录并转送至细胞质中,并翻译成蛋白质中氨基酸的排列顺序,是合成蛋白质的模板。③转移RNA(transfer RNA,tRNA),约占RNA总量的15%。其功能是运转氨基酸,氨基酸由各自的特异性tRNA"搬运"到蛋白质合成的场所——核糖体后才能组装成蛋白质。

自20世纪80年代以来,陆续发现许多新的具有特殊功能的RNA,几乎涉及细胞功能的各个方面。这些RNA或是以大小来分类,如4.5S RNA、5S RNA等;或是以在细胞中的位置来分类,如核内小RNA、核仁小RNA、胞质小RNA。已知功能的RNA也可以按照其功能来分类,如反义RNA、核酶、干扰RNA等。

二、结构

核酸的基本组成单元是核苷酸(nucleotide)。核苷酸经水解可释放出等摩尔的含氮杂环化合物(简称碱基)、核糖和磷酸。上述结构组成可用下图表示:

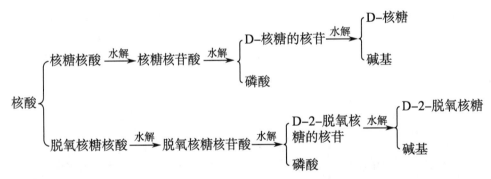

(一) 碱基组分

构成核苷酸的碱基主要有五种,分属嘌呤和嘧啶两类含氮杂环。嘌呤类的有腺嘌呤(adenine,A)和鸟嘌呤(guanine,G);嘧啶类的有胞嘧啶(cytosine,C)、胸腺嘧啶(thymine,T)和尿嘧啶(uracil,U)。腺嘌呤、鸟嘌呤和胞嘧啶在DNA和RNA中均存在,胸腺嘧啶仅存在于DNA中,而尿嘧啶仅存在于RNA中。

上述五种碱基在结构上存在酮式－烯醇式或氨基－亚氨基的互变异构,但体内或中性和酸性介质中存在的形式如下。

腺嘌呤(A)　　　鸟嘌呤(G)　　　胞嘧啶(C)　　　尿嘧啶(U)　　　胸腺嘧啶(T)

> **练习题 17.6**　请写出尿嘧啶和腺嘌呤的烯醇式和亚氨基式。

嘌呤碱和嘧啶碱含有共轭双键结构,在 240~290nm 的紫外波段有一强烈的吸收峰,最大吸收值在 260nm 左右。不同碱基的吸收波长稍有差异,此性质可用于核酸各组分的定量和定性分析。

(二) 戊糖

核酸中的戊糖是 β-D-核糖(RNA 中)和 β-D-2′-脱氧核糖(DNA 中),均为呋喃型环状结构。为区别碱基中碳原子的编号,戊糖中的碳原子标以 1′、2′……等。糖环中的 C_1 为不对称碳原子,存在 α 和 β 两种构型,核酸分子中的糖均以 β-构型存在。

β-D-核糖　　　　　　β-D-2′-脱氧核糖

(三) 核苷

核苷(nucleoside)是一种糖苷,由戊糖(核糖或 2′-脱氧核糖)C_1 位的 β-半缩醛羟基与嘌呤类碱基的 N_9 或嘧啶类碱基的 N_1 上的氢原子脱水缩合而形成。核苷包括腺嘌呤核苷(adenosine)、鸟嘌呤核苷(guanosine)、胞嘧啶核苷(cytidine)和尿嘧啶核苷(uridine);脱氧核苷包括腺嘌呤脱氧核苷(deoxyadenosine)、鸟嘌呤脱氧核苷(deoxyguanosine)、胞嘧啶脱氧核苷(deoxycytidine)和胸腺嘧啶脱氧核苷(deoxythymidine)。

腺嘌呤核苷(A)　　　鸟嘌呤核苷(G)　　　胞嘧啶核苷(C)　　　尿嘧啶核苷(U)

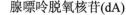

腺嘌呤脱氧核苷(dA)　　鸟嘌呤脱氧核苷(dG)　　胞嘧啶脱氧核苷(dC)　　胸腺嘧啶脱氧核苷(dT)

(四) 核苷酸

核苷分子中呋喃糖的羟基与磷酸通过酯键相连形成的化合物称为核苷酸(nucleotide)。核苷酸是构成核酸分子的基本结构单元。根据核苷酸中核糖的不同,核苷酸可分为核糖核苷酸和脱氧核糖核苷酸两大类。核糖核苷酸的环上有三个自由羟基,能形成三种不同的核苷酸:$2'$-核糖核苷酸、$3'$-核糖核苷酸和 $5'$-核糖核苷酸;脱氧核糖核苷酸糖的环上只有两个羟基,能形成两种不同的核苷酸:$3'$-脱氧核糖核苷酸和 $5'$-脱氧核糖核苷酸。生物体内游离的核苷酸主要是 $5'$-核苷酸。

核苷酸命名时要标明磷酸在戊糖上的位置。例如腺苷酸(adenylic acid)是由腺嘌呤核苷的 C_5'-羟基与磷酸形成的磷酸酯,因此称为腺苷-$5'$-磷酸(adenosine-$5'$-phosphate)或一磷酸腺苷(adenosine monophosphate,AMP);脱氧胞苷酸(deoxycytidylic acid)又称为脱氧胞苷-$5'$-磷酸或一磷酸脱氧胞苷(deoxycytidine monophosphate,dCMP)。

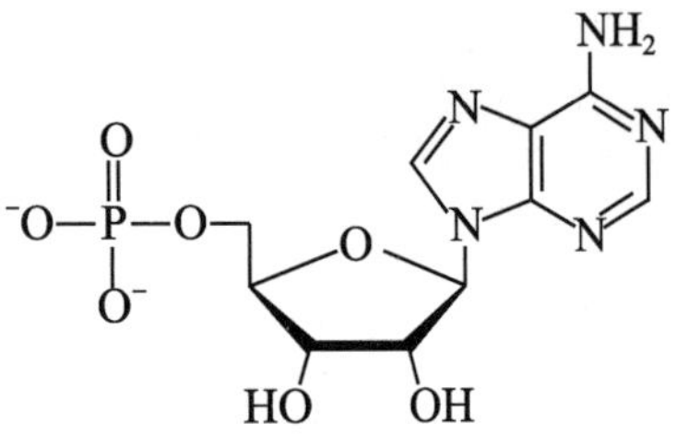

腺苷酸
adenylic acid

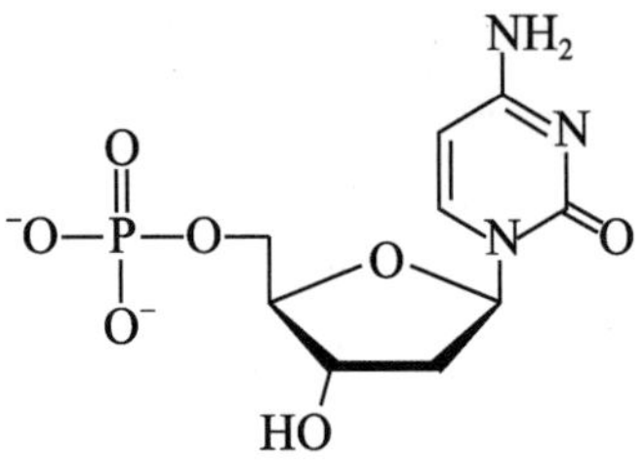

脱氧胞苷酸
deoxycytidylic acid

细胞核内存在一些游离的多磷酸核苷酸,它们具有重要的生理功能。例如二磷酸腺苷(adenosine diphosphate,ADP)和三磷酸腺苷(adenosine triphosphate,ATP),它们在细胞代谢中作为高能物质承担着重要任务。

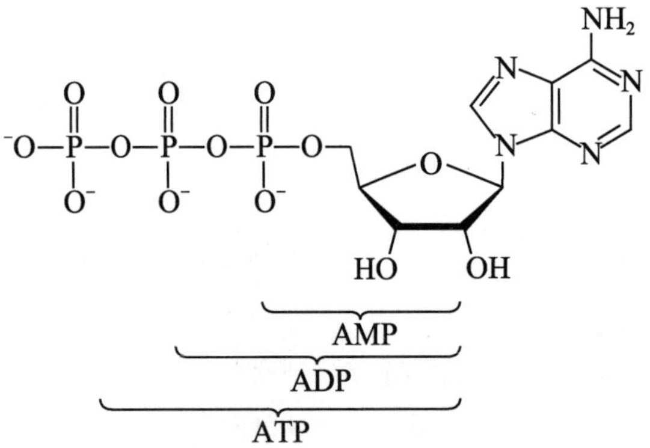

AMP

ADP

ATP

17-D-3
ATP
(模型)

练习题 17.7　请写出 $2'$-去氧胞苷酸-$3'$-一磷酸的结构。

(五) 核酸

核酸或脱氧核酸是通过磷酸在一个核苷戊糖的 $3'$ 位羟基和另一个核苷戊糖的 $5'$ 位羟基之间形成磷酸酯键结合起来形成的一个没有分支的线性大分子。核酸分子中各种核苷酸的排列顺序称为核酸的一级结构。DNA 和 RNA 单链的结构可用以下结构式及其简化形式表示。

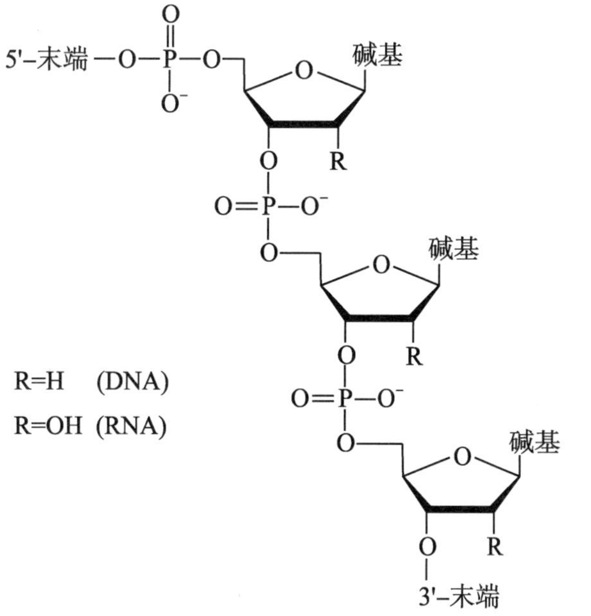

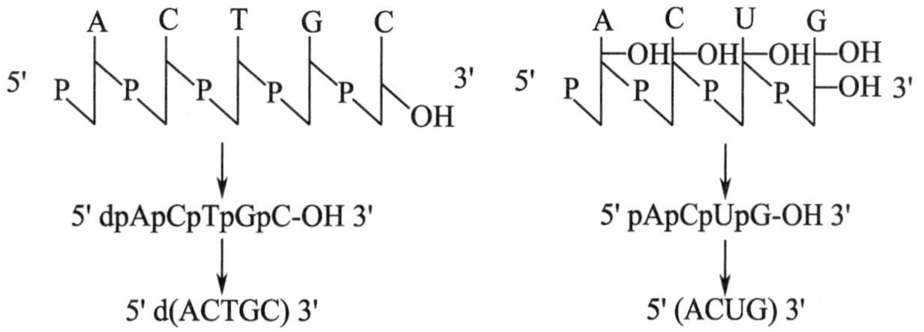

R=H　(DNA)
R=OH　(RNA)

5'-末端

3'-末端

碱基

5' dpApCpTpGpC-OH 3'

5' d(ACTGC) 3'

DNA片段简化式

5' pApCpUpG-OH 3'

5' (ACUG) 3'

RNA片段简化式

书写核酸的结构时,习惯上从 5' 到 3'。在它们的简化形式中,P 代表磷酸酯。在核酸中,核糖(脱氧核糖)和磷酸共同构成骨架结构,但不参与信息的贮存和表达。DNA 和 RNA 对遗传信息的携带和传递是依靠核苷酸中的碱基排列顺序变化而实现的。

1. DNA 的空间结构　1953 年,Watson 和 Crick 在前人工作的基础上,提出著名的 DNA 双螺旋(double helix)结构模型,这是 DNA 的二级结构,也是 DNA 作为遗传物质的分子结构基础。

根据该模型设想的 DNA 分子由两条核苷酸链组成。它们沿着一个共同的轴心以反平行走向(一条链的走向是 5' → 3',另一条链的走向是 3' → 5'),盘旋成右手双螺旋结构(图 17-6)。亲水的脱氧核糖基和磷酸基位于双螺旋的外侧,碱基位于内侧。两条链的碱基之间有氢键结合成对(图 17-7)。配对的碱基始终是腺嘌呤(A)与胸腺嘧啶(T)之间形成两个氢键(A=T),鸟嘌呤(G)与胞嘧啶(C)之间形成三个氢键(G≡C),这就是碱基互补规律或碱基配对规律。双螺旋结构在横向上的稳定就是靠两条链间互补碱基的氢键维系的,在纵向方面的稳定则是靠碱基平面间的疏水性堆积力维持的(由于碱基近似地垂直于糖环,在 DNA 中碱基平面是相互堆积的)。

从外观上看,DNA 双螺旋分子中存在一个大沟(major groove)和一个小沟(minor groove),目前认为这些沟状结构与蛋白质和 DNA 间的识别有关。在以核酸为作用靶点的药物研究中,沟区结合是研究的一个重要方面。目前认为,很多蛋白质与 DNA 的特异性结合是通过 DNA 大沟区作用,而药物小分子多数在小沟区作用。大、小沟区在电势能、氢键特征、立体效应和水合作用方面都有很大的差异。

在 DNA 二级结构的基础上,还可以产生三级结构。DNA 的三级结构是指 DNA 分子(双螺旋)通过扭曲和折叠所形成的特定构象,包括不同二级结构单元间的相互作用、单链与二级结构单元之间

的相互作用及 DNA 的拓扑特征。

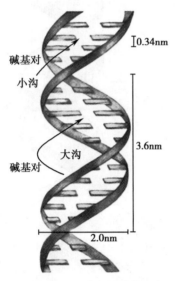

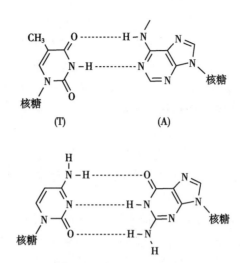

17-D-4
DNA 双螺
旋结构
（动画）

图 17-6　DNA 双螺旋结构示意图　　　　图 17-7　配对碱基间的氢键示意图

2. RNA 的空间结构　　RNA 分子比 DNA 分子小得多,小的仅有数十个核苷酸。RNA 的种类较 DNA 多,它们的结构特点也不相同。总体上讲,RNA 的二级结构不如 DNA 那么有规律,RNA 通常以单链形式存在,但也可以在某些区域发生自身回折而形成双螺旋结构,其间的碱基也具有互补关系。因此,整个分子的双股区段被没有互补排列的单股分开。例如由 79 个核苷酸组成的酪氨酸转移 RNA 能盘绕成图 17-8 的形状,成为三叶草的样子,因此在核酸化学中称为三叶草结构。

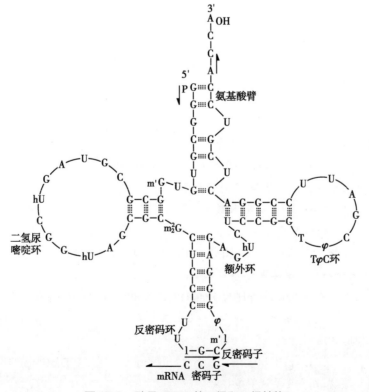

图 17-8　酵母 tRNA 的一级和二级结构

三、生物功能

经过 100 多年的发展,核酸研究已经成为生物化学与分子生物学的核心和前沿,其研究成果改变了生命科学的面貌,促进了生物技术产业的迅猛发展。核酸的生物功能十分丰富,在生物繁殖、遗传变异、生长发育及蛋白质生物合成中都起到重要作用。

(一) DNA 是主要遗传物质

DNA 作为主要遗传物质已经得到大量实验的直接证明,它可以按照自己的结构进行精确复制,从而将遗传信息由母代传到子代。

DNA 复制过程可简述如下:首先是母链 DNA 解链成两股单链,每股单链作为模板,按照碱基互补的原则,在酶的作用下将核苷酸聚合,再形成两个新链,这样就得到两个双股与母链完全相同的子链,遗传信息也就从母代传到子代(图 17-9)。

(二) RNA 参与蛋白质的生物合成

蛋白质的生物合成受核酸控制。遗传信息贮存在 DNA 分子中,RNA 的主要作用是将遗传密码翻译成特异性蛋白质来执行各种生命功能。蛋白质的体内生物合成过程可简单描述为首先在细胞核内将 DNA 遗传信息转录、翻译生成 mRNA(mRNA 是指导合成的直接模板),并由 tRNA 作为氨基酸的运载体,按照碱基配对的互补规律在 rRNA 上进行装配,共同协调完成合成工作。

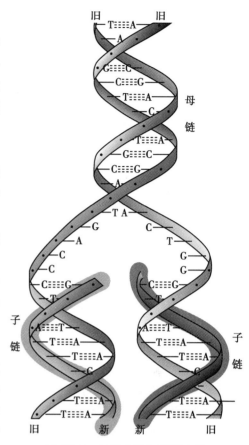

图 17-9　DNA 复制过程示意图

习　题

1. 举例解释下列术语。

(1) α-氨基酸　(2) 偶极离子　(3) 必需氨基酸　(4) 等电点

(5) 肽单元　　(6) 二硫键　　(7) 肽键平面　(8) β 折叠

2. 写出下列氨基酸在 pH=2、7 和 12 时的离子结构。

(1) 天冬氨酸　(2) 异亮氨酸　(3) 赖氨酸

3. 写出丙氨酸与下列试剂的反应产物。

(1) 茚三酮的水合物　(2) DNFB　(3) 邻苯二甲酸酐　(4) CH_3OH,HCl

4. 选择题(请选择一个正确答案)。

(1) 某氨基酸的等电点是 6.00,在 pH 为 7.00 的水溶液中,该氨基酸的存在形式是(　　　)

A. 分子　　　　　　B. 负离子　　　　　C. 正离子　　　　　　D. 偶极离子

(2) 氨基酸在何时的溶解度最小(　　　)

A. pH=7　　　　　B. pH>pI　　　　　C. pH<pI　　　　　D. pH=pI

(3) 用于鉴别 α-氨基酸的主要试剂是(　　　)

A. 水合茚三酮　　　B. $FeCl_3$　　　　　C. $Cu(OH)_2$　　　　D. $Ag(NH_3)_2^+$

(4) 氨基酸在等电点时具有的性质描述正确的是(　　　)

A. 以偶极离子存在   B. 以负离子形式存在

C. 有电化学行为   D. 溶解度最大

(5) 肽和蛋白质分子中氨基酸残基的排列顺序称为肽(蛋白质)的( )结构

A. 一级   B. 二级   C. 三级   D. 四级

(6) 肽(蛋白质)的二级结构主要依靠( )维持

A. 二硫键   B. 配位键   C. 氢键   D. 范德华力

5. α-角蛋白纤维(如头发)在湿热环境中能伸长到它原来长度的两倍。X 射线衍射研究显示,在伸长的状态下类似于丝,而冷却后纤维恢复到它原有的长度,再次产生 α 螺旋结构。试问:

(1) 当纤维加热和伸长时,蛋白质结构发生什么变化?

(2) 当冷却时,纤维自发地恢复到它原有的 α 螺旋结构,为什么?

6. 写出质子化胍基的共振式,并解释为什么精氨酸有如此强的碱性等电点。

7. 虽然色氨酸分子中含有一个氮杂环,但通常认为它是一个中性氨基酸。试解释为什么色氨酸的吲哚氮原子的碱性比组氨酸咪唑上的一个氮原子的碱性弱。

8. 为什么在等电点时,赖氨酸偶极离子的结构为 $\overset{+}{H_3}NCH_2CH_2CH_2CH_2\underset{\underset{NH_2}{|}}{C}HCOO^-$,而不是 $H_2NCH_2CH_2CH_2CH_2\underset{\underset{\overset{+}{N}H_3}{|}}{C}HCOO^-$?

9. 核酸完全水解后的产物有哪些? 写出 DNA 和 RNA 水解的最终产物的结构式和名称。

10. DNA 双螺旋结构有哪些基本特点? 这些特点能解释哪些最重要的生命现象?

18-SZ-1

黄鸣龙、廖清江教授对我国甾体药物发展的贡献（案例）

第十八章

萜类化合物和甾族化合物

萜类化合物（terpenoid）广泛存在于自然界中，是许多植物香精油的主要成分，几乎所有植物中都含有萜类化合物，在动物和真菌中也含有萜类化合物。甾族化合物（steroid）在动植物体内也较常见，在动植物的生命活动中起极其重要的调节作用，它们有的能直接用来治疗疾病，有的是合成药物的原料。这两类化合物与药物有很密切的关系。

第一节 萜类化合物

萜类化合物多是从植物中提取得到的香精油（挥发油）的主要成分，如柠檬油、松节油、薄荷油及樟脑油等。它们多数是不溶于水、易挥发、具有香气的油状物质，有一定的生理及药理活性，如祛痰、止咳、驱风、发汗、驱虫或镇痛等作用，广泛用于香料和医药工业。

一、结构

萜类化合物是异戊二烯的低聚物及它们的氢化物和含氧衍生物的总称，其以异戊二烯（isoprene）作为基本碳骨架单元，由两个或多个异戊二烯首尾相连或相互聚合而成。这种结构特征称为"异戊二烯规则"。例如月桂烯（myrcene）和柠檬烯（limonene）。

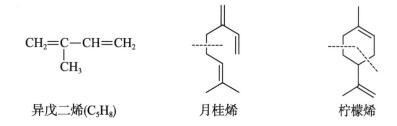

月桂烯可看作是两个异戊二烯单位结合而成的开链化合物；柠檬烯也可看作是两个异戊二烯单位结合成具有一个六元碳环的化合物。绝大多数萜类分子中的碳原子数目是异戊二烯五个碳原子的倍数，仅发现个别例外。"异戊二烯规则"在未知萜类成分的结构测定中具有很大的应用价值。

练习题 18.1 香叶烯（$C_{10}H_{16}$）为由月桂的油中分离而得的萜烯，吸收 3mol 氢分子而成为 $C_{10}H_{22}$，臭氧分解时产生以下化合物：

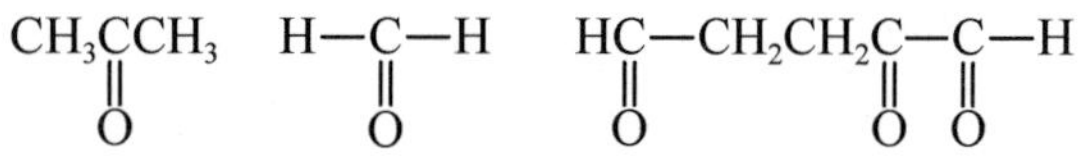

$$CH_3CCH_3 \quad H-C-H \quad HC-CH_2CH_2C-C-H$$

根据异戊二烯规则，香叶烯的可能的结构是什么？

二、分类

根据分子中所含的异戊二烯单位数目,萜类化合物可分单萜、倍半萜、二萜类等(表18-1)。

表 18-1　萜类化合物的分类

类别	异戊二烯分子的单位数	碳原子数
单萜类	2	10
倍半萜类	3	15
二萜类	4	20
三萜类	6	30
四萜类	8	40
多萜类	>8	>40

(一) 单萜类

根据分子中的两个异戊二烯相互连接的方式不同,单萜类化合物又可分为链状、单环及双环单萜三类。

1. 链状单萜　具有两个异戊二烯分子首尾相连而成的碳骨架结构。

$$C-C-C-C \overset{!}{+} C-C-C-C \equiv \cdots \equiv \cdots$$

很多链状单萜是含有多个双键或含氧的化合物,是香精油的主要成分。例如月桂油中的月桂烯(又称桂叶烯);玫瑰油中的香叶醇(又称牻牛儿醇);橙花油中的橙花醇(又称香橙醇);柠檬草油中的 α-柠檬醛(又称香叶醛)及 β-柠檬醛(又称香橙醛),柠檬醛也称为柑醛;玫瑰油、香茅油、香叶油中的香茅醇等。

月桂烯　　香叶醇　　橙花醇　　α-柠檬醛　　β-柠檬醛　　香茅醇
myrcene　geraniol　nerol　geranial　neral　citronellol

链状单萜类化合物的分子内部多数含有碳碳双键或手性碳原子,因此它们大都存在几何异构体或对映异构体。

> **练习题 18.2**　试指出香叶醇与橙花醇之间是何种立体异构关系;α-柠檬醛及 β-柠檬醛之间又是何种立体异构关系呢?

2. 单环单萜　其基本碳骨架是两个异戊二烯之间形成一个六元环状结构,其饱和环烃称为萜烷,化学名称为 1-异丙基-4-甲基环己烷。萜烷的重要衍生物为 C_3 位上连有羟基的含氧衍生物,称为萜-3-醇,俗称薄荷醇或薄荷脑。

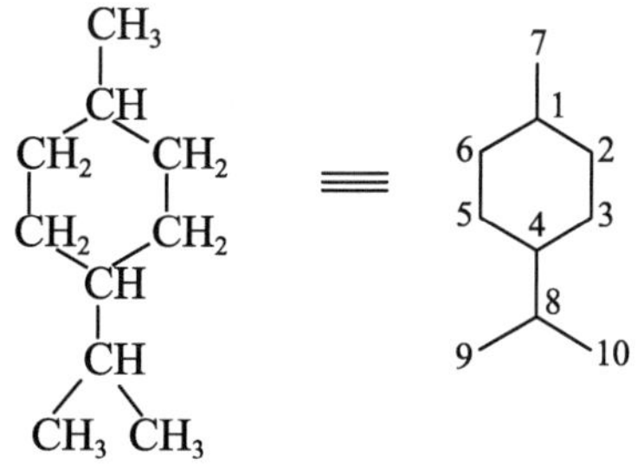

萜烷(1-异丙基-4-甲基环己烷) 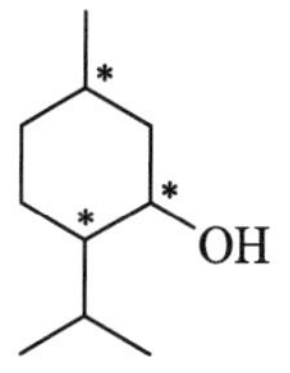　　　　　萜-3-醇

3-萜醇分子中有三个不同的手性碳原子,故有四对对映异构体,分别为(±)薄荷醇、(±)异薄荷醇、(±)新薄荷醇和(±)新异薄荷醇,即下列四个非对映异构体和各自的对映异构体。

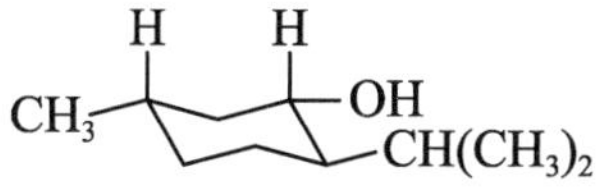

薄荷醇
menthol

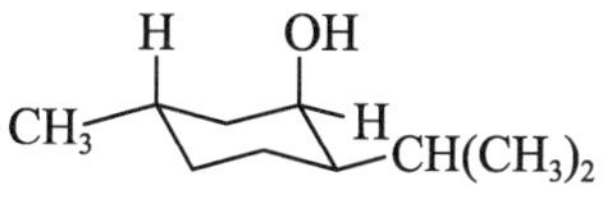

新薄荷醇
neomenthol

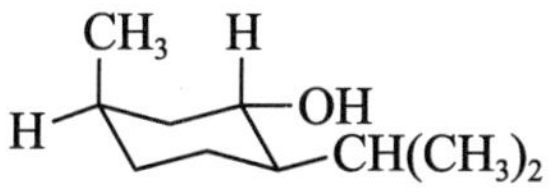

异薄荷醇
isomenthol

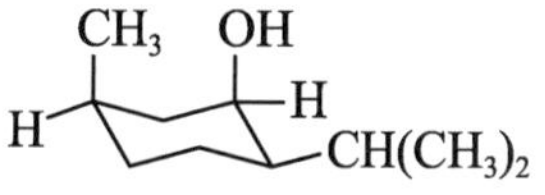

新异薄荷醇
neoisomenthol

天然界存在的是(-)-薄荷醇的结构式如下:

18-D-1
薄荷醇
（模型）

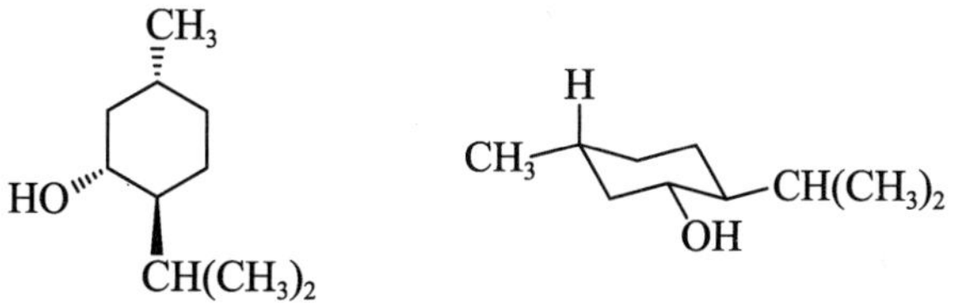

(-)-薄荷醇

(-)-薄荷醇中的甲基、羟基和异丙基均处于环己烷椅式构象的 e 键上,因此薄荷醇(无论是左旋体还是右旋体)比其他非对映异构体稳定。我国盛产的薄荷,其茎、叶中富含薄荷醇,(-)-薄荷醇具有局部镇痛和消炎的功效,内服有安抚胃部及镇吐解热的功效,医疗上用作清凉剂和驱风剂,清凉油、人丹等药品中均含有此成分。

3. 双环单萜　在萜烷结构中,C_8 若分别与 C_1、C_2 或 C_3 相连时可形成桥环化合物,它们是茨烷、蒎烷或莰烷;若 C_4 与 C_6 连成桥键则形成苧烷。它们的基本碳骨架及编号如下:

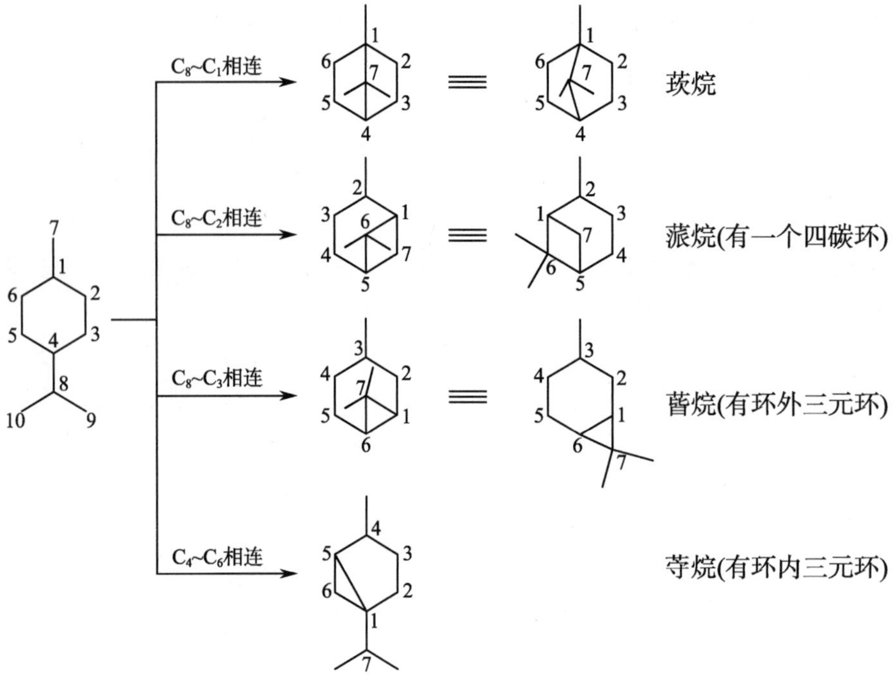

以上四类化合物的优势构象如下：

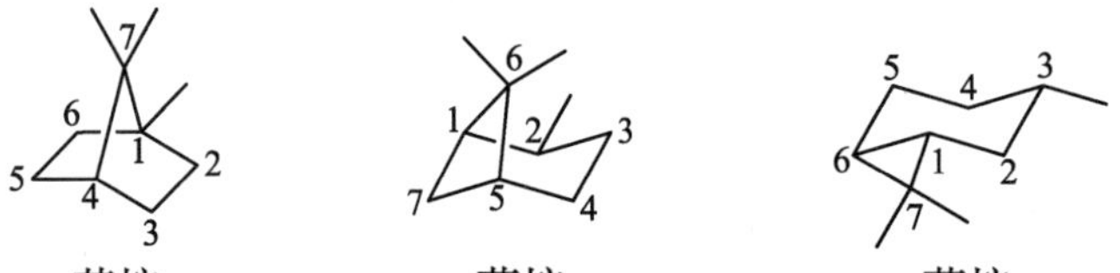

菕烷　　　　蒎烷　　　　葀烷　　　　莰烷

在四类化合物的优势构象中菕烷为船式,其他均为椅式。以上四种双环单萜烷在自然界中并不存在,但它们的不饱和衍生物或含氧衍生物广泛分布于植物体内,尤以蒎烷和菕烷的衍生物与药物的关系更为密切,如蒎烯和樟脑等。

(1) 蒎烯:蒎烯(pinene)是含一个双键的蒎烷衍生物。根据双键的位置不同,有 α-蒎烯和 β-蒎烯两种异构体。

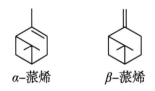

α-蒎烯　　　　β-蒎烯

两者均存在于松节油中,但以 α-蒎烯为主,占松节油含量的 70%~80%,β-蒎烯的含量较少。松节油具有局部镇痛作用,可作外用镇痛药。α-蒎烯的沸点为 155~156℃,是合成龙脑、樟脑等的重要原料。α-蒎烯在 0℃ 以下即可与 HCl 发生亲电加成;但在较高的温度下产物发生碳骨架重排,由原来蒎的结构重排成菕的结构,生成物称为氯化菕。

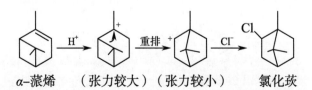

α-蒎烯　　（张力较大）　（张力较小）　　氯化菕

从上式可以看出,虽然首先生成 3° 碳正离子,但由于分子内四元环的张力较大,因而重排成 2° 碳正离子,使其转变成具有张力较小的五元环。因此,减少环的张力是上述重排发生的主要原因。

18-D-2
菕烷
（模型）

18-D-3
蒎烷
（模型）

18-D-4
葀烷
（模型）

18-D-5
莰烷
（模型）

生成的氯化莰经碱处理后可消除氯化氢，发生另一次重排，形成莰烯（以构象式表示反应过程）。

莰烯

18-K-1
科学家简介

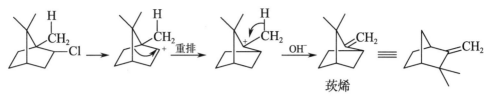

以上经碳正离子重排使环碳骨架发生改变的情况称为瓦格涅尔–麦尔外英重排（Wagner–Meerwein rearrangement），是萜类化学中常见的重要反应。

（2）樟脑：樟脑（camphor）的化学名为莰–2–酮（α–莰酮），是莰烷的含氧衍生物。它是由樟科植物樟中得到，并经升华精制成的无色结晶。樟脑分子中有两个手性碳原子，理论上应有四个异构体，但实际只存在（+）–樟脑及（–）–樟脑两个。因为桥环需要的船式构象限制了桥头两个手性碳所连基团的构型，使其 C_1 所连的甲基与 C_4 相连的氢只能位于顺式构型。

18-D-6
樟脑
（模型）

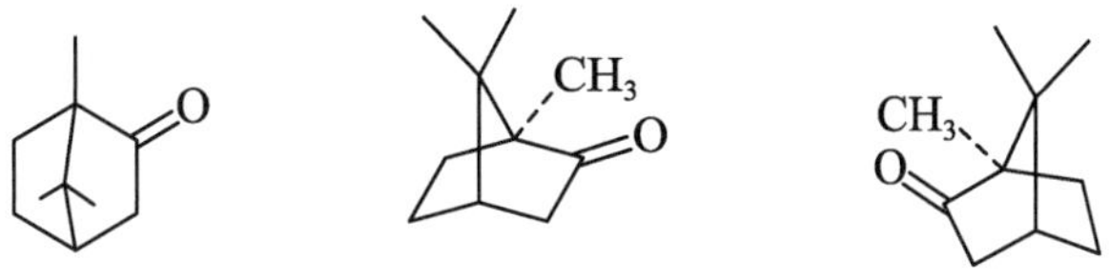

樟脑(α–莰酮)　　(–)–樟脑　　(+)–樟脑

从樟中获得的樟脑是右旋体。工业用 α–蒎烯与乙酸加成，经过瓦格涅尔–麦尔外英重排生成乙酸酯，再经水解、氧化，制得的樟脑是外消旋体。

dl–樟脑

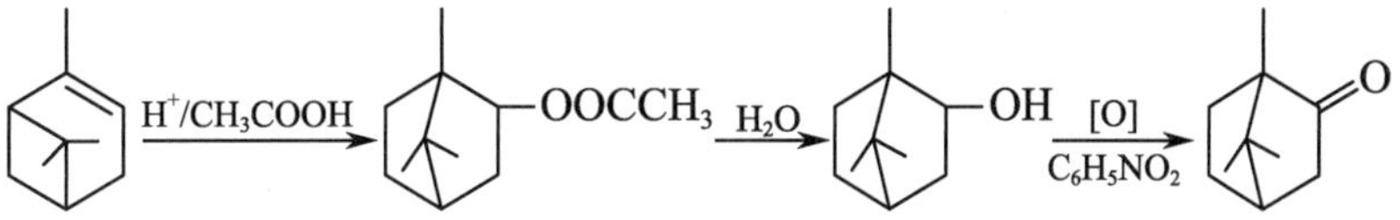

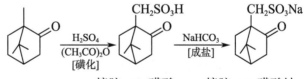

樟脑的气味有驱虫的作用，可用作衣物的防虫剂。樟脑是呼吸及循环系统的兴奋剂，对呼吸或循环系统功能衰竭的患者可作为急救药。但由于樟脑的水溶性低，在使用上受到限制。若在 C_{10} 位置上引入亲水性磺酸钠基团，可制成注射剂用于呼吸和循环系统急性障碍及对抗中枢神经抑制剂中毒症状。

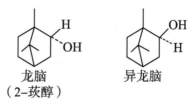

樟脑–10–磺酸　　樟脑–10–磺酸钠

（3）龙脑与异龙脑：龙脑（borneol）又称为樟醇（camphol），俗称冰片，可视为樟脑的还原产物，也是合成樟脑的中间产物。其有两个对映异构体，右旋体主要得自龙脑香树的挥发油，左旋体得自艾纳香的叶子。野菊花挥发油以龙脑和樟脑为主要成分。异龙脑（isoborneol）是龙脑的差向异构体。

龙脑
（2–莰醇）　　异龙脑

龙脑具有似胡椒又似薄荷的香气，能升华，但挥发性较樟脑小。龙脑是一种重要的中药，具有发汗、兴奋、解痉、驱虫等作用，是人丹、冰硼散、六神丸等药物的主要成分之一。

（二）倍半萜和二萜类

1. 倍半萜　倍半萜类是含有三个异戊二烯单位的萜类化合物,具有链状、环状等多种碳骨架结构。倍半萜多为液体,主要存在于植物的挥发油中。它们的醇、酮和内酯等含氧衍生物也广泛存在挥发油中。例如:

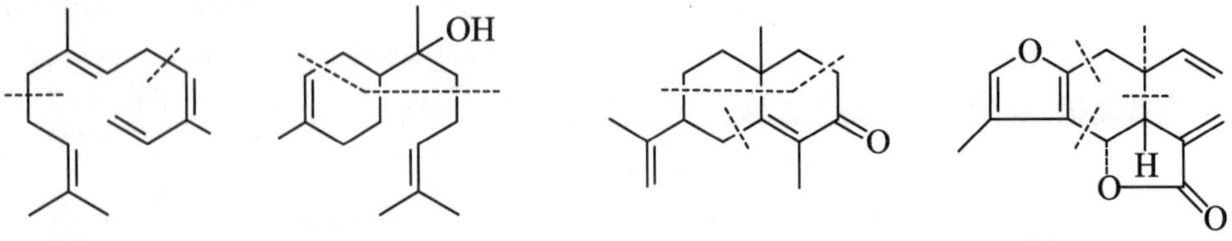

| α-麝子油烯 | 没药醇 | α-香附酮 | 异乌药内酯 |
| α-farnesene | bisabolol | α-cyperone | isolinderalactone |

2. 二萜　二萜类是含有四个异戊二烯单位的萜类化合物。植物成分中属于直链和单环的二萜较少,主要是二环和三环二萜,尤其含氧衍生物的二萜类化合物数目较多。二萜的分子量较大,多数不能随水蒸气挥发,是构成树脂类的主要成分,少数存在于某些高沸点的挥发油中。在植物体内迄今未发现真正的直链二萜烃类存在,但其部分饱和的醇则广泛分布于高等植物中,如叶绿素的水解产物叶绿醇(phytol)。维生素A(vitamin A)为单环二萜类,结构中的五个共轭双键,均为反式构型。维生素A的制剂贮存过久或受紫外线照射,会因构型翻转而影响其活性,若转化为13-(Z)维生素A,使活性降低;若转化为11-(Z)维生素A,则失去活性。维生素A存在于奶油、蛋黄、鱼肝油及动物的肝中。维生素A为哺乳动物正常生长和发育所必需的物质,其对上皮组织具有保持生长、再生及防止角质化的重要功能,对皮肤病有治疗作用。体内缺乏维生素A则发育不健全,并能引起夜盲症、眼膜和眼角膜硬化等症状。

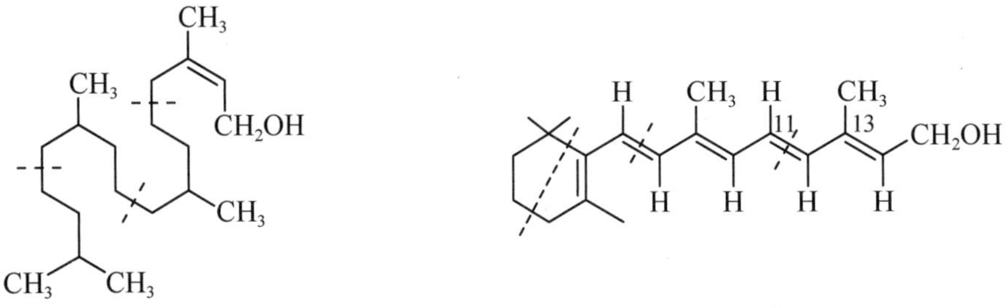

叶绿醇　　　　　　　　　　　　　　维生素A

（三）三萜和四萜类

1. 三萜　三萜类是含有六个异戊二烯单位的萜类化合物,广泛存在于动植物体内,主要以游离状态或以酯或苷的形式存在,多数是含氧的衍生物,为树脂的主要成分之一。例如角鲨烯和甘草次酸等。

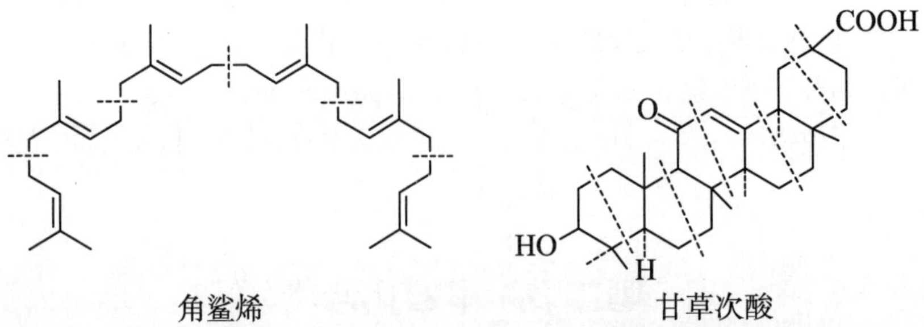

| 角鲨烯 | 甘草次酸 |
| squalene | glycyrrhetinic acid |

角鲨烯是存在于鲨鱼中的鱼肝油的主要成分,也存在于橄榄油、菜籽油、麦芽与酵母中,它是由一对三个异戊二烯单位头尾连接后的片段相互对称相连而成的。角鲨烯具有降血脂和软化血管等

作用。

　　甘草次酸是含有五个环的三萜化合物,在甘草中以与糖结合成苷的形式存在,后者称为甘草酸,因其味甜又称为甘草甜素。甘草次酸具有保肝、解毒、抑制肿瘤细胞生长等作用。

　　2. 四萜　四萜类衍生物在自然界中的分布很广,这类化合物的分子中都含有一个较长的碳碳双键共轭体系,都是有颜色的物质,因此也常将四萜称为多烯色素。最早发现的四萜类多烯色素是从胡萝卜素中来的,后来又发现很多结构与此相类似的色素,所以通常将四萜称为胡萝卜类色素。例如番茄红素(也称番茄烯)、胡萝卜素、叶黄素等。

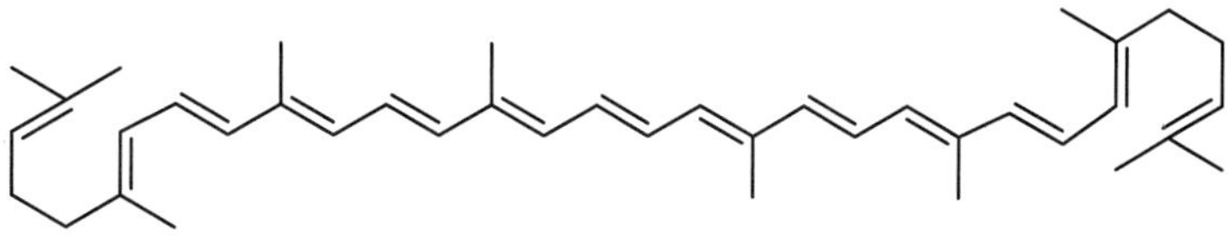

番茄红素（lycopene）

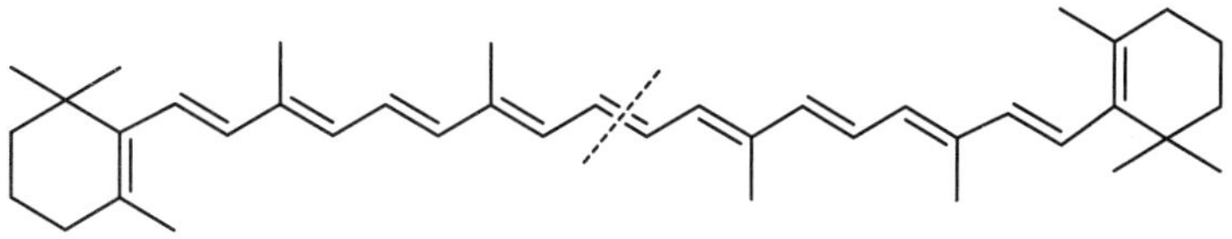

β-胡萝卜素（β-carotene）

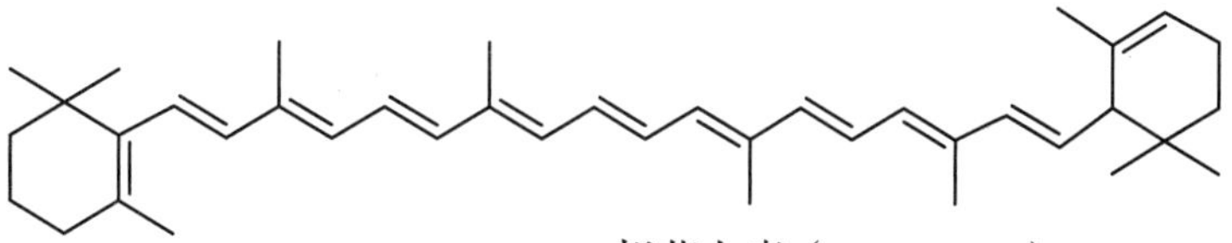

α-胡萝卜素（α-carotene）

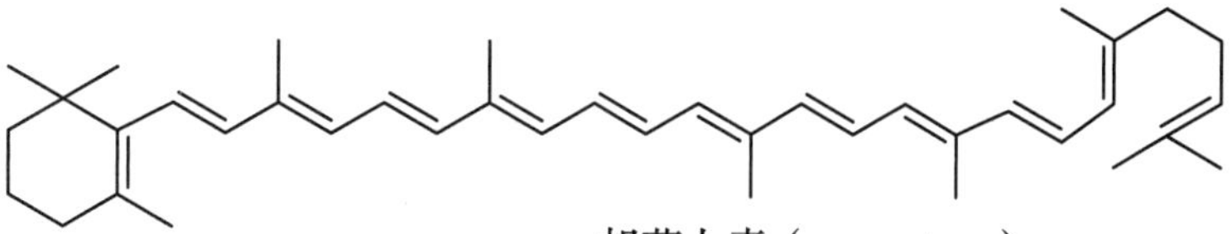

γ-胡萝卜素（γ-carotene）

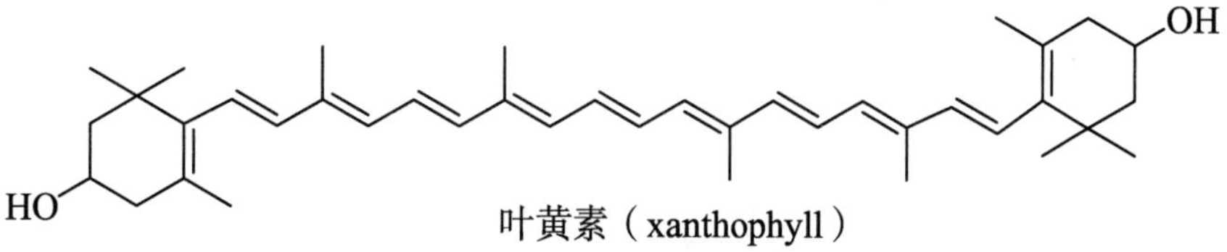

叶黄素（xanthophyll）

　　番茄红素存在于番茄、西瓜、柿子等水果中,为洋红色结晶,可作食品色素用。胡萝卜素不仅存在于胡萝卜中,也广泛存在于植物的叶、果实及动物的乳汁、脂肪中。它有三种异构体——α、β 和 γ,其中 β-胡萝卜素是胡萝卜色素中的主要成分,是黄色素,可用作食品色素。因其在动物和人体内经酶催化可氧化裂解成两分子维生素 A,故称为维生素 A 原(provitamin A)。

　　叶黄素是存在于植物体内的一种黄色的色素,与叶绿素共存,只有在秋天植物中的叶绿素破坏后方显其黄色。

第二节　甾族化合物

　　甾族化合物(steroid,又称甾体化合物)的结构类型及数目繁多,广存于动植物体内。例如人体含有的甾体激素有由肾上腺皮质分泌出来的肾上腺皮质激素如氢化可的松、去氧皮质酮,由性腺分泌的

雌性激素如 β-雌二醇、孕酮,雄性激素如睾酮等,它们均在人体中起着非常重要的生理作用。临床上用甾族化合物治疗某些疾病有明显的疗效。因动物体内它们存在的量极少,故需人工合成。

一、基本骨架及其编号

甾族化合物广泛存在于动植物体内。例如:

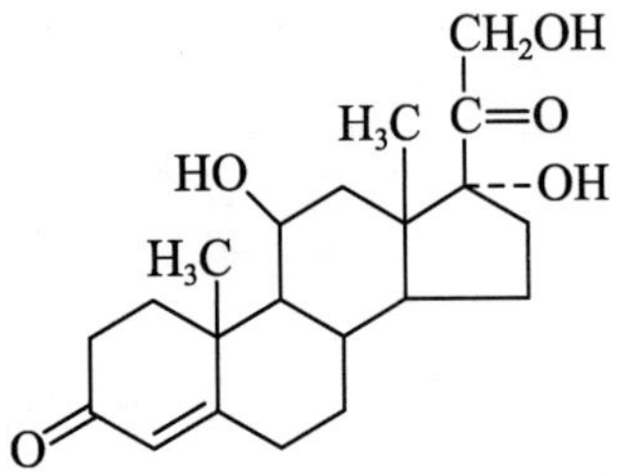

氢化可的松
hydrocortisone

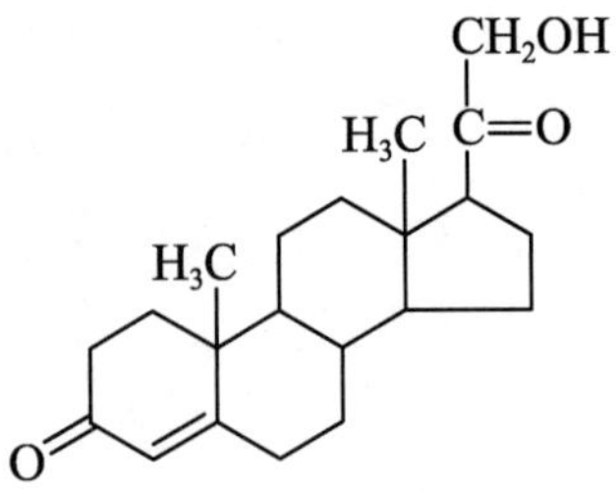

去氧皮质酮
deoxycorticosterone

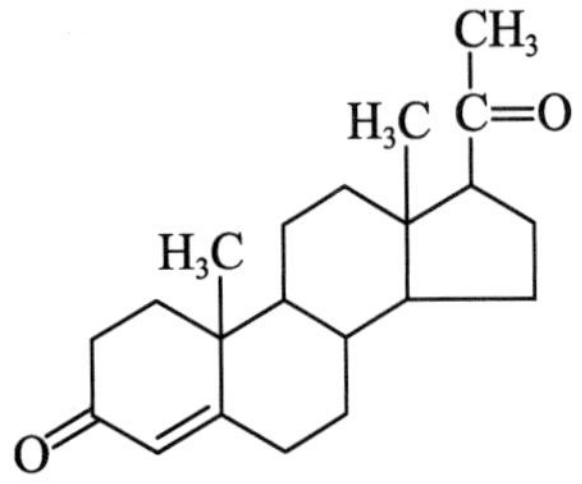

孕酮
progesterone

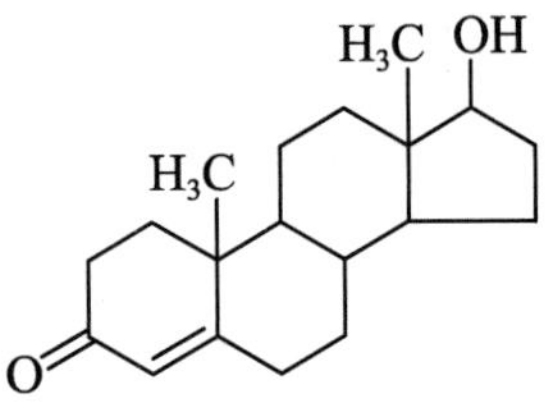

睾酮
testosterone

上述各例的基本碳架均由环戊烷并多氢菲母核和三个侧链构成。"甾"字很形象地表示这种基本碳架的特征,"田"字表示四个稠合环,在"田"字上的"巛"表示环上连有三个侧链。其基本骨架如下所示:

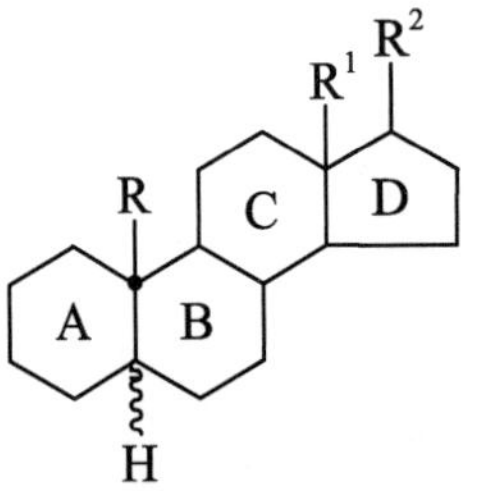

一般来说,其中两个侧链(R、R¹)是甲基(专称角甲基),另一个(R²)为含不同碳原子数的碳链或含氧基团。

甾族化合物的基本骨架的编号次序如下所示:

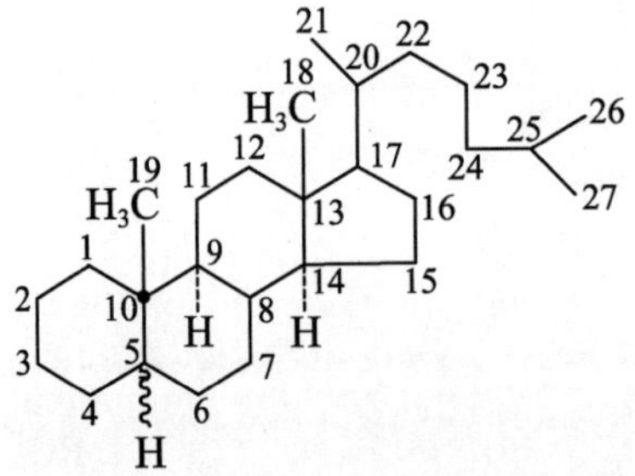

在上式中,用实线与环碳原子相连的原子或基团表示位于环平面上方,称 β-构型;用虚线与环碳原子相连的原子或基团表示位于环平面下方,称 α-构型。波纹线则表示所连基团的构型待定或包括

α、β 两种构型。

二、命名

很多存在于自然界中的甾族化合物都有其各自的习惯名称。若按系统命名法命名,则需先确定所选用的甾体母核,然后在其前后表明各取代基的名称、数量、位置与构型。

根据 C_{10}、C_{13} 与 C_{17} 处所连的侧链不同,甾体母核的名称不同,见表 18-2。

表 18-2　甾族化合物的基本母核名称和分类

R	R¹	R²	甾体母核的名称
—H	—H	—H	甾烷(gonane)
—H	—CH₃	—H	雌甾烷(estrane)
—CH₃	—CH₃	—H	雄甾烷(androstane)
—CH₃	—CH₃	—CH₂—CH₃	孕甾烷(pregnane)
—CH₃	—CH₃	CH₃—CH—CH₂—CH₂—CH₃	胆烷(cholane)
—CH₃	—CH₃	CH₃—CH—CH₂—CH₂—CH₂—CH—CH₃ (上方 CH₃)	胆甾烷(cholestane)

甾族化合物均可作为有关甾体母核的衍生物来命名。母核中含有碳碳双键时,将"烷"改成相应的"烯""二烯""三烯"等,并表示出其位置。官能团或取代基的名称及其所在的位置与构型表示在母核名前,若用它们作为母体(如羰基、羧基)则表示在母核之后。例如:

3-羟基雌甾-1,3,5(10)-三烯-17-酮
雌酚酮

17β-羟基-17α-甲基雄甾-4-烯-3-酮
甲睾酮

17α-乙炔基雌甾-1,3,5(10)-三烯-3,17β-二醇
(炔雌二醇)

3α,7α,12α-三羟基-5β-胆烷-24-酸
(胆酸)

11β,17α,21-三羟基孕甾-4-烯-3,20-二酮
(氢化可的松)

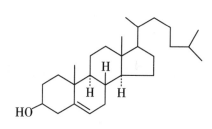

胆甾-5-烯-3β-醇
(胆固醇)

对差向异构体,可在习惯名称前加"表"字。例如:

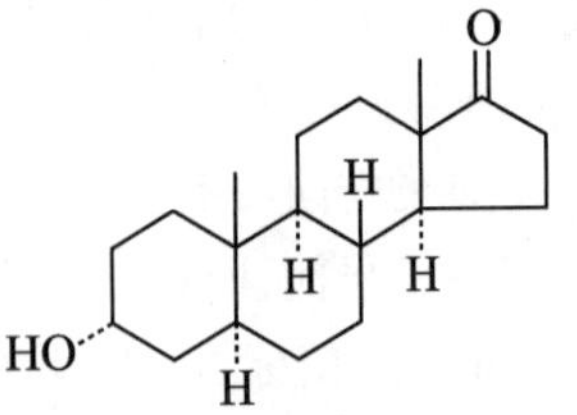

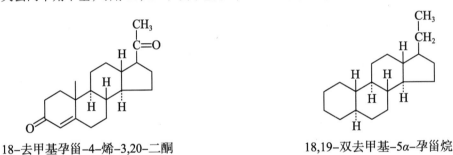

雄甾酮 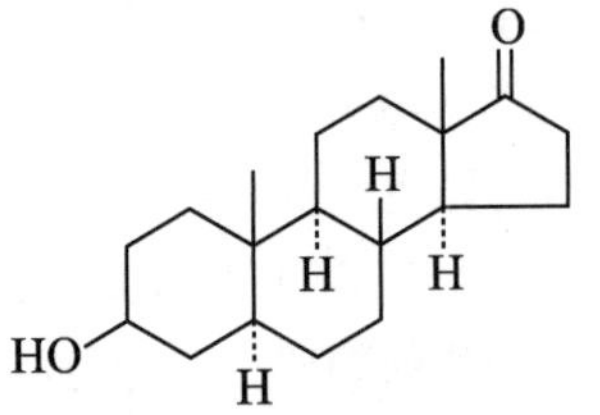 表雄(甾)酮

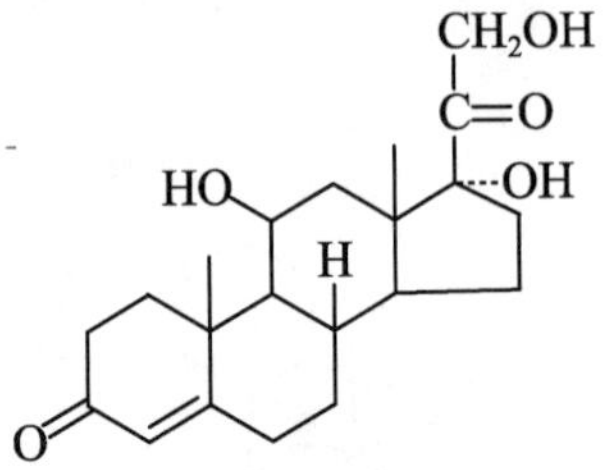

氢化可的松
生理活性大

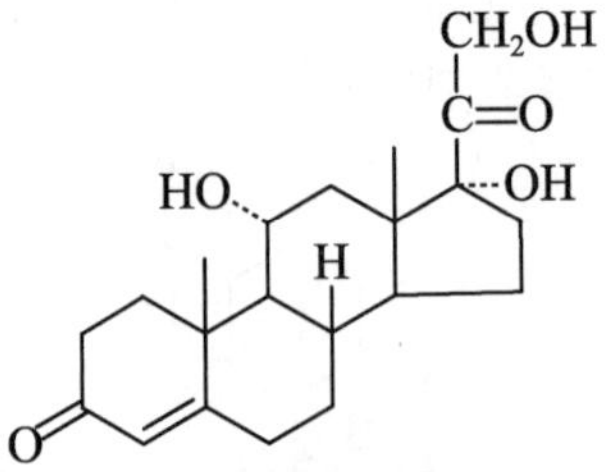

表氢化可的松
生理活性小

在角甲基去除时,可加词首"去甲基(nor)"或"失碳"表示,并在其前表明所失去甲基的位置。如果同时失去两个角甲基,可用18,19-双去甲基(18,19-dinor)或18,19-双失碳表示。例如:

18-去甲基孕甾-4-烯-3,20-二酮

18,19-双去甲基-5α-孕甾烷

三、构型和构象

(一) 甾族化合物的碳架构型

胆甾烷分子中有八个手性碳原子,理论上可有 $256(2^8)$ 种不同构型的光学异构体。但由于稠环的存在及由其引起的空间位阻的影响,使实际存在的异构体数目大为减少。

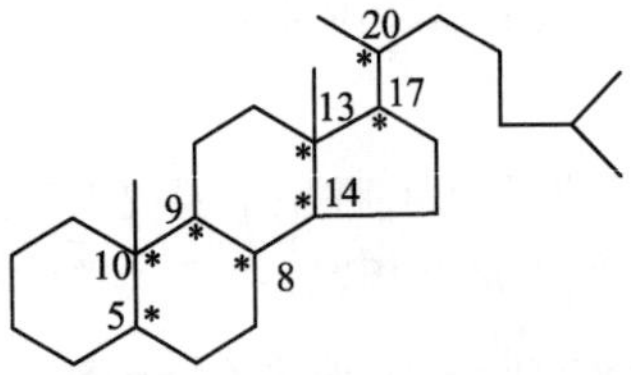

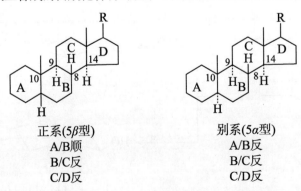

绝大多数天然或人工合成的甾族化合物的基本母核的构型分别属于正系或别系。

正系(5β型)
A/B顺
B/C反
C/D反

别系(5α型)
A/B反
B/C反
C/D反

当 A/B 顺式稠合时,C_5 上的氢原子和 C_{10} 上的甲基位于环平面同侧,即都位于平面上方,此种甾族化合物的碳架构型称为正系(A/B 顺、B/C 反、C/D 反),简称 5β-型,其构型可标记为顺式 – 异边 – 反式 – 异边 – 反式(*cis-anti-trans-anti-trans*)。顺式表示 A/B 环相并合的关系,反式表示 B/C 和 C/D 环相并合的关系,异边表示 C_9-H 与 C_{10}-CH_3 及 C_8-H 与 C_{14}-H 的定向关系。

当 A/B 反式稠合时,C_5 上的氢原子和 C_{10} 上的甲基位于环平面异侧,即 C_5 上的氢原子位于平面下方,此种甾族化合物的碳架构型称为别系(A/B 反、B/C 反、C/D 反),简称 5α-型,其构型可标记为反式 – 异边 – 反式 – 异边 – 反式(*trans-anti-trans-anti-trans*)。

在通常情况下,表示 B/C 和 C/D 反式稠合特征的 8β-氢、9α-氢与 14α-氢均被省略,用 5β-氢或 5α-氢表明分属正系或别系即可。

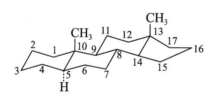

正系(5β-型)

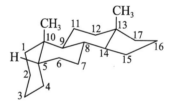

别系(5α-型)

若 C_5 与 C_4、C_6 或 C_{10} 间形成双键,则 A/B 环稠合的构型无差别,亦无正系与别系之分。

（二）甾族化合物的构象

甾族碳架是由三个环己烷环相互按十氢萘的方式稠合成全氢菲碳架,再与环戊烷环并合而成,所以有关环己烷、十氢萘与环戊烷的构象情况也适用于甾族碳架。但因反式稠合环的存在,增大甾族碳架的刚性,分子内的环己烷环不能翻转,故其 e 键与 a 键也不能互换。

正系和别系化合物的构象如下:

别系甾体的碳架构象
A/B反（e,e 稠合）
B/C反（e,e 稠合）

正系甾体的碳架构象
A/B顺（e,a 稠合）
B/C反（e,e 稠合）

在一般情况下,正系和别系甾族化合物碳架中的环己烷均取椅式构象。

（三）甾族化合物的构象分析

甾族化合物中的一些基团受构象的影响,在性质上表现出较大的差异,现仅举几例。

1. 与双键有关的反应　甾体母核上的角甲基、C_{17} 处的侧链均为 β-构型,所以对烯键进行催化氢化、用过酸进行环氧化时,反应都发生在 α-面,所引入的基团均位于 α-构型。例如:

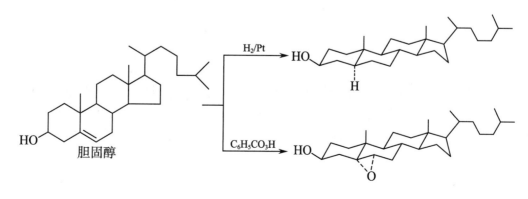

胆固醇

2. 与羟基有关的反应

(1) 酯化和酯的水解反应:e键–OH 比 a键–OH 容易。

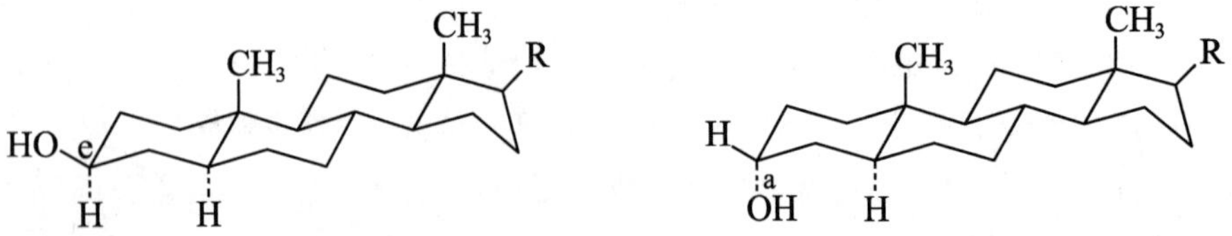

<table>
<tr><td></td><td>A
3β–OH(e键)</td><td>B
3α–OH(a键)</td></tr>
<tr><td>酯化速度:</td><td>快</td><td>慢</td></tr>
<tr><td>水解速度:</td><td>快</td><td>慢</td></tr>
</table>

这可能是因为在酯化和酯水解时,亲核试剂进攻羟基或酯基是反应的决速步骤,所以当羟基或酯基位于 a 键时,进攻试剂受到的空间位阻较大,反应速率较慢。

(2) 氧化反应:e键–OH 比 a键–OH 难。

要说明这一问题,可从氧化机理给予解释。以铬酸氧化为例,机理如下:

$$R_2CHOH + H_2CrO_4 \rightleftharpoons R_2CHOCrO_3H + H_2O$$
$$铬酸酯$$

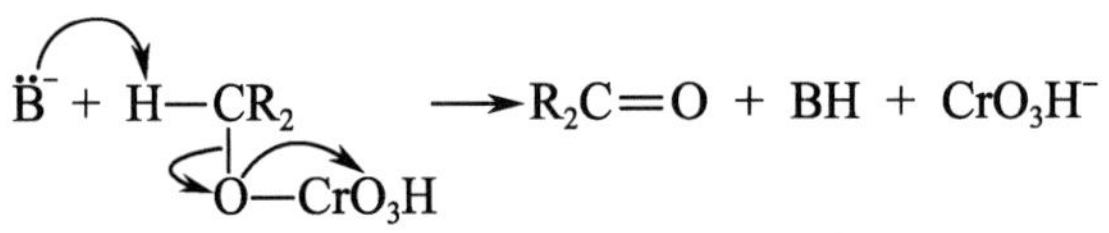

$$\overset{-}{B} + H{-}CR_2 \longrightarrow R_2C{=}O + BH + CrO_3H^-$$

以上两步中,铬酸酯失去 α–氢,生成羰基化合物是反应的决速步骤,即氧化反应主要发生在 α–氢上。当 OH 处于 e 键时,其 α–氢则处于 a 键,碱脱去 α–氢时受的空间位阻较大,所以反应速率较慢。

对甾族化合物的构象进行分析,了解官能团发生反应的难易,在甾族化合物的合成中可以预测反应发生的主要部位。例如 3β,5α,6β–三羟基胆甾烷与氯代甲酸乙酯酰化时,只有 C₃–OH 处成酯,因为只有此处的羟基位于 e 键。

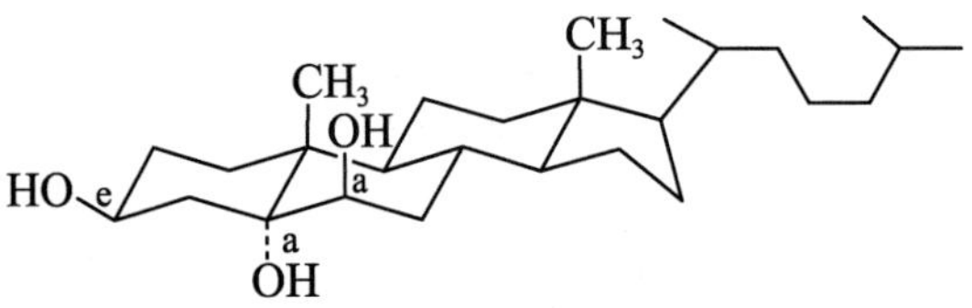

四、胆固醇(胆甾醇)

胆固醇(cholesterol)是一种动物固醇,最初是在胆石中发现的,故而得其名。胆固醇的 C_3 位有一个 β–羟基,C_5 与 C_6 之间为双键,C_{17} 连有一个八个碳原子的烷基侧链,是胆甾烷的衍生物。其结构式如下:

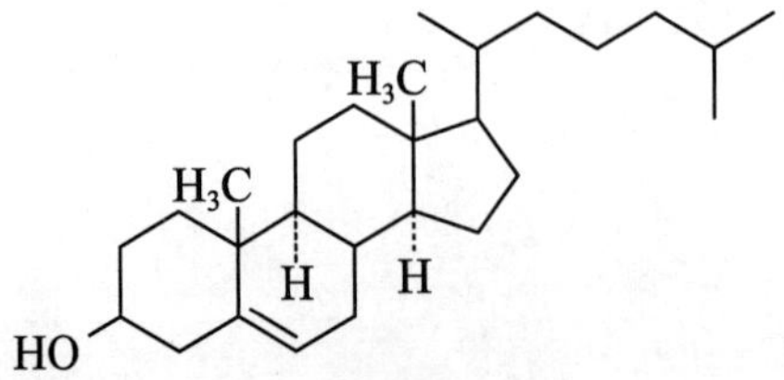

胆固醇

在动物和人体内,胆固醇大多以脂肪酸酯的形式存在,在植物体内常以糖苷的形式存在。胆固醇

是真核生物细胞膜的重要组分,生物膜的流动性与其有密切关系。胆固醇在细胞膜的脂质中的掺入可以防止磷脂的脂酰链的晶化,消除相变;同时,胆固醇又可在空间上堵住脂酰链的较大运动,使膜的流动性降低。因此,胆固醇可使膜的流动性适中。胆固醇还是生物合成胆甾酸和甾体激素等的前体,在体内有重要作用。但胆固醇摄入过多或代谢发生障碍时,胆固醇会从血清中沉积在动脉血管壁上,导致冠心病和动脉粥样硬化症。不过,体内长期胆固醇偏低也会诱发疾病。

　　已有实验证明,胆固醇是由角鲨烯生物合成的,胆固醇与萜类有相同的生源,简单的途径概括如下:

$$\text{乙酸} \longrightarrow \underset{\text{(3R–MVA)}}{\text{甲戊二羟酸}} \longrightarrow \underset{\text{(IPP)}}{\text{异戊烯焦磷酸}} \longrightarrow \underset{C_{30}}{\text{角鲨烯}} \longrightarrow \underset{C_{27}}{\text{胆固醇}}$$

乙酸是以乙酰辅酶 A 的形式出现的。

　　胆固醇在酶催化下氧化生成 7–脱氢胆固醇,它的 B 环中有共轭双键。7–脱氢胆固醇存于皮肤组织中,在日光照射下发生光化学反应,转变为维生素 D_3。

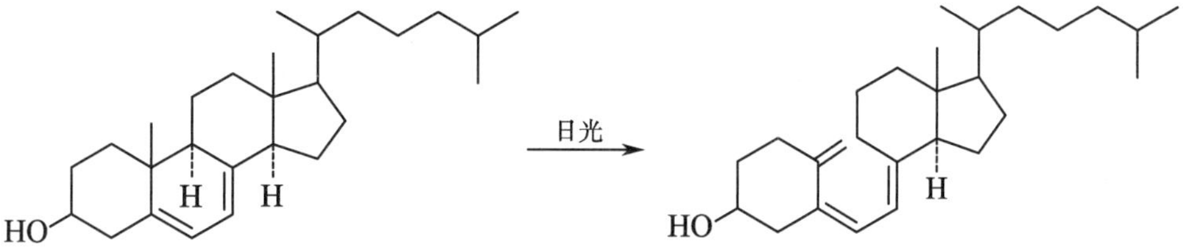

7–脱氢胆固醇 → (日光) → 维生素D₃

7–脱氢胆固醇　　　　　　　　　　　　维生素D₃

　　维生素 D_3 是从小肠中吸收 Ca^{2+} 过程中的关键化合物。体内的维生素 D_3 浓度太低会引起 Ca^{2+} 缺乏,不足以维持骨骼的正常形成而产生骨软骨病。

　　鱼类已经适应不见阳光的环境,它们可通过非光照途径积累维生素 D_3。鱼肝油是维生素 D_3 的良好来源。

习　　题

1. 指出组成下列萜类物质的异戊二烯单元数目、属于哪类? 画出连接的部位。

(1) 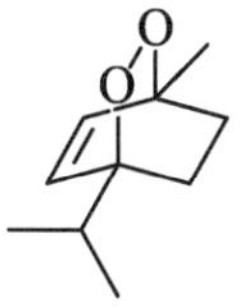 驱蛔萜(属藜属植物)

(2) 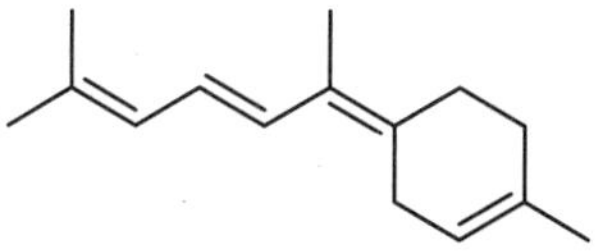 红没药烯

(3) 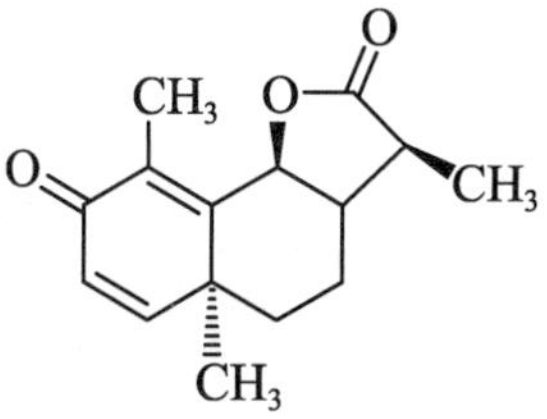 山道年

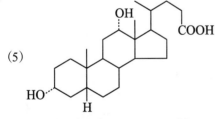

(4) 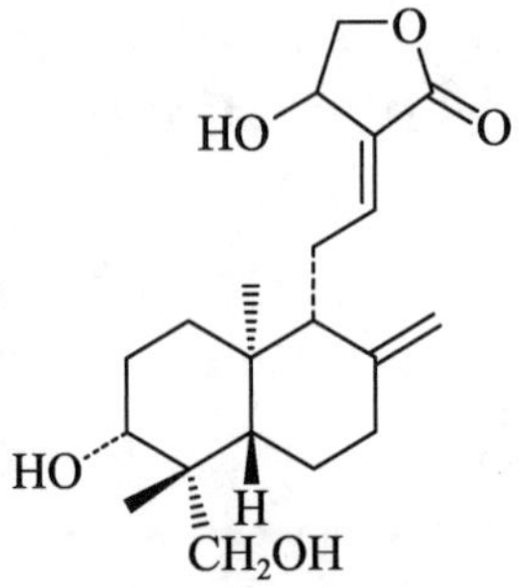 穿心莲内酯

2. 写出 (−)−薄荷醇的构型和构象式。

3. 写出 α−蒎烯、β−蒎烯和龙脑的构象式。

4. 写出甾烷、雄甾烷、雌甾烷、孕甾烷的构象式并对碳架编号。

5. 举例说明甾族化合物中正系、别系、α、β 的含义。

6. 用系统命名法命名下列甾族化合物。

(1)

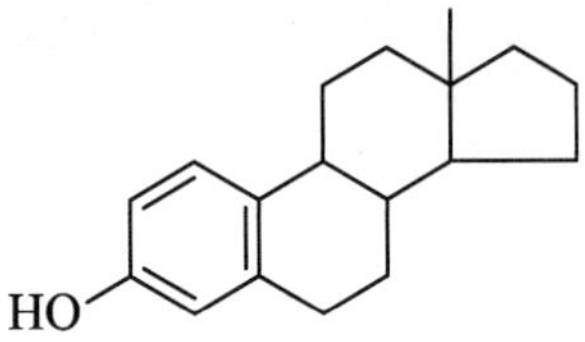

(2)

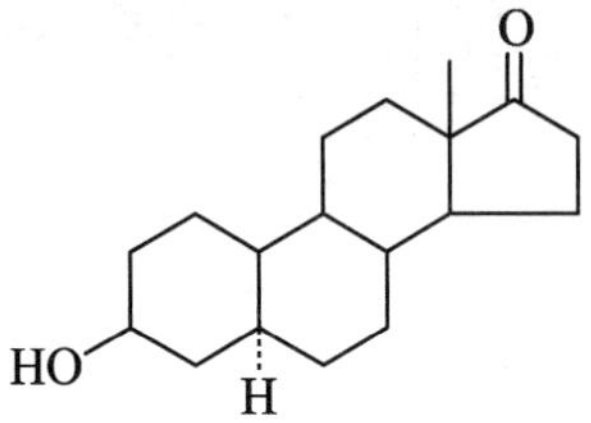

(3)

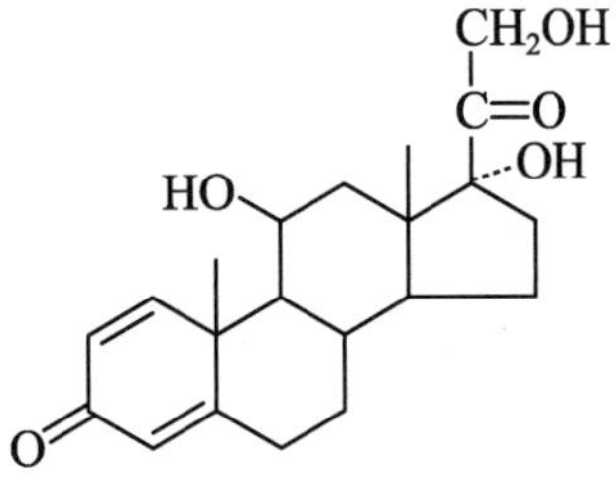

(4)

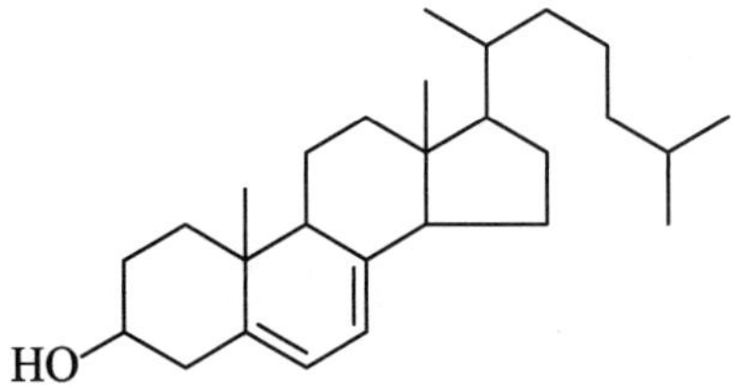

(5)

(6)

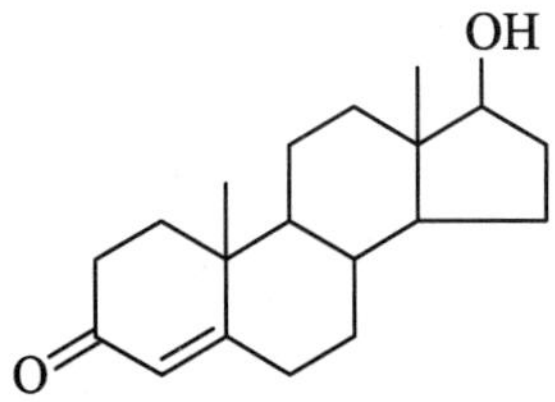

7. 选择题(请选择一个正确答案)。

(1) 萜类化合物的基本特性是(　　　)

A. 具有芳香气味　　　　　　　　　　B. 分子中的碳原子数是 5 的整数倍

C. 分子具有环状结构　　　　　　　　D. 分子中具有多个双键

(2) 薄荷醇中有几个旋光异构体(　　　)

A. 2 个　　　　　　B. 4 个　　　　　　C. 6 个　　　　　　D. 8 个

(3) 樟脑分子中有两个手性碳原子,则它有(　　　)

A. 四个立体异构体　　　　　　　　　B. 三个立体异构体

C. 两个立体异构体　　　　　　　　　D. 没有立体异构体

(4) 具有环戊烷并多氢菲骨架的化合物属于(　　　)

A. 多环芳烃　　　　B. 生物碱　　　　　C. 萜类　　　　　　D. 甾体

(5) α−蒎烯和 β−蒎烯属于(　　　)

A. 对映异构　　　　B. 互变异构　　　　C. 顺反异构　　　　D. 位置异构

(6) 胆甾烷的两种异构体与 5α-胆甾烷和 5β-胆甾烷属于(　　)

A. 对映异构　　B. 互变异构　　C. 差向异构　　D. 构象异构

8. 用简单的化学方法鉴别下列各组化合物。

(1) 柠檬醛、樟脑、薄荷醇

(2) 胆酸、胆固醇、炔雌二醇

9. 写出下列反应的主要产物。

(1)

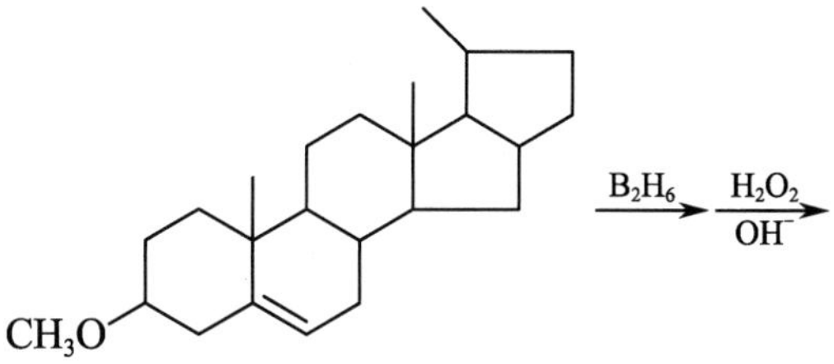
CH3O
B2H6
H2O2
OH⁻

(2)

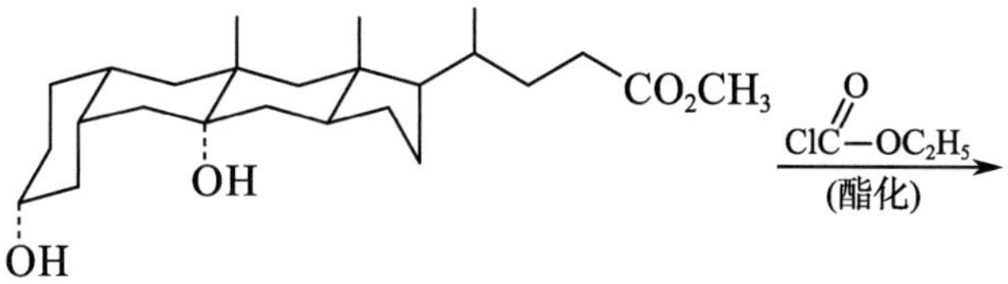
CO2CH3
OH
OH
O
ClC—OC2H5
(酯化)

(3)

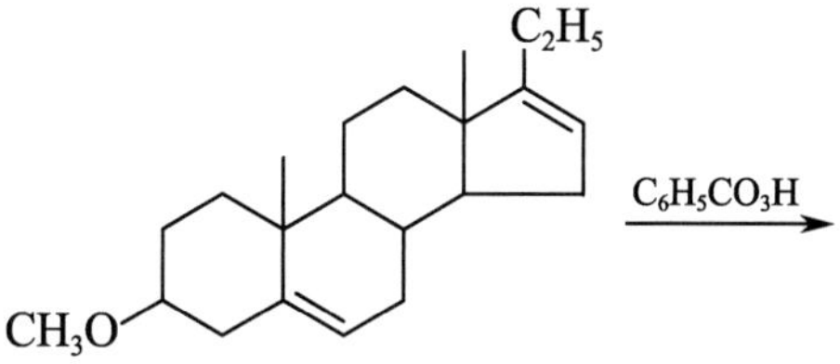
C2H5
CH3O
C6H5CO3H

(4)

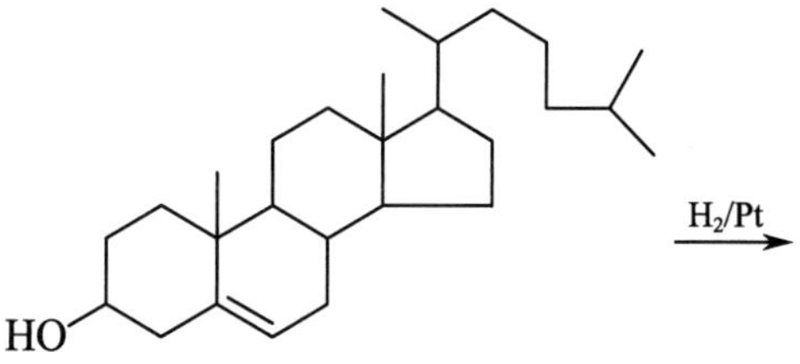
HO
H2/Pt

第十九章

周 环 反 应

周环反应(pericyclic reaction)是在化学反应中通过环状过渡态进行的协同反应。化学键的断裂和形成同步完成,同时有超过一个键在环内生成或断裂的反应称为协同反应。这类反应与前面章节中已学过的自由基反应机理或离子反应机理不同,反应是通过由电子重新组织经过四或六电子中心环的过渡态而进行的。

周环反应具有如下特点:①反应过程中,化学键的断裂和形成是相互协调地同时发生于过渡态结构中,为多中心的一步反应;②反应过程中没有自由基或离子这一类活性中间体产生;③反应速率极少受溶剂的极性和酸、碱催化剂的影响,也不受自由基引发剂或抑制剂的影响;④反应条件一般只需要加热或光照,而且在加热条件下得到的产物和在光照条件下得到的产物具有不同的立体选择性,是高度空间定向反应。

周环反应在合成特定构型的环状化合物时很有用处,特别是对结构复杂的天然产物的合成更有重要意义。1965 年美国著名化学家伍德沃德(R. B. Woodward)及量子化学家霍夫曼(R. Hofmann)携手合作,在总结大量有机合成经验规律的基础上,特别是在合成维生素 B_{12} 的过程中,将分子轨道理论引入周环反应的反应机理研究,运用前线轨道理论和能级相关理论来分析周环反应,提出分子轨道对称性守恒原理。伍德沃德与霍夫曼的工作是近代有机化学中的重大成就之一,因此,霍夫曼与前线轨道学说开拓者——日本的福井谦一共同获得 1981 年诺贝尔奖。

分子轨道对称性守恒原理的基本论点是化学反应是分子轨道进行重新组合的过程,在一个协同反应中,分子轨道的对称性是守恒的。当反应物和生成物的轨道对称性一致时,反应就能很快地进行,反应过程中分子轨道的对称性始终不变,因为只有这样,才能用最低的能量形成反应中的过渡态。分子轨道的对称性控制整个反应的进程,而反应物总是倾向于以保持其轨道对称性不变的方式发生反应,从而得到轨道对称性相同的产物。

周环反应主要包括电环化反应、环加成反应和 σ 迁移反应。各类周环反应的范例如下:

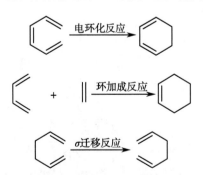

在应用分子轨道对称性守恒原理分析周环反应时有几种表达方式,如前线轨道法、轨道相关理论及芳香过渡态理论等,这些表达方式虽然在处理的形式上不同,但结论是一致的。其中前线轨道法较为简单而且形象、容易接受,本章主要介绍前线轨道法。

第一节　电环化反应

在光或热的作用下,开链的共轭烯烃两端形成 σ 键并转变为环烯烃,以及它的逆反应——环烯烃开环变为共轭烯烃,这类反应统称为电环化反应(electrocyclic reaction)。例如 (Z,E)-己-2,4-二烯和 (Z,Z,E)-辛-2,4,6-三烯的环化和逆反应。

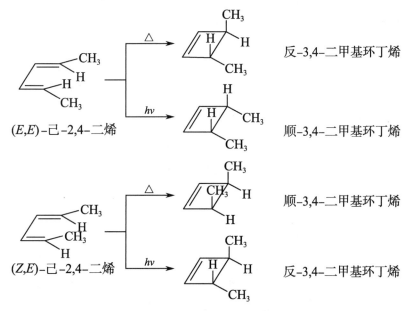

反-3,4-二甲基环丁烯　　(Z,E)-己-2,4-二烯　顺-3,4-二甲基环丁烯

顺-5,6-二甲基环己-1,3-二烯　　(Z,Z,E)-辛-2,4,6-三烯　反-5,6-二甲基环己-1,3-二烯

一、选择规律

电环化反应的最显著的特点是具有高度的立体专一性。例如在加热条件下,(E,E)-己-2,4-二烯只转变为反-3,4-二甲基环丁烯,而在光照条件下却转变为顺-3,4-二甲基环丁烯;若以 (Z,E)-己-2,4-二烯为原料进行反应,则在加热或光照条件下所得的产物构型与上述正好相反。

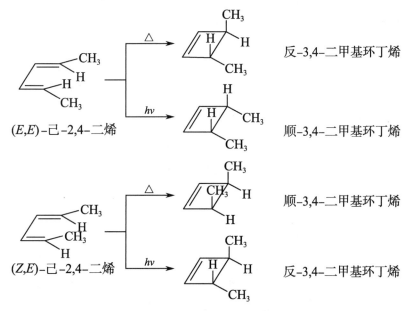

(E,E)-己-2,4-二烯

反-3,4-二甲基环丁烯

顺-3,4-二甲基环丁烯

(Z,E)-己-2,4-二烯

顺-3,4-二甲基环丁烯

反-3,4-二甲基环丁烯

(E,Z,E)-辛-2,4,6-三烯在加热或光照下也得到不同立体构型的产物。

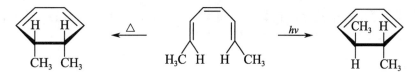

顺-5,6-二甲基环己-1,3-二烯　　(E,Z,E)-辛-2,4,6-三烯　反-5,6-二甲基环己-1,3-二烯

电环化反应的立体选择性主要由两种因素所决定:①多烯烃中 π 电子的数目;②反应条件是加热还是光照。

电环化反应常用顺旋和对旋来描述不同的立体化学过程。顺旋(conrotatory)是指两个碳碳 σ 键键轴向同一方向旋转,对旋(disrotatory)是指两个碳碳 σ 键键轴向相反方向旋转,其示意图如图 19-1 所示。

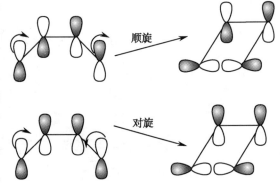

19-D-1
顺旋或对
旋关环
(动画)

图 19-1 顺旋或对旋关环示意图

顺旋和对旋产物的立体选择性是不同的,例如 (E,Z,E)-辛-2,4,6-三烯的两个端链基团对旋时,得顺-5,6-二甲基环己-1,3-二烯;而顺旋时,则得反-5,6-二甲基环己-1,3-二烯。

(E,Z,E)-辛-2,4,6-三烯   顺-5,6-二甲基环己-1,3-二烯

(E,Z,E)-辛-2,4,6-三烯   反-5,6-二甲基环己-1,3-二烯

将电环化反应的立体选择性进行归纳总结,可以得到如表 19-1 的选择规律。表 19-1 中的 π 电子数均指链状共轭烯烃的 π 电子数。

表 19-1 电环化反应的选择规则

π 电子数	热反应	光反应
$4n$	顺旋	对旋
$4n+2$	对旋	顺旋

例如 (E,Z,Z,E)-癸-2,4,6,8-四烯的热电环化反应,其 π 电子数为 8,为 $4n$ 个电子参加的反应,以顺旋方式闭环,立体专一性地得到反-7,8-二甲基环辛-1,3,5-三烯。

(E,Z,Z,E)-癸-2,4,6,8-四烯   反-7,8-二甲基环辛-1,3,5-三烯(唯一产物)

又例如 (E,E)-己-2,4-二烯的 π 电子数为 4,在光和热条件下的环化反应可进行以下转换。

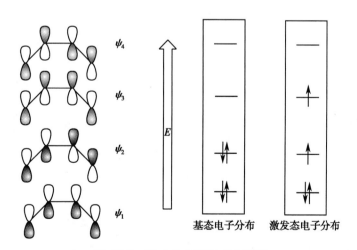

(E,E)-己-2,4-二烯　　　　　　　　(Z,E)-己-2,4-二烯

二、选择规律的理论解释

电环化反应的选择规律可以用分子轨道对称性守恒原理从理论上加以证明。用前线轨道理论分析,可以清楚地理解热电环化反应和光电环化反应具有相反的立体化学结果的事实。

所谓前线轨道或称前线分子轨道一般指分子中电子占据的能量最高轨道,即最高占据分子轨道(highest occupied molecular orbit,HOMO)和未被电子占据的能量最低轨道,即最低未占据分子轨道(lowest un-occupied molecular orbit,LUMO)。因为这两个轨道处在相互作用的两个分子的前线地位,所以称为前线轨道。前线轨道理论认为,发生化学反应时 HOMO 和 LUMO 这两个前线轨道对成键起到主导作用。

与原子在反应过程中起关键作用的是能量最高的价电子一样,分子中处于 HOMO 的电子能量最高,最活泼,被束缚得最不牢固,最容易推动反应进行,常常对反应进程起决定作用。因此考虑轨道的对称性,关键问题是前线轨道的对称性质。由于电环化反应是只涉及一个分子的单分子反应,因此只需要分析底物分子的 HOMO 即可。

图 19-2 所示为丁-1,3-二烯的分子轨道。图 19-2 表明,它有 4 个 π 分子轨道和 4 个 π 电子,属于 $4n$ 体系,在基态时 4 个 π 电子占有 ψ_1 和 ψ_2 分子轨道,其中 ψ_2 是 HOMO,即前线轨道,对反应起决定作用。

ψ_4

ψ_3

E

ψ_2

ψ_1

基态电子分布　　　激发态电子分布

图 19-2　丁-1,3-二烯的分子轨道

在热电环化反应情况下,对于共轭二烯 π 体系,π 电子数为 $4n$ 的体系(如共轭丁二烯体系)来说,如图 19-3 所示,从前线轨道 ψ_2 的对称性可知,ψ_2 轨道有一个节面,要使关环时发生两个 p 轨道符号相同的半叶互相重叠,只能通过 π 体系末端碳原子的顺旋关环方式才能发生成键作用。若进行对旋运动,它们的作用是反键的,不能发生成键作用,与实验结果相符。由此很好地说明对于丁二烯体系

化合物的热电环化反应,顺旋是允许的、对旋是禁阻的原因。在其他 $4n\pi$ 体系中存在类似的 HOMO 的对称性质,所以在这些体系中,所有热电环化反应都遵循电环化选择规则——顺旋允许,对旋禁阻。

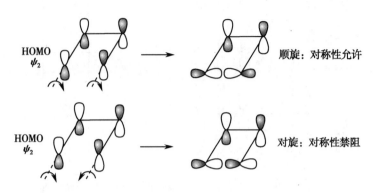

19-D-2
丁-1,3-二烯热环化反应生成环丁烯(动画)

图 19-3　丁-1,3-二烯热环化反应生成环丁烯

但对于光照电环化反应,情况则不同。同样以 $4n\pi$ 电子体系共轭二烯为例,丁二烯吸收光以后,其分子轨道转变成图 19-4 所示的激发态,其中有一个电子从 ψ_2 跃迁至 ψ_3,此时 HOMO 是 ψ_3,它是涉及反应时电子转移的前线轨道。在 ψ_3 中,末端碳 p 轨道的相对对称性与 ψ_2 中的相反,结果对旋关环是允许的,而顺旋关环是禁阻的。因此,光照电环化反应的立体化学也正好与热电环化反应相反。

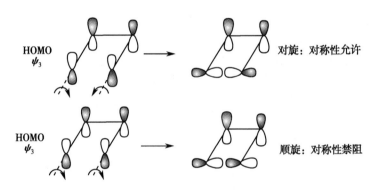

19-D-3
丁-1,3-二烯光环化反应生成环丁烯(动画)

图 19-4　丁-1,3-二烯光环化反应生成环丁烯

对于 π 电子数为 $4n+2$ 的共轭烯烃的电环化反应,以己-1,3,5-三烯共轭 π 体系为例,其分子轨道如图 19-5 所示。该体系的热电环化反应是由基态的 HOMO 前线轨道 ψ_3 所控制的,而其光电环化反应则是由第一激发态的 HOMO 前线轨道 ψ_4 所控制的。用前线轨道理论不难得出对于 π 电子数为 $4n+2$ 的共轭烯烃,其热电环化反应对旋是允许的,顺旋是禁阻的;而其光电环化反应顺旋是允许的,对旋是禁阻的。

根据量子化学分子轨道理论,当共轭多烯烃中的 π 电子数目增加时,基态 HOMO 两个末端碳原子的相对对称性有规则地进行变换,而第一激发态 HOMO 中的对称性常常与基态中的相反。所以所有属于 $4n$ 体系的共轭多烯在基态 HOMO 都有相同的对称性,加热时都必须采取顺旋关环的方式;同样,它们在激发态时的 HOMO 也都有相同的对称性,所以光照时都必须采取对旋关环的方式。属于 $4n+2$ 体系的共轭多烯加热时都必须对旋关环,光照时必须顺旋关环。电环化反应是可逆反应,正反应和逆反应经过的途径是一致的,关环时采取的旋转方式在开环时也适用。例如顺-3,4-二甲基环丁烯的开环反应也必然是加热顺旋开环,光照对旋开环。

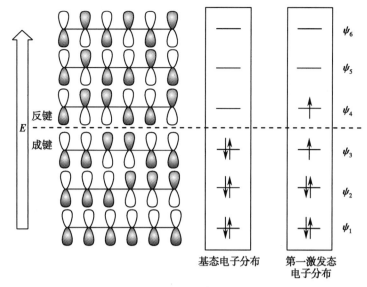

图 19-5　己-1,3,5-三烯的分子轨道

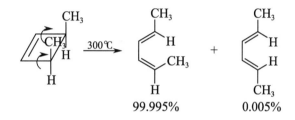

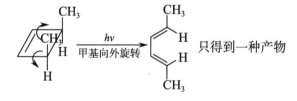

三、反应实例

(Z,E)-环辛-1,3-二烯在加热电环化时发生顺旋, (Z,Z)-环辛-1,3-二烯在光电环化时发生对旋,两者均得到的产物为环丁烯和另一个环系结合的双环体系。

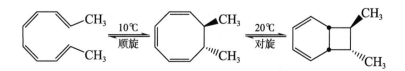

当条件合适时, $4n$ 和 $4n+2$ 两种 π 电子体系的电环化反应可以依次连续发生,进行有趣的结构转变。例如:

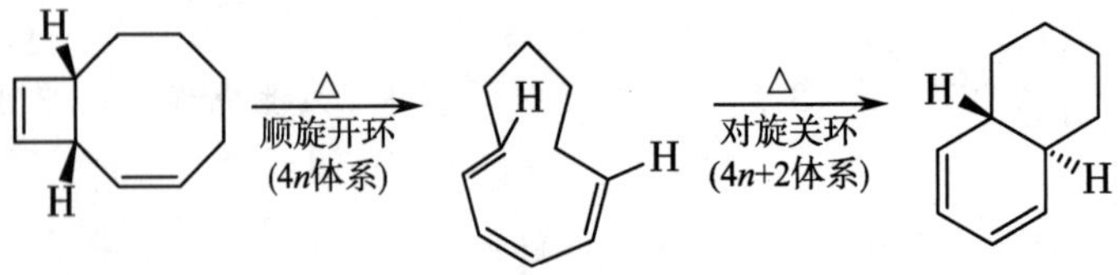

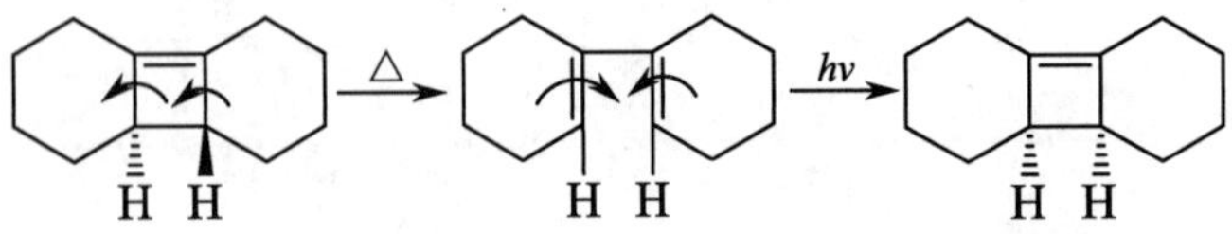

在芳香和芳杂环化合物的合成中,利用电环化反应的例子有许多报道。1,2-二乙烯基芳香或芳杂环化合物的重排为合成多环化合物提供一个有用的途径。例如:

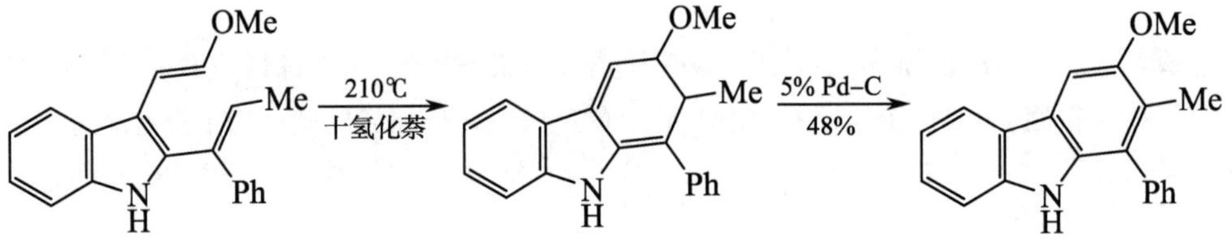

1,2-二芳基烯烃的光化学反应是一个常见的六电子的电环化反应类型。母体底物即顺-1,2-二苯乙烯经光照发生顺旋电环化反应,再经氧化可得到多环芳香结构化合物。

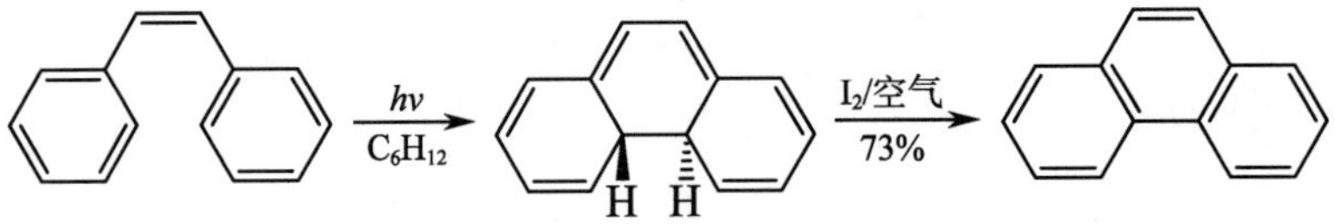

由于光的作用可以促进顺-1,2-二苯乙烯发生 E/Z 异构化,因此可用任一异构体为底物进行光电环化反应。

有人利用几步电环化反应合成二氢化山道年。

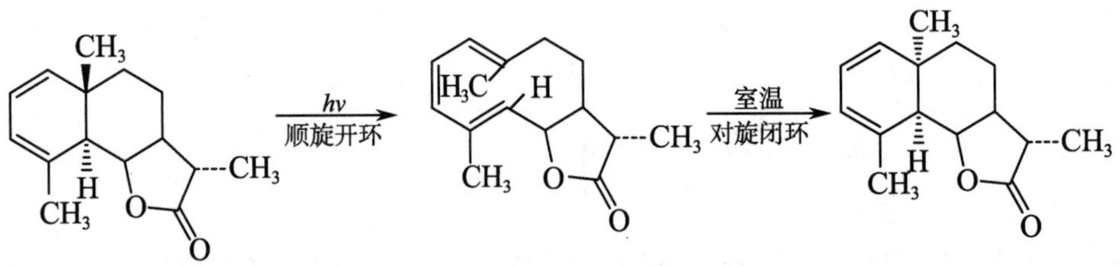

在甾体药物的合成中,也可以利用电环化反应来实现一些中间体的合成转化,例如:

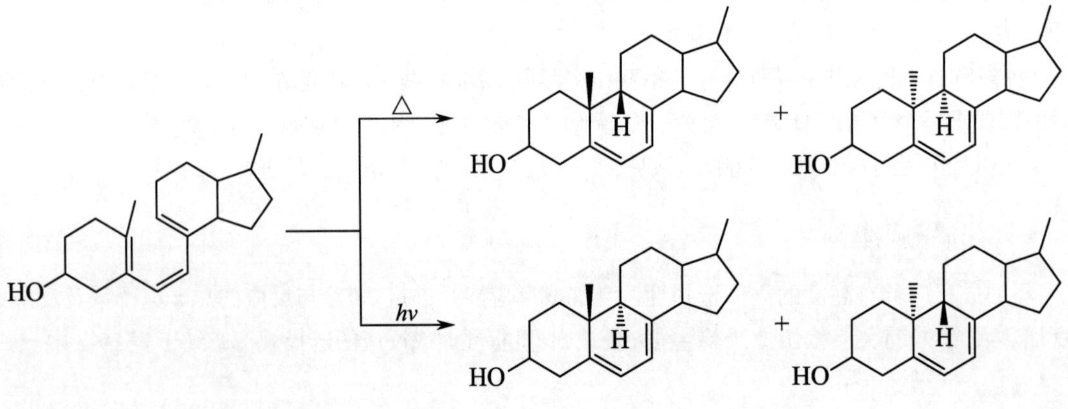

练习题 19.1　试判断环辛–1,3,5–三烯在加热的条件下发生电环化反应可得到以下哪种结构的产物？

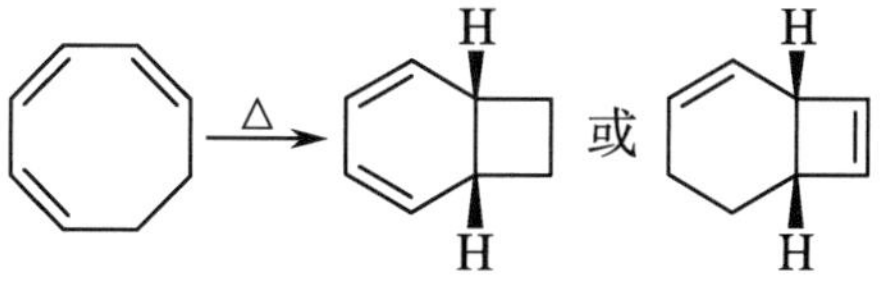

环辛三烯 →△→ (1) 或 (2)

(1)　　　(2)

第二节　环加成反应

环加成反应（cycloaddition reaction）是指在加热或光照条件下，两个烯烃或共轭多烯烃或其他 π 体系的分子相互作用，形成一个稳定的环状化合物的反应。在环加成反应过程中没有小分子消除，也没有 σ 键断裂，只有新的 σ 键形成（由 π 电子）。它是最重要的周环反应，具有周环反应的基本特点，其逆反应称为环消除反应。

环加成反应可根据参与反应的电子数进行分类，典型的环加成反应为［2+2］环加成反应和［4+2］环加成反应。

［2+2］环加成反应参与的电子数为两对 π 电子。最简单的环加成反应是两分子乙烯在光的作用下，彼此加成形成环丁烷，该反应也称为光二聚合反应，是制备四元环的一个很好的方法。但当将乙烯加热到中等温度时，反应并不发生。

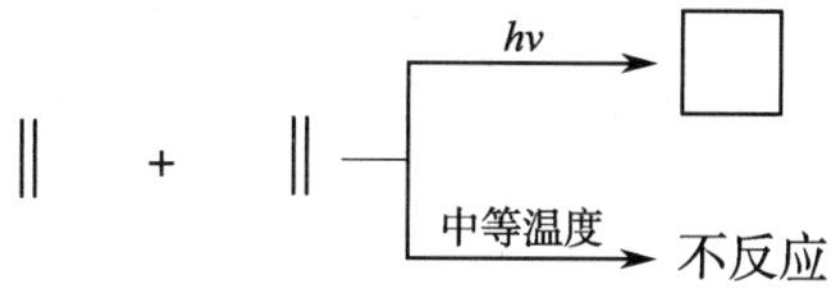

‖ + ‖ ── hν → □
　　　── 中等温度 → 不反应

［4+2］环加成反应参与的电子数一个为共轭双烯（4π 电子）和另一个单烯（2π 电子）。狄尔斯－阿尔德反应是最重要的一类［4+2］环加成反应，该反应较容易进行，并可合成六元环、杂环和多环化合物，是非常重要的协同反应。例如一分子丁二烯与一分子乙烯环加成生成环己烯。

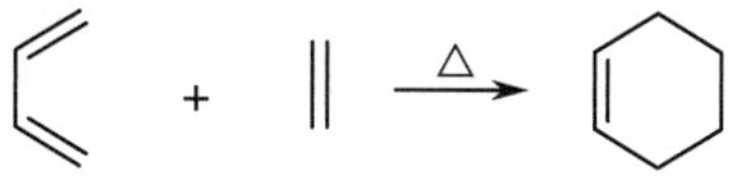

丁二烯 + ‖ ──△→ 环己烯

环加成反应的理论要点：大多数环加成反应是双分子反应，前线轨道理论认为两个分子之间的协同反应遵循以下三项原则。

（1）起决定作用的轨道是一个分子的 HOMO 和另一个分子的 LUMO，反应过程中电子从一个分子的 HOMO 进入另一个分子的 LUMO。

（2）对称性匹配原则：当两个分子相互作用形成 σ 键时，两个起决定作用的轨道必须有共同的对称性，即要求一个分子的 HOMO 与另一个分子的 LUMO 能发生同向重叠。

（3）相互作用的两个轨道的能量必须接近，能量相差越小，反应越容易进行。

一、选择规律

环加成反应具有高度的立体选择性。环加成反应能否进行，和参与反应的总 π 电子数及反应条件（加热或光照）有关。按伍德沃德–霍夫曼规则，可将环加成反应的选择规律归纳于表 19-2 中。

表 19-2　环加成反应的选择规律

参与反应的 π 电子数	热反应		光反应	
	同面－同面	同面－异面	同面－同面	同面－异面
$4n+2$	对称允许	对称禁阻	对称禁阻	对称允许
$4n$	对称禁阻	对称允许	对称允许	对称禁阻

在前面讨论的电环化反应中,采用顺旋、对旋来表示它的立体选择性;而在环加成反应中,则采用同面、异面来表示它的立体选择性。加成时,体系中的 π 键以同一侧的两个轨道瓣发生加成称为"同面"(suprafacial)加成,可用符号"s"表示;反之,体系中的 π 键以异侧的两个轨道瓣发生加成称为"异面"(antarafacial)加成,可用符号"a"表示。

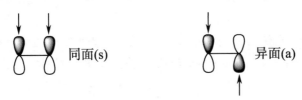

同面(s)　　　异面(a)

或按以下方式描述:在环加成反应中,两个 π 体系(如乙烯)相互作用时,新的两个 σ 键的生成可以有两种不同的途径,一种是新键的生成在反应体系的同一面,称为同面环加成(suprafacial cycloaddition);另一种是新键的生成在反应体系的相反方面,称为异面环加成(antarafacial cycloaddition)。

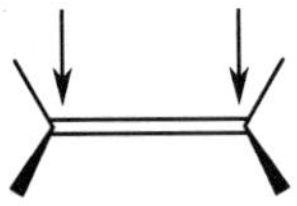

同面(s) 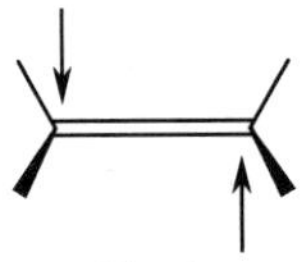　　　异面(a)

例如正常的狄尔斯－阿尔德反应可表示为 $4^{\pi}_s+2^{\pi}_s$,该式表示此反应有两个反应物,一个反应物提供四个 π 电子,另一个反应物提供两个 π 电子,它们发生的是同面－同面加成反应。

二、选择规律的理论解释

从前线轨道观点可以分析环加成反应。环加成和环分解互为逆反应,它们遵守同一规律。以下用前线轨道理论来阐明[2+2]环加成反应和[4+2]环加成反应的立体化学选择规律的基本思路。

(一)[2+2]环加成反应

最简单的[2+2]环加成反应的例子是两分子乙烯环加成生成环丁烷的反应,此反应在加热的条件下不发生,而在光照的条件下能顺利进行。这类反应涉及两个 2π 电子体系,故称为[2+2]环加成反应。

除乙烯外,一般单烯烃及取代烯烃衍生物在光照下的环加成反应都属于[2+2]环加成反应。例如:

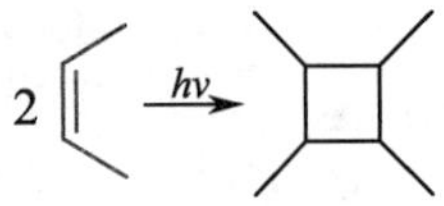

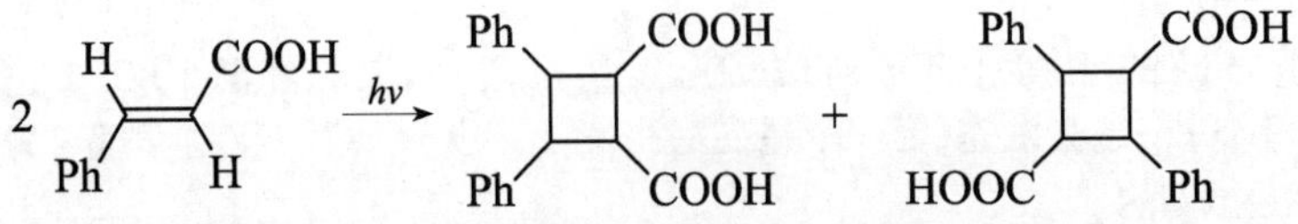

如果同一分子中含有两个双键时,在某些条件下,光照也可以发生分子内[2+2]环加成反应。例如:

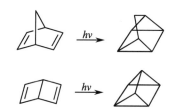

[2+2]环加成反应在加热的条件下不易发生,这是由分子轨道的对称性所决定的。以乙烯为例,图19-6所示为乙烯的 π 电子在基态和激发态中的构型。乙烯分子有两个轨道,一个是成键轨道,另一个是反键轨道,当分子处于基态时,两个电子均占据成键轨道。

按照前线轨道理论的要求,欲使两分子乙烯发生环加成反应,必须由一个乙烯分子的 HOMO 和另一个乙烯分子的 LUMO 重叠,这样在能量上才是有利的,可形成一个稳定的过渡态,从而形成新的 σ 键。

在加热条件下,如果两分子乙烯发生[2+2]环加成反应,按照前线轨道理论,就要求一分子乙烯的 HOMO(π 轨道)与另一分子乙烯的 LUMO(π^* 轨道)重叠,但 π 和 π^* 的对称性相反,如图19-7所示。

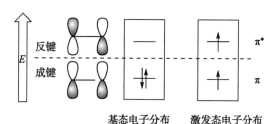

基态电子分布　激发态电子分布

图 19-6　乙烯的分子轨道

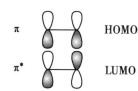

图19-7　对称禁阻的[2+2]热环化加成反应。2个乙烯分子,相互作用是反键的

两个符号相反的轨道半叶相互接近,发生相互排斥的反键作用,所以不发生协同反应。因此两个乙烯分子之间不能成环,[2+2]环加成反应在热作用下是对称禁阻的。

[2+2]环加成反应在光照条件下是对称允许的。在光照下,乙烯分子的 LUMO 是 π^*,而另一个乙烯分子在激发态时由于电子组态的改变,π 轨道中的一个电子被激发到 π^* 轨道,这时 π^* 轨道成为 HOMO,这样两个分子一个是基态(LUMO)π^*,另一个是激发态(HOMO)π^*,其轨道的对称性是匹配的。因此,两分子乙烯在光照下(激发态下)进行环加成反应是对称允许的。如图19-8所示。

需要说明的是,上面对乙烯环加成的讨论,是假定环合是以同面-同面重叠方式进行的。从分子轨道的对称性来说,如果采用同面-异面重叠方式,如图19-9所示,其热环加成反应的对称性是允许的。但对乙烯来说,由于几何形状的限制,反应却不可能发生。

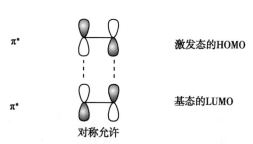

激发态的HOMO

基态的LUMO

对称允许

图19-8　对称允许的[2+2]光环化加成反应。两个乙烯分子,一个是激发态,另一个是在基态,相互作用是成键的

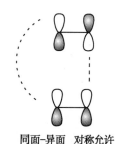

同面-异面　对称允许

图19-9　[2+2]环加成反应:同面-异面加成方式

　　然而对于更高级的共轭体系,如果生成的环足够大时,同面－同面和同面－异面这两种过程在几何上都是可能的。此时,轨道的对称性所能决定的不是环加成反应能否发生,而是它如何发生的问题,即同面还是异面的问题。

(二)[4+2]环加成反应

　　环加成反应中最常见的是[4+2]环加成反应,其参加反应的 π 电子数为 $4n+2$。[4+2]环加成反应很容易进行,常常是自发的,或只需要微微加热就可以顺利进行。

　　双烯加成反应——狄尔斯－阿尔德反应是典型的[4+2]环加成反应,为立体专一性的顺式加成反应,反应过程中双烯体和亲双烯体中取代基的立体关系均保持不变。这种立体专一性是由反应物前线轨道的对称性决定的。以丁-1,3-二烯和乙烯的双烯加成为例来分析[4+2]环加成反应。图19-6和图19-2为乙烯和丁-1,3-二烯的分子轨道图。

　　乙烯和丁-1,3-二烯之间发生热环加成反应时,分子轨道的重叠有两种可能,一种是丁-1,3-二烯基态的 HOMO(ψ_2) 和乙烯基态的 LUMO(π^*) 重叠,另一种是丁-1,3- 二烯基态的 LUMO(ψ_3) 和乙烯基态的 HOMO(π) 重叠。如图19-10所示,无论采取哪种方式,同面－同面方式的两种重叠都使符号相同的轨道半叶相互接近,都是对称允许的。

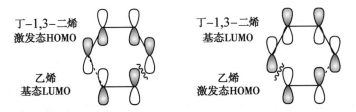

图 19-10　对称允许的[4+2]热环加成反应:丁-1,3-二烯和乙烯在加热条件下的环加成

　　从分子轨道的对称性考虑,对于光激发的环加成反应,同面－同面加成是对称禁阻的。如图19-11所示。

图 19-11　对称禁阻的[4+2]光环加成反应:丁-1,3-二烯和乙烯在光照条件下的环加成

　　前线轨道理论对其他 $4n$ 体系和 $4n+2$ 体系的分析都将得出与表19-2相一致的结论。

三、反应实例

　　狄尔斯－阿尔德反应是[4+2]环加成反应的实例,在有机合成及药物合成中有广泛的应用。例如:

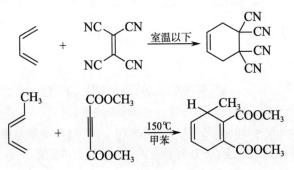

19-D-7
对称允许的
[4+2]热环
化加成反应
(动画)

19-D-8
对称禁阻的
[4+2]光环
化加成反应
(动画)

19-D-9
D-A[4+2]
环加成反应
(动画)

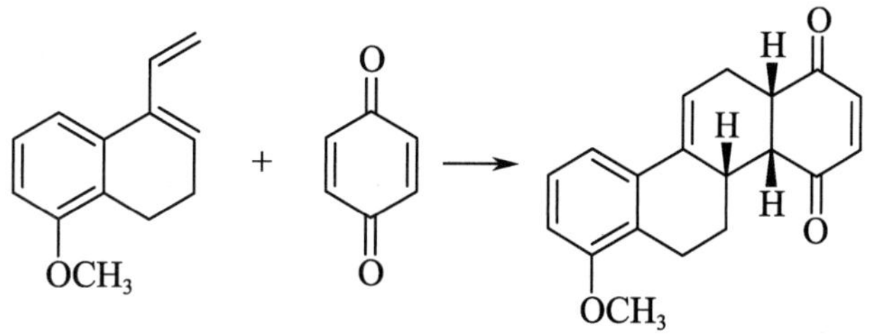

除碳原子体系外,含有杂原子的体系也可发生环加成反应。例如:

双烯体系:

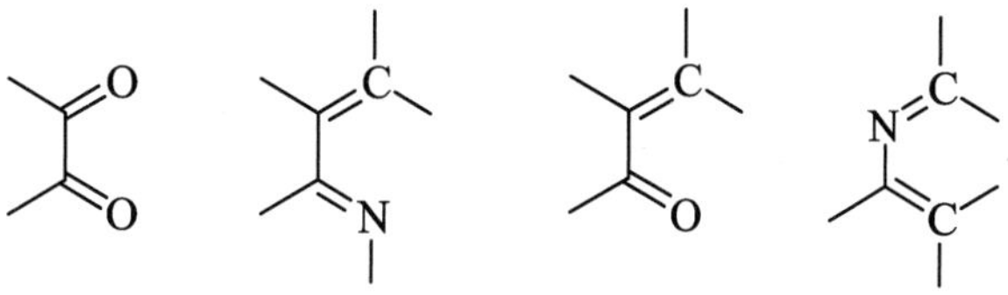

亲双烯体系:

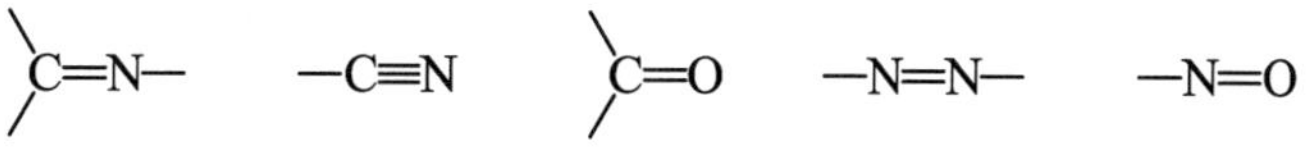

实例如下:

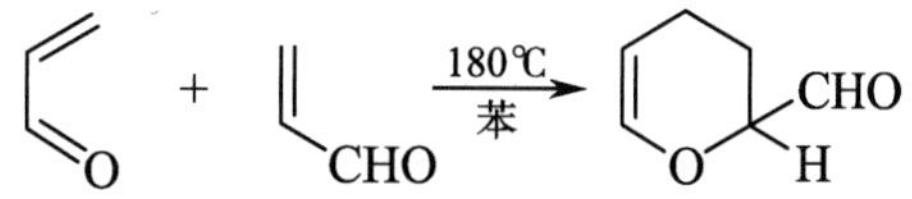

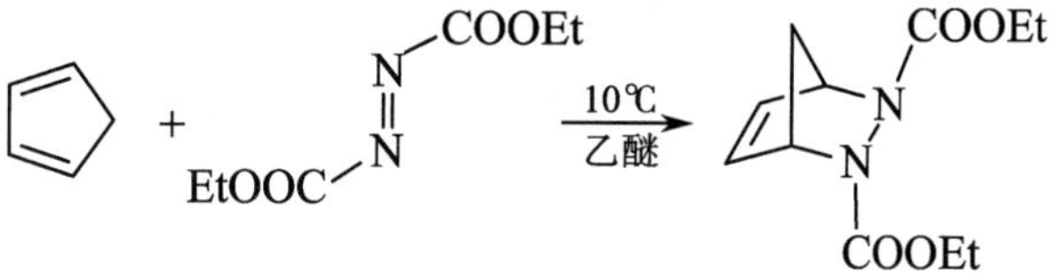

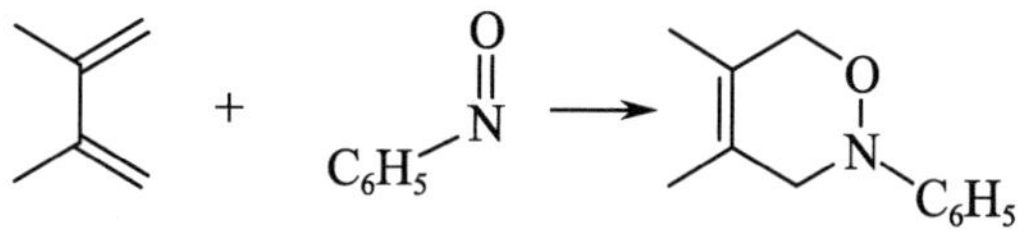

练习题 19.2 环戊二烯经放置后可自发形成二聚环戊二烯,通过加热分馏又可从二聚环戊二烯再生成环戊二烯。

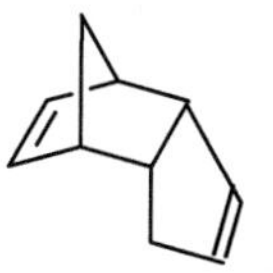

二聚环戊二烯

试问在形成二聚环戊二烯的过程中发生了什么反应;在环戊二烯的再生中又发生了什么反应。

第三节 σ迁移反应

σ迁移反应(sigmatropic reaction)是指在化学反应中,一个 σ 键沿着共轭体系由一端迁移到另一端,同时伴随着 π 键转移的协同反应。σ迁移反应亦称 σ 迁移重排反应。

σ迁移反应在反应机理上与电环化反应相似,旧σ键的断裂和新σ键的生成及π键的迁移通过环状过渡态协同完成。例如克莱森重排和科普(Cope)重排反应都是σ迁移反应的例子。

克莱森重排:

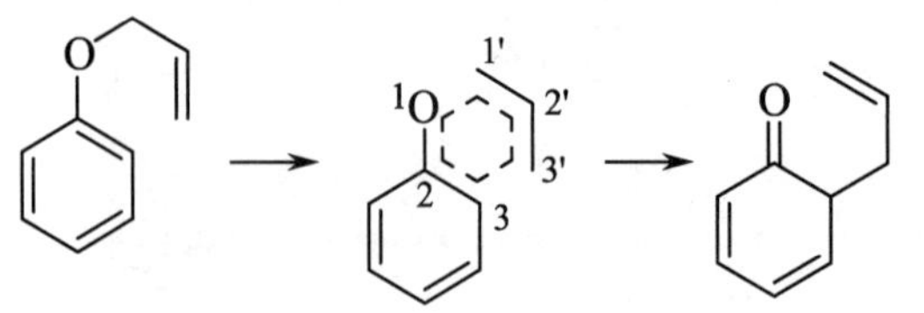

科普重排:

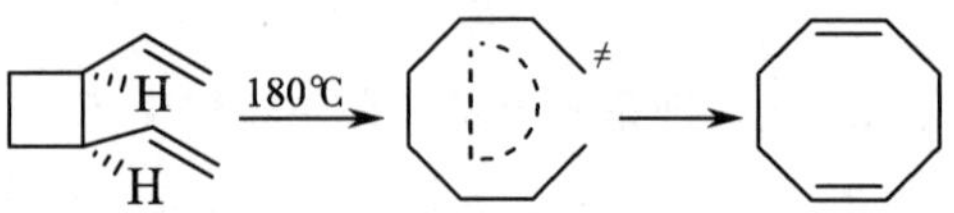

一、类型及反应规律

在反应中,一个σ键迁移到新的位置,因此称为σ迁移。C—H键、C—C键和C—O键均可发生σ迁移。σ迁移反应的表示方法是以反应物中发生迁移的σ键作为标准,从这个σ键的两端开始分别编号,将新生成的σ键所连接的两个原子的编号位置i,j放在方括号内,则这个σ迁移反应可表达为$[i,j]\sigma$迁移反应。例如:

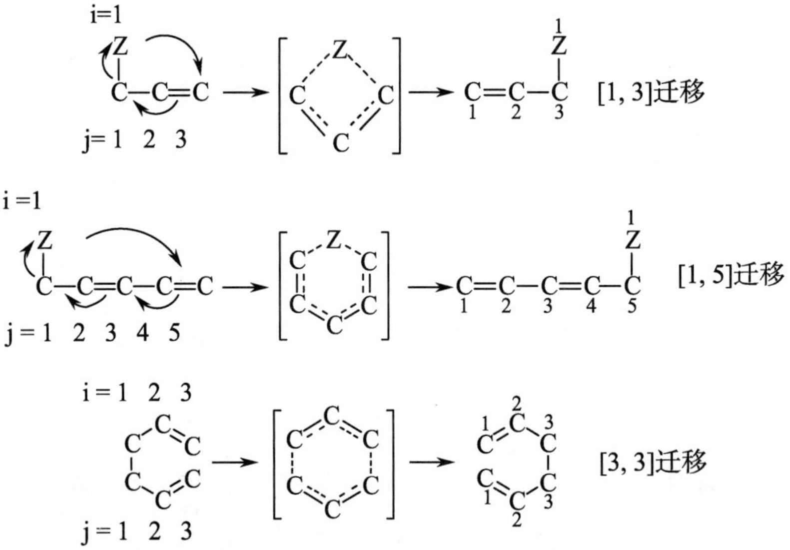

[1, 3]迁移

[1, 5]迁移

[3, 3]迁移

上述克莱森重排和科普重排反应的例子都属于$[3,3]\sigma$迁移反应。

σ迁移过程可以通过两种在拓扑学上互不相同的途径来进行,从几何构型来看,可以将σ迁移反应分为两种类型。①同面迁移:迁移基团在迁移前后保持在共轭π体系平面的同一面;②异面迁移:迁移基团在迁移后移向π体系的反面。

以上迁移类型在实际反应中的规律性很强,如图19-12所示。

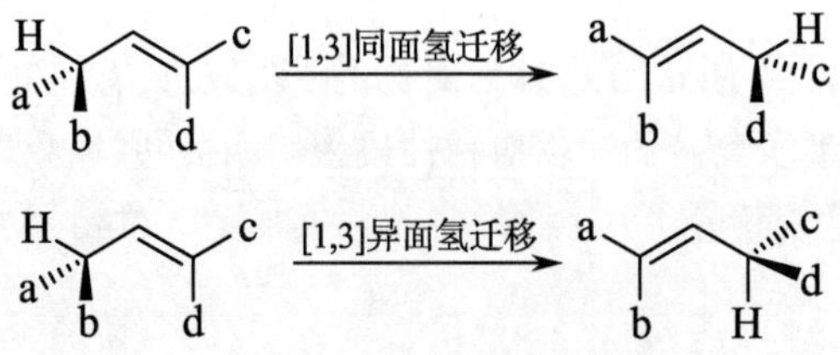

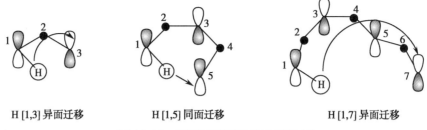

H [1,3] 异面迁移   H [1,5] 同面迁移   H [1,7] 异面迁移

图 19-12   同面迁移和异面迁移示意图

二、规律的理论解释

σ 迁移反应的规律可以用前线轨道理论来解释。在 σ 迁移反应的环状过渡态中,迁移基团与迁移起点及终点是键合着的。为便于理解,可以将 σ 迁移反应中的烯丙基型化合物看作为氢原子(或自由基 R·)和烯丙基型自由基来处理(当然,实际中协同反应不产生自由基);σ 迁移反应过渡态中的成键则可以看作是由一个原子(或自由基)轨道和一个烯丙基型自由基(π 骨架)轨道之间的重叠而成的,即一个组分的 HOMO 和另一个组分的 HOMO 发生重叠。

烯丙基型自由基的 HOMO 与 π 骨架碳原子的数目有关,迁移基团是从烯丙基型自由基的一端转移到另一端,因此要注意的是两个末端碳。图 19-13 是简单的烯丙基型自由基的轨道组合。

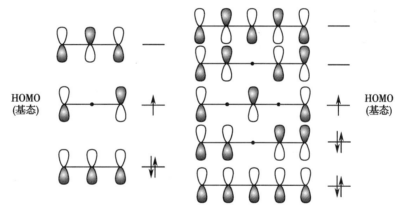

图 19-13   烯丙基和戊-1,3-二烯基自由基的轨道组合

从图 19-14 可以看到,从 C_3、C_5 到 C_7 等,这些末端碳的对称性是有规则地更换的。

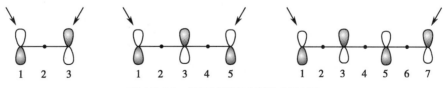

图 19-14   烯丙基型自由基的 HOMO

(一) 氢的[i,j]迁移反应

当迁移基团是氢原子时,其 HOMO 为球形对称的 s 轨道,只有一叶,它与两端碳的 p 轨道重叠时,能否顺利迁移与烯丙基型游离基的轨道对称性质密切相关,究竟允许同面迁移还是允许异面迁移,取决于这些端头碳轨道的对称性。

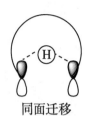
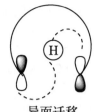

同面迁移 异面迁移

所以,根据上述烯丙基型游离基的 HOMO 的对称性质,可见在加热情况下氢 σ 键迁移具有如下规律(图 19-15)。

同面迁移:[1,3]对称禁阻　　　　异面迁移:[1,3]对称允许
　　　　　[1,5]对称允许　　　　　　　　　[1,5]对称禁阻
　　　　　[1,7]对称禁阻　　　　　　　　　[1,7]对称允许
　　　　　………　　　　　　　　　　　…………

在光照情况下,上述烯丙基型游离基的 HOMO 的对称性发生变化,所以 σ 迁移反应与热反应的情况正好相反。

事实上,尽管在上述规律中[1,3]、[1,7]异面迁移是对称允许的,但由于受几何形状的限制,迁移时将要求 π 骨架发生很大的扭曲,反应是很难发生的。

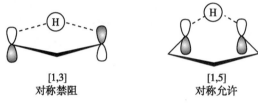

[1,3] 对称禁阻　　　[1,5] 对称允许

图 19-15　氢的[1,3]、[1,5]同面迁移

在无环的共轭二烯中,氢[1,5]迁移的活化能是较低的,加热就能实现氢的[1,5]同面迁移。

$$H_2C=C-C=C-CH_2 \xrightarrow[\triangle]{H[1,5]s迁移}$$

（二）碳的[i,j]迁移反应

当迁移基团是碳而不是氢时,迁移基团的 HOMO 不再是球形对称的 s 轨道,而是 sp^3 杂化轨道,因此迁移基团本身也有一个同面和异面的问题。同面迁移是指迁移的碳原子用 sp^3 杂化轨道的同一半叶与 π 骨架两端成键,这时迁移碳的构型保持不变;所谓异面迁移,是指迁移的碳原子用其 sp^3 杂化轨道的两个不同的半叶与 π 骨架两端成键,这时迁移基团的构型发生转变。如图 19-16 所示。

图 19-16　碳 σ 迁移的立体选择

对于迁移基团构型保持的情况,可以将迁移的碳原子看作是一个氢原子,这时迁移的规律如同氢迁移。即在加热下,[1,3]同面迁移是对称禁阻的,而[1,5]同面迁移是对称允许的,[1,3]或[1,7]

异面迁移则由于要求 π 骨架发生很大的扭曲而难以进行。在光照条件下,规律则正好相反(图 19-17)。

19-D-10
C- 构型保持的 σ 迁移(动画)

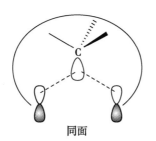

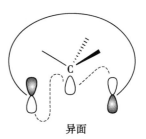

图 19-17　C-构型保持

当迁移的碳原子的构型翻转时,情况就完全不同了。由于碳原子的 sp³ 杂化轨道的两个不同半叶的对称性是相反的,因此迁移时所遵从的规律也与构型保持的情况相反。即在加热条件下,[1,3]同面迁移是对称允许的,而[1,5]同面迁移是对称禁阻的(图 19-18)。

19-D-11
C- 构型转变的 σ 迁移(动画)

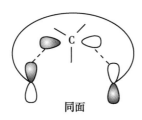

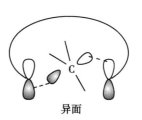

图 19-18　C-构型翻转

如前所述,[1,3]和[1,7]碳原子的异面迁移受制于几何形状的局限而难以发生,因此只能是同面迁移,这样便可以预测在加热条件下[1,3]迁移和[1,5]迁移都可以是对称允许的,只是在[1,3]迁移时将伴有迁移碳原子的构型翻转(图 19-19),而[1,5]迁移碳原子的构型保持不变(图 19-20)。

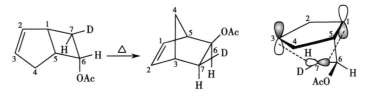

图 19-19　碳的[1,3]同面迁移,碳的构型翻转

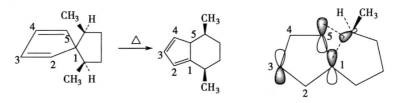

图 19-20　碳的[1,5]同面迁移,碳的构型不变

[3,3]迁移反应:克莱森重排和科普重排都是[3,3]碳迁移重排。不同的是,在克莱森重排中是从氧迁移到碳,而在科普重排中是从碳迁移到碳。例如:

如果两个邻位都有取代基时,则烯丙基迁移到对位。反应机理经过两次[3,3]碳迁移和一次[1,5]氢迁移。

三、反应实例

1-氘茚在加热至200℃时可得2-氘茚,它是经过氘的σ键[1,5]迁移,而后又经过氢的σ键[1,5]迁移而得到的。

利用[3,3]碳迁移反应、克莱森重排及科普重排,可完成许多有机转化反应。例如科普重排反应:

反,反式(0.3%)　　　　顺,反式(99.7%)

抗肿瘤药卡奇霉素的芳香单元的合成中,烯丙基芳醚的[3,3]σ迁移(即克莱森重排)得到关键中间体酚。

91%

练习题 19.3　试写出下列转化的反应机理,并指出每步各经历了什么反应。

习　题

1. 试画出乙烯、丁–1,3–二烯、烯丙基自由基的 π 电子在基态时的分子轨道能级图。

2. 顺–3,4–二甲基环丁烯在光照下是对旋开环,因而预测应得到顺,顺己–2,4–二烯。

以上判断是否正确? 为什么?

3. 下列反应应在什么条件下进行?

4. 完成下列电环化反应产物的结构,并指出是顺旋还是对旋。

5. 写出下列环加成反应的主要产物,并指出环加成类型。

6. 根据下述反应结果,指出是什么反应类型的 σ 迁移反应。

(1)

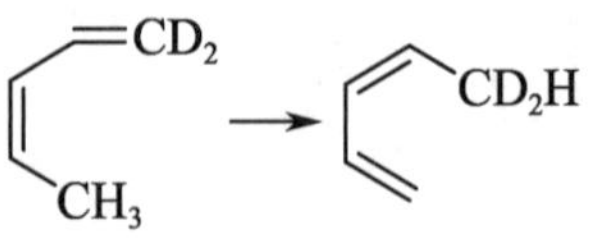

(2)

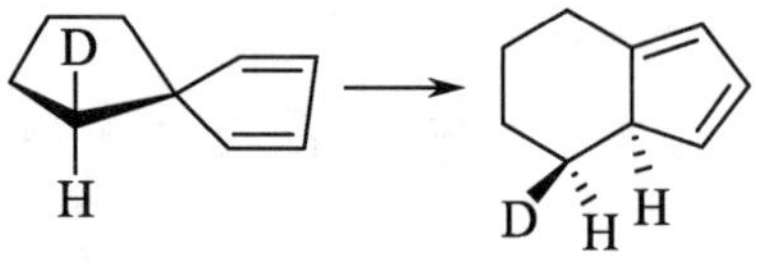

(3)

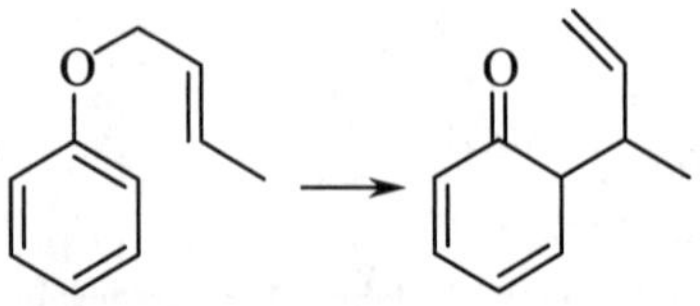

(4)

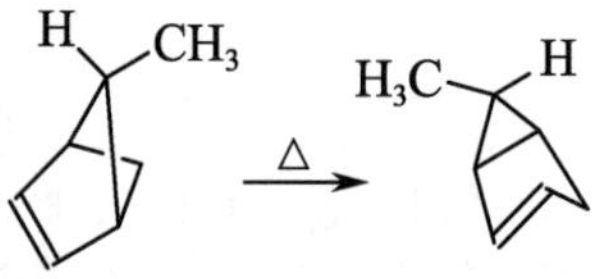

7. 如何实现下列转化?

(1)

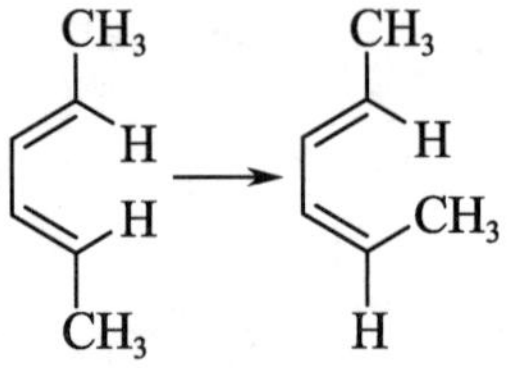

(2)

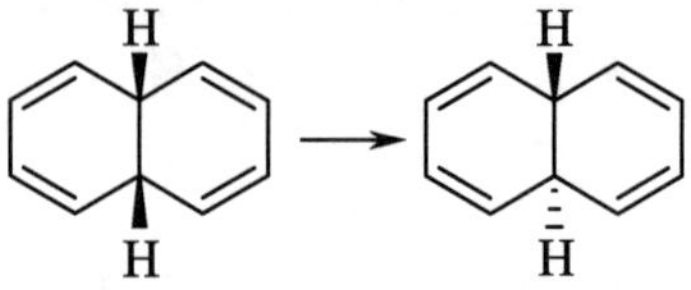

8. 指出下列反应为何种类型的周环反应,并指出反应以何种方式进行(顺旋还是对旋,同面还是异面)。

(1)

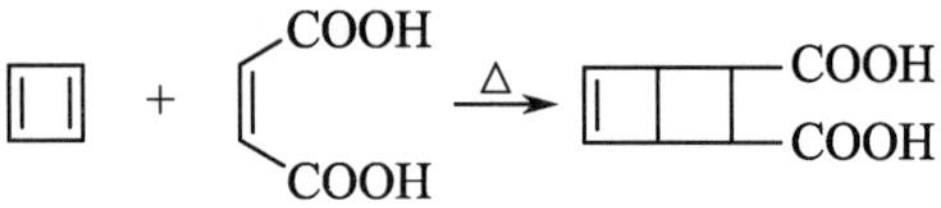

(2)

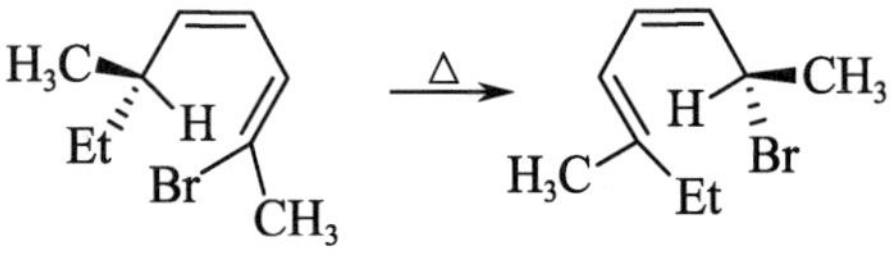

(3)

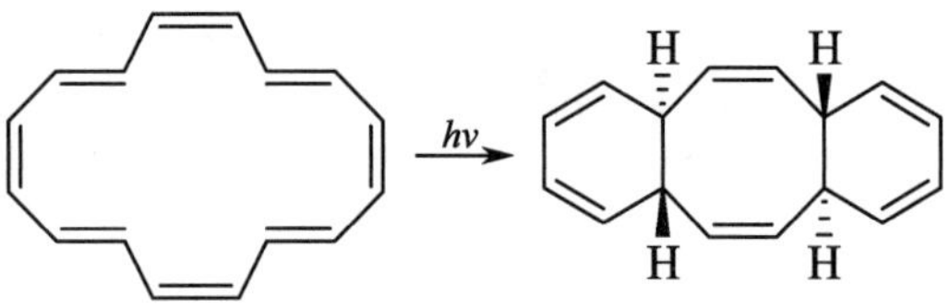

9. 以苯、甲苯、苯胺、环戊二烯和四个碳以下的有机物为原料及必要的无机试剂合成下列化合物。

(1)

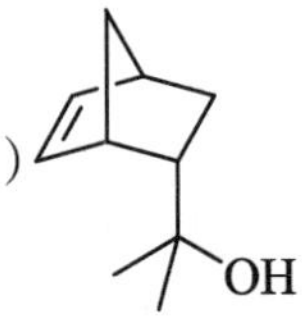

(2)

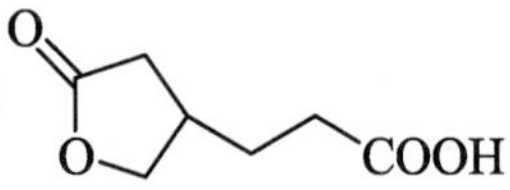

参 考 文 献

［1］邢其毅, 裴伟伟, 徐瑞秋, 等 . 基础有机化学 . 4 版 . 北京 : 北京大学出版社 , 2016.

［2］王积涛, 王永梅, 张宝申, 等 . 有机化学 . 3 版 . 天津 : 南开大学出版社 , 2009.

［3］SOLOMONS T W G, FRYHLE C B, SNYDER S A. Organic chemistry. 12th ed. New York: John Wiley & Sons. Inc., 2017.

［4］MCMURRY J. Organic chemistry: international edition. 9th ed. Thomson Learning Inc., 2015.

［5］WADE L G, SIMEK J W. Organic chemistry: international edition. 9th ed. Pearson Education International, 2017.

人 名 索 引